科學专著：生命科学研究

# 脑研究的
# 前沿与展望

陈宜张　著
Chen Yizhang

上海科学技术出版社
Shanghai Scientific & Technical Publishers

**图书在版编目(CIP)数据**

脑研究的前沿与展望 / 陈宜张著. —上海: 上海科学技术出版社, 2018.3
(科学专著.生命科学研究)
ISBN 978-7-5478-3485-5

Ⅰ. ①脑… Ⅱ. ①陈… Ⅲ. ①脑科学—研究 Ⅳ. ①R338.2

中国版本图书馆 CIP 数据核字(2017)第 040964 号

**脑研究的前沿与展望**
陈宜张 著

上海世纪出版(集团)有限公司
上 海 科 学 技 术 出 版 社 出版、发行
(上海钦州南路 71 号 邮政编码 200235 www.sstp.cn)

印张 45 插页 38
字数 950 千字
2018 年 3 月第 1 版 2018 年 3 月第 1 次印刷
ISBN 978-7-5478-3485-5/R·1336
定价: 298.00 元

## 内容提要

本书从脑的调节功能和神智(mind)功能两个方面以及我们迄今对脑的认识不足之处出发,结合神经科学相关领域的探索历史,系统评述了进入21世纪以来脑研究之主要进展,展望了未来脑研究发展的趋势、方向和难题。

全书以脑研究的基本任务、方法论和现况为切入点,首先评述了涉及神经传导、传递与调制的分子和细胞水平的研究,继而评述了对脑整体和局部回路的一些检测技术及相关应用,又围绕脑的神智功能及其与社会行为的关系,介绍了近年在实验和理论上的一系列探讨,最后针对脑研究若干基本领域中尚存在的问题、新的和值得重视的发展趋势,还有研究质量上的要求,提出了作者对于探索脑科学的思路与途径的看法。

本书倡导脑研究与神经-精神医学临床、与社会其他应用的实际相联系,强调运用多种技术手段,注意分子、细胞和神经回路各级水平研究的准确性,注重认知神经科学中的意识与觉察问题,力求对21世纪脑研究起到引领作用。

## 《科学专著》系列丛书序

进入21世纪以来，中国的科学技术发展进入到一个重要的跃升期。我们科学技术自主创新的源头，正是来自科学向未知领域推进的新发现，来自科学前沿探索的新成果。学术著作是研究成果的总结，它的价值也在于其原创性。

著书立说，乃是科学研究工作不可缺少的一个组成部分。著书立说，既是丰富人类知识宝库的需要，也是探索未知领域、开拓人类知识新疆界的需要。特别是在科学各门类的那些基本问题上，一部优秀的学术专著常常成为本学科或相关学科取得突破性进展的基石。

一个国家，一个地区，学术著作出版的水平是这个国家、这个地区科学研究水平的重要标志。科学研究具有系统性和长远性、继承性和连续性等特点，科学发现的取得需要好奇心和想象力，也需要有长期的、系统的研究成果的积累。因此，学术著作的出版也需要有长远的安排和持续的积累，来不得半点的虚浮，更不能急功近利。

学术著作的出版，既是为了总结、积累，更是为了交流、传播。交流传播了，总结积累的效果和作用才能发挥出来。为了在中国传播科学而于1915年创办的《科学》杂志，在其自身发展的历程中，一直也在尽力促进中国学者的学术著作的出版。

几十年来，《科学》的编者和出版者，在不同的时期先后推出过好几套中国学者的科学专著。在20世纪三四十年代，出版有《科学丛书》；自20世纪90年代以来，又陆续推出《科学专著丛书》《科学前沿丛书》《科学前沿进展》等，形成了一个以刊物名字样科学为标识的学术专著系列。自1995年起，截至2010年“十一五”结束，在科学标识下，已出版了25部专著，其中有不少佳作，受到了科学界和出版界的欢迎和好评。

为了继续促进中国学者对前沿工作做有创见的系统总结，“十二五”期间，《科学》的编者和出版者决定对科学系列学术著作做新的延伸，将科学专著学术丛书扩展为三个系列品种，即《科学专著：前沿研究》《科学专著：生命科学研究》《科学专著：大科学工程》，继续为中国学者著书立说尽一份力。*

随着中国科学研究向世界前列的挺进，我们相信，在科学系列的学术专著之中，一定会有更多中国学者推陈出新、标新立异的佳作问世，也一定会有传世的名著问世！

周光召

《科学》杂志编委会主编

2011 年 5 月

* 出版者注：在 2017 年，科学专著学术丛书又增加了第四个系列品种——《科学专著：自然资源》。

# 自　序

我撰写《脑研究的前沿与展望》起因是，虽然脑研究已经取得很大进展，但问题仍然不少，究其原因，主要是对脑功能基础仍然了解得不够。按照粗线条划分，脑功能包括两个方面：一是脑对机体全身各种功能的调节，二是脑的神智（mental）活动。对于脑的调节功能人们已积累了相当多的知识，而对于神智（mind）功能的了解则相对较少。可是当人脑功能异常，特别是出现神经与精神疾病时，往往有显见明确的神智功能异常，因此我们若试图用现有的脑功能理论来解释这些神智功能异常或者缺陷，往往会陷入困境。本书的目的是在有选择性地介绍近二三十年来脑功能研究前沿进展的基础上，阐述对脑研究的展望。限于本人的精力和学识基础，本书没有涉及其他更广的范围和重要问题，例如关于计算神经科学和脑功能的遗传学基础等问题，希望读者见谅。

《脑研究的前沿与展望》是我近年来对脑研究思考的结果。汉代学者司马迁曾说："愚者千虑，必有一得，"（语见《史记·淮阴侯列传》）我不敢说我的展望"必有一得"，如果能够"冀有一得"，也就很满足了。不当之处，请读者多加指正！

本书的写作，始终得到上海科学技术出版社编辑杨志平先生和我的秘书贾东梅女士热情帮助。在书稿接近完成时，2015 年 9 月 20 日，适逢第 11 届中国神经科学学会全国大会在浙江乌镇召开。大会允许并帮助我组织了一个以"脑研究展望"为题的卫星讨论会，由我作主题报告，有八位专家作了专题报告，更多专家作了讨论发言，所有这些对我多有启发与帮助；学会的韩雪女士为这次卫星讨论会做了很多工作，还专门请专家帮助我组织会议。对于以上各位的帮助及此次讨论会，谨致衷心谢意！

岁月不居，时节如流；九十之年，忽焉已至。我来第二军医大学工作已六十五年，在国内与生理学界、神经科学界学术同行，相互切磋交流，也已逾半个世纪。故交新知，惠我良多；此书之成，盖亦友朋鼓励督促之功也。

陈宜张

2017-10-23

# 前　言

本书内容共21章，可以大致归纳为10个方面。下面将对各章内容按这10个方面作简要介绍。

**1. 脑功能和脑研究**

第1章对脑功能和脑研究进行一般性介绍，着重指出以下两点：一是强调还原论与整体论的结合，因为脑活动是一群细胞的活动，任何一种脑功能必须把分子水平的和细胞水平的活动整合起来，成为脑内神经回路的活动，成为脑的整体性活动。二是必须认识到，脑的神智功能是脑功能的一个十分重要的方面，但要想研究它，确实有不少特殊性和困难。

**2. 神经传导和突触传递**

第2、3两章有选择性地分别介绍神经传导和突触传递中的几个重要问题。第2章重点介绍离子通道研究进展。第3章重点介绍化学突触传递和递质受体的研究进展，特别是有关乙酰胆碱受体研究进展的历史过程。对这两章之所以作如此安排，是因为神经传导和突触传递是脑活动的一般公认的基础，而离子通道和递质受体是研究的核心所在。

**3. 神经调制**

第4—6章的内容围绕着"神经调制"。问题是这样提出来的：了解了神经传导和突触传递，就能够完善地解释全部脑功能吗？答案是远非如此！这就引出了"神经调制"的问题，神经调制是一个与神经传递不同的过程。

第4章重点介绍$GABA_A$受体介导的张力性抑制。这种张力性作用并非为了完成突触传递，而在于影响神经元的兴奋性，是一种神经元调制作用。

第5章讨论神经元之间通过非化学因素的调制作用，主要是电学性质的调制作用，具体包括三方面内容：① 缝隙连接(gap junction)的作用；② 某些病理或生理情况下的假突触作用；③ 具有相当强度的电场相互作用。介绍这些内容，说明脑内事实上存在着电学性质的调制作用，同时也暗示了这可能与后面谈到的神经系统电节律性活动有关系。

第6章是关于神经肽的神经调制作用。众所周知，有关神经肽与神智功能的关系，近年来有相当明确的实验结果及临床应用实例，但其理论基础仍不太清楚，因此本书用相当篇幅介绍了神经肽之神经调制作用。

**4. 节律性脑电活动**

第7、8两章分别介绍了脑电的节律性活动特点以及脑状态与电活动表现的相关。这是因为，根据现有的知识，脑功能活动的重要表现是脑的节律性电活动；任何物质运动形式，不论分子、原子、基本粒子的运动，总是在一定的状态下发生，脑功能活动也不例外。

第7章讨论脑电节律性活动及其与神智的相关。自从1929年德国人H. Berger发现并记录了人脑脑电以来，Berger本人及以后的许多学者都关注脑电的节律性波动。其重要原因之一就是认为，这种节律性活动可能跟人的神智活动、跟脑的活动状态有一定相关。脑电节律性活动还牵涉神经元回路的振荡。上述问题仍然是现今脑研究的重点。其中，振荡如何发生仍是一个不太清楚的问题。

第8章讨论神经系统噪声与脑功能状态的关系，这是一个明确的基础性问题，但也是一个比较有难度的问题。作为它的基础，讨论了神经细胞电活动的噪声问题。

**5. 力学神经生物学**

第9章讨论力学神经生物学这个独特而极具启发性的命题。所提出的问题是：除了电活动形式以外，是否还有其他物理形式的活动参与脑活动呢？这一章提出了力学形式的活动，提出了此种活动是否与神智有关的问题。这是一个值得专门探索的问题。

**6. 脑功能研究的方法学**

第10—12三章选择了与脑功能研究，特别是与人脑神智功能研究有密切关系的方法学进展。

第10章为“脑功能成像”，这是20世纪80—90年代以来直到目前尚在蓬勃发展着的领域，也是为理解脑功能作出了重大贡献的领域。

第11章是关于“清醒人脑的电刺激”，重点介绍如何以问答方式获取受试者在他的脑部接受电刺激后的主观知觉报告，这是了解人主观感受最为直接而有效的方法。当然有关对人脑的电刺激，还有理论上与治疗上的其他相关问题，本书未作展开和讨论。

第 12 章是最近 5—10 年来所发展的光遗传学在脑研究中的应用，较多涉及如何研究神经回路的问题。

**7. 知觉和意识**

第 13—15 三章分别介绍知觉和意识。知觉和意识是神智功能活动中最基础的活动方式。

第 13 章讨论知觉，知觉是人体了解外部世界的基本活动方式。完整知觉的产生，依赖于诸多神经回路活动的参与，著名的“捆绑”问题就是围绕视知觉提出来的。

第 14 章讨论意识的神经相关。一般说来，各种神智活动都在意识的基础上发生，意识也是脑所处的状态(state)，意识可以从无意识转变而来。

第 15 章讨论意识和全身麻醉，这是一个非常重要而独特的实际问题，全身麻醉的特征就是人意识的丧失。理论研究分析发现，全身麻醉有点像睡眠，这样就自然而然地接触到脑功能状态水平的问题，也即清醒时脑处于高活动水平，而睡眠时脑处于低活动水平的问题。

**8. 情绪、下丘脑和内脏脑**

第 16—18 三章分别选择讨论了最近若干年来有较突出进展的脑功能研究的三个方面，这三方面都与内态感(feeling)有关。

第 16 章讨论情绪和杏仁核的关系。

第 17 章讨论下丘脑和摄食调节的关系。

第 18 章讨论内脏脑，特别是掩盖在大脑盖之下的脑岛与内态感的关系。脑岛的功能以前知道得比较少，最近若干年来这方面的知识积累有很大增加。

**9. 脑与社会行为**

第 19、20 两章都与社会行为有关。

第 19 章介绍社会行为和催产素的关系。社会行为是一种比较高级、难以着手进行实验研究的脑功能，但最近若干年来，不论是动物实验研究还是人的社会行为研究，都发现催产素在实现社会行为中扮演确定而重要的角色。在人类，向鼻腔内喷催产素可以调节社会行为；在动物，催产素受体与田鼠的单亲行为密切有关。目前的情况是，科学现象已经呈露出来，但对催产素的作用机制还远未清楚。如何从神经传导、突触传递以及神经肽的调制作用等方面解释社会行为，是一个非常具有挑战性的领域，也具有实际意义。

第 20 章讨论脑与人类社会行为的两个方面。人类社会行为多种多样，复杂程度又各不相同，很难加以全面讨论。近年来令人感兴趣的进展来自两方面。一是镜像神经元系统（mirror neuron system），它可能跟人的“模仿”活动及能力有直接关系；另一方面是神智理论（theory of mind），它可能跟人的“揣度”活动及能力有直接关系。这两方面的社会行为研究都有较明确的实验资料作为佐证，所以本书进行了介绍。

10. **展望脑研究**

第 21 章“展望脑研究”是在梳理了前面 20 章中所涉及的诸多问题以后的集中讨论，着重于以下几点：① 神经元的细胞周围调制；② 精确神经生物学，包括以精确标准为要求，研究分布系统中的个别神经回路和脑区功能；③ 力学神经生物学；④ 神智的两种最基本活动形式——意识与觉察，包括内态感。

本书取材，以各种专业科学期刊和书籍为主，但主要在第 1、7、10、13 四章，为了对具体专业内容作某些基础性知识的铺垫，也引用了维基百科全书（Wikipedia）的若干相应词条。对这部分内容，笔者没有标注相应的文献出处，请读者垂注。

# 目　录

# 第 1 章　脑功能与脑研究

## 1.1　脑的调节功能和认知功能

研究脑先要问一问：脑有哪些功能？概括说来，脑的功能有两大方面：① 调节功能；② 神智(mind, mental)功能，也即认知(cognition, cognitive)功能。脑的认知功能指脑有主观觉察(awareness)功能，也即通过脑反映客观世界，例如知觉(perception)、意识(consciousness)等。脑对客观世界的认知和觉察功能是神智活动的重要特征。认知功能的特点是涉及主体对客体的主观评价，其中像知觉、意识等是比较基础的，还有更复杂的功能如判断(decision)、思想(idea，thinking)等。从希波克拉底(Hippocratus，公元前 5 世纪)时代起，人们就认为脑具有神智功能。

### 1.1.1　脑负责机体的中枢性调节

脑的调节功能指脑对全身各种功能的调节，也就是机体对内外环境变化作出调节性反应，例如低级和高级的反射活动以及各种整体行为等。从生理学观点看，脑(神经系统)执行中枢性调节以控制身体其他器官的活动。例如，脑通过发动各种型式(pattern)的肌肉收缩和调节激素的分泌，作用于身体的许多部位。中枢性调节使个体能够快速地对环境作出反应，其基本方式就是“反射”。反射可以通过脊髓及外周神经节实现，但精细而有目的的行为调节则需要中枢化的“脑”之信息整合能力。

### 1.1.2　脑与神智

从哲学观点看问题，如果与其他身体器官相比较，脑是一个特殊的器官，它本身是一个物理结构，但此结构又是产生神智的宝座。按照希波克拉底的看法，“人们应当懂得，快乐、高兴、笑声、悲伤、运动、伤心、失望、悲痛等，它们仅仅来自脑，而不是别的地方。”即使到了今天的神经科学发展水平，关于脑的机制如何能够产生意识和思想仍然不清楚。即使站在当前的科学发展高度，脑如何工作而产生神智这个问题还是个谜。

### 1.1.3　神智的内容和特点

神智是一些认知(cognitive)能力的集合，此集合使得机体有可能达到意识、知觉、思考、判断和记忆的境界，那都是人脑活动的特点。不过，上述特点也适用于生物界的其他物种。多数人同意，神智由意识的经验和有智能的思想组成。

不论神智与物理性躯体之关系如何，一般认为，神智是这样一种东西，它使得人(being)对环境具有主观觉察(subjective awareness)和意向性(intentionality)；使得人能够通过某种中介(agency)觉察到(perceive)刺激并作出反应；经过某些中介，还使机体具有意识(consciousness)，包括思维和内态感(feeling，见第 18 页“名词解释”)。

## 1.2　神经科学、神经生物学与脑科学

这三者基本上是等同的，但仔细推敲也可能有一点区别。脑科学除了探讨作为脑功能基础的神经活动以外，可能相对更着重于对整体脑功能的了解，即对神智现象的了解，尤其是对人脑功能和结构异常所引起神经、精神疾病的了解。

神经科学是研究神经系统的学问。传统上，它被看成生物科学的一个分支。但是当前，它被认为是一门多学科、跨学科的科学，它把几个研究领域联合在一起，例如化学、计算机科学、工程科学、语言学、数学、医学和相关学科，还有哲学、物理学、心理学。

在通常的应用中，神经生物学这个名词可与神经科学相互通用，但前者往往特定地指神经系统的生物学方面，而后者指有关神经系统的整个科学。

神经科学的范围很广，包括使用不同的方法，研究神经系统的各个方面，例如分子的、细胞的、发育的、结构的、功能的、进化的、计算的和医学的。现在，神经科学家用来研究神经系统的技术得到了极大的扩展。他们可以在分子及细胞水平研究单个神经细胞，乃至用脑成像方法来研究脑在完成运动和感觉任务时的成像。近来，神经科学理论方面的进展也得益于神经网络研究。

### 1.2.1　对神经科学目标的现代看法

“神经科学的目标是解释神智活动的生物学机制，神经科学寻求了解在发育过程中装配起来的神经回路是如何感觉周围世界的，它们又如何从记忆中找回知觉；一旦找回之后，它们还能对那被觉察的记忆有何作用。神经科学也寻求了解支持我们情绪生活的生物学基础，情绪如何使我们的思想改变颜色，以及当情绪、思想及动作的调节发生扭曲时，为什么会有抑郁、躁狂、精神分裂症和阿尔茨海默病等的病症。这都是些极端复杂的问题，其复杂程度远远超过我们在其他生物学领域中曾经面对的任何问题。”[1] 神经科学的目标应该就是脑科学的目标，但从最近 25 年的发展来看，似乎还有一些需要强调之处[2,3]。

### 1.2.2　脑与电子计算机

近代，人们又常把脑比作计算机的中央处理器，认为脑具有信息处理功能。虽然对于个别脑细胞是如何运作的，我们现在已有相当详细的了解，但是作为拥有亿万个细胞的脑，这个群体是如何协同起来和如何工作的，还有待阐明。最有希望的研究途径是把脑看成一台生物计算机。此计算机与电子计算机相比，机制相当不同，但从计算意义上

讲又是相同的，那就是，作为计算机的脑跟计算机一样，也从周围环境，从客观世界中获取信息加以存储，然后以各种方法进行加工。这样看来，脑就类似于计算机的中央处理器——CPU。

## 1.3 脑研究中的方法论

整体论与还原论，这是科学方法论上最基本的区分，在任何科学领域都是如此，但在脑研究中似乎显得尤为重要。了解整体论与还原论的区别并有意识地加以运用，这是在今后脑研究中必须遵循的方法学道路。

### 1.3.1 还原论

笛卡尔(R. Descartes，1596—1650)在1662年提出，非人动物可以还原论地解释为自动机器。还原论有两层意思。第一层意思是指了解事物复杂性质的研究途径(approach)。通过此途径，把事物还原成为其部分的相互作用，或者把一个事物还原为更简单、更基本的事物。第二层意思是指一种哲学观点，认为一个复杂系统仅仅就是其部分之和，对复杂系统的解释和说明，可以还原到它的个别组成部分。这种看法同样适用于对象(object)、现象(phenomenon)、解释(explanation)、理论(theory)及意义(meaning)。

还原论强烈地反映了对于因果关系(causality)的某些看法。在还原论的框架内，现象可以完全由比它更简单现象之相互关系来解释，这种现象被称为副现象(epiphenomenon)。常常有这样的指认，即副现象对于被它所解释的基本现象没有因果中介(causal agency)的作用。

还原论并不排除存在着"突现现象"(emergent phenomenon)，但它确实认为，通过认识组成现象的各个过程，就有能力完全认识这个现象。还原论者的这种看法与通常所讲的"突现"(emergence)一词的意思有很大不同，"突现"一词典型地是意指"突现"的东西比赖以突现的过程之和要多。

### 1.3.2 整体论

与还原论形成鲜明对比的是整体论(holism)或突现论(emergentism)。整体论(holism)源自希腊文(ὅλος：holos，完全、整体、全部的意思)，其看法是，事物作为整体可以有它的突现特征(emergent property)。而且事物作为整体，也就是作为某一个系统，它的特征(物理的、生物的、化学的、社会的、经济的、神智的、语言的)不能够仅由它的部分来决定或解释，相反，作为整体的系统是决定了部分如何运作(behave)的。亚里士多德(Aristotle，公元前384—公元前322)的一句话简要地解释了整体论的原理："整体比它部分之和还要多一些"。

"整体论"这个词是1926年南非政治家J. C. Smuts在他的一本书《整体论和进化》中提出来的。Smuts对于整体论是这样界定的："它是自然界形成完整整体的一种倾向，经过创造性的进化，整体大于所有各部分之和。”

整体论有时被看成还原论的对立面。科学中的还原论认为，一个复杂系统可以还原为它的基本部分来加以解释。例如，生物学过程可以还原为化学现象，化学定律又可以由物理作解释。

### 1.3.3　脑研究中整体论与还原论之发展

有两种认识论和方法学——整体论和还原论。对脑研究来说，整体论就是宏观地讨论整体对象也即脑；还原论则把对象分解为它的组成部分进行研究，例如神经元、突触、神经递质等。脑的调节功能和认知功能都可以用上述两种方法之一进行研究。

在脑研究的历史发展中，始终贯穿着还原论与整体论这两种思想方法。从古代开始，脑研究经历了一个从比较粗糙到愈益精细的发展过程，按照大致的先后顺序有如下一些方法学阶段：① 以脑的大体解剖为基础；② 以显微镜下脑的解剖为基础；③ 以脑活动的生理学表现为基础；④ 以电生理学为基础（因为知道神经是以电活动为特征的）；⑤ 以分子生物学和细胞生物学为基础（因为承认神经细胞也是一种细胞）；⑥ 接触到分子结构的结构生物学水平的研究。近 20～30 年，各种物理、化学检测方法的应用，各种细胞生物学和分子生物学技术的应用，大大加快了脑科学的研究步伐，其中有几项技术特别值得一提。例如，膜片钳技术和多电极记录技术，这些都是电生理学方法的发展；还有绿色荧光蛋白（green fluorescence protein，GFP）的发现及超分辨光学显微镜（hyperresolution microscope）的应用。以上都是沿着还原论思想方法的发展，极大地加深了人类对脑的认识。还原论研究方法有其优势，但也带来了问题。其优势是使研究越来越细致和深入，有利于在对物质共性认识的基础上了解脑；然而其缺点是离开整体反应、个体行为以及个体主观感受越来越远。

而整体论的研究方法也在发展。开始是记录与脑功能有关的整体生理反应，对以脑功能为基础的整体行为进行分析。最近 20～30 年来，脑功能成像方法有极大的发展。整体论研究方法也有自己的优势与问题。其优势是贴近整体反应，贴近行为，贴近人的主观感受；其缺点是不利于找到合适的分子靶点，因而对找寻治疗人脑疾病的药物帮助不大[4]。

## 1.4　脑功能与脑疾病

人类研究脑功能常常是以人类自身的利益作为出发点，这就必然要联系到人脑疾病的表现与治疗。脑疾病的表现既包括人脑调节功能失常的表现，也包括神智功能失常的表现。这就相应地反映了脑功能的两大方面，在面向临床的领域就有两大学科门类——神经病学和精神病学。两门学科都要接触脑调节功能的失调和神智功能的失调，而精神病学尤其要涉及后一种失调。临床科学家感到最棘手、最难解释的种种问题，更多是在神智功能失调这方面，比如抑郁症、精神分裂症，近来提得较多的还有自闭症等。

研究脑是为了解释脑功能，这自不待言。研究脑也是为了解释脑疾病的表现以及治疗脑疾病的原理。研究脑免不了要与脑疾病发生关系，因为脑疾病是脑功能不正常的表现，这些表现可以是整体性的，也可以从属于神经回路活动的某些行为表现，也可以是人的主观感受方面的诉述。

### 1.4.1　神经病学

神经病学（neurology）来源于拉丁文（νεῦρον：neuron；-λογία：-logia，“study of”），它属于医学专业，特定地研究神经系统的疾病。具体而言，神经病学研究中枢神经系统（central nervous system，CNS）和周围神经系统（peripheral nervous system，PNS）处于各种不同情况和各种不同疾病（或者说，自主神经系统和躯体神经系统疾病）时的诊断与治疗。神经病学的研究对象还包括与神经组织密切相关的脑膜、血管及效应组织例如肌肉等的疾病。

### 1.4.2　精神病学

“精神”（psyche）一词来源于古希腊文（ψυχή），它是“灵魂”或“蝴蝶”的意思，所以英国皇家精神病院制服的臂膀上就画了一只蝴蝶。精神病学属于医学专业，它致力于研究、诊断、治疗和防治精神性疾病，包括各种情感性的、行为的、认知的和知觉的异常。精神病学（psychiatry）这个术语是由德国医生 J. C. Reil 在 1808 年铸造的。从字面上解释，精神病学的含义是：灵魂的医学处理。

### 1.4.3　神经病学和精神病学的界限

虽然有些人认为，所有神智疾病都归属于涉及中枢神经系统障碍的神经疾病，但是传统上仍然把精神疾病分为单独的一类疾病，由精神科的医生来治疗。2002 年，哈佛大学医学院院长 J. Martin 教授在《美国精神病学杂志》上发表看法，他是一位受过神经病学训练的医生，他认为，“把神经病和精神病两个病类分开是人为的，这经常是受思想观念影响的结果，而不是根据科学事实。因为事实上脑和精神是一回事，既然如此，把这两类疾病分开就完全是人为的了。”

神经病经常会有精神病的表现，例如中风后发生的抑郁、与帕金森病相关联的抑郁和痴呆、伴随阿尔茨海默病和亨廷顿病的心境和认知障碍等，仅举数例。神经病和精神病之间并无截然界限。从生物学的基础看，在 20 世纪的前三个 25 年，精神病学被精神分析（psychoanalysis）理论所主宰，在以后的大部分时间里，药理学观点取代了精神分析的地位。今天，精神病学虽然已经转移到医学模式上来，但是目前的脑科学还没有发达到这样的程度，使得科学家或临床学家可以很有把握地指认某种病理学改变或者遗传学异常，说它们本身就是某种神智性疾病（精神病）的确定和可预测的生物学指标。

### 1.4.4　精神病学、精神分析与心理治疗

在 20 世纪早期维也纳的精神分析方法显露出来的时候，它代表着一种思考人的神智及神智疾病的革命性的方法。而从德国和奥地利赴北美的移民，又把精神分析方法带

到了美国。围绕着无意识神智过程的理论激情升温了。在精神分析学派的影响下，第二次世界大战后的几十年里，精神病学从与神经病学相关联的实验性医学，转变成为非经验性的学科，聚焦于心理治疗。在 20 世纪 50 年代，学院派精神病学放弃了他们原来的某些生物学根据，逐步转变为一个基于精神分析理论的学科。在随后的 50 年里，精神分析耗竭了许多新的研究能量。精神分析不能提出一种可接受强有力检验的假说，然而必须有这种检验才能鼓舞信心。幸运的是精神分析学界的某些人士想到，经验研究对于今后的学说是必需的。正是由于他们，过去几十年来有一个研究方向得到了推动，就是坚持循证心理治疗（evidence-based psychotherapy）；而另外一个方向是让精神分析和发展着的神智生物学结盟[5]。

A. T. Beck 可能是循证心理治疗方向之最重要驱动力量，他是宾夕法尼亚大学的精神分析师。传统的精神分析方法教导人们说，神智的问题主要起于无意识的冲突，但是 Beck 确信，意识的思维加工在神智疾病中也起作用。他发现，认知风格[也就是一个人对于世界的觉察、代表（representation）* 和思考方式]是一系列疾病的关键因素，包括抑郁症、强迫症、焦虑症，还有强迫观念与行为（obsessive-compulsive）状态。他发现，抑郁症病人有系统性的负性偏向，他们几乎无例外地对自己有一种不现实的过高预期，只要有可能就把自己压在下面，而对自己个人的将来都是悲观的。Beck 讨论了这些扭曲负性的认识。他发现，经过几次治疗，他的病人常常会得到改善，有时是相当快的改善。这引导他发展了认知行为治疗（cognitive behavioral therapy），后者是一种系统途径的治疗，聚焦于病人的认知风格及思维的扭曲方面[5]。

这种系统途径使得 Beck 和其他医生根据自己的经验研究抑郁症的处理结果。他们的研究显示，在处理轻度或中度抑郁的病人方面，与抗抑郁的药物治疗相比，认知行为治疗可达到同样的效果；而对于重度抑郁的病人，行为治疗的效果不好，但行为治疗在与抗抑郁药联合应用时有协同作用。Beck 的发现鼓励了研究者实行一种基于精神分析方法的、以经验式结果为归属的研究，在这些方面已经取得了一定进展。事实上，研究者们正在适度地开发一些用以检测精神分析特定方面的生物学方法，从而将精神分析和神智的生物学联系起来[5]。

为什么关于神智疾病的生物学，我们知道得那么少？其中一个原因是，我们对发生精神病时出了毛病的神经回路就不清楚。不过，现在正开始辨别抑郁症出现时不正常的复杂神经回路。例如，H. Mayberg 和其他科学家应用脑扫描技术，鉴定了这个回路的某些方面，找出了其中特别重要的两个脑区。一个是布罗德曼 25 区（Brodmann 25，解剖上的胼胝体下扣带区），此区实现情绪应激的植物性反应和运动反应；另一个是右前脑岛，此区在两种作业之下活跃——包含自我觉察（self-awareness）的作业，以及包含人与人之间经验的作业。这两个脑区还连接到其他重要脑区。所有这些脑区在抑郁症发生时都可能出现紊乱。在最近对抑郁症病人的研究中，Mayberg 对每个病人或是进行认知行为

* 见 18 页“名词解释”的有关词条释义。

治疗,或是给予抗抑郁药物治疗。她发现,如果开始时病人的右前脑岛活动水平低于平均,则这种病人对于认知行为治疗的反应比较好,但对于抗抑郁药的反应不好;而那些右侧前岛回活动水平高于平均的病人,则对抗抑郁药的反应好,但对认知行为治疗的反应不好。Mayberg 事实上能够预测抑郁症病人的反应,对病人的具体治疗根据病人的基础活性,从病人右侧前岛回的基础活性即可判断,应该使用哪种治疗。虽然我们需要弄清楚,是什么引起了这种差别性的基础活性,但是结果告诉了我们关于神智疾病的几件重要事情:① 很可能是非常复杂的神经回路被打断了;② 我们可以鉴定特定的、可以量度的神智疾病之生物学标记物,而这些生物学标记物是可以用来预测两种不同治疗结果的,即神智治疗和药物治疗;③ 神智治疗是一种生物学处理、一种脑治疗,脑所产生的物理变化是可以用脑成像方法检测出来的[5]。

## 1.5 脑研究的特点

### 1.5.1 脑的电活动

电活动是脑的一个指标性活动。自从 18 世纪末意大利科学家伽伐尼(L. Galvani,1737—1798)发现动物电以来,大家都公认,神经活动的突出表现是电活动。具体而言,在神经元细胞内液和细胞外液之间存在着电位差,即膜电位。神经传导依靠以锋电位形式出现的动作电位来进行,神经元与神经元之间的传递依靠突触电位。当记录电极不是以单个神经细胞为对象而是以一小块脑组织为对象时,所记录的就不单纯是动作电位和突触电位了。在头皮外记录到的是脑电波(electroencephalogram,EEG)。1929 年德国人 H. Berger 首次记下了人的脑电图,发现安静时的人脑有活跃的脑电波。动作电位、突触电位以及节律性脑电三者,成为脑电活动之主要形式。

### 1.5.2 在不同的层次上研究脑

这里讲的“层次”是指不同的复杂程度,层次可基于不同的分类原则来划分。例如,可以按神经轴的层次,从上而下有大脑、间脑、脑干、脊髓。可以按神经连接方面的层次性分为:① 牵涉多个脑区的大的神经回路;② 神经传导通路,它至少牵涉两个脑区;③ 小的神经回路,即在一个脑区里面神经元跟神经元之间构成的回路;④ 微神经回路;⑤ 神经元之间构成回路的不同联系方式。层次也可以是从细胞生物学和分子生物学复杂程度意义上的层次,例如:① 神经元属于细胞层次;② 突触属于亚细胞(亚神经元)层次,如神经元的一部分跟另一神经元的一部分之间的接触;③ 分子层次,就是细胞上面、细胞里面的各种具有活性的分子;④ 基因层次,是对蛋白质分子而言的,基因编码蛋白质分子[2,3]。

### 1.5.3 脑功能定位学说、等能学说和分布系统学说

在脑科学历史上,从来就有脑功能是定位(localization)的还是等能(equipotentiality)的争论。发展到近代已经明确地知道,这两种理论都有不足之处,较多为大家接受的是“分布系统”(distributed system)的看法,例如大脑语言区的分布就是如此[2,3]。这就是说,

任何一种脑功能都往往不是局限地定位于某一脑区，而是由脑内相互联系的系统来实现的，系统成员分布在脑内的不同部位[2,3]。

## 1.6　神经世界和真实世界

脑功能最精彩但也最困扰人的问题是，它涉及真实世界的客观实在和被脑所反映的神经世界的主观觉察(awareness)之间的关系。脑的神智功能是个说不完的话题，也是脑研究中最困难的问题，其所以困难是因为问题涉及客观的现实世界与脑内世界这两个世界之间的关系。神智功能虽是一个脑研究的课题，但它涉及哲学上对客观事物的基本看法，所以值得特别介绍[6]。

### 1.6.1　脑的状态是否能代表真实世界的状态

此问题看起来简单，实际却不那么简单。至少神智(脑)的某些内部代表(internal representation)并不与被它代表的外界实在相似。例如，人主观上产生热或红的感觉，但外界实在是平均动能(热)、电磁反射系数(reflectance)(红，颜色)。前人的做法是把客观和主观两者区分开来，例如形状和运动是客观的真实特征，热和颜色则是主观的特征。然而这种思考问题的方法很不通顺。对认知神经生物学的挑战是，如何概括地特征化(characterize)脑的模型与真实世界之间的关系。多数脑科学家提出，脑发展了高维度的图像代表，其内部距离间的相互关系对应于真实世界分类结构的类似相互关系[6]。有的科学家则提出了"局域描绘语义学"(domain-portrayal semantics)假说。这个假说提出，初级代表的相互关系在作为整体的高维度图像中以及在类型/因果性局域(categorical/causal domain)中，都依然存在[6]。

脑一定构建了许多模型，例如身体的模型、身体以外世界的模型、脑本身活性的模型。这里所谓"模型"是指一个组构起来的代表方案(organized representational scheme)，它是相对不太严格的。以身体为例，身体可以在几个方面被代表——躯体感觉和运动方面以及内环境方面，后者包括各种驱动(drive)、二氧化碳($CO_2$)浓度水平及血压水平等。外部世界的代表可能锚定于一个计算平台，该计算平台的组构被用来预见一些特性，例如存在于一定时空中对象的可食性(edibility)、友善性(congeniality)、敌意(hostility)等。运动计划由仿真器(emulator)执行，仿真器模拟环境中的身体，以便在运动实施之前预测运动的后果。某些神经活性还可以代表另一些神经活性，例如内态感(feeling)包括疼痛、恐惧、疲劳；有些则代表感觉状态，例如外界客观物体(例如一只蜜蜂)与个体之间的相遇(叮咬我)。按照 A. Damasio 的看法，存在于外部世界与身体之间的这种因果性相互作用之基本代表，承担(anchor)了意识性的自我代表——也就是说，作为内在自我(self-as-inner)与作为外在世界(world-as-outer)的意识性自我代表。至于在正常情况下各种内部模型之间有何等程度的整合，以及模型内部和不同模型之间又如何实现整合，这些都是未解决的问题。当然从用户的观点看，脑在内在自我和外部世界之间建构了区别，那是不言而喻的。脑并没有涉及外部世界模型活动的内省性代表，但它对于疼痛、生理需要、情绪等是有内省性代表的[6]。

这是一个初步近似的看法。这样的理论"卡通"(cartoon)仅是一种概念性平台，却被许多认知科学家和神经科学家想当然地认同，或者含蓄地或者明确地。勾画一个理论轮廓的目的在于，使得主要的承载片段容易被看清，因为可视化将会帮助我们进行探索，看看这个框架会带来什么后果，它能否组成一个有连贯性的方案；而且会让人看出，哪些部分从根本上说来是不完整的，或者某些部分可能完全是被误解的[6]。

这些问题并不是做一两个关键性实验就能够回答的。当前在脑科学发展的早期，有些问题可能是完全无法回答的。但是这些问题值得提出，因为被掩盖在其背后的假说可能最终会被证明是有问题的。此外，这类假设虽然已在幕后存在了很长时间，但也可能驱使我们做一些实验性的研究。它们不可避免地会在建立和检验假设方面起相当作用。最后，除非偶然地被推到前台，原来的那些背景假说会被认作当然的，例如"上帝创造"、"决无问题的真理"等。那不是一件好事情，在任何科学中教条都是不可取的，尤其在年轻的科学如解释脑功能和组构之基本原理的神经科学中就更是如此[6]。

### 1.6.2　初级性质和次级性质

值得一提的是，我们如何理解这样一种关系——世界的脑模型与世界本身之间的关系。特别是，相对于被脑所代表的物体而言，我们能够从脑代表的准确性学到些什么？这个领域里存在着一大堆相互关联的问题，所以很有意义的是，从中提炼出最棘手的问题，做进一步剖析[6]。

按一般的聪明才智就可以理解，由脑所代表的某些特性在真实的世界里并不真正存在，这些特性仅仅是脑活动的产物而已，典型的例子就是颜色、气味、声音。人们可以争辩说，薄荷油的味道是当特定分子引起嗅上皮细胞受体去极化，而由脑创造出来的。这些分子对于另一些动物的脑，可以是无关痛痒的。虽然分子存在于外部世界，但是气味本身并不存在于外部世界。类似的争辩还可以举出一些。某些特征例如质量、运动、时空关系等，它们在真实世界里是真实存在的，而我们脑的代表与它们很相类似。因此，后面这些客观存在被称为"初级性质"(primary quality)，而前面说的嗅觉、颜色等则是"次级性质"(secondary quality)。次级性质是由初级性质在神经系统中引起的[6]。

天文学家伽利略(G. Galileo，1564—1642)可能是历史上提出有这种区别存在的第一人。当时他的目的是想阐明一个事实：真实世界可能并非正好跟我们经验中出现的那个世界一样。伽利略的假说是由"热"现象引发的。他推理说，实际上热可能是一种微小"颗粒"，即原子运动，如同古希腊哲学家德谟克利特(Democritus，460BC—370BC)所想象的那样。伽利略感到震惊，热并不是按照这个方式被感受到的。热的感觉似乎与已知的任何东西的运动无关。为了解释为什么表现并不类似于实际，他认为，颗粒运动开启了体内的某种因果关系过程，而此过程引起某些稍稍不同的事情，这就使我们感觉到热[6]。

在科学上知道了表观和实际存在之间这样或那样的差别以后，一些思想家如洛克(J. Locke，1632—1704)提出了普遍性的区别：一方面是真正世界的特征(初级性质)，另一方面是脑构建的特征(次级性质)。类似于初级、次级区别的说法,还经常会在讨论上述理论框架的时候冒出来。虽然乍一看很有道理,但这个区别埋下了自我毁灭的种子[6]。

这个区别给了初级性质一个特权,说它是完全真实的,即具有不依赖于脑的真实性,它的出现不需要代表。如果说,颜色和嗅觉所代表的是脑对某些外界刺激的因果性关系反应,那么空间代表和运动代表也应该如此。脑不能将外部世界的代表与外部世界本身直接进行比较,如同我们比较舞台上的巫师与幕布后的人那样[6]。

可以肯定的是,仪器能给脑提供进一步的数据,就像伽利略那个聪明的热膨胀温度计向他提供热的资料那样。但是仪器所提供的资料需要人来观察,需要以理论为基础加以解释,这两者都需要经过代表模型的透镜过滤。因此,所谓"客观"的仪器测量也并非可以用来区分初级和次级性质的一般性方法[6]。

于是产生了两难困境:如果"内部-我"和"外部-世界"的区别是在脑的代表模型中建构的,那么由脑建立起来的特征和真正世界的特征这两者的基础是什么呢?为什么我们还要相信初级特征能够准确地特征化真正的实体,而次级特征仅是脑与实体互动的一种代表性加工?[6]

### 1.6.3　唯心论未能为初级和次级性质提供解释

哲学家贝克莱(G. Berkeley,1685—1753)认识到,支持次级性质是由神智所创造的那种论点,将使我们沿着一个非常滑的斜坡面下滑(图 1-1)。一旦走在斜坡上人们就会

**图 1-1**　滑向唯心论的滑梯

滑梯是从看起来初级和次级性质存在区别这样一种认识开始的。坐在滑梯最高处的是伽利略,他最先设想了这一区别,因为他碰到一个困惑,即热作为一种主观经验和热作为存在于世界的客观性质,这两者是不同的。洛克有类似的考虑,并进一步探讨了两者的区别。他看到了面前的滑梯,但是并不太担心。康德(I. Kant,1724—1805,德国哲学家)力图保持在滑梯上不滑下去。贝克莱确信,下滑是唯一的逻辑救助。黑格尔(G. W. F. Hegel,1770—1831,德国哲学家)则是一个彻底的唯心论者。(图引自[6])

发现，你必须滑到下一步：所谓初级性质如同次级性质一样，都不过是由神智所创造、对真实世界的反应而已，而其真实本性我们是不可能知道的。在滑梯的底部是一个命题：所谓的外部世界，究其实质，也就仅仅是“我”对外部世界的概念。所以，唯一存在的东西也就是概念而已。此外，表观上的“我”的物理脑，也一定是一个概念，仅此而已。在此情况下，真正存在的仅有非物质的神智而已，它是一大堆的概念。按照经典的看法，此观点即所谓的“唯心论”——等待在滑梯底部的正是它[6]。

**图 1-2** 折射错觉

当铅笔进入水中的时候，它似乎有一个弯曲。这个现象可以由水介质的折射特征来解释。(图引自[6])

对唯心论的一个明显、基本的反对意见是，唯心论不能解释外部世界在观念上的连贯性及规则性，甚至不能解释唯心论者自己的神智生活。即使最简单的规则性也会成为无法解释的，例如把一个物体抛到空中，物体会有规则地朝地面掉下来；干燥的木材会合规则地燃烧；水能够可靠地灭火等[6]。

唯心论者也不能够说明科学在证伪(falsification)当中取得的进展，被科学证伪的命题，例如“疟疾是由坏空气引起的”，“地球是扁平的”，“地球是不运动的”，等等。对唯心论来讲，在推动接近客观实在的本性方面，证伪没有什么特别之处。在那里只有概念，然后是更多的概念[6]。

**图 1-3** 亮度错觉

标记着 A 和 B 的方块，如果用亮度计来测，实际上其灰度完全相等，两处方块具有同等亮度。但是人看起来，B 比 A 要亮得多。这是因为脑配置了一个假说，即光线来自柱子的右侧后面，而 B 处在其阴影之下；另一方面，跳棋棋盘的两种交替方块格子分别有各自同等恒定的灰度。这样脑就构筑了一个视觉经验：假如 B 不在阴影下，它会是跳棋棋盘型式(pattern)中亮度较大的一部分。(图引自[6])

更一般地说，唯心论不能够解释科学上的壮观发展，这些发展证伪了那些直觉上容易接受的概念(例如“热是一种液体”)，而用解释上更强有力、但并不明显的理论取代了它们，例如原子理论、统计力学和进化生物学等。具有讽刺意义的是，正是那些激起伽利略、洛克等来寻找外表-真实之间区别的认识论进展，顽强地抵御了唯心论的进攻。最后，令唯心论者尴尬的是，脑科学正在取得进展，可以解释为什么一些现象有时候会不同于事物真正应该是的那样，例如为什么一根直的铅笔泡在水里看起来变弯了(图 1-2)，为什么同等的两个灰色方块似乎会有不同的亮度(图 1-3)，为什么当圆月亮刚升起的时候比它已经升到头顶上的时候看起来要大一些。换句话说，种种证据越来越多地支持了一种观点，即科学可以通过更多、更系统的细节方面来解释神智特征，将神智作为物理的事物（神经系统）来解释，而唯心论者的程序只不过待在原处张牙舞爪而已[6]。

### 1.6.4 脑模型和外部真实世界

摆在我们面前的认识论问题是，如何富有创造性地讨论代表模型与那个被模型化了的世界，以及两者之间的相互关系。有一个反应是用伽利略之前的那种决断，回避整个混乱的态度，即认定我们正是准确地觉察到了真正的实在。换句话说，我们避开那个初级、次级的区分而且勇敢地声称，在表现和实在之间有完美的匹配。这是一种"天真实在论"，事实证明这种看法是不成功的，因为它对许多现代知识抱着似是而非的无知，包括对物理学、天文学、生物学和化学等。此外，它也忽略了越来越多地从认知科学及神经科学方面搜集到的证据，这些证据涉及脑的创造性过程。例如，那种歧义的图像可以看成不同的对象，尽管刺激并无改变（图1-4）。三维深度视觉可以有规则地从二维视网膜系列中建构起来（图1-5）[6]。

**图1-4** 模棱两可的图形

这幅图像包含9个区域，它们可以统一看成为人的一张脸，也可以分别看成为背景图案的一部分。例如，老人的耳朵可以看成为一个女人的上半身，老人的鼻子是另一个男人的右上臂和肩膀。此图在两种不同的解释之间并不是完全中性的，但是对老人大侧面（large profile）引人注目的知觉却显示了强有力的、自上而下的加工过程，它战胜了关于结构和立体深度的信息。（图引自[6]）

与天真实在论相反，那种认为在实在和代表（representation）之间有着完美匹配的结论是站不住脚的。通过开拓当前科学，有可能找到一个合理的解决方案，建构一个最可能的相互关系理论，例如脑和世界之间的通信[6]。

神经系统的代表模型有可能大致上像一幅图像，图像内部的抽象相互关系描绘着外部世界不同类别的相互关系。可用来进行粗糙和低维度类比的是一张城市道路交通图。在那张图中，一条路和另一条路之间的真实空间相互关系用纸质图上的线条作为代表。如同道路图有不同程度的真实性和细致程度一样，外部世界图的脑模型也以不同程度的可靠性和精细度来描绘外在世界的分类和因果关系结构。青蛙的脑与大乌鸦的脑相比，前者描绘了外部世界的少数几个分类和结构的区别；婴儿的脑与成人相比，前者描绘了外部世界较少的分类结构；科学未发达以前的人脑与经过科学训练的人脑相比，前者描绘了比较少的外部世界分类结构。也应当注意一点，如同面积图聚焦于所感兴趣的特定性质一样，脑所描绘的一般应该是跟有机体生存有关的某些特征，即"与我有关"特征。与二维纸质图不同，神经系统里面的代表模型应该是多维度的、很可能是高维度的图像[6]。

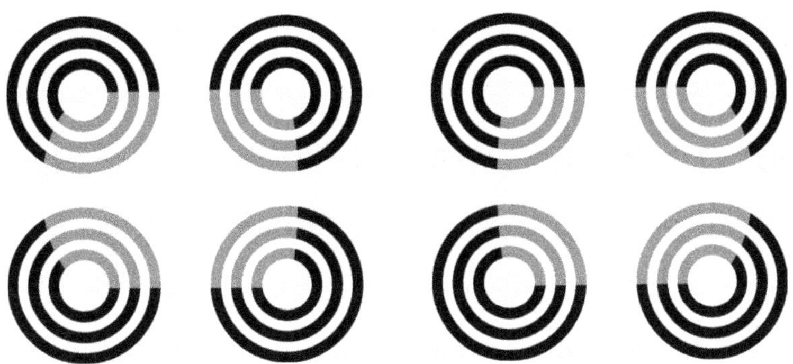

**图 1－5** 立体观测中的主观效应(彩图见图版第 1 页)

仅圆圈中的一段线真正是蓝的,其他都是黑或白的,但我们会看到单独的一片蓝,它在黑圆圈之上具有清楚的形状。这既演示了霓虹灯光扩散,也演示了主观图形的构建。左侧和右侧的图像是立体投影的一对光学影像,观察者可在主观上把它们融合起来,使之成为一个具有深度的成像(交互融合)。这样,蓝色片曲线的主观轮廓会伸展到空间,朝向观察者。(图引自[6])

代表某些非自我中心的、持久存在于客体空间-时间中的客体及结构的那种高层次规律性的脑,会拥有强的代表性工具,可以用这些工具来探测和发现更多关于外部世界类型及因果结构的情况。神经系统可以利用外在工具例如显微镜和望远镜,来延伸自己的预测能力,扩展自己视野下的因果结构范围。神经系统可以发明或配置理论工具,提出种种看法,例如"化合价"、"比重"、"基因",还可以把范围扩展到更远。那种用脑把社会群体知识梳理过的生物,可在众多个体中拓展知识的分布,从而节省单个个体必须知道的东西。其神经系统也使他们便于把新知识存储于后代、人为事物或者社会制度,这样就能够经过许多世代来修正和改进他们的内部图像[6]。

因此从广义上讲,科学对于伽利略的问题提供了具有普遍性的答案。伽利略的问题是:我们可以从什么样的认识论了解中,得到外表与实在的区别?为了提供更加详细的回答,我们必须好好地查考一下科学发现的历史[6]。

可以从最简单例子开始,例如计算显示,月亮不止地面上一个车库那么大小,它所在的位置可能比云层还要高;为什么霓虹灯颜色的扩展是一种错觉;为什么我们认为疟疾是由镰状疟原虫(*Plasmodium falciparum*)引起的,它的传播是通过雌性蚊子叮咬,穿刺我们皮肤。我们还可以接着往下思考,了解拉瓦锡(A.-L. de Lavoisier,1743—1794)的实验。他的实验发现,在燃烧过程中所谓"脱燃素气"(de-phlogisticated air,即氧)快速地与木块中的物质相结合,而不是从木块中吸出某些燃素(phlogiston)。然后我们可以进一步看到,由牛顿精心制作的运动定律以及它的预见性、解释性的革命观点。我们还可以再进到爱因斯坦狭义相对论的观点,进到近代脑科学的发展。了解这么多的科学及科学史,将有助于我们体会一个原理:科学在向前运动,它勾画了外部世界的分类及因果关系结构[6]。

如同理性没有算法规则一样,科学进步也没有算法规则,不过还是有一些指导性的原型及有用的规则，不妨列举若干：① 观察；② 思考；③ 试验；④ 不要教条化，也不要轻易改变你的想法；⑤ 不要被常规束缚，但也不要轻易抛弃它们；⑥ 应用统计学工具，但不要认为好的理论仅仅从统计学分析中就可以浮现出来，等等[6]。

最后，我们希望对神经机制了解得更详细一点，常识和科学都将通过这些机制来发展一致的代表模型；还希望了解，从神经方面看"连贯性"意味着什么。同时我们会开始发觉，"模型与外部世界的同型性"(isomorphism)这种隐喻，如何能够达到非隐喻性的程度[6]。

## 1.7　新神智科学的兴起

到了21世纪，新神智科学正在兴起。兴起的主要特征表现在两个方面：一是在生物学基础上了解神智过程，二是有可能促进4个特定方面的认识(见1.7.2)[5]。

### 1.7.1　在生物学基础上了解脑

从生物学基础上了解神智过程，将使我们可以用得自新神智科学的认识，探索这种认识与哲学、心理学、社会科学之间的关系以及与神智疾病研究的关系。我们要考察和讨论这些关系如何能够建立起来，而新的神智科学又如何为进一步的探索提供想象空间[5]。

神智是一系列由脑实现的过程。早在古希腊时代，苏格拉底和柏拉图就猜想过人类神智的性质。比较严肃的学者希望从普遍的意义上了解自己和了解人类行为。早期的学者把问题首先局限于哲学框架。到20世纪晚期，研究人类神智的哲学流派与认知心理学结合起来，这两者又和神智科学也即脑科学结合起来，其结果是产生了关于神智的新的生命科学。这门新科学的基本原理是，神智是一系列由脑实现的过程，而脑是极端复杂的计算设备，此设备构建了我们对外在世界的知觉，固定了我们的注意力，调控了我们的动作。许多人包括决策者们开始认识到，21世纪科学的一个关键性挑战，是要在生物学基础上更好地了解人类神智[5]。

神智疾病与遗传学的关系是所有关于神智疾病的生物学讨论的主要内容之一。对遗传突变如何影响脑的发育，我们还仅有片段的知识。近来有两项研究特别重要。多数突变只在我们的基因中产生小的差别，但是科学家发现，某些突变可以引起染色体结构的差别。现在已经知道，这种差别是拷贝数目的变异。有些病人出现拷贝数目的变异，可能是由于一个染色体里面一小段DNA的缺失，或者有额外的一片DNA。M. State发现了一种令人惊奇的拷贝数目变异：在人的7号染色体出现特定的一段额外拷贝，可以大大增加患自闭症的危险，而此病的特征是社会性孤立；但是缺失了同样的这一段，会导致Williams综合征，此病的特征是具有强烈的社交性。7号染色体的单个片段仅含有我们人类基因组全部21 000个基因中的25个，而丢失或增加一个额外的拷贝却对社会行为有如此深刻且完全不同的效应[5]。

第二个遗传学的新发现是有关一个新的点突变，它可以在成年人精子中自发地发生。这样一来，父亲可以把新的点突变传给他的一个子代，另一个孩子则没有，或者仅仅他自己有这个突变。精子每 15 d* 分裂一次。这种不断的细胞分裂及 DNA 拷贝，导致误差的产生，并随着年龄而增加：一个 20 岁男人的精子里面平均有 25 个新的点突变，而 40 岁男人有 65 个。这种点突变可以解释，为什么年老的父亲更容易生育患自闭症的小孩，其所生小孩患精神分裂症的危险也更大。S. Gulsuner 鉴定了发展成精神分裂症小孩身上的 50 个特异的新突变，但是他的双亲并没有此突变。Gulsuner 等人追踪了正常脑组织里面的这 50 个突变基因，从怀孕第 13 周一直追踪到成年。他们发现，这些基因在前额叶皮层(prefrontal cortex，PFC)的脑区形成网络，而 PFC 是参与判断和工作记忆的。这个网络影响 3 个基本的脑功能：① 神经元在发育过程中的走向；② 突触传递；③ 基因转录的调节。这 3 个功能都是很重要的。此发现强调了一个看法，即 PFC 的神经功能发生遗传学中断(disruption)，对于精神分裂症的发展至关重要。上述遗传学研究进展告诉我们，从本质上看，神智疾病是生物学的，而个体的生物学及遗传学对于神智疾病的发育研究可以作出有意义的贡献。最终我们希望了解，生物学因素怎样与环境相互作用，从而引起神智疾病[5]。

### 1.7.2 对脑科学本身及与其他相关学科关系的了解

新的神智科学正在悄悄兴起，这个兴起会极大地增加我们对脑科学本身及与其他相关学科关系的了解。新神智科学兴起表现在 4 个特定方面，一是联系到人文学科、哲学和心理学：意识和无意识知觉、无意识的本能性的行为；二是联系到社会科学、伦理学和公共政策：自由意志、个人责任心、作出抉择；三是联系到艺术的知觉：旁观者分享；四是联系到神智疾病：精神病学、精神分析方法、心理治疗[5]。

我们提出新神智科学的 4 个特定方面，这是特别考虑到，新神智科学将有利于丰富我们对其他领域知识的了解，尽管由于脑功能极端复杂，这种好处不会很容易得到。我们看到，它具有新的知识源泉以及智力力量(intellectual force)的潜力，而这种潜力有可能导致新一轮的自然科学、社会科学和人文科学之间的对话。对话将帮助我们对脑机制了解得更好一点，使艺术、科学、人文科学的创造性成为可能；而如此的创造性将要在智力的历史长河中开启新的窗口。此外，对于公共政策来说，对脑的更丰富的理解是必要的。特别有前景的研究领域应该是：婴儿的认知和情绪发育、教学方法的改善、抉择的评价等。对公共政策可能的最大后果是，脑科学和其他学科的互动所带来的冲击或许会影响“社会宇宙”(social universe)之构造[5]。

这 4 个交叉点很可能不仅使我们增进社会科学和人文科学特定领域的知识，也使我们找到接近问题的新方法，可以用来了解有意识的神智过程。沿着这条路我们会惊奇地发现，生物学家已经知道神智生活中无意识过程的重要性。这个所谓无意识的过程，不仅指我们的本能性的生活，也指我们自由意志的某些方面，以及我们的抉择[5]。

脑科学与社会科学、人文科学的交融，将是新神智科学的一项突出内容。建立并维

* 本书中时间单位统一用字母符号表示，秒为 s，分钟为 min，小时为 h，天为 d。

持包括脑科学、社会科学、人文科学在内的对话，这是不容易的。对神智的重要看法来自作家、小说家、诗人，也来自哲学家、心理学家、科学家和艺术家。各种类型的创造性努力不但可以而且还将继续为我们理解神智作出贡献。如果我们抛弃一个而选择另一个，则我们的观点显然是不完整的。以上的学科方向都是我们所需要的。有些人文学者感觉有点懊丧，认为生物学分析会减少我们对神智活力的想象，或者认为，那些重要的人文问题被生物学家一搞就变得不重要了。可以深信，对人文学科的科学贡献不会使神智变得不重要，而是相反，可以照亮复杂神智过程中某些困难问题的解决。当我们解释脑这部机器的运作时，我们并不忽视任何创造性。我们也不忽视抉择、意愿或责任心。某些担心可能是正当的，如果科学做得不好，而且无批判地被解释，那就可以使脑变得不那么重要，或者使科学所希望解释的生命的某一方面变得不那么重要。这里可以用"爱"为例来进行分析，如果把爱仅仅简单地归结为某个特定脑区的血液流动多了，这就既使爱显得不重要，也让脑显得不重要。但是我们如果能够了解爱的各个方面，更完整地了解它在脑内是如何表现的，以及如何随着时间而表达，那就会既丰富我们对爱的科学认识，也丰富我们对脑的认识。归根结底，这是一个更深入地了解我们自己的问题[5]。

科学分析是一种运动，它朝向更大的客观性，更接近于描写真正的、自然存在的物质。从视觉艺术看，科学描述了一个看画人的观点，不仅描述看画人的主观感觉印象，也描述由脑的物理介导所产生的那个印象。因此，艺术弥补和丰富了神智科学。这两种方向中的任何一种，都不足以充分描述人的经验。我们所需要的是一种鼓励新思维的互动，对新方向、新实验的接近，既在艺术的方面，也在神智生物学的方面[5]。

心理学与脑科学的相互关系，或者艺术与神智科学的相互关系，这是一个正在展开的领域。我们可以看到，心理学方法的认识正在受到脑科学的挑战，而又经常被脑科学所认可；有关脑功能的知识扩展，让我们在行为的研究上得到好处。我们看到，我们的知觉以及我们所享受的艺术，完全是由脑的活性介导的。我们考察了好些方面和好些途径，脑科学借此认识和丰富了我们对艺术的讨论。我们已经看到，从试图解释"旁观者分享"(beholder's share)中，脑科学可以得到多少提高(详见 13.9)[5]。

把知识联合起来的大视野(grand vision)，一定要融合到强的历史现实中去。有关 20 世纪开始出现的科学和人文学科之间的鸿沟，开始是 C. P. Snow 在 1959 年的著名报告中提出来的，报告题目是《两种文化》。作为不可避免的前进步伐，这两种文化并没有消失，也不会因进展而消失。相反，我们应该通过开放性的讨论去接近一个理想，就是把两者联合起来，在各自有局限的知识领域之间互相开放讨论。互相对话很有可能是成功的，如果研究领域是自然地联合而靠近，如果目标局限于有限的领域，而且对所有领域都有好处，例如神智的生物学及艺术的知觉。目前看来这好像还不大可能，就是我们完全得到美学与神智生物学的统一，而且在近期就得到统一；很可能的倒是一场新的对话，美学和知觉科学这两个方面在可预见的将来会统一起来；也很有可能，诸如艺术的方面与知觉和情绪的科学方面会继续照亮各自领域，而对话的效果则可能累积起来[5]。

新神智科学的潜在好处是显然的，例如与人文学相接触，有可能产生对意识和无意识神智过程多样性及目的之新的深入了解。另一个收获可能是，了解脑怎样对艺术工作起反应，怎么加工有意识和无意识的知觉、情绪、移情作用等过程。这种对话可能会给艺术家带来什么样的好处呢？自从15、16世纪近代实验科学诞生以来，一些艺术家像F. Brunelleschi、T. Masaccio、A. Dürer、P. Bruegel、R. Serra、D. Hirst等都对科学有兴趣。达·芬奇(L. Da Vinci，1452—1519)运用他的解剖学知识来描绘人体的形状，这使他作画比以往的任何艺术家都准确和栩栩如生。所以，当代艺术家应该可以利用我们对于知觉生物学的了解，以及对于情绪和移情作用的了解，来创造新的艺术形式，以及进行其他的创造性表达[5]。

由此看来，我们可能首次达到了这样一个地步，可以相互直接进行研究和讨论，看看神经科学家可以从艺术家的经验中学到什么；以及在艺术创造性方面，在歧义知觉方面，在鉴赏者的知觉和情绪反应方面，艺术家和鉴赏者可以从神经科学学到什么。某些艺术家对不合理神智工作状态产生了浓厚的兴趣，例如R. Magritte和其他超现实主义者。他们早已创造了一种新的艺术形式，那依赖于内省，提示在他们自己的神智里发生了什么。虽然内省是有帮助而且必要的，但它不能对脑是如何工作的提供详细的了解。今天的艺术家可以利用关于神智是怎么工作的知识，加强传统的内省[5]。

## 1.8 近、现代脑科学的发展满足不了社会要求

过去一个多世纪以来，脑研究有了极大的发展。所谓一个多世纪以来，是指以19世纪末、20世纪初开始的神经元学说的建立为标志。更远一点，脑研究始于现代科学兴起的文艺复兴时期，已经有300多年的历史。18世纪末，人们知道了神经的电活动，从此开启了以电活动为基础的脑科学研究。现在回过头来看，脑研究迄今为止的发展还不能满足人类希望了解脑功能的知识需求，更不能满足人类期盼治疗神经疾病，特别是治疗与神智功能失常相关疾病的要求。所以，这里的问题既有普遍性的问题，也就是科学的整体发展不够的问题，也有脑的特殊问题，是指脑具有神智功能，具有人的主观表现[2,3]。

目前，对脑功能的了解，特别是对神智功能的了解，尚有许多不足。正因如此，在美国，1990年布什(G. H. W. Bush)总统提出了“脑的十年”后，到了2013年，奥巴马(B. Obama)总统又提出要重视脑研究，说明脑的问题没有解决，人类对自己疾病问题的解决不能满意，特别是普通百姓不能满意。

有两位世界领导人已经对此作出了反应。以色列总统佩雷斯(S. Peres)在2013年国际科学论坛上宣布，对人的神智的了解缺少坚实的生物学基础，这是全球所面临的极大问题之一。他发起了一个100万美元的全球B.R.A.I.N.奖，奖给那些在脑科学中获得突破，而这种突破又能转化为对脑疾病治疗的人。另一位有世界影响的政治家美国总统奥巴马，在2013年度的咨文中也鼓励脑研究，并宣布将要出大量经费，包括公家以及私人的基金，资助了解人类脑的研究。未来几年里，这个脑研究的倡议可能为了解所有脑疾病提供科学基础，不仅是神智疾病，也包括神经疾病，特别是阿尔茨海默病、亨廷顿病以及淀粉样侧束硬化等[4]。

当前，脑研究正面临重大挑战。美国国家卫生研究院(National Institutes of Health,

NIH)的两个研究所(国立神智健康研究所、国立神经疾病和中风研究所)所长对于神经科学 25 年来进展的看法具有代表性,反映了科学工作者对精神病治疗现状的担忧[4,7]。脑研究往何处去引人注目。他们考察了 25 年来神经科学的巨大进展,看到基础神经科学有了很大发展,但是另一方面,脑疾病在提出持续不断的要求。他们的结论认为,为了弥补这方面缺陷要做到 4 点。第一,更加细致地了解脑功能;第二,重新考虑我们如何接近这个学科的转化医学;第三,目标要聚焦到人的神经生物学;第四,继续努力营造广泛的神经科学创新性工作领域[7]。

## 名 词 解 释

由于脑功能的特点,在脑研究领域出现了一系列术语。本书中的几个常用名词需要先做一些解释,以便于后文阅读。

**代表(representation)**:是指反映客观世界的特征性的相应脑活动。

**神经相关(neural correlate)**:是指客观世界的物体或活动所引起的脑活动(神经活动)。

**图像(map)与描图或作图(mapping)**:是指客观事物反映到人脑里面的一种布局关系,这种布局往往表现为脑里面展开的一幅图。这是因为,人脑是三维结构的组织,客观事物及其活动往往引起脑不同部位的活动,并呈一定的点对点式的对应关系,通常就在展开的大脑皮层表面形成一幅图。如果运用动词形式来表达,这就叫"作图"或"描图",运用名词形式表达就是"图像"。

**脑的分布系统**:在计算机科学中,分布系统是网络化计算机的一个软件系统,该系统的组成部分通过发送信息来沟通和协调。在脑科学里,这是指服务于某一脑功能的各有关脑区的总称,它们在结构和功能上组成为系统。

**神智**:"神智"的英文为 mind,有人译为心智。把 mind 归于心,总是与现代的心概念格格不入。因此,这里把 mind 译作神智。mind 本意也是精神,但中文有精神(psyche)、精神病(psychiatry),而 psyche 来源于灵魂,与 mind 也有所不同。

**内态感**:"内态感"的英文为 feeling,它可以与感觉(sensation)及知觉(perception)相区别,也与此种经验往往含糊、混沌的特点相吻合。它似也可译为"微感"或"内感"。"微感"把"微"的发音与 fee 的发音巧妙关联起来,但 feeling 不一定都是微弱的感觉;内态感则直指其来源于内感受器。feeling 与神智的关系微妙,在"内感"中体会不出来。现在把它译为"内态感",这样比较适合于它的真正起源。相应地,feeling state 译为内态感状态。(参见 18.1)

## 参考文献

[1] Albright T D, Jessell T M, Kandel E R, et al. Neural science: a century of progress and the

mysteries that remain. Cell，2000，100；Neuron，2000，25：S1 - S55.

[2] 陈宜张. 神经科学的历史发展和思考. 上海：上海科学技术出版社，2008.

[3] Kandel E R，Schwartz J H，Jessell T M，et al. Principles of neural science：5th ed. New York：McGraw-Hill，2013.

[4] 陈宜张. 脑科学研究与展望. 科学，2015，67(4)：19 - 23.

[5] Kandel E. The new science of mind and the future of knowledge. Neuron，2013，80：546，555 - 558.

[6] Churchland P S，Churchland P M. Neural worlds and real worlds. NR Neurosci，2002，3：903.

[7] Insel T R，Landis S C. Twenty-five years of progress：the view from NIMH and NINDS. Neuron，2013，80：561.

# 第 2 章　离子通道与神经传导

## 2.1　引言

1791—1797 年，意大利的伽伐尼成功演示了生物电现象。他所演示的神经在受到刺激时引起肌肉收缩，其中实际上包括了神经传导和突触传递两个过程。本章讨论的是神经传导，主要介绍两个方面——离子通道和轴突传导。

从还原论的研究思路出发，在神经传导的研究方面，沿着生物电现象的电生理学一路走来：先是动作电位和膜电位形成机制的学说；到了近代，神经传导的研究重点在神经元膜上的离子通道；最近以来，重点是对离子通道三维结构的分析。当然，神经传导不局限于轴突传导，也包括树突的传导，这些可参考其他专著[1,2]。另外，关于胞体和神经末梢部位的传导，在本书中没有接触到。

理论研究不断深入，这是研究发展的规律，不足为奇。但是，人类研究离子通道，总还存在着治疗人类相关疾病的关心与希望。这方面显然还有很长的路要走，前景如何还不清楚。

从脑功能的角度看，神经传导主要是轴突的传导，所以本书介绍轴突传导的各个方面。也有一些特殊的问题，那就是神经传导怎么跟解释整体脑的同步活动相关联。这里主要提到了两个问题，一个是假突触传递的问题，另一个是裂隙接头的问题。

## 2.2　离子通道

心脏跳动、肌肉收缩、快速进行的思维等，都是生物电活动的表现。这有赖于细胞膜上一系列蛋白质的功能，这些蛋白质就是离子通道。离子通道的基本功能可以归纳为一句话："孔"开放，离子通过"孔"流动，"孔"关闭。对离子通道基本机制的研究，就是研究"离子通过"这件事如何发生以及发生的后果，它对兴奋性细胞有何意义。这些问题仍然是神经科学领域中非常关键的问题。也许你会奇怪，经过那么多年的研究，这样一个简单过程难道还要再学习和再研究吗？还有可以研究的问题吗？[3]

离子通道这个概念曾经使得对神经系统电活动感兴趣的科学家为之倾倒，如果从 1952 年 A. L. Hodgkin 和 A. F. Huxley 发表他们的著名论文算起，科学家们研究这个问题已经 60 多年了。离子通道蛋白质是细胞膜上的"孔"，它对各种化学的或电的刺激作出开放或关闭的反应，这些结构使细胞可以充分利用储存在跨细胞膜两侧离子浓度梯度上的能量，以产生电信号；而这些信号的快速传导，则是神经和肌肉所依赖的。离子通道研究涉及神经科学领域里面的基本问题，如通道有什么物理学性质，离子是如何与通道相互作用的，药物与离子通道“孔”怎么相互作用，特定离子通道表达在哪里，又怎样在发育过程中或电活动中被调节，离子通道在不同类型的兴奋细胞上是如何工作的，等等。回顾 20～30 年来这个领域的进展，还可以提出某些未解决的问题以及今后的希望[3]。

### 2.2.1 从卡通模式图到大分子

通过最近的研究，得以阐明动作电位赖以产生的离子通道的分子结构，知道通道分子有什么特点。已经知道：它们可以分为若干超家族；离子通道可能有 3 种功能状态——开放、关闭、失活；钾离子通道有 5 个孔，仅中心孔是它的标志(signature)。我们还知道了离子通道的生物合成、组装、运输等。同时也应该看到，由于缺少药理学干预手段，如何把离子通道研究与脑疾病的治疗结合起来的问题还有待解决[3]。

离子通道的研究领域非常广阔，完全可以写一本书。对离子通道门控性质的研究，已经取得了重大进展。在本书范围内，我们只能集中在 3 个方面展开讨论的主题。① 从早期对离子通道的一张卡通图模式，直到现在对离子通道的三维结构了解，推进了对它的分子性质的了解。② 通过关于离子通道机制的一个故事来说明此机制对了解神经元信息传送的意义。这里，一个中心的课题是电压敏感。③ 讨论像离子通道这样一种复杂多成分的蛋白质复合体是如何组装起来，并发送到细胞正确位置的。这些是离子通道的基本问题，渗透到离子通道的所有生物学功能方面。了解这些方面，成为弄清离子通道在正常或疾病状态下如何工作的关键。此外，继续探索这些核心课题，对于发展操控通道功能的新方法，对于从事基础研究，发展新药物和治疗神经系统疾病都是必要的[3]。

要了解一个离子通道是怎样工作，怎样受调节，怎样与药物相互作用的，我们必须知道通道的构造。有关通道构造的基本看法是通过两种原型的通道研究而获得的。第一个原型是电压门控通道，它对钠或钾离子通透，从而产生动作电位的传播。第二个是五聚体的配基门控离子通道，即快速的化学突触通道，典型的就是烟碱型乙酰胆碱受体(nicotinic acetylcholine receptor，nAChR)。本章主要目标集中在电压门控离子通道。想要了解配基门控离子通道，可以参看第 3 章[3]。

### 2.2.2 电压门控离子通道的组成部分

离子通道组成部分的基本概念如电压门控钠通道及电压门控钾通道，对这些我们都早就有所认识。这得益于高水平、高洞察力的生物物理学和药理学研究，知识是通过研究自然状态下的电压门控通道活动而取得的(图 2－1a)。通道大分子是一种蛋白质，它是门控的，具有一个大的内前庭和一个小的外前庭的“孔”，两个前庭之间有一个狭窄的选择性滤过器。滤过器允许某些离子流动，其长度仅能允许同一时间有一个以上离子存在。但是它非常狭窄，离子在这里面走动的时候要排列成一排，不能并排走。门控的

“门”在“孔”道的细胞内面这一侧，它受有关电压部件的调控，该部件埋藏在质膜内，能够感知跨膜电压的变化。当离子通道研究正进入分子领域的那个时候，许多报告的内容是鉴定和特征化那些已经得到很好研究的离子通道的基因。后来知道，这些基因是 3 个通道家族的成员：① 电压门控离子通道（voltage-gated ion channel，VGIC）；② 配基门控离子通道（ligand-gated ion channel，LGIC），如乙酰胆碱受体；③ 谷氨酸受体。这些鉴定基因的研究改变了整个领域的面貌，使研究者能够调整自己的研究工具，比如用定向突变方法、功能研究及化学标记方法等，来研究以前在自然细胞条件下所不能研究的问题。运用这类方法，人们能够探索某个氨基酸在通道中具体起什么作用。以上是在 *Neuron* 杂志刚开办时的 1988 年前后，离子通道研究的情景[3]。

根据通道分子鉴定的研究结果，所展现出来的最重要分子组构原理是：电压门控钠通道（NaV）的跨膜部分、电压门控钾通道（KV）以及电压门控钙通道（CaV）的“孔”，它们都具有同一种装配方式，有关的亚单位都提供 6 个肽段（S1—S6*）；而其区别在于：在 KV，S1—S6 来自单个亚单位；在 NaV 和 CaV，则来自成串的 4 个亚单位。这种构筑上的共性为研究一系列机制提供了背景。通过研究确定了，“孔”衬壁上的氨基酸残基是哪些，以及 S4 段电压感知器（voltage sensor）上的关键电荷在什么位置。这些及许多其他研究鼓励了模型的建立，模型把对膜看法的一些新观点都凝聚进去了。模型说明了特定氨基酸及其可能位置在特定的离子通道中为什么起这样的作用。虽然 KV、NaV、CaV 各自有与众不同的特点，而且流经它们的离子也不一样，失活和激活的特点也不一样，但它们的轴心分子结构是一样的。可以在一个基本框架下讨论它们的细节，如门控问题、选择性过滤问题以及电压感知问题等（图 2-1a）[3]。

### 2.2.3　非电压调控的离子通道中也有 VGIC 的轴心构造

其他离子通道分子的鉴定结果出人意料。在大量不受电压调控的离子通道里面，都存在着组成 VGIC 轴心构造的跨膜脚手架部分。例如有一个相当大的家族，即不同 TRP 通道的家族，它们对温度、刺激物及其他感觉触发剂（sensory trigger）作出反应。这个家族都具有此轴心结构。此外，钾通道家族的两个分支——内向整流钾通道（Kir）及双“孔”域钾通道（K2P），都缺少 S1—S4 段，而仅含有类似 KV 的 S4—S6 部分的跨膜段。这些拓扑学上的区别，提示了形成“孔”和电压敏感两个域之间不同来源的功能差别，提示有一个强有力的进化路径可说明电压门控通道可能是如何发生的。后来又惊奇地发现，有两类具有 S1—S4 电压感知域但不连接到“孔”模块的膜蛋白，一类是电压敏感磷酸酶，另一类是质子通道。这些发现进一步强化一个观点，即从进化上看，VGIC 家族的跨膜元素轴心是以一片一片的方式**组装产生的。也就是说，膜内存在着模块装置结构。现在，这种看法已得到晶体结构研究的强有力支持。研究显示，KV 和细菌 NaV 都具有

* S：segment，节、段。

** 有一片是感知电压的，有一片是“孔”。

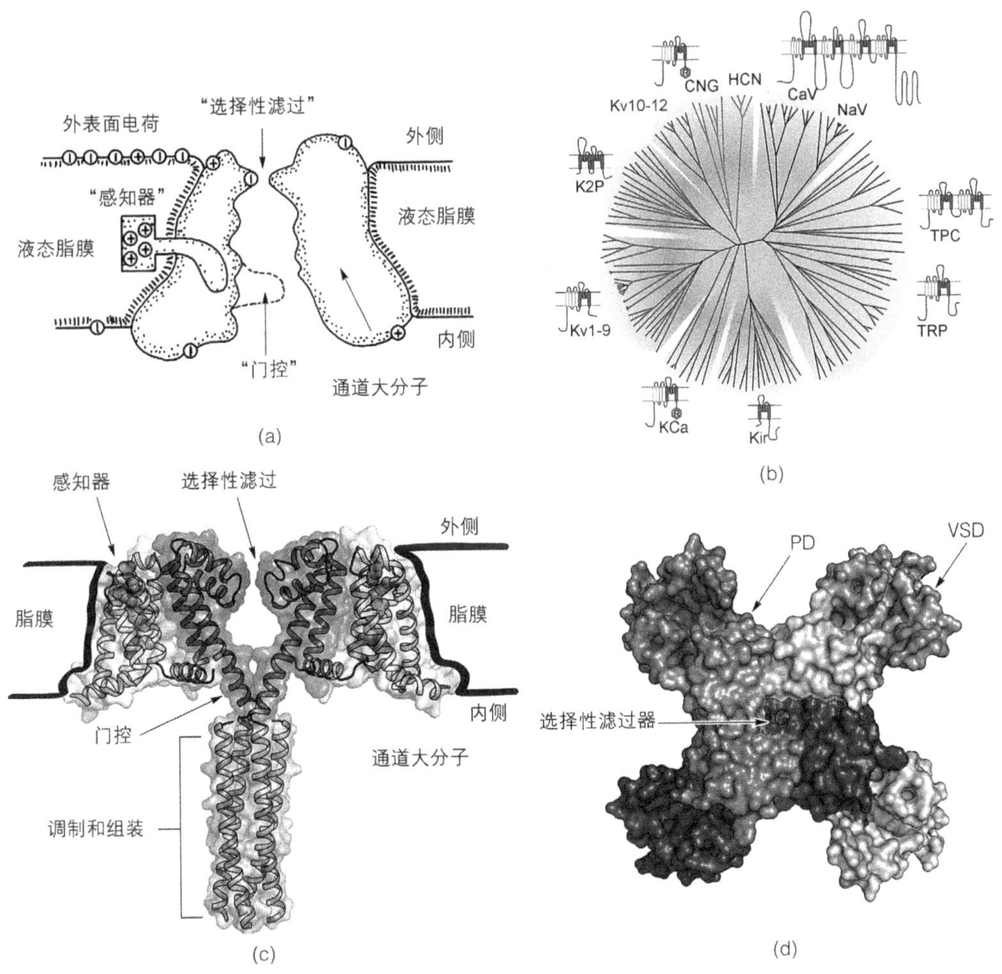


**图 2-1** 离子通道：从概念到结构(彩图见图版第 2 页)

(a) 离子通道的卡通模型,基于 B. Hille 在 1977 年对电压门控钠通道和电压门控钾通道的研究。此卡通包括了对于电压门控离子通道的基本了解。(b) 无根树图,此图表明 VGIC 超家族最小“孔”区的氨基酸顺序。图中的亚家族有(顺时针方向)电压门控钙通道(CaV)、钠通道(NaV)、双“孔”(TPC)及瞬变感受器电位(transient receptor potential,TRP)通道、内向整流钾通道(Kir)、钙激活钾通道(KCa)、电压门控钾通道(Kv1—Kv9)、K2P 通道、EAG 家族电压门控钾通道(Kv10—Kv12)、环核苷酸门控通道(CNG)、超极化激活核苷酸门控阳离子通道(hyperpolarization-activated nucleotide-gated channel,HCN)。(c) 细菌钠通道(BacNaV)的丝带模式图,除细胞内域以外,这个域经常是细胞因子修饰的位置,而且含有装配的分子域。所有(a)里面的关键和特征的部分,在这个模式图里都已具备。此图的核心部分根据 2013 年对离子通道晶体结构的研究。此模型是钠通道 NaVAb 和只有“孔”的钠通道 NaVAe1p 的综合图。图显示了来自 2 个膜亚单位和 4 个细胞内亚单位的诸元素。S4 段中作为电压敏感器的精氨酸以空间充满模型表示。(d) 从细胞外侧看 PD-VSD 域 * 交换的演示图。VGIC 离子通道根据 NaVAb,个别亚单位用不同的颜色相区分,有橘红色、青色、黄色、蓝色,选择性滤过器用紫色,紫色亚单位中标示了“孔”的域和电压敏感的域。(图引自[3])

结构上不依赖的“孔”域(pore domain,PD)及电压感知域(voltage-sensing domain,VSD)。蛋白质切割(dissection)研究表明,PD 及 VSD 都能够折叠而且单独操控。虽然

* PD:“pore”domain,“孔”域;VSD:voltage sensitive domain,电压敏感域。

这种模块式设计在溶解性蛋白质中早就被人知道，也是实现许多通道膜外域性质的明确的蛋白质原理，但是这种相平行的情况在膜内的 VGIC 中出现是令人惊奇的。这种模式结构可以把电压敏感性赋予那些原来并非内源性电压敏感的通道。还可以从中解析毒素的作用，即毒素如何靶向到特定 NaV 的 VSD。进一步操控这种模块式结构，将会有很大潜力去激发潜在可能性，以使离子通道基因工程化，使得离子通道具有新特点，从而有利于发展新的合成生物学研究，调控神经元、肌肉细胞和其他的可兴奋细胞[3]。

于是人们就有了深刻认识。离子通道的核心功能是：对信号起反应，通道开放，然后离子沿着电化学梯度流动。除此以外，从对 VGIC 超家族树上不同分支的描述来看，那些连接于轴心共同跨膜拓扑学组成部分上的细胞内元素，有非常特殊而广泛的差别。在某些情况下，这些元素被认为具有可辨认的、可以感知代谢信号（例如环核苷酸和钙）的蛋白质域，此蛋白质域可以帮助整合通道活性，使之与细胞内信号事件联系起来。还有，与通道组装有关的细胞内域，被认为有与胞液内亚单位相互作用的位点。细胞外模块的分子变异也可以使基本跨膜"孔"的功能特点变得更为广阔。在构筑形式上的这种精心制作，使得一个通道可以对不同的信号具有敏感性，包括钙、磷酸化、蛋白质相互作用等。弄清楚输入信号如何被这些模式所感知而且传导到通道的跨膜部分上去，仍然是一个有待研究而问题未获解决的领域。此外，许多 VGIC 超家族的成员具有与已知折叠不相似的蛋白质折叠，其功能还不太清楚。了解离子通道的这些部分，可以帮助我们把通道轴心活性如何调控离子流动，与更为特异的其他活性联系起来，而这些活性又可以与特定细胞背景下的需要联系起来。聚焦到"整合性通道功能"这样一种看法，对于了解神经元的复杂细胞内信号网络是非常必要的。在这里，通道功能是与与其他分子活动相配合的，例如信号分子。这样就构成了电活动动态变化之全貌[3]。

## 2.3　离子通道的三维结构

在分子克隆的年代揭示了 VGIC 超家族，现在它已成为整个蛋白质分子家族中的第三大超家族。另外两个比它大的超家族是 G 蛋白偶联受体（G protein-coupled receptor，GPCR）和激酶。有关电压门控超家族的知识，刺激了一系列突变与功能关系的研究，使我们获得了关于"孔"、选择性滤过、门控机制等的认识。毫无疑问，非常令人佩服的卡通图作用是来自这样一些事实：我们所研究的领域多数是局限于跨膜区的，而跨膜区在膜里面是大大受约束的，并且跨膜区的结构多是蛋白质分子的螺旋片段。但是当我们深刻地思考问题，让研究深入下去的时候，就接触到大分子结构的要害，即负责通道功能的结构基础是什么。在通道功能的研究处于卡通期之时，如图 2－1a 那样，人们已经知道，需要有一些工具，运用物理和化学手段来更好地了解通道。当分子克隆阶段到来的时候，我们有能力得到相当数量和品质的离子通道及通道域，可以进行 X 射线衍射结构研究，这样就前进了一大步。再过 10 年后，也就是在 *Neuron* 杂志创办 10 年后的 1998 年，这个仍然没有弄清楚的分子结构模式已经开始被人弄清楚，人们知道了总体分子结构，知道了通道域，这也就是1998年R. McKinnon等人的工作。他们发现了特定氨基酸的位置，极大地增加了以前突变-功能研究时代所用方法的准确程度。到今天，当某个特定通道的结构全貌已经知道以后，可以追问详细的机制性问题，可以把结构研究、功能实验和分子模拟实验结合起来。这是我们现在的情况，我们开始在物理和化学的基础上深入了解通道功能[3]。

### 2.3.1 古细菌的离子通道

取得了第一个原子分辨水平结构的突破，而且达到了通道分子全长，用的是古细菌离子通道。对许多人来说，此发现非常令人惊奇。古细菌具有原型的VGIC、LGIC家族离子通道，但是这种生物并无神经系统。与其他领域的结构研究相似，这种古细菌的蛋白质被证明非常有价值，可以用来了解离子通道的轴心功能，如钾通道、NaV、LGIC等。我们应该经常想到，这样一个涉及生物化学功能共同机制的原理，对于现代分子生物学是具有基础性意义的。例如，特定古细菌通道的结构或机制性特征，对于高等动物如人是否有用？我们认为，虽然可能有某些细节上的区别，但许多特征应该是保留了下来。具有讽刺意味的是，这虽是受生理学驱动的重要领域，但基本上在所有情况下，对细菌和古细菌离子通道的生物学功能，迄今为止仍然不清楚[3]。

### 2.3.2 真核细胞的钾通道

应用古细菌通道，把它作为强有力的模式系统，用以鉴定VGIC机制的轴心部分，这已经使通道功能研究前进了一大步。以后，真核细胞的膜蛋白结晶图也出来了，同聚体的代表性分子结构也产生了，这些资料来自3个真核细胞的钾通道——KV、Kir、K2P。然而，三维界定离子通道的时代才刚刚开始，我们还希望能够产生复杂的多蛋白质复合体通道，例如Kv7通道、NMDA受体(N-methyl-D-aspartate receptor，NMDAR)以及多组成复合体如钙通道CaV。我们希望有更多的突破[3]。

### 2.3.3 从离子通道的三维结构到对其机制性的了解

许多通道会保留至少3个基本状态——关闭、开放、失活。我们希望能够发展一种工具，最好能把每个状态都抓住。有了这样的条件，就可以获得它们的代表性结构。如果能比较不同分子所处的状态，那将是很有趣的。例如，比较VGIC与另一膜蛋白通道——ATP泵，当它们正处于离子通过通道的时候。在ATP泵方面，由于有大量丰富的ATP拟似物以及其他药理学工具，因此在ATP泵的结构研究中几乎已经把所有主要中间状态的构象都描绘出来了，整个转运过程也已经做出来了，因为它有一定的稳定性。现在我们希望的是，对于VGIC家族结构的了解也是这样，也可以达到与描绘ATP泵一样。希望在未来的10年，我们能够做到这一点。此外，对于跨膜VGIC家族而言，即使有一个共同的轴心部分，其门控输入也可以有很多不同，例如有电压的、温度的、小分子的、脂的，所以必定会有出乎意料的结构转变的变异以及构象的多样性。这些都只能在描述用来解释 VGIC 许多亚型的结构，而且当亚型处于不同状态的时候才有可能。有必要发展新的分子来调控通道功能，而且得到复合物的结构。得到这种调控物将会使我们对通道机制的了解有所进步；重要的是，可以提供新的工具，使之与有关的生物学功能结合起来[3]。

这样，即使事情已发生变化，对通道的了解已经从卡通时期转到现在的三维结构时期，但基本问题仍然是：什么结构开放了，这个“孔”是怎么开放的，门控在哪里，“孔”里面是什么东西在流动，等等。这些问题始终是我们关心的。这个领域的中心问题不仅对一个得到经典研究的通道才是中心问题，如 VGIC、LGIC、谷氨酸受体等，更重要的是，一些不太被了解的通道将会得益于对离子通道的深入研究，例如基于另外一种三倍体结构的通道，如 P2X 受体(purinergic receptor 2X)、ASIC，以及那些对温度、对机械力起反应的通道[3]。

## 2.4 离子通道研究的未来

从 Hodgkin 和 Huxley 1952 年的工作开始，第一个乌贼轴突钠通道、钾通道的电导被鉴定，其电压依赖性被测定以来，已经 60 多年了。60 多年来，有一种了解离子通道的性质及其机械学的愿望，这些愿望驱动了此领域的研究。于是设计了新的研究方法，例如膜片钳方法，而且成功地挑战了一些技术，包括晶体结构方法以及关于通道构型变化实时调控的方法，目的是为了研究离子通道怎么工作，神经元是怎么实现它的信号传送的。这些研究揭示了门控分子的动作。门控的感知多数是在电压门控通道中得到的，在乙酰胆碱(acetylcholine，ACh)及谷氨酸的门控通道中也有。从这些研究中发现了许多通道类型的模块结构，不但通道部分如此，在细胞外部分也有模块结构。一个大的挑战在于，了解这种多成分设计，了解它们如何组合输入信息从而调节基本功能，即作为一个开放的“孔”而让离子穿过。也就是说，从基本的方面来了解离子通道。将来的离子通道研究应该如何？如果把通道看作运动中的一个大分子复合体，归纳起来可以提出如下几点[3]。

### 2.4.1 门控机制

许多通道家族的门控机制尚不清楚，包括温度被 TRP 通道所感受，机械力被 TRP 通道和压电(piezo)通道所感受。还有 CARC 通道*的门控，它是通过形成多蛋白质复合体来工作的，这个复合体既包括细胞质的部分，也包括细胞内膜的部分。基本问题仍然是，这个“孔”是怎么开放又怎么关闭的，是什么驱动了通道的转换，是什么调节了门控。这些问题仍然是我们必须了解的核心问题。非常有意思的是，在基因组时代，神经系统某些通道的分子特征以及通道所介导的信号过程的分子特征，在目前仍然是捉摸不定的。其中引人注目的是，有一个仍然非常奇怪的神秘分子存在着，它就是负责听觉的机

* CRAC：calcium release-activated channel，钙释放激活通道。

械转导通道，对它仍然缺少分子鉴定。这又让我们回到基本的问题："孔"是怎么开放的，通过它流动的又是什么？[3]

### 2.4.2　在不同功能状态下的表现

非常重要的还有，我们应该得到多个不同类型的通道结构，抓住它们在不同功能状态下的表现，即门控的转变。这可以在分子运动的光学检测上，以及在分子重新安排的水平上进行了解。只有具备了这样一种知识以后，我们才能够把有关分子机制的了解放到重组分子的水平来考察，以检验我们的认识对或不对。我们要重组一个真正的分子动力学模型，将它做成如同电影一样的视频，以便了解它是怎么动作的。更进一步，通过这类信息我们就有可能了解疾病状态下的突变是怎么发生和怎么影响功能的。达到了这样的目标以后，将需要进一步拓展结构研究。要有新方法抓住通道的功能状态而且实时观察其门控，像电压钳的荧光测定那样。还有，在计算模拟能力增强的基础上，可以模拟接近真正的门控时间层次。我们也希望了解更多的分子机制，把模拟和实验结果结合起来加以了解[3]。

### 2.4.3　药理学反应物、通道调控和脑功能

虽然在有关通道的某些经典研究中，已经有了很好的药理学，但是对于多数类型的通道，仍缺少可用来调控通道功能或者鉴定通道在某个自然状态下功能的选择性物质。这种难以调控功能的状况，不仅妨碍我们对基本机制的研究，也妨碍我们了解，哪种特定的功能在某个复杂环境中（例如在脑片或者在完整动物中）到底起什么样的复杂作用。回头来看 1988 年 *Neuron* 杂志的一篇论文，该文运用选择性高亲和力化合物——贝类毒素（saxitoxin）来追踪 NaV 在鼠视网膜中的发育。现在，我们仍缺少对这些已克隆通道的高亲和力、高选择性物质，这说明我们的工作还没有做彻底。同样，我们可以回忆 1977 年所发生的事，那时已经提出，需要有物理、化学的工具，从而可以对通道了解得更好一些。要制造一些工具来做化学生物学研究以及发现小分子配基，这样就可以有选择地影响通道功能。有一个研究的方法是把新出来的结构基础作为一个平台来做，最近在 GPCR 的结构方面已经有了工作，我们做离子通道的可以模仿[3]。

除了以结构为导向模式的发展方向以外，另一个有希望的研究方法是：为了能够得到调控特定离子通道的化合物，我们可以应用牵系（tethered）配基。在这里，配基的共价键牵系提供了特异的高局部浓度，以此克服配基选择性缺乏及亲和力低的不足。这可能特别适合于神经系统研究方法的一个变种——对于光开关牵系配基的研究。在此情况下，牵拉物把有活性的分子连接到一个蛋白质上面，可以应用快速、可逆的光多聚化方法，可以用两个波长的光交替地发给配基，使它到达或者离开结合位点，从而激活或者对抗通道活性，甚至阻断通道"孔"。另一个有前景的策略是，用基因工程方法做成通道，使它能对非天然的、正常而具惰性的配基起反应，这在蛋白质偶联受体中已有先例。我们引用所提到的一些方法，是希望把已经在非神经元里面使用的方法，运用到神经元超分

子复合体的研究上来，这样可以提高研究的准确性[3]。

总之，很多问题还没有解决。很多关键性问题都是基本机制性的，有待于澄清。对许多通道来说，一个令人鼓舞的前景是，在未来的四分之一世纪，通道学家将以无与伦比的能力来从事通道研究，把通道看作为一个大分子，把它看成一个生物学实体。我们希望完成一种连接，把通道生物学家带到一种梦寐以求的境地——了解最复杂分子的功能。正是这种功能驱动了生命的火花，驱动了人脑的火花，其中有神经元的电活动，也就是神经元的兴奋[3]。

## 2.5　轴突功能

轴突上的神经传导是最经典的研究对象。最近的研究表明，除了已知轴突在神经回路上传送信息以外，它可能还具有更复杂的操作能力，它的活动对神经冲动到达的时间因素和突触效力都会有影响[4,5,6]。

### 2.5.1　简介和历史

最早的细胞内动作电位记录是从乌贼巨轴突上得到的。乌贼巨轴突动作电位的产生，仅依赖于两个离子通道。经过多年的研究我们已经知道，哺乳动物脑内神经元有十多种电压门控离子通道，而且每种离子通道还有大量的不同亚单位。因此，哺乳动物脑内神经元动作电位的形态非常丰富多彩，与乌贼巨轴突的动作电位不可同日而语[4,5,7]。

一般认为，不论在中枢神经系统还是在周围神经系统，轴突都是一条可靠的传输线路，动作电位一旦发生就可以在轴突上稳定地传输。在许多遗传性或者获得性的神经疾病中，轴突病态处于核心地位，这既见于外周神经元，也见于中枢神经元。近来的发现提示，轴突的功能分区比原来传统上想象的更为丰富。除传统的轴突传导以外，内源性电压门控离子电流以及轴突的几何学特征，决定了可以有复杂的调控，不仅在脑回路中调节信号的加工，也可以调节神经元放电的时机(timing)。近来的证据表明，上述轴突计算可以在短时间的神经元动态信息交流中起作用。最后，在长的时间尺度上，在发育过程中，在成年动物中，神经元活动既调节轴突的形态学，也调节轴突的功能[4]。

"轴突"一词来自希腊语"轴心"(άξων)，其定义是神经元的长突起。它保证信息从细胞体向末梢传导。德国解剖学家 O. T. Deiters 在 19 世纪发现了轴突，他是第一个把轴突跟树突区分开来的人。但是，有关轴突始段(axon initial segment，AIS)的描述和鉴定是由瑞士的 R. A. von Kölliker 和德国的 R. Remak 完成的，R. Virchow 则发现了轴突髓鞘。此外，郎飞(L.-A. Ranvier)第一次描写了轴突的结，即轴突上凹陷进去的部位，现在称为郎飞结(node of Ranvier)。轴突功能作为神经元输出结构的看法，最早由西班牙解剖学家卡哈尔(S. Ramón y Cajal，1852—1934)提出[4]。

### 2.5.2　无髓轴突与有髓轴突

在周围神经系统和中枢神经系统中，都有两类不同的轴突——无髓鞘的和有髓鞘的，其中有髓鞘的轴突被一层髓鞘所覆盖。在周围神经系统，髓鞘来自雪旺细胞(Schwann cell，Sc)；在中枢神经系统，髓鞘来自少突胶质细胞。有髓轴突可以看成由三部分组成：① 始段，从胞体来的输入可以在始段总和而发动动作电位；② 长度不同的有髓轴突主体，这是有效传输一串动作电位信息的可靠一段；③ 最后一段是轴突的终末前段，在这一段，突触前末梢有所扩展。始段不仅是动作电位的发动区，也是可以发生完整动作电位的最可靠的神经元区隔。在这里，动作电位可以按很高的频率发生，而且电位幅度并不减小。这里的动作电位与胞体的动作电位不同，始段的爆发性锋电位不显示任何幅度的减小。轴突主体参与安全有效的动作电位传播，这里也能够整合来自胞体-树突区的膜电位波动的影响，以调整神经递质的释放。最后从原则上说，轴突终末参与递质的释放，它具有高准确性。轴突终末同时也是活动依赖的调节部位，例如可以导致锋电位变宽[4]。

### 2.5.3 中枢神经系统的轴突

一般的中枢神经系统轴突高度分叉，一根轴突可以接触几百个局部的或远隔部位的靶神经元。轴突传导动作电位，后者从靠近细胞体的部位发生，一直传导到末梢。然而轴突的功能不仅限于此，近来的研究进一步提供了事实，说明单个轴突的功能及其计算能力。实验提示，轴突有几种不同的复杂运转方式。① 它可以整合阈下突触电位，因此它既传送模拟信息，也传送数字信息；② 在某些情况下，在轴突分叉点可以发生传导丢失以及相反方向的传导；③ 由于轴突的几何形状以及电压门控通道的生物物理特点，不同的轴突分叉处可以决定输出传播的时间；④ 通过缝隙连接，轴突将中枢神经元连接起来，可以发生超快的网络同步化。此外，在重复刺激时，局部轴突动作电位的成型(shaping)可能决定了以后的突触效力。以上所介绍的这些内容，大部分是从脑组织离体标本的研究中得来的，还缺少哺乳动物脑活体标本里有关这些过程的证据。本章所讨论的轴突特点主要有：轴突可以按不同方式调节电信号的传输，特别是我们将讨论的话题——轴突如何决定突触传递的效力与时间；还有近来关于长时间活动依赖的轴突功能可塑性的证据，这可能涉及轴突的树枝状结构、髓鞘化等形态上的重新调整，轴突离子通道表达的调节，以及轴突始段位置的细调节。本章不打算仔细讨论轴突的细胞生物学和分子生物学，例如关于树突和轴突极性是如何发生的，轴突和胶质细胞是如何互动的，髓鞘是如何产生的，轴浆运输及轴浆蛋白质合成是如何进行的，等等[4]。

### 2.5.4 轴突的组构：轴突分叉及曲张体

轴突有分叉处，沿轴突可以产生分支。轴突的第二个形态特征是它含有大量曲张体(varicosity)，平常以串珠样路过形式分布。曲张体排列的间隔在无髓纤维中一般为 4～6 μm。单根轴突可含有几千个终扣，细无髓轴突终扣的大小约为 1 μm，粗的海马苔状纤维(mossy fiber)末梢的终扣可达 3～5 μm，它们的密度因轴突的不同而异(图 2-2)[4]。

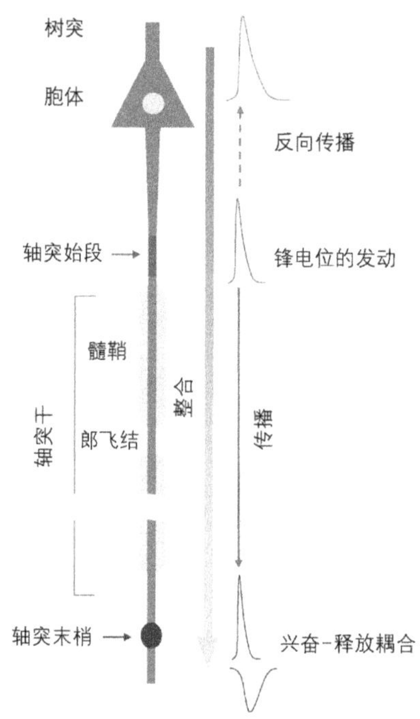


**图2-2**　轴突功能小结(彩图见图版第3页)

一个简化、标准化的锥体神经元,它可以分为不同的区隔,演示轴突的4种主要功能:① 锋电位的发动;② 锋电位的传播;③ 兴奋-释放的耦合;④ 整合。锋电位在轴突始段发生,兴奋经过轴突主体向末梢传播,神经递质在末梢释放。在胞体-树突区隔所发生的电信号被整合到轴突,影响锋电位的发生时机以及神经递质的释放(绿色箭头)。(图引自[4])

## 2.6　轴突上的电压门控离子通道

电压门控离子通道定位于轴浆膜的一定亚区,实现动作电位的发送与传导,也实现突触传递,因为通道控制着锋电位的形态和幅度、锋电位的重复发放形式,从而控制递质的释放(图2-2)。近来的文献提供了有关电压门控离子通道在神经元上的细致描述,这些结果清楚地说明了一个观点,就是在不同类型的神经元中,这些通道在轴突上有特定的排列方式,因此使得不同类型轴突的突触输出有更多的可塑性[4]。

### 2.6.1　轴突始段

胞体-树突整合多个输入,其电位变化在轴突始段积累起来,如超过阈值就会触发动作电位。以上是经典的观点,此观点的根据是,在始段有高度可兴奋区存在。动作电位发生的理论研究提示,与胞体-树突相比,始段的钠通道密度约为胞体-树突区的20～1 000倍。因此,动作电位发生在神经元的轴突始段,这是一种极性发生。始段钠通道密度的首个证据来自视网膜神经节细胞,用的是广谱钠通道抗体。以后经过几次不太成功的实验,终于证明始段有高密度的功能性钠通道。实验之所以最终能得到成功,是因为在胞体及轴突上应用了钠成像方法以及外面向外的膜片钳记录。近来的研究表明,在大脑皮层锥体细胞的始段,可以得到钠依赖的最大荧光信号,或电压门控的钠电流。始段的钠电流密度是胞体的3～34倍。这个估算值由近来的另一实验结果得到了证实:在CA1区锥体细胞上用高度敏感的电子显微镜(electron microscope,EM)免疫金标记方法证实,与Nav1.6亚单位相联系的金颗粒密度是180/$\mu m^2$,此结果跟以前用另一种方法得到的估计是完全可以比较的。在大脑皮层第Ⅴ层神经元的轴突始段上所得结果是，钠电流密度达 2 500 pS/μm²（约相当于 150 通道/μm²，给出 17 pS 的单元钠通道电导）。所以，电子显微镜材料与膜片钳方法的结果是可以互相印证的[4]。轴突始段是控制神经元兴奋性的一个关键性部位。短时间范围内，它可以接受神经递质的调节；长时间范围内，它可以接受活动及 $Ca^{2+}$ 依赖的调节[8]。

### 2.6.2 中枢神经系统和周围神经系统轴突 NaV 通道的亚细胞定位

NaV 通道可产生 3 种不同的钠电流，根据其各自的生物物理特征，它们可以互相区分开来：① 快速失活、短暂钠电流（INaT）；② 持久钠电流（INaP）；③ 再发动的钠电流（INaR），它是指被重极化所激活的电流。后两种电流是阈下的或接近阈值激动的，它们在调节神经元的兴奋性，调节神经元的重复放电方面起关键的作用。INaP 负责放大阈下的兴奋性突触后电位（excitatory postsynaptic potential，EPSP），这个 INaP 主要产生于轴突近端。INaR 被认为在重复放电时易化重复兴奋，在嗅周围皮层锥体细胞的轴突始段产生。INaR 可能在轴突各部分都有，因为近来的研究表明，在萼突触上，这个电流可以成形突触前动作电位[4]。

### 2.6.3 中枢神经系统和周围神经系统轴突钾通道的亚细胞定位

钾通道是神经元兴奋性的关键调节物，它调整静息膜电位以及电位发放阈值，具有限制兴奋性的作用。轴突始段也表达特异电压门控钾通道（KV）的电导，Kv1 通道调节轴突的锋电位时程，Kv1.1、Kv1.2 通常与始段相关联。不论兴奋性神经元还是抑制性的皮层和海马神经元，与 Nav1.6 的位置相比较，Kv1.1、Kv1.2 似乎倾向于分布在更靠远侧端一点。在始段的远侧端，这些通道所携带的电流 10 倍于胞体的电流。它们属于低电压激活电流的家族，因为有相当部分的电流早在靠近静息膜电位的那个电压时就激活了。爆发放电时，这些通道也直接参与高保真度动作电位的幅度[4]。

Kv2.2 存在于斜方体内侧核神经元的始段。当重复刺激时，它促进锋电位之间的超极化，从而有利于极高速频率的发放。许多中枢神经元的轴突始段也表达 Kv7.2 和 Kv7.3，它们发生 M 电流*，有时候也称为 KCNQ 通道（KCNQ channel）。在海马主细胞，这些通道对于调节动作电位的发放是必需的，它们调节静息膜电位及动作电位阈值[4]。

### 2.6.4 中枢神经系统和周围神经系统轴突钙通道的亚细胞定位

近来有人认为，始段也存在钙通道。用双光子钙成像方法，有作者显示 T 型、R 型电压门控钙通道，它们定位于脑干车轮细胞（cartwheel cell）的始段。此研究还报道，在浦肯野细胞和新皮层锥体细胞的始段有钙通道。这些钙通道调节放电特征，例如锋电位时

* M 电流：一种发现于牛蛙交感神经节细胞的非激活性钾电流。产生 M 电流的 M 通道，有时也称 KCNQ 通道。

间、爆发的锋电位、动作电位阈值。因多巴胺受体激活而发生的 T 型钙通道下调，是调节动作电位输出的一个强有力途径。应用钙成像、药理学、免疫化学等方法，近来有研究报道，在大脑皮层第Ⅴ层的新皮层锥体神经元有 PQ 型和 N 型钙通道。这些通道由于激活了钙激活的 BK 通道，而决定锥体细胞的兴奋性[4]。

跳跃式传导之所以成为可能，还因为郎飞结旁表达钾通道 Kv1.1 和 Kv1.2 以及郎飞结上表达 Kv3.1b 和 Kv7.2/7.3，这些都可以减少轴突的再兴奋。在有髓神经纤维的郎飞结区，也可以遇到钙或钠激活的其他钾通道[4]。

### 2.6.5　轴突末梢的离子通道

轴突传导最后到达末梢，打开突触前钙通道 Cav2.1 和 Cav2.2(图 2－3)，激活化学传递。在小脑篮状细胞轴突的路过性终扣，应用成像技术已证实有钙通道存在。在那里，它们可能触发递质释放。有报道称，在轴突分叉点也可以出现钙内流活跃的点，但其功能意义不太清楚。它们可能调控轴突分支处的信号传输。此外，L 型钙通道 Cav1.2 在海马的所有胞体-树突上仅稀少表达。在海马轴突及苔状纤维末梢，这种通道可以明显地被免疫电子显微镜所标记[4]。

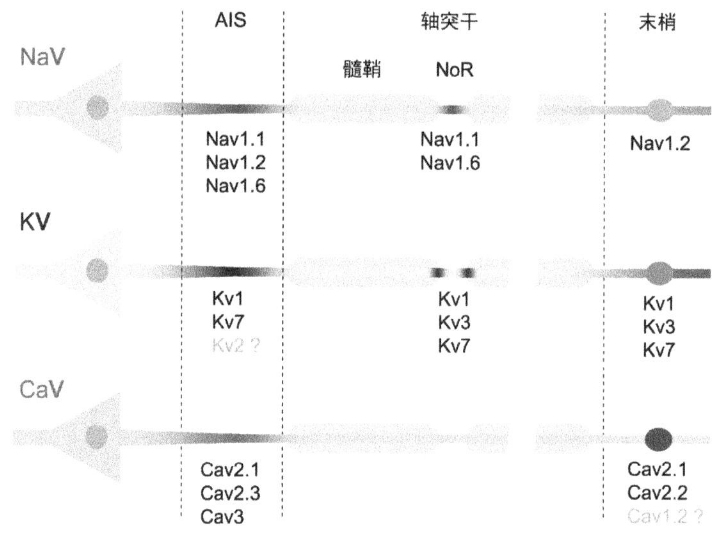


**图 2－3**　钠通道、钾通道、钙通道在有髓轴突不同区隔上分布的模式图(彩图见图版第 3 页)

上为钠通道，中为钾通道，下为钙通道。细胞体由锥体形状代表，通道密度用颜色的不同深浅表示，髓鞘用灰色表示。NoR：郎飞结；AIS：轴突始段。不确定定位用灰色字体表示并加问号。(图引自[4])

在突触前末梢、垂体、萼突触终末，也在海马苔状纤维末梢，都可以鉴定出功能性钠通道 Nav1.2。它可能是唯一表达于末梢的钠通道同工分子。这一点和它唯一地靶向到轴突无髓鞘部分是一致的。突触前末梢的钾通道 KV 有很大的多样性，Kv1.1 和 Kv1.2 亚单位主要在许多轴突末梢发现，苔状纤维末梢和终扣富含 Kv1.4 亚单位，这 3 个亚单位决定了锋电位时程而且调节递质释放。KV 通道的另一主要功能是防止突触前末梢不至于受畸变动作电位的侵入而兴奋[4]。

Kv1 通道在低阈值时激活，而 Kv3 通道典型地是高电压激活的，它们都在兴奋性及抑制性神经元末梢被鉴定。从功能上看，Kv3 通道使动作电位保持的时间比较短暂，因此限制了钙内流，从而减少递质释放的概率[4]。

Kv7 通道也存在于终末前轴突终末。在 Schaffer 侧枝* 输入处，M 通道的特异抑制剂 SE991 可抑制突触传递；而 M 通道开放剂瑞替加滨（retigabine，抗癫痫药）具有相反的效应。这提示，在 Schaffer 侧枝上有突触前 Kv7 通道。但应当注意，这些效应是在实验条件下看到的，在那里 M 通道是激活的，此时细胞外处于高钾浓度的条件，这是一种实验性的结果[4]。

其他抑制作用通道，如超极化激活的核苷酸门控阳离子通道（HCN），在无髓纤维及轴突末梢都有表达。HCN 通道也在鼠与人萼突触的巨突触前终末、无髓纤维的外周轴突终末被发现。典型的 HCN 通道特征也在离体和活体的小脑苔状纤维终扣处被看到。HCN 通道的突触后功能现在已比较清楚，但它们在终末前轴突上的作用还不太清楚。它们可能稳定轴突末梢的膜电位。例如，小脑篮状细胞的轴突特别短，产生于树突-胞体的任何超极化或去极化都可能明显改变末梢膜电位，从而改变递质的释放。这样，终末的高密度 HCN 通道或能很好地稳定膜电位。可见，这是一个强有力的手段，以防止轴突末梢的电压波动[4]。

除了电压门控电导以外，轴突和末梢也含有几个离子激活的电导，包括大电导钙离子激活钾通道（BK，也称为 Maxi - K 或 Slo1 通道），还有小电导钙激活钾通道（small conductance calcium-activated potassium channel, SK channel）以及钠离子激活钾通道（KNa）。这些都是在去极化时激活的通道。当轴突被传播进行的动作电位所兴奋时，所有这些通道都会限制神经末梢的兴奋性，防止它们发生不受调节的重复放电[4]。

突触前终末也有 G 蛋白门控内向整流钾通道（G protein-gated inwardly rectifying channel，GIRK）。在大脑皮层和小脑中，这种通道被 $GABA_B$ 受体所激活，其作用被认为是调节动作电位宽度[4]。

## 2.7 轴突上的配基门控受体

轴突不仅含有电压或代谢物门控的离子通道，也表达突触前的小泡释放机器以及多种类型的配基门控受体，包括那些快速递质的受体及慢的神经调质受体。这里仅讨论那些在生理情况下可以改变轴突兴奋性的受体[4]。

### 2.7.1 轴突始段的受体

新大脑皮层及海马皮层锥体神经元的轴突始段含有特别丰富的抑制性突触，单个始段可从单个轴突-轴突 GABA 能细胞接受高达 30 个对称性突触。轴突始段含有高密度

* Schaffer 侧枝是指海马连接 CA3 区和 CA1 区的旁侧神经纤维系统。

的 GABA 受体* α2 亚单位的变异体。轴突-轴突突触显示快速而强有力的 GABA 电流。一般认为，始段上的关键性 GABA 突触位置，赋予轴突-轴突细胞以强的抑制性作用，从而限制主细胞的输出。但是这个传统看法近来受到了挑战。有人发现，连接到成熟大脑皮层第Ⅱ/Ⅲ层锥体神经元的轴突-轴突突触，实际上是兴奋性突触。重要的是，钾-氯共转运蛋白 2(KCC2)在始段的表达很弱，因此轴突上的 GABA 电流逆转电位比之在细胞体处于更加去极化的方向。应用局部去笼囚化 GABA 方法，同样的情况在杏仁基底外侧核(basolateral amygdala，BLA)及海马颗粒细胞的不同神经元区隔亦有发现。然而，近来应用非侵入性技术的研究得出结论，抑制性突触后电位(inhibitory postsynaptic potential，IPSP)在整个神经元上都是超极化的[4]。

### 2.7.2　轴突本体上的受体

$GABA_A$受体($GABA_A$ receptor，$GABA_AR$)并不局限于始段，在脊髓背柱、脑干感觉神经元轴突分支上均已证明有它们的存在。这些受体的激活可以调制复合动作电位的传导及波形。在某些条件下，逆行动作电位的传播可以被电刺激局部的中间神经元所阻断，此效应可以通过在培养液中给予 GABA 受体阻断剂而阻断。这提示，内源性释放的 GABA 激活了 GABA 受体，可以阻断传播。同样，在外周神经干上也鉴定出 GABA 受体。在这里，对受体激活的准确生理作用还不清楚，没有明确的证据说明，少突胶质细胞或雪旺细胞可以释放 GABA[4]。

根据对螃蟹及龙虾口胃神经节(stomatogastric ganglion)的研究，单胺类可以调节神经元轴突的特征，它们也可以决定哺乳动物轴突的特征。例如，3 型 5-羟色胺受体(5-$HT_3$ 受体)可以调节大鼠无髓外周神经纤维的兴奋性。

烟碱型乙酰胆碱受体(nAChR)在哺乳动物的无髓神经纤维中也能见到，在那里它们调制神经元的兴奋性和传导速度[4]。

### 2.7.3　终末前轴突和神经末梢上的受体

始段以及轴突本体上面所含的基本上是 $GABA_A$ 受体，终末前轴突却相当丰富地表达各种不同的调制性突触受体，但仅有一小部分可以调节神经元兴奋性[4]。终末前轴突和神经末梢上的受体有以下几种。

1. $GABA_A$受体

虽然 $GABA_B$受体在突触前的兴奋性和抑制性末梢上广泛表达，可是它们在围末梢部位的作用以及轴突的兴奋性是慢和中等度的。与此对比，高电导的 $GABA_A$ 受体可以更准确地调节轴突兴奋性。K. Frank 和 M. G. F. Fuortes 首次假设，通过抑制性突触对轴突的作用，可以调制递质的释放，并以此解释脊髓单突触传递为何减弱。根据突触前抑制及初级传入末梢去极化这两者的时间关系，埃克尔斯(J. C. Eccles，1903—1997)和

* 在本书中如不加注明，GABA 受体即为 $GABA_A$受体。

同事提示，传入神经末梢去极化负责突触传递的抑制。以后发现突触前抑制是由于递质释放减少。自从这些先驱性的工作以后，应用轴突记录方法，初级传入神经末梢去极化(primary afferents depolarization，PAD)得以在实验上演示出来，包括许多不同感觉神经的传入末梢，如猫皮肤初级传入纤维、猫脊髓 Ib 类传入纤维、虾感觉传入纤维等，以后又有计算机模型的应用。这些研究和其他研究加在一起表明，$GABA_A$ 受体的激活引起突触前动作电位幅度降低，而动作电位幅度的降低会减少递质的释放。根据模拟研究，提出了用来解释突触前抑制与 PAD 有关的两个机制：① 短路机制；② 钠通道失活机制。虾的锋电位幅度降低主要是由于短路机制造成的，即由于 $GABA_A$ 受体的作用增加了膜的电导；至于钠通道失活机制，它可以加到短路效应上面或者更大的 PAD 上面[4]。

小脑星状和篮状细胞诱导的单个动作电位，可以诱发胞体的 GABA 电流，表明释放的 GABA 可通过 $GABA_A$ 自家受体来调节轴突兴奋性。在培养液或做实验的局部脑区应用 $GABA_A$ 受体激动剂蝇蕈醇于轴突，可以调制海马苔状纤维兴奋性。电生理效应是正的还是负的，可因轴突内氯离子浓度的改变而改变。有实验不容置疑地提供了直接证据，表明海马颗粒细胞轴突上 $GABA_A$ 受体的作用。实验应用膜片钳方法记录单个苔状纤维终扣，并局部给予 GABA。在从年轻大鼠脑中机械分离的 CA3 区锥体神经元上，刺激突触前 $GABA_A$ 受体可使苔状纤维来源的释放易化。这个易化通过在苔状纤维终扣上的直接全细胞记录受到广泛研究。$GABA_A$ 受体可以调制动作电位依赖的钙瞬变，以及易化长时程增强(long-term potentiation，LTP)的诱导[4]。

2. 甘氨酸受体

与 GABA 受体类似，甘氨酸受体(glycine receptor，GlyR)也可以调节突触前末梢的轴突兴奋性及递质释放。在动物成熟过程中，萼突触上的甘氨酸受体取代 $GABA_A$受体。突触前甘氨酸受体的激活，在神经末梢上产生弱的去极化氯电流，从而增强突触递质的释放。此去极化诱导相当数量的基础钙浓度升高。类似结论也适用于中脑腹侧被盖区(ventral tegmental area，VTA)。在那里，突触前甘氨酸受体通过激活电压门控钙通道以及末梢内的钙浓度变化，导致 GABA 能传递的易化[4]。

3. 谷氨酸受体

在突触前释放位点，至少可以看到调节突触传递的 3 种类型的谷氨酸受体，只有一小部分受体是调节轴突兴奋性的。例如红藻氨酸受体，在海马 CA1 区，红藻氨酸引起明显的自发性的抑制性突触后电流(inhibitory postsynaptic current，IPSC)增加。这个效应可能是由于 GABA 中间神经元的直接去极化，事实是，红藻氨酸受体降低由 CA1 区中间神经元产生的逆向动作电位的阈值。又如 NMDA 受体，这在许多轴突中都可以发现，例如在小脑颗粒细胞-浦肯野细胞中的抑制性突触、大脑皮层第Ⅴ层的兴奋性突触、大脑皮层第Ⅱ/Ⅲ层的兴奋性突触，受体决定突触的强度。但是近来的研究表明，在小脑星状细胞及大脑皮层第Ⅴ层锥体细胞上，轴突的 NMDA 受体不引起明显的去极化或钙内流，因而并不明显地影响轴突兴奋性。事实上，NMDA 受体之所以有可能调制突触前的递质释放，仅仅因为它能够以电紧张性方式把去极化传过去，从胞体-树突区隔传到轴突区隔。然而，在用药理学方法阻断突触前 NMDA 受体之后，突触前细胞的这种胞体-树突区隔的电紧张性改变，在配对刺激条件下并未被发现[4]。

4. 嘌呤受体

ATP 和它的分解产物 ADP 及腺苷，今天被认为是一些重要的脑内信息分子。按照经典的说法，ATP 是在突触小泡(synaptic vesicle，SV)处与乙酰胆碱或 GABA 共释放的。但是近来的研究表明，ATP 通过容积激活的阴离子通道，也能以一种非小泡的形式由轴突释放。事实上，传播中的动作电位可引起显微水平的肿胀(microscopic swelling)以及轴突运动，这些变化可能转过来刺激容积激活的阴离子通道，从而把水分排出以恢复正常的细胞容积，同时也排出 ATP 和其他阴离子[4](参见 9.6)。

嘌呤能受体有 3 个家族，第一类 P1 受体是 G 蛋白偶联的，被腺苷激活，可分为 A1、A2A、A2B、A2C 几种受体；第二类是 P2X 受体，它们是配基门控通道，可被核苷酸所激活，分为 P2X1—P2X7；第三类是 P2Y 受体，它们是 G 蛋白偶联的，可以区分为 P2Y1—P2Y14。轴突终末有嘌呤受体，可以调制递质释放。例如在海马中，激活突触前 A1 受体可以强有力地抑制谷氨酸释放，但是并不抑制 GABA 释放；与此相对比，在脊髓中，通过 ATP 激活突触前 P2X 受体，可以增强 GABA 和甘氨酸的释放；在发育动物海马的神经元轴突上，有 P2X7 受体表达，刺激这些受体可促进培养神经元轴突的生长及分叉[4]。

## 2.8 轴突动作电位的发动

### 2.8.1 历史回顾

20 世纪 50 年代对脊髓运动神经元的先驱性工作表明，动作电位是在轴突始段发生的，也可能是在第一个郎飞结。运动神经元的记录发现，动作电位有两个组成部分。一个是轴突始段(IS)成分，它出现在完整的动作电位之前；第二个是在胞体发生的，是胞体-树突(soma-dendrite，SD)成分。不管动作电位的产生机制如何，比如是逆向刺激的还是直接用电流注射刺激的，抑或是突触刺激的，这两个成分都可以分解开来，但是用电压的一阶导数可以得到最好的分辨。IS 成分特别强，可以与 SD 成分区分开来，通过逆向刺激轴突。采用双电极刺激范式(double-shock paradigm)，在刺激间隔很短的情况下 SD 成分会失败，但 IS 成分不会失败。有作者报道，同时记录龙虾牵拉感受器神经元轴突与胞体的多个位点，则电脉冲先发生在离胞体有一定距离的轴突部位[4]。

到了 20 世纪 80 和 90 年代，以上经典观点受到了挑战。因为有实验观察表明，在特定条件下，动作电位可以在树突发生。由于 90 年代研究方法的发展，研究者能够在同一神经元的不同位点同时应用膜片钳记录。这种实验特别珍贵，可用来研讨动作电位发生的位点问题。事实上，有几个互相独立的研究汇聚到一个看法：当用强电震刺激树突时，树突能够产生由电压门控钠通道及/或钙通道所负责的再生性锋电位。树突锋电位产生在胞体动作电位之前，这在新大脑皮层神经元、海马神经元以及在小脑神经元都有所报道。然而，用阈刺激来刺激不同类型的神经元时，是在神经元区隔优先引导出钠锋电位，而它是直接连接到轴丘的。因此目前的看法是，对于钠锋电位的产生，轴突是低阈值发动区域,这个发动位点的准确定位仅仅由近来直接记录轴突才得到[4]。

### 2.8.2 动作电位的发动

确定动作电位发动的区域,对神经元的生理学特别重要。经典的看法是,就神经元的范围而言,动作电位是信息整合的最后步骤。哺乳动物中枢神经系统的许多神经元,编码而且传送信息,靠的是动作电位。例如,动作电位的时机(timing)传达有关感觉和运动功能的相应信息。此外,动作电位的发生在中枢神经元里也受多种活动依赖可塑性的调节。因此,神经回路的信息加工,在很大程度上依赖于神经元的锋电位如何产生,何时产生以及在哪里产生[4]。

### 2.8.3 轴突动作电位的发生部位

近来的技术进展允许应用松散膜片钳(loose-patch)或全细胞程序,在哺乳动物神经元的单轴突上进行记录,同时应用电压敏感染料或钠成像。这些技术提供了有用的方法,以准确地确定锋电位发生的区域。记录显示,钠锋电位经常在轴突上产生,并产生在胞体之前(图 2-4)。具体地说,这个发生区被估计是轴突区。在那里,锋电位超前于胞体锋电位的时间是最长的(图 2-4)。此外,鉴定表明爆发锋电位产生于轴突,而胞体不太容易产生[4]。

有髓轴突的动作电位在始段发生,按照细胞类型的不同而不同。在第V层锥体神经元,发动区位点离胞体约 15～40 μm。动作电位的发动区位于始段远侧部,离开轴丘约 35～40 μm。在海马下脚(又称下托)锥体神经元上得到了类似的估计,测出来的动作电位发动带位于离开胞体 40 μm 处,比始段远一点。为什么有髓纤维的轴突动作电位发动位点,在始段和第一个郎飞结之间波动?关于此的准确理由还不清楚,有可能是由于异源性的 NaV、KV 通道分布不同,也可能由于存在着锋电位发动的异位区。在小脑浦肯野细胞的轴突,此问题还有争论。直到近来同时做了胞体部位的全细胞记录和轴突部位的细胞接触记录,根据潜伏期的差别,才发现动作电位的产生是在第一个郎飞结,距离是 75 μm。另有实验,其结论是锋电位的发生位于轴突始段,离开胞体约 15～20 μm 处。作者们认为是在始段,该处非常敏感于局部低浓度的河鲀毒素(tetrodoxin,TTX)。近来应用非侵入性技术所得到的结果支持上述看法。在前面两个研究中,对两种结果差别的原因已经弄清楚。事实上,轴突始段的细胞接触记录并不是合适的,因为有电容性电流及离子电流互相覆盖,不容易做到锋电位发源点的鉴定[4]。

在无髓轴突,发动区被鉴定在离开轴丘 20～40 μm 处。在 CA3 区锥体神经元,动作电位的发动区位于离开胞体 35～40 μm 处,也有人报告了更短一点的距离。在海马颗粒细胞轴突,发动位点估计是在离开轴丘 20 μm 处。经过计数标记钠通道数目以及标记锚蛋白 G 的定位,这种比较靠近的锋电位发动区被证实都定位于离开轴突最前的 20 μm 处。对这种非常靠前定位的可能解释是,因为这种颗粒细胞轴突直径非常细,不过是 0.3 μm,这样就增加了胞体与近端轴突区隔的电紧张距离,从而能够把发动区与胞体隔离开来[4]。

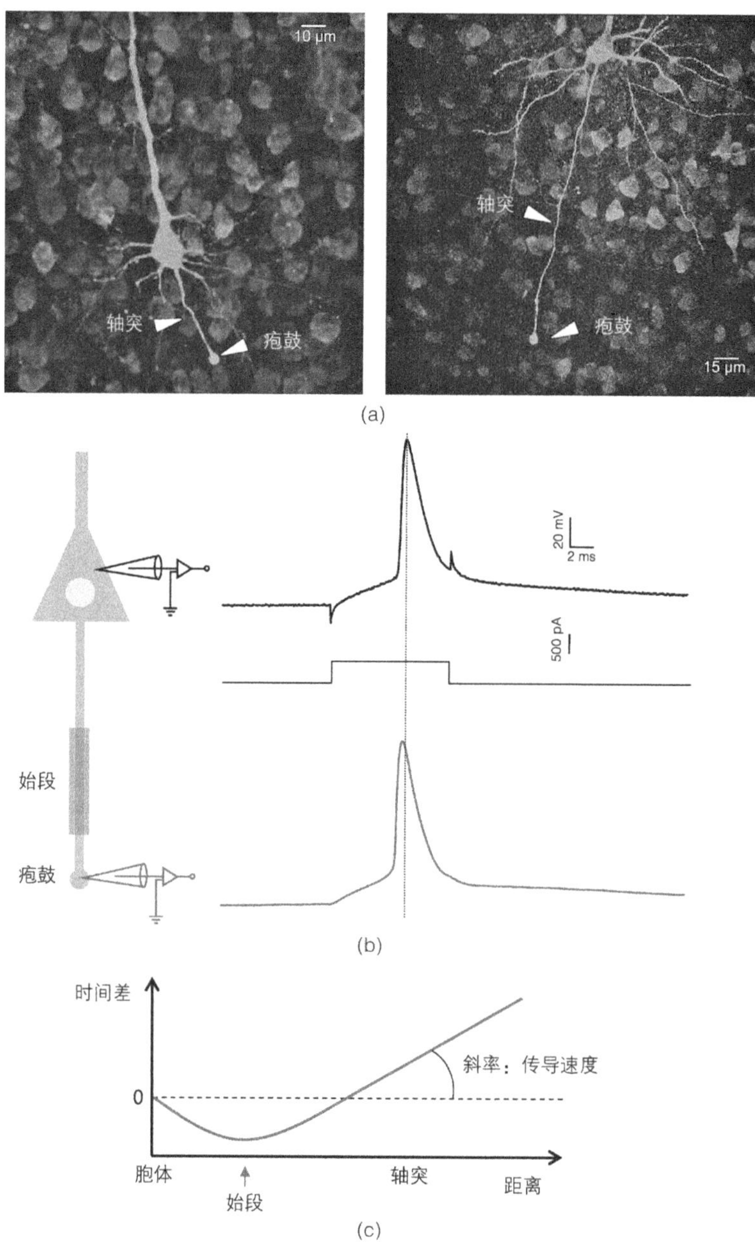


**图 2－4**　轴突始段锋电位的发生(彩图见图版第 4 页)

(a) 用生物胞素(biocytin)标记的两个第Ⅴ层(L5)锥体神经元的共聚焦成像，注意特征性鼓起来的一端是损伤轴突，这种鼓起在文献上叫作疱鼓(bleb)。(b) L5 锥体神经元全细胞质膜上双重胞体轴突的疱鼓记录。左边，记录模式；右边，记录到的动作电位；胞体记录，黑色；轴突记录，红色。(c) 确定动作电位发生时间差别的模式图，轴突锋电位和胞体锋电位的时间差作为轴突距离的函数，原点是胞体。在始段得到轴突锋电位的最大前进，也即锋电位发动区。直线段的斜率给出一个图解式显示，用来估计沿轴突传导的速度。(图引自[4])

### 2.8.4 动作电位发动的阈值

"全或无"动作电位的基本特征是,达到阈值时就引起锋电位。有多个证据表明,神经元的放电阈值可能不是由单个数值决定的。最早的研究者是法国人 L. Lapicque,他考察了去极化时间所起的作用:当作用时程增加时,阈电流降低。根据 Hodgkin - Huxley 的膜方程,有两位作者鉴定了锋电位的阈值。阈值的定义是在此电压下,累加的内向膜电流超过外向电流[4]。

与确定电流阈值不同,只有当个别神经元的细胞内记录可以实现时,神经元的电压阈值才可以确定。由于神经元的几何形状复杂,问题就产生了。在 20 世纪 50 年代人们问:整个神经元动作电位的阈值是均匀一致的吗?由于锋电位发生在轴突,因此有假定认为,轴突始段的电压阈值约低于 10~20 mV(更超极化)。因为长期以来是从轴突直接记录,胞体的记录很长时间没有做,所以也没有证据来反对这种看法。往后,有几个作者直接用膜片钳记录始段,得到了漂亮的结果,解决了这个问题。实验显示,引起动作电位的电流阈值在始段是明显低的(图 2-5),但是如果把电压阈值定义为膜电位的一个值,

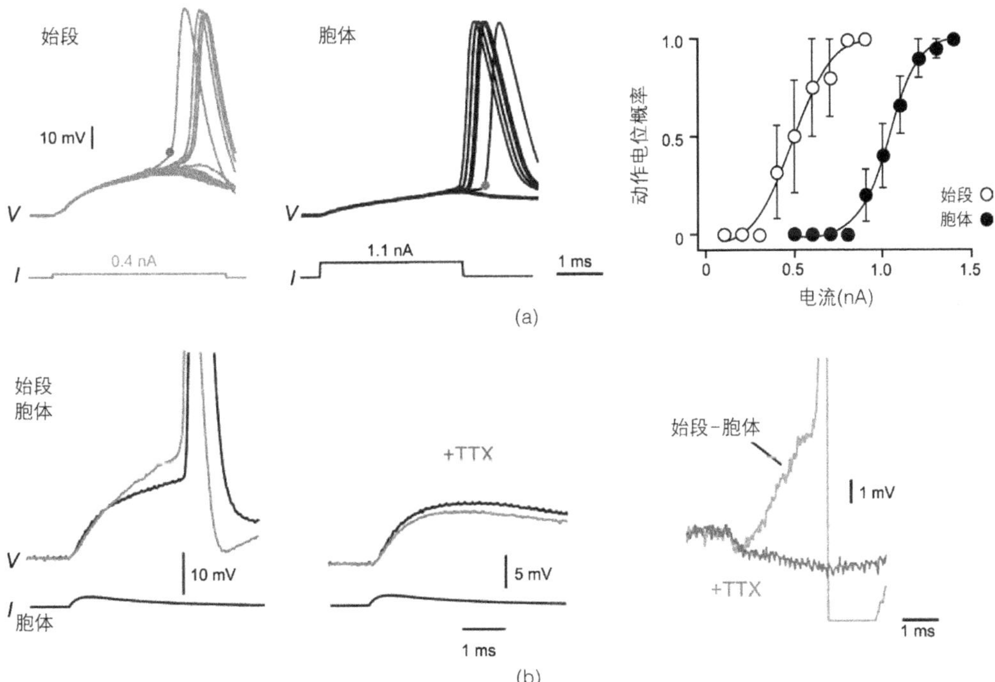


**图 2-5** 轴突始段的锋电位阈值最低(彩图见图版第 5 页)

(a) L5 锥体神经元轴突始段的高电压但低电流阈值。左边:在动作电位处于阈值的时候,电流注射入始段(蓝)或胞体(黑)时的重叠电压反应,注意把始段去极化的电压阈值与胞体相比较。右边:在始段(空心圆)或在胞体(实心圆)电流注射所引起的注射电流平均幅度与动作电位发生概率之关系,注意始段的低电流阈值。(b) 由始段钠通道介导的慢、去极化斜坡(ramp),但在胞体上是没有的。左边:由模拟兴奋性突触后电流(excitatory postsynaptic current,EPSC)注射在胞体上引起的动作电位,以及同时在胞体(黑)及始段(蓝)上的记录。中间:在 TTX(1 μm)条件下的同样记录。右边:在对照(青灰)及 TTX(红)条件下轴突始段和胞体的电压差,发现在锋电位发动之前,始段有一个去极化坡度。(图引自[4])

在这里电压变化速率(即一阶导数)的值超过了一个点,约为 10～50 V/s,那么电压阈值在轴突里面是特别高的。这似乎有点令人吃惊。出现这种违反直觉的实验结果,是由于在动作电位刚刚发动之前,始段的钠通道驱动了一个局部去极化的电压变化,这个电压变化在传向胞体或轴突本身时,经过一个短距离就衰减了。于是就有了一个印象,在这里的电压阈值是高的(图 2-5)。在对始段局部给予 TTX 之后,这个局部电位即消失,从而始段的局部电压阈值实际上是低的。换句话说,在始段以外区域测量的是一个传播着的锋电位的阈值,而正好就在这个区隔测定的则是胞体-树突(SD)组成成分的阈值。微妙之处还在于有一些不太寻常的建议,认为在动作电位发动时,存在着钠通道的门控,其原因可能即在于此。事实正是这样的,胞体动作电位实际开始的时间似乎比根据 Hodgkin-Huxley 模型推断的要快一点[4]。

锋电位的阈值并非一个固定点,而是一个电压门控的范围。例如,根据活体新大脑皮层神经元胞体内注射的记录,发现动作电位的阈值是高度可变的。通常对这个行为的第一个解释是通道的噪声,即通道有一些电流导通。事实上,当膜电位接近阈值的时候,动作电位的发生是随机的,因为实现钠锋电位的电压门控通道的开放是一个随机过程,电压门控通道的数目还不够多,这就足以允许通道噪声被忽略[4]。

但是,此观点近来受到新实验结果的挑战。实验表明,在胞体上出现的大的锋电位变异,是由于动作电位从轴突始段产生以后逆向传播到胞体,当神经元接受带有噪声的一串输入时。事实上在锋电位发动的地点,也就是在始段,锋电位产生的变异是小的,但当锋电位逆向传播到胞体时,变异性就增加了。这种行为并不依赖于通道噪声,因为它可以被 Hodgkin-Huxley 模型所复制。锋电位阈值升高的表观(apparent)变异,事实上是由于在锋电位传播的时候,锋电位和阈下波形频率成分在时间关系上被重新调整[4]。

### 2.8.5　动作电位发动的时机

同步的群体性活性对于不同脑区的许多功能都是需要的,包括感觉加工、空间移动、突触可塑性。神经元网络活性的时间组构,显然依赖于突触以及网络内其他部分的时机。轴突始段是决定个别神经元锋电位发放准确时机的部位。近来,这些决定时机准确性的道理,开始显露出苗头。具有削尖(sharpen)生物物理特征的外向电压门控电流如 EPSP,可以缩短动作电位被触发的时间窗,因而增强锋电位的准确程度;相反,减少去极化速率的外向电流,导致锋电位产生的准确度降低。在这里当慢电压波动时,锋电位的高波动可能是由于阈值附近的通道噪声。可能很重要的是,利用近来发展的轴突记录技术,将来能够确定这些电流如何使得始段的电压成型[4]。

## 2.9　动作电位沿着轴突的传导

### 2.9.1　无髓轴突动作电位传导的基本原理

动作电位传导的基本研究是根据无髓轴突做出来的。无髓轴突的传导是基于再生性模式,依靠电流的被动扩展;当扩展到活动区前面时,就使前面那一段膜去极化而达到阈值。一般用一个瞬间图像来刻画参与锋电位传导的电流流动性质,按照某一瞬间把动作电位画在轴突上。在动作电位之前,有快速的钠离子内流,它将导致新一段膜的去极化而使它达到阈值。在它的后缘,电流往外流,因为钾通道开放,这样使膜电位回到静息值。因为钠通道失活以及超极化的钾通道高电导,所以被兴奋的轴突膜片段是不可能立即被重新兴奋的。换言之,动作电位不会回返传播,神经传导一般是单方向的。当动作电位离开了激活区以后,钠通道从失活状态恢复,钾电导慢慢降低,膜才可以产生下一轮兴奋[4]。

### 2.9.2 有髓轴突的传导

有髓轴突的传导是跳跃性的。髓鞘由包裹的细胞膜构成,在外周神经是雪旺细胞,在中枢神经轴突上是少突胶质细胞。膜包裹的层数可达 10～120 层。髓鞘的出现对于轴突的生理学有关键性影响,使得局部轴突的有效膜电阻增加了几个数量级,可高达 300 倍,而膜电容却减少类似的数量级。髓鞘膜在郎飞结部位发生周期性中断,暴露出一片轴突膜于细胞外液。郎飞结间的距离一般是轴突外直径的 100 倍,具体约为 200 μm～2 mm。由于电的隔离,轴突髓鞘限制电流,使之流向郎飞结。又由于离子不能流进或流出高电阻的郎飞结间部位,故仅有局限性的结间轴突参与冲动的传播。这样,电位就从一个结跳到下一个结,从而大大增加了传导速度。髓鞘化的另一个生理学上有意思的后果是,只需较少的能量,就能够维持这样大的钠、钾浓度梯度,因为仅在郎飞结上才有离子流动。然而近来的研究表明,由于钠、钾通道的匹配特点,海马无髓轴突的能量消耗是最低的[4]。

跳跃传导的原理最早是由 R. Lillie 在 1925 年提出来的,后来有直接的实验证据加以证实。F. Huxley 和 R. Stämpfli 的经典论文报道了在动作电位传导时对单根轴突区隔电流的测量,这个区隔仅含一个郎飞结或者一个结间区。作者们注意到,如果这个区隔含有一个郎飞结,刺激神经时会引起一个大的内向电流;相反,如果这个区隔里面含有一个结间区,则没有内向电流可以记录下来,表明结间区是没有再生性电活动的。这种间断性特点,即跳跃式传导,不应该过分强调,因为在动作电位的某一时相,可以有 30 个接连的郎飞结同时参与活动[4]。

### 2.9.3 传导失败

一个很不寻常的轴突操作是选择性的传导失败。此时,动作电位不能沿轴突传送,没有信号可以达到细胞的输出端。失败是一种强有力的过程,它过滤了与突触后神经元的信息交流。曾经在不同的轴突上看到过实验性的传导失败,包括脊椎动物的脊髓轴突及丘脑-皮层神经元、多刺龙虾或虾运动神经元、水蛭机械感觉神经元、兔结状神经节神经元、大鼠背根神经节(dorsal root ganglion,DRG)神经元、神经垂体以及海马锥体神经元等的轴突。听觉传导通路的某些轴突,能够非常独特地维持高放电频率,可高达 1 000 次/s[4]。

## 2.10　轴突的非通常活动

非通常(non-conventional)活动是指特殊或少见情况下的活动,它主要包括假突触相互作用和轴突锋电位同步化。前者详见第 5 章;后者在本节加以介绍,也就是轴突间电耦合和快速同步化的问题[4]。

神经元之间的快速交流不仅通过化学突触,也有电耦合。有报告表明,在大量细胞类型中,海马的抑制性皮层中间神经元会呈现一种 100～200 Hz 的高频振荡。这种振荡称为纹波(ripple)。它是由抑制性中间神经元的高频率放电所致,而且是许多 CA1 区神经元位相锁定的。纹波振荡的某些特点很难解释。第一,振荡是如此快,接近 200 Hz,如果要求许多细胞通过化学突触传递来实现同步,这将是很困难的。第二,在离体用药理学方法阻断化学传递的条件下,这个纹波仍可以持续存在。第三,当纹波存在时,某些抑制性中间神经元可以使大量锥体细胞同步化。相当一部分同步活动可能是由于轴突的电接触,即通过裂隙接头。逆向刺激邻近轴突可产生一个具有快速上升相的小动作电位,约 180 mV/ ms。诱发小锋电位可以达到纹波的速率——200 Hz,且可被 TTX 所阻断,或被裂隙接头阻断剂生胃酮(carbenoxolone,用于治疗胃溃疡)所阻断。同时进行轴突和细胞体记录,显示此小锋电位在侵入胞体和树突之前就开始在轴突上传播。最后,用罗丹明分子标记锥体神经元,可以显示在邻近神经元之间有染料耦合,开始于轴突。因此,轴突的功能不是限于传导冲动到末梢,也可以介导邻近两个锥体神经元之间的信息加工,通过靠近轴丘边上的电突触,即裂隙接头[4]。

有人猜想,在邻近的浦肯野细胞轴突之间的类似电耦合机制,或可解释小脑高于 75 Hz 的快振荡。很快的小脑电振荡在小脑薄片上曾经记录到,它对于裂隙接头阻断剂敏感。另外,小锋电位和快速前电位可引起正常大小的锋电位。事实上,在模拟小脑网络的实验中,浦肯野细胞通过裂隙接头稀疏地连接。在这种模型里可以复制实验结果。在活体中曾鉴定到,CA1 区锥体神经元轴突有通过细胞-细胞间的交流。应用新开发的自由活动鼠活体全细胞记录技术,有研究组发现,许多 CA1 细胞记录(大约占 60%,展示了"全或无"电生理特征的小锋电位)是由轴突间电耦合所产生的。这些事件在出现纹波时产生,有短于 1 ms 的快速上升时相,具有双相衰减时间,以大约 3～6 个事件的爆发波形式产生[4]。

## 2.11　轴突功能的病理学

除了可引起轴突中断及轴浆运输缺损的华氏变性或去髓鞘化以外,轴突至少直接与两大类神经疾病有关。一类是神经病的离子通道病,例如癫痫、步态不稳、疼痛、肌肉紧张和周期性麻痹,通常是由于离子通道的某些特定失功能所致。变化的主要后果是神经元兴奋性的失功能以及轴突传导的失功能。还有一些病如腓骨肌萎缩症,它们造成轴突传导功能缺损[4]。

### 2.11.1　癫痫

大脑皮层神经元轴突的许多离子通道表达会发生突变。在人癫痫中,轴突始段失功能常常是癫痫表型的来源。例如，基因 *SCN1A* 是编码 Nav1.1 的，它的突变可以引起幼儿严重的癫痫表型，包括全面性癫痫伴热性惊厥附加症(GEFS+)，症状有严重肌痉挛等。某些突变并不引发功能亢进(超兴奋性)，如癫痫时候的功能过亢那样，相反，也可以导致功能丧失。还有，因为 Nav1.1 通道在 GABA 神经元的轴突上高表达，当抑制性神经元的兴奋性降低时，主神经元的兴奋性将增加，那样就变成较少受抑制了。小鼠如果缺少 *SCN1A*，则发生自发性抽搐，因为抑制性中间神经元的钠电流减少，但锥体神经元的并不减少。类似地，Kv1.1 通道基因的敲除或突变会引起癫痫，也会引起发作性共济失调，其特征是小脑性不协调以及自发性运动单位活性(spontaneous motor-unit activity)。KCNQ2/3(Kv7.2/Kv7.3)通道的突变导致严重癫痫，例如良性家族性新生儿惊厥(benign familial neonatal convulsion，BFNC)。某些突变也可以靶向位于轴突末梢的离子通道，例如 *KCNMA1* 基因的错义突变。*KCNMA1* 基因是编码 BK 通道的，这种突变与阵发性肌紧张性癫痫有关(图 2-6)[4]。

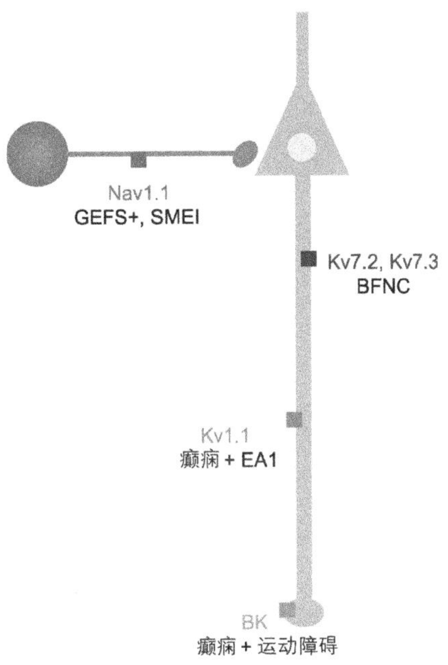


**图 2-6** 轴突的离子通道病

癫痫发病时轴突离子通道可能作用之图解式表示。GABA 中间神经元的 Nav1.1 通道发生突变，造成抑制性中间神经元发生钠通道失功能和兴奋性降低，从而增加了网络的活性。这可以解释癫痫中为何有 GEFS+ 或严重肌痉挛癫痫。Kv7.2/7.3 突变导致失功能，即增加主神经元的兴奋性，也可引起良性的家族性新生儿惊厥(BFNC)。Kv1.1 的敲除或突变会增加神经元的兴奋性，引起爆发性步态不稳。SMEI：婴儿严重肌阵挛性癫痫；EA1：1 型发作性共济失调。(图引自[4])

经过一次发作之后，癫痫也可以是获得性的。例如在癫痫发病时，癫痫发作的频率和强度会有所增加。这表明癫痫也可以是获得性的，或者说，它被神经组织所记忆。这种增强的细胞活性，被认为就是长时程增强(LTP)的兴奋性突触传递，但是神经元兴奋性的增强也可能参与其中。兴奋性的这种变化，一般认为是有利于癫痫的。但还需要有进一步的工作来确定，轴突通道是否专对获得性癫痫的表型有影响[4]。

### 2.11.2 偏瘫、偏头痛

除癫痫以外，*SCNA1A* 或 *CACNA1A* 基因突变也可导致家族性偏瘫、偏头痛。在表达系统研究中，这些突变产生混合效应。此混合效应可以解释，为什么它们与皮层扩布性阻遏(cortical spreading depression，CSD)* 同时发生[4]。

---

* 皮层扩布性阻遏(CSD)：其后随有抑制波的大脑皮层扩布性电生理高活性。

### 2.11.3　外周神经的轴突通道病变

这可以在几种外周神经疾病中发生。例如，疼痛症状经常伴随着 *SCN9A* 基因的突变，此基因编码 Nav1.7 亚单位，该通道突变引起异常性疼痛（allodynia，例如烧灼痛）或失去痛觉。疼痛通常与 Nav1.7 的功能异常相联系，也就是降低激活阈值或者使激活减少[4]。

### 2.11.4　与髓鞘有关的轴突疾病

1. 多发性硬化症

多发性硬化症的特征是对中枢神经系统髓鞘的多次侵犯，可以导致感觉缺损，主要是视觉缺损，还有运动缺损。多发性硬化症在成年人中容易出现，疾病的进展经常是复发与缓解相交替。病人有某种程度恢复，以后又有发作，中间有代偿的过程。代偿是由于去髓鞘区的钠通道增生。虽然多发性硬化症的病因是多样的，有遗传的、感染的、环境的因素，但最重要的决定因素是失去了免疫系统的调节，包括发生自身免疫疾病，这种免疫是针对着髓鞘蛋白的。其主要后果是，丧失部分或全部的髓鞘，从而阻碍了例如视神经轴突或皮层-脊髓束轴突的传导[4]。

2. 腓骨肌萎缩症

此病是由于影响了周围神经系统轴突的髓鞘所致。它是高度异源性的一组遗传病，这些病使得轴突和胶质细胞蛋白质之间的分子相互作用失效。本来这个作用可以稳定雪旺细胞所产生的髓鞘，但现在消失了，于是疾病就产生。最常见的形式是 *CMT1A*、*CMT1B*、*CMT1X* 基因发生突变，它们编码髓鞘的 3 个蛋白质成分——外周髓鞘蛋白 22（PMP22）、髓鞘蛋白 0（MPZ）以及连接素 32[4]。

3. 容易发生压力性麻痹的遗传性神经病

此病的简写是 HNPP（hereditary neuropathy with liability to pressure palsies），这种遗传病是由于缺少编码 *PMP22* 基因的蛋白质。HNPP 的特点是瘫痪和感觉丧失的局灶性发作，伴有异常的髓鞘形成，导致神经传导阻断[4]。

## 参考文献

[1] 陈宜张.神经科学的历史发展和思考. 上海：上海科学技术出版社，2008.

[2] 陈宜张. 突触. 上海：上海科学技术出版社，2014.

[3] Isacoff E Y, Jan L Y, Minor Jr D L. Conduits of life's spark: a perspective on ion channel research since the birth of neuron. Neuron, 2013, 80: 658.

[4] Debanne D, Campanac E, Bialowas A, et al. Axon physiology. Physiol Rev, 2011, 91: 555.

[5] Bean B P. The action potential in mammalian central neurons. NR Neurosci, 2007, 8: 451.

[6] 陈宜张. 脑研究现状与展望//中国医学院士文库：陈宜张院士集. 北京：人民军医出版社，2014：449－459.

[7] Kandel E R, Schwartz J H, Jessell T M, et al. Principles of neural science: 5th ed. New York: McGraw-Hill, 2013.

[8] Bender K J, Trussell L O. The physiology of the axon initial segment. Annu Rev Neurosci, 2012, 35: 249－65.

# 第3章　突触的化学传递与递质受体

## 3.1　引言

突触分为化学突触和电突触两类，本章主要讨论化学突触的传递。神经元间的信息是如何交流的，这件事在19、20世纪之交曾引起激烈争论。争论围绕着脑是一个合胞体，如高尔基(C. Golgi，1843—1926)所认为的那样，还是由分别的神经元所组成，像卡哈尔所主张的那样。为此，卡哈尔使用高尔基染色技术进行了广泛而精彩的研究。以后争论转移到另一个问题：神经元之间是如何相互交往的。英国的谢灵顿(C. S. Sherrington，1857—1952)在20世纪早期铸造了“突触”这一名词，他以此描写神经元之间的接触点。到了20世纪30年代，埃克尔斯与戴尔(H. Dale，1875—1968)等人(包括G. L. Brown、W. Feldberg、J. H. Gaddum、B. P. Vogt)有争论。埃克尔斯认为传递是电的，而戴尔等人认为传递是化学的。实际上在某种程度上他们都是对的。在脊椎动物脑，化学突触有显著优势，作为神经递质的化学物质越来越多地被发现，但是到了20世纪70、80年代，发现的神经递质的数目增加减慢了。药理学研究发现，虽非全部递质，但多数递质的受体不止一种。分子生物学又进一步揭示了突触多样性。根据分子结构，受体可以分成好多类，例如GABA受体有3类——$GABA_A$受体、$GABA_B$受体、$GABA_C$受体，有时候还可以有翻译后修饰。例如，五聚体的$GABA_A$受体有16种不同亚单位的排列、组合。其受体类型的数目可能是广泛的，然而在自然界中存在的也不过10～20种而已。化学突触是非常多功能的，既可以通过配基门控通道实现快速、特异传递，如谷氨酸、GABA及其他神经递质的化学突触，也可以通过G蛋白偶联受体(GPCR)实现较慢的调制性效应。有一大群递质是通过这类受体实现调制作用的，例如胺类、肽类、嘌呤类以及一些特定的谷氨酸和GABA受体[1]。脑内的信息传送包括神经传导和突触传递两种形式。突触传递是一个神经细胞与另一个细胞之间的信息传递，依靠电活动方式进行。既然脑内的神经元是组成为网络而活动的，神经元与神经元之间的传递理所当然地成为研究脑功能之重点[2]。

神经信息以突触电位的形式在局部加工，然后整合为突触后神经元的兴奋，即动作电位，作为输出。哺乳动物脑内的多数突触是化学突触，突触前神经元分泌神经递质，突触后神经元上有递质受体，递质作用于受体，引起突触电位，从而完成传递过程。研究深入下去，知道在突触前区隔存在着含递质的突触小泡，在突触前分子机器的带动下，小泡把它的内含物即神经递质向突触后排出；又知道在突触后区隔，突触后受体接受递质而产生突触后电位；知道突触区和突触外区的组构方式是不同的，例如递质受体的分布，不论在量还是质(亚单位组成)上都有所不同。对于这许多细致、复杂问题的了解，丰富了有关突触传递的阐述内容。对突触外区似乎还应再作区分(见后文)[2]。

化学突触传递是一个十分广泛的议题，读者可以参看许多参考文献[3,4]。近年来，化学突触传递研究有很深入的进展，例如在五聚体配基门控通道受体三维结构的研究方面，烟碱型乙酰胆碱受体(nAChR)、5-羟色胺受体、$GABA_A$受体、甘氨酸受体，它们是神经元通信的主要演员，共享一个高度保守的三维结构模块。最近对这个家族处于导通和关闭状态下的受体-通道孔进行了三维结构研究，所用的标本有细菌的、无脊椎动物的和脊椎动物的受体。研究发现，这些通道都有一个共同的门控机制，此机制能够把受体结合与"孔"开放耦合起来；但各种受体亚型又有某些差异[5]。又如，GluA2 是一种 A2 型 AMPA 受体(AMPAR)，它的三维结构最近得到鉴定，但得到鉴定的是 AMPA 受体与其部分激动剂或变构性调制物的复合物。GluA2 三维结构的鉴定，对于了解这个四聚体化合物是如何完成其激活作用的，提供了深入的认识[6]。

本章主要讨论化学突触的几个问题：① 递质小泡释放机制；② 胞内吞与小泡再循环机制；③ nAChR 研究；④ AMPA 受体局域浓集和膜运输；⑤ GABA 神经元与$GABA_A$受体；⑥ 对桥连蛋白分子的定量研究。之所以选录这些内容，是因为它们反映了最近以来突触传递研究朝着"精确"方向的一种努力。突触小泡的胞外排(exocytosis)历来是突触传递研究的重点，近几年来这方面的进展十分迅猛。现已清楚，突触小泡能在毫秒级的时间窗口快速外排。T. Südhof 获得 2013 年诺贝尔生理学或医学奖，就是科学界对突触小泡胞外排重要性的公认。除突触小泡胞外排以外，近年来有关胞内吞的研究也有很多新材料与新概括，本书也进行了介绍；对于突触小泡外排与内吞之间的关系，也正从机制的深度做深入分析，例如认为 SNARE* 蛋白分子复合体也是内吞所需要的[2,7]。在突触后区隔，本书将首先介绍有关乙酰胆碱受体的材料。之所以选择乙酰胆碱受体，是因为它是得到最深入研究的一个递质受体，例如变构效应。而且，这个受体的研究发展具有典型意义，它的研究是从蛋白质提纯开始的。递质受体研究的另一个重要方面是受体的定位、定量和膜运输问题，在这方面介绍了 AMPA 受体在突触后的定位以及 AMPA 受体的膜运输，还有其动态变化和 LTP 的关系，也介绍了 GABA 受体的脚手架蛋白与受体之关联，及其定量测定。介绍重点仍然选择在大分子的定位定量问题以及单分子活动。

突触传递研究最早是从神经-肌肉接头开始的，而神经-肌肉接头的递质是乙酰胆碱。乙酰胆碱受体作为离子通道型受体，其结构与功能是最早得到研究而且被研究得最深入的。nAChR 是第一个被化学鉴定的受体，其分子结构得到了阐明。它的鉴定成功，是多种技术和理论(电生理学、药理学、生物化学)联合应用的一个好范例[8]。脑内兴奋

* SNARE：SNAP receptor，SNAP 受体。关于 SNAP 见 49 页脚注。

性突触的传递主要由谷氨酸完成，谷氨酸受体有 NMDA 受体、AMPA 受体等；抑制性突触的传递主要由 γ-氨基丁酸(GABA)和甘氨酸完成。对以上这些受体的结构与功能都已研究得相当深入。突触可塑性是突触功能的重点研究内容，经过数十年努力，现已比较清楚。一种谷氨酸受体——AMPA 受体，它的功能调制以及它在突触外区与突触区之间的膜运输，是实现多种类型突触可塑性的主要基础[9]。此外，AMPA 受体在突触后致密(postsynaptic density，PSD)上的分布、单分子 AMPA 受体的显示等研究，也都得到实现，从而进一步加深了对中枢兴奋性突触传递的了解[2,10]。

关于神经递质的定义，随着科学的发展而有所变动。到目前为止，一个化学物质要能够被承认为神经递质，一般认为应满足以下 4 个条件：① 它由突触前神经元产生；② 它存在于突触前末梢，而且末梢所释放的量足以在突触后神经元或者效应器上产生一个确定的作用；③ 当外源性地给予一定浓度的该物质时，它能够模拟内源性递质的作用，如激活突触后细胞上的同一离子通道或者第二信使通路；④ 通常有一个特异机制会把它从突触间隙移走[11]。

## 3.2 递质小泡的胞外排

### 3.2.1 从杜布瓦-雷蒙到卡茨

可以这样说，杜布瓦-雷蒙(E. du Bois-Reymond，1818—1896)以他的两个发现开启了现代神经科学，一是动作电位，二是神经-肌肉接头部位的化学突触传递。在他以后 100 年，卡茨(B. Katz，1911—2003)的工作也在神经-肌肉接头方面。后者在 1969 年的工作建立了突触传递的基本传导通路，这个通路是：动作电位到达突触前神经末梢，门控钙通道开放，于是内流的钙离子触发了融合突触小泡的胞外排。小泡内含有神经递质，释放出来的神经递质成为对于突触后的信号。卡茨的工作与 P. Palade 的形态学研究交相辉映。卡茨研究了小泡运输，而且做了一系列电生理实验，这些实验以非常精确的方式特征化了突触传递的过程。卡茨的研究表明，钙以高度协调的方式，在数百微秒时间内触发小泡的胞外排，这个时间并不比电压门控离子通道的打开慢多少。也就是说，离子通道一打开，反应立即就来了。然而，是什么样的分子机制使胞外排来得如此迅速，仍然是一个谜。一直要等到分子生物学允许我们做小泡融合以及钙调控的机制性分析，这个问题才开始得到阐明[11]。

### 3.2.2 卡茨的工作提出了 3 个基本问题

① **小泡如何融合**。这个普遍性问题超越了神经生物学。小泡运输问题在细胞生物学里面也是重要的，膜融合是真核细胞的一个普遍过程[11]。

② **钙如何引导快速膜融合**。这个问题对于了解突触传递是关键性的，也与其他类型钙调节的胞外排有关，例如激素分泌、肥大细胞的胞外排、卵细胞的胞外排等。但突触小泡显示了不同的特征，突触传递不是一个数字式的“全或无”事件，而是一个可塑性事件。因此，了解钙如何调节小泡释放，涉及神经回路是如何操作的问题[11]。

③ **钙内流及小泡锚定到突触前释放位点这两者如何协调**。为了钙触发释放而预处理的小泡，如何在毫秒级时间内共定位于钙通道？只有它们紧密地靠拢，并靠近释放位置，才能够有这样精确的耦合，使得动作电位引起小泡的释放[11]。

这3个问题是在分子水平了解突触传递的核心问题。现在已有一个可以信得过的框架来回答这3个问题，当然还有许多其他问题等待进一步的解决[11]。

突触传递的问题很多。例如，“立即可释放池”、“突触前入坞位点”和“活动带”等，都是突触传递的重点话题，文献上有很多新材料出现。比如有人认为，突触前活动带的大小与释放突触小泡的数量多少有关[12]；突触前活动带是一个蛋白质脚手架，它包括RIM、ELKS、Munc13、Bassoon/Piccolo和RIM-BP等蛋白质；当RIM、ELKS被剔除以后，Munc13、Bassoon/Piccolo和RIM-BP也随之消失，活动带被破坏。不过，活动带虽遭破坏，突触小泡数和突触后致密（PSD）未有改变。这说明，活动带的破坏导致突触小泡入坞（docking）的丧失和小泡释放概率的降低，但能够进行融合的小泡还是保持存在的[13]。突触前入坞位点的功能意义如何，仍是一个不甚清楚的问题。C. Pulido等用单个GABA突触的实验演示，各个单突触的入坞位点数目是可以有变动的；入坞位点又是可以受调制的，如在突触阻遏时和去极化前脉冲（prepulse）的情况下[14]；在突触小泡释放的传统理论中，有所谓“立即可释放池”的假设，当时把“立即可释放池”中的小泡看成是均匀的。但是近来关于活动带的超微结构分析表明，活动带的周围有成簇的电压门控$Ca^{2+}$通道，这种$Ca^{2+}$通道簇的大小和形状都是可变的；而那些准备释放的突触小泡应该在$Ca^{2+}$通道簇的周围，离开它有一定的距离[15]。对以上这些，本章不拟展开讨论。

我们将首先作一个有关释放机器的简单、普遍的描述，然后比较详细地讨论一些经过选择的、许多人可能感兴趣的问题。由于篇幅限制，并不企图对此领域进行全面论述。本章的讨论将聚焦在生理学研究方面[11]。

### 3.2.3　从突触前动作电位到递质小泡释放，为何能够如此快速？

近10年来的突触研究已经接触到突触小泡胞外排机制的深层次。动作电位到来，钙进入突触前末梢，触发突触小泡的胞外排和神经递质的释放，其间所需时间不足1 ms。钙内流刺激为什么能够如此快速而准确地引起递质释放？过去几十年来的工作表明，钙与突触结合蛋白（synaptotagmin）的结合使之结合于释放分子机器的轴心融合部分，包括介导膜融合的SNARE和SM蛋白。胞外排时，复合蛋白（complexin）通过激活并钳制此轴心融合机器，来帮助突触结合蛋白。含有突触结合蛋白的突触小泡，依靠含有RIM蛋白的一个蛋白质复合体而定位在活动带，这里是小泡融合的位置。RIM蛋白激活了突触小泡的锚定及预处理，同时募集钙通道来到活动带，这样就把经过复合蛋白复合体预处理的突触小泡拉拢到钙通道附近。这种构筑方式使得通过钙通道直接流入的钙到达突触结合蛋白，后者触发融合，介导了一个时间非常紧凑的、毫秒级别的耦合，把动作电位耦合到神经递质的释放[11]。

## 3.3 小泡释放中的膜融合

迄今的研究工作已形成了一般性的框架，我们可用以解释神经递质的释放(图 3-1)。

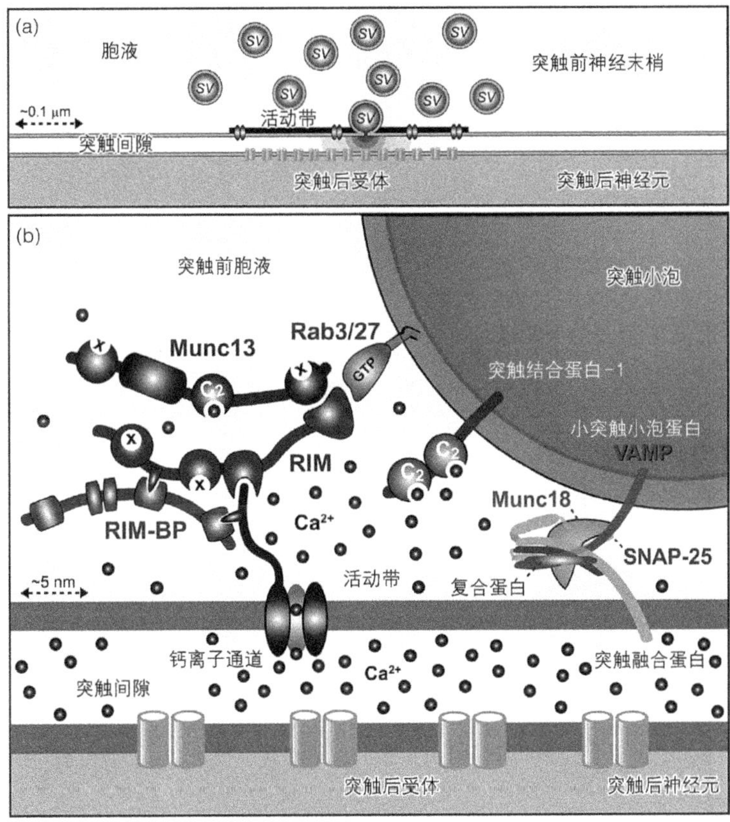


**图 3-1** 突触前小泡释放分子机器的组构(彩图见图版第 6 页)

(a) 突触部位有突触小泡(SV，红色)、含有钙通道(蓝色)的活动带、突触后成簇的受体(橘黄色)。活动带的一个小泡正处在融合过程中，红色的神经递质正从融合孔释放。(b) 介导钙触发的小泡融合分子机器图解。图右上方显示锚定突触小泡的一段，突触前活动带在中间。从右到左显示神经递质释放分子机器的 3 个功能性组成成分。右边为融合机器的轴心部分，它由 SNARE、SM 蛋白质复合体组成，这个机器包括 SNARE 蛋白、小突触小泡蛋白(VAMP)、突触融合蛋白-1(syntaxin-1)、SNAP-25*，还有 SM 蛋白 Munc18。作为钙感知器的突触结合蛋白显示在中间，它由两部分组成。一部分是短的小泡内顺序，具有单个跨膜区；另一部分是两个胞质 C2 钙结合域，以复合蛋白(complexin)为助手起作用，复合蛋白结合在 SNARE 复合体上。活动带蛋白质复合体显示于左侧，包括 RIM、Munc13 和 RIM-BP，还有在突触前质膜上的钙通道。在这个蛋白质复合体中，RIM 结合到特定靶蛋白质，调控、协调活动带的所有 3 个功能：介导突触小泡入坞的 RIM 结合于小泡 Rab 蛋白；RIM 结合于中央预处理因子——Munc13，激活小泡的预处理；为了快速的兴奋-分泌耦合，RIM 结合到钙通道，有直接方式和通过 RIM-BP 的间接方式，募集钙通道达到锚定小泡的 100 nm 空间范围之内。神经递质释放分子机器的总体设计是，作为对动作电位的反应，在纳米级别的装置上能快速而有效地触发分泌过程，把融合分子机器、钙触发还有活动带蛋白质三者复合起来，这样把所有成分定位在一个合适的靠近范围之内。(图引自[11])

---

* SNAP：soluble NSF attachment protein，可溶性 NSF 附着蛋白；其中 NSF：N-ethylmaleimide sensitive fusion protein，N-乙基马来酰胺敏感融合蛋白。

一般说来，细胞内的膜融合是由 SNARE 及 SM 蛋白介导的。SNARE 是 soluble NSF attachment receptor protein（可溶性 NSF 附着受体蛋白）的缩写，SM 蛋白是 Sec1/Munc18 - like protein（Sec1/Munc18 样蛋白）的缩写。在融合反应中，这两个蛋白质实现循环性、周期性的结合和解离过程（图 3 - 2）。在突触部位，小泡 SNARE 蛋白的小突触小泡蛋白（也称 VAMP）和质膜上 SNARE 蛋白的 SNAP - 25 及突触融合蛋白 - 1 形成复合体。在 SNARE 复合体形成之前，突触融合蛋白 - 1 以封闭构象存在，不能参与

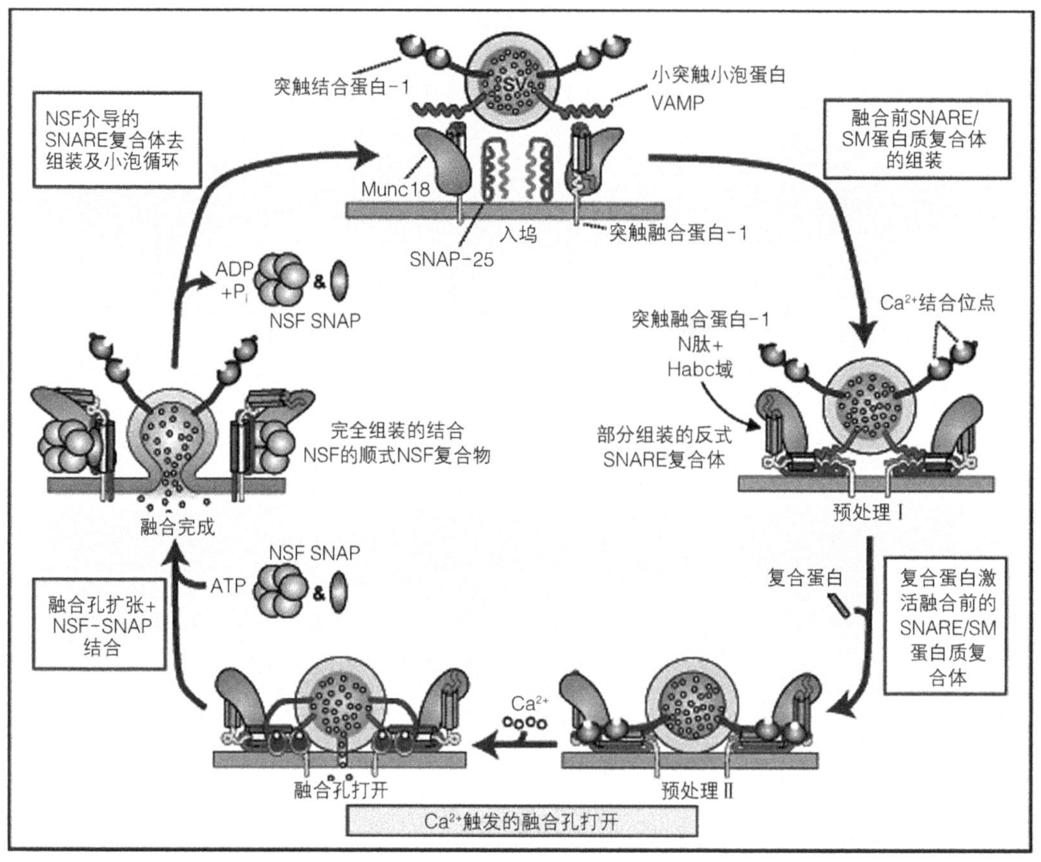


**图 3 - 2** SNARE/SM 蛋白的活动周期及突触结合蛋白和复合蛋白在 $Ca^{2+}$ 触发融合中的作用

SNARE 和 SM 蛋白实施周期性组装和去组装过程。这样，作为小泡 SNARE 蛋白之一的小突触小泡蛋白与质膜上的 SNARE 蛋白（突触融合蛋白 - 1 与 SNAP - 25）在预处理中组装起来成为反式 SNARE 复合体。在 SNARE 复合体组装前，突触融合蛋白呈闭锁构象。在此构象条件下，突触融合蛋白的 Habc 域折叠回来到 SNARE 基序（motif）中，这种构象排除了 SNARE 复合体的组装。突触融合蛋白必须“开放”，那样才能发动 SNARE 复合体的组装。此外，在 SNARE 复合体组装之前，Munc 18 - 1 是与单体突触融合蛋白缔合在一起的，那时突触融合蛋白处于封闭构象。当 Munc 18 - 1 在通过与突触融合蛋白 N 肽（syntaxin - 1 N peptide）的相互作用而结合到正在组装中的反式 SNARE 复合体时，就改变与突触融合蛋白的结合模式。一旦 SNARE 复合体已部分组装，复合蛋白的结合会进一步增强 SNARE 复合体的预处理，这种“超预处理”的 SNARE/SM 蛋白质复合体于是成为钙触发的膜融合孔底物，这个融合孔被钙与突触结合蛋白的结合所开放。融合孔导致突触结合蛋白和 SNARE 的相互作用和磷脂的相互作用。然而即使在钙触发以前，突触结合蛋白可能至少也部分地与融合机器相互作用，因为有证据表明，在突触结合蛋白 - 1 敲除的神经元，有去钳制的自发小释放。在融合孔开放以后，已形成的顺式 SNARE 复合体经过 NSF/SNAP ATP 酶去组装、小泡再循环，重新填充递质用于再释放。（图引自[11]）

SNARE 复合体的形成，必须等到突触融合蛋白开放以后才能让 SNARE 复合体组成。SM 蛋白 Munc 18－1 原来结合于封闭形态构象的突触融合蛋白。作为融合的准备，封闭构象的突触融合蛋白开放，这样一来 SNARE 复合体就形成了。此时 Munc 18－1 仍然结合在组成 SNARE 复合体的突触融合蛋白上，但 Munc 18－1 把它的结合模式转变为与 SNARE 复合体相互作用的模式。SNARE/SM 复合体的组装介导融合，而其去装配则实现了 SNARE 和 SM 的蛋白质再循环，以供进一步的应用(图 3－2)。通过它们的装配/去装配周期而不断进行的 Munc 18－1 和 SNARE 复合体的缔合，对于融合是必需的。SNARE/SM 蛋白质复合体的装配由一些蛋白质伴侣来维持，如 CSP、突触核蛋白(synuclein)，蛋白质伴侣功能的丧失将导致神经变性；SM 蛋白复合体的去装配由一个进化上保守的特异 ATP 酶(NSF)及其接头蛋白 SNAP 介导[11]。

可见，SNARE 和 SM 蛋白的功能原理是简单的(图 3－2)。SNARE 蛋白埋藏在两个融合膜中形成反式复合体，包含一个从 N 末端到 C 末端方向的渐进拉紧四螺旋的 SNARE 复合体。这个拉紧(扣紧)的反式 SNARE 复合体迫使融合膜更加靠近，而且使它们的亲水面更不稳定。全长的“顺式”SNARE 复合体组装在一起，加上 SM 蛋白的作用，就使融合孔开放。融合孔的扩大改变了初始的“顺式”SNARE 复合体，使之转为“反式”，然后被 NSF 所解离。NSF 通过 SNAP 接头蛋白与 SNARE 复合体结合，这样完成了周期[11]。

### 3.3.1　突触结合蛋白

$Ca^{2+}$ 触发融合孔开放有赖于突触结合蛋白。它是一个进化上保守的跨膜蛋白质，有两个结合钙离子的胞质 C2 结合域。C2 结合域开始时被定义为蛋白激酶 C 的同工酶，是一个功能不清楚的保守序列。对突触结合蛋白－1(Syt1)的研究显示，C2 结合域组成了一个可以自律地与钙/磷脂结合的域，此外，C2 结合域还组成了一个蛋白质相互作用域。而对于 Syt1 来讲，它可以结合到突触融合蛋白－1 和结合到 SNARE 复合体[11]。

虽然 Syt1 开始被克隆时，有人提出它是卡茨长期以来所寻找的钙感知器，其功能是实现快速神经递质释放，但是线虫和果蝇的实验结果出来以后，人们失望了：情况不是这样的。对 *Syt1* 基因敲除小鼠的电生理学研究发现，对于前脑神经元，Syt1 对快速钙触发的释放是有选择地必需的，而对于融合则并非必需[11]。

*Syt1* 基因敲除的分析，支持“突触结合蛋白钙感知器假说”，但并不排除另外一种可能性，即 Syt1 的作用是把突触小泡摆放到一定位置，使它靠近电压门控钙通道。现在知道，此功能是由 RIM 和 RIM－BP 介导的，而钙结合到 Syt1 则实现一个不相关的作用。基因敲入小鼠的结果证明，钙结合于 Syt1 后，触发神经递质的释放。对小鼠的 *Syt1* 基因引入内源性点突变，可减少 Syt1 钙结合亲和力 2 倍，也减少神经递质释放的钙亲和力 2 倍。除介导钙触发的释放外，Syt1 钳制小释放(mini release)。所以，Syt1 结合到 SNARE 复合体这个过程，是准确度和速度所需要的介导者[11]。

脑内有 16 个突触结合蛋白，其中 8 个结合钙，所有的功能研究都是用 Syt1 做的，但是进一步的分析研究发现，为了突触小泡的同步胞外排，Syt2 和 Syt9 也是钙感知器，而其动力学因不同的突触而有所不同。例如，Syt2 是最快的突触结合蛋白，表达于介导声音定位的神经元，这种神经元需要极快的突触反应；而 Syt9 是最慢的突触结合蛋白，主要表达于边缘系统神经元，在那里介导比较慢的情绪反应[11]。

### 3.3.2　复合蛋白

在融合中，突触结合蛋白并非单独起作用，它需要复合蛋白作为辅因子。复合蛋白是因紧密结合于 Syt 复合体而被发现的。复合蛋白有缺陷的神经元，显示 Syt 轻度缺少的表型，它有选择性地减少快速、同步的胞外排，增加自发性的胞外排。复合蛋白的功能有：作为 SNARE 复合体的预处理因子；作为 SNARE 复合体的激活者，以便突触结合蛋白以后可以起作用；也可以作为自发释放的钳[11]。

突触结合蛋白也可以作为其他钙依赖融合反应的钙感知器。例如 Syt1、Syt7 是儿茶酚胺和肽类激素分泌的钙感知器，而 Syt2 是肥大细胞胞外排的钙感知器。在对嗅神经元的研究中发现，Syt10 是胰岛素样生长因子(insulin-like growth factor，IGF)胞外排的钙感知器，但是它同 Syt1 在递质和肽分泌的钙感知器中，功能又是不同的。这样看来，即使在单个神经元中，不同的钙结合蛋白也可以作为不同的钙感知器，服务于不同的钙触发的融合反应。所有钙结合蛋白都调控融合反应，而且似乎都需要复合蛋白作为辅因子。看来是这样的：所有钙触发的胞外排依赖于突触结合蛋白的钙感知器功能以及复合蛋白的功能，不同的突触结合蛋白促成了胞外排通路的特异性[11]。

## 3.4　小泡释放机器的空间组构

近来的研究对于突触前蛋白质分子机器(包括 SNARE、SM、RIM 等蛋白质复合体)，及其与蛋白质复合体密切靠近的钙离子通道之间的关系，有了非常清楚的认识[11]。总的看法是，在突触小泡释放过程中，SNARE 复合体起中心作用，该复合体被 NSF－SNAP 拆卸，在泡裂外排过程中，Munc18－1、Munc13、突触结合蛋白-1 和复合蛋白等依次起重要作用[16]。有了这些认识将能更好地解释，何以突触前动作电位到来之后只需几毫秒的时间，突触小泡就可以快速释放其所含递质[11]。

作为对动作电位反应的超快速神经递质释放，只有在一定的条件下才能实现。要把钙通道和经过预处理的突触小泡牵拉在一起和锚定到活动带，需要大的蛋白质复合体，其中心组成部分是 3 个多域蛋白质——RIM、RIM－BP、Munc13，这三者介导了活动带部位突触小泡的锚定和预处理，而且募集钙通道到锚定和预处理小泡的近处。由此看来，单个大蛋白质复合体组构了释放位点(图 3－1)[11]。

### 3.4.1　分子基础

1. RIM

RIM 是 Rab3－interacting molecule (Rab3 相互作用分子)的缩写，它结合于小 Rab、

GTP 结合蛋白，定位在突触小泡上，从而锚定小泡；RIM 也结合到 Munc13 从而激活它。Munc13 是一个预处理因子，它催化突触融合蛋白构象的开与关，把它从闭锁状态转变成开放状态，促进 SNARE 复合体的组装[11]。

2. 钙通道

钙通道必须定位于锚定的以及预处理的小泡附近，以便能够快速地耦合于动作电位的到来，达到钙离子触发的胞外排。钙通道一般定位于离开锚定小泡不到 100 nm 的距离处。RIM 及与 RIM 相互作用的分子 RIM - BP 除互相结合以外，两者都结合到钙通道。基因敲除小鼠的 RIM 以及基因敲除果蝇的 RIM - BP，都导致突触前活动带丢失钙通道并减少钙内流。所有这些资料显示，RIM 和 RIM - BP 联合起来发挥作用，用以募集钙通道到达释放位点。因此，这是一个极度节省的设计方案，用含有 RIM 的单个蛋白质复合体作为中心成分，介导所有的关键蛋白质，使之共同定位到活动带来。这个蛋白质复合体定位了突触小泡，定位了钙通道以及接近释放位点的小泡预处理因子，从而使得动作电位快速地耦合到递质释放(图 3 - 1)[11]。

如前所述，我们现在已经可以粗略地解释一下释放机制、它的速度以及它如何调节神经递质的释放。但是，释放机制好比是一栋还没完全建好的房子，还没有管道装置，也没有窗户，因此还可以有大的、新的问题产生。下面将简要讨论这些问题，例如融合问题、钙触发问题等。虽然关于活动带已有很多有趣的进展，不过限于篇幅，这里只能谈其中的一些新问题，以及由此产生的新看法[11]。

### 3.4.2 膜融合的预处理

为了达到快速的钙触发释放，突触小泡融合机器必须处于一种能量上不太稳定的状态(图 3 - 3a)。钙结合于突触结合蛋白，于是促进融合孔开放，突触小泡融合机器被预处理而处于一种激励的亚稳定状态。但是，对这种预处理的性质和机制如何还存在争论[11]。

很可能在钙触发小泡外排之前，已经有部分 SNARE 复合体被组装。在神经元、嗜铬细胞以及脂质体上已有漂亮的研究显示，仅由 1～3 个 SNARE 复合体所释放的能量就足以驱动融合。然而细致的定量研究发现，SNARE 蛋白很多，大约每个小泡有 70 个小突触小泡蛋白分子。这表明，生理性的融合是由多个 SNARE 复合体组装所完成的[11]。

“预处理假设”的一个可能模式是这样的：SNARE 复合体先部分组装，从而能够提高突触小泡的能量水平和使之达到前融合状态(图 3 - 3)。此模型受到相当可靠的证据支持，但还不是已被证明了的。复合蛋白仅结合于部分或全部组装的 SNARE 复合体，但复合蛋白结合于 SNARE 复合体对预处理以及激活突触小泡融合都是必需的。因此在融合发生前，至少部分组装的 SNARE 复合体一定要存在，这种预处理可以让复合蛋白结合上去。Munc13 把突触融合蛋白从闭锁构象转变为开放的，这是对突触小泡有选择性地进行预处理所需要的。这个转变在融合的上游，也就是钙触发的上游。这再一次提示，在融合之前 SNARE 复合体至少已部分地被组装起来了。此外，由开放的突触融

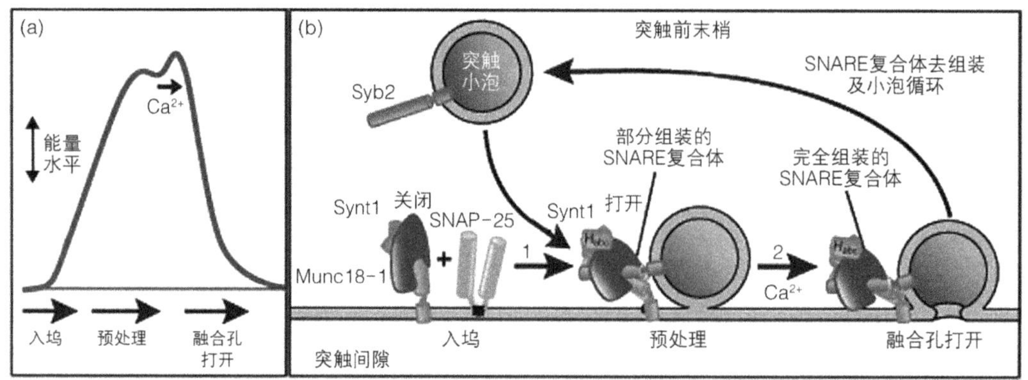


**图 3-3**　融合的能量景观图(a)以及建议的 SM 蛋白(Munc18)在促进融合孔开放中的作用图(b)

(a) 图解式表示小泡的能量水平，此小泡是锚定的、经预处理的和融合的。图显示，在预处理的时候有部分 SNARE 复合体组装。据提示这可以提供融合所必需的多数能量。这样，钙触发仅增加少量能量就可引起融合孔开放。(b) Munc18 在融合中的功能模式图。在预处理入坞小泡之前，Munc18 结合到封闭形式的突触融合蛋白-1(synt1)，这个相互作用基本上是调节性的，用来维持进入到融合反应的一定进入速率，也额外作用于 Munc18 和突触融合蛋白-1的相互稳定。在预处理条件下，部分 SNARE 复合体得以组装(中间)，这与非常明显的构象变化关联着。突触融合蛋白-1 的构象变化使其自身必定打开；Munc18 的构象变化导致其自身的结合改变，从与一个封闭的突触融合蛋白-1 的构象结合，转变到与一个开放的突触融合蛋白-1 的构象结合，这是通过突触融合蛋白-1 的 N 肽实现的。全长的 SNARE 复合体的组装(右)产生融合孔开放。在整个融合反应过程中，Munc18 被推想是跨骑在组装的 SNARE 复合体上，而且它耦合于膜的靠拢过程，这是由 SNARE 复合体的能量释放引起的，可能由于介导了磷脂混合。(图引自[11])

合蛋白和 SNAP-25 所组成的 t-SNARE* 复合体，可以在原始状态的轴浆膜上观察到。它在钙触发的神经递质释放以前就存在了。最后一点，钙可以触发突触小泡的融合，时间短于 100 μs。如此短的时间不足以满足突触融合蛋白开放所需的长度，不足以形成 SNARE 复合体，也不足以满足突触结合蛋白通过钙离子触发的融合[11]。

上面所提几方面的证据提示，在预处理过程中有部分的 SNARE 复合体组装。可以这样设想，钙结合到突触结合蛋白而且形成 SNARE 复合体，将产生不确定的中间状态。但是，钙触发上游的预处理还需要复合蛋白和 Munc13 的功能，这还难以用已知的模型来解释[11]。

### 3.4.3　SNARE 的作用

完整的 SNARE 复合体如何准确地组装起来，诱导融合孔的开放？这一点还是不清楚的。对 SM 蛋白的作用也同样不清楚。虽然只需要少数的 SNARE 复合体就可以产生融合，但是看来生理性的突触小泡融合可能要几十个 SNARE 复合体。对于每个小泡来讲，SNARE 复合体会有一个效应，即数目的多少影响融合的速度以及钙依赖的递质释放，因为从突触融合蛋白的作用在于组装 SNARE 复合体这点，并根据质量作用定理，就可以预测，此作用依赖于底物浓度。所以，对这样一个问题进行研究将是有意思的，即改

* t-SNARE：target membrane-associated SNARE，目标膜相关的 SNARE。

变 SNARE 的数目,考察它对于释放性质有何影响[11]。

SNARE 复合体的组装如何作用于膜? SNARE 蛋白的主要作用是把膜拉拢在一起,还是 SNARE 复合体的组装产生了一种力量,被转移到 SNARE 的跨膜区,从而跨膜区得以介导脂质的融合,及/或融合孔的形成? 从生理上看,在小突触小泡蛋白内增加 SNARE 基序和跨膜区的距离,可以影响神经递质的释放;同样,只要给突触融合蛋白上连接跨膜区与 SNARE 的基序增加 3 个残基,就可严重影响钙触发的融合。可见,由 SNARE 复合体产生的力传送到膜,这对于融合是必需的[11]。

总的看来这些资料提示,SNARE 的跨膜区不仅直接形成融合孔,也是膜的锚定物。这些资料使我们对 SNARE 是怎么工作的看法反而简单了,即把 SNARE 的活性还原到相对于膜平面产生力的物体,SNARE 的作用是在垂直方向上把两个膜拉拢,而不是在水平方向[11]。

### 3.4.4 钙如何在毫秒级时间触发小泡融合?

如前所述,钙感知器-突触结合蛋白以及它的助手复合蛋白,它们两者把突触前的钙信号转导成小泡释放信号。这些蛋白质可能作用在一个预处理过的融合分子机器上,而此机器正准备要付诸行动。但是,对这两个关键演员的准确相互作用还不完全清楚[11]。

### 3.4.5 神经递质的非同步化释放、自发性释放和异步性释放

前面讨论的都是同步化释放,除此以外,神经递质还有另外两种释放方式——非同步化释放和自发性释放。虽然现在已经对同步化释放有了深入认识,但对另外两种释放仍然知之甚少。非同步化释放在动作电位到来后的数十毫秒或数十秒发生,自发性释放则在没有动作电位的条件下发生。上述 3 种释放有一点是相同的:它们都需要小泡的融合过程,即都需要 SNARE 复合体;但是在为了触发所需 $Ca^{2+}$ 的来源、对 $Ca^{2+}$ 的需要程度以及钙感知器(sensor)的实体方面有所不同。例如,非同步化释放和同步化释放都严格地需要 $Ca^{2+}$,但部分自发性释放可能不需要 $Ca^{2+}$;又如,同步化释放需要突触结合蛋白 1、2 和 9 作为 $Ca^{2+}$ 感知器,但对非同步化释放所需的 $Ca^{2+}$ 感知器是什么仍不清楚[17]。

就脊椎动物的 *Syt*1、*Syt*2、*Syt*9 基因敲除神经元以及果蝇的 *Syt*1 基因敲除神经元而言,虽然两种敲除都阻断了同步化的递质释放,但并不是所有钙依赖的释放都被去掉了。在多数突触上,不论它们是离体的还是活体的,当动作电位的爆发波到来时,剩余的钙刺激所引起的释放被戏剧性地易化了。这个剩余的释放常被称为异步化释放,因为它落在同步化释放的后面,并不紧密耦合于动作电位[11]。

## 3.5 胞内吞与小泡再循环

小泡的胞外排(exocytosis)释放其内含物,以此介导许多生物学事件,包括对脑功能必要的突触传递。胞外排之后,在几秒到几分钟内就发生胞内吞(endocytosis)以回收外

排的小泡。经过对分泌细胞的数十年研究，发现有 3 种模式的胞外排，而与之相对应的有 3 种胞内吞模式：① 全塌陷形式：在此情况下，小泡塌陷到质膜，膜内陷，小泡重新形成。② “吻和跑”(kiss and run，KR)：在这种形式下，融合孔开放，然后关闭。③ 复合胞外排：在这种形式下，出现巨小泡的胞外排。巨小泡是由小泡融合而形成的，然后发生大块胞内吞并回收巨小泡。本章讨论胞外排和胞内吞的 3 种模式以及它们在调节突触强度即量子大小方面的作用。由这种调节，产生了突触可塑性，维持了胞外排，清除了释放位点的小泡，保证了重新供给。还有一些近来的进展说明了小泡胞内吞是如何发生又如何耦合到胞外排的。提出的新模式是，通过电压依赖钙通道的钙内流，在钙微域附近触发胞内吞而且调节胞内吞速率；钙调蛋白和突触结合蛋白是钙的感知器；胞外排的分子机器包括 SNARE 蛋白，它对于同时发动胞内吞是需要的，有可能也调节胞内吞的量[7]。

3 种胞外排随之以 3 种模式的胞内吞——经典胞内吞、“吻和跑”以及大块胞内吞。这 3 种形式的内吞保证在不同功能状态下有足够的小泡再循环(图 3-4)。下文将介绍过去 40 多年来所积累的资料，说明从不同细胞类型中看到的各种模式的胞外排和胞内吞，以及它们实现功能的证据。讨论的焦点集中在神经末梢的胞内吞，在这里胞外排和胞内吞被研究得最为细致。此外，还介绍一些说明胞内吞如何发动并耦合到胞外排的近来进展，这是自 20 世纪 70 年代发现分泌小泡胞内吞以来的一个难题。有人提出胞外排

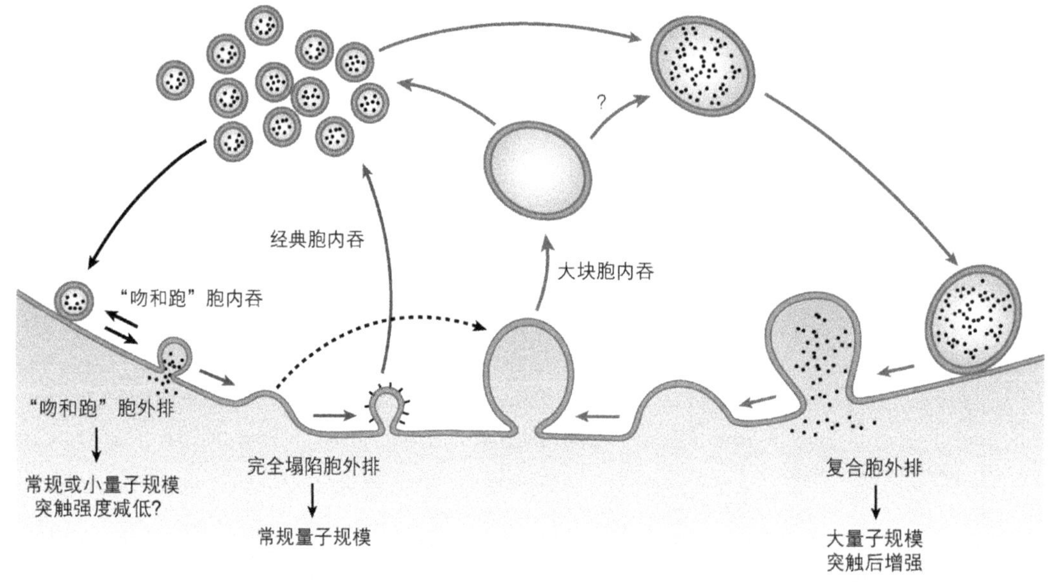


**图 3-4**　胞外排和胞内吞及它们之间耦合的模式图(彩图见图版第 7 页)

有 3 种胞外排(exo)模式——完全塌陷、“吻和跑”、复合胞外排，分别耦合到 3 种胞内吞(endo)：经典胞内吞、“吻和跑”、大块胞内吞。全塌陷融合也可以耦合到大块胞内吞(虚线箭头)，但是此假说还有待验证。图也表示了每种胞外排模式在调节量子大小及产生突触可塑性方面的作用。？表示不清楚的功能或转变。(图引自[7])

与胞内吞的新的耦合模式，在此模式中钙信号传导通路和胞外排分子机器参与调节胞内吞的速率及数量[7]。

本节主要是从一般意义上讨论胞内吞问题，也包括了突触前神经末梢的胞内吞。但是就突触前神经末梢而言，还有其本身特点的问题。突触小泡再循环牵涉突触前神经末梢膜的回收与突触小泡的重新形成，此项研究虽然已进行了 40 年以上，但仍存在争议。看来是，除了钙离子以外，还有其他的因素参与其中，包括膜的张力、聚集在细胞表面的 SV 蛋白的数量和浓度，这些蛋白质也可能成簇成为“立即可回收池”[18]。另外有人认为，突触小泡回收和重新形成功能性小泡，可能是可以分开的过程[19]。再如，关于突触前末梢的突触小泡内吞，最近有研究表明，在生理性温度下应用时间分辨的突触前膜电容测定方法，测定了经内吞的融合突触小泡的膜回收，发现在成熟的中枢神经元里，单个动作电位就可以触发快速的、网格蛋白不依赖的小泡内吞。这种快速内吞不依赖于网格蛋白，但需要有发动蛋白（dynamin）和肌动蛋白参与；较强刺激所诱发的内吞，其时程较长[20]。

### 3.5.1 3 类胞外排

#### 1. 全塌陷融合

关于这种模式的提示，主要源于电子显微镜冰冻折断实验。实验发现了直径约为 60～120 nm 的小泡样结构，比常规小泡直径（30 nm）要大；又发现，神经-肌肉接头受刺激以后，这种 60～120 nm 直径的小泡更为丰富。其他证据是间接的，也支持这种融合模式。例如分泌细胞，包括神经末梢的细胞接触记录显示膜电容增大。由于单个小泡融合伴随有融合孔电导的增加，这就反映了小孔的扩大。小孔直径可增大到很高的值，甚至超过检测范围（约 4～6 nm），而且在数秒钟不伴随有下行步幅。此现象提示了快速的小孔扩大。用电流测量法测定来源于小泡释放的儿茶酚胺，以及用成像法测定荧光标记的小泡蛋白质和脂质，这些研究都发现，有快速释放的动力学存在，提示有较大的融合孔或者有孔的扩展。让直径为 15 nm 的量子点预先负荷突触小泡（就是使量子点进入小泡内），这种量子点可以被释放，提示融合孔要大于 15 nm。虽然上述证据已经使我们大家能够接受全塌陷模式，但仍需要直接观察活细胞里面的这种形态学变化。这看起来是有可能的，因为我们已经有了新开发的超分辨影像技术了[7]。

#### 2. “吻和跑”

“吻和跑”（KR）是一种非常规的、突触小泡膜与质膜之间的融合过程。此时小泡形成一个短暂的、纳米级的融合小泡小孔，把小泡内容物排出至细胞外。但这种融合小泡仍然保持其大体形状，并不完全合并到质膜；仍然保持有足够的内容物，以便很快回收，并使其内容物重新酸化而被应用。学术界认为这一过程对突触的信息传递是有影响的[21]。这里仅简单介绍有关“吻和跑”的证据。原来的建议是根据在神经-肌肉接头电子显微镜图像上看到的 Ω 剖像（profile），但是对于所看到的 Ω 剖像究竟是中间结构塌陷还是孔关闭，并不清楚。第一个有说服力的证据来自测量到的电容闪烁（flicker）。有时候在对分泌细胞包括神经末梢的电容测量中，可以测量到一个孔的电导(相对比较狭窄的孔，大概为 0.5～3 nm 的直径)。细胞接触的电容测量记录以及电流测量记录都显示，有时电容闪烁可伴有独立的脚样波动；在电流测量中，这种波动可以在嗜铬细胞和 PC12 细胞上看到。提示"吻和跑"的证据还有：有时可能部分地释放递质。在嗜铬细胞或含胰岛素细胞里荧光标记小泡膜或者小泡腔内的蛋白质(如 phogrin 或 plasminogen)，可以看到它们成簇地融合，再成簇地被回收，历时几秒或几分钟。这体现了比较慢的"吻和跑"模式。从影像学资料方面看，在小的突触上，如培养海马的突触及八目鳗的网状脊髓神经元的突触，也有资料提示存在"吻和跑"模式。例如，FM 染料* 的部分释放和突触 pH 荧光素(synapto-pH luorin)的快速增加或减少，这些都可能反映融合孔的短暂开放与关闭。特别是近来用含有量子点的小泡做实验，发现在胞内吞和胞外排过程中，并不释放约 15 nm 的量子点。但是，也有其他影像学的研究发现并不符合这种提示。所以，关于"吻和跑"模式代表了相当百分比的突触胞内吞和胞外排这一点，还不是被普遍接受的[7]。

3. 复合胞外排

电子显微镜资料显示，在腺细胞里面有多小泡的结构。这提示了小泡与小泡可以互相融合。对肥大细胞及嗜酸性白细胞的电容测量表明，上行步幅的增大可以超过正常小泡的膜电容，提示有已经通过小泡融合实现的、非常大的融合小泡存在。在嗜酸性白细胞里，规则性的小泡直径大约为 1.7 μm，但有相当于几个小泡膜电容的上行步幅电容，伴有释放荧光标记的多个小泡。在胰腺腺细胞中通过荧光成像方法看到，在一个已经融合但还未塌陷的小泡膜上可以看到融合，被称为次序性复合融合[7]。

复合胞外排在非神经细胞中已经很好地被确定。这种小泡大小约为 300～2 000 nm，而近来有关突触的实验结果提示，突触小泡一般只有 20～50 nm。从机制上讲，突触小泡的融合是有可能的，因为小泡具有为胞外排所必需的小泡和膜靶向的 SNARE 蛋白。在离体条件下，由突触体分离的小泡可以互相融合。在丝带突触上，刺激后可以立即看到大的小泡结构。如同正常小泡一样，这些大的小泡结构也通过细纤维连接到丝带上面。以上情况提示，大的小泡可能是经过小泡融合而产生的。在萼突触上，经由释放面的细胞接触电容测量发现，电容上行步幅可以 10 倍于正常的小泡电容。此种大的上行步幅不是由于同时或先后次序的多个小泡融合，其理由是：① 它们的上升是立即的，0.6 ms的时间就够了；② 它们不仅产生在刺激当时，也产生在刺激之后，此时并没有引起同步释放的去极化；③ 有时候它们伴有融合孔电导的增加，这反映了融合小泡孔的扩大。大上行步幅的电容与电子显微镜底下看到的巨小泡相伴，而电生理实验又在突触后神经元上记录到巨大的小兴奋性突触后电流(miniature EPSC，mEPSC)。这些结果都提示了复合胞外排的存在。萼突触的胞外排，在去掉细胞外钙或去掉钙感知器突触结合蛋白以后，与外排相伴随的巨电容上行步幅、巨小泡以及巨 mEPSC 都不再出现。这

* FM 染料即 FM4－64 染料，是一种膜染料，水溶性的苯乙烯类复合物，对细胞无毒性作用，能与质膜及内膜细胞器特异结合后发出高强度的荧光。

提示,跟正常融合一样,钙与突触结合蛋白的结合触发了复合胞外排[7]。

### 3.5.2 经典胞内吞

这里只讨论经典胞内吞与大块胞内吞,因为"吻和跑"已经把胞外排和胞内吞连在一起了[7]。第一次提出胞内吞是基于电子显微镜观察。在受刺激的蛙神经-肌肉接头上,看到胞内吞样的中间体,包括浅的或深的膜凹陷、包被的(coated)和不包被的陷窝。要是缺少参与包被依赖胞内吞的蛋白质,如两亲蛋白(amphiphysin)、吞蛋白(endophilin)、AP180、辅助蛋白(auxilin)和发动蛋白(dynamin)等,这些中间体可以在神经末梢积累起来。此外,网格蛋白(clathrin)、AP2 和 stonin2 蛋白的基因敲除可以延长胞内吞。另外,用药理学方法阻断参与包被依赖的胞内吞,用基因敲除方法敲除吞蛋白、辅助蛋白等,均可延长胞内吞。在垂体神经末梢及萼突触,反映单个小泡分裂的电容下行步幅在前几秒内并不伴有同样大小的上行步幅,提示有经典胞内吞的存在,但是没有"吻和跑"的胞内吞。这些事实导致大家广泛接受一种看法:在分泌细胞中有包被依赖的经典胞内吞。如果能够在活细胞中看到实现这种经典胞内吞的动态结构变化,将会为这个问题提供目前尚未具备的关键证据[7]。

### 3.5.3 大块胞内吞

通过强烈刺激神经之后的电子显微镜实验,发现有大于正常小泡的内小体样结构或者潴泡(cisternae)结构。某些结构可以把细胞外的辣根过氧化酶或 FM 染料吸收入内,提示其胞内吞的起源。影像学研究发现有大的荧光点,可能对应于摄取了细胞外染料的内小体样结构。这种结构的产生有两种可能性,一是由大块胞内吞产生,二是由小泡融合产生。第一种可能性是根据电子显微镜实验,某些内小体样结构是由质膜凹陷产生的,特别是在抑制胞内吞的条件下产生的;但也不排除,膜的向内深凹陷是正常小泡分裂的一个框架。第二种可能性是小泡融合,这在 20 世纪 70 年代就提出来了。近来的提出是根据一些实验,在离体情况下,从突触体中分离出的胞内吞小泡,可与其他小泡互相融合,或与从 PC12 细胞得到的其他胞内吞体融合。为了确定这种大块胞内吞是否发生,可能需要在活细胞里面把大的小泡抠下来。电容测量技术提供了一个研究方法,可用来测定抠下的大块小泡[7]。

在毫秒级水平上测量萼突触的全细胞膜电容,发现电容下行步幅可大于 20 fF($20\times10^{-15}$ F),比正常小泡的电容(0.07 fF)要大得多。这种大的下行步幅伴有分裂孔电容的减少,反映有的孔在关闭,从 3～19 nm 直径开始,速度约为 4 nm/100 ms。这样看来,电容测量上的大下行步幅,反映了大块胞内吞。在含有致密轴心小泡(dense-cored vesicle,DCV)的垂体细胞和非神经元细胞,也可看到大的全细胞下行步幅。这种全细胞记录的缺点是,只能够分辨那些反映约 0.8～4 μm 直径小泡的巨大下行步幅。这还是太大,远远大于 20～50 nm 的突触小泡。这个缺点可以用细胞附着(cell-attached)记录方法来弥补,后一种方法可以演示萼突触的释放面下行步幅到 0.02～3 fF,相当于 20～

330 nm 的小泡。某些大的、细胞接触的下行步幅伴有分裂孔电导的减少，反映了大块胞内吞后的快速孔关闭。总起来看，全细胞及细胞附着的膜电容测量结果表明，其大小范围把内小体样结构也覆盖在内，而且表明存在着大块的胞内吞过程，特别是当强烈刺激的时候[7]。

### 3.5.4 关于钙和胞内吞关系的早期研究

对蛙和果蝇的神经-肌肉接头研究发现，在作为神经毒素的黑寡妇蜘蛛毒素引起钙不依赖的释放以后，辣根过氧化物酶或 FM 染料可以被小泡摄取；去掉细胞外钙以后，染料的摄取就减少。因为电压依赖的钙通道(VDCC)是不激活的，所以此实验提示，细胞外钙调节着胞内吞。然而，因为染料摄取是在钙不依赖的胞外排以后测量的，所以仍不清楚，这种结果是否可应用于生理上钙依赖的胞外排之后的那种胞内吞。比较两种条件下突触体标本的 FM 染料释放：一种是预先以 FM 染料负荷并存在着细胞外钡的，另一种是预先以 FM 染料负荷并存在着细胞外钙的。实验表明，前者的 FM 染料释放减少。这提示，细胞外钙可以调节小泡周期中的某个步骤，例如胞内吞，小泡动员到存储池，或者小泡释放的概率。为了确定细胞内钙是否调节胞内吞，用透析法把 0.5～1 μmol 的钙透析到金鱼视网膜神经末梢，发现透析可抑制胞内吞。但以后的研究显示，钙内流易化胞内吞。在海马突触上，增加细胞外钙——因此也就增加了动作电位发生时的钙内流，可以加快由动作电位引起的慢胞内吞；在视网膜神经末梢，透析给予钙缓冲剂 EGTA，可延缓快速胞内吞；在毛细胞，发现在高钙浓度环境中更容易出现快速胞内吞，这个高浓度是用去笼囚方法获得的；在嗜铬细胞，把细胞外钙用钡取代之后，就阻断了快速胞内吞[7]。

### 3.5.5 钙内流触发了分泌细胞各种型式的胞内吞

纵观用全细胞记录方法在萼突触上所得的实验结果，有 5 个方面的证据提示，钙内流触发所有形式的胞内吞——慢速的和快速的，还有大块胞内吞、胞内吞超射。① 细胞外钙从 5 mmol 减少到 0.25 mmol，可以减少钙电流及慢胞内吞率，减少 50 倍。② 10 mmol的钙快速缓冲剂 BAPTA 减少胞内吞速率，可减少 1 000～1 500 倍，而 1 mmol 的 BAPTA 减少由串动作电位所引起的慢胞内吞。③ 当钙电流电荷增加时，胞内吞的初始速率可以增加好多倍。例如在接近静息条件下的萼突触，钙浓度为 0.5～0.75 μmol，胞内吞的时间常数 $\tau$ 约为 600 s；用 10 个 2 ms 的去极化脉冲，以 10 Hz 的频率进行刺激，可以引导胞内吞，其 $\tau$ 约为 15 s，而 10 个 50 ms 的去极化脉冲，可诱导大的钙电流电荷及胞内吞，其 $\tau$ 约为 1 s，因此胞内吞的 $\tau$ 可以减少近 600 倍，依赖于钙内流。这 3 组实验提示，钙内流触发快的和慢的胞内吞。④ 强力刺激增加大电容下行步幅的出现频率，表明大块胞内吞减少 10 倍。频率增加依赖于钙电流的电荷。70 nmol 的 EGTA 可以基本上全部取消此种增加，而且减少分裂孔的关闭时间，从 100 nm/ s 减少到 10 nm/ s，这是根据估计分裂孔的电容测量而得到的。这些结果提示，钙内流触发了大块胞内吞。⑤ 当细胞外钙从 1.3 nmol 增加到 10 nmol 时，由强刺激引起的钙电流电荷及胞内吞超射的频率可以从 0 到 100%；而 10～70 nmol 的 EGTA 可以取消胞内吞的超射。这就提示，钙内流触发了胞内吞的超射。以上是 5 组实验的证据[7]。

### 3.5.6 胞外排和胞内吞的微米/纳米域钙耦合

有 3 组实验提示，慢胞内吞的触发需要微米/纳米范围中几个毫摩尔的钙。① 在 0.5～0.7 mmol 钙浓度下的胞内吞是非常慢的，其 $\tau$ 约为 600 s。② EGTA 可以减慢胞内吞，而快速钙缓冲剂 BAPTA 可以取消胞内吞。这个结果提示，类似胞外排对于 EGTA 的敏感度，靠近钙通道微域的钙内流不仅触发胞外排，也影响胞内吞。这个微域的钙浓度大于 10 μmol。当萼突触成熟的时候，由于钙和胞外排的耦合以及钙和胞内吞的耦合，其微域从微米转变到纳米数量级。③ 用光分解方法使笼囚钙释放，当钙浓度超过 10 μmol 时，可以诱导胞内吞。这些结果提示，胞内吞的触发是在靠近小泡释放的部位，这就挑战了一个似乎确定的看法，即胞内吞是在活动带周围区发生的。实际不是这样。与此提示相一致的是：蛇神经-肌肉接头 FM 染料的摄取是靠近活动带的，海马终扣质膜的可回收的小泡池被认为在活动带周围约 100～300 nm 的范围内，果蝇神经-肌肉接头的包被蛋白可能位于活动带附近，PC 细胞* 的胞内吞位点大约在胞外排部位 500 nm 的范围内[7]。

### 3.5.7 胞内吞的发动需要胞外排

虽然胞外排的量并不调控胞内吞的速率，但是电容测量的增加或者蛋白质标记的小泡 pH 荧光素信号的增加，通常随之以基线的下降，表明在胞外排量和胞内吞量之间存在着匹配关系。当用肉毒毒素把 SNARE 蛋白裂解以后，胞外排就被取消了，因为这个蛋白质对于胞外排是必需的。毒素作用以后，虽然钙内流仍然引起强的去极化，可是没有胞内吞发生。由此可见，为了胞内吞的发动，除钙内流以外，胞外排也是需要的，胞外排可能调节胞内吞的数量。一个显然的例外是胞内吞的超射，但它仍然可能需要胞外排，因为胞内吞的超射可以回收小泡，即原来融合的小泡，它搁浅在质膜上[7]。

### 3.5.8 小泡胞内吞和 SNARE 蛋白

早期研究提示，小突触小泡蛋白可能参与海马突触的快速胞内吞，虽然当时检测快速胞内吞的技术是有争议的。近来的研究显示，在萼突触上，破伤风毒素可以裂解小突触小泡蛋白，阻断慢的胞内吞。这提示小突触小泡蛋白参与了慢的胞内吞。近来的一个研究又发现，破伤风毒素不仅可以阻断快的胞内吞，也阻断萼突触的慢的胞内吞。肉毒毒素分解了突触融合蛋白或 SNAP-25，也可以阻断萼突触的快的和慢的胞内吞。此外，在培养的海马突触，基因敲除小突触小泡蛋白或者 SNAP-25 可以抑制慢的胞内吞。总的结论是，在萼突触和海马突触，所有 3 种 SNARE 蛋白都催化胞内吞，参与快速的和慢

---

* PC 细胞：pheocromocytoma cell，嗜铬细胞瘤细胞。

的胞内吞。既然在所有的神经末梢和分泌细胞，SNARE 蛋白都介导胞外排，那么 SNARE 蛋白的双重作用可能是一个普遍性原理[7]。

至于 SNARE 蛋白如何参与胞内吞，还不清楚。结合研究可以提供一些线索，例如突触小泡蛋白结合到胞内吞接头蛋白 AP180 和 CALM（包被蛋白组装淋巴性白血病蛋白）的 ANTH 域，SNAP－25 可以结合胞内吞蛋白，突触融合蛋白可以结合发动蛋白，等等[7]。

前面介绍了发动胞内吞的双重条件（图 3－5）：一是钙内流激活钙调蛋白和钙结合蛋白，二是胞外排的分子机器包括 3 个 SNARE 蛋白。比之单独一个条件，双重需要应该是更有利和更经济的。例如，如果钙内流是唯一的单个需要，像在许多低释放概率的突触里就会发生这种情况，即在动作电位诱导钙内流而不能诱发胞外排时，但钙内流仍可引起胞内吞，这将导致神经末梢的皱缩。不过假如是双重需要，胞内吞及神经末梢的皱缩可以被阻断，因为既需要钙，也需要胞外排，而胞外排并未发生。同一个 SNARE 蛋白，它参与胞内吞也参与胞外排。这种分子可以携带信息，包括胞外排的量，也可以提供一个机制，介导胞外排和胞内吞的耦合。所以，这种双重功能是非常有效而合理的[7]。

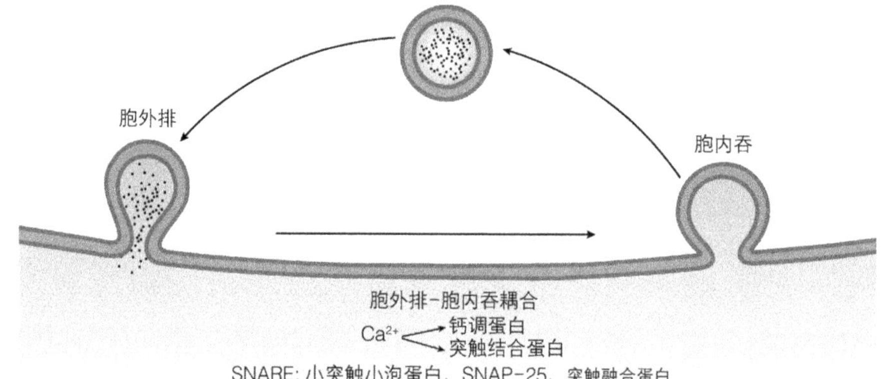


**图 3－5**　介导胞外排和胞内吞耦合的图解

显示有两条通路介导胞外排和胞内吞的耦合：a. 钙内流激活钙调蛋白及/或突触结合蛋白；b. SNARE蛋白（小突触小泡蛋白、SNAP－25 及突触融合蛋白）。（图引自[7]）

### 3.5.9　小泡胞外排和胞内吞耦合机制的小结

现在已有人提出一个工作假说，其要点是，钙内流和 SNARE 共同介导胞外排与胞内吞的耦合。关于小泡胞外排和胞内吞的机制，特别是后者，有这样几个要点。

① 3 种模式的胞外排：全塌陷的融合、“吻和跑”、复合胞外排，调节胞外排的量及强度。通过它们，突触可塑性可以产生。

② 3 种模式的胞内吞，经典的包被蛋白依赖的胞内吞、“吻和跑”以及大块胞内吞，调

节胞内吞的速率和容量，从而可以在不同刺激条件下维持胞外排。

③ 胞内吞不仅使小泡循环，也通过活动带的清除，介导了钙介导的、把小泡充实到可释放池的过程，这可以帮助由于重复放电而发生的短期突触阻遏的恢复。

④ 有 3 种大小匹配的胞外排和胞内吞的耦合。第一种是全塌陷的整合和经典的胞内吞，第二种是“吻和跑”，第三种是复合的胞外排和大块胞内吞。

⑤ 通过质膜电压依赖钙通道的钙内流，以微米/纳米数量级的维度触发全细胞水平所有形式的胞内吞，钙调素是主要的钙感知器，突触结合蛋白也参与其中。

⑥ 胞外排和 SNARE 蛋白的 3 个组成部分对于胞内吞的发动是需要的。

⑦ 钙的信号转导通路和胞外排的分子机器，可以在时间和数量上介导胞外排和胞内吞的耦合。

⑧ 这里所描写的分泌细胞的小泡胞外排和胞内吞耦合的原理，可能对于蛋白质和小泡的运输有更广泛的影响[7]。

## 3.6　五聚体配基门控离子通道：乙酰胆碱受体

### 3.6.1　神经递质研究的历史

生物化学历史上的一个关键性事件是首个神经递质受体的鉴定，即烟碱型乙酰胆碱受体(nAChR)的鉴定。为了鉴定它，多个学科的手段被广泛地运用，如电生理学、药理学和生物化学。多学科集合在一起，以一个统一而合理的方法、共同的目标，成功地鉴定了一个分子。神经系统中的这个 nAChR 分子可以把化学信号转变成电信号。此受体是更广泛的五聚体膜受体大家族的一员，也是最重要的一员。鉴定 nAChR 为鉴定 $GABA_A$受体等其他的受体铺平了道路[8]。

nAChR 的首次分离是 1970 年的事情，当时它的来源是电鳗电器官。这是第一个配基门控离子通道，也是被鉴定的第一个离子通道。其后 25 年，许多其他的受体——$GABA_A$受体、甘氨酸受体以及它们的亚单位，都得到了克隆而且被测定了顺序，同时它们与 nAChR 的同源性被认识。nAChR 发现之后 5 年，与它非常接近的、存在于原核细胞的同源配基门控离子通道也被阐明。本章将介绍发现 nAChR 的几个主要步骤[8]。

### 3.6.2　受体概念和乙酰胆碱受体

1905 年，在神经-肌肉标本上做研究的英国生理学家 J. N. Langley 提出，肌肉组织含有一种物质，此物质可与烟碱或箭毒结合，它接受刺激而且传递刺激。Langley 称肌肉上的这个实体为“接受物质”。往后的 50 年，药理学上的“受体”概念鼓舞了 3 个主要方向的研究。第一个方向是采用药理学方法，应用新的化学配基，特征化(characterize)受体部位的特异性，例如区分了烟碱型(n-)和毒蕈碱型(m-)的乙酰胆碱受体(AChR)，像戴尔等人的工作。第二个方向是以卡茨、埃克尔斯等人为代表的电生理学研究工作，其目的在于了解内源性神经递质信号所引起的离子反应。第三个方向是化学性研究工作，其传统目的在于鉴定受体的分子构成[8]。

### 3.6.3　乙酰胆碱受体的化学鉴定

20 世纪 60 年代后期，脂质、多糖、蛋白质甚至核酸都曾被认为是可能的受体。第一批独立的工作是由 C. Chagas、E. de Robertis、D. Nachmansohn 等人做的，他们企图鉴定电鱼(*Electrophorus electricus*)电器官里面的乙酰胆碱受体，方法是用放射标记配基。但是此方法以后被放弃了，因为在组织提取后缺少特异性。在研究过程中 Nachmansohn 认识到，电器官中有非常丰富的乙酰胆碱受体，因此这个标本是可以利用的。他和 E. Schoffeniels 一起设计了方法，从电器官里面制备个别细胞、个别电板。这种方法提供了在同一生物学标本上同时进行电生理学、药理学、生物化学研究的可能性。那时候有推测认为，乙酰胆碱酯酶(acetylcholinesterase，AChE)和介导乙酰胆碱生理反应的受体，可能存在于同一蛋白质复合体上[8]。

### 3.6.4　亲和标记法

这是一种新的生物化学方法，它的引入从根本上改变了受体鉴定领域。亲和标记法的原理是应用一种化合物，在结构上它是神经递质同源物，也具有同样的高反应性基团。这个探针化合物可以特异地结合于受体的位点，而且以共价键方式连接到蛋白质上。例如，有一个分子叫 TDF(*p*-trimethylammonium benzenediazonium fluoroborate)，它具有三甲铵(trimethylammonium)基团和重氮基团，而三甲铵是类似乙酰胆碱的。如所预期，TDF 可与电板起共价键反应，而箭毒以不可逆竞争性拮抗剂的方式，保护其不受共价键的结合。后来，这个亲和标记方法又有改进。然而当时的组织制备方法以及化合物特异性，均不足以达到从电器官里面分离出受体的要求[8]。

### 3.6.5　电器官膜片段的分馏和纯化

显著推动此领域的另一个方法学是改变操作流程，成功地实现富含 AChE 的电器官膜片段的分馏与纯化(fractionation and purification)，而在电子显微镜下又发现了这些膜片段上有密集的小泡。在细菌透酶(permease)技术的鼓舞下，一个简单的过滤技术使人们有可能测定通过小微囊的放射性钠和放射性钾的流动，而此微囊可以对激动剂乙酰胆碱起反应，并具有特异性。这非常类似于从完整电板记录下来的电生理反应。信号转导过程是由神经递质发动的，而且可以在完全无细胞系统、在化学界定的环境中重现，不需要能量供给。有了这些条件以后，已经有可能研究离体条件下由乙酰胆碱所引起的生理反应，以及所引起的信号转导机制。受体分子显然存在于纯化质膜上，而且处于有功能的状态。于是，有可能应用放射配基来追踪这种纯化的膜与烟碱型激动剂十烃季铵(decamethonium)的可逆性结合(图 3-6)。去垢剂脱氧胆酸盐可以温和地提取结合蛋白而不引起它变性，结合十烃季铵可以被不同的烟碱拮抗剂所取代，根据拮抗剂的生理效应强弱，有箭毒、三乙碘化三(β-二乙氨乙氧基)苯(flaxedil)等。从此以后，类似的受体结合检测方法被广泛地用来特征化 $GABA_A$ 受体和甘氨酸受体等[8]。

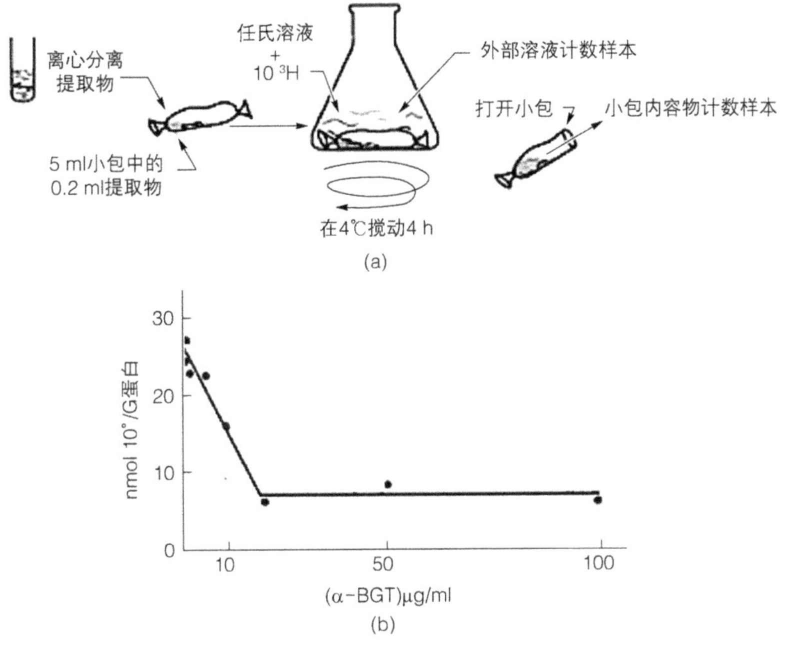


**图 3-6**　鉴定烟碱型乙酰胆碱受体

(a) 运用鉴定烟碱型乙酰胆碱受体(nAChR)的平衡透析法做结合实验的方法;(b) 蛇毒毒素 α-BGT 对烟碱型激动剂的十烃季铵进行氚标记之影响。(图引自[8])

### 3.6.6　特异阻断剂

来说说蛇毒毒素的应用。中国台湾药理学家李镇源(Chen-Yuan Lee)发现,有一种蛇毒毒素——α-环蛇毒素(α-bungarotoxin,α-BGT)可以特异地阻断高等脊椎动物的神经-肌肉传递,其作用是在突触后水平,不与 AChE 相互作用。当李镇源偶然来到巴斯德研究所访问时,J. P. Changeux 想起了贝尔纳(C. Bernard,1813—1878)的一个看法。贝尔纳认为,毒性物质可用作为化学解剖刀。Changeux 向李镇源提出：能否给他一个包装的毒素?几天后他得到了这个毒素,并立即在前面讲过的那 3 个系统中进行了试验。结果非常明显：① α-BGT 阻断在体电反应;② α-BGT 阻断离体微囊对烟碱型激动剂的离子流动反应;③ α-BGT 也阻断放射标记十烃季铵与去垢剂提取物的结合。这个提取物中实际上含有一种蛋白质,它对蛋白酶消化敏感,可与烟碱型激动剂及蛇毒毒素结合,结合是通过相互排斥的方式。这个 nAChR 分子被发现是高分子量的疏水性蛋白质,可与 AChE 从物理上区分开来[8]。

眼镜蛇的 α-蛇毒密切地同源于 α-BGT,把眼镜蛇毒以共价键方式耦合到琼脂糖珠(bead)上,并不丧失其结合活性。把含有毒性的珠和膜制备混合后,发现 75%～100%的乙酰胆碱受体蛋白结合到了毒素珠上,而 85%～100%的 AChE 仍保留在上清液里。此结果证实,AChE 和乙酰胆碱受体分子是两个不同的蛋白质实体。该研究也把亲和层析技术引入 nAChR 研究领域,Changeux 等许多研究组知道了这样一种明确的方法学。多个研究组应用了不同的亲和柱，应用了固定的季铵激动剂或拮抗剂，这样就扩展了应用范围(图3-7)。R. Miledi等应用了放射性$^{131}$I标记的α-BGT。他们认为，碘标记的α-BGT选择性地结合于静息状态的受体[8]。

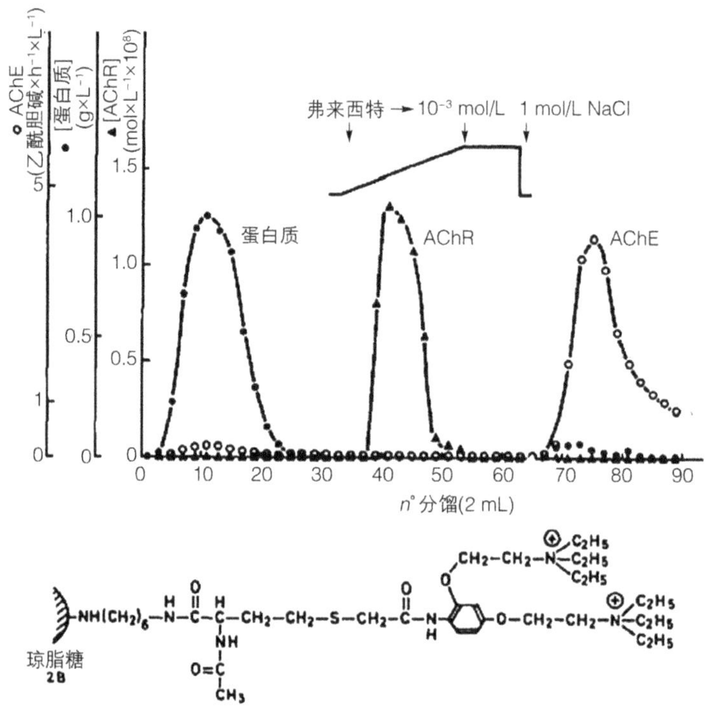


**图3-7**　通过亲和层析法纯化烟碱型乙酰胆碱受体(图引自[8])

### 3.6.7　乙酰胆碱受体含量丰富的制备

回过头来看，另一项技术发展虽然比较简单，但对烟碱型乙酰胆碱受体(nAChR)研究有着重要的影响，那就是从电鳐(*Torpedo*)电器官匀浆中分离出了新一代具有兴奋性的微囊，它含有非常高浓度的nAChR，可高达总蛋白质的20%～40%。这个发现很快得到其他研究组的证实，这种含丰富乙酰胆碱受体的膜制备完成以后，就能对膜上乙酰胆碱受体的结构和功能特点开展一系列生物物理学研究。例如在大量纯化以后，可应用荧光光谱学、电子旋转共振方法、X射线衍射方法等进行研究[8]。

最后，从电鳗也从纯化的含丰富nAChR的电鳐膜上，得到了纯化的nAChR蛋白质。在电子显微镜下考察这两种膜制备时发现，里面有像环一样的颗粒，颗粒直径约8～9 nm，它有一个亲水性轴心，周边围绕着由5～6个亚单位组成的致密束，形成一种紧密包装的二维结合物。在电鳐突触后膜上，约有8 000～12 000 $\mu m^2$的面积(图3-8)。这些nAChR图像是有关神经递质受体的第一个图像，以后被更详细地描述。此后也获得了其他受体的图像，如$GABA_A$受体、甘氨酸受体等[8]。

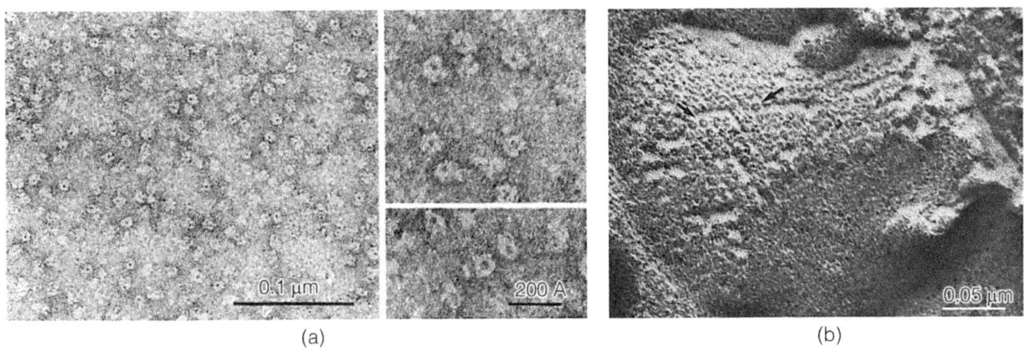


**图 3-8** 首个用电镜观察到的纯化电鳗乙酰胆碱受体的蛋白质结构和来自电鳐的纯化突触下膜片段

(a) 纯化电鳗乙酰胆碱受体的蛋白质结构；(b) 来自电鳐的纯化突触下膜片段。200 Å = 20 nm。(图引自[8])

### 3.6.8 烟碱型乙酰胆碱受体的五聚体组构

纯化烟碱型乙酰胆碱受体(nAChR)的含量，已经足够用于鉴定受体的亚单位组构。第一个研究是用纯化的电鳗 nAChR 进行部分交互链接。研究发现，有 5 个明确界定的条带提示了五聚体的组构。此结果很快被其他实验室所证实。A. Karlin 实验室额外地发现，nAChR 分子由 4 个不同类型的亚单位组成，而分子质量稍微有些差别，即 2 个 α、1 个 β、1 个 γ、一个 δ，即所谓的异五聚体[8]。

关于亚单位的化学如何，当时一点也不知道。运用近来发展起来的高分辨微量测序技术(microsequencing)，仅需少量的蛋白质即可测定氨基酸顺序。于是 Changeux 实验室鉴定了电鳐的 nAChR，发现它以 20 个氨基酸的序列组成 α 亚单位的 N 末端域。然后，成功地得到了受体的化学名片。这是第一个建立起来的神经递质受体名片，以后被其他实验室所证实。他们用的是电鳐受体的 α 亚单位，并且扩展到 4 个亚单位的 N 末端顺序，发现了各个亚单位上氨基酸顺序的一系列特征。与 Monod-Wyman-Changeux 1965 年的模型相一致，nAChR 蛋白是一个真正的寡聚体，它的对称性是假的，拥有垂直于突触后膜平面的 5 个旋转轴[8]。

有了氨基酸顺序的材料，就开启了对 nAChR 领域的新认识。现在就可以应用重组 DNA 的技术了。日本的 S. Numa 研究组、美国的 S. Heinemann 及 E. A. Barnard，还有许多其他实验室的工作者，他们努力克隆来自电器官及肌肉 nAChR 不同亚单位的 cDNA，并确定其全部顺序。Barnard、Miledi 等的实验证明，如果把从电鳐电器官中提纯的信使分子注射到非洲爪蟾卵细胞，可导致卵细胞膜上出现功能性的乙酰胆碱受体，这样就可以用卵细胞做电生理实验；注射克隆的 4 种 mRNA 的转录分子，可以产生具有功能性的 nAChR。这证实了早期生物化学实验所演示的：4 个类型的亚单位就足可以组装成为具有工作能力的完整 nAChR[8]。

考察 nAChR 的完整 cDNA 顺序时发现，沿着亚单位顺序有几个共同的结构域，这样就导致了 nAChR 亚单位的第一个跨膜组构模型。人们建议，nAChR 有 1 个长亲水性 N

末端，有 4 个疏水性段，还有 1 个短的亲水性片段。它们分别组织成细胞外(突触)域、4 个跨膜 α 螺旋、1 个细胞内(也就是胞液的)域。1986 年及以后，知道了神经元的 nAChR (包括 α7 nAChR、α4β2 nAChR)，还有 $GABA_A$ 受体、甘氨酸受体、3 型 5 -羟色胺受体 (5 - $HT_3$ 受体)、谷氨酸门控氯通道(glutamate-gated chloride channel，GluCl)等分子。它们有很接近的同源性顺序及亚单位组构，都含有一个 CYS 环。这些受体加在一起，就组成一个五聚体受体超家族，而这是 Changeux 经典研究的对象。近来在原核细胞中发现了直系同源基因的阳离子通道，使超家族扩大了。它的进化起源提早了 300 万年[8]。

### 3.6.9　乙酰胆碱结合位点的鉴定

乙酰胆碱受体蛋白及其不同位点的真正三维结构拓扑学，仍不能运用重组 DNA 的技术直接加以推定。对组成乙酰胆碱结合位点的氨基酸，以及对离子通道进行鉴定需要依赖不同的技术。例如，以前曾经提到过的亲和标记法在这个阶段也可以是有用的。首个结果来自 A. Karlin，他们用 4 - N -马来酰亚胺苯基三甲胺碘盐(N-maleimido phenyltrimethylammonium iodide)，后者可以标记乙酰胆碱结合位点的巯基。这个亲和结合方法导致了对于一对靠近的半胱氨酸之鉴定，其位置在氨基酸 192、193，位于 α 亚单位的 N 末端域。然而，有关乙酰胆碱结合位点的药理学特异性仍然不清楚[8]。

Changeux 研究组证明，蛇毒的氚标记 α -蛇毒本身，不需要增加修饰就可用作光标记，用紫外光照射氚标记的毒素-受体复合体并予以光照后，可导致合并的共价键结合放射活性不仅进入 α 亚单位也进入 γ 和 δ 亚单位。他们根据此观察得出结论，乙酰胆碱结合位点是在亚单位界面上，因此是非相等的(non-equivalent)。这个结果在以后的功能研究上也得到了证明[8]。

*p* - N，N -二甲铵重氮苯正离子硼酸盐(*p*-N，N-dimethylammonium benzenediazonium difluoroborate，DDF)是类似 TDF 的一个亲和探针，应用它得到了重要的信息。DDF 的二甲铵基造成共振分子，从蛋白质转移过来的能量可以激活它。的确，发现了有 8 个氨基酸可被 DDF 标记，其中 6 个具有芳香族侧链，所有 8 个都位于 α 亚单位 N 末端的长疏水性域。这些氨基酸分布为 3 个环，它们形成带负电的芳香族基团口袋，位于单个主要环上，而乙酰胆碱季铵就待在这个口袋里面。这样，它类似于 AChE 的结合位点。AChE 的结合是 π 键结合。这 3 个环位于 α 亚单位的侧面，以后被称为“主成分”，并分别称为 A、B 和 C。这 3 个名字的命名是得到受体研究界公认的。与氚标记 α -蛇毒的光亲和标记资料相一致，除 α 亚单位以外，亲和探针 DDF 也可以标记 γ、δ 亚单位。Karlin、J. B. Cohen 还有 Changeux 研究组的研究证明了这个看法，又额外鉴定了 D、E 和 F 环，它们位于界面的非 α 亚单位侧面，被称为“补充”成分。这些生物化学资料还受到标记氨基酸的位点突变研究的支持[8]。

结合位点组构的证明，也来自对蜗牛可溶性蛋白质的三维结构研究。该蛋白质可以结合乙酰胆碱，它是乙酰胆碱结合蛋白，但不是乙酰胆碱受体。不过，它具有想象的、同源的胆碱受体的细胞外域，相当于真核细胞 GluCl 受体，以及原核生物欧文氏菌

(*Erwinia chrysanthemi*)的与GABA结合的受体，乙酰胆碱是它的拮抗剂[8]。

### 3.6.10 离子通道的鉴定

20世纪80年代早期还没有任何关于离子通道方面的生物化学结构资料。当时的问题是，如何从化学上鉴定衬贴在离子赖以流动的离子孔上面的氨基酸顺序。1974—1999年间的种种探索表明，这条路是漫长而艰难的。几十年来已经知道，药理学物质如局部麻醉剂，能以间接、非竞争性方式阻断由烟碱型激动剂所引起的离子电流。局部麻醉剂可以成为一个有用的工具，用来对离子通道做化学标记。第一个实验用的是富含电鳗电板的受体膜。实验演示，在离体条件下，药理学活性浓度的局部麻醉剂并不从乙酰胆碱结合位点直接取代烟碱的配基，而是可逆地结合于另一个变构位点。局部麻醉剂之一的氯丙嗪还有额外的特征，它具有以共价键方式结合受体蛋白质的显著能力，通过简单的紫外线照射就可以显示。在富含受体的石纹电鳐(*T. marmorata*)膜制备上，氯丙嗪可以标记烟碱型乙酰胆碱受体(nAChR)的4种α亚单位。而且精确定量测定的结果表明，它结合于每个单聚体2 α1β1γ1δ的高亲和力位点。在预期可以产生有功能性离子通道的条件下，如果氯丙嗪快速地与乙酰胆碱混匀，则它与此位点的动力学可以增加100倍。这意味着，氯丙嗪与功能性乙酰胆碱受体更容易结合。Changeux建议，氯丙嗪结合于离子通道的一个位点，此位点就在受体的假对称轴边上。当离子通道受激活而开放的时候，它就变得可以接受氯丙嗪的进入。就这样，通道可以在特异标记的条件下确定下来[8]。

再经过一年多的努力，才证明了氯丙嗪可以标记δ亚单位第二跨膜段(transmembrane segment 2，TM2)的丝氨酸。这个发现很快被其他研究组用同样的研究方法但不同的探针所证实。还有进一步的鉴定，在其他亚单位标记氯丙嗪的氨基酸位置，不仅显示有几个丝氨酸形成的环，还发现其他氨基酸是靠拢的，如亮氨酸和丝氨酸，这两个氨基酸位于离开丝氨酸环位置3～4个氨基酸处。由此得出结论：① TM2片段组成通道壁；② 这些片段折叠成α螺旋；③ 氯丙嗪结合位点位于靠近赤道的位置，在通道的假对称轴上；④ 在乙酰胆碱和氯丙嗪结合位点之间，存在着正相互变构作用[8]。

与上述进展相平行，定向突变后的单通道实验记录也出来了。在爪蟾卵细胞重组受体分子γ亚单位的一个区域，此区域的位置在拟定的TM2片段及其附近TM2和TM3之间的弯曲部分。这一段被认为负责两种受体之间的差别，即电鳐的和牛的乙酰胆碱受体的电导差别。往后的分析鉴定了带负电的谷氨酰胺残基环。环被分成外环、中环和胞质环，这些环又漂亮地把氯丙嗪标记的氨基酸簇组成为框架，这样也就证实了它们在离子路径上的位置。其他研究组得到了类似的结论[8]。

进一步的研究鉴定了贡献给通道离子选择性的一些氨基酸。发现了3个残基，它们可以把通道的阳离子选择性转变为阴离子选择性。这样，一个兴奋性受体首次可以转变为一个抑制性受体。在其他受体如$GABA_A$受体、甘氨酸受体、GluCl还有5-$HT_3$受体中，相反方向的发现(即由阴离子通道转变为阳离子通道)也做出来了。然后又做出了功能性嵌合体，把α7乙酰胆碱受体的突触域与5-$HT_3$受体的跨膜域嵌合起来。甚至原核细胞和真核细胞受体的域也可以结合起来并具有功能。这样就不容置疑地证明了受体超家族里面存在着保守的四级结构。最后，来自原核细胞的欧文氏菌属以及 *Gloebacter* 属配基门控离子通道(*Erwinia* ligand-gated ion channel，ELIC 和 *Gloebacter* ligand-gated ion channel，GLIC)的高分辨 X 射线衍射数据与 nAChR 离子通道的生物化学电子显微镜资料是相一致的。X 射线衍射资料进一步证明，通道域在地域上不同于神经递质结合域，而神经递质与离子转运机制的相互作用是一种变构相互作用[8]。

### 3.6.11 烟碱型乙酰胆碱受体的变构型转变

烟碱型乙酰胆碱受体(nAChR)有一个四级扭转机制。现在还没有介导构象变化作用的直接证据。在早期的快速混合实验中，应用蛇的氚标记 α-蛇毒素作为探针，以及从石纹电鳐来的富含受体的膜，发现有构象变化，这个变化大概需要几秒钟才能从低亲和状态转到高亲和状态，也可能去敏感。以后也报告了比较明确的结果，有应用肌细胞膜的，也有用石纹电鳐膜的。一个结合相互作用动力学的改进的分析是，应用荧光烟碱型激动剂(二甲氨基萘-5-磺酰 C6 胆碱)与受体丰富的膜相互作用，而且把动力学分析与离体实验相互关联起来，由离体实验测量离子通过离子通道的运输。这些相互关联的分析导致一个看法：受体有变构性转变。可以有几个构象状态，一个是静息的、通道关闭的状态(Ⓡ)，它可以被 α-蛇毒、烟碱型拮抗剂所稳定；另一个是主动的、通道短暂开放的状态(Ⓐ)，它对乙酰胆碱及烟碱型激动剂只有低亲和力。除了快速脱敏状态(Ⓘ)以外，至少还有一个脱敏、缓慢进入不反应的状态(Ⓓ)，它对激动剂及拮抗剂有高亲和力(图 3-9)[8]。

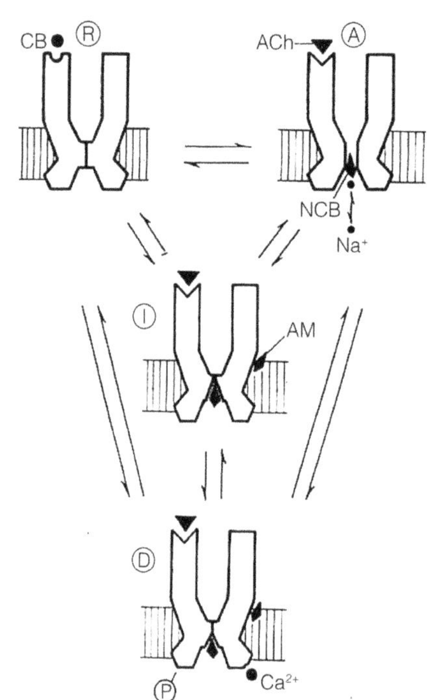


**图 3-9** 烟碱型乙酰胆碱受体最少 4 个状态的变构转变模型

CB：竞争性(正立体)阻断；ACh：乙酰胆碱；NCB：非竞争性(通道)阻断；AM：变构性调制；P：磷酸化位点。(图引自[8])

此外在静息状态时，约有 20%的受体存在于高亲和力脱敏状态中。在没有乙酰胆碱的条件下，肌细胞 nAChR 的自发通道开放也可以被记录下来。此现象排除了受体理论中所谓“诱导契合”(induced fit)的假设，而有利于构象选择模式。再有，情况似乎比调节性酶还要复杂些，存在着不止一个而是一系列开放和关闭构象之间的不同转变状态(图 3-9)[8]。

直到近来还很少有信息可以帮助人们解释 nAChR 的结构转变，除了对电鳐受体的在体电子显微镜研究。在计算机模拟模型中，根据有关结构数据提供了关于受体蛋白质构象转变的新看法。正常的模式分析是用 α7 nAChR 的三维模型做的，通过这个模型的分析，把蛋白质运动分解为不同的模式。在第一批 10 个最低频率的模式中，第一个模式产生了结构重组，引起了孔的广泛开放，这是由于蛋白质四级扭转的对称的转变；同时伴有细胞外（上）及跨膜域（下）的相对方向扭转，以及每个亚单位相当程度的三级重新组构，特别是在蛋白质域的界面。四级扭转运动的金标准，可以合理解释已有的通道门控实验资料。原核细胞 GLIC 的 X 射线衍射结构研究，显示开放的通道构型；而 ELIC 的研究却显示关闭的通道构型。两者相比较，强有力的证据就出来了，发现至少有 29%的四级扭转-转动模型可以解释通道的开放。研究的进一步发展，包括微秒水平的分子动力学研究[8]。

### 3.6.12 变构调制位点

由 nAChR 所介导的信号转导过程，至少受 3 种变构调制物的调制。它们的结合位点明显不同于神经递质的结合位点或者离子通道。这些调制物被认为选择性地改变了变构的平衡，或者有利于主动的正性调制或负调制，后者即静息的去敏感化调制。这种构象的调制，并不需要竞争正空间排列的（orthosteric）受体结合位点[8]。

有一组调制物包括钙离子，能够增强多数神经元的乙酰胆碱受体，并结合于乙酰胆碱结合位点以下的细胞外域，其残基由两方面的亚单位界面提供。第二个重要的调制物集团包括加兰他敏（galantamine），结合于“非激动剂”界面。在异五聚体 nAChR 上，此界面不同于受体结合位点，而且似乎同源于丙二氮在 GABA 上面的结合位点[8]。

另一个变构调制位点相互作用于跨膜域。原来发现驱虫药伊维菌素（ivermectin）是 α7 nAChR 的强的正调制物，其作用因 TM2 突变而改变。全身麻醉剂不论是静脉麻醉的还是挥发麻醉的，都可以负性调制兴奋性 nAChR，但正性增强抑制性 GABA 受体。用光亲和标记法研究 $GABA_A$受体，以及用 X 射线衍射方法研究 GLIC 与异丙酚（propofol）的复合体时发现，在每个亚单位的跨膜域上部有一个位点；在 nAChR 的这个位点上，烟碱型变构调制物可能也有相互作用。

在所有真核细胞的五聚体受体连接 TM3 和 TM4 的胞质环中，也鉴定出变构调制位点的存在，但在原核细胞中没有。nAChR 有几个磷酸化位点，它调节肌肉里面的以及 α7 nAChR 的脱敏，也贡献给终板定位的、由聚集蛋白诱导的 43K 缔合蛋白（rapsyn）的酪氨酸磷酸化。α4 nAChR 亚单位的细胞质域也结合于一系列脚手架蛋白，它们与脚手架蛋白及 G 蛋白系统相互作用，从而参与细胞内信号转导通路[8]。

### 3.6.13 回望烟碱型乙酰胆碱受体研究

分离了 nAChR，并发现了 GABA 受体和甘氨酸受体的亚单位是 nAChR 的亲密直系同源蛋白质，这就确立了五聚体配基门控离子通道超家族的概念。整个神经递质的五聚体受体研究领域得到快速发展，包括在原核细胞里面发现了同源受体，其中有些是常用药物的靶，如箭毒、苯二氮以及全身麻醉药。近来对某些受体的 X 射线衍射研究取得了进展，为作用于脑的药物提供了合理的设计方案和研究途径。nAChR 研究与很丰富的G蛋白偶联受体(GPCR)研究是相互平行发展的,但GPCR的鉴定比乙酰胆碱受体的鉴定实际上还要晚几年[8]。

### 术语译名

- nAChR(nicotinic acetylcholine receptor) 烟碱型乙酰胆碱受体
- ACh(acetylcholine) 乙酰胆碱
- AChE(acetylcholinesterase) 乙酰胆碱酯酶
- TDF(p-trimethylammonium benzenediazonium fluoroborate) TDF
- α-BGT(α-bungarotoxin) α-环蛇毒素
- GluCl(glutamate-gated chloride channel) 谷氨酸门控氯通道
- DDF(p-N,N-dimethylammonium benzenediazonium difluoroborate) DDF
- ELIC(*E. chrysanthemi* ligand-gated ion channel) 除虫菊欧文氏菌(*E. chrysanthemi*)配基门控离子通道
- GLIC(*G. violaceus* ligand-gated ion channel) 无类囊体蓝藻(*G. violaceus*)配基门控离子通道
- TM(transmembrane segment) 跨膜段

## 3.7 AMPA受体

AMPA受体是兴奋性突触作用递质的受体之一,它是突触可塑性分子机制的重要成员,其结构与功能在其他文献中已有详细报道[3]。

### 3.7.1 突触后致密内部纳米级别的AMPA受体局域浓集

突触后膜的脚手架分子通过形成突触后致密(PSD)结构而成为兴奋性突触传递的基础,但是因为突触体积很小,所以不能测定活细胞里面的PSD组构。现在有人应用PALM方法(见79页)测定了活体神经元PSD的内部结构,大约达到25 nm的分辨。他们发现,PSD的4个主要脚手架蛋白各自组构成不同的、约80 nm的集群,这些集群能随时间而发生显著变化。双向PALM方法和单分子免疫标记方法显示,致密纳米域PSD95优先含有比NMDA受体丰富的AMPA受体。慢性压抑活动条件,可以触发PSD内部构造的变化,这可能扩大突触可塑性。实验中看到的成簇PSD结构,调控了模拟的突触后电流的幅度及变异程度。这提示,通过这种方式,PSD的内部组构可以调节神经传递的强度与可塑性[10]。

突触后脚手架分子建立了PSD内部组构,它关键性地决定了兴奋性突触传递的特征。然而,尽管对PSD个别组成成分的特点已经做了广泛的遗传学、生物化学和分子学分析,提供了大量信息,但是仍不清楚这些组成成分在个别PSD中是怎样排列的,活体突触中的这种组构是否受到动态调节。关于 PSD 组构的一个特别重要的方面是，AMPA 谷氨酸受体的突触下位置的排列如何，因为只有 AMPA 受体非常靠近突触前释放事件，这里的受体局部密度准对着释放位点。当 AMPA 受体暴露在足够高的谷氨酸浓度下而被激活的时候，这个因素决定着突触反应的强度。还有，多数受体并非平均分布在 PSD 里面，而且常常是不运动的，局限于突触下域。了解个别 PSD 中突触下 AMPA 受体的定位机制，以及结合 AMPA 受体的脚手架分子的定位机制，对于了解突触传递非常重要。更扩展一点，还可以了解 PSD 其他脚手架关联成分的突触下定位，例如黏附分子、信号传递中间分子以及细胞骨架，它们调控着广泛的突触功能和突触可塑性的各个方面[10]。

在活体神经元里面直接测定 PSD 的结构组构，从技术上讲是具有挑战性的，因为突触的尺度非常小，基本上小于传统光学成像的分辨程度。因此，当前我们对于 PSD 结构组构的了解，主要来自用生物化学方法分离 PSD 的结果，或者是固定组织的显微镜观察的结果。这些最终导致一种假说，认为 PSD 是均匀的静态结构。然而与此看法相反，活细胞的显微镜学研究揭示，PSD 是一个非常动态的结构，有个别组成部分经常不断地在重新定位而且互相交换。有人运用 PALM 技术来作图 PSD 内单个分子家族的空间分布，例如 AMPA 受体，作图精度可达到纳米级别的分辨，而且把内部组构的动态表现出来。实验结果表明，AMPA 受体并不是均匀分布的，而是集聚在一个致密的突触下部位并且成簇，也即 PSD 的致密脚手架域优先地含有 AMPA 受体[10]。

### 3.7.2 AMPA 受体的膜运输

人们也认识到，AMPA 受体的膜运输是相当动态的，而在发生长时程增强(LTP)和长时程阻遏(long-term depression，LTD)时，突触强度的增加或减少分别是由 AMPA 受体在树突棘上突触数量的增加或减少所介导的。通过调节膜运输，AMPA 受体在突触部分保留。这是一个相当复杂的过程，包括从细胞内池募集受体，例如从内小体，也可以从突触外区池募集，即 AMPA 受体从突触的外侧区弥散进入突触区(图 3 - 10)[9]。

### 3.7.3 脚手架蛋白及交通蛋白

这些过程受大量蛋白质的调节，它们是保障和引导非突触区受体的蛋白质，是那些使受体保持在突触区的脚手架蛋白(图 3 - 11)[9]。

### 3.7.4 跨越突触相互作用的黏附样分子

此外，在细胞外起跨突触相互作用的黏附样分子也参与了 LTP 的表达，这样就增加了新的复杂性。已有相当可靠的证据表明，在可塑性过程中，有些 AMPA 受体亚单位的运输起特异作用。但是近来的工作提示，尽管不同亚单位可能有竞争性的优势来支持 LTP，而且对神经调质有不同的反应，这并不是 LTP 所绝对需要的。所有的 AMPA 受体亚单位甚至红藻氨酸受体亚单位，都可参与 LTP 的信号转导通路，参与 LTP 的表达机制。这意味着，不论 LTP 的轴心机制是什么，它既可作用于 AMPA 受体，也可作用于红

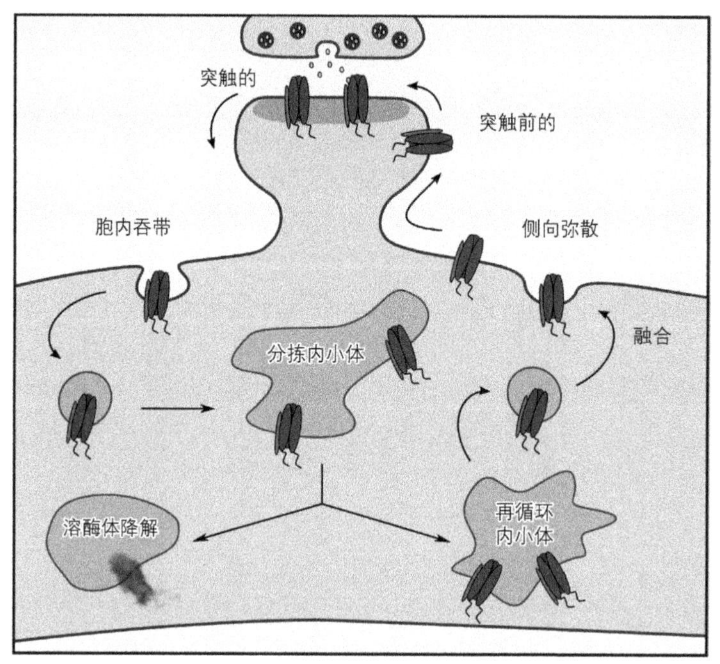


**图3-10**　突触可塑性中AMPA受体运输的动力学

已经知道,AMPA受体在膜上有快速运输,而且在质膜上它是高度可运动的。受体快速地在突触外质膜上作侧向运动,可以进入或离开突触区。到了突触区,它与突触区PSD中的脚手架蛋白相互作用。由于PSD,它被固定在突触质膜上。受体也可以被胞内吞,由此通过内小体区隔的分拣而进入降解,或者再循环到质膜。LTP、LTD发生时,这些运输过程是高度受调节的,导致突触膜上受体含量的稳定增加或减少。当LTP发生时,从非突触区池来的受体——可以是从树突干质膜来的,也可以是从细胞内池来的,这两个来源的AMPA受体被募集到突触区以增强突触传递。与此相反,当LTD发生的时候,受体从突触区通过弥散,或者通过被胞内吞然后被降解,以实现突触强度的降低。(图引自[9])

藻氨酸受体。结果从观点上看很难解释,因为这些受体有独特的辅助亚单位,但它们据说也有共同的相互作用蛋白质。这就提示了,这些公用的相互作用分子也可能对LTP功能是重要的[9]。

以上新结果挑战了此研究领域,因此需要有新的观点来解释受体是如何募集起来的,又是如何被抓住并安放在突触部位的。很需要有进一步的工作来进一步界定复杂受体的再循环通路,以及突触外池的受体和它的特点。我们需要更好地了解在LTP过程中这些池的调节,以及与调节有关的分子。此外还需要进一步注意细胞骨架的和跨越突触的蛋白质,看它们在LTP当中具有何种特定的功能[9]。

### 3.7.5　兴奋性递质受体与LTP

从早期LTP研究发展到现代的认识——即LTP的突触力量增强是由于活动的AMPA受体增加,其中后者就是一个受体如何募集的问题。

小脑齿状回(dentate gyrus,DG)颗粒神经元突触是兴奋性突触。1966年和1973年

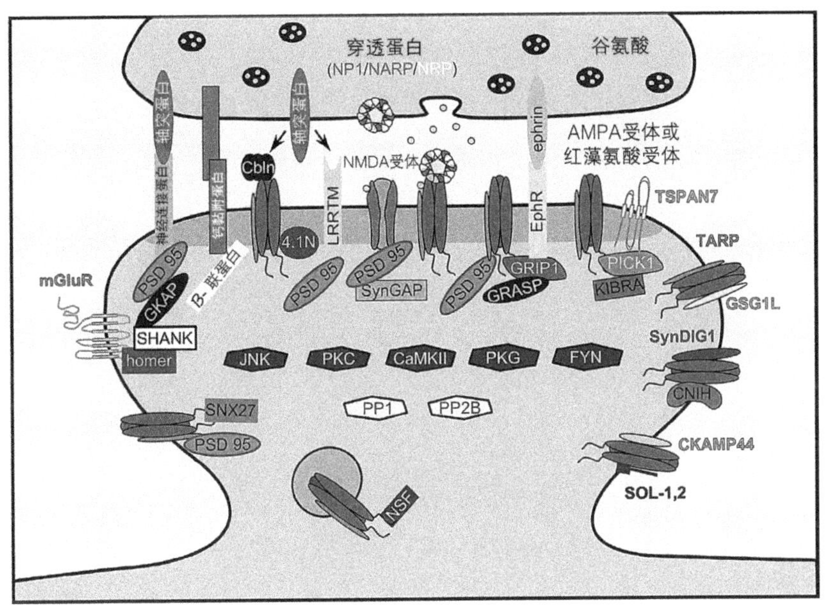


**图 3-11** 参与 AMPA 受体膜运输和突触可塑性的脚手架蛋白及交通蛋白(彩图见图版第 7 页)

过去 25 年来,已经鉴定出这样一个分子机器,它参与兴奋性突触的结构和功能,参与调节 AMPA 受体的膜运输,该分子机器的数十个蛋白质已被鉴定,包括信号转导蛋白、蛋白激酶(PKA、CaMKⅡ、PKC)、磷酸酶(PP2B、PP1)。有些蛋白质调节受体运输,也调节那些直接或间接和受体的相互作用,从而固定 PSD 上面的蛋白质。PSD 的主要部分是一个结构复合体,总称为 MAGUK,它包括这样一些分子:PSD95、PSD93、SAP97、SAP102。这些 MAGUK 蛋白再与其他蛋白质相互作用,调制突触的结构和功能。除上述两类蛋白质外,还有 NSF、GRIP、PICK 等,这些蛋白质把受体耦合到胞外排或胞内吞的分子机器上,调节胞外排及胞内吞,帮助它们通过内小体通路作进一步加工,这是第三部分。最近还研究了第四部分蛋白质,即几个跨越突触的蛋白质,例如神经连接蛋白、神经末梢识别分子,还有 LRITM。这 3 个被认为不仅与突触的形成有关,也与 AMPA 受体的交通运输及突触的可塑性有关。(图引自[9])

在那里发现 LTP 现象的时候,对于此脑部位以及其他脑部位的兴奋性突触释放什么递质,还没有牢靠地加以确定。以后,关于谷氨酸受体的工作很快出来了。人们清楚了,谷氨酸作用于 NMDA 受体和非 NMDA 受体,而非 NMDA 受体以后又被称为 AMPA 受体和红藻氨酸受体,上述三者(NMDA 受体、AMPA 受体和红藻氨酸受体)分别是兴奋性突触的受体。到了 20 世纪 80 年代中期也就是 *Neuron* 杂志开始创办的时候,有很多具有重要意义的研究工作做出来了。讨论了 LTP 诱导的开始步骤,认为需要许多关键步骤,包括 NMDA 受体激活,突触后钙离子浓度升高,突触后去极化;还发现 NMDA 受体具有被镁离子电压依赖阻断的特性,NMDA 受体对钙是通透的等。在那个时候,LTP 诱导模型也出来了,到现在也没有多大改变。简单说来,这个模型认为,谷氨酸结合于 NMDA 受体,耦合到突触后膜去极化,去极化解除镁对 NMDA 受体的阻断,导致通过 NMDA 受体的钙内流,引起树突棘内钙升高。差不多同时有作者报告,配对刺激小脑攀缘纤维和平行纤维,可以引起平行纤维反应的长时程阻遏(LTD),同时也可以阻遏在离子透入法中使用谷氨酸所引起的反应。在此实验以后,NMDA 受体依赖的 LTP 在海马被发现,那已经是 1992 年了。海马的 LTP、LTD 和小脑的 LTD，对这 3 种突触可塑性是研究得最多的，也是我们所要讨论的焦点。当年的情况可以用图 3－12 表示[9]。

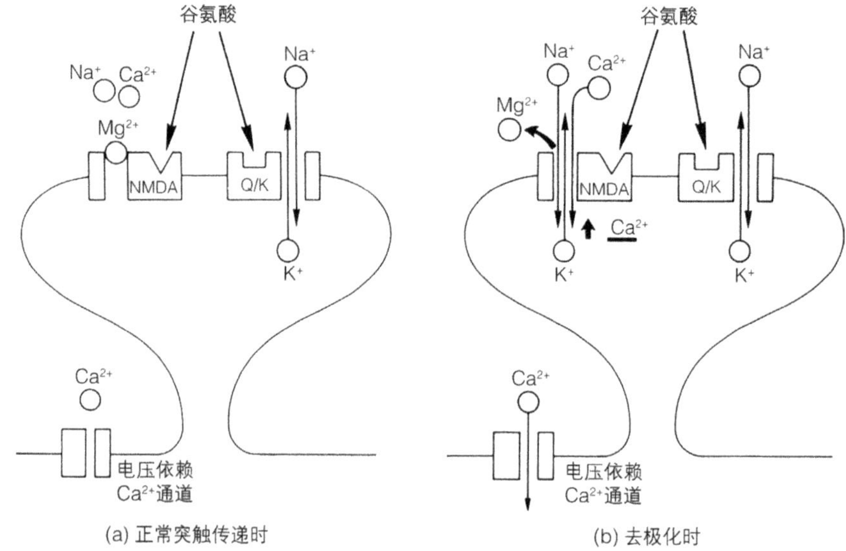


**图 3－12**　1988 年发表的关于海马 CA1 区 LTP 诱导机制的图

(a) 当低频突触传递发生时，所引起的事件是，谷氨酸从突触前末梢释放，作用于 NMDA 受体和 Q/K 受体(即现在的 AMPA 受体)，然后 $Na^+$ 和 $K^+$ 通过 Q/K 受体流动，并不通过 NMDA 受体，因为 NMDA 受体被 $Mg^{2+}$ 阻断了。(b) 当突触后膜因高频强直刺激而去极化时，情况就不同了。去极化可以把 $Mg^{2+}$ 阻断解除掉，允许 $Na^+$、$K^+$ 以及更为重要的 $Ca^{2+}$ 经过通道流入。树突棘细胞内钙离子浓度的升高，为以后的各种事件提供触发，导致 LTP。去极化将要打开树突干上电压依赖的钙通道，树突干上的 $Ca^{2+}$ 没有可能进入树突棘。重要的是应当注意，这个模型仅包括 LTP 的诱导过程，而并不包括它的维持过程。(图引自[9])

到了 2013 年，对于突触可塑性分子机制的了解已经有了非常扎实的进展，当然我们仍有不清楚的事情。大家公认的重大进展是，海马 LTP 的表达是突触后机制，由 CaMKⅡ的激活所触发，激活其下游信号传导通路，包括 Ras、Rho 及其他小 G 蛋白，从而引起 AMPA 受体的募集[3,9]。

### 3.7.6　3 种 LTP 工作模型

根据现有事实，我们提出有 3 种可能的情节来描述：当 LTP 发生时，受体如何募集到突触上面去(图 3－13)。这 3 种情节可能不是互相排斥的，它们都假定 CaMKⅡ既是必要的也是充分的。下面来讲这几种模型[9]。

第一种是捕获模型(PSD 中心模型)。在这个模型里面，在 PSD 上起作用的CaMKⅡ创造了一个“插槽”(slot)。“插槽”是什么还没有鉴定，可能包含 MAGUK 或其他结构蛋白质。“插槽”是一种非常奇特的分子，因为它们不能够区分 AMPA 受体和红藻氨酸受体。已知 AMPA 受体是高度可运动的，它可以进或出 PSD。当新的插槽加到突触后区的时候，这些可运动的受体就被捕获，保持于突触部位。这样一种活动依赖的 PSD 重新建模，可以

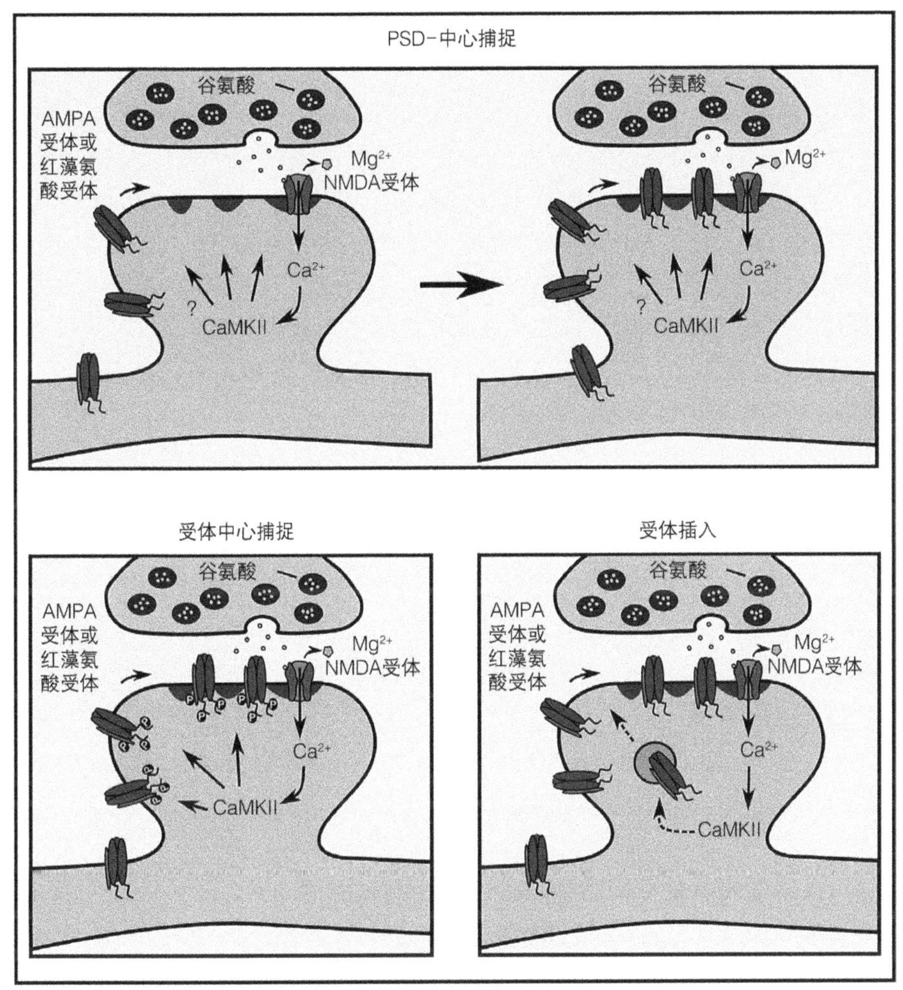


**图 3-13** 建议的 LTP 工作模型图

PSD 中心捕捉模型：在此模型里面，CaMKⅡ和下游信号级联作用于 PSD，产生插槽(slot)来捕捉受体，以增加突触强度。这可能包括 MAGUK 蛋白或 PSD 结构蛋白质。这个插槽一定是相当奇特的，因为它们不能够区分 AMPA 受体和红藻氨酸受体。受体中心捕捉模型：在此模型里面，插槽存在于 PSD，它不能够接受受体。CaMKⅡ和下游信号级联靶向受体，而且磷酸化受体复合体，这样受体才可以被 PSD 捕捉。受体插入模型：在此模型里面，CaMKⅡ激活作用于膜的运输机器，而且驱动胞外排，使得含有谷氨酸受体的那种小泡进到膜表面，增加突触上面的受体数目和增加突触强度。(图引自[9])

抓住受体，不需要特定的 AMPA 受体修饰。这种假说跟由于分子密集在 PSD 上而被可弥散受体捕获的现象是一致的。这个模型格外奇特，但它很难解释某些事实[9]。

第二种是捕获模型(受体中心模型)。在这个模型中，插槽在 PSD 上面，但它不能够适应而且捕捉受体。此时，需要有 CaMKⅡ把受体靶向到插槽上去，而且把受体复合体磷酸化，使它可以被插槽捕获。在此情景下，C 末端结构域将产生重要的调制性作用，但并不是必需的。受体某些其他结构域的修饰或者其辅助单位的修饰，不论直接或间接，将起重要的作用。然而此模型并没有像第一个模型那么吸引人，这里必须假定CaMKⅡ可以靶向红藻氨酸受体复合体，但红藻氨酸受体和AMPA受体的同源性相差甚远[9]。

第三种是插入模型。在此模型中，CaMKⅡ驱使含有AMPA受体的突触小泡进行胞外排，受体转到膜表面。这种情况有可能在突触周围区发生，因为很难想象，这种插入会在PSD上直接发生。有些资料支持了此模型，当通过一系列方法阻断胞外排时，LTP可以被阻断。也有一些问题很难用此模型加以解释。第一个问题是，AMPA受体的胞外排并不需要CaMKⅡ。第二个问题是，已有报告，从定量角度看，受体募集到突触主要是从表面池过来的，而不是从胞内吞过来的。最后一个问题是，如果胞外排是一个激活依赖的步骤，那么不清楚PSD是如何能够区分这些受体与大量已存在于表面池的受体。这种胞外排的受体如何能够优先靶向到突触，或者是不是混合到突触外区表面的受体池里面去了，都是第三种模型难以解释的[9]。

显然，过去的研究表明，涉及调节AMPA受体功能和膜运输的这些问题，是多种形式的脑内突触可塑性的中心与关键问题。相关研究已鉴定了许多分子通路，这些通路调节AMPA受体功能，而且不仅对突触可塑性重要，对学习记忆也很重要。有趣的是，近来关于精神分裂症、自闭症以及智力障碍等的遗传学研究，都提示有多种分子参与这些疾病的发生。这表明，AMPA受体调制及可塑性是否受损，对于人类正常的认知至关重要[9]。

## 3.8　抑制性突触

GABA神经元是脑内主要的抑制性神经元，$GABA_A$受体是脑内主要的抑制性递质受体，最近关于这方面有新的研究进展。

### 3.8.1　正常活动小鼠GABA神经元的膜电位动力学

皮层的网络计算是由兴奋性和抑制性神经元的突触相互作用来介导的，但是有关皮层网络计算在正常活动（behaving）动物中的活性如何，知道得很少。这里，有人通过单个、双个全细胞记录，再结合双光子显微镜，研究了正常活动小鼠的桶状皮层（barrel cortex），直接比较了大脑皮层第Ⅱ/Ⅲ层抑制性和兴奋性神经元突触驱动的膜电位动力学。人们发现，抑制性神经元与兴奋性神经元同步去极化，但是当处在脑的不同状态时，抑制性神经元更为活跃，并且两类抑制性神经元有差别性的贡献。快速放电的GABA神经元活性在安静、清醒动物中占主导地位；而当活动、清醒的时候，非快速放电的GABA神经元去极化，发放动作电位的频率增高。兴奋性神经元的稀少、不相关的动作电位放电由快速、大幅度及细胞特异的去极化所驱动。相比之下，抑制性神经元发放相关联的动作电位，有更高的放电频率，由比较慢、比较小而且被宽广同步化的去极化所驱动[22]。

### 3.8.2　计数桥连蛋白分子和受体结合位点

突触传递的强度受神经递质受体数目和活性的调节，但是关于脚手架蛋白及受体的密度和绝对值，关于突触部位分子相互作用的化学计量关系，知道得很少。近来有人应用抑制性突触的纳米成像技术，做了三维和定量的纳米成像，其基础是单分子检测，目的是特征化抑制性突触的超微结构，而且计数脚手架蛋白和受体结合位点的数目。在脊髓突触上人们观察到，桥连蛋白脚手架蛋白和甘氨酸受体之间存在空间组构上的密切关系。内源性桥连蛋白成簇，密度为5 000～10 000分子/$\mu m^2$，桥连蛋白分子和受体结合位点的化学计量关系接近1∶1，此结果符合二维脚手架蛋白的情况，其中所有桥连蛋白分子都可贡献于受体的结合。甘氨酸和$GABA_A$受体复合物竞争突触结合位点，这件事突出地表明，单分子成像技术可以潜在地在纳米精确度上定量突触可塑性[23]。

突触的分子构筑决定了在某个稳定状态时的突触强度，模块式脚手架蛋白对于突触的内部组构是决定性的因素。它们提供了短暂固定神经递质受体到突触后膜的结合位点，从而调定突触传递的增益。此外，突触脚手架蛋白结合于细胞骨架元素，调节突触后致密(PSD)的下游信号转导事件。基于此，很有必要了解脚手架蛋白的真实数目，以便在定量水平上评定它们在超微结构、功能及突触可塑性方面的作用。有研究发展了以单分子成像为基础的纳米技术，这使得人们可以在脊髓神经元上对抑制性突触的分子组构得到进一步定量的看法[23]。

抑制性突触PSD的特征是，它有一个致密的、作为脚手架蛋白的桥连蛋白簇，这个簇为抑制性的甘氨酸受体(GlyR)和$GABA_A$受体提供结合位点。这些簇的形成和维持，依赖于受体-桥连蛋白以及桥连蛋白-桥连蛋白的相互作用。桥连蛋白分子有能力在N末端(G)域和C末端(E)域分别三聚化和二聚化。这些特点导致了一个模型，在此模型中桥连蛋白在突触膜下面形成六边形点阵，它对GlyRβ和$GABA_A$受体的α1—α3、β2和β3亚单位提供共同结合位点。电子显微镜实验证实，抑制性PSD实际上是一个扁平状盘，其面积为0.04～0.15 $\mu m^2$，厚度约为33 nm，而桥连蛋白分子保持在离突触膜的相对恒定距离处成簇[23]。

1. 实验技术途径和研究问题的特点

除一般方法外，单分子成像方法被较多采用，其中包括PALM* 和STORM** 等。在此基础上，还做了许多新的应用，如PALM/STORM成像的重组、三维的PALM和STORM、定量单分子成像用的是脉冲光转变、光漂白和单荧光团的检测，把荧光强度转变为分子数目。通过这些来定量一个PSD里面有几个分子[23]。

所研究的问题有突触桥连蛋白簇(用PALM方法)及其内部组构、抑制性突触的三维组构(用双色3D-PALM/STORM方法)、突触部位内源性桥连蛋白分子的数目和密度、内源性甘氨酸受体和$GABA_A$受体之间对竞争性突触结合位点活性依赖的竞争、关于突触桥连蛋白簇上甘氨酸受体结合位点的定量研究[23]。

2. 通过定量纳米技术建立突触结构的真实模型

突触作为一个信号装置设备，主要通过其分子组成部分来实现自身的功能，这取决

* PALM：photoactivated localization microscopy，光激活定位显微镜。

** STORM：stochastic reconstruction microscopy，随机光学重组显微镜。

于突触成分的数目以及突触成分在突触结构里面的位置。抑制性突触研究的中心思想是考察单分子成像的固有特征，逐个检测荧光团，目的是提取超微结构的信息，以及有关脊髓神经元甘氨酸抑制性突触上桥连蛋白这种脚手架蛋白的定量信息。实验应用一系列以单分子为基础的成像途径，得到了一些新信息，这些信息提供了有关抑制性 PSD 组成及组构的更加真实的图像(表 3-1)[23]。

**表 3-1 培养脊髓神经元抑制性突触的定量参数**

| 参 数 | 平均(范围) | 备 注 |
| --- | --- | --- |
| 抑制性 PSD 的大小 | 0.05(0.01～0.1)$\mu m^2$ | 二维投射 |
| 脚手架蛋白的厚度 | ≤100 nm | 三维测量 |
| 桥连蛋白脚手架的体积 | ≤0.012 $\mu m^3$ | 三维测量 |
| 桥连蛋白离开突触间隙的距离 | 44 nm | 三维测量 |
| 内源性 mRFP-桥连蛋白分子的数目 | 200(40～500)分子/簇 | 活体：<br>皮层突触(成年动物)，130 个分子/簇；脊髓(成年动物)GlyRα1 阳性，600 个分子/簇 |
| 桥连蛋白簇的表面密度 | 5 000 桥连蛋白分子/$\mu m^2$ | 活体：<br>皮层神经元(成年动物)，4 500 个分子/$\mu m^2$；脊髓(成年动物)GlyRα1 阳性，9 000 个分子/$\mu m^2$ |
| GlyRβ 结合位点的数目 | 每个桥连蛋白分子有一个结合位点 | 受体占有≤1 |

GlyR 即甘氨酸受体。

有关这些数值的细节，将另作详细介绍。注意在活体成熟突触上，或当突触实现可塑性反应时，这些数值可能有相当的变异。由于 3D-PALM 有限的空间分辨，因此这些有关厚度和体积的读数成为以上数值的上限[23]。

3. *抑制性突触后致密的组构和平面结构*

有几方面的证据表明，桥连蛋白簇是一个存在于质膜下的二维结构。电子显微镜资料显示，突触后致密(PSD)厚度约为 33 nm。免疫电镜材料进一步显示，桥连蛋白分子位于离突触膜相对等的距离之处。桥连蛋白这种脚手架蛋白是竞争性抑制性受体的动态平台。抑制性 PSD 的形态学似乎在稳态调节抑制性突触中起作用。当兴奋性突触发生可塑性反应时，抑制性 PSD 的大小及复杂性会增加[23]。

## 参考文献

[1] Kandel E R, Schwartz J H, Jessell T M, et al. Principles of neural science: 5th ed. New York: McGraw-Hill, 2013.

[2] 陈宜张. 脑研究现状与展望\\中国医学院士文库：陈宜张院士集. 北京：人民军医出版社，2014：

449 - 459.

[3] 陈宜张.突触.上海：上海科学技术出版社，2014.

[4] 陈宜张.神经科学的历史发展和思考. 上海：上海科学技术出版社，2008.

[5] Nemecz Á, Prevost M, Menny A, et al. Emerging molecular mechanisms of signal transductionin pentameric ligand-gated ion channels. Neuron, 2016, 90: 452.

[6] Bowie D. Ionotropic glutamate receptors made crystal clear. Trends in Neurosciences, 2014, 37 (12): 687.

[7] Wu L G, Hamid E, Shin W, et al. Exocytosis and endocytosis: modes, functions, and coupling mechanisms. Annu Rev Physiol, 2014, 76: 301.

[8] Changeux J-P. The nicotinic acetylcholine receptor: the founding father of the pentameric ligand-gated ion channel superfamily. J Biol Chemi, 2012, 287: 40207 - 40215.

[9] Huganir R L, Nicoll R A. AMPARs and synaptic plasticity: the last 25 years. Neuron, 2013, 80: 704.

[10] MacGillavry H D, Song Y, Raghavachari S, et al. Nanoscale scaffolding domains within the postsynaptic density concentrate synaptic AMPA receptors. Neuron, 2013, 78: 615.

[11] Südhof T C. Neurotransmitter release: the last millisecond in the life of a synaptic vesicle. Neuron, 2013, 80: 675.

[12] Petzoldt A G, Lützkendorf J, Sigrist S J. Mechanisms controlling assembly and plasticity of presynaptic active zone scaffolds. Current Opinion in Neurobiology, 2016, 39: 69 - 76.

[13] Wang S S, Held R G, Wong M Y, et al. Fusion competent synaptic vesicles persist upon active zone disruption and loss of vesicle docking. Neuron, 2016, 91: 777 - 791.

[14] Pulido C, Trigo F F, Llano I, et al. Vesicular release statistics and unitary postsynaptic current at single GABAergic synapses. Neuron, 2015, 85: 159 - 172.

[15] Neher E. Merits and limitations of vesicle poolmodels in view of heterogeneous populations of synaptic vesicles. Neuron, 2015, 87: 1131.

[16] Rizo J, Xu J. The synaptic vesicle release machinery. Annu Rev Biophys, 2015, 44: 339 - 367.

[17] Kaeser P S, Regehr W G. Molecular mechanisms for synchronous, asynchronous, and spontaneous neurotransmitter release. Annu Rev Physiol, 2014, 76: 333 - 363.

[18] Kononenko N L, Haucke V. Molecular mechanisms of presynaptic membrane retrieval and synaptic vesicle reformation. Neuron, 2015, 85: 484.

[19] Soykan T, Maritzen T, Haucke V. Modes and mechanisms of synaptic vesicle recycling. Current Opinion in Neurobiology, 2016, 39: 17 - 23.

[20] Delvendahl I, Vyleta N P, von Gersdorff H, et al. Fast, temperature-sensitive and clathrin-independent endocytosis at central synapses. Neuron, 2016, 90: 492 - 498.

[21] Alabi A A, Tsien R W. Perspectives on kiss-and-run role in exocytosis, endocytosis, and neurotransmission. Annu Rev Physiol, 2013, 75: 393 - 422.

[22] Gentet L J, Avermann M, Matyas F, et al. Membrane potential dynamics of gabaergic neurons in the barrel cortex of behaving mice. Neuron, 2010, 65: 422 - 435.

[23] Specht C G, Izeddin I, Rodriguez P C, et al. Quantitative nanoscopy of inhibitory synapses: counting gephyrin molecules and receptor binding sites. Neuron, 2013, 79: 308.

# 第 4 章　$GABA_A$受体介导的位相性与张力性抑制

## 4.1　$GABA_A$受体的位相性和张力性激活

GABA(γ-氨基丁酸)是成年哺乳动物中枢神经系统的主要抑制性神经递质，其主要作用是由广泛存在的离子型 $GABA_A$受体介导的，其机制为增加细胞膜对氯离子、碳酸氢根离子的通透性。在多数成熟神经元中，GABA 导致净的内向阴离子流，从而引起超极化的突触后反应，这就是 IPSP。成年哺乳动物脑的正常功能依赖于广泛的 GABA 神经元群体活动所介导的协调与调节[1]。

$GABA_A$受体的位相性作用即一般所了解的抑制性突触传递，而 $GABA_A$受体的张力性激活是指 GABA 作用于突触外区 $GABA_A$受体所引起的反应，它介导神经调制作用。

IPSP 的发生，是由于突触后 $GABA_A$受体仅短暂地暴露于高浓度 GABA 之后就被激活。这种作用所引起的膜电导增加，就是所谓"位相性"抑制的基础。这种瞬时的、特异的、点对点性质的过程，在 GABA 介导的信号传送中有重要意义[1,2]。

近年来已经了解，$GABA_A$受体的激活，也可在空间及时间上受较少限制的条件下发生。从突触间隙逃逸出来的 GABA 可以激活突触前神经末梢上或者同一神经元及邻近神经元突触上的受体，此现象被称为神经递质的"溢出"。此外，细胞外间隙低浓度的 GABA 可导致 $GABA_A$受体持久或"张力性"的激活，其方式是，它在时间上与位相性突触事件是相分离的。本章将考察哺乳动物脑内 $GABA_A$受体介导的信号传送的多样性，重点在于讨论作为张力性及位相性受体激活基础的不同机制。我们将要讨论诸多因素间可能的相互作用，例如 $GABA_A$受体的异源性受体定位以及 GABA 浓度的瞬变，由此产生功能上不同的神经元抑制模式[1]。

为了实验性地证明 $GABA_A$受体的张力性和溢出性抑制，往往需要根据 $GABA_A$受体张力性激活的药理学特征来加以确定。例如，小脑颗粒细胞实验显示，成年动物小脑皮层从攀缘纤维输入到浦肯野细胞输出的信息流动，是由颗粒细胞 GABA 受体所介导的。受体的特征是利尿磺胺(furosemide)敏感而苯甲二氮卓(diazepam)和神经甾体不敏感。此受体既可被 GABA 张力性激活，也可被从突触释放部位溢出的 GABA 激活。受体张力性激活对引起平均抑制性电导的贡献，3 倍大于高频刺激引起 GABA 突触释放的效果。张力性和溢出性的抑制，减少了颗粒细胞被攀缘纤维输入所激活的成分，这样就产生了所谓编码稀疏性(sparseness)增加的效果,预计可以改善小脑的信息存储能力[3]。

自从知道了成熟中枢神经系统神经元 GABA$_A$受体的张力性激活以后的 10 年来,已经积累了相当多的实验证据。证据表明,许多脑区都存在着张力性抑制。与位相性抑制的空间和时间分离性质相对比,张力性抑制是由于随机地持续激活 GABA$_A$受体造成的。介导这两种抑制形式的受体亚型,具有不同的生物物理学和药理学特征,以及不同的亚细胞定位。高亲和力的突触外区受体介导张力性抑制,其特点是受体的低占据度。GABA 与它结合的低效力,使其调节有较大的动态范围。进一步的工作肯定会巩固我们对它们在调制神经元兴奋性方面基本差别的了解,从而发展生理情况下和病理情况下的选择性方法。本章将讨论突触部位及突触外区部位的 GABA$_A$受体亚型在调节神经元兴奋性当中的不同作用[1]。

#### 4.1.1 中枢神经系统突触外区的 GABA$_A$受体

过去 20 年来,研究工作鉴定了中枢神经系统突触外区的 GABA$_A$受体群,此群体使神经元能够感受存在于细胞外间隙、细胞周围的低浓度 GABA,产生"紧张性抑制"。以前在研究神经元兴奋性时对此考虑得很少,但是这种紧张性抑制在调节意识状态时的重要性从以下事实即可看出:突触外区 GABA$_A$受体被认为是各种神经活性物质作用的关键性靶,包括麻醉剂、促睡眠药物、神经甾体、酒精。突触外区 GABA$_A$受体对神经甾体的敏感性,可以解释这些受体在应激时,在卵巢周期性活动变化时,以及在发生怀孕相关心境(mood)失调时的重要性。还有,与一些疾病有关的神经网络动力学的破坏,如精神分裂症、癫痫、帕金森病,也有可能牵涉 GABA$_A$受体介导的紧张性电导变化。因此,突触外区的 GABA$_A$受体可能提供靶点,用来治疗这些疾病;而且还有增强认知和帮助中风后功能恢复的潜在可能性[4]。

哺乳动物脑的 GABA 系统包括释放 GABA 的细胞和结合 GABA 的受体。GABA 释放细胞非常多种多样,且高度特异化。它们调控局部神经网络也即中间神经元的活性,从而形成某些脑区和神经核的输出,例如纹状体的中等树突棘神经元、小脑的浦肯野细胞等。脑内每个神经元基本上都有与 GABA 结合的受体,类型非常广泛。本章聚焦在 GABA$_A$受体,而且是在突触外区的。人们早已认识了,哺乳动物神经元的细胞体、树突甚至轴突质膜的突触外区,有能够结合谷氨酸和 GABA 的配基门控离子通道。首个迹象提示有持久与紧张性的电导,而且这种电导是由于激活了突触外区的 GABA$_A$受体群体。来自 1991 年以前的发育神经元的全细胞电压钳记录表明,这时候突触正在形成。实验发现,往溶液中加入 GABA$_A$受体阻断剂之后,可以降低维持性控制电流。此一事实表明,一定存在着一个紧张性的、由 GABA$_A$受体介导的电导,而且它与通常的 IPSC 是无关的。当时的看法认为,这些是早期发育神经系统中 GABA 信号的传送方式,可能在调节神经元分化中起一定作用。这种类型的细胞间通信,基本上与"点对点"的通信不同,"点对点"的通信实现突触传递以及缝隙接头介导的电耦合。新发现的活动型式(pattern)更类似于容积传递(volume transmission)和旁分泌(paracrine)式传递,它们是与神经调制物的作用相关联的，例如5-羟色胺、组织胺、多巴胺、乙酰胆碱和肽类。以后，研究人员的注意力又聚焦到突触外区产生张力性电导的GABA$_A$受体的分子特征，探查它们在成年脑里面的生理学相关[4]。

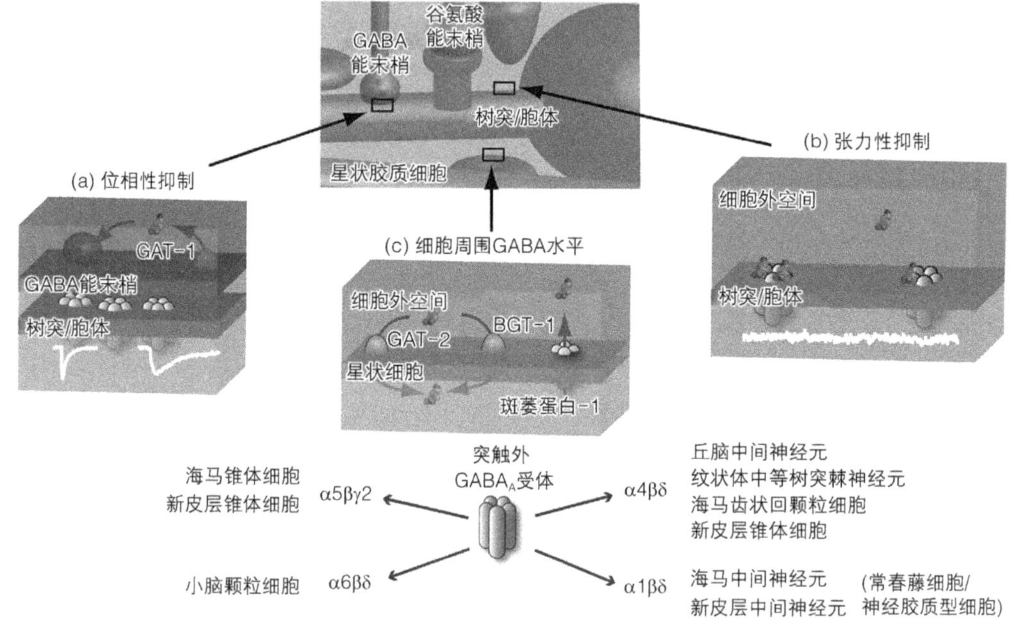


**图 4-1**　突触外区 GABA$_A$受体介导的张力性抑制(彩图见图版第 8 页)

神经元的胞体、树突接受经常的突触输入的冲击，它们来自谷氨酸能的以及GABA能的神经末梢。星状胶质细胞紧密地穿插在这些神经元之间，可以感受这些神经递质的释放，也可以调制递质在细胞外间隙的浓度水平。GABA能神经末梢释放突触小泡的GABA，以及其他来源的、非小泡释放的GABA。这些释放与GABA的摄取相互作用，就决定了细胞周围(细胞外间隙)的GABA浓度。(a) 位相性抑制：GABA能神经末梢的GABA分子包装在突触小泡内。一旦从小泡释放以后，GABA快速地弥散越过突触间隙，占据突触区GABA$_A$受体，此GABA$_A$受体可以由不同的亚单位组成。突触区GABA$_A$受体的低亲和力意味着，虽然GABA分子在突触间隙的浓度高，可达1～10 mmol/L，但这些分子仅占据受体很短一段时间。这种短暂性的GABA$_A$受体占领，又进一步由另一过程加以保证，即快速地运走突触间隙里面的GABA，其时间小于1 ms，这是由于GABA弥散以及被位于突触前轴突末梢的GABA转运蛋白(GAT-1)主动结合和摄取。由此形成短暂的突触后电导变化(白色曲线)，其特征波形是快速下行、缓慢回复。由于突触区GABA$_A$受体亚单位的组成及突触间隙内神经递质浓度的不同，电导变化时程可依情况不同而异。(b) 张力性抑制：细胞周围低浓度的静息GABA水平能够激活高亲和力的突触外区GABA$_A$受体，使之产生一个持久性电导。此电导更大程度上由于氯离子所致，而在较小程度上由于碳酸氢根离子所致。它在某些类型的神经元中负责产生张力性抑制(图中噪声白曲线)。(c) 细胞周围的GABA浓度：脑细胞外间隙中的细胞周围GABA浓度，其准确调节机制刚刚开始得到阐明。调节机制涉及如下一些因素：突触小泡GABA的释放水平、细胞转运蛋白(在星状胶质细胞中是GAT-2和BGT-1，在神经轴突末梢中是GAT-1)的化学计量法以及其他型式的非小泡GABA释放，如通过斑萎蛋白(bestrophin)的渗透。最终，正是这个细胞周围的GABA浓度水平，导致了突触外区GABA$_A$受体的激活，产生了张力性抑制；所谓突触外区可以是胞体、树突，甚至可以是轴突质膜。(图引自[4])

### 4.1.2　GABA$_A$受体的多重作用

离子型受体所产生的反应是由跨膜离子浓度梯度的损耗所造成的，梯度由离子泵和运载体产生。GABA$_A$受体对氯离子和碳酸氢根离子通透。受体激活的功能性后果依赖于这两种阴离子的跨膜分布，以及细胞的膜电位。在多数成熟神经元中，氯外排钾-氯共转运蛋白-2(chloride-extruding potassium-chloride co-transporter, KCC2)导致氯平衡电位,此平衡电位比静息膜电位($V_m$)更负。碳酸氢根的平衡电位比 $V_m$更正一些,但与氯离子比,碳酸氢根离子相对不太通透。因此 GABA$_A$受体的激活,典型的是净的阴离子进入,而经典的描述就是超极化的抑制性突触后电位(IPSP)。在受体激活的情况下出现了电导增加及超极化,电导增加导致兴奋输入的短路,超极化则可与去极化相对抗,这两者都有助于 GABA 的抑制效应,减少动作电位被发动的可能性[1]。

然而这是一个过于简化的模型。超极化的 GABA 反应可能不一定是抑制性的,如果它触发一个超极化激活的兴奋性电导,而这种电导可以产生反跳性锋电位。此外,对 GABA 本身的反应也可能是去极化的,多数未发育的神经元就是如此,因为那种神经元缺少 KCC2。相反,通过钠和钾耦合的钠-钾-氯共转运蛋白(Na-K-Cl cotransporter, NKCC1)积累氯,这对某些成熟神经元也是有可能的。虽然短路效应增加了电导,但抑制仍可以发生;IPSP 的效应依靠它相对于兴奋性输入的定位和时间关系,以及相关电导和电压变化之间的相互作用。在未成熟的神经元,去极化可能足以触发钙内流,这个现象被认为与 GABA 介导的对神经元增殖、迁移、生长和突触生成的调制有关。最近有提示,即使 GABA 诱导的去极化不足以激活电压门控钙通道,在持久受体激活以后也仍然可能发生钙内流,当受体对渗透压的超负荷作出反应,而渗透压又是氯内流所引起的时候[1]。

## 4.2 GABA$_A$受体的位相性激活和抑制

### 4.2.1 GABA$_A$受体的位相性激活

GABA$_A$受体介导的突触通信,适合于快速、准确地把突触前活性转变为突触后信号。当神经末梢动作电位到来时,局部钙内流触发了释放位点突触小泡与突触前质膜的融合。每个小泡被认为释放了几千个 GABA 分子进入突触间隙,从而产生毫摩尔范围的 GABA 峰浓度。面对着释放位点的是成簇的少量 GABA$_A$受体,从十个到几百个不等。这些受体感受快速的 GABA 浓度增高,其中部分受体与 GABA 结合,触发了几乎是同步化的离子通道开放[1]。

位相性模式受体激活的规定性特征是 GABA 瞬变的短暂时程,突触后受体即暴露于此短暂时程的作用之下。应用低亲和力竞争性拮抗剂的实验表明,突触 GABA 浓度衰减的时间常数小于 500 μs。另有实验利用一些减慢 GABA 与其受体结合的物质,表明突触部位 GABA 清除的时间常数接近于 100 μs。GABA 在突触间隙的存留时间短暂,可能是由于它从释放位点的快速弥散。GABA$_A$受体的有效门控,需要受体被两个激动剂分子占领;就 GABA 而言,它的结合率较之弥散率是慢的。虽然在稳态时,GABA 的峰浓度可能高于产生最大受体激活所需的浓度,但是这种短暂的暴露时间意味着并非所有突触后受体都必须完全占领。当 GABA 从单个小泡释放后,虽然在某些突触中可以发生突触后受体饱和(也就是完全占领),但不同突触之间的受体占领程度经常有差别,不同的神经元之间也有所不同,甚至单个神经元的各个突触也有所不同[1]。

突触间隙内 GABA 浓度瞬变的时程受以下因素的影响:突触小泡的大小及其含量、

小泡融合的性质、突触间隙的几何形状，以及对应于释放位点部位的 GABA 转运蛋白(GABA transporter，GAT)和突触后受体的空间排列与数目。GABA 峰值浓度及时程等是受体所遭遇的变量，因此，控制这些变量不仅会影响受体占领的程度，也将决定导致通道开放的后续变化。为了说明 $GABA_A$受体的最基本功能特点，已经提出了基于稳态及/或瞬态受体激活的微观门控的不同动力学模式。人们认为，$GABA_A$受体的构象变化，导致受体不同状态之间的转变，这些状态包括：关闭状态、开放(离子导通)状态、脱敏状态(时间相对较长，激动剂结合的关闭状态)。停留在各个状态的时间取决于通道的内源性特点，以及 GABA 作用的时间剖面[1]。

在对致密细胞进行具有高时间分辨的电压钳测量时，可以记录到自发产生的小抑制性突触后电流(miniature IPSC，mIPSC)，此电流由单个突触小泡释放的 GABA 引起。mIPSC 快速发生，其上升时间为几百毫秒。此现象反映了受体和 GABA 释放位点的靠近，以及通道从关闭到开放的转换速度。如果 GABA 浓度的瞬变时程是短促的，那么 IPSC 的衰减是由离子通道关闭所决定的，关闭后配基就被移走，这个宏观现象称为失活(deactivation)。此过程的速度由受体的微观动力学决定，它反映不同的转换过程，可能多半是进出激动剂结合的脱敏状态的过程。这样在受体最后脱离结合以前，就有效地把 GABA 拉在受体上。在动物发育的不同阶段上以及在不同的细胞类型中，观察到 IPSC 衰减的区别，这被认为与整合不同亚单位的受体亚型表达有关[1]。

前面描述的位相性受体激活，其所讨论的仅仅是多数直截了当的情况。在这些情况下，单个小泡从活动带释放出来，而释放的递质又仅仅激活那些在突触后致密(PSD)下面成簇的受体(图 4－2a)。实际情况没那么简单，可能包含同一突触终扣内邻近的 PSD 部位受体的激活；或者有多个不同小泡之间的相互作用，小泡可以在短时间间隔(≤1 ms)内从单个突触特异化中释放出来；也可以来自几个邻近突触，或来自重复的突触激活。如果一个动作电位在单个活动带触发多个小泡释放，这就是所谓多小泡释放，那么突触后受体将要暴露在 GABA 浓度的不同瞬变之下。如果小泡释放在时间上是分散的，比如异步化释放，则突触 GABA 浓度变化的时程可有相当程度的修饰。从释放部位弥散后，GABA 可以激活邻近受体(突触周围受体)，可以是同一突触终扣其他 PSD 上的受体，也可以是更远一些的突触外区受体，或者是邻近突触的其他受体。在这些情况下，任何特定受体所接受的 GABA 浓度，将取决于受体相对于释放位点的定位、邻近其他细胞元素的几何形状及空间排列，取决于弥散屏障及与神经元和胶质细胞 GABA 转运蛋白靠近的程度。重要的是注意一点：由于 GABA 溢出(spillover)所导致的电流，从其与释放事件是相关联的意义上讲，仍可认为是位相性的[1]。

### 4.2.2　$GABA_A$受体位相性抑制的功能作用

位相性 $GABA_A$受体所介导的抑制，主要特征是数量相对较少的通道快速、同步开放，这些通道在突触接头部位成簇[1]。

阻止神经元过度兴奋从而避免网络活性的病理状态，这是成年个体中枢神经系统

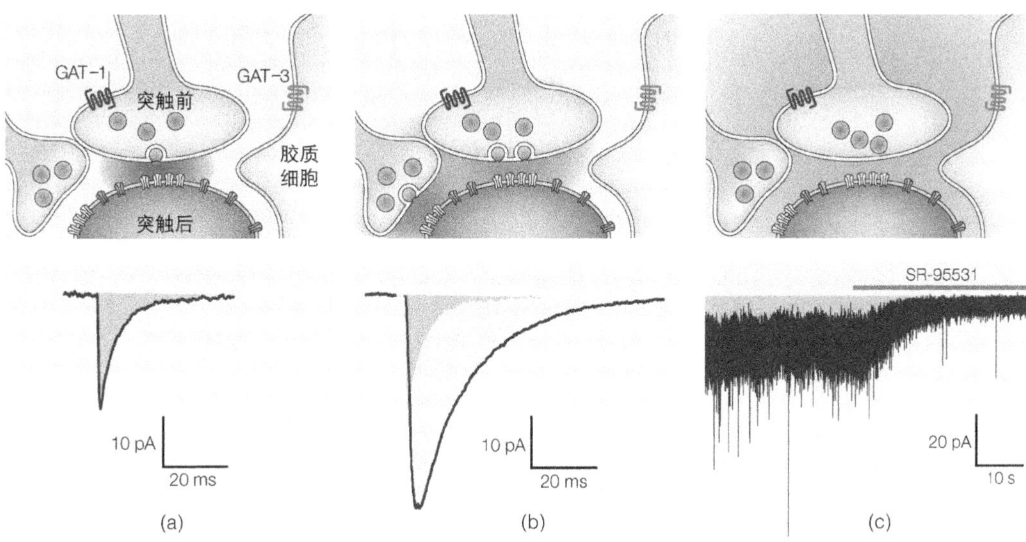


**图 4-2** GABA$_A$受体激活的模式(彩图见图版第 9 页)

(a) 突触前末梢单个小泡的释放仅仅激活那些突触后 GABA$_A$受体,这些受体在膜上成簇,直接靠近释放位点(黄色)。弥散(蓝色阴影)表明释放 GABA 的扩散。电流记录显示小抑制性突触后电流(mIPSC)的平均波形,记录时用了钠通道阻断剂河鲀毒素(TTX)。记录底下的阴影面积表示电荷转移。GAT: GABA 转运蛋白。(b) 动作电位依赖的数个末梢的多小泡释放或诱发释放,它促进 GABA 的"溢出",激活突触受体、突触周围区受体或突触外区受体(蓝色)。电流记录显示较大和较慢的、由电刺激诱发的平均波形 IPSC。为了比较,把 mIPSC 面积覆盖在上面。(c) 虽然神经元和胶质细胞具有 GABA 转运蛋白(GAT-1 和 GAT-3)活性,细胞周围仍然存在着低浓度 GABA。这种细胞周围的 GABA 张力性地激活高亲和力的突触外区受体。曲线显示,由随机的高亲和力 GABA$_A$受体开放而引起张力性电流噪声,覆盖于其上的是位相性电流(在此图内,突触事件将产生的部位在图中是看不出来的)。高浓度(10 μmol/L)GABA$_A$ 型拮抗剂 gabazine(SR-95531)阻断位相性 IPSC 和张力性通道的活性,引起"保持"电流的变化,并减少电流变异。在 SR-95531 的条件下,仍然保持着的不经常出现的位相性事件是谷氨酸兴奋性突触后电流(EPSC)。在给予 SR-95531 之前,电流记录下面的阴影区代表张力性活性 GABA$_A$受体所携带的电流。自发性 IPSC 的频率相对缓慢,张力性受体活性所造成的电导,比位相性 IPSC 的平均电导大几倍。电流记录是根据成年小鼠急性小脑脑片颗粒细胞的全细胞膜片钳记录,记录时采用对称性氯离子浓度,保持电压 -70 mV,温度 25℃。pA: 皮安(电流)。(图引自[1])

GABA 释放中间神经元和 GABA$_A$受体之基本任务。同样清楚的是,中间神经元的作用较之提供一种普遍性的抑制更为复杂,而且关键性地依赖于突触位置和 IPSC 出现的时机(timing)。有效性取决于两个变量(突触位置和 IPSC 出现时机)的位相性抑制,其重要功能之一是在神经元网络中产生节律性活动。来自皮层和海马篮细胞以支配锥体细胞胞体周围区的实验,提供了著名的实例。由于大量群体的锥体细胞具有位相性及同步化活性,因此这些中间神经元的一个基本作用就是产生和维持神经网络振荡——$\theta$ 和 $\gamma$ 频率的振荡。此作用需要中间神经元通过化学突触和电突触相互连接。就 GABA$_A$受体介导的突触后电导而言,快速时程(大约 5 ms)对高频率同步化是必需的,例如 $\gamma$ 频率。位相性抑制在产生或调节同步化群体活动中的作用,在其他脑区也被证明是有的,包括丘脑和嗅球[1]。

在受体激活以及与其他突触和电压门控电导之间的相互关系方面,在调控再生性树突的电活性方面,GABA 释放的准确突触位置以及时间相互关系都是重要的。突触位置也影响位相性 GABA 介导的输入对于突触整合之影响。例如在海马锥体细胞的前馈抑制中，选择性激活终止于胞体的中间神经元，需要准确地同时检测（coincidence detection）胞体的兴奋性输入，而树突可以在一个较长的时间内整合突触输入。最后，成年皮层锥体细胞保留的 GABA 去极化作用，究竟是抑制性的还是兴奋性的，依赖于突触所在的位置，以及其相对于兴奋性输入活性的时间点[1]。

这些例子说明，空间分布受到限制的 IPSP，其重要性在于使某些神经元有所作为。某些神经细胞接受空间分离的、不同来源的可塑性抑制性输入。重要的是应该注意到，这种输入也可能受到精细调制，或者通过亲本（parent）中间神经元活性的改变，或者通过神经末梢递质释放的调节。已知皮层和海马中间神经元按照细胞类型特异的方式表达各种受体，包括各种神经递质和神经调质的受体，如 GABA、谷氨酸、5 -羟色胺、阿片样肽、单胺类、乙酰胆碱、内源性大麻素（endocannabinoid）等。中间神经元以方式独特的放电频率变化或 GABA 释放，对这些神经调质的变化作出反应。改变特定类型中间神经元的活性或输出可靠性，这种调制可以非常精细，程度超过仅仅改变细胞所有 IPSC 的频率、幅度及时程。例如，如果皮层的轴突-轴突细胞被选择性地静默，那么突触后靶细胞总的 IPSC 频率将只有很少一点点变化，但它们的输出可能受到很大的影响。与此类似，如果篮细胞诱发的胞体周围 IPSC 发生去同步化，那么总的位相性抑制将没有什么变化，但节律性网络活动可能会垮台。所以小的、空间的及/或时间受限制的中间神经元活性的变动，即使并未很大地改变总的位相性抑制，也可以关键性地改变皮层下信息如何输送到皮层神经元网络的方式[1]。

## 4.3　GABA$_A$受体的张力性激活与抑制

### 4.3.1　GABA$_A$受体的张力性激活

突触受体的位相性激活对于脑内的信息传输是基本的。然而已经认识到，通过激活离子型受体参与快速、点对点通信的那些神经递质，通常也可能参与慢的信号传送。从极端的情形来看，这里可能包括受体的张力性激活。这种激活属于旁分泌性质的活动，因为在神经元胞体、树突及轴突区广泛分布着受体，它们离开神经递质的释放位点都比较远[1]。

在某些胚胎神经元中，在突触还没有开始发生前，GABA$_A$受体的张力性激活是明显的。在显示了 IPSC 的成熟神经元中，与覆盖其上的高频位相性事件不同，大鼠小脑颗粒细胞的电压钳记录鉴定了 GABA$_A$受体的张力性激活。GABA$_A$受体拮抗剂荷苞牡丹碱和 SR－95531 不仅阻断了自发性的 IPSC，也减少了“保持”电流。所谓保持电流是指用来钳制细胞达到某一膜电位的电流。输入电导的减少与电流变异的减少是相联系的，此现象与 GABA$_A$受体通路的开放数目减少相一致。其后的研究表明，GABA 介导的张力性电导存在于齿状回颗粒细胞、丘脑-皮层转运神经元、腹侧基底丘脑复合体、躯体感觉皮层第Ⅴ层锥体神经元、海马 CA1 区的锥体细胞以及海马 CA1 区的某些抑制性中间神经元[1]。

如果希望了解张力性受体激活是如何发生的，则鉴定GABA的一个或多个来源是重要的。虽然某些重组的和天然的$GABA_A$受体已显示可在没有激动剂存在的条件下以低概率自发开放，但是多数$GABA_A$受体需要与激动剂分子结合，才能促使受体进入开放状态。因此，对于存在张力性电导的最简单解释是，GABA（或某些其他$GABA_A$受体激动剂）必定以相当高的浓度存在于细胞外间隙，造成持续的受体激活。从理论上考虑，根据GABA转运蛋白的化学计量关系以及根据活体微透析后溶质的恢复，估计细胞周围GABA浓度的变异为几十纳摩尔到几微摩尔。这个范围可能反映了应用不同估计方法所致的不确定性，但也强调了其可能是细胞外GABA浓度的一种真正的区域和时间变异[1]。

对出生以后脑的GABA来源的研究表明，GABA广泛存在于小脑颗粒细胞周围。在动物幼体中，动作电位依赖的小泡释放明显地是维持细胞周围GABA浓度的基础，此小泡释放是负责张力性受体激活的。对此过程有贡献的一个因素是，在小脑的小球（glomerulus）中存在着许多释放GABA的高尔基细胞轴突末梢。对于成熟的颗粒细胞来讲，小泡性释放是否有作用，情况尚不太清楚；也有的意见认为，有一种非小泡性来源的GABA，不过还没有得到鉴定[1]。

细胞外间隙的GABA浓度所反映的不仅是GABA释放元素的数目与活性，还有GABA转运蛋白的作用。GABA转运蛋白是钠-氯共转运体，在正常情况下负责去除细胞外间隙的GABA，但是也可能按相反的方向操作。所以在某些条件下，它本身也可以是GABA的来源。然而，当用药理学方法阻断转运后，或在转运蛋白缺损的小鼠中，张力性电流的值增加，表明反向转运蛋白的活性对于细胞周围GABA通常没有贡献[1]。

### 4.3.2　$GABA_A$受体张力性抑制的功能作用

张力性抑制是由于在时间上随机分散的受体激活，这些受体分布于整个神经元的表面（即使是以潜在的、不均匀的形式分布）。位相性和张力性抑制的区别提示，它们在调控神经元的网络活动方面有深刻差异。与位相性$GABA_A$受休的激活相比，人们可以预期，张力性$GABA_A$受体的激活在能力方面是更受限制的，而且比较不容易接受调制。$GABA_A$受体张力性激活的一个直截了当的结果，是持续地增加细胞的输入电导。它影响了注射电流入细胞所引起的电压反应的强度及时程，增加了随距离而发生的电压降低。所以，对某个兴奋性输入（也即EPSC）来讲，EPSP的大小及时程将会减少，而可能发生信号整合的时间、空间窗将会缩短，总的说来，是使动作电位的产生变得更不容易[1]。

异步性张力性受体激活怎样与高频率突触输入相区分？如果我们孤立地去考虑某一点的突触后电导，而且从胞体方面去看，那么许多位相性事件的整合反应将与张力性电导无法区分。然而，这两个现象之间有明显区别。在高频率位相性传递的情况下，分别的小泡释放事件的信号在突触后细胞上被整合了；而在张力性抑制的情况下，整合发生在细胞外间隙，在那里GABA混合到了一起，达到平均的细胞周围浓度，虽然这个浓度还可能随时间而有所变化。在反映网络活性方面，这种区别是有意义的，可能也有重要

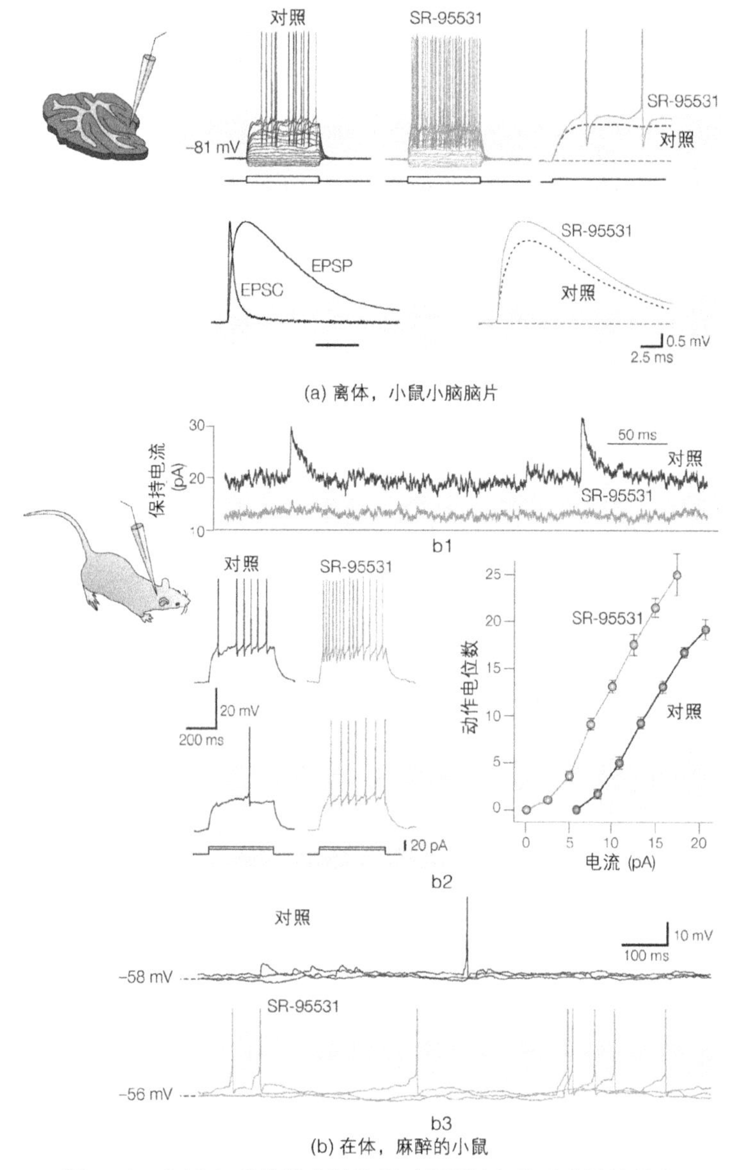


**图 4-3**　GABA$_A$受体张力性抑制对于颗粒细胞兴奋性的效应

(a) 急性小脑脑片(35 d 小鼠)记录。电流注射为 -8～+24 pA，步进幅度为 2 pA。实验在 10 μmol/L 的 SR-95531 条件下重复进行，被诱发的动作电位数目有明显增加。上部右侧曲线显示，在存在(实线)或不存在(虚线)SR-95531 的条件下，不同细胞用阈值电流注射的电压记录。下左侧曲线显示覆盖于其上的常态化的平均兴奋性突触后电位(EPSP)和兴奋性突触后电流(EPSC)的波形，记录来自单个颗粒细胞。下右侧曲线显示平均 EPSP 波型，来自不同的细胞，显示当存在 SR-95531 时，EPSP 的幅度和时程增加。(b) 对麻醉、自由呼吸 18～27 d 的 SD 大鼠* 小脑颗粒细胞的记录。b1 曲线(电压钳 0 mV)显示局部给予 SR-95331(0.5 mmol/L)取消了 IPSC，减少了张力性电流。b2 是给予 SR-95531 之前和之后细胞对电流注射的反应，显示 SR-95531 增加兴奋性反应，表现为频率-电流关系曲线向左方移动。b3 曲线显示低的自发性放电频率如何在活体中被张力性抑制所增强。从 3 个静止颗粒细胞相互覆盖的电流钳制记录(上)，还有当 GABA$_A$受体用 SR-95331 阻断后(下)的 3 个曲线记录中，可以看到 GABA$_A$受体阻断导致自发放电的增加。(图引自[1])

* SD 大鼠：Sprague Dawley 品系大鼠。

的能量方面的考虑。如果参与的各个 IPSC 发生在不同的突触上,而这些突触又分布在复杂的树突树上面,那么对每个树突位点来讲,输入是分离的、位相性的,但是仍然可以参与时间方面准确的局部加工。此外,对于那些有多个输入的神经元,通过对多处来源 IPSC 的整合,有可能达到持续电导,这是可以理解的。而对于那些仅有少数输入的神经元,例如小脑颗粒细胞,则只有通过有限数目的 GABA 释放元素的参与才能达到[1]。

有几个研究组研究了小脑颗粒细胞的张力性抑制如何影响细胞的兴奋性。如果向细胞内注射幅度逐步提高的步进电流,用以诱发颗粒细胞动作电位,如果应用 GABA$_A$型受体拮抗剂阻断张力性抑制,那么用来达到已知发放频率的电流就会减少,也就是说,输入-输出关系曲线向左移动。在各种兴奋水平上都可以看到放电频率同样的减少,这就等于是一个数学减法运算。有些作者应用动态钳制方法,恢复浸泡在 GABA$_A$受体拮抗剂里面颗粒细胞的张力性电导,他们的实验结果与药理阻断的实验结果是互补的。然而他们的实验结果也显示,张力性抑制的电导效应依赖于兴奋性输入的性质。如果不是用步进式兴奋,而是用随意的一串突触电导来刺激细胞,那么短路性抑制就不再是简单地把输入-输出关系向右移动,这种抑制同时也减少了它的斜率。这相当于增益的变化,是一个数学除法的运算。输入-输出关系的斜率依赖于输入阻抗的变异性:对张力性抑制来讲,需要高频率的突触兴奋性输入,以达到一定的输出率[1]。

苔状纤维向颗粒细胞提供兴奋性突触输入。阻断张力性电导以后,在小脑苔状纤维接受高频刺激时也看到了输入-输出关系斜率的增加。张力性 GABA$_A$受体活性的改变,通过改变高尔基细胞的放电频率而修饰颗粒细胞对苔状纤维输入频率变化的敏感度,从而贡献给颗粒细胞稀少感觉输入的编码,这被认为对于有效的运动调控是必需的。小脑皮层的神经网络模型表明,颗粒细胞的张力性抑制也可以限制位相性反馈抑制所引起的、来自高尔基细胞的振荡行为[1]。

在海马,某些中间神经元对于产生网络振荡的贡献,可能受到张力性抑制的影响。此外还有提示,中间神经元和锥体细胞的张力性电导区别,可能有贡献于锥体细胞位相性抑制的稳态性调节。虽然张力性的 GABA$_A$受体活性在发育中的锥体细胞里是存在的,但是在成年动物脑片中一般看不到,除非 GABA 的摄取或降解被阻断,或者 GABA$_A$受体的亲和力得到增加。所以在正常条件下,通过药理学手段阻断张力性抑制,可以选择性地增强中间神经元的兴奋性,导致 CA1 锥体细胞的 IPSC 频率增高[1]。

轴突或突触前 GABA$_A$受体是否受张力性激活的问题,较少受到注意,所以对这种激活的可能的功能后果也知道得很少。虽然轴突受体不大可能影响树突-胞体水平的整合,但是有证据表明,它们可能调制动作电位的传导和递质的释放[1]。

## 4.4 GABA$_A$受体亚单位及受体亚型

受体的区域和发育表达型式,以及它的生理学、药理学特性,是由亚单位的基因表达和亚单位组成的差异所决定的。决定这些相互关系的原则,已受到大量的注意和研究,其目的是在中枢神经系统中寻找高度特异的药物靶点。最终装配的亚单位特征也决定了

$GABA_A$受体在一个神经元中的定位——它是突触的还是突触外区的。这表明，存在着不同亚单位的组成规律以及锚定/运输机制[4]。不同型式$GABA_A$受体的激活，取决于受体亚型的生物物理学特性和它的亚细胞定位。关于$GABA_A$受体的不同亚型会在下面加以介绍[1]。

如同半胱氨酸环配基门控(cysteine-loop ligand-gated)离子通道家族的其他成员一样，例如烟碱型乙酰胆碱受体(nAChR)、甘氨酸受体和3型5-羟色胺($5-HT_3$)受体，$GABA_A$受体也是五聚体亚单位的组合物，其中心形成离子通道。有19种$GABA_A$受体的亚单位(α1—α6、β1—β3、γ1—γ3、δ、ε、θ、π及ρ1—ρ3)，这些都已经从哺乳动物中枢神经系统中得到克隆。更多的变异可能来自交互剪切(例如γ2亚单位的剪切)。这种不同亚单位蛋白质的组合装配，允许形成潜在的、无数分子异源性的$GABA_A$受体亚型[1]。

在理论上可能的众多亚单位组合中，实际只有少数几十个已被显示是真正存在的。这种存在反映了亚单位的类型在脑区之间、在神经元群体之间呈区别性分布；同时也提示了组合的几个基本"规则"。在脑内得到最丰富表达的受体亚型，是由α1、β2和γ2亚单位组成的组合。可能的分子比是：2个α、2个β、1个γ亚单位。亚单位的排列按照围绕着离子通道的假对称方式，其次序是γ-β-α-β-α，从突触间隙看为逆时针方向排列。其他常见的组装也有含α、β和γ2亚单位的(例如α2β3γ2、α3β3γ2、α4β$x$γ2、α5β3γ2和α6β$x$γ2)，而γ2亚单位被γ1、γ3或δ所取代的受体比较少。由于以下事实而产生了更多的变异性，即个别五聚体可能含有2个不同的α亚单位，或2个不同β亚单位的同工分子。在某些情况下，γ亚单位可以被ε、δ或π亚单位所取代，而π和θ亚单位也能够和α、β、γ亚单位共同装配形成受体，这种受体所含有的亚单位来自4个家族。最后，虽然ρ亚单位可以形成同聚体受体，但是这种受体与离子型$GABA_A$受体亚家族的$GABA_C$受体共享了某些特点。有证据表明，它们也可以和γ2亚单位或α1和γ2两种亚单位形成受体。这种分子异源性对于$GABA_A$受体亚型有重要的功能后果，那就是，亚单位的组成不仅决定了受体性质，也决定了它们的细胞表面分布与动态调节[1]。

### 4.4.1　$GABA_A$受体亚单位与张力性抑制

#### 1. 含δ亚单位的$GABA_A$受体

自从开始了解$GABA_A$受体δ亚单位及其在脑内的表达型式之后，我们首先知道了成熟小脑颗粒细胞突触外区有α6βδ亚单位的$GABA_A$受体。这种$GABA_A$受体不论在离体还是在体的实验中都介导张力性抑制，而通常突触部位那种含有γ2亚单位的$GABA_A$受体则参与突触传递。由含α4βδ亚单位的$GABA_A$受体介导的张力性电导，目前在其他脑区里也有报道，包括齿状回颗粒细胞、丘脑转运神经元、新大脑皮层Ⅱ/Ⅲ层的锥体细胞以及纹状体的中等树突棘神经元等。此外，张力性电导也存在于常春藤细胞*/神经胶质样细胞(ivy/neurogliaform cell)中。在这里，它可能是由持久激活突触外区含α1βδ亚

* 常春藤细胞是指脑内一类轴突形状异常密集曲折的神经元，其中包括相当丰富的GABA能细胞类型的海马神经元。常春藤细胞也是一类反应缓慢的神经元。

单位的 GABA$_A$受体所产生的[4]。

既然持续活性的 δ GABA$_A$受体的开放，对跨细胞膜的电荷流动作出了如此大的贡献，那么不足为奇的是，这种类型的电导应该能调制神经细胞和神经网络的行为。例如在丘脑转运神经元，膜的超极化关联于通过 δ GABA$_A$受体的持久氯离子流动，这可导致爆发性放电以及慢的丘脑-皮层振荡[4]。

但是张力性电导不一定导致膜的超极化。在小脑颗粒细胞膜上，与张力性抑制相关的膜短路可以减弱兴奋性输入的驱动，但是很少影响膜电位。值得一提的是，这种与张力性电导相关联的短路性抑制，也可导致膜的小而持久的去极化。从所有成年动物神经元上测量出来的张力性电导的另一显著特征是，仅少部分突触外区 GABA$_A$受体是同时开放的，表明受体的占据是低的，及/或有大量的受体已经高度脱敏。在室温以及生理温度下记录的 δ GABA$_A$受体，预计是明显脱敏的。虽然只要受体的数目是多的，脱敏的受体群仍可以产生张力性抑制，但是这个特征将限制这些受体的能力，让它们来实现感受溢出递质的作用，而其他相对不脱敏的突触外区 GABA$_A$受体可能更适于起这样的作用。由溢出 GABA 所产生的缓慢上升及缓慢下降的 IPSC，是常春藤细胞/神经胶质样细胞的 GABA 释放的明显特征，这已在海马神经元上有所报道。今后的一个挑战是，应当确定一下，在这些神经元和其他细胞上发现这种溢出电流，是不是反映了另一类突触外区 GABA$_A$受体群的激活，而这个群与产生张力性抑制的群体是不同的[4]。

2. 其他类型的 GABA$_A$受体与张力性电导

现在已经认识到，除 δ GABA$_A$受体外，在成熟动物的一些脑区里，其他类型的 GABA$_A$受体也能产生张力性电导。最值得注意的是，含有 α5βγ2 亚单位的 GABA$_A$受体(α5 GABA$_A$受体)也能产生张力性电导，此电导调节海马 CA1 区、CA3 区锥体神经元以及皮层第Ⅴ层神经元的兴奋性。仅由 α、β 亚单位组成的高亲和力 GABA$_A$受体也提供了一种可能性，即还有其他的 GABA$_A$受体，即使在没有激动剂时也可以打开。这在某些未成熟神经元中已有所报道。由于有大量含 γ2 的 GABA$_A$受体存在于突触区和突触外区的质膜上，故也有可能，当细胞周围 GABA 浓度高的时候，通常的、具更低亲和力的 GABA$_A$受体可能贡献于稳态电导。然而现在已经认识到，在许多脑区、在生理情况下，高亲和力的 GABA$_A$受体群如 δ GABA$_A$受体、α5 GABA$_A$受体占优势地负责产生张力性电导。现在，对突触外区 GABA$_A$受体群的研究已进入比较成熟阶段，本章将聚焦于一些新认识，例如关于这些受体潜在地参与神经病及精神病的细胞和分子异常，包括睡眠障碍、应激相关精神病、癫痫等。我们也将进一步讨论这些受体可能的潜在作用，包括在人类认知、中风康复以及介导酒精效应等方面[4]。

### 4.4.2 GABA$_A$受体亚单位的生物物理学特征

虽然受体亚型的亚单位定位无疑有助于它们选择性地参与张力性和位相性形式的活动，但是仅仅这种区别还不足以解释它们的差别性激活。受体暴露于 GABA 的作用下，可能会有怎样的表现呢？这与受体不同的生物物理特征有关，特别是那些与结合(激动剂如何与受体结合)、与门控(通道在发生反应时怎么开放、怎么关闭)过程相关的特征[1]。

受体生物物理特性的可测量的参数包括：半最大反应(EC50)时的配基浓度，激动剂暴露后的电流激活速率，激动剂持续存在条件下脱敏的程度和速率，激动剂移去后电流的失活。检测结果将反映受体的不同微观参数，包括激动剂结合与去结合的速率、进入或脱离开放和脱敏状态的速率常数。依赖于不同门控过程相互作用的其他测得的特征包括：离子通道的平均开放时间、平均关闭时间、平均爆发时程，以及当受体被全部占据后通道开放的概率[1]。

任何一种配基门控离子通道的一个关键特征是对内源性激动剂的敏感度，也即需要有几个配基分子才能产生一个特定的反应。这既反映了受体和配基的亲和力(结合步骤的平衡常数)，也反映了配基的效力(efficacy)，或者说配基促进离子通道的门控如何有效。对于含有 α、β 和 γ 亚单位的重组受体来讲，受体对于 GABA 的敏感性强烈地受 α 亚单位类型的影响，其中 α3 亚单位具有最高的 EC50 值，α6 亚单位具有最低的 EC50 值。对于特定亚单位的组合以及对于不同组合中的相对差别，EC50 的绝对值都是有变异的，但是如果仅比较 α 亚单位，则从小到大的效力排序是 α6＜α1＜α2＜α4＜α5＜α3。在 α4β3γ2 中，用 δ 亚单位取代 γ2 亚单位会使 EC50 减少，但是对于 α1β3γ2 及 α6β3γ2，用 δ 亚单位取代没有影响。总的说来，α6β3δ 或 α4β3δ 这种组成，其 EC50 最低(约 0.3～0.7 μmol/L)，而 α1β3γ2 或 α2β3γ2 亚型，其 EC50 会高一个数量级(约 6～14 μmol/L)[1]。

受体被配基占据后开放，其通道电导将影响反应的大小。GABA$_A$受体的单通道电导依赖于其亚单位的组成。与 EC50 的变化相比较，电导的变化更加适度，而且基本上局限于从二倍体 αβ 转换到由三倍体 αβγ 或 αβδ 组成的那些亚单位。在室温下，当对细胞膜片作外面朝外的记录时，αβ 受体(例如 α1β1 或 α1β3)的单通道电导约为 15 pS，而如果增加 γ2 或 δ 亚单位(例如 α1β2γ2S 或 α1β3δ)，其电导会增加到约 25～28 pS。在组合中改变 α、β 亚单位的类型对电导影响很小或无影响。虽然对未成年神经元的记录表明，存在着天然二倍体 αβ 受体，但是成熟神经元的多数受体可能含有一个 δ 或者一个 γ 亚单位。因此可以预期，在多数成熟神经元上，为了实现张力性和位相性的抑制，GABA$_A$受体有大致类似的通道电导[1]。

反应幅度不仅取决于通道的导通性，通道开放状态的时间也同样重要。决定这些现象的动力学特征受亚单位组成的影响。如果把 α1β3γ2 受体的 γ2 用 δ 亚单位取代，平均开放时间及通道开放的爆发波时程均减少大约 5 倍。较常见的 α4β$x$δ 组合的单通道数据表明，这些受体在行为上可能相似。此结果符合这样一种观点，即在含 δ 亚单位的受体上，GABA 具有高的亲和力但低的效力(GABA 是一个部分激动剂)[1]。

重组受体的激活、失活和脱敏，也受亚单位组成的很大影响。就 α$x$β$x$γ2 类型的受体而论，直接比较具有不同亚单位的受体，发现当快速给予高浓度的 GABA 时，电流的激活速率可有 4 倍的差别，其电流上升时间的次序为 α2＜α1＜α3。存在一个 δ 或一个 γ2 亚单位也会影响激活，其电流上升时间的次序为 α1β3γ2L≪α1β3δ≈α1β3。把一个 γ2 亚单位(是 s 而不是 l 剪切变异)插入 αβ 受体,会增加失活速率 2 倍;如果把 γ2 换成 δ 亚单位,结果也一样。此外,就 αβγ 和 αβδ 组合而言,失活速率依赖于 α 亚单位的类型,例如含 α1 的 αxβ1γ2 $GABA_A$受体,其失活速率比那种含 α2 亚单位的要快 5 倍;还有,含 α1 的 αxβ3δ $GABA_A$受体,其失活速率比含 α6 亚单位的快 4 倍[1]。

$GABA_A$受体进入脱敏状态,被认为对于形成 IPSC 的时程是重要的。脱敏也影响突触后受体重复高频激活反应的能力。考虑到持久低浓度 GABA 的效应,这显然具有重要性。细胞周围的 GABA 可以促进受体进入部分结合、缓慢脱敏的状态,此过程潜在地限制了任何张力性电导的幅度,也减少了受体的可利用性。与失活和脱敏的相互关系一致的是,增加 γ2 亚单位到 αβ 受体,可以减慢宏观的脱敏过程。同样,与 αβγ $GABA_A$受体相比,αβ $GABA_A$受体的脱敏更慢、更不广泛。再有,αβγ 和 αβδ 组合,这两者脱敏的速率及程度受 α 亚单位类型的影响:由 α1βγ 亚单位组成的受体,其脱敏比那些含有 α5 或 α6 亚单位的受体更快,而如果在 αβδ $GABA_A$受体中用 α6 代替 α1 亚单位,则可以看到相反的效应[1]。

总的说来,重组受体的资料显示,$GABA_A$受体的所有宏观和微观特性都强烈依赖于其亚单位的组成。介导位相性抑制的和参与张力性抑制的,这两种受体之间最重要的区别在于对 GABA 的亲和力以及脱敏的速率和程度。这些不同的生物物理学特征再加上它们在细胞表面的不同分布,完全符合它们分别参与的位相性和张力性信号传送。然而,此种区别并不排斥另一可能性,即当细胞外 GABA 浓度高时,或经药物诱导增加了受体的亲和力时,其他突触外区及/或突触受体可能有助于产生张力性电导。值得注意的是,一些考察重组受体生物物理学特征的实验,通常应用高浓度的 GABA,而这种情况特定地是与突触传递相关联的。用低浓度的 GABA 应该会提供关于受细胞周围 GABA 所激活的受体亚型行为的更清晰看法[1]。

### 4.4.3 $GABA_A$受体的亚单位组成及其定位

$GABA_A$受体所介导的,快速开始、快速上升时间的 IPSC,在中枢神经系统的不同神经元上都很明显,这表明靠近递质释放位点有高密度的受体。20 世纪 80 年代晚期,应用新开发的抗 $GABA_A$受体亚单位的单克隆抗体,并且联用电子显微镜免疫过氧化物反应,发现 α1 和 β2/3 亚单位的免疫反应性是在非突触区膜(突触外区膜)。然而由于技术上的限制,这些亚单位在突触上的丰富存在并不能令人信服地得到显示。以后的光学显微镜免疫荧光法和电子显微镜免疫金方法使我们能够得到 $GABA_A$受体更准确的亚细胞定位。实验发现,在许多脑区中含 GABA 突触的突触后特异化部位上,有 α1、α2、α3、α6、β2/3 和 γ2 亚单位的富集,这些脑区包括小脑、苍白球、海马以及大脑新皮层等。不过应当指出,上述的每种受体亚单位,均可以在突触外区的质膜上看到,没有一种类型的 $GABA_A$亚单位是唯一地存在于突触位置的。虽然 α1β2/3γ2 $GABA_A$受体高度富集在突触上,但更多的受体是在突触外区比在突触接头要多一些[1]。

GABA 释放突触的突触后致密(PSD)含有许多蛋白质,这些蛋白质被认为在靶向和稳定 $GABA_A$受体方面起作用。虽然准确的分子构筑尚待确定,但清楚的是,γ2 亚单位

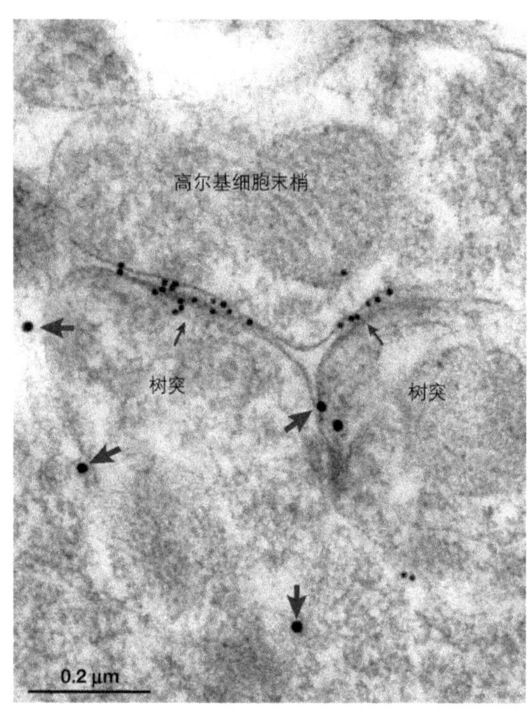


**图 4-4** 小鼠小脑的 GABA$_A$受体
(彩图见图版第 9 页)

小鼠小脑的电子显微镜图,显示高尔基细胞末梢(绿色阴影)和两个颗粒细胞树突(红色阴影)间的突触。组织被双标记,一个是 GABA$_A$受体 β2/3 亚单位(10 nm 金颗粒)另一个是 δ 亚单位(20 nm 金颗粒)。由高尔基细胞末梢和颗粒细胞树突组成的突触(小箭头)没有被 δ 亚单位标记,但是有丰富的 β2/3 亚单位免疫颗粒,表明在这些释放 GABA 的突触里面,受体的免疫反应性是很好地被保留了下来。注意在突触外区的树突膜上存在着 δ 亚单位(粗箭头)和 β2/3 亚单位(小箭头)的免疫颗粒。(图引自[1])

在突触 GABA$_A$受体的成簇方面起中心作用。敲除小鼠的 γ2 基因导致成簇极度减少,既有 GABA$_A$ 受体的减少,也有 GABA$_A$受体关联蛋白——桥连蛋白的减少。与这两个减少相平行的是电生理学上小抑制性突触后电流(mIPSC)频率的减少。对于 γ2 亚单位的需求不仅出现于正在实现突触形成的胚胎神经元,也出现于更成熟的神经元,当它们已经有突触接触存在的时候[1]。

### 4.4.4 含 δ 亚单位 GABA$_A$受体的定位

某些 GABA$_A$受体亚单位似乎并不积聚于突触接头。例如 δ 亚单位,它很特殊,被显示唯一地存在于小脑颗粒细胞突触外区的胞体和树突质膜上,存在于海马和齿状回颗粒细胞的突触外区和突触周围区。在小脑中,金颗粒标记的 δ 亚单位典型地是在离开最近 PSD 边缘几百纳米处;而在海马里,这些 δ 亚单位浓集于突触周围区,刚刚离开 PSD 30 nm 的范围里面。在小脑颗粒细胞中,δ 亚单位特异地与 α6 和 α2/3 亚单位(α6β2/3δ 和 α1α6β2/3δ)一起形成受体。在前脑的某些脑区,包括丘脑、新纹状体及齿状回,δ 亚单位特异地与 α4 和 β$x$ 亚单位(α4β$x$δ)一起形成受体。对于每种受体亚型,缺少 γ 亚单位可能是它们无法进入突触的原因[1]。

含 δ 亚单位的受体似乎纯粹存在于突触外区,但其他亚单位也可能优先存在于突触外区,虽然不是唯一地在突触外区。在海马锥体细胞上,在光学显微镜的水平,α5 亚单位(它可能形成 α5β3γ2 受体)显示弥散的表面标记,没有可检测的突触成簇,这可以从它缺少桥连蛋白共定位而判断出来。在此情况下,α5 亚单位的存在似乎超过了 γ2 亚单位的能力,而 γ2 亚单位是能够促进突触定位的。令人注目的是,在缺少 α5 亚单位的小鼠海马脑片上,较之野生型小鼠的 IPSC,CA1 锥体细胞的动作电位依赖或诱发的 IPSC 幅度减小。在培养的 CA1 神经元上则看不到上述区别。虽然诱发 IPSC 的幅度减少,可能反映了 GABA 释放概率或释放位点数目的代偿性变化,却没有反映任何量子数目变化。这也与以下的事实相一致，那就是，位相性激活含 α5 的受体，可能需要同步化的多小泡释放，同时有 GABA 溢出到受体，而这种受体位于离开突触间隙的部位，并且是含有 α5 的，比如已经描写过的小脑颗粒细胞及齿状回突触外区和突触周围区的含 α6 和 α4 亚单位的受体。这可能是一种机制，贡献于树突性慢 IPSC 的产生。这在海马 CA 区神经元上可以看到[1]。

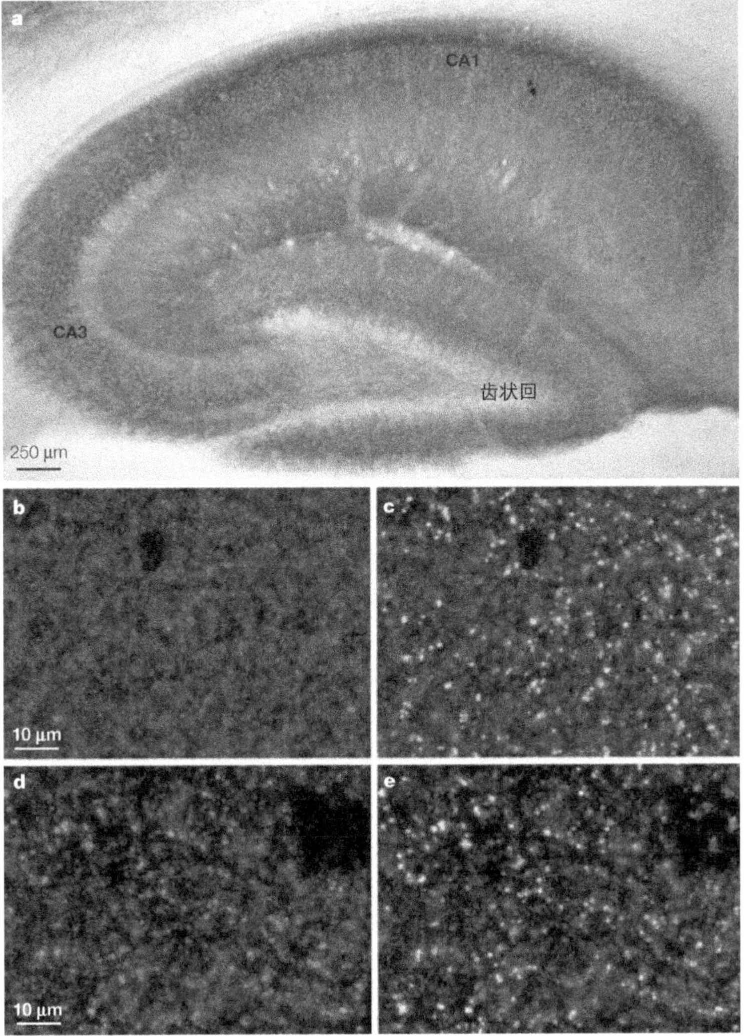


**图 4－5** 海马 GABA$_A$受体亚单位的表达(彩图见图版第 10 页)

(a) 成年小鼠海马(过氧化酶染色)GABA$_A$受体 α5 亚单位的免疫组织化学定位，显示在 CA1、CA3 和齿状回中有神经层次特异的分布。(b)(c) 成年小鼠放射层 α5 亚单位(红)和 GABA$_A$受体相关蛋白——桥连蛋白(绿)的双免疫荧光标记。桥连蛋白标记可能的突触后位点。在高放大倍数时可以看到，释放 GABA 的突触之 α5 亚单位，其免疫反应性弥散地分布于神经丛。双标记小图似乎显示，没有 α5 亚单位成簇以及与桥连蛋白共定位的证据。(d)(e) 成年小鼠放射层 α2 亚单位(红色)和桥连蛋白(绿色)的双免疫荧光标记。与 α5 亚单位不同，α2 免疫反应性亚单位簇与桥连蛋白的共定位清楚可见(黄色)，表明 α2 亚单位聚集在突触后位点。(图引自[1])

总的看来,这些事实表明,含 γ2 亚单位而又联合 α1、α2 或 α3 亚单位的受体(α1β2/3γ2、α2β2/3γ2 和 α3β2/3γ2)是优先的受体类型,它们介导突触位相性抑制。含 α4、α5 或 α6 亚单位的受体(α6βxδ、α4βxδ 和 α5βxγ2),优先地或唯一地是突触外区的。在小脑颗粒细胞上,GABA$_A$受体介导的张力性电导的延迟发展,镜像性地反映了 α6 和 δ 亚单位的延迟表达;以后又显示,敲除 α6 或 δ 亚单位后,此电导就会取消。类似地,δ 亚单位的基因敲除(同时也丢失了 α4 的表达)减少了齿状回颗粒细胞及丘脑腹侧基底核转运神经元张力性受体的激活;基因敲除培养海马神经元的 α5 亚单位,就去除了张力性电导。与之相对比,海马锥体神经元异位性地过度表达 α6 亚单位,会导致张力性电导的增加[1]。

## 4.5　GABA$_A$受体介导的位相性和张力性抑制的调制

一个神经元所接受的位相性抑制的型式,显然取决于突触前 GABA 释放神经元的数目、种类及活性,但有关张力性抑制是否也同样取决于神经元的活性,相对不那么清楚。如果这种形式的抑制反映了神经元网络的动态活性,那么有一种能力来调制张力性电导似乎是必需的。另一可能性是张力性抑制仅为神经元的兴奋性提供简单的、经常性的刹车样作用。突触传递依赖于许多紧密相关的调节过程的相互作用,它们一起决定了突触后反应的时间、幅度和动力学,而每个过程都可以受到调制。张力性抑制显示了较少程度的自由度;然而部分地由于低受体占领,这里的动态调制范围可能潜在地要大一些。从理论上说,位相性和张力性的抑制可以被调制,通过 GABA 的释放或摄取,及/或受体数目和特征的改变[1]。

### 4.5.1　GABA 释放和摄取的调制

如果从突触间隙释放的 GABA 总是有助于张力性抑制的话,那么可以预期,突触前活性变化或释放变化将会修饰张力性电导的幅度。在海马实验中看到的事情就是如此。在那里,不论在锥体神经元还是中间神经元上,通过谷氨酸受体激动剂红藻氨酸刺激中间神经元放电,都可以增加 GABA$_A$受体介导的张力性电导。此外,在小脑颗粒细胞上,由乙酰胆碱引起的 GABA 释放易化,会导致钙依赖的、动作电位不依赖的张力性电导增加。因为小脑接受胆碱能神经支配,后者的机制可以提供生理上相关的颗粒细胞的兴奋性调制。应用 TTX 阻断动作电位放电,也显示培养的海马和小脑神经元的张力性电导减少[1]。

已经知道,GABA 转运蛋白对位相性抑制有确定性的效果,对细胞周围的 GABA 也有重要影响。细胞外 GABA 浓度与细胞周围的 GABA 处于平衡状态,因此 GABA 流动的大小将随着膜电位和为运输底物(GABA、$Na^+$、$Cl^-$)工作的跨膜梯度而改变。这也意味着,在病理的或给药的情况下,它们作为 GABA 潜在来源的能力将具有极大的重要性。这两种情况都会增加细胞内 GABA 的浓度。已经认识到,转运蛋白可以在细胞表面和细胞内区隔之间实现快速重新分布,它们的功能也可以通过磷酸化或通过分子间相互作用来改变,即使 GABA 释放并没有改变。所以,细胞周围的 GABA 浓度以及张力性抑制,有可能因 GABA 摄取的变化而被调制[1]。

### 4.5.2 $GABA_A$受体的生理学调制

已经知道，有许多过程可以调制 $GABA_A$受体的数目和功能，因而有可能关系到张力性的和位相性的抑制两者。例如 β 和 γ 亚单位的细胞内襻含有磷酸化位点，可以被不同的蛋白激酶磷酸化；还有 γ2 亚单位的细胞内襻是通过硫代酰转移酶（thioacyl transferase）起蛋白质棕榈化作用的底物。这些可逆的翻译后修饰，可以影响 $GABA_A$受体的性质和亚细胞定位。$GABA_A$受体可以快速地在细胞表面和细胞内区隔之间循环周转，也有可能在膜表面作侧向运动。此外，通过与不同胞液蛋白质的相互作用，它们可以在突触位点和非突触位点成簇。这种动态行为不仅允许受体数目有快速的改变，也可能引导受体的性质发生变化。例如，重组 $GABA_A$受体的成簇，可以通过 GABA 受体相关蛋白（GABA receptor-associated protein，GABARAP）而发生改变，既改变其动力学行为，也改变其单通道电导；在培养的海马神经元中，细胞骨架的破裂可以降低受体成簇，改变突触内及突触外区受体的行为。最后，不同的病理条件例如癫痫、激素波动及慢性酒精戒断，被证明可以区别性地影响参与张力性和位相性抑制亚单位的表达[1]。

### 4.5.3 $GABA_A$受体张力性抑制的药理学调制

如同 $GABA_A$受体的生物物理学特点是由其亚单位组成所决定的那样，它们的药理学特征也是如此。经常被引用的例子是 α 亚单位的作用，它规定了受体对于苯二氮的亲和力，而苯二氮是 $GABA_A$受体的变构调制物。由 α1、α2、α3、α5 亚单位，同时还有 2 个 β 和 1 个 γ2 亚单位组成的这种受体，对苯甲二氮卓（diazepam）有高亲和力，而苯甲二氮卓是经典的苯二氮激动剂。含有 α1 亚单位的受体也对咪唑并吡啶坦（imidazopyridine zolpidem）具有高亲和力。把 α 亚单位改变为 α4 或 α6，就取消了对苯二氮和唑吡坦的敏感度，用 δ、ε 或 π 亚单位取代 γ2 亚单位也一样。在五聚体里面，亚单位的位置也是关键性的，例如苯二氮敏感性受到与 γ2 亚单位邻近的 α 亚单位类型的影响[1]。

如所预期，突触区、突触外区或突触周围受体亚单位组成的区别，反映在位相性和张力性抑制如何受苯二氮位点配基的区别性调制上面。在齿状回颗粒细胞上，唑吡坦延长 IPSC 的衰减，但对于张力性电导没有影响，这被认为是由苯甲二氮卓不敏感的 α4βδ 受体所介导的。在小脑颗粒细胞上应用苯二氮，也看到类似的区别性效应，这种情况下的张力性电导是由 α6βδ $GABA_A$受体介导的。在培养的海马神经元上，IPSC 被咪达唑仑和唑吡坦延长；而在存在 GABA 转氨抑制剂氨己烯酸（vigabatrin）的条件下，张力性抑制仅可以被咪达唑仑所增强。以上事实符合 α5β3γ2 受体的张力性激活。相反，CA1 中间神经元的张力性电导可被低浓度的唑吡坦所增强，此结果与这类细胞含 α5 亚单位受体的激活不一致。应该注意的是，当存在正性异构性调制物的时候，张力性电导的增强不太容易被解释为无效果，因为任何一个药物诱导的受体亲和力的增加，都可能有受体群体的募集（包括突触受体），而这些在正常情况下是不能被低的细胞周围 GABA 浓度所激活的[1]。

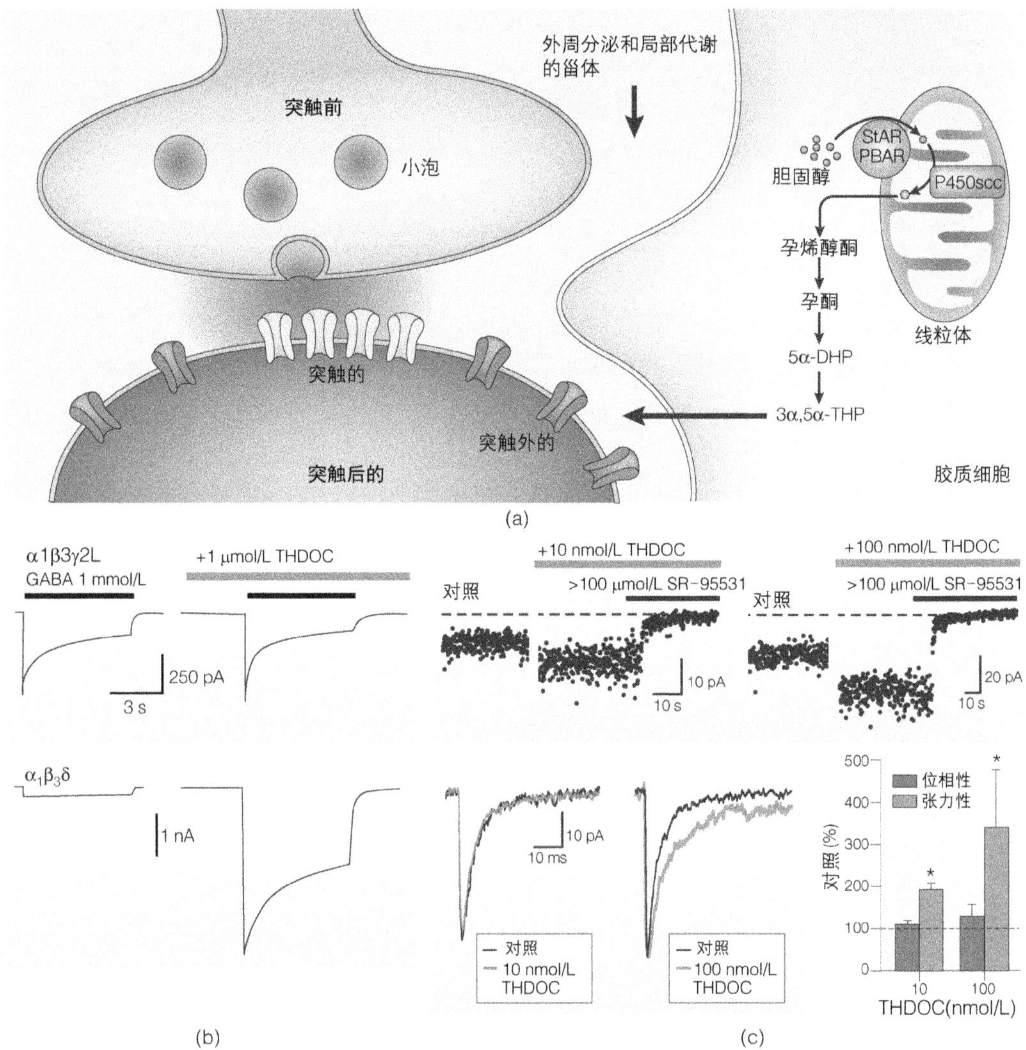


**图 4-6**　神经活性甾体调制含 δ 亚单位的 GABA$_A$受体(彩图见图版第 11 页)

(a) 神经活性甾体是在神经元和胶质细胞里由新合成或由循环带来的前体代谢物产生的，前体生成于外周甾体生成器官。胶质细胞的神经甾体生成通路之一显示，胆固醇通过甾体产生的急性调节蛋白(steroidogenic acute regulatory protein，StAR)及外周苯二氮卓受体(peripheral benzodiazepine receptor，PBAR)被线粒体摄入。孕烯醇酮通过细胞色素酶 P450 侧链分裂(P450 scc)形成。在此例中，光面内质网中的代谢通过孕酮和 5α -二氢孕酮(5α - DHP)导致形成 3α5α -四氢孕酮(3α，5α - THP；别异烯醇酮，allopregnanolone)。胶质细胞的分泌用粗箭头表示。(b) 别四氢脱氧皮质酮(THDOC)是一个甾体化合物，它由肾上腺分泌，在脑内也可由外周分泌的前体脱氧皮质酮形成。THDOC 可以在人胚胎肾细胞 293T 中差别性地调制 α1β3γ2L 和 α1β3δ 受体的表达。经 α1β3γ2L 受体诱导的电流很少受到 THDOC(1 μmol/ L)的影响，但含 α1β3δ 受体的电流显著地被增强。(c) 低浓度 THDOC 选择性地增强小脑颗粒细胞突触外区 α6βδ 受体(a 中的蓝色受体)所介导的张力电流幅度，它对于突触反应仅有很小的影响(a 中的黄色受体)。电流值为 10 ms 间期、在 100 ms 时间里的平均值。水平横条线表明给予 THDOC(灰色)及 GABA$_A$型拮抗剂 SR - 95531(黑色)。虚线是在完全阻断 GABA$_A$受体后观察到的平均电流值，是为了计算张力性 GABA$_A$受体介导的电导而做的。在 10 nmol/ L 及 100 nmol/ L THDOC 的时候，电导(上面图)增加；下面曲线为自发性抑制性突触后电位(IPSC)，它仅受很小的影响。直方图显示 THDOC 对于张力性电导(绿)以及通过位相性 IPSC 的平均电荷转移(蓝)效应，表达方式是对照值的百分比，对照(虚线)是没有 THDOC 的。* 表示统计学显著性。(图引自[1])

为了实验性地研究张力性和位相性的抑制，有几种竞争性和非竞争性 $GABA_A$受体拮抗剂很有用，不仅由于它们对产生张力性和位相性电流的受体亲和力有差别，而且因为它们的功能依赖于受体与 GABA 的亲和力，也依赖于受体激活条件。所有 $GABA_A$受体介导的电导，都可以被高浓度的荷包牡丹碱、木防己苦毒素、SR－95531 所阻断。然而，亚毫摩尔浓度的 SR－95531 可以选择性地阻断位相性电流。将介导位相性电流的受体与介导张力性电流的受体相比时，此现象与这种受体对 GABA 具低亲和力相一致。使用开放通道阻断剂青霉素时，这种区别性地阻断位相性和张力性电流的现象也可看到，被认为反映了介导张力性电导受体的低占据率。$GABA_A$受体的少数拮抗剂显示明显的亚单位选择性，但利尿剂速尿(furosemide)对于含 α6 亚单位的受体较之含 α1 亚单位的受体，有 1 000 倍高的选择性，因此曾被用来测定小脑颗粒细胞突触和突触外区含 α6 受体的作用。唯一的激动剂加波沙朵{gaboxadol；THIP；4，5，6，7－tetrahydro-isothiazolo－[5，4-c]pyridin-3-ol(四氢异噻唑吡啶醇)}对突触或突触外区类型的受体显示明显的不同作用剖面。此化合物是 α4β3γ2 受体的部分激动剂，但对 α4β3δ 受体就像是一个全或“超”激动剂，其产生的最大反应大于 GABA 引起的反应[1]。

看起来，张力性抑制似乎也对临床相关的不同物质的调制高度敏感，包括内源性神经活性甾体激素、静脉和吸入麻醉剂、某些亲精神性(nootropic)物质及酒精。与神经甾体作用于含 δ 亚单位的受体而选择性地增强 GABA 的反应相符合，低浓度别四氢脱氧皮质酮(allotetrahydrodeoxycorticosterone，THDOC)明显地增加齿状回和小脑颗粒细胞的张力性电导，而不修饰位相性电流。类似地，α4βδ 受体对乙醇的高敏感度，镜像性地表现为选择性增强齿状回颗粒细胞的张力性抑制。近来的证据提示，应用特殊 α6 亚单位形成的 α6β3δ $GABA_A$受体(这种亚单位具有同样的点突变，如同酒精不耐受的鼠)，发现这种受体对于被乙醇所增强特别敏感。这可能是酒精消耗引起运动受损的基础。对乙醇和神经甾体来讲，能够区分长期暴露于这些物质或者戒断所引起的相对缓慢变化与急性异构性调制效应，将特别具有挑战性[1]。

在培养的海马神经元中，谱忘药物异丙酚(propofol)、异氟烷(isoflurane)能优先增强 $GABA_A$受体介导的张力性电导，而精神性的 α5 选择性反向激动剂 L－655，708 优先地抑制张力性电导。此事实跟一种看法是相一致的，即突触外区含 α5 亚单位受体，在调节学习和记忆中起作用[1]。

## 4.6 中枢神经系统突触外区 $GABA_A$受体与脑功能异常

中枢神经系统突触外区 $GABA_A$受体的变异及调制，对于脑功能有十分广泛的影响。

### 4.6.1 睡眠异常

正常睡眠对于正常生活是必需的，许多神经-精神疾病如抑郁症、精神分裂症，经常伴有严重的睡眠紊乱。但是，我们对于调控睡眠的机制知道得很少，仅依赖有限的资源和临床介入来处理睡眠异常，远未合乎期望。$GABA_A$受体在调控睡眠节律方面起关键作用。几十年来，苯二氮（benzodiazepine）和唑吡坦（zolpidem）这两种药因为能够增强 GABA 电流而被人知晓，仍然是最广泛地被处方应用的失眠治疗药物，尽管它们会引起药物耐受、成瘾和戒断等问题。在如何改良药物干预方法的研究中，人们现在清楚了，促睡眠药物如加波沙朵的催眠作用，可归于对 δ GABA$_A$受体的选择性作用。当其浓度达到大约 500 nmol/L 时，此药激活 δ GABA$_A$受体，而对于突触 GABA$_A$受体却很少有作用。这种选择性来自加波沙朵对 γ2 GABA$_A$受体较之对 δ GABA$_A$受体的低表观亲和力。作为催眠药，加波沙朵应用于人类可增加睡眠时程，促进慢波睡眠或非快速眼动（non-rapid eye movement，NREM）睡眠。通过基因操控方法把小鼠 δ GABA$_A$受体去掉后，加波沙朵诱导的慢振荡就从脑电图上消失，而加波沙朵的麻醉效应也减弱。不幸的是，加波沙朵作为苯二氮的取代药物，由于在部分病人中引起幻觉和定向障碍等副作用，因此未能通过第Ⅲ期临床试验，但是更强效的 δ GABA$_A$受体选择性激动剂正在开发之中[4]。

许多神经疾病所共有的丘脑-纹状体-皮层网络的动力学变化，可能是睡眠异常的原因。这件事可能联系到突触外区 GABA$_A$受体功能的改变。在丘脑中，张力性 GABA 电导促进丘脑转输（relay）神经元的爆发性放电，而这对于 NREM 睡眠时产生 1～4 Hz 的脑电图慢节律是关键因素。在 NREM 睡眠时，与快速眼动（rapid eye movement，REM）睡眠或觉醒状态相比较，丘脑部位细胞周围的 GABA 浓度升高。新大脑皮层表面Ⅱ/Ⅲ层也有 δ GABA$_A$受体，但是现在很少有证据提示，新大脑皮层的这些 δ GABA$_A$受体有贡献于睡眠时看到的慢的丘脑-皮层节律。在帕金森病患者疾病发展的早期，在药物治疗开始之前，睡眠异常是经常遇到的非运动性症状。纹状体的尾状核-壳核脑区调节运动的设计，因而关键性地联系着帕金森病。此脑区的中等树突棘神经元的突触外区也表达高水平的、含 α4βδ 亚单位的 GABA$_A$受体及多巴胺 D1 受体，展示由 δ GABA$_A$受体群介导的张力性电导。多巴胺驱动的丢失是帕金森病的特征，这个特征解释了纹状体 GABA 浓度的增高。有趣的是我们不妨猜想一下，此变化可能构成与帕金森病相联系的睡眠紊乱的原因；而细胞周围 GABA 浓度的变化可以解释一系列神经-精神疾病中常有的睡眠紊乱，包括抑郁症[4]。

调制睡眠和诱导麻醉的药物具有共同的分子靶。应用 GABA 摄取阻断剂可以增加细胞周围的 GABA 浓度，将会引起麻醉样状态；神经甾体（它是脑合成的、卵巢和肾上腺皮质甾体激素的代谢产物）可以通过对 δ GABA$_A$受体的作用，而用作麻醉剂。的确，δ GABA$_A$受体的丢失关联到由神经甾体诱导的麻醉反应减弱。其他重要的全身麻醉剂如异丙酚（propofol）和异氟烷（isoflurane），可以增强海马神经元的张力性抑制，也增强丘脑转输神经元和新大脑皮层神经元的张力性抑制。然而，异氟烷引起的记忆丧失效果，而不是麻醉效果，在 α4 GABA$_A$受体基因敲除的小鼠中发生改变，而这种小鼠也缺少细胞表面的δ GABA$_A$受体。此事实表明，突触外区 GABA$_A$受体并非所有麻醉剂的主要作用位点[4]。

### 4.6.2　应激和精神病

神经甾体属于最强效的中枢神经系统 GABA$_A$受体功能调节者。强调制作用的首个例子早在 1984 年就已经发现，那是人工合成甾体阿法沙龙（alphaxalone；5α－pregnan－3α－ol－11，20 dione）。此后不久，又展示了卵巢甾体激素孕酮的代谢产物别异烯醇酮（allopregnanolone，也称 3α－hydroxy－5α－pregnan－20－one，或 3α，5α－tetrahydroprogesterone，或 5α－pregnan－3α－ol－20－one，or 5α3α－THPROG），另一个是应激甾体激素脱氧皮质酮（deoxycorticosterone）的代谢产物。它们都是强效的巴比妥样 $GABA_A$ 受体配基。合作研究展示，δ $GABA_A$ 受体是低浓度（nmol/L）神经甾体的优先作用部位。此优先作用可能反映了这些受体的简单特征，那就是，GABA 并非 δ $GABA_A$ 受体最有效的激动剂。这意味着从 GABA 结合到通道开放，其效率是不高的。由于神经甾体增加了 GABA 打开通道的可能性，它就可以增强 GABA 在 δ $GABA_A$ 受体上的效果，因此调制了受体活力。δ $GABA_A$ 受体可能是旁分泌式的神经甾体信号转导的优先作用部位，在那里神经甾体由另一个细胞合成，例如星状胶质细胞。神经甾体要经过弥散来到细胞外间隙，作用到突触外区的 δ $GABA_A$ 受体。星状胶质细胞的神经甾体合成，受线粒体 18 kD 转位分子 TSPO（丙二氮受体是它的老名称）的调节。由于此，药物 XBD－173 是一个最好的非镇静性抗焦虑、抗惊恐药。中枢神经元也有线粒体 TSPO，在那里可能介导在脑片中应用丙二氮或酒精之后神经甾体影响神经元兴奋性的自身效果[4]。

因为脑内神经甾体水平也反映卵巢或应激激素的水平，所以当激素状态发生变化时，被神经甾体代谢产物所调节的张力性抑制，也可能有贡献于中枢神经系统疾病。例如与焦虑相关联的动物月经期前烦躁不安疾病（premenstrual dysphoric disorder，PMDD），此病据认为与神经甾体对张力性抑制的调节有关；而突触外区 $GABA_A$ 受体的数目，与产后孕酮代谢产物别异烯醇酮（allopregnanolone）的水平不一致，这被认为与产后抑郁症有关。怀孕时，孕酮水平可增加 100 倍以上，而别异烯醇酮水平（在脑内产生，其来源是孕酮）也相应增高。别异烯醇酮可能通过 δ $GABA_A$ 受体潜在地增强抑制。脑内神经甾体的高水平是危险的，因为这可能引起麻醉样效应，可能镇静了预计要做妈妈的病人。更可能的是，作为代偿性机制，神经甾体敏感的 δ $GABA_A$ 受体的数目在怀孕时减少，从而高水平的神经甾体与数目较少的 δ $GABA_A$ 受体可以互相抵消。但当孕妇生产以后，孕酮和神经甾体的水平恢复正常，她脑内的这个平衡需要重新调整。由于产后神经甾体水平降低，因此数目减少了的 δ $GABA_A$ 受体就不再足以维持适当的抑制性张力，其结果就是有一段时期神经元兴奋性增高，一直要等到 δ $GABA_A$ 受体的数目恢复到怀孕前的水平。在实验中发现，δ $GABA_A$ 受体恢复的延迟，在小鼠中往往伴随着严重的抑郁症样行为，此时母亲甚至会啮食她生出来小鼠的肉。如果给予药物加波沙朵（gaboxadol），使之激活 δ $GABA_A$ 受体，啮食行为即可减少。最近鉴定了增强 δ $GABA_A$ 受体功能的选择性 δ $GABA_A$ 受体激动剂 DS－1 以及变构增强剂 DS－2，可帮助设计药物，用以专门处理产后抑郁症。在青春期，有关 δ $GABA_A$ 受体表达的类似变化也有研究报告，此现象的发生可以部分解释，为什么在此发育时期伴随有应激相关疾病易感性的增加[4]。

由社会隔离所引起的应激，在大鼠可导致突触外区 δ $GABA_A$受体的上调，而且关联着海马张力性抑制的增强。海马的张力性抑制可以对抗中间神经元的兴奋，因此可以调节 γ 振荡的频率。已知 γ 振荡在精神分裂症病人中是有变化的。有实验表明，在精神分裂症病人的尸检脑标本中发现了 δ $GABA_A$受体 mRNA 的减少，还有 δ $GABA_A$受体基因($GABA_A$ receptor A subunit delta，*GABRD*)的两个多态性与男性儿童发生心境变化相关。这些现象潜在地提示，张力性电导的改变可以解释已经描写过的、上述疾病中的神经网络行为的紊乱。有意思的是，人类 $GABA_A$受体 α5 亚单位基因被鉴定是精神分裂症和抑郁症的易感位点。曾患严重抑郁症的病人尸体解剖研究显示，参与谷氨酸和 GABA 信号转导通路的基因数目有显著变化，包括表达 α5 $GABA_A$受体和 δ $GABA_A$受体的基因。许多基因，其中包括参与突触 $GABA_A$受体功能的基因，在神经-精神疾病中可能是有变化的。由此产生了新的课题，因为在这些疾病中，含有 α5 和 γ 亚单位的 $GABA_A$受体是受应激激素严格调节的，而这个特征或能解释，为什么突触外区 $GABA_A$受体的表达会经常伴随着应激相关疾病[4]。

### 4.6.3　癫痫

突触和突触外区 $GABA_A$受体功能的紊乱，包括点突变，被认为参与了几种型式的癫痫。既然为了调控神经元网络的行为，维持适当水平的张力性抑制有很大的重要性，那么不奇怪，δ $GABA_A$受体会是处理特定型式癫痫的靶。在表 4-1 所列举的一些药物中，有的已经在临床上用作抗癫痫药，这些药物通过改变脑内细胞周围 GABA 水平而调制张力性抑制。δ 亚单位基因的突变，也被显示与基因型式的人癫痫病及小鼠颞叶癫痫模型有某种程度的相关，后者涉及海马张力性抑制的改变。神经甾体的类似物加奈索酮(ganaxolone)正在进行临床试用，可用于治疗月经癫痫。月经癫痫是一种女性癫痫，它显示周期性变动，癫痫发作的频率及强度方面依赖于月经周期的时相。在卵巢活动周期中，δ $GABA_A$受体介导的张力性抑制被显示有变化，因为突触外区 δ $GABA_A$受体对于神经甾体的调制高度敏感，例如孕酮。综上所述，通过加奈索酮增强张力性抑制的能力这一点，就可以解释为什么此药能在卵巢的周期敏感时期保证癫痫不发作。然而，增强张力性抑制并不是解释所有癫痫治疗的良好策略。例如，丘脑皮层网络中的慢波放电是一个明确的特征，表示缺少发作；但与此矛盾的是，这种类型的发作可以因 δ $GABA_A$受体激动剂加波沙朵增强受体的开放而被触发。在啮齿动物中有一个失神性癫痫(absence epilepsy)的模型，它联系到增加丘脑转运神经元的张力性抑制水平，而这是由于 GABA 转运蛋白(GAT-1)的功能丧失引起了丘脑内细胞周围的 GABA 水平增加。丘脑转运神经元增强张力性电导以后的膜超极化，可以改变丘脑-皮层网络的细致平衡，导致慢波放电。这些实验观察提供了一种可能的解释：为什么用药物噻加宾(tiagabine)和氨已烯酸(vigabatrin)治疗那些失神发作(absence seisure)的癫痫病人，反而增强了特定型式的癫痫[4]。

### 4.6.4 改变 GABA$_A$受体张力性电导的药物(表 4-1、图 4-7)

表 4-1 可以改变脑内张力性抑制作用的某些临床相关药物[4]

| 药物(商品名) | 作 用 机 制 | 当前药物的应用 |
|---|---|---|
| 加巴喷丁(gabapentin)(fanatrex、gabarone、gralise、neurontin) | 本来认为是模拟 GABA 的,但现在对其作用机制不清。可能是增强 GABA 的合成,这可以解释为什么脑内细胞周围的 GABA 水平升高。 | 成年人和老年人的部分性癫痫发作(partial seizure);酒精戒断(withdrawal),作为对睡眠异常的复合治疗。 |
| 氨己烯酸(vigabatrin)(sabril) | 不可逆地阻断 GABA 转氨酶的作用,干扰 GABA 分解代谢,因此增加细胞周围的 GABA 水平。 | 难治疗性的复杂部分性癫痫发作及婴儿痉挛。由于在某些成年人和孩童会引起视野丢失,故不适宜应用。 |
| 噻加宾(tiagabine, gabitril) | 阻断神经末梢的 GABA 转运蛋白(优先是 GAT-1),导致细胞周围的 GABA 水平增加。 | 部分性癫痫发作;全身性焦虑/惊恐疾病。 |
| 普加巴林(pregabalin)(lyrica) | 增强谷氨酸脱羧酶(glutamate decarboxylase, GAD)活性,导致 GABA 合成增加,因此增加细胞周围的 GABA 水平。 | 部分性癫痫发作,带有或不带有继发性全身发作;糖尿病治疗后神经痛、纤维性肌痛、全身性焦虑等的神经病理性疼痛。 |
| 加波沙朵(gaboxadol) | δ GABA$_A$受体的选择性正构性激动剂,导致特异性张力性电导的增强。 | 睡眠增强剂,但由于风险-得益比差,已从临床Ⅲ期试验上撤下来。 |
| L-655,708 | α5 GABA$_A$受体的高亲和力负性异构性调制物,会诱导张力性电导。 | 认知增强剂,但不认为可用于人类,因为有引起焦虑的特点。 |
| 加奈索酮(ganaxolone) | 多数 GABA$_A$受体的正性异构性调制物,对 δ GABA$_A$受体有较大效力,导致选择性地增加张力性电导。 | 月经癫痫。 |
| 阿法沙龙(alphaxalone)(althesin, saffan) | 同加奈索酮。 | 应用于监护病人的麻醉和镇静剂。现已从临床应用中撤下来,由于其载体引起并发症。重新命名为 saffan,现广泛地在兽医外科中用作麻醉剂。 |
| 异丙酚(propofol, diprivan) | 多数 GABA$_A$受体的正性异构性调制物,包括 α5 及 δ GABA$_A$受体,导致张力性电导增强。 | 广泛地用作静脉麻醉剂。 |

下面对图 4-7 所表示的一些药物作用及临床应用进行简要介绍。

① *加巴喷丁*(gabapentin):虽然当初它曾被认为是 GABA 模拟的,但其作用机制尚不清楚,此药可增加脑内细胞周围的 GABA 浓度,这可能反映了它会改变 GABA 的合成

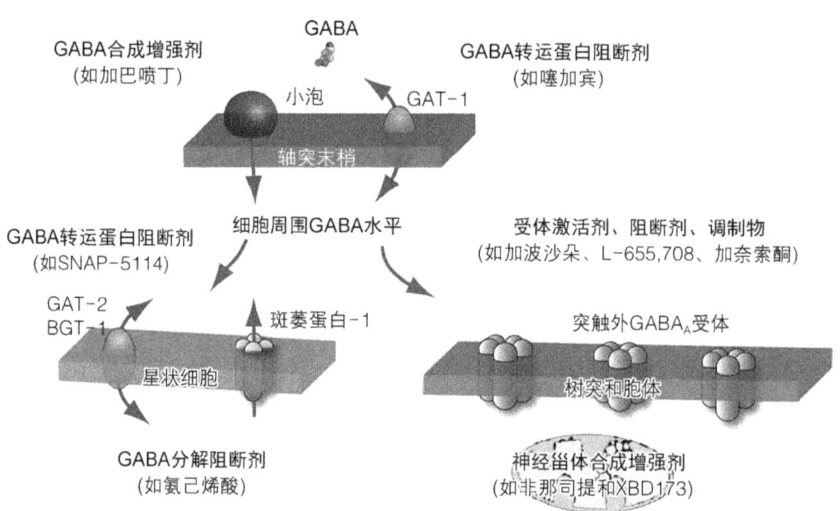


**图 4-7**　改变张力性电导的药理学策略

现在已经知道有一系列临床相关药物，通过一系列直接和间接的靶，可以改变张力性电导。本图表示这些靶的一部分，它们主要定位于脑内神经元和非神经元区隔。(详见正文，图引自[4])

和释放。加巴喷丁处方是用来治疗成年人及老年人的部分性发作(partial-onset seizure)，以及用来进行配合治疗，治疗酒精戒断及睡眠疾病[4]。

② **噻加宾**(tiagabine)：它是一个 GABA 转运蛋白阻断剂，优先作用于 GABA 转运蛋白(GAT)神经末梢，导致细胞周围的 GABA 水平升高。此药物处方用来治疗部分性癫痫发作以及全身性焦虑/惊恐疾病[4]。

③ SNAP-5114：它是一个 GABA 转运蛋白阻断剂，是星状胶质细胞的一种更具选择性的 GABA 摄取阻断剂，也导致细胞周围 GABA 水平的升高[4]。

④ NPPB[5-nitro-2-(3-phenylpropylamino) benzoic acid]：虽然斑萎蛋白-1 通道可能有一个替代性的非小泡性来源的 GABA 释放，但是有人报告，NPPB 对这些通道的阻断，既可增加、也可减少小脑颗粒细胞的张力性抑制[4]。

⑤ **氨己烯酸**(vigabatrin)：它不可逆地阻断 GABA 转氨酶。处方药氨己烯酸代表另一种策略，其目的是提高细胞周围的 GABA 水平。氨己烯酸被用来处理难治和复杂的部分性癫痫发作以及婴儿痉挛。但是当前此药不被优先选用，因为发现对某些成年人及小孩有造成视野损失的副作用[4]。

⑥ THIP **或加波沙朵**：为了改变张力性抑制，更直接的机制包括与突触外区 GABA$_A$受体的正构及变构相互作用。例如，正构激动剂 THIP 或加波沙朵选择性地激活 δ GABA$_A$受体，因此促进 NREM 睡眠。DS-1 是一个新开发的激动剂。比之 THIP，它对 δ GABA$_A$受体具有更大的选择性，但是它的临床优越性还有待确立[4]。

⑦ L-655,708，**神经甾体**：反相激动剂如 L-655,708，当前被用来阻断 α5 GABA$_A$受体产生的电流，其一般性目标是用于增强认知。这是一种变构性调制物，其作用机制

是为了更直接地增强张力性抑制[4]。

⑧ **加奈索酮**(ganaxolone)：当前开发出来的加奈索酮可用于处理具有抗药性的月经癫痫[4]。

⑨ **非那司提**(finasteride)、XBD－173：或许可以用非那司提来增强或减少张力性抑制，非那司提的作用是阻断神经甾体的合成。另一药物 XBD－173 可增强神经甾体的合成，它通过线粒体 18 kD 转位蛋白 TSPO 而起作用[4]。

⑩ **其他**：为了选择性地调制张力性抑制，有可能 β 亚单位的同工型可以提供一种方法，因为对于丘脑、海马齿状回含有 α4βδ 亚单位的 $GABA_A$受体来讲，优先的 β 伴侣是 β2 亚单位。β 亚单位依赖的磷酸化药物的任何进一步发展，可能都会是有用的[4]。

### 4.6.5 酒精对脑的影响

成瘾药物在中枢神经系统内一般都有明确的靶，例如大麻、可卡因，但是酒精与它们有所不同，对于酒精中毒作用的分子靶，人们了解得很差。以往，为了演示对神经元靶的可测量的和前后一致的抑制效应，在做离体实验研究时都应用了高浓度酒精，比实际可影响作业的浓度要高得多。例如在美国，各个州都把法定的血液酒精浓度阈值定为0.08%，这个浓度对应于血液中的浓度约 17 mmol/L。可见，当寻找酒精作用的脑靶点时，中毒性酒精浓度应该在生理学相关的范围之内。在表达系统中含有 α4、α6、α1 和 β2 或 β3 亚单位的 δ $GABA_A$受体。当处于中毒的酒精浓度时，这些亚单位都可被酒精所增强。更进一步，酒精对 δ $GABA_A$受体的作用在原位神经元上也得到了演示。然而，有好多研究不能在异种表达系统中重复上述结果，这就对突触外区 δ $GABA_A$受体作为中毒性酒精浓度的分子靶提出了质疑。事实上，δ $GABA_A$受体上的拟定酒精结合位点的作用减退，并不改变活体与酒精相关的行为反应。有可能，急性效应是由于酒精对 δ $GABA_A$受体的间接作用，或者它增强小泡的 GABA 释放，或者它增强神经甾体的合成。希望不要太长的时间就能够取得共识，我们会知道中毒剂量的酒精作用于脑的确切位点[4]。

至于谈到酒精依赖的病理生理学，δ $GABA_A$受体可能有贡献于酒精对脑内酬报系统的作用，该系统负责强化连续的酒精滥用。应用 RNA 干扰技术(RNAi)减少 α4 亚单位或 δ 亚单位在大鼠伏隔核背内侧壳的表达，可减少酒精摄入及酒精偏爱。因为这个高度局限的伏隔核脑区是动物酒精自我给予的行为优先部位，也是其他滥用药物自我给予的优先部位，如苯异丙胺(安非他命)、可卡因和多巴胺受体激动剂。过去 10 年来发现的酒精对 δ $GABA_A$受体的急性和慢性作用的新机制，现在正开始形成互相联系在一起的背景，并成为解决问题的第一步。这个问题就是 GABA 能系统在酒精滥用、耐受和依赖性中所起的作用。此外，不论在动物模型还是在相关病人尸体解剖的脑组织中都看到，长期的酒精滥用可以改变 $GABA_A$受体的表达型式。因此，了解突触外区 $GABA_A$受体的功能变化，可能有助于对成瘾行为提出更合理的治疗策略，以治疗酒精依赖和酒精滥用[4]。

### 4.6.6　中风及其他脑损伤后脑功能的恢复与保护

有研究表明，损伤感觉皮层以后的恢复，可能与可供利用的 GABA 有关。这种张力性抑制具有急性的神经保护性质，例如纹状体中等树突棘神经元可以受张力性抑制的保护，而免于海人藻酸或 NMDA 受体介导的毒性。与野生型相比，成年小鼠缺损δ GABA$_A$受体的中等树突棘神经元，会出现张力性 GABA 电流的减少，而中等树突棘神经元的存活也发生减少。皮层性中风的模型也提示，张力性抑制具有急性的神经保护作用。这些发现表明，靶向介导张力性抑制的突触外区 GABA$_A$受体，可能构成一个潜在的发展新策略，用以帮助中风后恢复。成年个体的脑具有很高的结构与功能可塑性，然而一旦发育窗口关闭，某些屏障可以阻碍它。损伤以后出现的脑可塑性是特别重要的，因为它既可促进，也可妨碍功能的恢复。可塑性在中风之后可以发生，特别在围绕坏死部位的脑区。根据最近的发现，参与增强张力性抑制的机制在中风后的恢复过程中、在成年脑的学习和记忆中都可能起作用。因此而开发出来以处理认知失调的 α5 GABA$_A$受体的苯二氮位点的反向激动剂，在这里可能同样有用。作为中风以后增强功能恢复的首个临床处理，也可能适用于其他脑损伤性疾病[4]。

## 4.7　研究突触外区 GABA$_A$受体的意义

本章旨在阐明一个新出现的关联点，即张力性抑制的变化与脑病理状态之间的关联点。对于成年脑突触外区 GABA$_A$受体的功能意义，以及所产生的张力性电导如何以多种方式改变神经网络的行为，我们已经有了相当的研究进展与了解。为了处理广泛的一系列神经病和精神病，调控和处理细胞周围的 GABA 水平及/或改变突触外区的 GABA$_A$受体功能，可能会提供新颖的治疗策略，用于发展药物以改变突触外区 GABA$_A$受体的功能。在这方面已经取得了很大进展，可参看图 4－7。用来调制 α5 GABA$_A$受体的一些药物有可能成为有用的手段，作为认知增强剂以去除成年可塑性途径中的刹车，而这又是在神经损伤之后的功能恢复当中所需的。增强 δ GABA$_A$受体功能的几个类型的药物也正在被推出，但仍需要发现和发展一些能够特异地拮抗 δ GABA$_A$受体介导的张力性抑制的化合物。一般意义上的 GABA 系统，特定意义上的 GABA$_A$受体，这两者的广阔性都将保证 GABA 药理学的进展，从而为更加靶向地处理相关疾病提供基础[4]。

### 参考文献

[1] Farrant M, Nusser Z. Variations on an inhibitory theme: phasic and tonic activation of GABA-A receptors. NR Neurosci, 2005, 6: 215.

[2] 陈宜张. 突触. 上海：上海科学技术出版社，2014.

[3] Hamann M, Rossi D J, Attwell D. Tonic and spillover inhibition of granule cells: control information flow through cerebellar cortex. Neuron, 2002, 33: 625－633.

[4] Brickley S G, Mody I. Extrasynaptic GABAA receptors: their function in the CNS and implications for disease. Neuron, 2012, 73: 23－34.

# 第 5 章　神经元间的电学调制作用

## 5.1　引言[1]

一般文献所讲的神经元间非突触调制作用，指的是非化学性突触的作用，也就是神经元间的电学调制作用。应该认为，化学突触传递远非神经元相互作用的全貌[1]。

当人们了解了化学突触的作用以后，神经元间的非化学突触调制作用似乎变得黯然失色，但这种相互作用在神经系统里面实际上是重要的。哺乳动物脑的非化学突触相互作用包括 4 个方面，本章将着重讨论前 3 个方面。

① *经过缝隙连接的电紧张性(及化学性)耦合*：通常无脊椎动物的电突触被看作属于这一类。在脊椎动物中，电信号传送似乎较少见，但在发育的及在成熟脑的某些疾病条件下可以发生效应。

② *假突触传递(或接触传递)*：是由神经元间并无特异性接触的特定组成部分间的电耦合所产生的，特别是在小脑，还有脱髓鞘后神经传导束内轴突的相互作用。

③ *电场效应*：这是由海马及其他皮层结构所产生的、大的细胞外电流及电场。当电场强度达到数毫伏/毫米时，内源性的及外加的电场都可以改变神经元的兴奋性。较弱的电场有一些轻微的效果，例如在发育及损伤以后恢复时的轴突生长，或者在对环境进行行为反应的时候，但是还有争议[1]。

④ *细胞外液钾离子含量的波动*：神经元活动时，钾离子从神经元中释放出来，可以改变神经元的兴奋性。电场效应和离子波动在生理情况下可能仅产生轻微的作用，但在癫痫发作情况下可能有相当显著的意义，而且即使在没有突触传递的情况下也会使发作持续下去[1]。

本章聚焦讨论神经元间的通信，即当神经组织中有电流流动时，主要是在哺乳动物中，将会有怎样的生理或病理效应。比起化学突触来，电流流动的作用机制相对而言不太常见，但仍然具有功能性的后果，尤其在病理生理情况下[1]。

表 5－1 比较了神经元间通信的广泛形式。

假突触与电场相互作用的界限并不很清晰，在文献上这些名词的应用也不很一致。本章所用的“假突触”局限于两个或少数几个神经元突起之间紧密靠近而产生的电相互作用，例如硬骨鱼类的毛特纳(Mauthner)细胞、哺乳动物的浦肯野细胞以及脱髓鞘的神

**表 5-1　比较不同种类的神经元通信方式**

| 通信方式 | 通信中介 | 特异 | 范围 |
|---|---|---|---|
| 化学突触 | 氨基酸、胺类、肽、嘌呤 | 特异 | 局部 |
| 旁分泌 | 一氧化氮(NO)、花生四烯酸、一氧化碳(CO)、胺、肽 | 有一点特异 | 弥散 |
| 离子 | $K^+$、$Ca^{2+}$ | 无特异 | 弥散 |
| 电紧张性(缝隙连接) | 电 | 特异 | 局部 |
| 假突触 | 电 | 特异 | 短距离 |
| 电场效应 | 电 | 方向朝向 | 弥散 |

经及神经传导束，还有人为地、实验性地让轴突靠拢。也有的作者把毛特纳细胞和浦肯野细胞的情况称为场相互作用。本章与他们不同，这里所讲的场相互作用，是指由大电场引起的。这种大电场是由许多神经元在适当的几何形状之下产生，常见的如脑的分层结构。同样，有的作者在用词上不同，他们把这些远程场效应称为假突触传递。哺乳动物中最令人印象深刻的非化学突触同步化的例子是离体海马脑片的"场爆发"，这种情况在化学突触传递因细胞外无钙而被阻断以后可以发生[1]。

## 5.2　缝隙连接

细胞可以通过特定的接头进行耦合，例如缝隙连接或电紧张接头。这在无脊椎动物里面是常见的，在这里神经元间的快速电交流以电突触的形式进行。在哺乳动物组织中，这种形式也清楚地介导了细胞间的交流，例如在平滑肌和心肌中。在成年哺乳动物的中枢神经系统里，它们也是存在的，并可能起作用。承认中枢神经系统里面存在电突触，也可以说是对高尔基网状学说的暂时缓解。当初高尔基就认为中枢神经系统是一个合胞体(syncytium)，而不是各自分开的细胞组成的网络。但是有可能，缝隙连接在中枢神经系统里的作用经常是代谢性的而不是电的。缝隙连接在发育时期，在对损伤起反应时特别明显。在这些情况下，它可能介导细胞内的信使交换。缝隙连接依赖于特定的膜蛋白质——"连接蛋白"，6 个连接蛋白分子在每对细胞的细胞膜上组成一个环。连接蛋白基因超家族的不同成员与特定的细胞类型相关联。缝隙连接把细胞膜拉拢到相互间距离只有 3.5 nm，而在化学突触中两个细胞之间的距离是 30～50 nm。组成缝隙连接的细胞间接触形成一个环状结构，中间有一个孔，孔直径为 1.5 nm，通过此孔允许两个细胞的胞质互相连通。此孔允许分子质量为 1 kD 以下的分子流过，因此如果往细胞内注射分子质量小于一定数值的染料，可以标记细胞间的连通，此过程有人称为"染料耦合"。常用的染料有荧光黄(分子质量 457)、生物胞素(分子质量 372)。事实上，需要有 20 个缝隙连接才能有相当数量的荧光黄可以在细胞之间交流，并产生一个可以检测到的染料耦合。通常在电子显微镜下所看到的图像，反映了更多数量的缝隙连接成簇地聚集。胞质的连续性使电流可以流过它。据估计，其单通道电导为 100 pS，开放时间为 16 ms～4 s。某些缝隙连接似乎是整流性的，即在耦合的神经元之间的电流流动具有方向性[1]。

### 5.2.1 哺乳动物中枢神经系统缝隙连接的功能意义

缝隙连接可能是不稳定的，如同单细胞中的膜通道那样，在开放和关闭状态之间波动。金鱼毛特纳细胞系统的缝隙连接，具有类似于 LTP 的可塑特性。作为对环境变动的反应，缝隙连接可以在一系列其他环境条件下形成，例如神经递质和 cAMP 增加，pH 值增加；也可由于酸中毒及细胞内钙增加而失去耦合。所有这些都提示，缝隙连接完全是神经元功能的一个动态方面[1]。

### 5.2.2 海马神经元的缝隙连接与同步化

海马神经元的缝隙连接主要发生在海马抑制性神经元之间。在 4-AP(钾通道阻断剂)存在的条件下，海马抑制性神经元的活动可以同步化。当应用药物阻断兴奋性突触传递时，这种同步化可以继续保留。这种同步化至少部分是由于可被 4-AP 促进的去极化的兴奋性 GABA 电位；但是还有印防己碱不敏感成分，在锥体细胞是幅度大的、GABA 介导的缓慢抑制性突触后电位(IPSP)，在某些Ⅱ型海马门中间神经元是快速爆发性动作电位。这种同步化的发生，似乎不依赖于明显的突触传递，因为谷氨酸受体的以及快速 GABA 受体的传递都已经被阻断了。有利于电紧张性耦合的主要证据如下：① 动作电位的发生，即动作电位直接从基线上发生，在其前面没有先发生的兴奋性突触后电位(EPSP)；② 当细胞在同步性慢 IPSP 条件下超极化的时候，会出现 10 mV 大小的部分锋电位；③ 来自染料耦合实验的结果，在 4-AP 条件下可以选择性地在Ⅱ型神经元上发生。计算机模拟显示，只要树突是可兴奋的，低密度的树突间缝隙连接可导致群体性爆发。在正常组织里面，这种中间神经元网络功能的意义如何还不清楚[1]。

缝隙连接可以易化在海马和新大脑皮层抑制性中间神经元之间的同步性活动。有作者发现，当网络被代谢型谷氨酸受体(metabotropic glutamate receptor, mGluR)激动剂所兴奋，而又不被慢的(GABA 介导的)IPSP 所抑制时，皮层抑制性网络可产生约 40 Hz 振荡。此现象可能对认知具有关键性作用，因而受到重视。被最好证明的实例是，它提供了一种手段，把从感觉皮层检测到的个别特征加以捆绑，使之被感知为一个单独的对象。作者提示，40 Hz 振荡是新发现的抑制性网络特点，它刻画了由 mGluR 活动所产生的紧张性兴奋。这里相关的问题是，按照模拟实验，如果存在着缝隙连接就使得振荡更加强大，而且允许这种模拟可以匹配到具有比较广阔抑制范围(或不同剂量巴比妥)的实验条件。所需要的耦合是弱的，不然的话，振荡就是不真实的了。提示的耦合条件为，细胞间电阻为 400～800 MΩ，这可能相当于不到 20 个缝隙连接，此数目被认为少于我们可以看到的染料耦合情况下的缝隙连接数目，而这也可以帮助我们解释，为什么正常情况下的海马中间神经元是染料不耦合的[1]。

## 5.3　假突触相互作用[2]

卡茨等人最早研究了螃蟹相邻轴突之间的相互作用。他们发现，当一个轴突纤维上有冲动通过时，邻近的纤维就会产生阈下的兴奋性变化。当活动轴突的动作电位到来时，静息纤维先出现兴奋性降低，以后兴奋性又快速升高。此效应是由于活动轴突引起了静息轴突膜的去极化，原因是活动轴突的局部细胞外产生了电位波动，其数值仅约数毫伏。此种相互作用称为神经元间假突触性相互作用，也有人称为假突触。它基本上在细胞外电导降低的条件下出现(图 5－1)。在某些情况下，这个条件可以得到满足，比如一束无髓纤维，而其轴突外空间是最小的，例如在嗅神经上。在蛙坐骨神经上以及营养障碍大鼠的脊髓去髓鞘轴突-轴突之间，这种假突触相互作用曾经被观察到[2]。

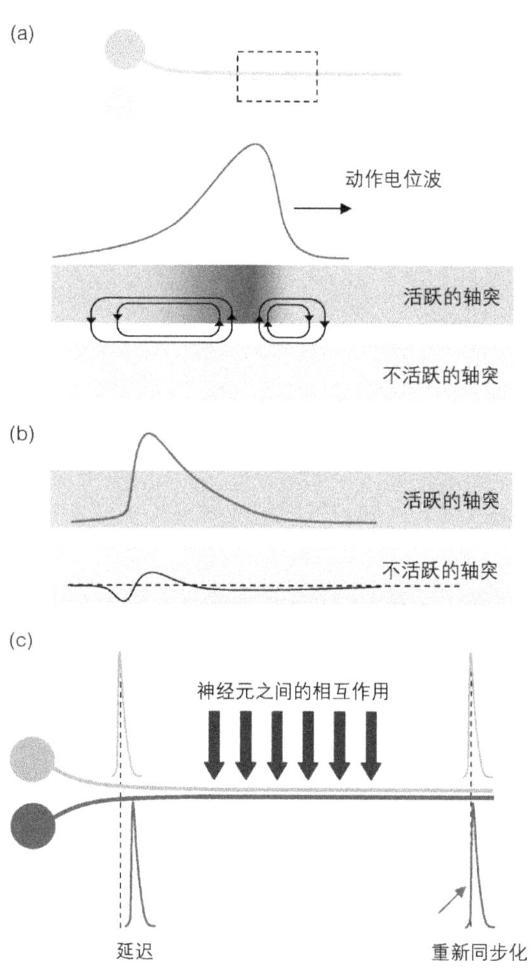


**图 5－1**　轴突之间的假突触相互作用
(彩图见图版第 12 页)

(a) 局部电流图。在一对邻近轴突中，红色区域表明活动区，由动作电位所产生的动作电流穿透了不活跃的轴突。(b)(c) 重新同步化的动作电位模式图。在一对邻近轴突上，锋电位沿着轴突传播时初始延迟减少，就变成同步的。(图引自[2])

虽然对假突触性作用的研究已经不少，但有关内源性电场对脑功能影响的问题，仍然是一个谜[3]。

假突触相互作用的一个非常令人感兴趣的特征是，可以使两个邻近轴突的传导速度统一起来，从而同步化一束轴突的传导速度。如果一个动作电位比另一个动作电位超前数毫秒，那么假突触相互作用可以提升那个滞后动作电位的速度，这样相互邻近轴突的传导就同步了。这是因为所创造出来的假突触电位在邻近的轴突之间是不对称的。如果两个锋电位的间隔是小的，例如 1～2 ms，则假突触电位的去极化时相会易化锋电位的产生，从而增加传导速度，使滞后的动作电位赶上来。完全同步化的动作电位可以降低传导速度，让两个分支轴突的传导速度都降低，因为假突触电位中有一个超极化相。同步过程仅仅在这样的条件下才能够发生：个别速度的差别很小，而且在相当长的一段轴突上存在着假突触条件。这样的同步化在哺乳动物轴突里面有没有可能发生呢？没有证据表明可以说有。但是模式研究表明，当两个邻近有髓轴突的郎飞结相对位置靠近的时候，也可能确立时间的同步化。根据判断，在细的无髓轴突模式里面，轴突之间的假突触相互作用应该很小。沿此方向的进一步研究可能会显示强有力的方式，彻底同步化动作电位发生区下游的神经元活动[2]。

### 5.3.1 特定神经元之间的假突触传递[1]

在适当情况下，神经元之间可以用电的方式进行交流，而不需要缝隙连接。首次演示此类电交流的是一种实验性的安排，应用甲壳类动物的一对无髓轴突，让它们在油池里面彼此靠近。假突触(ephapse)这个词是由 A. Arvanitaki 提出的，当时她用的是乌贼轴突。她描写了这种情况下的相互作用。ephapse 来自希腊文 εφαπτω，意思是接触，因此这类突触也可以叫做“接触突触”。它表示一种接触位点，或者相互很靠近的活动性功能面，不论这种接触是实验性地产生的还是天然存在的。假突触和突触形成对比，突触这个词来自希腊文 ςυναπτω，它表示强的接触、连接或联合，它是“为了完成从一个元素到下一个元素，而且是非相互方向的最少兴奋传递，在解剖上分化并在功能上特异化的接触”。近年来，对于假突触这个词的使用，大家并非完全互相一致。原始的实验性轴突靠近是没有争议的。但是，在神经病学上使用这个词，有时显得比较宽松。有些用法有很好的证据，说明有假突触相互作用，明显地是在发生某些去髓鞘病变之时，以及在截肢后残端神经瘤发展的某些特定阶段。健康脊椎动物的特定神经元所产生的电场，由于解剖学和电学的靠近，影响了邻近神经元的兴奋性。某些这样的情况也被称为“假突触”。这使命名学变得更加不清楚了。有些学者把这种情况称为“场效应相互作用”，同时说明，这是由于“活性功能表面的密切靠近”，似乎更适合 Arvanitaki 原来的定义。所以，可以把后一种情况看成电相互作用的过渡形式，称之为“群体性场效应”。在此情况下，一群神经元的同步性活动引起了大幅度的细胞外电场，此电场可以影响按照合适方向排列的神经元，不一定指非常靠拢的一群神经元的兴奋性[1]。

### 5.3.2 假突触传递所需的条件

如果把轴突泡在油里以减少细胞外间隙，相互接触的乌贼巨轴突间的假突触传递就可以发生。轴突间的假突触相互作用也可在盐水溶液里面发生，或者在含低浓度钙以增加兴奋性的条件下，或者在含有低水平的钠以减慢动作电位的条件下。在离开轴突 50 μm 的细胞外间隙空间记录下来的动作电位，其细胞外电位可达 −40～−68 mV，而细胞内电位仅 25～35 mV。这两种电位都是按照比较远的参照电极测量的。跨膜电位(也即细胞内电位-细胞外电位)给出了乌贼巨轴突产生动作电位的正常幅度，这是唯一指望的结果，因为这是用膜上钠通道特性可以解释的电位幅度。所以，假突触传递在这里之所以能够发生，是因为有高的细胞外电位，该电位导致邻近神经元跨膜电位的去极化，而去极化幅度又足够大，而达到其阈值。如果人为地增大细胞外电阻，同样的现象也可以在分离的心肌细胞上看到。这两个例子的共同特征是，从电学上讲，相互交流的细胞一定要靠得足够近，使得由一个细胞所产生的电流可以影响另一个邻近细胞的膜电位。在这些实验中，电的靠拢是如何达到的呢？是用不导电的矿物油减少了细胞外空间。阈下

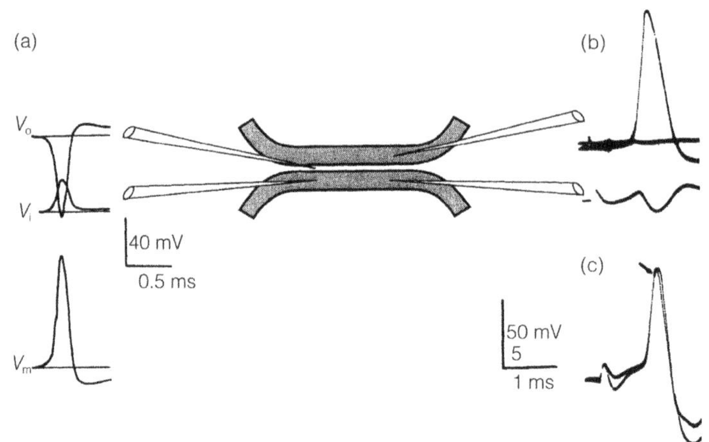


**图 5-2**　两根乌贼巨轴突相互靠近时(显示在图中部)的“假突触”相互作用

(a) 如果细胞外间隙是非常受限制的，则细胞外电阻会大大增加。在实验中为了做到这一点就把轴突浸泡在矿物油中，此时动作电位所产生的电流将在细胞外成分上产生大的电压($V_o$)，此电压甚至可以大于细胞内电位($V_i$)。这样，乌贼巨轴突的跨膜电位($V_t = V_i - V_o$)会达到产生动作电位所需的预计值。(b) 轴突上的一个动作电位在它接触的邻近轴突上引起“假突触”后电位。在人工海水中此效应是小的，大约仅 -2 mV(标尺：-5 mV)。(c) 如果把假突触泡在矿物油中，则效应增强，电压变大。从两根相互接触轴突的记录覆盖上，可以看到它们之间动作电位的快速传递。有效的传递仅从粗的(480 pm)轴突传向细的(180 pm)轴突，而在另一方向上仅产生阈下“假突触”的后电位，这是由于粗纤维的电负荷大所造成的。动作电位的有效传递也可以发生，如果人为地浸泡轴突，降低细胞外钙浓度，把它的阈值降低。(图引自[1])

效应在较远距离处还可以发生，也可以在正常的细胞外溶液条件下发生，但所产生跨膜电位的差仅 0.5～1 mV，远远达不到轴突去极化所须达到的阈值水平。神经干模型显示，在细胞外电阻率小于 200 Ω · cm 的范围内，假突触后的跨膜电位与细胞外电阻成线性相关，这可能已是生理范围之上限。在高电阻率时，它可以继续往上走，但坡度不太陡。一些其他因素，如参与的神经元参数的相对大小、电流的空间分布、细胞内电阻率等，都可以影响假突触传递。这些因素结合起来，则一个轴突所发生的动作电位就足可以诱发一个原来不活动轴突 10～15 mV 的去极化。当然，如果由于其他原因，这个轴突足够靠近阈值，那么小一点的去极化也就够了，而这可能正是以后我们所考虑到的某些现象。自然界中存在着一些情况，在生理情况下可产生高的细胞外电阻，并且导致神经元间的电耦合，如在鱼类的毛特纳细胞上。增加细胞外电阻和减少细胞外间隙的其他方法接近于把轴突泡在矿物油里面的情况。正常情况下的神经元是被细胞外间隙和胶质细胞突起所隔离的，在某些生理和病理情况下，神经元的膜变成密切牢固地靠在一起，就可以称为“假突触”。有关此情况的最强证明，既需要解剖学证据也需要生理学证据，需要用这些证据来显示膜的紧密贴近，但是并无缝隙连接的存在、电耦合的存在。相关的例子后面还会提到[1]。

### 5.3.3　正常脊椎动物中发生的假突触电场相互作用

在正常脊椎动物中发生的假突触相互作用，其特征是轴突相互紧密靠近，有一个严格受限制的细胞外间隙。可能最明显看到的例子是无脊椎动物神经轴突泡在油里面的早期的工作。前面描写了在人及其他哺乳动物的疾病情况下，可产生假突触交流的必要条件，但是这种受限制的细胞外间隙及细胞外高电阻的情况，在正常组织中也可以发生。下述两个例子曾得到详细考察，第一个例子是硬骨鱼(通常是金鱼)的毛特纳细胞(图5-3)，第二个例子是哺乳动物的浦肯野细胞。这两个例子的情况在其他文献中已有详细介绍。当然，对"假突触"这个名词的使用还有些不一致之处。无论如何，它明显地跟直接通过缝隙连接的电紧张耦合是不同的。同样，它与群体性电场效应的相互作用也是不同的，后者发生在有层次的皮层结构中。当神经元群体的同步活动发生时，大脑皮层层次结构中的神经元群体活动，导致高的细胞外电流密度和高的电流梯度[1]。

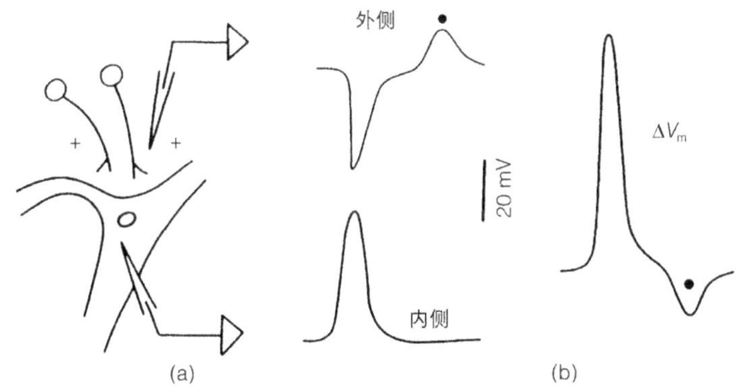


**图5-3** 毛特纳细胞的"假突触"或电场相互作用

在自然情况下，有些神经元组件相互紧密地靠近，因而产生"假突触"或电场相互作用。硬骨鱼毛特纳细胞的始段与其邻近轴突处在同一轴突帽内，该结构内具有高电阻，这样就提供了条件，可以产生大的细胞外电位。(a) 当毛特纳细胞发生动作电位时，可产生大的负电位。此时，毛特纳细胞激活抑制性中间神经元，该中间神经元支配轴突帽。这些中间神经元的末梢被动地去极化，产生正的细胞外电位(圆点处)，它引起跨膜超极化(b中的圆点)。(图引自[1])

前面描述的那一类紧密靠拢的情况，如营养不良小鼠的脱髓鞘轴突以及神经瘤的再生轴突等，很容易被放到"假突触"这个类别；容易把它们看成假突触传递，看成一种生理现象。从概念上看，"假突触"存在于特定的紧密接近的神经元元素的互相之间，影响其兴奋性，没有特定的结构连接。"假突触"概念也可延伸到毛特纳细胞及小脑浦肯野细胞，同样因为耦合局限于小的一簇神经元之间，而且是互相靠近的。这跟早期对假突触的描写是相符合的[1]。

### 5.3.4 小脑浦肯野细胞的假突触传递

小脑浦肯野细胞接受明确界定的、不同来源的输入，篮状细胞与浦肯野细胞胞体发生突触，形成致密的、像篮一样的神经支配。篮状细胞的轴突下来，呈网络状，围绕于浦肯野细胞始段，形成少数突触。整个结构很像毛特纳细胞。有实验显示，逆向激活浦肯野细胞所发生的兴奋，受到一个快速、短暂的(1 ms)抑制。后者发生在一系列由刺激所引起的化学突触反应之前，而且与动作电位来到篮细胞末梢同时发生，相应于跨膜的超极化。不过这些细胞在正常活动时不太可能被逆向刺激所激活，因为这种快速的电抑制可能具有这样的作用，就是让浦肯野细胞的胞体-树突复合体和它的轴突输出脱耦合[1]。

### 5.3.5　哺乳动物脑的其他假突触传递

关于哺乳动物神经元之间的其他密切靠近是否有可能提供假突触相互作用，仅有零星的描写。大鼠海马即是一例。在这里，邻近神经元的胞体和树突之间有密切的靠拢。在大鼠基底前脑卡列哈岛(the islands of Calleja)复合体上，被认定的假突触仅相隔 4～6 nm。但是迄今为止，关于这些假突触耦合有何生理作用，还不清楚[1]。

### 5.3.6　树突束

在哺乳动物及其他脊椎动物中枢神经系统的某些部分，树突组成致密的树突束。树突束在脊髓、大脑皮层、丘脑、下丘脑等地方都很明显。就典型的树突束而言，每束由 20 根左右树突组成，可以多到 1 000 根。总的说来，一个树突束里面的各个树突被胶质细胞突起所覆盖，这种覆盖减弱了神经元结构的靠拢；但这种靠拢提供了轴突间局部假突触连接的可能性，例如在神经瘤去髓鞘的情况下。当鼠开始母亲行为时，其视上核(supraoptic nucleus，SON)树突束中的胶质细胞突起会回缩；喂奶时或受到渗透压刺激时，胶质细胞回缩提供了一定程度的可塑性。它提供潜力，使神经元由于树突间的耦合而得以同步化，不管是通过缝隙连接的、化学突触的或其他的方法。也许树突束最可能的功能在于，通过化学突触接受相同的传入，使密切相关的神经元之间连接起来，而且从输入采样。在某些情况下，树突也通过推定的缝隙连接耦合。不过，当电生理学研究还没有做出来之前，不能排除局部电场敏感性变化的可能，那种方式也可以同步化神经元活动。至于视上核神经元的情况，那是通过胶质细胞的生理学调节，赋予了这种机制以直接的功能性重要意义[1]。

### 5.3.7　神经病学条件下轴突间的非化学突触传递

原来意义上的假突触传递，在活体哺乳动物的病理条件下，在神经系统的不同部位均可以发生。在某些外周神经损伤的情况下，证据还是很强的，例如当外周神经被急性切断或挤压时，那时还没有时间允许新轴突长芽。还有例子，比如实验性去髓鞘疾病以及神经挤压伤。有人报道，血钙过少症猫的外周神经也可出现假突触传递。在另一些病理情况下，如患听神经瘤时的耳鸣，据认为与假突触相互作用有关。同样的情况可以发生在肌肉和运动神经元之间，如外周神经疾病，包括肌肉去神经支配、抽搐或者外周神经病理[1]。

## 5.4　电场对神经元的生物学效应

除了调制膜电位以外，电磁场对神经组织可能还有其他的物理效应。急性作用可能有：$Ca^{2+}$ 和一氧化氮(NO)内流的增加，甚至脑的机械振动(vibration)。它们中的某些效应可能有助于解释有关的实验事实。在影响神经元功能方面，正弦波(sinusoidal)电场比直流电场更有效。低到 0.7 mV/mm、60 Hz、作用 10 s 的电场，在其后的 8 min 内可以渐进性地增加 CA1 的反应，而与电场的朝向无关。这是一种很类似于直流电对活体皮层活动的长时程影响、对传入串刺激所引起 LTP 的影响。重复给予交流电场，可以增加海马脑薄片的兴奋性，达到使它产生同步(癫痫性)爆发的程度。而且，这依赖于 NMDA 受体的激活，提示与由通常刺激引起的点燃(kindling)有相似之处，并可能在突触可塑性如 LTP 中起作用[1]。

电场似乎可以诱导麻醉。20～5 000 Hz 的方波或正弦波作用于脑，可以允许做大手术，但这并非普遍的经验。猴的实验研究显示，约 30 mV/mm 的电场可使动物对感觉刺激不反应。有猫的实验显示，3 500～4 500 Hz 的电场既有麻醉作用，又有镇痛作用；而较慢的频率则仅有镇痛作用。所用的电场强度足以改变神经元的兴奋性。正是这样一个不寻常的现象，却有相对直截了当的细胞机制[1]。

### 5.4.1 神经元群体内的电场相互作用

中枢神经系统神经元一部分群体的活动，可以改变邻近不活动成分的兴奋性。其最早证据来自猫脊髓。通过刺激脊髓腹根，阈下逆向激活运动神经元，可导致细胞内负电位达数毫伏。当细胞内负电位耦合于另一个由细胞内注入电脉冲的阈下激活时，可以引发一个动作电位。阈值的减少可达 10%～15%，而且仅仅发生在同一运动神经元池内的神经元上。效应的时程很短，仅约 1 ms，这与相互靠近轴突跨膜去极化所可引起的兴奋性变化的时程相一致，也与以前所描写过的毛特纳细胞、浦肯野细胞的情况相一致。在那些情况下，由于减少了细胞外空间或增加了细胞外电阻，神经元活性导致大的细胞外电位。在脊髓中，运动神经元成簇，它们的胞体又在同一部位，它们的树突在脊髓内延伸相当的距离，使得所产生的细胞外电流可以叠加起来。逆向刺激时，胞体提供了一个相对致密的电流汇，其相应的电流源则在广泛的树突树上面。像海马、新大脑皮层这种具有片层状排列的结构，也即具有共同走向、神经元作致密包装的结构，较之脊髓的运动神经元池，可以提供更大的电场。它们可能提供产生电场效应的材料。诱发的场电位可以达到 10 mV/mm，这个数值已经大于为调制海马和新大脑皮层神经元兴奋性所需的电场强度；即使由胶质细胞来缓冲钾的稳定电位梯度，也可达到＜4 mV/mm，这也可以调制神经元的兴奋性(细胞外电位梯度和细胞外钾离子浓度的关系是 0.3～2.2 mV/mmol/L)。没有一种电场可能使神经元从静息电位(－65～－70 mV)达到它的阈值(－55 mV)，但是当有其他因素把神经元推进到它的阈值附近时，这些电场就变成有意义的了。电场相互作用提供最后的推动，使神经元产生锋电位。关于无脊椎动物轴突假突触相互作用的许多早期研究，在实验条件下增加了神经元的兴奋性。这些研究经常减少细胞外钙，甚至用枸橼酸钠螯合钙，从而增加轴突的兴奋性，剥夺细胞膜上的电荷[1]。

### 5.4.2 神经元对电刺激的敏感性

还要讨论一下神经元对电刺激的敏感性。在这里讨论电刺激敏感性是为了容易解释当神经元之间有电场、电位差发生时，是否有可能刺激邻近的神经元。

在生理学实验室里面常用电刺激，所用电流往往很大，它对于按照一定方向排列的神经元素产生去极化效应。多数电生理学教科书都讲，通过双极性电极刺激神经干的单根轴突，电流会如何使神经去极化并在阴极下使神经兴奋。在许多更加复杂的结构如脑里面，电流流进去并刺激神经元并非一目了然，对此必须加以仔细分析。刺激神经组织时所用的电流，比某些生物学系统能够产生的要大得多，然而电鳗是一个例外。脑所产生的微弱电流能造成一个细胞外电场，可达 10 mV 级。关键问题是，电场是否足够大，是否能改变神经元的特性[1]。

### 5.4.3 组织电导性

电场作用于传导介质，例如细胞外液，引起电流流动，电场梯度等于电流乘上一个常数，即特异比阻，如 39℃时为 56 Ω · cm。脑有不同的比阻，新大脑皮层的比阻估计约为 260～360 Ω · cm。细胞外空间或“细胞外容积分数”的估计值，可以用离子选择性电极测定不透过标记物而得到，这个分数大约是 0.17～0.22。脑组织是一个复杂的电复合体，因为神经元有长的突起，它不是按随机的方向排列，而且有大范围的特征与尺度的不同。这就使得在不同位置、不同方向上进行测量时，在电导性方面具相当程度的不均匀性及异向性。这种非均匀的电阻性是由于包围细胞内区隔的细胞膜的高电阻所造成的。在细胞外测量比阻依赖于几个因素。第一个因素是组织被细胞外间隙所占据的比。细胞外电流大部分流过胶质细胞的合胞体，考虑细胞外空间时应考虑胶质细胞。第二个因素是神经元外空间的几何形状。比之排列成直的通道，如果它是弯曲的，比阻会高一点，这种区别曾被描写为“弯曲因素”。第三，如果相对于其长度常数，神经元素很长，则某些细胞外电流将会进入细胞内空间，因此减少电流密度和比阻。后一种情况似乎相对不太重要，因为随着记录技术的提高，完整神经元的估计电紧张常数在缩短。在神经纤维束以及某些脑区，神经元素的排列有共同的走向和弯曲因素，以及部分的细胞内电流通路，使得比阻可以随排列方向而变异，即是异向性的，因而在神经的轴向，其电阻低，在大脑皮层灰质，可以低到横向的 1/10。局部细胞外空间的减少，加上弯曲性的增加，使得大鼠海马致密包装的细胞体这一层的比阻增加，增加的比阻可以比邻近神经组织高一倍以上。这种效应在海马 CA1 区特别明显，其细胞外容积的分量可低到 0.12，而脑区的正常范围是 0.17～0.22，CA3 是 0.18，齿状回颗粒细胞层是 0.15，啮齿类 CA1 区细胞体的紧密包装可能是其原因。这或许是解释 CA1 区产生非化学突触同步化的一个因素[1]。

### 5.4.4 电场生物学效应的社会影响

脑结构对电场的敏感性如何，也成为一个公共卫生方面的问题。社会上存在着争论，电气工人站在高压电线上，以及手机个人用户频繁使用视频显示器（visual display unit，VDU），对人体是否有影响。毫无疑问，这两种情况下的许多问题出自心理学和社会学的因素，而对于 VDU 来讲是由于早期的文字处理机和办公用具的人体工学设计不合理。然而一些简单的制备例如脑薄片和无脊椎动物神经元,它们对这些因素的灵敏度就不能归之于上述机制了。因此产生了一种可能性,那就是,环境电场可以影响脑功能。测定一下分离神经结构对于电场影响的敏感度如何,这比较简单,更复杂的是要测定环境电场诱导活体脑活动变化的电场强度,而且测量它们所导致的行为后果。如果采用活体麻醉的大鼠,用 15 和 30 Hz 的交流电电场,空间中有 100 V/m 的电场强度,则可以引起小但是明显的自发性放电神经元的同步,而 50 Hz 的不行。这些是英国电功率线的频率范围(power-line frequency in the United Kingdom)。曾经估计,相应于大鼠脑的有效电场为 $10^{-5}$ V/m,此数字远小于可以调制离体神经元活性的电场数值。更大一点的电场例如 $10^3$ V/m,可引起对正常活动动物行为的可觉察效应。被感觉到的这些效应可能足够大,比如头发的机械运动,但可以排除由快速气流流动所引起的行为反应。这种电场强度接近于预计在脑内产生毫伏/米级的电场,但即使如此,仍然低于离体实验所发现的阈值,当然仍须做直接测量真正电位梯度的实验[1]。

由于对磁场和电场组成成分的频率、调制、幅度和朝向等的组合没有限制,因此对电场和磁场的生物效应的分析变得复杂化了。电磁场可通过几个物理学途径影响组织,例如 50～200 Hz 范围的电磁场可引起脑组织的机械振动、较低频率的以及调制的射频,可引起离体脑组织的钙释放;爆发性射频辐射可引起培养小脑的一氧化碳(CO)释放。最后,电磁场与健康的相关并不局限于中枢神经系统,文献曾报道过电磁场对肿瘤、对细胞信号转导、对免疫以及对松果体功能的影响,还有对外周神经功能的影响。电磁场对于内分泌特别是对于松果体的影响,可能对公共卫生具有特殊的意义,例如临床上抑郁症发病的情况[1]。

## 5.5 神经元间的电学调制

化学突触仍然是神经元间相互作用的关键因素,然而非化学突触性机制在神经元的功能方面也起着相当重要的作用。一般说来,电的相互作用包括缝隙连接、假突触和电场效应,可以在快的、毫秒级的时间尺度上介导神经元的同步化;与此相对比,离子浓度变化及其他化学机制的作用则在更缓慢的时间尺度上,达数十毫秒或更长的时间。它们的效应在于调制兴奋性,例如在癫痫发作时。更具推测性的是,电和电磁场对脑功能的效应可能有临床意义,如对于电麻醉、癫痫调控以及公共卫生。以上种种已经离开了神经科学的主流范围,但在某些情况下有实验证据表明,它们具有相当的重要性,需要我们做进一步的研究[1]。

归纳起来,已经得到证明的、被公认的神经元间的电学调制作用有以下几项。

*缝隙连接*显然存在于成熟哺乳动物的中枢神经元之间,可能传送神经元之间的快速信号作用,并在发育过程中和组织损伤以后的细胞间通信中引起同步化等。缝隙连接是可变的,可以由若干实验操作引起。更进一步,缝隙连接可以被引起癫痫的处理所诱导,有贡献于癫痫的发作。通过缝隙连接,电紧张性耦合会使一簇神经元同步化,也可能允许其他形式的非化学突触的同步化发生。通过缝隙连接的化学相互作用是缓慢的,可能具有营养性作用[1]。

在*假突触*发生的部位,神经元紧密地靠拢而导致电通信,这是在某些特殊情况下出现的,最清楚的是在去髓鞘疾病和外周神经疾病的情况下出现。虽然目前的定义还不完全一致,但根据前面所描述的情况,假突触性相互作用可以在哺乳动物的小脑和硬骨鱼类的延髓中发生,而且在这两种情况下都是抑制性的,类似于平行的突触接触,但时程较快。缝隙连接和假突触都是局限性的,发生在特定的一对或一小簇神经元之间[1]。

*电场效应的相互作用*可以影响任何神经元,只要受影响的元素在电场内有合适的朝向。在片层样的脑皮层结构中,电场效应明显,最令人注目的是海马。不过,电场效应也可在明显非片层样结构的脊髓腹角被检测到。电场效应在脑的正常功能中仅有微小的作用,例如当 LTP 的 E－S 强化时,此时群体锋电位(spike,S)的增强比预计群体 EPSP(E)的增强要大,有时电场效应是通过个别动作电位的同步化增加而得以实现的。在某些病理条件下,电场效应变得明显起来,例如癫痫发作、渗透压不平衡以及罹患影响离子平衡的代谢病等。电场效应倾向于在快的时间尺度上使神经元同步化,产生特征性、群体性的振荡型式——癫痫发作性放电。电场也有慢作用,这导致神经元兴奋性的长时程变化及/或神经连接的某些变化。在某些情况下,电场可以引起神经活性物质的释放,例如 NO,这可以解释它们的长时程后作用。在另一些情况下,它们对生长锥起营养性作用[1]。

*细胞外离子浓度的波动*可以在病理情况下发生,但是细胞外离子浓度波动所引起的神经元同步化,在时间尺度上是较慢的。细胞外钾离子浓度在癫痫发作时增加,虽然这不是触发癫痫的因素,但可能是促使向癫痫发作转变的因素。细胞外的钙离子和镁离子浓度也是波动的,在癫痫发作时它们减少。虽然细胞外离子在癫痫产生方面是一个重要因素,但在正常情况下,它们仅是许多因素中的一个而已。例如,围绕着边缘系统或其他脑区有通过长回路的再循环。钙离子的波动也介导胶质细胞内以及从胶质细胞到神经元的交流,这提出了脑功能的新的、有趣的问题。从原则上看,当单个神经元或小群体神经元在生理情况下活动时,场效应和离子波动可以在微观水平上发生效应;而当有一簇神经元同步放电时,作为对共同输入的反应,作为对突触网络的同步化活动,或者作为对于缝隙连接的激活,场效应和离子波动就表现出来了[1]。

很明显,突触机制仍是神经系统功能的关键,但是神经元间的非化学突触相互作用有着重要的功能和实际效应,需要我们去加以了解。特别重要的是,当有强烈的神经元活动时,如当癫痫发作及发生其他同步放电时,这种效应就更值得重视[1]。

最后,非化学突触的相互作用也应包括机械力的作用在内,请参看第 9 章“力学神经生物学”。

## 参考文献

[1] Jefferys J G R. Nonsynaptic modulation of neuronal activity in the brain: electric currents and extracellular ions. Physiol Rev, 1995, 75: 689.

[2] Debanne D, Campanac E, Bialowas A, et al. Axon physiology. Physiol Rev, 2011, 91: 555.

[3] Anastassiou C A, Koch C. Ephaptic coupling to endogenous electric field activity: why bother? Current Opinion in Neurobiology, 2015, 31: 95－103.

# 第 6 章 神经调质、神经肽与神经调制作用

## 6.1 引言

神经调制作用与神经调质这两个概念是相伴而生的。首先，神经调质的内涵相当复杂。神经递质不一定只起传递作用，它也可以起调制作用，因为如果递质通过代谢型受体而起作用，就被认为是调质。这样看来，怎样区分递质与调质就值得讨论。本书引述了几组关于大脑皮层神经元受到经典递质影响的实验，而经典递质在这里的作用是调质。其次，由于离子型受体和代谢型受体都可分布于突触外区，因此突触外区所有受体的激活，包括经典递质和其相应受体的激活，都会对神经元发生调制作用，这里又有问题值得讨论。近来，突触外区 $GABA_A$ 受体的张力性激活受到了广泛注意，这已在第 4 章加以专门讨论。再其次，本章较多地讨论了神经肽，而神经肽主要起调制作用。近年来，神经肽在动物和人体中都显示有明显的社会行为效应，但其机制远未得到阐明。

本章的大部分内容(6.1—6.10)是从细胞水平介绍神经调制作用，最后一节(6.11)从神经回路和整体水平介绍神经调制的事实和意义。本书第 19 章则围绕催产素(oxytocin，OT)与社会行为的比较而展开全面介绍。OT 是一种神经肽，它的作用主要也是神经调制。

### 6.1.1 神经递质的调制作用

1979 年 I. Kupfermann 在一篇论文综述里明确提出了“神经递质的调制作用”问题。当时，由于对神经肽的作用还刚刚开始研究，因此关于神经递质的讨论多一些。到今天，把调制作用局限于神经递质，已明显感觉到有缺陷，需要比较完整地加以分析[1]。

当年 Kupfermann 认为，更多的注意力应转向一些非传统突触作用的分析，这种作用常被称为神经调制性作用。例如有一个科学讨论会，其宗旨完全是详细讨论神经和行为的调制。虽然 Kupfermann 提出“调制性突触作用”这样一个观点，其实对此还没有共识，他也不打算提出一个逻辑上比较可靠的调制定义，但不管定义如何，看起来事情就是这样的，只要把它与当前被多数人广泛承认的突触作用模型相对比，这个观点就能够很好地被了解。当时按照突触作用模型(图 6 - 1)，神经递质从突触前释放，与突触后的受体/离子复合物相互作用，这就是我们现在所知道的离子型受体，或者受体/离子载体

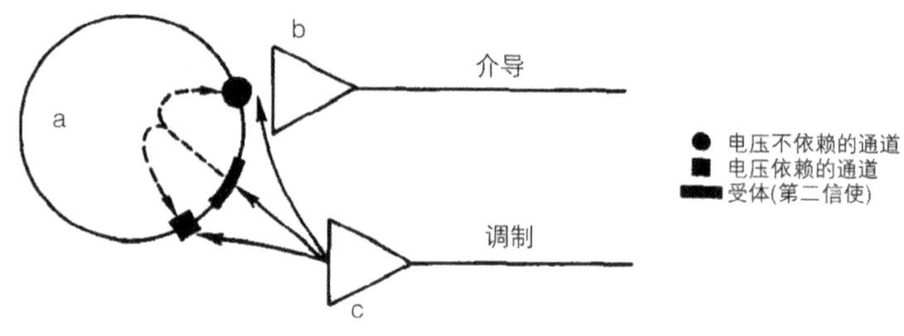


**图 6-1**　神经递质的调制作用

这里的元素 a 代表一个电可兴奋的元素(神经元的树突、胞体、突触前末梢，或者肌肉)。元素 b 代表通常的(介导性的)突触末梢，它释放递质，递质与受体/离子载体复合体相互作用。该复合体与电压不依赖的通道相关联。元素 c 代表调制性末梢，它也释放递质，此调制性递质可以在电压不依赖的通道上改变传递性递质的效应。这或是由于它改变了介导递质的受体，或是由于它改变了介导递质的细胞外浓度。另外一种可能性是，调制性递质可以改变下述活动：调控离子流动从而产生锋电位的电压依赖通道活性；产生细胞的内源性起步点特征；或者，在突触前末梢及肌肉处分别影响递质释放或肌肉收缩。调制作用可以在细胞外与电压依赖的通道相缔合的受体上起作用，或者通过特殊的受体而在细胞内起作用，因为特殊受体的激活改变了细胞内某个信使的浓度水平。(图引自[1])

(ionophore)复合物。这个结合导致离子通道快速和短暂的开放。对于与递质敏感通道相关联的电导增加，细胞膜电位没有影响或仅有很小影响，正因为如此，这些通道被称为电压不依赖的或电压不敏感的通道。受体离子载体复合物的激活引起膜通透性的改变，由这种通透性改变所造成的膜电位变化，可以影响不同类别的离子通道，而这些离子通道的电导是电压依赖的，而且是负责动作电位产生的。这样，如果递质能够使膜电位朝动作电位的阈值方向移动，就可以兴奋这个细胞；它也可以抑制这个细胞，如果能够稳定膜电位而使之低于阈值。神经调制的概念是这样的：与传统递质不一样，它们不只是兴奋或抑制一个电可兴奋的细胞，而是参与细胞内所发生的其他事件。最单纯的例子是这样：对细胞的突触作用本身不引起电导或电位的变化，相反它能够改变内源性起步特征所引起的电位或电导变化，或者改变由于突触信号输入这个细胞所引起的变化。在许多情况下，一个兴奋性的突触输入被称为调制性的，但事实上此输入本身是直接引起电导或电位变化的。为什么把这种反应称为调制性的呢？有一个理由是，其直接作用是相对地附属于另一个更重要的功能，而那个功能就是改变此细胞对其他输入反应的变化。第二个相关的调制概念可以回溯到 E. Florey，他在 1967 年对递质作用和激素或神经调制作用的性质差别作了区分。他指出，递质作用典型地是局限的，而且局限于突触下区域，它是短暂的，并不牵涉细胞内事件。与此不同，激素性影响不局限于神经元的突触区，其效应是持久的，可以包含细胞内的作用。虽然 Florey 把他的调制定义局限于来自血液的物质，但是我们可以很自然地把他的区分加以扩展，包括来自神经末梢释放的那些物质；而神经末梢的这种功能倒是像激素一样，与经典的递质反倒是不一样的[1]。

Kupfermann 提出了神经调制作用的 4 个方面。他介绍了一些非传统突触作用的当时进展，是希望描写：这样一些作用可导致神经活动的调制(图 6-1)。他认为可以有 4

种情况：① 一个递质似乎调制了电压不敏感的电导效应。这里又可分成两种情况：一种是调制性物质似乎是通过细胞内途径而起作用的，典型地包含一个细胞内第二信使；另一种情况是此物质通过细胞外途径而起作用。② 第二种调制作用是作用于电压敏感过程。这里讨论了对神经元起步点的调制效应，然后考虑了环核苷酸电压敏感过程中的可能作用。③ 第三大类是突触前末梢的调制性突触作用。因为突触前末梢可以接受轴突-轴突输入，所以在胞体或树突上发生的同样突触过程可以在末梢处发生。他的文章并不企图就突触前调控进行完整而广泛的讨论，仅考虑产生相对持久效应的突触前调控的相关轴突-轴突输入。④ 最后，讨论了调制性突触作用的可能的行为功能[1]。

### 6.1.2 神经调质

神经调质这个名词，按其来源是与“神经递质”相对应而引发出来的。递质介导明确的传递过程，而调质本身并不介导传递过程[2]。

同一神经递质，由于其与突触后结合的受体性质不同，会出现不同的效应。以乙酰胆碱为例，已知突触后膜上有乙酰胆碱受体，如果该受体属于烟碱型，就称为烟碱型乙酰胆碱受体(nAChR)，nAChR 本身就是门控离子通道，乙酰胆碱与它结合之后引起突触后电位。基于此，nAChR 又被称为离子型乙酰胆碱受体(ionotropic acetylcholine receptor，iAChR)。同样的乙酰胆碱，在神经元的其他部位或在其他神经元上，如果突触后膜上的受体属于毒蕈碱型，就称为毒蕈碱型乙酰胆碱受体(muscarinic acetylcholine receptor，mAChR)，mAChR 通过 G 蛋白影响离子通道的活动，因此在这里起作用的乙酰胆碱并不直接引起快速的突触后电位，而是引起比较缓慢的突触后电位。基于此，mAChR 又被称为代谢型乙酰胆碱受体(mctabotropic acetylcholine receptor，mAChR)。同为乙酰胆碱，在前一种情况，它是神经递质；而在后一种情况，它是神经调质。这种例子在神经系统中并不少见，其决定因素是受体为离子型抑或代谢型的性质[2,3]。

### 6.1.3 神经肽

一般认为，神经肽可能是神经递质或神经调质，但把它看作递质有一个明显的困难：没有专门的酶或转运蛋白可以把神经肽从突触间隙移走。神经肽作为递质的一个著名例子，是 20 世纪 80 年代发现的两栖动物交感神经节的节前神经元所分泌的促黄体生成激素释放激素(luteinizing hormone-releasing hormone，LHRH)样肽，它可以引起晚慢 EPSP(late slow EPSP，lsEPSP)。根据作者描写，节前神经元神经末梢的分泌部位离开接受 LHRH 肽的部位，距离可达数微米。显然，LHRH 肽并不是一个典型的神经递质，但说它可以调制交感神经节后神经元的活动，则是不会有异议的[2,3]。

## 6.2 神经递质对哺乳类大脑皮层神经元的调制作用

神经递质对哺乳动物大脑皮层神经元起调制作用的实例很多，这里仅举几个例子。

### 6.2.1　通过 m1 型毒蕈碱型乙酰胆碱受体的乙酰胆碱调制作用

m1 型 mAChR 调制钾通道 Kir2，从而增强皮层锥体神经元的兴奋性突触后电位(EPSP)的时间总和[4]。

前额叶皮层(PFC)的胆碱能神经支配在调节神经的执行功能方面起关键性作用。胆碱能受体被乙酰胆碱所激活，使啮齿类前额叶皮层的锥体神经元去极化，但有关介导此调制作用的机制是有争议的。为探讨此问题，有人研究了大鼠脑薄片的大脑皮层第Ⅴ层、边缘前皮层、边缘下皮层锥体神经元对 mAChR 刺激的反应。与以前的报道相一致，对 m1 受体的刺激引起强的去极化，导致张力性放电。电压钳分析发现，m1 受体的激活降低了构成性活性的内向整流(Kir2)钾通道。阻断蛋白激酶 C 的激活或耗竭细胞内钙储库，不影响此调制作用。然而通过应用磷酸肌醇激酶抑制剂——渥曼青霉素(wortmanin)，可以阻断调制的逆转。这提示，此调制是由于膜上的磷脂酰环己六醇－4，5－二磷酸(phosphatidylinositol－4，5－bisphosphate，PIP2)耗竭所致。由 m1 受体刺激所引起的 Kir2 通道电流减少，明显地增加了由重复刺激大脑皮层第Ⅰ层所引起的 EPSP 的时间总和。这个作用又受 m2/4 受体介导的突触前同一神经末梢抑制作用的补充。由于这两方面的调制作用，对单个孤立传入脉冲的反应减少，但是对高频传入爆发波的反应反而增强了(图 6－2)[4]。

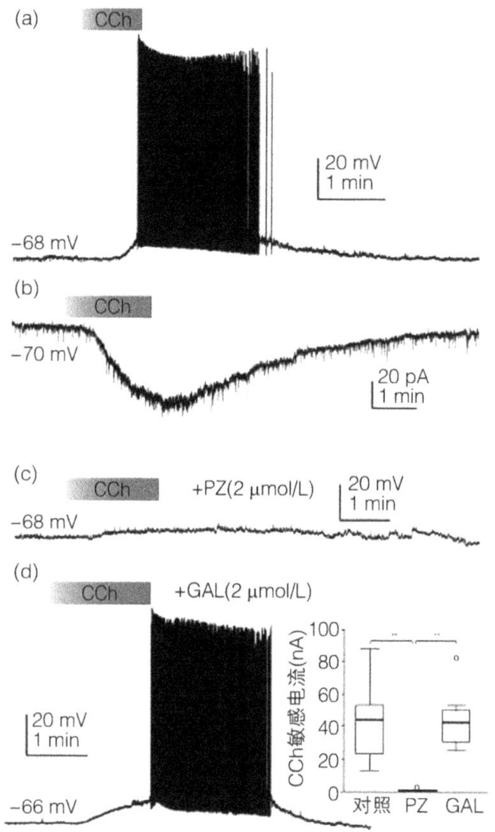


**图 6－2**　碳酰胆碱诱导前额叶皮层锥体细胞的去极化

(a) 给予碳酰胆碱(carbachol，CCh)10 μmol/L，使一个代表性的前额叶皮层(PFC)锥体神经元去极化，导致动作电位发放。(b) 当细胞电压钳在－70 mV 处再给予 CCh，会引起一个净内向电流，冲洗后回到基线。(c)(d) 用 m1 受体拮抗剂哌仑西平(pirenzepine，PZ，2 μmol/L，c)预处理，可以明显降低 CCh 的去极化效应；但 m2/4 拮抗剂加拉明(gallamine，GAL，2 μmol/L，d)无此效应。d 的小插图小结，显示 CCh 在对照条件下引起的内向电流($n$ = 12)，存在着 m1 阻断剂哌仑西平($n$ = 5)或 M2/4 阻断剂加拉明($n$ = 7)条件下的内向电流。(图引自[4])

### 6.2.2　通过代谢型谷氨酸受体的谷氨酸调制作用

代谢型谷氨酸受体(mGluR)介导的细胞内钙波，可以调节大脑皮层第Ⅴ层锥体神经元的放电。影响 PFC 锥体神经元活动的因素，很可能在工作记忆的功能方面起重要作用。其中一个因素可能是细胞内钙从贮库内释放出来。有人考察了这一假说，即 mGluR 介导释放的细胞内钙波，可以调节 PFC 锥体神经元的内源性兴奋性及放电型式。在豚鼠脑薄片上，突触的或局灶性药理学激活的 mGluR 可以触发内侧前额叶（medial PFC，mPFC）第Ⅴ层锥体神经元树突和胞体的钙波，这些钙波常常诱发一个瞬时小电导钙激活钾通道（SK channel）介导的超极化，随之以延时去极化。这两个作用可以分别降低和增加神经元的兴奋性。超极化的发生依赖于钙波是否侵入胞体，去极化则依赖于钙波传播的程度。实验检测了影响钙波扩布进入胞体的一些因素。刺激更多突触，增加靠近胞体的三磷酸肌醇（inositol trisphosphate）浓度，以及采用生理性串动作电位预处理，都可以增强引起胞体钙波的可能性及幅度。这些结果提示，mGluR 介导的钙波，可能调节前额叶锥体神经元的放电型式，而此神经元是参与工作记忆的，特别是在有利于钙波扩布进入胞体的条件下[5]。

### 6.2.3 去甲肾上腺素对爆发性神经元的调制作用

有学者研究了大脑皮层第Ⅴ层神经元产生的爆发性放电如何受去甲肾上腺素（noradrenaline，NA）能、乙酰胆碱能和谷氨酸代谢性受体调制的离子机制。实验用豚鼠脑薄片，对躯体运动皮层和视觉皮层神经元采取细胞内电极和细胞外电极的方法进行研究。由细胞外和细胞内记录发现，部分第Ⅴ层细胞能够自发地产生爆发波，每次爆发包含 3～6 个动作电位，爆发频率为 0.2～4 Hz。这些细胞如果用细胞内注射电流加以去极化，爆发放电可以被抑制，并把细胞开关转变到张力性的、单个锋电位-动作电位产生的模式。逆向标记投射到上丘（superior colliculus，SC）或脑桥核的第Ⅴ层锥体细胞的细胞内记录显示，相当一部分神经元是爆发性产生的细胞。给予去甲肾上腺素、谷氨酸代谢性受体激动剂 1-氨基 1,3 双羧基环戊烷（ACPD）或乙酰胆碱于第Ⅴ层爆发性细胞，可引起去极化及随之而来的放电模式从自发爆发波到单个锋电位模式的转变。反应的药理学分析表明，其作用是由去甲肾上腺素 α 受体、毒蕈碱型乙酰胆碱受体（mAChR）所介导的。去甲肾上腺素的反应可以被 α-激动剂苯肾上腺素所模仿，而不能够被 β-激动剂异丙（去甲）肾上腺素所模仿，可以完全被 α-拮抗剂哌唑嗪所阻断，而不能被 α-拮抗剂育亨宾或 α-拮抗剂心得安所阻断。最后，乙酰胆碱的效应可被毒蕈碱型激动剂乙酰基碘甲胆碱（acetyl-β-methylcholine，MCh）所模仿，可以被毒蕈碱型拮抗剂东莨菪碱所阻断（图 6-3）[6]。

细胞内记录显示，爆发性神经元上去甲肾上腺素、MCh 和 ACPD 诱导的反应，是由于这些递质直接激活了细胞上的受体，因为局部给予河鲀毒素（TTX）或培养液给予低钙离子浓度、高镁离子浓度以阻断突触传递，并不能够阻断突触后反应。电压钳分析爆发性神经元去极化反应的参与电流时发现，α-肾上腺素受体、mAChR 或代谢型谷氨酸受体（mGluR）的激活导致钾电导减少。这种钾电导减少包括两个成分，即电压不依赖成分、电压和钙敏感成分。结果提示，去甲肾上腺素能的、胆碱能的和谷氨酸能的传导通路活性的增高，可以通过决定静息膜电位来调控第Ⅴ层皮层-顶盖和皮层-脑桥锥体细胞的

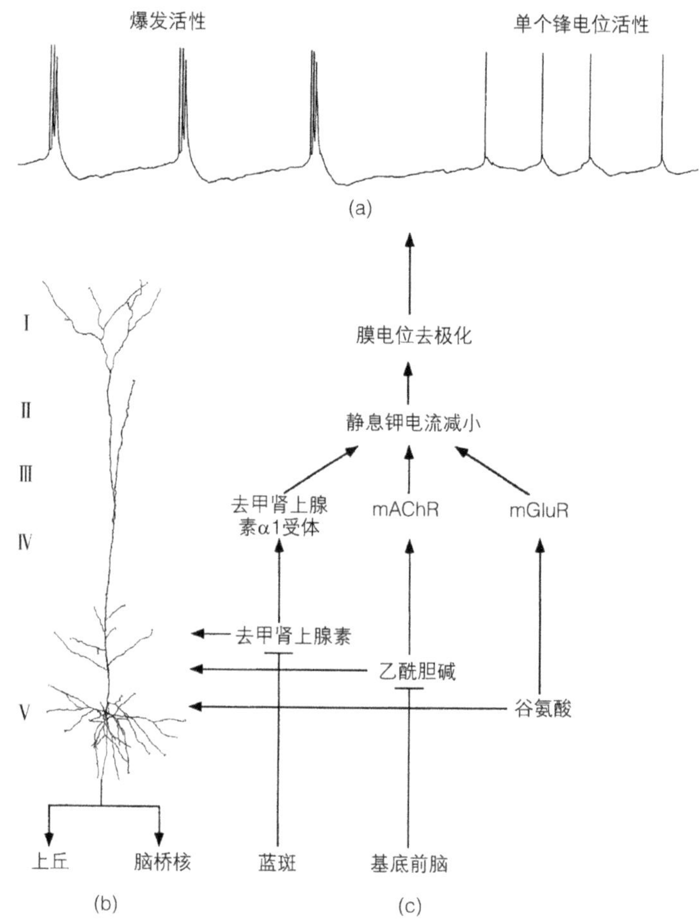


**图 6-3**　皮层-顶盖、皮层-脑桥第Ⅴ层爆发性神经元的生理学、形态学和药理学总结(脑薄片记录)

(a) 在静息膜电位状态下典型的自发性爆发放电活性，以及当膜去极化时放电型式转变到单一动作电位的活性。(b) 冠状切面下这些神经元形态学的典型例子。神经元显示上行顶树突，在第Ⅰ层延伸成为主干，有时候在颗粒上层分叉。(c) 从蓝斑(locus coeruleus，LC)去甲肾上腺素能末梢所释放的去甲肾上腺素、从基底前脑胆碱能纤维所释放的乙酰胆碱以及可能的谷氨酸，可以激活它们的相应受体。受体激活导致静息钾电导减少，从而转变这些神经元的放电模式，使它们去极化。(图引自[6])

放电模式，而静息膜电位的决定是通过调制电压依赖的和电压不依赖的 $K^+$ 电导来实现的。第Ⅴ层锥体神经元放电模式的调制性调控，可能在皮层活性的上行性或局部性状态依赖的变化中有一定意义，也可能在皮层和皮层下结构之间的相互作用方面有一定意义[6]。

## 6.3　神经肽引起的神经细胞电变化

关于神经肽引起的神经细胞电变化，我们引用两个资料。第一个是 LHRH 可引起明确的突触后电位——晚慢兴奋性突触后电位(lsEPSP)，但并没有涉及引起它的信号通路是什么。这是20世纪80年代早期L. Y. Jan和Y. N. Jan的先驱性工作。第二个引起电变化的例子是关于无脊椎动物的神经肽——FMRF 酰胺(L-phenylalanyl-L-methionyl-L-arginyl-L-phenylalanin-amide,FMRF-amide),它直接作用于离子通道。根据所发表的描述来看,这个肽的受体应该就是离子通道,这样的例子我们还没有在其他地方见到过。

### 6.3.1 黄体生成素释放激素引起的晚慢 EPSP

脊椎动物神经系统有许多生物活性肽,对它们的研究成了神经生物学发展当中的一件大事。这些肽存在于不同的神经通路里面,通常在神经末梢是比较浓集的。当神经受刺激时,肽可以释放。已有几个实验表明,存在含肽的神经通路。因此,肽可能在细胞间通信中起重要作用,它可能是神经递质,也可能是激素或营养因子。肽作为神经递质的可能性,近年来得到广泛研究。一般说来,在中枢神经系统里,肽作为递质的证据并不令人信服,而且由于固有的困难,对肽的细胞作用的认识还很支离破碎。在中枢神经系统里面研究肽或自然递质的生理效应比较困难,但应用一个简单的模式系统将可以绕过困难。实验表明,蛙交感神经节的 lsEPSP 不是由乙酰胆碱而是由肽介导的,这个肽类似于哺乳动物的黄体生成素释放激素(LHRH)(图 6-4、图 6-5)[7],相关的主要事实有以下一些。

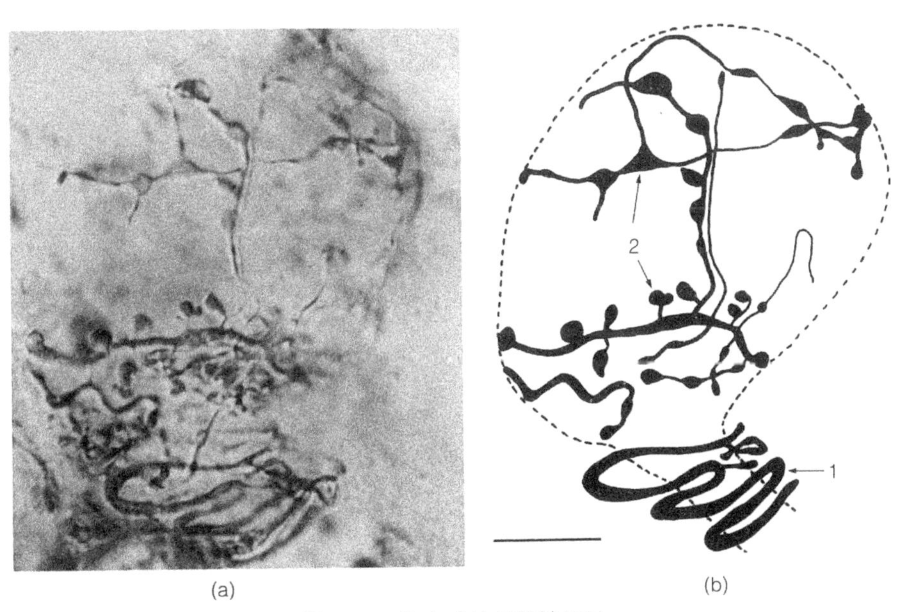


**图 6-4** 蛙交感神经节神经元

(a) 带有节前轴突的交感神经元,轴突末梢内充满辣根过氧化物酶。(b) 该神经元上某些纤维和末梢的简图。节前纤维环绕交感神经元的轴丘区域,并在神经元胞体上形成许多扣结。标尺表示 15 μm。b 图中 1 为轴突,2 为扣结。(图引自[7])

① 在牛蛙交感神经节里面记录到慢突触电位,即晚慢 EPSP(lsEPSP),它可能是由肽介导的,此肽类似于 LHRH。其理由是: a. 突触前神经受到刺激时,有 LHRH 样肽释

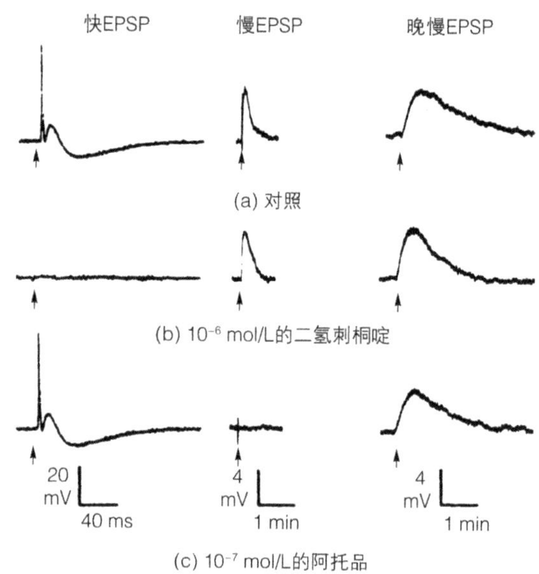


**图 6－5**　胆碱能阻断剂对快 EPSP、慢 EPSP、晚慢 EPSP 3 种突触后电位所发生的效应

nAChR 阻断剂二氢刺桐啶(dihydro-β-erythroidine，dHβE)、毒蕈碱型胆碱能阻断剂阿托品对快 EPSP、慢 EPSP 以及晚慢 EPSP 的影响。在同一个 B 细胞上记录这两种药物的影响。箭头表明神经刺激时间。从左到右：快 EPSP 由对第 7 神经节以上交感神经链的单个刺激产生；慢 EPSP 由对交感神经链 30 Hz 的 0.7 s 电刺激引起；两个分别的第 7、第 8 脊神经同时被刺激，以 5 Hz 的 20 s，诱导产生晚慢 EPSP(lsEPSP)。(图引自[7])

放出来；b. 把 LHRH 放到灌流离体蛙交感神经节的浴液里，使 LHRH 可以作用于神经节细胞，即可模拟自然递质的作用，产生 lsEPSP；c. 作为自然肽或 LHRH，其所引起 lsEPSP 的药理学特征，与突触前神经受到刺激时所引起的相类似[7](图 6－4)。

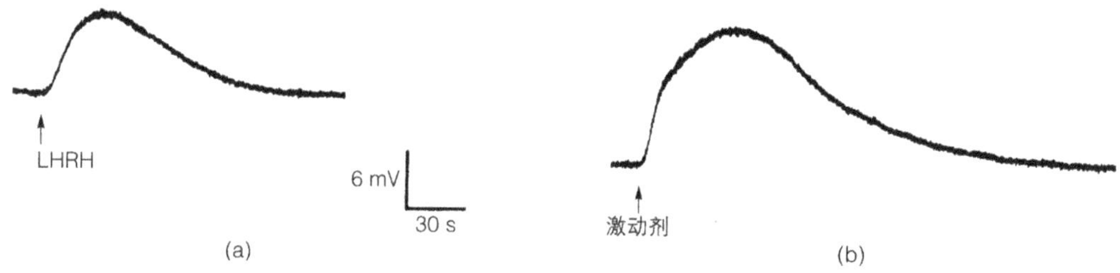


**图 6－6**　由 LHRH(a)和 LHRH 强效激动剂(b)所引起的神经元去极化反应

(a) LHRH；(b) LHRH 类似物，它是一个强效的 LHRH 受体激动剂。去极化反应由压力注射肽而产生。在两种情况下，都用压力注射把肽加到浴液里面去，压力注射持续时间为 5 s，压力为 1.38 kPa。滴管里面的激动剂浓度是不一样的，LHRH 在微滴管里面的浓度是 $10^{-4}$ mol/L，而 LHRH 激动剂的浓度是 $10^{-6}$ mol/L，提示 LHRH 激动剂至少比 LHRH 的作用强 10 倍多。(图引自[7])

② 交感神经节神经元也可以被 P 物质(substance P，SP)所去极化，但对于 lsEPSP 的产生，突触后 SP 受体与 LHRH 受体不一样。SP 受体不能被 LHRH 拮抗剂所阻断，在 SP 引起的反应和 LHRH 引起的反应或 lsEPSP 之间，未能看到交叉脱敏[7]。

③ SP样免疫反应性，存在于穿过神经节的一束轴突。这一分布与LHRH样免疫反应性在节前神经末梢的分布不一样。因此，SP受体和含有SP的节前纤维与负责产生lsEPSP的节前纤维和节后神经元上的受体是不同的[7]。

④ 生理学和解剖学的证据提示，对于lsEPSP的产生，肽能递质在其作用到神经节细胞之前，已经弥散了数微米[7]。

### 6.3.2　肽能传递与神经-肌肉接头的化学传递显然不同

这个肽能传递的某些特征，与脊椎动物神经-肌肉接头化学传递的经典结果显然不同。交感神经节中的B细胞是两类神经节细胞之一，它缺少紧密靠近的突触前神经末梢，但是这些B细胞能够因突触前神经的刺激而起反应，产生肽的lsEPSP。因此，这个肽类递质一定要能从它的释放位点弥散，作用到突触后受体位点，其间有数微米的距离。事实上，肽分子在释放之后，可在几秒钟内保持它的活性，这种晚慢失活构成了肽反应的晚慢性。晚慢失活的后果是，突触前和突触后这两个结构紧密靠近的要求，对于肽的化学传递之有效发生，不是必要的。这样也就出现了一种可能性：在某个系统里面，例如中枢神经系统，受体（以及肽或递质）的分布并不一定严格地准对着效应器的分布；进一步而言，从一个神经元到另一个神经元的信息传递，并不一定要求两者靠得很近[7]。

Jan和Jan的证据显示，导致lsEPSP的肽类神经递质在作用到突触后细胞之前，可以弥散几个微米。这提示，在肽能神经末梢和突触后细胞之间，肽的支配一般不需要严格的物理靠近，不同形式的肽能支配的B和C细胞都表明，肽能递质可通过弥散到达靶[7]。

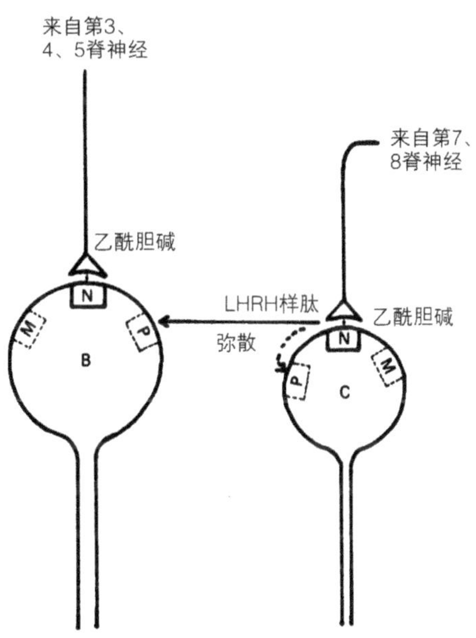


**图6-7**　交感神经链最后两个神经节（第9、10神经节）的神经支配图

第3、4、5脊神经支配两个神经节的B细胞，第7、8脊神经支配两个神经节的C细胞之图解。第9、10神经节是交感神经链上的最后两个神经节。B细胞大，直径30～70 μm；C细胞小，直径10～50 μm。胆碱能轴突支配B细胞，它来自第3、4、5脊神经，而支配C细胞的节前纤维来自第7、8脊神经。LHRH阳性神经末梢仅出现在C细胞上面。很有可能的是，LHRH样肽和乙酰胆碱是由支配C细胞的同一节前纤维释放的。N：烟碱型乙酰胆碱受体（nAChR）；M：毒蕈碱型乙酰胆碱受体（mAChR）；P：LHRH受体。这3类受体中，只有nAChR已被定位，它的位置在靠近突触终扣的直接底下。（图引自[7]）

### 6.3.3　晚慢EPSP是由肽类递质引起的

实验结果的总结如图6-7所示。从神经节细胞上记录的lsEPSP一定是由突触前末梢释放出来的肽类递质所致，C细胞上的lsEPSP是由靠近它们的突触前纤维的细胞表面释放出来的肽类递质以及由离开C细胞数微米的突触前纤维释放的肽类递质所致。这种说法受到以下事实的支

持：实验发现，C 细胞的 lsEPSP 一般比 B 细胞来得快一些。lsEPSP 达到顶峰的时间和慢波的持续时间，在 C 细胞的 lsEPSP 中分别是 35 ± 10 s 和2.2 ± 1.0 min，在 B 细胞分别是 43 ± 13 s 和(4～5) ± (1～2) min。两者的时间有差别。另外，LHRH 样肽在其作用到神经节细胞之前，已经弥散了相当距离，可见其失活也是比较慢的。的确，当通过短暂脉冲电刺激，或短暂地给予 LHRH 以引起 B 细胞一个慢反应之后，再给予短暂脉冲的 LHRH 拮抗剂，则可以阻断所引起的慢反应，而拮抗剂本身对膜电位没有明显效应，对胆碱能反应也没有明显效应。显然，LHRH 或肽递质有相当的时间保留在神经节细胞附近。这个延时保存肽的时间，似乎也可以部分地解释，反应为什么是晚慢的[7]。

### 6.3.4　FMRF 酰胺引起海兔腹腔神经节神经元的电变化

如果用压力方法把 FMRF 酰胺注射到海兔腹腔神经节爆发性神经元 L4、L6 的胞体附近，则 FMRF 酰胺可引发双相反应。第一相是去极化，以后是超极化。在电压钳实验中，FMRF 酰胺诱导一个内向电流，它在给予药物后 100～200 ms 发生，到达峰值在 2～10 s；以后随之以外向电流，其潜伏期为 2～5 s，达峰值时间为 15～65 s，整个反应约维持 1～5 min。进一步根据离子选择性、动力学、电流-电压(I－V)曲线，实验分析 FMRF 酰胺所引起的两个电流。实验表明，内向电流由电导增加所引起，其逆转电位大约为 + 18 mV，此电流依赖于细胞外钠离子浓度，与钙、氯、钾离子无关，对 TTX、六甲铵、箭毒不敏感。外向电流由另一个电导增加所引起，其逆转电位大约为 - 61 mV，类似于短暂钾电流快速电位。在同一个细胞上，此电流对于细胞外钾浓度的变化敏感，与氯、钙、钠浓度的变化没有关系。外向电流可被 1 mmol 的 4 -氨基吡啶所部分阻断，不能被四乙基铵(tetraethyl ammonium，TEA)、箭毒阻断。在 - 70～ - 40 mV 范围内，这两个电流都不是明显电压依赖的。以上资料表明，在这些神经元里，FMRF 酰胺激活了两类离子通道。在海兔中，FMRF 酰胺作为神经递质或激素的可能性由于这些材料而增强了。这里报道的特征化离子机制，可以导致内源性肽对爆发性起搏点神经元的强调制作用(图 6 - 8、图 6 - 9)[8]。

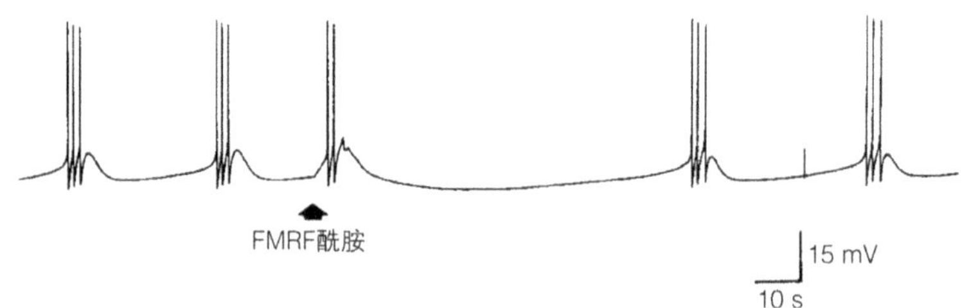


**图 6 - 8**　FMRF 酰胺的双相反应

L6 神经元的爆发性活动的记录显示，当给予 FMRF 酰胺后，正常的节律性活动被打乱。当压力注射肽到胞体附近以后，细胞开始是去极化，引起两个锋电位，这两个锋电位的出现时相不属于以前的爆发时相范围内。比之正常的爆发间间隔，细胞有一个相当长时间的超极化[8]。

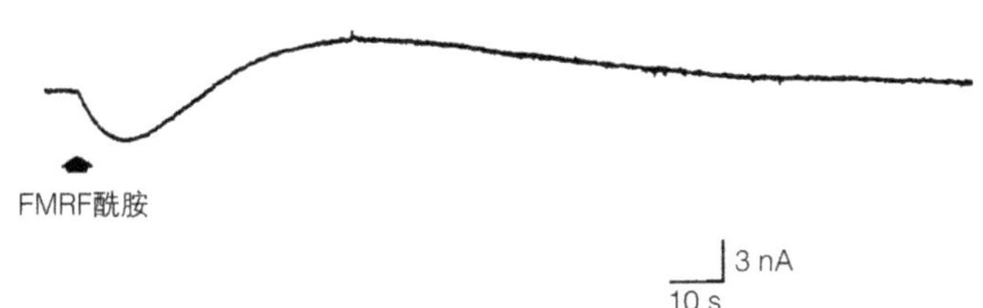


**图 6-9** FMRF 酰胺引起的膜电流

电压钳在 40 mV 时记录的电流显示双相反应，当把 FMRF 酰胺给予 L6 的胞体以后，先有一个短潜伏期的内向电流，随之以一个时间更长、幅度更大的外向电流[8]。

## 6.4 哺乳动物中枢神经系统的神经肽

哺乳动物中枢神经系统的许多神经元都有神经肽，其作用之一是调制神经元活动。神经肽与氨基酸类递质不同，神经肽的释放往往不局限于突触特异化部位；释放以后，要弥散一段距离来发挥作用。神经肽的作用是通过 G 蛋白偶联受体(GPCR)的。有些神经肽，例如下丘脑肽/增食欲肽(hypocretin/orexin)，它们只存在于一个脑区，因此释放这些肽的神经元可能有类似的功能；另一些神经肽，例如神经肽 Y(neuropeptide，NPY)，在全脑的许多部位都有。因此，在一个脑区合成 NPY 的神经元与在另外一个脑区合成 NPY 的神经元，就没有什么解剖学或功能上的关联。现在令人感兴趣的问题是，慢作用的神经调制物的肽与快作用的氨基酸递质在调节能量稳态、药物成瘾、动机、情感、睡眠-觉醒周期和神经内分泌等方面的相互作用[9]。

### 6.4.1 神经肽的调制作用

如同盲人摸象会有多种认识一样，我们对于中枢神经系统神经肽调制作用的看法也是如此。从细胞水平看，一般认为，神经肽的调制一定是通过快速的氨基酸(GABA、谷氨酸等)传递而进行的。当然，还有许多其他前景存在，但它们并不是互相排斥的。这里仅引用少数几个肽分泌的例子及作用，很可能在许多脑区是有代表性的。所用的许多例子都是关于下丘脑的，此脑区是神经肽被研究得最多的脑区。虽然我们讨论的是神经肽，但是有关神经肽起反应的机制、神经肽释放的机制等，可能也适用于脑的其他神经调质，如儿茶酚胺、5-羟色胺、腺苷、内源性大麻素及神经营养因子。神经肽可以对神经元的生理发挥直接作用，时程以秒、分钟计，也可以调制基因的表达，时程以小时、日计。本章所讨论的是神经肽直接的神经生理学作用[9]。

### 6.4.2 神经肽的命名及其作用

神经肽的命名开始时有点混乱，中枢神经系统神经肽的名字往往带有历史背景。例如，为表明某个肽的先驱研究者的最初发现，或根据某个推定的功能，就给了名字。因为许多神经肽是在调节激素释放的背景之下被发现的，所以神经肽的名字往往挂上了这种功能链接的关系。例如，与其名字相适应的生长激素抑制素(somatostatin)，此肽来自下丘脑神经元，从下丘脑门脉循环释放，到达正中隆起部位，其作用是减少脑垂体生长激素的分泌。但是，合成生长激素抑制素的神经元，在大脑皮层和海马都有，而它们的功能与激素分泌调节没有关系；同样，下丘脑分泌的促甲状腺激素释放激素(thyrotropin-releasing hormone，TRH)、下丘脑视交叉上核(suprachiasmatic nucleus，SCN)昼夜节律时钟神经元分泌的加压素(vasopressin，VP)和胃泌素释放肽，这些神经肽的名称实际上与它们的局部功能并无关系[9]。

### 6.4.3　哪些神经元含有神经肽？

经典的看法是，含有神经肽的神经元代表一部分不寻常的神经元；但是现在看法变了，可能除了含有快速作用的氨基酸类递质以外，许多或多数脑内神经元都含有某种神经肽或几种神经肽，以及其他的神经调质。如果考察个别电子显微镜脑切片，切片含有突触终扣，而且终扣的固定方法是能够保留致密轴心小泡(DCV)的，则结果发现，某些终扣似乎仅含有清亮小泡，也就是含氨基酸的，而另一些终扣含有清亮小泡和DCV两者。然而，用下丘脑室旁核(paraventricular nucleus，PVN或paraventricular hypothalamic nucleus，PVH)组织做GABA免疫胶体金标记突触前终扣的重组连续超薄切片，结果发现，每个终扣至少含有少数几个DCV。这提示，除了快速氨基酸递质以外，多数GABA轴突也含有某些神经调制物。当然，有关这些神经调制物的释放和作用有何意义，还有待阐明。此外，因为所研究的轴突是含有GABA的，而这种情况在大细胞分泌神经元里并不存在，所以所看到的这种剖面像(profile)不可能是局部的催产素(oxytocin，OT)或加压素(VP)神经分泌细胞。同样，突触前终扣显示没有免疫胶体金GABA标记，它们中的许多可能是谷氨酸能的。这些轴突含有相当数量的DCV，而且DCV与小清亮小泡互相穿插。对于电子显微镜底下看到的DCV，需要复杂一些的考虑，因为如果用低于合适浓度的pH进行处理固定，则出于化学和渗透压的原因，DCV可能缺失。在这3种情况下，DCV就显示不出来，从而某些阴性报告可能为假阴性[9]。

另一个相关的问题是：是否所有含肽的轴突也一定含有快氨基酸递质？包括基于免疫细胞化学的结果，包括钙的数字成像及电生理学研究，有许多证据支持了一种看法：绝大多数肽能神经元也含有快氨基酸递质[9]。

虽然长期以来认为，下丘脑神经元应用大量的肽，但是现在也知道，其他脑区在这方面与下丘脑并没有很大不同，例如海马。研究海马脑区的GABA和谷氨酸传递是有悠久历史的，目前在海马上已看到，有相当数量的或者说大量的神经肽在那里合成，包括NPY、生长激素抑制素、血管紧张肽、胆囊收缩素(cholecystokinin，CCK)、强啡肽、脑啡肽、P物质(SP)等，特别是在抑制性GABA中间神经元里。海马锥体细胞经常作为一个首要的模型，用来研究谷氨酸神经元。现在这些神经元也被报道有肽表达，例如胆囊收缩素，特别是在神经疾病模型中，例如癫痫模型。从进化角度看，无脊椎动物肽的合成可以给我们某些启示，因为与脊椎动物有平行关系。在海兔中，每个经过鉴定的运动神经元，都被发现含有一个或多于一个不同肽类的神经调制物[9]。

### 6.4.4 下丘脑大细胞与小细胞分泌神经元的神经肽

大细胞分泌神经元提供了一个好的模型，可以用来研究肽的树突释放。如同轴突释放一样，这些细胞含有相当大量的含肽 DCV，其数量可能比非大细胞含肽神经元高几个数量级，而非大细胞含肽神经元并无去到正中隆起或神经垂体的明确投射。非大细胞分泌神经元表达的肽仅为中等程度，应该是采用一般的树突释放形式，对于它们可能需要另作研究。从大细胞研究得到的结论不能完全扩展到非大细胞[9]。

在细胞水平上，肽通过调制不同的离子通道，增强或减弱神经元活性；也可以作用于突触前轴突的肽受体，增加或减少 GABA 或谷氨酸的释放。关于脑内肽的释放和反应，还有许多未回答的或没有讨论到的问题。其中一个关键问题是，多数与神经肽释放和反应有关的神经元，合成中等量或少量的肽，不像有些细胞合成很多量的肽。那么，对这些神经元也应当沿着探讨大细胞分泌神经元的足迹来进行解释吗？那些大细胞分泌神经元合成了大量的肽，而且是周密研究的对象，但是更多的神经元仅合成中等量的神经肽，它们是否应该具有不同的规定性特征、释放特征或引起反应的特征呢？[9]

## 6.5 神经肽如何在神经回路的激活中起作用

我们讨论神经肽与脑功能的关系，当然要考虑神经肽与神经回路的激活，即神经肽如何在一个既定的神经回路中发挥作用。为此，我们要看具体的解剖和生理特点及关系，例如释放部位和存在受体的部位有何匹配关系，释放后的神经肽是否就在附近的局域范围内起作用等等，要具体地考察这些。这方面不清楚之处仍然有很多，本书第 19 章“催产素与社会行为”也反映了这个问题。

### 6.5.1 神经肽在哪里起作用

虽然有强的证据表明，许多神经肽有真实的功能作用，但有关它们在细胞水平的作用仍存在许多谜。即便看起来是直截了当的问题，也可能很复杂。例如，神经元分泌的神经肽到达它起作用的部位，其距离有多远？对氨基酸类递质如 GABA、甘氨酸、谷氨酸来说，它们的释放大部分来自突触前活动带；释放出来以后，递质只要弥散数十纳米就激活突触后神经元上的受体；然后递质快速地降解，或向细胞内转运。所以，氨基酸递质是快速地作用于离子型受体，而且作用于空间分布上分散的、邻近的突触位点。但神经肽跟氨基酸递质不一样，神经肽可能从许多不同的位点释放，而不仅限于突触特异化的位置。这就引出了一个问题：它们是在哪里起作用的呢？例如，L. Y. Jan 和 Y. N. Jan 在 1982 年对于蛙交感神经节做了经典性的工作，发现节前神经元轴突释放促性腺激素释放激素(gonadotropin releasing hormone，GnRH 即 LHRH)，作用于离开其释放位点数微米距离的突触后细胞。即使在一个非突触释放位点上，神经肽仍能够作用于细胞，那个细胞对于释放轴突来讲是突触后细胞。例如下丘脑弓状核(arcuate nucleus，ARC)的

GABA 能/NPY 细胞，它跟邻近的 ARC 神经元发生突触接触，而后者是合成阿黑皮素原(proopiomelanocortin，POMC)的。NPY 即使不是突触释放的，也可以使 POMC 神经元超极化，并对处于突触后位置的那个细胞产生抑制性的效应[9]。

### 6.5.2　神经肽的长距离作用

有一个情况也受到相当的注意，肽可以进行长距离弥散，作用于离开其释放位点的远处。这种长距离的信息传送，在许多神经活性肽或蛋白质中都可以看到，例如脂肪组织产生的瘦素、胃产生的生长激素释放肽、胰岛产生的胰岛素。作为能量代谢稳态的信号，它们被释放以后都要行走一段长的路程才作用到受体。对于某些血源性的肽来讲，血脑屏障可以妨碍肽进入脑，但是某些脑区如正中隆起、ARC，在那里仅维持着弱的血脑屏障，允许血源性信号进入脑内，增强传送的机制；也可以有某些易化机制，帮助某些肽越过血脑屏障进入脑内。脑内的长距离信号传送被称为容积传递(volume transmission)。与长距离弥散相适应，神经肽受体的作用要经过 G 蛋白的放大，目的是对低的纳摩尔级浓度的肽能够发生反应，能够敏感；而离子型氨基酸受体是相对不太敏感的，例如在给予 GABA 或谷氨酸所引起的反应中，受体需要毫摩尔级的浓度才能够被激活。还有，某些肽在细胞外液中维持长的半衰期，从而维持其活性，这样一个时间窗对于肽的弥散是必要的。如果弥散时间过长或者半衰期过短，则弥散还没有到位，物质的浓度就已经不够了[9]。

### 6.5.3　神经肽与神经回路激活

应用特定肽或其他神经调质，使之进入受体丰富但缺少该特定肽的脑区，这时可以产生非常有选择性的功能反应。如果有这种情况，那就提示存在容积传递功能的可能性。然而，神经肽受体简单地对肽作出反应，而且即使反应对于某一特定脑区或回路来讲是特异的，那也仅仅可能是一个选择性回路的激活或者回路的抑制，在正常情况下是不会发生的。显示神经肽经过长距离弥散还可以发生功能作用的更具说服力的策略是：在脑区使用受体拮抗剂，而此脑区是缺少特异肽输入的。如果使用某个拮抗剂以后，能够显示有相反于肽作用的现象出现，那就可以说明一点问题。但是即使应用受体拮抗剂结果的解释，也仍然可能是复杂的，因为某些受体拮抗剂可以作为反激动剂而起作用，那就要减少组成型活性突触的活力，使之达到正常活动的水平。所以说，还要注意受体反激动剂的复杂因素[9]。

### 6.5.4　神经肽的局部弥散方式

对于中枢神经系统内释放神经肽的多数轴突来讲，局部弥散假说是学者们优先选择的。他们认为，多数神经元所释放的神经肽，其局部作用是在靠近其释放部位的细胞上，距离大概数微米。因此，肽的作用是针对其突触伴侣，只不过比一般的突触后细胞较为宽泛些，即使这个肽不是由突触前特异化的活动带释放的。这种展望部分地是基于一些事实：在多数的中枢神经系统轴突上，DCV 仅以低频度存在，而且从合成位点来恢复、补充释放肽的小泡需要花费几小时的时间，因为肽来自细胞体。这样的情况很难使细胞外液的肽浓度达到一个为长距离效应所需的数量。从这一点来讲，相对缓慢的神经肽调质的重新装满，可能与儿茶酚胺类神经调质的装满是有区别的。儿茶酚胺可以快速地在神经末梢内合成，支持当时正在进行着的递质释放；而肽是从胞体合成，有时候需要一天时间才能运输过来。此外，超微结构研究发现，有复杂的星状胶质细胞突起围绕着许多轴突-树突的突触复合体，这倾向于减弱从许多释放位点过来的长距离弥散(图 6－10)，也会妨碍肽对远隔部位的作用，从而维持局部细胞外高浓度。有些作者相信早先卡哈尔的看法，即胶质细胞的关键作用就是把神经元的微区域分隔开来[9]。

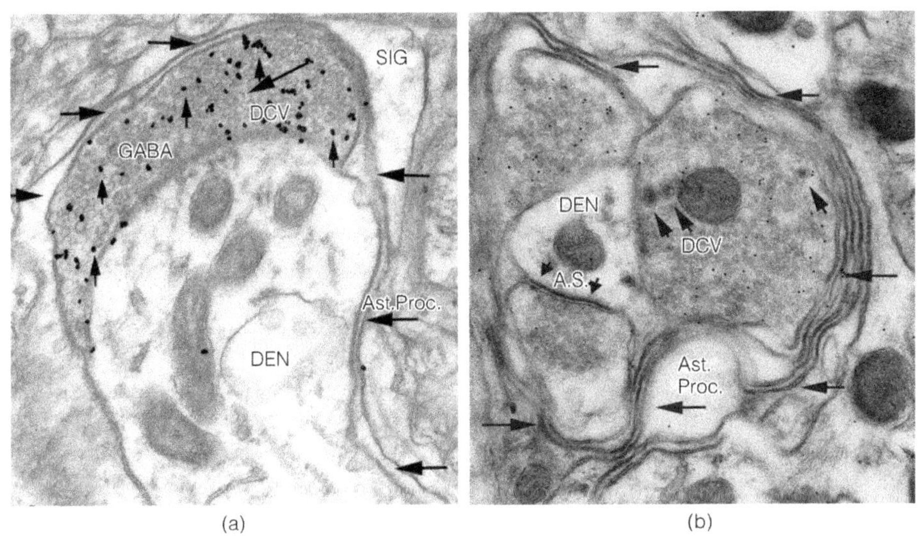


**图 6－10** 胶质细胞隔离了突触复合体

(a) 围绕着突触前轴突的胶质细胞突起(Ast.Proc.)，此轴突接触中央树突(DEN)。短箭头表示银增强的免疫金(SIG)，长箭头显示致密轴心小泡(DCV)，水平箭头显示星状胶质细胞突起，它围绕着突触复合体。(b) 有 3 个突触终扣接触一个中央树突(DEN)，其中 2 个 GABA 终扣是用免疫金标记的，第三个终扣发生在非对称性突触(asymmetric synapse，A.S.)，这是典型的谷氨酸突触。突触复合体被星状胶质细胞的几层突起所包围，由水平箭头表示。图的宽度是 1.1 μm(a)、1 μm(b)。(图引自[9])

### 6.5.5 神经肽的局部功能微域

多数神经元释放的肽，可以作用于距离释放位点数微米的部位，这个事实并不否定另一种情况，就是某些肽可以大量释放并作用于远距离，但后者可能仅是例外和少数情况，而不是常规和多数情况。例如，考虑到在海马、大脑皮层有多种 NPY 或生长激素抑制素的中间神经元亚型，另据报告，邻近细胞有多样的肽反应，而邻近部位的中间神经元往往存在于功能微域中，并可以有高度特异化的功能，看起来事情就可能是这样的：释放的肽在这里的主要作用，还是针对邻近的接受性细胞[9]。

与局部弥散情况相适应的是，最近发现了果蝇的一种肽，叫作色素分散因子

(pigment dispersing factor,PDF),它在调节无脊椎动物的昼夜节律方面起作用。虽然释放 PDF 的细胞投射到果蝇脑的好几个区域,但对于 PDF 起反应的释放细胞似乎对于昼夜节律的某些方面起关键性作用,那就是,分泌出来的 PDF 作用于表达在释放细胞群的外侧-腹侧起步点神经元上的 PDF 自家受体,其作用是调节行为活动应该在一天当中的哪个时间发生[9]。

## 6.6 神经肽与 G 蛋白偶联受体

多数神经递质的作用是通过结合到一个 7 次跨膜的 G 蛋白偶联受体(GPCR)。有数百个这样的受体已经得到鉴定,对它们的正常配基也已了解。有几个 GPCR 孤儿受体的配基还没有被鉴定。配基与 GPCR 结合后导致受体构象变化,再导致细胞内 G 蛋白的激活。许多 G 蛋白以非活性的异三聚体形式存在,包括 Gα、Gβ 和 Gγ。G 蛋白的激活导致 α 亚单位上的 GDP - GTP 交换。由于交换,G 蛋白就与 GPCR 解离[9]。

肽信号的传送因为诱导了多个细胞内信号转导通路而被放大,信号转导通路可以是腺苷酸环化酶、cAMP、MAPK、ERK、PKA*,以及一系列靶蛋白质的磷酸化。单聚体 G 蛋白也可能有贡献于调制某些离子通道及肽的作用。某些肽可以利用多个 G 蛋白效应器,如促性腺激素释放激素(GnRH)。神经肽对 GPCR 的作用可以在效应器水平被调制。例如,有一类叫作 G 蛋白信号传递调节者(regulator of G protein signaling,RGS)家族的蛋白质,它们可以加速 G 蛋白的失活和激活,从而改变受体与效应器的耦合。有关 GPCR 的文献太多,在这里不可能详细地考察,有兴趣的读者可以阅读其他相关综述[9]。

### 6.6.1 神经肽与其受体的失匹配

在脑的许多部位,肽和同源性的肽受体表达互有重叠,这与神经肽的局部作用是相一致的。但是在中枢神经系统的许多位点,解剖学上表达特定肽的部位和表达其相应受体的部位,可能在脑的两个完全不同的地方,这就是所谓"失匹配"。关于这方面已经讨论得很多。肽和受体的失匹配可能是一种简单的非功能性返祖(throwback)现象,通过它部分地保留了以前在进化上重要的相互作用,但现在已经不再是有意义的了。另一种看法是,像有些肽如催产素(OT),由于脑内大部分 OT 神经元的同时活动可能导致大量 OT 的释放,这样就可以提高细胞外液的 OT 浓度。据报道,视上核脑区的 OT 比血液循环中可以高 100 倍。这样高浓度的肽经过弥散可以到达更远的部位如乳腺和子宫,作用于那里的 OT 受体。这种模式可能比异步放电还更有效[9]。

作为一个普遍性的看法,肽可以长距离释放及引起反应。不过对此也有反对意见,因为有事实表明,某些神经肽,例如 NPY、强啡肽、生长激素抑制素,它们可以从不同的脑区,由许多不相关的神经元合成并释放。任何一个肽的特异作用都与释放的神经元有关,这种看法将被否定,因为如果同一肽要从其他脑区弥散过来才能起作用,那还有什么

* 有关 MAPK、ERP 和 PKA,请参见 455 页图 16 - 11 图注的相关内容。PKA 即蛋白激酶 A。

特异性可言呢？此外，在细胞外液中的肽酶可以主动地分解肽，这样就减少了肽的有效弥散距离。这依赖于肽分子的大小，有无可以增加肽半衰期的二硫键，以及肽的酰胺化作用。由于所用肽的化学鉴定方法不同，肽的半衰期也可能有很大差异[9]。

### 6.6.2 神经肽受体表达部位

肽受体在脑内呈异质性(heterogeneous)分布，可表达于细胞体、树突、轴突末梢。某些肽例如神经肽 Y(NPY)，可以激活靶神经元表达的多个不同受体，而另一些肽则似乎主要作用于单种受体，例如吻素(kisspeptin)主要作用于吻素受体——GPR54。我们对于肽受体亚细胞定位的认识，远远落后于氨基酸受体的定位，其部分原因是某些肽受体抗体的特异性是不够的。可能最清楚地描绘出来的是神经元的代谢型谷氨酸受体(mGluR)，这些受体的功能类似于神经肽的 GPCR，却是由谷氨酸激活的。这种 GPCR 可以通过兴奋性或抑制性的形式而起作用。mGluR 的亚细胞定位可以作为我们的借鉴，去认识潜在的神经肽 GPCR 的定位。有 8 个不同的 mGluR 已得到鉴定。有趣的是，它们在不同脑区的不同神经元上表达，mGluR7 经常表达于突触前活动带。mGluR4 还有 mGluR7α、mGluR8α，它们表达于抑制性轴突的突触前活动带，而且仅仅是那种支配其他中间神经元的抑制性轴突，而不是那种支配兴奋性锥体细胞的抑制性轴突。mGluR1α 还表达在突触后神经元的突触周边膜上。其他的 mGluR 在突触前、突触后都有分布。因此，mGluR 的表达是根据神经元的不同、mGluR 亚型的不同而不同的。看来，进一步用超微结构方法来定位神经肽受体的工作，可能会显示在特定脑区域神经元质膜上面的表达情况[9]。

## 6.7 神经肽的释放

科学家们对于突触前特异化部位的快速递质释放、释放的时间顺序以及参与的分子，已经有了相当清楚的了解。回头看看神经肽，多数神经肽从非突触部位释放，与快速神经递质的释放相比较，它受到的关心较少。神经肽从 DCV 释放，可能需要调节小泡运输和释放的独特蛋白质。树突的神经肽释放是一个特点，它的生理学意义和机制都是值得很好关心的。

### 6.7.1 神经垂体神经肽的释放

哺乳动物神经肽的释放，在神经垂体里面得到了非常彻底的研究。在那里，轴突发源于下丘脑大细胞分泌神经元，即室旁核(PVH)和视上核的神经元，它们的轴突汇聚起来，在神经垂体释放加压素(VP)和催产素(OT)，进入循环系统。VP 在调节水的稳态方面起关键作用，对于水分子在肾脏里的重吸起重要作用；而 OT 的作用是在母体授乳时诱发乳汁的释放[9]。

神经垂体提供了神经肽释放研究的良好模型，因为神经垂体含有高密度的轴突末梢，末梢内充满了大致密轴心神经分泌小泡，直径 180～200 nm。这种标本提供相对大量的、可以检测到的肽释放。神经垂体的经典实验显示，每个锋电位到来时肽就释放，当锋电位频率增高时其释放量会增高达一定水平。如果锋电位爆发后随之以一段时间的沉默，这种模式对于增强 OT 或 VP 的释放特别有效。有报道指出，当锋电位爆发时，轴突末梢胞质的钙增高，这可能是增强 DCV 胞外排之关键[9]。

虽然神经垂体提供了有用的模型来研究神经肽释放，但是粗的神经垂体神经末梢的释放，与另一种更常见的细轴突末梢的释放，两者之间存在重要的差别：前者的末梢充满了大的神经分泌颗粒，后者可能含有中等大小的（100 nm）含神经肽的 DCV。大的 DCV 估计含有 60 000～85 000 个分子的 OT 或 VP，而多数神经元的中等大小 DCV，其体积约为大 DCV 的 1/8，提示它的肽含量相应较少（图 6 - 11）。多数释放神经肽的轴突含有少数几个 DCV，而且其定位并不优先靠近突触前特异化，这点与含有谷氨酸和 GABA 的清亮小泡是不同的，后者聚集在突触特异化的活动带附近（图 6 - 11、图 6 - 12）。小清亮小泡充灌氨基酸递质的方式是通过膜的小泡转运蛋白，而且就在局部轴突的终扣上进行；但是神经肽不同，它在粗面内质网中合成，并从内质网转运进入 DCV，而 DCV 是在细胞体的高尔基器上产生的。所以，DCV 一定要经过轴突内运输，运送到释放位点，而此位点离开细胞体有一定的距离。在多数神经元的轴突末梢里面仅有相对少量的 DCV，此事实提示，中枢神经系统终扣的神经肽释放，若与神经垂体的释放相比，其受空间、时间的约束程度是不同的，中枢神经系统单个终扣的少量 DCV 实现胞裂外排以后，至少要经过几个小时才能得到重新补充[9]。

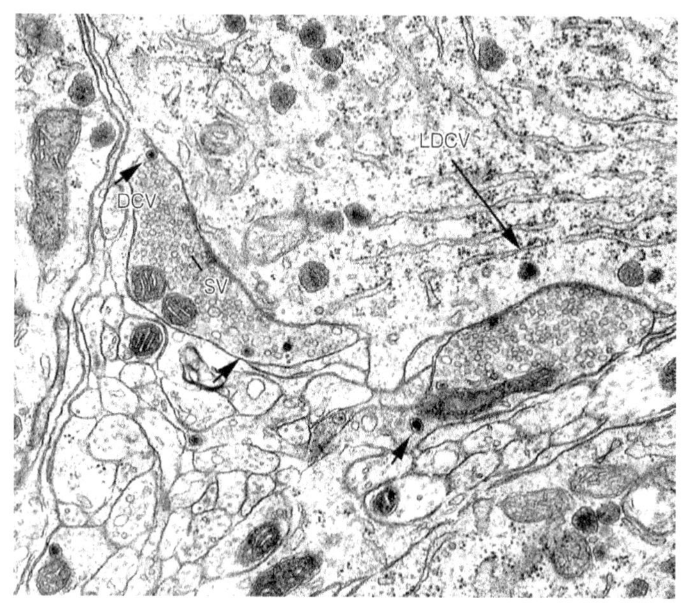


**图 6 - 11　两根轴突与大细胞分泌神经元形成对称性突触接触**

突触前轴突含有少数几个致密轴心小泡（DCV，短箭头），还有几个突触小清亮小泡（SV）。在突触后神经元上有大致密轴心小泡（Large DCV，LDCV；用长箭头表示）。图宽 4 μm。（图引自[9]）

### 6.7.2 无脊椎动物神经元的神经肽释放

无脊椎动物神经元被证明对于研究小泡的运输和释放是有用的。最近有关无脊椎动物神经元的成像研究结果提示，含有神经肽 DCV 的运输，看起来是以一种效力很低的方式进行的。在细胞体和远端轴突终末之间，这种 DCV 一会儿往前走，一会儿又回去。它们在微管上沿着前进的方向行走，所用的运动蛋白是驱动蛋白-3，然后转换到动力蛋白，沿逆向回到轴突始段，在那里变过方向再向外走。每运输一批 DCV，仅少数几个 DCV 可以走到突触终扣，因此运输效率很低。在哺乳动物的离体三叉神经节神经元中，刺激神经元可以减少 DCV 向前传导的速度，并增加它的停顿时间。由 pH 荧光素测定发现，DCV 膜的融合与释放在整个轴突的全长、在轴突的生长锥都可以发生[9]。

当看到含肽免疫反应性的轴突显然接触到另外一个细胞时，经常发生的问题是：此轴突是否与它的伴侣形成突触？从理论上讲，这种安排增加了释放肽的潜在有效性；但此现象也可能是无关的，因为经常看到，肽是在非突触部位释放的，而且一般要弥散数微米来激活邻近的细胞[9]。

### 6.7.3 研究神经肽释放的难点

为什么研究肽的释放比较困难？因为我们现在关于快速递质释放所知道的，都来自递质释放的电生理学反应。不论谷氨酸还是 GABA 都可以在突触后特异点产生毫秒级别的非常快速的反应，可以容易地检测到突触后神经元上电位或电流的偏移，即 EPSP 和 IPSP。与快速作用的氨基酸递质不同，中枢神经系统单个终扣释放的神经肽的量可能很少，而且更重要的是，接受神经肽的细胞反应相对比较慢，其时间为几秒到几分钟，难以与低肽的释放反应关联起来，不像前面测定 EPSP 和 IPSP 那样只有几毫秒。因此对肽来讲，难以做到对单个或多个胞外排事件进行量子分析。此外，谷氨酸和 GABA 所介导的突触事件，其上升时间是相对快速的，个别的事件可以被分离开来。而与此成对比，神经肽浓度的上升时间相当慢。最后，单个锋电位可以释放 GABA 或谷氨酸，但是神经肽的释放可能需要高水平的神经活性，这就使得研究刺激-反应关系有某些进一步的困难。在神经垂体内游离的大细胞分泌神经元末梢中，在分离的大细胞分泌神经元胞体上，电容测量记录方法都被证明对研究大致密轴心小泡(LDCV)的融合和小清亮小泡的融合有用(图 6－12)[9]。

采用基因工程方法，肽可以被荧光报告物标记，在显微镜下观察，但需要有适当的对照用来保证这个报告物并不改变肽的运输和释放。对于快速递质释放曾经用亲脂性染料进行了研究，例如 FM1－43，这种方法检测小泡融合时染料的内化。还有几种有趣的基因编码物质如 pH 荧光素，它是一种具有 pH 敏感性的 GFP 蛋白变种。荧光素方法对于研究中枢神经系统终扣的肽释放，应用仍然有限[9]。

研究哺乳动物中枢神经系统的一个比较看好的方法是应用无脊椎动物神经肽——FMRF 酰胺。此肽有一个特点，能直接打开离子通道导致钠内流，而不需要 G 蛋白的耦合。可以把 FMRF 酰胺和它的受体表达于哺乳动物细胞，然后来研究释放肽的快速反

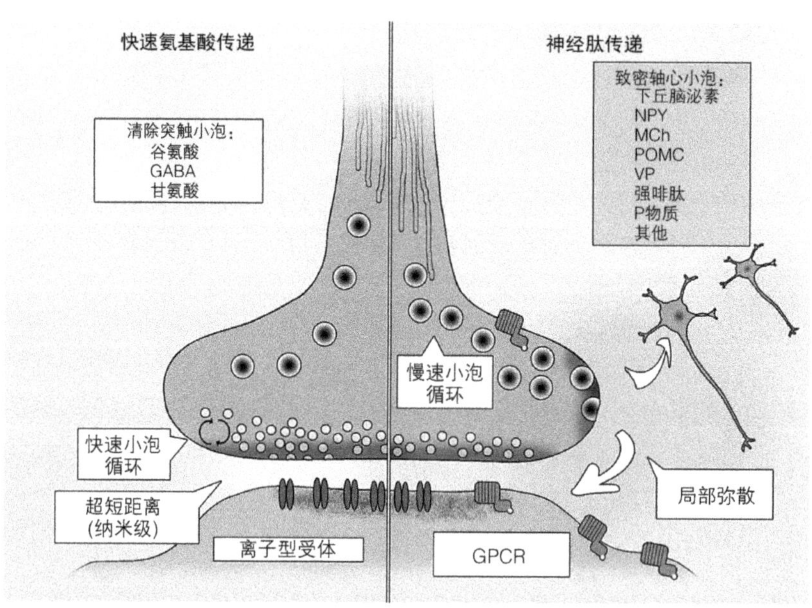


**图 6－12**　快速氨基酸突触传递(左)与慢的神经肽传递(右)之比较(彩图见图版第 13 页)
图引自[9]。

应。这种方法曾被用来研究内分泌细胞如何释放神经肽，如胰岛 β 细胞及肾上腺嗜铬细胞。在嗜铬细胞上，神经肽和儿茶酚胺共同释放，且来自单个小泡[9]。

神经肽释放研究中的另一个问题是，神经肽是组成型释放，即一直在释放，还是激活以后受调节释放。组成型释放可导致受体脱敏，反应降低，或者可以导致受体慢性激活。对脑源性神经营养因子(brain-derived neurotrophic factor，BDNF)的研究发现，BDNF 有快释放和慢释放两种形式，可以有不同的反应。BDNF 的急性激活是作用于酪氨酸受体激酶(tyrosine receptor kinase B，TRKB)，导致发育中海马神经元的神经突起伸长；持续激活则可能触发神经突起的分叉。这两种类型的释放也可以区别性地调节两种不同蛋白质的表达——Homer1 和 Arc[9]。

### 6.7.4　树突的神经肽释放

神经肽可以在神经元的胞体-树突复合体处进行局部释放。在进行超微结构分析时，膜的融合释放图像上有无 Ω 样剖像(profile)是一个有用的指标。在固定的哺乳动物视上核组织里，经过高钾或钙离子通透蛋白 A23187 刺激后，实验结果提示，神经肽胞外排的证据偶然可以在突触前及突触周围膜上看到。然而更常见的是，与突触特异化无关，胞外排可以在胞体-树突、轴突终扣及轴突干等处发现。下丘脑视上核神经分泌细胞提供了一个模式系统，可以用来研究树突释放(图 6－13)。此模式支持高浓度、高水平的神经肽合成。大细胞分泌神经元树突存在着大量含肽的 LDCV。对这些结果进行解释的关键是，大细胞分泌神经元的局部轴突末梢上没有 DCV。大细胞分泌神经元的轴突投射主要是到神经垂体，这是非突触性末梢。室旁核(PVN)而不是视上核，它的小细胞分泌神经元也合成OT与VP，从这些小细胞分泌神经元发出的轴突并不靶向到神经垂体。相反，它们与中枢神经系统的神经元发生突触接触，可以投射到脑的其他部位和投射到脊髓[9]。

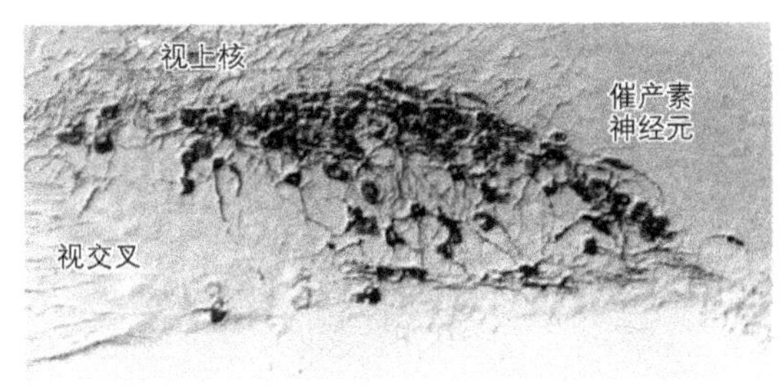


**图 6-13** 显示下丘脑视上核催产素神经元的显微切片图

图的宽度为 900 μm。(图引自[9])

一般而言，增加动作电位频率就能够增加神经肽从轴突及树突的释放。钙离子对于氨基酸递质的快速释放是必要的，对于肽也是如此；但是肽释放需要更高的胞质钙浓度，也很可能需要更高的神经元活性。当氨基酸递质分泌的时候，膜电位去极化激活电压门控钙通道，导致钙通过质膜内流，发动突触小泡的释放。有几方面的证据提示，有一种很巧妙的可能性就是，在某些条件下，树突释放可以不依赖于轴突释放的形式，其部分原因是，释放上的差别与轴突和树突存在不同的通道有关。例如，强啡肽从海马树突和轴突释放，依赖于不同的钙通道。树突的强啡肽释放是通过激活L型钙通道，但轴突释放与此无关。去极化介导的视上核神经元树突的催产素(OT)释放，主要依赖于N型钙通道，较少依赖于P/Q型钙通道，其他类型的钙通道在成熟的OT神经元中不起什么作用。与此相平行，钙通道不依赖的机制在轴突和胞体中也有所不同。在OT细胞胞体的钙调节肽释放中，内质网起一定作用，但是内质网在轴突末梢的OT释放中似乎不起重要作用。在另一些系统中发现了轴突末梢和胞体的区别，例如钙减少的机制可以有所不同，包括线粒体、质膜钙泵以及钠/钙交换蛋白。最后，大细胞分泌神经元共同释放的ATP，在轴突末梢和细胞体上产生不同的反馈效应，可以差别性地调节肽的释放，部分由于轴突和细胞体上有不同的ATP受体存在[9]。

钙也可以从细胞内储库特别是内质网进入胞质。OT或药物毒胡萝卜素可引起钙从细胞内储库进入胞质，直接诱发树突的OT或VP释放，而不依赖于动作电位。细胞内的钙释放也可以预处理此释放系统，为随之而来由电活动所引起的释放做准备。OT受体的激活诱导了磷脂酶C，结果产生三磷酸肌醇(inositol trisphosphate，IP3)，以后又引起钙从内质网释放。这种预处理增强了以后的OT释放，其原理可能是靠肌动蛋白依赖的、含肽小颗粒的运动，使之朝向质膜。OT负荷DCV的预处理，部分地是通过DCV的运动，使DCV到达比较接近质膜的位置。这对以后电刺激的到来，也在一定程度上起到了OT释放的放大作用。有意思的是，用毒胡萝卜素预处理，可以增加钾介导去极化诱导的OT释放，其时间可长达90 min。除了脑细胞，对其他细胞的预处理DCV的释放也有研究，特别是合成黄体生成素的垂体细胞。视前区神经元轴突支配正中隆起，释放GnRH进入门脉血液循环，此GnRH可以对垂体细胞分泌黄体生成素起到预处理作用。这种细胞分泌有多个机制，显示了对此后的GnRH刺激有更强的释放[9]。

参与树突和轴突末梢胞外排的蛋白质表达的差别，也可以解释释放的差别。神经垂体的大细胞分泌神经元轴突末梢有 3 个蛋白质——VAMP-2、SNAP-25 和突触融合蛋白-1。实验发现，这三者靠近含有 OT 和 VP 的 DCV。与此不同，虽然同样是含有突触融合蛋白-1 细胞类型的树突，但 VAMP-2、SNAP-25 和突触结合蛋白-1 与 OT 和 VP 并不共定位。神经肽的合成一般在胞体发生，但有人报告，在树突也有合成。树突合成的神经调质 BDNF，被认为在皮层树突棘的发育中起关键性作用，而且在下丘脑神经元上对瘦素起反应，当调节能量的内稳态时起作用[9]。

树突释放的神经肽起什么作用？最有可能的是，神经肽作为一个信号作用于邻近神经元，使之增加或减少活性。在嗅球处，多数神经元都具有树突，包括僧帽神经元、丝球周围神经元、颗粒细胞等。在突触前特异化部位，树突释放 GABA 或谷氨酸，许多突触前树突组构成为交互作用模式。例如，僧帽细胞的树突释放谷氨酸，它激活颗粒细胞树突的突触前成分，颗粒细胞的突触前成分又释放 GABA 作用于僧帽细胞，形成反馈抑制。与此不同，脑内多数树突并不对其他细胞的突触前成分起作用，树突释放肽似乎并不依赖于突触特异化。以非突触性方式释放的 OT 或 VP 的可能作用是募集或抑制邻近的细胞，或者使细胞间的活动同步化。OT 神经元上有 OT 受体的表达，VP 细胞上面有加压素受体（VP 受体：vasopressin receptor，VPR）的表达。在泌乳的时候，OT 释放以一种协调的爆发性形式发生。在此情况下，在短暂时间大约 1 s 内，多个 OT 神经元快速放电。这种间断性的、爆发性的 OT 释放，可以防止乳腺上 OT 受体的去敏感化。如果 OT 的浓度水平保持在持续高水平上，受体会去敏感化；而现在 OT 的分泌是爆发性的，所以避免了去敏感化。OT 的爆发性释放有可能依赖于树突释放 OT，树突释放预处理了邻近细胞，使得以后有大量的 OT 可以从轴突释放。那是依赖于锋电位增多的，如前所述[9]。

树突释放肽可以发动逆向信号到胞体，从而调制以后局部轴突氨基酸类递质的快速释放。大细胞分泌神经元胞体和树突所释放的 OT，可以减少突触前谷氨酸和 GABA 的释放。开始时人们认为，这种情况是由突触前肽受体介导的。现在看来，有可能是释放的 OT 激活了 OT 细胞上的 OT 受体，导致内源性花生四烯酸释放增加，花生四烯酸以逆向弥散方式激活突触前轴突的大麻素受体 1（cannabinoid receptor 1，CB1R；也称 CB1 受体），从而减少快速递质的释放。此逆向作用是由 CB1 受体介导的。为了达到突触前抑制，当 OT 神经元去极化以后，OT 的释放似乎是必需的。短暂阻断突触活性，可以把 OT 细胞从周围游离出来，可能是由于放大了局部的细胞相互作用。在这里，调制性的肽激活了内源性大麻素的分泌，树突的释放抑制了邻近的突触前轴突。一个关键性的特征是内源性大麻素的调制；在许多脑区里的情况是，内源性大麻素从突触后神经元释放并逆向弥散，调制突触前轴突的快速递质。例如 GABA 或谷氨酸的释放，时间可以是短的或是长而持久的，其机制是降低突触前的钙而增加突触前的钾电导，或者直接抑制小泡融合。在 VP 神经元中，去极化诱导的内源性大麻素释放通过钙依赖的机制也减弱了突触前的 GABA 活性。此外,诱发的 VP 释放减少了 IPSC 频率,这是由于另一个内源性大麻素不依赖的机制[9]。

视前区/隔区神经元合成 GnRH,这些神经元的树突能释放肽,通过它协调其他邻近 GnRH 神经元的活动。对灵长类胚胎 GnRH 神经元的研究发现,当神经元活动增加时,胞体-树突的 FM1-43 标记增加,这提示 FM1-43 与 GnRH 免疫反应性是共定位的。今后,若能用成像方法进一步证实成熟活体 GnRH 神经元的胞体-树突释放,将能更进一步支持以上看法[9]。

## 6.8 神经肽如何实现调制作用

关于神经肽调制作用的发挥,研究得多的还是神经肽对于快递质如乙酰胆碱、谷氨酸、GABA 等作用的调制。至于说神经肽本身影响了细胞膜上的离子通道,因而影响神经元的功能,这方面的具体例子还少。

### 6.8.1 GABA 和谷氨酸突触作用的神经肽调制

脑内多数快速突触活动是由于突触前释放兴奋性的谷氨酸,或者释放抑制性的 GABA 或甘氨酸。调制快速氨基酸活性是神经肽在中枢神经系统的一个关键靶作用。从经典的角度看,在脑内,例如在下丘脑,那里的内稳态调节中的信号传送被认为是通过肽的直接作用。早期关于下丘脑递质的综述,或者忽略了 GABA、谷氨酸,或者仅仅简单地描述了一下。相反,脑高级部位的信号传送,例如海马和大脑皮层,主要考虑了 GABA 能和谷氨酸能的传递,而较少考虑神经肽的调制。这是一种两分法,即在下丘脑的场合不考虑氨基酸类递质,在海马、大脑皮层的场合忽略神经肽的调制。最近几年来,慢慢地有所汇拢,在植物性功能的脑区,例如下丘脑,快递质的作用也得到了较大的关注;在高级脑区如海马、大脑皮层,对于神经肽的调制作用也被考虑。虽然肽在中枢神经系统中的作用不限于调制快速突触活动,但肽的许多作用确实是改变突触后或突触前位点的 GABA 或谷氨酸信号传送。图 6-14 是电生理实验的例子,兴奋性肽——促甲状腺激素释放激素(TRH)可以增强局部的突触前 GABA 神经元活动,导致 GABA 抑制作用的增强[9]。

肽在中枢神经系统的功能中可能发挥关键作用。从一个实验就可以看出来,当编码肽的基因被敲除后,如基因敲除 POMC 肽,可导致摄食增加。此结果与一种看法相一致,即在能量内稳态中,这些细胞有一个使食欲减退的作用。注射 α-黑素细胞刺激激素(α-melanocyte-stimulating hormone,α-MSH)拮抗剂,可以逆转肥胖现象。基因敲除黑皮质素受体 4(或 MC4 受体: melanocortin receptor 4,MC4-R)也导致啮齿类肥胖。与这些观察相平行,人类肥胖病可以由几个基因突变所引起,如编码 POMC 或编码黑素皮质素受体的基因[9]。

说到肽能细胞中氨基酸递质重要性的问题,有一个有趣的例子可用以说明。这是最近关于抑制性 NPY/AgRP 神经元的实验。这些细胞在增进食欲中起关键作用。如上所

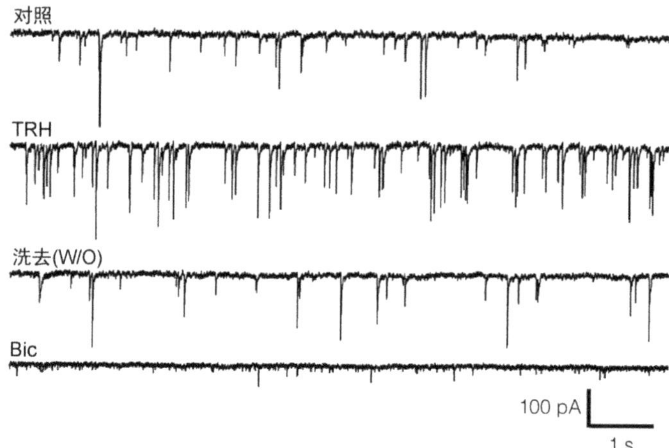


**图 6-14**　TRH 增加全细胞记录 GABA 介导突触电流的频率

TRH 可以相当程度地增加从 GABA 能黑色素浓集激素（melanin-concentrating hormone，MCH）神经元上记录到的 IPSC 的频率，当肽洗掉以后，频率就恢复。GABA 受体拮抗剂荷苞牡丹碱（Bic）可以阻断突触电流。TRH 对小突触后电流（miniature postsynaptic current，mPSC）没有作用。记录是在同时给予药物 AP5 和 CNQX* 的条件下做的，药物可以阻断突触释放谷氨酸的反应。记录滴管含有高浓度的氯离子，导致 GABA 介导的内向电流。（图引自[9]）

述，注射 NPY 或刺鼠基因相关蛋白（agouti-related peptide，AgRP）到动物下丘脑区，动物会增加食物摄取；用 DREADD 受体**选择性地激活 NPY、AgRP 神经元，能够增加动物进食，降低能量消费。饥饿和生长激素释放肽可诱发对 AgRP 神经元的谷氨酸活性长时间增加，而瘦素可以逆转上述增加活动。以上提示了一个开关作用，开关是指谷氨酸输入到 AgRP 神经元的作用，此作用对于调节活动程度和能量代谢是重要的。在基因敲除小鼠，NPY/AgRP 神经元中的不同神经活性物质已被敲除。令人惊奇的是，丢失了 NPY 或其受体，或者丢失了 AgRP，并不引起可观察得到的进食表型改变。但在成年动物中，选择性地丢失 AgRP 或 NPY 神经元会导致动物停止进食甚至死亡。这提示，虽然 NPY/AgRP 是重要的进食调制物，但它们本身也只是调节能量内稳态的复杂递质难题中的一个而已，还有 AgRP/NPY 神经元所释放的其他物质，对于动物存活是必需的，下面还会加以讨论[9]，详见第 17 章。

NPY/AgRP 神经元的另一个递质难题是 GABA。剔除了 AgRP/NPY 神经元使输入臂旁核（parabranchial nucleus，PBN）神经元的 GABA 丢失，这对于严重的进食减少是必要条件，最后会导致动物死亡。增加对于抑制性 GABA 受体的激活（来自 PBN），或者减少从孤束核（nucleus tractus solitarius，NTS）神经元来的兴奋性输入，这两种方法都可

---

* AP5：2R-amino-5-phosphonovaleric acid，(2R)-氨基-5-膦酰戊酸；CNQX：6-cyano-7-nitroquinoxal-2，3-dione，6-氰基-7-喹喔啉-2，3-二酮。

** DREADD 受体：designer receptor exclusively activated by designer drugs，唯一地被设计师药物激活的设计师受体。

以增强动物进食，而且动物可以存活下来。在那些看起来还算正常的小鼠中，PBN 谷氨酸兴奋的压抑可以逆转由 AgRP/NPY 敲除所导致的饥饿，增加食物的摄入。把这些证据加在一起，提示 AgRP/NPY 细胞里面的肽信号传送，具有进食的调制性作用，而快速氨基酸递质在这里所起的关键性作用是不能忽略的[9]，详见第 17 章。

AgRP/NPY 神经元有投射到下丘脑室旁核(PVH)。在一个复杂系列的实验里面，其中包括对 AgRP/NPY 轴突投射到 OT 神经元的选择性光遗传学激活和失活，发现投射到 OT 神经元的 AgRP/NPY 轴突的激活，对于 AgRP/NPY 细胞所引起的进食起关键性作用。NPY 和 GABA 两者都抑制 PVH 的 OT 细胞，两者都贡献给进食的发动。从 AgRP/NPY 神经元到 PBN 的 GABA 投射，可以解释内脏性身体不适(malaise)[9]。

另一个独立方向的研究显示，基因敲除下丘脑腹内侧核(ventromedial nucleus of hypothalamus，VMH)甾类产生因子-1(steroidogenic factor-1)神经元的谷氨酸神经传递，可以扰乱葡萄糖调节，使得饥饿时的小鼠产生低血糖症，胰岛素诱导的低血糖症也呈异常反应[9]。

### 6.8.2 神经肽对谷氨酸和 GABA 释放的调制

实现神经肽修饰神经元活动的一个相当重要的机制是，肽直接作用于轴突末梢，调制神经递质的释放。某些肽如 NPY、生长激素抑制素以及强啡肽，它们的作用似乎都是减少递质释放；而另一些肽如下丘脑泌素、胰高血糖素样肽 1，它们增强递质释放的概率。谷氨酸和 GABA 轴突终末上有神经肽受体(图 6-15)。在某些脑区，突触前调制曾经被

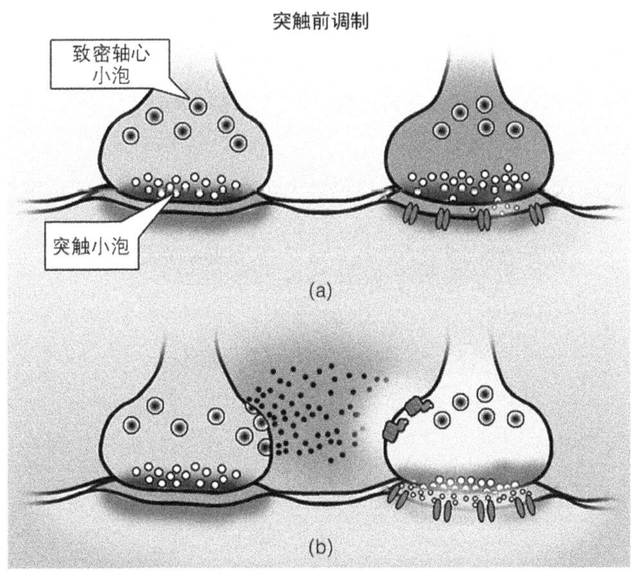


**图 6-15** 快速氨基酸递质释放的突触前神经肽调制(彩图见图版第 13 页)

(a) 图解式地表示，两个轴突在突触部位接触同一树突。(b) 肽从左侧终扣释放出来，弥散到另一轴突，增强了轴突的快速氨基酸递质释放。(图引自[9])

提出来，作为一些神经肽的主要或唯一的作用。例如 NPY，它在海马 CA3 区兴奋性神经元上的作用很大程度上是抑制神经递质的释放。虽然 NPY 对 CA3 区锥体神经元的活性或被动膜电导都没有看得到的效应，却可以减少终止于 CA1 区锥体细胞的神经元轴突的谷氨酸释放，其机制是减少进入轴突末梢的钙内流。在齿状回，轴突终末上有 NPY 的 Y2 受体表达，它抑制 GABA 或谷氨酸的释放，颗粒细胞上 NPY 的 Y1 受体介导细胞的抑制。*NPY* 基因敲除小鼠实验提供了海马 NPY 神经元潜在功能的证据。基因敲除后，动物的脑仍然能够维持正常的电生理学活性，但是当边缘系统癫痫的发作被发动以后，动物的恢复就很差，而这种发作是由谷氨酸受体激动剂——红藻氨酸所引起的。红藻氨酸可引起 *NPY* 基因敲除的大部分小鼠死亡，但正常小鼠如果接受同样剂量处理，是很少发生死亡的。类似地，NPY5 受体基因敲除小鼠对红藻氨酸引起的癫痫发作更为敏感。这些资料加在一起支持了一种看法，即 NPY 可以作为内源性抗癫痫发作的药物，部分是由于它减少了谷氨酸的释放[9]。

与 CA3 区轴突的突触前作用不同，在杏仁基底外侧核（basolateral amygdale，BLA）神经元上，NPY 主要作用于细胞的 NPY1 受体，抑制其 $I_h$ 电流。这种抑制是通过压抑超极化激活的去极化而达到的，此电流是一个混合阳离子电流。激活突触前肽受体可以通过数种方式改变递质的释放。它可以改变电压门控钙通道，或者改变钾通道电导，或者改变通道相关蛋白质的磷酸化状态，或者改变所参与的小泡运动或与膜融合蛋白质的作用。如前所述，钙在递质/神经肽释放中起关键作用。不管释放位点在哪里，电压门控钙通道的激活增加了胞质里面的钙。通过细胞外间隙的钙内流，可以增加神经肽的释放；钙从细胞内储库释放也可以增强神经肽的释放，这样一来，在潜在的缺少膜电位去极化的情况下，也可以达到内钙释放[9]。

有许多例子表明，肽可以改变突触前的 GABA 或谷氨酸释放，由于它调制了胞质钙。例如，黑色素浓集激素（MCH）减少通过 L、N 及 P/Q 型钙通道的钙内流，从而通过突触前作用减少了谷氨酸及 GABA 的释放。在视交叉上核（SCN），作用在突触前的痛敏肽（nociceptin）[孤啡肽（orphanin，FQ）]可以减少视网膜-下丘脑传导束的谷氨酸释放，其机制是 N 型钙通道的电流减少，也较少地减少了 P/Q 型钙通道的电流。在此例中，由于视网膜神经节细胞已被脑薄片制备所排除，肽的作用不可能是作用在谷氨酸能的胞体；类似地，痛敏肽以突触前的方式起作用，减少杏仁中央核（central amygdaloid nucleus，CeA）的 GABA 释放。海马兴奋性苔状纤维的强啡肽释放导致异突触的、其他海马苔状纤维的谷氨酸释放抑制，这样就抑制了海马的长时程增强（LTP）。这种改变依赖于钙调节，但不是特定的 L、N 或 P 型钙通道的活动。强啡肽诱导的、影响 LTP 的长时程效应，被认为是由于强啡肽从细胞外间隙的清除所致[9]。

轴突的肽释放可以潜在地反馈作用于释放递质的轴突，抑制或增强快速氨基酸递质从轴突的释放。$\mu$ 阿片肽是由 POMC 神经元释放的，此肽可减少快速氨基酸递质从 POMC 神经元轴突的释放。一个特定位点释放的肽，可以作用到多个突触前和突触后位点，调制多个效应器的活性。NPY 作用在突触前及突触后，从而抑制下丘脑泌素神经元以及终止于 POMC 神经元上的轴突(图 6-16)。在腹侧被盖区(VTA),下丘脑泌素-2 通过突触前作用可以增强谷氨酸的释放,这一脑区是参与酬报和动机功能的;下丘脑泌素-2 在突触后细胞上通过激活磷酸激酶 C 而强化 NMDA 受体的作用[9]。

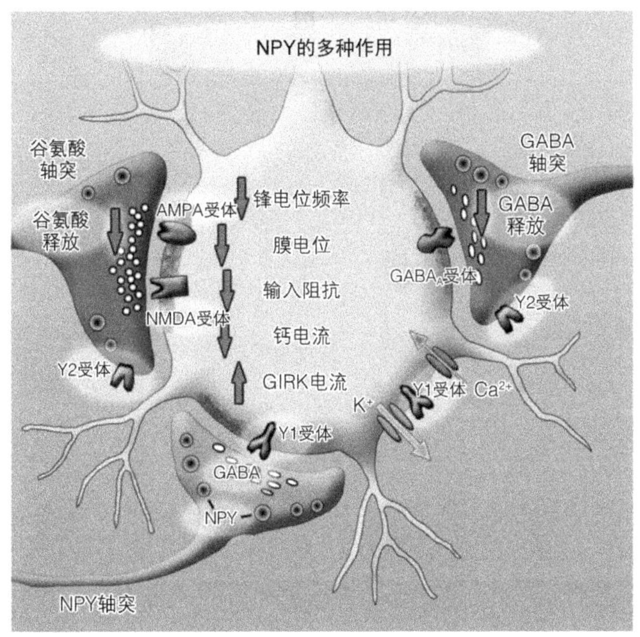


**图 6-16** 神经肽 Y 通过多个机制抑制谷氨酸能的下丘脑泌素细胞(彩图见图版第 14 页)

神经肽 Y(NPY)作用在突触后 Y1 受体,抑制下丘脑泌素细胞;作用在突触前 Y2 受体,减少 GABA 和谷氨酸的释放。不同作用以红箭头显示,向下的箭头表示减少,向上的箭头表示增加。这些 NPY 轴突也含有 GABA。根据一些人的工作,NPY 对许多其他靶神经元可能有类似的效应,包括 POMC 细胞。NPY 受体亚型虽然表达于胞体或终末,但在不同细胞之间可能是有区别的。(图引自[9])

### 6.8.3 神经肽对离子通道或转运蛋白的调制

肽能够调制一系列不同的调节神经元活性和锋电位发放的离子通道或转运蛋白,这包括钠通道、非选择性阳离子通道、钠-钙交换蛋白、电压依赖的钙通道等。许多抑制性神经肽由于激活了 G 蛋白偶联内向整流钾通道(G protein-coupled inwardly-rectifying potassium channel,GIRK;也称 Kir3),故可以减少 GABA 或谷氨酸的释放。GIRK 通道越来越多地被人们了解,它在正常脑活动及疾病状态中起重要作用。不同 GIRK 通道由不同亚单位进行异源性组装。Gi/Go 激活后,Gβ 和 Gγ 结合于 GIRK 通道,导致超极化与抑制。GPCR 激酶通过磷酸化介导的受体内吞,可以阻断 GPCR 的功能。最近有证据提示,GPCR 激酶可以直接、快速地失活 GIRK 通道。由于它竞争性地结合于 Gβ 和 Gγ 亚单位,从而减少了通道的活性。抑制神经元活动的神经肽有 NPY、生长激素抑制素、阿片类神经肽,包括强啡肽、甲脑啡肽,还有其他。另一方面,兴奋性神经肽如 P 物质(SP)、下丘脑泌素，它们也可作用于 GIRK 通道，但抑制其电流以增加神经元活性[9]。

神经肽受体与离子通道耦合，可能在同一细胞的不同突起是不同的。例如 μ 阿片肽受体，它对甲脑啡肽和其他相关的阿片样肽起反应，常常显示 GIRK 电流的快速失活。μ 阿片受体反应在 POMC 细胞上可以快速失活。当与所记录细胞有突触联系的突触前轴突末梢 GABA 释放减少时，μ 受体的反应是不易脱敏的[9]。

## 6.9　多种神经肽的共存

### 6.9.1　相似或相反的作用

许多神经元含有多种神经肽。例如含有多巴胺的那种下丘脑弓状核（ARC）神经元抑制腺垂体泌乳素的释放，这种 ARC 神经元也含有氨基酸类递质 GABA。除此以外，这种下丘脑弓状核（ARC）神经元还合成一系列神经肽，包括神经降压素、甘丙肽、生长激素释放激素、甲脑啡肽、亮脑啡肽、强啡肽等。应用 GABA 和多巴胺的细胞也含有甘丙肽和神经降压素或者生长激素释放因子（growth-hormone-releasing factor，GRF），但是单个多巴胺细胞是否含有上述所有的肽，有待进一步确定。能合成多种神经活性物质的情况并不限于下丘脑，单个海马中间神经元可以合成 GABA、NPY、生长激素抑制素，这三者都有抑制性作用。神经肽聚集在致密轴心小泡（DCV）中，而快速氨基酸递质聚集在小清亮小泡。一般认为，一个神经元共同合成的几个肽储存在同一 DCV，但还只有很少证据表明这一点。单个神经元的不同 DCV 可能含有不同浓度的多个肽。例如有人报告，加压素（VP）和甘丙肽差别地表达在同一细胞的不同 DCV。在脑以外的部位，脑垂体前叶细胞既合成黄体生成激素，也合成卵泡细胞刺激激素，但有证据表明，这两者合成和释放的调节是差别性的。同一神经元的不同肽可以差别性释放的一个清楚方式是，它的合成调节是差别性的，由不同基因编码的肽各有不同的调节要素，而且对不同的转录因子发生反应。因此，潜在地作为对神经调制反应的差别性合成，就是可以允许在一段时间内释放比率有所改变；而神经调制作用即是有选择性地改变不同基因的转录[9]。

### 6.9.2　单个神经元内多个肽的相似作用

在某些神经元中，从同一前体蛋白质可以切割下多个活性肽。一个著名的例子就是阿黑皮素原（POMC），经一个肽酶切割以后成为几个潜在的神经活性肽，包括 β-内啡肽、α-MSH、γ-MSH、促肾上腺皮质激素，还有其他。POMC 细胞可以合成甘丙肽样肽以及可卡因-苯异丙胺调节转录物（cocaine amphetamine regulated transcript，CART），这两个肽都可以调节进食[9]。

在功能上共定位但合成通路独立的两个神经肽共定位，这种情况并不少见。下丘脑 ARC 神经元合成 NPY 和 AgRP 是一个很好的例子。NPY 通过一系列 NPY 受体起直接抑制作用；AgRP 被认为起比较间接的抑制作用，抑制是由于 AgRP 阻断了 POMC 来源的 α-MSH 的兴奋性作用；而 α-MSH 的作用是通过黑皮质素受体 4（MC4-R）的。

不过，AgRP的作用可以不依赖于MC4-R，这已经有所描写。把NPY或AgRP应用于下丘脑可以增加进食，表明这两个肽对于能量内稳态有阳性作用。如果靶细胞表达多个相关受体，应用多个神经活性肽可以增强效应。也可以这样说，一个肽在一个细胞上可以激活同型受体，第二个肽可以在不同靶细胞上激活相应受体。共合成的肽可能是共释放的[9]。

肽协同的另一机制是基于竞争肽酶。例如SP对PBN神经元的EPSC作用可以被降血钙素基因相关肽(calcitonin gene-related peptide，CGRP)所增强，增强作用的机制是基于CGRP的介导，减弱细胞外肽酶活性，而此肽酶是失活SP的。这显然是由于竞争了肽酶。更进一步，应用肽酶抑制剂磷酰二肽，可以增加SP作用幅度达10倍之多，提示正常SP的快速降解。肽酶的表达和释放是调节神经肽半衰期的另一个话题，考虑肽作用效果的时候要考虑到它[9]。

### 6.9.3 细胞水平的对抗性作用的神经肽

神经元可以从不同的前体蛋白质合成不同的神经肽，在细胞水平，它们可以具有相反的作用。就目前所知，强啡肽是一个例子[9]。

强啡肽作用在Gi/Go偶联的κ受体，导致细胞抑制，其机制是激活钾电流或减弱电压门控钙通道。图6-17显示强啡肽减弱钙电流的电生理学效应。有好几个不同的兴奋性神经元可以释放这种抑制性肽。强啡肽与另一个兴奋性神经肽——加压素(VP)共存于大细胞分泌神经元，也与兴奋性下丘脑泌素/增食欲肽共存于外侧下丘脑(lateral hypothalamus，LH)，也与兴奋性吻素及神经激肽共存于ARC和海马兴奋性谷氨酸颗粒细胞[9]。

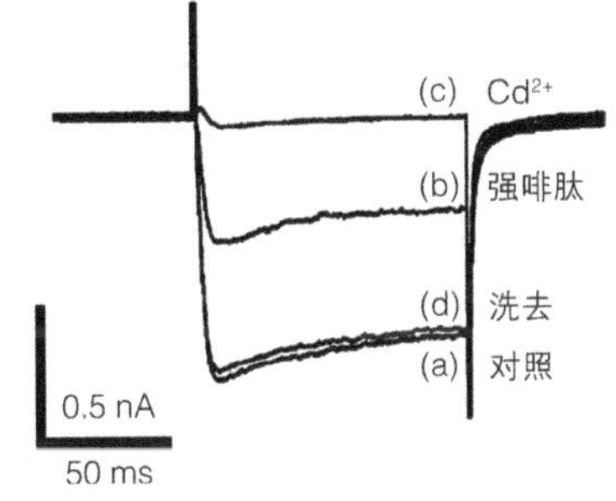


**图6-17** 强啡肽减弱电压门控钙电流

给予谷氨酸能下丘脑泌素神经元一个指令去极化，引起钙内流(a)；强啡肽减少钙电流(b)，当肽洗掉后，这种减少就恢复。镉可以全部阻断此电流，说明电流是钙介导的。(图引自[9])

1. 下丘脑泌素-强啡肽对抗性作用

下丘脑泌素神经元对哺乳动物的认知性激醒和正常睡眠是关键性的，它也在药物成瘾中起作用。在人类，下丘脑泌素神经元的丢失导致神经病症状——嗜睡病，其特征是白天时间过多睡觉。在人类及啮齿类下丘脑泌素-强啡肽神经元中，这两个肽可以由同一神经元合成，也可能同时从一根长轴突释放，该轴突可以终止于脑干和脊髓的大量神经核。下丘脑泌素受体及强啡肽受体，均广泛地表达于中枢神经系统各部分，下丘脑泌素的兴奋性作用通过相应神经元上的Gq偶联受体。下丘脑泌素的作用有：膜电位去极化，增加放电频率，增加细胞内钙，增加突触前的GABA或谷氨酸释放。为什么一个神经元释放的神经调制物具有对抗作用呢？这有几种可能性。一种可能性是释放的部位不同。细胞可以表达仅一种肽的受体，因此仅对那个肽起反应。具有相反作用的肽也可以协同起作用，下丘脑泌素诱发ARC细胞的NPY神经元直接兴奋，强啡肽由于作用在突触前阿片受体，因此使作用于 NPY 细胞上的抑制性 GABA 释放减少，从而减少突触抑制，易化下丘脑泌素的直接兴奋性作用。因此，同一轴突释放的对抗作用肽，作用于不同的细胞，可以协同性地增加某一个起反应细胞的活性[9]。

2. 强啡肽-加压素对抗性作用

起对抗作用的肽之另一作用是，在其同一或邻近的释放位点，反馈调节肽的释放。在 VP 神经分泌细胞上通过树突-胞体复合物，强啡肽和 VP 共同释放，而强啡肽的作用是反馈性地抑制 VP 细胞的活动，部分地是由于抑制了为锋电位发放所需的平台(plateau)电位。在多数脑区，VP 的作用是通过 Gq 受体来兴奋神经元。然而有报告认为，VP 神经元可以发挥快速抑制性作用，而强啡肽则显示慢抑制性作用，当多次发生爆发性锋电位时逐渐导致抑制。在脱水时强啡肽表达增加，而且继续提供反馈抑制，即使当需要增加 VP 释放，而神经元锋电位频率增加时仍然如此。强啡肽减少谷氨酸轴突的递质释放。所以，强啡肽具有双重效应，一方面直接抑制母细胞或其邻近细胞的释放，另一方面减少突触前兴奋性递质的刺激。这种双重性可能使强啡肽实现类似的作用，允许强啡肽通过多数汇聚机制来压抑神经元的活性。强啡肽可以减弱海马苔状纤维的谷氨酸释放，前面已提到过[9]。

3. 吻素-强啡肽对抗性作用

吻素由内侧下丘脑的细胞合成，它调制 GnRH 神经元的活性，而且调节生殖及成熟的到来。GRP54 受体是吻素受体。在鼠和人类中，它的突变可以阻断成熟，引起不育。在许多哺乳动物中，强啡肽与吻素共定位，强啡肽作用于释放吻素的神经元，同步化而且形成脉冲性的吻素释放[9]。

4. 差别性去敏感与神经肽对抗性作用

在表达两种受体的反应细胞里面，差别性去敏感也可能在对抗性肽的反应中起到一定作用。初始效应，或低浓度释放时候的效应，可能对一种肽有利；在更长时间的释放或高浓度的释放时，最后可能有利于另一种肽。连续给予强啡肽于电压钳制的黑色素浓集激素(MCH)细胞，导致相当程度的第二和第三外向电流减少，这些是抑制性电流。与之相对比，重复给予下丘脑泌素则显示相当程度的内向电流减弱(图 6 - 18)。重复地同时给予两种肽——强啡肽 + 下丘脑泌素，导致开始的外向超极化电流，然后当重复地给予两种肽的时候，转移到内向的去极化电流。因此在这个例子中，低水平的共同释放可能有利于中等度的抑制，而高水平的共同释放最后反而有利于兴奋。一个相关的可能性是，两个相对抗的肽由于潜伏期的不同或由于作用时程的不同，可以经过不同的时程而起作用，因此一个肽可以把另一个肽的作用打断，主要是由于时间过程的重叠。这里我们仅聚焦到两个相反作用的神经活性物质，但许多细胞可能有两种以上肽，例如最近有报道说，通道视紫质诱发的下丘脑泌素细胞的谷氨酸释放，对于调控突触后的组织胺神经元是关键性的[9]。

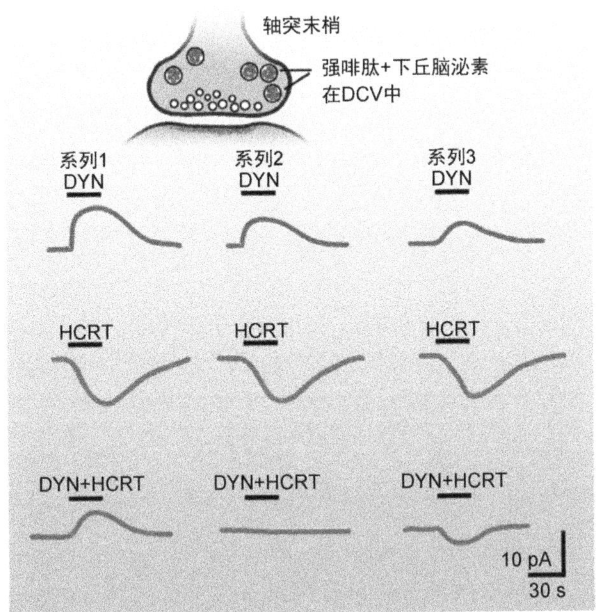


**图 6－18** 抑制性强啡肽和兴奋性下丘脑泌素一起合成和释放，但引起相对立的作用(彩图见图版第 14 页)

系列地给予强啡肽诱发一个外向电流(绿色)。当重复应用的时候，其反应幅度可以慢慢脱敏，且慢慢减少。系列地给予下丘脑泌素诱发内向电流(红色)，但只有轻度脱敏。强啡肽＋下丘脑泌素(黄褐色)，开始是外向电流，然后是小电流，再以后是内向电流。DYN：强啡肽；HCRT：下丘脑泌素。(图引自[9])

## 6.10 星状胶质细胞和神经肽

### 6.10.1 嗅鞘细胞

虽然我们一般都考虑神经活性肽是由神经元合成，作用于神经元，但是还要考虑，胶质细胞也可能利用神经肽进行信号传递，而且在中枢神经系统里面表达有神经肽受体。例如，伴随着嗅神经从嗅黏膜进入嗅球的嗅鞘细胞，有很高水平的 NPY 表达。在这里，NPY 可以作为营养因子促进受体神经元的成熟和存活。雪旺细胞前体也表达 NPY，但此种表达在出生后的发育中丢失。NPY 也可由星状胶质细胞释放。有作者应用 NPY－红荧光蛋白，显示皮层星状胶质细胞有谷氨酸激动剂介导的 NPY 分泌[9]。

### 6.10.2 星状胶质细胞

许多脑区的星状胶质细胞表达功能性的 VP 受体。能够对肽反应的星状胶质细胞，显示相当快速的活动依赖的结构可塑性，允许进一步调制神经肽的作用和弥散，包括潜在的有选择性的限制肽从其释放部位弥散。例如，当缺水和泌乳的时候，室旁核(PVH)和视上核(SON)的星状胶质细胞突起可以回缩，减少突触复合物的分割，增加神经元膜的靠近，潜在地增加神经肽的弥散，使之离开释放位点[9]。

## 6.11　神经调制和脑功能调制

前已述及，神经调制(neural modulation)原来是与突触传递相对比而提出来的原理，这是一种细胞水平的描述。但在文献上，当联系着脑功能而讨论(整体水平的)神经调制(neuromodulation)或脑功能调制(modulation of brain function)时，这两种调制却是比较宽泛的概念。甚至于，从更广阔的视野看，属于神经营养因子的成纤维细胞生长因子(fibroblast growth factor，FGF)家族及其受体，也具神经调制的作用。对于抑郁症、药物滥用来说，它们可能是一种遗传致病因素，因为在发育早期它们起着关键的组构作用；在成年期的神经可塑性中，它们仍然起中心作用；通过快速信号传递机制，它们对行为有快速作用。这样一来，神经调制作用的时程范围甚至扩展到了遗传和基因的水平。可见，整体水平神经调制作用的定义是何等宽泛[10]。

下文将会提到，认知、情感性行为、觉醒-睡眠等，都可以被调制，那就是脑功能的调制。脑功能的调制必然会涉及，是通过哪些神经递质及/或调质来实现调制作用的，必然会涉及相关脑区和相关神经回路，这就引出了脑内“神经调制系统”的问题。

### 6.11.1　神经调制与突触传递

所谓神经调制，有些情况下实际也包括了突触传递作用在内。例如，脑干的蓝斑(LC；含有分泌去甲肾上腺的神经元)可以介导认知，跟觉醒有关系，其作用往往被称为神经调制。又如，5-羟色胺影响神经元的可塑性，也被称为神经调制。这些例子中的相关物质如去甲肾上腺素和5-羟色胺，本身都不能引起神经元膜极化状态的改变，可以说是起着神经调制的作用。但是，如果觉醒-睡眠状态由于脑状态的不同而受到调制，则究其原因是前额叶皮层(PFC)的神经网络受到了调制。这里所讲的调制，就包含有兴奋性突触传递(分泌谷氨酸)的参与。这当中实际上包括了突触传递的过程。

### 6.11.2　神经调制与神经传导

事实上，可以受到神经调制的不仅是突触传递，神经传导也可以被调制。例如，钠通道功能可以被调制，这种调制往往是通过磷酸化来实现的。钠通道受调制似乎可以影响神经元的输入-输出关系，这被认为与诸如可卡因戒断、痛觉过敏、光适应等有关[11]。神经递质(在这里起调质的作用)影响神经元轴突上可供利用钠通道的数目，是通过G蛋白偶联受体(GPCR)，经过蛋白激酶A、蛋白激酶C来实现的[12]。神经调质也可以影响神经元的不同局部，如轴突。非突触区轴突质膜的构造非常复杂，其上有许多不同种类的钠、钾通道，还有钙瞬变和超极化激活的内向电流通道。这些通道的活动可导致锋电位形状、静息电位活动的相关变化，可使锋电位传导受影响，这也是一种调制[13]。

### 6.11.3　神经调制物

神经调制物可以是胺类、肽类、ATP、气体物质。ATP是一个细胞间信息分子，它可以激活细胞表面P2X受体和P2Y受体(purinergic receptors 2X and 2Y)，它也是一个调制物质。P2X 受体激活后数毫秒，ATP 即可引起阳离子选择通道开放。但是最近发现，也可以有时间达数秒的慢速反应。在 ATP 的神经调制作用中，慢速反应可能是 ATP 更擅长的一种[14]。又如，突触后 P2X 受体可以被由胶质细胞释放的 ATP 所激活，在海马神经元中，其功能是下调突触上的 AMPA 受体[15]。慢性痛的发生是由于脑功能的改变。HCN 通道和 5-羟色胺受体都与慢性痛的发生有关。M. Santello 和 T. Nevian 发现，在实验性痛模型中，大脑皮层神经元展示树突整合的增强，其原因是 HCN 通道的下调。激活 5-羟色胺受体能减轻疼痛，是由于逆转了树突功能失调[16]。其他分子如内源性大麻素样物质，在游离脊髓标本的运动神经网络中可充当逆向信使[17]。

### 6.11.4 神经肽与神经调制

近来，神经肽的调制作用受到很大的注意，详见 6.5。前面讨论的主要是神经肽如何在神经回路激活中起作用，本节则侧重简要介绍神经肽参与调制动物控制适应性行为和生理过程的神经网络的种种情况，包括摄食/代谢、生殖行为、昼夜节律、中枢型式发生器、感觉-运动整合等网络。例如有实验显示，下丘脑大细胞催产素(OT)分泌神经元与疼痛减轻有关。大鼠下丘脑的 30 个特异化的 OT 分泌神经元可以减轻疼痛，因为它们能够整合大细胞 OT 分泌神经元以及脊髓背角深部的信息加工过程，这样就可以产生减轻疼痛的效果[18]。神经递质和神经肽的调节往往是相伴随而起作用的，例如阴茎勃起的神经递质和神经肽调节就是如此。在这里，既有肾上腺素能调节、胆碱能调节、非肾上腺素能和非胆碱能(NO)调节，也有多种神经肽调节，其中包括活性肠肽(vasoactive intestinal polypeptide)、组异肽(peptide histidine isoleucine)、组甲肽(peptide with histidine and methionine)、神经肽 Y(NPY)、内皮素。当然，还有较高级中枢的调节[19]。视网膜的 NPY 与 NPY 受体(Y1、Y2、Y4 及/或 Y5 受体)，它们可能与视网膜神经回路的发育，与保护视网膜免受毒性物质的损害等有关[20]。

神经营养因子也可以有神经调制功能。例如，胰岛素样生长因子-1(insulin-like growth factor I，IGF-I)对于生长激素功能轴是至关重要的，能够促进组织生长。动物成年以后，它仍然有合成代谢的功能。过去 10 年来的进展表明，IGF-I 有神经调制功能。血液循环中的 IGF-I 能够明显地影响神智功能。具体地说，血清 IGF-I 浓度的降低，与老年人的认知能力下降有关。从细胞和分子水平看，IGF-I 是神经稳态的关键组成部分，因为一旦 IGF-I 输入有变动，必定关联到神经功能的紊乱[21]。

应用无脊椎动物标本，结合遗传学、行为和生理学方法进行神经肽作用的分析，人们希望在此基础上找出神经调制的一般规律[22]。

### 6.11.5 神经调制作用与神经回路(神经网络)

神经调制是许多行为状态的基础，而行为是通过神经回路实现的，所以用神经回路来分析神经调制，是一个合理的考虑。可以利用小神经回路进行研究，如中枢型式发生器。组构节律性运动的中枢型式发生器(central pattern generator，CPG)是一个常用的模型。在此模型中，调制性输入是 CPG 功能的必需组成；神经调制物的作用是使得 CPG 神经元和突触的参数适合于网络功能；每个神经调制物作用于网络可有多种效应，而且可相互抵消，这种作用可能有助于稳定调制的状态；神经调制物也决定了 CPG 中活性神经元的组成，这种组成是随着状态改变而改变的，如运动速率。神经调制物是如此重要，所以建立任何模型都必须考虑它[23]。又如，运动神经网络具备固有的灵活性特点，以适应它的输出。从脊椎动物简单运动神经网络来看，快速抑制性突触似乎是这种神经调制的重要作用点。非洲爪蟾蝌蚪的中枢神经系统有两个很重要的抑制性神经递质——GABA 和甘氨酸，它们对蝌蚪的游泳运动起作用。甘氨酸的作用是决定游泳运动的频率，决定动物能游得多快；而 GABA 则调节蝌蚪能游得多远。5 -羟色胺、去甲肾上腺素、NO 能够选择性地靶向释放 GABA 和甘氨酸，以间接调控运动，这就是一种神经调制[24]。神经网络的生理状态及网络活动水平，都可以对神经调制物如何起作用产生重要影响，这一现象被称为“状态依赖”。不论大的还是小的神经系统都可能受到调制。从宏观上看，神经调制张力的改变可能是激醒、“心情”以及其他脑内神经网络状态的基础，而这些又可以深刻地影响行为。当然，从更基础的角度看，神经调制物的作用是影响神经元、突触及局部神经回路的特征[25]。

### 6.11.6　皮层下神经调制系统

神经调制是许多行为状态的基础，脑功能调制离不开脑的神经调制系统。皮层下神经调制系统是睡眠-觉醒状态变化的重要调制者。动物不同行为状态之间的变换，往往伴随着大体脑活动的改变，如睡眠与觉醒、不注意与注意状态的变化。那么，这些不同状态的功能是什么？是哪些机制负责调控这些状态？皮层下神经调制系统在这里起非常重要的作用[26]。多巴胺调制系统和 5 -羟色胺调制系统在酬报和厌恶中的作用，则又是一种重要的神经调制[27]。

从功能的水平看问题，激醒和注意可以大大增强感觉加工，而睡眠和安静清醒可能有利于学习和记忆[26]。行为上的某些不同可通过神经输入的调制而得以实现。对脊椎动物的行为个性了解甚少。实验发现，个体间感觉诱发的神经调制性输入的差别，与行为的个体间差别有关[28]。又如，皮层-纹状体神经回路调节行为的转换，像目标朝向行为和习惯性作用的转换。实验发现，习惯性作用的发生，需要目标朝向行为减弱，而目标朝向行为的减弱是通过内源性大麻素所介导的眶皮层-纹状体神经回路来实现的[29]。又如，负责工作记忆的前额叶皮层(PFC)神经回路接受神经调制性的影响。工作记忆的产生缘于 PFC Ⅲ层锥体细胞回返性兴奋的 NMDA 网络。神经调制物可以快速、可变地改变突触连接的效力，但仍然保持突触的正常构筑。此过程称为动态网络连接(dynamic network connectivity，DNC)。钙- cAMP 信号传送的增强，导致长、细树突棘的离子通道开放，从而使网络的连接受到门控。如果由于树突棘上肾上腺素 α2A 受体的激活，钙-cAMP 信号传送受到抑制，突触连接效力就会增强，网络放电增加；而适当地刺激多巴胺 D1 受体以影响网络输入，可改善神智的代表。睡眠和应激时，钙- cAMP 信号传送普遍增强,导致背外侧前额叶皮层(dorsolateral PFC,dlPFC)回返性网络发生紊乱,可使放电减少,损害自上而下的认知[30]。有人试图把神经调制的效应与该脑区理论上的看法结合起来,以期对该脑区的神经调制作用进行理论性概括。例如,就小脑学习的神经调制而言,有人提出看法,认为5-羟色胺的作用是在小脑学习中调节每个小脑单元的"责任",去甲肾上腺素的作用是门控小脑皮层不受监督的学习,多巴胺的作用是增强目标朝向的小脑学习,而乙酰胆碱的作用是调节浦肯野细胞受监督学习的速度[31]。但是这些推论的可靠性如何尚有待考察。

### 6.11.7 用简单生物学标本研究神经调制

对神经调制往往可利用无脊椎动物的简单标本来进行研究,这样做有许多方便之处,较易得出结论性的看法。例如,年长的果蝇较之年轻的果蝇具有交配优势。有实验表明,这种优势是由于果蝇对刺激性外激素[年轻(juvenile)激素]的高敏感性造成的,该激素作用于外周感受器——Or47b 嗅味觉感受器[32]。但是要从简单生物学标本的神经回路研究中得出明确结论,仍然有许多问题[33]。

建立模型进行神经调制研究是神经回路研究的一个重要方向。例如,根据神经调制物可以调制皮层反馈与丘脑输入之间的平衡,可以在此基础上建立模型[34]。

研究神经加工过程有其固有的困难与复杂性。第一,计算是分布式的,但神经连接是点对点的。第二,大多数神经连接是均匀的,在它的靶位点缺少分化,脑的结构是相对固定的。而实际情况是,环境是在不断改变着,不同的输入、不同的加工形式以及决定输出的形式,在不同的条件下也是不同的。神经调制物的出现可以回应这些问题,这是因为,神经调制物分布广泛而且多样,在部分特异化的解剖学安排中它们可享有特异化的受体;它们能够塑造神经元的活性和敏感度,以及突触的强度和可塑性[35]。

### 6.11.8 神经调制机制异常复杂

通常的看法是,突触传递通过离子型受体来完成,神经调制通过 G 蛋白偶联受体(GPCR)来完成,这是就细胞水平而言[36]。但是,在脑功能水平上讨论神经调制时,情况是复杂的和多种多样的,$GABA_A$受体是离子型受体。在成年动物的小脑皮层上,从苔状纤维输入到浦肯野细胞输出,受颗粒细胞上 $GABA_A$受体的调控,这种受体激活既有张力性抑制,又有突触溢出性抑制[37]。突触外区 $GABA_A$受体的张力性激活已经受到了广泛注意,本书第 4 章已做了专门介绍。

神经调制的作用机制可以牵涉某些精细的细胞内过程。有些神经调制物质通过调制物质的跨膜受体内吞而得到实现,这种作用既有长时程的,又有短时程的[38]。

神经调制也涉及胶质细胞的功能。星状胶质细胞通过代谢性受体接受刺激后,引起细胞内钙升高,触发谷氨酸释放,从而刺激周围神经元,这是一般的看法。但最近 T. A. Fiacco 等的转基因实验表明,事实上仅有 Gq 的激活还是不够的[39]。

### 6.11.9 脑功能调制是临床把脑的电刺激用于治疗的原理和基础

脑的电刺激是根据神经调制作用来实施的临床治疗技术。以前，电抽搐治疗(electroconvulsive therapy，ECT)被视为抑郁症治疗的金标准。现在，以神经调制原理作为指导的脑刺激治疗领域有了很大的发展，有很多方法可供选择，如磁发作治疗(magnetic seizure therapy，MST)、用外科手术植入刺激器的治疗、非侵入性亚发作强度治疗等[40]。

## 参考文献


[1] Kupfermann I. Modulatory actions of neurotransmitters. AR Neurosci，1979，2：447－465.

[2] 陈宜张.脑研究现状与展望//中国医学院士文库：陈宜张院士集. 北京：人民军医出版社，2014：449－459.

[3] Kandel E R，Schwartz J H，Jessell T M，et al. Principles of neural science，5th ed. New York：McGraw-Hill，2013.

[4] Carr D B，Surmeier D J. M1 muscarinic receptor modulation of Kir2 channels enhances temporal summation of excitatory synaptic potentials in prefrontal cortex pyramidal neurons. J Neurophysiol，2007，97：3432－3438.

[5] Hagenston A M，Fitzpatrick J S，Yeckel M F. mGluR-mediated calcium waves that invade the soma regulate firing in layer V medial prefrontal cortical pyramidal neurons. Cerebral Cortex，2008，18：407－423.

[6] Wang Z，McCormick D A. Control of firing mode of corticotectal and corticopontine layer V burst-generating neurons by norepinephrine，acetylcholine，and 1 S，3 R-ACPD. J Neurosci，1993，13：2199－2216.

[7] Jan L Y，Jan Y N. Peptidergic transmission in sympathetic ganglia of the frog. J Physiol，1982，327：219－246.

[8] Ruben P，Johnson J W，Thompson S. Analysis of FMRF-amide effects on *Aplysia* bursting neurons. J Neurosci，1986，6：252－259.

[9] van den Pol A N. Neuropeptide transmission in brain circuits. Neuron，2012，76：98.

[10] Turner C A，Watson S J，Akil H. The fibroblast growth factor family：neuromodulation of affective behavior. Neuron，2012，76：160.

[11] Cantrell A R，Catterall W A. Neuromodulation of $Na^+$ channels：an unexpected form of cellular plasticity. NR Neurosci，2001，2：397.

[12] Chen Y，Yu F H，Surmeier D J，et al. Neuromodulation of $Na^+$ channel slow inactivation via cAMP-dependent protein kinase and protein kinase C. Neuron，2006，49：409－420.

[13] Bucher D，Goaillard J-M. Beyond faithful conduction：short-term dynamics，neuromodulation，and long-term regulation of spike propagation in the axon. Progress in Neurobiology，2011，94：307－346.

[14] Khakh B S，North R A. Neuromodulation by extracellular ATP and P2X receptors in the CNS. Neuron,2012，76：51.

[15] Xu J, Khakh B S. Slown euromodulation mediated by ATP P2X receptors. Neuron, 2014, 83: 257.

[16] Santello M, Nevian T. Dysfunction of cortical dendritic integration in neuropathic pain reversed by serotoninergic neuromodulation. Neuron, 2015, 86: 233 - 246.

[17] Kettunen P, Kyriakatos A, Hallen K, et al. Neuromodulation via conditional release of endocannabinoids in the spinal locomotor network. Neuron, 2005, 45: 95 - 104.

[18] Eliava M, Melchior M, Knobloch-Bollmann H S, et al. A new population of parvocellular oxytocin neurons controlling magnocellular neuron activity and inflammatory pain processing. Neuron, 2016, 89: 1291 - 1304.

[19] Argiolas A, Melis M R. Neuromodulation of penile erection: an overview of the role of neurotransmitters and neuropeptides. Progress in Neurobiology, 1995, 47: 235 - 255.

[20] Santos-Carvalho A, Álvaro A R, Martins J. Emerging novel roles of neuropeptide Y in the retina: from neuromodulation to neuroprotection. Progress in Neurobiology, 2014, 112: 70 - 79.

[21] Aleman A, Torres-Alemán I. Circulating insulin-like growth factor I and cognitive function: neuromodulation throughout the lifespan. Progress in Neurobiology, 2009, 89: 256 - 265.

[22] Taghert P H, Nitabach M N. Peptide neuromodulation in invertebrate model systems. Neuron, 2012, 76: 82.

[23] Harris-Warrick R M. Neuromodulation and flexibility in central pattern generator networks. Current Opinion in Neurobiology, 2011, 21: 685 - 692.

[24] Sillar K T, McLean D L, Fischer H, et al. Fast inhibitory synapses: targets for neuromodulation and development of vertebrate motor behavior. Brain Research Reviews, 2002, 40: 130 - 140.

[25] Marder E, O'Leary T, Shru S. Neuromodulation of circuits with variable parameters: single neurons and small circuits reveal principles of state-dependent and robust neuromodulation. Annu Rev Neurosci, 2014, 37: 329 - 346.

[26] Lee S-H, Dan Y. Neuromodulation of brain states. Neuron, 2012, 76: 209.

[27] Hu H. Reward and aversion. Annu Rev Neurosci, 2016. 39: 297 - 324.

[28] Pantoja C, Hoagland A, Carroll E C, et al. Neuromodulatory regulation of behavioral individuality in zebrafish. Neuron, 2016, 91: 587.

[29] Gremel C M, Chancey J H, Atwood B K, et al. Endocannabinoid modulation of orbitostriatal circuits gates habit formation. Neuron, 2016, 90: 1312 - 1324.

[30] Arnsten A F T, Wang M J, Paspalas C D. Neuromodulation of thought: flexibilities and vulnerabilities in prefrontal cortical network synapses. Neuron, 2012, 76: 223.

[31] Schweighofer N, Doya K, Kuroda S. Cerebellar aminergic neuromodulation: towards a functional understanding. Brain Research Reviews, 2004, 44: 103 - 116.

[32] Lin H-H, Cao D-S, Sethi S, et al. Hormonal modulation of pheromone detection enhances male courtship success. Neuron, 2016, 90: 1272 - 1285.

[33] Kumar A, Vlachos I, Aertsen A, et al. Challenges of understanding brain function by selective modulation of neuronal subpopulations. Trends in Neurosciences, 2013, 36(10): 579.

[34] Hasselmo M. Expecting the unexpected: modeling of neuromodulation.Neuron, 2005, 46: 526.

[35] Dayan P. Twenty-five lessons from computational neuromodulation. Neuron，2012，76：240.

[36] Civelli O. Orphan GPCRs and neuromodulation. Neuron，2012，76：12.

[37] Hamann M，Rossi D J，Attwell D. Tonic and spillover inhibition of granule cells control information flow through cerebellar cortex. Neuron，2002，33：625－633.

[38] von Zastrow M，Williams J T. Modulating neuromodulation by receptor membrane traffic in the endocytic pathway. Neuron，2012，76：22.

[39] Tritsch N X，Bergles D E. Defining the role of astrocytes in neuromodulation. Neuron，2007，54：497.

[40] Deng Z-D，McClintock S M，Oey N E，et al. Neuromodulation for mood and memory：from the engineering bench to the patient bedside. Current Opinion in Neurobiology，2015，30：38－43.

# 第 7 章　脑电节律性活动及其与神智的相关

## 7.1　引言

自从在头皮上安放电极，动物或人的 EEG 被记录以后，人们知道了脑有这种节律性电波动。在动物实验中，或者利用外科手术机会在人体中，可以把电极直接放在脑表面或硬脑膜表面以记录脑的电活动，这种电活动称为皮层脑电图（electrocorticogram，ECoG），或颅内脑电图（intracranial EEG，iEEG）。也可以把电极插入脑实质，记录脑局部的电位，称为局部场电位（local field potential，LFP）[1,2]。

脑电活动被记录下来以后，人们很自然地提出两个重要问题。① 脑电波应该是一群或多或少的神经细胞同时活动（同步化）的产物，那么这种节律性是如何产生的？一般说来，脑电活动是节律性的，对于节律性脑电活动的因果性的或者副现象的（epiphenomenal）解释都有待深入研究，但脑电也有非节律性的[3]。② 同时也提出了另外一个问题：这种节律性波动，是否与人的神智功能有某种关系？

### 7.1.1　对脑电活动与神智功能关系的一般性看法

很多人都想知道脑电波与神智功能的关系，至少很多研究脑电波的学者是有这种想法的。精神病学家 H. Berger 研究了这个问题，当然有其专业上的考虑。后来的事实也证明，脑的有些节律性电波动的确与人或动物的神智（认知）功能有关，首先看到的是脑电波与安静清醒、睡眠、注意的关系。以后，用 LFP、ECoG 等记录了各种不同的脑电节律，对脑电活动与神智活动的关系似乎了解得更多了[4]。脑电节律性活动和神智状态的关系得到了更好的研究。例如，$\theta$(theta，4～8 Hz)节律与探索性运动及空间记忆有关；$\beta$(beta，15～30 Hz)节律在“发动”运动时出现，当运动实施时消失；$\gamma$(gamma，30～80 Hz)节律与“注意”行为状态（“attentive” behavioural state）及高警戒（hypervigilance）状态有关。神经元的上、下状态慢振荡在 NREM 睡眠相出现。对超快振荡（＞100 Hz）的神智相关，目前尚不清楚[2]。现在，可以研究当动物处于注意状态时，或它处在某个位置时，脑电的活动有何特点。这些都是原来难以做到的，现在则可以做到了。现在不但可以把脑电活动，特别是脑电节律性振荡，与动物的行为和神智状态联系起来，还可以对脑功能状态与兴奋性或抑制性活动的关系进行分析。

### 7.1.2　脑电波发现的历史[1]

1875 年，英国利物浦的一个开业医生 R. Caton(1842—1926)发现了兔、猴裸露大脑皮层上的电现象，文章发表在《不列颠医学杂志》上。1890 年，波兰生理学家 A. T. Beck 报告了兔、狗脑的自发性电活动，包括光线刺激引起节律性振荡的改变。

1912 年，俄罗斯生理学家 V. Pravdich-Neminsky 发表了第一个动物 EEG 以及哺乳动物(狗)的诱发电位记录。1914 年，N. Cybulski 和 X. Jelenska-Macieszyna 用照相方法记录了实验性诱发癫痫发作的 EEG 记录。

1924 年，德国生理学家和精神病学家 Berger 记录了首幅人 EEG。Berger 扩展了 Caton 以前在动物方面的工作，他发明了脑电图并予以命名，这个发明被认为是在临床神经病学历史上最令人惊奇和瞩目的重大进展。1934 年，Berger 的发现首次被英国科学家 E. Adrian 和 B. Matthews 所证实，而且加以发展。

20 世纪 30 年代，临床脑电图学有很大发展。1934 年首次演示了癫痫性锋电位，1935 年描写了发作间的锋电位波，以及每秒 3 次的临床失神发作(absence seizure)型式的癫痫，这样就开启了临床脑电图学的工作。再往后，1936 年 F. A. Gibbs 和 H. H. Jasper 两人报告了作为局灶性癫痫标记的发作间锋电位。同年，美国麻省总医院设立了第一个 EEG 实验室。

1947 年美国 EEG 学会成立，同年第一届国际 EEG 会议召开；1953 年 E. Aserinsky 和 N. Kleitman 两人描述了 REM 睡眠。

20 世纪 50 年代，W. G. Walter 开发了一个 EEG 附件，被称为 EEG 地形图(脑电地形图)。这种图允许医生绘制整个脑表面的电活动。在 20 世纪 80 年代，这种方法于短期内赢得了普及，似乎对精神病诊断有好处，但是神经病学家从来没有接受过这种方法，仅仅把它作为研究的工具而已。

颅内 EEG(iEEG)本身是一种老技术，可以追溯到早期电生理记录的先驱、1935 年的 Jasper 和 L. Carmichael，那是在 Berger 第一次把 EEG 应用于人类之后不久。由于 iEEG 有侵入性的特点，它在人类中的应用主要局限于治疗某些不易治疗的癫痫，病人正好要接受脑部切除手术的时候。对于这种病人，需要对负责癫痫产生的皮层网络进行定位作图[5]。

### 7.1.3　人脑电波波型

EEG 的波型有：δ 波、θ 波、α 波、μ 节律(感觉-运动节律)、β 波、γ 波、μ 波。此外，还有“超慢”或“接近 DC(直流电)”活性。人脑电波的各种波型如图 7 - 1 及表 7 - 1 所示。

对于脑电波的特征和生理-病理意义，学术上有一些粗线条的共识。

1. δ 波

δ 波的频率可高达 4 Hz，它是幅度最大、频率最慢的一种波，在正常成年人的慢波睡眠、正常婴儿中可以看到。皮层下损伤时它可以在局部出现；在弥散性脑病、代谢性脑病性脑积水，或者深部脑中线损伤时可以普遍出现。它在成年人中通常最显著地是在额部(额部间歇性节律性 δ 波，frontal intermittent rhythmic delta，FIRDA)，在小孩中是在脑后部(枕部间歇性节律性 δ 波，occipital intermittent rhythmic delta，OIRDA)。

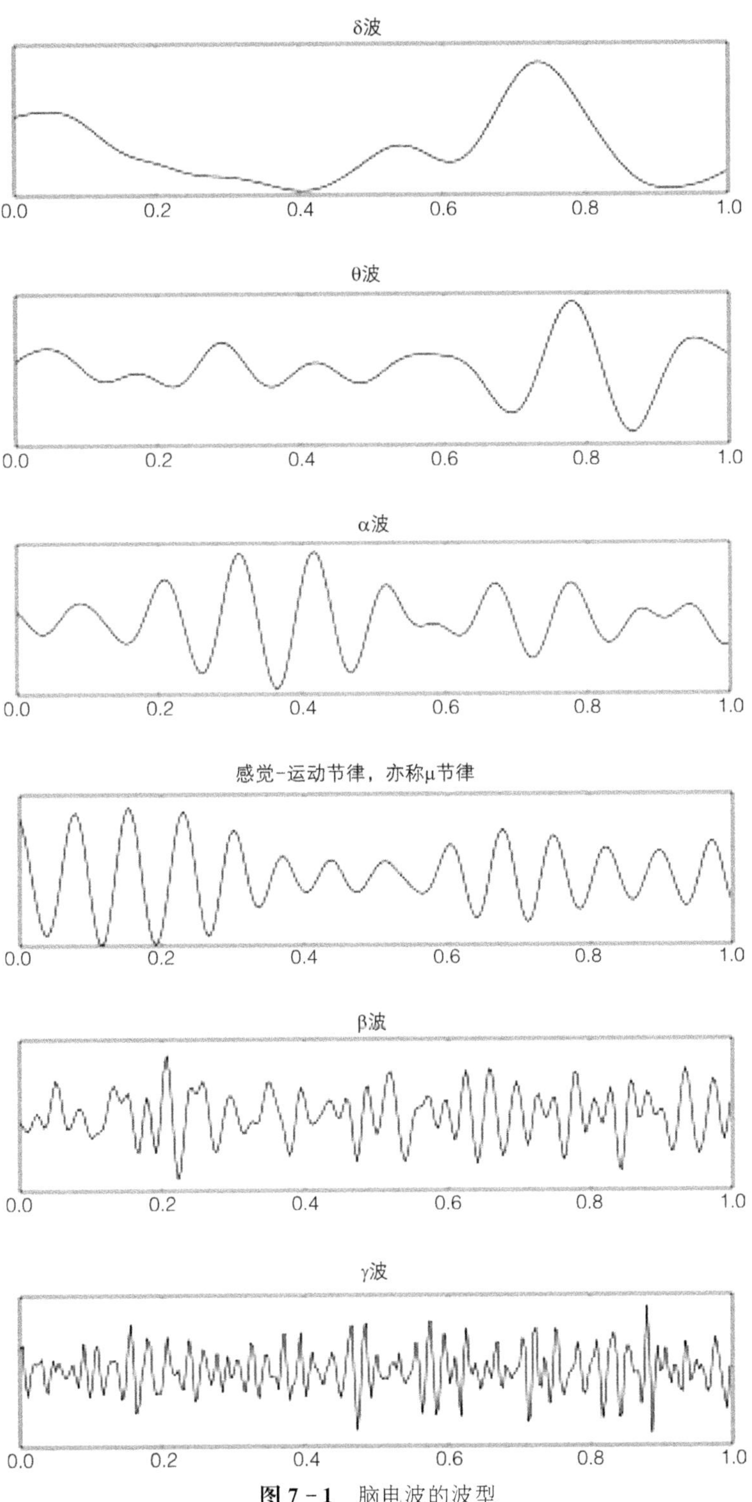


**图 7-1** 脑电波的波型

**表 7－1　脑电波节律活动频率波段比较表**

| 波段<br>（band） | 频率<br>（Hz） | 定　位 | 正　常 | 病　理 |
|---|---|---|---|---|
| ● δ | ● <4 | ● 成年人在头颅前部，小孩在后部；高幅度波 | ● 成年人慢波睡眠<br>● 婴儿时出现<br>● 在某些连续注意作业时出现 | ● 皮层下损伤<br>● 弥散性损伤<br>● 代谢性脑病、脑积水<br>● 深部脑中线损伤 |
| ● ε | ● 4～7 | ● 发现位点与手的作业无关 | ● 年幼孩子较多<br>● 成年人及青少年有睡意时<br>● 脑闲置、空转时<br>● 与诱发反应的抑制相关联（当一个人试图主动压抑对某一动作的反应时，发现有锋电位放电） | ● 局灶性皮层下损伤<br>● 代谢性脑病<br>● 深部中线脑病变<br>● 某些脑积水病例 |
| ● α | ● 8～15 | ● 头颅的后部，双侧<br>● 优势侧脑的 α 波幅度较大 | ● 放松/闭眼时<br>● 静息时出现在中央位点（颅表面电极位置 c3—c4）<br>● 也与抑制调控有关联，似乎其目的在于确定脑内不同位点的抑制活性时间 | ● 昏迷 |
| ● β | ● 16～31 | ● 双侧，对称分布，前部最明显，低幅度波 | ● 范围：主动平静→强烈的→应激的→中等度强迫的<br>● 主动思考，聚焦，警觉的，焦虑的 | ● 服用丙二氮（benzodiazepine）类药物 |
| ● γ | ● >32 | ● 躯体感觉皮层 | ● 在联合感觉模式加工时出现（这种知觉把两个不同属性的知觉联系起来，例如声音和光线）<br>● 对已经认识的对象进行短时程记忆匹配时，如物体、声音、触觉<br>● γ 波段活性减少，可能与认知降低相关联，特别是当关联 δ 波段时，但这还没有作为临床诊断测量所应用的指标 | |
| μ | 8～12 | 感觉-运动皮层 | 反映静息状态时的运动神经元活动 | ● μ 压抑可能表示运动的镜像神经元在工作，因此 μ 压抑的缺失也就是镜像神经元的缺失，可能在自闭症中起一定作用 |

以上是一般研究人员都认同的频率范围，但有些学者喜欢用他们自己选定的频率范围作为界线。此外，某些研究人员用带小数点的值规定波段，而不是用整数。例如，有人界定低 β 波段是 12.1，而另一个研究者可以是 13，更有另一些人为了进行数据分析，有时把波段分为亚波段。

2. θ 波

θ 波的频率范围为 4～7 Hz，正常情况下在年幼的儿童中可以看到。也可以在想睡的大一点小孩及成人中看到；在沉思时也可以看到。如果按照年龄 θ 波过度，则表示异常活性。间歇性节律性 δ 波在皮层下损伤时可以提示局灶性紊乱；在弥散性脑病、代谢性脑病、深部脑中线损伤或者某些脑积水时，则可以出现普遍性分布。相反，这个波段的 EEG 也可出现于松弛的、冥想的和创造性的状态下。

3. α 波

α 波的频率范围为 7～14 Hz。Berger 命名了他看到的第一个节律性脑电活性，即“α 波”。这是一个“后基本节律”（也称为“后优势节律”或“后 α 节律”），它可以在左右双侧脑的后区看到，其中优势脑一侧的幅度高一点。当眼睛闭起来以及人放松的时候，它会呈现出来，当睁开眼睛或作神智努力时它会减弱。在年幼儿童中，“后基本节律”事实上少于 8 Hz，因此从技术上讲它已经到了 θ 波的范围。

除“后基本节律”外，还有其他正常 α 节律，例如 μ 节律（μ 节律就是对侧感觉-运动皮层的 α 活性），当手臂空闲时它呈现出来；还有一种节律叫“第三节律”，它是颞叶和额叶的 α 节律。α 节律可以是不正常的，例如在昏迷时出现的 EEG 弥散性 α 节律，它对外界刺激不敏感，这种 α 节律称为“α 昏迷”。

4. β 波

β 波的频率范围从 15 Hz 到大约 30 Hz，通常是对称性分布，双侧都有，最明显是在额部。β 活性紧密地关系到运动行为，主动活动时一般减弱。具有多而可变频率的低幅度 β 脑电活性，经常与忙碌的行为活动或焦虑地考虑问题，以及主动地集中思考相关联。具有优势频率的节律性 β 波往往与各种疾病病变、药物效应相关联，特别是苯二氮类药物。在皮层损伤脑区，它也可以消失或者减少。当病人清醒或焦虑时，或者当他的眼睛睁开时，β 波可以成为优势节律。

5. γ 节律

γ 节律的频率范围为 30～100 Hz，它被认为代表了把不同的神经元活动捆绑在一起，成为网络，其目的是实现认知或运动的功能。

6. μ 波

μ 波范围为 8～13 Hz，与其他波的频率有部分重叠。μ 波反映静息状态时的运动神经元同步放电。μ 波压抑被认为反映运动镜像神经元系统的活动，因为当一个动作被看到的时候，这个型式（pattern）就会消失，可能是由于正常神经元系统和镜像神经元系统两者“走出同步”，因而互相干扰。

7. 超慢电活性

“超慢”电活性也称“接近 DC”（直流电）活性。如果应用直流电放大器，在某些研究设备条件下可以记录到超慢或接近 DC（直流电）的活性。典型地，它不是在临床应用的情况下记录下来的，因为这个频率的信号容易产生伪迹。

EEG 的某些特征是短暂的而不是节律性的。在有些罹患癫痫或倾向于癫痫的病人，锋电位和尖锐波可能代表发作性活性或发作间期活性。另一些临时性特征是正常的：正常睡眠时可以看到的头顶波(vertex sharp wave)和睡眠梭状波。

注意有些类型的活性在统计学上不常见，但这种波与功能失调或疾病无关。这种波常被称为“正常的变异”，前面所讲的 $\mu$ 节律就是正常变异的一种。

### 7.1.4　年龄、睡眠和觉醒、全身麻醉剂与 EEG

正常 EEG 随年龄而变，新生儿 EEG 与成年人的相当不同。与成年人相比，儿童期的 EEG 频率一般较慢。

正常 EEG 可随机体的状态而变。用多导睡眠仪确定睡眠阶段时，EEG 常与其他测量方法联用，如眼动电图(electro-oculogram，EOG)及肌电图(electromyologram，EMG)。Ⅰ期睡眠(在某些系统里面等于睡意期)的 EEG 表现，有“后基本节律”的丢失，也可能有 $\theta$ 节律的增加。有的作者分类了与睡意发生有关的几个 EEG 型式。Ⅱ期睡眠特征是睡眠梭状波、暂时性的 12～14 Hz 节律性活动(有时被称为 $\varepsilon$ 波段)，其最大幅度在额部中央。Ⅱ期的多数脑电活性在 3～6 Hz 范围。Ⅲ期和Ⅳ期睡眠由 $\delta$ 波频率的存在所界定，常常被称为慢波睡眠。前面所讲的睡眠Ⅰ—Ⅳ期包括 NREM 睡眠、REM 睡眠，后者的 EEG 似乎类似清醒时。

全身麻醉时的 EEG 与所用的麻醉剂类别有关。如果用的是卤化麻醉剂如氟烷或静脉注射麻醉剂如异丙酚，那么在多数头颅部位可以记录到快速($\alpha$ 波或低 $\beta$ 波)非反应性 EEG，特别是在前部；在某些老的命名学中，这被称为广泛前快形式(widespread anterior rapid，WAR)；与上述相对比的是另一种形式，即广泛慢形式(widespread slow，WAIS)，这种形式在应用大剂量鸦片时可以出现。关于麻醉剂对 EEG 信号影响的效应，我们开始在药物作用的水平有所了解，即药物作用于不同类型的突触，作用于产生同步化神经元活动的不同神经回路等方面。

### 7.1.5　脑电与同步化活动

关于脑电产生的机制可有几方面的考虑。一是电位的来源。不论用哪一种方法记录的电位，都是记录电极所在的脑部位与另一个参考部位两者之间的电位差。问题是这个电位差是如何产生的。动作电位和突触电位当然是脑电变化的组成来源，还有离子通道的固有振荡特性[6]。二是节律性的成因。脑电变化为什么是节律性的，而且是这样一种特定的节律。这里有单个神经元电学特性的基础，例如神经元的位相反应特点，即可以分为Ⅰ型、Ⅱ型神经元；神经元的共振特征；阈下及混合模式的膜振荡；节律性爆发等[4]。三是，节律的产生也有神经回路活动特性的因素。就一个以兴奋性主神经元和抑制性中间神经元组成的回路而言，至少可以有 3 种活动形式：主神经元间的返回兴奋、中间神经元间的相互抑制、兴奋-抑制回路的反馈抑制。当然，还有神经回路活动的构筑特性因素[2,4]。

脑电活动与脑同步化活动之间关系的重要性是不言而喻的。从细胞水平看，脑电节律都属于慢电位变化，而且都是由多个神经细胞的同时活动产生的，即同步化活动。脑电节律是一群神经细胞活动所产生电场的记录。关于同步化的机制，在细胞水平可以考虑的因素有：① 缝隙连接的作用。缝隙连接在脑节律的产生中可能起重要作用[4]。根据现有资料，大脑皮层的缝隙连接仅存在于快速放电(fast spiking，FS)神经元之间，而FS神经元是GABA能抑制性中间神经元。这样看来，抑制性中间神经元参与神经元活动的同步化是很值得考虑的。② 假突触传递(ephaptic transmission)，这可能仅在病理情况下发生。③ 神经胶质细胞的回缩。下丘脑视上核分泌催产素(OT)的大细胞分泌神经元之间的神经胶质细胞的回缩，可以导致大细胞分泌神经元发生同步活动，但这可能只是一种特殊的情况，在其他脑区未见报道[2,7]。以上详见第5章“神经元间的电学调制作用”。

脑电图所显示的节律性电波动，反映了神经回路的振荡，而回路的振荡又基于神经元的活动特点，包括兴奋性和抑制性活动的驱动，细胞周围环境对于脑状态的维持，以及与人觉醒-睡眠状态的关系。

### 7.1.6　脑电节律的神经元和突触活动基础

过去20年，已经积累了动物或人体实施行为时发生脑节律的大量知识，知识的积累有赖于多方面实验进展的汇合，具体而言有6个方面。

第一，在人的研究方面，脑磁图MEG和iEEG的记录作为应用于癫痫病人的记录方法(做iEEG是为了在手术前给病人定位发作位点)。这两种方法有高的空间、时间分辨，而且与以前用的头皮EEG相比，有好的信号/噪声比。

第二，有更多的生理学家同时记录了动物实施认知作业时的LFP和单位放电。这样就有可能考察个别细胞的放电活动与LFP振荡的对应关系，而且是在动物实施行为的时候。

第三，新技术使得我们有可能在活体上、从鉴定的神经元中进行记录，例如锥体细胞或者GABA中间神经元的不同亚群，从而产生有价值的、有关它们活动的信息，以及它们与群体的节律如何相关的信息。

第四，在离体皮层脑片上可以复制类似于行为相关振荡(如$\gamma$或$\theta$振荡)的网络振荡，而所取脑区具有能够使节律产生的神经回路。这样就可以透彻地分析，同时也越来越多地了解单个神经元膜的、由一系列不同电压门控和钙调控的离子通道所决定的动力学。由于这些结果，发现某些皮层细胞亚群显示内源性振荡。这些神经元具有潜在能力，能够作为神经网络的起步器。对同步神经元振荡的研究历史是一个非常漂亮的例子：如何从宏观、神经元群体平均的描写，进展到微观的、相互连接神经元的网络动力学，包括它们具有的所有电生理学精细特征。

第五，运用新发明的光遗传学技术，我们可以快速、有选择性地激活或者失活神经细胞亚群。现在我们已经有可能确定，在观察到的神经活动形式和与之有关的网络机制之间的因果联系[4]，例如分析兴奋-抑制反馈回路。

第六,数学理论越来越精细。根据生物物理学神经网络模型,这种数学的理论研究提供了有价值的工具,用来探测经常出现的神经元回路的动力学行为,有时候其结果是令人惊奇的[4]。

那么,同步性大脑皮层节律的细胞机制是什么呢? F. Bremer 在 1958 年的综述中提出:“皮层的波是皮层神经元的同步搏动。”Bremer 建议,两个大脑皮层之间大数量的 α 振荡同步化,是由皮层间的兴奋性连接所产生的。同步化由兴奋性连接产生,从直觉来看是很自然的,因为可以预期,兴奋在互相连接的神经元之间传送,将引起它们大家都放电。在癫痫条件下这个观点得到了支持,不论是实验性的还是计算模拟实验的。在此条件下,阻断突触的抑制会导致极度同步化的神经元放电形式,类似于癫痫放电。到了 20 世纪 90 年代,模型研究开始对这种机制是否具有普遍意义提出怀疑。有些事实提示,兴奋性能否使耦合神经元同步化,依赖于相关神经元膜的特点,以及突触电流的时程。另一方面,长期以来已经知道,同步化节律可以通过兴奋和抑制的相互作用而产生,例如快速反复进行的兴奋随之以慢的反馈性抑制,可以很容易地产生振荡。在此种情况下,抑制在节律产生中的重要性就提出来了。令人奇怪的是在 20 世纪 90 年代早期,X.-J. Wang 和 J. Rinzel 在模型研究中发现,互相抑制的突触相互作用可以同步化一群 GABA 能神经元,使之出现有连贯的振荡。在有抑制性神经元的神经网络中的这种情景,开始仅被看成丘脑振荡模式,后来被证明是一般性的原理。特别是理论性和实验性的研究发现,在离体海马的抑制性神经元网络中,此机制能够产生同步性 40 Hz 的 γ 振荡。不论是神经元之间的网络还是兴奋-抑制神经回路网络的情景,都关键性地依赖于突触抑制。所以,抑制不仅调控总的网络兴奋性,在行为发生的时候,它也精细塑造皮层网络的活动型式[4]。

## 7.2 局部场电位

早在 1875 年就已经记录到了动物皮层表面的电信号,此发现比脑电图的发现要早 50 年[1]。以后的工作发现,所记录到的高于 500 Hz 高频率部分的电位,可以提供关于围绕电极周围的神经元锋电位活动的信息;而与此相对比,频率低于 500 Hz 的信号即所谓局部场电位(LFP),难以根据神经活动的活性来进行解释。早在 20 世纪 50 年代我们已经有了理论框架,即所谓电流源密度(current source density,CSD)分析方法。往后几十年,LFP 又被重新使用,但是到了 80、90 年代,兴趣又下降了,可能由于当时关心单个神经元记录、膜片钳记录,而且当时对于单个神经元活动和知觉之间的关系也有了一些了解[8]。根据 LFP 资料,有作者探讨了功能性脑构筑的原理,认为可以把振荡看作突触功效随情景敏感而变化的特征,而这种突触功效是脑内协调动力学和信息通过的基础[9]。

### 7.2.1 单个神经元局部场电位的分析

细胞外电位是由邻近记录电极的细胞膜跨膜电流所产生的。对皮层 LFP 来说,突触输入是其主要贡献来源，其生物物理学来源是清楚的，可以用容积导电理论框架加以分析[8]。

根据此种框架的模拟研究，对由于突触输入电流(以及它的回返电流)而产生的 LFP 提供了重要的看法，包括 LFP 与神经元树突的形态学关系，以及突触所在位置的改变等。这些研究显示，对 LFP 正负极性、形状、幅度等的贡献，都强烈地依赖于记录电极的位置。例如，当兴奋性电流流到锥体神经元的顶树突分支时，从兴奋性突触记录下 LFP，如果记录电极靠近突触则 LFP 是负的，如果记录电极靠近胞体则 LFP 是正的；而且回返电流是强的，因为胞体区的树突面积大。同样一个基树突突触，由于偶极子分布的翻转，胞体周围是负的，而顶树突部位有正电流(图 7-2A，B)。正电流离开细胞外介质，正电荷进入神经元，这就是通常的电流的汇(sink)。进入细胞外介质的正电流则称为电流源(source)[8]。

LFP 的产生是由于跨膜电流通过邻近电极的细胞膜，其生物物理学的来源在容积导体理论框架中被了解得很清楚。从理论上看，细胞外介质是被看成为三维的连续体，而细胞外电位是由跨膜电流造成的。在这个理论中所用的是单区隔模型，它并不产生细胞外电位；而研究 LFP 时必须考虑多区隔模拟，考虑到细胞外电位[8]。

### 7.2.2 局部场电位的模拟和分析

过去十年见证了对皮层局部场电位(LFP)研究兴趣的重新发展。这种从细胞外记录的电位，频率可高达 500 Hz。新的发展是出于两方面的原因。一是多电极记录使研究者可以同时在十个乃至几千个位点上记录 LFP。另一个原因是认识到了 LFP 是一个新窗口，可以通过它来观察关键皮层群体的突触整合过程。然而，由于 LFP 的产生有无数潜在的神经来源，因而与锋电位比，对 LFP 的解释更困难些。为了对皮层回路中的信号加工有进一步了解，以及最终了解知觉与认知的神经基础，必须采用细致的计算模拟分析，充分利用 LFP 所提供信息的优点[8]。

近来对 LFP 的兴趣重新复活，主要的原因是，LFP 占据了突触整合过程的关键，这不是通过观察少数几个神经元的锋电位所能够代替的。有些研究者应用 LFP 方法研究了参与感觉加工、运动设计以及包括注意、记忆、知觉等在内的皮层网络机制。LFP 还是引导神经假肢设计的一个有用方法，也可用来记录人体神经活性，因为 LFP 更容易稳定地在慢性条件下加以记录，比锋电位的记录要容易些[8]。

不过应用 LFP 信号也有重要的缺陷。因为有多个神经元的活动参与了 LFP，所以与锋电位相比，LFP 信号本身就是模棱两可、难以解释的。想强调的是，通过开发计算方法加以分析和模拟，这种模棱两可至少部分地是可以解决的。缘于此，发展数学工具成了在系统水平上计算神经科学的核心优先课题[8]。

为达到此目的，关键是先要对 LFP 的“测量物理学”有好的了解，也即了解神经活动与测量信号之间的关系。过去 10 年看到了很好的、有基础的生物物理学设计方案，叫作向前模拟方案(forward-modelling scheme)。此方案基于容积导体理论，融入细致的神经元形态结构以及精确的细胞外电位计算，包括锋电位及 LFP 在内。这里所谓“向前”，是指细胞外电位是根据神经膜电流来模拟的；相反，如果是根据记录电位来估计神经的电

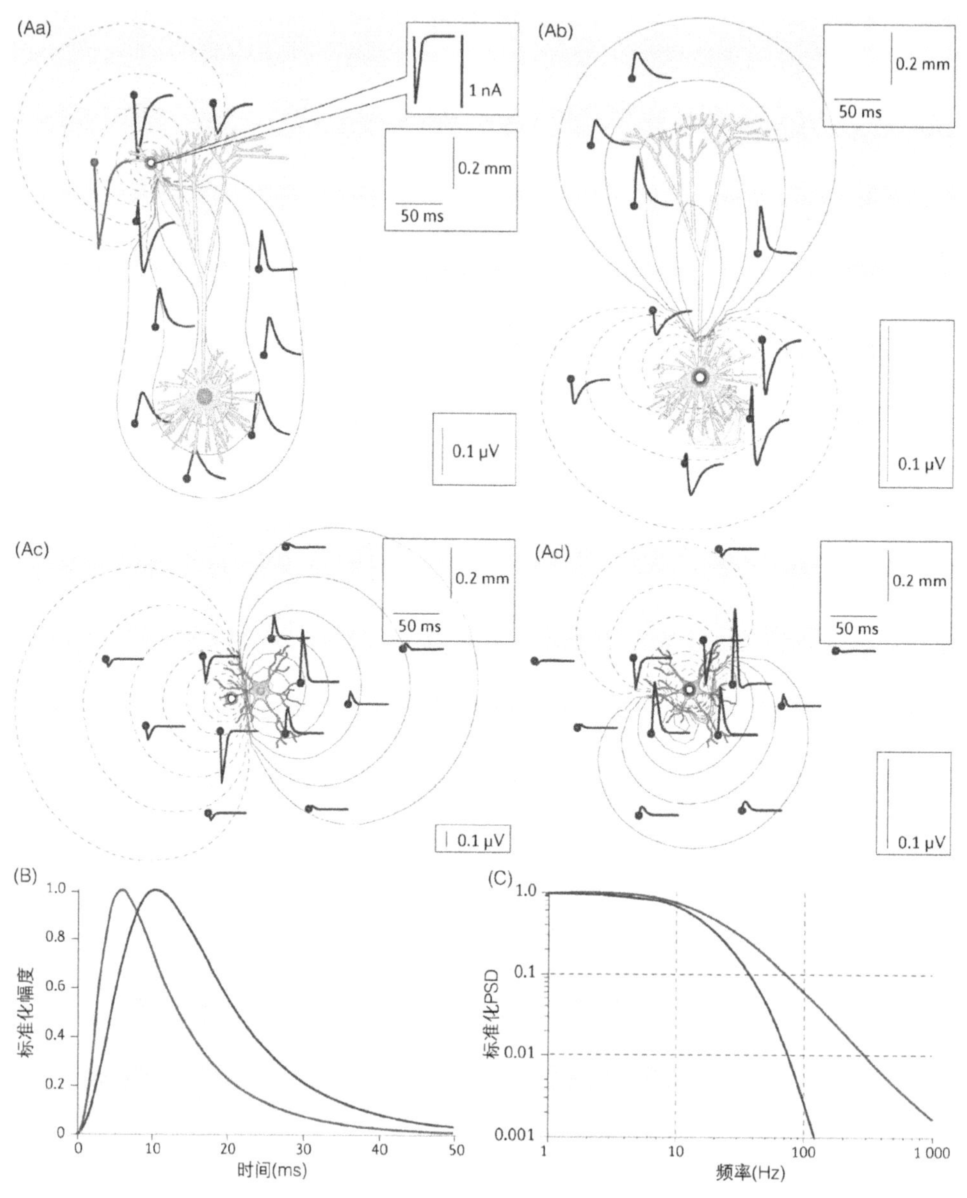


**图7-2**　单个神经元突触激活后计算出来的局部场电位(彩图见图版第15页)

Aa和Ab显示重组的猫视觉皮层第Ⅴ层的锥体神经元。顶树突上(Aa)单个兴奋性突触的激活用白色圆圈表示。单个神经元所产生的LFP关键性地依赖于神经元的形态以及记录电极的位置,在这里显示出来的是一个模拟研究的结果,表示顶树突(Aa)上或胞体(Ab)上单个突触的激活。Ac和Ad显示重组的猫视觉皮层第Ⅳ层的星状神经细胞,当电极放到远侧树突分支(Ac)、神经元胞体(Ad)时。Aa的小插图显示注射了突触电流后的细胞外电位(用粗实线表示),在选择性的空间位置上。在这里用一个点表示其开始点,用50 ms时间窗记录,灰轮廓线表明最大的细胞外LFP的幅度。轮廓描计是对数的,在每根轮廓线之间LFP的幅值按两倍衰减,实线轮廓线表明LFP是阳性正值,虚线轮廓线表明LFP的幅度是负值。(B)靠近突触部位(蓝)及靠近树突部位(红)记录下来的标准化LFP幅度。如前面所表示的那样,这演示内源性的树突过滤效应,反映一个实验的结果。在这里,靠近突触处记录下来的最大LFP的幅度,在时间上早于靠近胞体的最大LFP。(C)LFP信号的功率谱密度(PSD),显示在与B同样的位置,当白噪声(宽带)电流注射入顶树突突触时,如Aa所表示的那样。这表明在频率范围内直接的同一个效应,也即靠近胞体测得的LFP比之靠近突触的是更为低频率的。(图引自[8])

流，那就叫作逆向模拟。应用这个工具可以进行系统性研究，可以得到记录下来的 LFP 与不同形式的神经活性之间的关系，也能够开发和验证为采用 LFP 方法所需的分析[8]。

### 7.2.3　局部场电位的电信号来源

突触输入以及相应的返回(returning)电流是主宰皮层 LFP 的主要成分。当 LFP 频率达到 100 Hz 时，锋电位也有贡献于 LFP 信号，即使快速钠锋电位也可能有贡献于细胞外电位。比较慢的电现象，例如钙锋电位以及锋电位后的后超极化，也可以进一步有贡献于低频率的 LFP 成分，因为只要是跨膜电流，必定会产生一个细胞外电位。这样看来，胶质细胞也可有贡献于 LFP，但是它们的贡献一般是在非常低频率的时候，例如在低于 0.1 Hz 的时候。当然，生物物理学模拟对于确定这些成分各自的贡献，对于观察不同频率波段的皮层 LFP，都是必要的[8]。

### 7.2.4　粗电极记录与假设性推论

最后，关于用粗电极记录皮层 LFP 的研究方法学讨论，主要说明粗电极记录 LFP 比之记录单位放电有其优越性，但也有很多假设性的推论，需要在理论推测的帮助之下才能够应用[8]。

### 7.2.5　局部场电位的意义

局部场电位研究提醒人们，对脑内电信号存在着广泛不同的看法[10]。对于局部场电位(LFP)特别是对其慢成分的看法，值得注意之处如下。

① 慢电位不是多余的东西，也不是可以从锋电位材料预计的。

② LFP 的来源很广泛，不仅包括经典的锋电位和突触后电位。LFP 是许多细胞间电流之向量总和。

③ LFP 活性的动态结构的信息含量丰富，它代表了它所实现的细胞过程和细胞间过程，脑的状态、定位、合作活动的形式，以及发育和进化的阶段。由此给出了一系列提示，有助于为新研究提供深刻洞识。

④ 很有可能在某个时候和某些地方，LFP 既是因也是果。LFP 的某些作用可能相当强，对细胞发挥影响，改变放电频率，或者把这些细胞拉入同步化中，因此这种 LFP 是信息编码的一部分；而另一些 LFP 无疑太微弱，不可能被看成因，而仅仅是果，但仍然是揭示脑活动的有价值的符号[10]。

## 7.3　节律性振荡与同步化

用细胞内电生理方法研究同步化机制，引出了神经细胞电振荡的现象；电振荡也涉及神经网络机制，稀少同步振荡(sparsely synchronized oscillation)可能是多种节律产生的共同基础。有关皮层状态和局部场电位以及上、下慢振荡状态的关系，见本章 7.7.6。

### 7.3.1　活体猫新皮层神经元的慢振荡(＜1 Hz)

有实验描述了在使用不同麻醉剂的情况下，从猫大脑皮层联络区5、7区，运动区4、6区，视觉区16、17区细胞内记录到的新的慢振荡，包括去极化和超极化的成分。记录神经元共254个，经逆向及顺向传导鉴定，认为属于皮层-丘脑或胼胝体投射神经元，它们接受来自丘脑核群的适当的传入，也接受对侧大脑皮层同一部位的投射。结果记录到两大类型的细胞——规律性锋电位放电(主要是慢适应的，也有快适应的)神经元，以及内源性爆发性细胞。对21个慢振荡性神经元进行了细胞内染色，发现是锥体样细胞，存在于大脑皮层Ⅲ—Ⅵ区，有丰富的基树突支[11]。

在所记录的神经元中，有66%出现慢节律，此节律包括慢去极化包络波(持续0.6～1.5 s)，有叠加于其上的完整动作电位或推测的树突锋电位，随之以长时程超极化。这种交替的电位系列可以节律性地发生，其频率低于1 Hz，其优势振荡在0.3～0.41 Hz，在尿烷麻醉的动物中占了67%。多数神经元(约70%)的这种覆盖于慢去极化之上的重复发放锋电位，可以被轻微的直流电超极化所阻断；当完整动作电位被除去以后，30%的细胞展示了相对小的(3～12 mV)快速、全或无特征的电位。当$V_m$更加负于－90 mV时，这些快速锋电位以全或无的形式被压抑。当$V_m$在－90 mV到－100 mV时，慢节律的去极化包络波减少或被压抑，而且当给予NMDA阻断剂氯胺酮(ketamin，又称克他命或凯特明)以后，其时程会大大缩短。与此作用相一致，多数神经元在氯胺酮和一氧化氮(NO)、氯胺酮和甲苯噻嗪的麻醉下，显示较慢振荡、较高频率(0.6～1 Hz)，比之在尿烷的麻醉下(0.3～0.4 Hz)[11]。

在18%的振荡细胞中，慢节律主要包括重复性(15～30 Hz)的、相对短持续性(15～25 ms)的IPSP。把膜电位设置到比－70 mV为正的电位时，此IPSP可以显露出来。慢振荡、长持续时间(＝1 s)的超极化相，在静息膜电位时最容易看到，当膜电位达到－100 mV时就减少。同时记录另一个细胞，演示了两个神经元的同步性抑制时期。细胞内给予氯离子或铯($Cs^+$)离子，可以减少周期性长持久性超极化的幅度及/或时程[11]。

新描写的这种振荡在所有被研究过的皮层脑区(感觉区、运动区、联络区)都出现，表明这种振荡是由形态学上和生理学上被鉴定的锥体细胞所展示的。根据它在锥体细胞上有节律(0.3 Hz)的重复性IPSP周期存在来推测，似乎也有局部回路的抑制性细胞参与其中。因为有实验表明，慢的细胞振荡和脑电图振荡之间有紧密相关，所以又研究了大群体事件，在其他文章中还有报道。丘脑核的神经细胞全部遭受损伤后，这种慢的皮层振荡可以保留下来，而此丘脑部位是投射到被记录的大脑皮层神经元的。可见，在把皮层神经元集群在一起，进入0.3 Hz节律以及其他睡眠振荡如梭状波(7～14 Hz)和δ波1—4(1～4 Hz)方面，皮层振荡显示关键性作用[11]。

因此，关于睡眠振荡的新看法是，它与其他不同的皮层节律都是由丘脑和皮层神经元的内源性电生理学特征产生的，都是由复杂的皮层-丘脑-皮层网络的突触相互作用造成的[11]。参看第8章。

### 7.3.2 猫丘脑振荡的内源性网络调制

皮层和丘脑-皮层活性是活性高度依赖的、多种活性型式的变动，这种活性可以有益于准确的感觉-运动加工，也可以不考虑外部影响而产生脑自己的节律，以至大部分处于脱机状态。节律性活性的产生是神经连接的刻板型式和膜及突触的内源性特点相互作用的结果。节律性产生的一般原理是：正反馈环（例如回返性兴奋）与负反馈调控（例如抑制、适应、突触阻遏）的相互作用。状态相关活性的实施，可以产生广泛的效应，促进或阻断感觉-运动加工，可以产生病理性节律，而与精神、神经疾病有关[12]。

猫丘脑的实验研究表明，丘脑神经元的慢(0.5～4 Hz)振荡是由于两个内源性电流的相互作用。有实验进一步研究了此内源性丘脑振荡的网络调制，其频率范围是在 EEG 睡眠 δ 波的范围里。研究认为，皮层诱导的猫丘脑-皮层（thalamocortical）神经元同步化和脑干胆碱能压抑，都参与其中。实验用麻醉猫做了经逆向鉴定的 305 个丘脑-皮层神经元的细胞内和细胞外记录，丘脑核包括感觉、运动、联络和髓板内核[13]。

在静息膜电位 $V_m$ 为 $-60.3 \pm 0.4$ mV（平均 ± SE）时，皮层刺激可以诱导梭状波振荡（7～14 Hz）。当膜电位比 −65 mV 更负时，同样的刺激触发脑电图 0.5～4 Hz 频率范围的振荡，包括低阈值锋电位（low threshold spike，LTS），随之以后超极化电位（after hyperpolarization potential，AHP）。LTS − AHP 顺序是一个自我支撑的、频率为 1～2 Hz 的节律性波，可以持续到皮层刺激结束以后。皮层-丘脑刺激能够把在 $V_m$ 负于 −65 mV 情况下自发发生的阈下慢振荡（0.5～4 Hz），转变为节律性的 LTS。这种 LTS 的顶上具有钠锋电位的爆发。皮层脉冲停止后，锋电位爆发还持续 10～20 s。当锋电位在几个周期以后被阻尼（dampened）时，皮层脉冲也可以复活超极化激活的慢振荡。“成对”神经元*的统计学自相关和互相关图显示，经过一系列皮层-丘脑刺激以后，不相关的细胞变成同步化，同步化前后的神经元都展示节律性（1～2 Hz）的爆发波或锋电位串波。由于 δ 丘脑振荡在睡眠晚期优先出现，与作为早期睡眠期特征的梭状波相比，它在更负的膜电位上被触发。据此，研究者假设，丘脑-皮层神经元的进行性超极化，随着 EEG 同步化睡眠的行为状态而深化。根据以上情况，皮层诱导的慢振荡依赖于突触诱导的丘脑-皮层细胞超极化。因此，这种皮层-丘脑输入的增强性影响，来自两群丘脑 GABA 能细胞群的参与，也有网状结构的和局部神经回路神经元的参与。丘脑-皮层-丘脑环把丘脑振荡细胞的锋电位爆发波转移到皮层靶，后者转过来增强直接传导通路及/或间接投射的振荡，间接投射由网状结构和局部回路的丘脑细胞转送[13]。

在单胺耗竭的动物中，刺激中脑及脑桥胆碱能神经核[臂旁核（PB）]及外背侧被盖（LDT）所引起的效应，与皮层-丘脑脉冲的效果相反。PB/LDT 刺激减少或压抑丘脑细胞由高频锋电位组成的慢振荡（1～4 Hz）爆发波。PB/LDT 效应与丘脑-皮层神经元的去极化有关联。皮层 EEG 反应包括 40 Hz 皮层波的出现。PB/LDT 刺激的短时程效应持续 2～3 s，伴有膜电导增加，可被胆碱型拮抗剂梅坎米胺（mecamylamine）所阻断。在

---

* “成对”神经元指相互邻近的神经元。

较少情况下，PB/LDT 刺激诱导的慢振荡破坏持续 10～15 s。与 PB/LDT 刺激的效应相类似，光刺激可以压抑从背外侧膝状体神经元记录的爆发性神经元慢振荡，并被张力性放电所取代。以上结果证明，弥散性投射调制系统或感觉特异通道由于能够使丘脑靶细胞去极化，因而可以去耦合同步神经元，破坏慢振荡，使丘脑-皮层神经元准备转送来自感觉传入的信息。这些结果表明，个别丘脑神经元的慢振荡是由于内源性电流相互作用而形成的，神经元群体的同步化以及作为其后果的宏观节律性 EEG 电位的产生，依赖于丘脑-皮层网络的性质，包括抑制性丘脑细胞。振荡的压抑伴随着从慢波睡眠到觉醒或快速眼动睡眠的转变，大部分是由于弥散作用在丘脑-皮层系统的脑干-丘脑的胆碱能调制[13]。

### 7.3.3　**超快速节律**(100～200 Hz)

越来越多的证据表明，大脑皮层的快速节律显示稀少同步振荡的特点*[4]。

有资料表明，尖波纹波似乎代表锥体细胞之间或中间神经元之间的稀少同步振荡，这种波显示有高度的不规则性，而且其放电特点是比较低的放电频率；比之场电位振荡(100～200 Hz)，它是中断式的。在振荡周期中，锥体细胞的放电一般在快速放电中间神经元之前。Adrian 等人首先在小脑上看到快节律(200 Hz)。我们知道，小脑对于精细运动的调节是关键性的。有假说认为，为了调控运动，准确的时程是非常需要的，浦肯野细胞间的同步化必须达到毫秒级别。近来的活体研究应用多单位四极管记录方法，发现浦肯野神经元之间存在准确的同步活动，直接与活体鼠小脑快速场电位的波动相关。这个小脑节律与稀少同步振荡的特征是相一致的，场振荡的频率是 150～250 Hz，而个别浦肯野细胞的平均放电频率约为 38 Hz。神经元锋电位的放电并不发生在场振荡的多个间隔期。对邻近浦肯野细胞的互相关研究显示，在 1～5 ms 间有一个峰，但很快(两个周期以内)衰减为大的基线，这符合从高概率的神经动力学所预料的。电流源密度分析提示，快振荡发生在脑的含有浦肯野细胞胞体和近端树突的那一层。这种准确的同步并不被认为是由于平行纤维输入所产生的共同兴奋，因为其空间范围的关联在两个方向上是类似的，即沿着平行纤维的方向，以及不沿着平行纤维等的方向。更进一步，用 GYKI52466 阻断 AMPA 受体介导的兴奋，真的能够增加振荡功率。另一方面，用印防己碱阻断 GABA 受体，可以减少振荡功率达到 40%，提示突触抑制也参与活体的 200 Hz 小脑振荡。此结论和其他的研究有点不一样。其他的研究报道说，离体小脑薄片的烟碱型乙酰胆碱受体(nAChR)激活引起 100 Hz 振荡，缝隙连接显示有关键作用。有学者在抑制性神经网络模型中，复制了有特色的活体实验观察，从而提出公式，可以大致预见神经网络的振荡频率。有意思的是，这个模型产生 200 Hz 振荡，需要具有快时间常数的抑制性突触后电位(IPSP)。这与离体测量成年动物小脑的抑制性电流是一致的(成年动物小脑的神经元比发育动物小脑快 3 倍)。此外，应用二区隔神经元模型研究浦肯野细胞，令回返

---

* 稀少同步振荡指从低频、不规则放电的神经网络中呈现的快速、大体振荡。

性抑制突触靠近与粗树突相对隔离的胞体。这种模型产生了一个相当高程度的共振频率,比之把浦肯野细胞看成单一区隔的模型。上述的结果表明,需要何等细致的突触及细胞特征研究加在一起,才有可能集合起来确定具有不规则神经元放电的神经网络振荡[4]。

### 7.3.4 γ 和 β 节律

活体嗅球、海马及新大脑皮层的 γ 节律都显示一个特征,它们是稀少同步振荡的。例如与 LFP 振荡相比,单个神经元放电是不规则而低频率的。在离体新大脑皮层或海马脑薄片上,乙酰胆碱受体的激活引起 γ 节律,锥体神经元在 5%的周期中放电。细胞内电压以及电压钳记录的突触电流提供了大量的证据,强烈支持 γ 和 β 振荡产生的兴奋-抑制回路机制。第一,单个神经元动作电位的放电概率显示了分布峰,其相位对应于场电位的 γ 周期,其中锥体细胞领先于胞体周围靶向的中间神经元大约数毫秒(2～8 ms)。这意味着,抑制性神经元滞后于锥体细胞约一个相位差(在活体为 60°,在离体为 55°或 23°)。从定性的角度看,这种相位差与反馈抑制理论模型相符合。第二,与主要中间神经元网络的机制不同,突触的兴奋并不是张力性的。用活体全细胞电压钳测量方法研究海马自发性 γ 振荡或者气味引起的梨状皮层 β 振荡时发现,神经元的 EPSC 提前 IPSC 数毫秒。不论在活体还是离体研究中,都发现单个神经元的兴奋性和抑制性突触的电导,以快速时程同时波动,这样就导致了在 γ 周期范围内有相当程度的周期间变异。第三,在海马及新大脑皮层,如果阻断兴奋性 AMPA 受体或抑制性 $GABA_A$受体,则离体应用碳酰胆碱可引导快速振荡的取消。如果通过基因操控方法减少表达小清蛋白的快速放电中间神经元上的谷氨酸突触传递,则会导致 γ 振荡减少。在这些实验中,阻断 AMPA 受体就剥夺了皮层神经回路主要的兴奋性驱动,而这是其他方法所不能补偿的。在具有中间神经元的网络中,兴奋性驱动对于引起同步活动是必需的。然而,这些研究还强烈支持一种看法,即为了海马、新大脑皮层的自我支持 γ 节律,存在着一个反馈回路机制。近来的光遗传学研究发现,通过光刺激引起中间神经元快速放电,可以导致 γ 振荡,但它们大部分可由于 AMPA 受体和 NMDA 受体的阻断而被取消,光刺激锥体细胞则增强 γ 振荡。此结果提示,γ 节律的产生依赖于通过驱动中间神经元的锥体细胞反馈回路[4]。

### 7.3.5 局部场电位的 β 节律(15～30 Hz)

在行为猴子运动皮层的单个神经元活动记录中,可以明显看到 LFP 中的 β 节律与神经元的稀少同步振荡行为相一致。对 β 波段振荡的机制,研究得比较少,但它的产生可能类似于 γ 节律的回路机制。例如,在一些由相互作用的锥体神经元及中间神经元所组成、既具共性也有差别的 Hodgkin - Huxley 类型模型中,或展示 γ 波段网络振荡,或展示 β 波段振荡。β 节律的时间段对应于锋电位的后超极化,其持续时间为 30～100 ms,这是从清醒猴运动皮层神经元的细胞内记录中发现的,较低频率可能是由细胞和突触的混合特征决定的,包括锥体细胞的电压门控、钙门控的钾通道电流,以及回返性兴奋性连接的强度，可能也包括特定中间神经元的亚型。当前还不完全清楚的是，回路的哪些特点是我们所需要的，它们能够定量地解释我们所看到的 γ、β 节律产生时兴奋性和抑制性细胞间相应的相位滞后关系。向前走的关键一步是，不仅要看到不同神经元群体锋电位放电的相位关系，也要看到整个神经元群体放电活性的相位关系，以及靶神经元群体中的突触电流相位关系。有一篇很好的文章探讨了离体胆碱能诱导的 γ 振荡。研究者们测定了锥体细胞兴奋性和抑制性突触电流的相位分布，发现了 3 个不同类型的中间神经元。有意思的是，我们从这个实验看到，在今后工作中，是否所看到的相位关系、放电活性以及突触电流，都可以定量地被“稀少同步振荡”理论所解释[4]。

即使为了让锥体细胞与中间神经元相互作用产生快速振荡，皮层神经回路中的抑制性突触输入也特别适宜于介导准确同步化。而某一靶向到胞体或树突的锥体细胞亚群的中间神经元，可以引起频率和相位特异的形式。这样一种设想与活体的结果相符。在 γ 频率的振荡中，抑制性突触电位比之兴奋性突触电位含更多的功率，而且 IPSP 的掩护(barrage)——而不是兴奋性突触后电位(EPSP)的掩护，在同时记录的锥体神经元之间显示明显的同步化。从这种情况看来，高频率 LFP 波动，较之突触兴奋有可能更多地反映了突触抑制[4]。

总体来看，稀少同步振荡的看法提供了一个有希望的新框架，它比耦合振荡前进了一步，耦合振荡可以描写大脑皮层的快速节律。这两个理论可以作出不同的预测。特别是按照耦合振荡模型，神经元之间产生同步化的机制，优先在于 γ 频率波段；但与此相对比，稀少同步振荡理论推测，γ 节律主要发生在兴奋性和抑制性神经元之间，而中间神经元之间的相互抑制天然是产生 100 Hz 振荡的超快振荡。重要的是，这种稀少同步振荡理论使得我们有可能把群体振荡和高度随机性的单个神经元放电两者解释到一起[4]。

## 7.4　神经元、神经网络与同步振荡

脑内的各种节律性振荡是在一定的神经回路中实现的，神经网络振荡具有某些共同性。有事实提示，大脑皮层回路与脊髓的中枢型式发生器是类似的。然而，对中枢型式发生器早已很好地用耦合振荡器描写了，但是对于大脑皮层节律是否可以按照此框架来考虑，还有问题。清醒脑的脑节律表现为小的、爆发性的脑电图电信号。这个信号在一段时间内一阵阵地短暂出现，所以同步化是明显的，而且典型地局限于有限的神经元群体。事实是，在清醒静息的行为状态下，传统看到的是脑电图的去同步化，而不是大幅度慢振荡，像非快速眼动睡眠时那样。这是一个非常有意思但并不容易解决的问题：神经网络的去同步化或异步化是如何达到的？有可能，清醒状态下的大脑皮层网络，多数或大部分是不同步化的，但同时又有弱的振荡以及选择性的连贯性。从单个神经元的水平看，皮层细胞的锋电位放电是高度不规则的，接近于泊松(S. D. Poisson)过程，因此跟时钟样的振荡行为大相径庭。活体测量出来的向皮层神经元的突触输入，也显示大的随机波动。这种不规则的神经放电型式，从计算原理来看是合适的，可以使信息含量最大化，用于神经编码的锋电位串；编码感觉信息、产生随机、有选择性的行为以完成抉择判断；

还有其他的脑功能。粗粗看来，强的随机性质的神经元锋电位放电，与一般描写的神经网络节律如时钟样的神经元振荡同步化，似乎并不一致[4]。

如果与一些已得到很好鉴定的脑功能相比较，比方有节律性的型式发生器系统的呼吸或走步，特定的脑活动是比较难以琢磨的，它们有赖于皮层的某些波动。我们暂不聚焦于节律性本身，对同步性振荡功能应当在更广阔的前景上加以评价，也就是在神经元放电时间的相关上给予评价。所谓神经相关，意味着在某些时间上的同步化可以伴有振荡，也可以不伴有振荡。锋电位放电的高可变性本身依赖于输入间的相关，虽然有很多的输入朝向某一皮层神经元，而输入又具有可变性，它们将被平均掉，因为还有大量不相关的神经元活动的总和。在大脑皮层的典型情况下，逐次反应波动的成对性神经相关(也即噪声相关)是小的。近来的工作表明，在大脑皮层的某些动态状态下，群体平均噪声的相关接近于零。但即使弱的神经相关也可以对网络状态产生强影响，而且这种影响对于不同的计算模式可能是重要的，从感觉编码、注意调制，到设计目的之选择等。近年以来神经科学方面的发现对于我们当前问题最具重要性的是一个现象，即锋电位的时间依赖的可塑性(spiking-timing-dependent plasticity，STDP)[4]。

### 7.4.1 脑电节律中的兴奋-抑制反馈回路

让我们再回到20世纪70年代早期，那时H. R. Wilson和J. D. Cowan显示，在“群体发放速率”(population firing rate model)模型中兴奋性和抑制性神经元池之间发生相互作用的条件下，网络振荡就自然而然地出来了。其条件是，相对于兴奋而言，有强的慢或延迟性抑制返回连接。于是就提出，用这样一个模型来解释嗅球及海马的γ振荡。这个机制是容易懂的，如下所述：快速兴奋通过正反馈线路驱动神经元的放电，一直到较慢的抑制募集进来，最后把群体活动压下来。这样，一个振荡周期就形成了。当中间神经元的兴奋性驱动减弱时，网络从抑制中恢复过来，从而导致了节律性的行为[4]。

与群体活动水平的“速率同步”相反，当网络振荡时，“锋电位到锋电位同步”(spike-to-spike synchrony)是指神经元之间有准确位相锁定的锋电位时间。情节是这样的：群体GABA细胞和锥体神经元可能产生连贯振荡，而此振荡之所以发生是因为抑制性输入从而产生群体节律。与此种情节相一致的是，早期W. W. Lytton和T. J. Sejnowski的模型研究发现，当锥体细胞锋电位的放电搭乘(entraining)到γ频率节律性作用中时，冲击神经元胞体的IPSP比之冲击树突的EPSP，效率更高。这提示胞体周围靶向的篮状细胞在位相锁定方面起一定作用。此看法后来得到实验的支持，S. Cobb在海马薄片实验中显示，锥体细胞锋电位活动可以按照高时间准确度搭乘到单个篮细胞。近来用新的光遗传学方法激活完整脑内一群亚型的基因靶向神经元，再次演示了此现象。有两个研究组报道，在小鼠额叶躯体感觉皮层上，用光遗传学方法激活快速放电中间神经元的通道视紫质2(ChR2；阳离子通道)，导致锥体神经细胞优先地搭乘于γ频率。给予快速放电(FS)中间神经元而不是锥体细胞以不同频率的光激活，则在刺激频率的LFP功率谱上显示γ频率带上有明显的峰(图7-3)[4]。

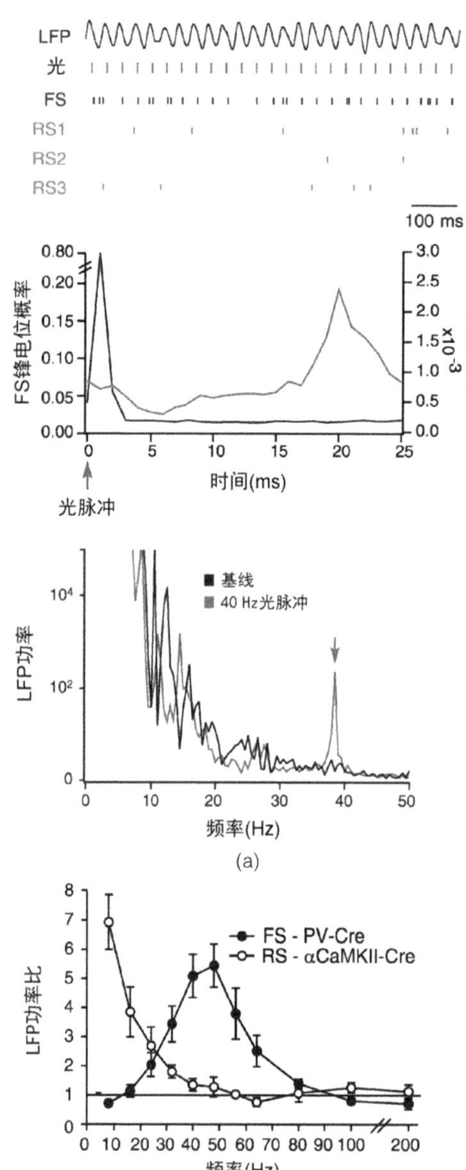


**图 7－3**　通过光遗传学方法激活快速放电中间神经元所看到的活体大脑皮层网络的搭乘现象(彩图见图版第 16 页)

(a) 用 40 Hz 重复性光脉冲激活快速放电(fast spiking,FS)中间神经元的 ChR2,引起小鼠躯体感觉皮层神经元的锋电位放电活动。上图：同时记录的 RS 细胞(regular spiking,规则放电；蓝)和邻近的规则性放电锥体细胞(RS1—RS3,绿)的 LFP 和点阵作图。中图：FS(蓝)和 RS(绿)锋电位概率的重叠剖面图,计算采用了 17 个 RS 细胞和 9 个 FS 细胞。在 0 ms 时,光脉冲诱发 FS 的锋电位,延迟为 1～2 ms；以后在 17～24 ms 时随之以 RS 锋电位的增加。下图：在对照实验(黑,宽的剖面)时,LFP 的功率谱及 FS 细胞被 40 Hz 光脉冲(蓝,在 40 Hz 处有明显的陡坡)激活。(b) 在各种刺激频率下每个频带平均 LFP 的功率比例均值,FS 细胞(实心圆)及 RS 细胞(空心圆)被光激活。(图引自[4])

### 7.4.2　脑节律活动与神经元间的电耦合

电突触是哺乳动物脑神经元之间缝隙连接所介导的一种连接。神经元缝隙连接的出生后发育是广泛存在的；在出生后的成年期,至少在某些神经元上还保持着,例如表达小清蛋白的 GABA 细胞。直接演示缝隙连接需要同时从两个神经元取得细胞内记录,用电流注射的方法使一个神经元超极化或去极化,同时测定另一个神经元的膜电位变化。这类实验近来才成为可能,由于发展了新技术——差别干扰对比光学法,这种方法使得实验者有可能通过视觉鉴定所记录的神经元。一个明显的发现是,缝隙连接几乎无例外地连接同一类型的GABA中间神经元,例如靶向胞体周围表达小清蛋白的FS细胞,它们互相之间通过缝隙连接而连接起来;也有树突靶向、表达生长抑制素的低阈值峰电位(low threshold spike,LTS)细胞;但是在混合型细胞对例如FS-LTS细胞对之间,电突触非常罕见[4]。

迄今为止,至少已经有5类不同的电耦合GABA中间神经元网络得到鉴定。与化学突触相比,电耦合特征特别适宜于保持神经活动的同步化。它是快速的,通常是双向的,至少在同一类型神经元之间,其作用是平衡互相连接神经元之间的膜电位。这种机制就是相同群体神经元间的协调,可能对于某些细胞类型特别重要,例如LTS中间神经元,在它们自己之间很少显示抑制性突触。电突触曾被认为有这样一个功能:可以促进振荡活性,而且与抑制性神经元的同时检测有关。计算机模拟研究发现,相当强的电突触有利于同步化,但是也可能有去同步化效应,取决于抑制性突触和参与细胞的内源性膜特点。通过缝隙连接耦合的一对FS或LTS中间神经元显示类似的位相锁定行为,虽然它们的生物物理学特征是有区别的。有意思的是,FS和LTS神经元分别优先同步化于γ、β频率波段。应该注意,大脑皮层的缝隙连接往往局限于邻近的神经元,在500 μm的范围内,因此电耦合在空间上是非常局限化的,类似于物理和化学系统的弥散[4]。

为了实验性地确定电突触在脑节律中的作用,人们要能够引起缝隙连接的中断,考察它对网络振荡产生什么影响。当前还没有一种具高度选择性的药物可以阻断缝隙连接,但是可以用遗传方法改变蛋白质,此方法是一种强有力的工具。表达于哺乳动物脑神经元上面的连接蛋白36(connexin 36, Cx36)优先是缝隙连接的蛋白质。小鼠的离体和活体研究显示,基因敲除连接蛋白36,敲除以后仅产生场电位γ功率谱的减少(或者网络同步化程度的减少),而不影响振荡频率。已经知道,电突触比化学突触快得多,可能对于100～200 Hz的超快节律尖锐波纹特别重要。离体实验支持缝隙连接关键性地参与了尖锐纹波的产生。浦肯野细胞之间存在电耦合,如果耦合足够强,也被认为是小脑持续超快速振荡的机制。另一方面在小鼠里面,不论是离体还是活体,连接蛋白36的基因敲除对于超快的、高于100 Hz的纹波振荡都没有影响。有作者提出存在于可兴奋细胞轴突之间的其他连接蛋白亚型所形成的电突触,这种缝隙连接实现快速海马振荡。这种观点是由一个网络模型产生的,在这个模型中,单个神经元被描写具有丰富的树突和轴突束。这在理论研究中做得很少,特别是在大规模皮层网络上。与树突缝隙连接不一样,在轴突之间的缝隙连接,一个神经元的锋电位可以直接触发另一个神经元的锋电位。对于在一个比较稀疏连接的模型网络里面形成超快速振荡,这是需要的。其他模型提示,在中间神经元网络里面,化学突触可能足以产生高于100 Hz的快速振荡[4]。

### 7.4.3 同步性振荡的生理基础

在理解同步性振荡的生理基础方面,过去20年来已经取得了巨大进展,例如了解了在清醒行为的哺乳动物大脑皮层上产生的γ、θ节律。我们已经知道,产生这样一种节律，需要有一大群细胞和神经回路的机制。同时，某些融合统一的主题以及一般性的原理也开始呈现出来。单个神经元特征对于网络振荡的影响，可以系统地加以特征化(characterization)，根据细胞是展示哪一类型的动力学相位反应，以及是否具有共振或者起步点的特征。个别神经元的内源性 γ、θ(阈下的或爆发性的)振荡，似乎关键性地依赖于电压门控钠通道和钾通道。这一点与梭状波的发生和癫痫放电时候的节律产生是不一样的，那种情况是起步点神经元起作用，依赖于钙通道[4]。

作为一般规律，在清醒状态看到的脑皮层节律、线路的同步化，依赖于突触的抑制，通过中间神经元网络的相互抑制，或者在反馈性回路里面兴奋性和抑制性神经元群之间的反馈性抑制。GABA 细胞亚群的贡献在不同的节律下各不相同。在振荡周期的不同时相，锥体细胞的时间也各不相同。当没有噪声或噪声小的时候，皮层节律可能因耦合振荡器的同步化而产生，这一点在耦合振荡中已得到很好的描写。另一种方式是，在不同步的回路中，而个别细胞又具有高度随机的锋电位活动，可以呈现强的反馈突触的相互作用，这种情况可以用“稀少同步振荡”理论来捕捉。以上两种情景应该能够很快区分开来，在群体节律性水平或者关联性水平，它作为单个神经元的可变性都可以同时定量地得到确定。进一步说，重要的是对不同的快速皮层节律的神经回路机制已经有区别性的预测。我们已经知道，大脑皮层回路中由中间神经元机制产生的节律是超快的(＞100 Hz)。在稀少同步振荡里面，单个神经元作不规则放电，但在 40 Hz 时，单个神经元的行为如同规则性振荡一样。当单个神经元进行高度不规则放电时，兴奋-抑制回路机制自然而然地产生 γ、β 波段振荡。当回返性连接强的时候，这种倾向性特别强，这是一些被称为“认知型”(工作记忆及抉择)脑区的特征，如前额叶或者后顶叶皮层。因此，γ、β 振荡被预期在一些行为作业中会自然而然地加强，这种作业参与了自上而下的信息调控。在具有片层结构的脑回路中，下行信号产生在深层(这里容易产生 β 节律)——这是兴奋的“源区”，投射到浅的脑区(在这里 γ 振荡优先发生)——这是接受区。这种模型需要用实验检验，而计算机模拟提示，所建议的 β 和 γ 振荡之间的动态相互作用，将来还需要加以研究[4]。

近来又有更多的研究，已经证实了在特定的认知过程中有长距离连贯性。其前提是随机性在皮层里面是多见的，这意味着单个神经元的放电是不规则的，而群体性活动是优先地异步的，让弱的同步埋藏在高度随机的神经元活性型式之中。对这种安排的意义，可能最好是按照稀少同步振荡理论框架的模式加以评价，而不是按照耦合振荡模式。在长距离的神经元通信中，对弱同步化的作用可能设想有两种情景。第一种情景，大体不同步的锋电位放电在某种程度上可以被阻断，例如由于缺少严格的兴奋和抑制之间的平衡。随之而来的是“缺省模式”，在缺少同步化时脑区之间的通信被关闭，而短暂的关联提供了机会的时间窗，使有效通信得以发生。在另一种情景下，锋电位放电(可以是同步的或异步的)携带着脑区间的主要信息流。某些形式的计算运算和突触可塑性，关键性地依赖于波动神经活性的相关，而同步性振荡则提供了令人感兴趣的方法来调制神经相关和时空相关。这种调制可以是中等度的却是重要的，如同感觉神经元受选择性注意的调制。这种调制典型地是比较弱的，在功能上却是重要的，例如导致我们能够在行为水平滤掉不注意的感觉对象。神经元放电频率及其相关在某些情况下可以同时变动，在另一情况下却又可以互相独立。如果这样，由弱同步引起的神经元相关增强会是一个有用的机制，在认知的复杂脑神经网络里面用来实施可伸缩的、有方向选择的通信[4]。

向前看，我们必须认识到，大脑皮层的弱振荡仅是对于时空锋电位活性形式的部分线索，还远远没有被我们认识清楚。技术的发展如高密度多电极记录、应用大体钙敏感染料后的双光子成像等，开启了可能性来同时监控几个单细胞活动。这种材料将使我们有新的认识，而且鼓舞新的神经元动力学数学模型的诞生。今后的挑战不仅是技术性的，也是观念方面的。皮层神经元的回路非常复杂，而复杂的动力学系统（例如埋藏在随机时间-空间过程里面的、具有等级关联结构液体的湍流液体过程）不能仅仅用振荡或低维度、非周期性以及混沌（chaotic）动力学来解释。对于这样复杂问题的了解，需要发展新的协调而又门控的脑动态操控假说，而这种操控又是可伸缩的，构成有伸缩性的认知功能基础。发展在等待着我们[4]。

## 7.5 大脑皮层的状态

脑不断改变其加工机器，以应付行为上的需要。为达此目的，脑快速地调制自己皮层神经回路的操作模式，调控信息转变和行进的方式。本章聚焦讨论皮层信息加工调控实验性研究的两条途径，一条是研究啮齿类状态相关的皮层加工，另一条是研究灵长类的注意。状态相关的皮层加工和注意这两个过程都包含由共同受体系统介导的低频率活性及锋电位相关的调制。有学者认为，选择性注意包含的神经过程与状态变化的神经过程相类似。选择性注意在局部柱状水平回路中操作，以增强原来是无关特征的代表，同时抑制内部产生的活性型式[14]。

皮层活动，即使是初级感觉区的活动，也并非严格地由感觉输入来决定，而是反映了外界刺激和内源性自发产生型式的相互作用。这种自发活性型式以及它如何形成感觉反应，是由皮层的状态决定的。皮层状态首先以脑电图活性的形式被研究。近来知道，皮层状态决定了群体放电型式、神经元相关以及细胞内电位等的型式。因为皮层锋电位型式既依赖于皮层状态，也依赖于感觉输入，所以了解皮层状态对于研究信息如何被神经元群体加工是非常必要的[14]。

经典的看法认为，皮层状态是睡眠周期的一个功能。慢波睡眠时，皮层以同步化状态操作，其特征就是皮层活动具有强的低频波动；而在觉醒和快速眼动睡眠这两种状态下，其特征是去同步化状态的操作，此时低频波动受到压制。近来的啮齿类实验表明，情况实际上比较复杂，皮层状态在觉醒过程中也是会变的。警觉的或从事主动行为的动物显示了高度去同步化的状态；而清醒、安静的动物可以展示自发、明显的皮层活性波动，但小于慢波睡眠时的那种程度。因此，经典的同步化和去同步化状态大概代表了连续系列状态的两个极端，它对应于神经元群体活动不同水平的自发波动。我们将要论证，这个连续体很可能是多维度的：有几个不同的行为和实验条件可以引起去同步化，但是它们对于不同的其他变量有不同的效应，例如 $\gamma$ 频率的功率以及不同类别皮层细胞的活性[14]。

调控以及维持皮层状态的机制是什么？我们可以把这个问题分成 3 个问题：① 一个皮层脑区如何能够维持去同步化状态？② 是什么产生同步化状态的波动？③ 是什么引起皮层区在状态之间的开关转换(参见 8.5)？[14]

### 7.5.1　皮层如何维持去同步化状态

如前所述，神经元群体所表现的波动水平，相关于组成神经元的平均“成对”相关。人们早就认识到，虽然没有直接的突触连接，两个神经元却可以相关起来。由于这两个细胞共享兴奋性的或抑制性的输入，相关可以发生。相反可以预期，任何两个共享大量输入的神经元，一定会展示相关的活性，例如大脑皮层相互邻近的锥体细胞。这在前馈神经网络模型中实际上就已经看到。在那个模型中，即使不相关的输入也可以导致锋电位的同步化输出。此外，哺乳动物的神经元“对”经常有噪声相关的出现，其相关系数的数量级是 0.1。从数字上讲，0.1 接近于那些从解剖上具共享连接的相关，因此曾经有提示，这种相关属于皮层共享连接不可避免的特征。由此，它们的编码能力降低，因为共享噪声是不能够有效地被平均掉的[14]。

任何两个神经元之间的相关系数为 0.1，虽然系数是小的，但这个水平事实上表明了显著、突出的群体放电的大体波动。如果这种相关是不可避免的，那么真正的去同步化状态将不可能。然而，近来对正常活动的灵长动物初级视觉皮层(V1)进行的研究发现，平均相关非常接近于零，同样也可以在尿烷麻醉条件下处于去同步化状态的大鼠躯体感觉皮层和听觉皮层上看到。大脑皮层一定具有某些机制以增强去相关，即使它们有很多的共享性输入[14]。

这个难题的答案可能是抑制(图 7-4A)。虽然共享的抑制输入可以导致正相关，但此效应可以被对消，如果兴奋性和抑制性输入本身是来自相关的“成对”神经元。理论分析提示，如果抑制足够快、足够强，那么反馈性的神经网络就可以自组织而成为一个状态。在此状态下，由共享连接产生的波动很快就被抑制性中间神经元“追踪”到，导致大神经网络中特别小的平均相关。这个分析也预期，即使平均相关接近于零，仍然有相当数目的神经元“成对”，应该仍然是相关的，而且大致上有相等数目的正性和负性相关的细胞“成对”。此种预期在大鼠大脑皮层上得到证实，包括处在去同步化状态及上状态(见 8.4)同步化状态的大鼠[14]。

### 7.5.2　什么引起同步状态的波动？

如果正性相关并非不可避免地由共享输入产生，那么为何它们是如此经常地可以被看到？平均“成对”相关和变异的群体放电速率之间的关系，允许我们以不同的方式提出同样问题：为什么神经元群体会展示自发性群体速率的波动活性？为什么感觉刺激诱导群体速率反应，其速率是逐次各不相同的呢？我们先在这里讨论自发性波动问题，而感

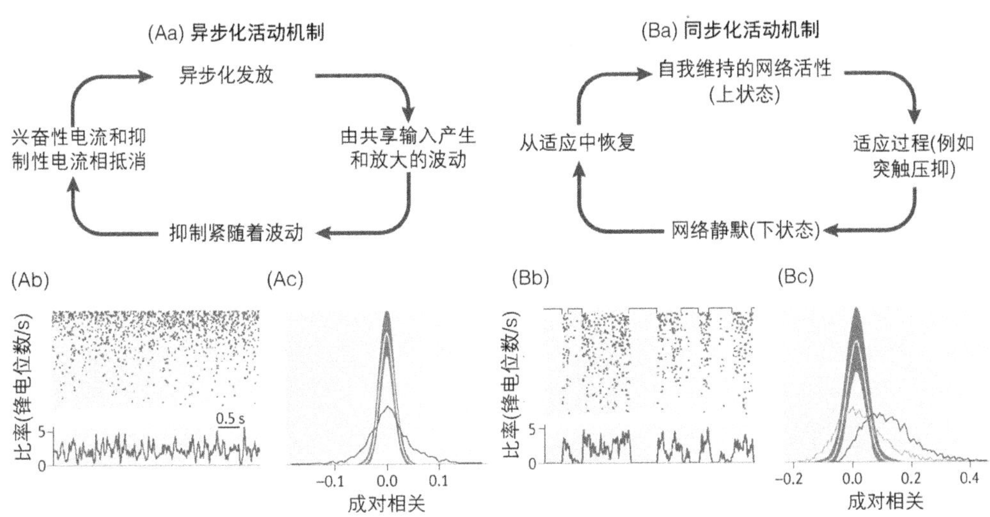


**图 7-4** 同步化和异步化活动的可能机制(彩图见图版第 17 页)

(Aa) 由共享的兴奋性输入所产生的相关,可以因为快速的回返抑制而互相对消。(Ab) 大鼠躯体感觉皮层处于去同步化状态时的栅线作图,显示自发活性,同时做群体神经元记录。下方曲线表示作为时间函数的群体放电频率,显示有低程度的波动。(Ac) 与 Ab 同样的群体神经元"成对"的相关分布图(用红色曲线显示)。平均值接近于零,但曲线的长尾巴表明,有接近相等数目的有意义的正性和负性相关的"成对"存在。灰色曲线显示相关的分布,此分布是根据随机可以预期的。(Ba) 皮层活性慢波动的一个兴奋性系统模式。在此模式中,上状态是由持续的回返性突触活性所产生的,它没有被适应性过程所克服。(Bb) 与 Ab 同样的群体神经元显示自发活性的栅线记录,但现在是处于同步状态。(Bc) 与 Ab 同样的群体神经元"成对"的相关分布图,显示全部数据(显示蓝色)的正性均值,但当仅考虑到上状态(显示黄色)时均值接近于零。(图引自[14])

觉诱发相关在下面再讨论[14]。

波动性自发活性即使在游离皮层脑片或皮层薄块中也会发生。此事实提示,皮层内机制在产生自发活动中起首要的作用。有许多细胞和突触过程被指认参与了产生这些波动,但所有这些过程都可以用单个概念框架加以解释,此概念框架被称为兴奋系统(excitable system)理论(图 7-4B)。在此框架下,上状态的放电通过回返突触活性维持下来。但在一段时期的持久放电之后,发生了数个适应性过程,这些适应性过程稳定地减少网络兴奋性,例如突触压抑、后超极化、钾电导的积聚、ATP 水平的降低。当足够多的适应过程发生以后,网络持续放电的能力就消失,这样导致一段时期的网络静默。往后,经过充分时间的静息,突触、细胞恢复过来,神经网络又能支持回返性活动了。基于这样一些原则的计算模型能够产生数据,非常接近于在活体和离体实验中所看到的情况。此机制的一个关键特征是,下状态不是因为突触抑制而产生的,而是因为突触的非易化。也就是说,暂时性地缺少突触驱动。离体、活体两种研究都提示,在一个皮层柱(cortical colum)* 里面,上状态产生于第Ⅴ层,它可以不一定扩展到浅表层[14]。

这个情节还可以解释,为什么自发性皮层波动可以作为行进波向前扩布。当皮层某

* 皮层柱是大脑皮层中垂直于表面并跨越皮层各层次的一群结构和功能彼此相关的神经元,它们有几乎共同的感受野。

一区进入上状态时，来自此区的侧向兴奋可以点燃邻近大脑皮层的活性，但是第二个波不能通过，直到经过相当长的时间，待突触和细胞的适应完成以后。兴奋系统的空间耦合模型已被认为是一种兴奋性媒介，用来描写广泛的现象，包括森林大火、心肌组织波的扩布，以及体育事件中的运动场波[14]。

### 7.5.3　皮层状态和静息状态神经网络

可以补充本章讨论的另一种观点，也即自发性皮层活性的观点，此观点来自应用功能性磁共振成像技术的研究。如同电记录一样，fMRI 研究提示，自发性活动不是简单的噪声，而是那种关联到行为因素和认知因素的结构性信号。自发性血氧水平依赖的(BOLD)活性，显示低的(＜0.1 Hz)空-时型式波动，在几个静息状态网络间可以看到正性相关，但是网络间仅有弱和负性的相关。静息状态神经网络包括功能上和解剖上相关的大脑皮层脑区群，例如参与视觉或听觉加工的脑区以及“默认模式网络”，它们的活性在静息受试者中最大。这些网络的自发活性波动与作业实施的自然波动相关联[14]。

这些实验观察结果如何与本章所讨论的现象关联起来？如果说，自发性 BOLD 波动对应于我们所讲的“上状态”和“下状态”，这似乎不大可能，因为它们的时程至少慢一个数量级。相反有实验提示，BOLD 信号可能关联到局部脑的状态。BOLD 关联到 LFP 功率，既关联到自发的、也关联到对感觉刺激反应的 LFP 功率，最大相关在 $\gamma$ 带。当以一种局部位置关系的方式进行视觉注意时，视觉皮层的 BOLD 增加，而最大增加是针对更为困难的检测作业。通过神经调制性活动，皮层脑血流可以被调控。这些发现提示，皮层去同步化时 BOLD 应该增加。然而，有关真实的 BOLD 和皮层状态的关系，目前还不完全清楚。虽然 BOLD 可靠地关联于 $\gamma$ 功率，但自发性 BOLD 与低频 LFP 功率之间的相关，在各动物之间是有变异的，而且可以是正的。这种结果看起来似乎有点迷惑人，因为 $\gamma$ 和低频功率本身典型地是反向相关的。有一个可能的解释是这样的：皮层状态的空间是高维度的。在某些情况下，$\gamma$ 和低频率功率显示正相关，表明不同 LFP 功率带可以有差别地关联到高维度的状态空间。了解 BOLD 信号和这些空间的关系，是今后工作的重要方面[14]。

### 7.5.4　皮层状态所依赖的皮层活动组构

近代多电极技术及光学技术显示了皮层群体锋电位是如何组构成为个别的“柱”，并扩展到脑皮层表面的。这个事实提供了在神经元水平认识皮层状态的一种理解。通过研究自发性脑活动，能够最好地了解皮层群体活性的组构。可以用一系列实验技术来研究自发性活动，包括光学成像、细胞外群体记录、细胞内记录，所有这些技术都描绘了一个大致可靠的图景。虽然在睡眠和麻醉动物中可以看到皮层群体活动的最大波动，但许多实验室研究都显示，放电频率和细胞内电位的自发波动也可在安静、清醒状态的动物中看到。一个觉醒动物的自发皮层群体活性，并非简单地是两个状态(一个是分离同步化状态，另一个是去同步化状态)之间的开关变换，而是形成了状态的连续体，其特征是波动的深度有变化。这种波动深度变化至少部分地与当前正在进行的行为相关，例如啮齿动物的拂扫(whisking)及运动动作[14]。

现在看来，皮层状态的规定性特征是群体锋电位活动共同波动的量(下面我们会提到，其他测量如低频局部场电位功率、锋电位相关和变异，也与此定义有关)。在同步化状态下，活性在两个“相”(即状态，下同)之间波动，一个是“上状态”，另一个是“下状态”。“上状态”的特点是多个神经元群体放电，“下状态”的特点是整个网络安静(图 7-5a)。在去同步化状态，自发波动较弱(图 7-5b)。皮层状态并不是双峰的，图演示了清醒啮齿动物皮层状态连续体的两个极端。睡眠时也可以看到皮层状态强的变异(最引人注目的是在慢波睡眠和 REM 睡眠之间的时候)，在某些麻醉剂作用的情况下也可以看到。尿烷麻醉是经常被用来研究状态如何影响皮层加工过程的实验模型。采取尿烷麻醉时，可以看出皮层状态连续体的表现。脑可以处于一种比慢波睡眠时更加同步化的状态，一直到另一种瞬时去同步化时期的状态，类似于 REM 状态或者清醒状态[14]。

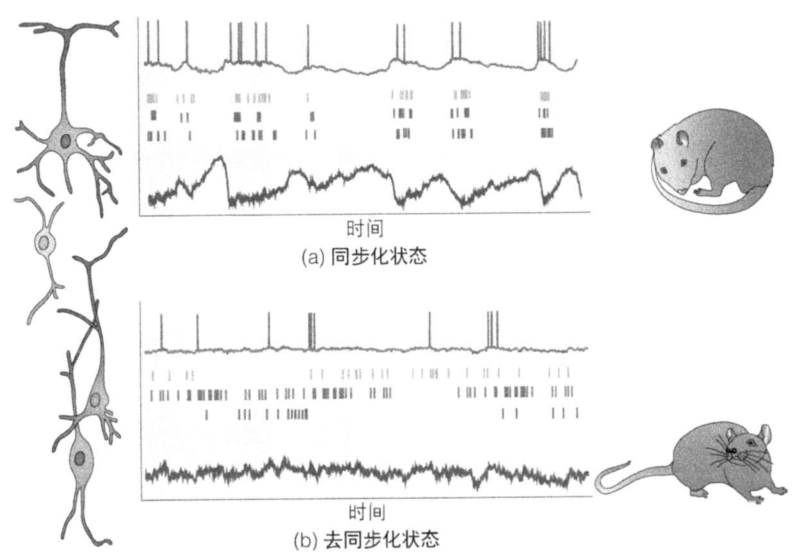


**图 7-5** 随皮层状态而改变的(神经元)群体活动型式(彩图见图版第 17 页)

本图演示在清醒啮齿类中看到的连续体的两个极端。(a) 在同步化状态下，皮层群体显示放电频率自发的共同波动。处于“上状态”时，所有神经元类型都显示倾向性放电，图中用有颜色栅线(raster)描计；而处于“下状态”时，没有或较少放电。这些“相”伴随着细胞内电位相应的去极化和超极化(用红色曲线表示)。深层皮层的局部场电位(LFP)(用黑色曲线表示)显示“上状态”有慢的负波伴随高频活性，“下状态”有光滑圆顶样正波。这种类型的活动在嗜睡或安静的动物中可以看到。(b) 在去同步化状态，神经元群体活性互相协调的慢波动看不到了，LFP 和膜电位的低频波动受到压抑。这种类型的活动在有主动行为、具有警惕性的动物中可以看到。注意，本图并不是一个其形态学显示在左边图的神经元的真正实验记录，而是整合了许多实验结果之后的图。(图引自[14])

睡眠时自发皮层活性可以显示的型式是慢、规则而节律性的。相反，在清醒啮齿类的大脑皮层上看到的自发波动，典型地呈现不规则的结构；而其“上状态”和“下状态”时间的长度以及深度是可变的，一个时期与另一个时期会有所不同。因此，这些觉醒型式不能被描写为“波动”。对不同类型细胞的记录显示，多数类别的（虽然不是所有的）皮层神经元的放电和膜电位，在“上状态”的时候是增加的，虽然相对于“上状态”出现的神经元放电的准确时间可以有所区别，不论是在相同类型和层次的神经元中，还是在神经元之间[14]。

### 7.5.5　皮层状态与“成对”相关的关系

当神经元群体的放电频率受到总体性（global）波动的调制时，“成对”神经元的活性一般是正相关的。这个看法可以用数学方法表达，描写“成对”相关系数的加权平均与群体速率变异之间的相互关系。如果有更多的“成对”是正性相关而不是负性相关的，那么平均“成对”（pairwise）的相关就是正性的。这样，群体速率就有大的变异。这属于典型同步化状态下看到的协调大体波动。如果没有神经元“成对”是相关的，那么群体活动的变异就是小的，而神经元群体就处于去同步化状态。然而，平均零相关并不需要每个单独的“成对”不相关，也有可能存在这样一种去同步化的状态，在这种状态下，神经元间的正相关存在，但被相等数目的负相关所抵消[14]。

### 7.5.6　皮层状态和局部场电位以及上、下慢振荡状态的关系

1993 年 M. Steriade 等人发现了具有上状态和下状态的、慢于 1 Hz 的慢振荡。实验描述了在不同麻醉剂情况下，从猫大脑皮层联络区 5、7 区，运动区 4、6 区，视觉区 16、17 区细胞内记录到的新的、包括去极化和超极化成分的慢振荡。这种慢振荡在 REM 睡眠时出现，重叠于脑电波上面。当大幅度 EEG 慢振荡出现时，基本上所有类型的大脑皮层细胞反复地在两个膜电位之间转换，即在上状态与下状态之间转换。新大脑皮层可以招募其他的脑结构一起来参加慢振荡，例如小脑、杏仁核。近来，以人为对象的工作以及有行为、运动的动物实验表明，NREM 睡眠可能在记忆的存储方面起作用，而这可能与慢振荡本身有关[14,15]。上、下状态见第 8 章。

皮层群体活动的波动，强烈地与 LFP 型式相关。睡眠、觉醒而静止以及主动探索的动物，其 LFP 显示大的差别。虽然实现 LFP 的物理学是复杂的，但在一个皮层柱的强烈放电时期，常伴随着深度的负波，此波由局部兴奋性突触所产生。同步化状态中的“下状态”伴有具光滑形态深部的正 LFP 波，反映了缺少锋电位和突触活性。因此在同步化状态，波动群体活动的“上状态”和“下状态”变化就产生了 LFP 的强低频率功率形式（图 7－6a）。在去同步化状态，总体放电频率的较小波动像镜影一样表现为低频 LFP 的较小功率（图 7－6b）[14]。

群体活性的波动与多数神经元类型的细胞内电位波动强烈相关。膜电位波动的强度也与皮层状态相关，在强的低频 LFP 时程上显示大的细胞内波动，而在 LFP 去同步化期间则显示更稳定的细胞内电位。清醒啮齿类神经元的细胞内记录也显示了状态连续体，而不是同步和不同步之间的开关状态[14]。

### 7.5.7 皮层状态和 γ 振荡的关系

皮层去同步化经常与 γ 频率(25～100 Hz)振荡功率的增加相关联,γ 频率转而被建议是使神经元集群进入同步化群。这群同步化神经元能够强烈驱动其靶细胞。当啮齿类发生主动行为,或当电刺激基底前脑、脑干胆碱能和非特异丘脑核群时,皮层去同步化;而当皮层去同步化时,γ 功率增加。然而去同步化和 γ 功率间的相关并非绝对的。例如在大鼠中,刺激中缝背核引起低频率 LFP 减少,同时 γ 功率也减少。此外,灵长类的选择性注意可以均匀地减少低频率的功率,但 γ 功率可以增高或降低,依皮层脑区的作业而异。最后,虽然视觉刺激典型地增高视觉皮层局部的 γ 功率,但是 γ 功率和放电频率之间的相关也是复杂的,某些刺激可以增加 γ 功率,而不影响甚至减少神经元放电频率[14]。

### 7.5.8 不同脑区之间自发群体活性的协调

电记录显示,当大脑皮层记录点之间的侧向距离增加时,神经元相互关系和 LFP 的相关减少。近来的实验所显示的皮层活性的时空描绘(picture)可以解释这些事实。在同步化状态,皮层活性经常以空间伸展向前行走波的形式存在。虽然逐个波的投射有变异,但这些波都共享几个特征性的特点,例如其时间范围为 10～100 ms,有明显的双侧对称性。波通过皮层柱时可以发动局部放电型式,该型式不依赖于波的方向。可见,同步化状态时在任何皮层柱所看到的这种相关波动,仅是沿着皮层表面扩散的大型式的一部分[14]。

波动着的自发性活动并不局限于皮层,也发现于其他脑区,例如丘脑、基底神经节、小脑、海马。海马的自发性活动特别受到详细研究,它类似于新大脑皮层的自发性活动,只有少量关键性区别。"大不规则活性"(large irregular activity,LIA)是对海马同步化状态的描写方式。LIA 在被固定、睡眠时出现,它包括被"尖波"所打断的一些接近静默的时期,而"尖波"是一种强的群体活性,它的发生与皮层"上状态"的时间相关。与大脑皮层不一样,海马的尖波伴有 150～200 Hz 的"纹波"振荡。海马的去同步化等同物被称为"θ 状态",尖波波动被压下去,导致稳定的锋电位放电型式,但与新大脑皮层不一样,在这个相对稳定的状态上面重叠着节律性的 6～10 Hz 的 θ 振荡。海马 θ 振荡的特征,基本上也不同于大脑皮层同步状态的波动。在大脑皮层神经元的上状态,所有神经元都显示放电增加,而在下状态则放电减少,这就导致了在同步化状态时强的波动性群体放电频率。相反,个别海马锥体细胞显示与 θ 节律的位相性关系,而这种关系随着神经元的不同而有差异,甚至个别细胞之间也有差异,此时与彼时也有差异。这导致锥体细胞群体有叠加起来的放电频率,它仅受 θ 节律很弱的调制[14]。

### 7.5.9 是什么引起皮层状态变化

有几个机制被指认参与了皮层状态的变化,包括皮层下的胆碱能和单胺能神经核活性的增加,以及来自丘脑,可能还来自其他大脑皮层的持续性谷氨酸输入。下面介绍的很多工作是经典性的，但是不管其相关性如何，在近代文献中很少提到它们[14]。

胆碱能系统在皮层状态的调控中起重要作用，不过当然不是唯一的作用。如果大脑皮层胆碱能输入的主要来源——基底前脑遭受损害，就会增加低频率 LFP 的功率；而电刺激或用药理学方法刺激基底前脑或胆碱能脑干神经核，就会引起皮层去同步化，此去同步化可以被全身或皮层应用阿托品这类拮抗剂所阻断。在皮层去同步化时，胆碱能基底前脑和脑干神经元显示放电增加。然而，胆碱能输入并非皮层去同步化所必需：虽然阿托品在清醒固定的大鼠上引起强的同步化状态，但是在正常活动的大鼠中，显示有阿托品抵抗的去同步化状态。此外，选择性损伤基底前脑胆碱能神经元，不足以取消皮层去同步化[14]。

是哪个因素负责乙酰胆碱不依赖的去同步化呢？刺激其他神经调制系统可以引起去同步化，但在有些情况下这是通过它们影响基底前脑而实现的。5-羟色胺在乙酰胆碱不依赖的去同步化中起重要作用。事实是这样的：中缝背核刺激可以诱导阿托品抵抗的去同步化，5-羟色胺耗竭剂结合阿托品可以阻断去同步化，即使当动物在具有主动行为的时候。当大鼠从麻醉中醒来时，皮层去甲肾上腺素释放在减少自发性波动方面起重要作用，至少在初级躯体感觉皮层第Ⅳ层是如此。作为对明确感觉刺激的行为事件和认知因素的反应[例如注意和酬报，而这些都是与皮层状态相一致的(皮层状态随时都在受调控)]，胆碱能和其他神经调制性核的神经元显示了广泛不同的、快速的放电频率调制[14]。

另一个被指认参与皮层去同步化的机制是谷氨酸传入的张力性放电增加，它来自丘脑，可能还有脑的其他部位。张力性的丘脑放电在几种情况下都会增加，而这些情况是关联到皮层去同步化的。这个传入转而反映丘脑的神经调制作用，丘脑接受来自脑干的强胆碱能输入，它使丘脑中转细胞去极化，使这种细胞转移到稳定的张力性放电状态。这种转移既通过直接兴奋中转细胞，也通过由于丘脑网状神经元的胆碱能抑制而导致的去抑制作用。增加张力性中转细胞的放电(通过微透析给予非特异性胆碱能激动剂碳酰胆碱到躯体感觉丘脑)，引起桶状皮层的去同步化，这提示了来自丘脑的张力性谷氨酸输入，足可以引起桶皮层的去同步化[14]。

### 7.5.10 神经调制性及张力性谷氨酸能输入的作用

谷氨酸能输入能够压抑皮层活性的波动。脑的神经调制系统和代谢型谷氨酸受体(mGluR)对不同类型的皮层神经元和突触有广泛作用，而且作为皮层脑区和动物年龄的函数，其作用方式可以进一步变动。这多个受体系统也许使细致调谐高维度空间的皮层操作模式成为可能。然而，它们的效应有几点相似之处，这样就刻画出了基本的特点，说明这些系统如何能够减少皮层波动。第一，多个神经调制系统和 mGluR 可以影响锥体细胞的放电模式，减少爆发波、后超极化和适应，促进张力性放电。第二，多个神经调制系统导致大脑皮层内回返兴奋性突触强度的降低，同时带来突触阻遏的减少。第三，mGluR 和多个神经调制系统可以引起皮层第Ⅴ层锥体细胞的张力性去极化，皮层波动被认为是在那儿产生的。这3个过程应该可以对皮层起开关作用，使它从一个爆发性的和回返性的模式转到快速增加群体放电频率，而以后通过适应转变到另一模式——阻尼模式，也即张力性去极化使神经元维持相对稳定的活性模式。基于细致生物物理学模型及简单动态系统的模拟，支持了前面所讲的那种图景（图 7－6）[14]。

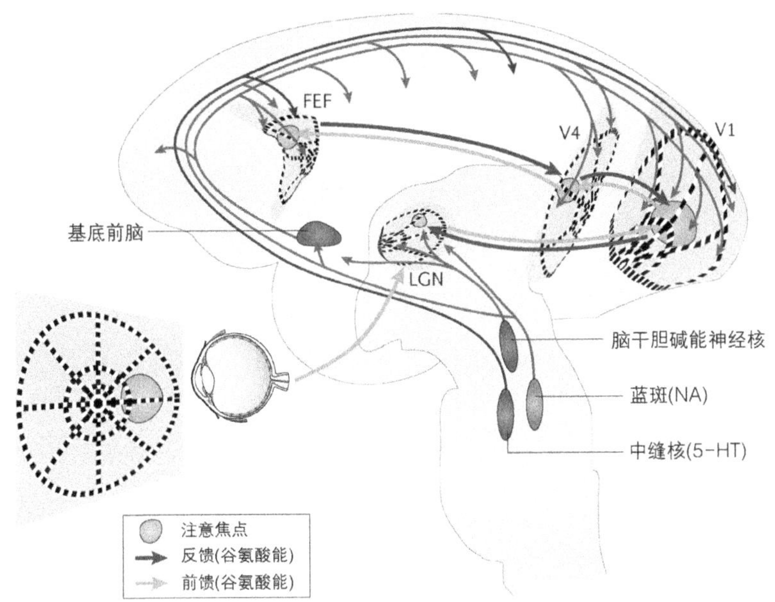


**图 7－6**　状态改变时及注意时建议的去同步化机制（彩图见图版第 18 页）

皮层神经调制性传入活性的增加，包括胆碱能传入（红色箭头）、5－羟色胺能传入（蓝色箭头）及去甲肾上腺素能传入（绿色箭头），引起去同步化及自发波动的普遍减少，但是此机制可能缺少空间选择性以去同步化某一块代表注意意向刺激的脑区。来自反馈连接（黑色箭头）的谷氨酸能聚焦性输入，可以提供这种特异性，引起皮层代表注意意向的那一块刺激区的去同步化及感觉反应。注意聚焦（视觉通路上的橘黄色斑块）影响丘脑和皮层特异脑区的加工过程。在不同脑区的视觉世界复制被扭曲，演示了这些脑区的视网膜定位组构。5－HT：5－羟色胺（血清素）；FEF：额叶视区；LGN：外侧膝状体；NA：去甲肾上腺素；V1：初级视觉皮层。（图引自[14]）

近来的研究结果提示，皮层状态事实上是一个多维度的连续体，有不同形式的去同步化，反映不相等的皮层操作模式的变化。如前所述，在去同步化时 γ 功率可以增加或者减少。此外，在去同步化条件下，个别种类神经元的放电频率可以不同。在运动时，在从事更困难作业时，以及在人工提高丘脑的放电频率时，推定性的快速放电中间神经元会放电更快。相反，当啮齿类的须在拂扫时，快速放电中间神经元的放电会变慢一点而非加快一点。许多非快速放电中间神经元可以通过离子电泳方法，经过乙酰胆碱和 5－羟色胺受体而受到刺激，从而抑制快速放电中间神经元。快速放电中间神经元则接受来自丘脑的强烈谷氨酸驱动。因此，我们有可能来推测一下，这两种类型的去同步化展示了神经调制性和张力性谷氨酸驱动之间的不同平衡。新的技术例如光遗传学和酶关联的电化学，有可能帮助我们探测皮层状态的完整空间，探测不同的传入系统在状态中以及在信息加工过程中所起的作用[14]。

## 7.6　颅内脑电图和人类认知研究

过去几年来，有更多的研究工作转到用颅内脑电图(iEEG)记录来研究人类认知的神经基础。iEEG 提供了一个独特的窗口，可用来了解人脑工作状态的空间-时间动力学，其时间准确度可达亚毫米和毫秒级，有时候可以达到单个神经元的水平。这就是为什么，自从 iEEG 投入临床应用以来，科学家就注意到了用它来研究人类的认知。从临床研究的实际来看，它需要癫痫学家、神经生理学家、电生理学家还有认知神经科学家之间进行多学科合作。此类合作研究的数目过去几十年来相当稳定，直到 20 世纪 90 年代科学目标转移，整个领域有所扩展。早期的 iEEG 研究主要集中于事件相关电位(event-related potential，ERP)或者围刺激时间直方图，而新近的趋势是转向 iEEG 的认知性研究，其特征是强调高频神经活性(high-frequency neural activity，HFA；40 Hz 及更高)，这种高频信号有时在原始 iEEG 信号里都可以看到。少数几个早期 iEEG 研究发现，运动作业和感觉刺激可以调制 HFA，但由于"γ 嗡嗡"研究的出现，这个领域实际上是减弱了。神经科学界的兴趣显著转移到 γ 带同步化以及它在神经代表(neural representation)和神经信号交换中的作用，而这些又由于近代实验和技术的进展而备受鼓舞[5]。

### 7.6.1　高频振荡("γ 嗡嗡")与视觉-运动行为

此现象由一系列猫视觉皮层电生理学研究所发动。实验提示，研究对象的知觉可能是由大脑皮层 17 区的节律性和同步性神经放电所介导的，其频率大约为 40 Hz(γ 带，"γ 嗡嗡"，"gamma buzz")。此看法与以前的理论和实验工作相一致，被总结成为"动态捆绑"假设或者"通过同步捆绑"的假说。当"通过同步捆绑"假说从猴的实验开始受到支持以后，由于 EEG 采集系统及信号加工分析方法的改进，有几个 EEG 研究组发起了研究——研究人类发生知觉时的 γ 带同步化。现已清楚，由于其有限的空间分辨，EEG 不能发现神经元"对"之间的同步；但是我们确信一点，同步神经群体活动的出现，将导致宏观尺度的振荡。应用现代的时间-频率分析方法，这种振荡可从 EEG 信号中检测到。事实上，这种振荡早就有人报道过了。当运动执行时，它表现为 EEG 信号。在 20 世纪 90 年代后半期，有作者发表了一系列有影响的头皮 EEG 研究报告，描述了作为对视觉刺激的反应，γ 带能量增加的现象[5]。

这些研究者的首个贡献是区分诱发的(evoked)和诱导的(induced)两种 γ 带反应(gamma-band response，GBR)。对于刺激的开始而言，它们分别是位相锁定的和位相不锁定的。有几个 EEG 研究组的研究焦点很快转移到诱导 GBR 上，当刺激需要特征捆绑的时候这种反应会特别强，如同"捆绑被同步假说"所预测的那样。然而，头皮记录的 EEG 不能显示诱导 GBR 的解剖学来源，这个问题立即激起了某些研究者的兴趣，他们用视觉皮层颅内 EEG 记录的方法，复制以前其他研究组采用头皮 EEG 方法的实验。这种新研究方法应用一组电极，放置在颞叶-顶叶交界部，结果在 iEEG 记录上显示了感觉引起的 γ 带反应，其频率高达 80 Hz(特异记录系统有效研究的上限)。这表明诱导的 GBR 事实上包含了比从头皮 EEG 所能看到更高频率、更宽广的范围；而那种在视觉皮层

iEEG 中记录到的不均匀反应，则是不同潜伏期、不同解剖特异性的反应的集合。此实验结果引发了一个早期研究。该研究显示，当受试者看脸孔时，梭状回的活动有高达 45 Hz 的功率增加。还有作者发现，当执行运动的时候，感觉-运动皮层 γ 带活性增加。此研究不仅是涉及人类作业相关 HFA 的第一个 iEEG 报告，也提供了清楚的证据，表明感觉-运动皮层 HFA 增加的空间分布是特异地对应于不同躯体部位之运动的。随着此项研究工作的进行，很快就有其他的 iEEG 研究。研究显示，当执行视觉-运动行为时，感觉-运动皮层的 HFA 增高(图 7-7)[5]。

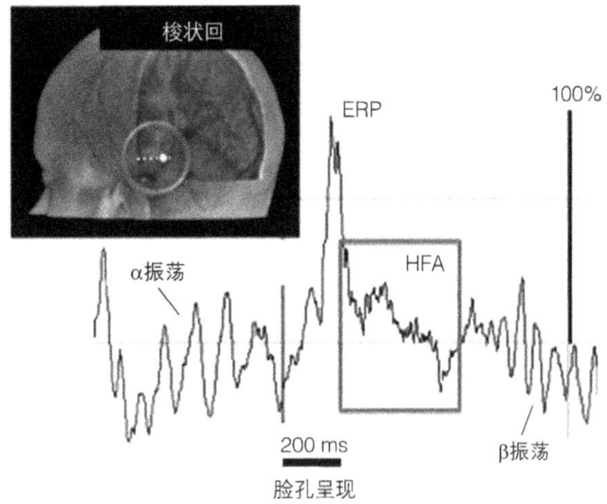


**图 7-7** 在颅内脑电图原始信号中可以看到作业所诱发的高频活性

给予视网膜中央凹 200 ms 的图片(脸孔)闪光刺激，让病人固定看计算机荧屏的中央。信号是脑梭状回的原始双极电极记录(表达为感兴趣时间窗范围内最大幅度值的百分比)。在原始的记录中可以明显看到 HFA(方形方框)，同时有被刺激所诱发的事件相关电位(ERP)，还有 α 和 β 振荡(分别在刺激提呈之前和之后)。(图引自[5])

脑电 γ 节律通常可以在多个脑区出现，不论处于清醒还是睡眠状态。近来对它的产生机制有不少讨论。例如，历来为大家所关心的 γ 节律产生的细胞和突触机制，归纳起来有如下几点。第一，γ 节律的发生总是与神经元胞体周围抑制相关联。第二，γ 振荡往往是短暂的，通常由兴奋与抑制协调的相互作用而产生。第三，γ 节律典型地与单个神经元的不规则放电同时发生。由于发生机制的不同，γ 节律的网络频率可有很大变异。第四，γ 振荡的振幅可被慢节律调制。这种跨频率耦合的可能作用是把神经回路的不同活性块的活动关联起来[16]。

γ 波段振荡(25～140 Hz)在哺乳动物前脑普遍存在，涉及感觉加工、注意、学习与记忆。中脑电波也可有 γ 振荡，中脑视顶盖(optic tectum，OT)是一个负责调控空间记忆的中枢结构。鸟类的中脑视顶盖可产生大振幅、空间特异的 γ 振荡，离体、在体均可产生。鸟类中枢结构的 γ 振荡，与哺乳动物新大脑皮层和海马的 γ 振荡非常类似[17]。

### 7.6.2 高频活性还是高频振荡?

上述先驱研究推动了一个稳定增长的研究领域。在人脑内，认知的 HFA 是到处存在的，而且是作业特异的。不到 10 年的工夫，人们已经认识到，HFA 是皮层加工的一个指标，不仅涉及感觉系统和运动皮层，也可能涉及作业的任何皮层脑区。越来越多的 HFA 实验结果表明，这是一个普遍性的、有目的的皮层加工过程指标。这一点与理论上的看法相一致，把 γ 带同步化从感觉-运动整合延伸到作用机制，一直到把它看作普遍性的神经信息通信原理。然而，人类 HFA 的 iEEG 研究也提供了新的、建设性的发现，还有待于更好地整合到现今的理论框架之中[5]。

在颅内 ERP(intracranial ERP,iERP)范围里面出现大幅度 LFP 的特定环境,这给我们以暗示,iERP 选择性地反映锥体细胞顶树突相对持久的、时间上同步的、空间上组构起来的突触活性。这种情况可以因兴奋性突触后电流(EPSC)或抑制性突触后电流(IPSC)而产生。因此,iERP 的增加反映兴奋增加或抑制增加,或者甚至反映更复杂的神经调制过程。近来的确有研究提示,在海马脑薄片中,终止于锥体细胞上的抑制性中间神经元的单个锋电位,足够引起 LFP,而锥体细胞本身的锋电位却不能。海马脑薄片的其他组合模型及记录实验研究提示,电压门控的跨膜神经元电流是刺激诱发低频 iERP 的主要贡献者[5]。

### 7.6.3　人类认知与高频神经活动

人类颅内 EEG(iEEG)主要是以癫痫病人为对象做的,旨在进行手术前作图。当病人实施认知作业时,发现 iEEG 信号中有 HFA,其频率在 40 Hz 和 150 Hz 之间,具有精细的解剖、功能和时间特异性。原来对 HFA 是在知觉或运动捆绑前提下解释和了解的,这与动物实验中研究 γ 带("40 Hz")的神经同步化相一致。今天我们根据对 HFA 的了解,已经把它看成为更一般性的皮层加工活动的指标。作业诱导的 HFA 研究发现,在具有很好空间和时间分辨的条件下,局部神经元群体参与了手头作业(task-at-hand),也可能是神经通信机制允许它们这样做。本章推出一种看法,就是应用 iEEG 方法研究 HFA,将有可能为认知的神经基础提供新认识,而这是从其他研究途径例如 fMRI 所不容易得到的。有一系列实例支持了这种看法,例子来自研究记忆、语言和默认模式的网络,以及成功地达到的实时功能制图。总体说来,在人类认知神经科学中,用 iEEG 研究 HFA 将会产生越来越多的作用,因为这可以明确而清楚地与动物基础研究联系起来。本章结尾要讨论此领域将来的进一步发展,例如通过应用多维度电极,以及把 iEEG 和脑磁图(magnetoencephalography,MEG)及 fMRI 融合、联用[5]。

### 7.6.4　进入人脑功能的独特窗口?

根据上述理由,将要推出一种用 iEEG 记录方法研究 HFA 的看法,由此可能提供对人类认知神经基础的一种理解,而这种理解是难以根据 BOLD 的 fMRI 研究或者事件相关电位(ERP)分析方法得到的。用 iEEG 研究认知性的 HFA 现在已有很广阔的前景,本章将引用一些有意思的例子支持上述观点。第二个目的是提出一些指导性的看法,如何用 iEEG 进一步研究认知性 HFA。第三个目的是想象今后的发展。在我们看来,iEEG 研究将要在人类的认知神经科学领域引起大的突破[5]。

## 7.7　内部脑状态与神智活动

为了进行知觉、运动协调与学习,脑的内部状态是关键性的决定因素。在哺乳动物中枢神经系统中存在着脑的不同状态,一个显著的反映是存在着不同型式的皮层同步化。这可用细胞外记录脑电图、局部场电位和动作电位加以发现。皮层活性的这种时间上的相关,被认为是神经元计算的基本机制。然而不清楚的是,皮层同步化如何反映在正常行为动物的细胞内膜电位($V_m$)的动力学上面。本章将介绍,应用双全细胞记录来记录正常行为小鼠Ⅱ/Ⅲ层初级躯体感觉"桶"皮层,发现在安静觉醒的时候,邻近神经元的$V_m$是高度相关的;然而当小鼠用胡须拂扫时,一个由内部产生的状态变化减少了$V_m$的相关,导致了去同步化的LFP和EEG(图7-8、图7-9)。在静息清醒时或主动拂扫时,动作电位活性都是稀少的。单个动作电位是由大而短暂的特异兴奋性输入所驱动的,这种输入不存在于邻近细胞的$V_m$中。与安静时期相比,主动拂扫期发生具有高信噪比的动作电位。此材料显示,在行为发生的时候,脑的内部状态动态地调节皮层膜电位的同步,并且界定皮层加工的不同模式[18]。

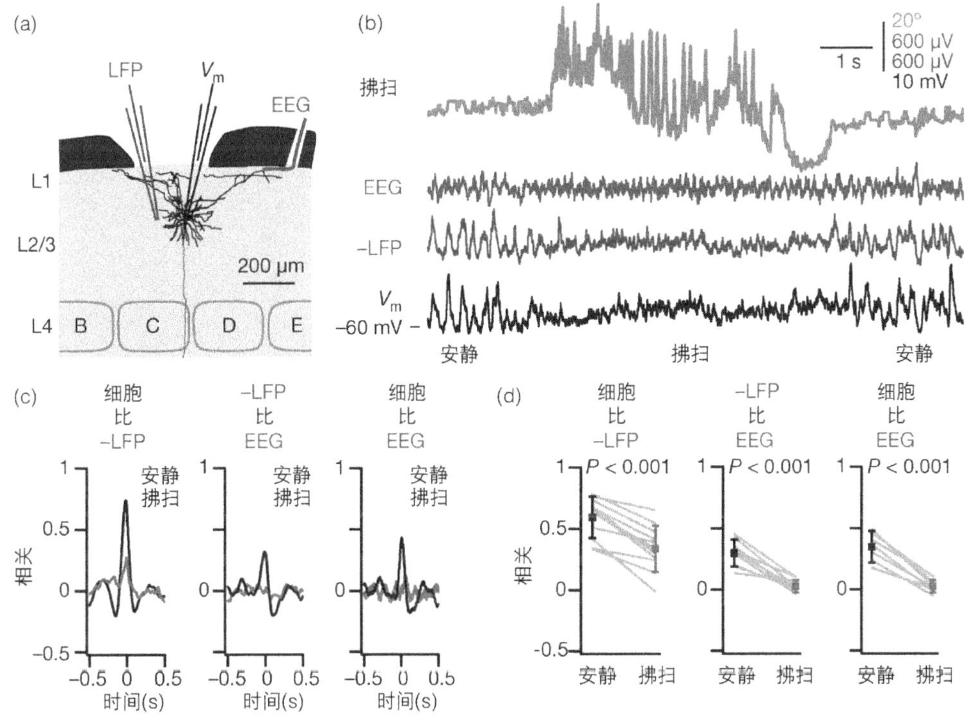


**图7-8** 正常活动小鼠的EEG、LFP、$V_m$(彩图见图版第19页)

动物安静清醒时的EEG、LFP、$V_m$是高度相关的,但当主动拂扫时则不是这样。(a) Ⅱ/Ⅲ层锥体神经元的重组和图解式显示记录的布局。(b) 对重组神经元同时的EEG、LFP和全细胞记录。当安静清醒的时候,这个神经元的振荡具有大幅度和低频率,而当拂扫的时候同步地产生状态改变,LFP是倒置的(朝上是负,标记为-LFP)。(c) 选择性样品实验的3个记录方法之间的相关分析,发现在安静时期比之主动拂扫的时候,神经元的活性更加相关。(d) 所有测定的互相关群体分析,展示从安静到拂扫状态的明显变化。灰色线条表明不同实验,带有误差横杠的红/黑方块表示均值±标准差;n511:细胞与-LFP比;n59:细胞与EEG比;n59:-LFP与EEG比。n511和n59表示实验次数。(图引自[18])

### 7.7.1 皮层状态和感觉反应

皮层感觉反应强烈地与状态相关。然而,皮层状态如何成形感觉加工过程是复杂的。你不能够简单地提出这样一个问题——在某种状态或另一种状态下,反应大了一点还是小了一点;毋宁说,皮层状态对神经元的效应,似乎依赖于此系统所遭遇的特定刺激

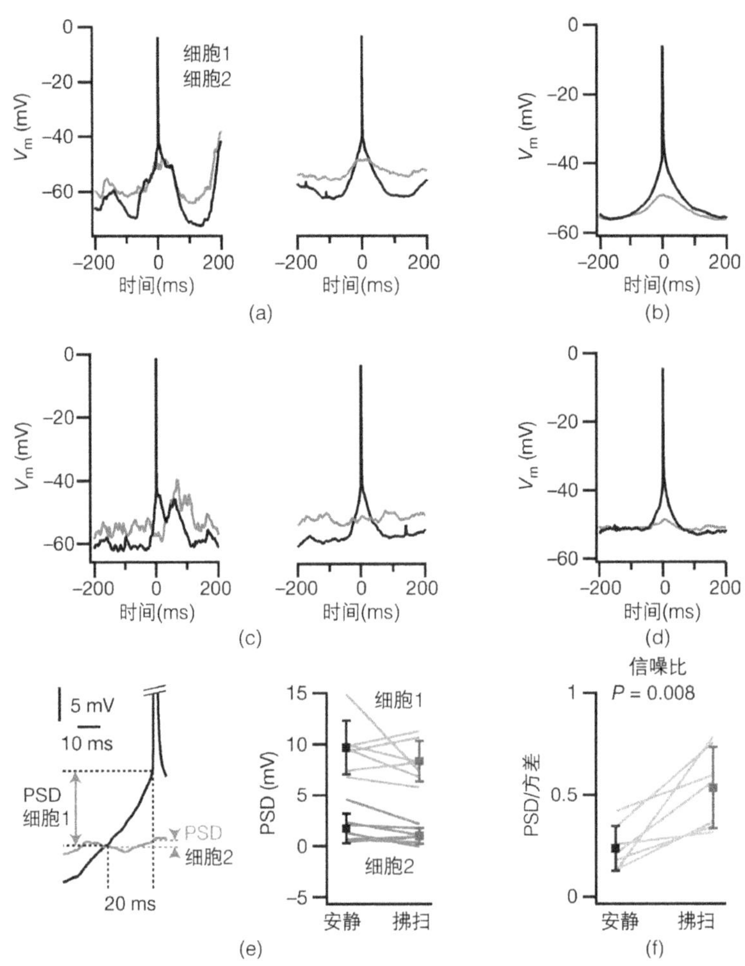


**图 7-9**　处在安静而清醒状态以及拂扫状态的小鼠，由大而短暂的特异性输入所产生的动作电位（彩图见图版第 20 页）

(a)(c) 安静清醒状态(a)以及拂扫状态(c)时，同时记录Ⅱ/Ⅲ层神经元膜电位，聚焦到单个神经元的动作电位(action potential，AP)，这个神经元我们人为地标记为细胞 1(黑色曲线)；邻近神经元我们标记为细胞 2(蓝色曲线)，其 $V_m$ 仍处在阈下，表明缺少动作电位的同步。左：单个例子；右：此细胞对的伴有锋电位触发的平均值。(b)(d) 所有成对细胞记录锋电位触发 $V_m$ 的大的平均，当安静清醒的时候(b)及拂扫的时(d)(平均 ± S.D.，$n = 57$)。(e) 锋电位前去极化(pre-spike depolarization，PSD)定量化了细胞 1 锋电位发生之前 20 ms 时两个细胞的 $V_m$ 变化。(f) 当拂扫的时候，去极化驱使动作电位相对于正在进行的 $V_m$，变异波动的比例(或为诱发锋电位的信噪比)高了，比之在安静清醒状态。(图引自[18])

类型。然而根据对多种感觉区的研究，似乎有某些共性开始显露。特别是，不论皮层状态如何，那些看起来分离的点状刺激(这些刺激也可以被描写为突出的、意外的短暂刺激)能够引起相当的反应，而在同步化状态下，时间上延长的或快速重复的刺激被"过滤"掉，但是在去同步化状态下，它能很有效地被加工(图 7-10)[14]。

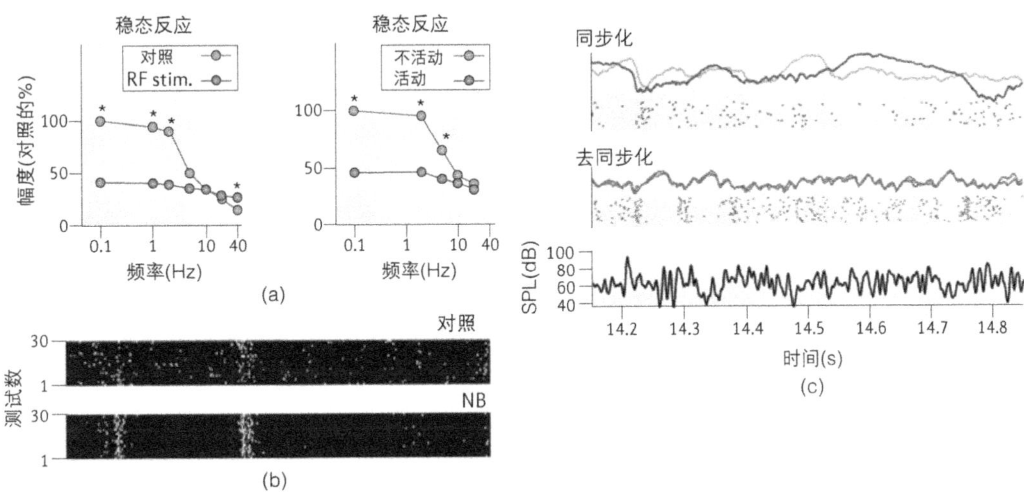


**图 7-10**　对应于点状和延时刺激的状态相关反应(彩图见图版第 21 页)

(a) 麻醉大鼠(左侧图)和清醒大鼠(右侧图)"桶"皮层对一串刺激的状态依赖的反应。在同步状态下,麻醉的动物和安静、清醒的动物(用蓝圆圈表示)对偶发性点状刺激的反应是大的,但是在高重复频率时此反应很快适应。电刺激网状结构(RF stim)后,或者当作出主动行为(红圆圈)后,对罕见刺激的反应变小,适应也减少。(b) 当重复给予时间上延长的自然情景电影时,视觉皮层单位反应的一个栅线代表。刺激基底核(nucleus basalis,NB)逐次地增加反应可靠性。(c) 对于听觉皮层重复给予时间上延长的幅度调制的噪声刺激。诱发的局部场电位(LFP)显示了来自两次给予同一刺激在同步化状态时的两次结果(深蓝和浅蓝曲线),以及在去同步化状态时的两次结果(红的和紫的曲线),还有一个细胞对于每种状态下重复给予刺激时锋电位反应的栅线代表。黑色曲线(下方的图)显示刺激包络。在去同步化状态时 LFP 和锋电位的反应更加可靠。SPL: 声波压力水平。(图引自[14])

### 7.7.2　脑电节律、皮层状态与神智活动

神经元活动的状态相关,首次是在人脑 EEG 记录中观察到的。当时发现在安静清醒状态的时候,有慢的大幅度振荡。从那以后,通过细胞外电生理学的研究发现了证据,振荡频率从 0.05 Hz 到 500 Hz 的波具有同步化活性,此活性与行为的状态变化密切相关,也与注意、感觉加工、运动设计密切相关。为了研究作为产生这种皮层活性的基础阈下事件,需要同时记录成对细胞内的膜电位。先前的研究表明,在麻醉情况下,相邻近的皮层神经元显示高同步化的膜电位波动,然而在正常行为的哺乳动物中,双细胞内记录还从来没有人做过[18]。

### 7.7.3　皮层状态与正在进行行为的关联

说起脑状态的行为相关,研究得最好的是在海马。大鼠海马在从事某些行为时发生 $\theta$ 状态,例如走、跑、饲育、探索性嗅;而在从事另一些行为时发生"大不规则活性"(LIA),例如醒着不动、走路、吃东西、梳理毛发、排便。虽然不同的名词被用来特征化地描写从大鼠中可以看到这些状态的各种环境(例如,有人用"随意的"或"探索性的"来描写 $\theta$,用"自动的"或"完美的"来描写 LIA),但对应于每种状态的准确行为的目录(list),是动物种依赖的。有关这些种差别的机制及含义,仍不太清楚[14]。

与海马相比，啮齿类新大脑皮层在清醒时的状态变异更为细微。在早期研究中采用那种基于用眼睛看一看脑电图记录的方法(图 7-11a)，变异是不能够被检测出来的。后来应用了频率分析的方法就发现，如果与清醒但被固定的大鼠相比较，在积极行为的清醒大鼠中，会出现低频率 LFP 的功率压抑。在头被固定的小鼠中，当小鼠有行为时，例如摸一个东西或者滚一个球时，皮层活性变成去同步化的(图 7-11b)。行为对于皮层状态的影响，可以通过药理学处理而被大幅放大。例如给予毒蕈碱型胆碱能阻断剂阿托品之后，在安静不动的状态时会发生大而慢的睡眠样皮层活性，但是此活性在动物活动时就受到压抑(图 7-11a，c)[14]。

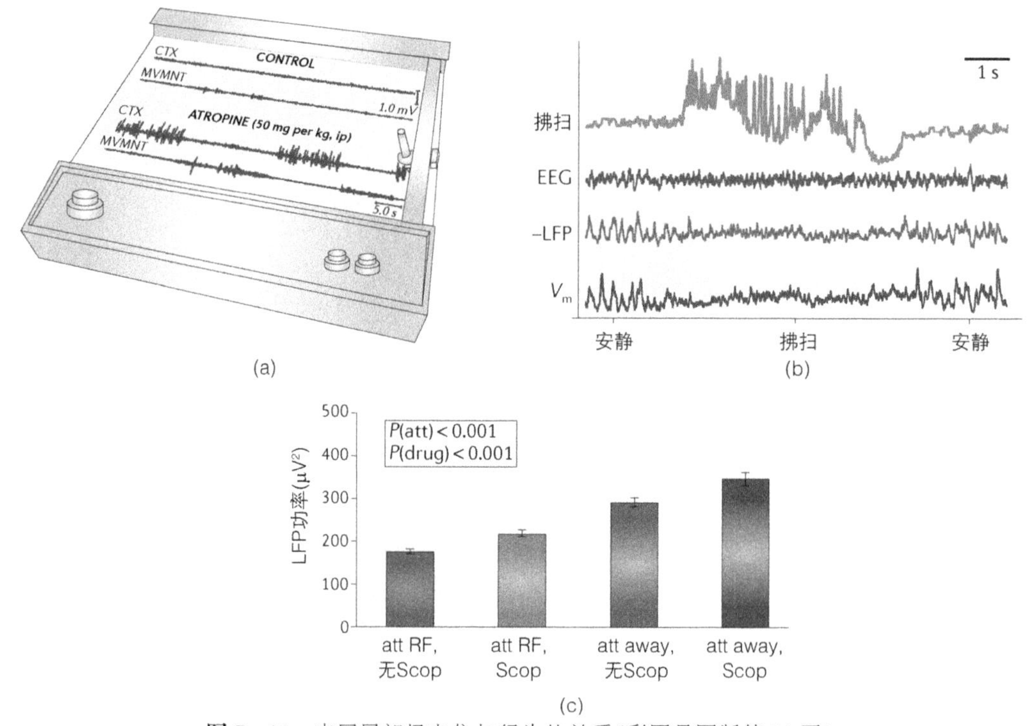


**图 7-11**　皮层局部场电位与行为的关系(彩图见图版第 21 页)

(a) 在经典的笔描计记录中，对照条件下的行为和皮层脑电图(ECoG)的关系很难用目测检测到[图内上面两条曲线为皮层脑电图(CTX)和运动(MVMNT)]。腹腔内给予每千克 50 mg 阿托品后，这种关系被明显放大(图内下面两条曲线)。(b) 近来的研究显示，在拂扫行为时，从颅内 LFP 以及膜电位记录可以清楚地看到自发性波动的减少，但这难以用目测从皮层表面脑电图上看出来。(c) 猴初级视觉皮层。当注意朝向对应于电极所处位置的感受野时，低频率(2～10 Hz)的功率减少(att RF；用红和绿表示)；应用毒蕈碱型拮抗剂东莨菪碱(Scop；用绿和黑表示)后，或者把注意引向其他处后，低频率功率增加。$V_m$：膜电位；att RF：注意朝向感受野；att away：注意被引开。(图引自[14])

### 7.7.4　皮层状态和灵长类的注意

“注意”是指动物的一种能力，它能够选择性地对某些刺激增强检测并对之作出反应，而舍弃另一些。本章所用“注意”是特定地指一种“自上而下”的注意。在这里，反应的增强是由于先前预计到哪一类刺激是重要的，而不是“自下而上”的注意。后者是指刺激本身的物理特征内源性地就是重要的、能引导动物注意的。灵长类研究显示，有多个皮层脑区专心于刺激，产生大的锋电位反应，比之不被注意到的那些刺激。但这不是注意对皮层活动的唯一效果。非常有意思的是，注意的许多其他效应可以在脑皮层的特定部分发生，例如减少低频波动、逐次(trial-to-trial)变异及相关(类似于皮层的去同步化)，而这些特定部分的大脑皮层，正是代表注意刺激的[14]。

有作者先讨论啮齿动物状态依赖的皮层过程之性质和机制，然后考察注意如何调制灵长类的视觉皮层过程。他们论证，注意包含着类似于引起皮层去同步化的那些过程，只不过是在局部的水平上操作。他们提示，这种局部去同步化产生于两者的结合，一是弥散性神经调制的输入，另一是张力性的谷氨酸驱动。谷氨酸驱动聚焦在皮层的那个代表受注意刺激的神经元群体[14]。

经典的皮层状态观点是，状态是所有皮层区同时发生的整体同步化或去同步化，相对于睡眠周期来讲一般就是这样(但也有某些例外，例如在鲸类中)。然而有相当多的证据提示，在清醒的灵长动物中，选择性注意也影响局部皮层的去同步化水平，而不是整体脑；比之睡眠和清醒之间的差别，其尺度要小一些。根据这种解释，最大去同步化局限于代表注意到刺激的很小一块脑组织；而另一块代表了未注意到那部分感觉世界的脑组织，它处于更加同步化的状态。他们论证，这种局部状态的改变，可以解释许多实验室所得的关于注意相关 LFP 功率改变以及关于反应可变性和相关性改变的结果[14]。

### 7.7.5 皮层振荡与认知行为

1958 年，比利时神经生理学家 F. Bremer 写了一篇影响深远的综述，题目是《脑(电)波的性质、起源、同步化和功能意义的理论与实验资料》。半个多世纪过去了，脑节律的研究现在变成了神经科学许多领域中的人都有兴趣的一个问题。其中的网络振荡问题是吸引人的。对于细胞神经生理学来说，人们有兴趣了解网络行为的生物物理学机制。采用同步性振荡可以用活体、离体的标本进行详细研究，而且可以与越来越多也越来越强有力的遗传学工具相结合，因此对于神经生理学家以及理论家都一样，同步性振荡为研究同步性节律提供了非常优越的途径，例如研究集体的神经网络因细胞的生物物理学和突触回路的相互作用而产生的动力学。另一方面，对于系统神经生理学家来讲，他们早已在清醒动物中记录了单个神经元的电活动，取得了很大的成功，用以说明行为的神经相关。在神经回路中了解协调性的神经群体型式，这对于研究脑节律是一个新的挑战。更进一步，认知涉及大块神经结构网络，因此为了澄清不同脑区间的神经元相互作用，研究脑节律也是非常关键性的。在这方面，由于应用了多电极记录以及成像技术，也取得了很大进展。更一般地说，神经元的同步活动、神经元群体之间已确定时间的协调与信息传送的相关联振荡，可能都参与了认知过程[4]。

Bremer 在 1958 年的综述，集中讨论了 α 节律，它是大幅度脑电图的 10 Hz 正弦波振荡，在清醒、放松的状态下自发发生。那时候也早就知道，还存在其他节律的脑电波，它们或在某些行为状态下可以观察到，或可以通过感觉刺激来诱发，但这些宏观的脑电图信号是在头皮外记录的，幅度较小而且空间定位很差。要想得到好一点的测量记录，就必须用侵入性方法到硬脑膜下去记录，那就是大脑皮层电图(ECoG)，此时电极直接摆到皮层软脑膜的表面，这样脑产生的电信号就不会由于通过颅骨而减弱。或者可以把电极插到脑的深部，记录局部场电位(LFP)。在动物中应用了 ECoG 和 LFP 这两种方法，就可以看到一系列的脑电节律，而且是在不同的行为状态下，在清醒的动物中。下面介绍的就是这些研究[4]。

### 7.7.6　θ 节律、γ 振荡与海马位置细胞

θ 节律(4～8 Hz)是一个在海马及其附近边缘皮层结构中产生的显著相关振荡，当动物进行探索性运动时发生。海马锥体细胞(位置细胞)编码某一特定位置，这称为位置野*，即鼠所处的地位。鼠在实验迷宫中为寻觅食物而跑动，当它主动探索前进而跑过位置细胞(place cell)的相应位置野时，这个海马神经元的锋电位时间可以系统地转移到 θ 周期的早期时相，此现象称为位相前移(phase precession；图 7-12)，θ 节律的位相前移在二维场地上跑动时也可以看到。当动物快速跑动时 θ 振荡的节律高，但是那种位置细胞的放电时相与鼠在这个开放场地里面所行走的距离之间的线性相位相关，而与跑动的速度无关。此现象提示，空间信息可能部分地由锋电位的准确时程来编码。海马的 θ 节律也被认为在短暂记忆及空间记忆的形成与回放中起一定作用[4]。

有人认为，γ 振荡与位置细胞有一定关系。海马位置细胞的放电耦合于 3 种(慢、中等、快)不同的 γ 振荡。即使在横越单个位置野时，有些位置细胞也可以与多种 γ 振荡耦合。这表明可以进行立即整合，并能更新来自不同神经网络的输入[19]。用颅内电极记录了人的海马脑电，发现人海马 δ-θ 波段低频振荡编码空间距离。在受试者行走过程中，发现低频率(δ-θ 波段)海马振荡可以区分走动距离的长短，而感觉-运动加工对于驱动低频率海马振荡并非必需[20]。

### 7.7.7　工作记忆与 θ 节律

在新大脑皮层中也可以看到 θ 节律。当受试者进行工作记忆时，θ 节律增强，增强出现在各个新皮层区。例如，受试者被要求延搁几秒钟，回忆一连串项目。用清醒猴子做工作记忆作业时，在它的纹状外皮层上可以看到单位放电相位锁定于 LTP 的 θ 节律，在人脑中也是如此。θ 节律似乎特定地在额叶中线明显，这里包括前扣带皮层，以及前额叶皮层(PFC)的一个亚区。这些脑区都与行为的调控、反应结果的评价以及认知功能的其他方面有关[4]。

最近 M. Lundqvist 等的实验显示，工作记忆与 γ 振荡有关。实验证实了一种推测，即神经元放电所携带的工作记忆信息关联到 γ 爆发波。当工作记忆进行编码、去编码和负荷时，这种窄频带的 γ 爆发波就增加了。β 爆发波则反映了神经元的一种默认状态[21]。

* 位置野就是导致被记录特定位置细胞兴奋活动的实验动物移动经过的地点或地点范围。

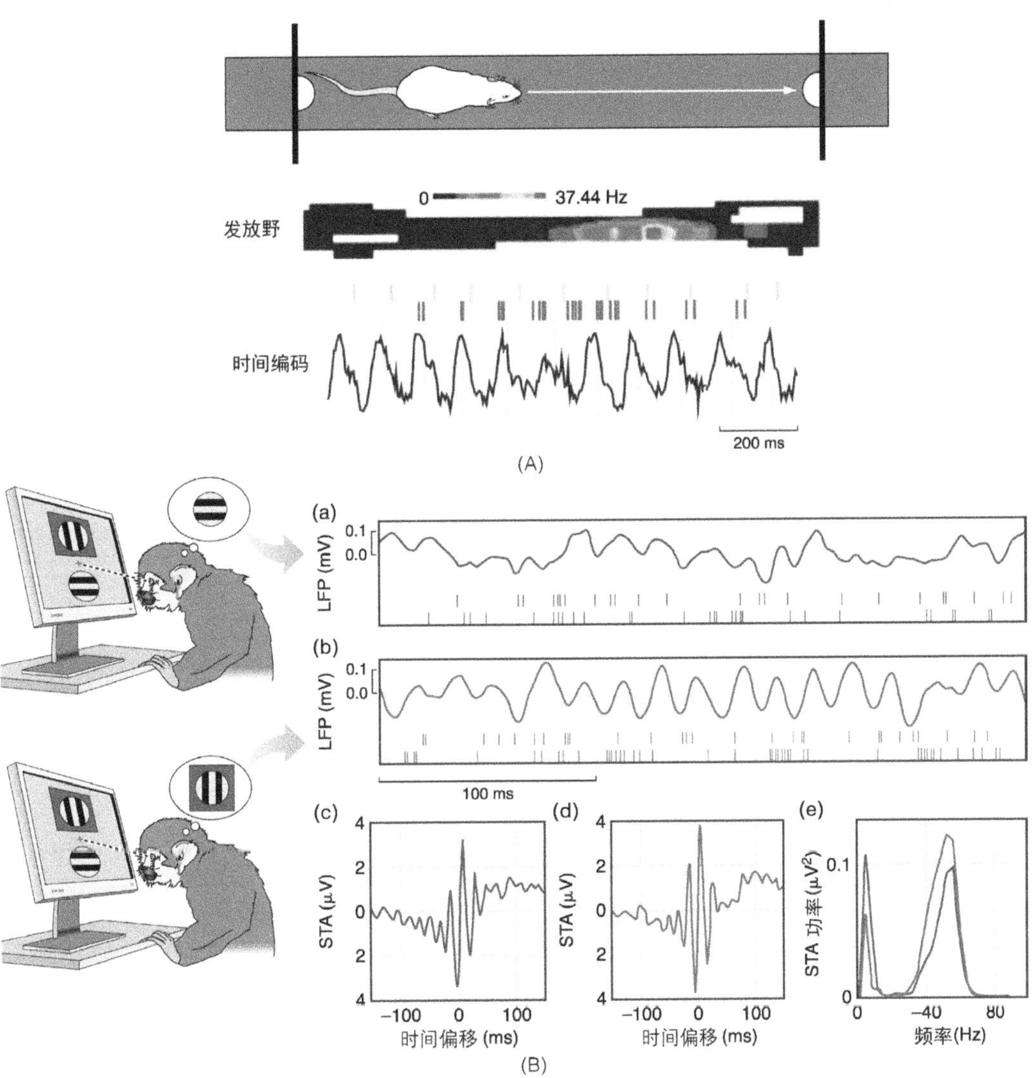


**图 7-12** 认知行为中同步性振荡的例子(彩图见图版第 22 页)

(A) 空间跑动时海马的 θ 节律。上图为作业模式图,大鼠沿着一条线的路径前后跑动,在它前方可活动的墙上悬着喂食的杯子。中图为颜色编码的位置细胞放电的场,由鼠经过多次朝东方向的跑动而产生。下图为同一细胞在一次相同方向的跑动时,EEG 的 θ 节律以及位置细胞的放电(红色)。在锋电位群上面的点表示每个 θ 周期 0°~360°的位相。当锋电位的爆发发生在高于 θ 节律的时候,每个随之而来的爆发进入早期 θ 波时相,不论是开始上升还是下降的频率。(B) 注意可以减弱视觉皮层的同步化变化。所显示的数据来自实验资料,此实验记录了有行为活动的猴子的大脑皮层 V4 区的一个神经元。给予动物两个视觉刺激,一个在神经元的感受野以内,另一个在感受野以外。左边是一个图解,绿方框表示感受野,在此实验中是不出现于荧光屏上的。红色曲线表示注意对应于朝向受到记录的神经元感受野,蓝色曲线表示注意对应于朝向感受野以外。在 a 和 b 两个条件下的刺激是同样的。连续的描计曲线显示刺激驱动的局部场电位(LFP)。底下是用不同电极同时记录下来的锋电位。(c)(d) 锋电位触发的平均值(spik triggered average,STA),是从给予刺激时的记录计算得出来的。STA 对应于平均的 LTP 波型,这可以在锋电位时间上看出来。Y 轴表示平均 LFP,X 轴表示对应于一个锋电位发生的时间。(e) 显示在 c 和 d 的两个 STA 功率谱。当注意聚焦到感受野内而放电频率接近于 50 Hz 时,所记录的神经元倾向于更加在同一时相发放,但是当放电频率接近于 10 Hz 时,则不是这样。(图引自[4])

有人认为，内侧嗅区-海马的 θ 波（5～10 Hz）在记忆形成中起重要作用。但近来的资料表明，一个成功的记忆实施还需要 γ 波（30～100 Hz）参与到 θ 波的特定时相。关于 θ－γ 节律耦合如何易化内侧嗅区-海马的信息传送，近来有这样的看法：如果在 θ 波的某一特定时相，实行 γ 调制的神经细胞群受到激活，就有可能使神经网络产生强大的输出，从而保证分布细胞的放电可在紧密靠近的时间内发生。这可能对于各种记忆操作都是有利的[22]。

看来是这样的：多种节律和它们之间的相互作用，保证了神经元通信的有效性、准确性和选择性。γ 频带（30～90 Hz）同步化可以迅速地调制兴奋，以致可以摆脱随后的抑制影响，从而有效地激活同步化的突触后神经元。同步化还有这样的作用，就是使突触前的某一激活型式以特定时间协调的方式来到突触后神经元。在某一突触后神经元上有多个突触前输入的汇聚，它们代表不同的刺激。如果注意选择了某个刺激，那么它的神经元代表将显示较强和较高频率的 γ 频带同步化。因此，受注意刺激的代表就选择性地拖拽（entrain）了突触后神经元。由于拖拽，创立了短时间兴奋和较长时间抑制的交替，这种交替在传送受注意刺激的突触前和突触后神经元群之间进行，而排除未受注意的代表。这种自下而上、占优势的 γ 频带振荡受到自上而下 α－β 频带振荡的调节。这样，多种节律和它们之间的相互作用，保证了神经元通信的有效性、准确性和选择性[23]。

关于海马脑区的 θ 节律机制，有这样的看法：由于远距离脑内的 θ 节律具有高同步性，因此合乎逻辑的想法是，单个节律发生器负责此项节律；另外，内侧隔区具有长的投射，合乎逻辑的想法是，内侧隔区应该负责整个海马的 θ 节律。海马 θ 节律非常便于在活体外（*ex vivo*）和离体（*in vitro*）的条件下进行研究[24]。谷氨酸能的内侧隔区回路会调节运动的发动和速度，这个回路介导 θ 振荡的运动前区发动，并且通过对海马的去抑制，是海马神经元放电频率的运动速度相关之基础[25]。

近来的实验研究表明，θ 节律的产生是由于神经细胞的内源性特征，但受脑内数个 θ 节律振荡器的拖拽。从 θ 节律功能的行为相关可以窥见它的功能。其功能之一是，为了更有效的空间记忆过程，把相关信息包装在个别 θ 周期之中。此外，θ 节律在脑区之间的耦合促进了脑区之间的通信。总的说来，θ 节律的功能是支持脑认知功能的操作，包括学习[26]。

### 7.7.8　超快速振荡与行为清醒

这是指大于 100 Hz 的振荡。1935 年 Adrian 报告，小脑和海马 EEG 的特征是有一个短暂的尖锐波——纹波，其频率为 100～200 Hz。在清醒而固定的完满（consummatory）行为条件下，以及在 NREM 睡眠相等情况下，这种纹波经常反复出现，而 θ 节律是不存在的。类似的超快速振荡在新大脑皮层中也看到过[4]。

### 7.7.9　β 节律与运动准备

这是一种 15～30 Hz 的振荡。Berger 从 1931 年开始，在初级运动皮层上发现了它。

H. Jasper 和潘菲尔德(W. G. Penfield, 1891—1976)在他们做癫痫病人颅内脑电图(iEEG)的先驱性工作中注意到,β 节律在"准备"情况下产生,但当运动发生时就没有了。一般说来,对人和猴子的电生理学研究能够证实一个观点,即 β 节律与运动系统的准备和抑制性调控有关:运动执行开始时 β 功率* 增加,反应维持时则降低。其他的研究表明,β 振荡不局限于运动系统,而更一般地参与感觉-运动整合及自上而下的信号传送[4]。β 节律可能与新大脑皮层自上而下的信息加工有关,而这种信息加工又与重要认知功能有关,例如预测性编码、注意性调整等。新大脑皮层的这种自上而下的过程与脑区间同步化有关,特别是 β 频率波段的节律。可见,这种节律可能传送了下位脑区感觉神经元的信息[27]。此外,有人认为 γ 节律和 α-β 节律分别实现人类大脑皮层视觉区和视觉区之间的前馈与反馈性影响[28]。

### 7.7.10 γ 节律与高警觉节律

这是一种 30～80 Hz 的振荡。Adrian 第一次揭示,在嗅球中它由感觉刺激所引起。以后 W. J. Freeman 在海马中进行了深入广泛的研究。在海马中,γ 节律常常与 θ 节律相伴随发生,而且在时间上是互相嵌套的。A. Rougeul 等在猫的顶叶和额叶新大脑皮层上鉴定了 40～50 Hz 的振荡,当时猫似乎处在一种"注意"行为状态("attentive" behavioural state),例如当它看着一只老鼠,而这只老鼠刚刚进入室内时。作者们把这种快速振荡称为"高警觉度节律"。这些观察与今天的看法一致。今天的看法认为,增强的 γ 节律是注意的一个生理学指标。另一个重大进展是,观察到了初级视觉皮层的 γ 节律与神经元放电活动的关系,先是用麻醉动物,以后用清醒动物。在神经元群体间的 γ 频率同步化,被认为导致了感觉信息的整合。这个假说已经引起了一大批雪崩样的实验性和理论性的研究,希望能用来探讨皮层的节律及其可能的功能[4]。

### 7.7.11 脑同步化异常及神智疾病

前面所介绍的种种材料展示了在脑的加工整合中以及在运动调控中皮层振荡的特异作用。为了说明这些贡献是关键性的,有一个方面就是阻断这个振荡,例如通过光遗传学方法,同时解释对行为认知的后果。另一方面,要收集脑受损伤病人的材料,考察他们的神经元同步化受到了什么样的影响。已知这些病人是显露信息整合缺损的,如工作记忆、选择性记忆。由这个方向所收集到的材料,不仅可以澄清是否有或者有什么样特定型式的皮层振荡,其对于认知是真正重要的,而且也可以帮助我们理解常见脑疾病中认知损害的神经元回路基础。下面介绍这方面比较新的研究,它们对于精神病和神经病而言具有潜在的重要性。主要讲两种疾病[4]。

**1. 精神分裂症**

认知缺损是精神分裂症神智病理学的中心问题。有作者争辩说,精神分裂症病人受

---

* β 功率即 β 节律在功率谱中所占的份额。

损伤的关键性认知功能是注意力的分散以及思维关联的松散，这可能是由于脑内产生了异常的功能性连接。

总的说来，现存的经验性证据倾向于两个备选的解释方案。① β、γ 波段同步化的减少与精神分裂症有关联。对此有多方面的证据，前额叶-顶叶回路的功能操控对于工作记忆以及注意作业中的抉择判断具有关键性的重要意义。② 脑内网络的长距离连接出现缺损。这两点显然不是互相排斥的，两者都可以受疾病的影响。进一步设计实验来区分和澄清这两种情景，会对阐明精神分裂症神经回路的机制有重要启示[4]。

2. 自闭症谱系障碍

自闭症谱系障碍(disorders in the autism spectrum，ASD)有社会交往的缺损以及不寻常的、受限制的活动。ASD 个体通常显示“对于对象的部分持久入神”(persistent preoccupation with parts of objects)。病人有可能较好地完成需要集中注意局部细节的作业，但在完成一个需要注意大体意义的作业上则很差。ASD 的特征似乎是，相对地不能整合片段信息到相关的整体[4]。

脑的失功能性连接已经引起了许多注意，不仅在精神分裂症和 ASD 的研究中，也在神经变性疾病以及其他神经病方面的研究中。这部分地是由于我们越来越多地感悟和认识到，至少认知功能是通过联合多数相互作用的脑结构而产生的。对于跟疾病相关联的认知缺损，不能仅仅局限于了解某一脑区的异常[4]。

### 7.7.12　对于脑内部状态的进一步研究

由上文可以知道，脑的状态变化动态而且深刻地调节着在行为过程中动物皮层细胞的膜电位同步化。脑的状态变化是由内部产生的信号所调节的，因为这个状态变化在切除感觉神经之后依然存在。今后的研究将有很大的兴趣让我们来确定一下，在躯体感觉皮层中拂扫时所产生的脑状态变化，以及实施这种变化的中枢机制，也可以确定它们是否直接关系到大脑新皮层的神经调制，那或者是皮层的变化，或者是丘脑-皮层输入的变化[18]。

已有资料显示，当处在活性状态的时候，在小鼠桶状皮层内相互邻近的Ⅱ/Ⅲ层神经元变得更加独立，因此活动脑皮层状态的作用就是加强总的皮层信息加工能力，通过去掉膜电位的同步化相关，而又增加为发动动作电位所需的信噪比[18]。

## 名 词 解 释[14]

皮层状态研究碰到了令人困惑的命名学问题。对某些名词，不同的作者赋予了不同的含义；而且在某些情况下，多个名词被用来描述同一个现象。这里提供了一些名词的定义，是按照在本书里面如何使用它们的。

**皮层状态(cortical state)**：按照以秒为时程的神经网络活动动力学，就一般的目的来看,皮层状态的规定性特征是指一套局部神经元慢波动累加活性的数量。皮层状态不是双峰(bimodal)分布的,但为了语言学的方便起见,我们用“同步化”和“去同步化”状态来描写它们在连续体中的相对位置。

**去同步化状态**:在此情况下,一个皮层柱中神经元群体的放电频率波动很弱,低频 LFP 的功率也相对较小。然而在去同步化状态时,$\gamma$ 频率的神经元相关性却经常是增加的,这导致某些作者怀疑使用此名词是否恰当。异步化状态、激活状态、去同步化状态,这三者大体上是同义语。但是应该记住,“激活”并不反映放电速率的增加,因为在去同步化状态时,某些神经元的放电频率可以降低。

**同步化状态**:这种情况表示皮层柱内神经元群体的平均放电频率波动很大,在大约 100 ms 或更慢一些的时间范围。在这种状态下,低频 LFP 的功率是高的,而 $\gamma$ 频率的功率可能降低。用来描写这个状态的其他科学名词还有:失活、不活动状态。同样,这并不意味着低放电频率或离子通道的失活。

**“上相”和“下相”**:原来,“上相”和“下相”分别被称为“上状态”和“下状态”,详见正文 222—223 页。

**局部场电位(LFP)**:在细胞外间隙测量到的电位。LFP 主要反映突触活性,而不是动作电位的波形。

**群体放电率**:一个群体中所有神经元放电速率的均值。群体放电率并不代表多次给予刺激的平均值,而是表示在同一时间内多个神经元的平均活性。

**深层负波**:在下颗粒层记录到的局部场电位(LFP)负波(或者,深层正波)。LFP 的这种层次性特异化是必要的,因为皮层 LFP 典型地显示,在中间层次会出现逆转。

## 参考文献


[1] 陈宜张.神经科学的历史发展和思考.上海:上海科学技术出版社,2008.

[2] 陈宜张.脑研究现状与展望\\中国医学院士文库:陈宜张院士集.北京:人民军医出版社,2014:449-459.

[3] Jones S R. When brain rhythms aren't ‘rhythmic’: implication for their mechanisms and meaning. Current Opinion in Neurobiology, 2016, 40: 72-80.

[4] Wang X-J. Neurophysiological and computational principles of cortical rhythms in cognition. Physiol Rev, 2010, 90: 1195.

[5] Lachaux J-P, Axmacher N, Mormann F, et al. High-frequency neural activity and human cognition: past, present and possible future of intracranial EEG research. Prog Neurobiol, 2012, 98: 279-301.

[6] Yarom Y, Hounsgaard J. Voltage fluctuations in neurons: signal or noise? Physiol Rev, 2011, 91: 917.

[7] Theodosis D T, Montagnese C, Rodriguez F, et al. Oxytocin induces morphological plasticity in

the adult hypothalamo-neurohypophysial system. Nature, 1986, 322: 738.

[8] Einevoll G T, Kayser C, Logothetis N K, et al. Modelling and analysis of local field potentials for studying the function of cortical circuits. NR Neurosci, 2013,14: 770.

[9] Friston K J, Bastos A M, Pinotsis D, et al. LFP and oscillations—what do they tell us? Current Opinion in Neurobiology, 2015, 31: 1 - 6.

[10] Bullock T H. Perspective: signals and signs in the nervous system: the dynamic anatomy of electrical activity is probably information-rich. PNAS, 1997, 94: 1.

[11] Steriade M, Nuiiez A, Amzica F. A novel slow (<1 Hz) oscillation of neocortical neurons in vivo: depolarizing and hyperpolarizing components. J Neurosci, 1993, 13: 3252 - 3285.

[12] McCormick D A, McGinley M J, Salkoff D B. Brain state dependent activity in the cortex and thalamus. Current Opinion in Neurobiology, 2015, 31: 133 - 140.

[13] Steriade M, Dossi F C, Nuiiez A. Network modulation of a slow intrinsic oscillation of cat thalamocortical neurons implicated in sleep delta waves: cortically induced synchronization and brainstem cholinergic suppression. J Neurosci, 1991, 11: 3200 - 3217.

[14] Harris K D, Thiele A. Cortical state and attention. NR Neurosci, 2011, 12: 509 - 523.

[15] Gerkin R C, Clem R L, Shruti S, et al. Cortical up state activity is enhanced after seizures: a quantitative analysis. J Clin Neurophysiol, 2010, 27: 425 - 432.

[16] Buzsáki G, WangX-J. Mechanisms of gamma oscillations. Annu Rev Neurosci, 2012, 35: 203 - 225.

[17] Sridharan D, Knudsen E I. Gamma oscillations in the midbrain spatial attention network: linking circuits to function. Current Opinion in Neurobiology, 2015, 31: 189 - 198.

[18] Poulet J F A, Petersen C C H. Internal brain state regulates membrane potential synchrony in barrel cortex of behaving mice. Nature, 2008, 454: 881.

[19] Lasztóczi B, Klausberger T. Hippocampal place cells couple to three different gamma oscillations during place field traversal. Neuron, 2016, 91: 34 - 40.

[20] Vass L K, Copara M S, Seyal M, et al. Oscillations go the distance: low-frequency human hippocampal oscillations code spatial distance in the absence of sensory cues during teleportation. Neuron, 2016, 89: 1180 - 1186.

[21] Lundqvist M, Rose J, Herman P, et al. Gamma and beta bursts underlie working memory. Neuron, 2016, 90: 152 - 164.

[22] ColginL L. Theta-gamma coupling in the entorhinal-hippocampal system. Current Opinion in Neurobiology, 2015, 31: 45 - 50.

[23] Fries P. Rhythms for cognition: communication through coherence. Neuron, 2015, 88: 220.

[24] Butler J L, Paulsen O. Hippocampal network oscillations — recent insights from in vitro experiments. Current Opinion in Neurobiology, 2015, 31: 40 - 44.

[25] Fuhrmann F, Justus D, Sosulina L, et al. Locomotion, theta oscillations, and the speed-correlated firing of hippocampal neurons are controlled by a medial septal glutamatergic circuit. Neuron, 2015, 86: 1253 - 1264.

[26] Colgin L L. Mechanisms and functions of theta rhythms. Annu Rev Neurosci, 2013, 36:

295 - 312.

[27] Bressler S L, Richter C G. Interareal oscillatory synchronization in top-down neocortical processing. Current Opinion in Neurobiology, 2015, 31: 62 - 66.

[28] Michalareas G, Vezoli J, van Pelt S, et al. Alpha-beta and gamma rhythms subserve feedback and feedforward influences among human visual cortical areas. Neuron, 2016, 89: 384 - 397.

# 第 8 章　神经系统的噪声与状态

## 8.1　噪声与状态

“噪声”的词根源自拉丁文“恶心”(nausea)，这直率地表达了我们有时候对噪声的那种情绪反应。它是令人烦恼的、不可预料的事件，干扰了事物的自然状态，驱使我们离开和谐，也的确引起我们恶心的内态感。生物本身的细胞和分子组成就是噪声性质的，正因为此，生物机体是一种不完美的机器就不足为奇了。但是我们的生活能够没有噪声吗？噪声是不是一种反常的基本特征，使得我们在朝向完美的过程中失去常规，但同时也使我们有别于无生命的机器？当我们的探讨对象是活生生的脑时，这个基本的问题就很值得讨论了[1]。

“状态”一词具有广泛的含义。神经元的上状态和下状态是作为慢于 1 Hz 慢振荡的伴随而被发现的，对慢振荡的研究其实起源于对觉醒-睡眠周期的探索。与上状态相关联的有神经元“高电导状态”，即皮层神经元接受强烈突触冲击，处于更加去极化的高电导状态。在整体水平则有脑功能的“激活”状态。甚至把麻醉剂作用下所产生的活跃及静止时期的交替，称为“上状态”和“下状态”。所以，我们看到了从神经系统噪声直到脑功能状态之间的连续体(continum)，它们之间可能存在着某种基本性质上的相通之处，这是非常值得介绍和研究的。

### 8.1.1　噪声和可变性

离子通道和突触的活动一定伴随有噪声和可变性，因而是脑功能无法逃避的元素[1]。这里有两个未获解决的最主要问题：① 在何等程度上，噪声扭曲和限制了信号的传输？② 在一个不可预测的世界里，噪声和可变性如何提供了关键而基本的丰富信息，使得易化及应付复杂的适应性行为成为可能？本章拟介绍近来的实验证据，说明功能性神经网络的活动如何伴随着膜电位及锋电位的时机而强烈波动，追踪噪声和可变性的来源及其后果，讨论无噪声的神经元信号通信，以及在大规模功能性神经网络中噪声的有害及有利方面。在某些情况下，噪声的可变性与行为可变性是并肩而来的，并且由此增加了行为的丰富多彩及可适应性。相关证据将可能开启今后研究之新途径[1]。

### 8.1.2 神经系统中的噪声

噪声是一种随机的信号扰乱，它造成信息加工的基本问题，影响神经系统功能的所有方面。然而神经系统内噪声的性质、数量和影响，最近才以定量的方式被提了出来。实验和计算机方法显示，多噪声来源促使细胞和行为测试的逐次(trial-to-trial)变异。本章从分子到行为水平回顾神经系统里面噪声的来源，并显示噪声如何导致逐次变异，强调噪声如何影响神经元网络，以及神经系统如何对抗噪声有害效应的原理，并简要讨论噪声的潜在好处[2]。

虽然以往的评论都聚焦于一般的神经元易变性，但我们这里聚焦于直接联系到噪声的一些话题。噪声渗透到神经系统的各个水平，从感觉信号的知觉开始，直到产生运动反应，而且对信息加工提出了基本问题。近年来一些问题得到了研究，如噪声在多大程度上存在，以及噪声如何形成神经系统的结构与功能。在本章中，我们首先考虑中枢神经系统噪声的性质、数量及其对中枢神经系统的效应。因为脑的目的是接受和加工信息，同时发出动作以应答信息(图 8－1)，所以我们考虑噪声对行为回路各个水平可变性的贡献，考察噪声如何影响运动行为。最后，我们讨论神经系统在知觉、抉择及运动行为当中运用什么样的策略来对抗、补偿或引起噪声。由于所涉及的系统及水平很多，我们不能够提供非常完整的评述。相反，我们要挑出一些反映更普遍情况的特例，说明噪声

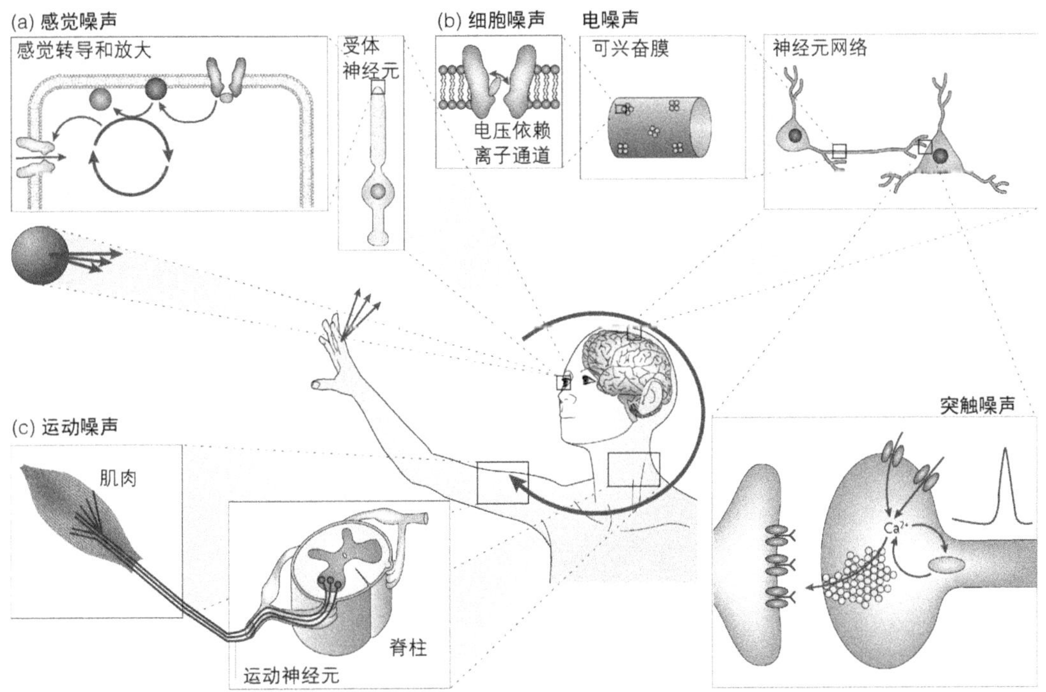


**图 8－1** 神经系统的行为回路和各阶段所存在噪声的总结(彩图见图版第 23 页)

(a) 感觉噪声的来源包括信号转导，这里由光感受器及其信号放大级联来代表。(b) 细胞噪声的来源包括兴奋性膜、突触传递和网络相互作用中的离子通道。(c) 运动噪声的来源包括运动神经元和肌肉。在所显示的行为作业(抓一个皮球)中，神经系统必须在有感受、信息加工和运动的噪声存在情况下动作。(图引自[2])

给中枢神经系统带来的约束及局限性，也讨论噪声的好处[2]。

### 8.1.3　感觉噪声

外部感觉刺激本身具有内源性噪声的性质，它们可能是热力学或量子力学性质的。例如，所有形式的化学感受(包括嗅觉和味觉)都受热力学噪声的影响，因为分子通过弥散过程以随机速率来到受体，而受体蛋白质准确计数信号分子的能力是有限的。类似于此，在视觉方面，光子被光感受器所吸收，其速率是由泊松过程决定的。这使得视觉的对比敏感度有其物理上的极限，当光线弱的时候这个极限减小，因为在光照明程度低的时候，仅有少数光子抵达光感受器[2]。

在知觉的第一站(图8－1a)，感觉刺激中所含的能量(通过光的吸收或气味物质与配基的结合)或者机械信号(例如听觉当中毛细胞的运动)转化为化学信号。往后的转导过程把感觉信号放大，直接或间接地通过第二信使级联反应，把感觉信号转变成为电信号。任何感觉噪声不论是已经存在着的，还是在放大过程中产生的(转导噪声)，都可以逐次增加可变性。因此，噪声水平为后续的信息加工规定了知觉阈值，因为经过放大之后，比噪声弱的信息不再能与噪声相分辨。这一点受到数据处理不等同性(data-processing inequality)理论的强有力支撑，此理论认为，对往后阶段的加工(即使它们是无噪声的)比之前阶段所提供的，不能够提取更多的信息。因此为了减少噪声，机体经常要在加工的第一阶段即感觉阶段付出很大的代谢与结构代价。例如，苍蝇的光感受器需要消耗10%的静息代谢，而它用在眼视觉的消耗占飞行负荷的20%[2]。

### 8.1.4　神经元噪声

由于加工信息的细胞机器之随机过程，每个神经元的噪声会累积起来。噪声还可由于非线性计算及神经网络相互作用的结果而进一步增加。在神经元中，从生物化学和生物物理学水平来看，有许多随机过程在那里起作用，包括蛋白质的产生和降解、离子通道的开放和关闭、突触小泡的融合，以及信号分子弥散而与受体结合。通常人们无保留地假定，这种大量随机元素的平均可以有效地去除随机性。然而，这个假定需要重新评估。神经元实现包括高增益放大及正反馈的高度非线性操控，因此小的生物化学和电化学波动(当在分子水平上考虑系统的时候，我们应用“波动”这个词，其意义与噪声是可以互换的)能够明显改变整个细胞的反应。例如，当膜电位接近放电阈值的时候，动作电位的产生变得对噪声高度敏感。粗大的神经元结构例如乌贼巨轴突(其直径可粗达1 mm)，被广泛地用来研究神经机制。这些结构的这种尺度似乎在功能上具有决定性意义，由于大量信号分子的参与，随机波动的确就被平均掉了。然而许多神经元是纤小的，小脑平行纤维的平均直径仅0.2 μm，参与疼痛感觉传递的C纤维直径在0.1～0.2 μm之间；锥体细胞轴突的无髓鞘侧枝在局部皮层形成大量连接，其平均直径也仅0.3 μm。类似地，多数(棘或终扣型)中枢神经系统突触仅具有亚微米尺度。在这样小的长度尺度上，参与的分子数目也很少，因此噪声的影响就戏剧性地增加。我们这里所讨论的细胞水平噪声，主要是来源于神经系统的。我们讨论其神经元功能后果[2]。

### 8.1.5 神经网络中的噪声

在有噪声的条件下，神经网络如何维持其稳定活性？神经网络可以通过几个途径来影响总体噪声的水平(图 8-2)[2]。

各个神经元的其他计算操作可以改变网络噪声的积累。放大的线性操控使得信噪比不发生改变。非线性的操控如阈值的倍增，可以对噪声产生不同程度的影响。一般来说，倍增操控会增加输出的变异系数(CV)，而阈值化则降低CV。有几个研究考察了噪声如何在神经元样的非线性系统里起作用。中枢神经系统高度平行、分布但又是致密的结构，可能帮助减少积累起来的噪声数量[2]。

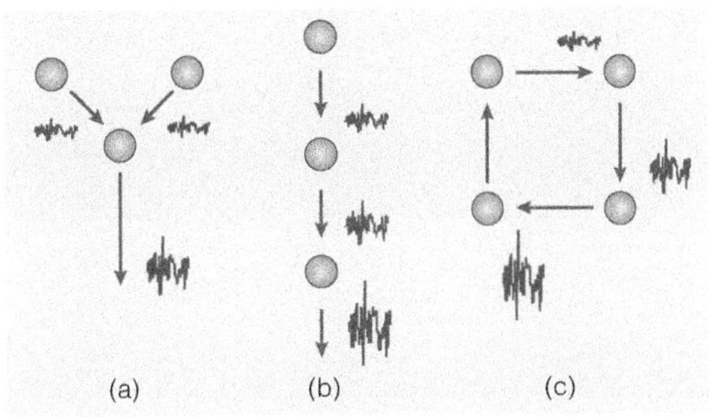


**图 8-2** 网络中噪声的积累

此图显示了 3 个简单的例子。在这些例子中，具有等级性电位的神经元线性地总和了输入。(a) 显示信号汇聚到单个神经元。如果进来的信号含有独立噪声，那么突触后神经元的噪声水平将按比例地取决于信号数目 $N$ 的平方根($\sqrt{N}$)，而测得的信号量与 $N$ 成比例。如果信号中的噪声是完全相关的，那么神经元里的噪声也与 $N$ 成比例。(b) 显示信号经过一系列的神经元。在此情况下，噪声水平按相继的神经元数目之平方根的比例增加。与此相对比，通过神经网络的相互作用，平行连接(未显示在图上)并不增加噪声。(c) 显示神经网络中的返回导致了相关联噪声的增加。(图引自[2])

实验性的证据提示，神经元活性的平均水平是由内稳态性可塑性机制维持的，这个机制动态地决定了突触强度、离子通道的表达或者神经递质的释放。这又转过来提示，神经元网络可以进行动态调节以削弱噪声的效应。此外，这些网络可能以某种方式连接，使个别神经元在反应特点方面大的变异，对网络行为仅有很小的效应[2]。

此外，在许多放电神经元中，增加一倍的输入导致少于两倍的输出。这提示，当信号通过神经元时，突触前噪声和细胞内噪声减弱。噪声维持得如此之小，这一事实提示，神经元网络的组构方式使得信号通过它们传播的时候，局部噪声的累积得以防止。这样，(以膜电位为基础)模拟性质的局部神经计算(神经元内的计算)以及(以动作电位为基础)更加数字化性质的总体宏观信息传输，可能是为建构具有噪声鲁棒性(noise-robust)的计算回路所需的基本要素[2]。

## 8.2 神经元的电压波动

围绕着个体生存的目的，脑的结构复杂到了惊人的程度。它需要准确性，自身却由含许多噪声特性的元素组成。从事实就可以看出，动作电位是神经细胞信息传送的基本要件，但动作电位有阈值现象，这就突出了基本脑功能的概率特性，因为所谓阈值的特点是由离子通道活动的形式造成的。但这又仅是噪声来源的冰山一角。其次，突触传递是神经元相互作用的模式，是量子性质的，这种情况又直接承认了突触传递在强度和时间方面必然的不准确性。虽然有这样高度含糊不清的情况，但奇怪的是，我们却有完善的人体活动，并且是可以重复实现的行为程序，而其基础则是实现行为的神经元活动的不一致性，神经元活动的可变性程度高于行为本身的可变性。看来存在两种可能性：一是神经元的活动并不是完全调节行为的，但这似乎不大可能；二是神经元活动的可变性不是随机的，而是一种无法避免的噪声，它是完整脑功能的要素。对于每个问题，脑可以用不同的方式去解决。解决问题的一个特定方式是在噪声和随机过程中进行回忆，以此来处理特定的问题。我们在此要考察这种可能性，即由带有噪声的分子和细胞的信息传送元素所造成的不确定性以及解决问题的多种方式，这是脑功能的基本需要，而且也是为了能够找到解决问题的好方法所必需的[1]。

### 8.2.1　细胞电噪声的来源

噪声对于基本过程是固有的，它是脑功能的基础：离子通道实现沿着神经纤维传送信息的动作电位，突触传递使神经细胞之间得以交往。近来的一些综述对于由此而产生的噪声以及噪声在系统中所起的作用做了很好的介绍。为了说明噪声对于脑功能是必需的，下面简单回顾噪声的基本特点。对神经元网络在图 8－3 中做了图解式的描述。噪

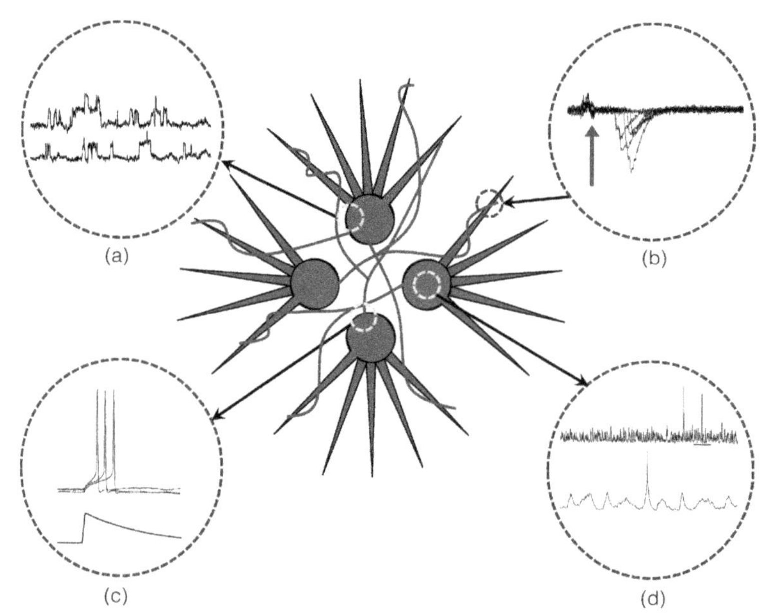


**图 8－3**　神经元电压噪声的来源(彩图见图版第 23 页)

图解式地表示 4 个神经元通过交互突触进行交互连接(轴突：红色；树突：蓝色)。(a) 离子通道噪声，在 －20 mV时记录的小脑浦肯野细胞的膜片钳记录。离子通道活动的噪声性质表现为随机的步进样电流变化。(b) 由刺激运动神经元引起的，蛙神经-肌肉接头宽松膜片钳记录下突触电流的突触噪声。箭头表示动作电位来到突触部位，注意突触反应幅度大小的变异以及它开始出现时间的变异。(c) 锋电位时间的不确定性：锋电位的发生带有跳动性质，3 个重叠描计显示注射入小脑皮层中间神经元细胞体的人工模拟突触电流。(d) 由麻醉大鼠大脑皮层神经元记录下来的背景突触活性。底下曲线是上面曲线标记部分的放大。(图引自[1])

声发生的3个主要位点在图中被指出来，噪声的时间和波谱特征在小插图里面加以说明[1]。

离子通道运转所产生的噪声，来源于离子通道门控机制的随机性，及其开放状态时程的不同（图8-3a）。奇怪的是在多数情况下，单个离子通道的电导是比较恒定的。由于离子通道具有高密度，处于开放状态时它有相当高的电导，而某些通道则有相当大的驱动力量让离子流过。人们预期，将会有大量、连续的膜电位波动。幸运的是，多数预期的电压变化被膜电容过滤掉了。膜电容的作用是构成一种缓冲机制，防止膜电位的快速变化。在新皮层锥体细胞上，当膜去极化时，一个非线性的电压波动增加就出现了。由于离子通道的电压依赖性，这种波动的增加是合乎预期的。非线性特征则被认为是由于激活了持续的钠电流，它本身就是一个“噪声放大器”。所以，有相当程度的电压变化可以发生，当一群通道有机会同时被激活，而所产生的电压变化被电压门控的正反馈所放大时[1]。

神经冲动由电压门控离子通道以爆炸性的机制产生。此机制利用正反馈回路，当达到阈值时产生“全或无”反应。虽然神经冲动的“全或无”性质暗示了它是一个无噪声的、不可改变的实体，但冲动产生的阈值特征带来了基本的概率性质。事实上，刚刚超过阈值的一个短暂去极化，就可以增加锋电位发生的可能性，这样每次都会引起锋电位的产生，但锋电位产生的潜伏期会是变化（跳动）的，变动的范围可以大到毫秒级水平。从图8-3c可以看出这样一个例子。当一个模拟突触电流注射入神经元以后，引起的是3个重叠反应。结果明确地显示，其潜伏期的跳动范围可达20 ms。无须多讲，在神经元网络中具有一定量级的时间变异的跳动性反应，将会产生相当程度的噪声[1]。

我们把具有这两种表现的噪声归类于内源性噪声。也就是说，这种噪声产生于神经元本身，其表现为膜电位的随机变化，即电压噪声；或者是锋电位产生时间的跳动，即时间噪声。这两种噪声同样可以存在于被称为外源性噪声的噪声源[1]。

### 8.2.2 细胞电噪声和动作电位

虽然神经元在重复试验中被同样的时间变化刺激所驱动，但产生动作电位的时机（timing）会逐次不同。这种情况下的可变性在毫秒级或更低一级的时程，但是由于皮层神经元可以在毫秒级时程检测同时到达的动作电位，所以这个时间准确性维度可能完全是有生理学意义的。的确，毫秒和亚毫秒时间维度的单个神经元动作电位的时间准确性，被显示与知觉和运动等行为相关。与毫无意义的噪声相比，神经元可变性在多大程度上导致有意义的加工过程，这是神经编码的基本问题。一个关键性的问题是，神经元活性看起来可以是随机的，而事实上却不是随机的[2]。

神经元可变性（不论在一次测试或是多次测试之间）可以显示配合随机过程的统计学特点（例如平均数、方差）。然而，即使当神经元放电匹配于统计学随机过程，也不一定就意味着放电是由随机过程所产生的。事实上根据香农（C.E. Shannon，1916-2001）的信息理论，我们知道，当用最适编码来最大化信息传输的时候，神经信号看起来将似乎是随机的。此外，神经元的可变性并不都是相等的。法诺(G.Fano)因子是测定可变性的一个简单指标，它忽略了时间结构及高阶统计学。没有可变性的神经反应，其法诺因子为零，而泊松过程(也就是高度可变异)的法诺因子为1。某些皮层神经元是高度可变的，所以它们的法诺因子是1或更大些，而另一些神经元的法诺因子接近于零。类似地，在哺乳动物及脊椎动物视觉传导通路上的神经元，具有不同的可变性。此外，常常可以在同一脑区看到高可变性和低可变性的两种神经元，而单个神经元又可以因刺激条件的不同而作出不同量的可变性反应[2]。

有多个因子贡献给神经元的逐次可变性，这些因子包括神经元和网络内部状态的变化、神经元和神经元网络随机过程的变化。各因子在多大程度上贡献给总的、观察到的逐次可变性还不清楚。特别是，虽然存在着噪声，但神经网络和其他效应可能减少可变性。一般说来，噪声对细胞功能的影响不可避免地增加了神经元的可变性[2]。

试比较一下由噪声产生的、观察到的总可变性的量，就可以对噪声与逐次可变性相比，其各自的相对贡献，得到一个看法。膜电位既用于做局部计算，也用于动作电位的运送。虽然对静息膜电位的可变性(膜电位的波动)以及动作电位的阈值已经研究了很长的时间，但实现此波动的机制仅在最近才受到注意。神经元的电噪声引起膜电位波动，即使在没有突触输入的情况下依然存在。电噪声最占优势的来源是通道噪声，由于电压或配基门控离子通道随机的开放或关闭，电流就产生了。随机模型显示，通道噪声可以解释郎飞结动作电位的阈值变化，以及神经元膜上动作电位发动的可靠性。此外，离体膜片钳实验显示，树突及胞体的通道噪声引起膜电位波动，波动大到足以影响动作电位的时机。动作电位的发动和传播都可以受通道噪声的影响[2]。

在动作电位的发动位点——胞体或轴丘，通道噪声可以影响动作电位的时机(虽然在这里有相对大量的离子通道)。随机模拟显示，并非在达到动作电位峰值时开放的离子通道数目，而是在达到动作电位阈值时开放的较少数目的离子通道，它们决定了时机的准确性。在发生弱驱动信号的时候，所引起的锋电位时机的可变性是大的。在这种条件下，膜电位达到动作电位阈值的可能性更多地受通道噪声的影响。如果是小的神经元，通道噪声的效应会戏剧性地增加，因为离子通道开放对膜电位的影响，是与膜输入阻抗成比例的，而当细胞直径小的时候，输入阻抗会快速增加。在直径小于0.3 μm的轴突上，阻抗足够大，自发性单个钠通道的开放可以在静息电位下产生“钠闪光”(natrium spark)，在没有其他输入的情况下，钠闪光可以触发动作电位。当轴突直径小的时候，这种“凶猛的”动作电位变成按指数地更为常见。这就使得直径小于0.08～0.10 μm的轴突对于通信没有用处。这个下限与各种动物最小直径的轴突相匹配。近似地看，噪声为兴奋细胞的直径所设置的下限约为3 μm。这样，个别离子通道蛋白质的热力学噪声，就为整个脑设定了布线密度的上限[2]。

通道噪声也影响了动作电位在轴突上的传导，使得动作电位的时机具有逐次可变性。当轴突的输入阻抗足够大时，少数几个离子通道就可以支持动作电位传导，可变性就产生了。应用生物物理学理论及随机模拟方法曾经显示，在直径为0.1～0.5 μm的中枢神经系统轴突上，通道噪声将引起动作电位传播相当明显的抖动(图 8－4a)。因此，如果突触前轴突更细、更长，则由轴突通道噪声所致的突触后反应的可变性将会增加。此外，群体离子通道可以保持轴突活性的记忆达到几百毫秒，这是因为离子通道群体的内部状态和膜电位之间的复杂相互作用。这种历史依赖性导致某些型式的放电(例如爆发波)；比之其他活动，这些型式的放电较少受噪声的影响。这种“信息依赖”的噪声，曾经在哺乳动物的神经元里观察到，然而这个效应在模型中丢失了，当模型是应用随机逼近法时(例如用 Langevin 或 Fokker-Planck 逼近法)，或者当忽略了空间的作用时。虽然已有证据表明，动作电位传播的可变性在逐次可变性中具有重要性，但是在许多实验研究中，这一点倾向于被忽视(除了动作电位传导失败的例子)，而把突触后可变性主要归于突触[2]。

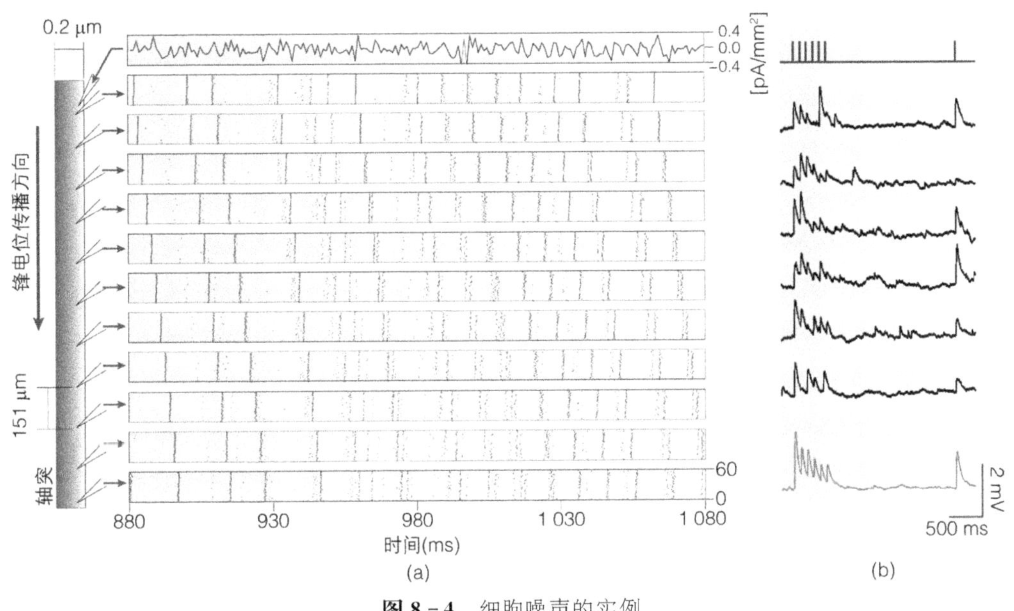


**图 8－4** 细胞噪声的实例

(a) 通道噪声作为动作电位(AP)传播逐次可变性的来源，0.2 μm 直径的中枢神经系统轴突反应的随机性模拟(相当于小脑平行纤维)。对重复且同等电流刺激的反应，初始条件显示在图上。变异的唯一来源是几百万个别模拟离子通道的随机开放和关闭。锋电位串被时间改变的电流刺激所触发(上面的图)。显示在图上的是锋电位的点光栅作图。显示了每次测定的锋电位点光栅作图，第二行图为来自胞体锋电位的，最底下图为最远侧部轴突锋电位的。在每个光栅作图上，准确的锋电位时机用点标记。在每次重复试验中，这些点堆积在一起(共有 60 次试验)。总体锋电位型式沿着各行的转变，反映了动作电位传播的平均速度。神经元胞体测量的光栅作图反映了从动作电位始发以后锋电位的可变性。由于通道噪声的存在，当动作电位传播到远处时，锋电位时间的可变性快速增加，最后可达到毫秒级水平。(b) 离体大鼠躯体感觉皮层脑片通过配对膜片钳记录而得到的突触传递的逐次可变性。对于相同的突触前刺激型式(上图)6 次连续的突触后反应(黑色曲线)，同时还有 50 次试验的集群平均反应(灰色曲线)。(图引自[2])

为什么与以前的想法相反，动作电位传播对噪声那么敏感呢？细致的随机模型显示，动作电位的前沿传播是由较细的轴突内流动的离子电流(因此是噪声性的)所驱动的。这引起了动作电位传播速度的抖动，从而导致动作电位时机的可变性。相比之下，伴随前沿的电流是大的，因此由通道噪声导致传导失败的可能性不大，即使在非常细的

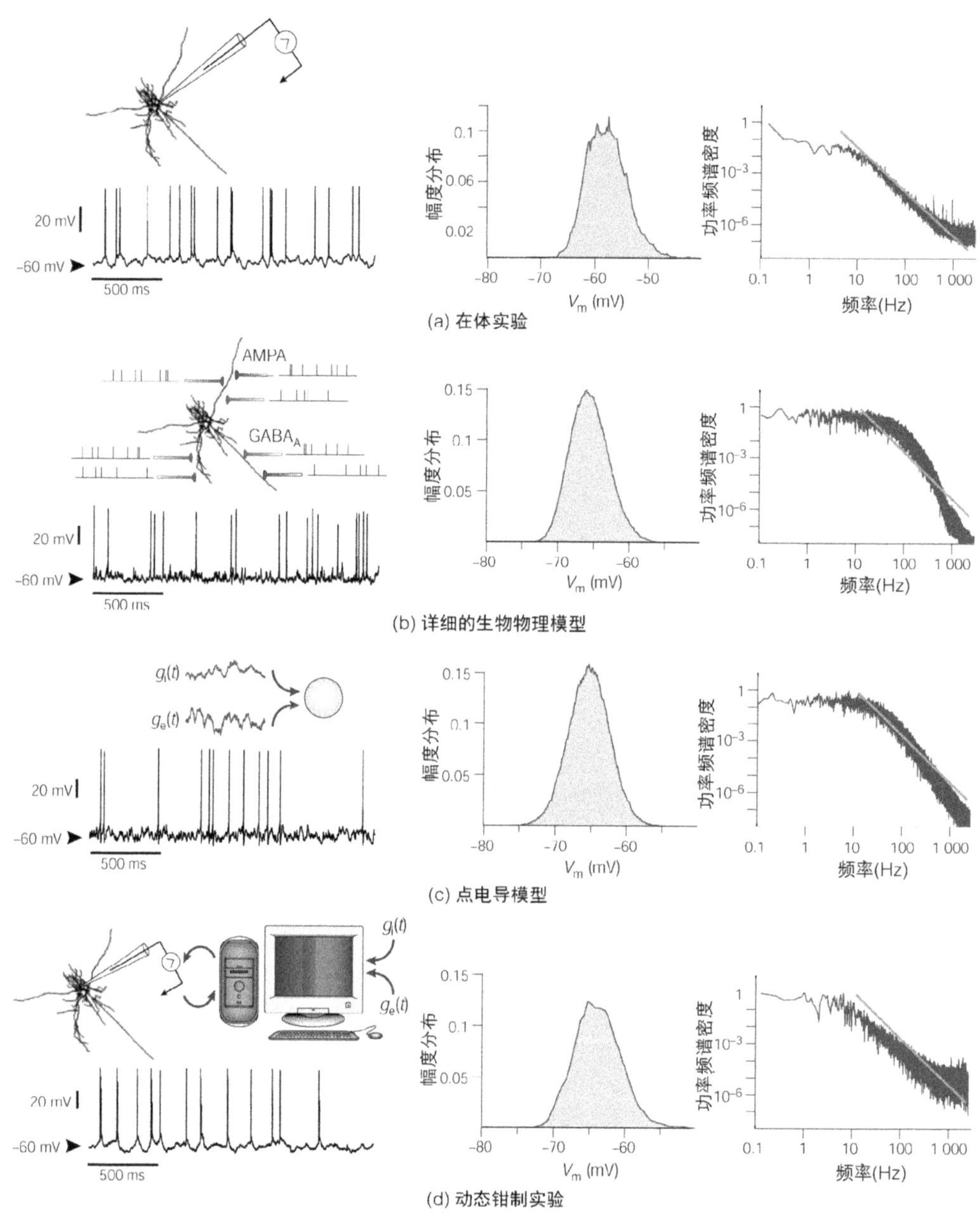


**图 8-5**　突触噪声(彩图见图版第 24 页)

(a) 活体新皮层神经元的突触噪声，当处于激活时期呈现去同步化 EEG。(b) 重组第 VI 层锥体神经元突触噪声的详细生物物理学模型，此神经元的树突和胞体上有钠、钾通道。模型中有随机释放的兴奋性($n \approx$ 16 000)和抑制性($n \approx 4\ 000$)突触，应用了 AMPA 受体和 GABA 受体的动力学。它们在胞体及树突上的分布根据超微结构的测定结果。(c) 突触噪声的“点电导”模型。它把神经元看成为单一区隔，具有两个大体的兴奋性($g_e$)和抑制性($g_i$)突触电导，模型是根据过程制作的。(d) 离体新大脑皮层神经元的动态钳制诱导突触噪声的结果。在每种情况下都显示膜电位时程的一个例子(左)、它的幅度分布(中)以及它的功率谱密度(右，对数尺度)。功率谱密度在不存在锋电位的情况下(超极化，或用被动模型)由计算得来。在所有这些例子中，分布大致是对称的，功率谱密度是宽带的，在高频时其行为像是一个负的频率功率($1/fk$，$k \approx 2.6$；绿色线)，如同低通滤波噪声所预计的那样。分析的数据由不同作者提供。(图引自[3])

轴突上(在那里,所有<3%的动作电位是失败的)。这样看来,轴突的通道噪声并不能够解释失败率,曾经在中枢神经系统更粗的轴突上也有过报告(在那里,5%~80%的动作电位失败);而在神经系统里面曾经观察到的传导失败,更可能是由于计算机制,此机制允许编辑锋电位的串,比之编辑噪声[2]。

其他电噪声的来源包括由于中枢神经系统神经元膜电阻而产生的约翰逊(J.B. Johnson)噪声和发射(shot)噪声,其数量比通道噪声小3个数量级。此外,在空间有限的中枢神经系统部位,邻近神经元活性的变异也可能产生"干扰(cross-talk)噪声"。这种干扰可以通过假突触耦合而产生,电信号传送后细胞外离子浓度有大的改变,并且在不相关的突触之间有神经递质溢出[2]。

### 8.2.3 突触噪声

突触噪声这个名词通常用来描写活体神经元不规则阈下膜电位的动力学,它是由大量突触前神经元的放电活性所引起的(图8-5)。尽管它也携带神经元信息,这个活性似乎接近于随机,导致具有统计学特征的随机膜电位动力学,具有宽带功率谱,类似于所谓"有色噪声"(coloured noise)[3]。

已经公认了突触传递的量子性质及递质释放的概率性质。虽然有证据提示,单个量子的大小是比较恒定的,但是量子释放具有极度概率的性质。因此在低释放概率时,突触传递是一个"全或无"的过程;而在高释放概率时,突触后的反应幅度是按照随机形式变动的,与释放量子的数目相适应。总之,突触传递的概率特性导致了突触后电压的噪声。更进一步,突触释放概率还有一个时间因素,它随着时间而变动(图8-3a)。的确,从动作电位抵达突触前神经末梢的时间,到神经末梢释放的时间(图8-3b箭头),在1 ms内释放概率达到极大值,然后逐渐下降到低的静息概率。因此,关于释放的准确时间有相当程度的不确定性。这是当释放概率比较低的时候,时间噪声的一个相当重要的来源[1]。

简言之,我们区分两类噪声,一类是电压成分的,另一类是时间成分的。虽然这多少有点人为,因为电压噪声也有一个时间成分,但是电压幅度的变化基本上可与时间不确定性区分开来。两类噪声可能产生于离子通道的内源性噪声,或是外源性的,由于递质释放的噪声性质[1]。

## 8.3 神经元网络中的突触噪声

### 8.3.1 基础突触活性

基础的突触活性是在看起来"静息"的膜电位状态下,突触相互连接的神经网络中神经元所展示的快速进行中的波动,波动幅度超过分离细胞通道所诱导的噪声,要高过1~2个数量级(图8-2d)。这是由于神经递质的背景胞外排,来自跟多数神经元接触的几千个传入突触末梢。与信号无关的随机突触释放更增加了噪声的变异。这种对突触输入的大规模冲击,偶然地使膜电位达到阈值,产生自发性的锋电位活动(图8-2d)。经过回返性神经连接,可以产生更多的噪声。此外,在正常脑,神经锋电位的活性从来不会完全停止。某些类型的神经元在没有突触输入的情况下，所具有的内源性起步点特征甚至可以维持自发性动作电位的产生。在正常脑，背景突触噪声会降低突触整合的准确性，即降低胞体膜电位在轴突上引起冲动的这个准确性。通过对脊髓运动神经元的经典性工作发现，当给予神经元以稳定的去极化时，动作电位的锋电位间隔(interspike interval, ISI)具有可变性。经定量研究确定，背景突触活性是 ISI 可变性的优势来源。这些发现也揭示了一个基本原理，即在神经转导中，轴突动作电位的放电形式是不断变化着的突触输入与内源性反应特征的混合结果[1]。

### 8.3.2　突触噪声与突触后反应的可变性

如果一个突触前细胞被相同刺激重复地驱动，突触后反应的逐次可变性就会显露出来(图 8 - 4)。此可变性可能产生于噪声，或者某个决定性的过程。它太复杂而未能掌握，因此似乎是随机的。这里我们讨论噪声对突触可变性有贡献的证据[2]。

许多新大脑皮层细胞接受来自数千个突触的强大突触冲击，这些冲击常被称为突触背景噪声。然而，丰富的树突机制允许个别突触之间可以相互作用。这提示，这种“背景”活性不大可能仅仅由噪声组成。的确，实验证据及计算理论提示，突触背景活性包含有意义的结构。然而，每个突触真的有微小来源的真正噪声，那也可能贡献给这种突触背景的可变性，从而影响神经元的放电[2]。

突触噪声的经典表现是自发性小突触后电流(mPSC)，此电流可以在没有突触输入的条件下记录下来。卡茨等人解释了 mPSC，认为它是神经递质小泡自发性释放的结果，这样就确定了突触传递的量子性质。此工作仍然是一个非常著名的例子，可用以说明，为了了解神经元的机制，如何把噪声考虑进去[2]。

突触有数个来源的噪声可以影响信息传输和诱导可变性。mPSC 是由突触传递机器中的随机事件引起的，例如细胞内钙储库的自发性开放、突触钙通道噪声、小泡释放传导通路的自发性触发，或者小泡与膜的自发性融合。小泡一旦释放就会诱发一个突触后电流，电流幅度显示有相当程度的逐次可变性(变异系数为 CV，典型地大于 0.2)。突触后反应的可变性在多大程度上来自噪声的贡献呢？首先，产生自发性 mPSC 的同样随机过程，也存在于正常的突触传递中，而且可以改变突触后电流的幅度。第二，突触前动作电位的宽度决定了钙信号的大小(通道开放时间)，钙信号驱动小泡释放，决定释放小泡的数目以及小泡的释放概率。动作电位宽度的可变性可以来自轴突通道的噪声，在那些被具有细轴突的神经元所支配的中枢神经系统突触上，这个变异性相当可观[2]。

已经知道，有几个额外因素可以影响突触后反应的幅度，每个因素依赖于噪声的生物化学机制，牵涉少数分子，因此取决于可观的热力学噪声。① 每个小泡释放神经递质分子数目的可变性(约 2 000)，变化的产生是由于小泡的大小有差别，以及小泡内神经递质的浓度有差别。② 相对少数分子随机性弥散的可变性，CV = 0.16。③ 突触间隙中小泡释放的位置，CV = 0.37。小泡分布于突触前的活动带，每个动作电位中将要释放的小泡仅仅是小泡当中的某些，因此每次释放的小泡，其位置是不同的。④ 突触-受体的通道噪声增加了可变性，特别是当仅有少量受体参与其中的时候。⑤ 任何一个突触受体蛋白质的数目及密度可以随时间而随机变化，因为蛋白质的表达及降解是受到噪声的热力学过程限制的[2]。

除了反应幅度的可变性以外，作为对动作电位的反应，某些中枢神经系统突触可以释放一个或者不释放突触小泡。在小的以及终扣样的中枢突触上，突触小泡的释放概率典型地是低的，受到可塑性和适应机制的调节。释放概率本身可以作为信息加工的一个信号。因此，小泡释放概率可被调控的准确度，可能在计算上具有重要的意义，然而，这个精确度还没有被很好地定量化[2]。

总结上面所讲的突触噪声来源对于突触后可变性的效应，我们注意到，在许多突触上观察到的总体突触逐次可变性（CV >0.2），完全可以用噪声来解释。然而，还可能有生物化学机制，它们可以减少噪声[2]。

### 8.3.3 功能性网络活动时的突触噪声

直到近来，要研究在功能性网络活动锋电位的产生中，噪声及规则性这两者的相互作用，还难以做到。不过现在，新的实验技术及实验工具正在取得进展，使研究者在清醒、有行为的动物身上，有可能特征化这些参数的复杂动力学，研究它们如何贡献给神经网络功能。通过对麻醉及清醒动物的活体神经元做膜片钳记录，发现了神经元的内源性反应特征，以及突触输入和锋电位型式之间的复杂关系。不论在嗅觉、视觉、听觉，还是在鼠须刚毛，即使感觉突触输入的早期加工活动也总是覆盖在波动着的突触后膜电位之上。现在还不清楚，在多大程度上这种背景突触活性是不可避免的噪声，抑或是早期感觉信息的加工过程。明显的是，鼠“桶”人脑皮层第Ⅱ/Ⅲ层神经元的背景突触噪声特性，是随着动物的功能状态而改变的。在安静清醒的状态下，大量神经元的阈下膜电位有慢的同步性振荡，这反映在局部场电位及脑电图上。当鼠用胡须主动地拂扫对象时，一开始这种慢波动就被快的、低幅度的膜电位波动所取代，而且在互相邻近的神经元之间去同步化。看来，背景突触活性似乎是状态依赖的变量，此变量整合了特定感觉的突触输入，即使在感觉加工的早期阶段。感觉刺激时的去同步化状态伴有膜电位波动可变性的减少、放电率可变性的减少，这是在各种感觉、各个大脑皮层里面都有的。有这样的看法：去同步化状态下的不规则泊松样放电是一种基本方式，用以代表并加工脑的不确定性。然而，可变性以及相关和不相关的噪声在群体编码中的问题，以及它们如何影响信息加工，这些都是早就明确的，但并不是很容易懂。一个关键性的限制因素是，在非麻醉动物身上的膜片钳记录的研究，目前还比较少[1]。

在信息加工过程中噪声具有建设性作用，最令人信服的例子之一是由 D.Ferster 等人的工作所演示的。作者建议，噪声解决了视觉皮层神经元朝向曲线*的反差恒定性问

* 朝向(orientation)曲线用来描述脊椎动物视觉皮层神经元对具有不同线条朝向图像的反应。它反映选择性激活的神经元活动特点。

题。反差恒定性问题首次由G.Sclar和R.D. Freeman描述。他们注意到,朝向出现的宽度不依赖于刺激的对比度,而刺激对比度是与输入强弱相关的。考虑到“冰山一角”的效果,人们期望,输入越强,朝向曲线会越宽。即使是D. H. Hubel和T. Wiesel早年提出的前馈模型,也预期膜电位将会显示朝向不敏感性,而测量锋电位活性将在高对比度时导致朝向曲线变宽。Ferster等人发现,预期结果和实验观察之间的多数不一致可以解决,如果把膜电位噪声这个因素考虑进去。他们的实验提示,噪声大部分与输入强度无关。噪声的操作像一个非线性装置,把锋电位产生的阈值特性变得平整。因此,与朝向无关的平均膜电压通过膜电位的噪声波动,按照线性方式转变成锋电位速率。下面将会讨论,电压噪声作为一个线性装置如何能够克服难题,把电压非线性地翻译成锋电位串[1]。

## 8.4 噪声的好处:神经元电压波动的功能意义

噪声不仅是神经元的一个问题,也可能是解决信息加工问题的一种方式。如果用噪声这个形式,可以有几种策略。例如,由于存在着一定程度的噪声,通过随机共振(stochastic resonance)过程的阈值样系统,检测和传输弱(周期性)信号的能力可以增强。在低噪声水平,感觉信号并不引起系统超过阈值,而仅能检测到少数信号;在高噪声水平,反应由噪声所主导;然而在中等强度的噪声水平,噪声允许信号达到阈值,没有被淹没。如果希望随机共振能够有用,则相比较而言,超阈值输入不能被检测到比之在阈下能够被检测到,一定会更理想些。自从在猫视觉神经元中首次发现了随机共振形式的效应以来,此效应在一系列感觉系统中也得到证明。相关的感觉系统包括虾机械感受器、鲨鱼多感觉细胞、蟋蟀尾蚴(cercal)感觉神经元、人肌梭。在对被动电刺激敏感的鲟鱼以及人的平衡调控中,随机共振的行为影响已经直接得到了展示和操控[2]。

此外,在产生锋电位的神经元上,阈下信号对神经系统的输出没有效应。通过使阈下输入变得更容易超过阈值,噪声可以把这种阈值的非线性改变过来;当输入更接近阈值的时候,这变得更加有可能。这样看来,把输出按照时间加以平均时,噪声就会产生一个作用,有效地把非线性光滑化。这种锋电位发动的易化可以改进神经网络行为,如同已在视觉研究工作中显示的,即在初级视觉皮层的朝向调谐(orientation tuning)的反差恒定性中所发现的那样。此外,在噪声存在条件下形成的神经元网络,会变得更加强大,可以探测更多的状态,而这些会易化学习,并适应由动态环境所引起的改变着的需要[2]。

噪声是脑操作无可逃避的一个后果。一方面,脑操作有其纳米尺度的分子基础,其感受成分对个别量子敏感;另一方面,它又具有产生行为的、复杂的噪声神经元的网络。对于脑的计算能力来说,神经系统存在噪声是有深刻意义的。尽管有这样高的噪声水平,我们的脑功能似乎还相当可靠,这可能是因为它的进化是在噪声所提供的约束之下进行的。因此,要了解神经系统,我们必须辨别噪声与可变性,通过估计噪声的来源,以及理解噪声影响脑结构与功能的工作方法[2]。从感觉-运动潜伏期变异与行为的关系研究中发现,下游的噪声增益调控对于行为潜伏期变异有贡献。所用的方法是追踪人体眼球运动，考察在神经系统 4 个水平上相关活动的开始时间[4]。

神经元中电信号输送的随机性质提示，在功能性神经网络及行为里面，噪声带来的不确定性是不可避免的。然而，人们可以这样争辩：离子通道和突触释放的随机性可能只是一个阈值现象，在特殊情况下才可以被注意到，也就是说，当小的电压变化激活了少数几个离子通道，或是处在突触效力低的水平时，递质释放呈泊松形式。仅在这些情况下，大体水平的随机性才出现。随机性诱导随机事件，后者我们倾向于视之为噪声。然而当刺激相当强的时候，脑以一种可靠的、可重复的形式作出反应。值得讨论的是这些状态中的哪一种在脑功能神经网络中是占主导的。究竟功能性神经网络的活性是一种有意义的操作活动形式，在那里有强大的输入克服了不确定性呢，还是原来的网络设计就是低效力模式，由于低效力因而随机性才让特定的状态或者问题冒出来？事实是，许多实验观察是有利于后一种可能性的。低幅度突触电位是我们经常可以遇见的；在对于特定输入的锋电位反应中，跳动和失败也属常见。然而，相反的特殊情况也有。最明显的是，在一些特殊突触，例如小脑浦肯野细胞的攀缘纤维突触上，有强大的“全或无”的突触输入，每个刺激都能产生可靠的、相等的反应。同样，在萼突触上也显示存在高保真程度的有效突触传递。这种“例外证明规则”的情况在非常特殊的突触中也可以看到，在那里要付出一切代价避免不确定性。攀缘纤维输入发送误差信号，这种情况意味着快速而有效的误差纠正对于动物的生存是必要的。萼突触的有效而可靠的传递，保证了短的时间差别也可以准确地被检测[1]。

然而如果不讲这些例外，似乎在大多数情况下脑内神经元的操作是接近放电阈值的，这种神经元所接受的突触输入是低强度、低效力的，仅引起中等程度的电压变化。在此模式下，时间与电压的不确定性注定要发生。因此，很迫切需要建立一些模型和概念，它们一方面能够解释脑功能的大体可靠性，另一方面又能够解释微观的不确定性。可以有几种观念上不同的思想方法来处理这个困境。最简单的是挑战脑功能的保真度和可靠性。的确，如果仔细分析各种重复运动——这些是脑功能真正、唯一的输出，结果发现它是有可变性的，如图 8 - 6 所示。即使是最简单的一个投掷动作，两次动作也不会完全一样，运动学参数也展示相当程度的变异。在多大程度上，这种可变性反映了单个神经元电活动的可变性，是有待证明的[1]。

解决问题的方案之一是应用群体动力学。按照由实验结果所支持的看法，运动反映全部神经元群体的群体活动，而且产生群体活动。根据群体向量，可以准确地预测运动方向，这种向量是从相关领域运动皮层脑区的单位活动中抽提出来的。这提示，运动皮层的每个神经元在方向上是协调的。也就是说，当特定神经元活动时，运动将偏向特定的朝向。因此，运动方向由特定运动中所有活动神经元的平均向量之和来决定。随之而来的是，当有相当数量的群体活动时，个别神经元活动的可变性被平均掉了。在脑的感觉系统中也可以演示同样的观点。在那里，例如你看到视觉输入的一个朝向，它是所有被刺激激活的朝向敏感细胞的平均。的确，平均反应经常可以克服单个细胞活动中极大的可变性。为了平均反应能够呈现出来，需要有一个机制来提取群体活性；但是为了读

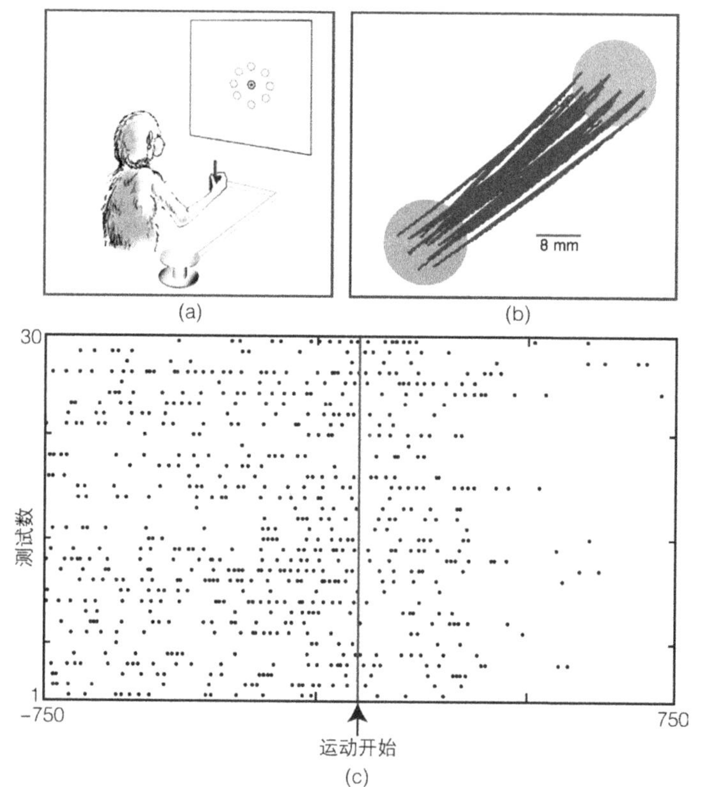


**图 8 - 6**　运动皮层神经元的可变活性

(a) 实验安排。猴通过操纵客体来控制视频屏幕上的光标。(b) 重复使用中的光标运动轨迹。(c) 30 次重复动作中，运动皮层神经元的放电时间的光点图(raster)，光点图对准运动开始。(图引自[1])

出，群体活动又需要汇聚到少量神经元，而它们的固有可变性也将扭曲功能实施的保真度。进一步看，近来关于脑-机器界面的工作演示，仅根据对少量神经元活性的分析，就可以解决预测力或运动方向的问题。由此也得出一个看法，只要有相对少数几个神经元就可以实现准确的运动，可以驱动机器人手臂，使之达到指定的靶位置。一个合乎逻辑的解释是，只要少数神经元的活动就可以提供足够的信息，来实施准确的运动作业。这样看来，通过群体编码来克服单个神经元的可变性似乎有点浪费。如果接受一种可能性，认为运动作业可以由少数神经元的活性加以特异化，那就会导致另一种解决问题的方法，其要点是调和脑功能的保真度与神经元的可变性。这是可以想象的：实施同一作业有多种方法。最简单的方式是，一旦向脑提出了实施要求，就会有匆忙的活性出来，企图寻找一个立即解决问题的方法。如果对每个选择仅用少数神经元，可能有少数几个方法可供选择。事实上，预测有大量好的方案并不现实。因此，被观察到的行为可变性的一部分，可能代表了摆到脑面前的某个问题的一系列答案。变动不一定代表噪声或不确定性。在进行准确实施的时候，也可能有适应性的目标朝向反应的其他版本，虽然每次重复时所用的方法不同。脑运用什么来调节这个过程，从而可以汇聚到某个特定的问题上面？很容易想象，这是个随机的过程，反映了需求到来时系统的状态，以及组成部分固有的电压噪声、神经元、功能结构和连接性[1]。

这种看起来想象式的情景，事实上已得到近来研究结果的支持，U.Rokni 等人的研究结果尤其令人瞩目。在一项理论研究中，他们试图解释皮层神经元运动代表的不断转变。实验显示，在重复神经网络中，许多具有连接权重的不同组合会提供同样的输出。他们的结论是，具有噪声的学习机制，可以为某项计算提供多种可能的方案。另一项研究支持这种观点，就是噪声和可变性可能反映了行为的选择和准确度的增加[1]。

有人在小孩和成人的脸孔认知任务中，研究了行为实施与大脑皮层脑电图(ECoG)之间的关系。研究显示，在成年人中增加行为准确度和减少反应时间，会伴随着脑电图可变性的增加。对这个令人惊奇发现的解释是，之所以有较好实施，是因为有更多的问题解答方式可以提供，而且被主动地搜索过。与当前讨论相关的是，这些事实支持了一种观点，那就是噪声和可变性对于行为的丰富性以及正确和准确的演练，都是关键性的[1]。

还有一个好的例子是关于鸣禽基底神经节的神经回路。实验表明，此回路通过神经调制作用而充当可调谐噪声的来源，从而使得啼鸣可被社会性情景所调节。雄性斑胸草雀(*Taeniopygia guttata*)依靠啼鸣追求雌禽，这是在草雀成熟过程中慢慢学习的。当被引向一只雌草雀时，成年雄草雀的啼鸣很少有可变性；但是在没有雌草雀存在的情况下，雄草雀可以用更加可变和探索性的方式啼鸣同样的调子。这种啼鸣有点像幼雏草雀在发育过程中那样。结合我们当前讨论的问题来看鸣禽实验，特别有意思的就是，由社会情景所引起的丰富程度以及可变性的增加，依赖于外侧大细胞核(lateral magnocellular nucleus，LMAN)，这是巢型大脑皮层(nidopallium)的组成部分。虽然 LMAN 不直接参与啼鸣的产生，但是当 LMAN 损坏后，能够进行可变性啼鸣的模式就丧失了。在完整雄草雀中，个别 LMAN 神经元的放电与啼鸣的特定元素有特征性关系。在千篇一律的雌草雀引导下啼鸣，与没有雌草雀时相比，LMAN 神经元的放电更加有规则。同样，在啼鸣时微刺激 LMAN，就完整雄草雀而言，电刺激诱导啼鸣特定成分的幅度和频率变化。基于此有人提出建议，LMAN 的神经元回路是一个开关，使得产生刻板、目标导向的求偶啼鸣的运动网络，转而进入探测性模式。这样，啼鸣的可塑性和增强学习就能得到改进并且发展[1]。

最后，本节聚焦在神经系统电活动的噪声和可变性的表达方面。迄今为止所提供的以观察或实验为根据的材料，没有提供任何暗示可以解决一开头所提出的问题，即“神经元的电压波动是信号还是噪声?”随机性是扭曲了信号的传送，还是有助于正常的脑功能，甚至是关键性地有助于此？有很好的理论上的理由使人相信，脑的进化是用来开拓神经编码的“好噪声”；但也存在有害的噪声效应，这种效应使得信号扭曲。因此，一个直接而重要的目标是，发展一种可检测的理论猜测以及实验程序，以此来区分和探索噪声与可变性在脑功能中的作用[1]。

## 8.5　神经元的上、下慢振荡状态

前已述及，1993 年 M. Steriade 等人发现了具有上状态和下状态的慢振荡。细胞内记录发现神经细胞可以有两种状态，一种叫做“上”状态，另一种叫做“下”状态。有的学者认为，称“状态”不合适，应该称为“相”，因为变化的时间比较短。不管是称为“相”还是“状态”，所反映的是神经元细胞膜的极化状态可以经常变化，有时超极化多一点，有时去极化多一点。那么，这个“相”是怎么来的呢？这又是一个令人感兴趣的问题[5,6,7]。

### 8.5.1　上、下状态的自发电位

新纹状体棘状细胞的细胞内记录展示了自发性膜电位的两个状态的表现。它的膜电位是有特征性的，在两个较偏爱的水平之间变动：一个是更为极化的水平，称“下状态”，其电位变动从 −61 mV 到 −94 mV；另一个是更为去极化的水平，称为“上状态”，其电位变动从 −40 mV 到 −71 mV。任何一个神经元在所观察的时间里面，膜电位处于“上状态”和“下状态”的时间是稳定的，观察时间从 15 min 到 4 h。细胞很少把时间花在状态转变当中。膜电位的噪声水平在“上状态”时高于“下状态”时。实验性地改变膜电位，不能消除自发性的膜电位波动，但是如果用细胞内注射电流的方法改变膜电位的基础水平，可以改变驻留于每个状态的时间（图 8－7、图 8－8）[8]。

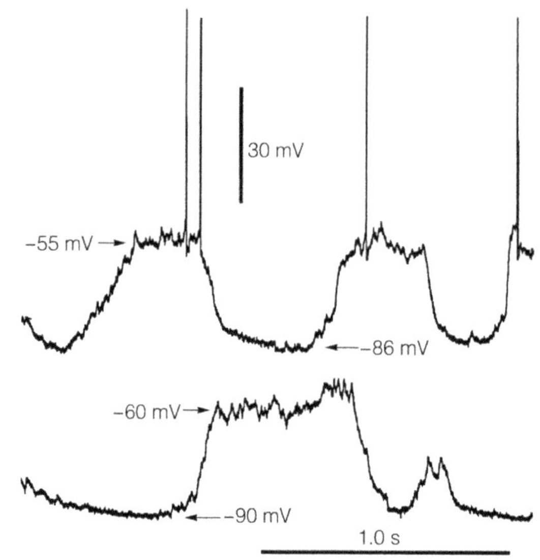


**图 8－7**　新纹状体棘状细胞膜电位的波动

实验记录采用充灌 1 mol/L 醋酸钾溶液的电极，对细胞应用生物胞素细胞内染色鉴定。膜电位展示阵发的变化，相对稳定的超极化被去极化插曲所打断。当去极化时，膜电位噪声大一点，此时动作电位可以被噪声所触发。去极化插曲经常但不一定以节律性的形式产生。上方曲线显示未给予电流情况下的膜电位。在此记录及以下的慢记录中，锋电位幅度有某种程度的变化，因为实验中应用了 4 000 Hz 的样品采取频率。下方曲线，显示通过电极给予小的、恒定的超极化电流（0.1 nA）以防止动作电位的发生。膜电位转变的长方形表现是明显的，虽然没有出现动作电位。（图引自[8]）

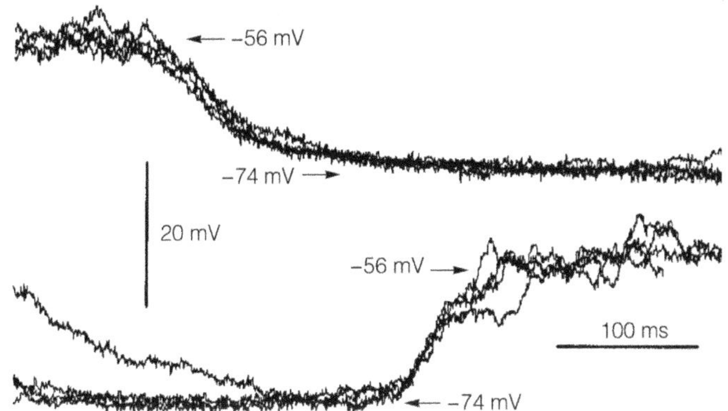


**图 8-8** 重叠起来的曲线，显示“上状态”和“下状态”的转变具有可重复而刻板的形状

所有曲线来自同一神经元的5次采样，每种情况下的5次转变重叠起来加以显示。与向“下状态”的转变相比，向“上状态”的转变来得突然。向“下状态”的转变经过指数衰减过程而达到更加极化的膜电位。(图引自[8])

能够被棘状神经元去极化所引起的钠动作电位和钙动作电位，都不是膜电位发生自发转变所必需的。细胞内注射QX314和D890分别阻断钠、钙动作电位，既不改变膜电位转变的发生，也不改变两种状态膜电位的优先。相反，采用细胞内铯拮抗电压依赖的钾通道，可以改变膜电位的转变。在存在QX314和D890的条件下，细胞内注射铯很少影响“下状态”或没有变化，但对“上状态”有大的去极化转变作用，约为 -20 mV。在这些条件下，神经元以接近线性状态的方式对电流起反应。“上状态”时膜电导增加，这个膜电导的逆转电位如同被皮层刺激所引起突触电位的逆转电位一样[8]。

这些结果表明，实现“上状态”的事件是一个经常维持着的突触兴奋冲击。新纹状体棘状神经元“上状态”所到达的膜电位，是由树突钾通道决定的，正是那个钾通道钳制着膜电位在由其电压敏感性所决定的水平上。新纹状体棘状神经元正常接受无数强有力的兴奋，如果没有这些钾电流的话，这些兴奋会驱动细胞达到饱和，可能损伤它们[8]。

### 8.5.2 上、下状态自发电位的特征

新纹状体神经元的“上”和“下”状态直接反映了来到细胞的、汇聚的和维持的突触输入，“上状态”的时程反映了合作性突触输入的包络波。由于强有力的电压依赖的钾电流，在“上状态”时达到的膜电位不代表总量的突触输入，而取决于电压依赖性钾通道的激活。突触输入通常超过达到“上状态”所需的量。因此，“上状态”时的动作电位发放，大部分是由电压依赖的内向和外向电流之间的相互作用所决定的，而不取决于突触输入的强度。在清醒动物中，许多新纹状体神经元转到“上状态”，而不需要动作电位的发放。作出这个实验观察以后人们就注意到，新纹状体投射细胞的放电，有两个不同水平的调控。一个水平是由负责产生自发性膜电位转变(“上”和“下”膜电位状态)的机制所提供的，而另一个是由决定去极化总体水平的机制所提供的，因此也就决定了动作电位的产生，即“上状态”是阈下的还是超过阈值的。研究表明，第一个机制主要为了调节膜电位

状态转变的时间，此转变是直接由突触输入型式所提供的；第二个机制决定了在“上状态”时相对于动作电位发放阈值的膜电位，它大部分取决于棘状细胞电压依赖的内源性膜特征，可能受到作用于这些离子通道上的神经调制物的调控[8]。

### 8.5.3　“上状态”的来源

早就知道，如果缺少来自大脑皮层和丘脑的突触兴奋，新纹状体神经元向“上状态”的转变不会发生。当皮层被去掉，或通过扩布压抑而被造成暂时性的失活时，活体的新纹状体投射神经元并不显示任何的自发活性，而维持于稳定的“下状态”。对新纹状体神经元以离子电泳法给予其水平能够阻断突触诱发电位水平的镉，同样可以取消活体自发性“上状态”的转变。在脑片上阻断传入输入，则在新纹状体里面看不到“上状态”的转变。在新纹状体脑片上，“上状态”不能被直接去极化，或被局部刺激引起的突触兴奋所触发。在无突触输入的条件下，没有现在知道的生物物理学机制可以解释新纹状体神经元为何产生“上”和“下”状态的转变。在 C.J.Wilson 和 Y.Kawaguchi 的研究中，通过注射电流使新纹状体细胞去极化，未能够发现“上状态”的第二个平衡电位；而在“上状态”时给予超极化脉冲，不能够让细胞重新调整到“下状态”。钠和钾所携带的内向电流为棘状神经元提供了最可能的双稳态机制。如果毒化(poisoning)这两种电流，不能够改变自发“上状态”转变的发生。这些实验观察提示，“上状态”不仅由兴奋性突触的输入所触发，它的维持也需要持续的突触兴奋。这种想法得到了证实。钾电导被毒化后，看到了“上状态”时的低输入阻抗，而正常钾电导可以阻断实现“上状态”时所需的电导变化。根据他们自己的实验结果及其他研究，他们提出了以下几点有关“上状态”来源的看法：① 如果缺少来自大脑皮层和丘脑的突触兴奋，向“上状态”的转变不会发生。② “上状态”的维持也需要持续的突触兴奋。③ 没有证据表明，突触抑制对于维持“下状态”是重要的；也没有证据表明，在“下状态”时有突触抑制的作用。④ “下状态”时的膜电位是由内向整流钾电导所决定的。⑤ “上状态”时的膜电位是强的去极化突触电导和电导依赖电流之间相互作用的结果。⑥ 计算机模拟研究也显示，“上状态”所达到的膜电位，不论是阈上的还是阈下的，它既取决于钾电导激活的电压依赖性，也取决于突触输入的强度[8]。

在癫痫发作以后，上状态活性会增强[9]。

### 8.5.4　“相”与“状态”[10]

原来，“上状态”和“下状态”是用来描述在活体纹状体和皮层神经元的细胞内进行记录时所看到的膜电位两种模式的双峰分布。以后，两个名词的应用被扩大了，包括了任何时间的自发性去极化与超极化，即使膜电位直方图并不呈双峰分布。此外，因为细胞内记录的上下状态分别在强的局部网络放电和静默状态下发生，所以这两个名词现在也被用来描述群体活动的锋电位时相和静默时相，即使没有进行细胞内记录。自发性去极化和放电的间期也有用其他名词描述的，例如称为群体性爆发波或者隆起(bump)。更进一步的混乱是，按照一些学者的看法，上状态和下状态并不是真正的某种状态，因为所谓皮层状态是皮层节律的大体形式，例如去同步化或同步化状态，而状态的变化时程是以秒计算的，其界定是通过波动幅度的大小或者功率谱，需要从数秒数据的计算才能得到，而上状态和下状态出现的时间大约以 100 ms 计，因此这不是状态而是相，是正在进行着的、波动的相。为了清楚起见，这里用“上相”和“下相”[10]（参见 7.5）。

## 8.6 兴奋和抑制的平衡——高电导状态

分离神经元对于稳定去极化的反应是一串动作电位，这串动作电位按照可预期的时间顺序产生，也即，具有高度相关的锋电位间隔。特定型式是由细胞特异的内源性反应特征决定的。特异性由膜上的电压和钙门控离子通道沿着胞体、树突、轴分布的密度剖面(profile)决定，也取决于神经元的结构。然而，当大脑皮层及皮层下神经元有功能性神经网络活动的时候，肯定有高度不规则的放电出现。这里包含自发性放电、由感觉刺激所诱发的放电，以及麻醉动物、去大脑皮层动物或清醒动物在进行运动活动时的放电。保持恒定平均放电率的不规则放电，是一项令人惊奇和意想不到的结果，这是由于随机兴奋性突触输入发生时间整合的结果。导致不规则放电的最简单而最直截了当的情节，是进行中的高强度兴奋性突触和抑制性突触的活性。对于不规则放电的这种解释非常吸引人，当它的含义用数学方法来进行考察的时候。数学理论的分析显示，不仅抑制性和兴奋性的突触输入信号来到个别神经元之间的大致平衡状态，可以自然地在抑制性和兴奋性神经元的模拟网络中显现出来，而且如所预料的那样，这种网络也可以导致神经元的不规则放电。即使有恒定的输入，平衡状态也显示出带有混乱的动力学特征，而且向网络提供比较快速的反应时间，比个别神经元的整合时间所需的还要快速。虽然对这些高水平的预测还没有从实验上进行过考察，但是已有一定的独立证据提示，在广泛的神经元网络里，平衡状态是一个普遍存在的现象，既在脊椎动物中，也在无脊椎动物中[1]。

### 8.6.1 解剖学底物

在一些初级感觉皮层的脑区，抑制性突触输入的强度是与兴奋性的突触强度相匹配的。兴奋性输入由特定的感觉刺激引起，两者强度是互相协调的。在近来的研究中，同时记录两个皮层神经元，让每一个保持于不同的膜电位，则皮层神经元的自发活性以及兴奋性和抑制性的密切相关都明确地被演示出来。作者们注意到，兴奋性的和抑制性的电位是正性相关的。比较细致的实验是用躯体感觉皮层的离体脑薄片做的，实验揭示了这种相关的底物是什么。脑片研究发现，由第Ⅴ层锥体细胞（此细胞是大脑皮层的主要输出对象）输出一串锋电位，不仅引起少数邻近锥体细胞的突触兴奋，也激活了大量 Martinotti 细胞。后者是一类独特的抑制性中间神经元，它们转而形成分散的以及汇集的回返性抑制性突触，这些突触又作用到局部的第Ⅴ层锥体细胞和 Martinotti 细胞。事实上，这种简单组构提供了强有力的前馈及反馈抑制，两种抑制密切地相关于兴奋的幅度。鉴定了这样一个特定的微神经回路结构，它自动地提供平均兴奋性和抑制性活动变化的相关变化。在我们讨论的相关情况中，此发现特别重要，而更重要的是，鉴定了回路的机制，通过这种设计导致一种快速的、波动着的兴奋-抑制平衡的模型[1]。

### 8.6.2　增益调控

平衡状态所产生的噪声，影响了神经元的有效增益。这表现为它们的放电频率曲线(此曲线的斜率称为神经元增益)对于膜电位和电导不敏感，可以有效地被电压噪声所调制。有人用大鼠躯体感觉皮层脑薄片第Ⅴ层锥体细胞来研究此效应，把独立泊松过程模拟产生的兴奋性和抑制性单位电导，通过膜片钳记录电极输送给神经元。用这种方法，突触噪声对神经元增益的影响可在大的参数变化范围里面得到探索。这种研究的设计方案演示，同时的抑制和兴奋可以减少有效的神经元增益。发生这种情况是由于，一个平均膜电位的动作电位所引起的去极化性突触电位，相当地低于锋电位阈值[1]。

### 8.6.3　敏感度和稳定度的调控

当兴奋性突触的活动增加时，抑制超线性募集的一个基本后果就是，平行地增加了一个输入电导。在此情况下，同时发生了兴奋和抑制，导致一个有效的机制用来协调输入电导和突触活性。当突触活性处在低水平时，神经元对个别突触输入的敏感性是高的；但当突触活性增加时，这个敏感性反而减少。这里的突触活性增高是由于增加了电导和减少了增益。然而，神经元发放锋电位的能力在一个大范围里面保持不变[1]。

在这样一种动作方式下，阈下膜电位波动的幅度与突触强度和平均电导跟着改变。此外，在平衡状态下，平均膜电位仅对突触强度有中等程度的敏感，而且膜电位维持在靠近阈值。平衡网络里面的稳定性问题，早就有人研究，也有很精细的实验分析。如果有多个神经元都接近阈值，那么单个动作电位在兴奋性神经元里面能以雪崩的方式产生“逃跑者”兴奋。在大鼠躯体感觉“桶”皮层上对这种情景作了细致分析。有作者结合计算机的和实验的研究，结果显示，第Ⅴ层锥体神经元的单个动作电位可以导致 28 个突触后神经元发放动作电位。实验也显示，这可以导致网络里面动作电位活性相当程度的变化，时间可以维持到 100 ms。但是这并不导致兴奋消失，因为突触后细胞既有兴奋性的也有抑制性的，最后把扰动变化对消掉了。这些发现与由不相关的兴奋性、抑制性输入而引起随机膜电位波动并产生锋电位的结果相一致。果真如此，脑一定是通过放电频率来编码信息的，而不是用准确的放电时间间隔，或通过很大的去极化以达到一个准确的时间。实验结果有利于频率编码，因为大的去极化很少见，而锋电位很容易产生，在没有大的去极化时也可以产生。不过并非所有情况都是这样，在清醒大鼠的初级听觉皮层上，稀少锋电位的神经元在静息没有声音的状态下，以及在接受或长或短的声音刺激的时候，它的膜电位以明显非随机的方式波动着。此外，这些神经元的偶然动作电位可以由游离的非高斯分布的去极化事件触发，可能是一种突然增加的同步化突触输入[1]。

### 8.6.4 对放电型式的影响

活体实验显示，神经网络活动时的同时兴奋和抑制，伴随着几倍增加的神经元电导。在这种电导增加的情况下，锋电位间隔时程不再由慢电流所决定，慢电流是由锋电位的后超极化和起搏器电位产生的。相反，高电导状态下的动作电位优先地被膜电位有噪声性变动时产生的去极化瞬变所引起，而噪声性变动是由同时引起的强抑制性、兴奋性突触活动产生的。在这种状态下，电导波动及膜电位是增益调控的关键因素[1]。

当高电导状态存在时，会产生一些有意思的后果，如内源性反应特征的熄灭，膜时间常数和突触整合时间的缩短，以及还没有研究过的突触权重的重新调整，以及电紧张性电缆结构的变化[1]。

在活体中经常可以看到锋电位间隔的高可变性，此可变性不能够完全由随机、不相关的抑制性和兴奋性突触活动来解释。然而在离体实验中有作者演示，这种高可变性可以很容易地假定在突触输入里面有瞬变的时间相关就可以了。因此，决定突触诱导的突触后膜电位波动性的基本参数，除了突触权重以外，还有同时发生的兴奋性和抑制性突触活性的强度及相关[1]。

### 8.6.5 对功能性神经网络活性的作用

由同时抑制和兴奋而产生噪声驱动的不规则放电，在脊髓里面已有直接证据。在游离的乌龟脊髓标本中，机械刺激相应感受野可引起抓扒神经网络的活性。在活体或离体条件下、在搔扒期间，运动神经元的突触输入活性显著增加。在每次搔扒时，抑制性与兴奋性输入活动的强度几乎维持于平衡状态。驱动锋电位活动的去极化波是由相关的兴奋性和抑制性突触活性增加所驱动的，其证据来自同时增加的膜电位波动的平均电导与幅度。出于此理由，搔扒期间的运动神经元进行不规则放电。有待进一步考察的是，成熟脊髓运动神经元的这种活性，在多大程度上是由可变的突触随机相互作用所驱动的，而不是锁定于像时钟一样的神经网络——一种弱耦合的细胞振荡器[1]。

### 8.6.6 皮层神经元的高电导状态

活体细胞内记录显示，新大脑皮层神经元在完整网络中受到强的突触冲击，处于高电导状态。离体研究提出了有关树突活动特征及树突如何把分散的突触输入传到胞体这两方面复杂相互作用的看法。计算机模型试图把这些结果连接起来，并预测高电导状态可以深刻地改变皮层神经元的整合特征，为它们提供一系列的有利计算条件。本章将介绍不同途径的研究进展，目的在于了解整体脑中新大脑皮层神经元的整合特征[3]。

大脑皮层最迷人的特征是它特别密布的神经连接，每个锥体神经元接受 5 000～60 000 个突触接触位点。大部分突触位点来自大脑皮层本身，但也有来自皮层下结构的，如脑干和丘脑。清醒动物的这些结构中的神经元具有高自发性放电频率。你可能因此预期，在完整网络中，在任何时间，输入单个神经元的许多突触是同时活动的。与此看法相一致，清醒动物的细胞内记录显示，皮层神经元受到强的突触冲击，因此作为结果，它是更加去极化的，而且具有低输入阻抗，比之离体脑片里面的神经元。然而，这个高电导状态如何被连续的突触冲击所引起，从而影响神经元的动力学，特别是神经元的反应性？对这些仍然不清楚[3]。

为了评价处于高电导状态时锥体神经元的整合特征，仅通过活体研究还不够。活体研究有这样的优点：神经元所处的网络是完整的，但是我们不能足够准确地控制突触输入。如果我们运用离体脑片，这种控制条件比较容易达到，但随之而来的是脑片网络的局限性，自发突触活性严重地减弱。然而，视觉导引下的膜片钳记录以及显微荧光测定法可以使我们获得重要的进展，以此来特征化(characterize)皮层神经元的突触整合。研究进展包括：准确地测定树突的电压依赖通道的密度与分布，特征化树突的锋电位以及精细的突触整合模型[3]。

显然，树突拥有电压依赖的通道，并能够产生再生性事件，它影响了锥体神经元的整合特征。然而，因为网络活性可以影响皮层神经元整合特点的这个看法，在早年的理论研究中就已提出来了，所以，如果需要用计算方法来整合离体和活体实验结果的话，则理论模型提供了几种关于高电导状态下神经元计算特点的预测，这里将予以讨论[3]。

这里将开始介绍处于高电导状态的活体皮层神经元的电生理学特征，然后讨论电压门控通道的分布，以及它们如何影响树突加工的离体研究。然后我们将显示，计算机模型如何把活体和离体观察连接在一起，而且指出应用于高电导状态的计算原理。我们最后要回顾一下，应用新方法，即动态钳制实验，如何能够把离体和活体的实验结果汇聚起来。在这种实验里，将应用计算机产生的高电导状态来研究突触冲击对离体突触整合的效应。本章的目的是要显示，通过紧密联合起来的不同研究方法，就能够了解处于激活状态时大脑皮层的突触整合[3]。

### 8.6.7　活体高电导状态

开始，我们将介绍清醒动物活体皮层以及在麻醉情况下各种皮层状态下的神经元活性特征。我们将特别聚焦于“激活”状态，它的电生理学特征接近于清醒状态。中枢神经元第一个细胞内记录很早就已经做成，可以回溯到 20 世纪中期，记录是从猫脊髓活体运动神经元上得到的。从此以后，在大脑皮层的许多区都得到了这种记录。由于技术原因，例如机械稳定性，这些记录通常是在深度麻醉动物上做的，最常用的是巴比妥麻醉。不幸的是，巴比妥类麻醉可以深刻地压抑皮层的兴奋性，导致脑电图型式成为类似慢波睡眠时所看到的那种。事实上，在巴比妥麻醉动物的 EEG 上，占主导地位的是高幅度慢波。这种 EEG 波往往与同步化的爆发-静息放电型式相关联。这种麻醉情况下的记录跟激活状态下的记录呈尖锐对比。在激活状态时，EEG 显示低幅、快速活性(“去同步化 EEG”)，伴有不同步、不规则的放电[3]。

为了特征化处于 EEG 激活状态下的皮层神经元，必须实施细胞内记录，并测定同时平行记录的 EEG。很遗憾，这样的实验很少看到。图 8－9 收集了不同状态下典型显示的细胞内的和 EEG 的同时记录，包括清醒动物(图 8－9a)、氯胺酮-甲苯噻嗪麻醉动物

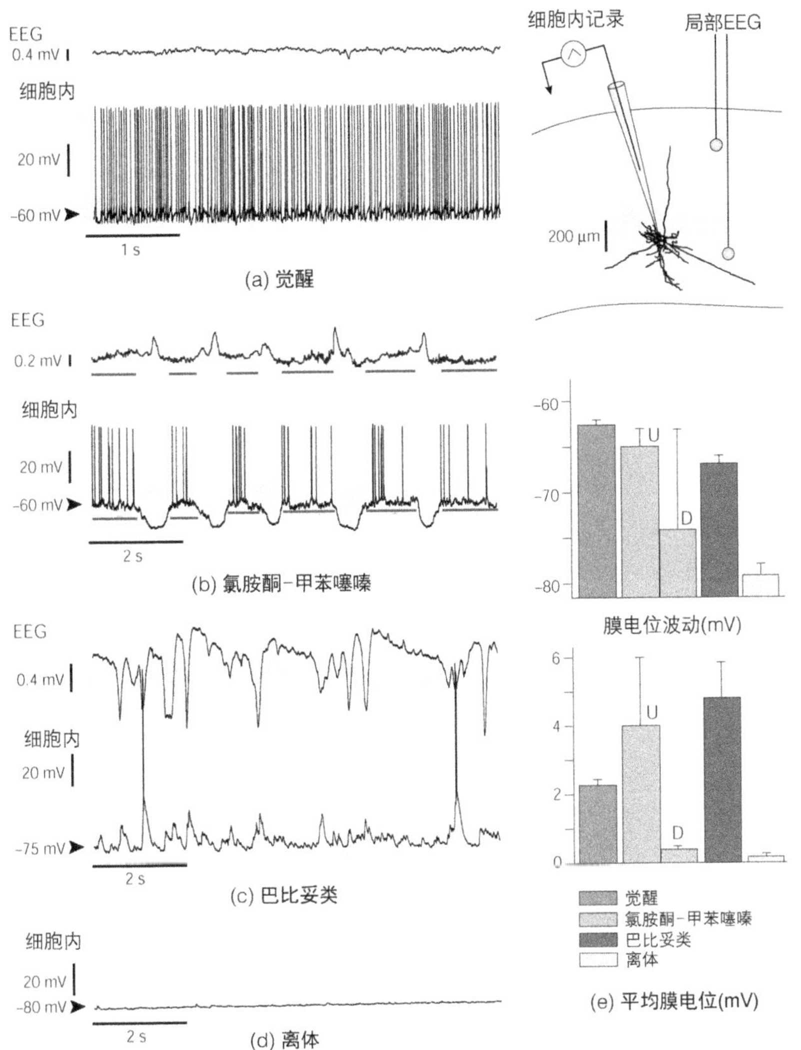


**图 8-9** 不同皮层状态下皮层脑电图和细胞内记录的平行比较(彩图见图版第 25 页)

(a) 清醒动物：EEG 去同步化，细胞内记录的特征是膜电位的去极化并且高度波动，伴随有不规则的放电。(b) 在氯胺酮-甲苯噻嗪的麻醉下，两个时相之间 EEG 的振荡：去同步化期(上状态，用横杠表示)，带有快而不规则的 EEG 振荡；在慢波期，快 EEG 活性不见了或大大减少(下状态)。在去同步化期(横杠)，膜电位呈现去极化，而且高度波动；在慢波期，膜电位呈现超极化。(c) 巴比妥麻醉：EEG 展示慢波，而细胞内记录的信号包括骑在超极化上面的去极化爆发波。(d) 离体皮层脑片应用尖电极的记录：在此情况下，网络低活性，细胞内信号记录显示很平静，这表明仅有分离的突触事件。(e) 不同状态下膜电位平均值($<V_m>$)及标准差($\sigma_V$)的比较。U：上状态；D：下状态。(图引自[3])

(ketamine-xylazine，KX；图 8-9b)，还有巴比妥麻醉动物(图 8-9c)。在各种情况下，记录活性与通常从离体脑片上看到的、相对安静的细胞内记录形成对比(图 8-9d)[3]。

基于清醒动物稳定细胞内记录的实验仅有很少几个。这些研究所报道的皮层神经元具有低的输入阻抗(5～40 MΩ)、去极化的膜电位(-60 mV 左右)。膜电位波动很明显($\sigma_V = 2 \sim 6$ mV),这样引起不规则的张力性放电,其频率为 5～40 Hz(图 8-9a)。也可以看到依赖于行为状态的输入阻抗差别,如清醒状态、慢波睡眠、异相睡眠;但是在多数情况下,比离体情况下的输入阻抗值总是低的,不论哪一个皮层脑区,结果是同样的。关于输入阻抗的测定,此一研究与彼一研究的结果不好比较,这有几个原因。第一,它们依赖于电极的形状和电阻,而此数据在各个实验室不尽相同。第二,对于非麻醉动物的资料来讲,测量结果依赖于动物行为。例如,有一篇文献报道有相对高的输入阻抗,它是基于动物处在安静、清醒状态时的数据,这种情况有可能联系着低水平的突触冲击,比之活动而清醒的状态。然而,同一实验室所得结果是可以互相比较的(图 8-9b—d,KX,巴比妥;离体情况见图 8-9d),如果它们来自同一细胞类型(给予 TTX 之前和之后,图 8-9c,e)[3]。

应用麻醉剂例如氯胺酮-甲苯噻嗪(KX)或氨基钾酸酯时,也有类似的报告。麻醉剂的剂量低时,这些麻醉剂产生活性及静止时期的交替,通常被称为"上状态"和"下状态"。在"上状态"时(图 8-9b,横杠),"上状态"与快速 EEG 活性的去同步化相关联,皮层神经元去极化,有自发放电,有低输入阻抗,这种情况与清醒动物的皮层神经元相类似。在"下状态"时,EEG 的快速活性减少,皮层神经元有比较稳定的超极化膜电位(约 -90 mV)以及高输入阻抗($39 \pm 9$ MΩ;而"上状态"时仅有 $9.3 \pm 4.3$ MΩ)。对 KX 或氨基钾酸酯麻醉动物来说,刺激维持清醒状态的脑干上行系统,会引起持久的"上状态"以及去同步化的 EEG。当未经麻醉的动物(unanesthetized animal)从慢波睡眠转到清醒状态时,可以看见类似的型式。这些实验观察支持了一种看法,那就是上状态所代表的网络状态类似于清醒[3]。

相比之下,巴比妥麻醉导致皮层活性减低,神经元处于低频放电的状态(图 8-9c)。电导分析发现,如果与 KX 麻醉相比,则巴比妥诱导低的总体电导状态。例如,图 8-10a 和图 8-10b 比较了在 KX 和巴比妥麻醉的情况下,稳定电流注射的效应。在图 8-10a,电压分布显示两个峰,这是 KX 麻醉时典型的"上状态"和"下状态"。在"下状态"时进行电流注射比在"上状态"时注射,有更大的效应,显示"下状态"时电导减小。有趣的是,在巴比妥麻醉下所得到的分布(图 8-10b)类似于 KX 麻醉"下状态"的分布[3]。

如同在清醒时及在 KX 麻醉状态下所见,在不规则、快速的 EEG 活性期,皮层神经元具有低输入阻抗,它被去极化,感受连续膜电位波动,并且在静息状态下自发放电。我们称这种情况为皮层神经元的高电导状态。此状态与离体所看到的有明显不同。在离体情况下,皮层细胞缺少自发性放电,有高的输入阻抗,有超极化的膜电位,仅仅显示分散的、少量的突触事件[3]。

为了研究突触活性对于高电导状态的贡献,在活体中微灌流钠通道阻断剂 TTX 以压抑网络活性之前及之后,比较同样神经元的细胞内记录。TTX 微灌流导致膜电位的超极化、输入阻抗的增加以及明显的膜电位稳定(图 8-10c—e)。在活体给予 TTX 以后,皮层细胞的膜电位和输入阻抗类似于离体应用同样类型电极时所看到的。这些结果表明,在活体情况下由于应用细胞内微电极而增加的细胞损伤,并不能够解释活体和离

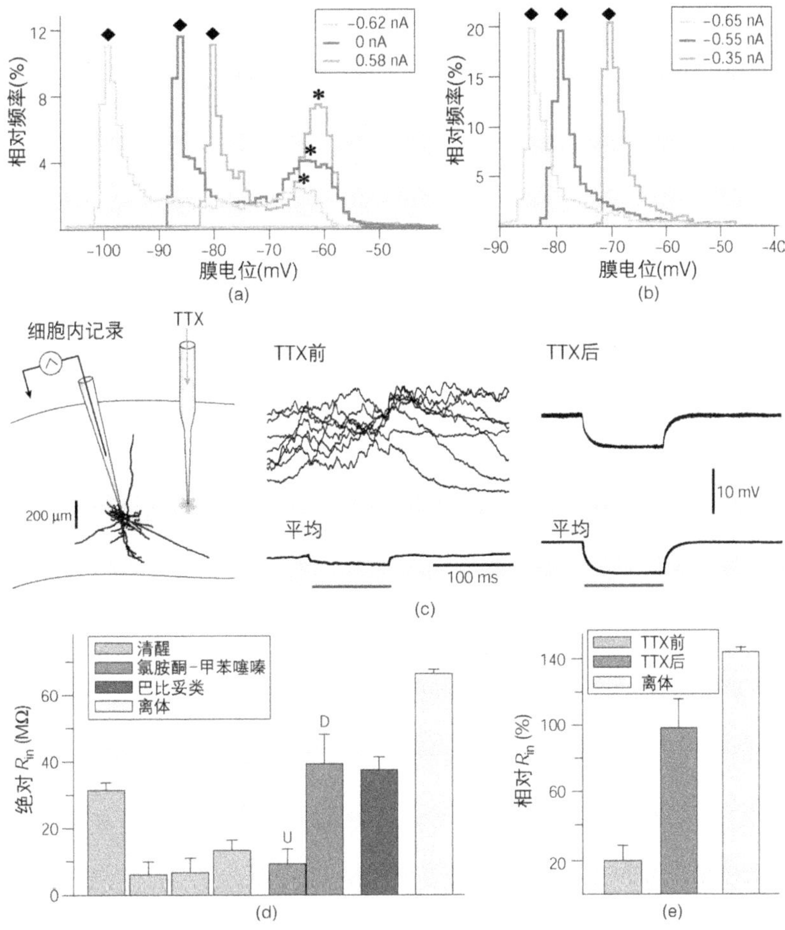


**图 8-10** 不同活性状态下的电导测量(彩图见图版第 26 页)

(a) 氯胺酮麻醉：不同直流电水平下膜电位的分布。超极化(◆)及去极化(*)的峰值分别对应于膜的两个状态(下状态、上状态)，参看(b)。在上状态时注射电流对于峰值的影响比下状态时为小，表明在上状态时有低输入阻抗。(b) 巴比妥麻醉：手续如同(a)一样。在此情况下膜电位的分布接近于(a)所显示的、KX 麻醉下的下状态。(c) 应用微灌流河鲀毒素(TTX)的方法压抑网络活性。左侧图显示实验安排的图解，用一个微灌流移液管输入 TTX 到活体大脑皮层。中间图是处于 KX 状态下，注射超极化脉冲电流所引起的个别(上)和平均(下)反应。右侧图是用 TTX 把网络活性压抑以后，在同一个神经元用同样电流脉冲所引起的反应。在此情况下，输入阻抗和膜时间常数大约比“上状态”时大 5 倍。应用类似的记录电极，TTX 后的输入阻抗类似于离体测量的结果。(d) 不同研究所得的输入阻抗绝对值($R_{in}$)，从左到右。数据来自许多实验室，有清醒的、KX 麻醉的、巴比妥麻醉的、离体的动物。(e) 给予 TTX 之前及之后所测得的同一细胞输入阻抗的相对值。(图引自[3])

体结果的差别。这些实验也表明，活体皮层神经元的去极化水平以及低输入阻抗，多数是由于自发的突触活性(计算机模型提示，少于 10%的输入阻抗是由于激活了电压依赖的电导)[3]。

与此相一致的是，与巴比妥麻醉情况下所做的相比较，在 KX 麻醉情况下，TTX 对于皮层细胞输入阻抗的效应要大一些。这有可能反映了一个事实，就是在巴比妥麻醉时网络活性降低。这种看法跟以前的实验是相一致的，因为以前的实验曾经显示，巴比妥麻醉时的皮层神经元输入阻抗，大概是离体测量到数值的一半[3]。

根据这些测量我们可以估计高电导状态时兴奋性和抑制性电导的相对贡献。对于被动膜来讲，稳定状态下的平均膜电位（$\langle V_m \rangle$）由下面公式所决定[3]。

$$\langle V_m \rangle = \frac{g_{漏} E_{漏} + \langle g_e \rangle E_e + \langle g_i \rangle E_i}{g_{漏} + \langle g_e \rangle + \langle g_i \rangle}$$

此公式中的〈〉表明时间平均，$g_{漏}$ 为漏电导，$E_{漏}$ 为漏的翻转电位，$g_e$ 和 $g_i$ 分别是时间依赖的总兴奋性和抑制性电导（$E_e$ 和 $E_i$ 分别为翻转电位）。与这个方程式有关的结果来自活体实验测量，当 KX 麻醉时应用 TTX 后处于上状态的情况下，其结果为：$\langle V_m \rangle = -65 \pm 2$ mV，$E_{漏} = -80 \pm 2$ mV，$E_e = 0$ mV，$E_i = -73.8 \pm 1.6$ mV 和 $R_{in}$(TTX)/$R_{in}$(活性) = 5.4 ± 1.3；产生比例为 $\langle g_e \rangle / g_{漏} = 0.73$ 和 $\langle g_i \rangle / g_{漏} = 3.67$[3]。

根据这些测量，平均兴奋性和抑制性电导的贡献比例大约为 5，是具有逆转抑制的（例如用含氯的电极所记录的），或者在脑干刺激之后的细胞，为 4 到 5 之间。其他活体实验性研究也得出结论，认为在感觉反应时或在丘脑刺激时，抑制性电导大于兴奋性电导 2～6 倍[3]。

上面所回顾的资料表明，当 EEG 去同步化时，新大脑皮层神经元处于高电导状态，其电学特征如下：对大的膜电导来说，这相应于输入阻抗减少 3～5 倍；平均膜电位为 −65～−60 mV，此数字表明膜有相当程度的去极化，较之天然静息水平（−70～−80 mV）；发生大幅度的膜电位波动（$\sigma_V$ 为 2～6 mV）时，此值至少是在缺少网络活动时的 10 倍那么大。另外，此资料表明，这些特征多数是由于网络活性造成的，而抑制性电导多数可以解释大的膜电导[3]。

### 8.6.8　高电导状态的可能后果

对高电导状态如何影响皮层神经元的整合特点，可用计算机模型加以研究。本章小结了某些研究的结果，这些研究预测，在高电导状态下会出现几种计算原理，应用的是多个或单个的区隔模型。第一个后果是，在存在着波动性突触活性的背景情况下，皮层神经元的反应会明显不同。第二个后果是，它们大大影响了不同树突位点突触输入的效力。第三个后果是，影响时间加工。至于在高电导状态研究中应用计算机模型的优点就从略了[3]。

## 名 词 解 释[3]

**输入阻抗(input resistance)**：由注射电流进入细胞所引起的电压变化，除以注入的电流量。

**漏电导(leak conductance)**：这是一种组成型活性电导，它的逆转电位称为漏逆转(leak reversal)。

**延迟整流钾通道(delayed rectifier K$^+$ channel)**：此通道通常在轴突上被发现，当给予一步电压之后，其电导变化有一个延迟。这种通道对于产生动作电位爆发波是重要的，对于调节起步电位及其他功能也是重要的。

**A 型钾通道(A-type k$^+$ channel)**：作为对电压变化的反应，这个类型通道的激活和失活都非常快，可以防止神经元对快速去极化的反应。

**时间总和(temporal summation)**：非同时性突触事件按时间而累加起来的方式，这是突触整合的基础运作方式之一。

**功率谱(power spectrum)**：当用傅里叶函数转换方法分析一个波型时，其幅度的频谱(spectrum)是该波幅度正弦成分幅度的集合，功率谱是幅度谱的平方。

**有色噪声(coloured noise)**：白噪声是一种信号，它覆盖具有同等强度所有声音频率的范围；有色噪声信号覆盖的是一个狭窄频带的频率。

**整合和放电模式(integrate-and-fire model)**：放电神经元最简单的模型，它考虑突触输入动力学。

**随机共振(stochastic resonance)**：当存在不消失噪声时，一个非线性动力学系统对刺激的反应易化或完善化的反应，通常表达为信噪比的峰值。

**电缆学说(cable theory)**：电流在神经纤维上被动扩布的数学描述。从概念上说这类似于那种用来了解长电缆性质的理论。

**膜时间常数(membrane time constant)**：依赖于细胞膜电容和电阻的一个时间值，它决定电压变化的时程。小的时间常数意味着膜电位可以快速地变化。

**短路抑制(shunting inhibition)**：因膜电导的增强而使得被某个已知电流诱导的去极化减少的一种现象。

## 参考文献

[1] Yarom Y, Hounsgaard J. Voltage fluctuations in neurons: signal or noise? Physiol Rev, 2011, 91: 917.

[2] Faisal A A, Selen L P J, Wolpert D M. Noise in the nervous system. NR Neurosci, 2008, 9: 292.

[3] Destexhe A, Rudolph M, Paré D. The high-conductance state of neocortical neurons in vivo. NR Neurosci, 2003, 4: 739.

[4] Lee J, Joshua M, Medina J F, et al. Signal, noise, and variation in neural and sensory-motor latency. Neuron, 2016, 90: 165 – 176.

[5] Steriade M, Nuiiez A, Amzica F. A novel slow (<1 Hz) oscillation of neocortical neurons in vivo: depolarizing and hyperpolarizing components. J Neurosci, 1993, 13: 3252 – 3285.

[6] Wang X J. Neurophysiological and computational principles of cortical rhythms in cognition. Physiol Rev, 2010, 90: 1195.

[7] Steriade M, Dossi F C, Nuiiez A. network modulation of a slow intrinsic oscillation of cat thalamocortical neurons implicated in sleep delta waves: cortically induced synchronization and brainstem cholinergic suppression. J Neurosci, 1991, 11: 3200－3217.

[8] Wilson C J, Kawaguchi Y. Origins of two-state spontaneous membrane potential fluctuations of neostriatal spiny neurons. J Neurosci, 1996, 16: 2397.

[9] Gerkin R C, Clem R L, Shruti S, et al. Cortical up state activity is enhanced after seizures: a quantitative analysis. J Clin Neurophysiol, 2010, 27: 425－432.

[10] Harris K D, Thiele A. Cortical state and attention. NR Neurosci, 2011, 12: 509－523.

# 第 9 章　力学神经生物学

## 9.1　引言

从原理上看，神经组织能够感受机械力的变化是不足为奇的。细胞作为生命的基本单元，能主动感知（sense）机械刺激并作出反应，这是其功能之一。细胞外基质（extracellular matrix，ECM）的机械特征如硬度（stiffness）、表面拓扑学及变形，它们可以通过与细胞的相互作用来调节各种细胞活性，如形态、分化、运动和基因表达[1]。动物身上有感觉细胞，它们能够感知内外环境中的各种变化，如热、机械力、化学配基和光。热和机械力在自然界中普遍存在，动物为了能够在外界环境中行走及交换信息，必须依赖于探索外界和内部的力。动物为了能够感知力，力必须先作用于其身上的机械感受器细胞，以及细胞所拥有的分子感知器[2]。机械换能过程（mechanotransduction）的基础是生物大分子或膜的软物质特性。作为对机械负荷的反应，软物质可以触发一些生物化学反应。在某些情况下，细胞结构的机械换能过程已经得到了深入研究，如肿瘤纤维化、胚胎发生等[3]。机械力激活离子通道与机械换能过程是一个力学生物学问题。机械换能过程的作用是把机械信号转变为生物化学信号，这种转化对于好些生理过程都是必需的，如触和听的意识感觉、对血流的无意识感觉。能够感知物理力的是机械激活离子通道。近年来，在这方面有许多新进展：已知离子通道有感知物理力的功能，发现了新的机械激活离子通道[4]。本章将讨论力学神经生物学两方面的问题。一是机械力作用于神经组织是否以及如何影响脑的功能；二是神经组织的力学（机械的）变化是否也是神经功能（脑功能）的表现形式，因而参与脑的神智及调节功能。前者可称为力学影响，后者可称为力学表现。力学表现也可以看作神经元间的一种非化学性调制作用（参见第 5 章）。目前，涉及后者的文献还很少。

### 9.1.1　电场刺激引起的机械效应

在活体脑回路上做缩时光学成像时，在靠近刺激电极处，电场刺激几乎经常引起微米尺度的运动伪迹，依刺激参数及其他因素的不同而异。这些运动源于电场作用到极化的粘弹性细胞的效应。由于细胞膜的界面间极化，当细胞受到电场作用时，就会产生一个偶极子（dipole）。这样，电压脉冲作用在粘弹性膜上会产生弹性应变，其幅度大小依赖于电场强度和电场下细胞的有效极化。已经显示，红细胞、CHO 细胞* 及其他细胞的面积扩张模量($K_A$)是可变的。应对电压脉冲，有的细胞可伸长到 10%[5]。

### 9.1.2　机械力对神经细胞的影响

所有细胞都可能受到机械力的影响。在脑内，产生力的以及承受负荷的蛋白质分子会扭曲、转动、弯曲、屈曲、受压、扩展，以介导神经元的信号传输和可塑性。虽然力学敏感蛋白质的功能已经比较透彻地在经典感觉系统中得到描写，但脑内内源性机械能对于细胞功能的效应较少受到注意，当前神经科学中的许多工作模型并不把细胞力学原理整合进去。但是，为了能够把力学生物学整合到当前对脑结构与功能的研究中去，对细胞力学观点有所了解是必要的[5]。

细胞不断受到机械力的作用，它影响细胞分裂、基因表达、细胞迁移、形态发生、细胞黏附、液体稳态、离子通道门控和小泡运送。力学生物学是一个正在快速生长的领域，它聚焦研究机械力对细胞和分子过程的影响。力学生物学研究最主要的动机是阐明一些机制，例如细胞如何感觉、转导并对力学刺激进行反应，还有，特征化分子与细胞的力学特点[5]。

### 9.1.3　神经元活动的力学表现

已经知道，在神经元上可以发生无数力学事件。例如，即使当动作电位放电时，轴突也会发生力学变化，包括沿着轴突膜轻微容积变化的传播。这样看来，由于电场刺激所引起的运动伪迹的产生，似乎是膜对电活性反应的物理化学特征，可能是无法避免的[5]。

轴突动作电位在传播时伴随有膜的变形(容积变化)；动作电位放电及小泡融合时，可以在轴突末梢记录到力学脉冲；作为对突触活性的反应，树突棘可以“扭转”，并经历肌动蛋白介导的快速收缩。这些细胞力学的动力学对脑功能有多大程度影响，仍然是一个谜。我们的知识存在着缺口，可能由于神经科学家们传统上不考虑经典力学在脑功能中的作用。因此，本章的意图是挑战当前我们的神经元生理学及神经元可塑性模型，这些模型在当前不考虑影响神经元的细胞动力学因素。我们将先提供简单的原理介绍，通过这些原理说明磷脂细胞膜、细胞骨架、细胞外基质(ECM)蛋白、细胞黏附分子等如何赋予脑以一定的力学特点(图 9 - 1)。本章也讨论一些涉及脑某些力学特征之间相互作用的工作假说，而这些特征又关系到突触信号化、神经元可塑性以及外伤性损伤等不同的方面。此外，本章还介绍可能应用于现代神经生物学研究的力学生物学方法及工具，这样可以进一步促进神经科学的细胞力学研究。总的说来，通过文献讨论，我们认为需要扩展思索范围，即力是脑的力学(物理)可塑性之基础，而且它们对神经元信号的作用产生后果。我们已经越来越多地觉察，许多离子通道是机械敏感的，所以当考虑解释大量突触可塑性实验的时候，对电场有反应的质膜变形后果是重要的。现在还不清楚的是，在

---

* CHO 细胞：Chinese hamster ovary (CHO) cell，中国仓鼠卵巢细胞系。

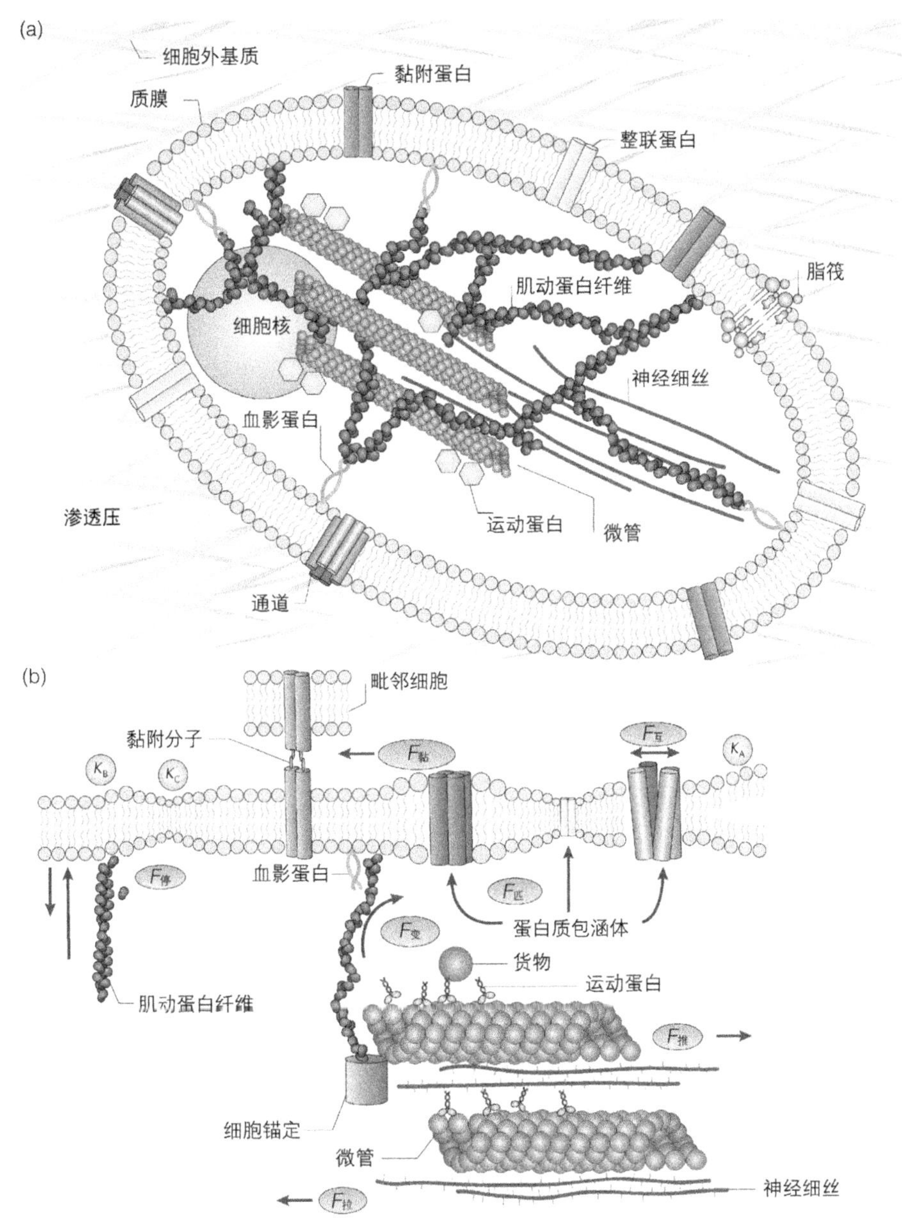


**图 9-1**　机械力由神经元感知并被转导

(a) 显示神经元细胞体的细胞组成和分子组成，它们可以转导或感知微力学的力。所显示的组成成分包括细胞质膜、离子通道、肌动蛋白纤维、微管、神经细丝、运动蛋白、血影蛋白、整联蛋白、细胞外基质(ECM)、脂筏。另外，还提到渗透性。它们在神经元和胶质细胞的功能方面起关键性作用。(b) 神经元或胶质细胞显示其质膜的几个特点，包括各种模量(moduli)：弯曲模量($K_B$；bending)、压缩模量($K_C$；compression)及面积扩张模量($K_A$；area expansion)等。各种力：肌动蛋白纤维的停顿力($F_{停}$；$F_s$)、变形力($F_{变}$，buckling；$F_b$)及由微管和神经细丝相互作用而发挥的推力($F_{推}$；$F_p$)和拉力($F_{拉}$)、由细胞黏附分子产生的黏附力($F_{黏}$；$F_a$)，例如整联蛋白、钙黏附蛋白(N-cadherin，Ncad)，它们把细胞耦合到一起。此外，当质膜上包含蛋白质以后，例如离子通道，会产生相互作用力($F_{互}$；$F_i$)和疏水性匹配力($F_{匹}$；$F_m$)。(图引自[5])

给予电或化学刺激的实验程序条件下，要是不考虑力的影响，将如何能够完全了解机制。机械能量不可能简单地在脑内丢失掉。看来，神经科学要想摆脱力学生物学来看待脑功能是困难的，我们应该从扩展我们的研究中得到好处[5]。

### 9.1.4　脑的力学特点

杨氏模量（或弹性模量；$E$，elastic modulus）描写物质对变形的抵抗（或倾向性），作为对力学应力（stress）的反应。通过对脑宏观物理特征的特征化研究，所得到的数据表明，脑是一种黏弹性（viscoelastic）物质，是体内最软的组织之一。有许多描写脑弹性特征的数值被估计出来，通过把脑的切变模量（$G$，shear modulus）转变成 $E$，假定脑的泊松比值（$\nu$）为 0.5，而 $E = 2G(1 + \nu)$。啮齿类和人类脑被描写的估计值 $E$ 为 0.1～16 kPa。体内其他组织有比较高的弹性模量，也即比脑组织更硬一些。例如，骨头被大家承认是硬的，其 $E$ 约为 15～30 GPa，而比较不硬的结缔组织和动脉的 $E$ 为 0.1～1 MPa，而更软的肌肉则 $E$ 为 100～110 kPa[5]。

应用磁共振或超声方法做弹性图，这种方法是通过对声波（切变）在身体上传播所引起的变化所做的成像，以此来估计组织的硬度。磁共振弹性图（magnetic resonance elastography，MRE）对完整人脑的非线性黏弹性特征的特征化和描图是有用的。MRE显示，正常各脑区的硬度变化相当大，这些力学特点随着人的年龄和疾病状态而改变。了解这些力学变化基础的神经元分子及细胞特点，以及它们又如何引起功能性的后果，将是脑的力学生物学研究的焦点所在。由于细胞和组织的整合性结构和力学特征，影响其中某一个成分的力转过来又可以在其他组织或细胞中产生张力和应变。下面我们讨论质膜、细胞骨架、ECM、细胞黏附蛋白和离子通道在神经元中是如何产生力的，或者在功能上是如何受机械力影响的（图 9－1a）[5]。

## 9.2　细胞组成成分的力学特征

### 9.2.1　细胞质膜

质膜的磷脂双层给出脑的许多黏弹性特征。质膜是动态的，它在广阔的时间和长度尺度上经历着结构变化，从纳秒/纳米级到微级（microscopic）（微秒/微米）和中级（mesoscopic）（毫秒/毫米）。磷脂在脂双层中有侧向弥散，其弥散常数的数量级为纳秒，每 10～20 ns 它们实现一次跨非对称（trans-gauche）的异构化作用（isomerization），而且以纳秒时间尺度发生转动、旋转或者晃动（wobble）。质膜对力的反应，以应变的非线性函数随时间而改变。这表明，质膜是黏弹性的，或者是非牛顿液体。在这里，磷脂双层反映质膜是一种 Maxwell 物质，这种物质显示频率依赖的张力和黏度的变化；随着黏弹性的张弛（relaxation）时间，其尺度为数十毫秒[5]。

作为对力的反应而产生的质膜变形，可以用它们的压缩（$K_C$）、面积扩张（$K_A$）、弯曲（$K_B$）等模量加以描写（图 9－1b）。在各种情况下，大的模量表示对变形力的阻力大，而小的模量表明阻力小。在与神经元有关的活性条件下，膜变形可以在毫秒时间尺度上影响离子通道活性(图 9－2a,参看 9.2.7)。质膜的基本黏弹性特征大致上可以归纳为$K_B<K_A<K_C$(这意味着,对弯曲力最敏感,对压缩力最不敏感)。神经元质膜对弯曲变形的极端敏感性,介导了它的外排和重新回收小泡的能力,以及神经元在生长和运动时对感受到的推动力量及排斥力量所作出的反应。内源性的神经元膜黏弹性特征,又进一步受细胞骨架元素的影响,这些元素在细胞内为神经元提供了结构张力[5]。

### 9.2.2 肌动蛋白和血影蛋白

开始时,细胞质被描写为具有黏性和弹性特征。有关的实验联合应用光学显微镜和力产生方法。在力的产生上使用磁场操控埋藏在原生质中颗粒的方法。由于 W. Seifriz 在 1924 年所做的先驱性实验观察,最终导致了一个认识,即细胞拥有某种类型的细胞骨架。今天我们知道,肌动蛋白纤维是细胞骨架的一部分,它显示动态结构的可塑性,而其功能是作为力转导物的三维阵列。肌动蛋白单体(G－肌动蛋白)可以聚合成为肌动蛋白多聚体(F－肌动蛋白)。F－肌动蛋白产生机械力,此力对许多细胞过程都是重要的。例如,当细胞发生内吞和胞外排过程时,细胞膜发生鼓出和推进,对抗质膜的张力和变形变化,并作为分子的张力感受器来调节细胞内稳态的诸多方面。肌动蛋白产生力的能量需求由 G－肌动蛋白与 F－肌动蛋白之间的化学能量差来提供。当 G－肌动蛋白达到一个关键(临界)浓度时,那时单聚体肌动蛋白的自由能超过了 F－肌动蛋白的自由能,此时肌动蛋白多聚化随即发生,因为所需能量差的要求已经满足。

当多聚化的肌动蛋白纤维靠近生物学负荷时,例如在质膜中,肌动蛋白纤维就产生推力($F_p$)及热波动,这使得 G－肌动蛋白单体能够不断地整合与进入 F－肌动蛋白。这种肌动蛋白的延长被认为类似于“Brown 棘轮”(Brownian ratchet),因为随机热力学波动使得 F－肌动蛋白多聚化呈现齿轮样搅拌。F－肌动蛋白的伸长将继续发生,直到在热动力学的限度范围里,对抗性的负荷力量止住多聚化的过程。这个限度通常被称为停顿力($F_s\approx 1$ pN)。除了停顿,肌动蛋白也可以在其他($F_b$)力作用下变形,允许它沿着边界继续延伸(图 9－1b)。当 F－肌动蛋白纤维束从不同的角度接触表面负荷,并连续实施分叉的形成和伸长时,它可以产生数千帕(1 kPa＝1 nN/$\mu m^2$)的力。肌动蛋白的运动蛋白(如肌球蛋白)、GTP 结合蛋白(如 Ras、RAC、Rho、CDC42)以及一系列其他的蛋白质,可通过不同机制影响肌动蛋白所产生的力[5]。

肌动蛋白产生的力可以调节轴突生长锥的动力学。生长锥具有低弹性模量($E=106\pm 21$ Pa;1 Pa ＝ 1 pN/$\mu m^2$),可以产生数量级为 30 Pa 的内部应力。当肌动蛋白在生长锥前沿多聚化时,生长锥开始在它们的生长环境中形成局灶性黏附。作为一个力发生器,生长锥是脆弱的(也就是说,它们不能够产生高机械应力),也是软的(也就是说,它们不硬或不坚固),这使得它们对于环境中的机械特性特别敏感。F－肌动蛋白逆向流的动力学可以突然改变,从而加速生长中鸡胚胎前脑丝状伪足的运动,当它们碰到一个具有约 1 kPa 硬度的底物(substrate stiffness)的时候。这些特点可能鼓励力学性调整的突触形成(参看 9.3.2)。在突触后一侧,肌动蛋白是树突棘形成及树突棘可塑性的一个确定的调节者。然而，有关在树突棘工作而得到某种后果时肌动蛋白如何在空间及时间上进行力学分布的定量描述资料，仍然缺少。神经科学可以运用力学生物学研究的实验方法，在这个领域开始架设桥梁(参看 9.5)[5]。

树突棘的可塑性也受血影蛋白的影响。血影蛋白是一种细胞骨架蛋白，形成弹簧样四聚体，并可以与肌动蛋白相互作用，从而帮助维持细胞的完整性、稳定性及弹性(图 9－1a)。小脑浦肯野细胞为了形成树突和树突棘，关键性地需要血影蛋白的 βⅢ 同工分子，而 β1 血影蛋白可以调节 CA1 区海马树突棘的运动度以及 AMPA 受体电流的幅度。尚不清楚的是，由血影蛋白所介导的力学后果，在多大程度上有助于这些功能后果。把蛋白质和细胞其他区隔相互间连接起来的力学耦合力可以由血影蛋白介导，而且已知可以影响突触前的兴奋性。例如在轴突始段及郎飞结，βⅣ 血影蛋白稳定电压门控钙通道。KCNQ2 钾通道的活性及它们在郎飞结的成簇，也依赖于完整 βⅣ 血影蛋白所产生的机械力。离子通道活性的其他力学效应，可能部分地由血影蛋白和质膜相互作用或者蛋白质相互作用所介导，下面还会讨论(参看 9.2.7)[5]。

### 9.2.3　微管和神经丝

根据实验，当纺锤体形成，发生有丝分裂和染色体分离时，微管可以施展分子力。细胞中微管产生的力通过多聚体 αβ 管蛋白质二聚体，或通过灾难性去多聚化事件，这都是由于微管的动态不稳定性。还有，微管可以存储因经常弯曲所产生的弹性能量，也可以感受断裂，这种断裂已经被认为可以介导细胞内的力学化学信号传送。微管产生推力($F_p$)或拉力($F_{拉}$)，从而为膜、蛋白质或运输分子的货物提供结构支持(图 9－1b)。此外，当$F_s \approx 5$ pN 时，单个微管能够产生最大的力。微管的这个 $F_s$ 也符合微管运动蛋白、驱动蛋白的停顿力。驱动蛋白形成二聚体后结合到微管亚单位，在那里被 ATP 水解时实现旋转的构象变化，这样就易化了它们沿微管运输货物(cargo)的运动，或者帮助微管的延长。得到中间丝的增强过程，细胞中的肌球蛋白网络及微管相关蛋白质被认为能够赋予微管操控大的压缩负荷，而且顶住大于 100 pN 的弯曲力量。近来还显示，除其经典的货物运输或结构支持作用以外，在调节树突棘形态学和突触可塑性方面，还有以前未曾认识到的微管功能。微管产生的力与肌动蛋白产生的力相协调，从而介导树突棘稳定性和可塑性的变化，其程度如何还不清楚，虽然存在着几种可能性(参看 9.3.1)[5]。

神经丝是有髓轴突中最丰富的细胞骨架蛋白，它可以和其他细胞骨架元素发生动态相互作用。有几个实验提示，神经丝可以调制轴突的机械力。从结构上看，神经丝是一些具有侧臂的长丝状纤维，从而产生“胡须样”的外观(图 9－1b)。神经丝侧臂被认为给轴突提供了结构支持，保护轴突使之免受压缩性负荷。类似地，星状胶质细胞的中间丝也被认为能发挥保护性作用，抵抗脑内的机械力，并介导损伤时所带来的对机械性应力的反应。轴突的辐射方向生长是由神经丝介导的，而此过程部分地依赖于神经丝相互间所产生的远程排斥力。有几个模型可以用来解释神经丝之间及神经丝和其他细胞骨架元素之间的相互作用。在某些模型中，神经丝相互间形成跨桥，而在某些离体情况下，跨桥可以形成多聚体凝胶，其 $E > 100$ Pa。总体来说，神经丝和中间丝在神经元和胶质细胞中分别起结构性和保护性的支持作用，它们是数量最多的蛋白质弹性体[5]。

### 9.2.4 细胞外基质和细胞黏附分子

由于连接着一个细胞与另一个细胞的质膜和细胞骨架，细胞黏附分子和细胞外基质(ECM)蛋白的作用是作为支持细胞网络和组织功能的一种动态聚合体基质。除了为神经元和胶质细胞提供力学支撑框架外，ECM 分子例如颤蛋白，在突触可塑性的诱导、表达和维持方面有很确定的作用，而这些作用又涉及：易化神经递质受体的周转，调制树突棘的形态发生，调节离子通道的活性等。其他几个 ECM 蛋白例如胶原蛋白、层粘连蛋白、纤连蛋白，它们为中枢神经系统的正常生长、发育和可塑性提供了力学支持网络。根据所了解的 ECM 在脑功能中的整合性作用，其功能失调已经被指认参与了大量的神经类疾病，从癫痫到其他神经-精神性疾病，如精神分裂症。细胞黏附分子使神经元之间、胶质细胞之间以及 ECM 之间力的转导和感受得以发生[5]。

### 9.2.5 整联蛋白

细胞黏附分子的一个家族成员是整联蛋白，它是跨膜受体。通过与肌动蛋白的相互作用，它把 ECM 蛋白和细胞骨架连接起来(例如纤连蛋白)。单个整联蛋白分子可以与纤连蛋白形成黏附，纤连蛋白的键破裂力量(使得黏附脱离的力)大约为 20 pN。在神经元中，整联蛋白调节突触的形成和成熟，为影响突触稳态和突触可塑性的一系列 ECM 信号化机制提供了分子支持[5]。

### 9.2.6 钙黏附蛋白

另一家族的跨膜细胞黏附分子是钙黏附蛋白(Ncad)，它通过在表达其他 Ncad 和细胞黏附分子的细胞之间形成黏附位点，调节细胞的结构与稳定性。神经元 Ncad 与其伴侣结合，结合力大约为 40 pN。通过这些黏附分子的作用，Ncad 介导树突棘稳定的某些方面，并被认为在突触形成和神经元可塑性方面还有其他的作用。除直接的耦合作用以外，整联蛋白和 Ncad 都可以转导细胞的力。这些作用可能实现以前所未能认识到的、在突触前和突触后的区隔之间的力学信号化机制(参看 9.3)[5]。钙黏附蛋白除了把细胞黏附在一起之外，还可能起机械换能器的作用。它能够感受张力，并触发细胞间连接的适应性变化[6]。

### 9.2.7 离子通道

质膜上的压力、张力、牵拉力和应力，可以激活中枢神经系统及感觉系统中的一系列机械敏感通道(mechanosensitive channel，MSC)。MSC 门控机制依靠一系列复杂的膜变形以及膜与蛋白质的相互作用来实现其活性(图 9-2)。除了压力和张力对于质膜的大体效应以外，当蛋白质的疏水区和脂肪企图限制它们自己相互之间的物理长度时(疏水性匹配力：$F_M$；图 9－1b)，就会产生分子间的机械力。质膜包含蛋白质以后，就产生了这些相互作用力($F_i$)，这种力可以调制离子通道的活性[5]。

许多来自不同家族的多模态(polymodal)通道，包括瞬变感受器电位(TRP)受体、双孔域钾离子通道(K2P)、钙激活钾(BK)通道，都受膜变形的调控(图 9－2)。近来关于离子通道之生物物理学知识的进展表明，即使许多经典的电压门控通道(voltage-gated channel，VGC)，例如电压门控钠通道(NaV)、钾通道(KV)和钙通道(CaV)等，也对质膜上的机械波动敏感。表达于脑内、不同类型而且具有力学敏感特征的离子通道的例子，开列在表 9－1[5]。

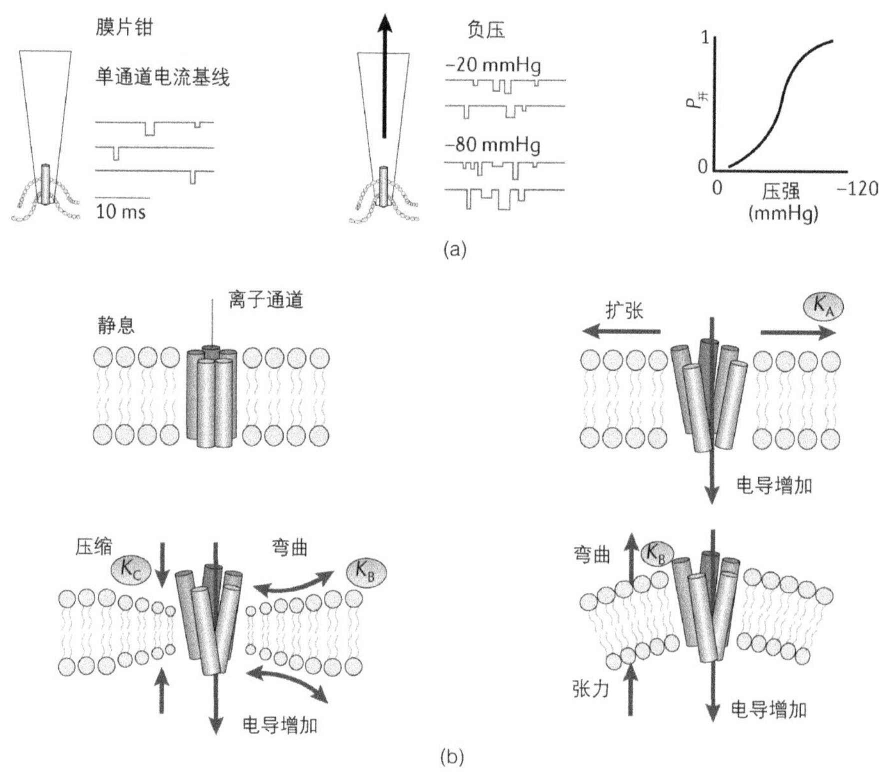


**图 9－2**　离子通道活性对膜机械力学敏感

(a) 研究机械力如何影响离子通道活性的一般性途径。显示一个经修饰的压力膜片钳(pressure-clamp)实验。在此，应用常用的内-外或外-外膜片钳方法记录单离子通道活性(左)。外加负压(吸)于膜上，可记录到机械敏感通道(MSC)活性的增加(中间)。通道的开放概率($P_{开}$)可以用压力作用到膜的函数来代表(右)。(b) 静息条件下质膜上的一个离子通道(上左)。膜的扩张、压缩、弯曲和张力可以引起离子通道构型的变化，调控其开放及膜电导。(图引自[5])

有关膜力学影响离子通道活性的更多证据，来自对某些麻醉剂作用机制的热力学研究。氯胺酮、异氟烷的作用被认为是增加了脂肪的侧向压力剖面(profile)，此作用改变了通道活性。即使尺度仅零点几纳米的小的膜变形，就足以影响通道的行为。接受这样一个观点，即微机械力学的力可以影响通道门控，那就提出了一个重要的神经科学问题，其

**表 9-1 可以被机械力激活的通道**

| 离子类型 | 通道/受体 | 离子类型 | 通道/受体 |
| --- | --- | --- | --- |
| $K^+$ | Shaker(Kv1)<br>TRAAK(K2P4.1)<br>TREK1(K2P2.1)<br>HCN2<br>钙激活钾通道(BK) | 混合阳离子通道 | NMDA 受体<br>TRPC1<br>TRPV1<br>TRPM3<br>ATI TREK1(Δ1-56 K2P2.1) |
| $Na^+$ | $Na_V$ 1.5<br>$Ca^{2+}$ (N 型) | $Cl^-$ | CFTR |

简写*：ATI TREK1：TWIK 相关钾通道的交替转录发动同工分子。BK：大钾通道；CFTR：囊性纤维化跨膜电导调节蛋白；HCN：超极化激活核苷酸门控阳离子通道；K2P：双孔域钾通道；Kv：电压门控钾通道；Nav：电压门控钠通道；TRAAK：TWIK 相关花生四烯酸刺激钾通道；TREK：TWIK 相关钾通道；TRP：瞬变感受器电位通道。(表引自[5])

中很明显重要的一点就是，我们通常所了解的神经元兴奋性，并不能够解释细胞力学的后果。许多离子通道(包括电压门控通道)是力学敏感的，这种现实将如何影响我们对于神经元活性及可塑性的认识？怎样面对这个问题似乎是一个特别艰难的挑战。例如，脑内神经元质膜上的结构性变化(张力和应力)不断发生。又如，离子通道插入突触后膜或者调制突触小泡的胞外排速率，而这些几乎肯定会引起突触膜张力和应力的变化。探讨这些力学变化对离子通道活性及突触信号化活性的后果，将会增加总体上对实现脑功能的机制的了解[5]。

## 9.3 突触部位的物理耦合

突触包含由细胞骨架、细胞黏附分子和细胞外基质(ECM)蛋白所耦合的不同区隔，每个成分都会对突触元素发生黏附力($F_a$)。突触前和突触后区隔可以按照相关联的方式，改变它们的结构和生理强度。然而我们不知道，当区隔之一所转导的机械力发生变化时，是否会触发另一个区隔的功能变化。我们也不知道，树突棘是否可以把机械力传送到突触前区隔，从而影响神经递质的释放与再循环。有几个关于突触耦合以及突触前膜张力影响神经递质小泡动力学的实验观察，支持有这种可能性存在[5]。

依赖于突触的细胞力学匹配(在相连接的突触前后区隔之间硬度或弹性的等同性程度)，看起来似乎是有可能的。树突棘可以向突触前伴侣施加各种力——回缩力($F_{回}$)、抽动力($F_{抽}$)或伸长力($F_{伸}$)，从而触发突触前膜张力或弯曲的功能性变化(图 9-3a)。如果树突棘产生一个拉力，而这个力大于突触前膜的弯曲模量，但小于突触黏附分子间键分裂的力，那么，突触前膜的张力将受树突棘拉力的影响。在海马突触上，树突棘的运

* ATI TREK1: alternative translational initiation isoform of the TWIK-related potassium channel; TWIK1: tandem of P domains in a weak inward rectifying $K^+$ channel 1; BK: big potassium channel; CFTR: cystic fibrosis transmembrane conductance regulator channel; HCN: hyperpolarization-activated cyclic nucleotide-gated channel; TRAAK: TWIK-related arachidonic acid-stimulated potassium channel; TREK: TWIK-related potassium channel.

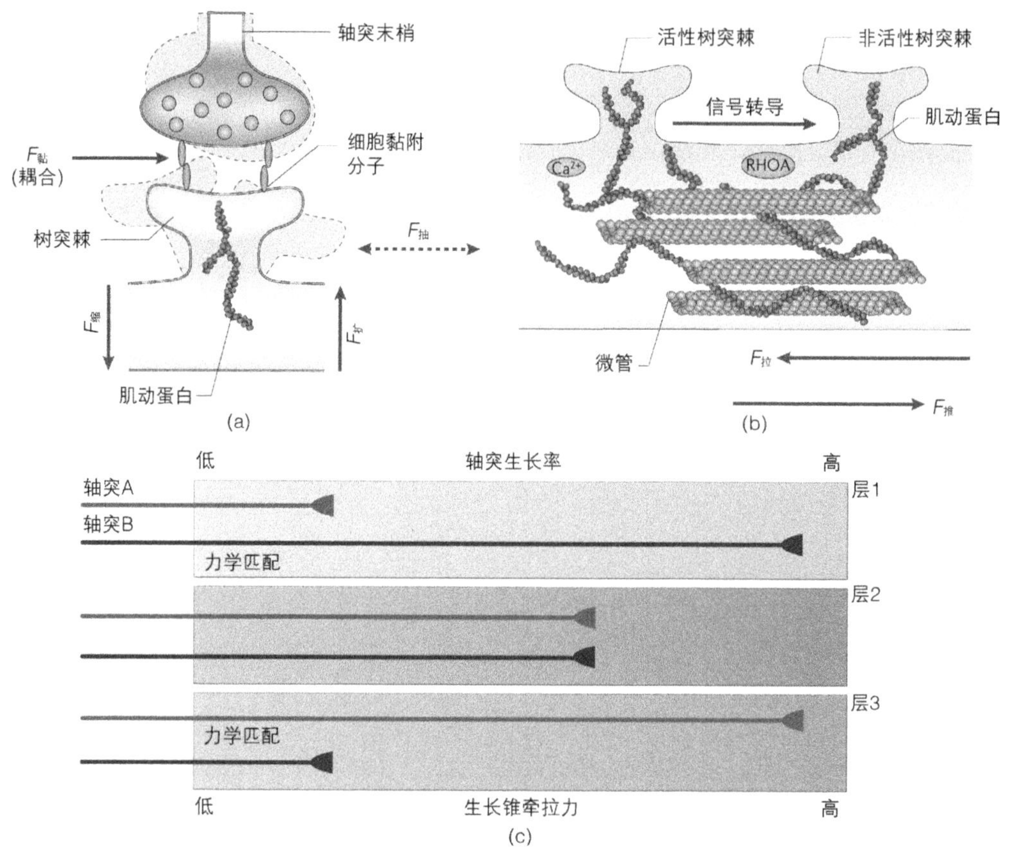


**图 9－3**　突触区隔间机械力的转导及其功能含义(彩图见图版第 27 页)

(a) 树突棘通过细胞黏附分子耦合到轴突末梢，黏附分子对突触实现黏附力($F_{黏}$)。肌动蛋白介导的树突棘结构变化有几种力代表：扩张力($F_{扩}$)、缩减力($F_{缩}$)及抽动力($F_{抽}$)。这种在树突棘或在轴突末梢产生的力，被假定可以在其对侧区隔上引起结构和功能的变化。这些作用可能来自力从一个区隔到另一个区隔的转导，力的转导是通过细胞骨架和细胞黏附分子的突触耦合机制。(b) 邻近树突棘间的信号化可以包含由 F－肌动蛋白和微管实施的推力($F_{推}$)与拉力($F_{拉}$)。从活性树突棘形成的 Ras 同源基因家族成员 A(Ras homolog gene family，member A，RHOA)弥散，可以引起由细胞骨架元素所产生的局部力变化。因为微管可以让机械力跨越相对大的距离，故可能影响邻近非活性树突棘的物理收缩或抽缩(twitching)，而这又可能转过来影响膜张力和离子通道活性。(c) 在 3 个不同层次的组织中两根轴突的生长动力学，每个层次具有不同的底物硬度。蓝：低硬度；红：高硬度。细胞力学匹配原理：蓝生长锥在蓝的底物上，红生长锥在红的底物上。这个原理调节了生长锥产生拉力以利于生长的能力。(图引自[5])

动度经常耦合于突触前终扣伴侣的运动度，而且一个区隔的扩张将导致另一个区隔的缩减。突触前膜的张力能够以整联蛋白相关的方式影响突触小泡的组构，调制突触小泡胞外排的速率。事实上，自从 P.Fatt 和卡茨进行原始性经典小终板电位的描写以来，人们已认识到机械力可以调制突触传递。这些及其他观察提示，力学信号可能在脑内进行功能性传递，通过细胞骨架和细胞黏附分子之间发生的相互作用的介导，从一个突触区隔到另一个区隔(图 9－3a)。在神经-肌肉接头上已经观察到，当肌肉生长时，有类似的突触前和突触后伴侣间黏附所介导的变化证据。神经科学中的力学生物学研究，目标应该是测定突触的顺向及逆向力学信号化，在多大程度上参与了突触发育、突触信息转送及可塑性[5]。

### 9.3.1 树突棘之间的力学信号传送

相邻树突棘之间的信号传送,包含有 GTP 酶分子的弥散。例如,RHOA 从受刺激树突棘侧向弥散,经过树突内约 5 μm 的距离,影响邻近树突棘的可塑性。实现下游信号传送后果的基本机制还不清楚。有一个可能是,作为对突触活动的反应,局部 GTP 酶诱导的微管及 F-肌动蛋白变化,使力学信号可以在细胞骨架耦合-树突棘之间的小网络中传送(图 9-3b)。例如,微管可以像有弹性的棍棒一样发挥作用,距离可达 10 μm,而平均树突棘间的距离仅约 1 μm。此外,力-速度测定(其等级为 1 μm/min)的结果符合空间分离树突棘受 GTP 酶活性影响的距离,这种活性可以在树突棘激活之后持续约 30 min。这种时间及长度尺度支持了一个假说,即 GTP 酶活性的改变可以通过细胞骨架元素,调制机械力的传送,而细胞骨架元素是树突棘间信号传送的一种方法(图 9-3b)。近来的观察显示,微管可以侵入树突棘,以活动依赖的方式调节棘的形态学。基于前述微管特征的背景(参看 9.2.3)应该可以预期,微管的树突棘侵入将伴有微管推力($F_{推}$)和拉力($F_{拉}$)的局部变化。关于细胞骨架元素所转导的推力或拉力是否能够作为信号得到传送,从而在空间上分离开的树突棘之间触发力学变化还不清楚,但证据似乎有利于可能性存在的研究[5]。

### 9.3.2 型式化的突触形成

为了保证合适的生长,细胞突起一定要能够感受它周围环境的力学性质,当它必须对所产生的拉力进行调整的时候。虽然已经知道,生长锥的机械特征和 ECM 坚硬程度的差别性调整可以调节突触的形成,但是对这些元素之间错综复杂的相互作用,并不完全了解。啮齿类海马的各个细胞层具有明显不同的硬度(CA1 区锥体细胞层: 0.14 kPa;CA1 区放射层: 0.20 kPa;CA3 区锥体细胞层: 0.23 kPa;CA3 区放射层: 0.31 kPa)。在硬度范围为 0.5～7.5 kPa 的底物上培养时,在软一点底物上培养的海马轴突生长得快一点。类似地,在胚胎脊髓神经元的发育中,在比较软的底物(0.05 kPa)上生长相比于在比较硬的底物(0.55 kPa)上生长,其神经突起的分叉密度可以高 5 倍。有意思的是,当受到机械力拉长时,背根神经节(DRG)神经元的轴突生长相当地加快。鸡胚胎前脑及感觉神经元生长的发动及生长速率也可以受机械张力的调制。皮层或海马神经元的轴突是否以同样的方式对力学牵拉作出反应,尚不清楚。这是一个令人特别感到奇怪的问题,因为牵拉力的显微镜技术显示,DRG 神经元的生长锥可以产生相当大的拉力(约 537 pN),比之海马神经元(71 pN)。作为底物硬度或生长锥牵拉力的函数而表达不同的生长速率,可能代表了经过力学作用而产生型式突触的一个过程(图 9-3c)[5]。

牵拉力产生的分子介导物与力感受机制合作,可以完善轴突生长的动力学。肌球蛋白ⅡB 介导生长锥牵拉力的产生;肌球蛋白ⅡB 基因敲除小鼠的上颈神经节神经元丝足所产生的牵拉力(约 660 pN)比之来自野生型小鼠的同样丝足(970 pN)要小一点。F-肌动蛋白及整联蛋白两者都能够向生长着的细胞突起报告底物硬度,细胞突起又转过来优化自己的力学特点,以控制在环境中生长的动力学。此类闭环反馈系统可能具有功能的相关，通过轴突的生长速率对机械应力暗号作出反应，可以跟上动物机体的生长。总起来看，在发育及成年的可塑性方面，上述动态细胞力学的匹配原理可能为调整突触的形成提供一个机制（图 9－3c）。对不同解剖学分区、活性程度以及发育阶段的生长锥牵拉力变化加以特征化，应该会进一步推动阐明：细胞力学匹配的原理是如何影响突触形成的。这看起来似乎特别重要，因为发育过程中脑的力学特征是变化的。此外，细胞力学匹配对于缝隙连接、神经-血管接头及其他细胞黏附位置的信号传送可能是重要的，在那些位置上，细胞具有物理相互作用的不同的力学特点[5]。

## 9.4　外伤性损伤

如前所述，在系列的一端，对正常的脑功能来说，内源性微力学（micromechanical）能量是重要的；然而在系列的另一端，相当大的机械力作用于脑，可以造成意识的丧失、不可逆的神智功能缺损、进行性的神经变性甚至死亡。脑震荡和外伤性脑损害（traumatic brain injury，TBI）的有害后果，近来引起神经科学界的浓厚兴趣。然而，对颅部损伤的力学后果，我们知道得很少；同样，对颅部损伤如何触发一系列有害的分子信号传导通路，这些通路又如何转过来产生 TBI 的种种临床表现，我们也知之甚少。与前面讨论过的脑的细胞力学特征相一致，有证据提示，外伤性损伤至少可以作用于蛋白质、离子通道、细胞骨架和细胞质膜[5]。

由鞭打式损伤引起的弥散性轴突损伤，导致进行性的神经变性。这种损伤是由于河鲀毒素（TTX）敏感钠通道的力学性激活所引起，最终导致钙介导的细胞兴奋毒性。类似的现象是否也关联到导致脑震荡或 TBI 的头部损伤，还有待研究。整联蛋白介导的 Rho（ρ）激活也可以是轻度 TBI 以后弥散性轴突损害的重要原因。在质膜水平上，作为对 TBI 的反应，大鼠机械打孔（mechanoporation）导致膜电导增加。类似地，TBI 诱导的机械打孔可以触发轴突起泡（blebbing）以及局灶性微管破裂。例如，星状胶质细胞的中间丝被显示可以保护脑和脊髓免受力学损伤，也介导中枢神经系统的损伤反应。此外，细胞外基质（ECM）的重新建模及断裂过程，被认为参与了调制脑损伤的反应[5]。

通过中枢神经系统力学特征的研究，如何能够更好地进行 TBI 的治疗预防？通过获得对脑回路细胞力学特征的基本了解，神经科学将会处于较好的位置，以探讨联系到 TBI 的种种挑战。当前我们并不充分了解，机械能量在多大程度上调节内源性脑功能，所以要想了解极端冲击力如何破坏中枢神经系统的天然力学特征，仍然比较困难。仅凭这些事实就表明，需要强调研究脑功能的力学生物学[5]。

## 9.5　研究力学生物学的工具及方法

可以应用各种不同的方法研究细胞及其网络的力学特征[5]。

### 9.5.1　膜片钳方法

修饰的膜片钳方法是一种压力钳技术，可以用来研究对膜变形作出反应的单个离子通道活性(图 9－2a)[5]。

### 9.5.2 荧光显微镜方法

已经发展出无数的荧光显微镜方法,来研究力学生物学。荧光相关光谱学(fluorescence correlation spectroscapy,FCS)是一种光学方法,此方法检测小的荧光波动;时间依赖的单光子计数(time-correlated single-photon counting,TCSPC)是另一种光学方法,需要测定荧光的衰减时间。为了特征化细胞的机械力,FCS 和 TCSPC 两者都有用,因为它们依赖于光子与其环境之间的相互作用。基于共振能量转移(fluorescence resonance energy transfer,FRET)原理(一个激活的荧光团发射的光子可以激活另一个具有不同吸收与发射光谱的邻近荧光分子)的光学方法是有用的,因为它能够视见分子的力学作用。FRET 途径特别值得提出,它应用独特设计的应变敏感 FRET 感受器,可用来活跃地检控作用于 ECM 和细胞骨架蛋白的应力[5]。

### 9.5.3 原子力显微镜方法

原子力显微镜(atomic force microscopy,AFM)应用一个悬臂来探查它与细胞或感兴趣分子所形成的分子键。悬臂可以把微力学的力给予细胞或分子,然后测定由悬臂产生的力(图 9－4a)。AFM 被证明是研究分子和细胞力学的关键工具。在 AFM 实验中曾发现啮齿类脑弹性的差别,这种差别是脑区不同解剖部位的函数;也曾经描写细胞生长着的肌动蛋白网络的力-速度关系。力学生物学研究的其他可重复的及定量的途径是捕获(trapping)方法,包括磁颗粒或光摄。磁场或激光被分别用来捕获、调控或监控物体和与之黏附的细胞或分子之间的力(图 9－4b,c)。近来应用磁捕获的方法显示,整联蛋白介导的 Rho 信号传送可能是某些弥散性轴突损伤及中等度脑损伤的后果[5]。

### 9.5.4 微电力学系统

微工程化的进展导致近来力学生物学研究设计的爆发性发展。这些设计包括微电力学系统(microelectromechanical system,MEMS),其设计是一个微传动装置阵列(microactuator array)。此装置可以产生、测定细胞培养中电和微力学的变化:弹性微杆底物可以监控生长着的细胞所产生的牵拉力(图 9－4d);由可变形膜组成整合性应变系列,细胞可以在它上面培养生长,同时让细胞受到应变(图 9－4e);还有微流体芯片,通过液体经管道的流动,它可以给出剪力,整合到细胞培养的底物(图 9－4f)。微流体小室被用于对轴突的剪力应力,为了建立模型及研究外伤性损伤。当其应用变得更加广泛的时候,可能还有其他的用处,例如研究脑的力学生物学。做全细胞膜片钳记录时,弹性标杆的集合体被成功地运用于感觉神经的力学换能过程的研究,但还没有用来研究中枢神经元的力学生物学特点。当工程化与神经科学继续它们学科之间整合的时候,我们预期,为了研究力学生物学,微工程化平台将被证明是有用的,它将会促进脑功能研究以及有关于在细胞力学作用水平上的脑功能失常研究[5]。

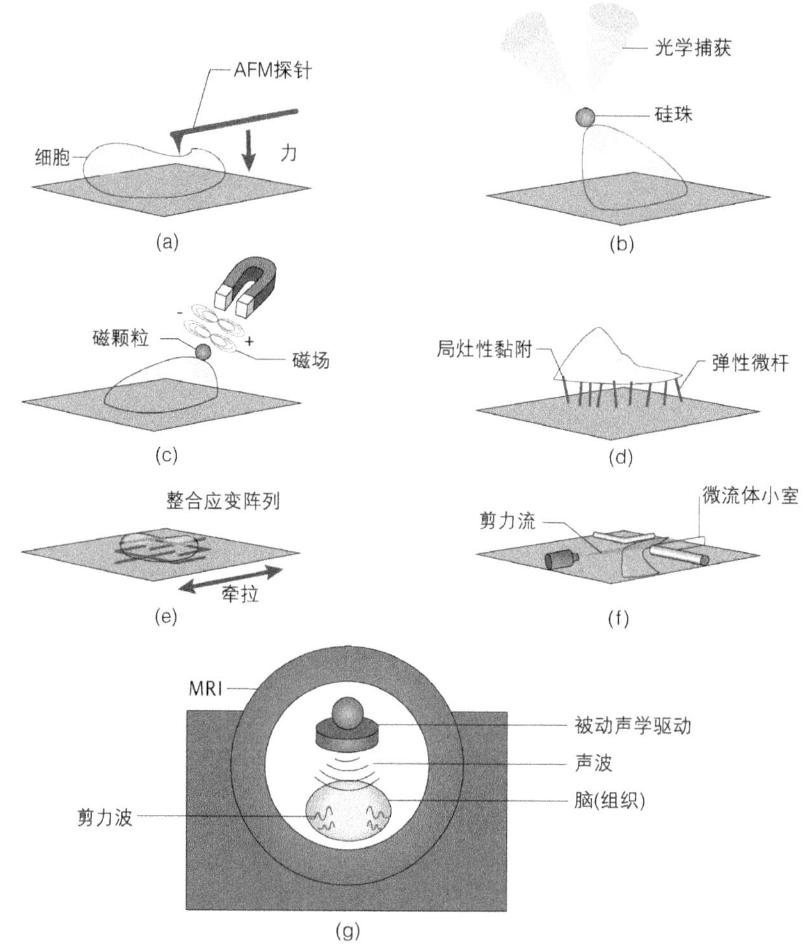


**图 9－4**　神经科学中对力学生物学研究有用的实验途径

(a) 悬臂探针式原子力显微镜(AFM),用探针给予或监控细胞的机械力。(b) 有一个例子是光学捕获方法。这里显示,一对激光形成弱的聚焦光束,用光束调控附着于细胞或分子硅珠的运动。通过激光束的运动,细胞或分子可以被推或拉,而所引起的力可以被测定。(c) 其他捕获方法应用磁颗粒,把颗粒结合到细胞或分子上。细胞和它相关联的磁探针受弱电磁场的影响。电磁场是给予细胞外部的力,目的是测定和监控力学反应。(d) 弹性微杆(elastomeric micropost)组合体使我们有可能测定生长着的细胞所产生的牵拉力。此法依赖于细胞和微杆结合点之间正在形成的局灶性黏附位点。生长着的细胞引起微杆的机械偏转,由此可以引导出力量。(e) 可变形膜可以在培养底物上用整合的应变阵列进行微制作,这样就允许研究人员可以给予或测定一系列实验条件下细胞培养中的应变。(f) 微流体小室可以用来给予剪力,剪力是当液体被强迫流过细胞并通过小室组合时产生的。(g) 图像演示实现磁共振弹性图技术的基本途径。剪力波引入脑,并应用 MRI 方法加以监控,以此估计脑的剪力及弹性模量。(图引自[5])

### 9.5.5　超声波

超声波是一种潜在有价值的工具,可用来研究完整脑回路的力学生物学。超声波可以被组织传送和聚焦,包括颅骨,以此可进行脑成像,或通过力学作用以影响脑的生理学活性。经颅超声波的力学生物效应,可以用来无侵入性地刺激脑回路。在成像模式下,超声波可以用来做功能组织的脉动成像，它检测由于脑血管血流而引起的脑组织微小位移。从诊断前景来看，曾经有材料反复显示，将要罹患帕金森病的许多病人，在其运动功能发生失常之前，他们的黑质常显示高回声的超声波。因为超声波回声发生在成像的时候，表明此时在组织机械特征方面已有差别，所以在帕金森病症状发生之前，病人的这种明显回声似乎关联到脑组织，即黑质硬度的变化。发展对声波场和脑之间力学相互作用的探查，正在使我们能够开始探测以前所未能探测的事情，即应用超声波来诊断和治疗脑疾病[5]。

### 9.5.6 弹性图

根据磁共振成像数据做成的应变弹性图(elastogram)，就是磁共振弹性图(MRE)。应变弹性图记录了组织对于外源性给予的半静态压迫或剪波的反应(图 9－4g)。这种 MRE 弹性图可用于临床研究，因为许多疾病也关联到细胞弹性的变化。近来，MRE 用来成像并特征化正常老人及病人脑的黏弹性特性，MRE 可用来特征化啮齿类模型的 TDI。近来根据神经成像数据，应用 MRE 进行观察的数目及广度有所增加，表明确定脑的力学性质的兴趣在强烈增长，其目的是确定脑的机械特性如何关联于脑的功能与疾病[5]。

如所预期，应用本章介绍的各种方法所获得的材料表明，取得的结果在力学量方面有相当程度的变异。这种变异性的产生来自任何一种方法的准确度和敏感度的差别，以及由于不同实验条件所致的差别。神经科学领域的力学生物学的进一步研究，应该聚焦适合某个具体问题的某个(些)方法。此外，由于力学生物学途径的局限性，在作出结论时应该小心谨慎[5]。

## 9.6 轴突传导动作电位时的机械活动

这项研究涉及的问题是，动作电位通过轴突时会引起它的微小肿胀，肿胀牵动了容积激活的阴离子通道，而这个阴离子通道的激活介导了 ATP 的非小泡释放。这里使我们感兴趣的是，动作电位在传导时伴有机械动作。

### 9.6.1 容积激活的阴离子通道

虽然神经元通信的基本机制是神经递质从突触小泡释放，而且脑内多数细胞并不以突触方式耦合到神经元，但这些细胞可以对神经回路的脉冲性活动作出反应。例如非神经元细胞包括髓鞘化神经胶质细胞、非髓鞘化神经胶质细胞、血管细胞、免疫细胞，它们对产生冲动活性的轴突进行反应，从而参与慢性疼痛，但是神经元并不与星状胶质细胞、少突胶质细胞、雪旺细胞、血管内皮细胞或免疫细胞发生突触连接[7]。

神经元信使在突触以外释放具有广泛的生物学意义，特别是考虑到轴突和胶质细胞之间的通信。下文将介绍轴突 ATP 的非突触、非小泡释放机制，此种 ATP 释放是当动作电位发放时，通过被微观轴突肿胀所激活的容积激活阴离子通道(volume-activated anion channel，VAAC）而释放的。研究 ATP 的动作电位诱导的非突触释放，应用了组合的方法，包括 ATP 释放的单光子成像、内源性光信号成像、细胞内钙离子成像、延时视频以及共聚焦显微镜等。实验表明，应用巴弗洛霉素（bafilomycin）和肉毒杆菌毒素（botulinum toxin）阻断小泡释放后，ATP 可以从培养的胚胎 DRG 轴突释放；而用药理学方法抑制 VAAC 或阻断动作电位诱导的轴突肿胀，从而阻断轴突和胶质细胞之间的活性依赖的信号传送，可以抑制 ATP 的释放。所以，这是一种非小泡、非突触通信，可能介导轴突和神经系统细胞之间在正常条件下的发育，以及在疾病条件下不同形式的活性依赖的相互作用[7]。

ATP 是神经元之间及神经元和非神经元之间进行活性依赖的相互作用的主要细胞间信息分子。有研究显示，ATP 从发放动作电位的神经元释放，不仅在突触部位，也沿着轴突表面，不论在中枢或周围神经系统中都有这种情况。轴突的非突触释放机制尚不清楚，通过用钙成像方法分析游离神经段，曾经展示，去除细胞外钙可以抑制活性依赖的轴突-胶质细胞通信，提示 ATP 是由神经小泡释放的，但在游离神经段中突触是稀少的，甚至是缺失的[7]。

ATP 可以从不同的非兴奋性细胞，通过非小泡机制释放，包括从缝隙连接的、具有足够大直径孔的半通道和离子通道释放，如嘌呤受体 P2X7，以及通过囊性纤维化跨膜电导调节蛋白（CFTR）通道释放。但是没有证据表明，这些 ATP 释放的通路是被轴突动作电位的放电所激活的[7]。

通过机械刺激而产生的液体剪切力（shear force）或细胞膜的微小位移，可以触发 ATP 从电不可兴奋的细胞释放，包括血管细胞、肺细胞、膀胱细胞和胶质细胞，这部分地是通过细胞膜上的氯通道，因为 VAAC 通道被膜的牵拉所激活。当细胞经过低渗处理而肿胀以后，上述通道中的某些通道对 $ATP^{4-}$ 及 $MgATP^{2-}$ 通透，$ATP^{4-}$ 及 $MgATP^{2-}$ 可以与水一起释放出来，以恢复正常的细胞容积。关于氯通道的分类，目前还没有推荐的官方命名学。VAAC 包括最大阴离子通道、容积调节离子通道（volume-regulated ion channel，VRAC）[也称为容积敏感的有机渗透物阴离子通道（volume-sensitive organic osmolyte-anion channel，VSOAC）、容积调节通道（volume-regulated channel，VRC）、容积扩张敏感通道（volume expansion-sensing channel，VSOR）]。VAAC 的分子鉴定还没有做出来，它可能代表各种不同的氯离子通道，其激活是由于细胞肿胀，而且不同程度地表达于不同的细胞。属于 9 成员 *CIC* 基因家族的基因，编码了某些蛋白质，这些蛋白质是：电压门控 $Cl^-$ 通道、$Cl^- - H^+$ 交换蛋白、电压依赖的阴离子通道（voltage-dependent anion channel，VDAC）。这些蛋白质曾经被认为功能性地关联于 VRAC；其他蛋白质包括斑萎蛋白（bestrophin）和 anoctamin，也可能参与其中[7]。

某些 VAAC 可以通过药理学阻断而得到鉴定。最大的阴离子通道可以通过 VAAC 对 $Gd^{3+}$（钆，gadolinium，第 64 号元素，符号 Gd）和 DIDS(4，4′- diisothiocyano - stilbene - 2，2′- disulfonic)、NPPB[5 - nitro - 2 -(3 - phenylpropylamino) - benzoate]化合物的敏感性，以及对根皮素（phloretin）的不敏感性而得到鉴定。VAAC 具有大的单通道电导，为

300～400 pS；孔直径为 1.3 nm，允许细胞间的有机小分子阴离子流动，包括谷氨酸（直径 0.35 nm）、ATP（直径 0.6 nm）。最大的阴离子通道是 ATP 释放的一条显著通路，负责胶质细胞和其他细胞对肿胀或缺血后果作出反应。*VDAC*1 基因曾经被提议为最大阴离子通道基因，但是有争论[7]。

机械刺激神经元被用来实验性地诱发 ATP 释放。这支持一种假说，就是牵拉调节的通道可能提供一条通路，以便轴突的非小泡性 ATP 释放，然而存在于轴突的 VRC 是否可以作为对电刺激的反应而被激活，还不清楚[7]。

### 9.6.2 容积激活导致的轴突 ATP 释放

鉴定介导 ATP 从神经元释放的分子机制，具有复杂性，因为神经组织含有许多类型的细胞，包括成纤维细胞、内皮细胞、胶质细胞，这些都可以参与 ATP 的释放。为了绕开这个问题，研究者应用了特异细胞培养系统，用小鼠背根神经节（DRG）来研究轴突的 ATP 释放（图 9－5A）。研究者采用的是多区隔细胞培养小室，把神经元的胞体和轴突分隔在分别的液体密闭区隔内。实验安排还提供条件，可以在培养皿中通过白金电极刺激轴突，引起动作电位发放。选择 DRG 神经元用于这种分析，是因为它们没有树突，也不和其他 DRG 神经元形成突触（自家突触），不论在活体上或被单独培养。实验结果表明（图 9－5），当 DRG 神经元在这样的小室里与雪旺细胞、星状胶质细胞共培养时，轴突动作电位刺激了这些胶质细胞的钙反应，部分地是通过活性依赖的、从轴突释放的 ATP。ATP 激活胶质细胞上的嘌呤能受体。此活性依赖的轴突-胶质细胞信号传送，引起胶质细胞基因表达的变化，允许脉冲活动可以调节细胞的增殖分化及髓鞘化等功能。这种相关信号的应用，被认为在调节神经元和胶质细胞发育中是重要的，但其中的 ATP 释放机制还不清楚[7]。

在早期的神经纤维电兴奋研究中，已经观察到轴突的物理特征变化。在动作电位放电期间，这些变化紧密地跟随着电压波动。这些变化包括：轴突快速变热和变冷，轴突膜的微小机械位移，通过轴突的光传送改变等。光传送及膜位移的快速变化，显然是由伴随着动作电位而来的跨膜离子流动（可能是 $Ca^{2+}$）及水流动所引起的。这一变动曾被建议可以引起小的容积变化。因此，作为对一串动作电位的反应，轴突可以肿胀，肿胀来自积累起来的跨越细胞膜的离子注入及水分子重新分布。如果轴突的动作电位放电所引起的细胞容积变化，足够激活 VAAC，就可能提供一个机制，可以说明神经元活性依赖的 ATP 释放是非突触、非小泡的。的确，非小泡的、活性依赖的 ATP 释放，比之突触传送信号，可能在神经系统的细胞-细胞信号传送方面具有广泛的功能。这是神经回路中一种独特而特异的、快速的（毫秒级的）串联传送。本章的目标是希望确定：与轴突的脉冲性动作电位相关联的轴突肿胀及其位移，这些变化是否足以激活 VAAC，使它释放 ATP，从而介导轴突和胶质细胞之间活性依赖的通信？[7]

在完整神经中电诱导的 ATP 释放，已经在几个研究里得到展示。另有具体的实验证实

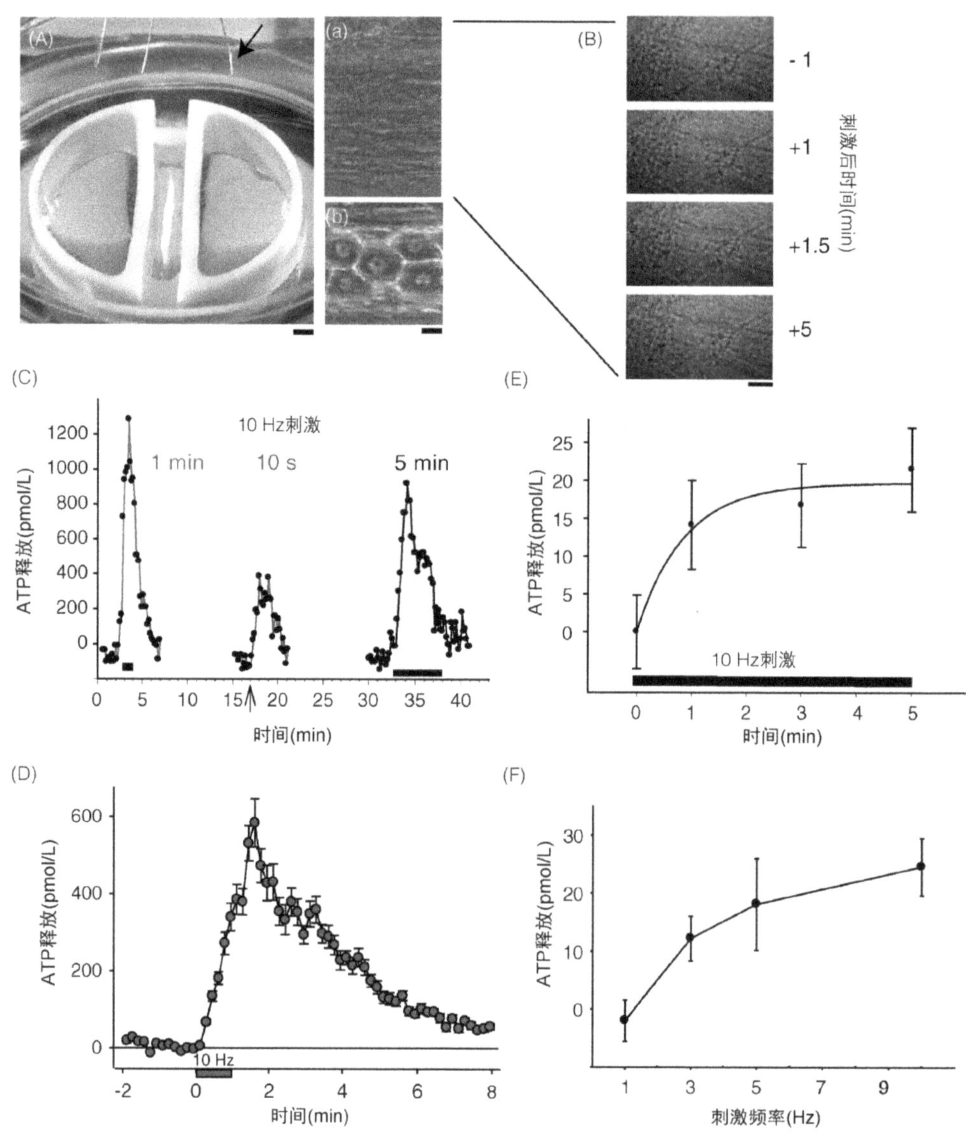


**图 9-5**　ATP 从发放动作电位的轴突释放(彩图见图版第 28 页)

(A) 小鼠 DRG 神经元细胞体(b)和轴突(a)被分隔开来，摆放到多区隔培养小室，允许生长在高电阻分隔区隔之间的轴突接受培养皿盖子上的白金电极的电刺激(箭头)。(B) 培养基中加入虫荧光素(luciferin)和荧光素酶(luciferase)后，神经元释放的 ATP 可以用单光子成像方法加以检测，其原理是用发光测定法分析培养基样品中的 ATP 浓度。释放的 ATP 被检测为单个光子(红的点)，它由 ATP 依赖的化学发光反应所产生。在时间系列上的每个图像展示 1 s 内积累起来的光子数目，然后把它们叠加到亮视野的轴突图像上。经与标准溶液校正后，光子计数提供了 ATP 浓度的定量测定指标。(C) 同一轴突可以反复诱导 ATP 的释放，10 Hz 刺激的开始和时程分别用黑横杠(1 和 5 min)与箭头(10 s)表示。(D) 60 s、10 Hz 的(红圆圈)刺激经过 7 min 后，ATP 浓度恢复到与刺激前没有明显差别的水平($P > 0.05$，$n = 11$)。(E) 为了得到 ATP 的释放，并不需要长时间的刺激；通过 1 min 的 10 Hz 刺激可以接近 ATP 的最大浓度($n = 48$，用发光测定法测定)。(F) 低频率刺激对释放 ATP 是有效的，当频率在 1～10 Hz($n = 61$)之间时。ATP 释放与刺激频率成比例(在 E 和 F 中，在大体培养液里用发光测定法测得的 ATP 浓度，比 B 和 D 中贴近细胞用单光子成像显微术测得的 ATP 浓度低大约 40 倍)。标尺横杠：1 mm(A)；10 μm[(Ab)和(B)]。(图引自[7])

了这种释放。例如,测定出来的结果是:10 Hz 的 1~5 min 刺激,引起浸浴大鼠视神经的生理盐水溶液中 ATP 浓度增加 9.3 ± 0.42 pmol/L($n$ = 2),引起脊髓背根神经的 ATP 浓度增加 86 pmol/L($n$ = 1),引起坐骨神经的 ATP 浓度增加 53.7 ± 16.4 pmol/L($n$ = 4)[7]。

## 9.7 下丘脑-神经垂体系统的形态可塑性

下丘脑-神经垂体系统提供了一个独特的例子,该系统在成年哺乳动物中枢神经系统里的表现,关系到生理学状态的功能和结构可塑性。喂乳时乳汁射出,这时候催产素(OT)神经元产生同步化的电激活,这种激活允许激素发生脉冲性释放;与此同时,视上核和室旁核(PVH)的胶质细胞对神经元的覆盖减少,神经元膜表面的大部分变成直接相互接触与靠近;突触的重新模式化也联系到一对对的神经元,它们形成共同的突触前末梢。这些结构变化在喂乳以后是可逆的,并且唯一地影响 OT 神经元,能够易化同步化的电活性。有实验观察提示,OT 本身是可以进行中枢释放的。D.T. Theodosis 等考察了脑室内长期输送 OT,对于非哺乳期视上核所产生的结构效应。当 OT 系统处于生理性激活时,OT 的确引起了神经元结构的重组构(图 9-6、图 9-7)。同样地输入加压素(VP)则无此效应。因此实验观察表明,中枢神经肽可以诱导成年动物中枢神经系统的解剖学变化,而且提示,OT 可以调节它自己的释放,通过贡献给戏剧性地重新组构神经核所含有的负责 OT 分泌的神经元[8]。

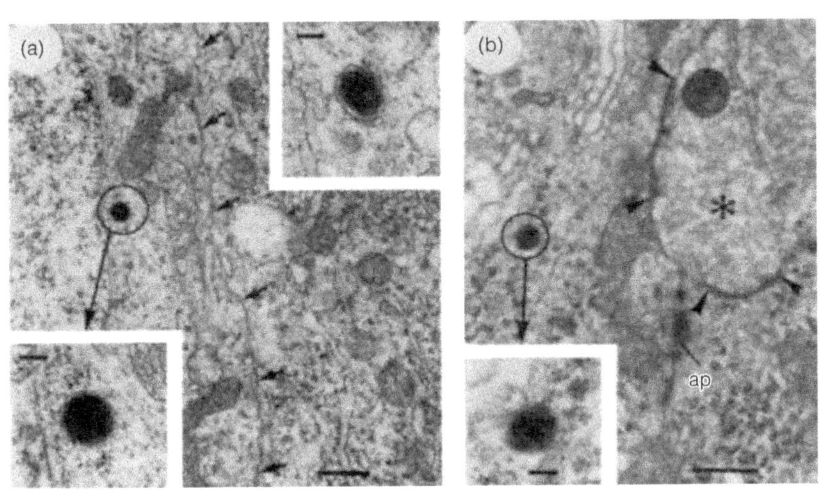


**图 9-6** 大鼠视上核催产素能神经元的电子显微镜照片

动物已被给予脑室内灌注催产素(OT),为期 8 d。(a) 看到两个神经元胞体侧面的膜,看到它们有广泛的靠近接触,它们没有被神经毡或胶质元素隔开(小箭头)。这张照片仅显示 15 μm 长的相互靠近。神经细胞胞体的 OT 能性质,是用分泌颗粒的 10 nm 胶体金颗粒来界定的(也看小的插图),通过用兔抗 OT 血清和免疫球蛋白偶联的胶体金进行免疫染色。(b) 一个突触前末梢(星记号)与两个靠近神经元胞体的侧面形成突触(两个箭头之间),这两个胞体侧面也是互相靠近的(ap:接触斑块连接了靠近的表面膜)。胶体金颗粒(5 μm)在细胞质的分泌颗粒上,细胞体被鉴定是 OT 能的(看小插图)。比例尺:0.5 μm;小插图的比例尺:0.1 μm。(图引自[8])

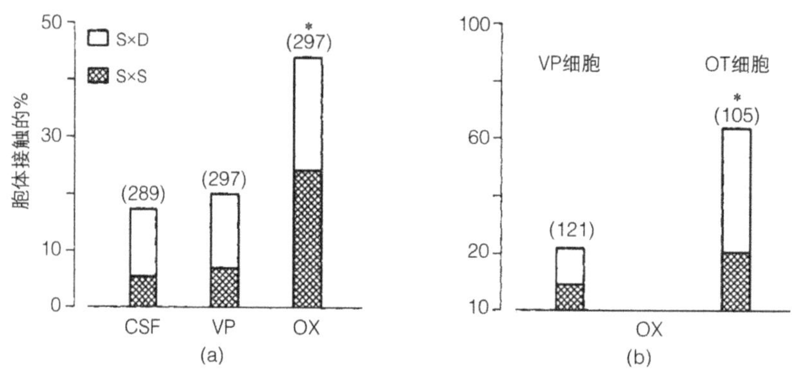


**图 9-7**　神经分泌细胞胞体侧面的百分比

(a) 神经分泌细胞胞体侧面的百分比，显示大鼠经过慢性 8 d 脑室内注射人工脑脊液(cerebro-spinal fluid，CSF)、加压素(VP)或催产素(OX)之后，视上核(SON)神经元的靠近。这个分析所用的神经元未经免疫化学鉴定。灌输催产素后，几乎半数被观察的神经分泌细胞胞体侧面，都直接靠近邻近的胞体(S×S)，或邻近的树突(S×D)。(b) 大鼠给予脑室内灌注催产素后，视上核内经抗催产素血清做免疫细胞化学鉴定的催产素的及推定的加压素的胞体侧面百分比，S×S、S×D 的接触。在这两张直方图中，括号里面的数目代表每个组被考察过的胞体侧面总数目；*：$P<0.001$，对原材料的 $\chi^2$分析。(图引自[8])

## 9.8　展望脑功能的力学生物学

脑是一个对力学变化敏感的器官，它的特征使得内源性力可以调节神经元功能的许多方面。机械能对有机体活体脑的影响无处不在。例如，伴随着人体每次心跳的脑血管血液流动，它所产生的力量可以使脑组织的位移达到几十微米。细胞质膜应力和张力的纳米级变化可以影响离子通道的活性、突触小泡的成簇、神经递质的释放、轴突生长锥的动力学。因此，我们应该考虑我们所研究神经系统的物理学-力学[5]。

过去数十年来，神经科学被优势学科支配着，包括关于脑功能的电生理学、生物化学、分子和遗传学的研究。因而，关于机械力如何影响神经元的过程，仍然大部分未被接触到。以突触可塑性为例，笔者愿意提出，为什么力学生物学研究应该扩展和进入神经科学。简单地说，当前我们对于突触可塑性的了解是这样的：它包含可以精细调度的、钙介导的信号化机制，这个机制产生了突触的增强或阻遏；我们又知道，钙信号化本身可以影响数个运动蛋白的活性，包括肌动蛋白，再影响细胞骨架多聚化或去多聚化的动力学，然后介导细胞黏附分子和细胞外基质(ECM)蛋白之间的相互作用，所有这些都可以在突触上调节机械力。此外已经显示，整联蛋白是海马突触的功能成簇所必需的。因此看起来是这样，可塑性也应该依赖于膜张力和突触黏附的变化，虽然还处于没有特征化的程度。根据神经元机械力研究所获得的知识，可能并不会否定我们当前的工作模式，但是应该会使我们能够进一步加以精细化的扩展[5]。

最后，神经科学和力学生物学的融合(神经力学生物学)在许多方面将会提供更好、更多的认识。例如，内源性机械力与通常的信号转导通路的物理性互相碰撞，是如何负责神经元的发育及可塑性的？我们预期，神经力学生物学将会发现脑的基本功能，这类脑功能需要神经元和胶质细胞以及它们的分子和细胞组成部分受调节的收缩、扩张、推拉、放松。至少，神经力学生物学研究将会改进我们对于疾病的起因和其他遗留下来问题的了解，关联到影响神经元黏弹性的脑震荡、外伤性损伤，还有其他疾病[5]。

最后，神经细胞的力学变化是不是神经功能的表现形式之一，如同电学变化是神经功能的表现形式一样？虽然目前的资料还不多，但这是一个值得注意的问题。

## 名 词 解 释[5]

**轴突起泡(axon blebbing)**：沿着轴突出现病理性肿胀性区(起泡：bleb)，这被认为是作为对力学或氧化应激的反应，出现局部细胞骨架蛋白的破坏。

**Brown 棘轮(Brownian ratchet)**：为了描写功(或者功的缺少)是如何由于随机热波动而产生的，所设想的一种由桨轮(paddle wheel)、棘轮(ratchet)和掣子构成的永动机(perpetual motion machine)。

**灾难性去多聚化(catastrophic depolymerization)**：这个名词指微管的动态不稳定性。当微管快速地从生长状态转变到萎缩状态时，就发生灾难性去多聚化。

**弹性模量(elastic modulus)**：描述某个物质的硬度，或对外力引起其变形的反应倾向性的数值。越硬的物质，其弹性模量越大。

**弹性微杆底物(elastomeric micropost substrate)**：微制作底物含有一系列由软性多聚物组成的细小标杆，其弯曲或偏转报告生长在底物上面的细胞所产生的牵拉力量。

**弹性体(elastomer)**：具有弹性或黏弹性特征的物质(通常是多聚体)，如橡胶，它们在变形以后能够回到原来的状态。

**Gibb 自由能(Gibb's free energy)**：通常用 G 表示，这是在恒定温度、压力之下处于平衡状态的闭锁系统中能提供给做功所用的能量数值。

**磁共振弹性图(MRE)**：用来测量组织硬度的一种医学成像技术。应用磁共振方法(MRI)，通过给组织引进切变波，当切变通过组织向前扩布时，同时定量化它们的波长。

**Maxwell 材料(Maxwell material)**：兼具弹性和黏性特征的材料，参看黏弹性材料。

**有丝分裂纺锤体(mitotic spindle)**：在细胞分裂中期，当微管附着于动粒(kinetochore)并(为以后染色体进入子细胞)开始产生拉开染色体所需力的时候，所看到的一种亚细胞结构。

**泊松比值(Poisson's ratio)**：在牵拉力的方向上横向应变和轴向应变的比例。

**牵拉力显微术(traction force microscopy)**：用来估计生长着细胞所产生的牵拉力的一种光学方法，其方法是用埋植在聚丙烯酰胺水凝胶底物中的荧光微珠的位移作为报告指标。

**反向非对称异构化反应(trans-gauche isomerization)**：脂肪酸(酰基)所经历的一个过程,在此过程中,脂肪酸感受其构象状态的变化,并在其分子结构上发展出弯曲。

**黏弹性材料(viscoelastic material)**：经常被称为非牛顿材料,它具备既有黏性又有弹性的特征。当应力作用于此材料的时候,它经受的应变是时间的非线性函数[5]。

**黏弹性松弛时间(viscoelastic relaxation time)**：黏弹性材料经历变形的力或应力以后,材料回到它原来状态时的非线性恢复时间。

## 参考文献

[1] Chen B, Ji B, Gao H. Modeling active mechanosensing in cell-matrix interactions. Biophysics, 2015, 44: 1-32.

[2] Samata K, Michael K, Goodman M B. Feeling force: physical and physiological principles enabling sensory mechanotransduction. Cell and Developmental Biology, 2015, 31: 347-371.

[3] Fernandez-Sanchez M E, Brunet T, Röper J C, et al. Mechanotransduction's impact on animal development, evolution, and tumorigenesis. Cell and Developmental Biology, 2015, 31.

[4] Ranade S S, Syeda R, Patapoutian A, et al. Mechanically activated ion channels. Neuron, 2015, 87(6): 1162-1179.

[5] Tyler W J. Opinion: the mechanobiology of brain function. NR Neurosci, 2012, 13: 867-878.

[6] Leckband D E, de Rooij J. Cadherin adhesion and mechanotransduction. Annu Rev Cell Dev Biol, 2014, 30: 291-315.

[7] Fields R D, Ni Y. Nonsynaptic communication through ATP release from volume-activated anion channels in axons. Sci Signal, 2010, 3: ra73.

[8] Theodosis D T, Montagnese C, Rodriguez F, et al. Oxytocin induces morphological plasticity in the adult hypothalamo-neurohypophysial system. Nature, 1986, 322: 738.

# 第10章　脑功能成像

## 10.1　研究脑功能的重要手段

在20世纪70年代晚期的主流精神病学界，那种认为研究人脑是为了知道精神病的神秘病症的看法，被认为是不可思议的，而且受人嘲笑。对于几种严重神智疾病，如果你想问问它们可能的病因，会发觉当时的精神病学属于那种在知识上完全被无知所麻痹的学科。当时的精神病医院里，每星期都有尸体的脑解剖，这很令人感兴趣但也令人困惑。虽然病人生前患有严重的精神疾病，但是很少能够检测到任何大体的脑病理变化；连医生们都不能回忆起，哪个病例是有这种病理变化的。虽然病理解剖室的演示员非常卖力，却没有能够检查出来任何一个令人信服的临床相关病例。在这样困难的背景下，人们经常议论说：将来进步的可能途径不是通过脑切片、脑解剖——不管你做得如何仔细，而是要发展某些创新的技术。人们经常幻想的是一种活体的脑解剖工具，这种工具能够以全景来展现脑的生理功能。从20世纪70年代到今天，当人们回顾这一段经历的时候，完全赞赏这段过渡时期里所发生的异常快速的进步，极为令人惊喜的功能性脑成像技术已经建立起来了[1]。

基于伦理的考虑，损伤性实验不能用于人类。以前，在生物学的基础上研究认知功能，往往局限于应用实验动物，以及临床上具有认知功能障碍的病人。20世纪70—80年代发展了脑功能成像技术——正电子发射断层扫描（positron emission tomography，PET）、功能性磁共振成像（functional magnetic resonance imaging，fMRI），从而使我们有可能以正常人作为研究对象，获得无与伦比的、完整脑功能活动的种种详细而有意义的材料。脑功能成像方法的原理是对脑代谢或血氧水平依赖的脑血流量的（blood oxygen level dependent，BOLD）测量。现在，应用功能性成像技术，已经可以测定多种脑功能活动条件下的代谢变化，如有意识或无意识状态下的知觉和记忆、注意、情绪变化等[2,3]。

测定与神智不同状态相关联的脑活动，这是认知神经科学的神圣目标之一。早在20世纪80及90年代初期，有两项服务于灌流成像的新的重要进展，它们被证明对实现我们以前的梦想是关键性的。第一，发展了精细的数据分析工具，以后就变成这个领域的标准，这种工具提供了整个脑成像的分析，形成一个统计学的图谱。第二，90年代早期是功能性脑成像新研究方法快速出现的时期，当时小川诚二（S. Ogawa）应用了磁共振成像

(MRI),它基于血液中氧水平依赖(BOLD)的信号。这后一种方法比 PET 有重要优点,它有比较好的空间分辨,但是没有那种潜在麻烦,因为 PET 要应用放射活性物质的追踪。BOLD 技术的发展体现了它非常明显的重要性。神经科学有了这样一种非侵入性的技术手段,就可以重复测定脑的活性,可以应用于不同作业的实施与操作。fMRI 作为一种技术,提供了更多的实验灵活性[1]。

神经成像,特别是基于 fMRI 的,已成为认知神经科学中占优势的工具。本章有选择性地对过去、现在和将来的重要方面提出一些看法[1]。

脑功能成像研究之目的,不外乎追求确定神智功能的脑"部位"(where)和"为什么"(how)。早期研究针对前一个问题较多,近来的研究则渐渐转向"为什么"的问题[1,3]。

认知的功能性脑成像,在人类认知行为研究与整体实验动物(例如猴子或者基因修饰小鼠)的神经功能的电生理研究之间,提供了关键性的桥梁。既然认知发生于许多脑区的复杂相互作用,那么从多个脑区同时记录脑活性的能力,将赋予功能成像以独特的开拓性[2]。

## 10.2 正电子发射断层扫描

正电子发射断层扫描(PET)是一种核医学的功能成像技术,它可以产生身体功能过程的三维成像。此系统检测到的是间接由正电子发射产生的一对 γ 射线,正电子发射则来自放射性核素或放射性示踪剂,这类物质被引入体内,成为生物学活性分子的一部分。体内的示踪剂三维成像由计算机分析方法建立起来。应用于病人的近代 PET - CT 扫描仪的三维成像,常通过 CT 的 X 射线扫描完成,在同一时间,用同一机器。

如果用来做 PET 的具有生物学活性的分子是氟脱氧葡萄糖(fluorodeoxyglucose, FDG;一种葡萄糖类似物),那么被成像的示踪剂浓度将表示组织的代谢活性,因为它反映了局部葡萄糖的摄取。应用此种示踪剂,可以探索肿瘤扩展到身体其他部位的转移,这是 PET 扫描在医学方面用得最多的,几乎有 90%用于这个方面。在其他较少数情况下,放射活性示踪剂用于 PET,是为了成像组织内其他感兴趣分子的浓度。

### 10.2.1 历史

"发射和传播"断层摄影术概念最早是在 20 世纪 50 年代由 D. E. Kuhl 等人提出来的。他们的工作导致在宾夕法尼亚大学设计和建造了几台断层照相术的仪器。断层成像技术的进一步发展归功于华盛顿大学的研究人员。

麻省总医院 G. L. Brownell 等人在 20 世纪 50 年代开始的工作,对 PET 技术的发展作出了相当重要的贡献,这包括首次演示了为医学成像用的湮灭辐射(annihilation radiation)。他们的创新还包括应用光管道和体积分析,这些在 PET 成像技术的发展中很重要。1961 年,J. Robertson 等人在美国国家实验室建造了第一台单平面 PET 扫描装置,它被昵称为"缩头机"(head-shrinker)。

导致接受正电子成像技术的许多因素之一,在于发展了放射性药剂技术,特别是发展了用于标记的二氟脱氧葡萄糖(2-fluoro-2-deoxy-d-glucose,2-FDG),这是在布卢克黑文国家实验室 A. Wolf 等人的指导下完成的。这项工作是扩展 PET 应用范围的重大因素。1976 年在宾夕法尼亚大学,此化合物由 A. Alavi 首次应用于两名人类志愿者。脑图像是用通常的(非 PET)核扫描得到的,结果演示了该器官中的 FDG 浓度。往后,此物质被用于比较专用的正电子断层扫描仪,达到了近代仪器的要求。

正电子仪器一个合乎逻辑的扩展是设计二维线圈阵列,PC-1 是应用这种观念的第一台仪器,它于 1968 年设计,1969 年落成,1972 年产生报告。1970 年,第一次报道了以断层模式应用 PC-1。这与计算机断层模式有区别,在 1970 年的报告中有所反映。很快地,参与 PET 研发的许多人都清楚,在 PET 的仪器化中,合理的下一个步骤是采用圆形或圆柱形线圈阵列检测器。虽然许多研究人员都在往这个方面努力,但是 Robertson 和 Z. H. Cho 两人首次建立了圆圈系统,这是现在使用 PET 的原型。PET-CT 扫描仪归功于 D. W. Townsend 和 R. Nutt,《时代》周刊把他们列入 2000 年的医学创新报道。

### 10.2.2 原理

为了实现扫描,一个短寿命的放射活性示踪剂同位素被注射入活体人体,通常注射入血液。示踪剂在化学上结合于生物学活性分子中,注射后需要一个等待时间,等到活性分子浓缩到所感兴趣的组织部位,然后受试者被安放到成像扫描仪上。最常用的分子是 FDG。如果用 FDG,其等待时间通常为 1 小时。在扫描过程中,当示踪剂衰减时就记录组织内的浓度。

当放射性示踪剂实现正电子发射衰减(又称正性 β 衰减)时,它发射一个正电子,正电子是一个与电子符号相反的电荷颗粒。发射的正电子在组织中向前行进很短距离,典型的情况短于 1 mm,但与所用同位素性质的不同有关。在此时间内,它丧失动能,当其速度减到某种程度时,可与电子相互作用。

这个相互作用把电子和正电子互相湮灭,产生了一对湮灭(γ)光子。γ 光子大致按相反方向前进。当 γ 光子到达闪烁器时,它被检测可以产生爆发性光,此光可以用光电倍增管或硅雪崩光二极管(Si avalanche photodiode,Si APD)加以检测。此技术依赖于同时或互补地检测一对光子,而这对光子基本上是按相反的方向前进的[在它们的质量中心,它们将会成为准确的相反方向,但由于扫描仪没有办法知道这一点,因此仪器上有一个植入式的轻微误差的容忍(tolerance)]。凡是没有达到时间"成对"的光子,也即不是在时间窗里面的光子,就被忽略。

### 10.2.3 正电子湮灭事件的定位

电子-正电子湮灭的最重要后果,是导致两个能量为 511 keV 的 γ 光子,它们大致上按照互成 180°的方向发射,因此有可能沿着一条同时发生的直线来定位其来源。这条直线称为反应线(line of response,LOR)。在实际工作中,LOR 有一个非零点宽度,因为发射的光子并非绝对相差180°。如果解析时间小于500 ps,而不是大约10 ns,则有可能定位此湮灭的事件到一段圆的弦上,段的长度由检测器的时间分辨所决定。当时间分辨有改进的时候,图像的信噪比可以提高,仅需少数几个事件即可达到同样的成像质量。这个技术现在还不太常用,但是新的PET系统已经在用它了(图10-1)[2]。

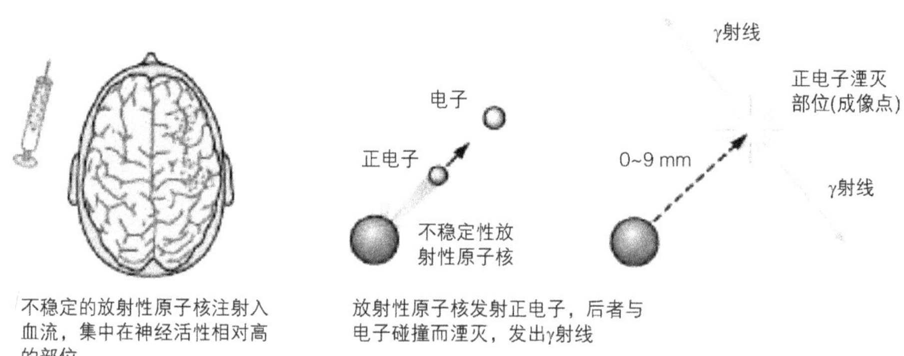


**图10-1** γ射线的发射

一个不稳定的放射性核素的原子核发射正电子。正电子行走一段距离,当它与电子碰撞时就发生湮灭,湮灭后发出两个γ射线,这两个γ射线的行进是准确地按照相对的方向,也就是180°。正电子湮灭的部位就是成像所测到的,可能离开原发点距离数毫米。例如,如果是$^{18}F$,则湮灭跟它原发点的平均距离为2 mm,如果是$^{15}O$,为3 mm。原发点的原子核与质子发生湮灭之间的距离,是PET空间分辨率的绝对限度。(图引自[2])

### 10.2.4 用于PET的放射性核素和放射性示踪剂

在PET扫描中应用的放射性核素,典型地是短半衰期同位素,例如$^{11}C$(约20 min)、$^{13}N$(约10 min)、$^{15}O$(约2 min)、$^{82}Rb$($^{82}$铷)(约1.27 min)。这些放射性核素掺入正常身体所用的化合物中,例如葡萄糖或其类似物、水或氨,或者其他分子,例如结合到受体分子,还有其他药物作用位点。这种标记化合物就称为放射性示踪剂。PET技术可用来追踪人类活体的以及许多其他动物的任何化合物的生物学通路,只要化合物可以被PET同位素放射标记就行了。这种特异的、可用于PET探测的过程,从理论上讲是无限的。用于新的靶分子及新过程的放射性示踪剂在不断增加。到写这一章时,已经有几十个分子在临床上应用,几百个分子被用于研究。当前,用于PET扫描的临床最常用的放射性示踪剂是FDG,这是一个用$^{18}F$标记的葡萄糖拟似物。此示踪剂基本上用于肿瘤学、神经病学的所有扫描。大量的、约95%的PET-CT扫描都用它。

由于多数正电子发射放射性同位素均为短半衰期的,传统的放射示踪剂的产生是依靠回旋加速器,加速器的位置要紧靠PET仪器。$^{18}F$的半衰期足够长,因此,用$^{18}F$标记的放射性示踪剂在商业上可以在另外一个地方产生,然后运输到成像中心来。近来$^{82}Rb$发生器也变成商业上可用的了。这些发生器含有$^{82}Sr$($^{82}$锶),经过电子捕获后,它衰减产生正电子发射的$^{82}Rb$。

### 10.2.5 人脑的正电子发射断层制图术

为了实施正电子发射断层制图术(PET),通常应用的是含有这些放射性核素的化合物,如$^{11}C$、$^{18}F$、$^{15}O$、$^{13}N$,它们的生物学功能应该跟不含核素的分子是一样的。也就是说,含$^{15}O$的水与含$^{16}O$的水是一样的;含$^{18}F$的脱氧葡萄糖和脱氧葡萄糖在化学上是一样的[2]。

放射性核素需要通过回旋加速器产生,回旋加速器的作用是把质子加到原子核里面去。例如用氢离子冲击氧就可以造成$^{18}F$。原子核里额外增加了质子,就会形成不稳定的原子核[2]。

这种不稳定的放射性核素可以通过测量额外的自发质子而加以检测。自发质子一出来以后马上分解成为两个粒子。一个是中子,中子就保留在原子核里面,它是稳定粒子,原子核可以含有额外的中子;另一个是质子,它离开原子核出来以后开始运行,以光速前进,在它行进的过程中散发能量。这个质子最终会跟电子碰撞,质子跟电子碰撞导致它们互相湮灭,而且发出两个γ射线(也就是高能量的光子),这两个γ射线恰好按正相反的两个方向运行(图10-2)[2]。

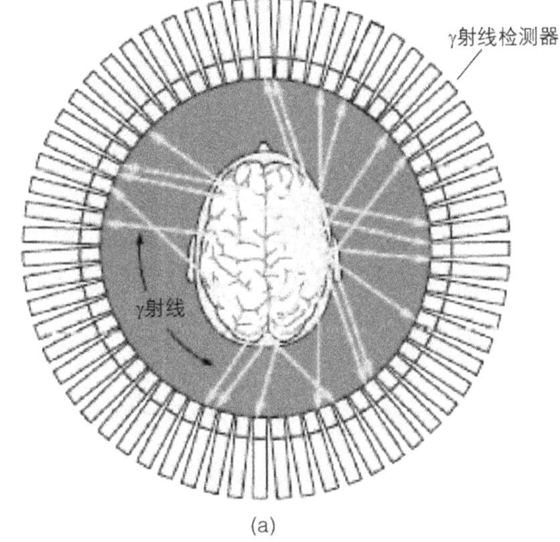


(a)

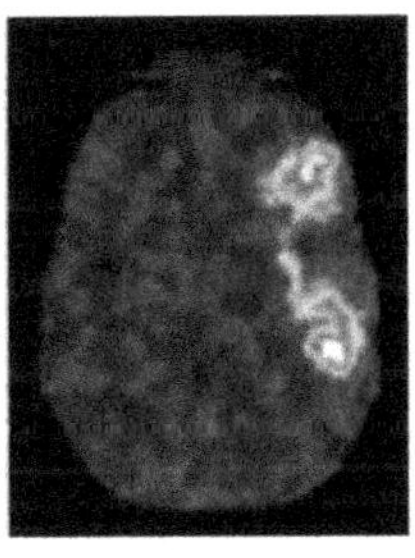


(b)

**图10-2** 围绕着受试者的脑PET扫描仪,它含有γ射线监测器阵列(彩图见图版第29页)

(a)只有那些完全按对角线检测到的,也就是相差180°的两个γ射线被检测而记录到。(b)PET产生一个图像,显示神经活性增高(红色)的区,活性增高由放射性核素活性来展示。(图引自[2])

PET扫描器由一系列γ射线检测器(闪烁晶体耦合到光电倍增管)按线圈阵列组成,检测器围绕着被检测的人体部位,如脑。质子和电子湮灭后所产生的两个γ射线,同时到达一对检测器。因为它们到达的时间是一样的,这样它们就记录为一个事件,而且仅仅是两个γ射线同时检测到的事件[2]。

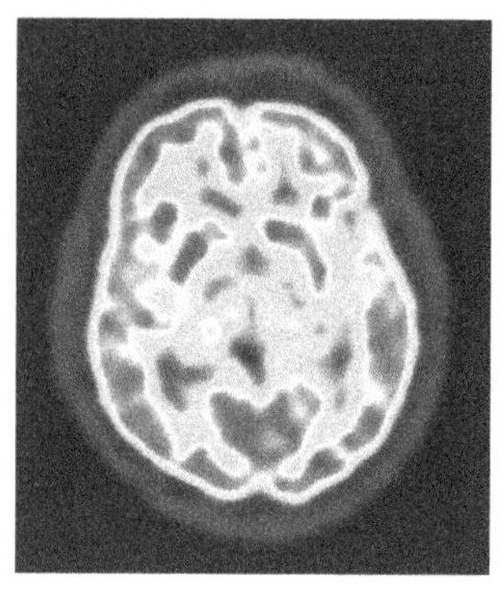

**图 10 - 3** PET 神经成像（彩图见图版第 29 页）

### 10.2.6 应用

PET 神经成像应用于神经病学，是基于一个假定，就是高放射活性的区与脑的活性有关（图 10 - 3）。真正间接地检测到的是流经脑不同部位的血流。一般说来，两者被认为是相关的，因此可以运用$^{15}O$来检测。从应用上看，因为正常脑应用葡萄糖是很快的，而在脑的病理状态例如阿尔茨海默病中，脑的葡萄糖和氧代谢就大大降低，所以标准的 FDG 可用于脑的 PET，以测量局部的葡萄糖运用，利用这一点可以成功地把阿尔茨海默病和其他痴呆过程区分开来，也可以作为阿尔茨海默病的早期诊断。用 FDG 进行 PET 成像，也可用于定位癫痫的发作部位。在发作间期进行扫描时，癫痫位点似乎是低代谢的。

## 10.3 磁共振成像

磁共振成像（MRI），或核磁共振成像（NMRI），或磁共振断层扫描（MRT），这 3 个名称的含义是一样的。它是放射学的医学成像的一种方法，用来看到机体内部的细致结构。MRI 根据（原子）核的磁共振特点来成像体内的原子核。人体的 MRI 成像能够产生更为细致的图像，较之用 X 射线方法。

MRI 可以在体内不同软组织之间提供好的对比，这个特点使它比其他医学成像技术如 CT 或 X 射线更为有用，它适用于脑、肌肉、心脏以及癌的成像。与 CT 扫描或传统 X 射线不一样，MRI 并不采用电离辐射。

MRI 的扫描需要一个磁场，这种磁场要具备两个特征——均匀的磁场密度和强度。磁场变化不能够大于百万分之一。磁场强度范围随扫描仪而异，目前临床上使用的为 0.2～3 T（tesla，特斯拉），至于研究用的扫描仪可以有高磁场强度，有 7 T 的。低磁场强度的扫描仪可以使用永磁方法，这种扫描仪常常用于开放式 MRI 扫描仪，用于幽闭恐惧症病人（claustrophobic）；高磁场强度扫描仪只能用超导磁来达到。一个磁场强度为 3.0 的 MRI，可称为 3T MRI。

### 10.3.1 历史

1952 年，H. Carr 制成了一个一维 MRI 图像，这是作为哈佛大学哲学博士论文而报道的。在苏联有关部门，伊万诺夫（V. Ivanov）登记了一个属于磁共振成像设施方面的发明和发现专利，但直到 20 世纪 70 年代才被批准。1971 年 R. Damadian 在《科学》（*Science*）周刊上发表论文，他是美籍亚美尼亚裔的医生和科学家、纽约州立大学教授。他报道，通过核磁共振（NMR）可以区分活体中的肿瘤与正常组织。他提示，这个区别可以用来诊断癌症（图 10 - 4）。后续的研究发现，虽然这种区别是确实存在的，但是变异太大，难以用于临床。Damadian 的原始方法在应用方面是有缺陷的，它依赖于对整个身体点对点的扫描,而且应用张弛速率。这些后来被证明不是指示癌症组织的有效指标。当有关磁共振分析特点的研究还在进行的时候,Damadian 于 1972 年制作了世界上第一台磁共振成像的机器。他在 1972 年 3 月 17 日提交了第一份 MRI 机器的专利申请,美国专利申请号为≠3789832,以后在 1974 年 2 月 5 日,这个专利申请被确认。

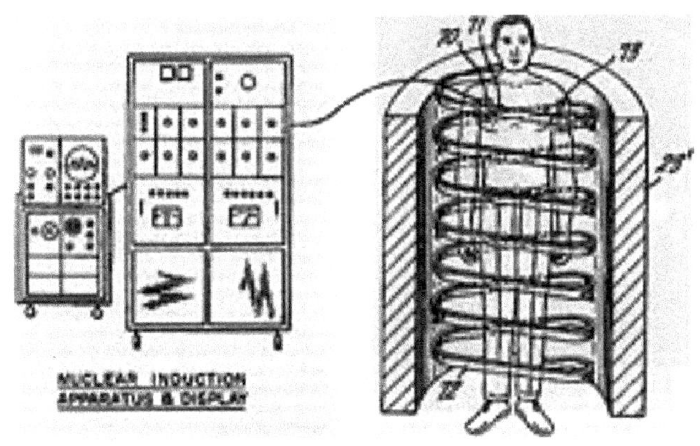


**图 10-4** Damadian《在组织中检测癌的装置与方法》

美国国家科学基金会的说明是:"此专利包括一种设想,用核磁共振(nuclear magnetic resonance,NMR)扫描人体,以定位癌症组织",但它并没有描述这种扫描中图像产生的方法,也没有准确地说明扫描应该怎么做。同时,P.C. Lauterbur 根据 Carr 的技术并加以扩展,发展出一条途径,应用梯度方法产生了第一个二维和三维的 MRI 图像。1973 年 Lauterbur 发表了第一张核磁共振图像,1974 年 1 月又发表了第一张活体小鼠的横断面成像。在 20 世纪 70 年代后期,英国诺丁汉大学物理学家、教授 P. Mansfield 开发了一项数学技术,应用此技术只需几秒钟扫描而不是几小时,就能够产生比 Lauterbur 做到的更清晰的图像。1977 年 7 月 3 日,Damadian 和 L. Minkoff 及 M. Goldsmith 合作,实施了第一个人体 MRI 扫描,该项研究在 1977 年发表;而 1979 年,R.S. Likes 申请了一个专利,专利号为 * 4307343。

1980 年,P.A.Bottomley 加入纽约通用电气公司研究中心,他的团队订购了一台曾经有过的最大磁强度(1.5 T)的系统,建成了第一个高磁场,克服了线圈设计、无线电频率渗透和信噪比等方面的困难,建成了第一台全身 MRI 扫描器。其结果是形成了高度成功的 1.5 T MRI 生产线,迄今为止已经生产了 2 万台设备,并且现在都在应用中。Bottomley 对人的心脏和脑做成了第一个定位的核磁波谱(magnetic resonance spectroscopy,MRS)。Bottomley 与 R.G. Weiss 合作,在约翰·霍普金斯大学展开心脏病诊治应用方面的合作。之后,Bottomley 于 1994 年作为 Russell Morgan 教授回到大学工作。他是磁共振研究组的领导者。虽然通常用的 MRI 是 1.5 T 的,但高电磁场的也有,例如 3 T 的磁共振现正在越来越普遍地得到应用,因为它增加了灵敏度和分辨。至于在研究型实验室里,人体 MRI 研究已经可以用 10.4 T 来做,动物的实验研究可高到 21.1 T。

### 10.3.2　2003 年诺贝尔奖

由于 MRI 在医学上的基本重要性及可应用性，美国伊利诺伊大学的 Lauterbur 和英国诺丁汉大学的 Mansfield 两人被授予 2003 年的诺贝尔生理学或医学奖，获奖是由于他们“有关磁共振成像研究方面的发明”。诺贝尔奖的褒扬(citation)承认了 Lauterbur 的洞察力，是他应用磁场梯度来确定空间定位，这一发现使得快速地获得二维图像成为可能；Mansfield 的贡献是应用数学方法发展了技术，使之可以达到有效的梯度应用和快速成像。让他们获得 2003 年诺贝尔奖的真正研究，基本上是 30 年前所做的工作，当时 Lauterbur 还在纽约州立大学石溪分校工作。

诺贝尔奖的颁发招来了 Damadian 的强烈抗议，他是 FONAR 公司的创办人。他声称，是他发明了 MRI，而 Lauterbur 和 Mansfield 仅仅是做了技术改良而已。以后有一个团体“Damadian 之友”(由 Damadian 的公司 FONAR 组办)在《纽约时报》和《华盛顿邮报》上刊登了整版广告，广告的题目是《可耻的错误必须纠正》，他们声称 Damadian 应该获得诺贝尔奖，至少也要分享诺贝尔奖。

### 10.3.3　原理与应用

从原理上看，MRI 扫描器由几个部分组成(图 10－5)。第一部分是一个超导磁，它提供强有力、均匀的磁场，一般标准的 MRI 仪器是 1.5 T。体内每个水分子的质子沿着它的轴在旋转，就像一个小磁棒，因为水的质子正常呈现随机方向，所以组织基本上没有净磁场。然而，如果把水分子带到磁场以下，质子就开始对位[2]。

MRI 扫描器的第二个组成部分是无线电频率(radio frequency，RF)的线圈(RF 线圈)。这是一种特殊设计的绕线圈，它放在受试者的身边。当一个短暂的、快速变化的电流通过 RF 线圈时，由于安培定律，就产生了另一个快速变动的磁场。这第二个磁场是叠加到原来主磁场上面的，线圈中的交变电流由一个无线电频率脉冲(RF 脉冲)引起。由 RF 脉冲所产生的磁场引起质子开始沿着它的轴摇晃(wobbling)，就像当地心引力影响到泡泡转动的时候，这个泡泡就沿着它的轴转动一样。这个滚动被称为进动(precession)。当 RF 脉冲关闭后，质子还可以继续进动[2]。

所有个别水分子质子的进动加在一起，就形成了一个旋转的磁场，这个磁场随时间而变动。根据法拉第定律，质子又产生一个交变电流回到线圈，这就是共振。正是在 MRI 里面的这个电流被测量出来。测量出来的电流随时间而衰减，其速率依赖于数个因素，包括产生质子的组织，如心脏、脑等。因此，随组织类型不同，成像也就不同[2]。

MRI 扫描器的第三个成分是磁的梯度线圈。MRI 发明当中一个最为重要的发展是三维体位成像。这是磁场强度沿着一个轴逐步减少的磁梯度，所以叫作梯度线圈[2]。

我们这里不可能把前面三个方面的理论都讲得非常详细：如何可以通过 MRI 得到二维图像(或三维体积)；但基本概念是控制了磁梯度，就可以使我们在大量互相靠近的位置上测得特定的 MRI 信号(也就是在无线电线圈里面得到的电流)。每个相应的小体积，就构成组织的体素(voxel)[2]。

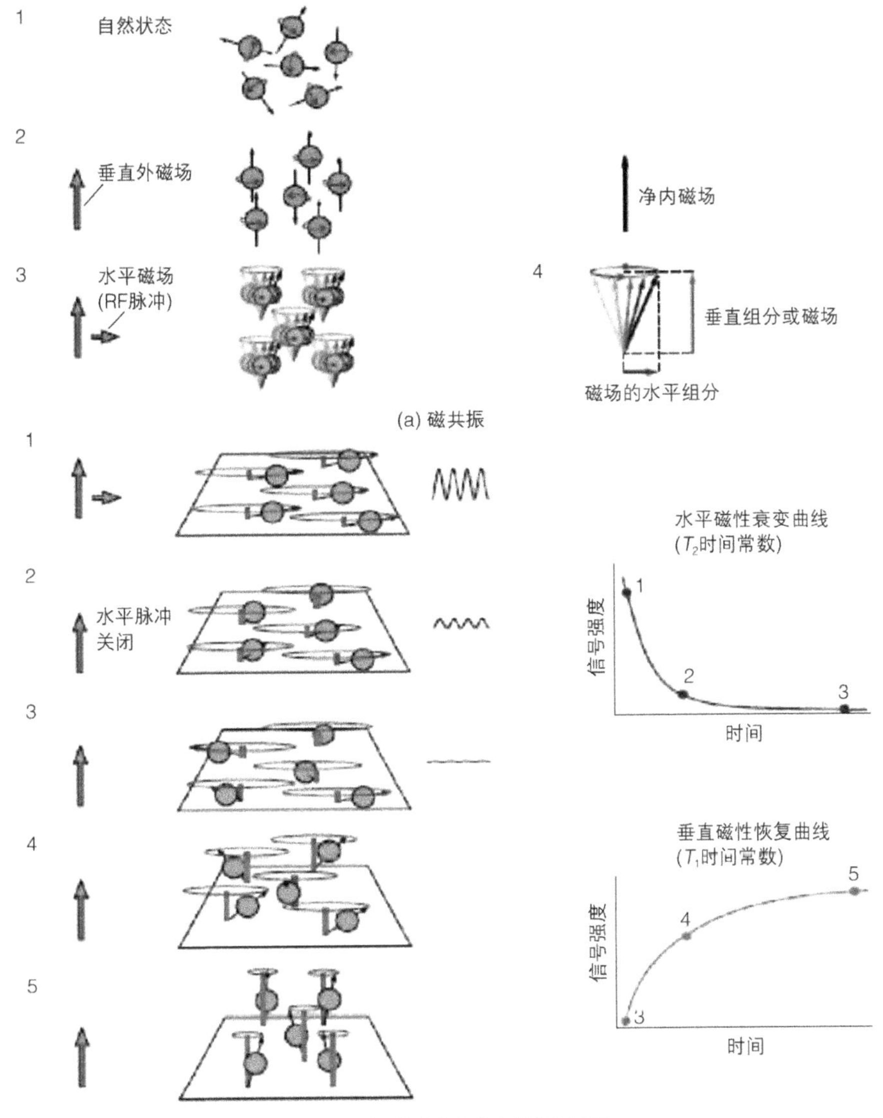


**图 10－5**　磁共振成像原理(彩图见图版第 30 页)

(a) 水分子质子围绕着分子轴旋转,这就产生了个别磁场,它具有随机方向(1)。当加进去一个垂直方向磁场的时候,质子就沿着这个加进去的磁场对位,于是产生一个净磁场,但这个磁场很小,难以被检测(2)。如果在此基础上再按水平方向加一个无线电频率脉冲,使得质子围绕着原来的垂直轴摇晃,此即进动(3)。所有单个水质子的磁场加在一起,就产生一定的磁场,它随时间而变化,并且产生一个电流,电流最后被 MRI 测量出来(4)。(b) 进行 MRI 测定时,把受试者安放到一个垂直的磁场下。让质子按垂直方向对齐,然后按水平方向给予无线电频率脉冲,这样质子就沿水平平面同步旋转,或者说互相处于“同位相”(in phase)(1)。然后突然把水平脉冲关掉(2),这样旋转着的质子开始互相不在同一位相,即“去位相”(dephase)。这种去位相过程来得比较快,导致测定电流的相对减少或衰减。这个衰减时间常数被称为 $T_2$(大约 30 ms)。当水平脉冲去除后,质子又重新对齐到垂直磁场(3—5)。这个“摆正”(righting),或者说回复到垂直磁场,比前面那个去位相恢复得较慢。去位相恢复的时间常数被称为 $T_1$(几秒钟)。全部过程可以重复多次,产生时间系列的测量,反映衰减和恢复的速率。(图引自[2])

在临床实践中，MRI 用来分辨病理组织（如脑肿瘤）和正常组织。MRI 的优点之一是它对病人无害。它应用高磁场强度和无线电频率的非电离辐射的电磁场，这与传统的 X 射线和 CT 扫描不同，后两者都应用了电离辐射。CT 提供了好的空间分辨，所谓空间分辨就是在一个距离很短的范围内区分两个不同结构的能力。MRI 也能提供与 CT 相当的分辨，但前者有更好的对比分辨。所谓对比分辨是指区分两个相似但并非完全一样组织之间差别的能力。这种能力的基础来源于一系列近代医学 MRI 扫描仪所包括的、复杂的脉冲序列。每一序列都经过了优化，从而提供了成像对比度，其基础是根据 MRI 的化学敏感度。

以特定的回声时间（$T_E$）及特定的重复时间（$T_R$），这两者是成像采集的基本数据，可以形成一个具有 $T_2$ 加权特征的系列。在进行 $T_2$ 加权扫描的时候，含水、含液体的组织是亮的（最现代的 $T_2$ 序列实际上是快速 $T_2$ 序列），而含脂肪的组织是暗的；$T_1$ 加权成像的情况则相反。损伤组织将产生水肿，使得 $T_2$ 加权序列对病理敏感，一般能够区分病理组织和正常组织。增加额外的无线电频率脉冲以及额外的磁场梯度操控以后，$T_2$ 加权序列可以转变成另一种序列，叫 FLAIR 序列，此时只有水是暗的，而水肿组织是亮的。目前，这种序列是评价脑病变的特别敏感的方法，可以观察有没有脱髓鞘疾病，例如多发性硬化症（图 10－6）。

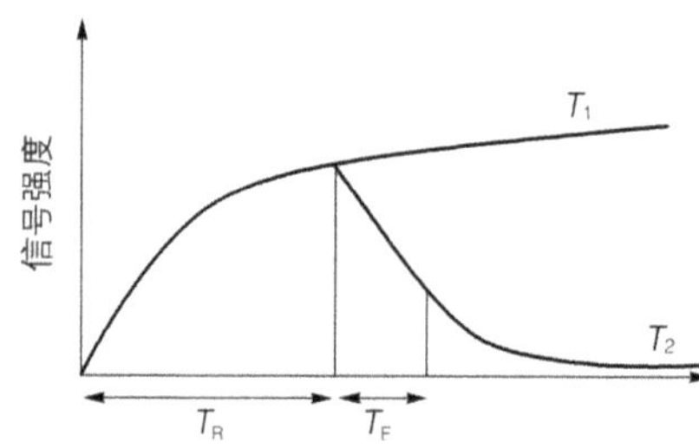


**图 10－6**　$T_R$ 和 $T_E$ 对 MRI 信号的效应

从图中可以看出 MRI 信号受到 $T_R$ 和 $T_E$ 的影响。$T_E$ 为回声（echo）时间，$T_R$ 为重复（repetition）时间。

典型 MRI 检测要应用 5～20 个系列，每个系列提供有关受试者组织的特定形式的信息，然后再由负责解释的医生来加以综合。

## 10.4　功能性磁共振成像

功能性磁共振成像（fMRI）是一种特殊的 MRI 扫描仪，用来测定与人及其他动物脑、脊髓神经活动相关的血液动力学反应（血流的改变）。这是最新发展起来的一种神经成像技术。从 20 世纪 90 年代早期以来，fMRI 已经在脑成像领域占据优势，由于它侵入性相对较少，无放射性暴露，而且可以比较广泛地使用。

19 世纪 90 年代以来，人们已经知道脑血流（cerebral blood flow，CBF），以及血液氧合程度的变化（集合起来称为血液动力学）紧密地与神经活动相关联。当神经细胞活跃时，来自葡萄糖的能量消耗增加，而且从能量上看，转变到效率更差但代谢更快速的无氧分解状态。这种能量利用的局部反应是为了增加局部脑区神经活动的血液流动，此过程约在 1～2 s 的延迟之后发生。这个血液动力学反应在 4～6 s 时达到峰值，然后回到基线，典型的情况还会降低过头一点点。这就导致局部 CBF 容量的变化，以及局部氧合血红蛋白浓度的变化，这些变化可以通过它们的顺磁性效应而得到检测。

### 10.4.1 历史

BOLD 是血氧水平依赖(blood-oxygen-level dependence)的缩写,它是血液脱氧血红蛋白的 MRI 对比度,首次在 1990 年 AT&T 贝尔实验室由小川诚二发现。小川等人认识到 BOLD 的潜在重要性,可以用它来做脑的功能性成像,但第一个成功的 fMRI 研究是由 J. W. Belliveau 等人在 1991 年报告的,那时他向静脉注射一种顺磁对比物质——钆(第 64 号元素;符号 Gd)。他们的实验采用视觉刺激研究模式,发现人初级视觉皮层脑局部血流量增加了 32% ± 10%,共做了 7 个受试者。同年,B. E. Hoppel 等人同样用视觉刺激做实验,在医学磁共振学会 1991 年的年会上做了报告。这个工作演示,不用对照剂,通过 BOLD 效应,可以看到人脑的活性。1992 年,同时有应用内源性 BOLD 对比度做 MRI 研究的 3 篇论文报告。次年,小川在《生物物理学杂志》上发表了 BOLD 对比度的生物物理模型。P. A. Bandettini 在 1993 年又发表了一篇论文,演示了功能性激活图像的定量测定。

### 10.4.2 fMRI 的生理学

神经元不存储葡萄糖和氧,神经元的更多活性需要通过快速血流来提供给它更多的葡萄糖和更多的氧。通过这个血液动力学的反应过程,血液释放葡萄糖给神经元和星状胶质细胞,活跃脑区的给予速率大于神经元不活跃脑区。这导致脑区静脉里面过剩的氧合血红蛋白,而局部氧合血红蛋白和脱氧血红蛋白的比例发生可以区分的变化,这个比例正是 BOLD 的标志。

氧合血红蛋白是抗磁性化合物,当它变成脱氧血红蛋白时,就变成顺磁性的。因此,血液的磁共振信号会因血红蛋白氧合程度的不同而稍有差别。产生高一点的 BOLD 信号强度,是由于氧合血红蛋白浓度升高,因为此时血液的磁敏感性与组织的磁敏感性更加匹配。通过收集磁共振扫描仪的数据,用对磁敏感性变化敏感的次序参数,人们就可以评估 BOLD 对比度的变化。这种改变可以是正性的,也可以是负性的,依赖于脑血流(CBF)和氧消耗的相对变化。如果 CBF 的增加超过氧消耗,将导致 BOLD 信号的增加;相反,CBF 减少超过了氧消耗的变化,将引起 BOLD 信号强度的降低。信号的差别很小,但是如果有多次重复,例如让受试者有一个思想、一个动作或者某一种经验,就可以用统计学方法来测出具有可靠性的、显示区别的脑区面积,从而可以确定,哪个脑区在发生这种思想、动作或经验的时候是活动的。

几乎所有当前的 fMRI 研究,都以 BOLD 方法来测定哪个脑区活动的产生是由于不同的经验,但是因为信号都是相对的,而不是个别的、定量的,所以有人怀疑它的严格性。人们也提出了一些其他的方法,以更直接地测定神经活性,例如测定脑区的氧提取分数(oxygen extraction fraction,OEF),OEF 测定的是血液里面有多少氧合血红蛋白转变成脱氧血红蛋白;或者直接测定由神经元电流所产生的磁场,但是因为神经元产生的电磁场非常微弱,所以信噪比很低,而应用统计学方法来提取定量数据,迄今为止都是不成功的。

### 10.4.3　Fick 原理

从生理学看，fMRI 的设计是基于 Fick 原理。A. Fick 发明了一个技术来测定心输出量，这里应用了所谓 Fick 原理。Fick 原理说，一个器官必须按照这样一个速率来接受血液，该速率必须等于此器官代谢掉血液里某种组成成分的速率，被该组成成分的浓度所除[2]。

Fick 原理还有一个公式。Fick 原理的要害是，一个器官的血液流动可以用测定某个标记物的方法来测定。这个原则可以在许多方法上得到应用。例如，如果血液流到这个器官的速度是知道的，而且也知道了动脉与静脉中该标志物的浓度差，那么，被这个器官代谢掉的标记物的量就可以计算出来[2]。

S. S. Kety 和 C. F. Schmidt 把 Fick 原理应用到了脑研究，证明可以用此原理测定 CBF。以后，Fick 原理也拿来解释我们下面提到的所谓 BOLD fMRI。fMRI 检测的是单位脑体积血液脱氧血红蛋白含量的变化。根据 Fick 原理推导，脱氧血红蛋白的浓度与什么成比例呢？就是氧的脑代谢率(cerebral metabolic rate of oxygen，$CMRO_2$)被 CBF 所除[2]。

### 10.4.4　fMRI 的工作原理

功能性磁共振成像(fMRI)的发展是从一系列发现开始的。1937 年 I. I. Rabi 描写了分子束的磁共振，1945 年 Rabi 发现了原子核核磁共振(NMR)。同时，E. Purcell、F. Bloch 也独立地发现了此现象。1949 年 E. L. Hahn 发现，NMR 的衰减依赖于物质的化学组成。这些关键性发现使得以后的 fMRI 成为可能[2]。

fMRI 基本上是测量每个体素里面脱氧血红蛋白的相对含量。当神经元活动的时候，供应给脑区的氧合血红蛋白量增加。由于目前还不清楚的原因，供应给脑区的氧合血红蛋白量，反而比局部的氧消耗要多一点，因此导致脑区含有的氧合血红蛋白与脱氧血红蛋白之比反而更高一些(图 10－7、图 10－8)[2]。

氧合血红蛋白和脱氧血红蛋白有不同的磁性。血红蛋白含有铁，当氧分子从血红蛋白脱离后，铁就暴露在外。脱氧血红蛋白的出现诱导了邻近磁场的不均匀。某些靠近脱氧血红蛋白分子的水分子质子，现在就碰到稍稍不同于离此远一点的水分子质子的磁场[2]。

较大的不均匀性可以使质子的去同步化更快发生，这样导致更加快速的衰减时间($T_2$)。当脑区里面氧合血液多的时候，也就是神经元活性高的时候，会有更多的均匀磁场，结果是有比较长的 $T_2$ 衰减时间，成像也更亮一些[2]。

跟 PET 扫描一样，fMRI 对于跟神经活性增加相关的 CBF 增加也是敏感的。与 PET 扫描相比，fMRI 有几个优点：它不需要从体外注射物质到血液里面去(fMRI 应用自己的内源性血红蛋白，将其作为一个标志物)；它也提供更好的空间和时间分辨。例如，现在有人应用 fMRI，竟然可以看到人脑 V1 区的眼功能优势柱，这大概需要相当于 1 mm 不到的空间分辨；在神经活动时间方面，估计时间分辨率大约是 100 ms。目前在

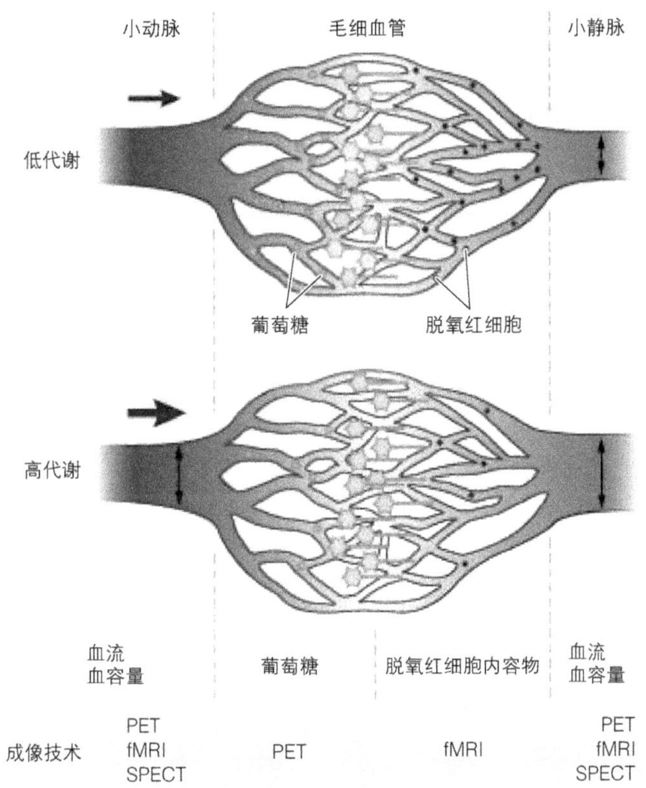


**图 10－7** fMRI 与脑代谢的关系(彩图见图版第 31 页)

神经元的能量代谢受突触活性或突触强度的影响。代谢变动伴有局部脑血流(CBF)的增加、葡萄糖摄取的增加以及 CBF 的增加,也涉及脱氧血红蛋白含量的减少。这些不同的变化可以用不同的技术加以检测,包括 fMRI(功能性磁共振成像)、PET(正电子断层制图术)、SPECT(单光子发射计算机断层制图术)。(图引自[2])

我们的常规临床研究中还不能够达到亚毫米级或亚毫秒级,但是肯定有达到的例子[2]。

BOLD 效应的测定采取 $T_1$ 或 $T_2$ 加权,快速地使容积获得成像。这种成像方法可以得到中等度的、相当好的空间和时间分辨,通常每隔 1～4 s 取一幅图像;而成像的最后体素,典型的大概是每边长为 2～4 mm 立方体积的人脑。由于最近的技术进步,例如用高磁场强度和多通道无线电频率接收,已经能够把空间分辨推进到毫米级别。用一种新成像方法——“时间相关 fMRI”,即使两个刺激的间隔靠近到 1～2 s,对刺激的反应仍然可以互相区别;对于短暂提供时程约 15 s 的刺激,可以获得大 BOLD 正反应的全时程经过。

### 10.4.5 BOLD 的神经相关

神经信号和 BOLD 之间的准确相互关系正受到活跃研究。总的说来,BOLD 信号的改变与血流变化是很好地相关的。过去几年的无数研究都鉴定了血流和代谢率之间的

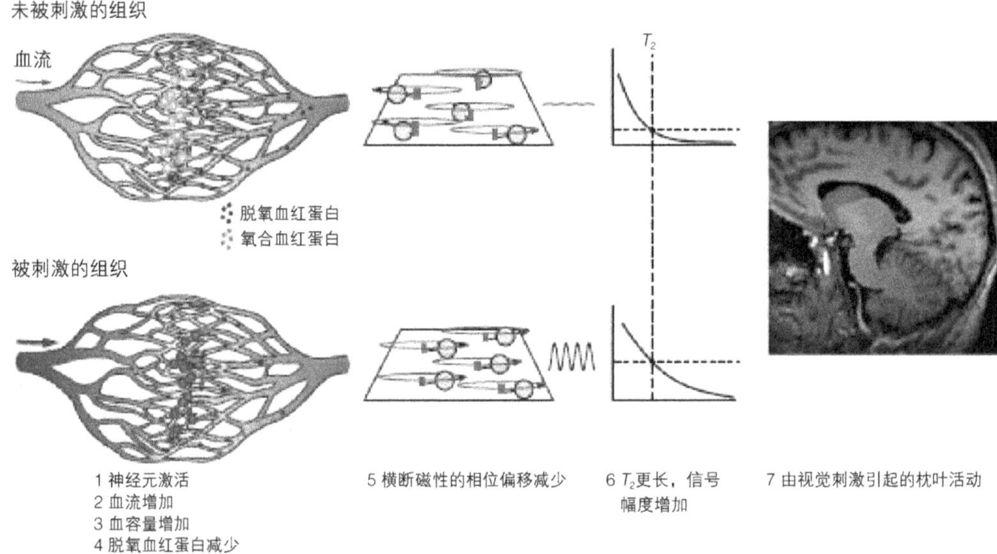


**图 10-8**　功能性磁共振成像原理(彩图见图版第 32 页)

神经元活性增高导致氧合血液供应增加，这减少了脱氧血红蛋白的浓度，使得“去位相”发生得更慢些，从而引起所监测电流衰减的减慢。其结果就是局部代谢活性的 fMRI 成像，它反映了局部脱氧血红蛋白浓度的变化。这幅成像图中有颜色处是人视觉皮层对视觉刺激的反应，视觉刺激安放于人视野之特定位置。我们可以看到中间是红的，边上是蓝的，蓝的表示活动低。(图引自[2])

耦合，那就是，血液供应紧密地受空间及时间调节，以提供脑代谢所需要的营养物质。然而，神经科学家正在寻找更直接的血流供应和神经元输入/输出之间的相互关系，希望利用这种关系看到脑功能电活动和神经回路模型的相互关系。

虽然近来的资料表明，局部场电位是一种电活动的整合指标，而且与锋电位比，局部场电位与血流形成较好的相关，锋电位则是直接与神经元通信相关联的，但是迄今为止，还没有一个简单的电活动可以与代谢、血液供应联系起来，在广阔范围里面提供合适的相关。很有可能这反映了代谢过程的复杂性。对于电活动而言，代谢过程形成了超集(superset)。某些最近的结果提示，神经活动以后的 CBF 增加，并非与脑代谢的需要构成因果关系，相反，存在着神经递质的驱动，例如谷氨酸、5-羟色胺、一氧化氮(NO)、一氧化碳(CO)、乙酰胆碱、多巴胺、去甲肾上腺素。

最近有某些其他的研究提示，在正的主 BOLD 信号到来之前，有小的、开始的、朝下的负波。这个朝下小波更高度地局限化，也与测定到的局部组织氧浓度减少相关，很可能反映了神经元激活时的局部代谢增高。这个更局限的、小的负 BOLD 信号，使得我们可以用来制作人初级视觉皮层优势柱的成像，其分辨约为 0.5 mm。使用此技术所碰到的问题是，这个早期 BOLD 信号很小，只有用大的扫描器才能发现，磁场强度最少 3 T。还有，因为此信号比正常 BOLD 信号更小，从噪声背景下提取就更为困难。同样，由于这个开始的负波发生在刺激发动之前 1～2 s，时间很短，当重复给予信号的时候，可能抓不住它。如果 $T_R$ 足够低，那么由于血管活性药物的消耗(例如咖啡因)或因血管反应性的自然差别而引起的血流速度增加的反应，又可能进一步模糊这个初始的朝下负波。

CBF 对于 BOLD 信号的贡献来自大动脉、大静脉、小动脉、小静脉、毛细血管等。实验结果表明，如果应用强的磁场，BOLD 信号可以加权到小血管，因此更靠近活动的神经元。例如，当用 1.5 T 扫描仪时，70%的 BOLD 信号来自大血管；而当用 7 T 扫描仪的时候，70%来自小血管。更有进者，BOLD 信号大小的增加，大致上与磁场强度的平方成比例，因此现在大家都希望用大磁场扫描仪，不论是为了增加定位，还为了增加信号的提取。当前，已经有少数几个 7 T 扫描仪开始商业运营，实验性的 9 T 扫描仪也正在研发之中。

### 10.4.6 fMRI 和脑电图

fMRI 有高的空间分辨但相对差的时间分辨(秒级)。直接测量脑电活动的 EEG 则有高的时间分辨(毫秒级)但低的空间分辨。因此，这两个技术是互补的，可以用来同时记录脑的活动。在磁共振系统中记录 EEG 信号，从技术上讲是一个挑战。如果有了同时记录的 EEG 和 fMRI 数据，最后的障碍是如何把两套数据加以汇聚，因为每套数据都是用不同算法重组的，它们会遇到不同的畸变。汇聚两者需要想办法，技术上有相当的难度。

### 10.4.7 fMRI 的优越性

fMRI 除了有其明显的方法学优点以外，同样重要的是有其文化方面的优势。接受 PET 作为一种技术，一定会遇到电离辐射的问题，一定要有知识精英参加，他们必须有特长，例如要有核医学的经验，要有医疗执照，或两者都要有。而 fMRI，由于它天生地没有生物危害性，可以在比较低要求的环境中配置起来，例如一个大学的心理学系也可以安装 MRI 设备。实质上讲，fMRI 的引入使得研究活体人脑的强有力技术变得大众化了，允许有宽广的学科交叉，以达到新的目标。这一发展引起了迄今 15 年来神经成像学论文的发表呈实质性的指数式增长，而所研究的大部分是人类的认知问题[1]。

## 10.5 弥散张量成像

弥散张量成像(diffusion tensor imaging，DTI)是 MRI 的另一种应用方法，可以补充 fMRI。它实际上不是功能成像，它的目的是为了看到脑解剖结构的一些特征。DTI 方法测量的是水分子在脑内可以弥散多远。由热激动而引起水分子在溶液里面的自由位移(也即布朗运动)，服从一个统计学定律，这是爱因斯坦(A. Einstein)在 1905 年加以描述的[2]。

在均匀介质中，分子自由移动距离与时间的平方根成正比而增加。在体温条件下，68%的水分子在 50 ms 内的运动距离应该短于 17 $\mu$m。当有大分子或细胞膜存在时，水分子的移动距离还要缩短[2]。

人们早就知道，可以用 MRI 来测量水弥散程度的差别，这个方法叫作弥散性 MRI，它依赖于脑的解剖学。弥散 MRI 最成功的临床应用是对中风的控制。M. Moseley 在 1990 年发现,如果实验性地阻断脑血液流动几分钟以造成脑缺血,则缺血性脑组织里面的水弥散减少得相当明显。弥散性 MRI 现在已经成为一个标准的诊断手段,用来评价、监视中风病人的情况[2]。

P. J. Basser 在 1994 年就认识到,MRI 可以用来特征化(characterize)水弥散的非均向性,也就是不同方向上弥散的不同,这就导致 DTI 的发明。DTI 可以用来特征化脑内白质每个部位神经纤维束的局部走向,因为脑的白质是由一束束轴突构成的,而在白质纤维束方向,水的弥散大约要比垂直方向快 6 倍[2]。

开始时,DTI 测量跟 MRI 测量一样,让受试者处于强磁场之下,给予受试者以无线电频率脉冲,这样水分子质子在相同相位上互相摇晃(wobble)。然后沿着一个轴,在短时间再给予一个磁场梯度。如果我们假定,开始时给予的梯度是按照脑的前(嘴,rostral)-后(尾,caudal)方向给予的,那就是前面脑的磁场强,而后面脑的磁场弱,但是事实上我们可以看到,在一个实验中可以按次序应用几个梯度方向[2]。

由于磁场的梯度,前面脑的水质子进动(precession)速率比脑后面的水质子进动速率要快。事实上对于每个体素来讲,前面水质子比后面水质子的进动速率要快。当磁场梯度关闭以后,水质子失去位相,每个各有一定数量,依据它所处的前后位置[2]。

然后另给予一个相反方向的磁场梯度,其大小和时间都跟前一次一样,不过方向变了,也就是从尾侧到嘴侧方向,或者从后面到前面方向。如果说在这个前后方向上没有任何移动,那么这个相反方向的梯度将会给予所有水质子以完全新的相位,那也就是再一次完全同步的进动[2]。

然而由于弥散的缘故,每个水分子在第一梯度与相反(第二)梯度的给予之间,要移动一定距离。如果在一个方向(前-后)上,一个体素里面的弥散比另一个体素里的低,则其结果是弥散较少体素的 MRI 成像比较明亮,重新同步也较好。这里所讲的是前-后(嘴-尾)梯度情况,只有前-后方向的弥散是起作用的。如果一个水分子是向左或向右弥散,那么由两个梯度所引起的去相位和重新恢复相位,可以互相完全对消[2]。

几个方向上的每个方向都要重复测定,以此来特征化弥散的各向异性。按每个方向再另做一个脑成像图。白质中的一个体素典型地会展示,在纤维束方向上的弥散大(在相应的成像中呈现暗色),而在另一个方向上就弥散较少(较亮的成像)。把这些分别的成像结合起来,就可以显示水分子行走的各向异性(图 10－9)[2]。

DTI 最先进的应用是纤维束追踪。就现在所知,这是可以用来特征化脑内神经连接的唯一非侵入性方法。纤维束追踪就是对 DTI 的测定结果进行计算机分析,其基本看法是找到各向异性的通路,也就是从脑的一个点到脑的另一个点的纤维束(图 10－10)[2]。

但是用 DTI 方法做纤维束追踪的时候,还有很重要的精确度和精密度方面的缺陷,与应用向前、向后的示踪剂不同(它们标记的是个别轴突所建立的联系);而 DTI 所反映的是白质组织每个体素的弥散 MRI 成像值的统计学平均。具体地说,每个体素的每个

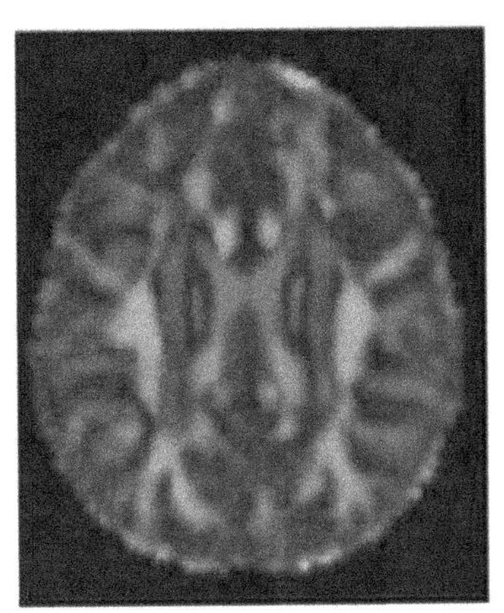

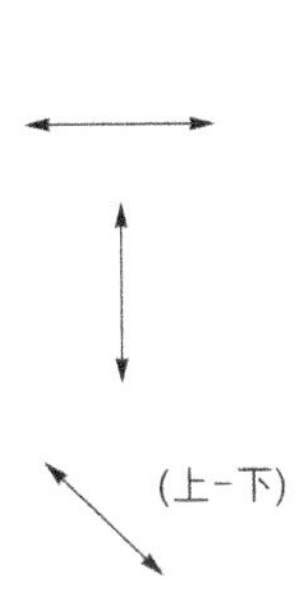


**图 10-9** 弥散各向异性的 MRI 测量（彩图见图版第 32 页）

白质中的水分子是各向异性(anisotropic)的，此各向异性可以用 MRI 检测。图中每个部位的颜色及其亮度，代表一个小体积体素的弥散。亮度代表弥散各向异性的程度，白质显得更亮，因为这里的弥散是高度各向异性的，而灰质和脑室比较暗，因为这里是各向同性(isotropic diffusion)弥散的。颜色代表占统治地位的白质束方向；红色表明从右到左的方向弥散最大，绿色表明从前到后的方向弥散最大，蓝色表明从上到下的方向弥散最大。(图引自[2])

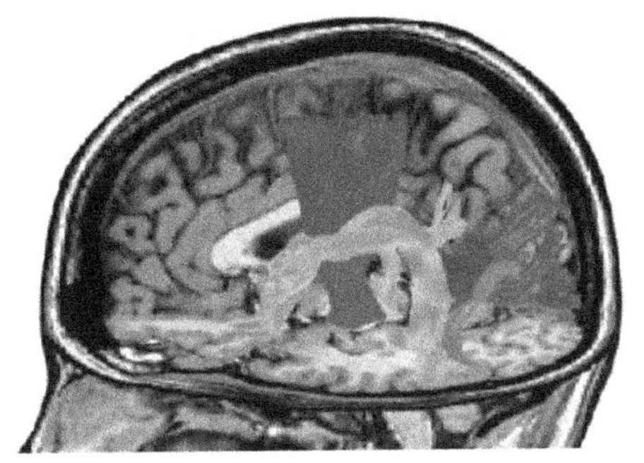

**图 10-10** 根据弥散张量成像得出的白质纤维束重组（彩图见图版第 32 页）

每个“虚拟纤维束”是根据 DTI 测量用计算机做出来的。从脑内某一点开始，沿着最大的各向异性路径走。现在显示的是被认为对于文字阅读重要的 4 条纤维束。黄纤维是上纵束，它连接颞-顶皮层[包括维尔尼克(Wernicke area)区，该区对于语言的了解是关键性的]与外侧额叶皮层[包括布罗卡区(Broca area)，该区参与语言的产生]。紫纤维束经过胼胝体，它连接两侧枕叶以及两侧颞叶的几个区。蓝纤维束是放射冠(corona radiata)纤维束，它通过内囊后肢。最后，橘红色纤维连接枕-颞皮层(包括一个被认为与文字辨认有关的脑区)以及位于枕叶和颞叶边界的大脑皮层外侧面。(图引自[2])

弥散 MRI 成像的强度，依赖于这个体素里面所有水分子的平均弥散[2]。

因此，只有由大数目轴突所形成的那些白质束才能被看到。目前的方法还不能够辨别小于 5 mm 直径的束，而连接邻近脑区的许多细小连接不能够可靠地被检测到。还有，那些完全在灰质内的皮层连接，也不能够检测到。某些白质区的纤维束追踪是困难的，如果那里有不同纤维束的互相交叉，因为没有单一的优势弥散方向。在另一些脑区，不同纤维束互相在一起走一段路，它们还要分开，这可以致使纤维束追踪的软件发生误判[2]。

即使如此，现在经常可以把 DTI 跟 fMRI 联合起来应用，来特征化人脑连接程度的发育，来鉴定多种神经疾病情况下脑功能及脑联系的细微异常，比如多发性硬化症、阿尔茨海默病；也应用于脑的发育异常，例如阅读障碍；以及精神性疾病，例如精神分裂症[2]。

## 10.6 认知的功能成像

通过脑功能成像，可以观测人在实现认知活动时的脑区活动，这种技术促进了如何在生物学基础上了解认知功能的进步。因为从伦理上讲，侵入性实验不能用于人类，所以在生物学基础上研究认知功能，直到最近都局限于实验动物，以及临床上具有认知功能障碍的病人[2]。

现在发展了这种技术，例如功能性磁共振成像(fMRI)，就有可能以人为对象进行研究，由此提供了完整脑功能的无可比拟的复杂情景。活体脑成像研究使得我们可以探测局部神经元回路之行为意义，例如视觉的皮层柱以及大尺度相互联系的脑区系统；还有与不同神智功能有关的脑区，当人们看到、听到、发生内态感，或者讲话、思考等的时候[2]。

功能性成像可用来探查认知过程，这就使得人们看到了正在工作着的脑，从而也改变了认知科学。我们将要演示，根据功能性成像所得到的若干认识来考虑此领域，其最终目的就是了解意识[2]。

这个设想很简单：比较有意识状态和无意识状态下的脑活动，我们应该能够鉴定出一些脑区来，这些脑区的活性是跟意识相关联的。因为系统地操控意识不是一件简单的事，把意识翻译、转变成为一种来指导科学实验的逻辑也是困难的。为了完成这个任务，科学家们看到一些事实，即暴露在同等的外界刺激条件下，可以交替地诱发有意识或无意识的经验，而这又依赖于其他可控制的变数。例如，当你读这本书的时候，你的眼睛可能眨了好几次，然而尽管你的脑已经记录了眨眼的次数，你却没有意识到。现在，你一旦注意了这个事情，你就变得可以觉察眨眼的知觉效应了(事实上，你很难抑制这种觉察)[2]。

如同感觉刺激可以有意识或无意识地被脑加工成为知觉一样，从记忆中回忆一个对象也可能是有意识或无意识的。试考虑偶然遇到以前见过的某一个人的时候。看到这个人的脸孔，可以激活你有意识地想起初次与此人见面时的情形、地点、时间，以及此人的名字。但经常会体验：你可以觉察这个脸孔是熟悉的，但你不能把它联系到某个时间或者地点，这个脸孔就这样简单地并不引起初次见面的意识性回顾。更糟糕的是，你可能并未有意识地认识这个脸孔，虽然(这个是可以演示出来的)你脑的某些区域作出了对此人脸孔的无意识反应(似乎你的脑子记得这个脸孔，但实际上你却没有记忆)[2]。

比较与有意识或无意识知觉记忆有关不同脑区的血液动力学反应，功能性成像研究开始鉴定与意识有关的脑区[2]。

### 10.6.1 成像有意识及无意识的知觉

成像(mapping)脑功能早在19世纪中叶就已经开始，离开我们现在发明的功能性脑成像足足有100多年。19世纪，通过把认知实施与脑病变的解剖学部位相关联的方法，神经病学家鉴定了一些脑区，认为这些脑区参与特定的认知功能。但是这种研究方法有重要的缺陷，妨碍了对脑功能许多问题的回答[2]。

例如，同一个初级感觉皮层脑区可能对于有意识知觉是必需的，因为它参与了初始感觉信息的加工过程，但这并不意味着它与意识经验是有关的，它完全可能仅是简单地中转感觉信息到高层次的大脑皮层，而那个层次的大脑皮层才是负责意识的。从原理上看，功能性成像可以帮助把这些区分开来[2]。

的确，意识知觉的神经相关可用视错觉方法实验性地加以检测。在这种方法中，知觉拷贝(percept)与物理刺激相脱离。有一种错觉是由于双眼对抗(rivalry)而产生的。当分别向每只眼睛同时提供不同的视觉刺激时，错觉就发生。在典型的情况下，两种刺激中的这个或那个觉察(awareness)被压抑，所以在一个时刻仅觉察一个意识刺激，从不会觉察两个刺激。这样，一只眼睛的所见可以占意识的统治地位达数秒钟，以后在另一个时刻，再用另一只眼睛看到的东西来代替。是什么因素使得双眼对抗有如此明显的效应？这是因为，虽然物理刺激是恒定的，但知觉经验是波动的。由于这种分离，双眼对抗实验提供了独特机会来研究意识的神经相关[2]。

当一只眼睛的视野占统治地位的时候，哪个系统被募集起来？有一种看法认为，在视觉加工早期阶段的神经元，对每只眼睛的物理刺激都进行反应，但在加工晚期，从这些神经元来的信息是一下开、一下关即开关式的，这就造成了知觉的转换。也就是说，晚期阶段是控制进入视觉意识的门[2]。

这样一个控制门是否存在？如果存在的话，脑区里面的哪些神经元有门控的功能呢？是那些定位于特定脑区的神经元吗？它们是特别的一类神经元吗？这个门控过程的发生，是由于调控了细胞放电频率，还是调控了某些反应成分，例如放电的时间先后？是同步放电吗？不一而足。支持两个刺激间互相竞争的神经回路和计算，又是什么呢？[2]

虽然我们还无法对这些问题加以确定的回答，但在双眼对抗条件下诱发的脑代谢活动，已经可以用fMRI检测了。有一个fMRI实验，它利用一个在变换过程中发生的有趣知觉现象，典型的是觉察一个前进的波，在这个前进波中有一个图像型式(例如一种型式的栅格)开始在某个位置冒出来，而且慢慢扩大，直到使另一个型式(另一种型式的栅格)变得看不见(图10-11)。在这里，物理刺激从来没有变过，而意识的知觉却改变了。这就是所谓的"改变都在你脑中"。这个实验确定，当双眼对抗伴随着知觉改变的出现时，初级视觉皮层(V1)有活性波[2]。

由于初级视觉皮层是定位组构的，邻近神经元对邻近视野中的对象起反应，因此有可能显示，从初级视觉皮层一个亚区的神经活性扩展到另一个亚区。这些亚区的次序性激活与双眼对抗时的动态知觉变化相伴随。类似的活性波也在邻近的次级视觉皮层(V2和V3区)上传播[2]。

另一个实验显示，初级视觉皮层的活性波本身不足以完成意识知觉。在这个实验里面，受试者被要求暂时性地分神(他的注意力被分散)，所以受试者并没有觉察对两眼的对抗刺激的型式，但此时活性波仍然在初级视觉皮层上清楚地表现出来，即使受试者本身主观上没有感觉到相应传送的波。然而，在V2、V3上看不到活性波[2]。

事实上，在一系列非初级视觉皮层脑区，包括下颞叶的高级视觉区以及顶叶和前额叶的区域，都有与双眼对抗和知觉改变相关联的活动。有可能是这样的：当进行双眼对抗的视知觉时，这些不同的高级皮层区起着独特的作用。注意：来自顶叶和前额叶皮层

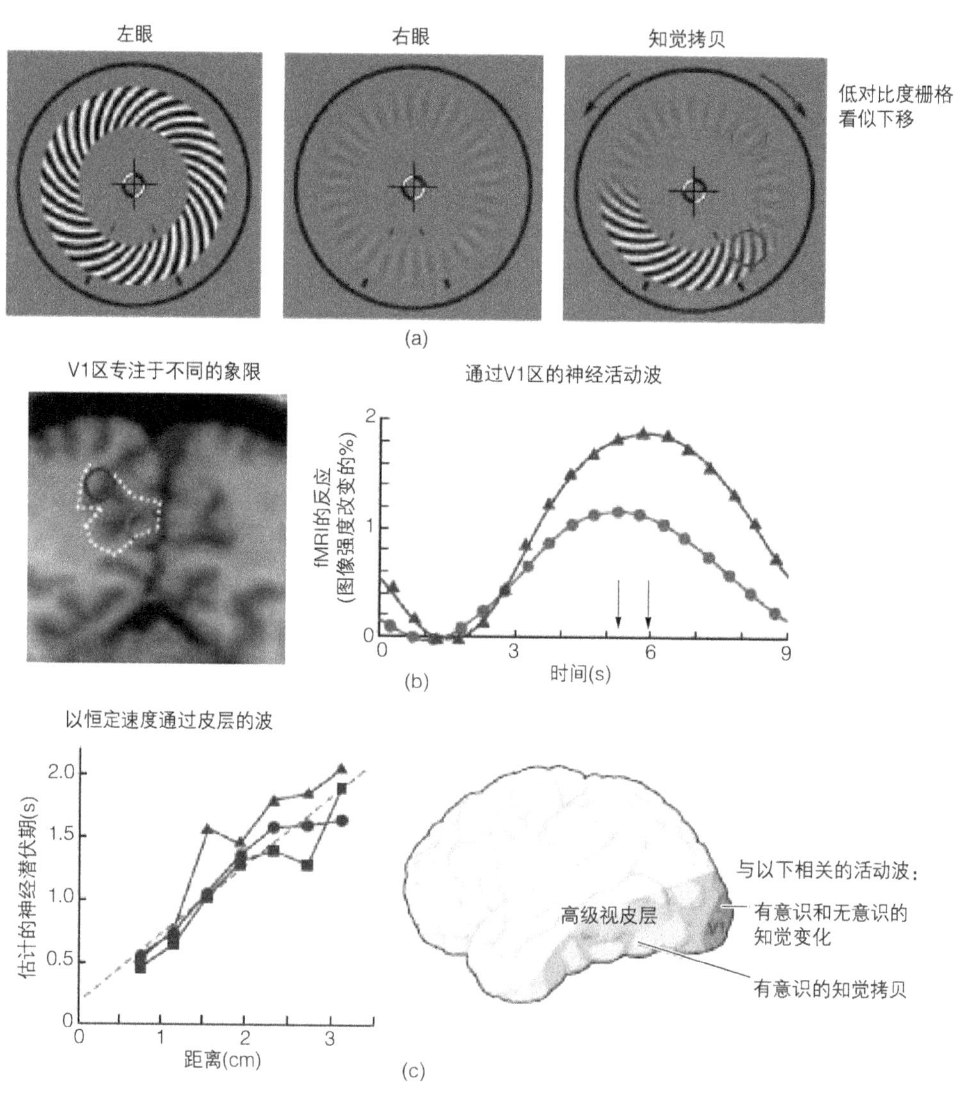


**图 10-11** 意识性视知觉的神经相关(彩图见图版第 33 页)

(a) 给受试者左眼看高对比度的螺旋状栅格,右眼看低对比度的放射状栅格,每个图像仅局限于视野的一个环状区。受试者感到有一个行进的低对比度型式的波,此波沿着环状慢慢地扩展,开始是在顶部,逐步侵入到图像的其他区域,并把其他图像从觉察中擦掉(红、蓝圆圈的解释参看小图 b)。(b) 通过脑后枕叶,垂直于矩状沟的切面解剖图像。红的圆圈指示初级视觉皮层的亚区,那里的细胞代表着视觉感受野右上象限圆的区域,如 a 图所提供的那样;蓝的圆圈鉴定了一个亚区,此区的细胞代表右下象限。这个作图比较了这两个亚区的 fMRI 测定结果。红的和蓝的曲线对应于红的和蓝的亚区;箭头指示了曲线的峰。蓝的曲线在时间上延后而且幅度比较大,以高对比度型式仍然可以看到较长的一段时间。(c) 实现上述功能的神经活动传播速度,这是根据 3 个受试者的 fMRI 结果计算得来的。神经活动的时间潜伏期作为皮层距离的函数作图,距离测定是把大脑皮层的皱面摊平来进行的。斜虚线对应于传播速率,在大脑皮层表面大约为 2 cm/s。(图引自[2])

(PFC)回路所介导的反馈,被认为在协调这些脑区的相应活动中起关键的作用,从而产生意识的知觉状态[2]。

知觉通常是由多种感觉造成的,不只是在实验环境下被隔离起来的单一感觉。例如,认识一个人,包括有视觉的、听觉的,经常还有躯体感觉的和嗅觉的信息。所以,意识经验很可能也反映了数个高阶段感觉皮层的活性。虽然多模知觉拷贝(percept)的产生是来自无数脑区的活性,但我们认识到的知觉经验却是统一、无缝的整体。把脑内分别的功能系统联结起来,从而产生统一化的意识经验,这有时被叫作"捆绑问题"。有的看法认为,当各脑区的神经活性在时间上被锁定时,一个意识经验就会发生。那么,这些脑区就在时间上同步了,也就是说,被捆绑起来了[2]。

### 10.6.2 成像有意识和无意识的记忆

有意识的知觉和有意识的记忆历来是互相关联的。有一种看法认为,当刺激重新激活第一次编码时被记忆的有意识知觉拷贝的脑区之际,有意识的回忆就发生了[2]。

R.L. Buckner 训练受试者,让后者把声音或图片与一个手写的字关联起来。例如,给他看"狗"字让他关联狗的图片或狗的叫声。当给受试者看"狗"字时,给他做 fMRI 扫描,然后要求他回忆相关联的图片或声音,从而作图记忆存储的脑区。此外,当受试者看图片或听声音时,再作图(mapping)那些参与知觉的脑区[2]。

出乎意料,先听到以及后来回忆一个声音,刺激了某些相同的高层次听觉皮层脑区;看到以及后来回忆一个图片,刺激了某些相同高层次的视觉皮层脑区。然而,有意识地回忆声音或回忆图片,并不激活初级感觉皮层。这些结果提供了证据:有意识的回忆运用了某些同样的脑区,那些脑区是用来做有意识知觉之用的[2]。

在不同睡眠时相上所做的实验,证实了那种认为高层次感觉皮层的募集是为了记忆的看法。虽然梦不是外部世界的真实回顾(recollection),但梦境确实可以非常生动、鲜活,甚至可以与意识记忆相媲美。梦发生在快速眼动睡眠期,而慢波睡眠是缺少梦的。快速眼动睡眠和慢波睡眠的脑功能成像研究表明,有梦期关联到整个高层次感觉皮层的活动。如同 Buckner 的实验一样,在有梦期中,初级感觉皮层并不激活[2]。

其他成像研究发现,当刺激仅仅诱导一种熟悉的感觉而不是一个完全可靠的回忆时,脑活动似乎局限于特定的感觉脑区,代表一种或至多是非常少的几种感觉类型。加在一起,这些研究演示:与意识知觉一样,几个高层次感觉区的同时活动,实现了回忆(这个回忆是指有意识地回忆那个刺激,以及与之相关联的情景的细致方面,例如刺激是在哪儿、什么时候发生,与此同时又发生了些什么,等等)。这种回忆伴随着来自多个脑区的输入,但是脑并不对所有输入进行同等程度的加工[2]。

### 10.6.3 成像意识知觉的注意调制

人脑经常受外部和内部刺激的冲击,但是在某一特定时间,我们只能觉察这些输入的很小一部分。注意是一个因素,它影响了觉察的范围及焦点。美国心理学家詹姆士(W. James)把注意定义为"神智以清晰和活泼的形式,从看起来多个同时可能的对象中,或从一串'思想'中,拥有其中的一个输入"。在这里,詹姆士抓住了注意的关键元素,即当脑遇到不止一个输入的时候,它并非等同地加工所有的输入[2]。

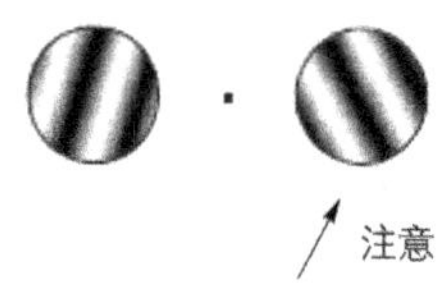


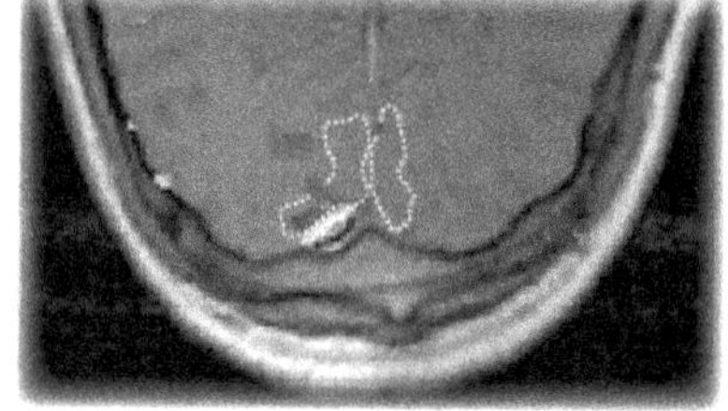

**图 10－12** 注意的神经相关
（彩图见图版第 34 页）

受试者被要求固定看屏幕中心（上），注意一边或另外一边，但眼睛不能动。这里是通过脑枕叶（下）的一个轴向切面（水平），显示功能的活性（红、黄色）叠加在脑的解剖图上。虚线轮廓标志着初级视觉皮层的界线。当受试者注意右侧时，左侧半球活性增加；反之亦然（右侧受刺激时，左侧神经元进行加工）。（图引自[2]）

在各种知觉分辨及鉴定的作业实施中，当受试者注意正确的位置，在正确的时间时，这些实施往往是更快和更准确的。有几位研究人员设计了一些实验程序以特征化行为的后果。例如，让受试者固定看计算机屏幕中心的某一点，同时在两侧眼的某一侧给予视觉。受试者被要求只注意屏幕的一侧而不许转动眼睛，当屏幕一侧显示视觉暗号，例如一个箭头时，这表明即将有一个刺激来临。当受试者把注意转向含有刺激一侧的屏幕时，他的行为实施（速度或准确度）增强（图 10－12）[2]。

脑中风后如患有忽略综合征（neglect syndrome）的病人会出现注意缺损。根据对注意缺损病人的研究结果，人们早就认为顶叶和额叶参与了对视觉注意的调控。M. Posner 等人应用 PET 成像，证实额叶和顶叶脑区有贡献于注意调控。同样，M. Goldberg 用电生理学方法研究了注意，曾经鉴定了顶叶脑区的有些神经元，它们更强烈地对注意刺激发生反应，较之对不注意的刺激[2]。

詹姆士曾经描写了两种不同类型的注意。一种是被动的、自主性的、刺激驱动的和短暂的，而另一种是主动的、随意的、概念驱动的和持续的。在“被动、立即感觉的注意”中，刺激是一种感觉印象，或则是“非常强烈、大量的东西”，或则是“突然、大的东西以及明亮的东西、运动着的东西、……血”。我们现在把被动、非随意的注意称为外源性注意，而把主动、随意的注意称为内源性注意[2]。

通过功能成像研究发现，两种类型的注意募集不同的脑区活动。在随意注意的情况下，当受试者被指示维持或移动注意的时候，某些顶叶脑区（顶叶间沟内）及额叶脑区（额叶眼球区）活动起来。提供暗号后，移动注意立即由额叶和顶叶脑区的一个短暂反应来加以实现。维持注意，也就是我们能够聚焦到一个特定的视觉位置，并维持相当长的时间，其关键是得到视觉皮层的活性支持，也包括同样的一些顶叶和额叶脑区。当注意转移到特定的、重要的或预期不到的刺激时，其他更多的脑区也活动起来。例如，杏仁核激活是当转移注意到具有显著情绪色彩的刺激时，特别是当发生恐惧情绪时，例如给受试者看一个恐惧的脸孔，或者看一条蛇[2]。

注意被认为是由特定皮层和皮层下区的网络所调控的。但是，为什么这样就能够产生更好的、前面所讨论过的那种行为实施？有一种看法认为，从高级皮层来的信号，按照相反的方向下来，直到感觉皮层，易化注意刺激的感觉代表。通过功能成像实验发现，正因为如此，被注意刺激的神经代表被放大了。而这个放大被关联到并且被认为是我们伴随注意而改善行为实施的原因[2]。

### 10.6.4 脑功能成像的局限性：脑血氧水平与脑活动的关系

虽然功能成像有非常显著的优越性，但是如同任何其他技术工具一样，功能成像也有其技术上及概念上的局限性（图 10－13）。我们知道，脑代谢与 4 个变量有关，即葡萄糖摄取、脑血流（CBF）、脑血量、脱氧血红蛋白含量。它们都可以应用于脑功能成像。脱氧血红蛋白是多数 fMRI 测定 BOLD 反应的基础[2]。

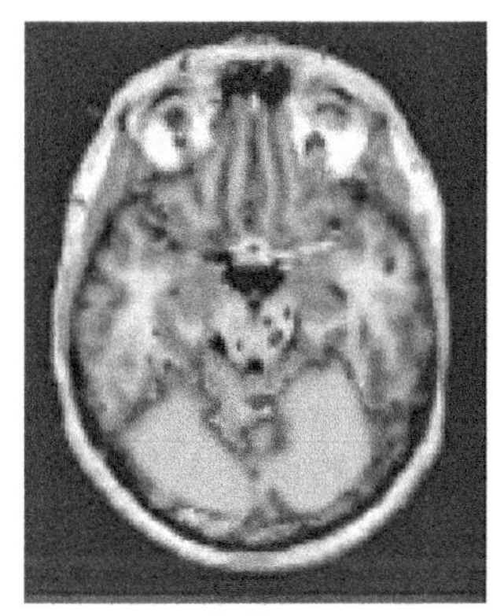
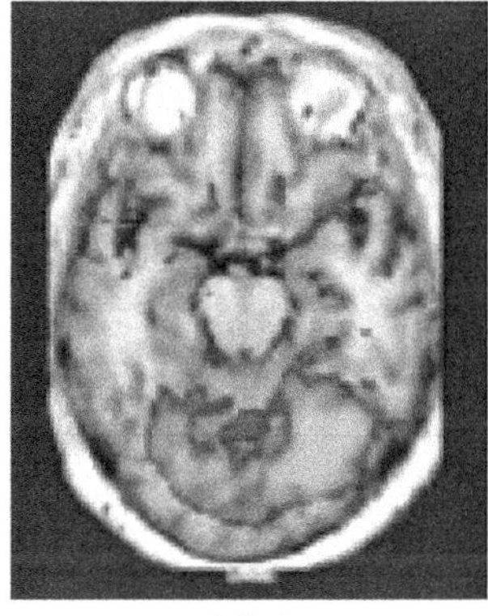
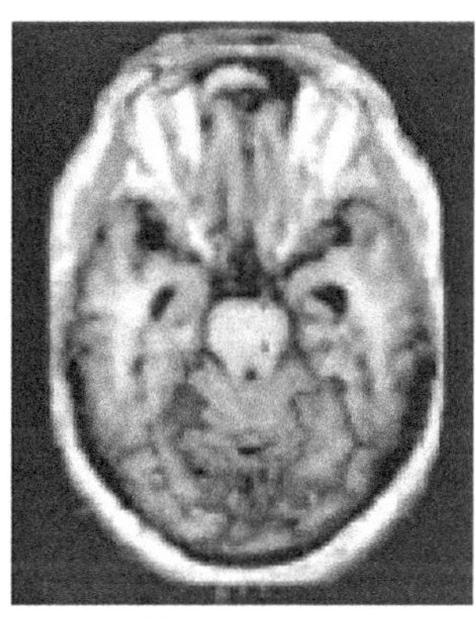


**图 10－13** 功能性磁共振成像的潜在陷阱（彩图见图版第 34 页）

脱氧血红蛋白含量是脑血氧水平依赖（BOLD）的 fMRI 的基础，它是复杂相互作用的结果，包括血流、血量和氧的代谢。基于此，它是一个与脑代谢有关联但又不可得出绝对值的测定结果。因此，对成像脱氧血红蛋白含量的解释必须非常小心。例如，这里显示了 3 种情况下的简单视觉刺激实验：3 种人的视觉皮层有不同的 BOLD 信号，一个是年轻人（左），一个是老年人（中），另一个是没有明显视觉缺陷的阿尔茨海默病患者（右）。这些结果的不同可能反映了血管生理学的差别，它与衰老有关，与疾病有关，但不是脑功能的差别。（图引自[2]）

功能性成像仅反映了能量代谢。现已清楚，功能性成像并没有测定神经活动，而是反映了能量代谢，最好应该定义为线粒体产生 ATP 的速率。但是，直接成像 ATP 的产生会有困难，所以功能性成像所测定的是能量代谢的相关物，可以利用临床成像设备而得到实现[2]。

大约神经元总能量代谢的一半是用来维持静息膜电位的，即跨膜电位。因此，任何膜电位的移动将会影响神经元的能量代谢，从而影响脑功能成像的测定结果。当细胞发出一个动作电位以后，膜电位会发生变化；当阈下的兴奋性或抑制性电位到来时，膜电位也会发生变化[2]。

神经元能量代谢的大约一半用于维持膜电位，那么另一半的能量代谢用在哪里呢？用于其他的生物化学过程。所以，这些生物化学代谢上的变化，也将影响功能性成像的测定结果，但是这种变化在时间上一般都比较慢。所讲的生物化学过程包括：用于正常突触功能的所有分子反应，例如突触小泡的循环、第二信使路径各个成分的募集、局部蛋白质的合成、轴突的输送、递质的释放，等等。所以从原理上讲，功能性成像可以测量瞬间效应，即外界刺激所引起的对于神经元电活动的影响，也可以检测更长时间的持续效应，即影响神经元活动的各种生物化学变化[2]。

脱氧血红蛋白含量是唯一的因素，它不能够测量出绝对值来，事实上它依赖于不太清楚相互影响的复杂结果。这些相互影响的因素有：被研究脑区的CBF、脑血流量、基础（静息）脑活动水平。如果两个脑区具有不同的静息（基础）状态，它们可以有不同的BOLD反应，即使刺激引起各个脑区的氧代谢是相同的[2]。

因此，如果认为BOLD反应的差别一定反映了相关的氧代谢以及神经元活动的差别，这可能引向错误的结论。例如，视觉刺激所引起的初级感觉皮层的BOLD反应幅度，比之初级运动皮层对运动刺激的BOLD反应，一般要大一些。根据这个结果也许有人认为，视觉皮层比运动皮层在代谢上更具反应性，但是这个差别更可能反映了基础脱氧血红蛋白的差别。因此，即使在特定的刺激作用下，几个脑区的BOLD反应相似，这种相似性也不能告诉我们，哪一个脑区在代谢上较之另一个脑区更加活跃[2]。

此外，因为许多脑疾病会影响靶向脑区的脑基础状态及脱氧血红蛋白，当比较病人和健康对照者的BOLD反应时，同样的虚假结论也可能会出来。这种局限性妨碍了BOLD在临床研究中的有用性，但此缺点可以克服，只要我们校正BOLD测定。此外，可以测定CBF或脑的血量的新的功能性MRI技术正在建立[2]。

神经元活动的哪个成分与脑代谢的测定更加高度地相关呢？虽然已经知道，BOLD反应（及其他功能成像测定的结果）是由神经活动增加而引起的代谢需要所触发的，但是对这些过程的细节知道得很少。有相当多的证据提示，CBF增加是由于突触活性的增加，因此fMRI反应可能最紧密地与某脑区的突触输入及皮层内加工相关联，而不是与其锋电位输出相关联。已有某些事实清楚表明，血流变化可以与锋电位的活动相分离[2]。

大脑皮层的回路是被大量的局部神经连接所主宰的，多数突触输入来自邻近神经元，只有少量输入发源于远隔部位，例如丘脑或其他皮层脑区。因此，大脑皮层突触输入多数是由邻近神经元产生的，在这种情况下典型地导致突触和锋电位活动的紧密耦合，也耦合到代谢反应（包括BOLD、fMRI）。不足为奇的是，fMRI的反应常常被发现与神经元放电高度相关。突触和锋电位活性的脱耦合，依赖于神经回路的性质，也就是说，这个神经回路的活性究竟是由局部回返回路所主宰的，还是由其他脑区来的突触输入（前馈或反馈）所主宰的。在某些情况下，功能性fMRI的测定可能与被研究脑区的锋电位活性高度相关联；但在另一种情况下，与阈下调制性输入相关联。因此，对fMRI测定的解释一定要非常小心[2]。

### 10.6.5 脑的分布功能与脑功能成像

功能成像带来的另一个可能陷阱出自解释结果的逻辑问题。应用功能成像的研究通常是以这样的逻辑开始的：假设一个特定的认知过程产生于一个功能特异的脑区。这也就是功能定位学说。于是就设计一个实验，有两个或更多的刺激或作业，它们对于假设认知过程的要求是不同的。如果确实有这样一个认知过程，而且该过程在功能上确实局限于某个脑区，那么应该期望，当这个认知过程的作业需要有所增加的时候，该特定脑区会更加活跃[2]。

如果受到关心的脑区在实验中被激活了，人们往往下结论说，假说被证实了。但这种逻辑推理是有缺陷的：这实际上是一种晚期神智学（颅相学），即认为解剖学上看到的脑的每个隆起都是有特定功能的[2]。

如果受试者被要求观看两个或更多的不同刺激，或者实施两个或更多的作业，脑肯定要对不同的刺激、不同的作业发生不同的反应。如果在实验中脑的活性没有差别，这很有可能是由于测量技术上的失败（例如没有足够的空间或时间分辨率，可能噪声信号太强，测量中出现伪迹，等等）[2]。

事实上，发现脑活性有区别，仅仅证实了一个看法，或是参与者经历了两种不同刺激，或是他实施了两种或更多的不同作业。仅仅这样一个实验，既不能证实也不能否定，有某个认知过程定位于这个脑区；但有可能从这个现象开始做进一步的研究。进一步的实验可以探究一下，这种脑区活性是否系统地伴有同源猴脑区相平行的细胞生理学研究，或者伴有根据假定认知过程的计算机模型的理论推断。当然重要的是也要排除另一种理论的可能性[2]。

既显示和预测了理论的正性关联，又显示了跟相反预测理论的负性关联，这种结果将提供更强有力的支持[2]。

### 10.6.6 人类认知成像的历史考虑

首次应用以激活为基础的神经成像，是在 20 世纪 80 年代。那时应用的是 PET，而且应用了简单的减法技术。减法技术的实质是，交互给予受试者以不同条件下的两个刺激，同时测量脑的活性。在一个方块（block，时间间隔）里，以感兴趣的条件作为刺激；在另一个方块里，给予对照条件的刺激。然后把两个方块的活性做减法。两个方块的差，就是我们所要得到的信号。这个程序是通过把单独插入顺序的认知过程变成方块而得出来的。从原理上讲，此程序认为认知功能是脑功能定位的。应用这种方法学的早期研究工作鉴定了加工单个字的脑区在哪里；鉴定了人 V4 和 V5 视觉区，它们分别负责特异的颜色视觉和视觉运动加工等。这些所谓的方块设计也特征化了早期的 fMRI 研究。当时用 PET 做研究，必须有长的顺序收集程序，但到了运用 fMRI 以后，这种时间上的不可伸缩性得到了克服[1]。

起初，对于实验设计更灵活的思考提供了新的、更深入的研究接近方法，包括使用新设计理念，如参数、因数等的实验设计。这些方法提供了更高程度的实验调控及推论。这种发展正好和新一类的问题相适应，例如“选择性注意的有或无，如何影响那些加工其他因素的脑区活动”。此外，这种更加精巧的方法学提供了平台，我们可以与认知激活实验程序相结合，进行活体的药理学诘问，这样就可能达到对某些关系的特征化。例如，神经调制性的作用在正常人或者病人中是如何影响不同认知过程的[1]。

到了 20 世纪 90 年代末，实验人员开始利用 fMRI 的全部潜在能力。此举的发动是由于应用了一种新的研究程序，叫作“事件相关 fMRI”。做这种 fMRI 的操作过程，有点类似于电生理学中测定诱发电位，从而绕开了原来的缺点，那就是方块设计方法不太有机动性。应用新的方法，研究人员现在可以根据已知神经元的生理学特征来进行设计，例如在输入重复的时候知道神经元会发生适应，这样就能既增强空间的也增强功能的敏感性。后一种研究方法有点类似于重复压抑，允许检测出来一些代表(representation)，这些代表可以作为一种例证，说明一些神经元网络的定位互有重叠。应用这种新的研究方法，既可以研究低水平刺激属性，也可以研究高水平刺激属性[1]。

20世纪90年代见证了神经成像应用的爆炸性发展，这期间产生了许多数据，几乎覆盖了人类认知研究中可以想象得到的所有方面，包括：① 感觉-运动学习；② 注意；③ 短时程和长时程记忆；④ 知觉；⑤ 言语；⑥ 指令执行功能。许多发现重述了过去以疾病为基础的模型所能够预期的知识，但是也有许多令人惊异的新发现。例如对一个偶然事件的记忆，现在看来，即使是一个相对比较简单的作业，也有许多脑区的参与，而这是以前由病变缺失模型所难以想象的。这个结果也部分地反映了一个事实，即根据病变缺失模型，功能属性基于一个假定：损伤后果仅仅反映了受损伤脑区的功能缺失。然而，损伤性影响的精细前景可以说明这样一个事实：认知的产生不仅仅由于功能的分化，也由于功能的整合。因此，局限脑区损伤的影响，既反映局部效应，也反映分布的(distributed)效应。神经影像学看到的广泛激活，超过了病变缺失模型所预测的，就可以佐证这一点[1]。

神经成像的深远影响在于，现在研究人员已经达到了这样一个水平：能够接触一些神智问题，而这些问题在经典心理学的仔细检查中是无法反映的。这只要查一查经典心理学的教科书就知道了。由此看来，神经成像对于神智问题探讨的影响是巨大的，这些问题或者在神经心理学中是被忽略的，或者是非常难以用实验方法来加以分析和解决的，关于意识和情绪之生物学基础的研究便是例证[1]。

在意识研究中，神经成像提供了研究不同问题的手段。要是没有这种方法，那是难以想象的。问题包括："自由意志"是如何在不同神经回路中发挥作用的？"自由意志"未曾被看到，但是在心理层面上倒是有效的刺激。其命运会如何？主观感受的客观对应物是什么？还有，想象中的将来状态是怎么回事？有不同程度意识缺陷的病人，他们残余神经元的功能水平有多少？前面所讲的还只是关于意识领域神经成像所能够取得结果的若干方面，而并非全部[1]。

在情绪研究方面，功能成像使我们有可能特征化"状态"。例如，脑如何对外界情绪刺激起反应？情绪性学习和消退是如何表达的？情绪如何影响知觉和记忆？更重要的是，在神经成像学的直接研究中，情绪测量的主观性质可以被克服。在这些研究中，特征化了不同感觉状态的神经基础。这样一来，就能够对人的内部感觉状态进行客观描写。例如，对于外周自主性状态变化，可以在脑成像上作图。有趣的是，前脑岛皮层的内部状态代表，以后被证明也是代表别人内态感(feeling)状态的底物，例如对痛觉的移情作用(empathy)[1]。

从神经成像被学术界接受到目前仅有二十来年时间，这个领域的fMRI应用已经达到了成熟的高水平和方法学上的精致性。神经成像现在正吸引许多人的兴趣，不仅是认知神经科学家，也有广泛的其他领域专家，包括那些被认为与脑问题相关领域之外的专家。由此可见，我们是见证了一种强共生的出现，一方面是功能性神经成像，另一方面是一系列的其他学科。在许多情况下，原来不大像伙伴的学科现在变成了伙伴，这些伙伴有遗传学的、经济学的、美学的。仅举数例，还有其他[1]。

## 10.7 认知神经成像的未来发展

过去经常被问到的问题是：脑成像给神经科学弄清楚了哪些原来不知道的问题？MRI 研究提示了关于脑功能的分布式功能网络的新看法。第一，功能性成像实现了以前从来认为是不可能的。例如，特征化了完整脑的功能解剖。所谓“完整脑”是指不涉及病理学，以及由于疾病或发育异常而引起的可能的脑功能可塑性重组。第二，功能性神经成像的研究结果强调了一点：即使一个简单的作业，它所卷入的脑区也比原来我们所设想的、从病变缺失研究所得到的要更广泛。这个结果导致了观念上更丰富的更新，即支撑认知的脑功能并不仅仅是功能的分化和定位问题，也基于功能的整合，那就是分布的功能。如前所述，后一种特征化提出了一系列新的问题，也促进了方法学的新改进。这些都是为了探讨一个问题，即实施心理作业时，分布的脑区是如何相互作用的。通过这种相互作用可以评估不同脑区局部活动之间的相互信息交换和依赖关系以及有效的连接，也就是一个脑区对另一个脑区的因果性影响。此外，这些发展现在又给研究者提供了新的工具，可以提出这样的问题：有关的脑区如何能够组成为一个分布网络？而经过某些实验操作之后，例如注意或不注意，或者经过某些形式的学习之后，脑区又如何在网络中相互作用？[1]近年来的连接组学(connectomics)研究支持 fMRI 研究的结果，已经向人们提出了对脑功能组构的新看法。这一看法把经典的脑定位性特异化理论与分布式功能网络的特点结合在一起。这样一来，就可以对正常认知功能和脑疾病时的功能异常，形成一个更加完整的看法。所涉及的临床处理问题有：成年人神经网络的可塑性，局限性脑病变可能的全身性后果，对临床脑疾病的分类[4]。

此外，自从应用先进的神经成像技术以来，对大脑半球特异化(hemispheric specialization，HS)的认识有了明显改变。大脑半球特异化指认知、感觉和运动功能与一套脑结构之间的半球依赖关系。对大脑半球特异化认识的明显改变，包括两方面的内容。第一，语言、视空间功能、运动控制、用手优先等的神经装置在发育过程中的变化。第二，对大脑半球内及大脑半球之间相互作用的细致分析[5]。

神经成像现在已经确立了它自己的学术地位，它是一种在系统水平上了解人脑的重要方法。当前在这个领域里面，似乎有两种观念上的趋向。一方面，是按照“库恩*式”的

* 库恩(T.S. Kuhn，1922—1996)，美国科学史家、科学哲学家。他是西方科学哲学中历史-社会学派最主要的代表，提出了一种新颖的科学观，即把科学看作一定的科学共同体按照一套共有的“范式”所进行的专业活动，并描绘了一种常规时期和革命时期相互交替的科学发展模式。他系统论述了科学作为一种人的社会活动及其历史发展过程的这个侧面，把科学从认识论范畴扩展到社会历史范畴，从而补充了科学哲学中传统逻辑主义的不足。

文化标准，大部分是描述性的成像神经科学，它应用标准的以及基于经典实验操控和数据分析的、一般公认的研究方法。这是该领域的主要方面，证明这门学科在科学上已经成熟。但是还有另一方面，与前面所讲的探讨方法有所不同，这种新方法更加依赖于理论性的以及计算神经科学的原理，大部分指向更广阔的问题，接触到脑功能的基本问题，例如脑是怎么工作的，也就是，从“在哪里”到“为什么”的问题转变。在这方面，我们看到了神经成像需要非常明确的学科汇聚，需要与其他领域的专家一起工作，例如工程学、动态设计以及计算神经科学[1]。

### 10.7.1　脑的宏观成像和微观成像

当前的一般性脑理论，包含了一种看法，认为脑的轴心功能是推断感觉输入的后果。几乎普遍如此：这些理论依赖于层次性神经网络模型，即感觉数据是如何产生的模型。系统神经科学的相关性，源于这样的事实：脑内的层次性再优化会被打乱，这就会带来必需的自组织相互作用，在感觉和运动层次的不同水平上进行调整。从系统水平上看，应用 fMRI 脑成像（也包括 EEG、MEG）可以提供功能组构的准确划定。如上所述，人们可以把生物学现实模型颠倒过来，引入大量的状态变量和生物物理参数，通过应用最新的贝叶斯定理技术，此项技术能够把任何实验性地引起变化的不确定性加以定量化。颠倒这些模型，将允许我们推断用非侵入性技术所不能直接看到的神经元过程，例如突触后的谷氨酸反应敏感化，或者神经元锋电位的适应性变化[1]。

目前正在进行的啮齿类研究显示了这种方法的潜在力量，而且强调了更一般性的希望，就是把微观和宏观尺度的神经生物学研究联系起来，通过把从动物得来的和从人的神经成像得来的结果进行联姻，在技术上建立相互的关联。从病人身上得到颅内记录的增多，将可以提供进一步的桥梁，用来检测非侵入性方法模型和预测的精密度及分辨。换句话说，可以用定量的形式优化我们的模型及评估水平，检验特定的成像模式是否足以回答我们在神经生物学模型水平上所提出的问题。进一步的进展肯定会在更密切的相互作用中得到好处，一方面是成像神经科学家，另一方面是为了追求神经回路微观特征化的科学家。为了能够经验式地约束微回路以及神经连接的相对强度，这种结合的知识是必需的，然后才可以直接转化到我们现在的 EGG、MEG 或 fMRI 数据，这实质上就是用微观观察到的脑结构来特征化宏观的脑功能，从而把微观和宏观结合起来[1]。

### 10.7.2　可分离的皮层模块

人脑的某些区域以解剖学上可分离的方式代表特定的视觉信息类型。例如人梭状回脸区（fusiform face area，FFA），它位于腹侧视觉流经过的地方，它对脸孔的反应较之对其他目标的反应更强。同样，旁海马位置区（parahippocampal place area，PPA）是旁海马回的一个区，对含有房屋及视觉场景的图像反应最强。因为两个皮层代表区相互间隔几厘米的距离，所以通过测定这两个不同脑区的活性，有可能追踪某一受试者当前是在想脸孔还是在想视觉图像，如一栋房子。实验结果表明，当测定对象在想象脸孔的时候

(比之他想象建筑物的时候),fMRI 测定到的 FFA 活性高一些;而当他在想象建筑物的时候(比之他想象脸孔的时候),PPA 的活性高一些。人类观察者只要记录每个参与者的 FFA 和 PPA 活性,在 85%的测试中,就能够正确地鉴定参与者想象的刺激类别(图 10-14)。所以,根据个别脑区的脑活性,个别的内省性神智事件就可以被追踪,如果实现它的神经代表区是互相很好地分离开来的,例如上面举的 PPA 和 FFA 区的例子。作

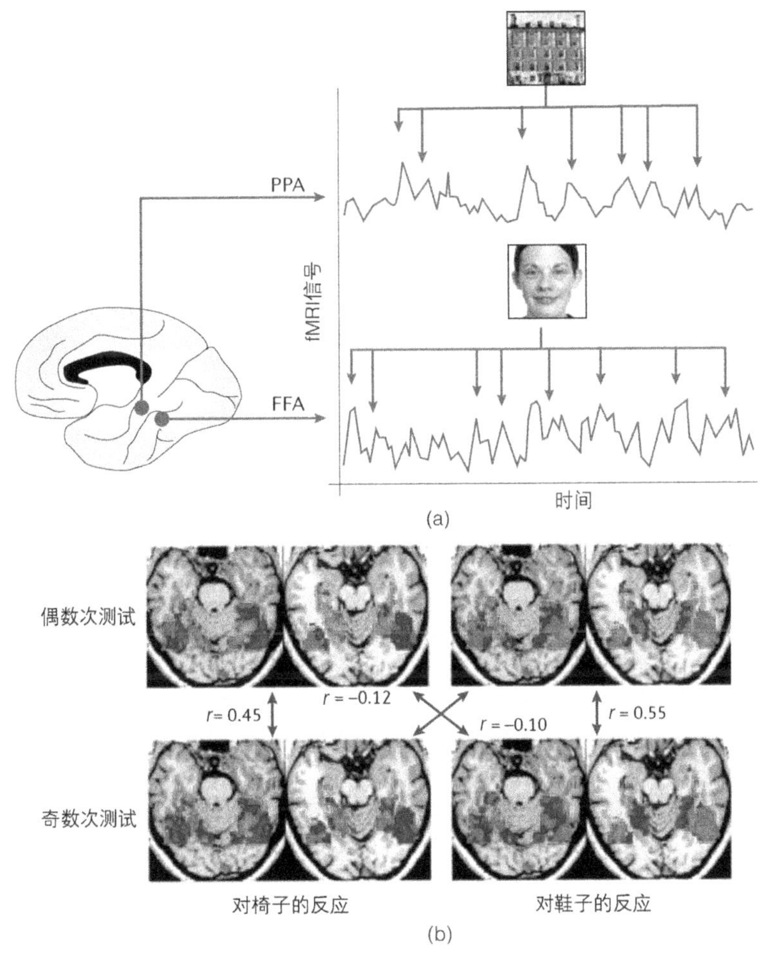


**图 10-14** 根据 fMRI 反应来解码对象的视知觉(彩图见图版第 35 页)

(a) 梭状回(FFA,红)脸区和旁海马区(PPA,蓝)是两个特异的区域,根据这两个区域空间上可区分的信号来解码视觉想象的内容。当想象脸孔(红箭头)时,FFA 区信号增高;而当想象建筑物(蓝箭头)时,PPA 区的信号增高。观察者只要记录每个参与者的 FFA 和 PPA 活性,就能在 85%的测试中正确鉴定参与者想象的刺激类别。(b) 从颞叶对象选择性反应脑区的反应型式来解码对象知觉。让受试者看椅子或鞋子,可以引起在空间上延伸的反应型式。看这两种物体时的反应型式稍微有点区别,但有部分重叠。为了确定所觉察的对象在多大程度上可以根据这些反应型式来解码,把所得数据分为两个独立的数据组(在这里采用单数或双数测试序列),再用一组数据提取对椅子和鞋子两者的模板反应。然后,其余数据组的反应型式可以被分类,通过给它们指定一种具有最"类似"反应的模板。在这里,相似性可以用 Pearson 相关系数($r$)加以测定,如果在两个独立数据组中,把相同的对象范畴和不同的对象范畴作比较,则系数 $r$ 是高的。高相关性表明,在相应的空间型式之间有高相似性。(图引自[6])

为宏观定位的脑图像，同样神经代表的空间区分也可能存在，例如早期视觉皮层的视野图，也即初级视觉皮层，运动或躯体感觉的小人图（homunculus）。这种宏观空间图谱上不同脑区的活性，可以用来推断行为。例如，当参与者运动他的左大拇指或者右大拇指时，用 fMRI 测得的左侧和右侧初级运动皮层的活性差别，可以用来准确地预测参与者在做哪个运动[6]。

### 10.7.3 分布的代表型式

视觉腹侧传导通路上存在解剖学上不同的模块化加工区域，这种情况可以允许根据单个脑位点进行有力的解码。于是提出了这样的建议：这种研究途径可应用于不同的对象类别，例如脸、场景、身体的部分，甚至字母。但这种特异化模块的数目一定是有限的；而且围绕这种脑区在多大程度上真正对于加工一个类型对象是特异化的，还有不同的看法。由于有相互重叠但又分布的这种代表型式，如果根据脑区活性来解码知觉，就可能有潜在的问题。如果单一脑区在多个不同的认知状态或知觉拷贝条件下都有反应，那么想用这种相对低空间分辨的非侵入性神经成像，来个性化（individuate）特定的知觉拷贝或者思想，将是困难的，甚至是不可能的。但是，可以不要采取分别测定模块加工区然后再用来追踪对相应物体类型之知觉的方法，而采取另一种途径，即分析脑活动的空间分布型式，用后一种途径可以达到知觉解码的目的。例如，不同类别对象的视觉代表可以在腹侧枕-颞叶皮层引起空间延伸，但又有部分重叠的反应型式。每个型式包含了具对象选择性的大脑皮层各个位点上空间分布的 fMRI 信号。知觉性解码可用以下方法实现：先测定对应于一系列不同对象组别的代表性样板（或训练）型式，再把以后所获得的测定结果加以分类，分类的标准是在训练阶段诱发了最类似的反应型式。在各种分布反应型式之间界定相似性的最简单方法，是计算一下测试型式与以前获得的模板型式之间的相关性。如果测试型式与模板型式相关得最好，这个测试型式便指定给这一个模板。或者可以用一些更精细复杂的型式认知方法，如线性分辨分析法支持向量机器。应用这些强大的分类方法，已经证明有可能正确地界定：一个受试者目前在看什么，即使给予多个不同类型的对象，例如脸孔、特定动物以及人造的某种物体[6]。

### 10.7.4 细颗粒的代表型式

许多细致对象的特征是在更精细的空间尺度上被代表的，超过了 fMRI 的分辨能力。例如，下颞叶皮层编码高水平视觉特征的神经元组构成为柱状代表，这种代表比之通常用的人神经成像技术分辨所能达到的，具有更细致的空间尺度。类似地，低水平的视觉特征例如特定线条边的朝向，其在初级视觉皮层上的编码仅几百微米的尺度。然而，近来的工作演示了以这种型式为基础的解码，在相对低的空间分辨条件下获得的 BOLD 对比的 fMRI 信号，可以成功地预测对这种低水平知觉特征的知觉。例如，提供给个体的运动朝向及方向，甚至视觉刺激所包含的颜色，这些特点可以通过解码初级视觉皮层局部脑区信号型式的空间分布而加以预测。这些空间分布的反应型式，可能反映了具偏好的

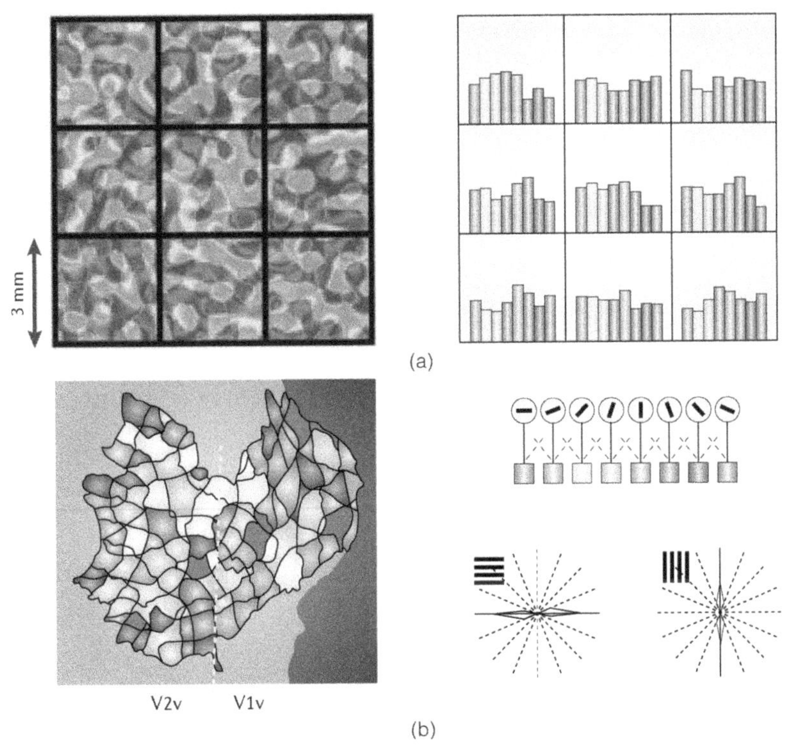


**图 10-15** 从初级视觉皮层样品型式中解码知觉的朝向(彩图见图版第 36 页)

(a) 灵长类初级视觉皮层(V1 区)的神经元具有不同的朝向选择性,沿着皮层表面对含有该种神经元的脑区进行系统作图,具有同样朝向调谐的脑区间的间隔估计为 500 μm(图解式地显示于左侧小图),小图中的不同颜色对应于不同朝向。fMRI 通常的分辨为 1.5~3 mm,而不同朝向优先的皮层代表靠得很近,因此这种皮层代表应该不能被 fMRI 所分辨(如左侧小图的测定网格所表示)。然而模拟方法演示,这些图像中的一点小的不规则性,却使得每个体素可以采样具有不同调谐特征、不同比例的细胞(右侧小图),这样就导致对朝向优先的每个体素的潜在偏好。(b) 让受试者观看含有不同朝向横条的图像时,每个朝向引起初级视觉皮层轻微的不同反应型式。在 V1 和 V2 区,这个作图显示了对不同朝向的空间优先型式,作图于大脑皮层表面拉平的模式图上(v:腹侧)。虽然每个小面积脑区的优先是小的,但当整个全部空间反应型式的信息都得到考虑时,觉察到的朝向却可以有把握地被解码,而且具有高准确度。右侧小图显示两个不同的直角相交的朝向刺激被解码的准确性,如果训练一个线性支持向量分析器(linear support vector classifier)来分类反应不同的朝向。很重要的是要注意这一点,从原则上看,通过这种取样偏好的型式,应该可以观察任何一种细颗粒的皮层微构筑,例如对象的特征柱、视觉优势柱等。虽然这种取样偏好架起了潜在的、令人兴奋的桥梁:一边是宏观技术(例如 fMRI),另一边是微观技术(例如单细胞记录放电),但是仍须注意,不可能根据这些体素集合体的调谐功能,来直接推断视觉皮层个别神经元的朝向偏好。体素集合体调谐的宽度将依赖于许多参数,不仅是单个神经元的调谐,例如具有不同朝向优先细胞分布的空间各向异性、体素的大小、fMRI 测定中的信-噪水平,还有导致血液 BOLD 信号变化的神经-血管耦合的型式及空间尺度等。然而,这种取样偏好的型式是重要的,因为它提供了一条途径,可以用非侵入性方法发现人类测试对象所存在的特征特异的信息。(图引自[6])

fMRI 低分辨取样,而它在这种高分辨特征图谱上是具有不规则性的(图 10-15a)。令人惊异的是,虽然 fMRI 通常仅有相对低的空间分辨,但对于成像朝向的解码倒是有可能达到高准确度的(图 10-15b,右),甚至仅简单地测定一次初级视觉皮层的活性就可以了。即使只有一个脑容积(在 2 s 内所得到的容积)被分类,预测的准确度也可以达到 80%。而与此相对比,通常的单变量图像分析不能检测差别性朝向刺激所激活的差别,即使有几百个体积中更多的数据。显然，通常的研究方法相当程度地低估了单次 fMRI 测定所获得的信息含量[6]。

### 10.7.5　损伤的脑和正常脑

近年来，脑功能成像对于研究诸多认知问题作出了很大贡献，一些脑功能成像的研究结果与以前从脑损伤结果所得到的是一致的，这是可以想象的。但是，也有一些结果超出了以前从脑损伤结果所能想象的。例如，一个最简单的记忆研究、一个简单作业，其所需要参与的脑区比损伤研究所预料的要多得多。这件事情反映了一个事实：功能属性如果是根据脑损伤模型，它是基于一个假定，就是损伤后果仅仅反映受损伤区域的功能中断，但事实上通过深入的研究发现，损伤对于认知的影响不只是去掉了功能，也去掉了功能整合；不只是影响功能分化，也影响了功能整合。因此，局限损伤对认知的冲击应该是既反映局部的效果，也反映分布的效果。这是根据神经影像学的发现可以推论的[1]。

## 10.8　解码神智

近来在人类神经成像方面的进展表明，仅仅基于非侵入性地应用 fMRI 来测定脑活动，有可能准确地解码一个人的意识经验，这就是所谓的"脑阅读"。用这种方法做"脑阅读"研究最多的是视知觉，视知觉的成像研究帮助我们弄清楚了一些情况，使人们了解了个体经验在人脑中是如何编码的。同样的研究途径也可以扩展到其他类型的神智状态，例如隐蔽态度和测谎，但这类应用又会引起重要的伦理学问题，如个人隐私问题[6]。

仅仅以测量一个人的脑活动为基础，有没有可能告诉我们，某个人当前在想什么？粗看起来，对这个问题的回答似乎是简单的。许多人的神经成像研究提供了有力的证据，脑与神智之间有紧密的联系，所以至少从原理上讲，这应该是有可能的：根据一个人的脑活动来解码他在思考什么问题。然而这还不能说，这种揭示神智状态的解码或者"脑阅读"，应用当前的神经成像技术实际上能否成功。应用通常方法的研究，往往仍然保留着许多重要的问题，对其答案仍然不清楚。例如，一个神智状态能否被准确而有效地推断？是否需要一个人的顺从？有没有可能解码隐蔽的思想，或者无意识的神智状态？最大的时间分辨是什么？对于一个个体的当前认知或者知觉状态，有没有提供一个假在线估计*的可能？[6]

回顾一下新发展出来的研究途径，凭借此途径来直接评判一下，用非侵入性方法测定人脑活动，神智状态能够多少完美地被重新构建。我们首先要指出两种方法的重要区别——通常方法和以解码为基础的神经成像学研究方法。然后，我们要回顾最新的研究，这些研究根据受试者的脑活动，成功地运用统计学型式识别(statistical pattern recognition)方法来解码人的当前思想。最后我们要讨论，在新的研究领域将要遇到的技术上、观点上及伦理上的挑战[6]。

---

* 假在线估计指在近乎"在线"情况下的估计。

解码意识内容是一个独特的问题。意识及无意识知觉或者认知状态能否被解码之决定因素是，在多大程度上对应于一个特定状态的脑活动可与另一可能性区分开来。当不同的认知状态能够在空间上脑的不同区域得到编码时，就认为这种理想的分离已经达到了。只要在 fMRI 的有限分辨率基础上，这些脑位置在空间上就能够分辨开来，将能够允许独立地测定与这些不同认知或知觉状态相关的脑活性。在人类视觉系统和对象知觉(perception of object)及视觉图像方面，这种研究途径最为常用[6]。

### 10.8.1 解码动态神智状态

迄今所讨论的工作，有些重要的缺点。例如在所有情况下，被解码的神智状态是当对象处于确定的、预先规定的、长时间用“方块”(block)测试型式时的状态，此时受试者正在被指定连续地想象某个暗示刺激；或者在非常紧凑的实验调控条件下，提供给受试者连续的刺激或一类刺激。这种环境并不是日常生活中思考和知觉的典型型式，生活中典型型式的特点是连续变化着的意识流。想要解码更为自然条件下的认知状态，比较理想的是设法仅仅根据脑活性就了解自发地改变着的动态思想流。解决这样一个复杂的问题，一个有希望的方法是研究简化的模型系统，在那里有意识的知觉动态的变化仅局限于少数几种可能性[6]。

双眼对抗是一种常见的实验程序，用于研究自发及动态的意识知觉的变化。当把两个不相同的图像提供给两只眼睛时，这两个图像就竞争知觉优势，这样每个图像就可以轮番地被看到几秒钟，而另一图像被压下去。由于每个单眼的视知觉变换是自发地产生的，而无任何物理刺激的变化，因此，与此意识性知觉有关的神经反应，可与那些由感觉加工而引起的反应区分开来。这就提供了一种可能性来研究脑对意识知觉拷贝(percept)的阅读，而不是阅读刺激。在对抗视觉中，来自视觉皮层的信号可以区分出占优势的不同知觉拷贝。然而，这些研究均依赖于经过许多个别测试的多次脑活性的平均，这是为了增加信号的品质，因此不能用来研究如下问题，即知觉是否可以按秒-秒时间尺度来解码。来自头颅表面的脑电图(EEG)信号，可以动态地反映双眼对抗时波动着的知觉优势，因此可以用它来追踪意识知觉的时间过程，但 EEG 的有限空间准确度使得我们对这些信号的准确脑皮层来源很不清楚[6]。

最近的研究演示，双眼对抗时的知觉性波动，也可以在早期视觉皮层的高度特异脑区，动态地从 fMRI 信号中得到解码。所谓早期视觉皮层即指 V1、V2 区。这件事是这样做成的：训练一个型式分类器，让它区分与每次单眼知觉拷贝优势相关联的分布 fMRI 反应型式。然后，这个分类器被应用于独立的测试数据组，其目的是动态预测任何知觉波动。双眼对抗时当前优势知觉拷贝的动态预测可以达到，并且具有高度的时间精确性(图 10－16)。这也显示脑区之间在信息类型方面的重要差别，后者是成功解码所依赖的。V1 区的解码是基于反映哪一只眼睛在那时候是占优势的信号；而与此不同，来自纹状外区视觉皮层的解码是基于占优势知觉拷贝的信号。类似的时间分辨解码方法也可以呈现这种分离，即信息的神经代表的相对时程与受试者以后可提供的相对时程分离。例

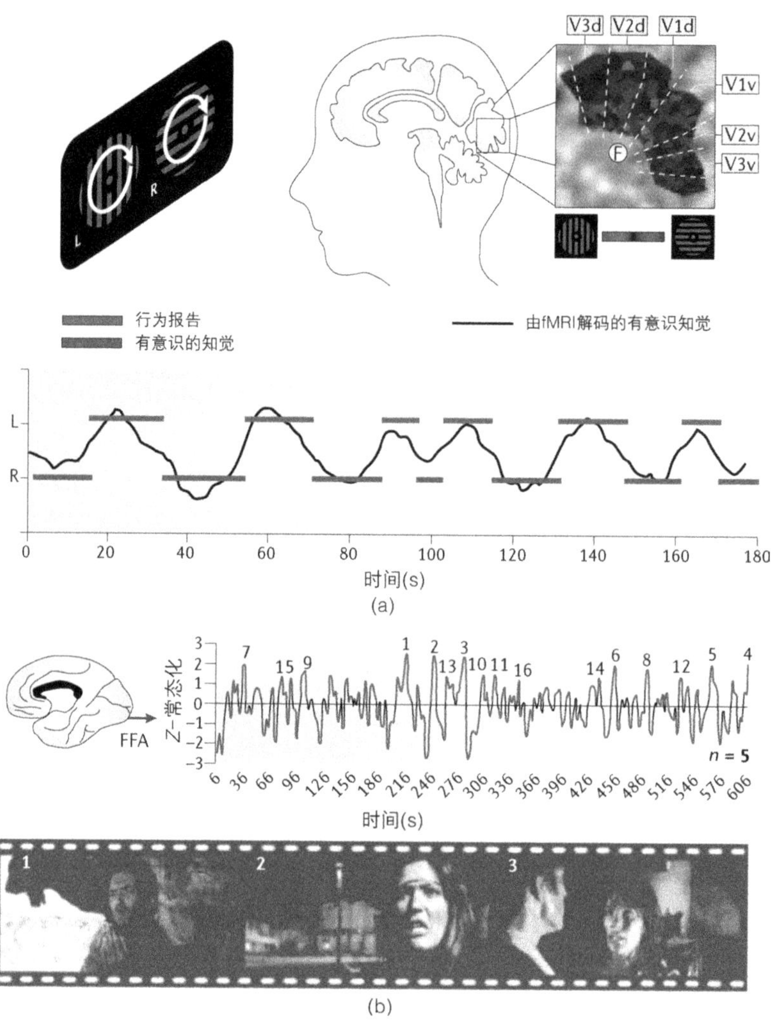


**图 10-16**　追踪动态神智过程(彩图见图版第37页)

(a) 解码有意识视知觉的自发波动变化。把互相冲突的刺激分别提供给受试者的每只眼睛，知觉不会融合起来。相反，每只单眼的图像会自发地交替。这里，向受试者左眼呈现红色旋转栅格，向右眼提供直角相交的蓝色旋转栅格。令受试者按压两个按钮中的一个作答，表明他当时看到的是哪一个栅格的图像。同时记录下来的分布fMRI反应型式显示，知觉红栅格的时候，某些区域呈现高信号；而知觉蓝栅格的时候，另一些脑区呈现高信号(v：腹侧；d：背侧；F：黄斑)。训练一个型式分类器(pattern classifier)来鉴定红与蓝的优势，而且仅基于分布的脑反应型式。完全盲目地应用这种分类器于独立的测试数据组(下面插图)，这样就可以高度准确地解码当时受试者有意识地看到的栅格(蓝色和红色线条：意识知觉；黑色线条：从早期视觉皮层的型式信号解码的意识知觉，同时已经校正了血液动力学的潜伏期因素)。注意：此分类器解码的单纯是主观意识知觉的变化，但没有相应视觉输入的变化。(b) 用电影模拟类似自然及动态观看物体条件下的追踪知觉。令受试者看一段电影，同时记录他的脑活动。结果发现，当脸是视觉情景中的优势成分时，脸孔选择区颞叶皮层梭状区(FFA)的活性升高。时间经过显示了几个受试者FFA的平均活性。时间过程的峰值用数字按降序表示。图的红色部分显示信号与基线有相当的不同。底下的图显示给予视觉图像前3个FFA活性高峰的瞬间，显示当FFA活性高时，情景为人的脸孔占优势。(图引自[6])

如，与不同类型图像相关的皮层活性型式，可以在受试者口头报告特定图像之前几秒，在视觉皮层上重新出现。因此，解码可以提供重要见解：信息是如何编码到不同脑区，而且编码到进入脑区之动力学过程的[6]。

自然情景为知觉解码提出了更困难的挑战。自然情景既有其动力学方面的也有其额外方面的复杂性，比之那些简单而且高度调控的刺激，像多数实验中所设计的那样。例如在自然的视觉场景中，典型的表现是该场景含有不仅一个而是多个的物体；并且物体是动的，可以独立地消失。在看物体的自然条件下，个体一般不固定于一个中央固定点，而是自由地运动着他的眼睛，扫描特定的路径。为了解码这种以视网膜图活性为基础的空间组构型式，实际情况造成了特定的问题，因为在这种活动中，眼睛的运动将造成动态的空间移动。因此，自然情景为解码知觉提出了更大的挑战。一个初始的途径是先让个体自由地看电影，同时研究不同个体脑的相关活动的型式，这样比较接近于自然情景。在这种动态条件下，功能特异脑区的信号似乎反映了基本视觉分类的知觉，例如是脸孔还是建筑物，甚至于对一种活动的观察[6]。

### 10.8.2 无意识或受遮盖神智状态的解码

解码途径可以成功地应用于纯粹预测被遮盖起来的物件和感觉输入不变条件下的知觉改变。例如有可能鉴定，受试者现在正注意着两个重叠的朝向刺激中的哪一个，而不需要受试者明确报告他的注意现在朝向哪里。这就开启了一种可能性，即解码脑内遮盖起来的信息，它原来是被个体深深地隐藏的。的确，在测谎领域，对于解码这种隐蔽状态，现在还很少进展。虽然在当前还是假设性的，解码那种被掩盖起来的隐蔽状态，也引起了重要的伦理学和隐私方面的担忧，这在后面还会讨论[6]。

无意识神智状态是一种特殊的隐藏情况，甚至个体本人自己也被遮盖起来。已经可以从实验上演示不同的无意识状态，例如看不到刺激的知觉代表，或者甚至无意识的运动准备。以解码为基础的途径似乎特别富有前景，既为了预测这种无意识神智状态，也为了特征化它们的时间动力变化。由于应用了掩盖方法，人脑 V1 区 fMRI 信号的空间分布型式可以用来解码有朝向刺激的朝向方向，即使它已经成为受试者所不能看到的。这一点对于人类意识的理论模型有重要意义，因为这显示，脑内某些类型的信息代表，仅为意识的进入提供了有限的可用性。从脑 V1 区的活性能够解码看不到刺激的朝向，这表明在掩盖条件下，受试者不能够有意识地使用存在于此脑区的信息。更有进者，这种发现对于特征化意识的神经相关也具有重要意义，因为在人脑 V1 区显示特征特异的活性，这对于觉察是不够的。所以，通过以解码为基础的途径，不仅可以探讨特定的生物学问题，还可以提供一般性的途径来研究意识状态和无意识状态的信息代表可能是如何相区分的[6]。

从原则上讲，类似的研究途径也可应用于高级皮层脑区或者更复杂的认知状态，例如可以在人群中鉴定出，对于种族偏见无意识的神经代表。解码途径也可能预测某个个体的特定偏向。与此类似，脑活动过程可能含有信息，它们反映在有意识动作之前短暂时间的无意识运动意向(图 10－17b)。虽然这些研究还未触及这样的问题,即以逐次为基础,一个将要冒出来的意向可以在何等准确和确切的基础上被解码,它们却揭示了存在着关于意向方面的神经信息,而此信息在其进入觉察之前就出来了。这样一来,就引起了一个有趣的问题,那就是通过这种以解码为基础的途径,将来能够发现人类无意识行为之决定因素[6]。

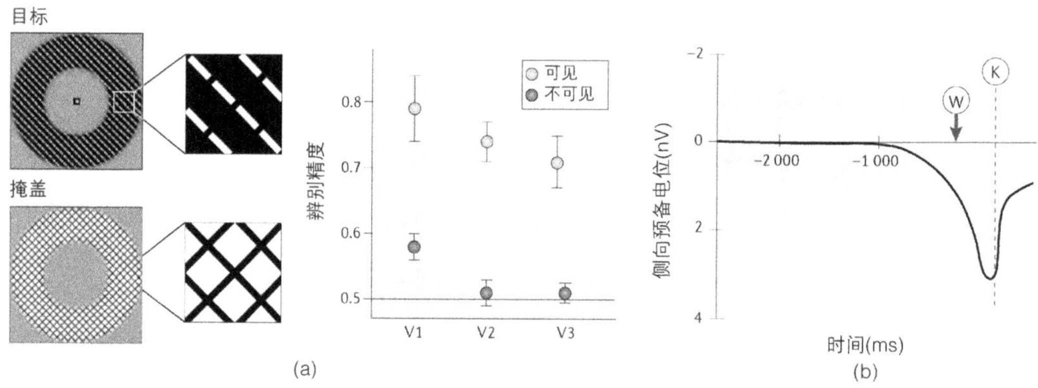


**图 10－17** 无意识加工过程的解码

(a) 看不到图像朝向的解码。左侧小图,当一些有朝向的靶刺激快速交替地被掩盖时,受试者报告说,此靶似乎是看不到的,而且不能客观地确定其朝向。右侧小图,虽然这种朝向信息不能够被受试者所利用,但他的脑能够根据初级视觉皮层的活性,解码这个看不到靶的朝向。然而,靶朝向不能在 V2 区或者 V3 区解码,但是完全可以看得到,刺激的朝向可以高度准确地在这两个脑区被解码。这表明,对于人类受试者来说,V1 区的特征选择性信息是不可以有意识地被接受的。(b) 在主观觉察之前预测到"随意"意向性的开始。这个研究是 B. Libet 经典作业的一个变种。在这里,受试者被要求自由选择一个时间点及一只反应手,然后按压反应开关(K)。受试者利用一只旋转钟表进行回忆,并被要求作出报告,他们的自由决断发生在什么时间。几乎在受试者主观发生意向(W)之前半秒,脑电图可以出现一个偏转(这偏转被称为侧向预备电位,图中实线)。这个侧向预备电位选择性地表明,哪一只手准备开始进行自由选择。由此,可以记录下脑的一个信号,此信号可以预测几个自由选择中的哪一个选择,甚至当受试者本人还没有觉察自己的选择之前。然而在单一试验中,此研究并未解决是否可能预测主观选择后果的程度上的问题。然而,对这种作业应用解码方法,将来有可能作出可靠的预测,即对这种对象的预测,比他们自己已经做到的还要早一点。小图 b 已经修改。(图引自[6])

### 10.8.3 测谎

解码特定类型的隐蔽神智状态,也就是测谎,已经获得了某些进展。谎言的鉴定非常重要,不仅为了日常社交,也为了研究犯罪及保守国家机密。然而,即使由训练有素的专家来测谎,还仍然很难。因此,早在 100 多年前就有这样的建议,在测谎时应该测定情绪反应的一些生理参数,这从原理上讲可能更有利于区分无罪还是有罪。有些情绪反应的生理学指标可以用来测谎,例如血压、呼吸、皮肤电活动,甚至于对声音紧张的分析,或者对身体温度的图像检测。应用多导记录仪方法的研究途径,取得了不同程度的成功。这种方法是把几个生理反应同时记录下来,但引起了很大的争论。意见提出来了,认为这种研究缺少在真实世界中的可靠性,问题包括提问的策略是否合适,测试结果是否会受到激醒、被操控的隐蔽水平等的影响等。这里面的许多问题可能是,用多导记录仪测定欺诈是一种间接方法,所测定的仅仅是情绪在周围神经系统上的表现。测试欺诈时,这些指标仅间接地与脑内的认知和情绪过程相关联。为了克服这些局限性,直接测定脑活性,例如诱发脑电图反应以及功能性磁共振成像等,都被提了出来,希望把它们作为测谎的基础,其目的在于直接测定参与欺诈之神经机制。这种做法有潜在的可能性,让人们可以鉴别测试结果中由故意所致的偏差,从而增加测谎的灵敏度。近来有一些研究,考察了应用功能性磁共振成像来检测个人在某些话题上撒谎的可能性。有几个脑区的信息,特别是顶叶和前额叶皮层(PFC)的信息,可以用来检测撒谎。如果把不同脑区的信息结合起来,所得的结果还可望改善,特别是在直接分析空间的脑区反应型式之后。欺诈的脑测量可能较少受到策略性干扰,而在直接测量参与谎言的认知和情绪过程时,这是可以预想的。今后研究的重要挑战是确定这些技术是否行之有效,能否可靠地应用于真实世界的测谎工作[6]。

## 10.9 技术和方法学挑战

前面的讨论提示,有可能应用非侵入性神经成像的信号,来解码某一个体神智状态的某些方面,而且还具有相当高的准确性和相当程度的时间分辨。虽然这是令人鼓舞的第一步,却不能够模糊这样一个事实:提出一个"一般性脑阅读机器",那还仅是一个科学上的虚构而已。当前神经成像技术的局限性限制了它的空间和时间分辨。解释 fMRI 结果时还必须注意,BOLD 信号的神经基础还不是完全清楚的,因此任何从 fMRI 信号解码出来的信息,可能并不反映神经元群体锋电位的活动。另外,fMRI 和脑磁图仪都很昂贵,从而其潜在、真正的可用性受到严重限制。从当前的技术条件看,只有用 EEG 或红外波谱方法,在头皮的外表进行电记录或者光信号记录,这样的设备才是便于携带,而且在经济上能够承受得起的。但是即使高灵敏的、便于携带的记录技术设备,达到了与微电极记录同样的分辨率,使我们可以用在正常的人类受试者身上,也还会有一些关键性的方法学障碍,没法说我们有了一般性的"脑阅读设备"[6]。

### 10.9.1 "脑阅读":脑-计算机界面和侵入性记录

"脑阅读"的重要基础来自脑-计算机界面*及对病人的侵入性记录。例如,可以训练人运用他们的脑活动来调控人工设施。这种脑-计算机界面设计的典型做法,并不是用来直接解码认知或者知觉状态;相反,是让经过广泛训练的个体能够有意识地调控已经被记录下来的脑活动的某些方面。例如,让受试者通过"成功/失败"学习的选择,学习随意地调控头皮记录的脑电图,如特异脑电图的频率带,或者皮层电位的慢偏转。即使让受试者在做单次快速走步动作时接受这种训练,也可有效。这种随意控制的脑信号,以后还能用来调控人工设备,使得对象可以在二维计算机显示屏上拼出字,或者移动光标。有趣的是,受试者甚至可以学习实时调节信号,而这个信号是应用功能性磁共振成像技术记录下来的。也有可能达到更好的解码,如果电极能够直接插入脑内,而这在猴子中

* 脑-计算机界面也称脑机接口(brain-computer interface,BCI)。

是可以做到的，偶尔在病人中也可以做到。从原理上讲，不仅运动命令，也包括知觉，都可以根据人和动物的单个神经元锋电位的活性而被解码。但是如果想用于健康的人类参加者，这种侵入性记录必然要经过外科手术进行电极埋植，而这在当前还是不可行的[6]。在 fMRI 基础上做认知神经刺激(cognitive neurostimulation)，也是一种有可能实现的研究工作前景。例如应用神经反馈理论，在 fMRI 技术的基础上，J. J. Macinnes 和 K. C.Dickerson 等能够成功地使受试健康人学会持续激活自己的中脑多巴胺系统[7]。

### 10.9.2　多变量神经成像的研究途径

通常的神经成像方法，其典型的做法是测定一个特定的知觉或认知状态，看它是如何被脑活动所编码的。所用的方法是测定哪个脑区参与了这项作业，然后分析每一个位点。为此目的，需要重复测定几千个脑位点的活动，然后在每个收集样品的脑位点，改变两个或更多个神智状态，这样就产生了量度的差别。从理论上讲，如果某一脑区的反应在两个神智状态之间有区别，那么应该有可能测定该脑区的活动，来确定这两个神智状态中的哪一个反映这人的思考。但是实际上，要发现某个脑位点，而此位点在条件不同的时候区别足够大，因而允许我们下一个结论和得到有效的解码，这常常是困难的，但也不是完全不可能。这种方法称为"单变量"研究途径[6]。

前面讲的"单变量"途径，是以严格位置为基础的通常分析。与此不同，近来的工作显示，如果考虑全部空间的脑活动型式，同时测量脑的多个位点的活动，则人类神经成像的灵敏度可得到戏剧性的增高。与通常的"单变量"途径相比(它仅分析一个位点、一个时间)，这种被称为"型式基础"或者叫作"多变量"分析的新方法具有几个优点。首先，通过同时记录多个空间位点的信息，每个位点所得到的微弱信息可以有效地累积起来。第二，即使各个脑区并不个别地携带关于认知状态的信息，但是当把它们联合起来进行分析的时候，它们有可能如此。第三，许多通常的研究方法所应用的加工步骤，例如空间平滑化，滤掉了细致的空间信息，而这种空间信息可能携带了属于个体的知觉或认知状态的信息。有关的信息在通常研究方法中被去掉了，但是如果应用新的方法，它们可以被显示。这种新方法就是同时分析多个点上脑的活动型式。第四，通常的研究方法探测的是一个平均活性，看看它在某一条件下所有作业次数当中的活性，是否与在另一个条件下的有明显区别。在典型情况下，这些研究获得了大量脑活动的样品，以求达到统计学灵敏度的最大化。但是在计算平均活性的时候，关于某一已知时间点上脑功能状态的信息就丢失了。相反，如果用"解码为基础"的研究方法，则可能增加敏感性，有潜在的可能估量一个人的知觉或认知状态，即使是类似于在线的或者说在实验当时的估量(图 10－18)[6]。

总的说来，基于型式的技术可以允许我们相当程度地增加通过测定脑活动来解码当前神智状态的信息量。于是焦点转移了，离开了通常以位置为基础的分析策略，转向解码神智状态。这种转移可能提出一些最好的方法，应用这些方法将可以从脑活动中提取信息。在对动物及病人的研究方面，已经有几个相关领域对"脑阅读"作出了重要的基础

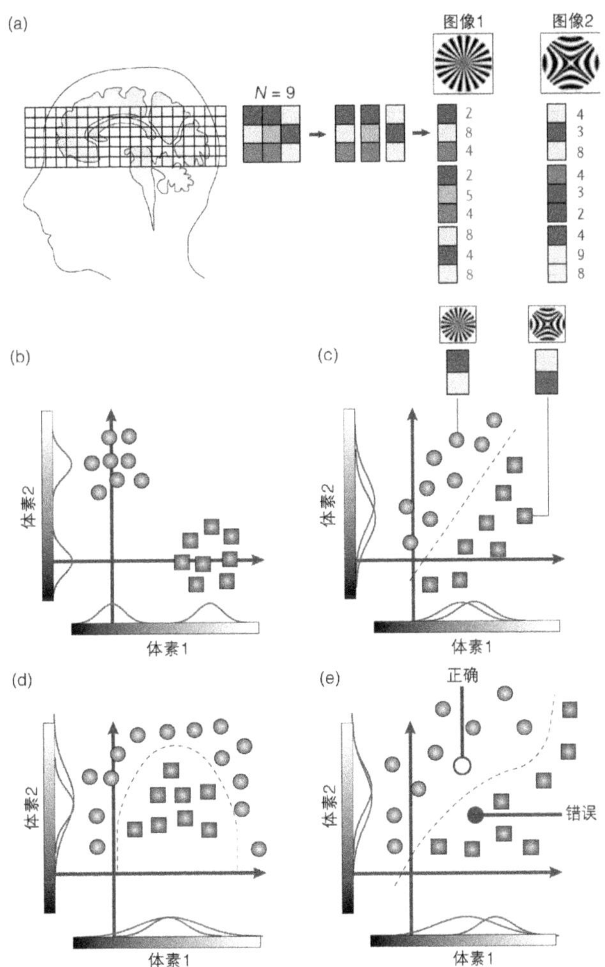


**图 10-18** 统计学的型式辨认

应用多变量型式的认知研究途径，可以分析空间型式(spatial pattern)。(a) 功能性磁共振重复测量了大量小体积脑的活性，每几秒钟测一次，这个小体积就是体素(voxel)。每个体素仅数毫米大小。左边，从每个体素中测量出来的信号，反映了局部氧和脱氧血红蛋白的变化，此变化是由神经活动引起的。一组($N$)体素(在这里显示了3×3个栅格)的联合活性组成空间型式，可以表达为一个型式向量(pattern vector)(右)。不同的型式向量反映了不同的神智状态。例如，与受试者看到不同图像相关的不同神智状态。每个型式向量可以解释为 $N$ 维度空间上的一个点(显示在小图 b—e 的仅初始两个维度，红和蓝分别表明两个条件)，每次测量对应于单个点上脑的活性的。一个成功的分类器学会辨别不同神智状态下测量出来的型式向量。(b) 分类器可以在单个体素上操作，因为反应的分布(红和蓝的高斯式分布)是可以按照个别体素来区分的。(c) 在单个体素中不可能区分两个类别，因为分布是大部分重叠的。然而，如果考虑把两个体素的反应结合起来，则反应的分布是有可能区分开来的。这里可以应用线性决策边界(linear decision boundary)* 来区分两个二维反应的分布。(d) 这个例子说明，这次实验用了线性决策边界。这还不够，需要用一个弯曲的决策边界(curved decision boundary；对应于非线性分类器)。(e) 为了检测分类器的预测能力，数据分为训练的和测试的两套。训练数据(红和蓝的记号)是用来训练分类器的，然后应用分类器于一套新的、独立的测试数据。然后对这些独立数据按比例分类，或者是正确的(开放圆圈)，或者不正确的(实心圆圈)。这样就给出了表明分类实施的测定结果。因为分类实施将会显著变坏，如果应用的体素数目超过数据点的数目，所以维度特性将会减少，例如主要组成部分分析、向下取样或者体素选择，按照不同的判据。一个有趣的策略是，要避免由于体素选择所产生的偏好，那就需要系统地搜索各个脑区，那些脑区具有局部成簇的体素信息。小图 b—d 根据另外的文献。(图引自[6])

---

* 决策边界为人工智能技术用语，指能够把样本正确分类的一条边界。

贡献。我们在这里仅聚焦研究途径，从这种途径人们得以推断意识和无意识的知觉以及认知的神智状态，通过非侵入性地测定人脑的活动。用这些技术间接地测量神经反应，通过头皮的电位记录，或者通过另一种方法——血氧水平依赖的（BOLD）方法，即 fMRI 信号。重要的是我们要记住，脑阅读所用的信号和实现此信号的神经活动之间的关系，可能很复杂，或者是间接的；当然就多数实用目的来看，关键的问题是，脑阅读可以预测认知或知觉状态到何等地步。重要的是，我们也要讨论新近出现的技术和方法学挑战，讨论涉及伦理学方面的问题[6]。

## 10.10　今后展望

功能成像正在 3 个前沿扩展。第一，虽然已经清楚，功能成像可以从正在工作着的脑记录到有意义的信号，但同样清楚的是，对于是什么引起这些信号变化，它们又是如何发生的，以及它们如何能准确地告诉我们相关的神经活动是什么，要能够达到完整的了解，需要集合功能成像的与创伤性的技术。因此，一个重要的领域就是发展应用猴和转基因工程小鼠的研究，用动物实验来研究实现功能成像的生理学和分子机制。第二，功能成像研究确定了认知的组成部分，还正在向前推进，朝向了解部分网络如何与大范围网络相互作用。例如研究人员正在开始探查，高阶层和低阶层的感觉皮层如何与内侧颞叶（medial temporal lobe，MTL）及顶叶和前额叶相互作用，从而产生认知或意识。第三，一些研究正在从大范围分析完整脑到按比例缩小到更加聚焦于研究独立的、分离的脑区，例如视觉皮层、嗅球以及海马结构。这些研究的设计不是为了人脑成像，而是为了测试关于确定脑区功能及功能性组构的计算理论[2]。

本领域的研究不外乎两方面的问题：一个是“在哪里”，一个是“是什么”。这后一个“是什么”的问题，是一个探讨基本机制的问题，关系到作业诱导的神经活动，这很有可能是将来具有越来越多重要性的一个议题。这个倾向将带来研究人员共生的问题，那就是，从事类似问题的各领域研究人员，例如计算神经科学、理论神经科学以及从事神经回路细致分析的研究人员，他们如何共存与合作[1]。

为了从脑的活动预测认知或知觉状态，以解码为基础的研究途径很有希望提供新的经验和方法。具体地说，明确地考虑跨越脑表面的空间型式反应，这种研究途径似乎能够发现认知及知觉状态的新细节，看它们是如何编码成为脑活动型式的。通常的单变量研究途径并不考虑这种空间分布信息，因此新的方法，也就是“多变量研究途径”，提供了互补的途径来确定脑活动和神智状态之间的相互关系。我们相信，以解码为基础的研究途径将会越来越多地得到应用，用来分析非侵入性的神经成像资料，并服务于了解知觉和认知状态，看它们是如何在人脑里面编码的。然而，这些研究途径的成功，依赖于重要技术和方法学问题的处理，特别是有关不变性、重叠、外推法等。当前的应用显示，因为这种应用已经能够从神经成像学资料实际地预测行为，所以引出了伦理方面的担忧，即有可能潜在地严重侵犯神智隐私。因此，在获得、存储人类神经成像的资料方面，需要有进一步的伦理规制[6]。

通常的脑成像方法尚有不足，如何弥补？神经科学的主要目标之一是确定脑系统如何产生神智功能。用通常的脑成像方法来确定脑功能时常常会遇到困难，例如怎样确定脑认知作图，又如成像与脑功能关联的特异性问题。R. A. Poldrack 和 T. Yarkoni 认为，要是采取如下措施，这种局限性有可能部分得到克服，比如元分析(meta-analytic)方法、预见性模型(predictive modeling)方法等[8]。

## 名 词 解 释[6]

**多变量分析**：一种考虑或解析多个决定变量的分析技术。结合当前的讨论，多变量分析考虑多个体素之间存在的信息型式，信息是指通过神经成像技术而得到的众多体素上的信息[6]。

**单变量分析**：单变量统计方法考虑的仅仅是某个时间内的单个决定变量。通常对脑成像的数据分析是针对大量单变量，这种分析不但考虑许多单个体素中的反应是如何变异的，而且个别地考虑每一个体素[6]。

**血氧水平依赖的(BOLD)信号**：功能性磁共振成像测定了脑的局部变化、脑内的氧合血红蛋白比例的变化。这个 BOLD 信号与神经活动按比例地发生变化，因此 BOLD 信号或者血液动力学的反应，表明了神经活性的位置与幅度大小。

**初级视觉皮层**：被认为是灵长类大脑皮层视觉区的第一个区，它接受来自视网膜经过外侧膝状体的大部分输入。

**体素**：体素(voxel)是像数(pixel)的三维等量，指在一个有限体积的三维空间中的最小元素，可以是三维解剖学的，或者是三维功能性脑成像体积的。

**型式向量**：向量是一系列或者多个数字的元素。在这里，所谓一个型式向量就是一套数值，它们加在一起代表每单个体素在特定空间型式上的值。

**朝向调谐**：当按照特定朝向给予动物视觉刺激时，可引起哺乳动物初级视觉皮层神经元的锋电位。刺激的某种朝向引起特定细胞的最大放电频率，这种朝向被称为优先朝向，而朝向的调谐曲线是指：当刺激朝向离开其优先朝向而改变时，该细胞放电频率的改变。

**空间各向异性**：各向异性(anisotropic)特点是这样一种特点：在一个方向进行测量和在另一个方向进行测量相比，两者有差别。例如，大脑皮层 V1 区神经元的朝向调谐优先，沿着大脑皮层表面的这种变化是有系统的，而且是各向异性的。

**脑电图**：从人类头颅表面记下来、连续变化着的电信号，它反映皮层神经元综合的突触后电位，作为对改变着的认知和知觉状态的反应。脑电图可以测定，具有非常高的时间分辨。

**脑磁图(MEG)**：一种非侵入性技术，可用来检测改变着的磁场，而该磁场是与脑活性相关联的，其时程以毫秒计。

## 参考文献

[1] Dolan R J. Neuroimaging of cognition: past, present, and future. Neuron, 2008, 60: 496.

[2] Kandel E R, Schwartz J H, Jessell T M, et al. Chapter 20: Functional imaging of cognition\\Princples of neural science, 5th ed. New York: McGraw-Hill, 2013: 426 - 447.

[3] 陈宜张.脑研究现状与展望\\中国医学院士文库：陈宜张院士集.北京：人民军医出版社，2014：449 - 459.

[4] Matthews P M, Hampshire A. Clinical concepts emerging from fMRI functional connectomics. Neuron, 2016, 91: 511.

[5] Hervé P Y, Zago L, Petit L, et al. Revisiting human hemispheric specialization with neuroimaging. Trends in Cognitive Sciences, 2013, 17(2): 69.

[6] Haynes J-D, Rees G. Decoding mental states from brain activity in humans. NR Neurosc, 2006, 7: 523.

[7] MacInnes J J, Dickerson K C, Chen N, et al. Cognitive neurostimulation: learning to volitionally sustain ventral tegmental area activation. Neuron, 2016, 89: 1331 - 1342.

[8] Poldrack R A, Yarkoni T. From brain maps to cognitive ontologies: informatics and the search for mental structure. Annu Rev Psychol, 2016, 67: 587 - 612.

# 第 11 章　清醒人脑的电刺激

## 11.1　引言

在对病人有利、无害而又外科手术允许的条件下，刺激清醒人脑并听取病人对于电刺激脑的诉述，这是人类脑功能研究中获得受试者的主观觉察(subjective awareness)之重要手段[1]。

刺激清醒人脑并获得受试者的口头诉述，在历史上早有报告。但系统运用这一方法的是加拿大神经外科医生潘菲尔德[2]。他以及合作者的许多论文和专著成为这一领域的经典文献[3,4,5]。但是，电刺激存在其固有的技术弱点。例如，它所激活的靶往往是非特异性的，不能区分感觉传入与运动传出；由于神经元各个部位的兴奋性有高低差别，刺激所引起的反应可能来自路过刺激区的那些轴突所支配的突触后神经元等[6]。以后发展的光遗传学技术克服了这一缺点，可以有选择性地激活特定的神经元，但是光遗传学技术目前尚无法应用于人类[1]。最近，还有刺激人脑扣带回皮层，获得情绪反应的重要报告[7]。

采取非侵入性脑刺激方法研究人类认知功能，已经应用得比较广泛，导致人们对知觉和认知的新了解[8]。经颅直流电刺激(transcranial direct current stimulation，tDCS)是一种非侵入性脑刺激方法。例如近年来有人应用 tDCS 方法了解行为与神智，应用此种方法的研究工作呈指数曲线上升趋势[9]。又如当人处于 NREM 睡眠期时给脑以经颅直流电刺激，有获得鲜活梦境的报道(详见第 14 章)；也有人通过对脑进行经颅交流电刺激的方法了解行为与神智，这是近来一种新的应用。过去，额-颞部大脑皮层的 γ 电生理活动与梦中的觉知(awareness)可以关联起来，但未能确定其因果关系。现在有报道，低 γ 频带的经颅交流电刺激可以引起梦中的自我觉知。当受试者处于 REM 睡眠的低 γ 波段活性时，用低 γ 频带的经颅交流电刺激可以影响正在运行中的脑活动，并且诱导出自我反映的梦，其他频率的刺激则无效。这提示，约为 25～40 Hz 的同步振荡是高级意识所需要的[10]。

此外，刺激清醒人脑可以激发脑的内源性调制功能，从而获得治疗效应(见 6.11.9)。这种情况在医学实践上也被称为“神经调制作用”，本章对此仅作简要介绍。

## 11.2　人脑直接电刺激

虽然人脑直接电刺激(direct electrical stimulation,DES)很有临床相关性,但是人们对它知道得很少。尽管在细胞水平上我们对 DES 的某些方面已有所了解,然而大脑皮层表面的 DES 可以在大块脑组织中引起复杂的叠加效应,而这个效应又很难预计,因为许多局部的以及远隔部分的生理学和形态学因素与此都有关系。电刺激脑所引起的这种复杂效应反映在 DES 所引起的行为效应的异质性上,既可以引起兴奋反应,也可以引起抑制反应。DES 作用于同一个皮层位点,会有不同的反应。因此,把 DES 跟其他神经生理学技术相比较,如果认为我们可以从 DES 得出有关受刺激脑区功能的不含糊的结论,那是一种误解[6]。

自从 DES 首次在 19 世纪末应用以来,在手术期间应用电流以刺激病人大脑皮层的 DES 已经成了一种标准技术。病人往往是需要切除肿瘤或癫痫病灶的外科手术病人,可以用 DES 来推断病人的功能脑区。当病人在受控制的条件下实施运动、言语或认知作业的时候,用双极电刺激来刺激皮层的表面,可以诱发可重复的、短暂的行为改变。F. Krause 最早用此技术绘制了人类大脑皮层运动区定位组构的第一个详细图谱。往后,H.Cushing 通过中央后回的 DES,特征化了所诱发的感觉反应。从此以后,DES 被用来特征化其他功能的神经代表,包括认知功能。例如,言语功能的代表作图定位于人脑的左侧半球,而视觉对象的空间加工、空间朝向和空间探测,都定位于人脑的右侧半球[6]。

### 11.2.1　人脑直接电刺激技术的兴起

动物的 DES 在 19 世纪下半叶已经有人做了。1874 年 R. Bartholow 第一个进行人体的 DES,他把电极插入一位女病人已经暴露的大脑,该病人患基底细胞癌。实施刺激时,Bartholow 看到了对侧肢体肌肉的收缩,同时发现脑组织实质并无疼痛感觉。自从 Bartholow 以后,不断有这方面的报道,如 V.A.H.Horsley、谢灵顿、Cushing、Krause 等,还有其他的临床学家。他们把这种技术应用于患有脑肿瘤而需要接受外科手术的病人以及定位癫痫病灶的病人。到了 20 世纪的最初几年,DES 一般被批准允许应用。Krause 用交变电流刺激大脑皮层,完成了大脑皮层的第一张运动区图像。以后,有人尝试通过 DES 刺激来复制病人通常形式的癫痫,从而鉴定癫痫发生的脑区。1934 年 O. Foerster 和 H.Altenburger 改进了技术,建立了手术期间记录皮层电图的技术。此技术使他们不但可以刺激,还可以记录脑表面的电活动。大约同时,加拿大的潘菲尔德等应用 DES 作图人脑的运动区和感觉区,导致著名的运动和感觉“小人”图。这些作者证实了 Krause 早期关于运动皮层之发现。图 11 - 1 显示了大约在 1949 年,潘菲尔德用这种方法为清醒病人做手术时的脑刺激部位及记录部位[6]。

20 世纪以来,对于电刺激参数的控制在使用过程中不断有所改进,例如开始用单极刺激,以后用双极刺激;开始用外科医生的舌头来尝电流强度,变成现在应用刺激参数等。然而,行为水平的结果似乎都是可以互相比较的,虽然最近一些研究有比较准确的功能定位。重要的是,潘菲尔德所作图的那个“小人”,仅提示了一个相对简单和严格区

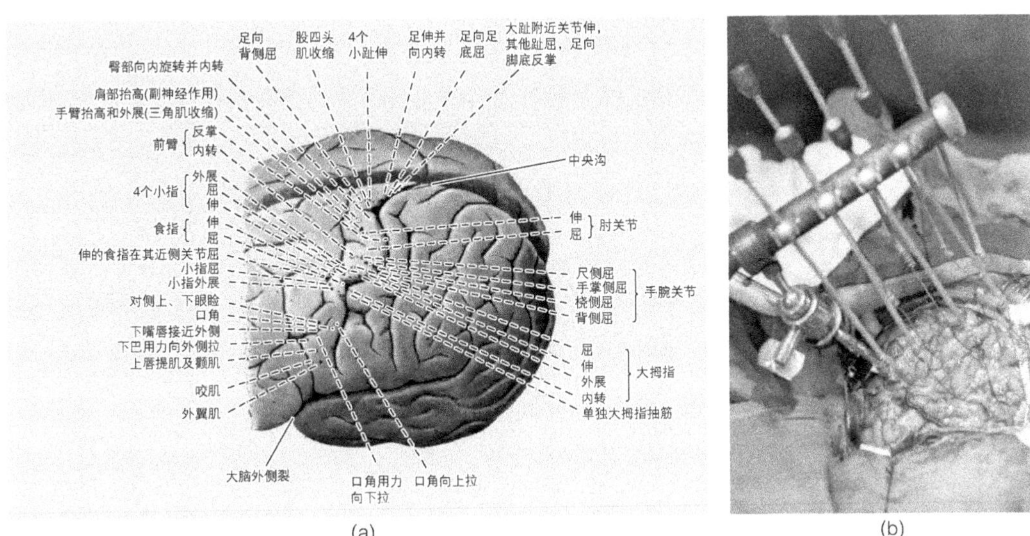


**图 11－1** 潘菲尔德为清醒病人做手术时的脑刺激部位(a)及记录部位(b)(图引自[6])

分的功能组构。这些作者事实上也报告，运动皮层和感觉皮层之间有重叠，不同的躯体部分之间也有重叠。只有到了最近才知道，对感觉-运动皮层的功能组构，更加特征化的描写是镶嵌型的而不是躯体定位型的[6]。

看起来似乎很清楚的刺激和行为之间的因果关系，导致一些作者得出结论，DES 是神经科学系统研究中脑作图的“金标准”。最近的人类实验性 DES 研究结果，在认知神经科学的热点领域得到了非常热烈的接受。例如，关于顶-额网络与运动意向和空间视觉觉察的关系。但是，DES 是不是一种直截了当的方法，就像人们看起来所认为的那样？有理由认为，DES 的作用是引发大体积脑组织的复合与总和效应，其结果往往是难以预测的。这样说并不贬低这种技术在神经外科手术临床中的适用性，并且此技术确实在建立脑功能的神经认知模型方面起到了一定的作用。但如果误解 DES 的效果，将会错误地指导我们关于脑认知功能的结论和假说。正因为如此，本章将要介绍一下，在脑手术时应用 DES 刺激大脑皮层表面，在细胞水平所产生的效应以及在远隔部位和局部所产生的效应[6]。

### 11.2.2 作为临床工具的人脑直接电刺激

在外科手术期间对脑肿瘤或癫痫病人的 DES，可以帮助外科鉴定每个个体病人的脑区，确定该区对于某一重要功能是否关键性的。这种作图具有很大的临床价值，因为脑功能定位在不同的病人之间是有差别的，或由于正常个体的变异，或由于皮层组构的变异，以及个体脑病理学功能重组构的变异。在脑组织手术性切除后评价对病人的手术效果，可以说明外科手术期间的 DES 对皮层功能作图的可靠性。例如，如果在外科手术期间应用 DES 来作图言语功能，则手术后永久性言语缺损出现的百分比很低，大约在 250

个病人里面只有 2%。相反,部分切除经 DES 检测过的语言区,会有碍于语言功能的完全恢复。DES 也可以同时用来直接研究脑内的解剖和功能连接。例如曾经有报道,手术期间对皮层下结构的 DES 作图,可以避免损伤语义语言系统的神经纤维连接,这样就防止了永久性的言语缺损。手术期间用 DES 对病人运动系统进行功能性作图,如果病人的肿瘤部位靠近皮层-脊髓束附近,则肿瘤手术切除后一个月,55 个接受研究的病人中有 87%不显示手术后的运动缺损。G.Spena 等人研究了功能性磁共振成像(fMRI)及弥散张量作图(DTI)纤维追踪这两种方法的效果,看看在肿瘤切除之前,为了预测语言区附近组织的功能,两种方法是否与 DES 一样有用。他们发现,为了防止持久性神经病学损伤的发生,DES 是最可靠的方法。结论是,fMRI 和 DTI 可能对于设计切除方案有用,但是不能够帮助外科医生在外科手术期间直接用于指导其手术[6]。

虽然 DES 在临床应用方面的目的是直截了当的,即可以预防手术后的功能丧失,但是考虑 DES 的神经生理学效应,从神经科学的意义上看 DES 的应用,可以提出不少问题。例如,DES 是引起了神经元的激活还是抑制? DES 是否导致电流扩散,有没有脑区与脑区之间的信号传播? DES 引起皮层-丘脑通路的正性或负性行为效应是怎样的情形? 为了应用 DES 的结果来发展脑功能的神经认知模型,非常重要的是需要了解:DES 在细胞水平、脑局部以及远隔部位的效应到底是怎么样的[6]。

## 11.3　细胞水平的微刺激

J.B. Ranck 在他著名的文章中曾经写道:“电刺激外侧下丘脑”是下面这种说法的简化版,即“有一个刺激电极摆放到外侧下丘脑,它影响了靠近电极位置的数目不详、细胞种类不详、位置不详的细胞”。今天我们有证据提示,神经元被直接激活的部位,通常是它的轴突始段和郎飞结。在那里,钠通道密度最高,因此兴奋性水平也最高。今天我们已经有很好的办法来估计刺激电极尖端电流扩散的有效范围。然而,关于 DES 的细胞效应到底如何,仍然有一系列的问题还等待研究与回答。例如,应用不同刺激程序(因为在刺激时经常用大电流)的时候,哪一类神经元元素是受刺激影响的? 换言之,那是细胞体,还是突起? 第二个问题是,离电流源不同距离处被兴奋神经元的确定性如何? 另外,电刺激后的信号传播如何? 也就是,信号有没有扩散,是按哪个方向扩散的,以及信号传播对于远隔部位皮层脑区有何确切效应? 好多问题都有待解答。下面我们简单讨论几个方法学上的问题。例如,如何区分电刺激细胞体的效应和电刺激突起的效应? 大脑皮层微回路受刺激时的突触后效应是怎么回事?[6]

### 11.3.1　兴奋性的估计

为了引起神经元组件的兴奋,要用多强的电流、多长的刺激时间才能达到目的呢? 在 20 世纪初,法国生理学家 L. Lapicque 发表了对神经元兴奋性的一项先驱性研究。他画出一条抛物线,此抛物线把方形电波的幅度阈值与作用时间联系起来。此后,无数的实验研究证实了 Lapicque 所谓的“强度-时间关系”曲线,也就是电流强度与脉冲时间增加两者之间的关系。具体地说，当刺激时间增加的时候，产生特定反应所需的电流幅度可以减少，直到渐近线的水平。Lapicque 称之为“基强度”(rheobase)，并且证明，刺激时间与刺激强度成反比，两者关系形成一条抛物线。Lapicque 铸造了“时值”这个名词，“时值”表明当应用两倍基强度刺激的时候，为达到兴奋阈值所需的电流作用时间。在实践上，时值决定了强度-时间曲线达到渐近线水平有多快，它与指数函数的时间常数成比例。事实上，时值反映了神经群体的膜电容特征，从而提供了郎飞结附近轴突膜的非电压依赖钠电导的间接估计，虽然时值可以随刺激电极的大小而改变[6]。

应用时值和基强度理论来鉴定刺激时被激活的元素，令人信服地在一项研究工作中得到了证明。此工作应用了细胞外的逆向和顺向刺激，同时又联合应用了细胞内的电流注射。应用这种方法，研究者们第一次确定了用细胞外刺激引起逆向动作电位时的强度-时间曲线。在这里，毫不含糊地被激活的元素是轴突。为了引起动作电位，他们进行神经元的细胞内记录，并向细胞内注射电流，由此计算强度-时间曲线。这里激活的元素是细胞体。分别激活轴突和胞体得到的两条曲线，以后都与引起兴奋性突触后电位(EPSP)的强度-时间曲线进行了比较。引起 EPSP 的方法则是细胞外刺激脑的灰质，当然，其突触前兴奋元素是不清楚的。实验结果明确地演示，当把细胞外刺激应用于灰质时，这种方法所兴奋的细胞元素基本上是轴突而不是胞体。虽然动作电位经常在轴突上发生，但细胞内和细胞外刺激的差别反映了胞体和树突的特征，这些特征影响细胞内所引起的兴奋之传播速度。最近的大鼠和小鼠研究都证实，电刺激时优先激活的是轴突。该研究中的电刺激是与双光子钙成像相结合的。有意思的是，在进行低强度电流的刺激时发现了一个少见的激活形式：即使很少地移动一下电极，激活形式也会大大地改变，表明激活主要发生在围绕电极附近一个小体积中的轴突上[6]。

兴奋性特征也在介导某些行为或反应的其他神经元上得到评估，例如介导条件性反应、眼球反应、光幻视反应以及自我刺激反应等。这些研究发现，微刺激优先激活锥体细胞的粗纤维，它是大脑皮层最容易兴奋的元素。更最近的研究直接把电刺激和 fMRI 的记录联合起来。实验显示，随电刺激以后的 fMRI 激活是由轴突元素的兴奋而不是由附近血管平滑肌的兴奋所造成的。如果是平滑肌兴奋，将需要更长时间的时值才行[6]。

### 11.3.2 有效电流的扩散

容积导体是电阻性的，大部分是各向同性的，直接激活神经元所需的电流量与神经元和电极尖端之间的距离平方成正比(也即，$I = Kr^2$)。这个关系是由一系列研究所演示的，包括从啮齿类、猫、灵长类的皮层和皮层-脊髓神经元所得到的结果。实验显示，兴奋常数($K$)依赖于神经元轴突的粗细以及其髓鞘化的情况，粗的有髓鞘神经元的 $K$ 值最低。增加电流强度通常被认为是激活了其胞体位于离电极更远处的神经元。然而如前所述，应用双光子钙成像的研究提示，增加电流强度的最明显效果可能是某一脑区内被激活的神经元的密度增加，而此脑区是由轴突投射型式所界定的[6]。

相反，联合应用电刺激与 fMRI 的实验显示，在典型情况下，BOLD 对比量增加的空间范围超过了电流被动扩散所预计的范围。这提示，有通过水平的单突触连接因素存在。在 fMRI 研究中看到那种微刺激后的广泛电流扩布（一般刺激参数为 200～400 μs、250～1 400 μA、双向电脉冲，刺激频率为 100～200 Hz），此结果与另一种实验情况下的电流扩布相一致。后一种实验应用光成像方法于新大脑皮层，一般用小电流强度（例如 50 μA、500 Hz）。总起来看，当前的实验结果提示，增加电流强度既可以激活一个脑区范围里面的更多神经元，也可以通过功能连接而引起激活的扩散，两者都会发生[6]。

## 11.4　皮层接受刺激后的信号传播

### 11.4.1　人脑直接电刺激和 fMRI 联合应用的结果

联合应用 DES 和 fMRI 的实验显示，电刺激初级视觉皮层 V1，可以在空间匹配的皮层纹状外区如 V2、V3、V3A、V4 区及颞中区（middle temporal，MT）（也称 V5 区）等脑区，引起正性的 BOLD 反应。对这种在皮层刺激时缺少跨越突触效应的情况，进一步在其他的实验中进行了考察。在实验中，电刺激作用于投射到大脑视觉皮层的丘脑核。刺激外侧膝状体可增加 V1 区的 BOLD 信号，该 V1 区是接受来自刺激部位输入的；但这种外侧膝状体刺激强烈地压抑了另一些脑区，按照视网膜定位匹配的纹状外区的 BOLD 信号。颅内记录显示，在刺激脉冲之后，V1 区可以立即出现一个短的兴奋性反应，然后随之以一个长而持久的抑制。先前的小鼠和大鼠皮层内刺激的实验，显示了当随之而有第二个脉冲时，单个电脉冲所引起的抑制时程将维持而不受影响。这就提示，锋电位放电活动的压抑，可能是由于突触的抑制而非兴奋性的变化。为了检测这个假说，即纹状外皮层区的失活可能是由于来自 V1 区投射神经元的突触抑制，有人用猴子做了实验，同时联合应用 fMRI、电生理记录和微刺激，把 GABA 突触传递拮抗剂微注射入 V1 脑区。往后的外侧膝状体刺激引起正性的 BOLD 反应，既在外侧膝状体的单突触皮层靶区，也在外侧膝状体的多突触靶区。这些发现提示，刺激皮层神经元将会扰乱皮层信号的扩散，此情况在第一个突触之后就发生了[6]。

这个扰乱可能既有前馈性抑制又有回返性抑制。大量的研究显示，在个别皮层神经元的水平上，抑制是到处存在的。从电学上看，它很不容易与兴奋相分离。这种组构是由皮层神经回路的功能构筑所决定的，其连接方式提示着连续的兴奋和抑制之间的相互作用。为了神经元可以在准确的时间行使功能，需要有合适的回返神经回路的操作，而转过来，这只有在涉及突触延搁的时空结构的输入型式条件下才能得到保证。重要的是，这种回返性回路不仅在感觉皮层有，在研究过的所有种的动物的许多其他脑区中也有，包括初级运动皮层、前运动皮层。皮层微回路中的以及在各脑区连接中的兴奋和抑制之间的相互作用，妨碍了如何根据生理反应来判断 DES 的效应[6]。

遗憾的是，接受 DES 刺激以后，微回路信号的传播水平不能够用 fMRI 方法来进行判断，因为 fMRI 的空间分辨相对较粗，在没有进行任何数据处理之前，其平均体素是 55 $mm^3$[每个体素含有 550 万个神经元、(2.2～5.5) × $10^{10}$ 个突触、22 km 长的树突，还有 220 km 长的轴突]。此外，用 fMRI 方法检测出来的血液动力学变化幅度，依赖于被激活神经元群体的数目，而此数目转而又取决于神经代表的范围，即参与实施此作业的、空间和时间上的神经代表。因此，空间平均的 BOLD 信号幅度不能够用来定量化这种微回路水平的活性差别。如此看来，fMRI 不能够提供关于兴奋、抑制或调制活性的直接而准确的信息，因而不允许我们就 DES 的效果作出关于其极性或时间型式的确切结论。这样，fMRI 的结果应该只能视为参与 DES 的生理学机制的一种提示，而不是详细描写或者证实[6]。

电刺激已经被广泛地用来判断不同脑区与知觉和动作的因果性联系，它最近还被用于疾病的电治疗，如帕金森病或局灶性癫痫，它还被用于安装神经假肢的参考。上述发现可能重铸或限制对过去那些研究的解释。当时曾经认为，电刺激之后就引起正常的皮层-皮层信号传播。更有进者，上述发现也可能改进我们对于经颅磁刺激（transcranial magnetic stimulation，TMS）影响感觉、认知和运动加工等的了解。这种技术应用跨颅及头皮的电磁诱导产生皮层组织的微弱电流。TMS 和 DES 不一样，它是一种非侵入性方法；但又跟 DES 相似，它激活神经元的机制也是通过电流直接作用在皮层表面。有趣的是，认知神经科学方面的大多数研究人员长期以来都认为，TMS 对脑的作用是一种临时性的、虚拟的切除，因为 TMS 中断了感觉区的、联络区的或运动区的神经过程，并且提示，刺激导致功能的抑制。总起来看，当前的研究表明，多数情况下的电刺激及 TMS，有可能使得那些接受被刺激神经元之纤维的所有脑区静息下来。对于应用这些刺激方式所得到的研究结果的解释，必须小心谨慎。这些研究结果告诉我们，大脑皮层脑区包括皮层下的所有投射在内是如何工作的。例如，提供关于皮层-丘脑-皮层传导通路功能的认识，及/或告诉我们，在刺激区的单突触靶部位所引起之活动减少，有何行为效应[6]。

### 11.4.2 皮层表面刺激

考虑到上述微刺激效果的变异性，就可以清楚地知道，外科手术中所做的皮层表面 DES 是在大体积的脑组织中，它将诱发复杂、综合的效果。此效果往往是难以预料的，因为它在非常大的程度上依赖于受刺激脑区的形态学。为了确定 DES 的净效果，就需要局部的以及远隔部位的神经生理学参数，其条件应当与神经外科手术时应用 DES 的条件相当。但令人惊异的是，此类研究目前还非常少[6]。

在 20 世纪 70 年代，D. Pollen 曾经做过一系列皮层电刺激的研究，对象是人或猫的视觉皮层。在刺激猫脑表面的同时，还做了脑表面电位的记录，以及细胞内、细胞外的记录。当刺激电流＞1 mA 时，看到有许多现象：细胞对刺激的长潜伏期反应可长达数百毫秒，同时出现串刺激内的易化、相当长时间的张力性后放电等。特别重要的是，他也看到了 DES 对皮层细胞反应的抑制性效果，这不仅依赖于刺激电流的强度，也依赖于刺激前的神经元放电频率。具体地说，在 DES 前的高自发性放电再结合以低强度的电流刺激，导致细胞反应的抑制；而低自发性频率配合以高强度的刺激，则导致兴奋。Pollen 的结论是，脑表面刺激的神经反应，应该看作随时间而慢慢出现的连锁反应。这种连锁反应包括早期的抑制性效果，而抑制又可被以后的兴奋性效应所克服，这又依赖于 DES 之前神经元群体的反应状态，也依赖于电流强度和刺激频率[6]。

### 11.4.3　双极皮层刺激

为了确定由双极皮层刺激所引起的激活扩散强度及一致性，M.M. Haglund 等人刺激猴视觉皮层，同时用光学成像方法监视激活程度。他们所用的刺激参数与一般在外科手术中用 DES 进行功能作图的参数相同，具体为双向 1 ms 脉冲，60 Hz，作用时间 4 s，强度 0.05～4.0 mA。这种刺激能够诱导局部有把握的光成像信号的变化。具体地说，作者们发现，可以有与电刺激强度和时程相关联的等级性光学信号的增加，因而此结果提示了光成像应用于研究 DES 的可靠性。不幸的是，这种技术仅仅允许做小范围脑区的信号检测，两个刺激电极之间的面积一般不能大于 $6\times8\ mm^2$。因而作者们表示，他们的研究不能解答这样的问题：在皮层表面进行 DES 的时候远隔脑区是不是也被激活？作者们也做了对清醒病人进行 DES 时的光学成像，病人正为治疗不可克服的癫痫而接受外科手术。结果 DES 诱发病人癫痫样后放电（epileptiform afterdischarge），而这个后放电导致靠近刺激电极脑区的、等级性光学信号的增加。这就是说，光学信号幅度的改变与后放电的强度和时程是按比例变化的(图 11－2)。光学信号强度和时程的变化也与从脑表面

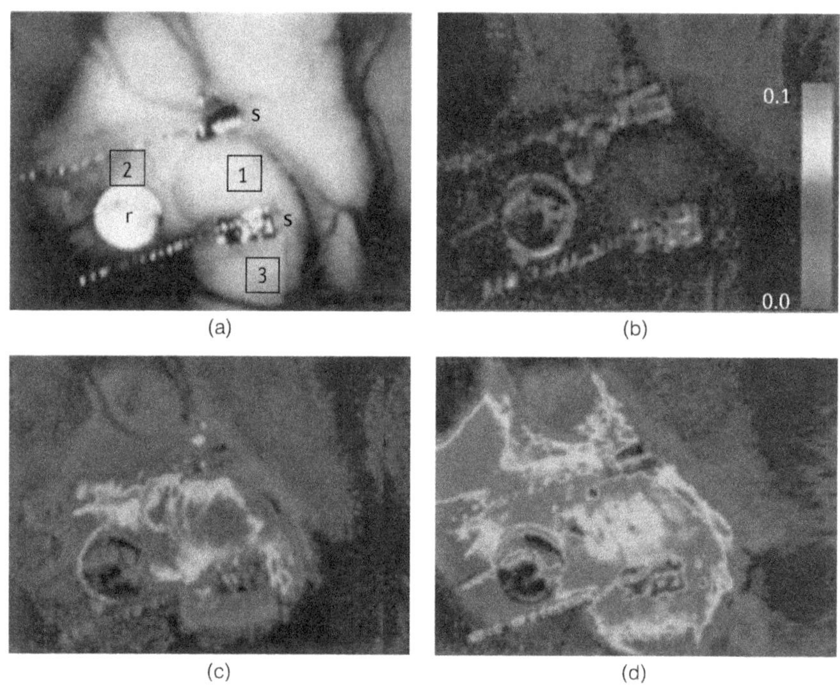


**图 11－2**　脑接受直接电刺激时的内源性光学成像信号(彩图见图版第 38 页)

(a) 安放一个记录电极(r)、两个刺激电极(s)的暴露的大脑皮层表面。3 个方块记号(1—3)表示光学信号被测定的脑区。(b) 正常化的对照成像，表明在给予 DES 前的基础活性(b—d 小图中的光学信号变化的幅度，用伪彩色表示)。变化在 0 以下的，用黑色表示。(c) 接受 6 mA、4 s 刺激后立即诱发后放电活性时，光学信号的变化。在周围黑色区，信号变化低于 0。关于这种负性信号变化是真正的抑制性信号，还是仅仅表明神经元的激活比刺激前更强，还不清楚。一般说来，一个“负性光学信号”表明光信号变化发生的方向跟预期的神经元在特定波长条件下激活的方向相反。(d) 8 mA、4 s 刺激后立即的光学信号变化，此强度高于前面(c)中所用的强度。这个刺激诱发比较长的后放电阵发(16 s，而 c 里面是<4 s)，光信号变化的幅度与后放电活性的强度和时程成比例。(图引自[6])

记录下来的脑电图(EEG)电变化相关联。Haglund 等人报道,5 个病人中的 3 人,在那些后放电活性的脑区,光学信号变化转变到基础水平以下。他们对此现象的解释是:这是一个抑制性的外围。然而光学成像并不提供神经元活性的直接测定,同一研究组稍后的工作显示,在电刺激诱发的后放电以后,负性光学信号的发生与记录光学成像的波长有关,因此并非毫无悬念地与神经元活性的减少或者增加有关[6]。

总起来看,应用参数相当于神经外科手术时的那种 DES,此种条件下的人体神经生理学和光学成像研究开始阐明围绕着刺激点周围局部过程的复杂性。不过,要想评价兴奋性和抑制性效应是否已经发生,必须测定受刺激脑区的突触后和突触前位点。目前在人体上已经有可能实现的脑活性的间接测定,限制了当前有关 DES 引起皮层变化的知识[6]。

### 11.4.4 远隔部位的效应

另一个有待澄清的问题是,如何考虑 DES 刺激人大脑皮层所引起的远隔部位效应。为了观察皮层双极电刺激的扩散,M.Suh 进行了光学记录实验。应用两个不同的波长记录人脑的内源性信号,这两个波长分别对于脑血流(CBF)变化和血红蛋白的氧合程度敏感。与早期的结果有所不同,此研究所应用的方案并不引起后放电。但是作者们看到,血液动力学变化在相当大的脑区里发生,从 77 $mm^2$ 开始,一直到平均 350 $mm^2$。激活区域的大小以及光学变化的幅度依赖于血液动力学参数。虽然氧合血红蛋白有一个开始性的降低,但它高度局限于应用 DES 的部位。往后的 CBF 增加以及脱氧血红蛋白减少则扩散到离开刺激电极相当远的距离。例如,这些变化可以在位于另一个脑回、离开刺激点大约 20 mm 处出现。此结果提示,DES 有远隔部位的效应[6]。

还有一个研究也提供了 DES 远隔部位效应的直接证据。刺激基底颞叶区时,作者们引发了病人的失语症性缺损。有意思的是,此脑区切除后没有发生语言缺损。这提示,原来引起的失语症是由于远隔部位的效应,它通过脑活性的扩散来到经典的后语言区,并且是在手术期间通讨皮层脑电图(ECoG)所记录到的。进一步的研究显示,实际上是当进行 DES 刺激的时候同时记录远隔脑区的 ECoG,会有可能作图远隔部位的效应。这些工作应用通常的 DES 于特定言语区或运动区的时候,用慢性埋植的皮层下电极覆盖大脑皮层的特定脑区,研究了病人言语和运动系统之间的连接[6]。

## 11.5 矛盾的行为效应

电刺激的复杂局部和远隔效应,依赖于个别皮层位点的形态学特征及刺激参数,这种情形在行为水平的相互矛盾的实验结果中也得到了反映(图 11-3a)。当把皮层表面的 DES 应用于初级运动区、初级感觉区、初级视觉和听觉皮层时,多数可以得到一个正性行为反应(图 11-3a),通常的效应是发生相应局部的运动,出现异样感觉,看到光,听到不同声音等。这些实验观察引向一种假说,就是 DES 诱发了刺激区的激活[6]。

所以可以说:"DES 复杂的局部和远隔效应,反映了互相矛盾的行为水平的实验结果。"[6]

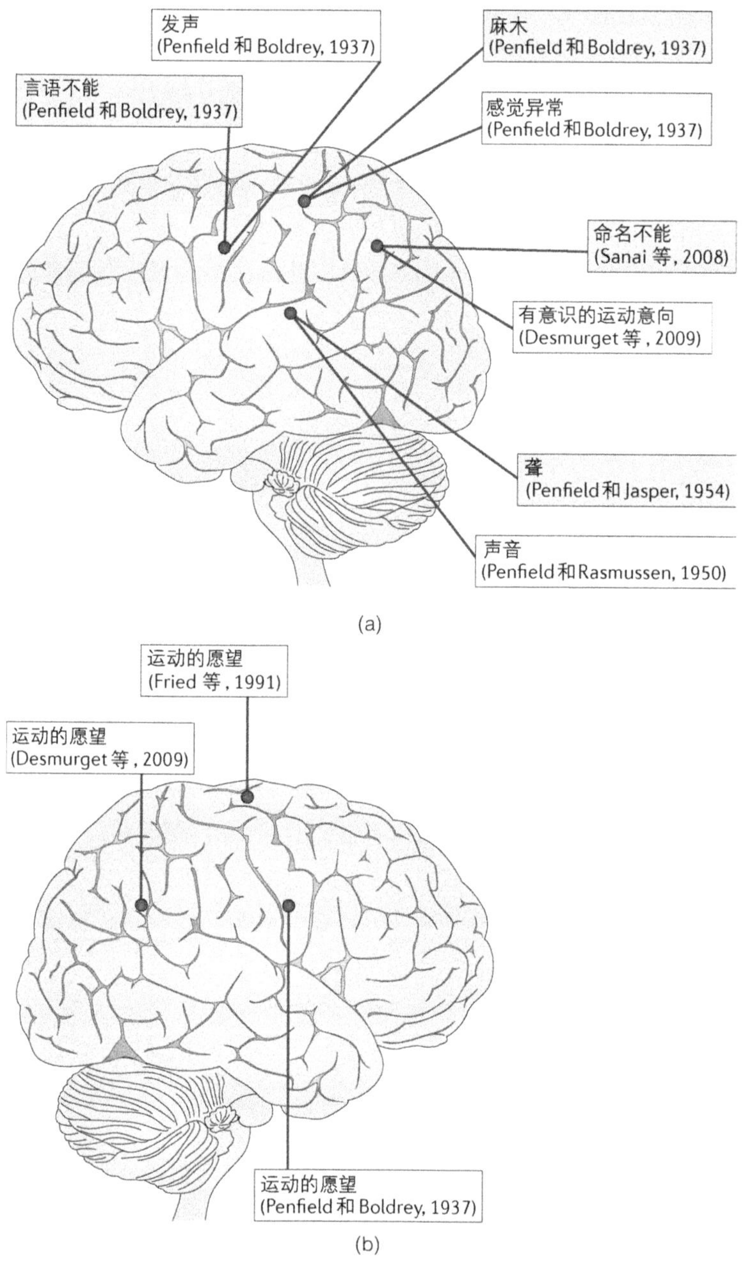


**图 11－3**　人脑直接电刺激引起的广泛行为效应

(a) 在一个刺激点上施行 DES，可以既导致兴奋性行为效应，也导致抑制性行为效应(DES 诱导正性行为，用白底方框标注；中断行为则用灰底方框标注)。(b) 一个例子说明 DES 作用于不同的位点——下顶叶(inferior parietal lobule，IPL)皮层、辅助运动区(supplementary motor area，SMA)、前中央皮层，可以诱导同样的行为效应。这里所谓“同样”，是指有意识运动的意向。(图引自[6])

### 11.5.1 负性行为现象

然而许多例子显示，刺激也可以导致负性的行为现象（图 11－3a），例如感觉和知觉减少。刺激初级皮层导致暂时的耳聋、麻木，提示受刺激区被 DES 失活。还有，刺激远于初级皮层的脑结构时，经常引起正在进行作业的短时间暂停。例如，当对上、中颞回施行 DES 时引起语义性言语错乱（semantic paraphasia），当对额叶、顶叶和颞叶皮层施行 DES 时引起正在命名时的命名不能（anomia），或者当 DES 施于上颞回时引起正在进行的视觉空间系列寻找过程的错乱[6]。

可以这样认为，由 DES 所引起的这种“阴性”行为现象是存在的，可能还有未被发现的。从实验者的观点来看，DES 的探测性作图往往倾向于自发性的、正性的效应。源自特定脑区 DES 的自发性效应，并不需要设置特殊的测试步骤；而负性行为的效应通常需要在刺激过程中明确地设计测试步骤（例如让受试者讲一个物体的名称）加以检测才能发现。也就是说，即使不进行刻意检查，正性的效应也可以被检测；而在许多 DES 研究中，抑制性效应可能检测不到[6]。

### 11.5.2 刺激强度问题

更进一步，对某一特定病人而言，因为手术期间 DES 的刺激强度用得太低，所以功能上相关的脑区可能未被检测到。有研究显示，用来鉴定功能上相关的言语区和运动区的 DES 作图的阈值，也就是说刺激强度，其变异可以为 4～16 mA，即使同一病人也不是固定的。此外，研究还报道了言语作图阈值的差别，额叶皮层为 9.3 ± 3.6 mA，而顶叶和颞叶皮层为 12.3 ± 2.9 mA。研究者们也记录了围绕 DES 脑区的邻近脑区之皮层脑电图（ECoG）。他们发现，如果所用的作图阈值大于引起后放电的刺激阈值的话，则靠近 DES 脑区有相当数量的功能上相关的皮层位点。如果限制刺激强度使之降低到安全的水平，即低于个别的后放电水平，而且引起癫痫发作的危险也最小，那么在这种电刺激强度下，不可能鉴定出功能相关的脑区。总的看来这些事实显示，DES 的作图阈值在不同个体之间，甚至于在同一个体的不同脑区之间，有大的变异[6]。

显示单个脑区 DES 可以既诱发正性行为反应，也诱发负性行为反应的典型例子是刺激下顶叶（inferior parietal lobule，IPL）。如果作用于左侧 IPL，DES 可以短暂地中断言语功能，引起命名不能（anomia）或者失语症（alexia），而应用 DES 于右侧 IPL 的相应位点，则诱导视觉对象加工的空间偏好。然而也有这样的情况：以同样刺激参数刺激同样位点引起正性行为反应，反应形式是有意识的运动倾向性。如果要解释后面这种情况，即正性 DES 效应作为对顶叶神经元激活刺激的后果，而另一种反应即负性反应是同一批神经元失活的后果，则不能令人信服。相反这些研究提示，DES 刺激左侧或右侧 IPL 引起的远隔效应，可能是因为电流直接作用于轴突，或者因为跨突触的刺激扩散。但是，关于哪一个行为效应真正是直接效应，而哪一个是 DES 的远隔部位效应，还不能够下结论[6]。

DES 所诱发的效应往往是可变的，这不仅由于刺激单个皮层位点可以引起不同的行为反应，也由于这样一个事实：不同刺激位点的 DES 可以引起类似的行为现象（图

11－3)。例如,局限性的对侧躯体感觉反应,如感觉异常,典型地是由刺激后中央皮层引起的。然而,类似的对侧及双侧躯体感觉现象,既可以由刺激位于后中央回下方的盖区(opercular area)所引起,也可由刺激后扣带回、上边缘回以及颞极(包括边缘区和等皮层结构)等脑区所引起。早年潘菲尔德和 E. Boldrey 所研究的是另一个例子,说明 DES 的区域性的非特异性,受试者似乎感到手指头、手臂或者腿已经动了,但他们也知道实际上是没有动。而相反,希望动,也就是说"想动",却没有真正动的感觉的那种情况,仅仅当刺激前中央回时才能引起。另有报道,DES 刺激辅助运动区的时候,这两种感觉都报告出来了,而"希望"运动对侧肢体则可以被 IPL 的 DES 所引起。因此,类似的行为现象至少可以被 3 种不同的、隔开相当距离的皮层脑结构的刺激所引发。问题就来了：这是否表示,这些部位的神经元都与同一功能有关？这个可能性不能排除。但更合理的假设可能是：一个单独的功能是否可以在几个不同的脑区加工呢？因此,这些发现最好被解释成为远隔效果,它是由于跨越突触的电流扩散[6]。

## 11.6　人脑直接电刺激的生理学

人脑直接电刺激(DES)的生理学还远未被了解。在细胞水平以及在皮层表面,电刺激的复杂效应与 DES 行为效应的高度可变异是互相平行的。DES 所引起的不同的局部和远隔效应,以及难以预计地依赖于个别皮层和神经元的形态学及 DES 刺激参数,这些都反映在刺激同一脑区或一系列远隔部位所引起的行为异质性,以及不同远隔部位的刺激可以导致类似的行为现象上。行为发动常常被解释成激活了受刺激皮层神经元的证据,而行为抑制则被认为是神经元的失活。虽然这两种想当然的解释还缺少坚实的生理学基础,但是行为学的异质性提醒我们,对 DES 结果的解释应该非常小心谨慎,特别是那种具有因果关系的解释。这将是一种错觉,认为与其他方法相比,例如与 fMRI 以及其他神经科学技术相比,DES 可以让我们对受刺激脑区的加工形式得出无可辩驳的结论。我们不应该陶醉于已经接近人脑功能的那种显然的入迷。虽然 DES 已经被证明在神经外科应用中有非常独特的优越性,但是如果误判它在认知神经科学中的长处及缺点,可能会错误地引导我们的结论和假说。DES 并不是考虑神经元活性与行为效应之间因果关系的金标准,但 DES 确实是许多方法中的一种方法,特别当应用于系统神经科学的时候。它有自己的长处,当然也有弱点[6]。

## 11.7　电刺激人脑扣带回

扣带回皮层在以往难以用 DES 方法加以研究,因为它处在大脑的深部。最近有应用复合方法刺激人脑扣带皮层的报道。

已知前扣带皮层(anterior cingulate cortex,ACC)参与许多功能,比如情绪、疼痛和认知调控。虽然已经有了一些人类的及非人哺乳动物的研究,推进了我们对 ACC 功能的了解,但是对 ACC 活性的主观相关仍然大部分不清楚。此研究显示,把电荷发送到(电刺激)前中央扣带回皮层(anterior midcingulate cortex,aMCC)引起了自主性变化,引起了一种期望以及迫切的挑战，并耦合到确定性的态度来应对它。根据以播种为基础的(seed-based)成像方法所作静息状态神经连接分析，发现对两个病人的刺激位点都处于连接 aMCC 到额叶-脑岛、额叶极及某些皮层下脑区的广泛分布的神经网络之轴心部分。这个报告提供了令人信服的第一人称报道，叙述了电刺激脑网络的结果，而且提示了该网络可能参与心理病理的情况，其特征是削弱了个体承受持久心理或物理痛苦的能力[7]。

### 11.7.1 人脑扣带回

人生最大的挑战就是陷入困境。按照莎士比亚的说法，我们是在“困难的海洋中”，受到“难堪命运的弓和剑”猛烈的敲打。正是在这样的时刻，个体克服困难的意志得到了考验。面对挑战，某些人能够维持前进所必需的体力和心理资源，而另一些人对于持久的物理或心理疼痛，却呈现病理性的动机和神智力量的降低。了解介导这些属性(比如应对即将到来之挑战)的脑网络结构和生理学，将会创造一个诊断和治疗的新前沿方法，用来治疗诸如抑郁症、慢性疼痛等疾病。这些疾病的部分特征在于降低了动机，降低了忍受和忍耐[7]。

有两方面的证据提示，前扣带皮层以及一系列相互连接的脑区，可能是这些功能的关键神经网络。首先，对人和非人哺乳动物的研究提示，ACC(包括中部扣带回脑区)在几个方面都是必需的：发动行为变化，在酬报和动作之间进行关联，决定采取达到某个目标所必需的动作等。其次从解剖上看，ACC 很好地适合了这种功能，例如有关非人灵长类传导束解剖学的追踪研究以及有关人体功能连接的研究，都提示在 ACC 和一些脑结构之间有强的解剖和功能连接，已经知道这些结构对于疼痛、愉快情绪和作出判断是重要的[7]。

人脑损伤研究显示，为了作出决定或加工情绪，ACC 是重要的。但是这些研究中的解剖学准确性是有问题的，经常弄不清楚的是，这些病人的认知的、行为的缺损，多大程度上是由于 ACC 本身，而不是由于邻近脑区灰质和白质组织的损伤，后面这些损伤是经常会发生的。此外，要了解 ACC 活性的主观相关，从功能上来讲还有困难，因为 ACC 是一个隐藏着的、大脑内侧面的深部脑内结构[7]。

这里报道的多模式研究，提供了两个癫痫病人前中央扣带回皮层(aMCC)及相关功能神经网络的神经调制作用的详情以及第一人称介绍。所用的方法是，电刺激脑(DES)和手术前静息状态的 fMRI 记录相结合，给病人预先埋植颅内电极。研究者演示了动力定型非常明确的一套自主性认知和情绪变化，而且确定了一个共同的功能连接图谱，把 aMCC 刺激位点与分布的脑区网络连接起来，这个网络通常被称为情绪特点的网络，或者扣带回脑盖网络(图 11-4、图 11-5)[7]。

### 11.7.2 扣带回与坚持意愿

研究提供了一个非常清晰的主观介绍，这是病人关联到刺激 aMCC 的内态感。两个

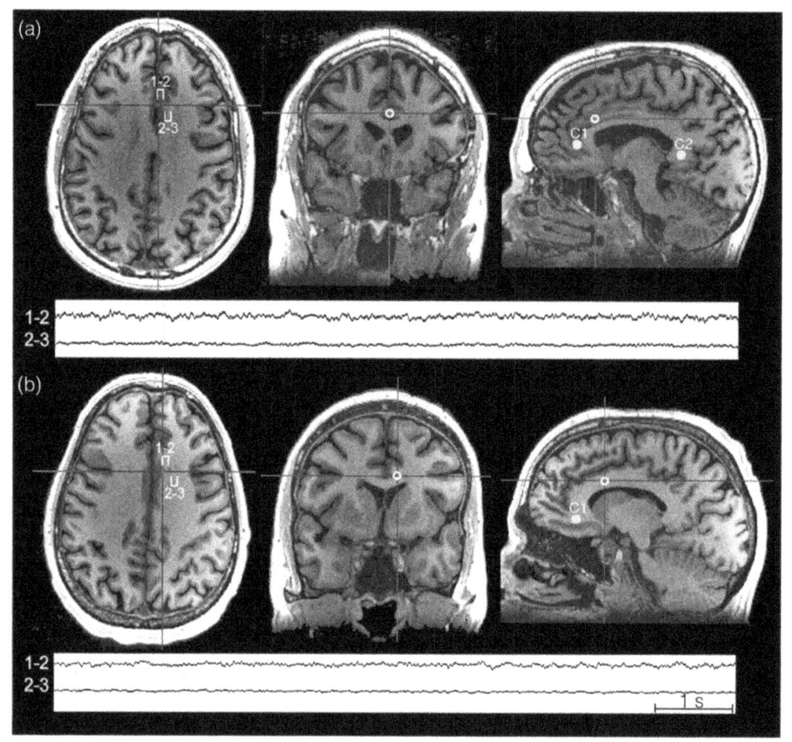


**图 11－4**　刺激前中央扣带回皮层时颅内电极和脑电图活性的解剖学定位(彩图见图版第 39 页)

对病人 P1(a)、P2(b)的电刺激发生在两个邻近接触点之间,也即双极刺激。在磁共振成像以及脑电图记录中都看到,P1 的 1、2 以及 P2 的 1 都明显地在灰质处。我们把实验结果归因于 aMCC 灰质及其白质的神经连接,还有其他脑区神经连接参与的 DES。注意位点 2 和 3 之间的脑电图活性降低,比之位点 1 和 2 之间。DES 靶向坐标的磁共振成像(magnetic resonance image,MNI)坐标如下。病人 P1:电极 1:2.00,26.00,26.00;电极 2:8.00,26.00,26.00;病人 P2:电极 1:10.00,18.00,26.00;电极 2:16.00,20.00,26.00。注意图像右侧对应于脑的右侧,1 s 时间的 EEG 时间标示在图上。扣带回膝下部和后压部的刺激位点作为对照位点 1 或 2(C1 和 C2,浅蓝实心圆圈)。除了扣带回的这些对照脑区以外,直接邻近 aMCC 的刺激位点也作为对照位点。这些对照位点的刺激并不引起类似的认知和情绪效应,如同刺激 aMCC 位点那样。(图引自[7])

病人都报告了动力定型的一套变化,那就是心率增加,发生胸部和颈部的物理性紧张,以及预见挑战的到来,这种挑战耦合于把它克服的强的动机。为了描述简单起见,研究者把这种动力定型的一套自主性、情绪性和认知性的复杂经验称为“坚持的意愿”(will to persevere)。但是研究者也注意到,这种由刺激 aMCC 所引起的经验性现象,可能比以前曾经预想的还要复杂得多[7]。

研究者发现,所得到的结果与当前对 aMCC 功能及功能异常的了解是相一致的。例如,人体神经成像研究显示,当预见到或知觉到恶性刺激的时候,aMCC 的激活伴有自主性变化,有主观上强情感状态的经验。非常有意思的是,如果损害啮齿类动物的扣带回,包括相当于人 aMCC 的同源脑结构,则这种啮齿类动物显示克服困难的能力降低。当试图到达某一酬报性靶的时候,动物更容易放弃作业。例如,它必须爬越一个屏障,到达有

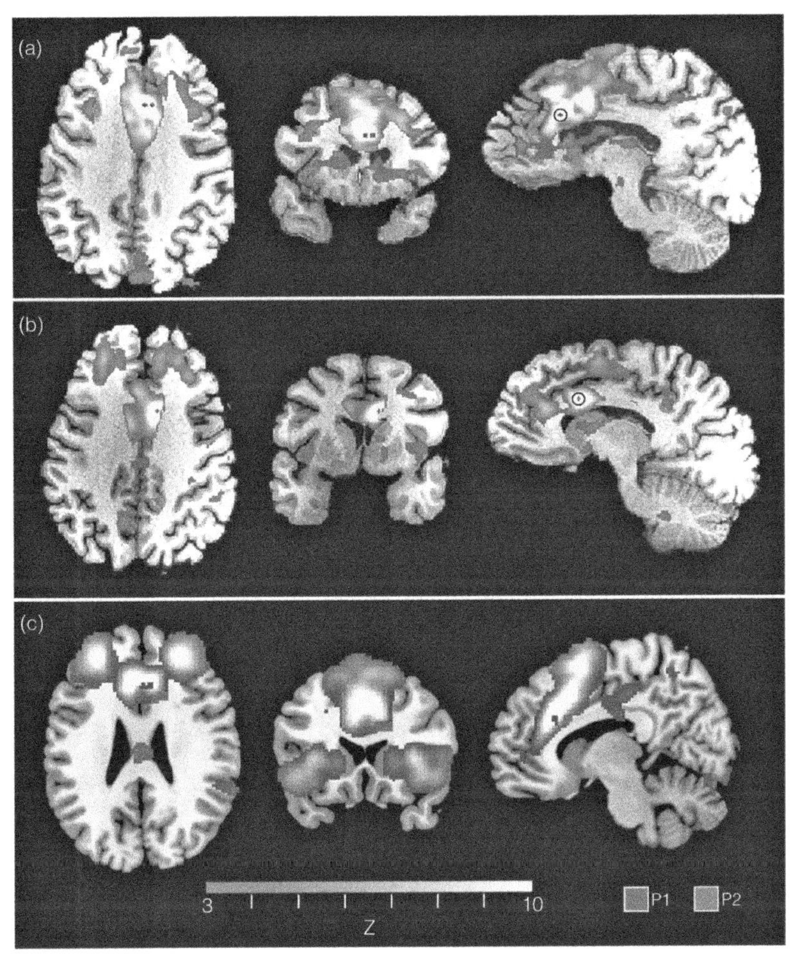


**图 11-5**　鉴定人脑直接电刺激靶向位点正好是情绪显著网络一部分的功能连接分析（彩图见图版第 40 页）

(a)和(b)显示功能连接网络，此网络通过播种(seeding)* 一个小的感兴趣脑区(ROI)而获得，病人 P1(a)和 P2(b)的 ROI 中心分别为电极 1 和 2。(a)和(b)的结果表达在每个受试病人自己的脑图片空间上；而(c)的 ROI 是在一个模型的标准 MNI 空间图片上面(P1 病人用蓝色，P2 病人用紫色)。图像的右侧对应于脑的右侧。把(a)和(b)神经网络与 14 个已经特征化的网络相比较，进行适合度(goodness-of-fit)分析，发现每个病人的网络最好地匹配到情绪显著的网络。(c)显示，P1 和 P2 病人的电极位置覆盖于标准的情绪显著网络，此网络是从一群正常人对象所得到的。(图引自[7])

吃食的食盘[7]。

研究发现也跟以前的初步 DES 实验结果相一致。虽然曾经报告在几个脑区上做过电刺激人类脑，但用 DES 研究 ACC 是很不寻常的，因为这个脑区很少有临床的理由来埋

* 播种(seeding)是一种应用于神经成像技术的统计学技术。以播种为基础的成像(seed-based mapping，以前称为"带正负号的差别成像")是一项用于元分析的统计学技术，旨在确定基于神经成像技术所获得的关于脑活动或脑结构的差别，例如 fMRI(功能性磁共振成像)、VBM(voxel-based morphometry，三维像素为基础的形态测量)、DTI(弥散张量成像)或 PET(正电子发射断层摄影术)。在多个研究中，上述方法均已得到了完全的证实。

植电极。还有一些作者进行了围绕前扣带回的先驱性 DES 研究，报道了刺激前部、中部扣带回，引起病人用手来摩擦其上胸部及下颈部，还进一步注意到，有时这些反应伴随有情绪的或意识水平的变化，伴随有自主性状态的变化，例如瞳孔放大，脸部皮肤发红，呼吸频率增加，心率增加等。虽然已经有令人感兴趣的反应，但是还没有病人自己详细的主观报告，而且刺激位点的定位不确切，仅仅是在大扣带回的范围当中，没有详细的定位报告[7]。

### 11.7.3　两次问答记录[7]

电极 1 和 2(aMCC)

刺激电流：6 mA× 2.4 s

问："你的心境和情绪有什么变化吗？"

答："不是情绪，是我的心境有变化。我开始有这样一种内态感，好像我正在开汽车进入一个暴风雨区。我有这样的感觉，像是启程进入了另一处暴风雨区，可能离开这里有几英里远，你必须越过这个小山坡，突然间，你发现已经坐在那个地方了，也不知道是如何到达那里的！这就是我的脑子开始实施功能的情况。"[7]

刺激电流：8 mA × 3.2 s

问："是弱一点，还是强一点？是长一点，还是短一点？"

答："跟前面那次一样。"……

答："不是那种事情。更像是你正准备要通过做某些事情，设法解决出去的路。这不是说你要做一些怎么样生产的事。我这样说吧，正像你知道如何开车，但事情就是这样，有一只轮胎似乎扁塌了，你正走了一半路，你没有其他办法，躲过去或者回来，你只能向前走。你懂吗？就是这种感觉，你将要，你将要(拍打胸部)，我将要，我将要通过这块地方，我要通过这块地方吗？"[7]

## 11.8　清醒人脑电刺激与医学上的神经调制作用

刺激清醒人脑可以获得治疗效应。在临床上，可以用深部脑刺激(deep brain stimulation，DBS)治疗一些运动功能疾病，如对底丘脑的高频电刺激可以显著改善帕金森病人的震颤，可以用来治疗肌张力降低和特发震颤(essential tremor)，这些已经有 20 年以上的历史了；也有用来治疗抑郁症和癫痫的[14]。V. S. Chib 等在 2013 年尝试刺激大脑，引起远隔脑部位——中脑的效应[11]；同年，D. Reato 等试图用经颅弱交流电刺激脑的方法，用以改变脑电节律，企图改变脑的振荡和同步化，其目的在于增强、改变认知功能和行为[12,13,14]。

对 DBS 治疗作用的确切机制仍不清楚，那可能是多种多样的，随作用的脑区和实验动物而不同[14]。帕金森病可以用刺激底丘脑的方法进行治疗，但这个方法只对运动症状的改善有效。帕金森病还有非运动症状，而它们的出现可能与去甲肾上腺素、5-羟色胺和胆碱能等系统有关[12,15]。

## 名词解释[6]

**后放电**：刺激终止以后的神经放电。

**失读症**：获得性的阅读障碍。

**幅度阈值**：刚刚能引起反应的刺激强度。

**称名不能**：单词回忆缺损和命名错误。

**逆向的**：与正常方向相反方向的，也即从神经元的轴突向胞体。

**时值**：刺激一个神经元素所需的最短时间，当刺激强度为引起阈值强度一半的时候。

**皮层脑电图(ECoG)**：把电极直接安置于脑的暴露面，从大脑皮层记录的电活动。

**抑制性周围**：围绕兴奋脑区的抑制区。"抑制性周围"突出了兴奋区，因此增加了对比度，锐化了分辨。

**串刺激内易化**：在一定的时间窗内，系列脉冲引起的突触后电位增加。

**光学成像**：用可见光或近红外光照射神经组织，神经活性的改变可以改变脑组织的光散射和光吸收特点，所发出的信号可以用数字摄像机记录，可以同时用或不用电压敏感染料或对比增强剂。

**顺向的**：沿轴突按照正常方向的传导，也即从胞体传向轴突末梢。

**感觉异常(paresthesia)**：某些皮肤感觉，如麻木、麻刺感、刺感。

**光幻视(phosphene)**：当实际上没有光射入一个人的眼时此人却感觉有光的那种现象。

**基强度**：以长时程刺激作用于神经元素，所能引起其兴奋之最小强度。

**语义性言语错乱(semantic paraphasia)**：失语症患者用语义上相类似的单词代替另一单词的现象。

**经颅磁刺激(TMS)**：用磁场在脑内诱导一个微弱电流，从而引起接受电流的颅骨下神经元去极化或超极化的方法[9]。

## 参考文献

[1] 陈宜张.脑研究现状与展望\\中国医学院士文库：陈宜张院士集.北京：人民军医出版社，2014：449－459.

[2] 狄海波，虞晓菁，陈宜张.人类大脑高级功能：临床实验性研究.上海：上海教育出版社，2010.

[3] Penfield W，Rasmussen T. The cerebral cortex of man. New York ：The Macmillan Company，1950.

[4] Penfield W，Jasper H. Epilepsy and the functional anatomy of the human brain. Boston：Little Brown，1954.

[5] Penfield W. The excitable cortex in conscious man. Liverpool University Press，1958.

[ 6 ] Borchers S, Himmelbach M, Logothetis N, et al. Direct electrical stimulation of human cortex — the gold standard for mapping brain functions? NR Neurosci, 2012, 13: 63.

[ 7 ] Parvizi J, Rangarajan V, Shirer W R, et al. Case study: the will to persevere induced by electrical stimulation of the human cingulate gyrus. Neuron, 2013, 80: 1359.

[ 8 ] Parkin B L, Ekhtiari H, Walsh V F. Non-invasive human brain stimulation in cognitive neuroscience: a primer. Neuron, 2015, 87: 932.

[ 9 ] Filmer H L, Dux P E, Mattingley J B. Applications of transcranial direct current stimulation for understanding brain function. Trends in Neurosciences, 2014, 37(12): 742.

[10] Voss U, Holzmann R, Hobson A, et al. Induction of self awareness in dreams through frontal low current stimulation of gamma activity. Nat Neurosci, 2014, 17: 810.

[11] Chib V S, Yun K, Takahashi H, et al. Noninvasive remote activation of the ventral midbrain by transcranial direct current stimulation of prefrontal cortex. Translational Psychiatry, 2013, 3: e268.

[12] Kandel E R, Schwartz J H, Jessell T M, et al. Principles of neural science: 5th ed. New York: McGraw-Hill, 2013: 16 - 17.

[13] Reato D, Rahman A, Bikson M, et al. Effects of weak transcranial alternating current stimulation on brain activity—a review of known mechanisms from animal studies. Front Hum Neurosci, 2013, 7: 687.

[14] Udupa K, Chen R. The mechanisms of action of deep brain stimulation and ideas for the future development. Progress in Neurobiology, 2015, 133: 27 - 49.

[15] Faggiani E, Benazzouz A. Deep brain stimulation of the subthalamic nucleus in Parkinson's disease: from history to the interaction with the monoaminergic systems. Progress in Neurobiology, 2016, DOI: 10.1016/j.pneurobio.2016.07.003.

# 第12章　光遗传学与脑研究

## 12.1　光遗传学的兴起

光遗传学是指把光学与遗传学结合起来应用，以期达到用光照射来激活或失活特定活组织或细胞的学问和技术[1]。自 2005 年以来，光遗传学在神经科学研究中的应用得到迅猛发展，主要的方法是利用病毒载体把微生物视蛋白基因引入离体或在体动物脑，然后用光学方法激活或失活神经细胞[1]。单成分光遗传学工具可以广泛应用于各种模式实验动物，特异地调制所选择的细胞[2]。

光遗传学技术的应用，使我们有可能在神经回路研究的框架下，把还原论研究和整体论研究结合起来。从神经回路出发，向上(向整体方向)可以联系整体活动；向下(向细胞、亚细胞、分子方向)可以联系分子活动，进一步追查神智功能的分子、基因基础。近年来，光遗传学研究发展非常迅猛[3]，但此技术所用的外源性蛋白质必须经由病毒转染，才能把通道视紫质转入受试对象，所以目前只能应用于动物[3,4]。

微生物单成分视蛋白(Ⅰ型视蛋白)得到发现并首次应用于神经元，实现了光调控的神经元快速兴奋和抑制，这是光遗传学发展中的关键一步。细菌视紫质被发现后很长时间，其潜在应用价值未被充分认识，直到 2005 年 8 月，微生物视蛋白才首次应用于神经元：在离体哺乳动物脑标本上，仅仅用光照射就引起了神经元的兴奋或抑制(图 12－1)。

把一定波长的一束光照射在离体脑组织上，脑组织不会有反应；用光纤把一束光引导到整体脑内部，再用一定波长的一束光照射，脑也不会反应。这是因为正常脑组织没有对光进行反应的机构。但是，如果用病毒载体的方法，以视蛋白基因转染脑组织，使神经元表达此种基因，再用一定波长的光照射，神经元就会发生兴奋(去极化)或抑制(超极化)；如果通过光纤让一定波长的光照射整体动物脑的深部，则动物的神经回路可以被激活，如果照射的区域足够大，可以引起动物行为的变化。以上所讲的对比，说明了光遗传学在神经科学研究方面的用途[1]。

2005 年以来，光遗传学在脑研究方面的应用大为增加，主要是如何在自由活动的活体动物上实施光遗传学操作，以及如何把光遗传学操作与动物整体脑功能活动表现的记录联系起来。2007 年夏，光纤界面开始应用于神经科学的光遗传学研究；是年秋，光遗传学工具应用于对自由活动的哺乳动物的脑研究；2008—2009 年间，经过视蛋白

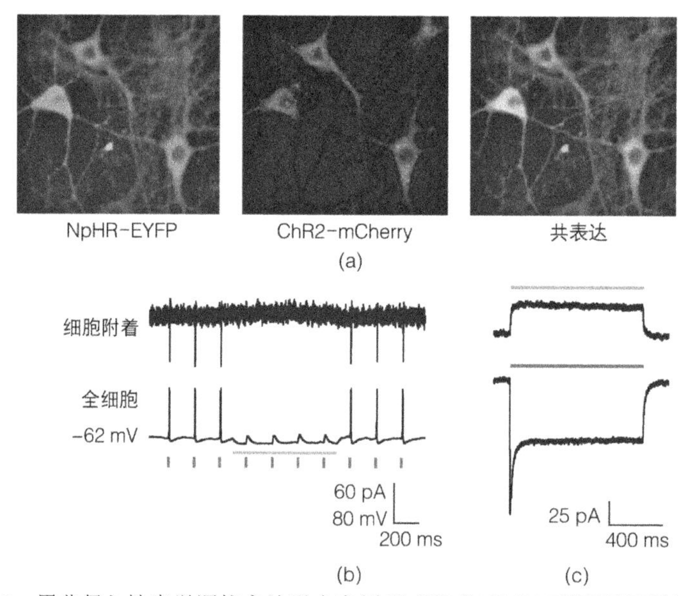


**图 12-1**　用非侵入性光学调控方法联合应用 NpHR 和 ChR2(彩图见图版第 41 页)

(a) 海马神经元表达了两个视蛋白：在驱动子 EF1α 作用下共表达的 NpHR-EYFP 和在突触蛋白 1 驱动子调控下的 ChR2-mCherry。* (b) 以全细胞(下)和细胞附着(上)两种方式记录共表达 NpHR-EYFP 和 ChR2-mCherry 的神经元。短暂地给予一个脉冲的蓝光(473 nm，15 ms)可引起单个动作电位，蓝光的宽度不是按比例的；如果同时用黄色光照，会抑制动作电位的发放。(c) 共表达 NpHR-EYFP 和 ChR2-mCherry 的单个神经元的电压钳记录，作为对黄光和蓝光的反应，分别显示独立的外向性和内向性的光电流。(图引自[5])

的工程化处理，发展了可推广的视蛋白靶向策略及其在脑疾病诊治和神经科学方面的应用；尝试应用视蛋白于干细胞、肌细胞及人类神经元等[6]。作为一门多学科的学问，光遗传学需要：① 合适的工程调控工具，利用它可以把光遗传学工具方便地靶向到特定细胞；② 光发送技术；③ 联合应用光调控以及与之相匹配的读出方法，同时读出有机化合物或基因编码活性指示剂的荧光信号、电记录、fMRI 信号，或者动物行为的定量数据等[1]。

## 12.2　视蛋白

视蛋白可以分为Ⅰ型、Ⅱ型两类。转染入神经元中的视蛋白可以实现四大功能：快速兴奋、快速抑制、双稳态调制以及对细胞内生物化学信号传送的调控。光遗传学工具的这一系列效应，是分子基因工程方法和基因组联合作用的结果，依据所调控的不同动力学特点——光信号的波长、功率以及空间范围，使得实验操控可以满足所需要达到的生理学效应，从而让研究者得以观察神经元、神经回路活性及动物行为等的改变，了解脑功能，了解神经-精神疾病之发生机制[1]。

* NpHR(嗜盐单胞菌属视紫质)和 ChR2(通道视紫质 2)是两种不同的微生物视蛋白，EYFP 为黄色荧光蛋白，mCherry 为樱桃红荧光蛋白。

### 12.2.1 最早的视蛋白报道

1971 年报道了细菌视紫质，它是一个光激活、跨细胞膜的单成分(single-component)离子通道。1977 年报道了盐细菌视紫质，2002 年报道了通道视紫质。这些都是单成分视蛋白(opsin)，所谓单成分(Ⅰ型)视蛋白是指光感受和离子电导由同一分子完成的那种分子。视蛋白是一个比较准确、方便而简单的名词，它正确地反映了基因及其蛋白质产物。单成分视蛋白的特点是，光子被视蛋白的全反式视黄醛辅助因子所吸收，而此种辅助因子是内源性的，它大量地存在于脊椎动物的中枢神经系统，不需要外源性给予。就这一点而言，它与Ⅱ型视蛋白(见后)不同[1]。

到 2010 年为止已经知道，能直接负责导通离子的微生物视蛋白有三类——细菌视紫质(bacteriorhodopsin，BR)、通道视紫质(channelrhodopsin，ChR)和盐视紫质(halorhodopsin，HR)，这三者都可应用于哺乳动物神经元。上文提到的 NpHR 属于 HR 之一种[1]。

### 12.2.2 3 种微生物视蛋白

1. 细菌视紫质

BR 是首个被鉴定、迄今为止也是被研究得最多的Ⅰ型视蛋白，它是嗜盐古细菌的质子泵。BR 高表达于嗜盐古细菌膜上，是细菌能量产生系统之一部分，其作用是把质子从细胞质转运到细胞外，用驱动质子的力量驱动 ATP 的合成。以后发现，大量古细菌都有这类光门控质子泵[1]。因为 BR 向细胞外运输质子，所以它的作用是使细胞膜超极化[1]。

2. 盐视紫质

HR 是第二类微生物视蛋白，它是光激活的氯离子泵，首先在古细菌中发现。其工作原理与前面讲过的 BR 类似，但是有两点不同。第一，盐视紫质不是质子泵而是氯离子泵。由于 HR 向细胞内运输氯离子，因此它也具有使细胞膜超极化的能力。HR 得到阐明以后，其他分子也随之被认定。例如，以后在虎斑亚硝化单胞菌(*Natronomonas pharaonis*)中又鉴定了一种同源基因 *NpHR*[1]。

3. 通道视紫质

第三类调节电导的微生物视蛋白基因是 *ChR*。CHR 蛋白由绿藻——莱茵衣藻(*Chlamydomonas reinhardti*)的一个基因编码。以后又报道和描述了第二、第三个通道视紫质。在神经元中，由 ChR 激活所产生的光电流，是因细胞外阳离子多，阳离子沿电化学梯度流动而产生的，于是导致了细胞膜的去极化；虽然 ChR 与 BR 高度同源，但 ChR 和 BR 不同，其活性不是由于质子被泵出细胞外(图 12－2)[1]。

### 12.2.3 快速光遗传学激活的优点

如果与传统的电刺激神经组织的方法相比较，光遗传学兴奋与抑制具有显著优越性(图 12－3)。电刺激方法无区别地兴奋刺激电流覆盖下的所有轴突，而光遗传学方法只兴奋或抑制已被相应视蛋白转染的轴突，因此具有特异性[6]。

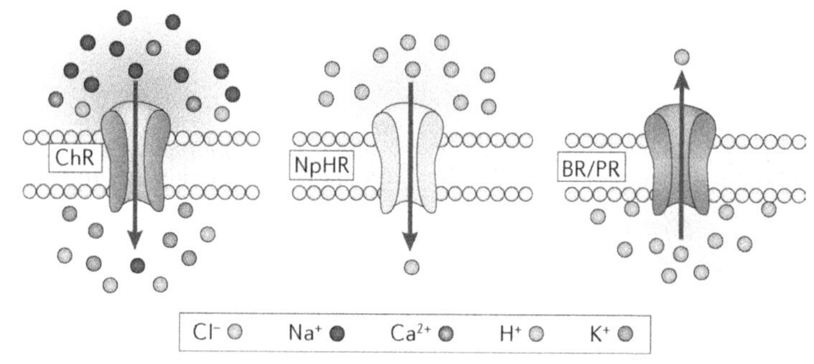


**图 12-2**　3 种视蛋白(彩图见图版第 41 页)

左起：ChR：阳离子内流，引起去极化；NpHR：氯离子泵，氯离子内流，引起超极化；BR/PR：质子泵，质子外流，引起超极化。以上 3 种均为 I 型视蛋白。(图引自[7])

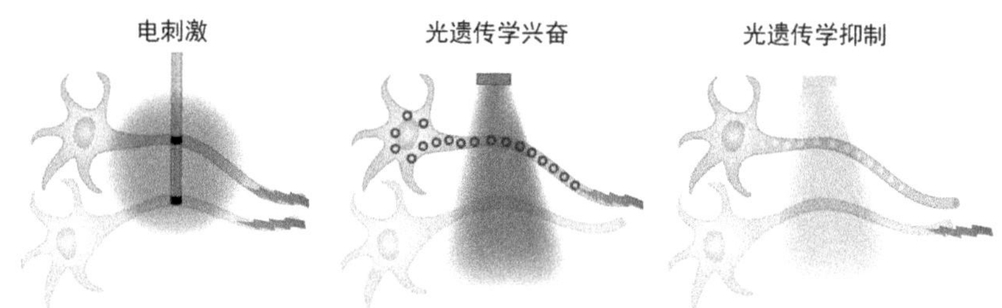


**图 12-3**　光遗传学兴奋(中间)、光遗传学抑制(右)与电刺激方法(左)的比较(彩图见图版第 41 页)

靶向兴奋(如用蓝光激活通道视紫质)或抑制(如用黄光激活盐细菌视紫质)，这种激活具有细胞特异性甚至投射特异性，而这种特异性是电刺激所难以达到的。这种激活还保持时间准确性(动作电位级)。(图引自[6])

### 12.2.4　Ⅱ型融合蛋白与细胞内信号传导通路的激活

Ⅱ型视蛋白与Ⅰ型视蛋白有所不同，哺乳动物视网膜的视紫质就是Ⅱ型视蛋白，它通过共价键连接视黄醛(反式构型状态)，可以因吸收光子而被调制，但必须耦合到一种 G 蛋白——转导素(transducin)，才能发挥光所引起的效应[1]。

在光遗传学研究中开发出了 optoXR*，它是一种Ⅱ型融合蛋白，用它可以满足另一些实验需要，例如在时间上准确地调制细胞内过程，像生物化学信号传导通路(图 12-4)[1]。

如果让神经元异源性地表达Ⅱ型视蛋白基因，因为该种神经元没有“本土性”的 G 蛋白，如转导素，所以它就一定要卷入另一个新的、相互作用的耦合化合物——一个未知的 G 蛋白，而此 G 蛋白只有该宿主细胞才有、原来并不是耦合于视紫质的。因此，所引起的细胞特征性效应将依赖于特定“宿主”细胞的 G 蛋白转导通路。通过这种方法将可以达

* optoXR：一种由视紫质和 GPCR 嵌合而成的融合蛋白，可用于调控细胞内信号转导。

到一个目的，就是把光遗传学方法募集到已明确的细胞内生物化学信号转导事件中去。其一般性原理是制造嵌合体(chimera)，一方面是脊椎动物的视紫质，另一方面是通常的、配基耦合的G蛋白偶联受体(GPCR)。有了这样的组合以后，GPCR就相当于单成分神经调控工具。这种Ⅱ型融合蛋白称为OptoXR，利用它可以光学调控细胞内信号传导，其所具有的时间分辨率，足以允许应用于自由活动小鼠行为状态下的神经元活动[1]。

运用这种方法，可以实现多巴胺受体的、5-羟色胺受体的、肾上腺素受体的作用，使OptoXR在神经传递的调制中发挥重要作用[1]。在自由活动哺乳动物的靶神经元上，当所转染的视蛋白OptoXR被光激活时，可发动G蛋白偶联的特异的信号传输级联反应。这样的安排将可以引起一群细胞的兴奋性改变，而不需要准确的神经脉冲时间[7]。

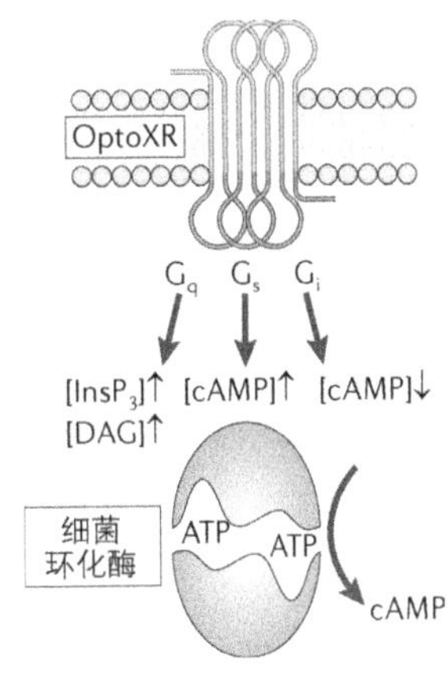


**图 12-4** OptoXR

OptoXR属于Ⅱ型融合蛋白。(图引自[7])

## 12.3 光遗传学探针技术的改进

光遗传学方法的优点是，它有可能选择性地激活特定、特异的神经元群，或选择性地激活分泌特定神经递质的神经元群，但是为了做到这一点，还有许多需要解决的问题[1]。

### 12.3.1 提高光兴奋频率

野生型视蛋白的活动特征往往不能满足神经元活动特点的需要，应用构建突变体的方法以改进视蛋白探针的性能，有可能使视蛋白激活所产生的活动尽可能接近生理条件下神经元的激活型式[1]。

前已述及，最近应用ChR就获得了神经元的快速兴奋，改进野生型ChR以获得满足不同需要的突变体，其目的之一就是提高光兴奋的频率，因为活体的许多类型的神经元，在生理条件下必须进行高频率的动作电位发放，大于40 Hz。比如有些表达小清蛋白(parvalbumin，PV)的、快速放电的抑制性中间神经元，它们被认为参与脑区间神经元的振荡和同步化放电。如果放电频率达不到，或者不能超过40 Hz，用这类蛋白质转染神经元就达不到模拟正常生理活动的目的。于是，就要设法对*ChR*2进行突变[1]。

野生型*ChR*如*ChR*2，其光电流失活时间常数($\tau$)为10 ms左右[1]。如果修饰*ChR*2分子，使123位的谷氨酸残基突变成苏氨酸或丙氨酸，就可以加速通道动力学，$\tau$从10 ms降低到4 ms，于是放电频率可以加快。这一变化相当明显地增加了快速光遗传学调控的可控性。调控频率可达4 ms的倒数，即每秒250次左右[1]。

### 12.3.2 红移激活波长

另一群突变体也值得注意，它们是激活波长红移的嵌合体——ChR1/VChR1家族

(C1V1),这是一种比 VChR1(volvox 通道视紫质 1,或称团藻通道视紫质 1)强 4 倍的红移视蛋白。有了这些嵌合体,就增加了联合应用去极化或兴奋的可能性[7]。

### 12.3.3　双态调制

为了延长光周期,可以对 ChR2 进行突变,获得具双态行为的视蛋白。方法是产生独特的 128 位半胱氨酸[5]及 156 位天冬氨酸突变。这两个位置突变以后,ChR 的光周期明显延长。野生型 ChR2 的电导,其 $\tau$ 大概是光停止以后 10 ms,如果 ChR2 的 128 位从 C(半胱氨酸)变成其他氨基酸($X$),$\tau$ 就变成长得多,例如在 C128T(苏氨酸)、C128A(丙氨酸)、C128S(丝氨酸)等的突变体上,其光电流衰减的 $\tau$ 可以长得多,分别达到 2 s、42 s、100 s。这种突变的视蛋白被称为步态功能视蛋白(step-function opsin,SFO),因为它能够维持双态,能够步态样调控神经元膜电位的激活与失活,从而使细胞处于接近动作电位发放之阈值水平,可以增加内源性突触输入引起锋电位的概率[1]。

应用额外的以及组合性的突变,以后又发展了其他 SFO 蛋白,其失活时间常数可长达 30 min。应用这种稳定的 SFO(steady SFO,SSFO),从原理上说,被靶向的神经元可以步态化(stepped)到静息电位水平的稳定去极化。在此条件下,如果把光源移掉,应该能够发生如同在生理学实验中所遇到的那种行为。此时,完全没有光,也不需要其他硬件配备[1]。

## 12.4　活体动物的光遗传学研究

光遗传学工具应用于自由活动的整体动物的神经回路研究时,其中的关键问题是:如何把视蛋白基因靶向到特定的神经元群体?如何与其他实验操作相协调和配合,以及如何同时获得所需的动物行为或其他活动的参数?[7]

### 12.4.1　病毒载体

迄今为止,病毒载体(vector)仍然是把视蛋白基因靶向特定脑部位神经元的主要手段,最常用的是慢病毒载体(lentiviral vector,LV)和腺相关病毒载体(adeno-associated viral vector,AAV)[7]。

### 12.4.2　转基因动物

利用鼠进行光遗传学研究还受到一定阻碍,这是由于缺少基因工具把视蛋白靶向到被认为是参与某种疾病的特定细胞类型。最近发展出来两种 Cre 重组酶* 驱动小鼠系,可以把视蛋白靶向到胆碱乙酰转移酶神经元,并具有细胞特异的启动子和增强子区。但是这些区往往太大,以致不能够包装到多数病毒载体中,所以为了精神及神经疾病状态动物模型的研究,小鼠系需要改进。例如,创建 ChAT - Cre 小鼠品系(ChAT 即 choline acetyltransferase,胆碱乙酰转移酶),可以靶向到胆碱能神经元;创建 PV : : Cre 小鼠品

* Cre 重组酶:细菌噬菌体 P1 的 I 型拓扑异构酶,催化 loxP 位点的 DNA 进行位点特异性重组。

系,可以靶向到大脑皮层快速放电的抑制性中间神经元(PV + 神经元)等。通过创建新的转基因动物,结合精细的行为学测定方法以及活体电生理和光遗传学研究,将可能开创整合研究的新时代[7]。

在实际应用上,转基因动物靶向策略已获得很好的结果。例如由小鼠实验发现,利用光学调控激活动物的脊髓或后脑的特定兴奋性神经元群体,可引起小鼠的刻板运动,这表明是一个准确的光遗传学调控结果。用转基因动物的方法确定,被明确界定的复杂行为和行为输出与特定的神经元群有关。这种研究方法是可以推广的,有关许多其他转基因的视蛋白表达小鼠品系也已有所报道[1]。

## 12.5 光遗传学技术与其他技术的结合

开展哺乳动物脑的光遗传学研究,与其他技术相结合是必不可少的。

### 12.5.1 单光子或双光子荧光显微内窥镜

作为用于哺乳动物脑的慢性或可携带的细胞水平的深部成像,荧光显微内窥镜是一种新发展的最小侵入性的技术。内窥镜里安装了微透镜,其直径仅 350～1 000 μm,可提供微米级别的光学分辨,因而允许进行脑深部的细胞水平成像。在此基础上,单光子和双光子的荧光显微内窥镜使我们能够看到活体哺乳动物脑区的细胞。而这种活体成像,在以前是不可能想象的。举例来说,耳蜗长久以来就被认为不可能在细胞水平成像,因为它非常纤巧而且深埋在颞骨之中,现在用纤维内镜就可以看到个别的听觉毛细胞[8]。

### 12.5.2 光学 fMRI

功能性磁共振成像(fMRI)是在整体动物中进行脑功能检测的重要手段,光遗传学如何与 fMRI 联用,也即用 fMRI 来读出,显然是一项重要的技术。现在,这项技术已经建立起来,被称为光学 fMRI(optical fMRI,ofMRI)[1,7,9]。

可以把 ofMRI 看为新的成像研究工具,它反映的是大体的、一群细胞的活动,也就更有利于鉴定与疾病相关的神经回路的活动,而这是用微电极所不能达到的,因为在 ofMRI 的情况下,特定局部的细胞或特定的轴突投射到远处的细胞,可以直接用宏观 BOLD 信号成像加以鉴定,而微电极是做不到这一点的。这样,就有可能实现对大块脑组织活动的准确光遗传学操控,这一点与神经-精神疾病研究特别有关。因为有这样的情况:许多神经-精神疾病常牵涉分布性的神经活动异常或紊乱,也即大块脑组织活动的变化,所以应用 ofMRI 这种适宜于大块脑活动的研究方法,对于鉴定神经-精神疾病的神经基础是极为有用的[1,7]。

## 12.6 光遗传学技术用于神经回路分析

### 12.6.1 分析分子性质确定的神经回路

在研究工作中,为了能够分别操控不同的细胞群体,可以通过确认特异型式的基因表达来区分细胞类型，例如离子通道、神经调制物、转录因子等。这样一来，研究脑功能的方法就变得越来越细致了，可以在多种神经元互相混杂的神经网络节点上，用基因表达标志物来界定有确定分子的细胞类型，从而把神经元区分开来。对于标记基因的启动子组件，可以转用来驱动神经元执行机构(actuator)的转基因表达。最引人注目的是，可以运用 Cre 重组酶，用它来选择性地开启 Cre 依赖的病毒载体表达，获得能够产生荧光蛋白及突触追踪物质的小鼠细胞系；也可以应用光遗传学药物动力学工具来激活或者静默神经元。这种基因编码工具正在快速地促进人们了解各种因果关系的研究取得进展，包括了解不同类型神经元的活动、它们在神经回路中的功能，以及它们与动物行为功能之间的关系[10]。

虽然已经有大量的工作显示，脑区间的轴突投射有着非常精细的型式，但对于由分子界定的细胞类型之间的轴突连接进行作图，工作还只是刚开始。如同在其他脑区里一样，下丘脑内的许多细胞群体是混杂在一起的，具有不同的甚至相反的功能。在 Cre 依赖的病毒载体表达荧光蛋白的条件下，允许作图细胞类型特异的下丘脑投射。通过基因技术，下丘脑不同细胞类型群体之间的突触连接可以被探查。例如，应用细胞类型的特异表达和向前运输的麦芽凝集素及大麦植物凝集素，可鉴定已确定为瘦素受体神经元的下游细胞；而应用破伤风毒素亚单位的表达，可提供增食欲肽/下丘脑泌素神经元的输入图像。此外，为了全面地作图神经回路中已经过分子鉴定的细胞类型的上游及下游，相互连接细胞间的向前传导和逆向标记病毒工具也正被广泛应用。还有被称为突触伴侣间 GFP 再造(GFP reconstitution across synaptic partner，GRASP)的另一方法，它是对突触接头两侧劈裂 GFP(split - GFP)的再造，通过它可以鉴定细胞类型之间的连接[10]。

综上所述，这些解剖学的研究途径揭示了神经线路图，但是还缺少反映连接活性正性或负性、反应强度大或小的那种线路。借助于 ChR 依赖的网络作图，辅之以 ChR2 对轴突突起的有效分布和进入，再应用突触生理学方法，就可以考察局部的以及远隔部位的、已经过分子鉴定的两个细胞类型之间的连接。在应用这种方法时，一个突触前神经元群体，或者甚至从细胞体切断下来的轴突，也可以被所用的光波所兴奋；同时还可用电生理学方法进行突触后细胞反应的记录，所记录的是潜在的突触后细胞，通常可用细胞类型特异表达的荧光标记蛋白来加以鉴定。如果出现短潜伏期的突触反应，那就表明了神经元之间的连接。应用这种通道视紫质依赖的神经回路作图实验，可以测定细胞类型之间的连接概率、其功能突触的特征、神经连接对于突触后某种细胞类型活动的影响。总的说来，应用了轴突投射的解剖性和功能性的突触连接分析这两种互补技术以后，就为研究下丘脑内(图 12 - 5a)及下丘脑和其他脑区的传导通路，提供了一个非常有效的强有力研究框架[10](详见 17.5、17.6、17.7)。

外活体(*ex vivo*)情况下的功能性神经回路作图，这种途径为活体实验提供了一座桥梁。活体实验仅能测试个别回路节点之间连接的行为影响(图 12 - 5b)。通过操控分子性质以界定细胞类型活性从而诱发复杂行为的能力就提供了一种机会，可以运用神经回路作图及扰乱技术的全部强有力本领，用来检测下游神经回路元素在介导行为反应方面

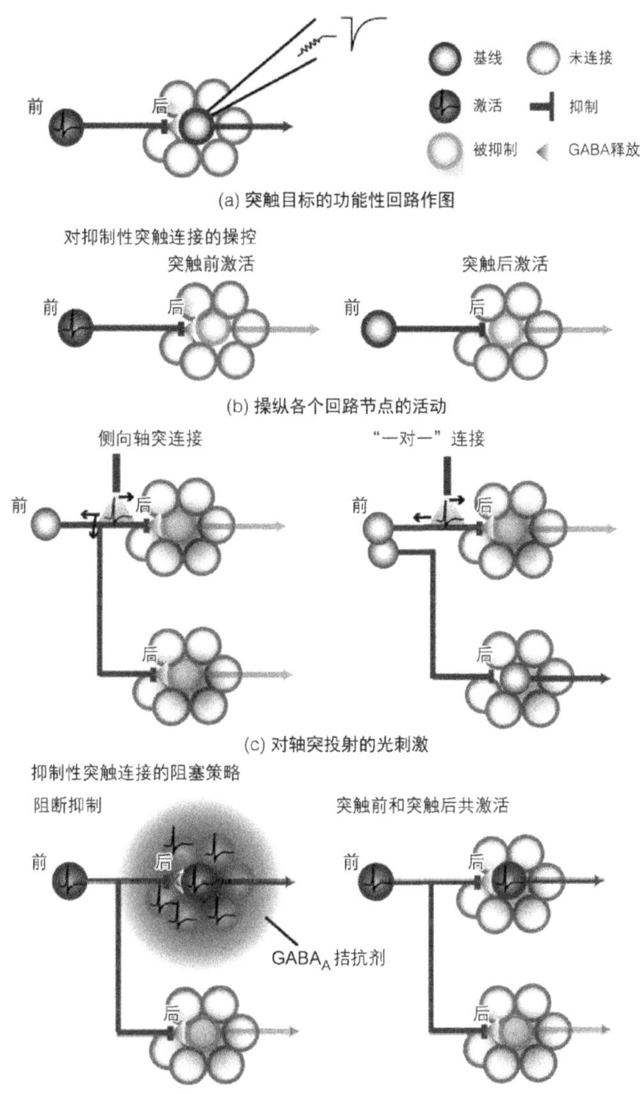


**图 12-5** 细胞类型特异的神经回路的功能性回路作图及行为评价

(a) 对于分子性质已经鉴定的神经元，可以用借助通道视紫质方法的神经回路的作图，来测定突触后靶，也可测定突触的功能性质。上右：突触后电流的图例。(b) 对于作为例子的一个抑制性神经回路，可以用细胞类型特异的神经元激活/静默技术来测定，是否突触前神经元群体对于突触后群体的激活或抑制就足以引起行为反应。(c) 光刺激某种细胞类型(抑制性)投射到特异靶区的轴突投射，同时检测其行为反应。已经在分子性质上鉴定了细胞类型的轴突，其解剖学一般是不清楚的，可以联系到已经在分子性质上得到鉴定的细胞类型的每个细胞，而那种细胞是投射到多个靶区的(轴突侧枝的连接)；也可以是每个投射靶来自分子性质上已得到鉴定的细胞类型的亚群(一对一的连接)。对于有侧枝连接的轴突来讲，反向传播的动作电位可以激活轴突侧枝，从而投射到其他脑区。这样一来，需要增加实验来证明这个行为效应是不是激活特定投射的后果。(d) 特定神经回路连接的功能必要性检测。左：已经鉴定的抑制性连接的行为作用，其典型的测试方法是在局部区域应用一些对于被鉴定的突触后神经元并非细胞类型特异的试剂，以阻断抑制。这样一来，这些区域里面的所有神经元，不管其连接性情况如何，都从抑制中解脱。右：通过同时激活突触前神经元(或其轴突)，以及一个在分子性质上得到鉴定的突触后神经元群体，而引起突触抑制性的细胞类型特异的阻塞。因为突触前神经元也投射到其他细胞群体，所以这个测试针对的是此特异神经回路连接的行为必要性，而所有其他的靶都接受诱发的突触输入。(图引自[10])

的作用。在同时监控其行为反应的条件下，不同的靶脑区、特定类型细胞的轴突投射野，可以局部地被激活/静默。激活轴突投射是要小心注意的。例如动作电位的逆向传导，它可以激活轴突侧枝而到另一脑区（图 12－5c）。由局部轴突激活而引起的行为反应，应该伴以相应突触后靶的操控，例如用药理学方法局部阻断靶区神经递质的释放，以检测回路相互作用对行为反应是否既是充分的又是必要的（图 12－5d）。对于分子性质得到鉴定的两个细胞类型之间的连接来说，药理学阻断方法还不够特异。在此种情况下，对特定细胞群体来说，突触后激活/静默（取决于被作图的突触相互作用是正的还是负的）可以用来演示下游细胞类型是否即重塑与突触前细胞类型有关的那个反应之充分条件（图 12－5b）。为了检验分子性质得到鉴定的神经回路相互作用的必要性，在操控突触后神经元的时候可以同时操控突触前神经元并检测行为：对于一个足够诱发行为的兴奋性神经元来说，这意味着要同时静默一个突触后伴侣；而对于抑制性神经元来说，测试方法应该是突触后群体的同时激活（图 12－5b）。总的情况是，应用操控单个神经元群体以快速诱发行为的框架，易化了神经系统中的反向基因工程线路的操控，而神经系统本身又受缓慢变动着的生理参数的调节。由于操控神经元功能的新工具出现，再加上能够得到这种小鼠细胞系（它具有细胞类型选择的 Cre 重组酶表达，既可以表达在内感受性神经元上，也可以表达在它上游或下游神经回路的节点上），下丘脑神经元的神经回路越来越容易被分析，而且在它们那种有趣的行为和生理学作用的背景之下进行分析[10]（参见 17.5、17.6、17.7）。

### 12.6.2　局部神经回路的光遗传学分析

有研究应用一种数学模型——Ising 模型（Ising model），以重新评价通常被认为是听觉皮层神经回路的连接关系。这里所分析的神经回路，属于大脑皮层内的局部回路。实验应用光遗传学途径，用光激活小清蛋白阳性（PV＋）神经元。所得的主要结果有三：① 该激活增加大脑皮层柱内的功能连接；② 该激活并不改变大脑皮层的层与层之间的水平连接；③ 该激活增加自下而上的感觉输入对于知觉的作用[11]。

哺乳动物新大脑皮层是高度相互连接的不同神经元所组成的神经网络，它不但在层与层之间有连接，而且在柱内的上下之间也有连接。复合在此结构组构上面的是一种型式的功能连接。当行为改变时，这种型式可以出现快速、有伸缩性的改变。PV＋神经元是一种抑制性神经元，被认为在大脑皮层振荡中起作用，可以改变神经元的选择性。它可能在动力变化中起重要作用。研究发现，光遗传学激活听觉皮层 PV＋神经元，可以增强公认的丘脑接受神经回路及皮层柱神经回路中的前馈性功能连接。与此不同，在 PV＋神经元被激活时，同一层中的连接没有发生改变。因此，PV＋神经元可以作为一种门控机制，在皮层神经回路里面增强前馈，但不影响侧向或反馈信息的流动。从功能上看，它可能优先地增强自下而上的、知觉的感觉输入[11]。

神经元在动态调制的神经回路中相互作用。功能连接是测定这些回路神经元之间相互作用的一个指标。在学习或长时程记忆中，功能连接可以慢慢变化；在依赖于行为情景及认知需要的时候，也可以快速变化。实现神经网络长时程可塑性的机制，已经广泛地得到了认可,但是那种快速调制功能连接的机制,仍然大部分不清楚。在神经网络水平,功能连接可以受到上、下状态以及神经回路振荡状态的影响,皮层抑制在此过程中起关键作用。PV+中间神经元占了大脑皮层抑制神经元的半数以上,对于大脑皮层的活动特别重要,因为它们提供了强的前馈和反馈抑制,而前馈和反馈抑制是可以使大脑皮层神经网络同步化的。然而,有关它们在感觉加工过程中对于皮层神经网络的确切影响仍不清楚。特别不清楚的是,PV+神经元是否可能有差别性地调制新大脑皮层不同层次的神经元反应,而这种大脑皮层的解剖学组构又是如何影响网络信息流动的[11]。

组织学研究显示,大脑皮层包含确定的几个层次,而且在垂直层次之间也有投射。皮层网络之间的功能连接通常是通过测定一对神经元锋电位之间的相互关系来研究的。更少知道的是,在感觉刺激时的功能连接如何,以及抑制在皮层神经回路中的作用如何。我们结合多种计算途径并与光遗传学激活PV+神经元相结合,以此来确定抑制性活动如何调制大脑皮层的层与层之间、大脑皮层柱之间的神经回路连接性[11]。

在光遗传学方法方面,实验靶向光敏感通道蛋白质——ChR2,将其表达于小鼠听觉皮层的PV+神经元(图12-6a),应用了Cre依赖的腺相关病毒载体。感染后一个月,在

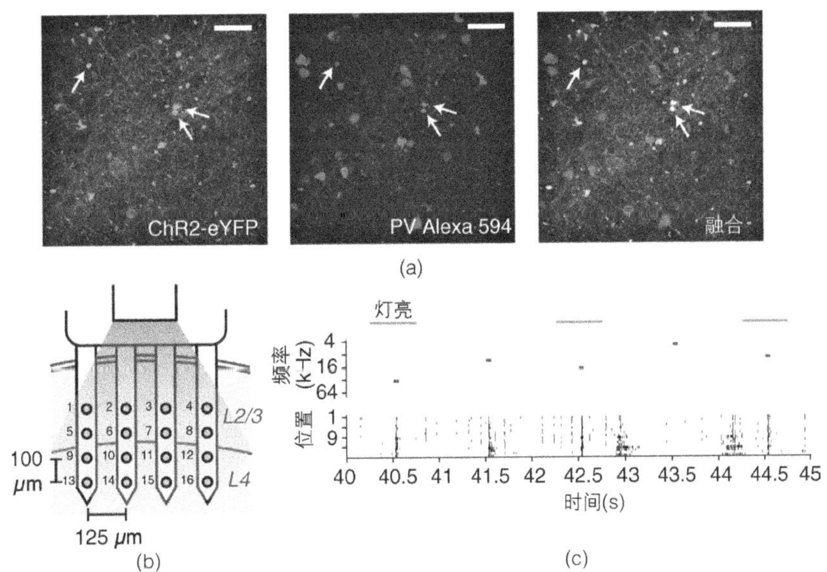


**图12-6** 病毒的表达、记录的安排、对纯音反应的记录以及光遗传学刺激(彩图见图版第42页)

(a) 对转基因的PV::Cre小鼠注射1μl的Cre可诱导的相关病毒到右侧听觉皮层,就使得此听觉皮层的PV+神经元被感染上光敏感的离子通道ChR2。组织学检查结果确定,ChR2-EYFP(左)共定位于听觉皮层PV+神经元(中,以及用Alexa 594进行免疫染色,右)。大约58%的PV+神经元被ChR2转染。比例尺:50 μm。(b) 表示记录安排的图解。一个4×4硅多电极向大脑皮层垂直插入,最深位点位于离皮层下约500 μm处,再用一个直径为200 μm的光学纤维耦合于473 nm的蓝色激光,位置摆到与多电极平行,在皮层上1~2 mm,在50%的实验中提供光遗传学的刺激。(c) 为示例实验及锋电位栅线(raster)而作图的光和声音刺激条件。输入到Ising模型的锋电位是二进位矩阵,包括每个时间点上光的条件(蓝色杠代表给予光的时间,PV+神经元受到刺激)、每个时间提供的纯音频率(玫瑰红色)、每个通道的锋电位资料。以5 ms的时间间隔采集。在每次1 s的试验中,声音和光的条件作随机穿插。(图引自[11])

小鼠的对侧耳朵处发出纯音刺激，将 4×4 多电极放在初级听觉皮层的拟定的Ⅱ/Ⅲ层直到Ⅳ层，以记录神经元反应，同时再用蓝光刺激 PV+神经元（图 12-6c）[11]。

### 12.6.3 数学模型的应用

用 Ising 模型来定量化描述皮层回路神经记录点之间的功能连接性。以前在许多其他系统中，Ising 模型已被证明可以作为神经相互作用的模型。Ising 模型描写的是一种耦合关系，这种耦合根据观察到的相应刺激及集群放电的形式，测定它们的功能连接性，考察一对记录位置之间有没有耦合，以及在记录位置和外加刺激之间有没有耦合（图 12-6b，c）[11]。

Ising 模型应用于神经科学是这样的：可以对脑内神经元的活性作模型化统计学处理，每个神经元在每个时间或者进行阳性活动（+），或者不活动（-）。活动的神经元沿着轴突输出一个动作电位，在任何时间窗口；不活动的神经元就不输出。因为任何一个时间的神经元的活性，是由一些独立的比特（bit）所规定的，所以 J. Hopfield 提出，可以用一个动力学 Ising 模型来初步逼近一个神经网络，而网络是会学习的。

## 12.7 光遗传学的发展

光遗传学的出现震撼了生命科学界，尤其神经科学界。虽然目前尚难就光遗传学对神经科学发展的影响作出全面评价，但是就当前神经科学的现实情况而论，光遗传学对神经回路和神经-精神疾病的动物模型研究，在短短不到 10 年的时间里就已经显示出十分重要的影响力[7]。光遗传学技术应用于记忆研究以后，已经在这个领域引起了革命性的变化。对于以海马为基础的记忆来说，对其时空组构及机制已有了新的看法和基础，认识到了皮层及海马对此种记忆的贡献[12]。

光遗传学研究现在还只是开始。目前看来，动物模型很重要，这仍然是整个神经科学研究，特别是有关神智研究中的一个巨大障碍。与认知相关的神智功能动物模型的建立，仍然是一个路途遥远、尚难预期的难关。其他还有很多需要解决的问题。例如，我们还没有非人灵长类动物的光遗传学研究事例[7]。光遗传学技术还需要改进。例如，为了知道相互作用的神经元如何能够产生功能，需要有这样的方法：一方面能够在单个神经元、单个锋电位水平监视脑活动，另一方面又能够靶向调控神经回路内广泛类型的神经元。大范围地记录神经元放电，结合以光遗传学操控来鉴定神经元，是一个可行的方法选择。但是，这方面还有不少技术问题需要解决[13]。又如，A. Yazdan-Shahmorad 等介绍了一个界面，能够对非人灵长类动物进行稳定的光遗传学刺激[14]，但这还仅仅是开始。

### 12.7.1 完整哺乳动物神经回路靶向的毫秒级光学调控

前已述及，在 2005 年一项新技术已经产生，在哺乳动物及无脊椎动物标本中实现了高时间分辨的光学调控，神经编码的分辨可以达到毫秒级。此外，也可以用 ChR2 介导的、毫秒级调控的动作电位，高精确度地调控突触活性。所以，应用 ChR2 已经开启了一种方法，可以提供更广阔的途径来研究与特定基因所规定的细胞发生突触联系的神经元，而且是在完整的神经回路里面。这是长期以来突触生理学家和系统神经科学家所盼望的[8]。

### 12.7.2 应用于动物行为研究

有作者应用光遗传学技术，使果蝇体内的多巴胺得以释放，如此引起的多巴胺受体激活伴有易于检测的行为，同时动物的行为被记录下来。这将使行为与体内多巴胺神经元活动的关系得以确定。果蝇中枢神经系统神经元中只有很少的一部分(少于 0.1%)是合成多巴胺的，大约仅 150 个左右。这 150 个多巴胺神经元分布于中枢神经系统内的几个细胞群。设想一下，如果用电生理学方法操控这些神经元，几乎不可能达到目的，而现在可以用光学的方法，选择性地操控多巴胺神经元。先给果蝇注射生物学上无活性的配基，这个配基多巴胺是笼囚配基，但它容易被光分解。然后短暂地用光照射果蝇，而动物处在自由运动状态。于是笼囚多巴胺被释放，转而仅仅激活那些已经被基因功能程序化的、含有多巴胺受体的神经元。这样就达到了光学激活果蝇多巴胺神经元的目的。实验发现，多巴胺神经元被激活以后，果蝇有两个行为变化，一个是状态依赖的，即增加或减少果蝇的总体运动度；另一个是果蝇飞行模式的改变，从害怕朝向中央到喜欢朝向中央[8]。

### 12.7.3 新型神经药理学实验

传统的神经药理学实验往往依赖于行为学的测定，光遗传学改变了我们对于传统行为学测定方法的依赖。细胞特异的以及投射特异的靶向策略，使我们能以无可比拟的准确度来操控动物行为，改变实验设计的方式。如果把光遗传学操控的直接可逆性这个特点跟传统药理学技术进行比较就可以看出，后者需要很长一段时间把药物清除掉，这需要几天的时间；而采用光遗传学方法，许多处理步骤可以凝聚在一次实验当中[7]。

### 12.7.4 疾病动物模型神经回路的光遗传学研究

神经-精神疾病有很多，例如恐惧、焦虑综合征、创伤后应激功能障碍(post-traumatic stress disorder，PTSD)、惊恐症状、药物成瘾、抑郁症、自闭症、精神分裂症；帕金森病、癫痫、因神经元丢失的盲、呼吸故障、神经-精神性睡眠病等。神经科学的任务就是希望了解这些疾病的发生机制，研究其治疗策略，而这也是应用光遗传学方法进行研究的主要希望所在。现在还没有办法做人体研究，研究仅限于疾病的动物模型。关键是要有一个好的动物模型，如果没有动物模型则步履艰难。即令如此，短短几年来的光遗传学研究还是取得了明显的进展。

光遗传学工具用于疾病模型的研究，需要设计活体的光遗传学实验新程序。简单说来，这包括 5 个步骤：① 选择视蛋白；② 确定靶向的细胞类型；③ 安排光的发送；④ 确定时间参数；⑤ 加以验证和对照[7]。

1. 恐惧和焦虑综合征动物模型的神经回路研究

对焦虑、恐惧问题的光遗传学研究，得益于鼠听觉恐惧(fear)条件反射的杏仁核模型。该模型回答杏仁核与恐惧的关系。现在，通过焦虑鼠模型的光遗传学投射特异靶向方法，已经鉴定出一群特定的杏仁核突触，它们可以快速而可逆地调制基础焦虑水平。研究方案基于这样一个事实，即微生物视蛋白可以在整个细胞上表达，包括轴突和轴突末梢膜，所以仅仅光照轴突即可导致轴突去极化。研究还引入了一个发送光的斜角套管，使光可以选择性地到达那些从某个脑区投射到另一脑区的轴突，因此可以专门兴奋这些轴突。研究发现，应用通道视紫质，给予选择性光遗传学刺激，如果激活了杏仁基底外侧核(basolateral amygdale，BLA)的兴奋性神经元，而被激活的该轴突是投射到杏仁中央核(central nucleus of the amygdale，CeA)去的话，则对这种动物予以光照，可以产生去焦虑效应，其表现显著不同于用光照射 BLA 兴奋性细胞体的焦虑效应，因为这种光照是非特异的，不考虑其投射的[7]。

应用光遗传学技术靶向杏仁外侧核的 CeA 亚核的蛋白激酶 C(PKCδ)表达神经元，研究人员发现了一个抑制性的微回路，它控制条件性恐惧的表达[7]。

2. 深部脑刺激的机制与应用

近年来，深部脑刺激(DBS)的问题引起人们关注。通过更好地了解 DBS 的机制，有可能解释为什么可以用它来处理抑郁症。例如，对扣带回膝下部附近的高频电刺激可以改善抑郁症状，用来治疗那些药物治疗效果不佳的病例。这是一项突破性的贡献，鼓舞了人们的希望。对抑郁症动物模型神经回路的研究牵涉 DBS。这是因为，与电痉挛治疗相比，DBS 的处理方法还是比较温和与靶向性的。但对此现象的机制不很清楚，人们不清楚高频刺激所产生的抗抑郁效果是由于直接影响了通过这个脑区的轴突，还是由于影响了局部的细胞体；另外，这些效果是由于减轻了还是由于增强了局部皮层的神经电活动[7]。已经开始运用光遗传学的技术，靶向具有抑郁样表型小鼠的前额叶皮层(PFC)的细胞体。在光照内侧前额叶(medial PFC，mPFC)表达 ChR2 的皮层神经元时，展示了抗抑郁样的反应[7]。

在临床上，作为基底神经节一部分的底丘脑(subthalamus，STN)，对它的 DBS 可以治疗帕金森病，然而对这种治疗的细胞机制不清楚，并且存在争论。目前，在半帕金森病小鼠模型中发现，选择性地用光遗传学工具调控 STN 的传入纤维而不是调控局部胞体，有显著的治疗效果。结果提示，DBS 激动轴突或轴突投射是调控的更有效的靶[7]。

3. 基底神经节间接回路-直接回路理论的研究

长期以来认为，基底神经节通过两条神经通路的平衡来调节运动，这就是直接通路和间接通路。发出直接通路的壳核中等树突棘神经元上有多巴胺 D1 受体，而发出间接通路的壳核中等树突棘神经元上有多巴胺 D2 受体。中等树突棘神经元上多巴胺受体的不同，被认为与肌张力的调节有关。选择性地靶向各条通路，由于应用了表达 D1 受体和 D2 受体细胞的 Cre 依赖的光遗传学靶向，上述间接回路-直接回路的理论获得了首个直接的实验性证明[7]。

### 12.7.5 光遗传学与神经科学基础研究

光遗传学的发展，显然受神经科学基础的制约。就神经回路研究而言，也可以看到基础神经科学的极大重要性。也许，我们应该根据精神病的不同症状来建立动物模型。因为复杂的精神病所关联的神经回路可能不止一个，所以应该试探根据特定的症状来建立动物模型。

脑活动的基础不仅是神经传导和突触传递，脑内有许多神经调质如多巴胺、肾上腺素、去甲肾上腺素、5-羟色胺等，更何况还有细胞外液中的各种神经活性分子。它们的许多作用是通过G蛋白介导而影响神经元电活动或其他代谢活动来实现的。对这些活动如果也能应用光遗传学的技术加以解析，对神经科学将会产生更加深远的影响[15]。

### 12.7.6 光遗传学工具

视蛋白基因在神经元上的异源性表达，这件事本身仍包含许多有待深入探讨的问题，例如视蛋白在神经元质膜上表达的定位和定量特点如何，异源性表达对神经元正常功能的影响又如何等。

## 参考文献


[1] Yizhar O, Fenno L E, Davidson T J. Optogenetics in neural systems. Neuron, 2011, 71: 9.

[2] Fenno L, Yizhar O, Deisseroth K. The development and application of optogenetics. Annu Rev Neurosci, 2011, 34: 389-412.

[3] 陈宜张.光遗传学研究.科学,2014, 66(4): 21.

[4] 陈宜张.脑研究现状与展望\\中国医学院士文库：陈宜张院士集.北京：人民军医出版社,2014: 449-459.

[5] Zhang F, Wang L, Brauner M. Multimodal fast optical interrogation of neural circuitry. Nature, 2007, 446: 633.

[6] Deisseroth K. Optogenetics. Nature Methods, 2011, 8: 26.

[7] Tye K M, Deisseroth K. Optogenetic investigation of neural circuits underlying brain disease in animal models. NR Neurosci, 2012, 13: 251.

[8] Deisseroth K, Feng G, Majewska A K. Next-generation optical technologies for illuminating genetically targeted brain circuits. J Neurosci, 2006, 26: 10380.

[9] Lee J H, Durand R, Gradinaru V, et al. Global and local fMRI signals driven by neurons defined optogenetically by type and wiring. Nature, 2010, 465: 788.

[10] Sternson S M. Hypothalamic survival circuits: blueprints for purposive behaviors.Neuron, 2013, 77: 810.

[11] Hamilton L S, Sohl-Dickstein J, Huth A G, et al. Optogenetic activation of an inhibitory network enhances feedforward functional connectivity in auditory cortex. Neuron, 2013, 80: 1066.

[12] Goshen I. The optogenetic revolution in memory research. Trends in Neurosciences, 2014, 37(9): 511.

[13] Buzsáki G, Stark E, Berényi A, et al. Tools for probing local circuits: high-density silicon probes

combined with optogenetics. Neuron，2015，86：92.

[14] Yazdan-Shahmorad A，Diaz-Botia C，Hanson T L，et al. A large-scale interface for optogenetic stimulation and recording in nonhuman primates. Neuron，2016，89：927－939.

[15] Reiner A，Joshua L，Isacoff E. Bringing optogenetics to the synapse. Neuron，2013，79：209.

# 第 13 章　知觉与内部代表

## 13.1　知觉的内部代表的内涵

### 13.1.1　知觉的内部代表和“捆绑”问题

知觉涉及主体与客体，即主体如何觉察(aware)客观世界中存在的物体(object)。脑研究中的知觉研究，就是研究知觉在脑里的内部代表(internal representation)[1]。知觉的研究以视知觉居多，当客体光线引起人的知觉时，大脑视觉皮层神经元的电活动编码了最简单光线线条知觉的内部代表，当时命名了视觉皮层神经元的简单(simple)细胞、复杂(complex)细胞，这种命名在较大程度上是以客观物体的光学特征进行描述的[1,2]。

低水平知觉由神经计算产生，这种知觉构建了对我们环境的无意识，或者自我发生的多模框架(multimodal skeleton)。产生低水平知觉的瓶颈在于初级感觉皮层。这些知识多数来自啮齿类、猫以及非人灵长类的材料[3]。

以后，发现了大脑皮层其他脑区的脸孔(face)细胞、祖母(grandmother)细胞、位置(place)细胞等，这些则更多地是从物体被觉察、被认知的意义上进行的描述，包括更多的抽象属性在内。更后，有网格(grid)细胞特征的描述，它们是一类位置选择细胞，当动物处于环境中分离的、按照六边形几何图案规则排列的多个点位置时，内嗅皮层的某些神经元会出现规律性的放电变化。这更多地反映了海马-内嗅皮层神经元回路的活动加工特点，而不是客观物体的简单光学特征[1,4]。

一个完整知觉的产生，往往需要得到与客体相关联的多个特征代表的整合，于是有学者提出所谓“捆绑”(binding)问题。开始时多是根据视知觉现象讨论“捆绑”的[5]，后来捆绑问题被应用到神智功能活动的许多方面，例如视觉与运动的协调。看来，如果把捆绑看成一群脑细胞相关联的活动，它应该是脑功能活动中普遍的现象[1,6]。

### 13.1.2　脑内部代表的层次性

神经元代表的机制已经在脑的不同层次被探查。最简单的代表是在感觉系统的早期阶段，在那里，外部世界以一种有规律的图像形式在脑部产生，反映了感受器的空间组构。这种代表的例子有：视顶盖的视网膜定位图像，视觉皮层的代表，躯体感觉皮层的身体表面代表，听觉皮层的声调定位图像。在这些代表里面，在感觉器官和脑之间形成了虽然有点扭曲但仍保持邻近的投射关系[4]。最复杂的代表是,其代表的结构被认为是强烈地依赖于脑的内源性网络机制,如网格细胞。

4 种不同程度复杂性的动物脑图像代表如图 13－1 所示。

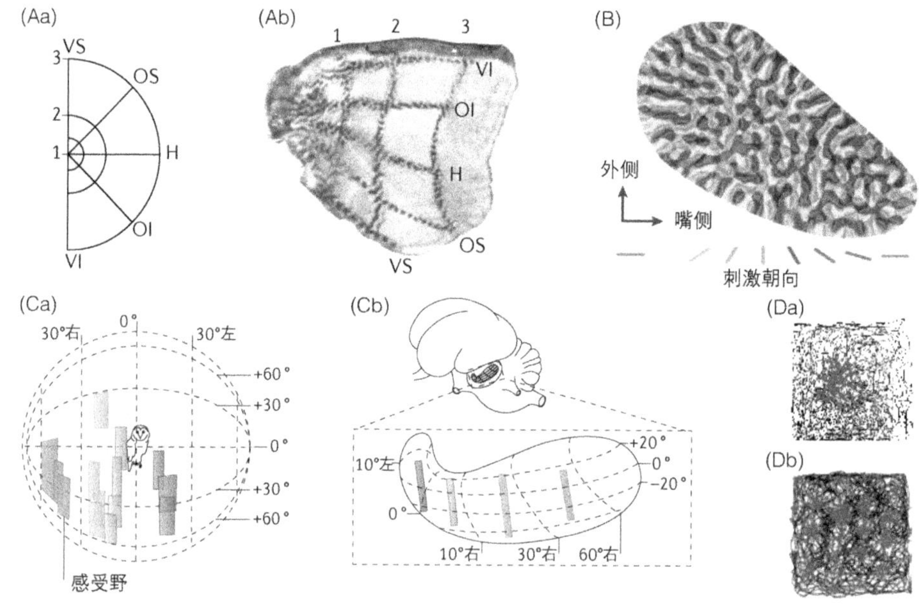


**图 13－1**　不同程度复杂性的动物脑图像代表(彩图见图版第 42 页)

(A) 猕猴视觉皮层的视网膜定位组构。(B) 树鼩(tree shrew)V1 区朝向优先的图像。(C) 猫头鹰中脑听觉区。(D) 海马及内嗅皮层的位置细胞和网格细胞。(图引自[4])

① 猕猴视觉皮层的视网膜定位组构(图 13－1A)。这个实验中所使用的视觉刺激显示在 Aa。Ab 显示初级视觉皮层(V1)4C 层切线方向的放射自显影图,实验中,视觉刺激的中心提呈给中央凹。中央凹的代表在左,外周的代表在右(VS 和 VI 分别为垂直上和垂直下的光线刺激,OS 和 OI 分别为斜上和斜下的光线刺激,H 为水平子午线的光线刺激。数目表示第 1、第 2、第 3 圈刺激)。注意刺激(或感受器的空间组构)以有规律图像的形式在皮层表面被复制。许多高等哺乳动物视觉系统的朝向图像是更复杂水平皮层代表的例子。在这种代表里面,进行朝向选择的简单细胞被认为结合了沿视觉空间一个轴的多个视神经节细胞的信息,视野稍微有点被抵消[4]。

② 树鼩(tree shrew)V1 区朝向优先的图像(从脑表面看)(图 13－1B)。颜色编码的方波栅格刺激的朝向图像,如底下图所示。朝向图像需要一个线路模式,经过此模式,感觉器官和靶神经元之间在投射中的严格邻近关系丢失了。建立并维持这种连接是一项很困难的作业,但对重要参数有序代表的进一步皮层加工似乎仍然对脑有利。高层次的视觉系统特征细胞能够对大小、形态、颜色、朝向、方向等的精细组合,甚至对生态学上重要的物体起反应,包括对于手及个别人的脸孔起反应[4]。

③ 猫头鹰中脑听觉区的图像达到了复杂性的第三个水平,图像不再是简单的感受器

表面和靶脑结构之间的几何学转换(图 13-1C)。有一个例子是猫头鹰下丘听觉空间的“计算图像”。在这里,从两耳来的时间和幅度信号之间的差别,被用来计算声源的定位。图 13-1 的 Ca 演示围绕猫头鹰听觉空间的坐标(球体形状用虚线表示)。感受野定位投射到球体的 14 个神经元(神经元由颜色方块来代表,中脑听觉区的不同电极穿刺用不同的颜色)。同图 Cb 的上面部分显示猫头鹰中脑听觉区的位置,下面部分显示此区切面的原理图,其等方位(isoazimuth)、等高度(isoelevation)的轮廓线(contours)是基于感受野中枢,如 Ca 所示。感受野的位置用颜色编码。注意听觉空间的定位图像是二维的[4]。

④ 海马的位置细胞及内嗅皮层的网格细胞达到了代表层次的最高水平(图 13-1D),代表的结构被认为是强烈地依赖于脑的内源性网络机制。最广泛受到研究的这样一种非定位性代表的例子是外部空间在海马及在内嗅皮层的图像,分别是位置细胞和网格细胞,它们是主要的功能细胞类型。图 13-1 的 Da 显示位置细胞放电频率的图像,Db 显示网格细胞放电频率的图像。这些放电型式是独特的,独特在于它们不再反映外部世界刺激的构型(configuration),而大部分是代表在局部内嗅皮层-海马神经回路中型式的形成过程[4]。内侧内嗅皮层(medial entorhinal cortex,MEC)通过一系列细胞的作用而组成为神经空间代表,其中除网格细胞外,还有边缘细胞(border cell)、头朝向细胞、速度细胞[7]。

## 13.2 初级视觉皮层的代表

### 13.2.1 皮层视觉感受神经元的感受野与朝向选择性

视觉皮层神经元选择性地对视野中的特异局部特征起反应,包括朝向、双眼不匹配、深度及运动方向;还有一些早已在视网膜和外侧膝状体中分析过的特性,如对比度、颜色

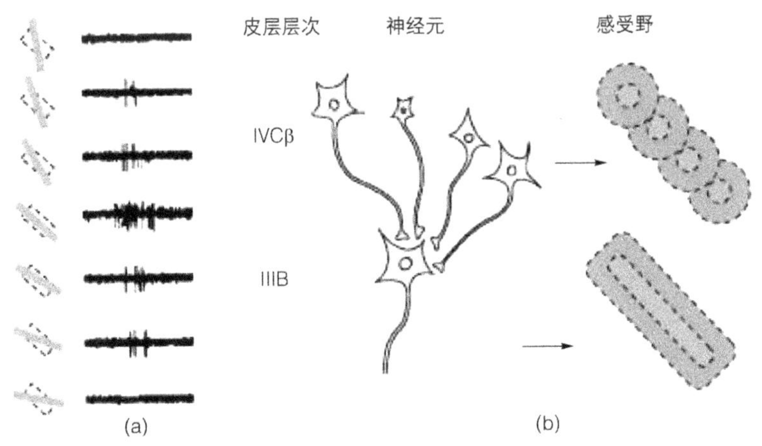


**图 13-2** 朝向选择性及其机制

(a) 初级视觉皮层一个神经元对线条段作出选择性反应,该线条段适合于感受野的朝向。此选择性是脑分析物体形状的第一步。(b) 感受野的朝向被认为是由几个外侧膝状体突触前神经元的圆形中央-周边感受野的对齐(alignment)所造成的。在猴视觉皮层 V1 区的ⅣC 层有非朝向的感受野。然而,相邻的ⅣC 细胞投射到ⅢB 层却创造了一个具有特定朝向的感受野。(图引自[8])

等。朝向选择性(orientation selectivity)是皮层神经元感受野中第一个新出现的特性,这个特性是由 Hubel 和 Wiesel 在 1959 年发现的[8]。

外侧膝状体神经元具有中心-周围组构的圆形感受野。这些神经元对光亮-黑暗的对比起反应,也就是视野中的边缘或线条,但是并非对边缘的朝向之选择性。然而,视觉皮层神经元不同,它选择性地对特定朝向的线条作出反应。每个神经元仅对狭窄范围的朝向起反应,大约为 40°,而不同的神经元能对不同朝向的线条发生最好的反应。作为这种看法的很好的证据,最早是由 Hubel 和 Wiesel 提出的。那就是,这种朝向选择性反映了外侧膝状体细胞输入的排列。每个 V1 区神经元接收几个相邻膝状体神经元的输入,而此神经元的中枢-周边感受野排列起来,如同代表一个特定的朝向轴(图 13-2)[8]。已经鉴定了两个主要类型的朝向选择性神经元——简单细胞与复杂细胞。

### 13.2.2　简单细胞

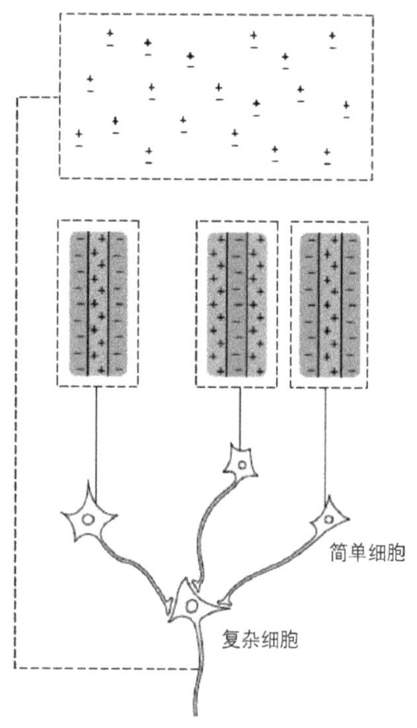


**图 13-3**　视觉皮层的简单细胞和复杂细胞

简单细胞的感受野可分为具有相反反应特点的亚野。给光亚野用加号表示,在这里给光的开始触发神经元的一个反应;撤光亚野用减号表示,在这里当光线消失时触发一个反应。复杂细胞具有重叠的给光区和撤光区,当一根线条或者一个边缘越过感受野的时候,它沿着一个垂直于感受野朝向的轴连续进行反应。(图引自[8])

简单细胞的感受野有给光和撤光亚区(图 13-3)。当一个视觉刺激例如一根线条进入视野的给光亚区时,此神经元就放电:当光线条离开撤光亚区时,细胞也有反应。简单细胞对运动着的光线条有特征性反应。当光线条离开撤光区而进入给光区的时候,它们活泼地放电。这些细胞对于空间中线条或边缘的反应是高度有选择性的[8]。

简单细胞有以下特点:① 它们有明确的兴奋和抑制区;② 这些区遵循总和的特点;③ 当弥散光照来的时候,这些区具有相互拮抗性——兴奋区和抑制区互相平衡、抵消;④ 有了兴奋和抑制区的图,就可能预计对运动着刺激的反应。

### 13.2.3　复杂细胞

与简单细胞不同,复杂细胞对物体边界的位置不是太有选择性的。它们没有分别的给光和撤光亚区。在整个视野的任何部位,它们对光亮和黑暗的反应是类似的。当一根线或者线的边缘刺激越过其感受野时,它们就连续放电[8]。

经常用运动着的刺激物来研究视觉皮层神经元的感受野,这不仅因为模拟被检测的条件是在空间里运动着的物体,也因为模拟的是静态物体被眼睛所捕获的那种条件,因为眼睛经常在扫描视觉环境,所以静态物体的边界会越过视网膜。事实上,视知觉需要眼的运动。视觉皮层神经元不对一个稳定在视网膜上的图像起反应，因为它们需要有运动或闪光刺激才能被激活，它们对瞬时刺激起反应而放电[8]。

其他研究人员如 P.O. Bishop、P.H.Schiller，他们对简单细胞与复杂细胞另有定义。这种细胞对不同的频率和朝向进行调谐，即使它们的位相关系是不同的。这可能是为了提取其中的不一致性（深度）信息，而且把深度归于受检测的线条和边缘。这可能导致一种 3D“线路-框架”的代表，如同计算机作图上所用的那样。左眼和右眼的输入在皮层超柱中非常接近。此事实是一个迹象，那就是深度加工在视觉的很早期就发生了。这有助于对三维物体的认识。

应用数学上的 Gabor 函数模型具有正弦波和余弦波的成分（相），所谓的复杂细胞可以用复杂 Gabor 反应（cos + $i*\sin$）作为模型。简单细胞和复杂细胞两者都可以看作线性操作器（滤波器），因为它们对许多型式起反应。

后来又发现许多具有特别功能的其他细胞：① 末端中止细胞，这种细胞被认为是检测奇异性的，例如线条和边缘的交叉、顶点以及线的末端；② 横条细胞和光栅（grating）细胞，后两者并不是线性操控器，因为如果只是一根横条，而此横条又是具有周期性的光栅之一部分时，横条细胞并不反应；而看到一个孤立的横条，光栅细胞并不反应。

## 13.3 脸孔选择细胞

脸孔选择细胞是猴子下颞叶皮层的视觉细胞，它选择性地对于手和脸孔放电。这些细胞放电是有选择性的，因为它们并不对其他对于猴子来说是重要的视觉对象放电，例如水果、生殖器等。

然而，多数已经报告的脸孔选择细胞并非祖母细胞/“认识”细胞，因为它们并不代表某个特定的知觉形象，也就是说，它们的激活不具有严格的选择性，例如它们仅对一张脸孔，或者仅对脸孔而不考虑其大小、朝向、颜色的变化。对一系列个别的脸孔，即使最有选择性的脸孔细胞通常也会放电，但可能会弱一点。此外，脸孔选择细胞通常对脸孔的不同方面会时时变动其反应性。这提示，细胞反应性的产生是由于猴子需要辨别不同的个别脸孔，而不是需要从其他刺激类别中加以辨别。它的辨别特征与某些事实相关，即不同的个别脸孔互相之间更加类似，不论在它们总体组构方面还是在细节方面，比之其他类型的刺激，如香蕉。此外有提示，这些细胞事实上可能是按照特异的特征检测器神经元而反应的，它们仅仅在脸孔构型的整体方面有功能。

有一种观点认为，这种细胞形成一个群体，为了脸孔的非精确的或分布的编码，而不是作为脸孔的特异检测器。

### 13.3.1 猴脑的“脸孔斑块”区

动物实验研究也有贡献于我们对脸孔识别的了解。图 13－4 显示猴脑“脸孔斑块”区神经元的反应，此区是特定地为了脸孔的认知。此区的细胞对不同的图像作出反应。不足为奇，当猴子看到另一猴子的图像时（图 13－4a），细胞非常漂亮地作出反应；但这个细胞对于卡通图的反应甚至还更厉害些(图 13－4b)。猴子跟人一样,对卡通的反应比对真实对象还要强,因为卡通里面的特征是被强调的,但是脸孔必须是完整的,这样才能够引起反应。当对猴子显示一个圆圈,里面有两只眼睛(图 13－4c),那么细胞就没有反应。图 13－4d 是图 13－4c 加一张嘴巴,但没有眼睛,细胞也没有反应;当外边的圆圈改为方框(图 13－4e),也没有反应;如果仅显示一个圆圈,也没有反应(图 13－4f)。所以,这个细胞仅对圆圈里面的两个眼睛加一张嘴巴起反应(图 13－4g)。如果仅仅勾画一下(空心的)圆圈和方框,也没有反应(图 13－4h)。此外,如果给猴子显示一个倒置的脸孔,也没有反应[9]。

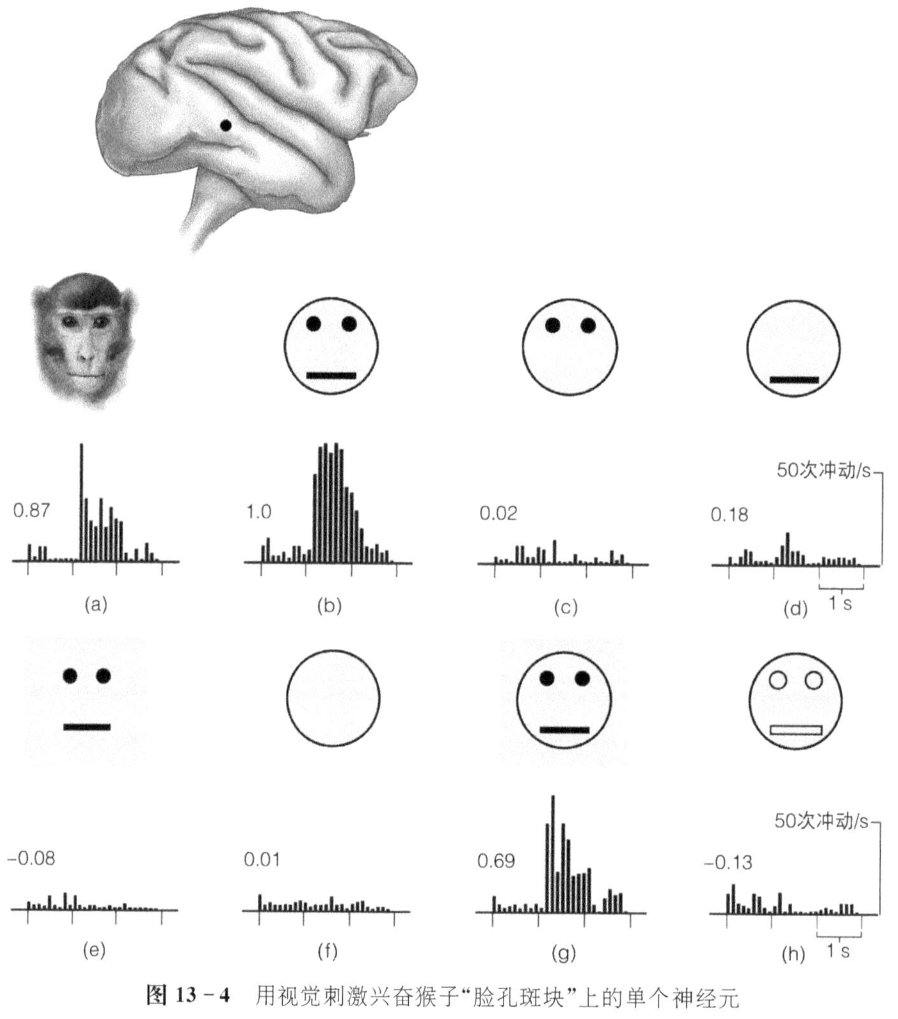


**图 13－4**　用视觉刺激兴奋猴子"脸孔斑块"上的单个神经元

说明见正文。(图引自[9])

视觉的计算机模型提示,脸孔的某些特征是由对比度界定的。例如,眼睛比前额要黑一点。还有,这种对比度决定的特征可以向脑提供信号:有脸孔在那里。为了考察这个观点,S. Ohayon 等给猴子的"脸孔斑块"细胞提供了一系列人工脸孔,在脸孔特征上放进去特异的、从亮到暗的亮度值。作为对人工脸孔的反应，作者记录了脸孔斑块个别细胞对图像的反应。他们发现，细胞真的是对脸孔特征的对比起反应。另有作者研究了这种细胞对真正脸孔图像的反应。实验发现，当对照的规定特征增加的时候，反应就增大。Ohayon 等人还发现，早期实验中的脸孔斑块细胞有选择性地对某些脸孔的特征形状起反应；而他们现在的发现显示，相比于脸的其他部分，这种选择性反应依赖于亮度的差别。他们研究过的多数细胞既对对比度起反应，也对脸部特征形态起反应。这样就引出了重要的结论，对比度对于脸孔的觉知是有用的，而脸孔形状对于脸孔的认知也是有用的。这些研究给我们提供了关于模板性质的一些事实，脑运用这个模板来检测脸孔。行为学的研究提示，在脑的脸孔检测机器和脑的注意管理区之间有强大的链接，这种链接可以解释为什么脸孔，特别是肖像画，如此强烈地吸引我们的注意[9]。

脸孔细胞与人脸辨认的关系是一个饶有趣味的问题。灵长动物的脸孔辨认依赖于一套包括相互连接的脸孔选择脑区的分布神经网络，这些脑区由脸孔选择细胞组成。在人和猕猴中，此分布神经网络分为腹侧与背侧两支。脸孔检测的神经相关，如整体加工、脸孔范围、其他人脸的许多关键特征，都已经在单细胞水平得到了验证。种种事实都说明，脸孔选择区对于脸孔的加工是关键性的。正是由于这些机制，人脸辨认非常准确，但这些机制也是使我们对不熟悉脸孔容易认错的原因。脸孔系统的这种局限性有重要意义，例如在警察维持治安必须确认目击见证等重要情况下[10]。

### 13.3.2 人脑的梭状脸区

梭状回脸区（fusiform face area，FFA）是人类视觉系统的一部分，它特异化地对脸部进行识别，虽然有证据表明，它也加工其他物体的一些分类信息，特别是熟悉物体。FFA 在脑的视觉传导通路腹侧流上，位于颞叶腹侧面的梭状回。它靠近旁海马的位置区和推定的纹状外体区（extrastriate body area）。各个个体的 FFA 位置可以稍稍不同，显示有侧向化的特点，通常右侧半球的要大一些。

人类的 FFA 是应用 PET 和 fMRI 方法发现的，而且继续被研究。通常方法是让参与者看各种图像——脸孔的、物体的、位置的、身体的，以及把图像搞碎以后拼凑的脸部图像，还有其他拼凑的物体、拼凑的位置、拼凑的躯体等。这称为“功能定位者”。比较脸部的神经反应和拼凑脸部的神经反应，将发现一个脑区，该区是对脸部反应的；而比较对脸部和物体两者的皮层激活时，发现有的脑区是脸部选择性的。

第一个人类 FFA 是在 1992 年被描述的。1997 年又有进一步的描述，而有关作者提出 FFA 具有局（领）域特异性特征的证据。最近又有材料提示，FFA 不仅仅加工脸孔。某些研究组认为，FFA 是在熟悉物体之间辨认细微差别的一个脑区。有作者考察汽车专家和鸟类专家的经验，发现当汽车专家鉴定汽车、鸟类专家鉴定鸟类时，FFA 均激活。最近的其他工作也提示，FFA 脑区的加工并不是专门针对脸孔的。当然，发表的报告被发现存在某些缺点，所以有关 FFA 的功能意义，讨论还在进行当中。

为了鉴定与特定类型知觉形象相联系的神经活性，又出现了一些重要研究结果。

例如，有意识的知觉形象与特定脑区的神经活动是有联系的，当我们觉察到图像中脸孔的时候，梭状回脑区就有更多活性，这个脑区是为加工脸孔而特异化的。进一步，有为了特异地认知某些物体，如脸孔、字、风景等的脑区，也有为了特异地认知视觉特征的脑区，如颜色、运动等。当物体或其特征有意识地被觉察时，这些脑区的活性就增加(图 13－5)[8]。

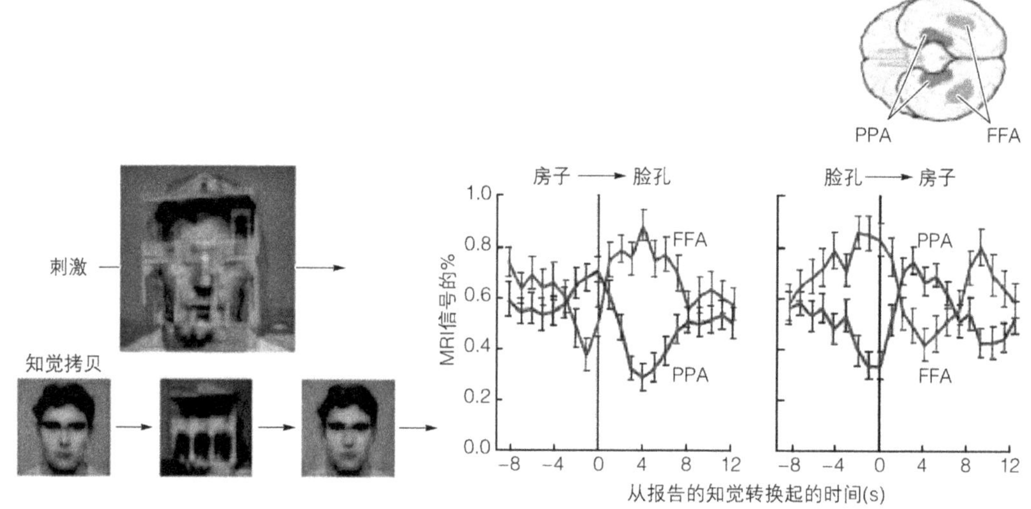


**图 13－5**　与模棱两可的视觉信息相关联的神经活性(彩图见图版第 43 页)

创造一个模糊刺激，方法是同时给予一只眼睛看脸孔而给予另一只眼睛看房子，在此条件下检测脑的活性。受试者看这些图像的时候，当发现知觉发生自发的转换时(由于双眼对抗)，被要求按一下按钮。当脸孔被觉察的时候(左)，FFA 区的活性增加；而当房子被觉察时(右)，旁海马位置区(PPA)的活性增加。(图引自[8])

### 13.3.3　脸孔失认症

2009 年的脑磁描记法(magnetoencephalography)研究发现，物体偶然性地被看成为脸孔。这是一例空想性错视(pareidolia)的患者，此情况诱发早期(165 ms)的 FFA 激活，其时间及位点类似于脸孔的激活，而另外的常见物体并不诱发这种激活。这个与空想性错视有关的激活类似于稍早一点(130 ms)真正脸孔图像的激活峰。作者们提示，由类似脸孔的物体所引发的脸孔知觉是一个相对早期的过程，而不是一个晚期的认知所重新解释的现象。

有一种疾病叫作“人脸失认症”(prosopagnosia)，对这种病的研究提供了证据，脸孔是以特殊形式加工的。有一个名叫 C. K.的病人，他由于车祸而脑部受伤，以后出现物体失认症。他对物体认知的基本水平碰到了很大困难，也扩展到躯体部分，但他对于脸孔的认识可以做得非常好。后来的研究显示，C. K.不能够辨别倒的或扭曲的脸孔，而这对正常人是很容易辨别的。这个事实被看作为一个证据，FFA 是特异化地为加工正常朝向的脸孔所必需的。

科学家从患脸孔盲或人脸失认症的病人当中，知道了关于脸孔在人脑内代表的大量事实。这种病是由于损伤了下颞叶皮层，可以是先天性的，也可以是后天的。大约有10%的病人有中等程度的脸孔盲。如果病人的下颞叶前端有损伤，可以认识脸孔，但不能讲出来这是谁的脸孔；损伤如果是在下颞皮层的后面，那就连脸孔也认不出来[9]。

#### 13.3.4 脸认知的知觉现象

脑特异化到这样的程度，因而能够认出脸孔。的确，脸知觉逐步进化，从而在脑内占据相当大的空间，比之任何其他图像的代表区。如达尔文所指出的那样，脸孔以及它所携带的情绪，基本上参与了人类所有的互动。我们判断是否信任或害怕一个人，部分地是由于其脸部表情；当我们与某个人互动时，我们被吸引到他那边去，是由于他物理上的外表及脸部表情；在公共场合我们选择人，是根据对他能力的评估，而这个评估是根据对象的脸部来判断和猜测的[9]。

对计算机来讲，脸的辨认是一项困难的作业，但是人可以毫无困难地辨认几百张脸孔，因为脑对脸辨认的处理与对其他物像的处理相当不同。首先，在脸认知上很独特的一点是，对于倒摆或正摆非常敏感，而如果我们把水瓶朝下摆，我们仍然认识它是一个水瓶。16 世纪意大利米兰艺术家 G. Arcimboldo 演示了一个现象，其效果是戏剧性的。在油画中，他用水果和蔬菜组成了一张脸模型(图 13 - 6)。当我们看油画时，正的朝上，我们看得清这是一张脸孔；但如果把这张油画倒摆，我们就只能够认识这是一盆水果和蔬菜了[9]。

**图 13 - 6** Arcimboldo 植物园丁画(1587—1590)

14.1×10.4 英寸油画，意大利克雷莫纳 Ala Ponzone 民间博物馆。(图引自[9])

我们不仅难以认识一张倒摆的脸孔，在多数情况下，我们甚至于不能辨认脸孔的一个倒摆的表情。从图 13 - 7 和图 13 - 8 的比较可以看出，这是画作《蒙娜丽莎》的两个图像。从图 13 - 7 不能够认识她的图像有不同表情，而从图 13 - 8 可以。如果对象不是脸孔，我们就可以辨认它们的区别了[9]。

**图 13-7**　倒置的达·芬奇《蒙娜丽莎》像(彩图见图版第 43 页)[9]

**图 13-8**　正置的达·芬奇《蒙娜丽莎》像(彩图见图版第 43 页)[9]

### 13.3.5　祖母细胞

一个特定祖母细胞可能是一群祖母细胞或接近祖母细胞的特定群体的代表。研究发现,脸孔选择细胞群中的某些细胞,可以经过训练而显示对人为视觉对象的高特异性,而这些被认为是符合所谓祖母细胞或“认识”细胞的那种要求的。此外有证据认为,人的海马有高选择性反应的细胞,它对“认识”的分类有高度选择性,如个别人的脸孔。祖母细胞是一个假想的神经元,它代表一个复杂但又是特定物体的概念。当受试者看到、听到或者以某种方式明显地辨别一个特定实体时,例如他(她)祖母的时候,它就被激活了。这个名词是 1969 年 J. Lettvin 铸造的。在他之前两年,J. Konorski 也提出过类似的概念,叫作“认识”(gnostic)神经元。

为了说明问题,我们考虑一下自己如何学习、存储和回忆关于物体、人和事件信息的情况。简单的内省提示,我们是以单一代表存储我们知识的每个片段,而这个代表可以通过记忆甚至仅仅通过想象而被回忆。举例来说,你所知道的关于你祖母的任何方面,似乎是存储在一个完整的代表当中,这个代表可以同等地被接近,不论是看到她这个人,听到她的声音,或者想到她。但我们的经验并非把我们的知识存储在记忆中的一个忠实引导，有关祖母的知识，并不是作为一个单独的代表而存储的，而是区分为不同的类别加以分别存储的。脑的某一区存储不变的物理特征信息，这个特征触发了我们关于祖母的视觉认知；而关于她脸孔可变动方面的信息，例如与社会交往有关的表情、嘴唇运动等，存储在另一个脑区；至于认识她声音的能力，那又在另一个脑区了[8]。

### 13.3.6 教皇细胞

1890 年詹姆士提出了“教皇细胞”(pontifical cell)的概念。此细胞被定义为一个推定的、难以置信的细胞，它具有我们全部的经验。这个细胞不同于特定细胞的概念。特定细胞是经验的位置所在，感觉资料的位置就在这里。詹姆士的教皇细胞则是这样一个细胞，脑的其他部分向它提供“祖母”的代表。祖母的经验就发生在这个细胞里。

当脑代表片段信息时，一个重要的考虑是参与这个代表的神经元数目。虽然视觉刺激的所有信息存在于视网膜，但为了认知物体，仅有视网膜的代表是不够的。在视觉通路的另一端，颞叶皮层的某些神经元选择性地应答复杂对象，例如脸孔。单独的个别细胞能否表达某一特定复杂的事物，如同脸孔那样？对这些假设性的神经元曾经给了一个名词，叫作祖母细胞。它唯一地代表一个人——祖母，或者是一个“教皇”细胞，因为它将代表认知通路层次中的最高点[8]。

神经系统并不用单个神经元活性代表整个物体。反而，某些细胞代表物体的一部分，而集群神经元才代表整个物体。集群中的每个成分还可以参与不同的集群，可以被不同物体所激活。这种安排方式被称为分布密码(distributed code)。分布密码可以包含少数神经元或多数神经元。无论如何，分布密码需要在代表脸孔的、代表名称的以及代表经验的细胞之间有复杂的连接[8]。

### 13.3.7 稀疏特征还是分布的代表

祖母细胞假说是稀疏特征(sparseness)观点的一个极端例子，它还没有普遍被接受。有没有个别、特异的认知细胞？2005 年，加州大学洛杉矶分校和加州理工学院的研究组发现相关细胞的一些证据。这些细胞对特定人产生反应而放电，例如比尔·克林顿(Bill Clinton)或詹妮弗·安妮斯顿(Jennifer Aniston)。这种神经元，例如哈莉·贝瑞(Halle Berry)* 神经元，它可以对“哈莉·贝瑞的概念、抽象实体”产生放电反应，不仅对哈莉·贝瑞图像放电，也对真正名字“哈莉·贝瑞”放电。然而该研究并没有任何提示说，只有被检测到的细胞才对该概念起反应；也没有证据提示，其他女演员不会引起那个细胞反应(虽然提供了其他几个女演员的图像，的确没有引起反应)。研究者相信，他们已经发现稀疏特征的证据，但不是为了祖母细胞。

祖母细胞理论的另一个对立面是“分布代表”理论。这个理论认为，特异刺激以一群神经元活性的特定型式被编码。反对稀疏特征学说的观点包括：① 根据某些理论，你将

* 克林顿为 1993—2001 年间的美国总统。安妮斯顿和贝瑞均为出生于 20 世纪 60 年代的美国影视演员。

需要几千个细胞来认识一个脸孔，因为每个已知脸孔必须从不同角度、不同侧面来认识，从 3/4 大小来认识、从完整的前面来认识，等等。② 当视觉加工从视网膜通过脑的不同视觉中枢一步步向上走的时候，视觉加工不是越来越特异，而是图像部分地分解成为若干基本特征，例如垂直线条、颜色、速度等。这些特征分布于不同模块，模块间有相对大的距离互相区分开来。如此多的这些不同类型的特征，怎么能够重新整合起来形成一个无缝的整体？这就构成一个“捆绑问题”（见后）。

内侧颞叶皮层（MTL）神经元活动与“祖母细胞”的编码有关，关于这一点已经有大量的神经心理学资料。资料表明，MTL 在人类此种记忆活动中扮演重要角色。但有关此区神经元的活动如何与记忆挂钩的材料很少。MTL 接受来自视觉皮层的强大输入，又能够选择性地对复杂视觉刺激作出反应。这些神经元的活动型式如何反映视知觉拷贝转变为长时记忆，是一个必须考虑的问题。MTL 神经元活动的特点是：它的视觉代表非常稀疏（sparse）和抽象，这似乎符合“祖母细胞”的编码特点，但实际情况可能并不这么简单[11]。

## 13.4　位置细胞

### 13.4.1　位置细胞的发现及特点

J. O'Keefe 和 J. Dostrovsky 于 1971 年首次在脑内，具体地说是在海马，发现了位置细胞。位置细胞是位于内侧颞叶的海马 CA3 区和 CA1 区锥体神经元的一种类型。当动物进入环境中某一特定部位时，位置细胞活动起来，这个部位被称为位置野（place field）（图 13－9）。在典型的实验室小环境里，某一位置细胞会有一个或少数几个位置野，但在广阔的环境下可以有多一些的位置野。位置野的型式没有明显的地形特点。与其他脑区如视觉皮层不同，相邻近的位置细胞似乎可以有不邻近的位置野。典型的情况是，在不同的环境中，大约有半数位置细胞仍然有位置野，但这些野是在新位置，与老位置不相关。自从 O'Keefe 和 Dostrovsky 1971 年首次发现海马存在位置细胞以来，5 年后他们又用大鼠进行了研究。实验演示，当大鼠处在环境中某一位置时，位置细胞会放电。这是第一个指示，位置细胞关联到空间朝向。他们也发现，依赖于大鼠走向哪里，不同海马区的位置细胞放电，全部放电网络组成了老鼠的环境。环境改变时，同一位置细胞会放电，但是不同放电野的相互关系和动力学会变化。因此，位置细胞被看成为：它指示人和动物如何在环境中走

**图 13－9**　位置细胞放电图（彩图见图版第 44 页）

大鼠海马 CA1 区 8 个位置细胞空间放电型式的记录。大鼠在这个图形的管腔里面来回跑动，在每一端停下来吃少量食品。这个图片上面的点表示，老鼠在这个点的时候，这个细胞就放电；点的颜色表明哪个神经元放电了，在什么位置。（图引自维基百科）

动,以及在环境中处于什么位置。位置细胞一般通过记录动作电位而被发现。当人或动物行走在大的环境中以及到达一特定位置的时候,位置细胞的放电频率有相当程度的增加。可见,这是外部世界在脑内(海马)的空间图像问题,位置野群体就这样指定了环境。脑电 $\theta$、$\gamma$ 振荡与海马位置细胞见 7.7.6。

位置细胞被认为是特定空间位置认知的代表,这个空间被称为认知地图(cognitive map)。位置细胞与其他海马神经元及其他脑区神经元一起工作,实施这一类型的空间加工活动,但有关它们在海马里面实现活动的方式如何,仍在研究之中。

大鼠的研究显示,当大鼠进入一个新开放环境时,位置细胞倾向于快速放电,然而在放电的位置野以外,位置细胞倾向于相对不活动。总起来看,位置细胞可被看成一个"认知地图",在这个图里面,它们是有局限的,被称为位置野的放电型式。位置细胞的放电型式经常由外界感觉信息及局部环境所决定。已经证实,位置细胞有突然改变其放电型式的能力,从一种型式到另一种,此现象被称为"重新作图",虽然位置细胞会随外部环境而改变,但通过吸引子动力学(attractor dynamics),它可以维持稳定,"从而保证此系统可以抗拒感觉输入的小的变化,集体地而且连贯性地对大的变化仍然保持反应"。

虽然位置细胞属于非感觉皮层系统的一部分,但它们的放电行为强有力地与感觉输入相关联。当动物位于环境中"位置野"的时候,位置细胞放电。这些神经回路可能对记忆有重要含义,因为它提供记忆的空间背景和过往的经验。如同脑其他部分一样,位置细胞回路是动态的。它们经常在调整,在重新作图,以求适合于当前位置及脑的经验。在创造视觉空间代表的过程中,位置细胞并非单独起作用,它们是复杂回路的一部分,告诉位置的觉察(awareness)及位置的记忆。

虽然海马在学习记忆中起作用,但海马里面存在着位置细胞,这表明海马在空间适应及觉察中的作用。处于开阔环境的大鼠,有记录得到的放电型式增加;当海马损伤累及其中所含位置细胞时,有记录得到的空间学习与觉察受损。用大鼠所进行的研究显示,位置细胞对空间环境很敏感。例如,O'Keefe 和 L. Nadel 发现,当老鼠快速跑过以前的位置时,如果在环境中增加一件新的物品,或者环境中通常有的那个物品不存在,则位置细胞的放电会更快一些。

O'Keefe 演示的位置细胞提供了最初的证据,说明有了环境的神经代表,动物就可以不慌不忙地在世界上活动。认知地图这个概念,最早是伟大的认知心理学家 E.C. Tolman 已经预期的。他提出,脑的某些部位一定有环境的代表。一般认知地图的组构不是定位的,或以自我为中心的,如同触觉或视觉在大脑皮层上的图像那样。相反,位置细胞的图像是非自我中心的(或以地球为中心的),相对于外在世界的某一点,它是固定的[8]。

### 13.4.2 空间信息与非空间信息

位置细胞功能的基础是什么?对于位置细胞功能的基础,对于它是基于环境当中的标志物,还是基于环境中的边界,抑或两者的相互作用,是有争论的。海马锥体细胞(多数为大鼠的)是否既传送非空间信息也传送空间信息,有过许多研究。按照认知地图理论,大鼠海马的基本作用是通过位置细胞存储空间信息。不过也有研究认为,海马也存储其他的非空间的信息;而对有关资料的另外的解释则认为,过早地支持有海马的非空间功能存在,是不合适的。

### 13.4.3　方向性

在开阔环境当中记录特定海马细胞放电野的时候,放电野被证明是类似的,即使老鼠的行动完全按不同的方向。所以,位置细胞显示一种总的方向性。然而,如果在前面所讲过的环境中加上一些限制,则放电野被证明是有方向性的:放电是在一个方向,而不能在另一个方向。

当老鼠在圆臂辐射迷宫中时,同样的方向性也存在。辐射迷宫包含中央的圆圈,有几个手臂样的辐射状突出部分,这些部分有的是有食物的,有的则没有食物。有些人考虑,位置细胞放电的有或无,是臂作为目的朝向功能的一个函数。

然而,如果动物从迷宫的一个臂移动到另一个臂,而这两个臂都含有食物,则此时位置细胞仅仅对某一个方向放电,表明你不能够把放电单纯地归之于目的的接近,必须加上方向的成分,例如朝北而不是朝南。

### 13.4.4　视觉暗示

环境中的视觉暗示(cue)、线条的可见性,例如墙和台阶的接触处、墙的高度或墙的宽度,这些供大鼠来觉察、辨别距离及位置。老鼠把这种外部信息内部化(internalize),记下其周围的环境。

要是没有这种视觉暗示,则老鼠自已走过去跟墙碰撞,记住墙的位置。碰撞以后动物的位置细胞放电频率就提供了信息,基于其行走的方向及运动速度。在这种情况下,位置细胞的放电是由于运动的输入。

### 13.4.5　简单位置细胞、复杂位置细胞、错位细胞

从单纯的位置相关看,位置细胞有简单位置细胞和复杂位置细胞之分。简单位置细胞完全是位置相关的;而当老鼠遇到特定物体或特定经验时,复杂位置细胞就增加其放电。另一种细胞被称为错位(misplace)细胞:当老鼠在某一特定位置的期望没有达到,或当在路途上遇到新的情况时,这些细胞就放电。

那种似乎唯一地基于非空间记忆的位置细胞,看来有空间成分。企图去掉海马非空间记忆缺损的许多损伤实验是不成功的。在某些情况下,损伤能够成功地去掉非空间记忆的缺损,然而海马以外的其他脑结构也受到损伤。因此,大鼠的非空间记忆缺损可能与位置细胞并不相关。这样,基于我们迄今所知道的各种研究资料,认知地图理论受到最多支持,而非空间理论不能够把空间成分考虑在内。

### 13.4.6 位置细胞功能的机制

位置细胞在被称为位置野的一个特定空间区域放电。位置野大约类似于感觉神经元的感受野，这是因为放电区对应于环境中感觉信息的区域。实验显示，当老鼠沿着一条线性的道路前进的时候，位置野被看成为非自我中心的，表明它们所界定的是根据外部环境而不是躯体。由于朝向环境而不是朝向个体，因此位置野可以作为一个对环境的神经作图而有效地运作。

1. 与感觉输入的关系

起初认为位置细胞的放电直接与简单感觉输入有关，但是最近的研究提示，事情并非如此。位置野通常不受大量感觉输入变化的影响，但是它对精细的环境变化敏感，例如颜色的变化或者物体形状的变化。这提示，位置细胞对复杂刺激起反应而不是对简单、个别感觉的暗示起反应。按照一个被称为“功能分化”的模型，认为感觉信息在真正到达海马之前，在海马上游的不同皮层结构上被加工。因此，位置细胞所接受的信息是由不同的刺激来源编辑聚集而成的。

位置细胞所接受的感觉信息可以分为长度的、与环境情景有关的。长度信息对应于位置细胞应该在何处放电，而情景输入对应于位置细胞是否应该在某一环境中放电。长度的感觉信息是任何一种形式的空间输入，可能表明两个点之间的距离。例如，一个环境的边缘可以传送总位置野大小的信号或者两点间距离的信号。长度信号可以是直线的，也可能是方向性的。方向性输入所提供的信息是关于位置野的朝向，而线性输入基本上形成代表性网格。情景性暗示允许建立一种位置野，使之适合于环境的小量变化，例如改变物体颜色或形状。长度和情景输入在到达海马位置细胞之前，在内嗅皮层上得到加工。视觉空间输入和嗅觉输入是感觉输入的两个例子，它们可以被位置细胞所利用。这两种感觉暗示既可以包括长度性的、也可以包括情景性的信息。

2. 与视觉空间暗示(visuospatial cue)的关系

空间暗示，如几何边界或朝向的标志物，是长度输入的重要例子。位置细胞主要依赖于远的暗示，而不是环境中直接靠近的暗示。运动也可以是一个重要的空间暗示。位置细胞整合新运动信息的能力被称为路径整合，这对运动中保持路径定位是重要的。路径整合主要由网格细胞帮助和指导。网格细胞是内嗅皮层的一种神经元，它转递信息到海马位置细胞。网格细胞建立位置的网格代表，所以运动时位置细胞可以根据它的新位置进行放电，而其朝向则根据外环境的参考性网格。视觉输入也提供重要的情景信息。特定物体颜色的变化可以影响在特定环境中的位置野是否放电。这样看来，视觉空间感觉信息对于位置野的形成和回忆是关键性的。

3. 与嗅觉暗示的关系

虽然位置细胞主要依赖于视觉空间输入，但某些研究提示，在产生及回顾位置野的时候，嗅觉输入也起一定的作用。较少知道的是关于位置细胞和非视觉感觉暗示之间的相互作用，但初步研究显示，非视觉感觉输入在位置野的形成中可能起辅助性作用。有研究发现，嗅觉信息可以用来弥补视觉信息的缺失。在研究中，暴露于没有光也没有嗅觉信号的环境中的对象，其位置细胞是不稳定的；位置野的位置会突然转移，某些组成性的位置细胞会停止放电。然而，如果把这种对象的位置细胞放到黑暗但带有嗅觉信号的环境里，它仍能维持稳定放电，虽然这里没有视觉暗示。另有研究考察了海马怎么利用嗅觉信号来创造和回忆位置野。与前面作者的实验类似，这个研究把对象暴露于一个环境下，用一系列嗅觉信息，但是没有视觉和听觉信息。结果，位置野维持稳定，甚至可以适应于嗅觉信号型式的旋转。此外，当随机地去除嗅觉以后，位置野将完全重新作图。这提示，位置细胞不仅能运用嗅觉信息来产生位置野，也能在运动过程中运用嗅觉信息来朝向位置野。

4. 与海马记忆的关系

海马在偶发性记忆中起重要作用。偶发性记忆的一个重要方面是其空间相关，即事情是在哪个空间发生的。海马位置细胞能够展示稳定的放电形式，即使已经从位置中去掉了暗示。此外，当暴露于先前位置的信号或信号的一部分时，特定位置野会开始放电。这提示，位置细胞提供了空间相关记忆，通过回忆环境的神经代表，而记忆是曾经在该环境下发生的。换句话说，通过分化情景的相关，位置细胞先准备好记忆；通过建立空间相关，位置细胞可以用来完成记忆型式。此外，位置细胞可以维持位置的空间代表，而同时回忆另一位置的神经图像，这样可以有效地区分当前经验与过去记忆。因此，位置细胞被认为演示了两个特征：一个是型式完成（pattern completion），另一个是型式区分（pattern separation）。

5. 型式完成还是型式区分

型式完成是一种从部分或改变的感觉暗示中回忆完整记忆的能力。位置细胞能够维持稳定放电，即使某一部位的重要信息已经被去掉。这提示，它们能够仅从原来型式中的部分输入来回顾某一个型式。此外，型式完成可以是对称的。这意思是，一个完整的记忆可以从它的任何部分中被提取。例如，在一个物体位置相关的记忆中，空间情景可以被用来回忆物体，物体可以被用来回忆空间情景。

型式区分是指能够从其他存储记忆中分化记忆的能力。型式区分开始在齿状回发生，齿状回是海马的一部分，它参与记忆的形成和回放。齿状回颗粒细胞应用竞争性学习方法加工感觉信息，而且传送初步代表以形成位置野。位置野是非常特异的，因为它们能够重新作图，而且能根据稍稍有区别的感觉信号的变化，调节其放电频率。这种特异性对于型式区分是关键性的，因为它把一个记忆与另一个记忆区分开来。

6. 重新激活、重演和预演

位置细胞经常在位置野之外展示重新激活（reactivation）。这种过程的时程比真正经验的时程要快，其发生往往与原来的经历依照同样次序；或者按相反方向，但很少见。所谓重演（replay）被认为在记忆回放以及记忆巩固中有功能作用。它也可能发生在真正的经历发生之前，并显示同样的活动程序。这个现象称为预演（preplay），它可能在预测和学习中起作用。

## 13.5 网格细胞

脑的空间图像是如何形成的？哪一类型的空间信息被传入纤维连接到海马的位置细胞？2005年，挪威的E. Moser和M.-B. Moser发现，位于内嗅皮层的神经元，其轴突形成穿通通路来到海马，以与海马位置细胞非常不同的方式在空间作图。当动物处在特定的独特位置时，海马位置细胞放电；而与海马位置细胞不同，这种被称为网格细胞的内嗅皮层神经元当动物处在任何一个规则排列的位置时就会放电，而这些位置点的特点是形成三角形网格样排列。网格允许动物在笛卡尔式外部坐标定位，它不依赖于情景、标志或特定标记物。由内嗅皮层输入所携带的网格化空间信息，在海马中转换为独特的空间位置，其代表就是位置细胞的放电[8]。

在开放场中，网格细胞展示明显的周期性空间反应；但在一维路径中，网格细胞活动是非周期性的。实验表明，这种一维路径中的反应乃是周期性网格的一个切面[12]。

神经科学的巨大挑战是领悟联络皮层的神经计算。联络皮层是当哺乳动物进化时，大脑皮层扩展最大、分化最厉害的部分，它被认为深刻地贡献于人类高级认知的出现。在本章中，我们把位于内侧内嗅皮层(medial entorhinal cortex，MEC)的网格细胞作为一个范例，了解皮层加工阶段的网络计算。在此阶段，放电型式的形成主要不是由于输入感觉信号，而在很大程度上是由于局部神经元回路的内源性特点(图13-1)[4]。

### 13.5.1 高层次的神经代表

> 理想主义者争辩说，六边形的房子是绝对空间的必需形状，至少为了我们的空间知觉。——博尔赫斯(J. L. Borges)*

神经系统进化到了能够作出适应性判断，并对内外环境变化作出行为反应。为了能够作出适应性反应，神经系统在活动型式方面再创造内外世界的特点，这种活动型式被称为神经代表。代表可以看作一群动态的细胞，它们的活动型式与外在世界的特征有关联。通过应用一种适合于脑计算的语言对环境加以再创造。“代表”的作用被认为是介导了选择合适的作用，以便对来自动物环境的刺激布局作出反应。既然内部代表在引导行为方面如此重要，了解它们的机制便成为当代神经科学的一个中心任务[4]。

代表曾经在不同的水平受到研究，从最早的感觉系统阶段的研究，在那里感觉图像重造了感受器的空间组构，直到联络皮层的最高级水平，在那里代表与激活的感受器群体形式已经很少有相似性。在代表性等级的基底部(靠近感受器群体)实现代表形成的机制，已经被广泛探测过，特别是在视觉系统，但很少知道高水平的代表是如何形成的。到了高层次，代表更强地依赖于皮层的内源性计算。本章目的就是讨论内侧内嗅皮层(MEC)神经代表的机制，这里已经靠近皮层等级的顶峰。在讨论时，我们应用研究得比

* 博尔赫斯(1899—1986)，阿根廷著名文学家。

较透彻的初级视觉皮层代表作为参考[4]。

对于网格细胞，归纳起来可以说：

① 皮层代表用一种适合于脑计算的语言重新创造外在世界的特征。这种“代表”以不同复杂水平的层次存在着，从把外周感受器的空间组构相对简单地转换为初级感觉皮层的代表开始，一直到大脑皮层的高层次水平。高层次水平的“代表”已经看不到与任何一种感受器群体特征的可觉察的相互关系。MEC 网格细胞是高水平皮层代表的一个例子。

② 已经被深入研究的初级视觉皮层的型式形成和转换过程可能为我们提供线索，MEC 神经回路的计算是如何发生的。

③ 网格细胞是一些空间调制细胞，它具有按照周期性六边形空间排列特征的放电野，在几种哺乳动物，它被鉴定存在于 MEC 及其周围脑区。网格细胞为高水平的联络皮层的神经回路计算提供了一个窗口，因为这里离开感受器及运动输出已经有好几个突触了。

④ 网格细胞为内嗅皮层-海马空间图像提供了一个度量。网格型式的规律性结构可能依赖于路径整合。

⑤ 网格细胞同时展示定位及非定位的组构。放电位置是非定位的，而沿着从 MEC 背侧到腹侧轴的网格量程(scale)，以不连续的步骤改变。网格模块的这种复杂组构与感觉皮层的组构不同。在后者中，许多变量以连续排列的形式被代表。

⑥ 说到网格细胞六边形放电型式形成的机制，它的许多特点都指向一个“连续吸引子网络”(continuous attractor network)机制。这种机制的准确含义(implementation)如何，仍不清楚。但据认为，连续吸引子网络依赖于网格细胞之间优先的不对称连接，它们同时具有类似而并非完全同样的网格相位。但这种连接的存在与否还有待于实验的证明。

⑦ 网格细胞为海马位置细胞提供了主要的空间输入，但是边界细胞也可能有贡献。从显然是普遍存在的内嗅皮层空间代表，转变为环境特异的海马空间代表，其机制可能涉及局部神经回路机制和突触可塑性机制。把内嗅皮层向海马位置细胞输入的动力学与其相对贡献两者加以区分，仍然是一个非常具有挑战性的领域[4]。

### 13.5.2　海马结构和旁海马区的解剖学[4]

大脑皮层的主要特征之一是层次组构。大脑皮层基本上分为两类，新大脑皮层(又称为同形皮层)一般包含 5～6 层，另一类称为异生皮层，其特征是具有 3 个层次。在这两种类型之间还有转化区，其层次数目为 3～6 层。内嗅皮层、前下脚(presubiculum，PrS)、旁下脚(parasubiculum，PaS)都属于转换皮层(图 13－10)[4]。

### 13.5.3　与位置细胞的关系

MEC 和海马是脑的外部空间神经图像的一部分(图 13－10)。多种功能的细胞类型贡献给这种代表。第一个被发现的空间细胞类型是位置细胞(place cell)，位置细胞是海马细胞，当动物处于环境中某一位置时，它就选择性地放电。20 世纪 70 年代描写了位置细胞以后，30 多年后又发现了网格细胞(grid cell)。网格细胞在 MEC 中，位于位置细胞

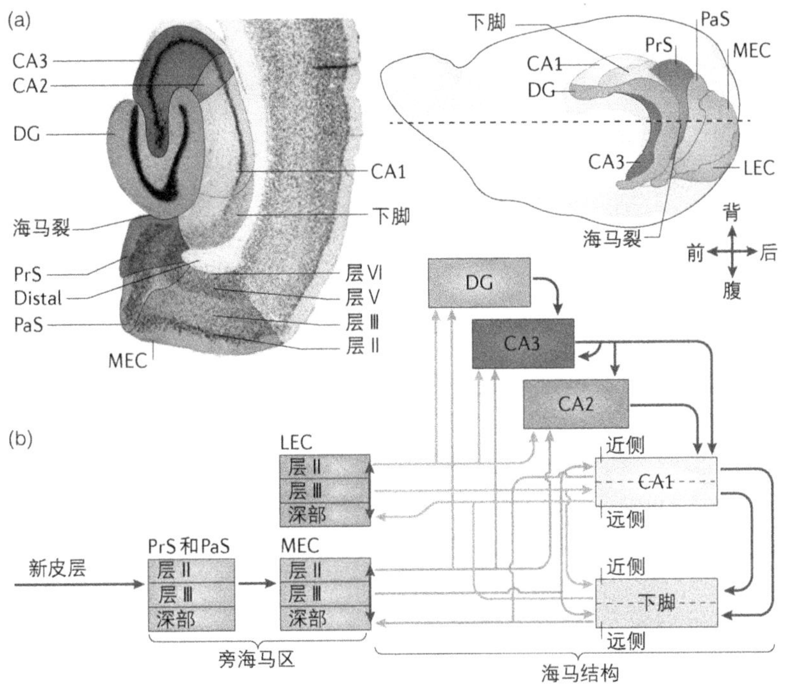


**图 13-10** 大鼠脑右半球的海马结构及旁海马区(彩图见图版第 44 页)

(a) 显示大鼠脑右半球，聚焦在海马结构及旁海马区，左侧是通过大脑半球的水平切面，右侧显示基于大鼠的 Waxholm 空间* 的大脑半球正中矢状切面。背侧到腹侧位置用通过半球的虚线表示。加在一起，这些图像演示海马和旁海马区的关键性位置，包括齿状回(DG)、CA1—CA3、下脚(subiculum)、内侧内嗅皮层(MEC)、外侧内嗅皮层(lateral entorhinal cortex，LEC)、PrS、PaS。个别亚区的边界及范围用颜色标出。(b) 显示前海马结构和旁海马区的标准连接模型，MEC 提供输出到海马结构。其中，MEC 的第Ⅱ层投射到 DG、CA3、CA2，它的第Ⅲ层投射到 CA1 和下脚。CA1 和下脚提供输出到内嗅皮层的第Ⅴ层。所有内嗅皮层的层次似乎是交互连接的(用双向箭头表示)。这个连接路径(绿色)平行于类似的组构路径，开始和终止于 LEC(灰色)。这两条通路汇聚到 DG、CA2、CA3 的单个神经元上，但是靶向 CA1 和下脚的不同神经元。来自以及去向 MEC 的投射，连接靠近 CA2 的 CA1 神经元(近侧)以及靠近 PrS 的神经元(远侧)，相反的型式投射来自与到达 LEC。MEC 的选择性输入，发源于 PrS 和 PaS。(图引自[4])

的上游，多一个突触。网格细胞是一种位置选择细胞，在多个、分离、成有规则排列距离的位置上放电。这些放电的定位形成了一个六边形的型式，覆盖到可以被动物所利用的整个空间(图 13-11a)。虽然从一个环境改变到另一环境时，位置细胞群体的变化无法预计，但网格细胞的位置关系是维持不变的，反映了网格细胞不依赖于个别环境情景性细节的空间结构。由于网格图像的这种固定结构及其具有的空间周期性，网格细胞被指认为一种局部空间的脑度量[4]。

位置细胞和网格细胞是在大鼠脑内发现的，但类似的细胞以后在小鼠、蝙蝠、猴、人类也有报告。虽然对内嗅皮层-海马空间代表的大量研究，用的仍然是啮齿动物，但是各

* Waxholm 空间是为协调小鼠脑研究而建立的以成像为基础的参考空间。

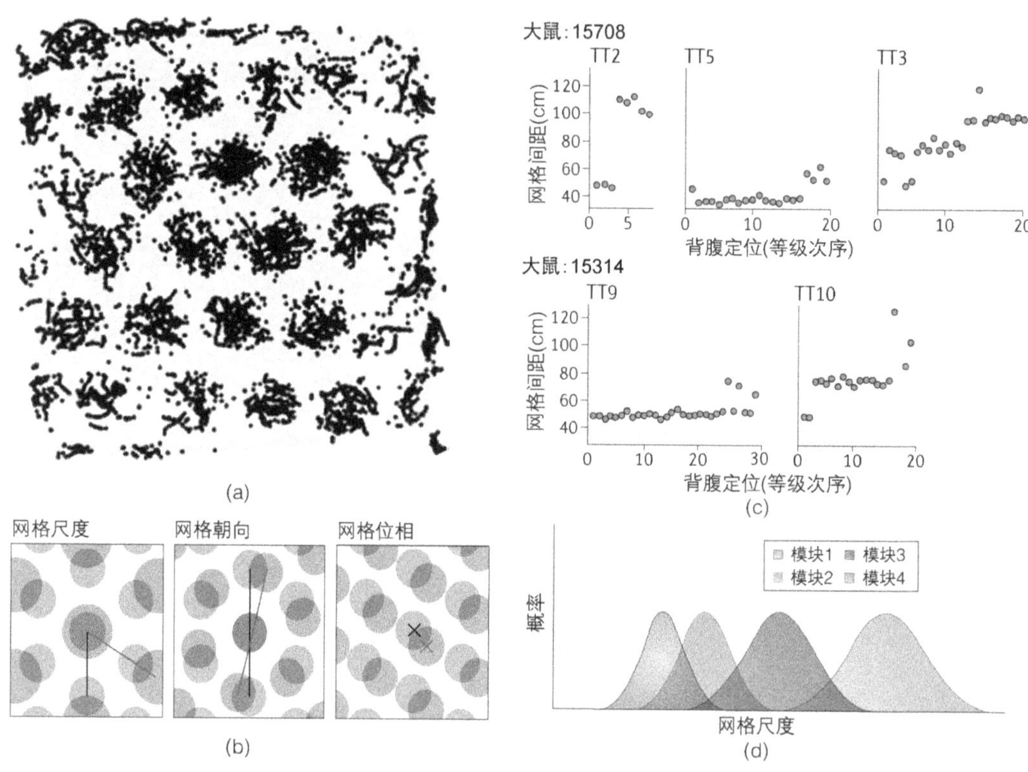


**图 13-11**　网格细胞的基本特征(彩图见图版第 45 页)

(a) 大鼠内侧内嗅皮层(MEC)第Ⅱ层网格细胞的空间放电型式。灰色不规则曲线显示正在找东西吃的大鼠在一个 2.2 m 宽的正方形空间内走动的轨迹。网格细胞锋电位所在的定位,重叠在轨迹图之上,显示为黑色,每个黑点对应于一个锋电位。注意网格细胞放电野的周期性六边形型式。(b) 一对网格细胞(显示为绿和蓝)放电型式的卡通,演示网格尺度(scale)、网格朝向(orientation)及网格位相(phase)之间的差别。左边和中间图的线条表示网格型式(此型式决定网格朝向)的两个轴,图中右侧叉叉表示网格位相(网格野的 $x-y$ 位置)。(c) 网格尺度的模块组构。网格的空间距离作为沿 MEC 记录途径位置的函数,细胞(灰色圆圈)从背侧到腹侧按等级次序,每一个分图是一个四极管的记录。在每个四极管记录中,网格空间距离以分离的步骤增加。(d) 显示各模块网格尺度增加的原理图,它服从几何行进(geometric progression)的规则。从一个模块到下一个模块,平均网格尺度以一个恒定的因素增加(这里是 1.4)。(图引自[4])

种动物内嗅皮层-海马的放电与可测量的外部世界(动物位置)特征之间,都呈现强的对应关系。这使得空间代表的神经回路,成为强有力的实验模式系统,通过它可以了解高水平联络皮层的神经计算,这里已经远离感受器和运动输出有多个突触了[4]。

### 13.5.4　网格细胞与感觉输入

网格细胞的规定性特征是它们的六边形放电结构(图 13-11)。然而网格细胞在网格距离(网格野之间的距离)、网格朝向(网格轴的旋转)、网格时相(放电顶点的 $x-y$ 定位)等方面都是有差别的。网格细胞展示不同程度的不对称性及周期性。在三角形网格轴中,沿一个轴的表达可以比沿另外两个轴的表达更强。总体来看,各种不同类型的网格细胞规定了动物在环境中相对位置的图像。因为网格细胞的间隔是有差别的,所以局部环境中的每个位置关联到活性细胞的特定组合，就使得神经元能够进入结合活性，从而忠实地读出动物所在的部位[4]。

网格细胞的图像是动态的。“动态”的意思是说，它的激活是受动物在空间的运动所驱动的。网格细胞的活动为了要赶上当前的情况，符合当前的活动，一定要能够接受对应于动物位置变化的感觉信号。仅有少数几类感觉输入足够经常地让网格代表进行平稳的翻译。这种输入包括本体感受性和动感受性的反馈，还有前庭信号、视觉信号。与自我运动输入起第一位作用及稳定暗号输入起第二位作用相一致，当视觉和嗅觉标记被去掉以后，网格细胞仍然保持其六边形的放电型式。在各种环境底下，成对网格细胞倾向于维持空间放电的相互关系，而不依赖于标志性特征。这是如所预期的，如果此运算是基于自我运动的话[4]。

网格细胞强烈依赖于运动暗号，这一特点可能提示一个作用，即它的代表是基于路径整合。通过路径整合过程，动物保持其位置，这里面整合了一段时间内线性的和角运动的行进速度，从而得出相对于参考位置的空间位移（例如路径的出发位点）。位置细胞和网格细胞两者都表达路径整合的结果，其意义就是放电野经常可以关联到运动离参考位置的距离，而不是从静态视觉暗号的输入开始。在最近的工作中，在 MEC 内鉴定了一群专用的细胞群体，此群体的作用是作为跑动速度的线性代表。通过整合一段时间的速度，这些速度细胞可以向网格提供关于位置变动的信息。速度细胞及网格细胞在路径整合方面的作用与一些实验观察相符，即如果大鼠的 MEC 有病变，它就不能够行走回到原来的出发点。在此情况下，只有自我运动的暗号是有用处的。当然，路径整合机制可能存在于多个脑回路中，因为有事实表明，与大鼠不一样，人类以简单自我运动为基础的行走，在包括内嗅皮层在内的损伤以后，仍然可以保持无损(spared)[4]。

路径整合只能够用来计算从固定参考位置开始的位移。为了把路径整合坐标与绝对位置关联起来，需要静态暗号。有一个事实，那就是在各种测试情况下，网格位相和网格朝向都保持稳定，而在圆柱形环境中，网格野沿着外面的参考点旋转。以上实验提示，网格坐标是锚定于外环境的。在区隔化迷宫中所做的实验提示，网格图像锚定在许多位点，而且经常锚定在靠近环境的显著特征点。经常锚定可以防止由路径整合积累起来的差错而导致漂移。然而，网格图像以何种频率进行更新尚不清楚。网格图像可以重锚定到有规则的间隔，例如局部 $\theta$ 节律的某一周期，或者根据环境中特定的暗号可以重新进行调节[4]。

### 13.5.5 网格图像的构筑

虽然网格野可以被感觉输入所调制，但这种输入尚不足以解释网格型式本身是如何形成的。六边形的网格型式并不反映在输入到网格细胞的多种感觉的任何一种当中，这提示它的产生是 MEC 内源性的，或者是在更广阔的旁海马回路里面，而 MEC 仅是旁海马回路的一部分。这种可能性证明了对网格细胞之网络功能构筑的更切近的看法[4]。

网格细胞的组构，部分是定位性质的，而部分是非定位性质的。由网格尺度显示的定位组构是从这个意义上讲的：在 MEC 背侧部分，网格细胞具有小的野，野之间有小的距离；而在 MEC 的更腹侧水平，较大的网格尺度占优势。相比之下，网格形式的位相并不展示可分辨的大尺度的定位。在 MEC 的所有位点，局部网格细胞集群显然覆盖了整个网格位相的范围。网格位相的分布类似于分散的点点，或者所谓"盐和胡椒样"组构。这种反应特征在几个感觉皮层上都看到过，例如啮齿动物梨状皮层的嗅觉代表，或者视觉皮层有关朝向的图像等。然而，网格位相的细尺度定位还不能被排除。一般而言，同时记录下来的细胞样品目前还是少量的。四极管记录的分辨，尚不能允许我们做尺度小于 50～100 μm 的解剖学图像。因此，需要发展更好解剖分辨的研究途径，这样我们才能够估计网格功能的微构筑[4]。

缺少网格位相的定位，并不能排除存在着具有独特功能的分离细胞集群。在最近的实验中，每个动物已经记录了多到 200 个网格细胞。研究结果提示，与早期小样本研究的资料相一致，存在着类似的网格尺度、网格朝向和网格不对称性，但是具有不同网格位相的网格细胞簇组成细胞模板（图 13 - 11c）。短网格波长（间距）模块优先分布于 MEC 的背侧端。朝向 MEC 腹侧方向，大尺度模块相继增加，但不抛弃短波长模块。网格尺度的增加是不连续的。如果网格模块从短到长按波长区分，则从一个模块到下一个模块波长的平均增加因子为 1.4，网格模块具有几何渐进特性（progression；图 13 - 11d）。同时，每个模块的细胞数目减少。理论分析提示，这样一种组构方式或许可以从最少数目的网格细胞得到最大的空间分辨。通过这样一种构筑，可以从有限数目的一群神经元获得极大化的信息。这种情况使我们想到视网膜里面给光细胞和撤光细胞数目之间的平衡关系，这种平衡曾经显示可以与共同视觉场景的统计学结构相匹配[4]。

模块内部网格细胞的功能性相关，以及与其他模块网格细胞的分离，提出了一种可能性，即网格的网络包含有解剖上互相重叠的亚网络，这些亚网络展示强的内源性耦合，但与其他亚网络则仅有弱的耦合。今后的关键问题应该是：确定哪些细胞在此网络内有线路连接在一起，这些线路连接发生在哪个神经发育阶段，以及同一个网络的细胞如何互相找到对手。对于视觉皮层的功能图像来讲，有关这个问题已经有了不少信息。现在已经可以很合理地确定，活性依赖的机制参与了图像的形成，或者按啮齿动物的特殊情况，把带有特定反应特征的细胞连接起来。视觉通路连接的基本组构的建立，发生在视觉经验之前，由于自发的相关活性（视网膜和皮层的波），或由于在发育的出生前阶段克隆相关神经元的缝隙连接的耦合。还不清楚的是，是否实现网格细胞群体的模块构筑的发育过程，也依赖于类似视觉皮层的机制[4]。

网格模块的这种复杂性质，与另一些皮层系统里面出现的连续变异代表的组构，是有区别的。例如在猫和猴的视觉皮层，朝向选择细胞组构成为连续的针轮样（pinwheel-like）结构，这个结构通过一个 180°的朝向周期（180-degree orientation cycle）对各个朝向进行连续作图。除了在针轮的最中心点及方向敏感区的交界点，这些动物的朝向图像是平滑的。因为朝向是圆形的，所以为了得到适宜的连续性，可能需要针轮样排列。其他参数的作图，都是沿着整个皮层表面连续的，例如视觉优势柱、不一致性、空间频率，当然还有空间位置等。一个令人瞩目的例外是，在啮齿动物视觉皮层上，朝向调谐也有“盐和胡椒”样的组构。对这些例外情况的可能解释在于皮层区域的相对尺度、放大因子以及感受野的分散。由于这些因素，如果需要使所有刺激参数在视觉空间的每一个区都能够有所代表的话，则散置组构就成为必需。如果小鼠皮层柱的尺度有猫的那么大，而不是小的、像“盐和胡椒”样的组构的话，那么在视野的任何部位，小鼠只能看到一个刺激特征，例如朝向。我们只能推测，对于 MEC 内网格位相的“盐和胡椒”样的代表，是否也可以进行类似的解释；在具有较大 MEC 的哺乳动物中，网格位相是否可以进行定位的代表，如同动物的觉察空间那样[4]。

最后，MEC 网络不仅仅包括网格细胞。网格细胞与头朝向细胞(head direction cell)互相穿插在一起。所谓“头朝向细胞”，是指仅当相对于外部暗号，大鼠头朝向某一方向时才放电的那种细胞。第一次发现的这种细胞位于靠近前下脚(presubiculum)部位，以后也在 MEC 当中记录到了。网格细胞和头朝向细胞进一步又同边界细胞(border cell)混杂在一起。所谓“边界细胞”是指唯一地当大鼠靠近环境的显著边界例如记录空间的墙壁或是平台的边缘时才放电的那种细胞。MEC 网络还含有前面讲过的速度细胞，当动物奔跑速度增加时，速度细胞的放电频率单调地增加，它无关乎大鼠的位置或头的方向。在下脚还有具边界鉴定放电特征的细胞。网格细胞、头朝向细胞、边界细胞、速度细胞，这些是功能不同而又有关联特征的群体，它们互相穿插在一起。有关这种功能细胞在 MEC 中的混合存在，有一个有趣的比拟。在视觉系统中，在视觉皮层 V2(较少程度在 V1)，或至少在灵长动物的 V2，编码颜色的细胞和编码不一致性、朝向、运动、空间频率以及其他特征的细胞都共同存在，虽然某种程度上还有点分离开来，或者存在于某一个区隔里面。在视觉皮层上如同在 MEC 那样，功能特点分布到分离但又不互相混合的细胞类型中[4]。

### 13.5.6 网格形成机制——吸引子网络

网格是如何形成的？吸引子网络(attractor network)是目前比较受公认的一种机制解释，但不是唯一的。网格细胞的几个特征指向一点，即局部回路计算可能是网格型式的来源。当动物进入不同的环境，或某一次有过某些变动而改变了网格尺度以后，例如暴露到一个不熟悉的环境或者记录空间受到压缩的环境等，在网格细胞模块中，细胞聚集体在网格位相、网格朝向、网格尺度等方面以一种相关联的变化作出反应。在所有的情况下，一对细胞的放电野的相互关系仍然保存，虽然个别细胞的特征已有大的变化，而且与感觉输入没有任何显著相关。这些实验观察的结果与一种观点相一致，那就是网格细胞的操作像相互连接神经元的集合体，其活动型式沿着吸引子状态的一系列连续统(continua)而运动(图 13 - 12)。吸引子模型提供了关于网格细胞的强有力工作假说，但也有人提出过其他的机制，例如认为是 $\theta$ 节律的膜电位振荡之间的干扰。网格细胞的振荡性干扰模型可以解释有关网格细胞的某些重要实验研究，但也有逐渐增加的实验证据不支持这种模型的简单形式。本章将聚焦在以吸引子网络为基础的机制[4]。

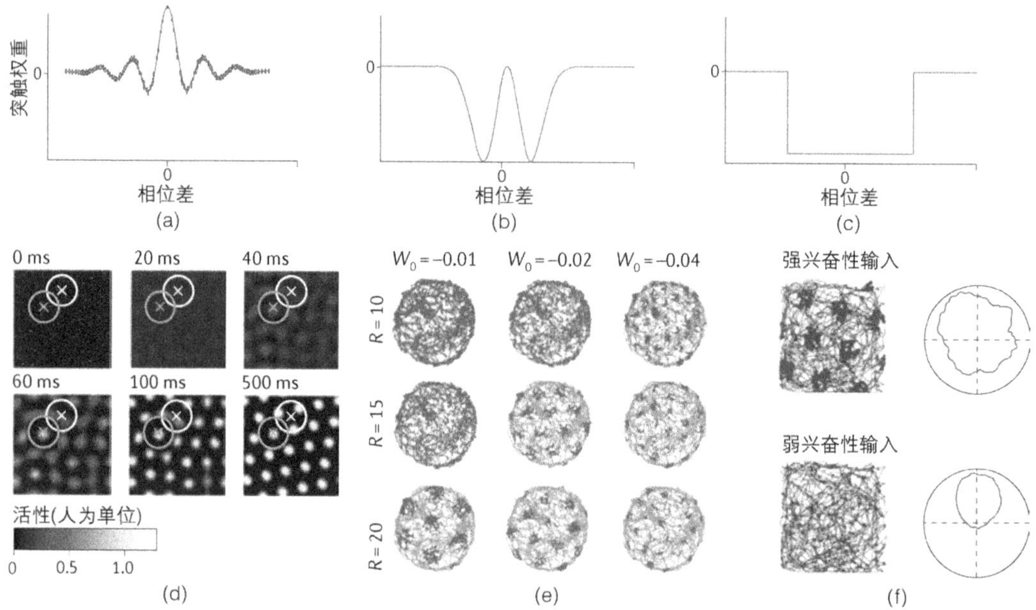


**图 13-12**　网格细胞的兴奋性和抑制性吸引子模型(彩图见图版第 46 页)

(a)(b)(c) 有几种连接型式可用来解释网格细胞吸引子模型的六边形放电型式的产生,这些模型包括墨西哥帽连接型式(a 部分)、墨西哥帽样连接型式(b 部分)、步进样抑制性连接型式(c 部分)。连接型式在它们相位依赖的突触加权复杂性方面是有所不同的。在墨西哥帽连接模型中,细胞有越来越减少的兴奋性连接,同时结合有越来越增加的抑制性连接;而在墨西哥帽样及步进样连接性的模型中,这两种模型都应用单纯的抑制性连接,不过抑制野有不同的形状。所有 3 种连接型式都产生六边形网格型式。(d) 步进样连接型式模型导致自发地产生六边形的网格形式。相继层次演示不同发育阶段的网络(0～500 ms),不同的阶段有个别像素对应于单独的个别神经元,各个神经元排列起来按照每个层次里面的网格时相。神经元的活性用颜色编码,下方为颜色码的横杠。两例神经元的连接半径 $R$ 显示为白的和绿的圆圈,直径为 $2R$。(e) 按照(d)模拟在一个圆形舞台上的单神经元活性(红点)。$W_0$ 是抑制连接性的强度。可以看到,$W_0$ 和 $R$ 调节网格野和它们相隔距离的大小。(f) 外部兴奋性驱动对于网格的形成是必需的。锋电位分布作图(在左边,如在小图 e),以及方向性的调谐曲线(放电频率作为方向的函数,在右边),其特点是有强的兴奋性输出和弱的兴奋性输入。当外部输入降低到一个关键数值以后,层次神经元的活性就容易畸变,而在一个时间平均作图上的六边形结构就看不清楚。与此同时,头部的朝向输入变成优势来源的输入,细胞变成有方向性的了。(图引自[4])

吸引子网络的观点是一个在理论系统神经科学方面最具影响力的观点。吸引子网络的看法可以追踪到赫布(D. Hebb,1904－1985)。他争辩说,共同放电神经元之间的互相连接将会变得更强,比之网络的其他部分。这样就形成了所谓赫布细胞聚合体。这个群体中一小群神经元的激活将导致其余神经元的激活。在赫布群体中,通过神经元连接起来的强连接回返性活性之激活,可以是自我维持的[4]。

有一项具影响力的理论研究为连续吸引子观点铺平了道路。甘利俊一(S. Amari)显示,在神经元按照圆圈排列的网络中,稳定的局限化活性型式可以维持下来。这样,随着离开圆圈的距离增加,每个神经元的兴奋性连接依次减少,而抑制性连接增加,这种连接方式就称为"墨西哥帽式连接"(Mexican hat connectivity)。自从这个研究以后,"连续吸引子"就被用作为模型,用来解释各种感觉、非感觉的过程,包括运动皮层的代表、运动投射、V1 区的朝向选择性、眼睛位置、头朝向细胞之方向性调谐(tuning)、动物在空间的位置。海马位置细胞放电即其一例[4]。

在去除光线及其他感觉刺激以后,网格细胞仍然维持其活性形式。这个事实指向了一点：它是一种自我维持机制。不足为奇的是,发现网格细胞以后,很快就引入了几个连续吸引子模型,用来解释空间周期性放电的形成。所有这些模型都分两个阶段。第一,细胞按照网格相位在线路网上排列着。当网络具有墨西哥帽式连接时,局部定位的活性(也就是一个"碰撞")会形成,也即通过兴奋性连接,那些具有类似网格相位的细胞连接起来,或它们受到较少抑制,比之那些具有较大相位差的细胞,后者经常显示互相抑制。在多个网络位置可以形成碰撞,带有重复性的相互作用导致形成网络排列的六边形碰撞型式。或者,碰撞发生在单个位点,而当活性碰撞回到环形线路网的同一个位置时,周期性放电就出来了。在这两种情况下,局部活性一旦产生,作为对网格细胞非对称速度及方向输入的反应,碰撞就经由路径整合(path integration)而向前移动。这种情况镜像于另一情况,即建议用来解释头朝向细胞的机制。当碰撞跟随着动物运动而发生时,每个个别细胞就表达网格型式的活性[4]。

### 13.5.7 内嗅皮层网格网络的独特性

如果网格型式产生于大量神经元的相互作用,网格细胞也可能在MEC以外具有类似网络构筑的神经回路里存在。然而在四极管记录中,迄今为止网格细胞只在MEC以及邻近的前下脚及旁下脚观察到。最近有报道,癫痫病人有类似的网格活性,此脑区被称为扣带(cingulum),但是报道没有提及电极定位的图像。现仅按此病人的常见情况,假定其电极植入的投射路径。很有可能此锋电位来自靠近的前下脚或旁下脚,这个位置在啮齿类也含有大量的网格细胞。迄今为止还没有已发表的证据,说明网格样活性在连续的旁海马区以外出现,旁海马区包括MEC及前下脚和旁下脚[4]。

但是,如果我们特定地搜寻那些共享MEC返回连接型式的脑区,会不会发现网格细胞呢？返回兴奋性连接是新大脑皮层的正常构筑特点之一。在层与层以及每层的内部之间,这种连接可以很广泛。例如,在大鼠"桶状皮层"第Ⅳ层的有棘星状细胞之间,在进行离体多膜片钳记录时,估计可有多达24%的细胞。另外,在视觉皮层的锥体细胞中,据估计连接程度可能更高。类似地,密集连接在几个异生皮层(allocortical)及异生新皮层的转变脑区也被发现,例如在嗅皮层、海马CA3区、下脚、MEC的Ⅲ—Ⅵ层。相比之下,很少有这样的网络,唯一地仅有抑制性的连接,如同MEC的第Ⅱ层那样。这类神经网络可能在前下脚和旁下脚存在,在那个脑区做全细胞记录时,如果局部给予刺激,则结果提示第Ⅱ层第Ⅲ层的兴奋性连接是稀少的。这些资料还需要通过直接的细胞记录加以证实：是否仅仅在那些展示网格型式的脑区里唯一地具有抑制性连接。这种可能性是有趣而吸引人的[4]。

然而,在异皮层旁海马皮层以外有两个脑区,其抑制性相互连接明显的程度,如同MEC的第Ⅱ层一样。其中一个脑区是嗅球。在那里,主要类别的兴奋性神经元——僧帽细胞,几乎唯一地通过抑制性颗粒细胞进行连接。第二个脑区是齿状回,来自齿状回颗粒细胞的苔状纤维在门区(hilus)有广泛的侧枝化并优先靶向中间神经元。中间神经元投射回来,到颗粒细胞,而颗粒细胞之间没有报道提到有直接的兴奋性连接。这样,嗅球和齿状回含有 MEC 构筑的几个关键元素,然而在那里面没有报道提及网格细胞。嗅球明显位于脑空间系统以外,齿状回颗粒细胞有多个放电野但缺少空间周期性。颗粒细胞里面缺少网格型式,这可能就反映了 MEC 和齿状回神经回路之间的某些区别。例如,可能缺少来自速度细胞和头朝向细胞直接向齿状回的输入,或者颗粒细胞的强的膜电位超极化。在 MEC 中,去掉兴奋性输入以后,也就是细胞膜超极化,根据推测,网格细胞六边形结构的活性就会丢失[4]。

如果 MEC 的第Ⅱ层有这样一些独特特征,那么这一层里面的哪一类细胞是网格细胞呢?第Ⅱ层网格细胞可能是星状细胞,也可能是锥体细胞,因为第Ⅱ层的兴奋性细胞有 2/3 是星状细胞,而至少其半数具有网格特征,因此有相当比例的网格细胞可能是星状细胞。这一点与研究结果相符合。研究发现,网格细胞的细胞内记录可以在固定头部的小鼠、在虚拟的环境中得到。在这些研究中,大多数第Ⅱ层网格细胞有星状细胞特异的形态学和电生理学特点。有提示认为,许多网格细胞是星状细胞,这符合一个事实,就是星状细胞是Ⅱ层投射到齿状回和CA3 区的主要发源细胞。另一个事实是,在向海马投射的 MEC 神经元中,网格细胞是丰富的。然而,这些实验观察并不能排除某些网格细胞是锥体细胞。网格细胞也存在于深层的 MEC 层次,在那样的层次里面没有星状细胞。锥体细胞可以应用不同于第Ⅱ层抑制性机制的机制,更有点像墨西哥帽的兴奋-抑制构筑,这是当初建议用于网格细胞的。或者,网格型式仅仅是从星状细胞通过连接传播的。如果能够做细胞内记录并且染色大量的活体动物细胞,那对于网格细胞的细胞实质到底是什么,将会得出更有决定性意义的结论。重要的是,解决这个问题要考虑在某些网格细胞吸引子模型里面,星状细胞网络之中心作用[4]。

### 13.5.8　网格细胞与位置野的形成

空间的内嗅皮层代表与海马位置细胞图像是相辅相成的。网格细胞和位置细胞之间的显著差别在于,位置细胞不像网格细胞,前者经常会在环境之间完全重新作图,甚至在同一环境的不同经验之间。但在不同的作业条件下,网格细胞群体展示了与空间相关联的放电形式,位置野的活性亚群可能完全被改变,而在那些仍然是活性的细胞中,放电位置的组合通常是不相同的。这样,内嗅皮层-海马神经回路有两个空间图像。一个图像独立地表达环境的度量,不依赖于标志物的特定形状(网格细胞);而另一个图像包含了半正交型的代表,这种代表是对个别环境独特的(位置细胞)。也就是说,一个是一般性的空间图像,另一个是特定空间的为数众多的图像[4]。

自从发现网格细胞以来,曾经提出了这样的问题:位置细胞是否源于网格细胞输入的转变,其位置在位置细胞上游一个突触,在 MEC 的第Ⅱ层和第Ⅲ层?与之相比较,在视觉皮层上,朝向选择细胞被提示是发源于同心圆野的线性总和;同样,位置细胞的发生被建议为来自网格细胞输出的线性总和,它们具有相互重叠的网格位相但不同的网格尺度。同时其他模型提示，位置野可以产生于任何弱的空间输入，例如周期性的或非周期性的，只要局部海马回路含有这样的机制，通过回返回路或通过赫布样可塑性，能够进行局部信息的放大。网格细胞和位置细胞的关系更复杂些，因为一些实验资料提示，不仅有网格细胞，还有其他功能细胞的类型，它们也可以从 MEC 投射到海马。来自内嗅皮层输入到海马的边界细胞特别令人感兴趣，因为早期计算模型指向这种细胞，认为它们是位置敏感活性的潜在来源。这些模型提示，位置细胞接受的输入，来自假设性的海马以外大脑皮层的“边界向量细胞”，这些细胞的放电频率反映局部环境对特定边界的距离及方向。MEC 的边界细胞组成了这类细胞的特异亚群，它们的放电仅仅发生在边界。在下脚也曾观察到，有的细胞之反应峰出现在离开边界的距离增加处，但这些细胞并不在 MEC 的海马投射细胞范围内。有些实验事实与内嗅皮层的边界细胞贡献于位置野形成的看法是相一致的：在靠近角落及边壁的记录环境处，有大量的海马位置野，而中央区则较少。考虑这样一个事实：幼鼠第一天进行向外探索，它的边缘细胞就具有成年样的特征，所以从这些细胞来的输入可以解释一个谜：位置细胞的成熟要早于网格细胞，而这恰恰违背了网格细胞到位置细胞转变线性总和模型的预测。这些发现提出了一种可能性，那就是边界细胞所起的作用是在年轻动物中驱动位置细胞；而当动物渐渐变老的时候，网格输入起着越来越重要的作用，可能是更强地贡献于位置代表的度量方面。这种发育是否伴有位置细胞基于路径整合而增加测绘环境的能力，还有待确定[4]。

虽然海马似乎接受内嗅皮层各种类型细胞的输入，但不清楚的是，来自特定功能群的神经元例如网格细胞并到达个别海马位置细胞的输入，它们是功能上广泛的，还是某种输入占优势的。如果输入是混合的，那么一个明显的问题就是：这种输入如何有选择地转变为稳定的、空间局限的放电野呢？与之相比较，根据对输入到初级视觉皮层（V1）的朝向选择神经元的研究，可获得某些线索。例如有研究表明，通过成像 V1 区第Ⅱ层、第Ⅲ层个别神经元树突棘的钙，可以看到突触的输入作图到对漂移栅格的反应。研究显示，各树突棘有朝向优先的异源性，虽然某些细胞展示了相当均匀的树突反应。另有研究运用了更灵敏的钙指示剂、更多的细胞数目，证实突触输入是异源性的，也证明了细胞输出可以根据突触输入的平均调谐而得到预计。类似的异源性也可能存在于内嗅皮层到个别位置细胞的输入。要是如此的话，位置野的特点就可能不仅取决于不同功能输入的相对数目，也取决于突触强度、靶细胞内的树突机制，以及局部回路机制的变异[4]。

内嗅皮层有这样广谱的输入渠道可供利用，这种情形对于海马位置细胞的信息编码有好处。与多种细胞类型的连接将允许内嗅皮层和海马细胞群体具有功能耦合的动力学。γ 振荡为有选择的细胞群体的动态耦合提供了机制。CA1 区的位置细胞通过快速 γ 振荡耦合到 MEC 细胞群体的空间调制，而低频 β－γ 振荡使之可以与内嗅皮层外侧部的编码嗅觉的神经元相耦合。因为 β 和 γ 波段（epoch）是短时程的而且是区域特异的，所以位置细胞可以与一系列内嗅皮层的细胞群体发生动态相互作用，这些群体携有不同形式的信息。个别功能输入的有效程度依赖于行为，例如动物跑动的速度；与行为学习的进化相平行，这提示了位置细胞输入之间的平衡是经验依赖的[4]。

最后，MEC 和海马的空间细胞之间是双向连接的。虽然网格细胞或边缘细胞对于形成位置细胞是必需的，但位置细胞也可能通过直接和间接的连接，影响 MEC 的空间图像。当海马失活以后，网格细胞就丢失了它的六边形放电型式。网格细胞反而变得对其他影响有反应了，例如对头方向信号。网格结构的去除，强烈地关联着网格细胞诱发放电频率的下降，此现象与需要外源性兴奋性输入这一点是相符合的，而且这种需要是由网格细胞抑制性神经网络的建议所提出来的。依赖于来自海马或其他部位的外部兴奋，并不排除海马的反向投射对于影响网格细胞其他功能的意义，例如更新基于环境特异图像而存储在海马里面的位置坐标[4]。

### 13.5.9　网格细胞的进化和前景

网格细胞并非啮齿类所特有。最近的研究表明，埃及大蝙蝠（fruit bat）有网格细胞。这种蝙蝠属于翼手目（Chiroptera），它在哺乳动物进化的早期就分支出来，甚至在啮齿类与灵长类分开之前。不同目之动物有网格细胞存在，这提示，网格细胞在进化的早期就出现了，有可能存在于范围广泛的各种哺乳动物中。网格细胞甚至有可能存在于爬行类如蜥蜴，或者存在于硬骨鱼中，这些动物具有类似于哺乳动物海马的脑回路。这些动物在空间里的移动方式，与啮齿类及蝙蝠差得并不太远。这个可能性由于这样的事实而被增强，那就是乌龟、金鱼的游弋依赖于哺乳动物海马的同源结构。迄今所描写的空间调谐细胞，都发现于系统发生上古老的脑皮层区。这个事实的发现符合一个观点，那就是有一套共同的神经回路机制，以使广泛不同的动物物种能够应对空间环境[4]。

最近有报道，灵长类有网格样特性的细胞。在这些研究中并不让受试动物运动，如同在啮齿类及蝙蝠的研究中那样。进行第一个研究时，让猴子看一系列快速交替的图像。据报道，当把锋电位作图到猴子的眼睛位置图上时，网格型式就显出来了，它独立于视觉成像的内容。此结果提示，网格细胞是通过眼睛运动来确定放电的系统之一部分，而放电的位置则取决于眼球路径的整合机制。进行第二个研究时，患药物抵抗的癫痫病人在一个虚拟环境中预先确定的位置之间移动，报告有网格细胞出现。在这两个实验中，网格型式的噪声比啮齿类在运动中的噪声要高，但周期性比预期随机的要强。增加的噪声可能反映了猴子偶然地重新调节图像间的眼球路径整合器；在人类，这可能是由于虚拟的和真实的世界参考框架之间的交替。对啮齿类的研究显示，在有复杂结构的环境中进行测试的时候，参考框架的变化经常可以在网格细胞中发生。为了减少时间平均速率图像的周期性，这种变化将是必需的。在人类研究中，电极的位置相对而言不够精确，并存在平均的多层及亚脑区的细胞活性平均，这些都是增加网格型式噪声的原因。视觉驱动网格细胞的存在，令人回想起猴子海马和旁海马区的空间视物细胞（view cell）。视物细胞是猴子对看东西时自身的位置起反应的细胞，而不是对自身在空间上的位置起反应的细胞。视觉驱动的网格细胞可能提供重要的输入到视物细胞[4]。

与之相比较，视觉扫描时以及虚拟运动时网格型式的存在，提示进化已经扩展了速度输入的范围。这种输入可以驱使路径整合器，它被认为在动物通过空间的运动中更新网格图像。如果能够这样做，将是令人感兴趣的。对视觉运动起反应的猴子的同一细胞，是否也对运动起反应？或者，有没有网格细胞的单独系统，它仅对运动有反应？不论答案如何，灵长动物的资料提出了一种可能性，网格细胞可以用来作为一系列空间操作的内部度量[4]。

### 13.5.10 展望网格细胞研究

外部世界在大脑皮层的多层次中有多层次的代表，从最低的初级感觉皮层，到最高的联络皮层。在抽象顶峰的是外部空间在MEC及海马上的代表，本章讨论的就是这些代表。MEC代表的关键细胞类型是网格细胞。这种六边形放电型式的细胞类型，提供了令人印象最为深刻的神经再创造外部世界的例子，这里已经不再能够追踪任何感受器直截了当的特定激活型式。与多数初级感觉皮层的细胞类型不一样，多数有明显特征的网格细胞样的感受野，可能产生于内嗅皮层回路本身。因此，网格细胞为我们提供了一个独特的窗口，经此可看到大脑皮层的高水平计算在如何进行着[4]。网格细胞除了支持路径整合以外，还有不依赖于空间大尺度情景的度量功能，故可以进行方向移动(vector navigation)[13]。

网格型式的内部来源是一个重要的特征，是研究皮层计算的强有力的系统。从某种意义上讲，不能够把信号追踪回外周，这是不利的方面，因为不能够操控动物的感觉环境，从而容易地解释所引起的变化，即用感受野来进行解释。但是从另外的意义上讲，缺少感觉确定性使我们可以研究大脑皮层如何创造纯粹基于局部神经相互作用的复杂感受野。当然，这对其他高层次联络皮层来讲，可能也同样是正确的。不过，虽然内嗅-海马神经元空间感受野的相关输入参数可能是含糊不清的，但是环境空间的代表却是独特的，因为它提供了计算输出的容易解释的度量[4]。

新近发展了研究神经回路的大量工具，目前使我们达到了这样的地步：可以探讨多个不同功能的细胞类型的相互作用，如何形成一个代表的详细机制，通过这个机制实现一系列的功能，从行走及动作指导，到高容量的可描述性记忆。网格细胞的组构显示出感觉输入以及定量相互关系具有超脱性，这提供了潜在的方法来解密关于型式形成和型式转换的机制。此类机制可能广泛适用于大脑皮层，包括低级代表的层次，在那些层次，可能往往更容易为实验测试而探究计算机器的组成。进入了型式形成加工这扇大门，网格细胞可能提供一个机会，以便更好地了解新大脑皮层的一个非常基本的机制，即再优化“代表”和加工外部世界的信息[4]。

开拓新的技术学是研究网格细胞的重要一环。最激动人心的研究前景是应用分子遗传学技术。希望这将提供机会，可以帮助我们了解外部空间的复杂内部代表是怎么产生的，以及它们如何影响下游神经元。已经有不同转基因驱动子的动物系，可以用在不同的群体神经元中以表达转基因，而这些神经元可以是MEC兴奋性或抑制性的神经元。这些驱动子系的模块性具有关键性的有利之处，按照“负载”(payload)转基因(负载转基因可以利用另一转基因动物系或者互补病毒来发送)，可以在同一基因鉴定的细胞上实施不同的操作。网格细胞准确的细胞规定性仍然不清楚，它们可能没有准确的细胞确定性，因此有可能无法构建“网格细胞特异”的驱动子系。然而，在有正常行为的小鼠的MEC上，把细胞记录和调控特定细胞类型的动作连接起来，这样得出的结果可能是特别富有成效的。此外，已经有驱动子系的动物，所选择的基因几乎唯一地表达在MEC的第Ⅱ层，在那里网格细胞是最丰富的。第一，网格细胞的规定性可以通过光遗传学刺激手段确定下来。例如在实验记录的时候，刺激经过分子类别鉴定的不同神经元，看看哪一类驱动子系丰富地存在于具有某种感受野的神经元(例如网格细胞)中。然后可以用光遗传学方法或者药理遗传学方法，操控规定的配套神经元活性，再联合应用记录单位放电。对于这些神经元感受野的效应也可加以演示，可调控其他神经元，甚至远处下游的神经元[4]。

由于成像和荧光指示剂转基因的进展，现在已经有了这种能力：立刻观察经遗传学鉴定的大量神经元放电。这使得我们可以从分析单个或小数量的神经元，转移到分析某个脑区整个神经网络的相当大数量的神经元。重要的是，最近已经结合运用了虚拟现实的研究途径，这种方法使得在真实世界中困难或达不到的空间调控(例如“远投送”一个动物到虚拟环境中的另一个地方)得以实现。如果具有能够记录几百个神经元的能力，而且知道它们在大脑皮层上的定位、它们的细胞规定性，再结合可以被随意操控的虚拟环境，这样的结合将提供多种多样的实验可能性，而这在几年前是无法想象的[4]。

应用这些方法将可以提供关于网格细胞和位置细胞形成模型的经验测试。例如，如果我们在做网格细胞记录的时候应用中间神经元特异的Cre细胞系，那种细胞系是可以应用于药理遗传学刺激及/或抑制特定类型抑制性神经元的，那么，有可能更好地分析人们所提出的抑制性神经元在网格放电中的作用。类似地，可以应用新方法来研究振荡在网格细胞放电中的作用，就是以局部场电位(LFP)记录作为触发物，驱动相对于局部振荡位相的光遗传学操控。可以研究可塑性在MEC第Ⅱ层细胞感受野发展中的作用，通过敲除某一神经元亚群编码NMDA受体的基因。在发育过程中，通过药理遗传学方法去极化及/或超极化细胞，这样来检测活性依赖性。这些受操控神经元的规定性，可以随后通过具有双顺反子(bicistronic)的转基因盒的光遗传学刺激方法加以鉴定。最后，应用合适的驱动子品系靶向病毒追踪工具，例如G敲除的重组狂犬病毒系统，可以特定地发送转基因有效载荷到单突触输入，从而确定经特定遗传学方法鉴定的神经元解剖学连接。这样，就可以确定向MEC神经元输入的功能性质，确定必须要有哪一个感受野的结合才会产生网格样的感受野。总而言之，几年前无法想象的某些事情，现在变得完全有可能了：有可能从机制的角度来剖析如此复杂的问题——认知的问题，例如网格细胞的感受野问题[4]。

## 名 词 解 释[4]

**内嗅皮层**：内嗅皮层是3层海马皮层和6层新大脑皮层的界面，它提供对齿状回的主要皮层输入[4]。

**位置细胞**：一种海马神经元，它典型地具有单一的、环境特异的空间感受野。在不同的环境之间，位置细胞没有一种可辨别的放电型式之间的相互关系。

**网格细胞**：具有规律性、重复六边形排列感受野的旁海马神经元，在不同的环境条件下其活动型式大部分相同。

**θ节律**：海马局部场电位6～10 Hz范围内的振荡活性，它由大而范围广泛的海马神经元群体的同步振荡所产生。

**“盐和胡椒”样组构**：皮层构筑的一种模式，单个细胞调谐(tuned)刺激的朝向，但不显示在啮齿类视觉皮层上看到的那种特定排列次序。

**头朝向细胞**：在整个旁海马脑区发现的神经元，其他脑区也有(例如前部丘脑)。这种神经元的基本特征是：其感受野的方向正好是动物头的朝向。

**吸引子网络**：具有一个或多个存储于突触连接结构中的稳定放电频率型式的网络。

**连续吸引子**：一个吸引子网络，在这个网络里面，有吸引力的点的集体不形成分散的组合，而是形成连续统(continuum)——一个圈或者一个片。

**墨西哥帽式连接**：一种网络连接方式，在这种连接中，神经元排列是按照一个环或者一个片。这样，每个神经元的兴奋性连接随着距离的增加而逐步减少，而同时抑制性连接逐步增强。

**星状细胞**：形态学上被鉴定的一种细胞，它具有圆的胞体以及往所有方向辐射状分散的树突。存在于内嗅皮层的星状细胞是投射到齿状回和CA3区的主要投射源。

**回返性神经网络**：一种神经网络，在那里，每个神经元元素对网络里面的许多其他神经元提供输入。

**适应**：在一段时期的重复放电之后，神经元放电频率减少。

## 13.6 亚里士多德的“总感觉”

在谈到知觉时，亚里士多德区分了5种感觉(官能，faculty)以及相应的4种感觉器官，谈到了感觉能力(power)。当然，他所谓的不同感觉能力是指完整动物个体有所作为的能力表现，而不是指单独某个器官的能力。亚里士多德说，感觉是不能分离的，但在解释时是能够分开的。对各种操作和机制需要有不同的解释，但它们都是统一感觉能力的组成元素。感觉器官是互有连接部件的一部分，它们的中心在心脏。只有当感觉器官受到冲击或者身体任何部分受到触动时，动物产生的冲动经过血液，可以传导到作为感觉中枢的心脏，这时才能有知觉。亚里士多德实际上把完整的感觉功能定位于心，就像我们今天把它定位于脑一样。他把这个具有知觉能力的心脏称为管理感觉的器官，这是不正确的，因为今天我们知道，我们不是用“感觉中枢”(sensorium)来感觉的，不论是脑还是心脏[14]。

亚里士多德强调的是，虽然我们具有不同的感觉机能，虽然某些感觉对象(object of sense，即所谓“固有感觉，proper sensible”)是由特定感觉器官发现的，例如光被眼睛、声音被耳朵发现，但还有另一个成分，即所谓“公共感觉”(common sensible)，是经由多种感官的识别，例如运动、形状、大小、数目、统一性(unity)等。这后一个事实是许多不清晰存在的理由之一，使得人们假定有一种“基本感觉能力”(primary capacity for sense)，亚里士多德有时也称之为“公共感觉”；后来的学者，直到 18 世纪，将其称为“总感觉”(sensus communis)[14]。

看来是这样的：为什么通过感受固有的感觉，我们就能够觉察公共感觉(我们不能够只看到形状而不看到颜色)，而且将其觉察为完整的特征？这需要总感觉。举例来说，通过视和触两者，我们感觉到了形状，视和触是检测同一个属性的，例如形状的几条途径，我们不是感觉到两个分别的特征——视觉形状及触觉形状。此外比如，当我们感觉到一朵玫瑰花时，我们用不同的感觉器官及其相应的官能，感觉到它的不同的固有感觉，而我们得到的形状知觉是完整的一朵玫瑰花。这一点按照亚里士多德的看法，有另外一个理由，需要假定存在一个“单独的感觉官能”和一个“总器官”(master organ)，那就是心脏。这个概念有点像我们现在所讲的捆绑问题[14]。

此外，为什么要有一个总感觉，还有几条理由。

① 亚里士多德认为，我们看到了正在看的东西，听到了正在听的东西，这就是公共感觉的功能。[某些当代神经科学家和神经心理学家研究“盲视”(blind-sight)的问题，将其归于脑的某个部分具有自我检测设施(self-monitoring device)，能够完成有关的同样功能。]这实际上是一种自我觉察(self-awareness)，需要进一步的分析和研究[14]。

② 由于视觉，我们可以把白的和红的区分开来；由于味觉，我们可以把甜的和酸的区分开来。同样，感觉的这一部分可以和另一部分区分开来。但亚里士多德曾惊奇地观察到，我们也可以分辨：白色和甜不同，红色和酸不同。这种分辨既不依赖于视觉，也不依赖于味觉。所以亚里士多德认为，一定有一个知觉的总官能，用以满足这个功能[14]。

③ 人一入睡，所有的感觉机能都没有了(也就是说，睡觉的时候，我们失去视、听、味、嗅及内态感)，因此睡眠与觉醒应该会影响单个统一的感觉官能和感觉器官控制。最后，亚里士多德还指定了总感觉具有以下的功能：感觉到时间，产生幻觉或幻想，进行记忆，做梦[14]。

亚里士多德在人类机能的早期认识方面提出了总感觉这样的概念，也有点类似于人们以后谈到的神经系统整合功能的概念[14]。

总感觉指人为什么有感觉的那种能力，所以有点接近于现在我们所讨论和理解的 ① 意识(consciousness)；② 感觉(sensation)转变成为知觉(perception)的过程；③ 能够知觉的那种能力。

## 13.7　捆绑问题

什么是捆绑？自从 1981 年 von der Malsburg 最初构想“捆绑问题”，并把它作为一个理论问题以来，它吸引了许多学科研究人员的注意，包括心理学、神经科学、计算模型，甚至哲学。虽然这个问题在这些领域中占有显著地位，但是捆绑的意义很难搞得清楚。

这里将简单回顾并讨论有关捆绑的许多问题[5]。

标准的捆绑例子是当初在1961年由F. Rosenblatt提出来的。这个例子提到，视觉的某一特征例如物体形状，一定要正确地关联到另一特征，例如它的位置，这样才能提供整合的、统一化的物体的代表。当有更多视觉物体存在的时候，如此清楚的关联或“捆绑”变得特别重要。为了避免不正确的、归属于不同物体特征的组合，这种情况通常被称为虚幻结合(illusory conjunction)。有相当多的心理学证据表明，存在着虚幻结合的问题。这提示，对脑来说，在某些情况下捆绑确实是一个问题。此外，根据神经解剖学和神经生理学的证据，视觉系统的信息加工流动方向是分离的，因此一些特征性的维度，例如颜色、运动、位置及物体身份，它们是在不同的脑区被加工的。应该注意，解剖学加工信息流动的早期特征化(characterization)，强调了它们的分离性，但是最近有越来越多的研究显示，脑区间有高度的干扰，并且有更多的证据表明，存在对于维度的敏感性，除了在多个脑区中选择某个脑区以外。这样看来，虽然神经解剖学信息对于了解脑的加工过程和形成代表是关键性的，但是我们当前的神经解剖学知识不应限制我们认识捆绑问题及其解答[5]。

### 13.7.1 **捆绑问题，捆绑答案**

这里的“问题”(problem)采用单数形式，提示捆绑是一个完整的单一问题(unitary problem)。但事实上，捆绑问题是一类问题。讨论捆绑时，某些含糊不清可能源于这样一些事实：同一名词被不同的人用来描述不同的现象。除视觉捆绑了所有视觉的空间信息之外，捆绑信息也可能牵涉不同类型的特征，可以捆绑不同皮层脑空间的神经信号，捆绑可以发生在不同的感觉模式之间。例如，可能需要听觉捆绑来区分嘈杂背景中单个发音的声音；为了解释物体运动，需要经过时间的捆绑；要把球撞球拍的声音和视觉的知觉形象联系起来，需要多感觉模式的捆绑。这两者都是作为单个事件的一个方面不费力气地被觉察的。我们将称这类问题为知觉捆绑问题，因为它们牵涉知觉形象各方面的统一化。此外，还有认知捆绑的问题：包括一个概念与一个知觉形象相关联，例如把关于苹果的视觉代表与所有关于苹果的语义知识关联起来，比方是可吃的，有什么味道，可以用在馅饼里，等等；包括跨越感觉模式的鉴定，例如能够确定一个项目，它以前仅仅是被感觉到的；包括在记忆里面加以重组，例如联系到以前编码的信息，形成一个结构或统一的代表等。虽然这种知觉/认知上的区别有点人为，但这是用来表明一个事实，即捆绑可以发生在许多不同形式的脑加工过程当中。下面所回顾的捆绑问题，主要聚焦于视觉捆绑问题。对于被研究的特定问题的性质如何，我们力求搞得越清楚越好，因为虽然多数不同型式的捆绑问题有可能用同一机制加以解决，但这仅是一个非常省力的假说而已。最终看来，这是一个经验性的问题[5]。

在问题的另一面，值得回忆的是，有些事情复杂到如同捆绑这样一个非常大的问题，很可能没有一个机制性的单一答案。这里所提出捆绑问题的种种潜在机制提示，它们可能并不是互相排斥的。脑内有充裕的加工信息空间，可以容纳注意的、时间的以及组合性的编码机制，可能还有其他尚不知道的机制参与其中[5]。

### 13.7.2 捆绑是一个问题吗？

有两种类型的情况表明，捆绑是一个问题。第一个情况是脑在捆绑上会发生困难。这种困难可以发生在正常的脑，当由于时间或容量的限制而导致错误，例如错觉连接(illusory conjunction)；也可能发生在受损伤的脑。缺陷出来了，那就说明捆绑对于某些正常认知操作是关键性需要的。例如在 Balint 综合征*中，双侧顶叶损伤引起综合图画失认症(simultagnosia)。这个症状的表现是，在同一时间内不能觉察一个以上物体。其他实验显示，传导通路之间出现了预计不到的分离。例如有报道，在视觉为知觉及视觉为活动这两条传导通路之间出现了双重分离。病变局限于顶-枕叶皮层的病人，他虽然可以根据形状辨别物体，但不能够根据视知觉形象很好地把握物体；而腹侧皮层病变的病人不能进行辨别性作业，但能对刺激有良好反应，用适当的动作把刺激物抓住。在这种情况下不完全清楚的是，是否在正常通路之间发生了捆绑。然而类似的分离事实在脑未损伤的情况下没有看到过。这也提示，在通路之间共享了信息，而这可能是通过捆绑来完成的。这样看来，两类实验以及病理研究都表明，脑真正参与到某种操作中去了，这种操作负责合适的、联合的神经信号[5]。

对于捆绑，第二个情况是概念问题：即使在正确地捆绑信号的过程中，脑通常也并不出现什么问题。科学家仍然缺少了解，分布在不同神经放电型式中的信息，如何能够产生和谐、活泼的代表。因此，捆绑是一个我们尚不清楚而需要作出解释的问题[5]。

### 13.7.3 捆绑机制

杂志上有好几篇文章详细地讨论了捆绑的可能机制。例如 J. H. Reynolds 和 R. Desimone 解释了，注意机制对于捆绑是不可或缺的，事实上有很多来自心理学和神经学的证据提示，注意是和捆绑密切联系的。C.M. Gray 和 W. Singer 讨论了时间同步化(或者时间相关)如何可以用来捆绑神经元信号，而且描写了不利于和有利于时间捆绑的证据。他们根据神经科学的许多研究结果，把一些令人印象深刻的证据搬到前台，而且提供了有关神经编码的时间方面的展望，从细胞水平到系统水平。根据他们所提供的材料，清楚的是，脑内的神经振荡和信号同步化是存在的。神经元有这样的机制来处理这些信号，例如改变突触强度。然而，现在仅有一些提示性的而不是不容置疑的证据，这些信号可以用于捆绑，或它们对于脑功能起关键性作用。这些时间相关的提倡者们，特别小心谨慎地在他们的讨论中提出来，已有证据是符合的，但并不能够证明这个时间相关确实是应用于捆绑。而在另一个阵营，有作者对时间捆绑假说提出了非常尖锐的批评。他们争论说，时间信号没有这样的容量来编码捆绑关系。还有其他作者提出，在知觉捆

---

* Balint 综合征是由双侧顶枕区病变所致的神经病，症状包括眼球随意运动消失、眼动失调与视觉注意障碍，常伴言语困难等。参见 400 页相应的名词解释。

绑中可以设计实验,帮助我们或者建立或者破坏时间同步,当然正确地完成这些实验可能是一个很大挑战[5]。

但也有人争论说,事实上没有捆绑这个问题。他们认为,经典的、有层次性的神经元编码可以一直追溯到 Hubel 和 Weisel。神经元可以编码组合性信息来解决知觉问题,而并不需要引起组合性的爆炸。有人声称,至少一群特异细胞就可以有强有力的时间相关,可以支持丰富的代表;但是他们又提出,还没有可能用单元代表来进行解释,因此某些形式的捆绑一定是存在的。也有人不讨论这个大问题,但他们描述了一个模型,作为一个可能的证明,说明组合性编码已经足够满足对象的认知。他们的模型利用了中等数目的宽广调谐神经元,让它们来实施认知作业,结果是成功的,即使处于存在着其他物体的条件下。虽然它们的模型与已知的神经生理学资料符合,但还需要看一看,是否扩展的模型可以处理各种各样的、不同复杂性的刺激,而这些是我们的脑每天都要接触的。此外,此模型对于物体辨认的尺度是:一个调谐的单位对于为之调谐的物体比起对于一个分心物,反应会更大一些。如果能够看一看,当单位的数目和分散的数目增加时,作业实施的鲁棒性将会怎样,那将是很有意思的[5]。

有人提出了特别重要的两个问题,增加了讨论问题的前景。第一是脑功能的灵活性,这使得讨论离开了网络模型的模式;第二是,不论捆绑神经信号的机制是什么,学习或可塑性一定是基本成分。虽然模型的目标通常是模拟脑能够实行的简单作业,但脑的"目标"是要能够掌握、处理可能遇到的更复杂的刺激或情况。这就是说,模型太简单了。所以,Rosenblat 在 1961 年关于捆绑问题的解答表明了一点,解决任何一个已知问题是比较直截了当的,可能并不需要时间捆绑那样一种复杂机制。然而,当试图建立一个更加一般性目标的模型时,困难就出来了。例如,组合性爆炸及个体发生因素,到这里,捆绑就变成显然必要的了。到底 M. Riesenhuber 和 T. Poggio 的模型能够普遍化到什么程度?它是否可以成为除认知以外其他视觉作业的框架?这类神经网络有多少可以变通,其灵活性如何?在分等级以及作业特异性等问题上进行透彻的考察以前,现在还很难说,这样的模型能够在多大程度上应用于脑功能[5]。

### 13.7.4 捆绑够了吗?

有作者指出,对于捆绑假说来讲,可能最基本的问题是:即使假定时间编码是信号传送的载体,而神经元群体又应当是捆绑在一起的,这个理论也没有合适地探讨一下,这些组合是如何计算的。从某种意义上说,捆绑问题又被推回一个水平,因为一定要解决这样一个问题,即使部分地解决,即缺少必要的时间相关。具有合适感受野特征及解剖学连接的神经元是否就是产生相关联信号的充分基础?在建立合适同步化的过程当中,自上而下的连接起什么作用?这些问题都很难回答,而且很难用生物学的实际来进行模型化。在时间捆绑假说的输出方面也有类似问题:如果相关是捆绑信号,那么这些信号又是如何读出的?读出问题是神经科学中诸多令人困惑的和基本的问题之一。群体神经元放电是如何被另外一群神经元所解释、转换,从而导致判断、动作、知觉等的?这个问题最烦扰多数(即使不是所有)的脑功能模型,因为在建立模型时,是模型建造者把语义赋予了网络节点。有一个办法可以潜在地躲开此问题,那就是完成模型和世界之间的回路。这样一来,世界碰撞到网络,网络又作用于并影响着世界,从而通过作用就产生了语义[5]。

这些讨论提出了一个问题,可能是捆绑问题中最迷惑人的问题——意识问题。像神经放电这样一个最简单和最机械的现象,怎么能够叠加起来而成为主观内态感,成为自我?那些使得我们能够把正确的颜色、形状赋予物体的机制和那个导致现象经验单一性的机制,是不是同一个机制?捆绑问题的解答是否就是意识谜团问题的解答?我们不想过多地解释这一点,因为问题的回答可能需要很长的时间,虽然没有一个科学家在讨论捆绑问题时讨论到意识,但可以打赌,围绕捆绑问题的兴趣、激情和争论的很大一部分,是由于跟这个问题相关的问题太多[5]。

## 13.8　视知觉的错觉

由于在视觉中,知觉拷贝(percept)有可能在时间和空间上被准确地操控,故而视觉成为探索意识的神经相关(neural correlates of consciousness,NCC)问题时优选的感觉类型。心理学家已经发明了一系列操控的方法:掩盖(masking)、双眼竞争(binocular rivalry)、连续闪光压抑(continuous flash suppression)、运动诱导盲(motion induced blindness)、改变盲(change blindness)、心不在焉盲(inattentional blindness)等。通过这些操控可以分裂客观世界的物理刺激和与之相关联的知觉拷贝间那种看似简单、不含糊的关系,而知觉拷贝是受试者的神智隐私。特别是,一个刺激可以在知觉上受压抑达数秒甚至数分钟:图像已经投射到受试者两只眼睛中一只,但是没有被觉察。这样一来,对主观知觉拷贝起反应的神经机制而不是物理刺激,就可以分离出来,从而允许在脑内追踪视觉意识。在错觉中,物理刺激维持不变,而知觉拷贝在波动。最熟悉的例子便是内克尔(L.A. Necker)立方体(图 13-13),它的 12 条线在深度方面可以按照一种或两种方法被觉察到。

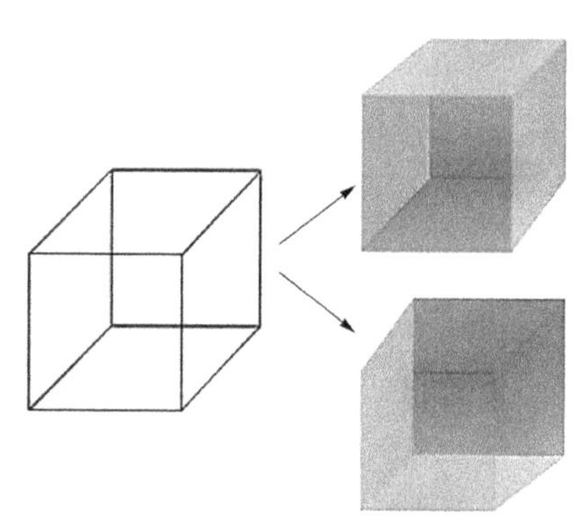

**图 13-13**　内克尔立方体

左边的画线可以被觉察为显示在右边的两个不同深度构型中的一个。没有其他任何暗示(cue),视觉系统在这两种解释之间来回切换。

可以准确受调节的一种错觉是双眼对抗。在这里,一个小图像例如一个水平光栅提供给左眼,而另一个图像例如垂直光栅却显示给右眼的相应位置。虽然是恒定的视觉刺激,受试者有意识看到的却是水平光栅和垂直光栅每数秒钟的交互轮换,脑不允许同时知觉两个图像(参看图 10-11、图 14-4)。

有作者记录了对清醒猴子实施双眼对抗作业时的一系列视觉皮层活动。可以训练猴子给出反应报告,当它们看到左边或右边的图像时。观察其两方面的表现:一是转换时间的分布，二是改变一只眼睛对比度时产生影响的方式。两种实验结果都毫无疑问地显示，不论猴子或人，都经历了同一基本现象。在猴子初级视觉皮层 V1，作为知觉拷贝的功能函数，只有少部分细胞微弱地调制其反应，而多数细胞的反应是针对一个或另一个视网膜刺激，很少考虑动物在那个时候觉察到什么。但是在高等级的大脑区域，例如在视觉腹侧流的下颞叶皮层，基本上所有神经元仅对知觉上占优势的刺激有反应。所谓“脸孔细胞”仅当动物表示看到脸孔时才放电，而不是对提供给另一只眼睛的图像型式放电。这意味着 NCC 涉及的是下颞叶皮层神经元的活动，这有可能就是下颞叶和部分前额叶皮层(PFC)特定回返性神经元的作用所必需的。

数个 fMRI 实验考察了双眼对抗及相关的错觉，用来鉴定实现人类视觉意识时的血液动力学活性。这些实验相当有把握地演示，在腹侧视觉流的比较高级阶段(例如梭状脸区、旁海马位置区)，以及在视觉的较早脑区域，包括 V1 区和外侧膝状体，它们的 BOLD 活性都跟随知觉拷贝，而不跟随视网膜刺激。更进一步，有数个 fMRI 及 DTI 实验提示，为了视觉意识，V1 是必要的，但不是充分的。

在相关的知觉现象“闪光压抑”中，知觉拷贝与投射到一只眼睛的图像有关联，但给予另一只眼睛以图像闪光，则此知觉拷贝可以受到压抑，而图像仍然还在那里。比之双眼对抗，此方法有其方法学上的优点。在这里，知觉转换时间取决于外部触发而不是内部事件。对猴子下颞叶皮层及上颞叶沟的多数细胞，可以训练它们在动物知觉拷贝之后的“闪光压抑”时段报告其知觉拷贝：当细胞的优先刺激被觉察到，细胞就作出反应。如果这个图像仍然保留在视网膜上，但在知觉上受到压抑，细胞就变成静默，即使初级视觉皮层的神经元仍然在那儿放电。在“闪光压抑”实验中给内侧颞叶癫痫病人做单个神经元记录，同样也取消此反应。那时优先刺激存在，但知觉上受到掩盖。

## 13.9 知觉问题上的神经科学与艺术：旁观者的分享

脑科学很有可能会加深对于我们如何享受音乐、文学和视觉艺术的认识，甚至有关我们如何产生好的文学和艺术作品。反之，由于脑科学参与了知觉及艺术的创造，它也会改变。例如，了解我们的感觉系统是如何工作的，就是这种改变的一部分。更复杂的问题是，了解为什么我们对艺术会有美学反应。这里主要考虑视觉艺术，美学问题就提出来了：为什么两个人同时看同一幅图像，一个人发现它是漂亮的，而另一个人认为不好看？那么，旁观者(beholder)反应的性质是什么？可以想象，对这些问题的回答会给我们一个把握点，去理解创造性是怎么来的[9]。

首个企图把艺术和科学衔接起来的是奥地利维也纳艺术史学校校长 A. Riegl，他是 20 世纪初年最重要的维也纳艺术史学家之一。Riegl 强调，艺术的心理学方面的重要特征是，如果没有观看艺术者的知觉或情绪参与，艺术将是不完整的。这一点，我们现在看起来是显然的。看画的人会同艺术家合作，不仅把画上的二维图像转变成视觉世界的三维图像，也会作出解释，他或她在画面上看到了些什么，从而增加了这幅图画的意义。Riegl 把这种现象称为“旁观者的参与”[9]。

“如果没有观看艺术者的直接参与，艺术就不成其为一门艺术。”这种看法是下一代维也纳艺术史学者们的看法，如 E. Kris 和 E. H. Gombrich。他们在 Riegl 观点的基础上发展，也得益于同时代的知觉与完形心理学。他们设计了研究视知觉及情绪反应的新的探讨方法，又把这种方法与艺术批评结合在一起。Gombrich 加工了 Riegl 的旁观者参与的观点，并给出了一个新名词，叫作“旁观者分享”。有人争辩说，如果艺术家从他自己的生活经验里面产生一幅强有力的图像，那么，这幅图像天然就是模糊的。这种模糊性转而引起看画人脑里的认知无意识过程。看画人根据自己的生活经验对图画作出有情绪的反应。这样，看画人就得到了一种创造性的经验，至少最低限度是与艺术家本人的经验相平行的。艺术家根据直觉认为，脑是一部创造性的机器。他们认识到，视知觉仅是大哲学问题中的一部分。什么样的哲学问题呢？那就是，真实世界中的物质对象如何通过我们的感觉而被认识。视觉中的关键问题是：我们不可能知道客观物质世界的物体本身，我们所知道的仅仅是从物体上面反射出来的光线。正因为如此，投射到视网膜里的二维成像，从来就不可能特征化为三维的真正对象。这一事实和为了解任何一个成像知觉的困难加在一起，被称为“逆向光学问题”[9]。

即使图像并没有提供充分的信息，我们的眼睛也可以利用所获得的信息准确地重新构筑对象，这种事我们每天都在做。很显然，我们的视觉系统基本上一定要进化出一套办法，主要解决这个基本问题。那么，我们是怎么做的呢？德国的亥姆霍兹（H. von Helmholtz，1821—1894）争辩说，我们增加了自上而下和自下而上的两种额外信息来源，以解决这个逆向光学问题。所谓自下而上的信息，是由我们脑内神经回路固有存在的计算所提供的，这是我们生来就有的。由于它们，在这个物理世界里面，我们可以提取成像中的关键元素，例如它的走向、它的连接点，这些计算是由一套普通规则所决定的，这个规则是从自然选择中发展起来的。正因为如此，即使年幼至 1～2 岁的小孩也可以解释这个图像。与上述相反，自上而下的信息是由学习所提供的。这是一种个体经验，是在每一幅图像中都可以有的记忆及联系，包括艺术作品[9]。

当前一些探讨逆向光学问题的学者发现，自上而下的加工过程激活了视觉皮层及内侧颞叶的特定神经元，从而创造了图像的神经相关。在多数条件下，这个神经相关解决了自下而上信号的模糊性，并且填充了原来损失掉的信息。我们将会看到，脑做这件事情，大部分是无意识的，是根据概率的。我们所看到的外部世界，大致上可能就是那样的[9]。

这里再讲一下旁观者分享和脸的认识问题。当我们看一个人的时候，脑就忙碌起来，分析此人的脸部轮廓，在脑内形成脸部的代表；分析他的身体动作，形成他身体的代表；体会那种移情作用，形成有关这个人的神智理论（参看 20.5）。这些都是旁观者分享的组成部分，新生物学使我们有可能开始考察这些。参与到旁观者分享中来的，是特别简单的近似神经元回路，沿着神经回路有 7 个点：① 另一个人的脸孔⇒② 脸孔轮廓的分析⇒③ 脸孔的代表：下颞皮层和杏仁核⇒④ 身体的代表：纹状外皮层⇒⑤ 身体运动的分析：上颞沟⇒⑥ 神智理论：颞-顶接头⇒⑦ 对另一个人心理的了解。

分析脸孔的形状及代表，显然是旁观者分享的一个关键问题；幸而对于脸孔辨认的心理学以及实现辨认的生物学过程，我们已经知道了不少[9]。

## 参考文献

[1] 陈宜张.脑研究现状与展望\\中国医学院士文库：陈宜张院士集.北京：人民军医出版社，2014：449－459.

[2] Hubel D H, Wiesel T N. Early exploration of the visual cortex. Neuron, 1998, 20: 401.

[3] Frégnac Y, Bathellier B. Cortical correlates of low-level perception: from neural circuits to percepts. Neuron, 2015, 88(1): 110－126.

[4] Moser E I, Roudi Y, Witter M P, et al. Grid cells and cortical representation. NR Neurosci, 2014, 15: 466.

[5] Roskies A L. The binding problem. Neuron, 1999, 24: 7.

[6] Reichenbach A, Franklin D W, Zatka-Haas P, et al. A dedicated binding mechanism for the visual control of movement. Current Biology, 2014, 24: 780.

[7] Rowland D C, Roudi Y, Moser M-B, et al. Ten years of grid cells. Annu Rev Neurosci, 2016, 39: 19－40.

[8] Kandel E R, Schwartz J H, Jessell T M, et al. Princples of neural science: 5th ed. New York: McGraw-Hill, 2013: 17, 575, 604, 1376, 1377, 1510.

[9] Kandel E. The new science of mind and the future of knowledge. Neuron, 2013, 80: 553－555.

[10] Freiwald W, Duchaine B, Yovel G. Face processing systems: from neurons to real-world social perception. Annu Rev Neurosci, 2016, 39: 325－346.

[11] Quiroga R Q, Kreiman G, Koch C, et al. Sparse but not "grandmother-cell" coding in the medial temporal lobe. Trends in Cognitive Sciences, 2008, 12(3): 88.

[12] Yoon K, Lewallen S, Kinkhabwala A A, et al. Grid cell responses in 1D environments assessed as slices through a 2D lattice. Neuron, 2016, 89: 1086－1099.

[13] Bush D, Barry C, Manson D, et al. Using grid cells for navigation. Neuron, 2015, 87: 507－520.

[14] Bennett M R, Hacker P M S. The motor system in neuroscience: a history and analysis of conceptual developments. Prog Neurobiol, 2002, 67: 1－52.

# 第 14 章　意识的神经相关

## 14.1　意识与觉察

意识和知觉是人的经验(experience)或经历,是主体对客观世界的主观反映,都涉及脑(主体存在)与客观世界(主体以外的存在)的关系。这种看法是基于一个观点,即存在于客观世界的是客观物质,物质反映到脑,脑对它要有一个解释。所以在这里,既有脑科学本身的理论上的考虑,也有哲学上对于客体和主体关系的看法[1]。觉察是一种主观经验,某人觉察到什么,是要靠他本人来报告的。

自我意识是对本身状态的意识。近来的研究把自我意识与多感觉身体信号加工链接(link)起来,这样就形成了所谓“身体自我意识”(bodily self-consciousness,BSC)。所谓 BSC 是指以身体(手、脸、躯干)为中心的知觉。BSC 的实现基于本体感觉、前庭感觉以及视觉和躯体输入的整合,也包括在个体周围空间(peripersonal space,PPS)整合多感觉躯体刺激的空间及时间机制。与此功能有关的脑区为大脑前部的额-顶皮层、较后的颞-顶皮层[2]。

有关意识和无意识详见 14.5。

### 14.1.1　意识的神经相关

正因为意识研究涉及主体与客观世界的关系,多数神经科学家对此持谨慎态度。他们认为研究意识就是研究意识的神经相关(NCC)[3,4]。NCC 代表足够完成特异、有意识知觉拷贝(percept)的最少数量的一套神经事件和机制。神经科学家应用以观察实验为根据的方法来描绘此主观现象的神经相关[5],只要脑已经能够产生一个已知的意识经验。因此,这里所讲的一套神经事件和机制,应该是最少的。

既然意识是主观经验,所以只能讲意识的 NCC 是什么,而难以讲意识到底是什么。意识虽然是人的主观经验,但可以找到一些客观的行为指标,这在下面还会谈到。意识研究在视觉领域做得特别多,因为研究它有诸多有利条件,也已经有了许多关于人体视觉觉察的实际例子,其中也包括错觉。这些实例很多属于原来心理学实验的范畴。觉察信息是由人报告的,但不仅是由某一个人所报告,而是多个人都有类似、相同的报告,所以可以信任这样的报告,这是一个真实。至于采用客观方法,例如电记录方法、脑成像方法，把人所报告的、觉察到的情景和脑的活动联系起来，这就是 NCC。应用客观研究方法，这是特点也是长处，尤其是，如果某些觉察报告所提供的实例能够在动物身上复制、模拟，那么研究材料的客观性就更强了，向着客观描述觉察前进了一大步。意识的神经相关的解剖学脑区主要在后部脑的热点区，是在感觉区，而并非参与作业监控和报告的额-顶脑区[6]。

"整合信息理论"(integrated information theory，IIF)可以解释意识和脑关系的几个方面。IIF 从现象经验的基本特征出发，由此导出意识的物理底物(physical substrate of consciousness，PSC)应该具备什么样的条件*。该理论认为，PSC 一定是内源性因果关系的一个极大值。从原则上看，PSC 可以提供经验的质和量。此理论有可能引出若干反直觉的预测，可能为检查某些不能交流的病人提供新的设计[7]。

### 14.1.2 研究意识的神经相关要注意两个区别

寻找 NCC，必须弄清楚两个重要区别：第一是要弄清意识水平与特定现象内涵的区别。所谓意识水平和程度的神经相关，是指清醒、睡着、注意或昏睡；所谓特定现象内涵是指，例如一只绿苹果、黄橘子。这种区别反映了我们日常生活经验中现象上的差别：前者是意识到了(它的对立面是不意识到、无意识)，后者是意识到什么——X(它的对立面是没有意识到什么——$\bar{X}$)。意识水平可以看成为一个授权因素(如同人的觉醒是由上行网状激活系统所介导的)，即为了达到觉察所需要的因素，它不一定直接反映特定的意识经验[8]。

第二是要区分意识和贡献给感觉经验的无意识过程。前者是与意识经验相关联的，指直接与单个意识经验相关联的神经活性，这反映通常的一些实验观察，即许多支撑我们意识经验的认知过程。而从内省角度看，意识是难以接近的。后者是与反映经验、无意识知觉或动作相关的神经活性。一些绕开觉察的刺激可以影响行为，不仅在病理情况下(例如有一种病叫忽略症)有，在正常人也有。所以，为了确定 NCC，研究者应该进行可以把意识和贡献给感觉经验的无意识过程两者区分开来的实验设计，典型的方法是要能够各自独立地操纵它们[8]。

任何一个物理过程，例如神经活动，如何能够产生主观现象，例如觉察，现在还是不清楚的。的确，在哲学家看来，就连那种因果关系的可能性是否存在也仍然是有争论的。因此，寻找 NCC 是一个经验式研究，这种研究试图寻找、鉴定和特征化关联到意识经验的特定神经活动形式，而不是关联到无意识的知觉或动作。在研究中，首先应该对因果关系问题保持中立态度[8]。

### 14.1.3 意识的神经生物学研究途径

意识科学必须准确地解释主观神智状态与脑状态之间的相互关系，即意识性的神智

---

* 所谓"意识的物理底物"，其实际内含与"意识的神经相关"是接近的。

和体内电化学相互作用之关系的性质。神经哲学的进展聚焦于身体方面而不在神智方面。从这一角度看，NCC 可以视为因，而意识可以视为某些未明确规定而复杂和适应性的以及高度相互关联的生物学系统的状态相关特性。

发现而且特征化神经相关，并不能够提供意识理论。这个理论应该解释特定系统为什么能够完全体验任何一种物质，或者它们是如何关联于意识，这就是所谓“意识的硬问题”。但是，了解 NCC 可能是朝着这个理论向前走了一步。多数神经生物学家认为，引起意识的变量应该在神经元水平上给予，而此变量又是可以由经典物理学规定的；但有少数学者建议另一种理论，称为“量子意识”，认为意识基于量子力学理论。另有“脑神智场”的看法，见 14.7.1。

神经网络有很大的表观冗余性（redundancy）及平行性。在某种情况下，一群神经元活动可能与知觉拷贝相关，但当这群神经元丢失或失活时，另一群神经元可能介导相关的知觉拷贝。有可能，每一现象的、主观的状态就有一个神经相关。当 NCC 可以被人为地诱导时，受试者将会体验相关的知觉拷贝，而扰乱相关于特异知觉拷贝的脑区或使之失活，将要影响此知觉拷贝，或者使它消失，这样就给出了特定脑区与知觉拷贝性质的因果关系。

是什么特征化了 NCC？听觉的、视觉的 NCC 之间共同的东西是什么？在某个时间点上，NCC 是包含了大脑皮层的所有锥体神经元，抑或仅有额叶皮层投射到感觉皮层的长投射细胞的一部分参与，抑或为节律形式放电的神经元？神经元放电是否采取同步化形式？为此在过去若干年里，已经提出了若干建议。

现在，神经科学家操控脑和神经元活动的能力日益增强，各种方法从分子生物学开始，一直到与光学技术相结合，还可以结合适当的行为学检测方法以及应用模式生物，更可以采用大规模基因组的分析和操控。正是这种动物实验中精细的神经元分析，再同更灵敏的人体心理物理学和脑成像技术相互结合与互补，再补充发展强大的理论性预测框架，把所有这些结合在一起，将可能有望合理地了解意识，而了解意识恰是生命奥秘的中心问题之一。

### 14.1.4　意识的神经相关与神经电活性

记录人和非人灵长类神经元电活性是用损伤性的方法。它需要把电极通过颅骨插到脑内，受试者有遭受损伤和感染的危险。这种电极可以用来记录单个神经元的细胞外电活动、多单位活动及局部场电位（LFP）。单个及多单位电活性反映动作电位，动作电位是由一个脑区的局部加工及局部输出产生的。记录神经元放电活动被视为旨在以定量和以还原论的方式，实现以意识组成元素为基础的、解释知觉和行为的金标准。相比之下，LFP 代表其位置靠近电极的一群神经元的集群活性，它被认为主要反映了定位于树突和胞体的突触活性。这种活性既关联到输入，也关联到某个脑区内的加工[8]。

### 14.1.5　意识的神经相关与功能性神经成像

了解 NCC，其中一个重要的问题是，这样一种侵入性的、神经元活性的电生理学测量，如何与非侵入性的脑活性测量联系起来，例如头皮记录的 EEG 或者功能性神经成像。最常用形式的功能性神经成像是血氧水平依赖的(BOLD)fMRI，它测量血液动力学反应的组成成分，而此反应是与局部神经活动相关联的。有数项研究显示，多单位电活性的非同时测定与 fMRI 信号之间基本上呈线性相关。最近的证据是在麻醉猴身上同时做细胞外电记录和 BOLD 对比 fMRI，发现视觉皮层的多单位活性及 LFP 都是和 BOLD 对比相关联的。在研究中，LFP 较之多单位电活性稍稍更好地预告了与 BOLD 的对比。事实表明，在一定时间内，当某些记录位点的多单位活性已经回到基线时，BOLD 仍旧保持升高。这表明在某些情况下，如果与多单位活性(皮层区的输出或皮层内的加工)相比，BOLD 对比可能更紧密地反映突触前和突触后的树突活性(故而包括了脑区的输入加工)，因为这里还存在一个抑制。总起来看，这些证据表明，神经元群体放电活性一般与 BOLD 反应成比例关系。在有些情况下，锋电位活动和 BOLD 对比之间没有相关性。

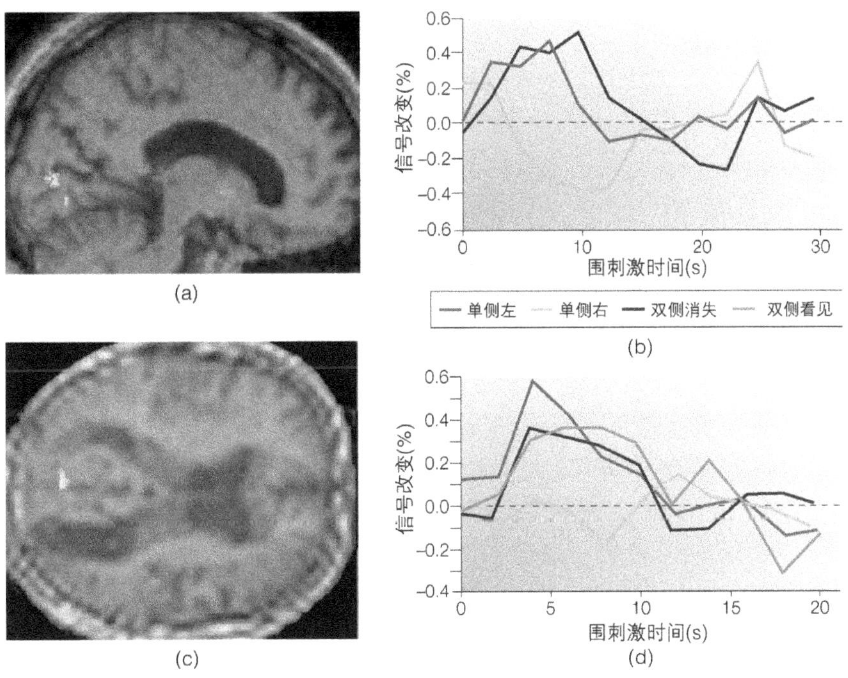


**图 14-1** 初级视觉皮层活性并不与觉察相关联(彩图见图版第 47 页)

(a) 通过病人 G.K.右脑半球的矢状切面，它包括了距状沟。此病人患有右顶叶中风，这导致他视觉丧失。此图像显示初级视觉皮层(V1 区)的一个位点，该位点被一个没有看见而且消失了的左视野刺激所激活(测量是用 BOLD fMRI 成像，把它重叠到脑矢状切面上)。(b) BOLD 对比活性的围刺激时间直方图。由 3 个不同形式的视觉刺激诱发，来自激活前面 a 图里的右侧 V1 位点。左视野刺激或者是看得到的(单侧左边的那几次试验)，或者是看不到的(双侧消失的几次试验)，这两次刺激都诱发类似型式的活性；而右侧视野的刺激，那是看得到的(单侧右边)，导致较小的、右侧 V1 的阳性反应。(c) 通过另一病人 V1 轴向的图像，病人患有右侧顶叶中风及视觉消失。叠加在图上面的、从右侧 V1 所诱发的 BOLD 对比活性，通过一个没有看到的、消失的左侧视野的刺激。(d) 被四种类型视觉刺激所诱发的 BOLD 对比活性的围刺激时间折线图，取自 c 图激活的右侧 V1 位点。看到的双侧刺激、不看到的双侧消失的刺激、看到的左侧单侧的刺激，所有这些刺激都引起类似的激活型式。看到的右侧单侧刺激在同侧视觉皮层上仅诱发小的反应。(图引自[8])

例如，从高级皮层脑区到低级脑区的反馈活性，它将在低级脑区产生代谢需要，因为存在相关的突触活性，所以会导致 BOLD 对比增强；但是它可能并不引起受影响神经元的锋电位活性。另一项常用的非侵入性技术是头颅表面 EEG/事件相关电位(ERP)，这两者也被认为与大群体神经元兴奋性突触传递的电效应重叠在一起。与 BOLD 对比 fMRI 和 LFP 关联这件事情相一致的是，视觉和初级躯体感觉皮层 ERP 的幅度和 BOLD 信号之间基本上呈线性关系。虽然在群体测量神经元活性和单细胞电测量之间有好的相关性，但重要的是我们应该知道，神经元群体中神经活性分布的变化可能引起单细胞放电频率的大的变化，但并不改变叠加的群体活性[8]。

其他人体研究显示，V1 活性和视觉觉察的相关并不好。做梦时有强烈的视觉经验，它关联到 V1 活性的压抑。在右侧顶叶皮层损伤病人中看到有“视觉消失”(visual extinction)的情况，表现为没有觉察但有 V1 活性。视觉消失病人显示对于损伤对侧的视觉刺激存在视觉缺损，特别是当有一个竞争性刺激也在损伤同侧出现的时候。然而，不能被病人觉察到的、熄灭了的左侧视野刺激，却能引起 V1 区的活性。此活性非常类似于病人能够看到的、左侧视野刺激所诱发的情况(图 14－1d)。这表明，初级视觉皮层活性的存在本身不足以支持视觉觉察，至少在损伤右侧顶叶皮层以后是如此[8]。

## 14.2　视觉觉察

意识经验的鲜活特点及其直接性质，与作为其神经机制的复杂性不相符。迄今为止，有关神经机制仍然不完全清楚。最近的工作聚焦在灵长类视觉系统，确定那些与视觉意识内容相关联的脑结构及神经活性型式。人体的功能性神经成像研究、清醒猴子的电生理学研究，这些实验结果都表明，脑的纹状区和纹状外区视觉皮层在它们的神经活性与意识的关联方面有着重要的区别。此外，最近的神经成像学研究表明，除了视觉皮层腹侧区以外，背侧的前额叶和顶叶可能也贡献给意识的视觉经验[8]。

下面将聚焦讨论人类视觉系统中特定对象被觉察的神经相关。视觉系统是一个被研究得最清楚的感觉系统，既有来自非人灵长类的大量解剖学、生理学资料，又有与动物实验结果相辅相成的人类心理物理学、电生理学及功能性神经成像研究[8]。

### 14.2.1　初级视觉皮层

刺激经过视觉通道被接受以后，通过一系列前馈性连接使视觉系统的相继各层次水平快速激活(参看下面关于反馈连接的讨论)。从解剖上看，初级视觉皮层(V1 区)是最低级的皮层视觉区，病人 V1 区的损伤典型地在他们的盲视野中，并不报告意识的视觉经验，即使无意识视觉分辨的某些残留能力可能保留了下来。这种现象被称为盲视(blindsight)。这表明，V1 对于正常的视知觉是必需的，然而就它本身来看，并未发现 V1 活性是否直接产生有意识的视觉经验，或者进一步在纹状外区的加工中是否必需。这类似于视网膜的情况。视网膜神经节细胞活性对正常视觉是必需的，但多数实验观察者都会同意，如果说视知觉是直接由视网膜活性引起的，那么视网膜神经节细胞的感受野特征与视知觉特征有相当大的差别[8]。

1995年克里克(F.H.C. Crick,1916－2004)和C. Koch提议,意识的关键性功能是,以比较简单方式对视觉场景产生一个最好的当前解释,而且使得这种信息可以有用于脑设计的各个阶段。因为认知过程关联到额叶皮层,而V1区并不直接投射到运动前区或前额叶区,所以克里克和Koch推测,V1区神经元的活性虽然对于多数正常视觉是必要的,但它并不是组成意识神经相关的一部分[8]。

心理物理学证据大体与上述建议相一致,即V1区所代表(represent)的信息并非有用于意识。例如,虽然V1区仅接受来自一侧眼睛的神经元,因此代表这个信息,但我们不能够实施眼球辨别(utrocular discrimination,鉴定是哪只眼睛受到刺激)。与此相似,朝向依赖的后效应被认为产生于初级视觉皮层的细胞活动,它可以被不能够有意识地觉察到的刺激所诱发。例如,如果把四个类似的栅格摆放在拟辨认栅格的上面和下面,挤在一起,这个拟辨认栅格的朝向就变成看不到了。然而,这种栅格适应却导致朝向依赖的后效应,而那个后效应不能够与另外一种后效应相区分,后者是由单独提供朝向清楚被觉察到的栅格所产生的。此外,非常高频率的栅格在知觉上不能够与均匀的场相区分,然而它可以产生强大的朝向依赖的后效应。来自不能够有意识地被觉察到的刺激的后效应表明,刺激特征必定代表在觉察以外。可见,V1活动通常并不关联到觉察(图14－1)[8]。

猴子V1区神经元活动的直接电生理学测定,与上述推断相辅相成。电生理学实验显示,知觉性的报告(可能反映了觉察)及神经元活性,两者可以完全各自独立地改变。例如,V1有一种叫作“不一致选择性”细胞,它在局部深度暗号之间分化,即使这些并不产生总体的深部知觉拷贝。与此相类似,V1的细胞可以按照等同方式对两个深度暗号起反应,这些暗号给出非常不同的大体深度的知觉拷贝。这表明,对双眼不一致性敏感的单个V1细胞,可能代表产生立体暗号的首个关键性阶段,而深度的意识性知觉可能要在更上游的脑区产生。在知觉经验和V1细胞反应特征两者之间类似的缺少相关性的情况,还可以在眨眼时看到。眨眼产生视网膜刺激明确而经常的中断,但这很少会影响我们的视觉经验,视觉经验仍然是连续的。当反射性眨眼的时候,V1区颗粒上层细胞对视觉刺激的反应相当程度地降低。这个降低更加显著,比之具有相等长空隙的视觉刺激的那种情况。与此相类似,不断产生的眼睛微扫视(microsaccade)运动,它并不改变我们对于外在世界的印象,但是它反映在V1神经元的活性上。最后,纹状皮层神经元的活性忠实地跟随有色栅格的快速颜色闪光,即使闪光非常快,以至于人眼睛不能够辨别个别颜色。所以,初级视觉皮层个别细胞显示的反应型式相当不同于意识视觉的经验[8]。

意识知觉可以改变,可以在没有V1区神经元同时活性变动的时候发生。“双眼对抗”被证明是一种强效的实验方法,用它来研究意识视觉经验的神经相关。当两个不相像的图像提供给两侧眼睛的对应区时,图像就互相竞争知觉优势。每个图像都按几秒钟一个轮转被看到,同时另一个就被压抑下去。这种知觉周转在每个单眼视野发生,而不伴有相应物理刺激的变化。这种程序允许你实验性地把两者区分开来,一方面是NCC,另一方面是刺激特征的变化。让猴子看双眼对抗的时候,可以训练它报告自己的知觉拷贝,猴子的行为类似于人的行为。猴子 V1 区及围绕 V1 区多数细胞的放电,主要反映刺激特征,而不是动物所报告意识的知觉拷贝。这个动物实验与前面所提的证据互相符合。但也有些研究人类神经成像的报告提供了证据,支持 V1 区在双眼对抗中具有强力作用。根据推论,V1 区应该对视觉觉察也有强力作用。神经成像研究的结果是这样的,把整个人 V1 区的 BOLD 数据加以平均,发现当意识的知觉拷贝变化时,有可靠的 BOLD 波动。波动幅度的变化大约是由非对抗性刺激所引起幅度的一半,波动甚至于大于关联到 V1 区盲点代表的波动(这里含有的细胞盲点仅接受另一只眼的输入)。为什么人与猴子的资料出现这种不一致(还有盲点代表与 V1 区其余部分不一致),其理由还不清楚。人类的 V1 区例如盲点代表可能有特别的特征。还有另一种看法,这种差别可能存在于单细胞活性和 BOLD 对比测定这两种测量方法的差别之间[8]。

总的结论是,当前资料符合这样一种假说,即虽然 V1 区神经元对于正常视觉经验是必需的,但它本身并不产生意识性视知觉。换句话说,V1 区细胞的活性,不足以解释意识性知觉(图 14 - 1)[8]。

### 14.2.2　腹侧视觉皮层

V1 区以远,灵长类的视觉系统组构成为分布形式,对视觉场景的不同方面在不同脑区进行分析。在非人灵长类,这些脑区有密集的相互连接,虽然在人类,对相对应的解剖学连接确定得还比较少(图 14 - 2)。以解剖学判据为基础,不同脑区形成粗放式层次,能够很好地匹配这些脑区的视野大小,调谐复杂性的生理学层次。如果损伤那些含有对视环境特定特征进行反应的神经元之脑区,将导致与这些特征相应的意识缺损。因此,双侧损伤人类的相当于猴 V5/MT* 的同源脑区,那里含有对运动着的视觉刺激起特定反应的神经元,这种病人就出现运动辨认不能(akinetopsia)。与此相类似,损伤人类腹侧枕-颞皮层的颜色选择区,可以导致无颜色辨认(achromatopsia)。最后,损伤梭状回脑区,那个脑区含有脸孔反应神经元,即所谓梭状回脸区(FFA),可以导致人脸失认症(prosopagnosia)。就 V1 区而言,对于提供给空间特定区域的刺激,V1 区损伤产生一般性的、对所有刺激的觉察缺损。就腹侧视觉皮层而言,损伤腹侧视觉皮层引起对于特定某种形式刺激或物体特征的特定缺损。这些发现表明,功能上特异化的皮层脑区,这些区被 S.Zeki 命名为“基本节点”,它们对于诱发在那个脑区进行属性分析的意识是需要的[8]。

神经成像研究资料与此观点相一致。当精神分裂症病人有视或听幻觉的时候,他显示感觉特异的皮层活性,虽然那时候并没有外界刺激。视幻觉有特定形式,此时视觉皮层活性反映幻觉发作情节的知觉内容。在正常人,基于色觉,或者运动的相关后效应,相对应的功能特异化皮层被激活,而这种激活时程反映了它所报告的经验。一个静态视觉刺激所引起的虚幻知觉或暗示的运动,导致大脑皮层 V5 区的激活,而幻觉图形的轮廓知

* MT: middle temporal area,中颞叶。

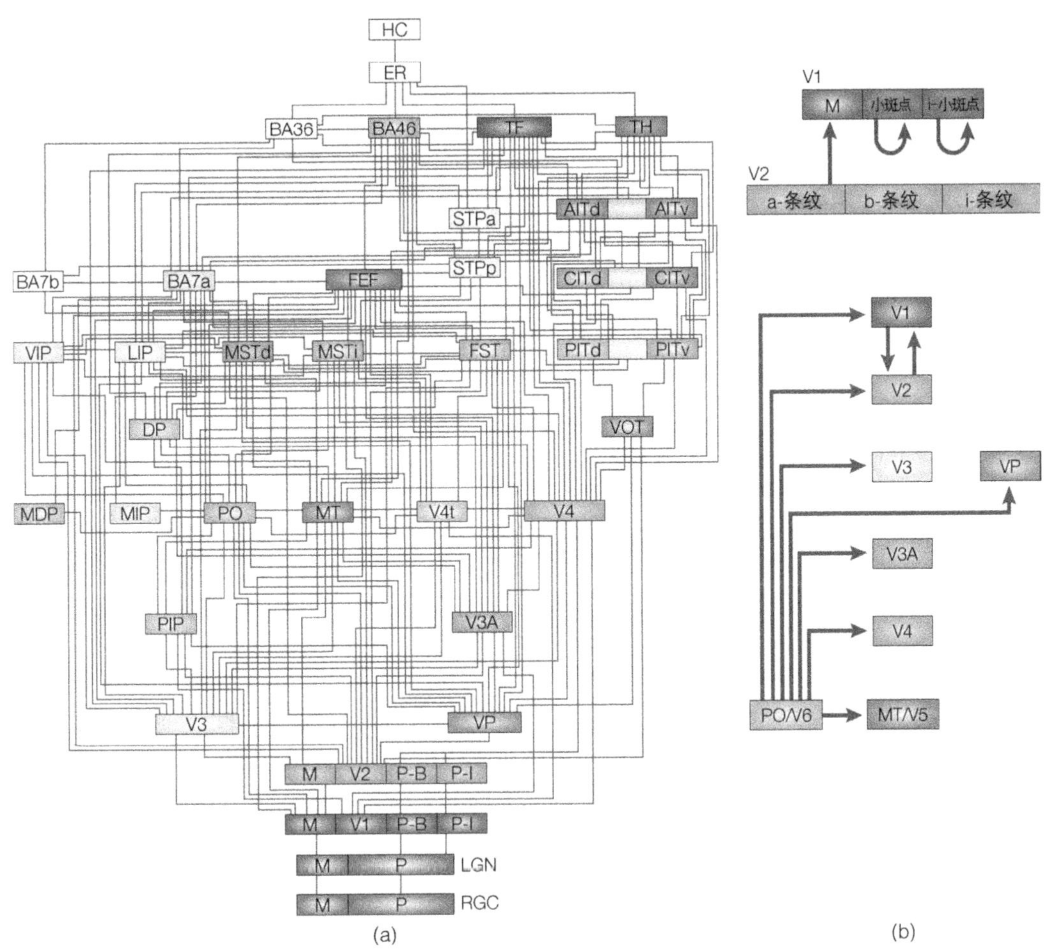


**图 14－2** 人类和非人灵长类大脑视觉区的解剖学层次(彩图见图版第 48 页)

(a) 视觉脑区的总体布局和层次安排小结。演示猴视觉皮层的解剖学连接,显示在图上的一共有 32 个视觉皮层区、2 个皮层下视觉区及几个非视觉区,相互间有 187 个解剖学上已经证明的连接,多数是交互连接。(b) 已经鉴定的人视觉皮层区,演示了连接性及推定的层次组构。很少有对人脑视觉区连接型式的直接研究,但有几个猴的特征模型可供参考,例如在 V1 内部以及 V1 和 V2 之间的选择性连接,再加上来自高级视觉区的回返投射。这些都显示在图上。M 和小斑点:它们是 V1 的亚区,由细胞色素氧化酶染色加以特征化。条纹:它们是 V2 区的亚区,由细胞色素氧化酶染色加以鉴定。简写:AIT,前下颞皮层;BA,布罗德曼区;CIT,中央下颞皮层;d,背侧;DP,背侧前月状区;ER,内嗅皮层;FEF,额叶眼区;FST,上颞叶皮层底;HC,海马;LGN,外侧膝状体;LIP,外侧顶内区;M,大细胞区;MDP,内背侧顶区;MIP,内侧顶叶区;MSTd,内上顶叶背侧部;MSTi,内上顶叶下部;MT,中颞叶皮层(视觉 5 区);P,小细胞区;P－B,小细胞区－小斑点;P－I,小细胞区－小斑点间;PIP,后顶叶内区;PIT,后下颞叶皮层;PO,顶－枕叶区(视觉 6 区);RGC,视网膜神经节细胞;STPa,颞叶多感觉皮层前上区;STPp,颞叶多感觉皮层后区;TF－TH,颞叶区;v,腹侧;V1－V4t,视觉区;VIP,腹侧顶叶内区;VOT,视觉枕颞皮层;VP,腹后视觉区(ventroposterior visual area)。(图引自[8])

觉激活纹状外皮层。当字的意义有意识地在注意中心被觉察到的时候,负责加工闪烁着字意义的脑区被激活;但当注意撤掉时,字不再能够有意识地被觉察到。在这些实验中,受试者的现象经验改变了,但相应的物理刺激并没有改变。与知觉经验方面的这些变化相伴随,在有关脑区可以观察到活性的改变。这个脑区的特点是,它所含的神经元具有围绕着意识中被代表属性的那种刺激特异性[8]。

双眼对抗及闪光压抑(flash suppression)的相关现象，也被用来探测 V1 区以远脑区视觉觉察的参与。对猴的经典研究显示，从 V1 开始，沿着腹侧视觉通路，反映猴子知觉报告(而不是刺激性质)的神经元活性比例数增加。在猴的下颞叶皮层，相关神经元的多数反应，反映了有意识的知觉而不是视网膜刺激。这些数据与最近有关人经历双眼对抗时的 fMRI 成像结果相匹配(图 14－3)。双眼对抗时，对脸孔刺激起反应的人 FFA 区(以及在旁海马回对位置图像的刺激)fMRI 记录是大的，而且与那些由非对抗性刺激引起的幅度相等[8]。

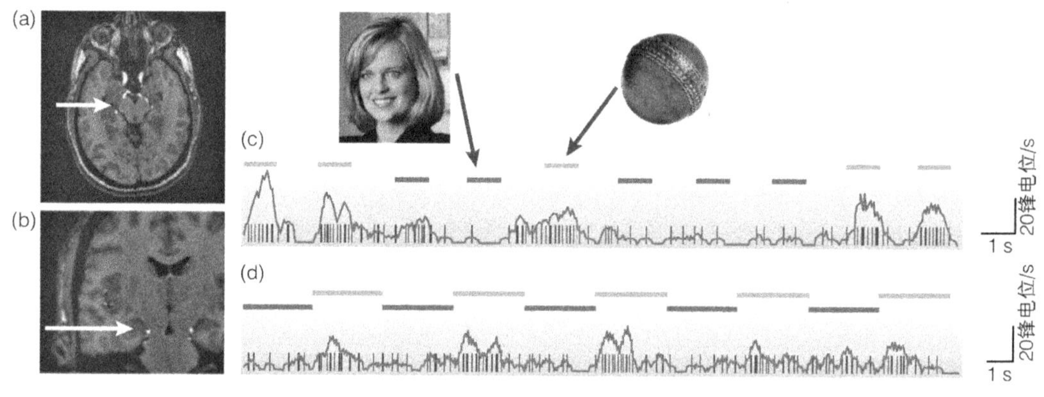


**图 14－3**　人颞叶皮层单个神经元活动与觉察相关联(彩图见图版第 49 页)

(a)(b) 电极的安放。海马内电极安放的轨迹，按照结构磁共振成像表明电极的轴向(a)和冠状方向(b，详细)。用手术后 CT 和 MRI 对电极位置进行了解剖学确认。电极远侧端有一段白金-铱微丝，单个神经元电活动可以从这里记录下来。微丝延伸出尖端外大约 4 mm，位于一个圆锥上，其开放角小于 45°。(c) 视觉活动时单个神经元的个别反应。两个图像分别显示 1 s，每个图像表示 5 次重复，用绿的和紫的水平横杠表明。在每个图之后，受试者单击按钮，表明他看到的是不是一个人脸孔图像。连续红线显示锋电位的密度函数。(d) 经过 10 次视觉呈现以后，受试者闭上眼睛，要求他听到高频声音时想象一个图形，听到低频声音时想象另一个图形，声音每 3 s 一次，高音、低音交替给予。数据显示，当受试者进行视觉想象时的同一神经元，在给予视觉提呈或进行视觉想象时显示类似的放电型式。当看到一个球形图像时，作为反应，神经元的放电频率增加；但在看到人脸孔图像时，放电频率不显示增加。(图引自[8])

为了给癫痫病人进行手术前探查，把电极安放到内侧颞叶更靠前面的脑区，那里的单个神经元活性可以记录下来。在这种稀缺、难得的人体电生理学研究中，发现有许多神经元，其放电调谐于特定种类的视觉刺激。在双眼对抗或闪光压抑实验程序中，当神经元被优先刺激觉察时，多数神经元会选择性放电，但不是当神经元处于知觉受压抑(看不到)的时候。此外，显示对视觉刺激有类型特异性反应的单个神经元被激活，其激活程度类似于视觉想象或被动提供视觉刺激的时候(图 14－4)。这些单细胞记录发现与神经成像研究是互补的。神经成像研究显示，当想象特异类型的刺激时，同样的视觉加工和视觉回忆脑区被激活。此外，实验结果还指示，在神经元群体活动的层次上(如人 fMRI)所看到的活性，可能反映单个神经元层次的活性[8]。

前面所介绍的实验事实表明，腹侧视觉皮层个别神经元的放电活性，与 V1 的有所不

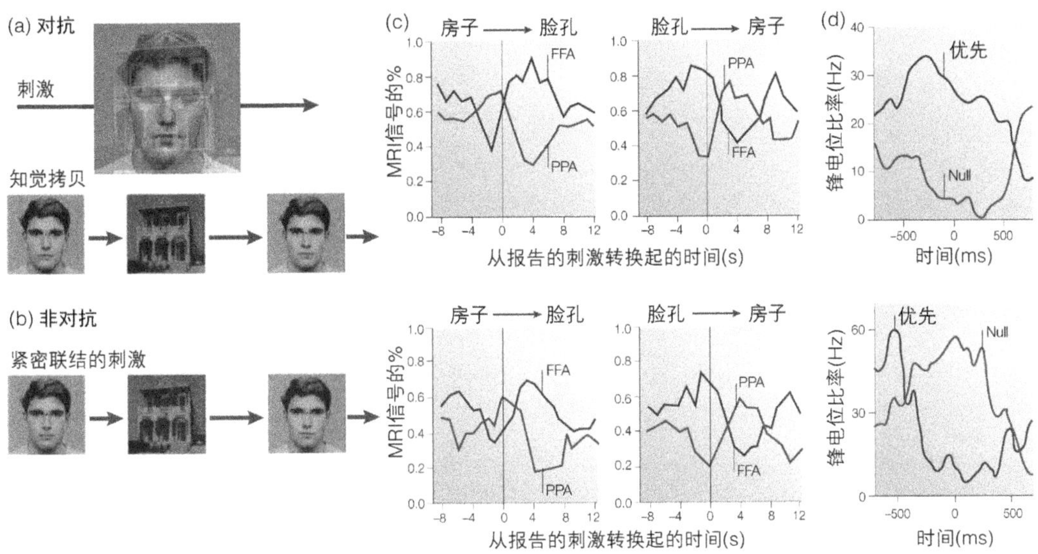


**图 14-4** 双眼对抗时觉察的神经相关(彩图见图版第 49 页)

(a) 引起双眼对抗的刺激是不相似的两个图像,这两个图像分别提供给每侧眼睛(显示刺激经过红/绿滤光片达到此目的)。受试者典型地报告,在每次单眼视觉中有自发性的知觉变换,每数秒钟变换一次,如下图所显示的那样(知觉拷贝)。(b) 人类双眼对抗神经成像研究,典型方法是比较两种情况下的知觉拷贝及神经成像图像。一种是与转换相关联的活性,因为在对抗作业时有交互转换的知觉拷贝出现;另一种是当单眼给予刺激时,与那些紧密连接的物理学变化相关联的反应,应用了根据早期双眼对抗实验(紧密联结的刺激,yoked stimulus)觉察报告的时间顺序。(c) 像 a 图那样在房子和脸孔对抗性转变刺激的情况下,在梭状脸区(FFA)和旁海马位置区(PPA)通过 fMRI 评定的活性。当对抗从房子转变到脸孔的时候,FFA 活性增加,而 PPA 活性减少;当从脸孔转变到房子的时候,出现相反的型式(上图)。所以,视觉皮层功能特异脑区的活性,密切地关联到报告的觉察经验内容。调制活性的强度非常类似于由物理转换所产生的,即转换发生在刺激之间(下图)。(d) 进行双眼对抗作业时,猴脑 V4 区单个神经元的活性记录具有类似的形式。在这种对抗中,对抗性刺激具有不同的朝向,其中的一个朝向是这个细胞的优先朝向。上图显示记录下来一个细胞的活性。当猴子报告优先朝向知觉的时候(优先),这个细胞强烈地反应;但是当非优先朝向占优势的时候,细胞不作强烈反应(零,null)。下图显示当优先朝向被压抑时(零,null),一个神经元强烈放电;但当其优先朝向是保持的时候则不作强烈放电。(图引自[8])

同,这里的活性一般可以很好地关联到视觉意识的内容。然而,这种相关并非完善,应用人 fMRI 的其他研究表明,腹侧视觉皮层活性可能并不经常与视觉觉察相关联。刺激具有 V1 区损伤病人的盲半侧视野,这种未曾看到东西的视觉刺激导致腹侧视觉通路纹状外皮层的激活。在由于损伤右侧顶叶皮层而致视觉熄灭(visual extinction)时,一个未曾看到而且是熄灭了的脸孔刺激可以在纹状外视觉皮层诱发脸孔特异的活性,而更向前可以延伸到 FFA。这些对具有皮层损害的病人的研究,与对另一些正常人的刺激掩盖程序的研究互补。如果仅短暂提供单个字,而且随之以型式掩盖,则单个字的觉察会被深刻地贬低。当受试者不能够报告存在或不存在被掩盖的字时,"字"仍然可以诱发纹状外视觉皮层及梭状回的活性,这就是规定性特异的预处理,不论刺激的物理性特征如何。类似地,当处于注意一瞬间(attentional blink)的时候向受试者提供语义上反常的字,可产生一个 N400* 诱发电位(它的基础被认为在于腹侧视觉通路的加工),虽然它并没有达

* N400:参见 400 页相关的名词解释。

到觉察的状态[8]。

所以，虽然腹侧视觉通路某个水平的单细胞活性，强烈地关联到意识性视觉，但fMRI 的证据表明，某些水平的 BOLD 活性本身并不足以产生意识经验。腹侧视觉皮层被一个未曾看到的刺激所引起的 BOLD 对照活性，它典型地比看到刺激时的要小得多。例如在腹侧视觉皮层，在受掩盖而有意识地觉察到的字与那些没有被掩盖的字之间，大约有 10 倍激活水平的差别。不清楚的是，这究竟是由于神经活性必须超过某个阈值来达到意识，还是由于意识关联到连续的、有等级的激活方式。有这样的实验观察，物体的认知实施强烈地关联着枕-颞叶视觉皮层活性的总体水平，表明在脑活性和视觉觉察之间有等级关系。解决这个问题将是今后研究的重要焦点，部分地依赖于了解 BOLD 对比和神经元活性之间的相互关系[8]。

总的结论是，当前的资料显示，为了某些特定特征的意识经验，腹侧视觉皮层功能特异的区域活性是必需的。一般地说，在这些脑区活性和意识经验之间有强的相互关系。当然，如同 V1 区一样，虽然腹侧视觉皮层活性是必需的，但它还可能不足以完全满足意识的视觉经验[8]。

### 14.2.3　顶叶和前额叶皮层

最近关于双稳态知觉的神经相关的神经成像学研究表明，顶叶和前额叶皮层(PFC)活性可能关联到正常对象的视觉觉察。这些研究测定了与觉察的自发波动在时间上锁定的脑活性，既在双眼对抗的时候，也在呈现其他双稳态图形的时候。已经知道其活性反映知觉转移的那些皮层脑区，包括腹侧纹状外皮层及顶叶和额叶的区域，这些都已经在调控空间注意的研究工作中提出来过。虽然纹状外区等同地参与非对抗性的知觉变化，但是顶叶皮层脑区显示明显的较大激活，锁定时间于知觉转变。当发生知觉经验的双眼对抗的时候，显示 V1 区血液动力学活性的时程与其他脑区记录到的血液动力学变化，很少有相关。然而，从纹状外区记录下来的活性时程，强烈地关联到额叶和顶叶的活性。因此，纹状外区被认为参与双眼对抗，额叶和顶叶活性被认为参与对抗的转变。类似地，在知觉转移时，顶叶和额叶脑区是活动的，这种转移发生在看双稳态图的时候(例如看内克尔立方体的时候，图 13－13)。这些资料表明，额叶和顶叶皮层的活性可能因果性地关联到不同知觉拷贝之间转变的产生。这种看法也得到临床观察实验事实的支持。临床发现，具有 PFC 损伤的病人，典型地具有异常双稳态知觉转变。然而，额叶和顶叶皮层活性所关联到的视觉觉察，并不局限于双稳态知觉。如果与病人对那个变化仍然是盲的时候相比较，当受试者已经在意识上觉察到视觉场景变化的时候，有一个确实可靠的顶叶和背外侧前额叶的激活。类似的皮层位点(图 14－5)被立体的砰砰响声(stereo pop-out)所激活，但是不能被稳态的视觉以及在对象认知中颜色和运动的知觉性捆绑所激活[8]。

所以，虽然腹侧视觉皮层活性是意识的经常固定的神经相关，但是它本身还不足以产生觉察，如果没有一个来自顶叶和前额叶位点的附加贡献。对参与这种贡献的认知过

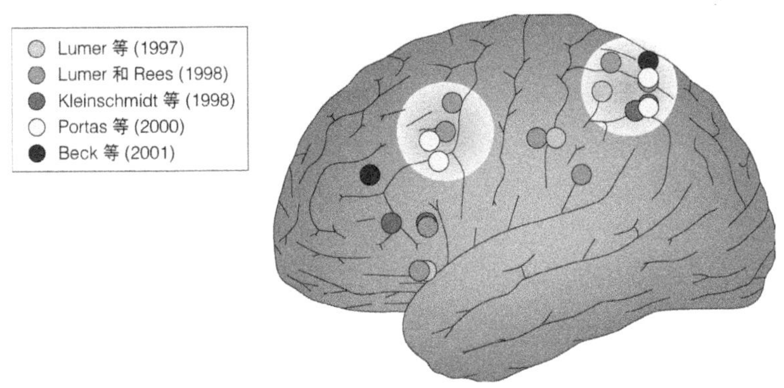


**图 14-5** 意识的顶叶和前额叶相关(彩图见图版第 50 页)

顶叶和 PFC 的脑区激活，显示激活与视觉觉察变化的关联。这张关联画在标准脑的图上，每个颜色圆圈摆在一簇激活的中心，不同颜色代表不同的研究工作。为了看得清楚，同一研究的交互重叠位点没画出来。在上顶叶和背外侧前额叶有非常显著的成簇激活，用大的灰白色圆圈强化表示。(图引自[8])

程的性质，以及可能介导这种相互作用的解剖学连接，都不很清楚(图 14-2)。关联到视觉觉察的顶叶和额叶区的激活位点，一般重叠于另一些关联到空间和非空间注意的脑区。这个现象与我们的直觉相一致，我们的直觉是，觉察和注意是密切关联的，而且反映在一个一般性的说法上，那就是，注意通过调节腹侧视觉通路中的竞争，帮助调制视觉觉察。解剖学的重叠覆盖进一步强化了所建议的注意和觉察之间的关联性，因为有证据表明，服务于这两个过程的某些机制具有共享的神经底物。进一步的研究工作应该探讨更准确的解剖学重叠覆盖程度，以及这两个过程之间认知关系的性质[8]。

与上述资料一致的是，人类的视觉注意及视觉觉察紊乱，不仅出现在腹侧视觉皮层损伤中，也出现在顶叶和额叶皮层损伤以后。例如，视觉消失是忽略综合征的常见组成部分，可以在顶叶损伤之后发生。这种病人显示对于损伤对侧的视觉刺激觉察的缺失(参看前述)。在动物中，更大的损伤病变产生更明显的效果。在猴，较大范围的皮层切除导致慢性盲，切除范围剩下感觉特异视觉皮层的多数范围，但不保留顶叶和额叶皮层。类似地，切除猫额-顶叶皮层导致视觉分辨降低，其降低程度与切除颞叶皮层的一样或者更大。这种综合征说明，视觉空间特定区的视觉觉察可以缺失，即使视觉皮层及其传入输入还是完好的。然而在枕叶损伤以后，对损伤同侧视觉刺激的觉察是可能的，即使有比较严重的空间忽视。类似地，虽然人类顶叶皮层双侧损伤可引起 Balint 综合征，或同时认识不能症(simultanagnosia)，但病人仍然能够看到一点东西，即使是单个物体。因此，虽然忽略或消失展现深刻的失能情况，即不能够加工超过直接注意焦点以外的外部世界，但视觉觉察(以某种形式)似乎还是存在的。因此可以说，这些综合征所累及的局限性损伤脑区，它的活性可能对正常视觉是关键性需要的，但也并非严格地为某些意识性视觉经验所必需。至于说，同样的推理是否也可以用来说明 PFC 的活性，还不清楚[8]。

### 14.2.4　视觉加工的前馈及反馈投射

对感觉输入的许多反应，其作用是快速、短暂、刻板的，而且是无意识的。可以把它们视为一种皮层反射，其特征是快速、有点刻板的反应；其形式是相当复杂的自动化行为，如在复杂的部分性癫痫发作中所看到的那样。这种自动化式的反应有时被称为“僵尸行为”*。可以把它与意识模式比较一下，意识模式是较慢的、全部有目的的模式。在对付感觉输入方面，意识模式在执行上更加缓慢，并具有更宽泛、较少刻板的特点(或者可以想一想，比如在意象当中)，而且在执行中需要时间来确定合适的思想和反应。如果没有这样一种意识模式，将需要大量不同的僵尸反应以应对不寻常的事件。

人类和多数动物相区分的一个重要特征是，人类不是生下来就具备广泛的行为程序，依赖这些程序而使我们能够根据自己的能力生存下来(“生理学的前成熟”)。为弥补这一点，人类具有无可比拟的学习能力，也就是，通过模仿或探测，有意识地获得这些程序。一旦意识获得而且有效地实施这些程序，它们也可以变成自动化，而且达到这样一个程度，它们的执行可以越过我们觉察的范围之外。一种非常精细的运动技能例如弹奏贝多芬钢琴曲，或者感觉-运动协调例如沿山路驾驶一辆摩托车，这些都需要技巧。这种复杂行为之所以有可能，仅仅因为参与其中的亚程序里的相当一部分，它们的实现仅需最少的、甚至是暂时搁置的意识调控。事实上，意识系统可以在某种程度上干扰自动化程序。

从进化观点看，这样的安排将是明显有意义的，即包含有自动化行为程序，这种程序能以快速、刻板的形式，而且是以自动化的方式被实现；另外还有一个稍微慢一点的系统，需要有一点时间考虑一下，设计更复杂的行为。这后一方面可能是意识的主要功能。

看起来有可能是这样的，大脑皮层视觉的僵尸模式主要是应用顶叶脑区的视觉背侧流。然而，顶叶活性通过其对腹侧流所产生的注意性效应，可以影响意识，至少在某些状态下是如此。视觉的意识模式大部分依赖于早期视觉脑皮层区(远于 V1 区)，以及特别是腹侧流。

可能是，复杂的视觉加工(例如检测到自然环境中动物处于乱七八糟的场景)可以被人类大脑皮层在 130～150 ms 内实现，这个时间远比眼球运动以及有意识知觉发生所需要的时间短。此外，像眼-前庭反射这种反射，在更快速的时间尺度上发生。有可能是这样：这种行为完全由前馈性运动的锋电位波所介导，信息从视网膜出发，经过大脑皮层 V1 区，进入 V4 区、下颞(inferior temporal，IT)区及 PFC，一直影响脊髓运动神经元，那里的神经元调控手指运动(就好像一个典型的实验室实验一样)。基本的加工信息是前馈性的，这种假说直接受到事实的支持，因为选择性反应能够在 IT 区细胞上出现，所需的时间很短，大约 100 ms。

相反，人们认为意识性知觉需要更持久的、回返性的神经活性，有可能是来自新大脑

---

* 僵尸行为(zombie behavior)指人或其他一些高等动物不经过意识和注意而被自动执行的某些行为，例如经过熟练化的书写等。

皮层额叶脑区返回到大脑皮层感觉区的大体反馈。这种反复来回的增强需要有一定的时间，直到超过关键阈值。此时，持久的神经活性快速地扩展到顶叶、前额叶及前扣带皮层区域，扩展到丘脑、屏状核及相关结构，它们支持短时程记忆，支持多模式整合，支持设计语言及其他过程，而这些过程都是紧密联系着意识的。竞争阻挡一个以上或少数知觉拷贝能够同时被觉察，而且主动地被代表，这是“意识的大体工作空间理论”(global workspace theory)假说的轴心部分。

总结一下，丘脑皮层系统的快速但短暂的神经活性，可以介导复杂的行为，而不需要意识性的感觉。我们推测，意识需要持久但很好地组构起来的神经活性，而这种活性依赖于远距离的皮层-皮层反馈。

### 14.2.5 觉察与神经活性的关系

以上是讨论了一个假说，即可能有解剖上定位的、具有一定程度锋电位活性的神经元或神经通路，是它们介导了觉察。然而，这个特定脑区总体水平的放电活性并不一定就是神经相关的。另一个假说是，觉察可能关联到特定类型的神经活动，例如振荡或同步化放电。这两个学说并非互相排斥，而同步活动及神经锋电位放电频率两者的结合，可能是意识神经相关的重要属性[8]。

从头颅表面记录的脑电图(EEG)，反映了人脑的电活性。脑电图显示不同频率范围的复杂型式。占优势的频率组成会按照意识水平而变。曾经有这样的提示，高频范围的同步化振荡(40～150 Hz)可以是特征整合的基础(因此是解答所谓捆绑问题的候补者)，而且是视觉觉察的底物，虽然对这种看法还有争论。有一些事实支持这种理论，表明密切关联到觉察的认知过程可以调控同步化。例如，选择性注意使得视觉和躯体感觉皮层的诱发活动同步化。此外，在双眼对抗时，觉察状态的自发性波动伴随有斜视猫 V1 区神经元的同步变化。在较大的空间范围，稳态神经磁反应(steady-state neuromagnetic response)显示相关，表现在当双眼对抗时对视觉刺激的知觉与脑半球间及半球内的一致性有关联。让受试者看模糊视觉刺激，那种刺激可以或者觉察为脸孔，或者觉察为没有意义的形状。刺激导致头颅表面 EEG 远距离型式的同步化，而此 EEG 型式是特异地对应于脸孔知觉，并且对应于意识知觉本身的那个时间。虽然这些发现高度提示了同步化过程在意识性视觉中的作用，但还没有达到能够合成起来的程度。在灵长类还没有明显证据表明，破坏了同步化就可以引起任何一种知觉缺损，这跟昆虫嗅觉系统的情况不一样。所以，有关同步化在知觉觉察方面的任何因果性作用，仍然是一个未解决、有争论的问题，想通过经验实验的方法来加以探讨是非常困难的[8]。

另一个可能性是，神经活性发生的特定时间(相对于刺激给予的时间)可能是重要的。V1 区神经元在对视觉刺激的反应过程中改变其调谐性放电。类似地，脸孔刺激的复杂特点，例如脸孔的规定性，似乎仅仅在下颞叶皮层神经元的后面一部分反应中被代表。神经反应也可以受到发源于经典感受野之外的信号的调制。这种调制反映了某些关系到视知觉的特点，例如质地的分离及分类，还有高阶过程如工作记忆。有这样的看法，认为这种高阶特征来自高级脑区的反馈性连接，因此可能对于觉察是需要的。在人类，用经颅磁刺激（TMS）来刺激 V5 区，引起对运动性闪光的觉察。这种觉察可以被 V1 刺激所压低，但仅仅当 V1 刺激的给予是在 TMS 脉冲作用到 V5 以后。此初步证据表明，对运动闪光的意识性知觉可能有关于来到 V1 的反馈性连接，该连接因为有了第二个脉冲而被中断[8]。

## 14.3　有意识知觉、无意识知觉和无意识本能行为

意识即我们能够感知到自己及/或环境，意识的统一性仍然是脑功能最大的一个谜。作为一种哲学观点，意识问题仍然没有得到共识，但是许多研究意识的人都把它看成为一种在不同情况下的不同状态，而不是神智的一种单独功能。根据近代意识研究所得的高深的认识是，原来弗洛伊德（S. Freud，1856—1939）是对的：他认为无意识的神智过程渗透、弥散进入意识思维。更进一步，并非所有的无意识神智过程都是相同的。弗洛伊德开始鉴定天然无意识，认为它是单独实体，它主要包含攻击性的和情欲的内态感（feeling）、思想、冲动以及记忆，这些都是在意识范围之外的东西，但是能够影响我们的行为，影响我们的经验。弗洛伊德后来又增加了意识前的无意识，这个现在被称为适应性的无意识，它是自我的一部分。它在加工信息的时候，我们自己并不觉察到[9]。

弗洛伊德欣赏一种看法，即我们的高级认知加工，大部分是无意识发生的，是没有被觉察到的，而且没有能力可以反映出来。当我们看到一个人脸孔时，我们并未有意识地来分析其特征，然后才讲："啊！是的，是这样的。"看到人的脸孔时，认识很快就到来了。同样，我们并不有意识地形成文法结构。所有都是无意识进行的。近来有一些精神分析学者及神经科学家试图可操作性地来界定意识的不同状态，使这些状态能够进入实验研究。M. N. Shadlen 和 R. Kiani（2011）的努力是其中之一。他们争辩说，觉察（awareness）及知觉和意志的主观方面是互有联系的。他们推出了一个观点：产生意识状态的神经机制具有与另外一些神经机制的共同特征，像实现如何参与到环境中去的简单抉择[9]。

### 14.3.1　意识至少可以分成 3 个状态

S. Dehaene 应用脑成像技术研究了与适应性无意识相平行的神智过程。根据研究，他把意识最少分成 3 个状态。第一是觉醒状态（vigilance），即从睡眠到觉醒的状态。第二是注意（attention）状态，就是加工特定信息的一部分，而并不需要觉察到它，例如感到肚子饿了，或看到朋友了。第三是达到知觉性觉察（perceptual awareness）的那种状态，也就是有主观归属（authorship）且可以报告的那种意识，即能够被我们觉察到的，是我们注意到的，是可以告知其他人的那种信息。这是 Dehaene 在 2014 年那本书上的描写[10]。Dehaene 认为，我们的意识经验是基于这 3 个独立而又互相重叠的状态，这 3 个状态可能反映了不同的生物学过程。又因为清醒状态对于信息报告和意识两者都是需要的，这些过程可能是相互作用的。Dehaene 争辩说，只有可以报告的那个意识对应于以往哲学上所讨论的意识[9]。

### 14.3.2 觉醒状态

直到最近，觉醒和警戒被认为是由于对大脑皮层的感觉输入的结果。当感觉输入关闭时，我们就睡眠了。1949 年，意大利的 G. Moruzzi 和美国的 H. Magoun 两位生理学家在实验中发现，如果损伤了动物的从感觉系统走向脑里面去的神经回路，则在损伤后意识并不受影响，觉醒状态也不受影响；但如果损伤了上位脑干中被认为是觉醒中枢的脑区，就会引起昏迷；刺激上位脑干的这些脑区，将使动物从睡眠中清醒过来。就这样，Moruzzi 和 Magoun 发现脑内含有的一个系统，此系统对于意识是必需的，它把信息从脑干、中脑带到丘脑，又从丘脑带到大脑皮层。他们的工作开启了以观察和实验为依据对意识和昏迷问题的研究，也涉及睡眠。这样就把脑科学和心理学关于睡眠和觉醒方面的看法联系起来了(图 14－6)[9]。

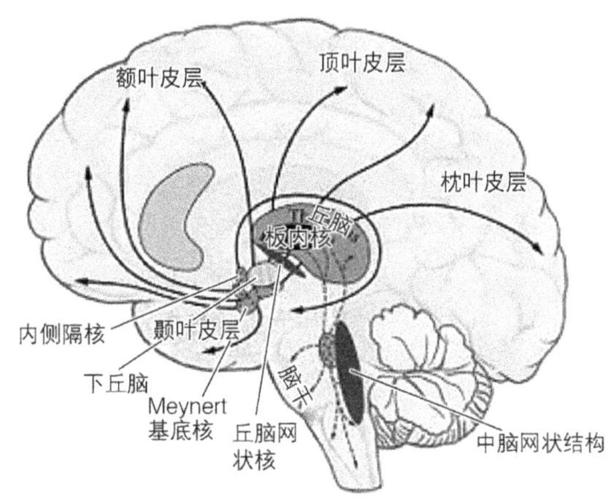


**图 14－6** 为调节脑激醒水平所必需的脑干和丘脑的中线结构

对这些核中许多核的小范围、双侧损伤将引起大体意识丧失。

### 14.3.3 觉醒和睡眠的传导通路

由于不证自明的进化重要性，清醒时的正常人体需要维持警觉状态，几条平行的上行神经元传导路发展起来了，为的是促进和支持皮层的觉醒。其中腹侧通路通过下丘脑和基底前脑而上行，背侧通路通过丘脑上行。此外有几个神经元群体被鉴定是睡眠活性的，它们参与促进和维持自然睡眠。第一个被鉴定的是腹外侧视前区(ventrolateral preoptic area，VLPO)的神经元，它们对许多激醒神经核提供抑制性调控。这些细胞主要释放 GABA，某些细胞可能释放小抑制性肽——甘丙肽。在 EEG 同步化刚刚出现之前，VLPO 神经元增加其放电，以后随着睡眠的深入，逐步增加活性。这种放电型式与它们参与引起而且稳定自然睡眠的情况相一致。另一群是内侧视前区释放 GABA 的神经元，这种神经元也展示了在 REM 及 NREM 睡眠时增强放电，该放电的特点是在睡眠到来之前预先增加，然后当持续 NREM 睡眠时则逐步减慢。这提示，这些神经元的作用是发动睡眠。另一群睡眠选择性的 GABA 能神经元穿插在基底前脑的大细胞区胆碱能细胞之间。与 VLPO 神经元一样，这些神经元的放电与睡眠深度有关。在此情况下，NREM 睡眠时的放电频率较 REM 睡眠时要高[11]。

生命体逐步演变，形成了几条神经元通路以维持正常清醒时大脑的激活和行为的觉醒。另一些神经元通路也逐步形成，通过它们对激醒神经网络提供抑制性调控，以促进和维持自然睡眠。图 14－7 演示了在一个代表性的鼠脑旁中央切面上最重要的觉醒和睡

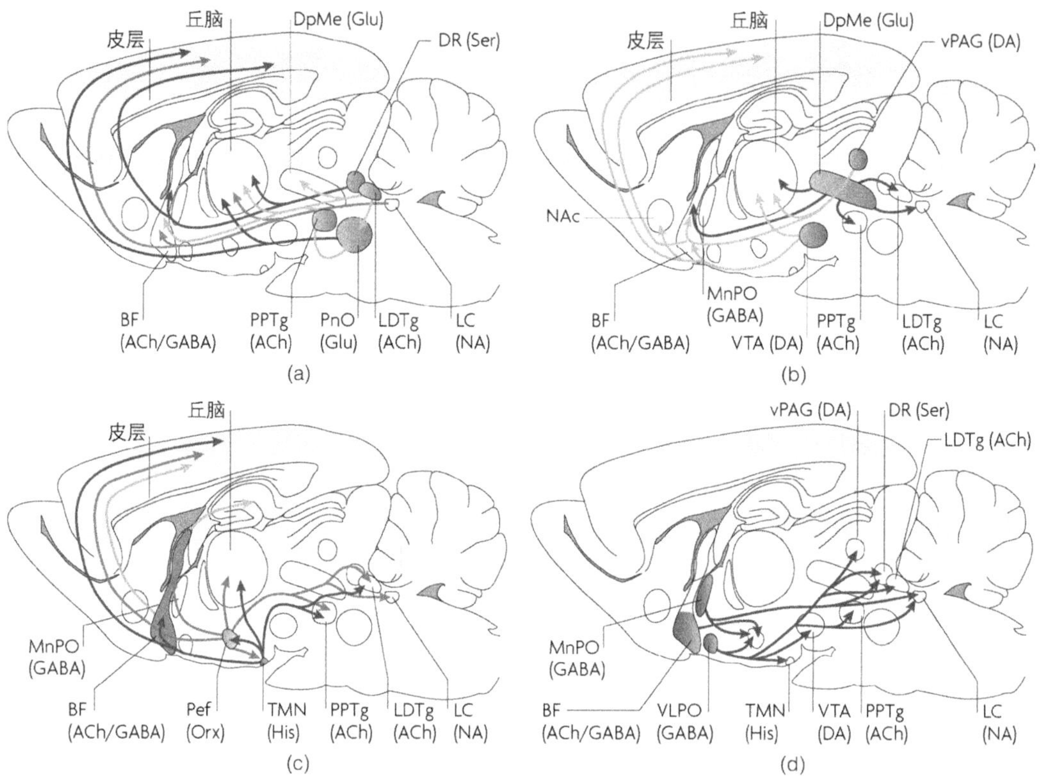


**图 14－7**　睡眠和觉醒的神经元通路(彩图见图版第 50 页)

DA：多巴胺；ACh：乙酰胆碱；Glu：谷氨酸；His：组织胺；NA：去甲肾上腺素；Ser：5－羟色胺。(图引自[11])

眠传导路，可以分成如下 4 个方面加以介绍。

1. 脑桥激醒神经核

脚桥被盖核(pedunculopontine tegmental nucleus，PPTg)和外背侧被盖核(laterodorsal tegmental nucleus，LDTg)的胆碱能神经元展示了对非特异性的丘脑髓板内核、中线核、丘脑网状核密集的神经支配。除这些丘脑通路外，脑干的胆碱能神经元也投射到其他激醒神经核，包括深部中脑网状结构(deep mesencephalic reticular formation，DpMe)、嘴侧脑桥核(pontine nucleus oralis，PnO)、PFC 的一些脑区和基底前脑(basal forebrain，BF)大细胞胆碱能神经核。脑桥另一个重要的激醒神经核是去甲肾上腺素能的蓝斑(locus coeruleus，LC)。除了通过 α1 肾上腺素受体引起兴奋以外，由于抑制了 BF 和视前区中促进睡眠的神经元，激醒可以得到增强，此作用是通过激活 α2 肾上腺素受体而实现的。通过背侧丘脑路径，LC 对皮层激活也有贡献，但除了支配非特异性的髓板内核和中线丘脑核以外，还有一些复杂型式的去甲肾上腺素能支配，支配到特异、非特异的丘脑神经核。延髓的背侧中缝核(dorsal raphe，DR)发出粗大投射到大脑皮层、基底前脑及其他激醒神经核，此外还有投射到中线和髓板内的丘脑核[11]。

2. 中脑激醒神经核

谷氨酸能的 DpMe 核和在腹侧被盖区(VTA)的多巴胺神经核,以及腹侧导水管周围灰质(ventral periaqueductal grey,vPAG)是最重要的中脑激醒神经核。来自 DpMe 的密集投射激活中线和髓板内核群的丘脑-皮层神经元,它们也支配基底前脑。投射到胆碱能的 PPTg 和 LDTg、去甲肾上腺素能的 LC 以及延髓-脑桥网状结构,它们的作用是增强促进激醒的兴奋。VTA 的多巴胺能神经元通过丘脑、基底前脑、伏隔核(NAc)及大脑皮层引起激醒。最近又描写了一个多巴胺能传导通路,它来自 vPAG,也引起激醒,因为它支配丘脑、基底前脑及大脑皮层(除其他的神经核以外)[11]。

3. 下丘脑及基底前脑的激醒神经核群

外侧下丘脑(LH)的穹窿周围区(perifornical area,Pef)的增食欲性神经元,弥散地投射到整个中枢神经系统轴,包括投射到其他激醒神经核,到丘脑、大脑皮层。增食欲肽(orexin,Orx)激醒非特异性丘脑-皮层神经元。类似弥散性型式的支配来自结节乳头神经核(tuberomamilary nucleus,TMN)的组织胺能神经元,后者通过背侧和腹侧通路往上投射。丘脑有几个中线、髓板内核群被密集支配,还有丘脑前核群、背侧丘脑核群。BF 内的神经元展示复杂的支配型式,支配边缘系统及大脑皮层。除了显著的 BF 胆碱能神经元对皮层的支配以外,这些细胞中也有的选择性地靶向丘脑,主要提供兴奋性驱动,通过烟碱型乙酰胆碱受体(nAChR)及 m1 型的毒蕈碱型乙酰胆碱受体(mAChR)[11]。

4. 睡眠促进传导通路

主要的睡眠促进中枢位于前部下丘脑及基底前脑。腹外侧视前区(VLPO)发出密集的抑制性投射到 TMN 及其他多数激醒促进神经核。来自中间视前区(median preaptic area,MnPO)的传出纤维较少被描写,但演示有一个重要的抑制性投射,投射到 Pef 的增食欲肽神经元,也投射到 LC 和 DR。来自 BF 的 GABA 神经元(可能是那些睡眠活动性神经元)也提供抑制性输入到 Pef 的增食欲肽神经元,也有到中脑、脑干的。

这些事实提示,睡眠的发动和维持是一个主动的过程,此过程发挥抑制性调控作用,调控上行性激醒神经核,主要是来自下丘脑及基底前脑的 GABA 能控制。重要的是,激醒神经核也可以发出交互性抑制回路到促进睡眠的神经核。这意味着,当激醒神经核被抑制时,这个正反馈就抑制睡眠促进中枢,进一步增强它们的放电。此结果导致一个双稳态系统,它只能在睡眠与觉醒之间进行方向上的翻转,而不能够在某种中间状态正常地静息下来[11]。

因为麻醉像睡眠一样,也诱导出减少激醒和减少反应性的状态,所以一个非常合理的先验看法是,共同的神经元通路参与了麻醉和睡眠这两个过程。在睡眠和觉醒传导通路中对麻醉敏感的 $GABA_A$ 受体及双孔钾离子通道(two-pore-domain $K^+$ channel,2PK channel)的重要性,可以解释睡眠和麻醉诱导意识丧失(LOC)的某些相似性。有一个现象,那就是睡眠剥夺似乎增强了麻醉强度;另有实验现象,睡眠剥夺可以被持久麻醉所减弱。还有,睡眠和麻醉都引起体温过低。所有这些都支持一种观点,即睡眠和麻醉有某些共同机制。有些直接证据则来自对特定神经元回路的研究[11]。全身麻醉剂的作用详见第 15 章。

### 14.3.4　睡眠和觉醒的神经机制

觉醒促进系统(wakefulness promoting system;即 14.3.3 中的觉醒传导通路)引起脑电图的低电压、高活性。脑内有脑干、下丘脑、基底前脑的多个相互作用的神经递质系统,它们作用于丘脑和大脑皮层的共同效应系统。睡眠的发生是由于内稳态性的睡眠因子,如腺苷、一氧化氮(NO)和下丘脑视前区的 GABA 神经元,它们抑制了觉醒促进系统的活动,从而导致大振幅、慢 EEG 振荡的产生。还有一些局部产生的活性物质调制慢 EEG 振荡。NREM 睡眠的作用是,通过调制突触权重(synaptic weight),保持了脑的能量,易化了记忆存储。REM 睡眠的产生是由于调控脑干网状结构谷氨酸能神经元和脑干胆碱能、胺能、GABA 能神经元相互作用的结果,这样就导致 REM 睡眠时出现肌张力降低、做梦和大脑皮层激活。REM 睡眠时还可伴有边缘脑区的强烈激活,这个活性与情绪调节有关系[12]。

睡眠剥夺,或者正常 NREM 睡眠和 REM 睡眠的恢复功能受干扰,均可导致呼吸、心血管功能紊乱,情绪反应改变,注意、记忆、抉择等神智功能紊乱[12]。

### 14.3.5　激醒水平与意识内容

意识这个词具有维度不同的两个要点,其一涉及觉醒和意识状态,而另一点则涉及意识的内涵和意识状态。脑要能够意识到任何事物,它一定是处于相对高的觉醒状态(有时候也称警戒,vigilance)。你可能是在清醒状态,或者在 REM 睡眠状态,梦中有鲜活的经验,但通常是不能被记忆的。脑激醒水平具有昼夜周期节律的波动,但可以受失眠、药物、酒精和体力劳累的影响。觉醒可从行为表现上加以测定,比如测定触发某些指标性反应的信号幅度(举例来说,用来引起眼球运动或头颅转动朝向声音来源一侧的必需声音强度)。临床学家应用计分方法,像 Glasgow 昏迷量表,以检测病人的觉醒水平。

高激醒状态与意识状态有关联,意识状态有特定的内涵:看到什么,听到什么,记忆了什么,或者想象什么物体。意识的不同水平或状态关联到不同种类的意识经验。所谓“觉醒”状态与“做梦”状态是相当不同的(例如后者很少有自我反思),也不同于深睡眠状态。在所有上述 3 种情况下,脑的基本生理是受影响了。在改变的意识状态下也一样,例如在摄入药物或者冥思苦想后,意识和认知可以比正常觉醒状态增强。

临床学家谈到意识状态紊乱,如“昏迷样状态”、“持续性植物状态”(persistent vegetative state,PVS)、“最小意识状态”(minimally conscious state,MCS)。这里所谓的状态是指外界/物理意识的不同数量,例如从昏迷开始,昏迷是完全缺少状态,接着有 PVS 和全身麻醉,一直到 MCS 时的波动的及有限的意识的感觉,例如梦游,或者当复杂的部分性癫痫发作的时候。MCS 病人的意识状态或经验是相对受限制的。脑死亡病人没有觉醒,但我们不知道病人是否有主观经验的中断,而不仅仅是机体的可观测链接的中断。

潜在的“意识经验的丰富性”似乎从深度睡眠到睡意(drowsiness),再到完全清醒,是一步步增加的。这可以根据复杂性理论的概念定量地加以表示。复杂性理论把意识经验的维度性(dimensionality)和颗粒度(granularity)合并在一起,对意识进行了一个整合信息的理论解释(integrated-information-theoretical account),因为当行为觉醒增加时,可能行为的幅度和复杂性也增加。但在REM睡眠时,特征性的肌张力丧失。这是低运动激醒状态,人不清醒,但有高的代谢率和脑电活动,以及鲜活的知觉。

丘脑、中脑、脑桥拥有化学标签不同的许多神经核,它们能使一个人处于足够觉醒的状态,能够完全感受任何东西。因此,这些神经核就属于意识的促成因素。反过来有可能这样:特定意识感觉的内涵由大脑皮层特定神经元以及与它们相关联的卫星结构所决定,包括杏仁核、丘脑、屏状核、基底神经节。

### 14.3.6 梦和意识的神经相关

梦往往是强烈的视觉经验,而且经常被看成如同生活本身一样鲜活。梦意识跟清醒状态意识最重要的区别在于:梦境意识缺少自我觉察以及对梦境的认识。然而,觉醒时看事情发生的神经过程,似乎与做视觉梦时发生的神经过程密切相关联。根据头皮表面EEG,睡眠通常被划分为几个不同的时相。慢波睡眠(slow wave sleep,SWS)时通常不发生梦,而此时头皮EEG优先地表现为高振幅、低频率的振荡。多数鲜活视觉的梦产生于REM睡眠时相,那时头皮EEG显示类似于清醒状态的活动型式,其特征是高频率、低振幅的信号[8]。

在人类REM睡眠时相,用fMRI测定脑活性,此时初级视觉皮层及其邻近区域是压抑的(与NREM睡眠相比),但中间视觉区的梭状回及内侧颞叶是高度激活的。要知道其中详情,可以看其他文献。相比之下,在SWS时,可以看到初级听觉区及视觉区皮层的激活,但内侧颞叶失活。REM睡眠时V1区的活性压抑了这个现象与病例的发现相一致,有些病人缺失全部或部分的V1,但这种人仍然有视觉的梦。大体上说,无梦关联到单侧额叶或顶叶皮层的脑损伤,然而特定视觉梦的丢失关联到双侧内侧枕-颞叶区损伤。有意思的是,唯一地描述非视觉梦(non-visual dreaming)的病人也显示了视觉回想的完全缺损,以及某些形式的视觉认识不能(agnosia),例如人脸失认症(prosopagnosia)或地形学失认症(topographical agnosia)等[8]。

总起来看这些资料表明,做梦与不做梦睡眠时的脑活性有重要的分离。做梦时可以体验到视感觉,但当时并没有视觉输入到初级视觉皮层,也可以没有视觉皮层本身的活性。这些事实跟一种观点相符合,即高级视觉区的活性更好地关联到意识的内容[8]。

REM睡眠(做梦)与NREM睡眠(非做梦)情况下的脑区激活特点是不同的。后者脑呈现大体(global)失活,而前者脑呈现区域性、选择性重激活[13]。

### 14.3.7 低强度额部电流刺激产生脑$\gamma$活性及鲜活梦境

最近的发现把额-颞叶$\gamma$脑电图(EEG)活性与意识在睡眠中的觉察联系起来,但是其因果关系没有建立起来。实验发现,当人处于REM睡眠时,$\gamma$带($\gamma$ band)的电流刺激影响正在进行的脑活动,诱导睡眠中自我反映性的觉察;如果使用其他的刺激频率则无效。这提示，高级别意识确实关联到约为 25～40 Hz 的同步振荡[14]。

获得材料的方法是：通过连续 EEG(脑电图)、EOG(眼电图)、EMG(肌电图)监视脑活性。在两分钟不间断的无激醒 REM 睡眠后给予经颅交流电刺激(transcranial alternating current stimulation，tACS)。刺激后，受试者被叫醒，要求他根据"LuCiD 测评表"评价睡眠意识。以前的实验研究采用"LuCiD 测评表"曾经显示，在鲜活梦境时，8 个因子中的 3 个呈现实质性增加。这个事实的强调点是，这个人当时正在做梦，对于梦的作图及分离有点类似于第三人称的那种看法[14]。

此实验提供了第一个因果性证据，即 tACS 引起了频率特异的人类脑皮层振荡。此外，实验也首次证明，作为在睡眠中直接诱导 γ 带振荡的后果，受试者的意识觉察发生了改变。可以这样假定，低 γ 活性是由快速放电的中间神经元介导的，而在动物实验研究中已知，这些中间神经元是在皮层网络中发生 γ 振荡的。这些神经网络的作用被建议是门控感觉过程，门控可能使鲜活的梦境以时间特异的方式呈现[14]。

## 14.4　心理学与神经科学的交汇：用神经成像方法研究大体神经元工作空间

1980 年，认知心理学家 B. Baars 引入"大体工作空间理论"(global workspace theory)。按照此理论，意识，包括注意和觉察，实际上是把先前无意识的信息向整个脑广泛传播(broadcasting)的过程。所谓"大体工作空间"包含一系列神经回路，这些回路把信息从脑干传到丘脑，再传到大脑皮层。在 Baars 写《意识的认知理论》论文之前，多数心理学家认为，意识并不是一个科学上值得研究的问题。但是现在我们认识到，有一系列脑科学技术，利用它们可以在实验室里考察意识。基本上，实验工作者可以拿任何一种刺激——一张脸孔的图像或一个单词，改变其部分条件；当刺激按照我们的要求进入或走出意识的时候，再看看我们的知觉如何。这种生物学途径的研究方法，原理是基于把两件事情结合在一起，一方面是意识知觉的心理学，另一方面是在脑内的信息广播，即传播信息的神经回路的脑科学。这两者是不可分离的，没有一个好的意识状态的心理学，我们就不能够在生物学上有所前进；反之，要是没有生物学，我们也不能了解负责意识的机制。这就是正在进行中的当前新的神智科学[9]。

Dehaene 扩展了 Baars 的心理学脑模型。他发现，作为能被我们报告出来的意识状态，它伴有一系列广泛分布的神经元回路的活动。这些回路选择一小片信息加以放大，然后广播，往前送到大脑皮层。Baars 的理论和 Dehaene 的发现告诉我们，人以两种不同的方式考虑事物，一种是无意识过程，另一种是有意识过程[9,10]。

试图考察脑内成像意识的某个方面，主要的困难是需要创造出一种实验方法，它使得我们能够对比无意识和有意识的加工过程。Dehaene 发明了一种方法，他让荧光屏上闪出一些字，例如 1、2、3、4。即使闪光非常快，人也可以看到它。但是如果在此闪光之前及闪光 4 完了之后，再闪一个图形，那么这些字就似乎看不到了，可见图形闪光掩盖了字：字还在那里，还在视网膜上，脑还在加工它，但就是意识不到它。Dehaene 又把这个字的强度放在刚刚超过意识阈值的水平，其条件是一半时间你会说看到它，一半时间你会说看不到。不论你说看到或看不到它，字的客观真实性是一模一样的[9]。

Dehaene 提出了问题，当我们看到阈下的一个字的时候，发生了什么事情？他发现，首先视觉皮层是非常活跃的，这是一个无意识活动的相关物。我们看到，这个字到达了大脑皮层的早期视觉加工站，经过 200～300 ms 后，活动就消失了，而且没有能到达高级大脑皮层中枢。这件事情是令人惊奇的：在 20 世纪 80 年代初，如果我们问，一个无意识知觉能不能到达大脑皮层，神经科学家一定会回答不能，只有有意识信息才能到达大脑皮层[9]。

Dehaene 发现，当知觉变成有意识的而且能够报告出来以后，很不相同的事情的确发生了。有意识知觉的开始，同时伴随有视觉皮层的活动，但活动不是慢慢消失，活动被放大，大约过 300 ms 后，它变得很大，像海啸一样，而不是一个消失的波。活动还在往前走，走到大脑高级部分——前额叶皮层(PFC)；到了那里，又走回来到原来发生的部位，而且在两者之间回荡。这就是达到意识的时候，就是信息广播的过程，此过程把信息传送了。Dehaene 争辩说，这就是进入了大体工作空间，可以有来自不同脑区的神经功能进入这个空间。从心理学角度看，发生了什么呢？我们发生意识时，信息可以提供给大系统，这个大系统离开了字的真正知觉范围。字仅仅是短暂闪光，但可以用我们的工作记忆保持在脑中，而且广播传输到需要它的其他脑区。这样我们可以说，意识信息是总体的广播信息，它是总体地提供给脑的。此机制被认为也可以应用于其他感觉刺激。因为在一个时间我们只能够聚焦到一小片段感觉信息，Dehaene 争辩说，可以被报告的意识是在进化过程中产生出来的，它使我们能够保持信息，而且把信息传向其他脑区，包括参与抉择的 PFC，也到达为清晰记忆所必需的颞叶，到达语言区，使得意识经验能够用言语加以报告，在那里还可以被评价、记忆，或者被计划以供应用。根据这些争辩可以看出，我们有了不同形式的意识，它们在我们的神智生活中起特殊作用。对于这些不同形式意识的生物学功能，我们现在只是刚开始有所了解，对于其生物学必要性的了解也是如此[9,10]。

## 14.5 无意识神智过程

上面所讲的实验说明，信息可以进入大脑皮层而不产生意识知觉。有趣的是，这种信息可以影响我们的行为。在大脑皮层的不同脑区，无意识加工过程可以同时发生。仅仅认识一个字，是可以无意识发生的；而那个字的意义要能够被了解，一定得在脑的较高水平，但是我们不一定觉察得到。字的另一些方面也可以被无意识地计算、加工，例如其发音、其所包含的情绪成分，或是讲错或讲对，错的地方有没有被抓住[9]。

自从 19 世纪德国生理学家和心理学家亥姆霍兹首次发现无意识加工过程以来，以后的科学家们力图了解这是怎么工作的，可以进行到什么程度。亥姆霍兹认识到，脑是有创造性的，脑自发地(无意识地)把一组来自感觉系统的基本信息加以集群，而且据此作出推断。事实上，脑可以根据非常少的信息进行复杂的推断。例如，当你看到一系列黑线条的时候，这些线条并不代表什么意思，但如果这些线条在运动，特别是向前运动，那么你的脑就立即认为：这是一个行走着的人。亥姆霍兹知道，无意识的脑可以部分地取得信息，并拿此信息与以前的经验相比较，使之变成学习到的东西，由此进行合理的判断。这真是一个非常了不起的认识过程[9]。

1939 年，H. Hartmann 戏剧性地扩展了我们对于弗洛伊德的前意识和无意识的了解。在他的著作《自我(ego)心理学和适应问题》中提出一个看法，自我有其天生的能力，这种能力在好几个方面是无意识的，而且促进我们适应环境。近来科学家还了解了这种高水平的、无意识的思考[9]。

无意识过程和有意识过程的关系是一个十分重要的认知科学问题。事实已经表明，无意识刺激和它所引起的“代表”能够影响意识经验中的信息过程。问题是如何用已知理论来加以解释。B. Dresp-Langley 根据现有科学材料提出了一个模型，该模型可用来说明，脑内专用共振神经回路上的学习机制，如何能够产生无意识代表的特定时间活性特征。然后，这些活性特征中的反复进入(reentrant)信号、自上而下的匹配、活性痕迹的重合(coincidence)等因素，将能够使得作为意识经验的神经特征(标签，signature)逐步巩固。这种经验还可以扩展很远距离，覆盖脑的很多功能部位[15]。

可以看出，这种说法与 14.4 提到的“大体工作空间”十分类似。

在神经科学和心理学历史上，意识的定义是最有争议的一个议题，而意识往往与是否有知觉相联系。企图澄清什么是“无意识”的种种说法，实际上反映了不同的理论基础以及研究觉察时所用的不同方法学。首先，应当区分什么是无意识(unconscious)，什么是非意识(non-conscious)。前者源于精神分析传统，这种看法认为，存在着一个心理动力学性质的抑制意识信息的主动机制。相反，“非意识”这个概念的应用植根于实验心理学传统，此种看法认为，存在着一个知觉状态(perceptual state)，在这种状态下，受试者不能报告存在刺激或刺激的某一属性(例如刺激的情绪成分)，虽然有(行为的、心理生理的或神经生理的)证据表明，事实上存在着刺激，而且已经被受试者加工。其他名词，例如“阈下知觉”(subliminal)、“内隐知觉”(implicit)，也被用来描述无意识知觉的类似情况。其中，“阈下”更经常应用于健康人，指弱的或短促的刺激未能引起受试者意识感知的情况；“内隐”则是一个更一般性的描述，表示与作业无关、不随意的或无意向性的过程。“自主的”一词的情况有点类似，正常情况下此词的意思表示独立于自上而下的控制，特别涉及注意的控制。在注意研究的背景下，更优先使用的是“前注意的”(pre-attentive)而不是“自主的”，因为前一种说法更明确地指出，进入刺激的处理是在注意性选择之前，而且与注意无关。但是，一个刺激在注意之前被处理，并不意味观察者不能觉知它的存在[16]。

意识和无意识知觉之间的区别，大部分与所用的方法有关。采用主观测试方法，如果受试者辨别知觉信息不能够优于随机水平，则知觉被视作无意识的，即使其实施(对刺激的反应)优于随机水平。因为主观测试方法容易受个人反应偏好的影响，晚近的工作引入了客观测试方法，其中某些方法源于信号检测理论，根据该理论，只要知觉辨别能够达到随机水平，这种知觉就可以界定为无意识的。有一些描写，例如“无意识知觉”或“知觉而并不觉察”这两种情况(我们认为这两者基本上是等同的)，是指在研究中得到的结果，不论用主观还是客观方法，受试者都不能报告情绪性视觉信号的存在[16]。

### 14.5.1　各种意识状态下的内源性脑活动

自发性脑活性最近在神经成像学界受到越来越多的青睐。然而，为了更好地了解脑-行为相关而进行的、有关静息状态的研究，使其价值受到了挑战。意识状态改变是一种独特的方法，被提出来可以用于研究自发脑活动和行为的相关。这里回顾在意识改变的不同状态下，共同的静息状态脑活动之特征。早期的PET研究显示，极端高或极端低的脑活动状态，经常会关联到无意识状态。然而，此相互关系并非绝对，对大体脑代谢与觉察之间的准确关联仍然很难判断。相比之下，通过以体素为基础的分析，鉴定了各种意识改变状态下的联络性额顶叶-扣带回区的系统性损害，例如在睡眠、麻醉、昏迷、植物状态及意识的癫痫性丢失的时候，还有在梦游症的时候。与此相平行，近来的fMRI研究鉴定了静息人脑慢神经元振荡的结构性型式。在几种无意识状态下，例如在昏迷、麻醉、慢波睡眠状态下，也发现了类似的、全系统一致的BOLD型式，特别是在默认的模式网络中。后一结果提示，慢的一致性自发BOLD波动并非无例外地作为意识神智活性的反映，但是可以反映默认的脑连接，这种连接按照超越意识水平的一定方法，来塑造最有可能相互作用的脑区。其功能重要性仍不甚清楚[17]。

脑活动可以比安静时还要低，这就是所谓"默认模式网络"。它是指当受试者做需要注意和非自我参考的不同的新作业时，脑活动比安静时还要低的那种网络活动。这种模式网络存在于人类、非人灵长类、猫和啮齿类脑的分离、双侧、对称性皮层，包括内侧和外侧顶叶、内侧前额叶、外侧颞叶等部位[18]。

长期以来，濒死体验一直被蒙上一层神秘面纱，世界各地不同种族、不同文化的人都曾报告濒死体验。据统计，大约20%心跳骤停的幸存者报告在临床死亡期间见过白光并有灵魂出窍等感觉。为研究濒死体验，有人在老鼠实验中诱发9只被麻醉动物的心跳骤停，同时记录它们的脑电活动。结果发现，这些老鼠在心跳骤停后30 s内，其脑电活动激增，且具有与意识和视觉活动相关的特征。让研究人员感到惊讶的是，在濒死状态下，许多与意识有关的已知的脑电活动，程度甚至超出清醒状态。这或许意味着在临床死亡的早期阶段，大脑还能够组织良好的脑电活动。此前科学界关于濒死大脑能否产生意识一直存在激烈争论。主流观点是，心跳骤停后大脑就不再活动，无法再产生意识。对上述实验，科学界也存在不同的声音。论文发表后，有学者立即提出了6条反对理由，认为实验不可能确定老鼠在心脏停止跳动期间是否体验到什么经验。还有人认为，对"意识"这一词汇的定义至今尚存在争议，更不用谈动物是否有意识了[19,20]。

### 14.5.2　适应性无意识

现在，认知心理学家T.D. Wilson扩展了弗洛伊德和Hartmann两人的观点，而且引进了一个"适应性无意识"的观点。这是指无意识过程，它服务于一系列功能，其中一项功能就是作出抉择。多少年来行为学家希望，在我们每天的判断及每天所进行的抉择中，把意识和无意识成分分解开来。行为学家们确认，我们的神智有两种思考问题的方式：慢的、深思熟虑的意识过程，以及快的、适应性的无意识过程。当我们有意识地聚焦到我们周围发生了什么的时候，适应性无意识过程让我们的部分神智仍在追踪：周围到底有哪些事物在变化，并确定我们有没有丢失周围的某些重要方面[9]。

我们当中的许多人，当面对重要选择的时候，可以作出一系列正的或负的判断，帮助我们确定该怎么做。但实验显示，这不一定是作出判断的最好方式。相反，我们要无意识地收集更多信息。这样，一个优先的意识会喷涌出来。如果我们是过度意识的，那么我们等于是说服自己认为需要某种实际上不要的东西。睡眠帮助我们平衡情绪，所以，如果要做一个重要抉择的话，从字面上说，我们应当"睡"在这个抉择过程上面。这种适应性无意识，对于我们的生存来说是必需的；而过程接踵而来，接着就是有意识的过程，从而帮助我们成为地球上最聪明的物种。我们既有无意识又有意识，我们已经发展出来两套不同的神智过程，以对付不同的神智信息，所以有意思的是我们可以讨论一下，回顾这两套神智过程在进化中有多久远[9]。

### 14.5.3　有意识和无意识神智过程的相互作用

通过后面的讨论将会展开，几乎每种神智功能都需要有意识和无意识过程的相互作用。因此，有意识和无意识过程的生物学可以提供重要的新链接，把精神分析理论和当代神智科学联系起来。这样一种链接将帮助我们在无意识理论下对精神分析进行探索和修饰；如果合适的话，还可以否定。就新神智科学而言，它很可能从精神分析观点那里得到充实与丰富。应用 Dehaene 的操作性工作方法，我们将可以把弗洛伊德的本能性无意识做到现代生物学认识的图式上，以此来解释社会行为以及攻击性。可以这样提问，虽然这些无意识过程没有达到意识，但它们达到了大脑皮层吗？是一些什么样的神经系统回路管理着心理防御机制，例如升华(sublimation)、压抑(repression)、扭曲(distortion)等呢？[9]

创造性被描写为无意识思想的募集，以及发现思想、观念的新排列、新组合之能力。这种描述是 20 世纪 50 年代 E. Kris 提出来的，此人是一位艺术史学家，又是一位精神分析师。按照他的说法，在一种有控制的条件下，有创造性的人会有这么一瞬间，在此瞬间他经历相对不受约束而且比较容易的无意识和有意识神智过程之间的交流、交换。他认为有创造性的人在某一瞬间会有这种状态产生，他称这种状态是"回归到为自我服务"。这是一种受控的回归，与那种不受控的回归是不一样的，不受控的回归就是精神疾病发作(psychotic episode)。艺术家可以把这种无意识的驱动和欲望带到图像的前方。创造性的认知心理学研究大体上是与 Kris 观点一致的，但是我们对于创造性的生物学基础是什么，懂得很少。自从发现语言在左侧大脑半球有代表以后，英国神经学创始人 J. H. Jackson 争辩说，左侧大脑半球的特异化是为了分析性组构，而右侧大脑半球的特异化是为了连接刺激与反应，因此是为了把新观点组成新的组合[9]。

M. Jung-Beeman 和 J. Kounios 近来的研究与以上观点相一致。他们给受试者一个简单的问题，此问题既可以用一闪念解决，也可以用系统思维解决。应用脑成像方法，作者发现,右颞叶的一个区——前上颞沟,当受试者经历一闪念思想的时候变得特别活跃。当受试者开始试图用系统思维解决问题的时候,同一脑区也活动起来。这表明,创造性思维可能让受试者看到两个观点之间的联系。将要发展出来的无意识和有意识神智过程的生物学,可能最后将会影响许多的人类事业,从数学思考、计算科学,到艺术和科学的创造性,从评价抚养孩子的实际操作,到判断有罪和无罪的法庭辩论,从正常社会行为到失常行为,其中的许多问题都涉及意识和无意识的神智过程及其紊乱[9]。

### 14.5.4 情绪和本能性无意识

情绪是一种行为,它与内部的,也就是本能性的状态相关联,例如性、侵犯、恐惧。所有这些本能性的行为状态都有重要的无意识成分,而弗洛伊德早就指出过这一点。近来我们对这种脑机制,包括性、侵犯的脑机制有了新的认识。通常,这两个本能性驱动(drive)是互相排斥的,但在某些环境下,它们可以互相加强。我们将会看到,在过去几十年中,神经科学已经打开了这扇社会行为的窗户。所形成的认识很可能会刺激社会学的思考,而且提供前景,用新的方法去接近和了解有关同情、攻击、配偶亲密关系、放荡以及其他的社会现象[9]。关于性与侵犯的神经机制,请参看第 17 章。另外有作者提出,意识和情绪是互有关联的,只是分化水平不同而已[21]。

## 14.6 知觉的大体紊乱

已经知道,对于意识所必需的最少神经元相关,没有任何一种大家都能接受的判据。因此,区别持续性植物状态(PVS)病人和最小意识状态(MCS)病人经常是很困难的。前者(PVS 病人)显示有规则的睡眠波的转变,可能会运动一下或笑一下;后者(MCS 病人)能够以有意义的形式(例如,可以有区别性的眼球运动)进行交流(偶然),显示某些意识迹象。在全身麻醉的时候,病人不应当体验心理上的痛苦,但其觉醒水平应该符合临床的迫切需要。

对一个因脑受到严重损伤而处于植物状态的病人,用 BOLD fMRI 测定了他的脑活动。例如,当要求病人回顾打网球的情况,或要求他想象进入自已家中的一个房间时,他会演示正常型式的脑活性。宏观意识紊乱病人(包括运动不能性哑症病人)的差别性脑成像发现,他们的广泛皮层网络出现功能失调,包括内侧和外侧前额叶和顶叶联络皮层,这种广泛的功能失调联系到宏观的觉察丧失。颞叶癫痫发作病人的意识缺损有可能伴随额叶和顶叶联络皮层的脑血流(CBF)减少,而脑的中线结构例如内背侧(mediodorsal)丘脑的 CBF 增加。

中线(旁中央)皮层下结构相对局限的双侧损伤,也可引起完全的觉察丧失,因此这些结构是促成与调控脑激醒的(根据测定代谢和电活动的方法可以确定),它们对意识的神经相关是必需的。在上位脑干两侧,包括脑桥、中脑、后部下丘脑,异源性地集合了 20 个以上的神经核,这些神经核集体地被称为网状结构激活系统(reticular activating system,RAS),它们的轴突在脑内广泛投射。这些神经核的神经元三维集合体有各自的细胞构筑及神经化学规定性，释放各不相同的神经调制物质，例如乙酰胆碱、去甲肾上腺素、5－羟色胺、增食欲肽（orexin，hypocretin）来调节丘脑及前脑的兴奋性，从而介导觉醒和睡眠之间的转变，以及总体行为水平和脑的激醒水平。这种部位受到损伤以后，最后丘脑和前脑的兴奋性可以恢复，意识可以回来。另一种促成意识的因素是 5 个或更多的丘脑板内核，它们从许多脑干核接受输入，而强烈地直接投射到基底神经节，有分布性地投射到新大脑皮层第 I 层。相对少量（1 $cm^3$ 或稍小一点）的双侧丘脑髓板内核（intralaminar nucleus，ILN）损伤，可以完全敲除所有的觉察能力。

## 14.7　意识研究的生物学前景

无意识信息广播到大体工作空间，这代表了意识的某些方面，但事情还不那么简单。换句话说，作为对感觉刺激的反应，并不是所有广播到大脑皮层的信息，都会对该刺激形成有意识的觉察。我们如何分辨这样两件事情，一件是跟意识活动相关联的，这在科学上叫作意识的神经相关（NCC），而另一件是真正引起意识活动的？要证明是脑的哪一种状态真正造成了一个神智状态，我们需要扰动脑，并显示这样做就改变了神智。C.D. Salzman 及 W.T. Newsome 两人的实验是这样设计的：电刺激动物脑内调控信息加工的传导通路，再设计一些测试去询问动物：屏幕上的点是向左移动还是向右移动？仅仅刺激动物脑内非常小的、跟视觉运动有关的点，Salzman 和 Newsome 就可以诱导动物知觉的轻度变化，这种变化说明那个点如何在动。这个知觉的改变使动物改变它们对于点是如何在动的想法，改变它们的神智。在类似的相平行的实验中，N. K. Logothetis 等考察了双眼对抗。实验中把一个图像呈现给一侧眼睛，而把另一个相当不同的图像呈现给另一侧眼睛，结果人观察到的知觉并不是两个图像重叠起来，而是一会儿看到这个，一会儿看到那个。在 Logothetis 等的实验中，他们训练动物报告这种转换。他们发现，某些神经元仅对物理图像有反应，而另一些神经元则对动物的知觉有反应。他们的实验又引起其他人的实验研究，研究结果的要点是，当我们从初级视觉皮层到更高级脑皮层的时候，用来协调知觉所需的参与神经元的数目会增加。越是高级，需要的神经元数目越多。这些实验探测了脑与神智问题的某些核心方面。虽然我们仅仅开始研究意识的生物学，我们已经有了少数有用的实验设计程序，可以用它们来探查意识的不同状态[9]。

### 14.7.1　脑如何产生意识的主观经验

这也就是问：脑如何觉察某些事情的存在？这个问题被认为可能是科学所面对的最具挑战性的问题。潘菲尔德等人曾经描绘了图像，说明电刺激接受脑手术病人大脑皮层的哪些部位，可以得到哪些反应。近来，由于应用 PET 扫描及 fMRI 技术，用不同的主观范式来描绘大脑激活的工作大大扩展，但是没有看到任何一个研究说明，对什么样神经元的合适激活，可以产生意识经验。神经外科专家 B. Feinstein 为了治疗病人的需要，邀请 B. Libet 利用机会把刺激和记录电极摆到清醒有反应病人的颅内，这给了人们一个机会可以做这类研究了。由于有很优越的设备及好的合作者，他们决定研究：为了引发一个简单的、躯体感觉的意识经验，所需要的神经元活性条件是什么，而且把它同用来无意识地检测感觉信号所需要的活性加以比较[22]。

实验发现，为了引发一个意识的感觉经验，需要令人惊奇的、合适的神经元激活时程，约长达 500 ms。不仅当刺激作用于大脑躯体感觉传导通路任何一个环节上时，需要这样一个时程，而且有几方面的证据表明，即使单个刺激脉冲作用到皮肤，大脑皮层也需要同样时程的活性。这个发现进一步引导研究：这样一个延迟时间在一般性觉察方面的意义，以及为了解意识的主观经验性质方面，它的深刻含义。这成为他们以后沿着此方向开展工作的基础。例如，为了产生觉察，神经元大约需要 500 ms 的时间。这意味着，我们不能够立即体验我们的感觉世界，但是那样将要与我们的实时直观感觉相矛盾。他们用一个假说来解决这一矛盾，即主观经验到第一个皮层反应(即初级诱发电位)时间的“反向送交”(backward referral)。这个假说经受了实验的检测和证实，是一个令人震撼的结果。我们现在可以在已知的主观空间送交之外，再增加主观时间上的送交。主观送交没有已知的神经基础，似乎是一个纯粹的神智现象[22]。

另一个实验研究支持 Libet 的引发意识感觉的“时间开始”理论，作为对无意识检测的不同见解[22]。

内源性经验中似乎也有时间因素，例如产生一个纯粹随意性动作的意识性注意或者意愿。在这方面人们发现，大脑皮层活性发动随意过程，至少需要在意识愿望(W)开始之前 350 ms。但 W 的出现大概是在肌肉被激活之前 200 ms。这样就保留了一种可能性，即意识愿望可能调控随意过程的结果，意识愿望可以否定随意过程，从而阻断动作的实施。这些发现对于自由意志的性质，对于个体的责任心和内疚，有深刻含义[22]。

时间因素的发现，导致用未可预料的方式来看待意识经验和无意识神智功能。感觉世界的经验是延迟的，这就引起了一个可能性，即所有的意识神智功能是由无意识所发动的，而之所以转变成意识，仅仅由于神经元的激活要持续一个足够长的时间。如果每个意识经验都有延迟，意识经验一定是不连续的，“意识流”必定要受到修饰。快速作用或者快反应，不论是反应时、体育活动等，它们在开始时都是无意识的。无意识的神智操作如同在创造性思维、艺术冲动、语言的产生、音乐的演奏等当中一样，都可以非常快速地进行，因为只要有短暂的神经作用就足够了。快速的无意识事件将允许思考的快速加工，等等。至于觉察的延迟，它提供了生理性机会，可以实现调制性影响，从而影响经验的内容，而这是最后出现的，如同心理学家弗洛伊德所谈的某些感觉印象或思想的压抑[22]。

神经时间因素的发现(除了有意识的愿望以外)是不可能的，如果没有经颅内进入神经通路的机会。这种机会提供了一个以实验为基础的入口，由此新的假说或脑如何操作意识经验的研究，可以被直接检测。这与许多哲学研究途径不同，那些途径是猜测性的，而且多数是不可以检测的。现在，以证据为基础的观点能以某些可信性被接受[22]。

在以上发现的基础上，为解释脑与神智的相互作用，Libet 提出了“脑神智场”(cerebral mental field，CMF)的看法。Libet 的实验说明，从脑接受刺激到受试者产生感觉觉察，有一个时间上的延迟。据此他讨论和分析了神智与脑的相互作用问题。他认为，如果有相互作用的话，那么“神智”和“脑”应该是独立的变量；神智代表主观经历，因此它是一个非物理现象。这个事实导致需要有一个场理论，可称之为“脑-神智场”。按照定义，CMF 是一个系统的特点，它由相应的几百万、几千万个神经元的活动所产生。Libet 也提出了测试的设计。应用颅内电刺激和电记录得出了结果(Libet 在清醒病人受试者身上，用电流直接刺激大脑皮层感觉区，同时口头询问受试者的知觉体验)。应用颅外成像技术也获得了重要的信息。所获得的反应可以很快(以毫秒计)[23]。

可见，无意识的大脑过程超前于主观感觉经历。如果这个现象可以一般化到所有形式的主观经历的话，这意味着所有神智事件的开始都是无意识的，而不仅仅是那种从来没有意识到的神智事件。虽然感觉经验上有延迟，但主观上却没有发现延迟。实验提供证据说明这种现象依赖于延迟经验之前的前发(antedating)。有一个在时间上滞后的主观参考(referral)，使得主观能够符合初级皮层反应的时间，即感觉信号最早到来的时间。这个时间上的主观参考，类似于大家熟悉的空间主观参考(subjective referral in space)。结论是，通过研究人类受试者的主观报告，CMF 的特征可以与脑事件相关联，即使 CMF 本身是非物理的[23]。

### 14.7.2　意识的神经相关研究展望

鉴定视觉的可靠意识神经相关的焦点，导致了一般性的共识，即各种类型的实验有可能被证明是具有启发性的，主要是可以清楚地辨别意识和无意识神经过程的那些实验，多数来自猴的单细胞实验的证据，也有来自人的 fMRI 资料的证据。实验结果符合一个假说，那就是，V1 区的活性虽然对于许多形式的视觉是必需的，不过并不对应于视知觉。但有一些其他实验被解释为，它们提示 V1 区的某些方面确实关联到意识的知觉。多数实验者同意，NCC 关联到功能上属于腹侧视觉通路的特异脑区，它又与特定的前额叶、顶叶脑区有相互作用。但是完整发展出来的经验综合尚未形成。部分地，这可能是由于当前关于意识理论模型的状况，这个模型虽然已经提供了解释经验性发现的可能平台，但还很少有可以用当前技术方法加以检验的特异性预测[8]。

有两个领域可能为进一步的研究提供富有成果的基础。第一个领域是，在功能特异的视觉皮层脑区，很重要的是要更细致地特征化意识神经相关的性质。例如，觉察是某个脑区神经活性强度的函数，抑或它更紧密地关联着神经活性的时间？视觉区内 NCC 是否仅仅代表神经元群体特定部分的活性？这些细胞是如何在解剖学、生理学上个别化的？然而，如同我们已经强调过的，在功能特异化的视觉区了解 NCC，可能还不足以回答这些问题，因为前额叶及/或顶叶皮层活性也关联到意识内容的变化。第二个领域是，应该探查背侧脑区和腹侧视觉通路间相互作用的性质。认知过程，例如工作记忆和视觉注意，被认为是关联到这些背侧皮层脑区的。因此这将是重要的：特征化这些认知过程如何与视觉皮层信号相互作用，探查一下允许这种大规模整合发生的解剖学、生理学，以及导致人脑在现象上能够产生觉察的底物[8]。

意识研究很复杂。为什么每个人的脑中充满着不间断的各种经验？没有一个解释是完全合适的。我们无法肯定，人脑如何能够流淌出主观经验来。乍一看，意识是一件不可思议的事，研究意识既费时又费力，注定要失败。但是现在看来，对于意识正常运转的研究虽然很复杂，但还是有希望的[24]。

我们要了解意识。科学正在慢慢地使意识变成是可以理解的东西，当然还有许多令人不解之处。当了解了关于意识一般看法的缺点之后，我们已经有了更好的条件，在此基础上发展对意识起源、进化、发育和主观性质等的新了解。不仅局限于研究觉察的单个样式，还可以扩展多种形式的研究途径，包括功能的、生物学的、社会的以及计算科学的方法[24]。

意识研究必须依赖于主观报告，对此我们要有高度警惕。但增加实验报告可信度的方法还是有的。例如，如同在心理物理学研究中一样，在实验中增强对主观性的选择；用沉思（meditation）训练方法锐化（sharpening）受试者的主观内省（introspective）能力；不断发展我们对内省神经机制的了解[24]。

## 名 词 解 释[8]

**上行网状激活系统**：这是一个松散组构的神经元轴，从中脑向丘脑延伸，其中神经元广泛地投射到大脑半球，参与维持激醒状态。

**忽略**：一个神经病学症状（通常累及右侧顶叶损伤），这种病人显示对存在于损伤对侧野的检测或反应的明显困难。

**盲视**：初级视觉皮层有损伤的病人的一种能力，他能够猜测投射到他视野部分对象的朝向，而此视野正好是损伤的相对应部分，虽然病人报告在那个视野他看不到东西。

**微扫视**：正常视觉中常常发生的小而突然的眼球运动。

**地形学失认**：病人变成失去朝向的一种情况，他们不再能够认知他们的环境。

**视觉消失**：这经常关联到顶叶皮层损伤。病人仅可以看到提供给他的对侧视野的刺激，但看不到同时提供给同侧视野的刺激。

**运动认识不能（akinetopsia）**：不能够觉察运动着的刺激物。

**颜色认识不能**：不能够觉察颜色。

**脸孔认识不能**：经典的是一类视觉缺损，这种病人不能够鉴别熟悉人脸孔，即使病人晓得这是一个脸孔，能够指出它的特征，也不知道这是谁的脸孔。

**纹状外皮层**：大脑皮层视觉反应区，围绕着初级视觉皮层的一个条带。

**闪光压抑**：用闪光刺激对侧眼睛，而本侧眼睛仍保持原来刺激时，对单眼刺激的觉察被压抑。

**注意性眨眼**：在给予视觉刺激后的短暂时间内，此时的后续视觉刺激不能被看到或准确报告。

**N400 诱发电位**：在给予靶单词后 400 ms 出现的特征性的电位波，此波被认为是语言加工过程的指标。

**捆绑问题**：把一个物体的不同特征捆绑起来成为单独、统一的知觉拷贝的问题，这些不同特征是在不同脑区的不同部位被代表的。对于多个物体来讲，把每个物体的正确特征捆绑成为被觉察的代表，是一个特别复杂的问题。

**斜视的猫**：斜视是眼睛的一种情况，它不是直的或正确地对齐的。这种不对齐反映眼睛肌肉协同作用的缺失。动物的一只眼睛可以朝内（交叉眼）、朝外（隔开眼，wall eye）、朝上或朝下。虽然有些猫是天生斜视的，但也可以用外科方法切断一条眼肌的肌腱而产生斜视。

**稳态神经磁反应**：脑电活性的变化可以产生小的磁场扰动，此磁场扰动成为神经磁反应，可以由放置于头颅表面脑磁扫描仪中的一系列磁力计检测出来。

**经典感受野**：视野中的区域，在那里视觉刺激典型地引起特定神经元的反应。

**立体"跳出"（POP）**：给每只眼睛提供两个稍微有些不同的图像，这样造成双眼不一致性，这种不一致性产生鲜活的立体深度印象。如果图像是细致的点（形成一个模样），而这个模样又是混杂在类似背景当中的，那么深度知觉是立即的，在短时间看东西以后图跳出来。

**Balint 综合征**：由双侧顶-枕区脑损伤所引起的神经病学疾患，其特征是空间知觉异常。

**同时认识不能**：同一时间内对物体或情景所有特征的知觉能力（sentience）及注意的缺损。患者感受复杂视觉呈现的个别部分，要比感受整个呈现好一些。

## 参考文献

[1] 陈宜张.脑研究现状与展望\\中国医学院士文库：陈宜张院士集.北京：人民军医出版社，2014：449－459.

[2] Blanke O，Slater M，Serino A. Behavioral，neural，and computational principles of bodily self-consciousness. Neuron，2015，88：145.

[3] Crick F，Koch C. Consciousness and neuroscience. Cerebral Cortex，1998，8：97.

[4] Crick F，Koch C. A framework for consciousness. Nature Neurosci，2003，6：119.

[5] Churchland P S，Churchland P M. Neural worlds and real worlds. NR Neurosci，2002，3：903.

[6] Koch C，Massimini M，Boly M，et al. Neural correlates of consciousness：progress and problems. NR Neurosci，2016，17：307.

[7] Tononi G，Boly M，Massimini M，et al. Integrated information theory：from consciousness to its physical substrate. NR Neurosci，2016，17：450.

[8] Rees G，Kreiman G，Koch C. Neural correlates of consciousness in humans. NR Neurosci，2002，3：261.

[9] Kandel E. The new science of mind and the future of knowledge. Neuron, 2013, 80: 546-549.

[10] Dehaene S. Consciousness and the brain. New York: Penguin Books, 2014.

[11] Franks N P. General anaesthesia: from molecular targets to neuronal pathways of sleep and arousal. NR Neurosci, 2008, 9: 370.

[12] Brown R E, Basheer R, McKenna J T, et al. Control of sleep and wakefulness. Physiol Rev, 2012, 92: 1087-1187.

[13] Hobson J A, Pace-Schott E F, Stickgold R, et al. To dream or not to dream? relevant data from new neuroimaging and electrophysiological studies. Current Opinion in Neurobiology, 1998, 8(2): 239-244.

[14] Voss U, Holzmann R, Hobson A, et al. Induction of self awareness in dreams through frontal low current stimulation of gamma activity. Nature Neurosci, 2014, 17: 810-812.

[15] Dresp-Langley B. Why the brain knows more than we do: non-conscious representations and their role in the construction of conscious experience (review). Brain Sci, 2012, 2: 1-21.

[16] Tamietto M, De G B. Neural bases of the non-conscious perception of emotional signals. NR Neurosci, 2010, 11(10): 697-709.

[17] Bolya M, Phillipsa B C, Tshibandac L, et al. Intrinsic brain activity in altered states of consciousness: how conscious is the default mode of brain function? Ann NY Acad, 2008, 1129: 119.

[18] Raichle M E. The brain's default mode network. Annu Rev Neurosci, 2015, 38: 433-447.

[19] Greyson B, Kelly E F, Dunseath W J R. Surge of neurophysiological activity in the dying brain. PNAS, 2013, 110: E4405.

[20] Borjigin J, Leed U, Liua T, et al. Surge of neurophysiological coherence and connectivity in the dying brain. PNAS, 2013, 110: 14432-14437.

[21] Alexandrov Y I, Sams M E. Emotion and consciousness: ends of a continuum. Cognitive Brain Research, 2005, 25(2): 387-405.

[22] Libet B. How does conscious experience arise? The neural time factor. Brain Research Bulletin, 1999, 50: 339-340.

[23] Libet B. Reflections on the interaction of the mind and brain. Progress in Neurobiology, 2006, 78: 322-326.

[24] Paller K A, Suzuki S. The source of consciousness. Trends in Cognitive Sciences, 2014, 18(8): 387.

# 第15章 意识与全身麻醉

## 15.1 全身麻醉剂

全身药麻醉剂是化学结构大不相同的一大类药物，它们都能够引起可逆性的意识丧失(loss of consciousness，LOC)，长期以来其作用机制一直是个谜。现在，为数不多的重要分子靶逐渐呈现出来，分子水平的药物作用也慢慢变得清楚。寻找这些分子和麻醉剂引起LOC之间的关系，是一个巨大的挑战。但是，了解正常睡眠的特征，对我们也有帮助，可以帮助我们了解这些全身麻醉剂是如何工作的，以及它们如何影响神经元通路。最近的工作提示，丘脑以及调节丘脑活动的神经网络，是了解全身麻醉剂如何作用从而导致LOC的关键[1]。

每年有上千万病人接受全身麻醉剂，药物把人的宝贵属性——意识给抹掉了。麻醉医生能够诱导出安全、可逆的LOC。对病人来说，这是一件无可比拟的和有价值的事，但它也造成了长期以来令人困惑的药理学难题：这样一群结构上各不相同的药物，从最简单的惰性气体——氙，直到复杂的巴比妥药以及甾体激素，都产生共同的终末效应，这是为什么呢？从定义上看，所有的全身麻醉剂都引起人类的LOC，而麻醉效果至少可以分成5个等级。然而对某一麻醉剂来讲，能够达到LOC的浓度，其范围是明确界定的(图15-1)。最强效的静脉麻醉剂如异丙酚(propofol)，它在低微摩尔(submicromolar)浓度时有效；效力最差的气体物质，例如一氧化氮(NO)，它的有效浓度在毫摩尔浓度范围。但是，这些麻醉剂使病人从有意识状态转换到无意识状态，都是突然发生的，其浓度变化大概只有0.2个对数单位，也就是1.6倍左右。这些全身麻醉剂有没有一个可以用来解释其何以能够引起这样突然的意识和无意识状态转换的共同机制呢？这里要讨论的就是实现这个惊人现象的分子机制及神经元机制。首先我们要归纳一下最重要的麻醉靶的分子材料；然后回顾功能方面的证据，这些证据将用于讨论麻醉剂引起LOC和自然睡眠之间的相似性，并且讨论全身麻醉剂可能作用在哪些特定的神经元通路上[1]。

### 15.1.1 意识与麻醉

当人被麻醉的时候，我们期望他意识消失。但意识是否一定消失？虽然麻醉无疑引起了一个人不反应、记忆丧失，但是在多大程度上可以引起无意识状态很难确定。例如，

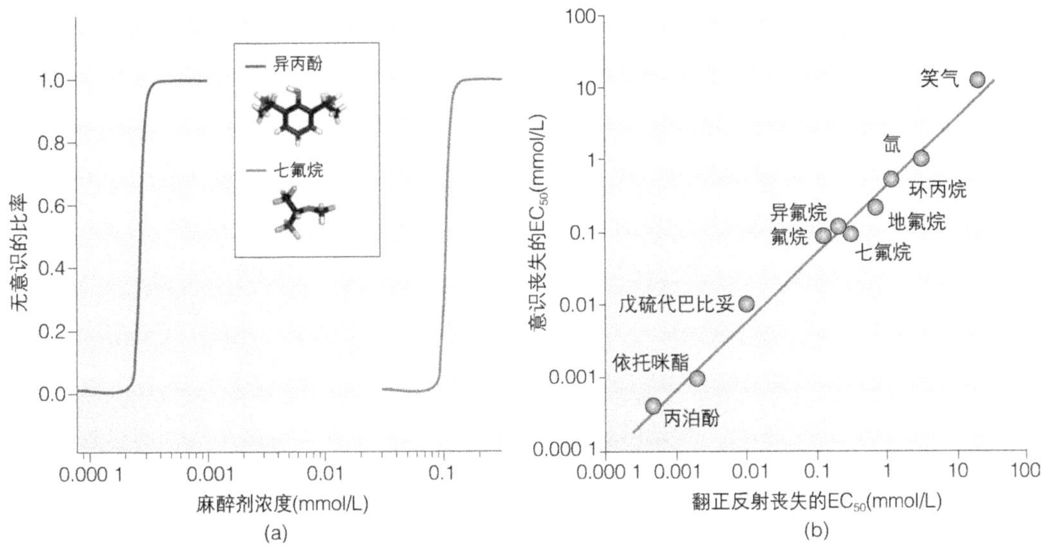


**图 15-1** 人类意识丧失发生在非常狭窄的麻醉剂浓度范围内，这与啮齿类翻正反射的丧失成相关关系(彩图见图版第 51 页)

(a) 麻醉剂诱导 LOC 的浓度-反应曲线是非常陡峭的。许多因素，包括遗传变异性、药物动力学、年龄，倾向于扩展群体的浓度-反应曲线，特别是，如果把年龄因素考虑在内则可以看到，对某一麻醉剂而言，意识和无意识状态之间的转换发生在一个非常狭窄的浓度范围内。本图数据根据两个研究工作，病人按照年龄分类，七氟烷资料的病人年龄是 18～39 岁，异丙酚资料的病人是 17～49 岁。(b) 引起人体 LOC 的麻醉剂浓度(测试方法是受试者不再能对指导语加以应答)和引起大鼠及小鼠翻正反射丧失的麻醉剂浓度两者的相关。给出的浓度是生理盐水中的毫摩尔浓度，温度 37℃。对于静脉麻醉药物，已经把蛋白质结合的影响考虑进去了。(图引自[1])

某些麻醉剂作用于近中线脑皮层的一些区域，取消了行为反应性，但不一定取消意识。当位于后顶叶的复杂脑区失活时，无意识状态很可能会产生。当麻醉剂在脑后部复合体造成了功能性失连接，中断了皮层的信息沟通，引起了整合丢失时，或当它导致了双稳态、刻板反应，造成了信息能力的丧失时，意识就消失了。因此，麻醉剂似乎是由于阻断了脑的整合信息功能，因而引起无意识状态[2]。

关于意识是如何在脑内产生的，仍不清楚。然而近两个世纪以来，虽然我们无知，却不妨碍我们在外科手术时应用全身麻醉剂来常规地熄灭意识。不幸的是，每 1 000～2 000 例手术中，有一个病人可以暂时地恢复意识；甚至在整个手术期间，病人可以保持意识。造成病人这种手术间期的觉察，部分地是由于我们评价意识水平的能力仍然有限。然而，我们已经在一般性原则方面取得了一些进展，不论是在鉴定麻醉剂如何产生无意识状态方面，还是在麻醉剂为何偶然失效方面[2]。

### 15.1.2 全身麻醉剂的终点

造成全身麻醉的分子化学多样性，是与它们的广泛生理学效应相匹配的。很少几个效应是所有全身麻醉剂共有的。全身麻醉剂特点中最令人感兴趣的是，它们都能够引起可逆的 LOC；而当高浓度的时候，在人类和其他高等动物中出现对疼痛刺激不反应的状态。当试图了解其作用的基本机制时，这两个终点有其优越性，因为鉴定它们是直截了当的，而且是比较容易确定的，至少对人类来讲是如此。例如，给予受试者一个有意义的指导语："张开眼睛。"而如果他不能够应答，这就很好地表明了 LOC 的到来。这种测试方法避免了复杂的哲学讨论，例如关于意识本身的性质到底是什么。对疼痛刺激不能够反应这一点可以重复应用，很少有含混之处。把这些终点延伸到其他动物是有问题的，因为我们不能够问动物："你是不是有意识?"然而一个多世纪以来，动物翻正反射丧失(loss of the righting reflex，LORR)被作为一个有效的替代性检测指标。图 15-1 所提供的数据显示，在人类的 LOC 和动物的 LORR 之间，有很好的相关性，而且在广阔的浓度范围里，浓度大小可以超过 5 个阶次(约 0.001～100 mmol/L)。类似地，在防止疼痛刺激引起运动反应所需的浓度方面，人和大鼠或小鼠相比，也有很好的相关性。其他许多麻醉剂的终点也得到研究，主要是由它们的临床相关性。有无数的研究报告报道了麻醉剂对心血管、呼吸、呕吐、镇痛、学习和记忆丢失等的影响。只有记忆缺失效应似乎是所有麻醉剂都有的特征性特点；然而对于记忆的影响，不同麻醉剂之间在性质上有相当的差异，这依赖于用什么样的实验测试方法来测试记忆。虽然这些对于记忆的效应具有相当的重要性，不论对神经科学还是对临床医学，但当前对它们的了解还很少，本章将不作讨论[1]。

### 15.1.3　被麻醉病人是处于无意识状态还是不反应?

临床上，在低镇静剂量的时候，麻醉剂引起一种类似醉态的状态，伴有镇痛、记忆缺失、扭曲的时间知觉、人格解体、睡眠增加等。再稍高一点剂量时，病人不能够应答指令进行运动，这时他被考虑是处在无意识状态了。无意识状态的这种行为学定义，在 160 年前就已经在麻醉中应用。这种方法虽比较方便但有缺点。例如，虽然没有无意识状态，但不反应可以发生。当做梦时，我们有鲜活的意识经验，但是脑干的抑制作用导致不反应，这引发了肌肉麻痹。类似地，麻醉时用来防止不必要运动的麻痹药物，并没有把意识去掉[2]。

由于影响了实现决定判断的脑区，某些麻醉剂可以损坏一个人反应的随意性。对于大体地失活脑的麻醉剂来说，这并不是一个问题；但是对于分离麻醉剂如氯胺酮来说，可能就成为问题了。小剂量氯胺酮引起人格解体、身体外(out-of-body)经验、遗忘、丧失服从指令的动机。更大一点剂量的时候，氯胺酮引起一种特征化的状态，眼睛睁开，脸孔处于一种失连接的茫然凝视。神经成像学材料显示，脑局部代谢变化呈现复杂的型式，包括前扣带皮层和基底神经节执行回路的失活(见图 15-6)。类似的睁眼不反应，在双侧前扣带回损伤时的运动不能哑症(akinetic mutism)中也存在。至少在某些情况下，病人了解你的问题，但不能够回答你。事实上曾有一个大范围额叶损伤的女病人，她临床上呈不反应性表现。当向她发出指令，要求她设想在打网球或在室内走路时，她显示出了与健康人没有区别的皮层激活形式。综上看来，临床上的不反应性，并不一定与无意识状态是同义的[2]。

当剂量接近无意识状态阈值时，某些麻醉剂可以阻断工作记忆。这时，病人不能够反应，因为他们立即忘记了怎么做。麻醉剂剂量更高一点的时候，引起深度记忆缺失。有一种技术叫“游离前臂技术”，应用这种技术的时候，把一个止血带绑到手臂上，然后诱导全身麻痹。在麻痹前手能运动，但身体其他部分是麻痹的。这种试验显示，全身麻醉的病人有时候能够用手势信号讲话，但手术后却否认曾经清醒过，可见逆向性遗忘并不能证明无意识状态[2]。

然而在麻醉的某些水平，在行为不反应性和 EEG 变成平坦(表示脑电活动停止，这是脑死亡的指标之一)之间，意识一定会消失。因此，运用脑功能监视器可以改进麻醉时的意识评价。例如，有一种叫作双谱指数(bispectral index)监视器，它记录前额叶 EEG 信号，把复杂信号减少到单个数字，该数字随着时间追踪病人的麻醉深度。这种设备可以帮助监视麻醉的进行，可以减少病人在手术期觉察的情况。但是这仍然受到限制，仅能直接表明存在或不存在意识，特别在麻醉转变点的时候。前述的游离前臂技术显示，个别病人在外科手术中仍然可以觉察而且反应，虽然双谱指数值提示，他们已经不能这样了。这或者因为 EEG 还不足以灵敏地检测实现意识的神经过程，或者因为我们还没有完全了解应该如何去检查[2]。

## 15.2 全身麻醉剂在细胞水平的作用

对麻醉剂的细胞和分子药理学已有广泛讨论。全身麻醉剂主要可分为两类，用来诱导麻醉的静脉内制剂一般与镇静剂联用，挥发性制剂一般用来维持麻醉。麻醉剂之所以起作用，据认为是由于它对离子通道的作用，即在关键脑区和脊髓调节突触传递及膜电位的那些通道。这些离子通道靶对于麻醉物质的敏感性是有差别的(表 15－1)[2]。

**表 15－1　临床常用麻醉剂的离子机制和作用靶**

| | | ■ | ▬ | ▼ | ▽ | ⇔ | O | | |
|---|---|---|---|---|---|---|---|---|---|
| | | 强增强 | 弱增强 | 强抑制 | 弱抑制 | 双向 | 无作用 | | |
| | | 静脉麻醉剂 | | | | 吸入麻醉剂 | | | |
| | | 巴比妥 | 异丙酚 | 甲苄咪唑 | 氯胺酮 | NO | 异氟烷 | 七氟烷 | 地氟烷(desflurane) |
| GABA | | ■ | ■ | ■ | ▬ | ▬ | ■ | ■ | ■ |
| NMDA | | O | ▽ | O | ▼ | ▽ | ▼ | ▼ | ▼ |
| 钾通道 | 双孔 | O | O | ■ | | ■ | ■ | ▬ | ▬ |
| | 内向整流 | ▽ | O | O | O | ▬ | ▬ | O | O |
| | 电压门控 | ▽ | ▽ | ▽ | ▽ | O | ▽ | ▽ | ▼ |
| 甘氨酸 | | ▬ | ■ | ▬ | O | ▬ | ■ | ■ | |
| 乙酰胆碱，烟碱型 | | ▽ | ▽ | ▽ | ▽ | ▼ | ▽ | ▽ | |

（续表）

| | 静脉麻醉剂 | | | | 吸入麻醉剂 | | | |
|---|---|---|---|---|---|---|---|---|
| | 巴比妥 | 异丙酚 | 甲苄咪唑 | 氯胺酮 | NO | 异氟烷 | 七氟烷 | 地氟烷 (desflurane) |
| 乙酰胆碱，毒蕈碱型 | ▼ | ▽ | ▽ | ▼ | ▽ | ▽ | ▽ | ⇔ |
| 5 -羟色胺 | ▽ | O | O | ▬ | ▼ | ■ | ▼ | |
| AMPA | ▼ | ▽ | O | O | ▽ | ▼ | ▼ | O |
| 红藻氨酸 | ▼ | ▽ | O | O | ▼ | ■ | | O |

表改自[2]。

### 15.2.1　麻醉剂的分子靶和麻醉作用的决定因素

要成为一个全身麻醉剂，药物一定要能够通过血脑屏障，这意味着它一定是相对非亲水性的。这样，麻醉剂往往缺少某些功能基团，例如那些使得许多药物具备特异性而具有与其靶起弱极化力（主要是伦敦分散力，London dispersion force）* 相互作用的基团，以及某种程度的氢结合力。这些弱相互作用力不可避免地导致麻醉剂效能与药物的无数物理特点之间相当合理的相关性，因为这些物理特点同样取决于介导它们间相互作用的物理力。以前，最具影响的学说是麻醉效能与脂溶性区隔之间的相关，这也就是著名的 Meyer-Overton 相关。这个相关被解释为：麻醉剂的作用是溶解了神经细胞膜的脂双层，从而改变了神经细胞膜的特性。Meyer-Overton 相关现在已经被否定。以后这种理论的许多变异体纷纷被提了出来。但是，这些理论存在的问题很多，既有定量的也有定性的。有一个发现使人们离开脂肪理论，而朝向新的看法，即麻醉剂的作用是由于它直接结合于敏感蛋白质。这个发现是：一个纯粹的溶解性蛋白质——萤火虫的荧光素，它可以受许多化学上简单的麻醉剂的竞争性抑制，而所需的浓度又紧密地反映了动物的麻醉效果。这个实验决定性地转移了麻醉剂作用理论的重点。新理论也解释了脂肪理论所伴随的某些性质上的困难，例如切断效应（cut-off effect）以及它们的温度依赖性[1]。

如果不首先接受这样的事实，即麻醉剂是有选择性地在分子水平起作用，那么，那种认为全身麻醉剂可能作用于特定神经元通路上的观点，将很难被接受。老的观点认为，全身麻醉剂的作用是由于扰乱了细胞膜的脂肪层，或由于某些非特异性机制，但这两种看法都已经过时。现在认为，麻醉剂的作用是通过直接结合到某些蛋白质靶分子（图 15 - 2）。

迄今为止，有关麻醉剂结合位点的高分辨结构信息仅限于溶解蛋白。现在，一个共识慢慢形成，可以作出几个一般化的解释。第一，麻醉剂优先结合到预先形成的蛋白穴（pre-formed cavity on protein），对蛋白质仅引起很小的局部结构扰动。第二，虽然麻醉

* 伦敦分散力指原子或分子间的一种作用力，属于范德瓦尔斯力。

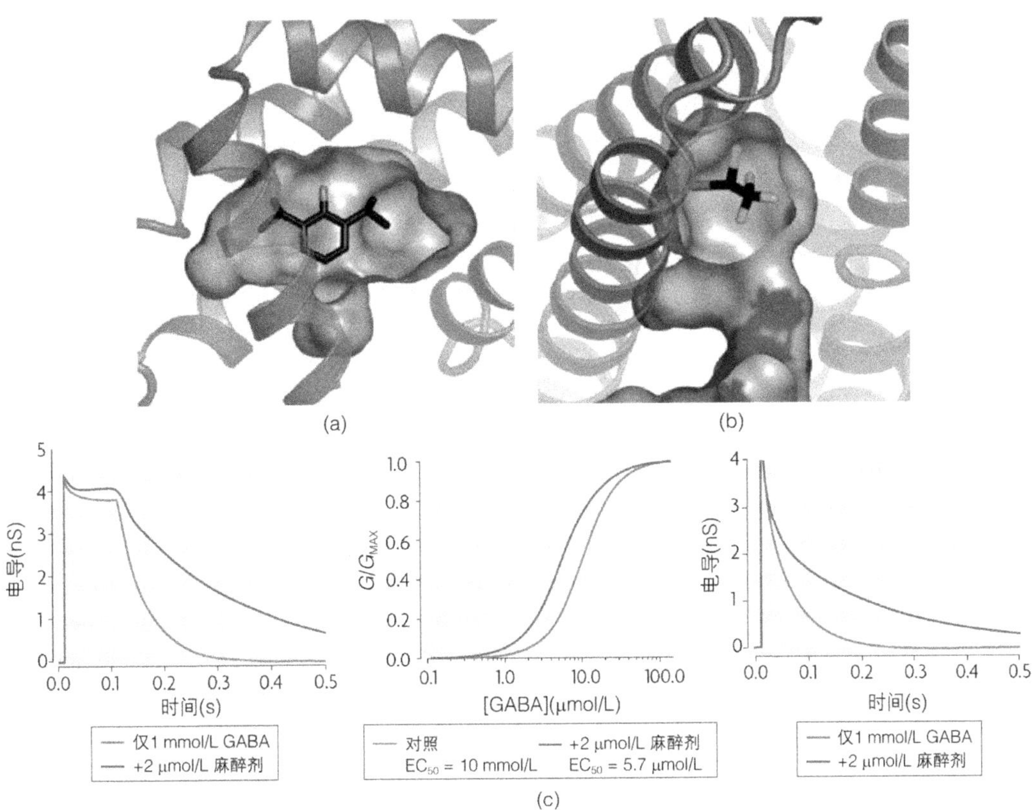


**图 15-2** 麻醉剂靶的分子性质(彩图见图版第 52 页)

(a)图显示异丙酚优先结合在血清白蛋白的一个非极性囊,在那里与主链羧基形成氢键。(b)图显示氟烷在去铁铁蛋白上的结合位点。氟烷立体选择性地结合于两个 4 螺旋单聚体界面所形成的非极性缝隙。(c)图表示,有一种简单的看法可以解释麻醉剂在关键靶上面的效应,如 $GABA_A$ 受体。在 $GABA_A$ 受体的动力学方案(图内 c 下面显示图例等信息的方框)中,在受体运动到开放状态或(脱敏的)关闭状态之前,几乎无例外地有两个分子 GABA 结合到受体。如果麻醉剂以同样的亲和力结合到这两个状态,那么实验上看到的麻醉剂所有关键效应都可以预测到。这些效应有:长时期的失活延长,但很少有脱敏变化(左小图曲线),GABA 浓度-反应曲线平行向左侧移动(中间小图曲线),还有抑制性突触后电位(IPSP)延长(右小图曲线)。(虽然对这些变化可以用人工调节时间常数加以模拟,但这些方案已经没有生理学意义,如果没有明显的麻醉剂结合状态。)(图引自[1])

剂-蛋白质的结合优先是非极性性质的,但这种结合也牵连极性相互作用,此作用帮助其稳定并使麻醉剂朝向结合位点。在图 15-2a,b 这两个例子中,麻醉剂引起的蛋白质变化可以忽略(碳原子的平均平方根变化小于 0.015 nm)。图像计算应用的软件是 PyMol,去铁铁朊-氟烷晶体结构用的软件是 1XZ1,血清白蛋白-异丙酚用的软件是 1e7a。在与麻醉剂结合以后,蛋白质没有明显的结构重新排列,这一点符合弱相互作用;而最高亲和力的麻醉剂结合位点可以预计是在那样的位置,在那里,麻醉剂把水分子从一个优先非极性的、预先形成的穴中驱赶出来。这提示,麻醉剂并不诱导新的构象状态,而是仅仅结合到预先形成的状态。这样,它们要发挥效应只须简单地移动平衡,使之有利于那种含有麻醉剂结合位点的构型就可以了[1]。

虽然多年来已经研究过大量不同的离子通道、受体、酶以及其他蛋白质,把它们作为推定的麻醉靶分子，但是现有的强力证据表明，直接参与麻醉作用的分子大概仅是少数。首先可以明确地讲，有令人信服的证据表明，有 3 个靶，它们是麻醉诱导 LOC 的靶。对这 3 个靶来说，活体效应可以令人信服地归于离体情况下特定分子的作用。下述是麻醉作用敏感度的某些已知的决定因素(图 15－3)[1]。

### 15.2.2　$GABA_A$受体

在中枢神经系统，到处都可以发现 $GABA_A$受体。多年来，$GABA_A$受体作为麻醉靶分子的潜在重要性已经被人认识。$GABA_A$受体是超分子家族的一员，这个家族包括乙酰胆碱受体、甘氨酸受体、5－羟色胺受体，其中某些受体也被认为是麻醉的靶。迄今为止，神经元 $GABA_A$受体的 19 种受体亚单位都已经被克隆，但最常见的(＞85％)一种是 α1β2γ2，其他形式还有 α2β3γ2 或 α3β(1—3)γ2[1]。

几乎所有全身麻醉剂都被发现能增强 GABA 诱导的氯电流，一般是在高浓度的时候。当 GABA 不存在的时候，麻醉剂可以直接作用于 GABA 受体。只有相对少数的以及非极性的麻醉剂，例如氙和环丙烷(cyclopropane)，这两者对 $GABA_A$受体的作用很小或者没有作用。全身麻醉剂对 $GABA_A$受体作用的功能效应，依赖于受体亚单位的组成，由于亚单位敏感性的固有差别，或由于不同受体的生物物理学特征，还有它们在细胞膜表面分布的不同。$GABA_A$受体除了在突触部位成簇以外，大量受体分布在突触外区，在那里，它们暴露在波动着的但低浓度的 GABA 作用之下。此群 $GABA_A$受体贡献于所谓的“张力性抑制”。突触部位的优先 $GABA_A$受体类型似乎是 α(1—3)β2／3γ2，而含有 α(4—6)(α4βxδ、α5βxγ2 和 α6βxδ)的受体优先地或唯一地分布于突触外区。麻醉剂对这些突触外受体有相当的效应。一般认为，这些受体对 GABA 有高亲和力，而且缺少脱敏现象。突触外电流增强的百分比，较之突触电流增强的百分比要大，可能是由于受体亚单位的差别，或由于体液中 GABA 浓度的不同。然而，有关麻醉剂对于活体起何作用，以及到底张力性及位相性抑制的相对贡献如何，仍有待于研究(详见第 4 章)[1]。

人们研究 $GABA_A$受体作为麻醉剂的靶，其重要推动力之一来自一些实验。这些实验发现，特定突变可以去除或大大减轻 GABA 麻醉的敏感性。有大量文献报道，特定的 $GABA_A$受体点突变影响 $GABA_A$受体对全身麻醉剂调制作用的反应。这些研究特别重要，如果某一特定突变仅影响麻醉调制(不影响其他通道特征)，就有可能把“静默”突变引入小鼠，以此来测定该受体对于活体麻醉剂表型的影响如何[1]。

因为麻醉剂的结合增强了 GABA 的作用，所以任何麻醉剂结合位点应该紧密地耦合于受体门控。因此，为了鉴定一个麻醉剂的结合位点，也需要用突变来进行研究。有一个策略是测定在半胱氨酸残基突变后硫氢基试剂反应的变化，再看看在麻醉剂存在和不存在的条件下反应有何区别。应用这种研究途径，有实验显示，在异丙酚(propofol)存在条件下，可以把甲硫氨酸 286(Met286)保护起来，不让它标记。这就提示，Met286 可能是结合囊的一部分。更直接的研究方法使用了光反应性的麻醉剂。一个光反应性甲苄咪唑(etomidate)类似物标记了 β 亚单位的 Met286 以及 α 亚单位的 Met236。这个光反

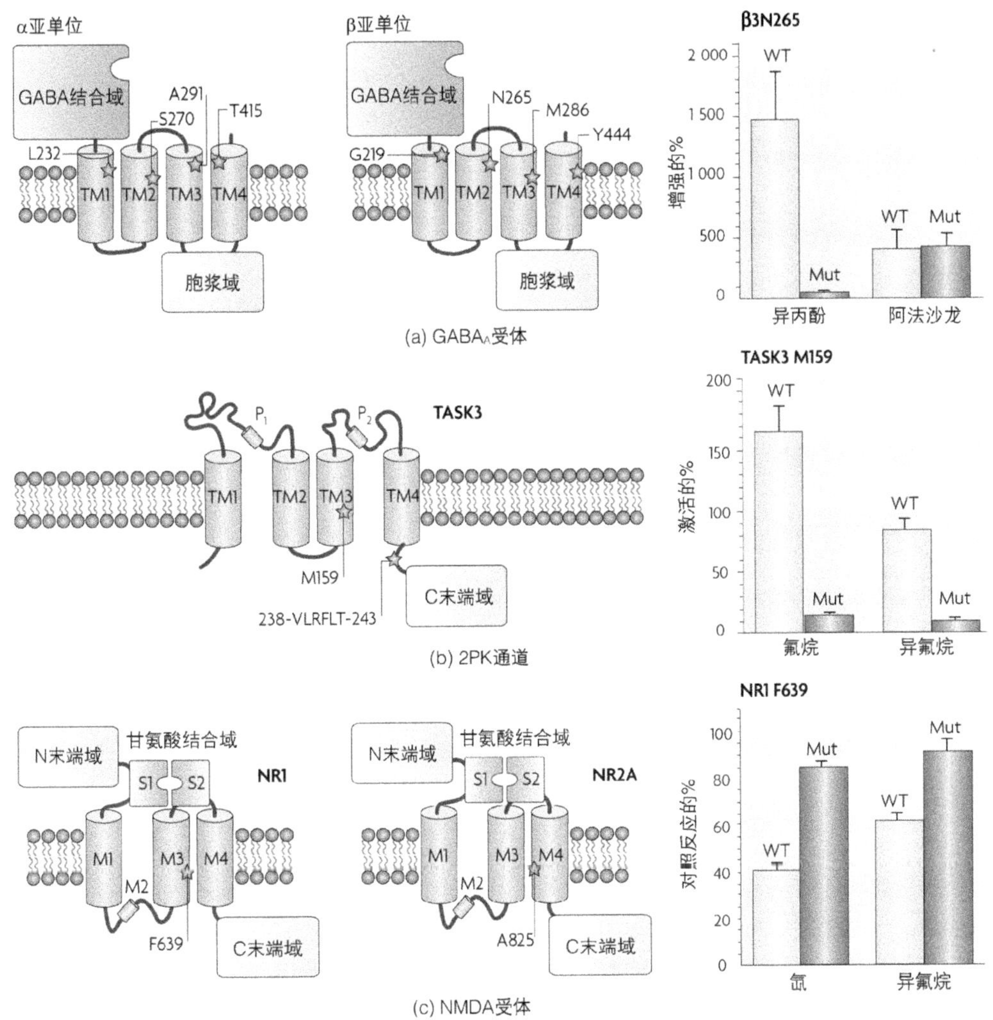


**图 15-3**　3个关键性的麻醉分子靶

(a) GABA$_A$类型受体：GABA$_A$受体α亚单位(左侧小图)的几个突变体(用☆表示)影响GABA$_A$受体对挥发性麻醉剂的敏感度，受影响氨基酸的侧链可能形成麻醉剂结合空穴。例如，当氨基酸侧链的容积增高时，Ser270替代就减弱了异氟烷的增强作用。与此相伴随的有进行性GABA EC50* 的减少。当侧链体积增加0.15 nm$^3$时，伴有GABA EC50减少8倍，这可以用自由能的小变化加以解释。如果预计氨基酸埋藏在一个紧密包装的蛋白质分子里面的话，则GABA EC50的上述变化远远小于这种预计。这意味着，Ser270可能位于空穴邻近。β亚单位的突变(中间小图)主要影响静脉注射麻醉剂的效应，但对其他麻醉剂(alfaxalone)也有影响。例如β3的突变N265M消除了异丙酚的增强作用，但不能影响神经甾体阿法沙龙的增强作用(右侧小图)。(b) 双孔域钾通道(2PK)：在串联孔域钾通道(tandem pore domain potassium channel, TASK：2PK家族的一员)跨膜域4(TM4)和大的羧基端细胞内域之间的连接区，对于麻醉剂氟烷的激活是关键性的，对于第二信使调制也是关键性的。但可能对信号转导比之对麻醉剂结合更为重要(左侧小图)。对于TASK3通道，TM3突变(M159A)基本上消除了麻醉活性(右侧小图)，这个氨基酸可能形成麻醉结合位点的一部分。(c) NMDA受体：NMDA受体在M3(膜域3)及M4的突变，可以减少酒精诱导的这些受体的抑制(右侧及中间小图)，也影响受体对吸入性麻醉剂的敏感性(右侧小图)。因为异氟烷及氙抑制受体大部分通过与激动剂甘氨酸的竞争，有可能这些突变体发挥它们的作用是因为它们增加了受体对于甘氨酸的表观亲和力。(图引自[1])

---

* EC50：half maximal effective concentration，半数最高有效浓度。

应实验提示，在 α－β 亚单位界面上有一个麻醉剂结合位点，而在 α－δ 界面上有苯二氮卓的相等位点。这是一条有希望的研究途径，但技术上比较困难，由于能提供的受体数量较少，也由于标记水平较低。其原因是标记可以发生在其他某些氨基酸上，而那些氨基酸被标记是远远优先的[1]。

已经发现，$GABA_A$受体亚单位的几个突变体可以调制麻醉的作用。在 α 亚单位上面的，可以减少或者消除挥发性麻醉剂的效应，但对于静脉注射的麻醉药物很少有作用；而在 β 亚单位上的位点，可以减少静脉麻醉及挥发性两者的作用。β3 的 N265M 突变可以大大降低甲苄咪唑（etomidate）、异丙酚（propofol）和戊巴比妥使动物的翻正反射丧失的能力，并基本上消除对于疼痛刺激的反应能力；但这种突变对于羟-5α-孕烷二酮、阿法沙龙（alphaxalone，静脉麻醉剂）、氟烷（halothane）或安氟醚（enflurane）没有作用或作用很小。后来的工作显示，突变对于由甲苄咪唑引起的运动反应的减少没有效果。类似的小鼠研究用同等 β2 亚单位 N265S 突变，发现突变的最大效果是针对甲苄咪唑引起镇静及 LORR 的能力；而较少影响甲苄咪唑减少动物对疼痛刺激的反应。有意思的是，*β2N265S* 基因敲入动物（以及在较小程度上，*β3N265M* 基因敲入动物）对甲苄咪唑诱导的体温降低较不易感受。由于负责调节体温的主要神经元位于下丘脑前部，而那个脑区也参与调制自然睡眠，这很可能反映麻醉效果对于重叠的神经元通路有作用（见后）[1]。

把 α1 亚单位双基因敲入小鼠（S270H 及 L277A）工程化以保持其对 GABA 的敏感性不受扰乱，这种小鼠显示对挥发性麻醉剂 LORR 的敏感性变化，此结果支持含 α1 的 $GABA_A$ 受体介导麻醉剂效应。经修饰的活性类似于含 α1 的 $GABA_A$ 受体的离体活性[1]。

虽然人们不可避免地会关心，基因敲除动物有代偿的问题，但最近有两项基因敲除实验应用了 *α4*、*α5* 基因敲除动物，显示了令人感兴趣的明确结果。这些结果强有力地链接了特定麻醉剂或镇静剂表型与突触外 $GABA_A$受体之间的关系。α4 亚单位被认为优先定位在突触外区，当对缺少 α4 亚单位的小鼠应用加波沙朵（gaboxadol，镇痛药）时，动物缺少步态不稳、镇静和镇痛的反应，而加波沙朵是选择性地靶向突触外区 $GABA_A$受体的。在第二个实验中，α5 亚单位主要存在于突触外区，缺少 α5 亚单位的小鼠不显示甲苄咪唑对 LORR 的效应，却能够显示甲苄咪唑对记忆损失恢复的效应（当它跟野生型小鼠进行比较时）[1]。

毫无疑问，$GABA_A$受体在麻醉剂引起的 LOC 中起重要作用，但是它们对某些全身麻醉剂很显然地更为重要，比之对另一些全身麻醉剂。最令人信服的资料来自一些应用基因修饰动物的实验，发现在活体动物上看到的和离体看到的立体选择性，与 $GABA_A$受体有密切相关。这种结果也提供了强的支持性证据，说明 $GABA_A$ 受体与麻醉诱导的 LOC 之间有因果性联系[1]。

### 15.2.3　双孔域钾通道

钾通道被麻醉剂开放，这早就被考虑是一个可能的重要问题。现在有越来越多的证据表明，钾通道至少介导挥发性麻醉剂的某些效应。受麻醉剂激活的钾通道，首先是在软体动物椎实螺属(*Lymnaea*)中被特征化的，而新型钾通道以后在哺乳动物中也找到了。某些哺乳动物的钾通道可被挥发性麻醉剂所激活，此现象使得这些钾通道成为潜在的关键分子靶。双孔域钾通道(2PK)被认为对神经元兴奋性提供了基础调制。现在知道，2PK至少有15种不同亚单位，而功能通道由双聚体组成，可以是同聚体也可以是异聚体。这个通道家族的5个成员(TREK1、TREK2、TASK1、TASK3、TRESK)可以直接被挥发性全身麻醉剂所激活[1]。

这些通道的麻醉剂敏感性不是均匀的，虽然所有5种通道都对氟烷敏感，但异氟烷和氯仿的效应是可变的，其中TASK1很少受乙醚的影响。小分子麻醉剂——氙、一氧化氮(NO)、环丙烷(cyclopropane)都展示选择性，它们都激活TREK1通道，但对于TASK3没有明显效应。2PK通道异二聚体为解释2PK通道麻醉剂的敏感性提供了进一步的变异性。临床应用的静脉注射麻醉剂，没有一种被显示可以受2PK通道的影响，2PK通道只对挥发性麻醉剂起反应[1]。

一般说来，2PK通道的麻醉剂激活可以抑制神经元活性，或由于膜超极化，或由于增加膜电导，从而减少兴奋性电流的效果。然而，这些通道也存在于突触前，而且它们在突触前的激活可以是抑制性的(如果是兴奋性突触)，也可以是兴奋性的(如果是抑制性突触)[1]。

与$GABA_A$受体相比，对于2PK通道麻醉剂敏感性的决定因素知道得很少。就TREK1通道而言，它的大的羧基端域显然对于麻醉剂敏感性是重要的(对其他的调制性影响也是如此)；但TASK通道的大的羧基端域仅产生很小的作用。把此通道的跨膜轴心区连接到大胞质区的C末端域区域，具有关键性的意义。此区域中具有6个氨基酸(238-VLRFLT-243)的一段，被显示对于麻醉剂激活TASK通道是必需的，后来又被显示对于通过神经递质介导和第二信使调制的通道关闭同样是重要的。类似地，位于TREK1C末端开始部分的谷氨酸306(Glu306)，被发现对于TREK通道门控起关键作用。Glu306突变导致组成型的通道的活动，这种通道大部分对于调制性控制不敏感，包括对麻醉剂的激活。根据已有证据，事情看来是这样的：在大的羧基端域前面的C末端域以及短的链接区，对于麻醉效应的转导是重要的，但这些区不见得参与麻醉剂的结合。近来，人TASK通道第三跨膜域(TM3)的M159A突变显示，此种突变取消了麻醉剂对通道激活的效应(图15-3b)。另有事实显示，软体动物椎实螺属2PK、TASK通道的等价突变，扰乱了异氟烷的立体选择性效应。这个事实提示，此氨基酸残基是在麻醉剂的结合位点上[1]。

有关麻醉剂作用于2PK通道和作用于动物身上的效应这两者关系的直接证据还比较少，但特别令人信服的是TREK通道。对于一系列挥发性麻醉剂诱导痛觉反应消失的指标，*TREK1*基因敲除小鼠展示了程度上明显的减轻；而在较小程度上，LORR也减轻了。当与野生小鼠比较时，*TASK*基因敲除小鼠的麻醉剂敏感性小量降低。重要的是，*TREK*敲除小鼠对巴比妥类药物的敏感性并不显示什么变化(此药并不激活TREK)。

这提示，并没有出现代偿性 $GABA_A$ 受体上调。然而，功能性代偿经常会在基因敲除动物中出现。因此，对于 2PK 通道在麻醉中所起的作用，仍然需要提供进一步的证据，这样才能清楚地确定此问题[1]。

### 15.2.4　NMDA 受体

突触后的谷氨酸受体分为两大类，一类是 NMDA 受体。另一类是非 NMDA 受体。后者又分为两种，一种叫 AMPA 受体，另一种叫红藻氨酸受体，这些受体介导兴奋性突触电流的快速成分，但都没有麻醉敏感性。相反，介导突触传递慢成分的 NMDA 受体在突触前和突触外区存在。NMDA 受体可能是某些麻醉剂的重要靶点。NMDA 受体含有必需的 NR1 亚单位，以及至少 4 个 NR2 亚单位 A—D 中的一个。还有两个 NR3 亚单位以及无数剪切变异体。这种异源性的存在给予了 NMDA 受体以动力学、药理学和解剖学上丰富、全部的变异性[1]。

多数吸入性麻醉剂在某种程度上抑制 NMDA 受体，虽然对"程度"的估计差别还很大。对 NO 和氙有特定的聚焦，部分原因是这两个麻醉剂很少或没有对 $GABA_A$ 受体的作用，第二个原因部分地是它们与 NMDA 受体拮抗剂例如氯胺酮有某些共性，例如能够诱导明显的镇痛及拟精神病效应。NO 和氙都能够强有力地减弱脊髓 NMDA 受体介导的传递并且提供神经保护作用，这是 NMDA 受体拮抗剂的另一个特点[1]。

已经报道了减少 NMDA 受体麻醉敏感性的两种突变体(NR1 的 F639A 及 NR2A 的 A825W)，但其作用因不同麻醉剂而有很大变异。有人发现，氙和异氟烷可以竞争基本的共拮抗剂——甘氨酸，甘氨酸也结合到 NR1 亚单位，而且 F839A 突变可能由于增加了 NMDA 受体对甘氨酸的表观亲和力而发挥作用。这提示，麻醉剂对于 NMDA 受体的麻醉性抑制，至少部分地依赖于局部的甘氨酸浓度，这就可以解释某些文献上有关这些受体参与麻醉敏感性的不同报道[1]。

有许多选择性 NMDA 受体拮抗剂在高浓度时都可引起镇静，然后引起 LOC 或 LORR 作用；但是有些选择性药物在浓度增高时，经常会募集更多靶点。氯胺酮的情况很可能就是如此，已经知道它可以影响许多其他受体。然而，离体和活体的立体选择性情况提示，NMDA 受体仍然可能是氯胺酮的一个重要靶。应该想到的另一件事情是，由 NMDA 受体拮抗剂所引起的 LOC 或 LORR，通常在它们发生之前伴有行为异常。例如就氯胺酮而言，LOC 在人体上引起的最后状态，更类似于一种全身僵硬症的昏迷，并伴有某种型式的脑活动，而这又与其他全身麻醉剂所引起的情况很不相同。虽然有这种可能：NMDA 受体拮抗性在 NO、氙的麻醉效应方面起一定作用，特别是它们的镇痛效果，从某种意义上看，也包括其他挥发性麻醉剂，但可能还需要额外的靶才能解释，一氧化氮、氙何以能够引起 LOC[1]。

### 15.2.5　可能的其他分子靶

除上述 3 个靶以外，看起来似乎有道理作为靶来看待的还有数个其他值得一提的分子。第一个是甘氨酸受体，它与 $GABA_A$ 受体同源并与之共存，它是一个潜在的麻醉靶。甘氨酸受体有抑制性作用，特别在下位脑干和脊髓，在那里甘氨酸受体可能介导挥发性麻醉剂的作用。第二个是超极化激活核苷酸门控阳离子通道(HCN)。它实现超极化激活的阳离子电流($I_h$)，是一个潜在的麻醉作用靶。这种通道在整个脑内都有发现，但很少有人研究其麻醉敏感性。已有的证据显示，它们真的在脑干运动神经核内引起某些挥发性麻醉剂的敏感性，并在丘脑-皮层神经元中造成对异丙酚(propofol)的相当敏感性。异丙酚引起的抑制在丘脑-皮层神经元中是相当高程度的，比之它在海马或延髓的神经元中。这很可能是由于不同受体亚型敏感性的关系，而特别令人感兴趣的是，由于 $I_h$ 电流在调制丘脑-皮层振荡频率方面起关键性作用[1]。

最后，虽然麻醉效应对多数电压门控通道仅有很小的作用，但是挥发性麻醉剂对某些钠通道亚型的突触前抑制，可以用来解释某些在谷氨酸突触中发现的抑制[1]。

### 15.2.6 神经肽

目前还很少神经肽与麻醉剂作用关系的报道，但神经肽对睡眠-觉醒转变的影响，是近年来备受关注的问题。首先，作为对环境及内部刺激的反应，神经肽代表生理状态，如能量水平或应激；其次，神经肽可以兴奋或抑制靶神经元，以诱导、稳定或转变睡眠-觉醒状态。因此，神经肽整合某些生理亚系统，例如昼夜节律时间、能量代谢稳态、应激、生长状态等，以产生合适的睡眠-觉醒状态[3]。

神经肽的具体作用为：① 在睡眠-觉醒中枢的调节方面，有下丘脑泌素促进觉醒和压抑 REM 睡眠，黑色素浓集激素(MCH)对抗下丘脑泌素的作用，从而促进 REM 睡眠，强啡肽调制下丘脑泌素神经元，因此可能影响睡眠，垂体腺苷酸环化酶激活肽(pituitary adenylate cyclase-activating peptide，PACAP)调节 REM 睡眠和觉醒，转化生长因子 α (transforming growth factor α，TGFα)和表皮生长因子(epidermalgrowthfactor，EGF)介导对运动活性的昼夜节律影响；② 在能量代谢稳态和睡眠方面，有瘦素促进睡眠，生长激素释放肽、胆囊收缩素、神经肽 Y(NPY)对睡眠-觉醒调节产生广泛作用，可卡因-苯异丙胺调节转录物(CART)可能促进睡眠；③ 在应激与睡眠方面，有促肾上腺皮质激素释放激素(corticotropin releasing hormone，CRH)调节 REM 睡眠，泌乳素(prolactin，PRL)可能促进 REM 睡眠；④ 在与生长、修复、防御相关的肽与睡眠方面，有促生长激素和促生长激素释放激素促进睡眠、生长激素抑制素和皮层稳定肽(cortistatin)对睡眠具有相反作用，脑源性神经营养因子(BDNF)调制 NREM 睡眠，TNF 和 IL-1β 促进睡眠[3]。

## 15.3 全身麻醉与人类脑功能成像

当前所拥有的任何成像技术，都不能够直接测定神经元活性。相反，这些技术是从活性变化作出推理，例如由于血流的变化，由于葡萄糖浓度的变化，由于氧浓度的变化等。这些代理品的测定可能受麻醉剂的影响，而不依赖于神经元活性的任何变化。例如，麻醉剂可以引起血管阻力变化，但它跟神经元没有关系。因此，对此类结果的解释必然是试探性的。但回过头来说，如果应用同一个技术记录两种情况，一是睡眠，一是麻醉，这些结果是可以比较的。由此，关于睡眠和麻醉脑的相似性的重要推论可以成立[1]。

然而，人类脑成像研究具有这样的特点：当受试者从觉醒状态进入麻醉状态时，脑内的神经元活性可以被视见。脑成像研究正在提供非常重要的线索，可以说明哪一条神经通路可能具有重要性，而且在麻醉诱导的 LOC 和自然睡眠的比较中已经发现，它们两者有非常显著的相似性[1]。

虽然由于时间和空间分辨的限制，脑成像技术仍有其技术局限性，但正电子发射断

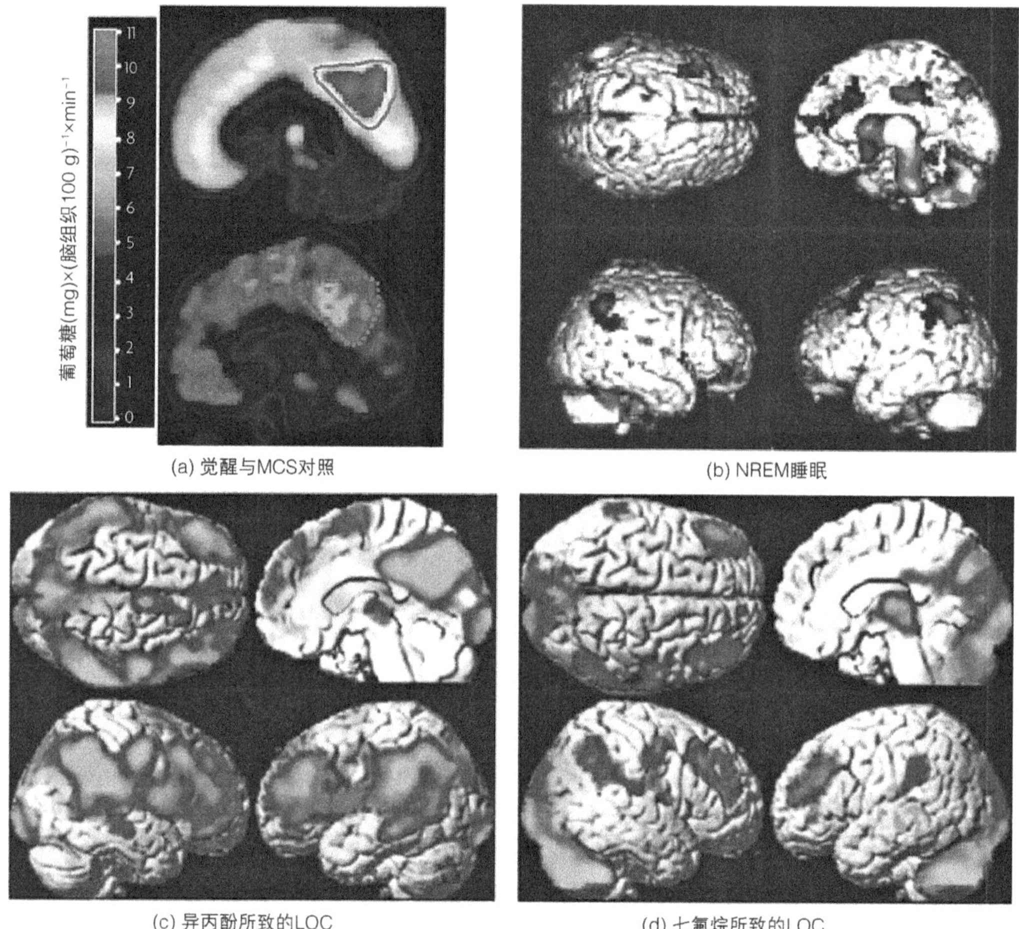


**图 15-4**　功能性脑成像发现麻醉剂诱导的意识丧失和深睡眠之间的相似性(彩图见图版第 53 页)

(a) 上图是清醒意识状态下个体的大脑代谢。最高活性水平是在前楔叶和后扣带皮层，但在丘脑和其他脑区也可以看到高活性。下图是脑损伤而且最小意识状态(MCS)病人的大脑代谢图。缺少意识的觉察反映在低代谢，特别是在前楔叶和后扣带皮层。(b) 深度 NREM 睡眠时，相对皮层血流(relative CBF，rCBF；显示为红-黄颜色)的最大减少在丘脑、脑干和基底神经节。在额叶和顶叶皮层也有失活，特别是在前扣带回和眶额叶皮层(orbitofrontal cortex，OFC)，以及前楔叶和后扣带皮层。(c) 由异丙酚注射所引起的 rCBF 减少(显示为蓝-绿色)，浓度为 3.7 ± 0.7 μg/ml(血浆)，此浓度导致 LOC。主要变化发生在丘脑、前楔叶、后扣带皮层、额-顶叶皮层。(d) 由七氟烷注射所引起的 rCBF 减少(蓝-绿颜色)，呼气末浓度为 1.5% ± 0.3% 大气压，此浓度诱导 LOC。主要变化发生在丘脑、前楔叶、后扣带皮层、楔叶、额-顶皮层以及小脑。(图引自[1])

层扫描(PET)显示,当 LOC 时,很多麻醉剂可以引起一个大体的脑血流量(CBF)减少,尽管减少程度依麻醉剂的不同而有差异。更有趣的是,整个脑里面这种 CBF 变化的型式是不均匀的,一些脑区比另一些脑区失活更加显著。异丙酚和七氟烷实验显示,与上行网状激活系统有关的丘脑及中脑结构会呈现失活,大脑皮层联络区也有不同程度的失活,例如前楔叶(precuneus)、后扣带回皮层(在顶叶)、楔叶(在枕叶)以及额叶的局限脑区(图 15-4)。在小脑也可以看到这种效应,但对同类麻醉剂的小脑效应有相当大的变化。多数研究比较觉醒状态和 LOC 以后状态的不同,更强有力的细致研究则测定了 CBF 变化与麻醉剂剂量增加的关系。用异丙酚所做的工作显示,应用触觉振动刺激前臂可以引起 CBF 变化,最初是躯体感觉皮层的 CBF 减少,但仅当丘脑 CBF 变化被取消时 LOC 才会发生。有一系列成像研究测定了葡萄糖代谢的变化,也强调了丘脑失活在麻醉剂诱导 LOC 中的重要性[1]。

## 15.4 睡眠和全身麻醉

根据对 5 种失去意识的状态所进行的分析,人们得出结论,全身麻醉剂作用于中枢神经系统的多个水平。这 5 种失去意识状态是:镇静无意识、镇静-镇痛、分离性麻醉、药理学性 NREM 睡眠、精神抑制药麻醉[4]。

脑成像研究显示,处于麻醉状态的脑和非快速眼动期(NREM)睡眠的脑之间有明显的平行关系(当然也有某些差别)。比较 NREM 睡眠和清醒状态,特征性地显示了丘脑、脑干、基底前脑和基底神经节还有额叶及顶叶皮层的明显失活,特别是前扣带区和 OFC,还有前楔叶、后扣带回皮层。前楔叶和邻近的后扣带回皮层是清醒静息脑最活跃的脑区,与额叶皮层和丘脑一起活跃,因此我们需要非常小心地解释那种“绝对”变化。有趣的是,与初级、次级感觉皮层相比,多感觉(polymodal)联络皮层似乎受影响更为明显。这种单模和多模皮层之间的功能分离情况提示,当睡眠的时候,脑可以对外界刺激起反应,例如对一个很响的声音;但脑缺少高水平的信息加工,而这对于解释输入的意义是必需的。以前楔叶皮层为例,它位于顶叶内侧,被认为参与一系列高度复杂的作业,包括连续检测身体周围的世界。在深睡眠时以及被麻醉剂诱导到无意识状态时,它就深度失活。从这一系列完整脑成像研究中得到的信息是,深睡眠或麻醉这两者的最后“无意识”状态是非常相似的[1]。

虽然麻醉引起 LOC 的总图像可能类似于深睡眠,但这又能告诉我们麻醉剂是如何产生效应的呢?例如,氙或异丙酚作用时的神经元活动型式是合理地相接近的,但如前所讨论,这两个麻醉剂有不同的分子靶,可能还有互相排斥的关系,然而它们却影响同一神经元的传导通路[1]。

麻醉剂使神经元超极化,从而增加抑制或减少兴奋,并改变神经元的活动。麻醉剂可以把激醒脑典型的持久放电转变成为双稳态的爆发-停顿型式,这种情况在 NREM 睡眠时也可以看到。在中等麻醉剂浓度的时候,神经元开始在两个状态之间振荡,大约 1 s 一次,一个是去极化的“上状态”,另一个是超极化的“下状态”。“上状态”类似于激醒时的持久去极化，“下状态”显示突触活性的完全中止，时间是 0.1 s 或多一点。此后，神经元又回复到另一个“上状态”。当麻醉剂剂量增加的时候，“上状态”转变成为短时间的爆发，而“下状态”时间越来越长。这种神经元放电型式的变化，反映在头皮记录的脑电图(EEG)上面，是从激醒的低电压高频率型式(被称为激活的 EEG)，转变成为深度 NREM 睡眠的慢波脑电图，最后成为 EEG 的爆发-压抑型式[2]。

丘脑是感觉信息从外周进入大脑皮层的一个主要门控部位，它可以在两个状态之间起开关作用，此开关可以允许上行性信息的流入，也可以不让信息进入，基本上把大脑皮层和环境隔离开来(图 15-5)。因此，丘脑-皮层连接的中断，也就是从外周到皮层信息传送的中断，可能是麻醉剂作用最关键的共同特征[1]。

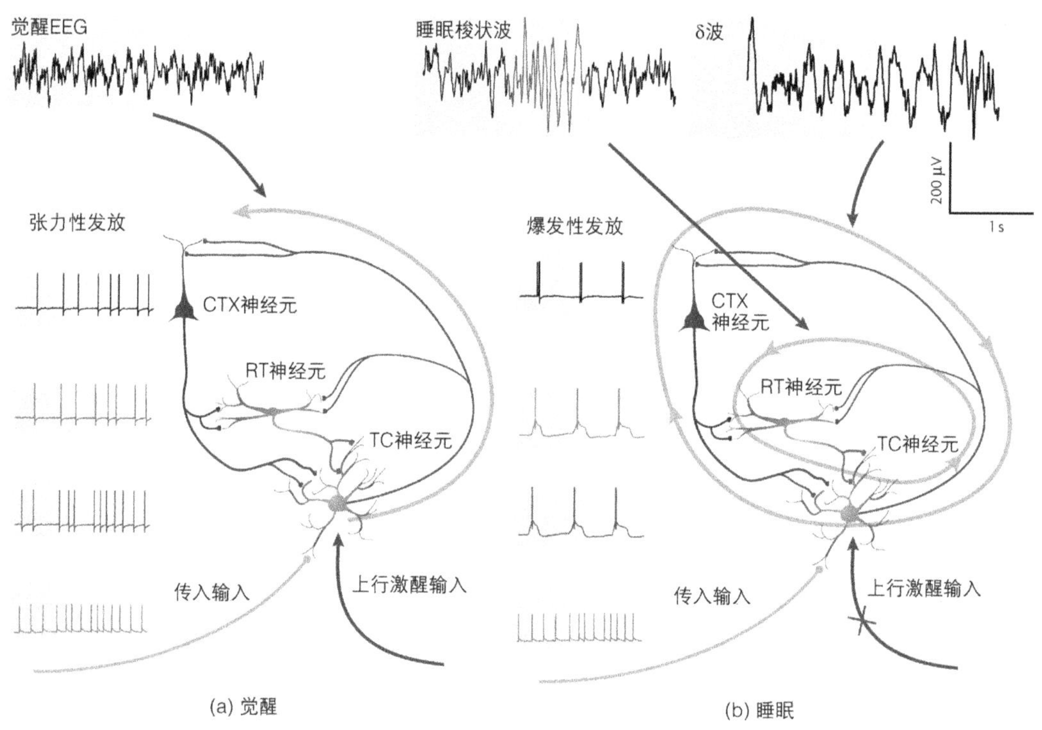


**图 15-5** 丘脑振荡(彩图见图版第 54 页)

(a) 清醒状态时，来自激醒神经核的上升性输入传到丘脑-皮层(thalamic-cortical，TC)神经元(红)，此输入提供去极化驱动，此驱动又导致丘脑-皮层神经元及网状(RT)神经元(蓝)展示单个锋电位的张力性放电，而且使得多少有点真实的信息从外周转输到大脑皮层(CTX)神经元(黑)。清醒时，也有一个下行性去极化驱动作用，它来自 CTX 神经元，作用于 TC 神经元。(b) 深度 NREM 睡眠时，丘脑的转输神经元开关进入爆发性放电模式，这是在没有外界输入时它们所采取的默认状态。TC 神经元的内源性电导有利于节律性、爆发性放电型式，而这是在一个超极化驱动之后产生的。由于丘脑和 CTX 神经元之间存在着广泛的连接，大群体的神经元被诱导到同步化放电，这就是慢 δ 波的来源，该波是深睡眠的电生理学指标。在这种爆发放电模式下，通过丘脑的上行性信息被阻断。从清醒到睡眠的转变也牵连着丘脑振荡。在脑电图里面这个现象称为睡眠梭状波(左侧脑电图记录中用红色强调)；它们的产生是当来自 TC 神经元的爆发锋电位冲击 GABA 能的 RT 神经元时，后者发出一个强大的 IPSP，返回到同一 TC 神经元，从而产生此波。此作用使细胞超极化，其反跳(rebound)导致发放另一群密集火力的锋电位，这样就造成振荡。抑制性后电位的时程($GABA_A$受体介导)决定了时间的长短，一直等到另一阵由 TC 神经元产生的锋电位爆发的到来，这样就使得所产生的频率约为 7～14 Hz。虽然 TC-RT 回路对于梭状波振荡是必需的，但孤立、游离的 RT 神经元也可以振荡，其自然频率与此频率相同，这个特点可能帮助梭状波的产生(更详细的描写机制应该参考其他文献)。(图引自[1])

操控局部脑活动也可引起动物的全身麻醉效应。以动物行为和脑电变化作为指标的实验研究发现，如果实验性地操控局部脑区，则可引起动物全身麻醉效应。这里有4种情况。① 局部失活或损毁觉醒活性脑区——蓝斑(LC)、中缝背核、脚桥被盖核、围穹窿区、结节乳头核、腹侧被盖区(VTA)、基底前脑，引起全身麻醉增强；② 局部激活觉醒活性脑区——嘴侧脑桥核、丘脑中央内侧核，促进处于麻醉状态动物的行为和脑电的觉醒；③ 损毁睡眠活动脑区——腹外侧视前核，导致觉醒增加；④ 边缘神经回路中的任何一个结构失活——内侧隔核、海马、伏隔核(NAc)、腹侧苍白球、VTA、杏仁核、内嗅皮层、梨状皮层，使麻醉的恢复延迟。总的说来，觉醒活性脑区的失活/损毁或激活的实验结果，较强地支持了全身麻醉是作用于觉醒-睡眠脑区的假设，而损毁睡眠脑区活性的实验结果较弱地支持此假设[5]。

### 15.4.1 丘脑开关和脑电图

这里要讨论睡眠和麻醉时的丘脑和大脑皮层活动。清醒时，来自激醒神经核的兴奋性输入到达丘脑-皮层(thalamocortical，TC)神经元，引起神经元持久去极化，允许感觉信息比较忠实地传递到大脑皮层。当从觉醒转变到睡眠时，EEG上可以看到梭状(spindle)波(其振荡频率为7～14 Hz)。这些梭状波由丘脑产生，而且牵涉到TC神经元与抑制性GABA能网状神经元之间的回返回路作用。网状神经元组成一个像壳一样的结构，覆盖在背侧丘脑的前侧和外侧。神经网络的效应决定了皮层梭状波的同步化以及它们的消长。梭状波使得向TC神经元的感觉输入与神经元向大脑皮层的输出之间失去关联。当深度NREM睡眠发展的时候，丘脑神经元进入持久的低频率爆发波形式。由于广泛的侧向连接，这种爆发波型扩展到大量的丘脑和皮层神经元，产生高幅度的同步δ振荡(频率为1～4 Hz)，而这种振荡是深度睡眠的特征化表现，因此产生持续而广泛的激烈活动，基本上阻断了上行信息的流动。爆发波型式是由丘脑-皮层回路产生的，其频率则由TC神经元的内源性电导所决定。当人从清醒状态进入深度睡眠时，在人类脑成像研究中看到了丘脑失活，这种失活与EEG中的梭状波和δ波高度关联[1]。

### 15.4.2 麻醉剂对丘脑的作用

睡眠和麻醉有明显的类似性，即实验对象显然不注意其环境。此外，人们具有最持久的看法，认为睡眠和麻醉诱导的LOC可能共享同样的神经元机制。产生上述看法的事实是，多数麻醉剂(但非常奇怪，氯胺酮是例外)产生的EEG型式，令人想起了梭状波和δ波，这两者分别是进入睡眠或深度睡眠而没有梦的NREM睡眠的EEG标记。一般来说，当意识刚刚丧失或超过LOC时，麻醉剂开始引起高频振荡，随之以低频、高振幅的EEG型式[1]。

这种振荡的产生显然提示丘脑的作用，至少包括了丘脑的作用。有相当多的文献报道了麻醉剂作用于人的躯体感觉诱发电位，这些研究结果支持一种看法，即在麻醉时，经过丘脑的信息转移被阻断，而最敏感和影响感受的是所谓丘脑“非特异性”核。然而，企图在动物实验中直接演示麻醉剂作用干扰了输入性信息的丘脑门控，基本上所有的实验都应用活体电生理学方法，而所用的动物首先是深麻醉的，然后在此基础上增添麻醉剂，看其效应如何。没有任何一项研究谈到这样一个问题，即动物开始麻醉时是怎样的[1]。

但是，丘脑神经元几乎一定是参与的，因为麻醉剂可以产生 EEG 的梭状波和 δ 波，但这些丘脑神经元首先要超极化。麻醉剂可以通过激活 2PK 通道直接超极化丘脑-皮层神经元，以及通过增强 $GABA_A$ 受体，这两种影响可能都是重要的。TC 神经元上似乎有对挥发性物质敏感的、麻醉剂激活的 TASK 通道，也有突触外区的 $GABA_A$ 受体，其亚单位构成是 α4β2δ，这些都是对甲苄咪唑和加波沙朵敏感的。虽然 TC 神经元的超极化可以解释 δ 振荡的产生，及以后通过丘脑信息传送所受的影响，但麻醉剂对于 TC 神经元的效应（它增强膜电导，引起抑制性短路）仅能解释后一种情况[1]。

### 15.4.3　麻醉剂对大脑皮层的作用

丘脑有许多发散性投射走向大脑皮层，个别丘脑神经核调制特定皮层脑区的活性；然而皮层也向丘脑发出反馈投射，这就是所谓的离皮层通路。皮层-丘脑投射的数目超过丘脑-皮层投射的数目。因此当脑处于觉醒状态时，兴奋性的离皮层通路为丘脑-皮层神经元提供了一个紧张性去极化，此种紧张性去极化倾向于阻止丘脑-皮层神经元进入同步化振荡状态。这个机制提供了某种程度的正反馈，因为如果由于减少了来自觉醒通路的兴奋性而使 TC 神经元进入振荡模式的话，那么紧张性的离皮层兴奋也要减少，这就进一步有利于同步振荡。因此，麻醉剂的作用至少部分是因为抑制了皮层神经元，所以有利于 TC 爆发波的发生，以及进入睡眠样状态[1]。

前面讨论过的麻醉剂主要靶点都在大脑皮层神经元上有高度表达。更进一步，不论是急性脑切片标本还是培养的器官薄片标本，皮层神经元放电都显示了一定程度的麻醉剂敏感性，这种敏感性可与皮层神经元在活体中的表现相比较。然而，离体标本的急性实验到底可以在多大程度上反映真正的皮层网络敏感性，还很难确定。虽然丘脑可能调控清醒意识状态，但大脑皮层的加工负责意识的细致内含。当深度睡眠和麻醉剂诱导 LOC 的时候，大脑皮层深度失活。皮层抑制可以驱使麻醉诱发的 LOC。当对帕金森病患者使用异丙酚或七氟烷诱导麻醉时，皮层 EEG 的变化比之丘脑电极所记录到的更大、更突然。这是一个非常有趣的现象，但是如果要得出这样一个结论，认为大脑皮层是一个关键性靶部位，还为时过早，需要对这两个信号之间的功能性相互关系有更好的了解。所以，在多大程度上皮层抑制真正导致了麻醉引起的 LOC，尚是一个未解决的问题[1]。

麻醉剂除了对皮层或丘脑神经元的直接作用外，另一种可能方式是控制它们的兴奋性觉醒传导通路的抑制，或者睡眠传导通路的增强。下面讨论支持这两种可能性的情况[1]。

### 15.4.4 与睡眠的维持/转变有关的神经通路

觉醒和睡眠的维持\转变，有赖于几条平行的脑内神经元传导通路（详见14.3.3）。

睡眠的发动和维持是一个主动的过程。此过程发挥抑制性调控作用，以调控上行性激醒神经核，主要通过来自下丘脑及基底前脑的GABA能控制。因为麻醉像睡眠一样，它也诱导出减少激醒和减少反应性的状态，所以一个非常合理的先验看法是，共同的神经元通路参与麻醉和睡眠这两个过程[1]。

### 15.4.5 激醒神经核和麻醉

自从Moruzzi和Magoun两人经典的工作以后，脑干神经核群被认为对维持皮层激醒是必需的[1]。

1. 脑桥胆碱能神经元

脚桥被盖核及外背侧被盖核提供支配丘脑的大部分胆碱能投射，它通过烟碱型乙酰胆碱受体（nAChR）及m1型的毒蕈碱型乙酰胆碱受体（mAChR）直接激动TC神经元，或者间接地通过M2型mAChR抑制GABA能RT神经元，这样导致了普遍性的皮层激活。这种胆碱能神经核也支配谷氨酸能的嘴侧脑桥网状结构（PnO）以及谷氨酸能的深部中脑网状核（DpMe），这两个核都发出兴奋性输入到前脑及丘脑。这些神经核以及来自脑桥的胆碱能输入，被描写为上行网状激活系统的主心骨[1]。

上述核可能参与麻醉剂诱导的LOC，其证据来自一些实验。实验显示，注射碳酰胆碱于PnO，氟烷诱导的EEG梭状波可以被对抗掉。还有实验显示，把胆碱注射到丘脑的中央内侧核，可以克服七氟烷的LORR。另外，毒扁豆碱可以逆转异丙酚的LOC，毒扁豆碱是乙酰胆碱酯酶（AChE）的抑制剂（此作用可以被毒蕈碱样的拮抗剂东莨菪碱所阻断）。然而，毒蕈碱样的受体（mAChR）对异丙酚不敏感。虽然挥发性麻醉剂可以敏感地抑制神经元的nAChR，但在活体上阻断此受体，对LORR没有明显效果。这样看来，虽然胆碱能传导通路可能是因果性地参与了麻醉剂诱导的LOC，但是这些实验仅能被解释为，麻醉剂诱导的LOC可以被相当强大的激醒机制激活所逆转[1]。

有些实验提供了更直接的证据，说明有PnO或/及邻近的DpMe靶的参与。实验显示，微量注射GABA物质到这些脑区，引起LORR及EEG的同步化，还有下行性的肌张力降低。基本上同所有其他的微注射研究一样，这种情况应用了过高的药物浓度。也有报告，双侧损毁这些脑区引起中风后的不可逆昏迷。因此，以上实验是否可以联系全身给予麻醉剂所引起的麻醉效果，还很难讲[1]。

2. 蓝斑的去甲肾上腺素能神经元

促进皮层激活和行为觉醒的另一个关键性脑桥核是去甲肾上腺素能的蓝斑（LC）。动物清醒时，LC神经元的放电频率是高的；当NREM睡眠时，平静下来；当REM睡眠时，变成静默。刺激LC可导致皮层及海马脑电图的激活，此脑电图效应可能是经过去甲肾上腺素能的兴奋，刺激隔区-海马系统的胆碱能神经元（当用局部蝇蕈醇失活此脑区时，可以大大增加麻醉效果）。LC神经元可被氟烷所超极化，此作用是由于TASK通道的激活，这里也是选择性 α2 激动剂——右旋美托咪啶的主要作用位点，虽然最近的证据提示，某些效果是由下丘脑睡眠通路所介导的(见后)[1]。

3. 中缝背核的 5 -羟色胺能神经元

长期以来认为，与睡眠和觉醒有关的延髓核群是中缝背核的 5 -羟色胺神经元群。其作用是复杂的，有些方面还互有矛盾，但没有疑问的是，它的一个功能是通过传向丘脑、基底前脑和大脑皮层的传导路来促进觉醒。如同 LC 一样，中缝核神经元可以被麻醉剂激活的 TASK 通道所抑制。中脑例如腹侧被盖区(VTA)及黑质致密部的多巴胺神经元经常被认为参与了激醒。已经知道，应用病理学和药理学方法阻断多巴胺传导路，对于睡眠-觉醒周期有大的影响。然而，要想确定行为觉醒之间的因果关系，尚存在问题。况且，麻醉对放电频率的效应也仅是中等程度而已。近来在腹侧中央灰质也鉴定了激活觉醒的神经元。这部分神经元受损伤以后，总睡眠量明显增加。此脑区似乎为觉醒提供了主要的上行多巴胺能通路。现在还没有报告说明麻醉效应的作用就在此系统[1]。

### 15.4.6　基底前脑

基底前脑在前脑腹侧面，包含一些异质性结构，具有混合的神经元群体，而且有广泛不同的功能。这里的胆碱能神经元发出单突触投射到整个新大脑皮层及纹状系统，广泛地被认为产生皮层激活及行为激醒。激醒的时候，大脑皮层的乙酰胆碱水平会升高；与 NREM 睡眠时比较，REM 睡眠时的乙酰胆碱水平会升高；刺激基底前脑引起皮层乙酰胆碱含量增多，同时伴有 EEG 去同步化。穿插在这些胆碱能神经元之间的还有其他类型的细胞，包括 GABA 能神经元，它被认为是促进睡眠的。这些异质性的睡眠和觉醒激活的神经元延伸，分布在邻近的内侧视前区。内侧视前区注射戊巴比妥或异丙酚引起轻度但明确的 NREM 睡眠增加[1]。

### 15.4.7　下丘脑后部

C. F. von Economo 最早建议下丘脑后部在维持觉醒方面有作用。他注意到，嗜睡性脑炎病人的损伤部位就在此脑区。参与其中的关键性神经核是结节乳头核(TMN)，它是中枢内唯一有组织胺发源的部位。对激醒来讲，这个递质的重要性最先被注意到是由于应用抗组织胺药物有镇静样副作用。觉醒时脑内组织胺水平会升高，同时有 TMN 神经元激活。组织胺的释放引起神经元兴奋，主要通过 G 蛋白偶联受体(GPCR；H1、H2)。睡眠时 TMN 放电明显减少，是通过睡眠激活的腹内侧视前核(ventromedial preoptic nucleus，VMPO)神经元所产生的 GABA 能抑制。最近发现，当麻醉剂诱导 LOC 时，同样型式的放电也会产生，这与脑内组织胺水平明显的降低相一致，而这种水平降低在麻醉时也会发生。双侧微注射 $GABA_A$ 受体激动剂蝇蕈醇于 TMN 可引起 LORR，而在麻醉时注射 $GABA_A$ 受体拮抗剂 γ -氨基丁酸嗪可以对抗 LORR。这提示此通路是因果性地参与其中的。然而，注射异丙酚于 TMN 引起镇静，但不引起 LORR，显示其他传导路也一定是需要的[1]。

还有一个候补者是来自外侧下丘脑(LH)的增食欲传导通路。增食欲肽(A 和 B)是小肽,唯一地从 LH 释放,特别是穹窿周围脑区,而这个系统的缺损被认为对嗜睡病起重要作用。与 NREM 及 REM 睡眠相比较,清醒时的增食欲肽神经元放电及 *c-fos* 表达都是高的。这些细胞引起整个脑广泛兴奋,由于其作用在已知的 G 蛋白偶联的两种增食欲肽受体(OX1R 和 OX2R)之一,或两者均有。它们将增强觉醒状态。脑室内注射增食欲肽 A 导致清醒,而减少 REM 及 NREM 睡眠的时间。然而,这种激醒可能是由组织胺系统介导的,因为在组织胺 H1 受体基因敲除的小鼠中,增食欲肽 A 就不起作用了[1]。

## 15.5 全身麻醉与脑的功能状态

### 15.5.1 意识丧失机制:丘脑是开关还是读出器?

达到或接近意识丧失(LOC)时,麻醉剂产生的最一致的局部效应是丘脑代谢和血流的减少,这提示丘脑可能是意识的开关。的确,在几个丘脑实验中都发现它有开关样效应。例如,注射 GABA 激动剂(模仿麻醉作用)于丘脑板内核,引起大鼠快速进入睡眠,同时有相应的脑电图变慢。相反,在让大鼠接受麻醉浓度的七氟烷后,通过少量注射烟碱于丘脑板内核,可以让大鼠激醒。在人类,中线丘脑损伤可以导致植物性状态。相反,恢复丘脑扣带回皮层间的功能性联络,可以预报植物性状态恢复。同样,深部脑电刺激中央丘脑,可以改善处于最小意识状态(MCS)病人的行为反应性[2]。

然而并非所有麻醉剂都使丘脑活性降低,当麻醉剂剂量引起镇静,但不是无意识状态的时候。氯胺酮增加脑总体代谢,特别是丘脑的代谢。其他麻醉剂可以相当明显地减少丘脑活性,例如当受试者还处于清醒和反应状态时,七氟烷镇静引起丘脑代谢相对减少 23%。的确,对丘脑的麻醉效果很可能主要是间接的。麻醉时的自发性丘脑放电主要是由皮层神经元反馈所驱动的,特别是麻醉敏感的第 V 层细胞。许多这些细胞也投射到脑干激醒中枢,所以皮层失活既可以降低丘脑活性,也可以降低激醒。同样,在动物实验中,去除皮层可以消除麻醉剂作用于丘脑的代谢和电生理学效应。相反,丘脑切除以后,皮层仍然可以产生激活的脑电图。这提示,丘脑并不是皮层激醒的唯一介导者,同样,也可能它不是最直接的一个。当为了做深部脑刺激给脑部埋植电极的病人实施第二次外科手术时,发现病人丧失意识时,皮层脑电图(ECoG)发生戏剧性变化,然而丘脑的 EEG 活性很少变化,一直要等到 10 min 以后。相反,癫痫病人在 REM 睡眠(通常关联到做梦)的时候,皮层 EEG 激活,似乎病人是清醒的;但丘脑 EEG 显示慢波活性,病人似乎又是在睡眠中。所以,麻醉剂在丘脑方面的效应可能代表皮层总体活性的读出而不是意识的开关,而丘脑活性不可能是意识的充分基础[2]。

尽管如此,目前如果把丘脑的作用完全勾销,还为时过早。可能皮层脑区之间的有效通信还需要丘脑中转,这种情况下,即使有激活的皮层,丘脑的病变将导致功能失连接。神经成像实验已经发现，麻醉时有功能性丘脑失连接。被称为钙结合蛋白阳性的(calbindin-positive)基质细胞可以提供许多皮层脑区的阈下去极化，这种细胞特别浓集在某些丘脑板内核，而且弥散性地投射到大脑皮层浅表。丘脑板内核细胞可以发生高频放电，这样就提供了一个相关的振荡偏向，此偏向可以易化长时程皮层-皮层相互作用。因此，虽然不需要丘脑，皮层激醒也可以产生，但意识可能不是这样[2]。

### 15.5.2　全身麻醉剂的大脑皮层效应

为了麻醉剂能够诱发无意识状态，是否大脑皮层有几个区比其他脑区更重要一些？麻醉时以及植物人患者，初级感觉皮层的诱发反应通常并无改变，初级感觉区是传入刺激的第一个驿站。初级感觉皮层活性经常与知觉经验没有关系。额叶皮层对于麻醉性无意识状态不是必需的，因为不同的麻醉剂对此区有不同的效应。例如，相等的催眠药剂量，不管你用异丙酚还是戊硫代巴比妥(thiopental)，它们都失活后脑区，但只有异丙酚失活前额叶皮层(PFC)。此外，额叶皮层的大块损伤本身并不导致无意识状态[2]。

麻醉剂诱导的无意识状态通常与内侧顶叶、后扣带皮层、前楔状回等的失活相关联(图 15-7)。在植物人患者中，失活的也正是这些脑区。如果植物人恢复，这些区域也最先重新激活。而且，这些脑区神经活性在与意识障碍及睡眠有关联的癫痫发作时会改变。这些内侧皮层脑区的战略性位置，正好在脑连接轴的中心位置。特别在静息时，可能参与调控内环境时，以及在与自我有关的一些功能活跃时，它们是默认的神经网络。然而，内侧皮层区在 REM 睡眠时是失活的，那时候受试者应该经历了鲜活的梦。有趣的是，在施用中等剂量麻醉剂(如一氧化氮)的时候，会产生相当选择性的后内侧皮层失活，然而当这些脑区开始关闭时，受试者报告梦境样的感觉，而且有去人格化、身外体验，却不是无意识状态[2]。

除内侧皮层区外，许多麻醉剂也使多感觉联络区的外侧颞-顶-枕复合体失活或失连接，其中心位置在下顶叶(IPL)皮层(图 15-6)。在这里，损伤及麻醉的实验资料是互相支持的。例如，双侧颞-顶-枕接头区损伤病人不显示知觉体验方面的症候，但他有一阵阵无方向的运动动作，这种情况被称为运动过度性哑症(hyperkinetic mutism)。因此，后脑区复合体包括外侧颞-顶-枕接头区，可能还有内侧脑轴心区，这两者是麻醉诱导无意识状态最可能的最终共同靶[2]。

### 15.5.3　全身麻醉：皮层整合的破坏

LOC 可能不一定需要这些后脑区神经元的失活，也可能只要有神经活性动力学方面的变化就够了，特别是这些变化已经影响到脑整合信息的功能(图 15-7)。

先考虑大范围整合，整合可以比较宽松地定义为不同脑区之间有效相互作用的能力。当麻醉过程中意识慢慢消退的时候，左侧和右侧额叶皮层之间及额叶和枕叶之间的

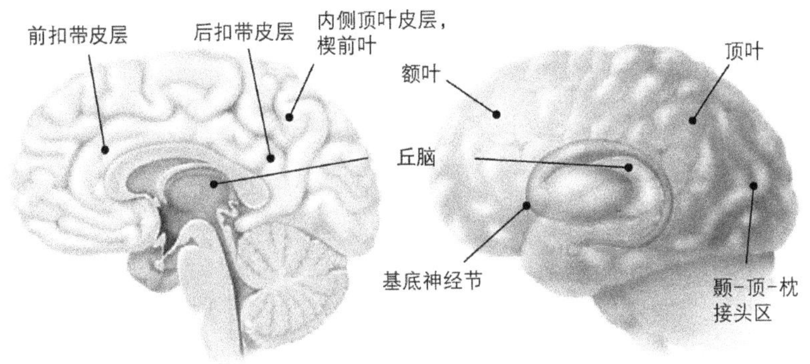


**图 15-6** 与麻醉效应相关的脑区

参见正文。(图引自[2])

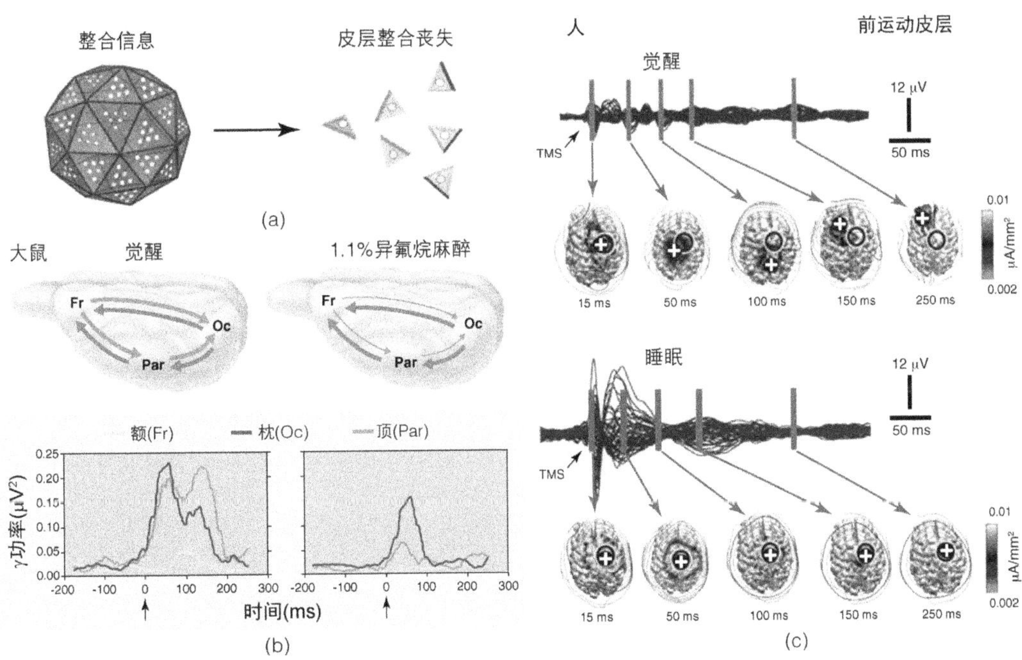


**图 15-7** 意识与麻醉：无意识状态与皮层整合的丧失相关联(彩图见图版第 55 页)

(a) 皮层-丘脑系统在这里比喻性地被表现为一个大的多面骰子，每个面对应于脑的不同放电型式。当有意识和清醒的时候，骰子转动到呈现特定的面而排除其他的面，因此产生了整合信息；如果整合丧失(例如在麻醉或睡眠的时候)，那么骰子分解为许多两面骰子，每面产生 1 比特的信息。(b) 麻醉减少大鼠皮层的整合。上图，清醒时，熵转移(熵转移是检测脑区之间方向性相互作用的量度)被前馈(绿)方向和反馈(红)方向所平衡。在麻醉情况下，反馈的熵转移(红)减少，提示从前向后方向相互作用的减少。下图，大鼠对 0.2 Hz 闪光(箭头)反应的代表性实验结果，清醒和异氟烷麻醉下的大鼠。当大鼠清醒时，每个闪光引起视觉枕叶皮层(蓝)持久的 γ 频率(20～60 Hz)反应，随后在顶叶联络皮层(红)上又有一个反应。当大鼠麻醉时，枕叶反应保留但短了一点(蓝)；顶叶反应减弱了，表明麻醉减少了皮层间的相互作用，从而减少整合。(c) 睡眠减少人皮层的整合：显示一个受试者 EEG 电压和电流密度的记录。在这里，用 TMS 来刺激(黑箭头)前运动皮层。当清醒的时候(上)，刺激诱发 EEG 反应，开始是靠近刺激位点(黑圆圈；白色加号是刺激引起最大诱发电流的部位)，以后是按次序在其他皮层位点出现反应。当深睡眠的时候(下)，刺激诱发的反应保持在局部，表明丧失了皮层整合。(图引自[2])

γ 频率范围(20～80 Hz)的 EEG 一致性降低。麻醉剂也压抑动物额-枕叶的 γ 一致性，既表现在视觉刺激条件下，也表现在静息时。此效应是缓慢的，而且持续时间较长，较之局部的一致性。麻醉剂可以破坏皮层整合，通过作用于那些易化远程皮层-皮层相互作用的脑结构，例如后皮层连接中心、某些丘脑神经核，或者可能还有屏状核。麻醉剂也可能破坏远隔脑区之间的同步，由于减慢了神经元的反应[2]。

大脑皮层反馈性相互作用的丢失，可能具有特别重要的意义。当大鼠在麻醉剂作用下变成不反应的时候，信息转移的减少首先是在反馈方向(图 15－7b)。同样，麻醉压抑了视觉反应的晚成分(＞100 ms)，可能由于抑制了反馈连接，但是麻醉并不抑制早期前馈成分。此外，麻醉取消了放电的情景和注意调制，这种调制可能是由反馈连接介导的。皮层-丘脑系统可能特别容易受麻醉剂的影响，因为它属于一种小世界(small-world)组构。多数小世界网络只有局部连接，仅有相对少的长程连接。与中心轴的加强在一起，这种网络使相互作用最大化，同时使线路的传送最小化。基于同样原因，麻醉剂只要中断几条长距离连接，即可产生一系列的脱联合成分。的确，计算机模拟演示，当麻醉达到关键剂量时，可出现快速的状态转换，此现象跟网络整合的崩溃相一致[2]。

### 15.5.4　全身麻醉：皮层信息容量的破坏

再考虑一下麻醉剂如何影响信息。所谓信息，这里比较宽泛地定义为可以分辨的活性形式的数目。当提供给皮层-丘脑系统的可分辨放电型式的范围缩小时，神经活性就变得带有更少信息了，即使它大体上可能还是整合起来的。如上所述，当剂量足够大时，有几种麻醉剂会产生爆发-压抑型式的活动，其 EEG 接近于平坦，但每隔几秒就被短暂的、类似于周期性爆发波的大体激活所中断，这是一种刻板的、大体的开关型式。这种刻板的爆发-压抑模式，也可由视觉、听觉及机械刺激所引起(图 15－8b)。这样，在深度睡眠无意识状态时，皮层-丘脑系统可能还在那里活动，事实上不但是活动的，而且是高度兴奋性的，因此可以产生大体反应。然而，这个反应的全套节目单(repertoire)缩小到刻板性的爆发-压抑的型式，相应地就丢失了信息，基本上创造了一个仅具两种可能状态(开和关)能力的系统。全身性发作是另一个例子，在这种情况下，意识丧失，但仍然保持高的神经活性，而且是高度同步化的。皮层-丘脑复合体的大部分参与了强的超同步活性，但此活性是刻板的[2]。

### 15.5.5　全身麻醉：有点像睡眠

睡眠是健康人有规律地丧失其意识的唯一的时间。受试者入睡早期，或当他从慢波睡眠期醒来时，会报告短暂、思维样的经验片段，或者什么也没有。虽然麻醉与自然睡眠并不是一回事，但脑激醒系统的失活是类似的。同样，如同在麻醉情况下一样，在慢波睡眠时，皮层和丘脑神经元变成双稳态，并出现“上状态”和“下状态”之间的慢振荡(1 Hz 或更少)。如同麻醉时的动物实验一样，人类在慢波睡眠时出现的情况提示，皮层神经元的

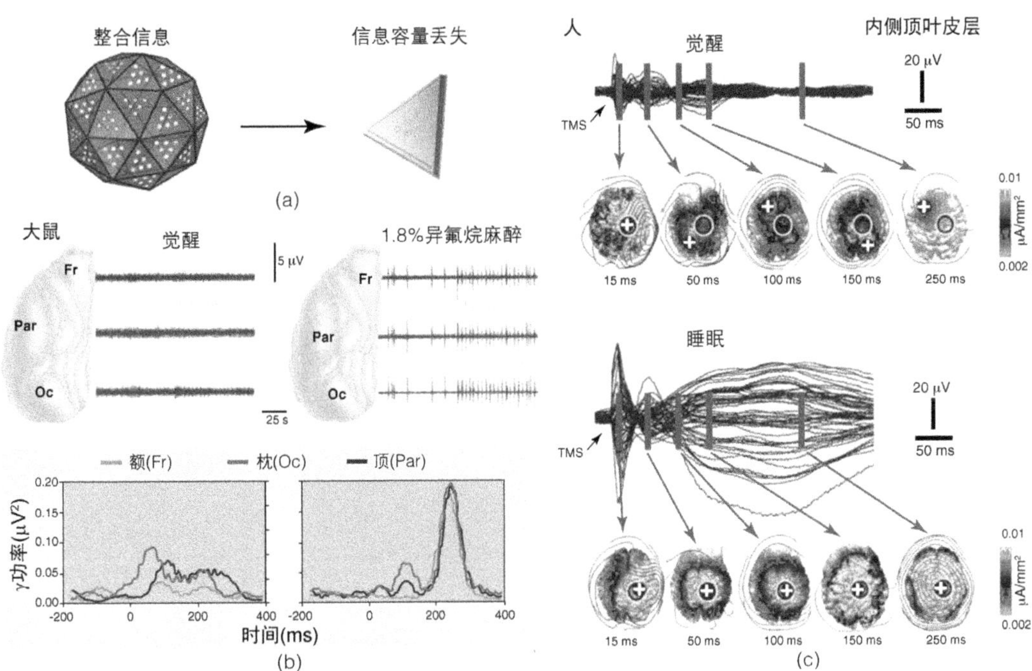


**图 15-8** 意识与麻醉：无意识状态与信息量的丧失相关联（彩图见图版第 56 页）

(a) 与图 15-7 一样，皮层-丘脑系统被比喻为一个大骰子，它有很多面，每个面对应于脑的不同放电型式。当意识清醒的时候，骰子转到一个特定的面，就排除了所有其他的面，这样产生整合的信息。如果信息丧失（例如在麻醉或睡眠时），骰子变成扁平，因此它只有两个面，而丢失了全套节目单（repertoire），仅能产生 1 比特信息。(b) 麻醉减少了大鼠皮层的信息容量。上图，闪光给予之前及给予当中记录的场电位（每个曲线下面的标记）。清醒时（左），闪光诱发的场电位（蓝）（闪光在每个曲线底下加标记）是小而可变的，它被自发神经元的活动所掩盖。深度麻醉时（右），自发的及在每次闪光之后产生的爆发活性。下图，麻醉时，γ 爆发反应在 3 个脑区都是均匀的，因此反应是刻板的，而且缺少区域特异性，表明信息容量的丢失。(c) 睡眠减少了人皮层携带信息的容量。上图，清醒时，刺激内侧顶叶皮层产生特异的、有序列的激活形式。下图，睡眠时，刺激诱发大体刻板式的反应，此反应从刺激位点扩布到大脑的许多区域，表明信息容量的损失。黑色曲线表示所有电极记录下来而且经过叠加的平均电位，估计的电流密度以绝对值比例尺显示。（图引自[2]）

双稳态性对于脑整合信息具有影响。在激醒时，应用经颅磁刺激（TMS）于运动前区及其他皮层脑区，可以诱导持久的反应（300 ms），包括特定脑区有次序的激活，这些脑区的具体名称和位置依赖于磁刺激的确切部位。在 NREM 睡眠早期，可能由于诱导局部的“下状态”，TMS 脉冲产生另一种短的（<150 ms）局部反应，这提示整合丢失。TMS 脉冲刺激作用于内侧顶叶区，恰好在皮层连接主轴的上方，这里的刺激会触发刻板的、很类似于自发性慢波的高幅度慢波。这种刻板反应可能由于同时激活了皮层连接轴心，而且诱导了大体的“下状态”，反映有限度的活性型式节目，因此丧失信息[2]。

### 15.5.6 意识与麻醉：意识和整合性的信息

麻醉和睡眠状态两方面的证据汇聚到一点，提示 LOC 是与皮层连接中断相关联的，因此整合也中断了；或者与皮层活性型式的节目崩溃相关联，因此信息也崩溃（图

15－7)。为什么会这样？最近有理论提示了对此问题的主要解释。此理论认为，信息和整合可能是意识最要害的元素。按照经典说法，信息是各种可选择性中不确定性的减少。一个钱币掉下来，一面朝上，就提供 1 比特信息；一个有 6 面的骰子掉下来，一面朝上时，它提供了约 2.6 比特信息。那么，存在任何一点意识经验，即使关于一个纯粹黑暗的意识经验，一定是非常富于信息性的，因为我们本来可能有无数其他经验(考虑一下所有可能的电影片的各种片段)。想要得到经验，就像掷一个几万亿面的骰子，要你判定哪一个数字朝上一样(图 15－7、图 15－8)。另一方面，把意识经验跟复杂的骰子相比，每个经验是整合的完整体，这个完整体是不能区分为独立成分的。例如对完整脑来讲，你不能够体验左半侧视野而不考虑右半侧视野，或者体验视觉形状而不考虑其颜色。换句话说，经验骰子是单独的一个，掷多个骰子而且把它们组合起来是达不到这一点的[2]。

用比较不是比喻性的语言来说，这个理论认为，物理系统的意识水平，是与不同状态(信息)的节目相关联的，这种状态可以被系统作为整体(整合)来分辨。整合信息的度量称为 phi($\Phi$)，可以用它来定量当系统进入特定节目中的特定状态时所产生，并超过它各部分所产生的信息量。实际上，仅能测定小模拟系统的 $\Phi$。然而，可以设计经验性的测量，以脑电图数据为基础，结合静息功能的联络性或 TMS 诱发的反应，来评价整合性信息。这种途径有可能允许发展意识调控器，此调控器既可以评价整合的获得，像功能或有效连接的减少，也可以发现评价的丢失，如刻板性反应所显示的证据[2]。

上述理论对麻醉有几种有趣的应用上的意义。例如，它解释了为什么皮层-丘脑复合体对于意识是必需的，因而它是麻醉的真正靶。把功能特异性(每个脑区里面的每个皮层脑区及每个神经元群，是精巧地特异化的)和功能整合(归功于广泛的皮层-皮层连接、皮层-丘脑连接)结合起来，皮层-丘脑复合体可以很好地充当具有大量可区分状态的单一动力学整体。相比之下，由部分脑组成的小的半独立模块，例如小脑，以及通过基底神经节的平行回路，它们是不足以完成整合的。这可能就是为什么，它们虽然受到损伤但不影响意识。此理论还提示，你不应该把个别运动反应或局部激活作为意识的指征，你也不应该把缺少运动反应解释为无意识状态的确定指征。最后从理论前景看，意识不是一个具有全或无特征的东西，它是一个具有等级性的东西：具体地说，它按比例增添到系统的具有可辨别状态的节目单里面去。镇静时意识领域的灰暗或缩小，符合上述的理论观点。另一方面，当麻醉剂达到临界浓度时，意识突然丧失，提示实施意识的神经状态整合性目录可能非线性地崩溃了[2]。

## 15.6　全身麻醉的脑机制

随着分子水平研究的进展，人们已经鉴定了比较少的几个靶分子以解释全身麻醉剂的作用。现在人们开始探讨这些药物大概是如何作用到神经通路的。现在已经有了更多的知识，分子水平的特异性可以扩展到神经元网络水平的特异性。以下两种情况存在明显的类似，一方面是麻醉剂导致的 LOC，另一方面是自然睡眠。这两种情况主要都是由于丘脑失活，并导致类似的皮层抑制型式。对于丘脑失活，有几个可能的解释，包括直接作用到丘脑-皮层神经元以及皮层神经元，抑制激醒传导通路，增强睡眠通路等。这些机制的相对重要性仍有待确定。对神经开关突然从意识状态转到无意识状态的解释，可能在于内源性的双稳态丘脑-皮层神经元以及交互抑制性连接。这种连接存在于下丘脑的睡眠促进中枢与中脑及脑干的激醒神经核之间，这将有利于上行激醒状态在高状态和低状态之间快速转换[1]。

进一步的工作目的应该在于发展一种对自然睡眠和激醒基本机制的更好了解，以及对相关神经元回路如何受全身麻醉剂影响的了解，这些研究应该导致更清晰地回答这样一个问题，即这些独特药物是如何引起 LOC 的[1]。

只有在细胞和突触水平上了解了麻醉剂在特定神经元通路上的效应以后，这种关联才可能最后被了解。分子水平的研究还要从亚细胞水平以及分子的空间分布和定量水平上去了解，并把这样的研究结果补充到系统研究上面来。

关于全身麻醉剂的脑机制，可以说以下几点。第一，尽管有着不同的机制和作用，多数麻醉剂引起无意识状态，似乎是直接或间接地靶向一定的脑区，包括围绕下顶叶(IPL)为中心的后外侧皮层-丘脑复合体，可能还有内侧皮层轴心。至于是内侧成分还是外侧成分更为重要，以及前脑区是否对执行功能甚至也许对自我反映具有关键重要性，都有待将来的研究。第二，麻醉剂可以引起无意识状态，这不仅由于失活后的皮层-丘脑复合体，也由于此复合体各亚区之间产生的功能失连接。第三，虽然通过语言指令评估 LOC 通常是合适的，但经常会产生误解。第四，最后要提一提关于意识的理论性框架。看起来我们所提的理论性框架，可能是适合于当前经验数据的。这个理论提示，意识需要一个具有大量可分辨状态目录单的整合系统。按照这个框架，麻醉剂之所以能够产生无意识状态，或是因为它阻挡了整合(阻断特异脑区之间的相互作用)，或是因为减少了信息(缩减了皮层网络可提供的活性型式数目)。解释意识的其他框架，有的强调进入大体工作空间的因素，有的强调形成大神经元联合体，这些与我们在这里描述的许多事实也是相一致的，特别是牵涉到皮层的整合作用。总起来说，这些观点将帮助我们发展一些更具特异性作用的药物，帮助我们更好地检测其对意识的效应，并以麻醉剂作为工具来特征化(characterize)意识的神经底物[2]。

## 术语译名

alphaxalone　阿法沙龙(静脉麻醉剂)

α - amino - 3 - hydroxy - 5 - methyl - 4 - isoxazole propionic acid recepter　AMPA 受体

cyclopropane　环丙烷

desflurane　地氟烷

dexmedetomidine　右旋美托咪啶
enflurane　安氟醚
etomidate　甲苄咪唑
gabazine　γ-氨基丁酸嗪
gaboxadol　加波沙朵(镇痛药)
galanin　甘丙肽
halothane　氟烷
ketamine　氯胺酮，克他命，凯特明
LOC(loss of consciousness)　意识丧失
LORR(loss of the righting reflex)　翻正反射丧失
muscimol　蝇蕈醇
narcolepsy　嗜眠病
N-methyl-D-aspartate recepter　NMDA 受体
orexin(orx)　阿立新，苯基二氢喹唑啉，增食欲肽，食欲素
pentobarbital　戊巴比妥
physostigmine　毒扁豆碱
precuneus　前楔叶
propofol　异丙酚
scopolamine　东莨菪碱
sevoflurane　七氟烷
relay neuron　转输神经元

## 参考文献

[1] Franks N P. General anaesthesia: from molecular targets to neuronal pathways of sleep and arousal. NR Neurosci, 2008, 9: 370.

[2] Alkire M T, Hudetz A G, Tononi G. Consciousness and anesthesia. Science, 2008, 322: 876-880.

[3] Richter C, Woods I G, Schier A F. Neuropeptidergic control of sleep and wakefulness. Annu Rev Neurosci, 2014, 37: 503-531.

[4] Brown E N, Purdon P L, van Dort C J. General anesthesia and altered states of arousal: a systems neuroscience analysis. Annu Rev Neurosci, 2011, 34: 601-628.

[5] Leung L S, Luo T, Maa J, et al. Brain areas that influence general anesthesia. Progress in Neurobiology, 2014, 122: 24-44.

# 第 16 章　情绪与杏仁核

## 16.1　情绪和心境的神经基础

情感(affective)神经科学这门学科涉及情绪(emotion)和心境(mood)的神经基础。自 1975 年以来,情感神经科学研究有了爆炸性增长。这个领域所探讨的问题是:哪个脑系统实现情绪?这些系统中的差别是如何与个别情绪经验的差别相关联的?是不同的脑区实现不同的情绪,还是所有的情绪都由同一基本的脑和神经回路实现?脑内的情绪加工如何跟情绪相关的体内变化发生联系?情绪的脑内加工与认知、语言、动机等如何相互作用?[1]

情绪和心境是如何在脑内体现的呢?这是情感神经科学所提出来的中心问题。这个问题激发、整合了心理学家、精神病学家、神经病学家、哲学家、生物学家的努力。情感神经科学应用种种办法——功能性神经成像、行为实验、电生理学记录、动物和人的损伤研究,以及动物和人的行为实验,为的是在神经生物学和心理学的水平以及在它们之间的界面上,寻求对情绪和心境的更好了解[1,2]。

情感神经科学的历史发展经历了漫长的过程,对此我们可以列出一张时间表,但不准备详细讲它了。本章将简要归纳情感神经科学的历史发展,开始是先回顾一下两位学者詹姆士和达尔文(C. Darwin,1809—1882)的先驱性工作,然后讨论早期的情绪功能神经解剖学模型,这是先后由坎农(W.B. Cannon,1871—1945)和巴德(P. Bard,1898—1977)、帕佩兹(J.W. Papez,1883—1958)、麦克林(P.D. MacLean,1913—2007)等人提出来的。接下去简要描绘关键脑区在情绪加工过程中贡献的当前知识,包括前额叶皮层(PFC)、杏仁核、下丘脑、前扣带回(ACC)等。再考虑当代理论对情绪的看法,看这些脑区可能是如何相互作用的。最后给出关于情感神经科学今后方向的一些个人看法[1]。

人有七情六欲,包括眼、耳、鼻、舌、身;喜、怒、哀、乐;饮、食、性等。其中,眼、耳、鼻、舌、身属于知觉的问题,脑科学已有相当深入的分析;喜、怒、哀、乐属于情绪的问题;饮、食、性属于欲望的问题。

情绪和欲望都有它的主观成分,即主观觉察(awareness)的成分,往往表现为内态感(feeling);情绪和欲望也有客观表达,这些属于输出端或行为,属于脑的调节功能[3]。以怒情绪的表达为例,怒有其主观成分,例如人自己感觉到(aware)在发怒;也有其外在表现，如怒发冲冠、心跳变快。这些都是调节功能的表现[1,3,4]。

## 16.2　情绪理论的历史

### 16.2.1　两位情感神经科学之父

达尔文和詹姆士是情感神经科学之父。1872 年，达尔文发表了具有开拓意义的书《人和动物情绪的表达》，这是达尔文在情绪方面 34 年来工作的积累。在书中他对情绪领域作出了两个重要的贡献。第一个贡献是，他认为，动物情绪与人的情绪是同源的，这是达尔文早年进化理论的一个逻辑延伸。通过比较、分析无数人和动物的简图和照片，达尔文试图表明种与种之间在不同情绪状态下的类似性（图 16－1）。他认为，人的许多情绪表现，例如碰到苦恼时流眼泪，愤怒时露牙齿，这些都是行为作用的遗迹型式。第二个贡献是他建议：各动物种、不同文化之间，存在着少数几种基本的情绪，包括怒、恐惧、惊奇、悲伤[1]。

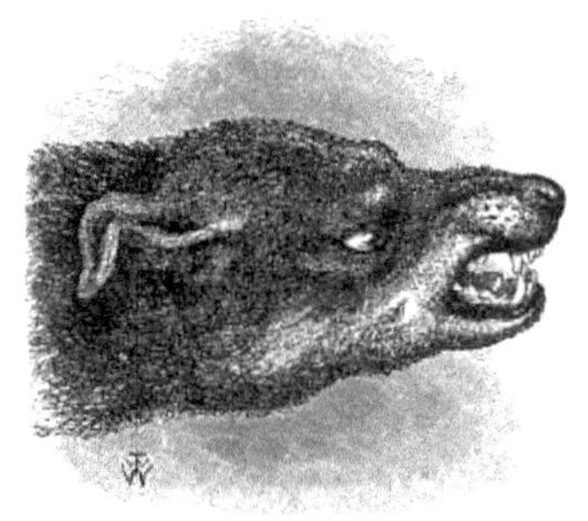

**图 16－1**　达尔文的图

达尔文用的图画及照片，演示物种之间情绪表现的类似性——在这里是怒/攻击。（图引自[1]）

达尔文的这两个观点对于情感神经科学有深远的影响，他的看法对于应用动物研究来了解人的情绪也提供了推动力，使一群科学家支持、赞成一种观点，即基本情绪有各自不同的神经底物[1]。

大约 10 年之后，詹姆士在他的经典性论文中提出了一个有争议的观点：情绪仅是身体对情绪刺激作出反应时身体变化的一套经验。詹姆士论文的题目为《什么是情绪》。他认为，如果我们在树林中遇到一头熊，并不是因为我们感到恐惧而跑了。相反，当我们觉察到熊的时候，我们立即就跑开了，而逃跑时体内变化的经验就是恐惧情绪。不同的身体变化型式编码不同的情绪。以后，兰格（C. Lange，1834—1900）在 1885 年提出了类似的观点，因此这个理论就被称为詹姆士-兰格情绪理论[1]。

根据一些实验事实，20 世纪 20 年代坎农挑战了詹姆士-兰格的理论。例如，在实验中用外科手术方法把动物内脏全部与脑分离，但这并不影响情绪行为；身体或自主性活动不能区分不同的情绪状态；典型的身体变化来得太慢，以至于不能发生情绪；人工地应用激素，不足以激活身体活性而使之产生情绪。但最近有研究质疑了坎农的说法：根据自主神经活动的基础，情绪的反应可以被区分开来，至少是部分地被区分开来；当如同坎农所做实验那样，把脑与内脏分离开，情绪会比较不太强烈；用某些方法人为地操控器官活性，可以引起情绪，例如静脉内注射胆囊收缩素（一个胃肽）可以激发恐惧发作[1]。

詹姆士-兰格理论仍然是有影响的，其主要贡献是强调了情绪的体验，特别是他们这样的看法：情绪发作时体内伴随物的变化可以改变感受到的情绪强度。多数当代情感神经科学家会支持一种修改了的詹姆士-兰格观点，这种观点认为，身体的反馈机制调制情绪经验（见下）[1]。

### 16.2.2 坎农-巴德学说

坎农批评詹姆士-兰格理论，源于他自己和巴德的共同研究，他们研究了脑损伤对猫情绪行为的影响。去大脑皮层的猫能够发出突然、不合适、方向不明确的怒攻击，他们为此现象贴上标签，称之为“假怒”（sham rage）。坎农和巴德争辩说，如果情绪是对身体变化的知觉，那么它们应该完全依赖于具有完整的感觉和运动皮层。坎农和巴德提出，事实是，去掉大脑皮层并不能够消除情绪，这意味着詹姆士和兰格是错的[1]。

基于以上事实，坎农和巴德提出了情绪脑机制的第一个实质性理论。他们认为，下丘脑参与了情绪反应，而这种反应又受进化上更新发展起来的新大脑脑区的抑制。去除大脑皮层，使下丘脑神经回路获得了自由，因为去掉了自上而下的调控，这样就允许不受调控的情绪展示出来，例如假怒[1]。

坎农和巴德的工作有两个重要的、来自方法学的得益。第一，把动物情绪看作为人类情绪的同源物，如同达尔文所建议的那样。第二，应用外科手术脑损伤的方法去了解情绪，这是基于一种逻辑，即外科手术切除脑以后的任何变化，必定反映被损伤部分脑功能的神经过程[1]。

### 16.2.3 帕佩兹回路

早年的情绪理论主要基于神经解剖学。1937 年帕佩兹建议了情绪中枢神经回路的一个方案，现在被称为帕佩兹回路（图 16－2）。帕佩兹建议，感觉输入进入到丘脑，然后发散成为上行和下行两个方面。这样分开来的流动信息，一个叫作思想（thought）信息流，另一个叫作内态感（feeling）信息流。思想流传递到丘脑，转到感觉皮层，特别是扣带回区域。经过这条路，感觉转变为知觉、思想和记忆。帕佩兹建议，这条“流”可以超过扣带皮层再向前流动，通过扣带的传导路来到海马，然后通过穹窿到下丘脑乳头体，回到前部下丘脑，再通过乳头体-丘脑束。内态感流从丘脑直接输入乳头体，它允许产生情绪（它还有向下投射到躯体的系统），通过前部下丘脑向上到扣带回。根据帕佩兹的看法，情绪经验是扣带皮层活性的函数，它可以通过两个“流”中的任何一个产生。从扣带回皮层向下到下丘脑的投射，也可以允许自上而下的、皮层对情绪反应的调节。帕佩兹的论文是一个非常了不起的贡献，特别是据说他在几天内就把论文写了出来。帕佩兹建议的通路中的许多都是存在的，虽然是否所有脑区对于情绪都是关键重要的，某些方面的证据较少[1]。

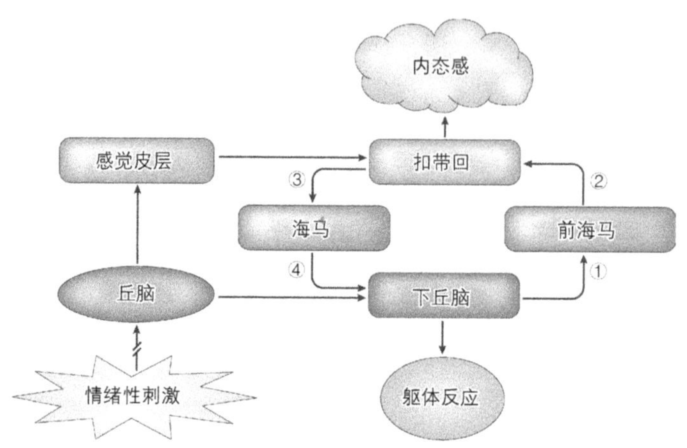


**图 16－2**　情绪功能神经解剖学的帕佩兹回路理论

帕佩兹认为，有关情绪刺激的感觉信息来到丘脑，然后既朝向皮层（思想流），也到下丘脑（微感流）。帕佩兹提出了一系列神经连接，从下丘脑到丘脑前核①，从那里再到扣带回皮层②；扣带回皮层整合来自下丘脑及来自感觉皮层的信号，情绪经验或内态感于是发生。扣带回皮层的输出来到海马③，然后再到下丘脑④，这允许自上而下的皮层调控的情绪反应。（图引自[1]）

### 16.2.4　麦克林的边缘系统

从现有资料看，参与情绪的更受普遍支持的脑区是麦克林 1949 年提出来的解剖学模型（图 16－3）。麦克林提出的模型，详细推敲了帕佩兹、坎农的原始看法，把他们的看法整合起来，并且结合了 P. Kluver 和 H. Bucy 两人经典工作所提供的知识。1939 年，Kluver 和 Bucy 显示，切除猴双侧颞叶，导致有特征性的一套被称为 Kluver-Bucy 综合征的行为，此综合征的症状包括：情绪的反应性丢失，探索行为增加，倾向于用嘴巴考察对象，性欲过高，发生不正常的饮食习惯变化（包括吃大便癖）。这些研究表明，颞叶是一个在情绪中起关键作用的脑结构，这也是麦克林理论之核心部分[1]。

麦克林把脑看成为三位一体的构筑。第一部分是进化上古老的爬行类脑（纹状体复合物和基底神经节），这些被他看作原始情绪的宝座，例如恐惧和攻击。第二部分是“老”哺乳动物脑（此脑原来被称为“内脏脑”），这部分脑增强了爬行类的情绪反应，例如恐惧，也精细加工社会性情绪。这个脑系统包括了原来帕佩兹回路成分中的许多部分，如丘脑、下丘脑、海马、扣带回，还有其他重要的结构，特别是杏仁核、PFC。最后，第三部分是新哺乳动物脑，主要是新大脑皮层，这些皮层区是情绪和认知的界面，实施对其他系统所驱动情绪反应的自上而下的调控[1]。

麦克林的基本看法是，情绪经验包含、整合了从外部世界来的感觉，以及来自身体内部的信息。这是一种新的詹姆士观点，认为外部世界的事件导致躯体变化，这些变化的信息返回到脑，与正在进行的外部世界知觉整合起来，正是这个整合产生了情绪经验。麦克林建议，这种整合是内脏脑特别是海马的功能。3 年后，他用另一个名词“边缘系统”

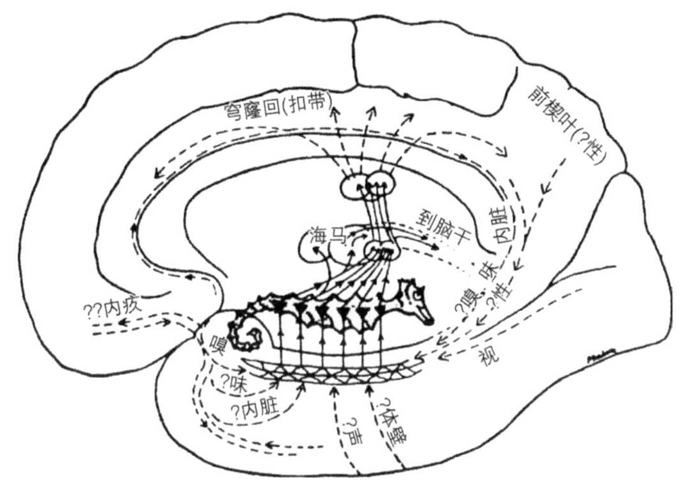


**图 16-3** 麦克林关于情绪功能神经解剖的边缘系统理论

麦克林边缘系统理论的核心特征在于海马,在这个图上用形象的海马画面表示。海马接受感觉输入,包括来自外在世界以及身体内部环境的信息(内脏和身体壁的信息)。情绪性经验是整合这些内部和外部信息流的函数。此图根据 1949 年麦克林的原著。(图引自[1])

来代替内脏脑[1]。

作为占优势的"情绪脑"这样一个概念,麦克林边缘系统的观点一直保持到今天。自从他的原始性工作以来,他所鉴定的那些重要神经结构,成为情感神经科学领域更多研究的焦点。然而,边缘系统的这种看法近来也受到了批评,不论是从经验方面还是从理论方面。边缘系统的某些结构如海马、乳头体及丘脑前部,看起来似乎只起较小作用,比麦克林原来所想象的要小。它们当中的某些结构似乎更多地参与高级认知过程,例如陈述性记忆。然而,由坎农、巴德、帕佩兹、麦克林所鉴定的其他脑区,似乎对情绪生活是不可或缺的,特别是"爬行类脑"(包括腹侧纹状体与基底神经节)以及属于边缘结构的杏仁核、下丘脑、扣带回皮层和 PFC[1]。

音乐是人类社会活动的普遍现象,情绪与音乐密切相关。音乐具有引起强烈情绪并影响心情的能力。过去 10 年,音乐诱发情绪的神经相关研究,对于了解人类情绪有很大价值。音乐和情绪的功能性神经成像研究表明,音乐可以调制一系列脑区的功能,而这些脑区都与情绪的产生有密切关系,例如杏仁核、伏隔核、下丘脑、脑岛、扣带回皮层和眶额叶皮层。音乐能够调制这些脑区的活动,这对于把音乐用来治疗精神和神经疾病具有重要意义[5]。参见 18.9.2、18.10.4。

## 16.3 重要情绪脑区

下面将要考察自从麦克林发表原始工作以来,对边缘系统 4 个脑区认识的发展(图 16-4)。其他脑区(丘脑、伏隔核、腹侧苍白球、海马、隔核、脑岛、躯体感觉皮层以及脑干)也被认为是参与情绪加工过程的,然而详细地讨论这些脑区可能越出了本章的范围。在此仅讨论了脑岛皮层以及它潜在参与的对于厌恶情绪之作用[1]。

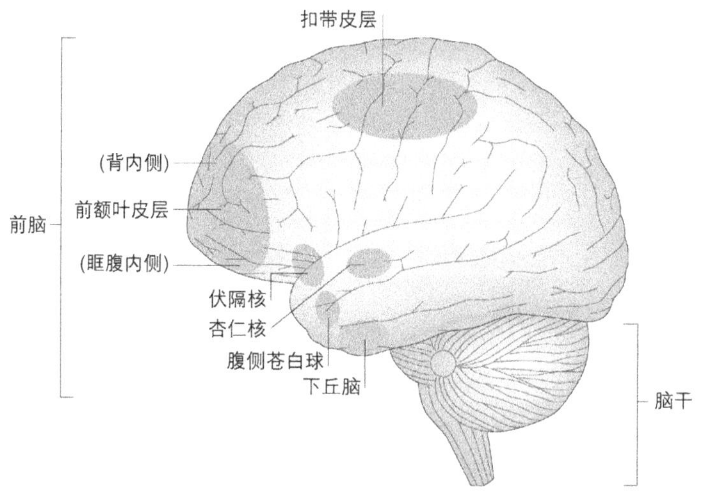


**图 16-4**　“情绪脑”范围内的关键结构

此图并不表示脑结构的相对深度,仅表示它们在脑图解上侧面观的二维定位,双侧中仅显示一侧。(图引自[1])

### 16.3.1　杏仁核

原始的 Kluver-Bucy 综合征工作,涉及外科手术切除猴的几乎全部颞叶。然而,以后 L. Weiskrantz 的工作显示,只要双侧损伤杏仁核,就足以引起那种属于此综合征的口部形态(orality)、被动行为、奇怪的饮食行为,以及探测性增加的倾向。杏仁核切除可以永久性地损害猴的社会行为,通常导致社会地位的丧失。以前那些早期研究所用的方法是用吸引方法损伤脑,损伤的解剖学定位不太确切。然而,以后的研究用了鹅膏蕈酸损伤,产生了类似但没有那么严重的 Kluver-Bucy 行为。经过一系列研究,确定杏仁核是情绪的最重要脑区之一,其关键作用是加工情绪的社会性信号(特别是与恐惧相关的),参与情绪性条件反应以及情绪记忆的稳固[1]。详见后。

1. 杏仁核和情绪的社会信号

在人类中很少见到选择性的杏仁核损伤,损伤似乎也并不导致明显的 Kluver-Bucy 样综合征。Kluver-Bucy 样综合征在人类里面是有的,仅当有广泛的、包括嘴侧颞叶新皮层在内的双侧损伤。第一批人类杏仁核损伤研究显示,杏仁核损伤可以导致脸孔及其他社会性信号加工过程的损害。此发现依赖于动物的单位活动记录,研究显示,杏仁核神经元可以对脸孔作出不同反应,而且可以有选择性地对那种动态社会性刺激作出反应,例如接近行为。往后的研究显示,特别是当人的杏仁核病变时,情绪的脸孔表情的加工受到损害。关于杏仁核参与脸部表情加工的看法,得到功能性神经成像研究的支持。J. Morris 等应用 PET 方法,而 H.C. Breiter 等应用 fMRI 方法显示,提供恐惧性脸孔图像，可以选择性地激活杏仁核脑区。杏仁核对某种情绪有选择性，特别是恐惧的发音表达方面。即使脸孔呈现得非常短促，甚至受试者还没有觉察到脸孔，或者提供给具有盲视病人的盲半视野，恐惧性脸孔对杏仁核的激活都能够发生。然而有证据表明，杏仁核激活可以受到注意的调制。L. Pessoa 等显示，如果把注意性资源募集到其他方面，杏仁核并不能有区分地对情绪性脸孔进行反应。这表明，杏仁核的情绪性加工容易受自上而下的调节[1]。

2. 杏仁核与记忆的巩固

L. Cahill 等人的经典研究报告了一例杏仁核损伤的病人。病人并不显示通常听某个故事时情绪方面的增强(与那种非情绪方面的故事作比较)。这种现象在另一个病人中得到验证，他有近乎选择性的杏仁核损伤。往后的 PET 研究显示，进行编码时的右侧杏仁核葡萄糖代谢水平可以预测复杂的负性或正性情绪刺激的回忆，直到几周以后。这些研究都表明，杏仁核参与长时程情绪记忆的巩固。如同它在记忆中的作用一样，杏仁核也被认为与其他认知过程的调制有关，例如视知觉[1]。

有关杏仁核与恐惧性条件反应，请见后文。

### 16.3.2 前额叶皮层

1848 年出现了一个著名病例——P. Gage。他是建筑工地的一名工头，当时他正在使用 1 m 长的铁棍，把炸药装填到一个挖掘好的洞中，结果炸药爆炸，把铁棒炸飞，铁棒从他的左侧眉毛进入，穿透他的头颅，在 20 m 外落地。Gage 奇迹般地恢复了过来。他的医生 J.M. Harlow 描写说，这个病人已“不再是 Gage 了”。他以前具有亲切和有效率的形象，现在变成了另外一个人，他是一个心智能力和动物习性之间平衡被破坏了的那种人。这个人现在是无理的、容易发怒的和不可靠的[1]。

Gage 的人格和情绪行为的根本性变化代表了前额叶皮层(PFC)损伤对情绪影响的早期研究。自从 Gage 事件以来，PFC 被认为参与了情绪的许多方面，但对于其确切的功能是什么，还并没有一致的意见。我们在这里将讨论当前对 PFC 的 3 个方面功能的看法，以及它们作用的历史渊源[1]。

1. 前额叶皮层和酬报加工

E.T. Rolls 关于 PFC 眶额区的工作认为，“此区参与了学习刺激的情绪和动机价值”。特定地他提示，PFC 区与杏仁核一起工作，学习和代表两方面之间的相互关系：一方面是新刺激(次级增强者)，另一方面是初级增强者，例如食物、饮水、性等。重要的是，按照 Rolls 的看法，PFC 神经元可以检测习得刺激的酬报价值的变化或逆转，以及相应地改变其反应。这些看法是基于 30 年来人和动物的电生理和脑成像研究，来源于 O.H. Mowrer 在 20 世纪 50 年代和 60 年代的先驱性工作(情绪概念化的工作，下面还会提到)[1]。

2. 前额叶皮层和身体信号

如前所述，詹姆士-兰格关于情绪体验的理论受到坎农的严厉批评。然而，自从 20

世纪中叶以来，詹姆士-兰格的理论有复活的趋势。有一个修改的新版本提议，身体信号和其他形式信息的相互作用调制了情绪的强度，而不仅是单个决定因素。1962 年 S. Schachter 和 J. Singer 显示，类似的身体激醒形式可以被人体验到：或为怒，或为快乐，依赖于社会和认知情景。这些研究认为，身体信息和认知的相互关系产生情绪的经验认知，这为许多有影响的情绪认知理论提供了底物，其中有 G. Mandler 在 1975 年所描写的理论。最近，Damasio 等继续此传统方向的看法，也即推进了身体反馈在情绪方面起关键作用的看法。在这里他们提及 PFC（特别是腹内侧 PFC），提出了“躯体标志假说”。“躯体标志假说”基于早年 W.J. Nauta 的工作，Nauta 则用了一个名词，叫“内感受性标志物”，而不是躯体标志物。另一位作者 K.H. Pribram 说了一句话：“内态感作为调控器”，他回顾了詹姆士和兰格原来的观点。基本上，躯体标志物是一些生理性反应，例如自主神经系统活性的变动，它标志着以往情绪的有意义事件。因此，躯体标志物提供了描绘这些当前事件的信号，而那个事件在以往曾经有过情绪相关的后果。Damasio 争辩说，这些躯体编码在腹内侧 PFC 加工，使个体得以让自己行进通过各种不确定情况。在那些情况中，根据当前一系列刺激的情绪特征，需要作出判断。具体地说，躯体标志物允许在某种情况下得以作出决断，当逻辑分析已有的选择被证明是不敷应用的时候[1]。

Damasio 研究组应用人脑损伤研究来支持一种看法。1991 年他们描述了病人 EVR（“当代版的 Gage”），病人的认知功能及外显性情绪理解多少尚称完整，但在出现一些不确定性时病人会有很大困难，例如需要加工多个刺激的细微情绪性价值（例如一些社会性条件）的时候。Nauta 称此状态为“内感受性盲”。他们提出，由于腹内侧 PFC 损伤，EVR 不能够应用躯体标志物，因此他试图单独应用逻辑推理来处理复杂情况，但是遭到失败[1]。

在 A. Bechara、Damasio 等人的著名研究中，作者们要求具有腹内侧 PFC 损伤的病人（包括 EVR）玩卡片游戏。在此游戏中，病人可以赢得或输掉酬报，为此他们必须列出最好的策略是什么。赢得这个卡片游戏的诀窍是不要注意提供给他们的直接酬报，而要敏感于延迟给他们的酬报。对照组参与人员可以根据“预感”（hunch）做到这一点，但他们不能够说出来，卡片应该如何选择。此外，这些健康对照受试者由于预计到坏的卡片选择，会显示出躯体反应（皮肤电导增高）。与健康受试者不同，有腹内侧 PFC 损伤的病人不能够学会如何按照这种方法去实施作业，也并不显示那种皮肤电导的反应。所提出的论点是，健康受试者的躯体标志物在作业的早期试验时已经发展起来，所得到的信息可以提供信号来帮助指导以后对卡片的选择。受试者并没有觉察到这些信号，但是信号可以作用到他们，于是他们下意识地、预感地作出判断，“感到”那是对的。然而病人不行，他缺少加工躯体标志物的脑区，他们不能应用这种信息，所以不能够实施这种作业[1]。

3. 前额叶皮层与“自上而下”的调节

R.J. Davidson 等对 PFC 功能提出了不同的建议。他们认为，前额叶区（也包括 ACC）发送“偏爱信号”到脑的其他部位，以指导对当前目标最具适应选择性的行为朝向。情况经常是这样，行为选择是有危险性的，受到某种情况下立即情感后果的严重影响（比如直接酬报)。例如,即使最具适应性的反应也可能会延迟得到满足(有点像进行 Iowa 赌博*时所需要的最适宜行为那样)。Davidson 等提示,虽然面对强烈竞争,竞争来自联系到立即情绪后果的行为选择性,PFC 仍然促进适应性目标。在此模型中,左侧 PFC 区域参与接近相关欲望(正性)的目标,右侧 PFC 区域参与目标维持,这需要行为抑制和撤退(负性)。这是一种"价值不对称假说"[1]。

### 16.3.3 前扣带皮层

当前的情感神经科学家把前扣带皮层(ACC)看作为内脏、注意和情绪信息交互作用的整合位点,这种整合关键性地参与调节情感及其他形式的自上而下的调控。曾经有这样的提示,ACC 是意识性情绪经验的关键底物(如帕佩兹所提示的那样),也是自主性激醒的中枢代表[1]。

一般在概念上把 ACC 的背侧部看作为"认知"亚区,而把更靠嘴侧、腹侧部看作为"情感"亚区。在功能性成像记录中,应用各种类型的情绪性刺激,ACC 的这个情感亚区常规地被激活。当前的想法提示,ACC 监控着身体功能性状态的和任何具有潜在情感或动机性后作用的新信息之间的冲突。当这种冲突情况被检测以后,ACC 把信息发送到 PFC 脑区,在那里可以在各种反应选择之间作出判断[1]。

### 16.3.4 下丘脑

20 世纪 20 年代 W. Hess 进行了一系列研究。他把电极插入猫下丘脑区,用电刺激下丘脑的某一部分,可以导致"情感性防御反应"。反应表现为:心跳增加,警觉性提高,以及倾向于攻击。作为受刺激脑区的函数,Hess 能诱导动物作出怒、恐惧、奇怪、昏昏欲睡等功能表现。这些结果显示,一串简单电脉冲可以引起协调、精细、可被辨认的情绪反应。另外,此反应并不是刻板的,它可以呈现非常精巧的靶向形式。还有,不同脑区似乎关联于不同的情绪反应,例如快乐-接近、悲伤-躲避反应[1]。

1954 年,J. Olds 和 P. Milner 进行了电刺激大鼠的实验。实验显示,下丘脑参与酬报刺激的加工过程。大鼠会压下按钮发出电刺激,以"自我刺激"下丘脑。刺激可以持续达 75%的时间,每天可达 4 h。R.G. Heath 在 1972 年的工作中,把电极埋植在病人身上,同样研究了"自我刺激"人体下丘脑的效应。研究结果也提出了同样的论据,说明下丘脑和酬报有关。因此,下丘脑似乎是脑内广泛酬报网络的一部分。此网络也包括 PFC、杏仁核、腹侧纹状体。无数其他的电刺激研究鉴定了下丘脑在动机中的进一步作用,例如性和饥饿[1]。

## 16.4 情绪理论

参与情绪的不同脑区是如何相互作用的?哪些是脑内的情绪系统?情绪的功能性

* Iowa 赌博是一种可以检测 PFC 特定缺损的博弈任务,由 A. Bechara、A. Damasio 等人率先用于脑与行为的研究。

神经解剖如何系统地操控？关于这些，在理论上有不同的模型。有单系统模型，此模型认为，同一神经系统实现各种不同的情绪。还有其他的看法，认为各种情绪都依赖于共同脑系统的结合，但特定不同的脑区可以更多地贡献给某个特定的个别情绪，例如恐惧、厌恶、怒，此即所谓的多系统模型[1]。

情绪的无意识和有意识，是情绪理论中的又一重要课题。

### 16.4.1　单系统模型

坎农和巴德、帕佩兹(图 16－2)、麦克林(图 16－3)等人的建议，以及某种程度上 Damasio 的建议，都是单系统模型的例子。还有，像前面谈到的 Davidson 的建议，可以称为"右半球假说"。此假说开始是 1912 年由 C.K. Mills 提出来的，以后由其他人加以扩展。从最简单的形式看，此假说强调，在情绪加工的所有方面，右侧大脑半球具有特异的作用。不过，更精细的观点也提了出来，认为半球特异化仅限于情绪的知觉和表达，而不是情绪的经验[1]。

### 16.4.2　双系统模型

Davidson 的价值不对称模型关联到右侧大脑半球假说，其侧重点在于区分左侧和右侧半球分别对正性和负性情绪的贡献。从 1959 年 T.C. Schneirla 开始，其他双系统理论家建议，可以把情绪分解为接近的和退缩的两种成分。他们采用了不同的命名学，建议以不同的神经解剖底物对应不同的成分，例如行为激活和行为抑制系统、接近和退缩系统、欲求和躲避系统等。最后，Rolls 建议双系统途径，它把情绪加以概念化，作为状态来描写。例如，在一个维度空间内，情绪可以由正性(酬报)工具性强化物(instrumental reinforcer)引起，或由负性(处罚)工具性强化物引起[1]。

### 16.4.3　多系统模型

受达尔文原创工作的鼓舞，其他理论家提议，有少数几种不同的情绪，它们分别由脑内相对应的神经系统来实现。支持这种多系统观点的某些关键资料来自人类脑损伤及功能性成像研究，如前面已经谈过的几个关联到恐惧加工的研究，把恐惧归于杏仁核。有关厌恶情绪的类似研究正在开始出现。M.L. Phillips 等的 fMRI 实验显示，厌恶脸孔表情的知觉，关联到前脑岛皮层的激活，这与早期潘菲尔德和 M.E. Faulk 在 1955 年的工作相一致。潘菲尔德等的工作表明，电刺激人脑岛产生恶性的感觉、不愉快的味道以及胃内的感觉。此后，A.J. Calder 等报告了一例左侧脑半球损伤影响脑岛、基底神经节和纹状体的病人。病人显示了对脸孔及发声厌恶信号的认知明确受到选择性损害，其厌恶经验亦受到损害。有关累及脑岛和纹状体的亨廷顿病病人，也报道有类似的发现。在亨廷顿病基因携带者中也有此情况。对其他情绪的神经底物还只有相对少的工作，最近有关病例的元分析研究最清楚地支持了有不同神经底物服务于情绪，其实例是恐惧和厌恶，它们分别集中于杏仁核和脑岛。至于其他脑区，可以提到的是 PFC 和 ACC，这两者在所有情绪的情况下都受到激活[1]。

近年来陆续有些报道，说明某种情绪与某些脑区有关，如有关憎恨和愉快情绪的脑区。憎恨能够激活特定脑区。用通常的方块设计(block-design)fMRI 方法研究憎恨(hate)时脑活动的变化，共做了 17 名受试者的脑成像。研究者提供给受试者两种不同的脸孔图片，一种是受试者感到憎恨的脸孔，一种是对受试者而言是熟悉而中性的脸孔。实验结果表明，受试者看憎恨脸孔导致他的某些脑区被激活，包括内侧前额回(medial frontal gyrus)、右侧壳核(putamen)、双侧前运动皮层(premotor cortex)、双侧额极(frontal pole)、双侧内侧脑岛(medial insula)。发现其中有 3 个脑区的激活程度与憎恨程度呈现线性相关，这些脑区是右侧脑岛、右侧前运动皮层、右侧额内侧回(fronto-medial gyrus)。有一个脑区呈现失活，即右上额回。由此可见，憎恨在脑内有其特征性代表。憎恨在脑内的代表，虽然与代表浪漫爱的脑区有特征性的差别，但有两个脑区是憎恨和浪漫爱共同的，即壳核与脑岛[6]。人类脑成像研究发现，愉快情绪由中脑-皮层-边缘神经回路介导，各不相同的愉快情绪往往由类似的中脑-皮层-边缘神经网络介导[7]。

疼痛引起的大鼠厌恶行为受终纹床核(bed nucleus of stria terminalis，BST)促肾上腺皮质激素释放激素(CRH)和神经肽 Y(NPY)的调制[8]。

### 16.4.4 情绪的无意识和有意识

J. LeDoux 是情绪神经生物学研究的先驱。他发现，杏仁核协调情绪是由于它与其他许多脑区相联系。一般而言，一个刺激可以通过两条路径来到杏仁核。第一条路径是快速的直接通路，它加工无意识的感觉数据，而且自发地把事件的各个感觉方面联系在一起；第二条通路是通过几条途径传送到大脑皮层，包括脑岛，此通路可能贡献给信息的有意识加工。LeDoux 争辩说，直接通路和间接通路加在一起，介导了对某种情况的立即无意识反应，以及往后的有意识加工。根据这些研究，我们现在处于这样一种状态：可以进入神智的表层下面，开始考察有意识的和无意识的经验是如何相互联系的。对于意识的认识，事实上最令人感兴趣的是来自一些研究，这些研究平行于詹姆士的思考，而且考察了意识在其他过程中的作用。例如，G.E. Wimmer 和 D. Shohamy 的研究显示，杏仁核加工恐惧的无意识方面和有意识方面；同样的机制也存在于海马，它参与对外显性记忆的有意识回顾，但也可以指导无意识的判断[2]。

## 16.5 情感神经科学的未来

对情感神经科学发展的历史分析表明，原来假定有参与加工情绪和心境的脑区，现在知道得还要更多一些。在许多方面，这个进展像镜子一样反映了心理学水平的解释之发展。在此进展中，对于情绪如何影响各种形式的心理加工过程，已经有越来越多的一般性了解。关于个别脑区的作用，有越来越多的知识正积累起来，例如杏仁核在情绪加工中的作用。然而，关于这些脑区作为广阔情绪系统一部分的相互作用，还缺少一致性的看法，也仅有比较少的确实可靠的实验资料。将来的关键挑战就是要来研究这些问题[1]。

与此相关的是把情绪的心理学模型与神经科学模型整合起来。在心理学的解释水平，有多条途径产生情绪，某些反映自主性的或者条件性的情绪反应，某些所代表的情绪来自对当前环境的在线估价。目前，对于评论驱动（appraisal-driven）情绪的神经基础，仅有相对少的讨论和研究。如果想要在神经和心理水平之间解决任何一个问题的话，这是一个重要的研究课题[1]。

情绪的意识经验是一个关键特征，已经成为最近有影响理论论文的讨论内容。但是，还很少有实现情绪经验的神经底物的理论或研究，这个问题也可能是将来需要加以努力的目标之一。情感的神经科学研究的进一步发展将依赖于新技术和新方法，功能性脑成像的进展改变了过去 10 年来此领域的面貌。新的成像技术例如弥散成像，能够非侵入性地追踪白质束，可能导致我们的进一步理解。另一个有巨大潜力的最近方法学进展是经颅磁刺激（TMS），它使得研究人员能够短暂地、非侵入性地激活或失活大脑皮层特定区，观察人体行为或神经的后作用。这些进展将要与应用多种方法学的更多研究相辅相成，包括整合功能性成像、药理学、TMS、心理生理学、认知心理学，以及正在兴起的行为遗传学[1]。

本章的主要焦点是所谓的“正常”情绪。然而，现在对异常情绪状态、对精神性疾病如抑郁症，以及对正常情绪之个体差别（例如所谓“情感风格”变化等），对于这些的神经底物，表现出越来越多兴趣。在未来 10 年中，以上种种问题肯定会进入公众注意的中心[1]。

## 16.6　恐惧性条件反应和杏仁核

人和动物的杏仁核在情绪加工上有 5 方面的作用：内隐性情绪的学习和记忆、记忆的情绪性调制、对注意和知觉的情绪性影响、情绪和社会行为、情绪抑制和调节[9]。对于恐惧、恐惧消退、焦虑和相关的防御性行为的神经回路，早已有所了解。近年来，由于应用了许多新技术——遗传学和病毒工具、光遗传学、活体脑成像技术，因而对神经回路的细节了解得更加清楚，如特定细胞类型的活性、连接关系和功能等。现在，对神经回路工作机制的了解更为深入[10]。

恐惧条件反应的研究是有关杏仁核在情绪加工方面作用的一个重要研究突破。

### 16.6.1　动物实验性恐惧性条件反应的建立

近年来，由于建立并充分利用了合适的动物模型，恐惧情绪研究有了快速的进展。该模型对动物采取听觉刺激与电击的结合，让动物形成逃避性条件反射，称为“恐惧条件反射（反应）”。实验发现，杏仁核在恐惧情绪的表达方面，即恐惧的行为方面，起着至关重要的作用[9]。实际上，这也就是对实现恐惧条件反应的神经分布系统的一个分析。如果恐惧不是由听觉引起的，也可能会有不同的分析结果[3,4]。

在进行恐惧条件反应实验的时候，一个无意义的刺激会变得具有诱导恐惧的特点，如果在无意义刺激发生的同时，伴有一个自然条件下威胁性的恐怖事件，例如电击。实验中，如果让大鼠听一个声音，随之以一个电击，经过这样少数几次的配对给予之后，大鼠将以恐惧方式对声音作出反应，显示自主性反应（心跳及血压的变化）、内分泌和运动反应的改变（例如冻结反应，freezing reaction）、镇痛，以及发生躯体反射，例如增强的惊吓反应（图 16－5）[1]。电生理学研究也证实，恐惧条件反应建立以后，杏仁核的神经元反应有所增强（图 16－6）。

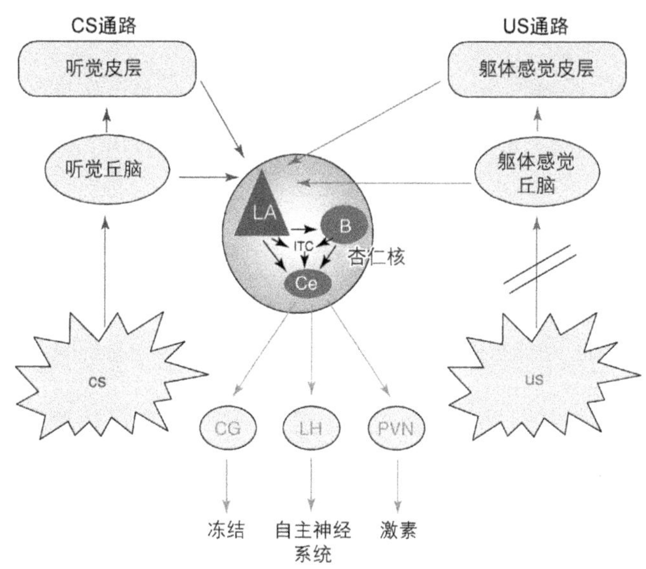


**图 16－5** 听觉恐惧条件反应传导路图解

听觉的条件性刺激（CS）和躯体感觉（疼痛）的非条件性刺激（US）汇聚到外侧杏仁核（LA）。LA 从丘脑和皮层两个系统接受输入。CS－US 的汇聚诱导 LA 的突触可塑性。这样，经过条件化以后，CS 冲动通过 LA，经过杏仁核的内部连接激活杏仁中央核（Ce）。Ce 的输出调控情绪反应的表达，这包括行为（冻结）反应、自主性反应和内分泌反应。它们是恐惧反应的组成部分。简写：B，基底杏仁核；CG，中央灰质；LH，外侧下丘脑；ITS，杏仁核的插入性细胞；PVN（即 PVH），下丘脑室旁核。（图引自[11]）

这种巴甫洛夫式恐惧条件反应特别有用。在这种作业中，接受试验的动物学习把原来中性的感觉刺激，也即条件刺激（CS），如纯音、光线或气味，或 CS 的环境，与同时发生的、令人厌恶的刺激[厌恶刺激就是非条件刺激（US），例如简短电击]结合在一起。于是形成了记忆。这样，如果以后再暴露于 CS 或者条件性环境下，就会引起条件性恐惧反应（CR）。特别有利的是，这种模型可能应用于不同种动物，包括人类。此外，这种作业的学习是快速而强大的，而且很容易定量化，从而允许准确得到恐惧记忆的调控参数，例如刺激特异性及可预见性、应激水平。为了鉴定驱动恐惧反应的关键性遗传因素及神经元系统，为了研究它们是如何受环境影响调节的，这些特征使得巴甫洛夫式恐惧条件反应成为接近理想的实验模型。事实上，过去 20 多年来见证了对于实现相对简单形式学习机制的爆炸性兴趣[13]。

对恐惧条件反应的广泛研究（多数在动物里面），弄清楚了一些问题。介导此条件反应涉及杏仁核两条传入途径的作用。第一条途径是直接的丘脑-杏仁核途径，它可以加

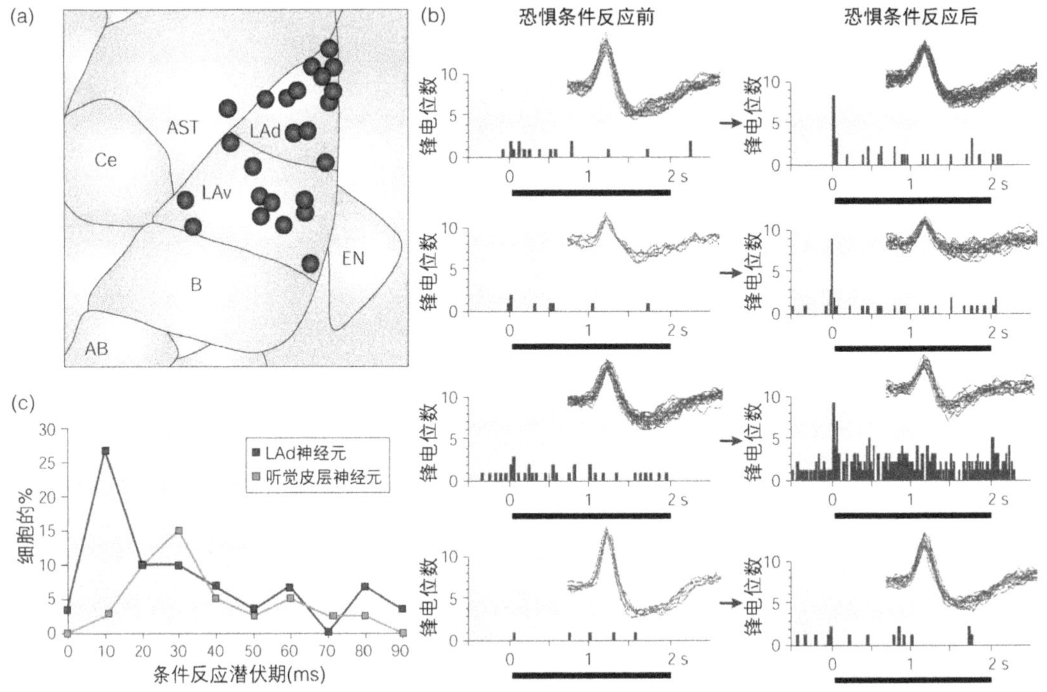


**图 16－6**　恐惧条件反应中外侧杏仁核神经元的电反应(彩图见图版第 57 页)

恐惧条件反应诱导了条件刺激(CS)诱发的杏仁核神经元锋电位放电的增加。(a) 电极放在背侧(LAd)和腹侧(LAv)的外侧杏仁核。AB：副基底核；AST：杏仁核-纹状体转变区；B：杏仁基底外侧核；Ce：杏仁中央核；EN：内嗅核。(b) 8 个同时记录外侧杏仁核(LA)单位放电的围绕事件的时间直方图。每个直方图代表 10 个 CS(黑横杠)给予后的总和，在恐惧条件反应之前或之后。每个单位的代表性锋电位波形在小插图上用绛红色线条表示。(c) LAd 神经元显示条件反应性的锋电位放电，其潜伏期比听觉皮层神经元的要短一点(从 CS 开始点)。(图引自[12])

工传入刺激的粗糙感觉方面，直接把信息转导至杏仁核，允许早期条件性恐惧反应的产生，只要粗糙感觉元素中的一个是进行打击的危险信号。此结果与关于情绪激活的心理学观点互相印证，特别是 R.B. Zajonc 关于情绪的看法，他认为情绪是没有认知的。第二条途径是丘脑-皮层-杏仁核途径，这条途径允许对传入刺激进行更复杂的分析，发出较慢的条件性情绪反应[1]。

### 16.6.2　人类恐惧条件反应

对人类恐惧条件反应的研究较少，然而也有几个重要发现。有研究描写了一个病人的情况，此病人有着广泛的右侧杏仁核损伤，病人显示出对突然出现的一阵白噪声的惊恐反应的减弱。病人似乎相对地不受恐惧条件反应的影响，因为这个惊恐反应不由于所提供的情绪背景即破坏性图片的出现而增强(这种技术有效地增强了健康受试者的惊恐反应)。另有研究描述了一个具有双侧杏仁核损伤的病人，此病人不能对令人厌恶的刺激发生恐惧条件反应，但病人能够报告条件性经验的事实。相比之下，有海马损伤的另一个病人，他能够成功地获得条件性恐惧反应，但他没有关于条件程序的外显记忆，表明恐惧条件反应是依赖于杏仁核的。有实验显示，如果事先曾把那张发怒的脸孔与令人厌恶的噪声配合在一起，作为对恐惧条件性怒的脸孔的反应，杏仁核可以被差别性地激活；而如果发怒的脸孔没有跟噪声配对，则没有被激活。LeDoux 认为，功能性神经成像也有证据表明，这类脸孔条件反应，其操作是通过皮层下的丘脑-杏仁核途径。最后，如同在恐惧条件反应中的作用一样，杏仁核也被认为参与了食欲性(appetitive)条件反应[1]。

但有意思的是，由非听觉途径引起人的恐惧，也可以在人杏仁核的脑功能成像上有所反映[3,4]。

### 16.6.3 恐惧和焦虑的动物模型

恐惧和焦虑是适应性反应，它是动物或人在预见或存在刺激的条件下产生的，如果这种刺激威胁到它们，会扰乱它们的内环境稳定。恐惧一般由一个特定的情景暗号引起，焦虑可以在没有这些触发因素的条件下发生。所有哺乳动物都有恐惧和焦虑，包括人类，它似乎是普遍存在的存活策略的一部分。不足为奇的是，这些状态是由有层次的神经系统所调控的，神经系统决定反应的效率，以及允许作出什么样的动态适应，从而保证合适的情绪反应；然后，威胁一旦过去，又回到基础活动。非常极端的扰乱或变异的种种机制可以导致——相对于触发刺激而言——时间延长(甚至是不可逆的)且不按比例的状态、刺激去掉后持久存在的焦虑，或者无处不在的普遍性焦虑。极端病理的形态包括惊恐障碍(panic disorder)、恐惧症(phobia)以及创伤后应激障碍(posttraumatic stress disorders，PTSD)。这些都是常见疾病，估计一生中发病的流行病学百分比可高达 18%，成为对健康生活的一大挑战，也是一笔大的医疗经费支出。大量证据提示，在发育早期及生命晚期，这些状态受遗传的和环境因素的调控，决定了各个体之间的变异。通过基因组连锁分析及相关研究，真的鉴定出了几个遗传因素，这些因素决定焦虑疾病的可遗传性。但是迄今为止，由于症候的广谱性及病例数的有限性，工作进展有限[13]。

发展恐惧和焦虑动物模型有两方面的目的。第一，利用动物模型可以在很好规定的基因背景、可调控的环境条件下，研究单基因修饰，这样就部分克服了人类基因组研究的固有困难。第二，由于恐惧在进化中是很好保留下来的，它接近于理想的模型系统，可以用来研究基因因素、所操控的神经回路及行为之间的相互作用。这种结合可以让人们揭露环境性影响的冲击、学习和记忆的调节原理[13]。

有关恐惧条件反应的研究在急剧增加，其背后起作用的因素是：人们认识到，恐惧学习机制可能参与了人类焦虑疾病的病因学。的确，动物实验中的发现包括损伤及生理学的研究，都在对人的研究中得到了验证。此外，具有焦虑疾病的人类对象，他们在条件性恐惧反应的获得及消退方面显示了异常情况。虽然还有些争论，比如焦虑疾病是否代表正常恐惧学习机制的病理表现，但已有一点共识，那就是，正常参与此学习机制的神经结构，在焦虑症病人当中展示异常的活性型式。另一因素也增强了这种研究恐惧条件反应的持续兴趣，因为大家认识到，这个作业是完全适合于研究学习记忆形成的。的确，这个模型允许关键性的神经元回路可以被鉴定，包括神经化学组成以及实现恐惧记忆形成的突触事件。因此，在各种动物包括人类中，杏仁核已经被鉴定为加工令人厌恶信号及恐惧学习的关键脑区。这个知识转过来又提供了强有力的基础，以检测特定基因产物在某一功能情景下的作用。例如现在已有共识，记忆巩固过程，也就是记忆从暂时状态(被称为短时程记忆)转变到稳定形态(被称为长时程记忆)，这个转变需要基因的表达，需要新蛋白质的合成。然而，长时程记忆并不是按照正规意义被巩固下来的，它仍然处于可变状态，或者说处于巩固以后的可变状态，也就是说，可以遭受变化和破坏，例如在恐惧回放以后需要“重新巩固”。恐惧条件反应的研究也为更好地了解消退铺平了道路。消退是一种简单恐惧行为的调节形式。在消退时，提供 CS 而不给予 US，条件性恐惧反应就减弱。恐惧消退机制吸引了相当多的兴趣，因为它有潜在的临床应用意义[13]。

近些年来已经出现了一些关键性进展，例如在确定了恐惧条件反射的巩固以后，那种短暂的突触修饰是如何稳定下来的，以及在恐惧记忆的消退中，这些过程是如何受调节的。有了这些进展，现在人们认识到，为了这些事件可以发生，远隔部位的神经元网络一定是协调着起作用的。本章将会讨论有关的机制。一方面要讨论，能够导致持久恐惧记忆之协调的神经网络活动、分子级联活动，另一方面要讨论这些记忆如何消退。我们将聚焦于以巴甫洛夫式恐惧条件反应作为模型，并以杏仁核作为条件性恐惧反应的关键组成部分。杏仁核与条件性恐惧反应的问题很多，例如理论及行为学的讨论、恐惧条件反应及消退、情景相关影响的作用、恐惧记忆的巩固、有关 GABA 能系统的作用或单胺类及应激激素等的相关神经调制系统、有关焦虑状态的神经生物学、有关实验动物的模型、有关基因的研究途径等[13]。

### 16.6.4　杏仁核神经调制网络中的加压素和催产素

杏仁中央核(CeA)是一个源自纹状体的脑区，此区在恐惧调制中起重要作用。此区的加压素(VP)和催产素(OT)对恐惧行为起相反的调制作用，邻近脑区有它们受体的表达，而这些邻近脑区之间又通过抑制性 GABA 能神经回路连接起来[14]。

近年来发现 OT 可以明显影响社会行为(详见 19 章)，它作用在前脑脑区包括杏仁核，影响不同的社会行为，而杏仁核在介导恐惧反应方面起关键作用。然而，关于神经肽 OT 是怎么到达杏仁核脑区的，却是一个有争论的问题。H.S. Knobloch 和 A. Charlet 等人显示，OT 阳性的下丘脑神经元轴突可以到达许多前脑脑区。来自这些神经元轴突的 OT 释放，可以到达 CeA，能够降低恐惧反应[15]。

为了研究 OT 是怎么到达前脑的，实验者先制作了一个重组的腺相关病毒，让这个病毒的荧光标记物 Venus 处于催产素启动子控制之下。研究者们然后将此病毒转染大鼠下丘脑室旁核(PVH)、视上核(SON)和大细胞神经核，这些都是 OT 产生的主要位点。接下去他们考察标记物的分布。有趣的是实验发现，Venus 阳性纤维可以伸展到不同的前脑结构包括 CeA，以及形态上相类似的轴突，荧光标记物在 OT 阳性神经元轴突和突触上的表达都获得证实，标记物是在轴突上。还发现，在 CeA 的外侧亚区(lateral subdivision of the CeA，CeL)，这种神经元之间有接触，它们的树突之间也有接触[15]。

这个发现提示，长距离的下丘脑 OT 能轴突可以投射到 CeA 和其他前脑结构。为了对此种看法提供进一步证据，作者们又应用光遗传学方法，把蓝光敏感的通道视紫质 2 (CHR2)表达于大鼠催产素阳性下丘脑神经元。在 CeL 水平切片上，蓝光照射可诱导动作电位频率增加。这些 CeL 神经元能够释放 GABA 到内侧 CeA(CeM)神经元，而且使抑制性突触后电流(IPSC)频率增高。当 CeM 接受蓝光光照的时候，也可以看到 CeL 神经元的活性增加；应用 OT 受体拮抗剂后，CeM 的大部分 IPSC 可以被阻断。这表明，从轴突来的催产素(OT)激活了 CeL 神经元[15]。

研究者们接着考察了下丘脑轴突释放 OT 对行为的影响。他们在雌性大鼠的 OT 阳性下丘脑神经元中表达了 CHR2，事先在动物颅内埋藏套管，通过套管内的光导纤维，可以用光遗传学方法刺激 CeA。让这些老鼠先进行 2 d 的情景恐惧条件训练，此后当老鼠接触恐惧条件箱时，会显示冻结反应。当这种老鼠在蓝光照条件下暴露于恐惧性条件时，冻结反应可以降低。重要的是，如果把 OT 受体拮抗剂注射到 CeA，蓝光就不再能减弱恐惧反应了。这表明，该脑区 OT 的局部释放，介导了上述反应[15]。

最后，应用经修饰的、表达增强蓝色荧光蛋白的狂犬病毒，研究者们逆向标记了轴突 OT 阳性末梢。实验显示，OT 阳性末梢的细胞来源是在下丘脑核。这样就证实了以前的结果，即 OT 神经元可以被追踪到下丘脑核[15]。

把这些事实加在一起，可以说明 OT 如何从它的发源脑区来到 CeA，实现其对恐惧反应的效应。按照研究者们的看法，所采用的这种研究方法也可以用来研究外源性 OT 在其他脑区的作用，研究其他社会性行为[15]。

类似的方法在下丘脑研究中也可以见到，如 17.7.2。

## 16.7 杏仁核的外源性神经连接

杏仁核与一系列脑结构发生连接，包括大脑皮层、纹状体、某些丘脑和下丘脑神经核、不同的基底前脑结构、脑干神经核等(图 16 7)。因此，杏仁核处于这样一个位置，它可以影响各种各样的神经过程，从自主性调控、运动调控，到记忆形成及神经调制。这里先介绍杏仁核的基本组构原理、它的连接，然后考虑更细致的内源性和外源性传导通路，这些通路被认为是参与条件性恐惧反应的获得与表达的[13]。

杏仁核的神经连接包括：① 各个杏仁核投射，到达不同类型的中枢神经系统结构；② 杏仁核接受各种感觉类型信息的输入；③ 更多皮层区靶向投射到杏仁核；④ 发源于不同皮层层次而来到杏仁核的皮层输入；⑤ 杏仁核发出强大投射到脑干和基底前脑的神经调制细胞群(全文见 16.7.1)[13]。

### 16.7.1 杏仁核向脑干和基底前脑的强大投射

虽然多数前脑结构包括杏仁核在内，接受来自神经调制系统的输入，但神经调制系统中仅有少数脑区发出密集的投射到杏仁核的细胞群。杏仁核是比较令人注意的一个脑区，它是这种一般原理的例外。通过有关投射，杏仁核可以影响很多部分脑区的一般兴

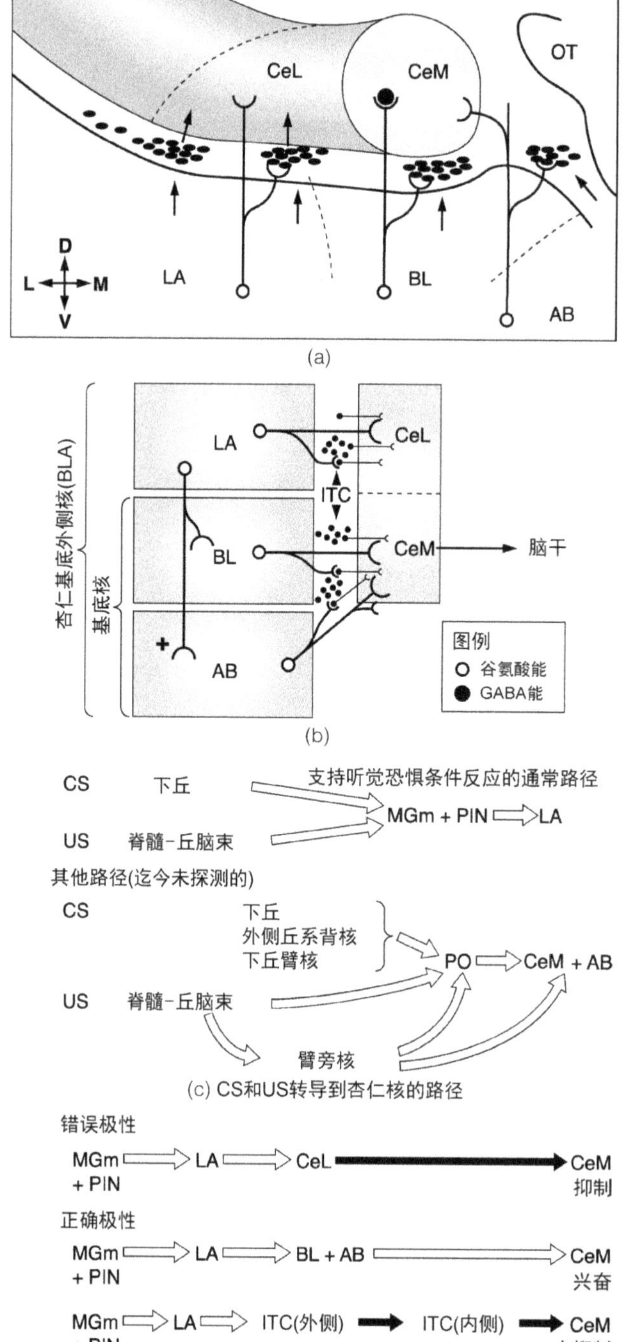


**图 16－7**　杏仁核的条件刺激-非条件刺激输入通路及内源性连接

(a) 图解式显示，存在于豚鼠不同ITCm细胞簇的极化方向性连接。这些连接占优势地从外侧走向内侧。交叉(cross)表示切片的朝向，D、V、L、M分别代表背侧、腹侧、外侧和内侧。(b) 存在于杏仁核的基底外侧复合体(basolateral complex，BLA)、中央核(central nucleus，Ce)和ITC细胞之间主要神经核间连接的小结。注意BL和AB也贡献投射到CeL，但为了清楚起见，这些在图解式里没有描述。(c) 图解式地演示存在着传送条件刺激(CS)或非条件刺激(US)信息到杏仁核的不同途径。注意杏仁核内PO与MGm－PIN相对比的终止型式。(d) 图解式演示，按照所希望对CeM神经元产生影响的、存在于LA和CeM的不同间接途径(右)。简写：AB，副基底；BL，基底外侧；CeL，中央外侧核；CeM，中央内侧核；ITC，中间插入；LA，外侧；MGm，内侧膝状体内侧部分；OT，视束(optical tract)；PIN，后髓板内核；PO，后丘脑核。(图引自[13])

奋性,即使是那些没有直接连接的结构。转过来,因为神经调制输入经常对突触可塑性发挥易化性影响,这些通路可以增强巴甫洛夫条件反应的形成,并可能部分地解释杏仁核为什么可以为了情绪激醒经验而易化记忆形成。除相当一部分投射到无名质和布罗卡(Broca)斜带的 BLA 投射以外,多数投射到神经调制细胞群的杏仁核投射发源于 Ce,这包括投射到位于脑桥和中脑交界部位的胆碱能和去甲肾上腺素能细胞群,以及投射到腹侧被盖区(VTA)和黑质致密部的多巴胺细胞群[13]。

### 16.7.2 参与恐惧条件反应的向杏仁核输入和离杏仁核输出

因为关于恐惧条件反应细胞和分子底物的多数材料,是通过应用听觉 CS 配对脚底电击 US 而形成的,下面的讨论将聚焦于传送听觉和损伤性输入到杏仁核的感觉传导。后面我们将会看到,CS 和 US 信息可以通过多条途径到达杏仁核(图 16-7c)[13]。

### 16.7.3 条件刺激和非条件刺激输入传导通路

参照图 16-7,首先 LA 接受来自丘脑后板内核(PIN)及内膝状体核内侧部(MGm)的听觉输入。发源于中脑下丘的听觉输入到达 PIN 和 MGm。杏仁核听觉输入也来自通过丘脑投射到颞叶听觉皮层区,再由颞叶听觉皮层区支配 LA 的途径。重要的是,转送听觉信息到 LA 的同一个后丘脑区,也接受来自脊髓-丘脑束的输入,因此后丘脑区可能向 LA 发出汇聚的 CS 和 US 输入[13]。

上述 CS 和 US 来到杏仁核的信息交通途径受到了广泛的研究,并且很明显地被引用在很多听觉恐惧条件反应的模式图中。一般认为,CS 和 US 汇聚到 LA 使传送 CS 信息的突触产生了长时程的效力变化。如果在条件反应的时候可逆性地失活 LA,则发现可以阻止条件性恐惧反应的获得;如果 BLA 受兴奋性毒的损害,则动物可以学习正常的情景性恐惧,但与完整对照动物相比较,显示对 30 d 以前训练结果有相当程度的遗忘。因此,LA 被认为是主要的储存位点,在那里储存条件性的 CS-US 相关,而 BLA 则被认为是保持长远时间恐惧记忆的关键性结构。然而,为了转送 CS 信息来到杏仁核,也还存在其他的传导通路,不过它们较少受到注意。例如,在 PIN 内侧有一个后丘脑核(posterior thalamic nucleus,PO),PO 可以传送 CS 信息到杏仁核。PO 接受来自下丘(inferior colliculus,IC)外侧核和围中央核的听觉输入、来自外侧丘系背侧核及 IC 臂部的听觉输入。然而与前面所讨论的不同,PO 并不投射到 LA,而是投射到 CeM 和基底内侧核(basomedial nucleus,BM)[13]。

类似地,US 信息到达杏仁核也有其他途径,可以绕开(bypass)LA。例如,来自脊髓和三叉神经复合体的损伤性输入,可以通过脑桥的臂旁核(PBN)复合体到达杏仁中央核(CeA),特别是其外侧亚区(CeL)。与这些相一致的是,生理学研究发现,Ce 的细胞也对机械刺激、温度损伤性刺激起反应,却很少对无损伤刺激起反应。最后有证据表明,PO 转送来自脊髓的损伤性信号到达 CeA 的内侧部分(CeM)和 BM[13]。

### 16.7.4　产生条件性恐惧的杏仁核输出

现在的一般共识是，杏仁核对暗号条件性恐惧反应的主要输出站是 Ce。第一，Ce 损伤可以阻断或减弱条件性恐惧反应的表达。第二，通过损伤 Ce 的不同靶，可以选择性地减弱不同的条件性恐惧反应。例如，外侧下丘脑（LH）损伤干扰血压的条件性变化，但不影响条件性冻结反应。相比之下，损伤中央灰质（periaqueductal gray，PAG）会压抑条件性冻结反应，但不压抑条件性血压变化。然而，并非所有条件性恐惧反应完全依赖于 Ce。例如，在情景性恐惧条件反应中，终纹床核（BST）的损伤也干扰条件性冻结。还有，某些条件性躲避反应不依赖于 Ce，而依赖于 BLA 的输出[13]。

### 16.7.5　杏仁核输入站和输出站之间的链接

行为冻结是最常见的恐惧条件反应监控指标。重要的是，投射到介导冻结反应的脑干部位（PAG）的杏仁核投射，无例外地发源于 CeM。这一点很重要，因为假定的 CS - US 关联的存储部位是 LA，但它没有到达 CeM 的直接投射。关于 LA 活性如何影响 CeM，有 3 种可能的途径。的确，CeL（Ce 外侧部）、基底核及 ITC 细胞，它们都接受来自 LA 的输入，转过来它们又投射到 CeM[13]。

评估这些不同的可能性较为复杂，因为关于 CeM 调节条件性恐惧的性质，存在着一些不确定性。的确，Ce 输出细胞被认为其递质是 GABA，这就产生了如下的问题：恐惧性条件反应是 CS 诱发 CeM 反应的神经元增加还是减少？要探明此问题，从考虑 Ce 刺激的效应及条件性诱导的 Ce 活性变化这两方面的证据可以得到一个结果。下面将逐一加以讨论[13]。

考察 Ce 刺激或失活效应的某些实验产生了不一致的结果，但总体结果型式提示，Ce 活性增加引起恐惧表达的增强，如同 Ce 损伤所希望的效应那样。至于条件性诱导的 CS 反应性变化，仅 3 项研究探讨了这个问题。其中一项用兔子做实验的报告说，由于恐惧条件反应，向脑干投射的 Ce 神经元（可能是 CeM 细胞）之反应性降低；另两项研究用大鼠和小鼠做实验，报道相反的效果，而这种相反效果却与损伤和刺激实验的结果相一致。因此我们将假定，CeM 输出的增加介导条件性恐惧的表达[13]。

由于 CeL 激活被预想是抑制 CeM 的，而 LA 发出谷氨酸能投射到 CeL，因此如果认为 CeL 是 LA 和 CeM 之间的转送站，那似乎不太可能。的确，通过增强 LA 神经元的 CS 反应性，也增强了 CeL 的反应性，此时恐惧条件性反应应该被预计会引起 CeM 输出的减少[13]。

另一方面，另外两条为了传送 LA 输出到 CeM 的候补路径，似乎是有活性的。的确，LA 发出谷氨酸能投射至位于外侧的 ITCm 细胞，后者抑制内侧位置的 ITCm，形成 CeM 输出神经元的去抑制。类似地，LA 发出谷氨酸能投射到基底核，后者与 CeM 输出神经元形成兴奋性突触。因此，当 LA 神经元的 CS 反应性增加的时候，这两条途径预计都会引起 CeM 活性增高，虽然所通过的机制是不同的（分别地，一个是去抑制，另一个是兴奋）[13]。

基底核转送 LA 活性到 CeM。与此观点相一致的是,实验中看到的现象有:基底核的训练后损伤可以取消条件性恐惧反应。然而,训练前损伤并不能够阻断条件性恐惧反应的获得。这提示,在完整脑,基底核成为必要的转运站,把增强了的 LA 活性传到 CeM[13]。

然而,虽然训练前已经损伤了基底核,但是动物可以学会恐惧性条件反应。这个现象表明,还存在着另一条路径可以转送 LA 的输出到 CeM(ITC 细胞),或者 CeM 并非增强 LA 输出到脑干的简单转运站。的确有证据表明,Ce 也是恐惧性条件反应突触可塑性的关键部位。特别是当发生恐惧条件反应的时候,局部注射仅仅影响 Ce 的药物,就足以阻止长时程恐惧记忆的形成[13]。

总体说来上述种种证据提示,恐惧条件反应依赖于杏仁核内部分布网络的可塑性。在训练时 LA 和 Ce 的失活可以阻止获得条件性恐惧这个事实,表明这两个核是可塑性的基本部位,但这两者并不是足够和充分的。同样,基底核的训练后损伤可以阻断条件性恐惧表达这个事实表明,在正常脑,为了从 LA 到 Ce 转送 CS 的信息,至少是需要基底核的[13]。

## 16.8 恐惧学习时的神经网络振荡性活动

如前所述,LA 被认为是 CS - US 关联的储存位点。按此看法,恐惧记忆储存将包含活动依赖的、把 CS 信息带到 LA 神经元去的突触增强。这个增强是由于在发生恐惧条件反应时,CS 和 US 的汇聚性去极化输入。虽然离体研究强调,为了 LTP 的诱导,突触前和突触后活性的密切相关是最有效的,但在做恐惧条件反应研究时,典型地未能满足这样一种实验程序上的需要。事实上多数恐惧条件实验是这样做的:先给予一个长时间的音调(20~30 s),当音调停止时,同时把短暂的脚底电击(≤1 s)也停掉。这种做法有点令人困惑,因为当音调刚开始时,LA 神经元对音调的反应最强;随着时间的推移,它很快降低;在 CS 末了的时候,基本上已接近了给音调以前的放电频率。因此情况似乎是,当 US 到来的时候,LA 神经元经历了比较少的音调诱发的去极化,这个结论明显地与离体 LTP 诱导机制的实验事实相矛盾[13]。

解答这个自相矛盾问题的可能性在于 BLA 的振荡活性能力。因为 BLA 神经元通过产生反复发生的短时去极化,能够表达振荡活性。在此期间,BLA 神经元群体池活性与传入神经元同步,这种振荡可能允许突触可塑性的易化诱导,而只要增加很少一点放电频率就可以了。如同我们下面将要看到的,积累起来的证据表明,BLA 神经元确实参与了这种振荡性活性,这种振荡倾向于在 BLA 神经元相互之间以及与传入神经元之间同步化,而不改变放电速率[13]。

### 16.8.1 杏仁核的 $\theta$ 振荡

以前的离体和活体细胞内研究展示,BLA 神经元具有产生电压依赖的膜电位 $\theta$ 频率范围内振荡的内源性倾向。已经鉴定了两种类型的 $\theta$ 振荡,一是当膜电位接近放电阈值时看到的(图 16－8A)，这是由河鲀毒素(TTX)敏感的持久钠电导与 M 型钾电流之间的相互作用产生的。二是在超阈值膜电位时产生的，它来自节律性的高电压激活钙通道和钙依赖的钾电流之间的交互性影响。θ 振荡受细胞内腺苷酸环化酶(AC)－cAMP 系统的调节。cAMP 的细胞内浓度增加，易化振荡活性的产生，其作用是通过调制 SK 型钾通道，也就是小电导钙激活钾通道[13]。

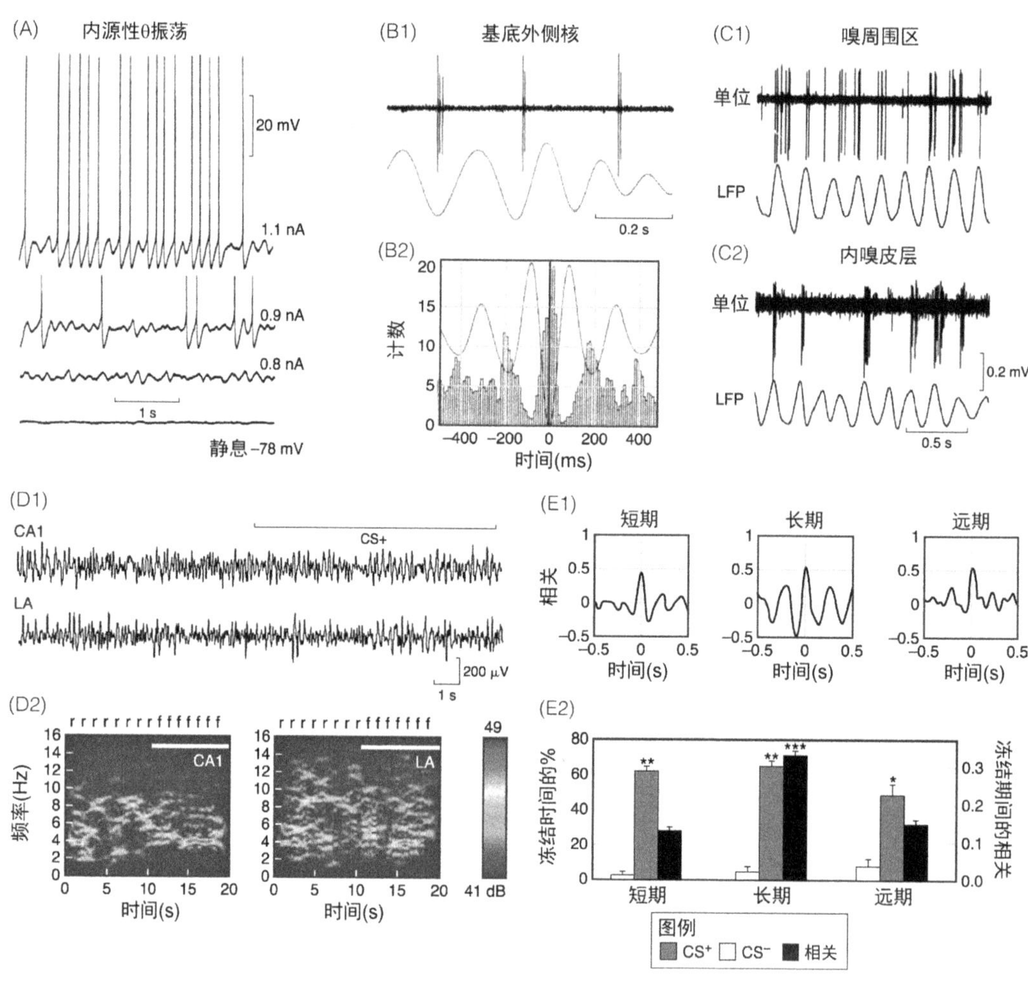


**图 16－8**　杏仁基底外侧核的 θ 振荡(彩图见图版第 58 页)

(A) 活体 LA 神经元细胞内记录。通过向细胞内注射电流引起接近阈值的膜电位去极化(数值在右边)，引起了内源性膜电位 θ 频率范围的振荡。(B) 超反常睡眠时的 BLA 主细胞，展示了 θ 频率的节律性放电。B1 为用同一微电极记录的单位放电(上)和 LFP(下)记录，分别经过高通及低通数字过滤所获得的结果。(C) 嗅周围区(C1)和内嗅区(C2)神经元的 θ 频率节律性放电。曲线获得的条件和(B)的一样。(D) 在条件性恐惧回放的时候，LA 和 CA1 区的同步化 θ 活性。当 $CS^+$ 诱发冻结的时候，LFP 记录(D1)及它们的颜色编码功率谱(D2)演示 LA 和 CA1 两处都展示 θ 活性。D2 的白色横杠表示 CS 的给予。D2 上方的字母：f，冻结；r，危险评估行为。(E) 条件性恐惧的短期、长期、远期回放时的 LA－CA1 活性，记录分别在 2 h、24 h、30 d 恐惧训练以后进行。E1：互相关图，表明在长时程(中间；来自 D 的记录)时出现 θ 同步化，但不是短时程或更长远时间。E2：在短的、长的以及更长远的时期，有明显增加的 $CS^+$ 诱发的冻结(灰色直方条，与 $CS^-$ 比，白色直方条)，但仅在长时程记忆阶段伴有 LA－CA1 的同步化 θ(黑色直方条)。(图引自[13])

与这些事实相一致的是，在反常睡眠时的 BLA，以及当由于预感到损伤刺激将要到来而强激醒时，可以看到 $\theta$ 频率的局部场电位(LFP)振荡，以及节律性单位活动(图 16-8B)。虽然 BLA 神经元在 $\theta$ 节律振荡或回返活动(reverberate)中的内源性倾向很有可能在此现象中起一定作用，但还有另一个重要的贡献因素，那就是皮层野的 $\theta$ 振荡的产生，因为 BLA 和一些皮层野之间有交互性连接，如海马结构和嗅皮层[13]。

事实上，当恐惧记忆巩固或重新巩固时，海马 CA1 区和 LA 有同步的 $\theta$ 增加；而当远期记忆(图 16-8D 和 E)及恐惧记忆消退时，有 $\theta$ 节律的减少。在 LA 的 LFP 记录中看到的 $\theta$ 活性，不像是来自邻近区域的容积传导，这有以下的理由：第一，LA 和 CA1 之间的 $\theta$ 节律同步化仅仅发生于恐惧记忆的特定阶段，而不是当探索行为时的 CA1 区 $\theta$ 节律。第二，在不同的恐惧记忆阶段，脑区间的 $\theta$ 位相关系有特征性的变化。第三，LA 神经元放电概率节律性地随着 LFP 的 $\theta$ 振荡而波动。以上发现与有些研究工作相一致，那些工作表明，海马回路参与早期学习；在遥远的记忆阶段，仅显示少量激活；而逆转梯度在前额叶皮层(PFC)的回路上被记载。在广阔的 PFC、海马回路，这种 $\theta$ 搭乘(entrained)活性真的是被记录下来了。与上述相一致的是，当恐惧记忆回放及消退的时候，边缘下 PFC 活性位相锁定于 CA1-LA 的 $\theta$ 活性。结论是，为了在扩展、延长的海马-杏仁核-PFC 网络中创造一个时间窗，$\theta$ 同步化似乎是完成恐惧记忆巩固的一个重要组构原理[13]。

### 16.8.2 杏仁核的 $\gamma$ 振荡

另一种使 BLA 主细胞及其靶细胞同步化的振荡活性是 $\gamma$ 振荡(35～45 Hz)(图 16-9A)。有理由相信，$\theta$ 和 $\gamma$ 振荡在 BLA 上是有关联的。的确，既在海马结构也在内嗅区、嗅周围区看到的 $\theta$ 振荡，都关联到周期性 $\gamma$ 活性的 $\theta$ 频率幅度调制。由于这些脑区和 BLA 之间存在着强的相互连接，很有可能，在 BLA 上的两个振荡类似地关联着，但这仍有待于进一步的检验[13]。

有些实验观察提示，在 BLA 神经元相互之间以及与靶细胞之间的同步化方面，$\gamma$ 振荡起关键性作用。例如，同时记录的 BLA 和嗅皮层 LFP，其功率波动更强地关联着 $\gamma$ 范围的振荡，比之其他频率范围(图 16-9B1)。类似地，BLA 和嗅皮层或纹状体 LFP 的一致性，在 $\gamma$ 范围最高，比之其他频率。与此相对比的是，来到纹状体的其他重要来源例如丘脑板内核和大脑皮层的输入，并不显示出优先耦合到 $\gamma$ 频率。这些结果提示，有关联的 $\gamma$ 活性代表着 BLA 与靶结构的相互作用的生理学特征和印记[13]。

有两方面证据表明，在 BLA 上看到的 $\gamma$ 活性，并非从邻近脑区经容积传导而来，而真的可能是 BLA 内自己产生的。第一，BLA 神经元的放电概率和 $\gamma$ 振荡相配合，作节律性波动(图 16-9D)。第二，BLA 内局部注射 $GABA_A$ 受体拮抗剂蝇蕈醇，在靶(脑)结构的 LFP 上产生显著的、频率选择性的 $\gamma$ 功率减少(图 16-9C)。在 BLA 上，典型的 $\gamma$ 活性是由 2～6 次相继高振幅周期变化组成的短爆发形式，在此期间没有总放电频率的增加，而仅有放电时间的变化。重要的是，当 $\gamma$ 功率增强时，显示 BLA 神经元之间以及 BLA 和靶神经元之间的功能性耦合有所增加(图 16-9F)[13]。

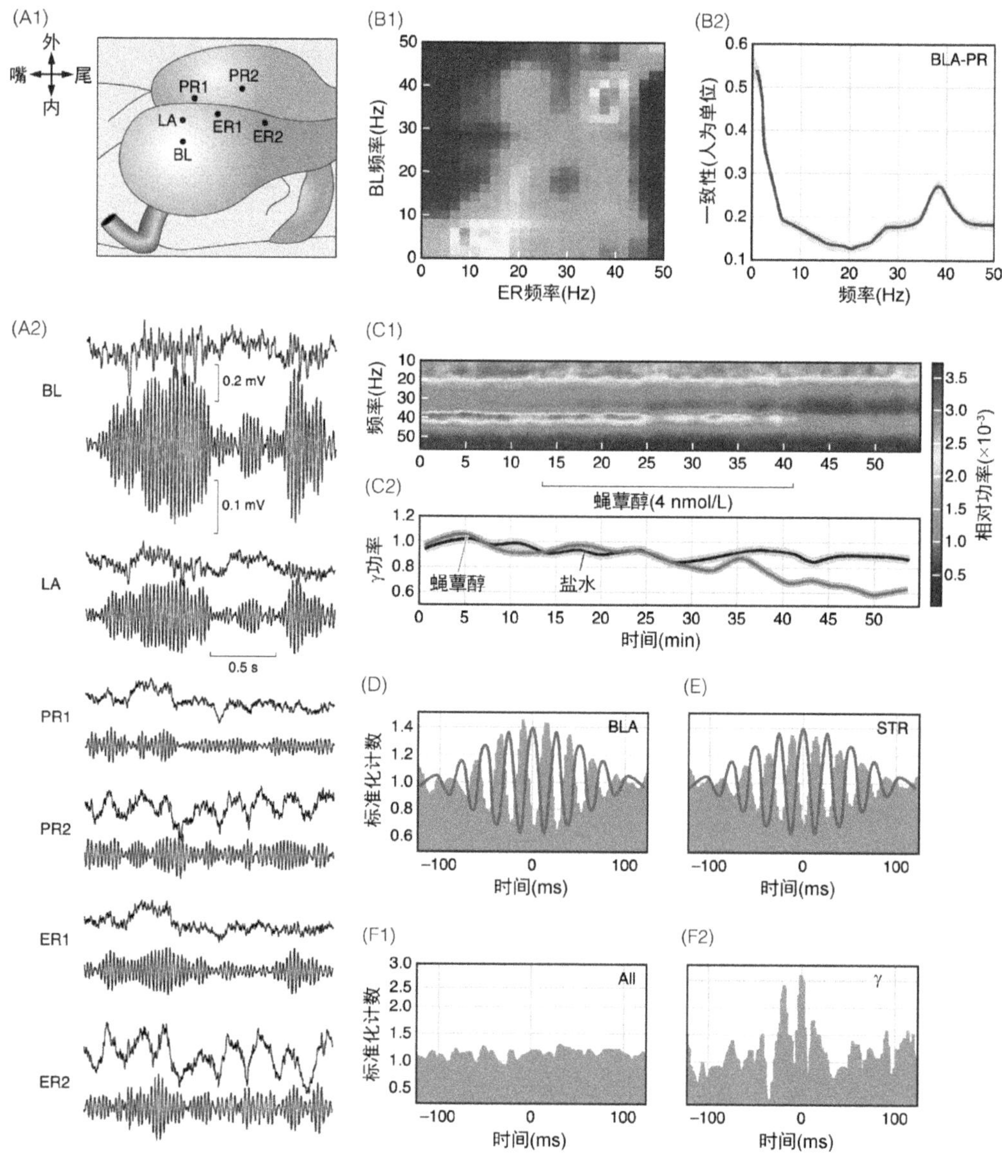


**图 16－9**　杏仁基底外侧核及其靶区的一致性 γ 振荡(彩图见图版第 59 页)

(A) BLA 和嗅觉皮层 γ 活性的同时 LFP 记录。(A1) 显示 A2 记录位点位置的图解式。(A2) 上及下曲线，分别显示原始记录及数据过滤的 LFP(35～45 Hz)。(B) 相关联的杏仁核-嗅皮层 γ 活性。(B1) 功率谱波动：清醒状态时记录的长时程自发性场电位活性，记录以 1 s 窗口分成段。对于 BL 和内嗅(ER)记录位点，每个窗口用快速傅立叶转换进行计算，每个频率的功率与所有其他功率进行相关。(B2) γ 相关。对于 BLA 和嗅周围皮层的记录位点，相关($y$ 轴)作为与 $x$ 轴频率相关的函数。(C) 通过局部灌输蝇蕈醇以引起 BLA 活性抑制，产生了选择性的纹状体 γ 活性减少。(C1) 25 min 时间内蝇蕈醇缓慢地输入 BLA 时，在不同频率($y$ 轴)时的纹状体 LFP 功率(颜色编码)，作为时间($x$ 轴)的函数。(C2) 当生理盐水(黑)或蝇蕈醇(红)输入 BLA 的时候，γ 功率($y$ 轴) ± SE(浅色曲线)作为时间的函数($x$ 轴)。C1 和 C2 之间的线段表示输液时间。(D)(E) BLA(D)及纹状体(E)的 γ 相关单位活性。围绕 γ 周期高振幅正峰单位活性的围事件(peri-event)分布图，所用记录电极为记录单位活性的同一电极。(F) γ 振荡增加了 BLA 和纹状体神经元之间的耦合。(F1) 互相关图，包括所有同时记录的 BLA 和纹状体的成对锋电位。(F2) 互相关图，同一细胞对的单位活性，但排除了在低幅度 γ 时发生的纹状体锋电位。(图引自[13])

虽然 BLA 的 $\gamma$ 振荡在恐惧条件反应中的含义还没有被很好地考察，但是在不同形式的有欲望性的学习程序中，显示了这些振荡可以协调 BLA 神经元的活性和靶结构的活性。例如，在一个被认为是依赖于海马的欲望性痕迹条件作业中，BLA 和嗅皮层的 CS 诱发 $\gamma$ 振荡功率的增加，它平行于行为实施的改善。类似地，在被认为是依赖于纹状体的分辨性刺激-反应作业中，相应于奖酬 CS 的 BLA -纹状体 $\gamma$ 耦合选择性地发生增加，并与学习改善相平行[13]。

总之这些结果提示，在 BLA 和相关结构中产生的相关联振荡活性，可能参与了恐惧的条件反应，以及条件反应的消退。通过产生短的反复发作时间窗口，BLA 细胞群以及它的靶神经元发生同步放电，这些振荡可以易化突触可塑性的诱发，只需很少或没有放电频率的变化。此外，BLA 的编码并不需要大体活性的增加，而只要改变神经元同步化这个事实，强调了同时记录多个神经元活动的重要性。用这种方法获得了有关支持恐惧记忆和消退机制的知识[13]。

### 16.8.3 恐惧与安全时 mPFC - BLA - vHPC 的 $\theta-\gamma$ 振荡动力学

杏仁基底外侧核（BLA）的振荡性活动，对于情绪行为是关键性的。有评论认为，J. M. Stujenske 等所描述的 BLA 振荡活动，关联到条件性恐惧和与生俱来的恐惧 $\theta-\gamma$ 耦合神经元振荡的新动力学（图 16 - 10）[16]。

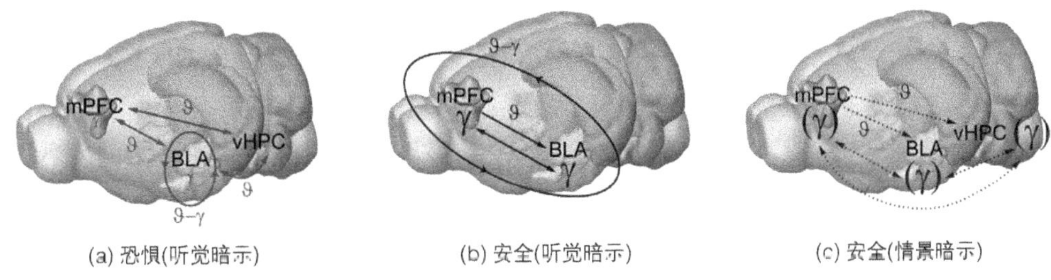


**图 16 - 10** 恐惧和安全时 mPFC - BLA - vHPC 的 $\theta-\gamma$ 动力学（彩图见图版第 60 页）

(a) 根据 Stujenske 等的资料，听觉恐惧记忆的回收增加了内侧前额叶皮层（medial PFC，mPFC）、BLA、腹侧海马（ventral hippocampus，vHPC）之间的 $\theta$ 同步化。高的 mPFC - BLA 的 $\theta$ 同步化，导致了 BLA 局部的 $\theta-\gamma$ 耦合增加，mPFC 和 BLA 的 $\gamma$ 功率减少（图中小号希腊字母 $\gamma$）。(b) Stujenske 等的资料也提示，在安全状态时（把 CS 提供给有辨别能力的小鼠），有来自 mPFC 的较强 $\theta$ 输入到达 BLA，这促进了 mPFC 和 BLA 的 $\gamma$ 功率与 mPFC 的 $\theta$ 位相有较高程度耦合。这个又转过来触发了较高的 $\gamma$ 功率（图中大号希腊字母 $\gamma$），以及 mPFC 和 BLA 之间的同步化。(c) 作者推测，vHPC 的 $\gamma$ 振荡可能在情景相关恐惧条件反射的实验程序中起作用。安全状态可以被一种有区别性的小鼠代表。当它暴露于某种情景底下，这个情景预计不会有电击到来。来自 mPFC 到 BLA 和 vHPC 的较高 $\theta$ 输入可能增强所有这 3 个结构的 $\gamma$ 功率及同步化。这个小图里面的振荡性相互作用用虚线表示，因为仅是一个假设性看法。（图引自[16]）

以上就是根据 Stujenske 等的研究，有人勾画的杏仁核振荡活动的意义[16]。

## 16.9 杏仁核突触网络的可塑性

过去 10 年见证了对实现经典条件性恐惧反应的获得和消失机制迅猛增长的兴趣。

部分地，这是由于一种看法，即认为恐惧学习机制的异常可能也参与人类焦虑疾病的发展及/或维持。这种学习程序的简单性及强大性，再加上其他事实，即实现此反应的神经回路在进化上的保守性，使得它成为一个理想的模型，用来研究记忆的基本生物学，用来鉴定调节正常和病理学习恐惧表达的那些遗传因素和神经元系统。目前，已经在不少方面有了关键性的进展，例如当恐惧记忆巩固的时候，恐惧获得时被修饰的神经元功能是如何稳定下来的，而这些过程在恐惧记忆的消退中又是如何被调节的。与这些进展相伴随，出现了一种认识，那就是为了这些事件能够进行，远处神经元的网络一定是协调一起的。本章要回顾这些机制，即协调的网络活动及分子级联事件如何导致持久的恐惧记忆，而且还可以允许它们消退。我们将聚焦到作为一个模型的巴甫洛夫式恐惧条件反应，以及为了获得恐惧反应的消退，作为一个关键组成部分的杏仁核[13]。

### 16.9.1　与条件性恐惧相关联的杏仁核突触可塑性

先简要总结一下，在突触水平导致对条件性恐惧基础了解的实验结果，接着是有关分子层次反应的广泛讨论。有关记忆巩固的分子机制总结可以看图 16－11，有关杏仁核神经元不同型式(pattern)的长时程可塑性的描写可以看图 16－12[13]。

### 16.9.2　与恐惧消退有关的突触可塑性

与条件性恐惧的获得(acquisition)、巩固(consolidation)相比较，关于恐惧消退(extinction)的机制知道得更少。然而由于其潜在可能的临床意义，消退越来越受到注意。的确，临床学家通常采用的处理焦虑症的途径(暴露治疗方法)，类似于实验室里所做的消退条件性恐惧反应。在这两种情况下，实验者重复给予恐惧对象以条件刺激(CS)，而不给予危险刺激(US)。因此人们普遍认为，了解消退的网络和机制，可能导致最终改善焦虑疾病的治疗。与此相一致的是有人建议，人类某些焦虑疾病反映了消退的缺失。事实上，创伤后应激障碍(PTSD)的情况可能就是如此。因此，下面将要回顾当前关于行为特征消退以及参与消退的网络和细胞机制的知识及观点[13]。

### 16.9.3　实现消退学习和巩固的细胞相互作用

总的来说，现有证据表明，消退的学习和表达依赖于 3 个神经回路，包括：① 杏仁核，为了储存条件恐惧及消退；② 海马，为了加工情景信息；③ mPFC 的边缘下区，为了消退记忆的巩固和回放(retrieval)。从消退的相关方面看，通过 GABA 能 ITCm 神经元的谷氨酸能激活，mPFC 活性抑制了 Ce 的恐惧输出神经元，导致恐惧表达的缓冲。在消退训练的情景以外，Ce 神经元受到较少抑制，因而恐惧反应重新恢复。此外，基底神经节不同类型的神经元标志着恐惧的记忆或消退。在条件训练以后，这可能转移情景相关表达的恐惧和/或消退之间的平衡[13]。

与恐惧消退相关的两大类突触机制以及细胞内传导通路，都已经被鉴定。一是强化主动抑制性过程的机制，此过程为了调控行为而竞争初始恐惧记忆的消退。二是逆转在

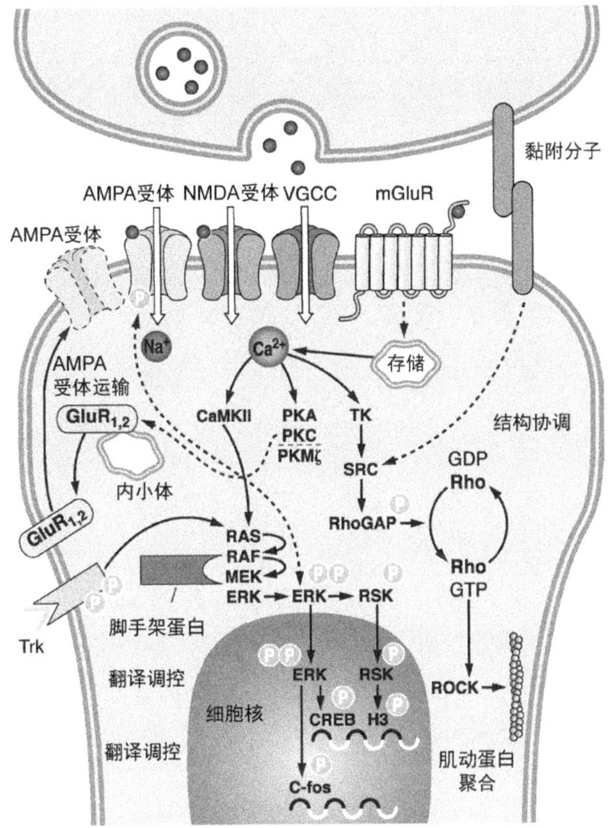


**图 16-11** 杏仁核恐惧记忆稳定的分子层次反应

通过 NMDA 受体和电压门控钙通道(VGCC)所介导的钙内流,由于代谢型谷氨酸受体(mGluR)激活而导致细胞内储库的钙释放。这些使得突触后细胞内的钙浓度增加,钙浓度的增加触发了大量信号步骤。有 3 条相互关联的主要信号传导路径,包括:① $Ca^{2+}$/钙调蛋白依赖的蛋白激酶Ⅱ(calcalmodul independent protein kinase Ⅱ,CaMKⅡ);② 蛋白激酶(protein kinase,PK)家族的酶;③ 酪氨酸激酶通路。信号传导的级联(cascade)反应可以到达细胞核,诱导大分子合成,而大分子可以调控翻译过程,因此可以作用到细胞骨架和黏附分子,重新组构稳定的突触结构或调节 AMPA 受体(AMPAR)的运输,让 AMPA 受体到突触部位来。在中间步骤上,蛋白激酶信号汇聚到促(细胞)分裂原激活蛋白激酶(mitogen actuated protein kinase,MAPK)信号转导通路,这包括细胞外调节激酶(extracellular regulatory kinase,ERK)、大鼠肉瘤(rat sarcoma,Ras)蛋白、快速纤维肉瘤(rapidly accelerated fibrosarcoma,RAF)蛋白和分裂原激活蛋白激酶激酶(mitogen-activated protein kinase kinase,MEK),转导细胞内和细胞外信号的介导,例如通过酪氨酸激酶(tyrosine kinase,Trk)到 MAPK/ERK 通路。脚手架蛋白决定激活的特异性以及进入细胞核的特异性。MAPK 转位来到细胞核,使转录因子如 cAMP 反应组件结合蛋白(cAMP response element binding protein,CREB)发生磷酸化。肌动蛋白重新排列受 Rho GTP 酶的调控。它的激活,即从 GDP 结合形式到 GTP 结合形式,是由钙或激酶通路调控的,包括酪氨酸激酶和肉瘤基因(sarcoma gene,SRC)激酶。Rho GTP 酶调节 Rho 缔合激酶(Rho kinase,ROCK)活性,ROCK 是一个调节细胞骨架的关键分子。(图引自[13])

恐惧条件反应中所诱导的突触效力变化的机制。支持双重模式消退的最令人信服的证据来自最近的研究,此研究聚焦于 αCaMKⅡ 参与的消退。第一,研究证实了早期的实验观察,就是在情景恐惧条件化以后的消退训练,如果在情景恐惧条件化消退以后的 24 h 进行训练,而不是 15 min,可以显示自发恢复。这提示,依赖于恐惧条件反应及消退训练之间的时间间隔,消退有可能是由于发生了新的抑制性学习,或由于跟初始 CS-US 相

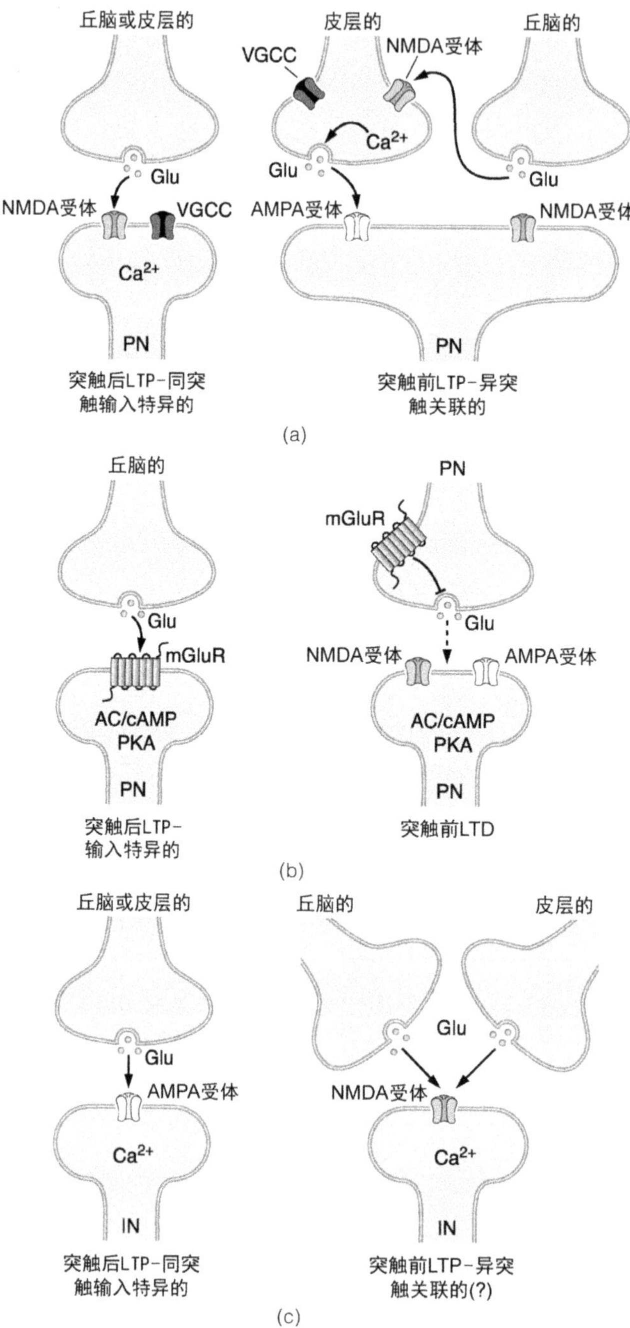


**图 16－12**　与条件性恐惧关联的杏仁基底外侧核的突触长时程可塑性

(a) 投射神经元(projection neuron,PN)的长时程增强(LTP)。在丘脑或皮层的输入中,多数 LTP 是同突触性的,刺激了突触后 NMDA 受体及/或电压门控钙通道(VGCC)。第二个形式的 LTP 是异突触性 LTP,LTP 是由于通过同时激活丘脑输入而刺激突触前 NMDA 受体所致。(b) PN 的长时程阻遏(LTD)可以通过刺激丘脑输入的突触后 mGluR 而被介导,或通过刺激 LA－BLA 突触连接处丘脑输入的突触前 mGluR 而被介导。(c) 在丘脑及皮层输入处的局部中间神经元(interneuron,IN)的 GABA 能 LTP 可以是同突触的,由于刺激了钙通透的 AMPA 受体,也可以是异突触的,由于刺激了 NMDA 受体。(图引自[13])

关的不学习。但是应该指出,有关消退时间影响恢复的效应(更新、自发性恢复、重新复原)是有矛盾的,在不同的研究中有所不同,甚至产生完全相反的效果。其次,如果用 αCaMKⅡ活性部分减少的杂合子基因敲入小鼠来做这种试验,则研究显示,对于新的抑制性记忆的形成,αCaMKⅡ是需要的;但对于在早期消退中条件性恐惧反应的丢失,则 αCaMKⅡ并不需要。这样就提供了恐惧消退双重机制的分子证据。这两套机制似乎是从发育上受调节的,与断乳后已经长大的大鼠不一样。动物如果在早期出生后 3 个星期以下,并不展示重新恢复或新发生的条件性恐惧记忆,而消退被提示是反映了一种不学习的过程,导致擦去初始的恐惧记忆。在所有关于出生后阶段的研究中,恐惧的消退依赖于杏仁核,而 mPFC 是参与了出生后 24 d 而不是出生后 17 d 动物的恐惧消退。一系列出色的实验显示,抵抗擦除的恐惧记忆是由神经元周围网的形成所介导的。在出生后的关键期,杏仁核的神经元周围网由细胞外基质(ECM)硫酸软骨素聚糖所组成[13]。

### 16.9.4 “分布突触可塑性”的观点

这是一个新提出来的观点。在以前的讨论中,较多描述的是一些实验证据,表明巴甫洛夫恐惧条件反应依赖于杏仁核的持久突触可塑性机制。然而,多数研究聚焦于丘脑输入到 LA 神经元的 LTP。虽然这些研究抓住了对于恐惧条件反应具关键意义的突触特征,但事实也很清楚,实施反应的分子变化发生在多个部位而不是在单一部位。这个原理被称为“分布可塑性”(distributed plasticity)。对此已进行了多种研究,例如作图蛋白质表达的变化,作图代谢或电生理学活性在多个位点的变化等。多种研究都表明,学习发动了分布脑区中协调的活动型式,包括离开杏仁核以外的脑区,例如听觉丘脑皮层。此外,诱导突触可塑性需要相关的活性发生在相对狭窄的时间窗内,比如在突触前和突触后位点之间,或者在两个传入通路之间。但恐惧条件反应并不一定需要这样准确的时间条件,因为 US 可以应用在 CS 的末了,而不需要有时间的重叠。这提示,为了诱导恐惧条件行为,较长的时间窗被创造了出来。有一个可能的答案是,BLA 神经元具有某种能力来产生振荡性活性型式,这些振荡提供了反复出现的时间窗。在时间窗里面,群体 BLA 神经元与传入的输入信号同步,从而易化了突触可塑性,而不需要在空间分布网络中有大的活性增加。因而,这些时间窗可以易化分布神经网络里面的突触可塑性,既包括杏仁核内局部神经元网络,也包括神经调制性输入系统。突出的问题涉及神经网络的细致组构,以及这些回路中的突触可塑性机制。虽然详细机制还有待检验与证实,但某些原理已经显露出来,如同上面所指出的那样[13]。

## 参考文献


[1] Dalgleish T. The emotional brain. NR Neurosci, 2004, 5: 582 - 583.

[2] Kandel E. The new science of mind and the future of knowledge. Neuron, 2013, 80: 549 - 552.

[3] 陈宜张.脑研究现状与展望\\中国医学院士文库:陈宜张院士集.北京:人民军医出版社,2014:449 - 459.

[4] Kandel E R, Schwartz J H, Jessell T M, et al. Principles of neural science: 5th ed. New York: McGraw-Hill, 2013.

[5] Koelsch S. Brain correlates of music-evoked emotions. NR Neurosci, 2014, 15: 170.

[6] Zeki S, Romaya J P. Neural correlates of hate. PLoS ONE, 2008, 3(10): e3556. doi: 10.1371.

[7] Berridge K C, Kringelbach M L. Pleasure systems in the brain. Neuron, 2015, 86: 646.

[8] Ide S, Hara T, Ohno A, et al. Opposing roles of corticotropin-releasing factor and neuropeptide Y within the dorsolateral bed nucleus of the stria terminalis in the negative affective component of pain in rats. Journal of Neuroscience, 2013, 33: 5881-5894.

[9] Phelps E A, LeDoux J E. Contributions of the amygdala to emotion processing: from animal models to human behavior. Neuron, 2005, 48: 175-187.

[10] Tovote P, Fadok J P, Lüthi A. Neuronal circuits for fear and anxiety. NR Neurosci, 2015, 16: 317.

[11] LeDoux J. The amygdale. Curr Biol, 2007, 17: R868.

[12] Maren S, Quirk G J. Neuronal signalling of fear memory. NR Neurosci, 2004, 5: 844.

[13] Pape H-C, Pare D. Plastic synaptic networks of the amygdala for the acquisition, expression, and extinction of conditioned fear. Physiol Rev, 2010, 90: 419.

[14] Stoop R, Hegoburu C, van den Burg E. New opportunities in vasopressin and oxytocin research: a perspective from the amygdala. Annu Rev Neurosci, 2015, 38: 369-388.

[15] Yates D. Behavioural neuroscience: taking axonal delivery of oxytocin. NR Neurosci, 2012, 13(4): 220-221.

[16] Bocchio M, Capogna M. Preview oscillatory substrates of fear and safety. Neuron, 2014, 83: 753-755.

# 第 17 章　下丘脑、摄食及其他

## 17.1　生存需要作为研究动机过程的切入点

生存需要是强制行为规则的基本动机。在动物的环境中，生理需要上的不足引出了优先的、引导动物的动作，使之朝向应对生存需要的目标。例如，饥饿的动物就要执着地搜寻食物。虽然动机行为并非无例外地与迫切需求条件相关联，但这种原发性的动机是了解动机过程的起始点。由此，不但可以了解过程，也可以了解实施这些动机过程的神经回路。然而，也有一些生存需要的发展是伴随着缓慢的短缺和变化着的激素状态，这些情况广泛地影响着躯体和脑。分析与这些相关联的神经回路，展现了复杂的因素，因为有一系列生理性过程参与到这个状态里面来，而这个过程又调制着一定数量的、同时的以及部分重复的内感受性神经回路[1]。

能够分别影响行为朝向和强度的神经过程，得益于对特定需要的报告系统的快速选择性调控，而这种调控又足以调节动机的行为反应。下丘脑不同脑区能够感知对于饥、渴及性行为重要的循环血液中的激素和代谢物。当有关脑区受到电或药理学方法刺激的时候，会在正常动物中快速地引导一些获取相应需要的行为反应，例如饮水、进食、体温调节，还有基本的社会性反应，例如性活动、攻击、恐惧/防御行为等。确认以及操控有关的内感受性神经元，使这些神经元产生由其负责的“虚拟”需要状态，有了这种方法就可以简化复杂行为的神经回路分析。因为这些关键性的内感受性神经元提供了很好确认的切入点，便于应用近代神经科学技术，逐个节点地推进，以揭示引起复杂动机行为反应的下游神经回路[1]。

虽然把“诱发行为”应用于神经回路分析具有预计的应用上的优点，但这种由脑激活或脑静默所引起的复杂行为，仍然是一个神秘的过程。简单地回顾一下研究的历史是重要的，由此可以了解，过去数十年来我们曾用过了哪些实验程序来研究行为，曾经遇到了怎样的挑战。可能最明显的例子是一些经典实验，包括电刺激大鼠下丘脑外侧区，导致进食、饮水、捕食生物、咬，或者性行为。在开始几次刺激时，所引起的行为反应幅度常常是中等的；多次给予刺激后，反应会增强。行为反应的多样性，被归于多个神经回路交织混合在一起，而这些神经回路是调控不同行为的，因此电刺激脑区可以无区分地激活多种神经元类型及轴突投射。但是，对这些实验也曾经另有解释。例如，认为对外侧下丘脑(LH)的电刺激内源性地缺少行为特异性。显示 LH 介导的刺激相关喂食、饮水或咬行为的这些大鼠,可以从一种行为转到另一种行为,只要不让它接近起初的优先靶目标。电刺激 LH 所引起的行为,被认为是由于提高了刺激的激励凸显(incentive salience)属性。在此模型中,被脑刺激所激醒的动物据说显示了优势行为,这些行为逐步被印刻进去,这样当电刺激的时候,动物的行为表现可以显著改进(这里,部分是由于激活了走行通过 LH 的内侧前脑束)。重要的是应注意,还有相反的看法。有人认为,用药理学方法操控下丘脑及其他脑区的神经元,可以产生比较特异的进食、饮水等行为反应。虽然肯定还要对下丘脑外侧区的行为影响做进一步的研究,但是从过去刺激下丘脑的广泛研究中所得到的结果,可以归纳出以下几点结论。① 刺激某些脑区所得到的非特异性地增加复杂行为的潜在可能性,不一定关联到自然行为反应的发生过程。② 有这样的呼吁:希望开始用生存需要神经元进行回路分析,而那些神经元对于对抗调节性的行为反应,既是必要的也是充分的。③ 需要有这样的技术,选择性地操控内感受性神经元的细胞类型,以及其下游神经元[1]。

### 17.1.1　脑机制和外周能量平衡

生命必需的动物行为的基本要素有三:能量、激醒、动机。现在知道,穹窿周围区/外侧下丘脑的增食欲肽(orexin)/下丘脑泌素(hypocretin)系统是调节能量摄入的重要中枢网络[2]。

过去 10 年见证了神经内分泌调控进食和能量代谢,以及外周代谢信号对脑效应的令人瞩目的进展。分子和遗传学工具的发展,使研究者能够视见和有选择性地操控稳态系统的组成部分,再与很好地建立起来的神经解剖学、电生理学、行为学和药理学技术相结合。这些研究正在开始提供复杂神经回路的清楚图案,以及复杂过程的机制。本章试图提供有关这方面进展的某些材料,刻画出关于脑参与日常能量稳态调节的当前了解以及缺陷和不足[3]。

到现今已经有一个多世纪了,越来越多的复杂方法已被提供出来,应用于脑参与能量稳态问题的研究。已经产生了大量的实验观察。特别是过去十多年来,分子遗传学和生理学技术相结合,允许有很大的进展来鉴定代谢激素,以及确定它们与下丘脑关键神经元系统的关系。反映急性和慢性身体能量需求之传入信号的中枢整合,已经变得较为清楚。然而,有关真正发动摄食行为变化及代谢变化的神经元反应的性质及动力学,大多数仍属未知[3]。

下丘脑不同脑区参与调节能量稳态。开始的研究工作是进行一系列的脑区损毁研究。研究发现,破坏下丘脑腹内侧核(VMH)、室旁核(PVH)、背内侧核(hypothalamic dorsomedial nucleus,DMH)引起贪食;而损毁 LH 则减少食物的摄入。今天看来,这些研究当然显得有点粗糙,但它们为现代的能量调节研究建立了解剖学基础。回过头来看,考虑我们当前关于稳态之下丘脑机制的知识,这些损毁实验的分析是明显准确的,因为它们区分了容纳神经回路的下丘脑亚区,有的促进进食,有的抑制进食。另一方面,这些研究与生理学观察的肥胖动物实验研究相结合，提示了有来自外周组织的体液信号产生，这类信号把身体总体能量状态的情况通知给脑结构。这两个组成部分之间的相互作用，规定了能量平衡的机制[3]。

瘦素是 *OB* 基因的蛋白质产物，它的发现以及黑皮质素系统的揭秘，两者提供了支持能量稳态看法以及了解内侧基底下丘脑在能量调节中作用的基础。关于它们的分子和细胞机制研究已经有实质性进展，瘦素和其他外周信号可以通过这些机制影响黑皮质素系统。整合性途径的研究也在增加，研究下丘脑摄食神经回路与调节进食行为及激醒等的其他系统之间的连接。本章将提供这方面进展的简要介绍[3]。

### 17.1.2 动机行为的神经回路

引导一个动物的动作朝向环境目标的那种神经过程，是了解行为的必需元素。下丘脑与诸多动机行为有密切的关系，包括为了生存及生殖所需要的。只要简单地给予特定下丘脑脑区以刺激，就可以产生强烈的进食、攻击及性行为。有关决定行为之范围和强度的神经过程，这些"诱发的行为"告诉了我们什么呢？它们告诉了我们：一小群神经元就足以引发一个复杂的动机行为，这一小群神经元可以看作鉴定神经回路的切入点，神经回路强化并引导行为到某一特定的目标。本章所介绍的是，由于应用了分子遗传学、光遗传学和药理学等研究方法，克服了以前的局限性，可以分析解剖上复杂的下丘脑神经回路，以及它与其他脑区之间的相互作用。这些新研究工具有这样的潜力，它们可能在以前存在的复杂动机行为机制的神经生物学和心理学考虑之间的鸿沟上架起桥梁[1]。

一个人可以做他想做的事，但是不能够愿望他想做的事。[叔本华(A. Schopenhaue，1788—1860，德国哲学家)《关于意志的自由解述》]

这句话反映了一种观点，即动作是可以有意识地控制的，但赋予行为以广度和强度的需要和欲望，则是由无意识过程所强制出来的，不能够被有意识地控制。人体的许多基本过程都是与欲望相关联的基本行为，而这是为了生存和生殖所需要的，例如饥、渴、性。不论在不同种动物之间还是在同种动物当中，上述任何行为中的特定活动都可能是千变万化的，但这些动物很容易就识别了一点，即这些动作都有明确规定的终点。例如在饥或渴的时候，这种有意识行为的共同元素是动物必须有能力来鉴定自己的需要，而且能有效地采取步骤来满足这些需要。因为生存需要对于每个有机体都是必需的，相应的行为以及实现行为的神经过程也应当直接处于生存选择的压力之下，所以介导基本行为的神经元回路应该被期望(或至少部分地被期望)是受发育调控的，并具有某些专用的神经回路成分。这样看来，遗传上特异化的、对于生理需要信号作出反应的内感受性感觉神经元群体，应当是自然的切入点，通过此切入点能够可重复地鉴定这些神经回路，以及应用基因编码工具来操控它们的功能(图 17-1)[1]。

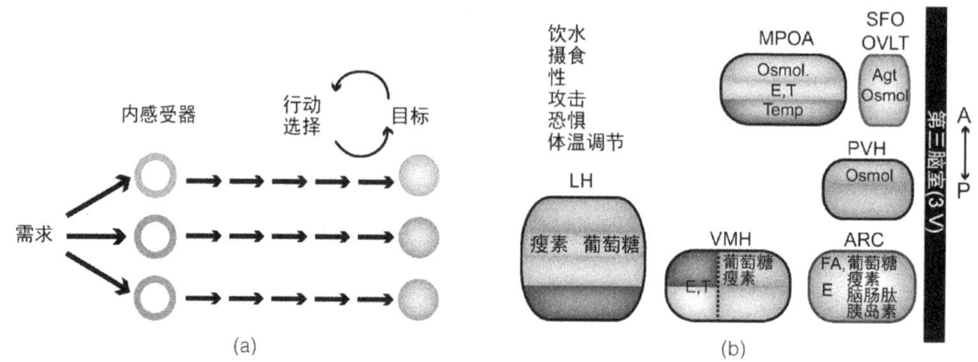


**图 17－1**　生理需要通过不同的下丘脑神经回路来影响行为(彩图见图版第 60 页)

(a) 反映生理需要的血液循环信号及神经信号被内感受性细胞所感受。这些信号影响了动作的选择，从而达到一个目标，使需要得到缓解与满足。(b) 不同的下丘脑脑区，它们含有内感受器以感受一系列物质；当局部给予电或化学扰动的刺激时，也被证明可以引起行为。E，雌激素；T，睾酮；Agt，血管紧张素；Osmol，渗透性；Temp，温度；ARC，弓状核；VMH，下丘脑腹内侧核；LH，外侧下丘脑；PVH，下丘脑室旁核；SFO，穹隆下器官；OVLT，终纹血管器；MPOA，内侧视前区。(图引自[1])

### 17.1.3　生存神经回路中的下丘脑

下丘脑是古老而保守的前脑脑区，属于腹侧间脑。为了维持身体稳态平衡，下丘脑感受身体的内部状态，协调关键性的生理和行为反应。下丘脑含有非常不同的、分子上界定的细胞类型。根据与生存需要相关联的生理性暗示(cue)，这些细胞改变它们的电活动。非常突出的是，用电或化学手段操控含有感受需要神经元的不同下丘脑区域，就会产生复杂的、目标导向的行为动作，而这个新动作被发动起来，其作用就是朝向应对生存的需要，即使是吃饱的动物也不例外(图 17－1b)。类似地，社会行为例如交配和攻击，它们受激素状态的强烈影响，也可以在下丘脑区域被诱发。这些脑区含有内感受性神经元，它们对外周产生的性激素作出反应。这些都是神经科学中最激动人心和引人注目的行为反应，它们在脑活动与行为关系方面的宽广含义是无数实验研究的对象与题目[1]。

应用电刺激可以操控特定的细胞类型，引起“诱发行为”。人们如何能够利用“诱发行为”来接近神经元回路的研究，而这个神经元回路又是如何与实现动机行为和关键性生存需要相配合的？如何把两者联系起来？我们将基本上在各别神经回路的背景下考察这些问题，例如那些调控饥饿、攻击行为的神经回路。我们将不是从历史讲起，而是比较聚焦、局限于最近的进展，这些进展是通过对神经功能应用专一性操控的急性方法而获得的。为了研究从分子性质上界定的神经回路，采用了新的方法学。这些方面的议题将特别被强调，例如分子生物学以及基因编码活动的新的调控物，这些研究途径戏剧性地扩展了我们探测各种类型细胞之间因果性关系以及行为和神经回路之间关系的能力。还有，考虑了应用这些回路来研究动机性过程的可能性，理想的是希望鉴定：有哪一个关键性的内感受性神经元，以它作为感受通道，可以引起有目的、有意识的行为？[1]

## 17.2 对摄食行为神经回路的寻访

### 17.2.1 调节摄食行为的神经回路

动物的摄食行为由神经过程介导，即坎农在《身体的智慧》(*Wisdom of the Body*)那本书里所讲的，也就是在 C. Richter 所写的《行为调节者》(*Behavior Regulators*)那本书里讲的那种神经过程，人体内稳态过程就是通过它们影响生理活动与行为的。考虑到摄食行为的必需性，可以预期这种神经回路至少部分地是在发育调控之下的，而且具有某种“硬线路”的结构成分，这种线路在脑内可以重复性地被鉴定[1]。

脑内有激素和营养素感受的神经元网络，负责检测动物机体的能量状态。这些内感受性的感觉神经元调制神经的电活动，作为对体内激素、代谢物质变动以及机体营养信号的反应。营养素、激素感受特征可以被神经元电活动所记录和测量，但特定能量感受神经元对于因能量缺少而引起的行为发生的直接贡献关系，往往是不容易被明显捕获的。这是出于以下的原因。① 由于时间变化尺度很慢，要几小时到几天，只有在这种尺度下，能量缺损才能够显露出来。② 不论对脑还是身体，有不同程度的、广泛的细胞和生理学过程，它们都可由于能量缺少而改变。③ 在含有能量感受装置的脑区，存在着多个、部分是冗余的神经回路。这些因素加在一起，严重地限制了对问题的因果关系分析、对剥夺敏感感觉系统的成分和下游神经元回路过程之间的分析以及对行为后果之间关系的分析[1]。

要取得多步骤过程的因果关系证据，例如神经回路操作，需要在系统里面设置局限化扰乱，而这种证据又可以被所得结果的接近所强化。外感受性感受系统是直接快速对刺激起反应的，神经和行为反应得以可靠地关联起来，这些系统受扰动的因果关系得以确定下来。例如，视网膜神经节细胞是明确被界定的，是进行视觉加工以处理不同信息的通道进入此神经回路的唯一输入点。然后，不同的信息通道分别影响知觉、运动、昼夜节律。与前述相反，在探查自然刺激如何影响行为反应方面，为了分析对缓慢变化参数(例如能量状态)进行反应的神经回路，这里就缺少那种鲜明、准确的时间关系，以及准确、局限化的作用来源。现在有了鉴定分子性质的营养素感受神经元群体，该群体可以被实验者远距离调控，又能足够快速地影响觅食及消费行为。这样，将允许我们应用类似于对外感受器感觉系统(如视觉系统)的适当研究方法，来剖析那些启动及维持饥饿的过程。的确，这种神经元潜在地构成了感觉神经元的输入点，通过它输入到动机神经回路[1]。

摄食调节其实就是食欲的表达成分，即行为部分。最近的分析是从内感受性的“刺鼠基因相关蛋白(AgRP)神经元”开始的。AgRP 神经元能够接受血液中的生长激素释放肽(ghrelin)、葡萄糖、瘦素(leptin)等而作出反应。这些物质都与动物的能量供应有关。注射 AgRP 入脑，能增加动物的摄食量。最近的研究实际上是分析了下丘脑 AgRP 神经元被用光遗传学手段激活以后引起摄食行为的神经回路，也就是对其分布系统的分析[4]。近年来一个重要的进展是：下丘脑弓状核(hypothalamic arcuate nucleus，ARC) AgRP 神经元和 POMC 神经元的相互作用，以及向它们的传入和由它们的转出，可以解释动物摄食行为的种种表现。

### 17.2.2　对饥饿信号敏感的 AgRP 神经元

ARC 含有一种神经元叫 AgRP 神经元，它是一类内感受性神经元，其特点适宜于用来研究饥饿过程。AgRP 神经元可以直接地也可以通过突触而被激活，从而感受来自循环系统提示能量缺失的信号，例如胃肠道起源的激素、生长激素释放肽(ghrelin)。AgRP 神经元也可以被能量过多的信号所抑制，例如葡萄糖、胰岛素、脂肪来源的瘦素(leptin)。AgRP 神经元释放神经调制物质 AgRP 和 NPY，注射 AgRP 和 NPY 入脑能增加摄食。用光遗传学及遗传药理学方法诱导 AgRP 神经元的电活性，就足以快速地诱发动物狼吞虎咽般的吃食行为。即使正常不吃食物的小鼠，都可以被诱导吃东西(图 17－2a—c)。AgRP 神经元的活性既影响行为，也导致寻找食物的动机强烈增高。同时，对成熟小鼠的 AgRP 神经元进行急性基因敲除，则导致显著的不摄食和厌食症(图 17－2d，e)。即使把可口的液体食物灌到动物嘴里，它也不吃。压抑 AgRP 神经元的电活性可以减少摄食。总起来说这些实验表明，AgRP 神经元对实现摄食行为的动机与消费过程起协调作用。大概只要有少量、几百个内感受性 AgRP 神经元就既构成充分条件，也部分地构成必要条件[1]。

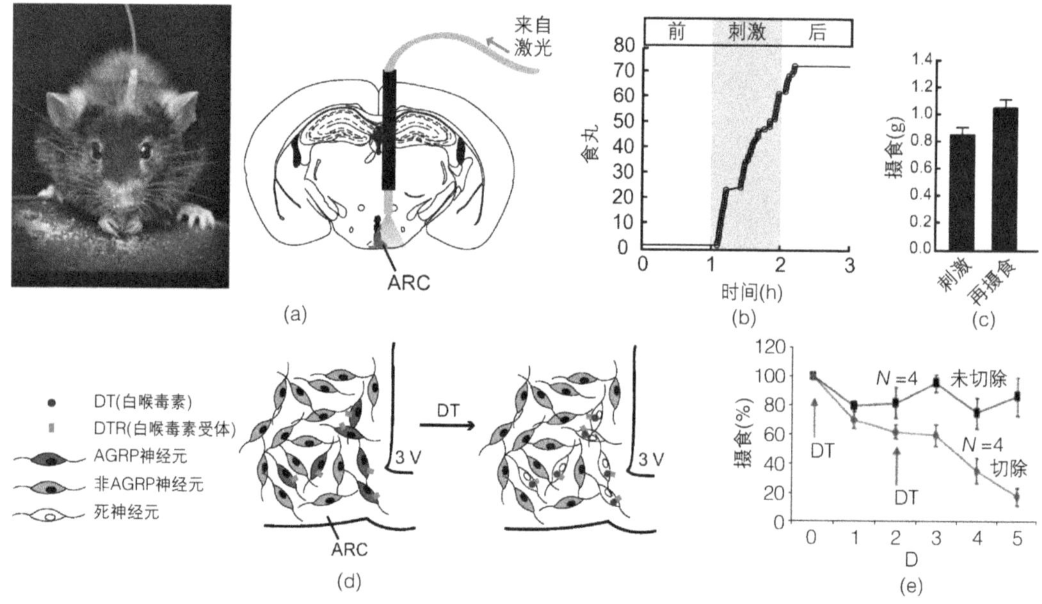


**图 17－2**　AgRP 神经元是摄食的必要和充分条件(彩图见图版第 61 页)

(a) 在正常行为动作的小鼠中，光遗传学激活 AgRP 神经元的配置。ARC：弓状核。(b) 用基因工程方法在 AgRP 神经元中表达通道视紫质的小鼠，光刺激诱导摄食的实验。(c) 在可以随意(无限制地)吃东西的小鼠中，光刺激 AgRP 神经元引起摄食。这种鼠的摄食跟经过 24 h 未进食的小鼠相类似。(d) 白喉毒素受体介导的急性 AgRP 神经元切除实验的图解式表示。(e) AgRP 神经元切除导致厌食症。(图引自[1])

操控 AgRP 神经元的实验使得这种急性操控途径的价值显得重要起来，实验目的是为了检测神经元功能与行为的关系。实现 AgRP 神经元切除通过把白喉毒素注射到成年小鼠，而此成年小鼠是被基因工程化的。小鼠的细胞选择性地表达白喉毒素受体(AgRP－DTR 小鼠)。这个操作所导致的摄食行为丧失可达 6 d。相比之下，如果用缓慢或慢性的方法使 AgRP 神经元失功能，就不能够强有力地影响摄食行为，包括对 AgRP 神经元释放的增强食欲的神经调质及神经递质(例如 GABA、NPY、AgRP)进行基因敲除。其他方法如缓慢出现的成年动物 AgRP 神经元变性，甚至新生动物的快速 AgRP 神经元敲除，也不能引起像光遗传学刺激那样快速的实验结果。所有这些不同实验研究策略的结果证明了一点，即用急性操控方法研究神经元回路的重要性；而且显示，以往用长时程中断功能的方法是一个误区，因为长时程方法会引出代偿机制[1]。

另一方面，急性功能获得的方法使研究者有可能系统地考察电活动的心理物理关系，实验考察了电刺激 AgRP 神经元诱发的摄食行为的大小、动力学和选择性。AgRP 神经元激活所诱发的摄食幅度的大小，几乎可以与饥饿 24 h 的小鼠一样大，即使是第一次给予 AgRP 神经元以电刺激(图 17－2c)。在往后其他的光刺激实验中也得到类似的反应幅度。刺激 AgRP 神经元所诱发的摄食与电刺激下丘脑外侧区所引起的摄食有很大不同。刺激下丘脑外侧区引起摄食是早先的实验，这种摄食往往是慢慢增加食物消耗量，在连续几次的刺激过程中，从中等程度到最后狼吞虎咽的进食。另外，与下丘脑外侧区电刺激的摄食也不一样，AgRP 神经元诱发的摄食常常在有水存在的条件下选择性地摄取食物。更进一步，AgRP 神经元的激活实验显示，食物消耗幅度的量既对光刺激神经元的数目敏感，也对刺激频率敏感。很有趣的是，这些参数的中等水平刺激导致较低程度的行为反应。这样看来，细胞类型特异的 AgRP 神经元激活，其所起的作用就像摄食的“加速踏板”。这意味着，行为反应的量对于 AgRP 神经元的激活水平是敏感的。这种细胞类型特异的能力能够探测神经元活性-行为相关的连续系列。为了能够精确地操控神经元功能，由各种新研究工具所提供的方法有比较广阔的进展[1]。

AgRP 神经元快速地重现饥饿状态的充分条件，它又是维持摄食行为的必要条件。AgRP 神经元也已经被很好地确定了对需要的感觉能力。这三者提示，这些神经元对于作为研究下游神经回路的切入点或输入点，是很有吸引力的，这也就是与寻找和消费食物之动机有关的神经回路。AgRP 神经元的轴突投射提供了这个线路的部分蓝图，利用此线路可以鉴定有关的脑区，它们参与将摄食行为协调起来的生理和动机过程。已经有两条相当不同的研究途径，可用来了解实现 AgRP 神经元激活和切除效应的神经回路，下面将会详细地加以介绍。它们提供了研究方法的一种类型，可用以做进一步的研究，也可用以研究分子性质已被鉴定、调节复杂行为的下丘脑神经回路[1]。

## 17.3　下丘脑的黑皮质素和瘦素

自从发现脂肪激素-瘦素以后，能量调节的黑皮质素模型在了解神经元调控能量稳态的模型中是最具重要意义的事件。在此模型中，有许多理由令人认为，下丘脑弓状核(ARC)是一个关键部位。首先，ARC 神经元在解剖上的位置密切靠近具有“开窗”毛细血管的下丘脑基底部，因此它就可以接触不同的体液信号。而在其他脑区，这些体液信号是受限制而无法进入的。这些神经元接受一些轴突的支配，这些轴突含有多数(虽不是全部)主要的神经递质，并且还表达这些递质的受体，还有很多代谢激素的受体。ARC 细胞也对营养信号的波动作出反应，包括葡萄糖、胰岛素等。因此，这些细胞被看作为“第一级”感觉神经元，虽然这个命名可能不太合适，因为它提示作为对营养信号的反应，存在有层次性的神经元系统之证明。下丘脑其他神经核也存在有营养信号的受体，最明显、重要的是 VMH 和 LH，以及它们在能量稳态中的关键性作用。这些事实证明，ARC 细胞不是接受营养信号第一手输入的唯一细胞[3]。

实现机体能量平衡之正常调节，至少需要两个神经回路的协调作用——ARC 内的阿黑皮素原（POMC）以及神经肽 Y（NPY）神经元等所组成的神经核内局部回路（图 17-4），还有 ARC 和下丘脑其他神经核所组成的下丘脑神经回路（图 17-5）。

### 17.3.1 瘦素与 $ARC_{POMC}$ 神经元

弓状核（ARC）是激素信号（如瘦素）作用于下丘脑的入口[5]。

把瘦素给予瘦素缺失病人或与这种病人类似的动物——$Lep^{ob}/Lep^{ob}$ * 小鼠，都可以有效地减少病人和小鼠的摄食过量与肥胖。但通常的肥胖是与瘦素水平升高相关联的，这提示肥胖人体是抵抗这种脂肪细胞激素的。除了调节长时程的能量平衡以外，瘦素也可以快速地影响神经元活性。ARC 的阿黑皮素原（POMC）和 NPY 神经元两者是瘦素受体表达的主要部位，也是强有力的神经肽调制物之发源地。调制物就是黑皮质素和 NPY，它们在调节进食和代谢方面发挥对抗的作用。因此，这些神经元是特征化瘦素作用、特征化瘦素抵抗机制的一个良好模型；然而由于其分布弥散，它们难以被研究。这里报告用电生理学方法记录 POMC 神经元的结果。首先用转基因小鼠，POMC 神经元用靶向表达绿色荧光蛋白的方法加以鉴定。实验结果表明，瘦素通过两种机制增加了厌食 POMC 神经元的动作电位频率。一种机制是通过非特异阳离子通道的去极化，另一种是通过局部增食欲的 NPY 和 GABA 神经元减少抑制。实验更进一步显示，在这个神经回路里面，黑皮质素肽有自家抑制效应。根据实验结果，提出了一个关于瘦素作用于 ARC 神经元及其构筑的整合模型[6]。

以前的研究提示，瘦素并不是对所有神经元亚型有同样的效应。急性给予瘦素处理可能激活 POMC 神经元，但不激活 ARC 的 NPY 神经元，因为 c-fos 蛋白仅在前一群神经元里面增加，而 *Socs3*** 信使 RNA 则在两者的神经元群里面都增加。此外，ARC 的某个神经元群体似乎可被瘦素抑制，但这些神经元的肽表型尚未直接确定。除瘦素受体外，POMC 和 NPY 神经元两者都表达黑皮质素受体 3（melanocortin peptides receptor 3，MC3-R），它接受 POMC 来源的黑皮质素肽。这些受体的生理作用并不清楚，虽然 MC3-R 零小鼠表现出肥胖增加，比之野生型小鼠[6]。

瘦素是否选择性地激活 POMC 神经元？为了检测这种看法，研究者首先生产了一个转基因小鼠系。在这种小鼠的 *POMC* 基因顺序上，表达增强绿色荧光蛋白（enhanced green fluorescent protein，EGFP）到其转录调控部位，包括位于 -13 kb 和 -2 kb 之间的一个

* $Lep^{ob}/Lep^{ob}$ 是指由于瘦素基因（leptin）缺失而导致肥胖的基因。

** SOCS：suppression of cytokine signaling，细胞因子信号抑制物。

区，这个区是为了准确的神经元表达所需要的[6]。

### 17.3.2 瘦素在神经回路中的作用

研究者测定了瘦素对脑薄片中经鉴定的 POMC 细胞的直接作用（图 17－3a）。在瘦素（0.1～100 nmol／L）作用 2～10 min 时，77 个 POMC 细胞有 72 个以浓度-反应相关的

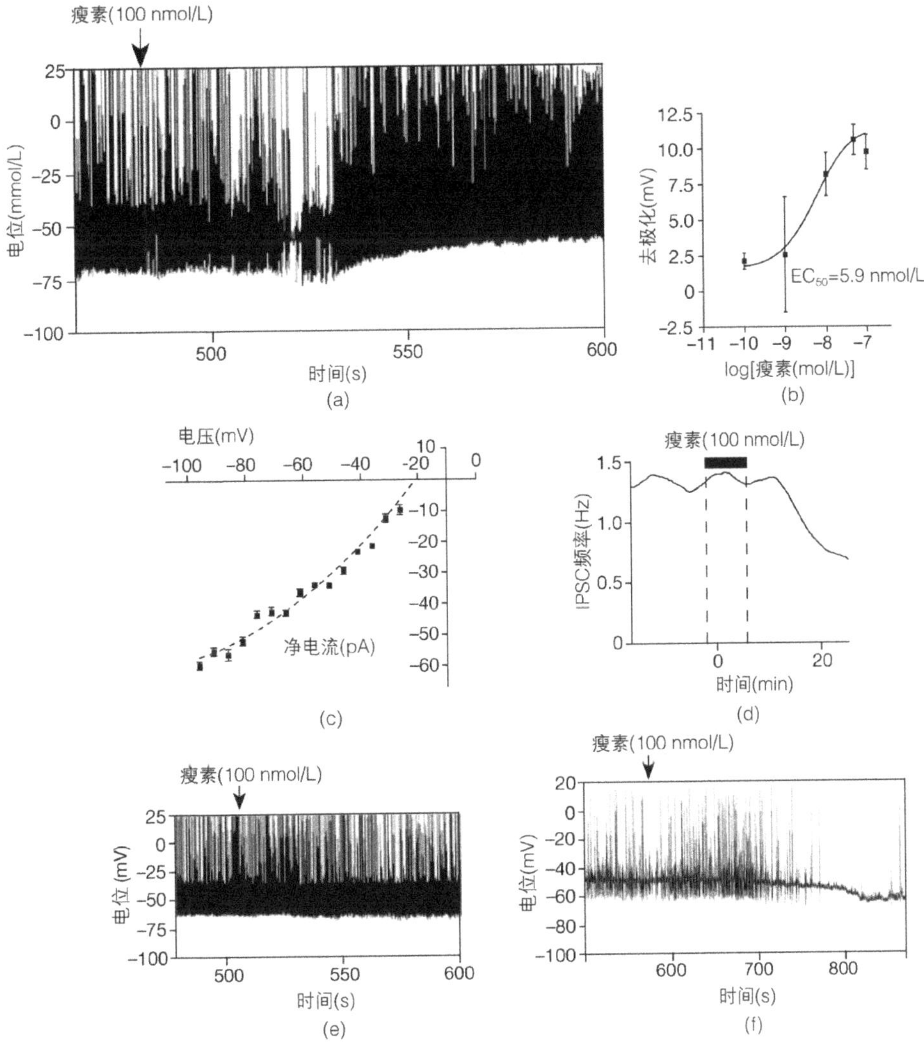


**图 17－3** 瘦素引起 POMC 神经元的去极化

瘦素通过非特异阳离子通道使 POMC 神经元去极化，降低 GABA 介导的对 POMC 细胞的张力。(a) 瘦素在加药后 1～10 min 的时间使 POMC 神经元去极化，增加动作电位频率。此图是 77 个 POMC 神经元记录的代表。(b) 瘦素引起浓度依赖的 POMC 神经元去极化。瘦素所致的去极化在 0.1、1、10、50 及 100 nmol／L(半最大反应有效浓度 EC50＝5.9 nmol／L)条件下测定，分别测定了 8、7、9、3 和 45 个细胞。(c) 瘦素通过激活非特异阳离子电流而使 POMC 细胞去极化。此图是 10 个细胞反应的代表。(d) 瘦素降低 POMC 细胞的 IPSC 频率。此图是 5 个细胞的代表，它们的反应是瘦素(100 nmol／L)降低 IPSC 的频率。(e) 瘦素对邻近的 5 个非荧光 ARC 神经元无作用。(f) 瘦素使 5 个非荧光 ARC 神经元超极化。(图引自[6])

方式(图 17-3b)去极化,其幅度为 3～30 mV。去极化有两个成分,两者在 40 min 内都不是完全可逆的。第一,去极化,它是由于一个小的内向电流,其逆转电位约为 -20 mV(图 17-3c),提示非特异性阳离子通道的参与。第二,瘦素处理降低 GABA 介导的支配 POMC 细胞的力量。在 POMC 细胞里可以观察到 GABA 介导的抑制性突触后电流(IPSC),在 15 个 POMC 细胞中有 5 个,瘦素(100 nmol/L)减少其频率的 25%,表明它作用于突触前,能以此方式减少 GABA 的释放。瘦素对于 15 个 POMC 细胞中 10 个的 IPSC 没有效应[6]。

瘦素对 IPSC 频率产生效应的时间延迟,与影响膜电位的时间延迟相接近。可见,瘦素不仅直接去极化 POMC 神经元,也作用于分泌 GABA 的神经末梢,减少分泌到 POMC 神经元的 GABA 量,这样就使得 POMC 神经元处于更加去极化的静息电位。瘦素所引起的 POMC 细胞持续去极化是特异的,因为瘦素对于邻近的 15 个 ARC 非荧光细胞中的 3 个没有作用(图 17-3e),5 个引起超极化(图 17-3f),另 3 个引起非 POMC 细胞去极化。这里报道的瘦素电生理效应与瘦素的生物学作用是相一致的,瘦素快速地引起大鼠下丘脑黑素细胞刺激素(α-MSH)的释放,很可能是由于激活了 POMC 神经元[6]。

以前曾有报道,瘦素引起神经元超极化,并且在弓状核(ARC)部分的神经元亚群中,瘦素和 GABA、NPY 的神经元共定位。这些事实使我们猜想,被瘦素超极化的 NPY/GABA 细胞直接支配着 POMC 神经元,从而减少对 POMC 细胞的 GABA 驱动。$ARC_{NPY}$神经元都表达瘦素及 NPY Y2 受体。更进一步,Y2 受体的激活可以抑制 NPY 神经元的 NPY 释放,可能也减少 NPY/GABA 末梢的 GABA 释放。这种情况提供了另一个药理学研究的基础,不依赖于瘦素,仅考察假设的分泌 GABA 的 NPY 神经元对于 POMC 神经元的支配[6]。

的确,在 3 min 内,在所有 12 个被检测的 POMC 细胞中,NPY(100 nmol/L)降低 GABA 介导的 IPSC 的频率,达到 55%(图 17-4a)。在河鲀毒素(TTX)存在的条件下,既是 NPY 也是瘦素,仍然可以抑制 IPSC,表明某些 IPSC 抑制的发生,是通过直接对突触前神经末梢的效应。POMC 神经元表达 NPY Y1 受体(neuropeptide Y Y1 receptor),NPY 可以超极化所有被检测的 POMC 神经元,平均为 9±6 mV[6]。

为了确定由 GABA 介导的、NPY/GABA 神经末梢对 POMC 神经元的支配,研究者检测了具有高选择性的 MC3-R 激动剂 D-Trp8-gMSH 的作用,看其对 GABA 局部释放的影响。在所记录 4 个 POMC 神经元中的 3 个里,D-Trp8-gMSH(7 nmol/L)增加 GABA 介导的 IPSC 频率(280%±90%)(图 17-4b),但它对一个细胞没有作用。MC3-R 激活的正性效果以及 NPY 和瘦素的负性效果显示了支配 POMC 神经元的 NPY/GABA 突触的动态范围,指认了这个突触在 ARC 中调制信号活动的重要作用。D-Trp8-gMSH(7 nmol/L)也可以使 15 个 POMC 细胞中的 9 个发生超极化,减少其动作电位的频率(图 17-4c),其余细胞对 D-Trp8-gMSH 没有明显的反应。作者不能确定这些效应是完全属于使 POMC 细胞上的 GABA 释放增加,还是又有其他原因,即对 POMC 神经元的额外突触后作用。据粗略估计,有半数细胞也表达 MC3-R。因此,MC3-R

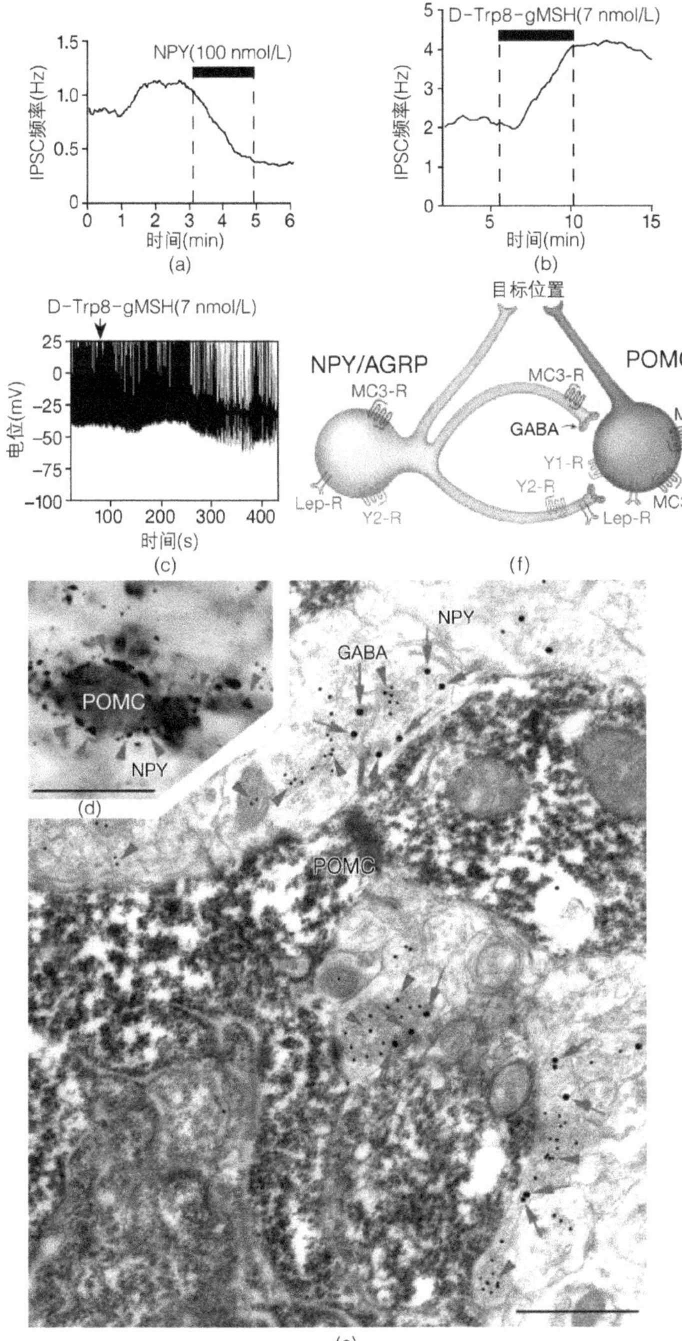


**图 17-4** 瘦素调节 POMC 和 NPY/GABA 神经元的模式图(彩图见图版第 62 页)

(a) NPY 减少 POMC 神经元的 mIPSC。(b) 7 nmol/L 的 D-Trp8-gMSH 剂量选择性地激活 MC3-R,增加 POMC 神经元上由 GABA 介导的 IPSC。(c) D-Trp8-gMSH 超极化 POMC 神经元。以上 a、b、c 都是代表性结果。(d) ARC 中邻近 POMC 神经元的神经末梢表达 NPY。NPY 神经末梢(黑色,绿色箭头);POMC 神经元胞体(棕色)。比例尺:10 mm。(e) ARC 中在与 POMC 神经元发生突触连接的神经末梢上 GABA 和 NPY 的表达。GABA 免疫反应性(10 nm 金颗粒,红色箭头)、NPY 反应性(25 nm 金颗粒,绿色箭头),它们存在于不同突触小泡,但共定位于突触终扣,该终扣与 POMC 神经元胞体发生直接接触[DAB* 与乙酸铀酰(uranyl acetate)和柠檬酸铅(lead citrate)作对比,细胞质中出现弥散黑色]。比例尺:1 mm。(f) NPY/GABA 神经元与 POMC 神经元的作用,详见正文。(图引自[6])

* DAB:3,3′-diaminobenzidine 或 diaminobenzidine(二氨基联苯胺),是一种免疫组织化学染料。

以类似于自家受体作用的方式，作用于 POMC 神经元，作为对 POMC 肽增高的反应，减少 POMC 神经元的活动[6]。

为了确定 POMC 神经元的 IPSC 是否由于对 NPY/GABA 细胞的局部神经支配，研究者们应用了光学和电子显微镜，做了多标记的免疫组织化学研究。虽然已经有报道，有独立的 NPY 和 GABA，但尚未有支配 POMC 细胞神经末梢中 NPY 和 GABA 共定位的报道。与大鼠的结果相类似，小鼠里面检测到 NPY 轴突末梢对 POMC 神经元的支配(图 17-4d)。电子显微镜证实了 NPY 和 GABA 在轴突末梢有共同表达，并显示这些终扣在所有 15 个 $ARC_{POMC}$ 神经元胞体上建立了突触(图 17-4e)[6]。

这些实验观察允许我们提供一个详细的局部神经回路调节模式：① 瘦素在 ARC 中的双重作用机制；② NPY/GABA 与 POMC 神经元之间的相互作用；③ 阿片的及黑皮质素肽的还有 NPY 的反馈作用(图 17-4f)。在此模型里面，瘦素直接去极化 POMC 神经元，同时超极化 NPY/GABA 神经元胞体，减少 NPY/GABA 末梢的释放。这样所造成的 GABA 释放减少，使 POMC 神经元去抑制。瘦素的直接和间接作用加在一起，就导致 POMC 神经元激活，动作电位放电频率增加。此外，POMC 和 NPY 两种神经元对自己所分泌的某些神经肽产品如 β-内啡肽、α-MSH、NPY 等，都表达有自家受体，而这些自家受体的激活可以提供超短反馈回路，进一步调制瘦素对 POMC 神经元的效应。NPY 和黑皮质素激动剂对于 IPSC 频率的效应，类似于其他下丘脑核(室旁核)NPY 对 IPSC 的效应[6]。

看起来，似乎有两类神经元，可以用它们来解释脑内的瘦素敏感性。一类是激活(去极化)释放厌食肽，另一类是起抑制作用(超极化)，其后果是减少释放增食欲肽。这样，经 GFP 鉴定的活的 POMC 神经元，这种方法提供了有价值的工具，来测定这些重要神经元的复杂作用，为了解瘦素的急性效应提出了一个模型系统，可以用来研究实现瘦素抵抗的机制[6]。

### 17.3.3　能量平衡中的下丘脑黑皮质素模型

在 ARC 中，鉴定了两群子集合的神经元，它们都含有经典的抑制性神经递质，其中一群神经元被激活时导致摄食减少、能量消耗增加，这些细胞表达 *POMC* 和可卡因-苯异丙胺调节转录物(*CART*)基因。POMC 前体肽分解成为黑素细胞刺激激素(α-、β-和 γ-MSH)、促肾上腺皮质激素(adrenocorticotropic hormone，ACTH)和 β-内啡肽。在动物和人类，α-MSH 和 β-MSH 可以减少体重和食物摄入，增加能量消耗，由于其作用在促黑激素受体亚型 3 和 4，这些受体在整个脑内都有存在，但在 ARC、LH、DMH 和下丘脑室旁核(PVH)特别丰富。与此相对比，能够增食欲，减少能量消耗反应的细胞会增加它们的活动，这种细胞含有神经肽 Y(NPY)和刺鼠基因相关转录肽(AgRP)。这群细胞含有 NPY 和 AgRP。NPY 被发现能够潜在地刺激摄食，减少能量消耗。在遗传性肥胖的动物中，例如 ob/ob 和 db/db* 小鼠以及处于负能量状态的动物，例如饥饿中或泌

* ob/ob 指 obesity/obesity(肥胖)，db/db 指 diabetic/diabetic(糖尿病)。

乳中的动物，观察到 ARC 的 *NPY* mRNA 及蛋白质的很大增加。虽然在整个脑内都能够发现 NPY，但 NPY 在 ARC 中的浓度是高的。ARC 核 NPY 神经元的一个显著特点是，它们含有 AgRP，而 AgRP 是天然 MC4－R、MC3－R 拮抗剂。因此，AgRP 减少 α－MSH 的厌食型效应。异位表达刺鼠肽(agouti)(它是 AgRP 样肽)导致肥胖表型的刺鼠。ARC 核的 POMC 和 NPY 两种神经元都表达瘦素和生长激素释放肽受体。外周给予这些物质，可以调制神经元活性及瘦素和生长激素释放肽受体的基因表达。瘦素增加 POMC 细胞活性，抑制 NPY 细胞活性；生长激素释放肽的作用则正好相反。生长激素释放肽通过激活突触前 GABA 的释放而调制 POMC 神经元的活性[3]。

值得注意的是，我们对于黑皮质素系统功能方面的多数了解，来自对基因转录分析的研究，包括评估神经肽的表达水平，例如 POMC 和 NPY；以及早期反应基因，例如

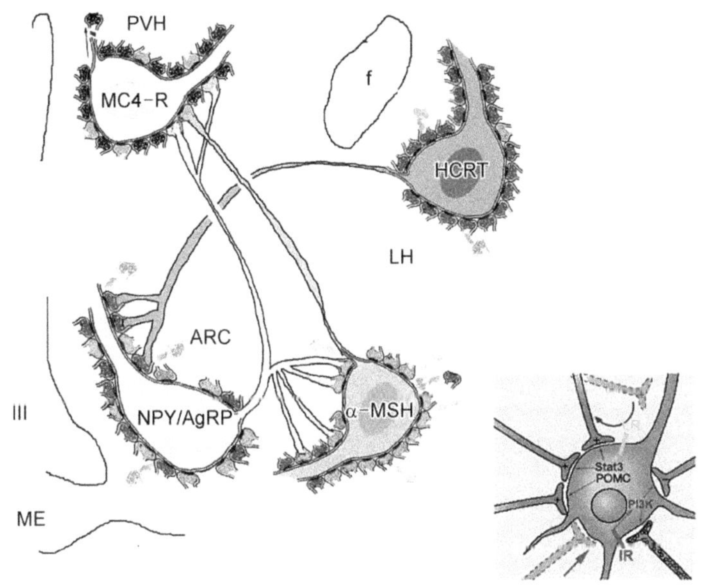


**图 17－5** 黑皮质素系统的图解式(彩图见图版第 63 页)

与饱食状态相比，在处于负性能量平衡(循环中低的瘦素、高的生长激素释放肽的水平)时，弓状核(ARC)里面增食欲的 NPY/AgRP 神经元(黄色)受到兴奋性(红色)/抑制性(绿色)的输入比例增加。当瘦素水平增加及生长激素释放肽水平减少以后，表明饱现象出来了，箭头表明此时的突触运动的方向。与之相对比，邻近的厌食 α－MSH 细胞(蓝色)接受的抑制性/兴奋性输入比例增高，这时与饱的状态时相对比，处于负能量平衡状态。这两个系统有互相重叠的投射，靶向到不同脑区表达黑皮质素受体 4(MC4－R)的神经元，包括 PVH。MC4－R(PVH 中灰色的膜)可以定位于突触后或突触前，密切靠近含有 AgRP 和 α－MSH 的神经纤维。有部分抑制性输入中止于 ARC 的黑皮质素细胞的胞体，此输入发源于局部 NPY/AgRP 神经元。某些来到 NPY、AgRP 神经元的兴奋性输入，含有增食欲肽神经元，它们发源于外侧下丘脑(LH)。这些 LH 细胞也是引起食欲的，它们的胞体优先地受兴奋性输入的支配，既在负性能量平衡时，也在饱食情况下，虽然兴奋性输入的饱食水平有时被变钝。所有这 3 种类型的细胞，经常紧密地靠近毛细血管，这就增加了可能性，可以直接被循环血液中的瘦素或生长激素调节肽所调节。作为对改变着的代谢环境的反应，黑皮质素系统的组成成分以及增食欲肽神经元都显示了突触可塑性。这些突触变化是瘦素调节的(下右方小图)，因此可以受到瘦素受体(LRb)细胞内信号级联反应的触发。这包括 Stat3 和磷酸肌醇 3 激酶(phosphoinositide 3－kinase，PI3K)信号通路。由于这些样式的信号可以被其他体液信号发动[例如胰岛素受体(insulin receptor，IR)激活的 PI3K]，因此可以合理地推测，这些突触变化不局限于瘦素的效应。(图引自[3])

*c*-*fos* 基因；还有基因表达和摄食行为之间的关联。现在还没有直接的证据可以得出结论，ARC 的 NPY 神经元放电的增加，是作为对改变着的代谢内环境的反应，抑或 POMC 神经元电活动的增加，可以促进饱足或停止摄食行为。这部分是由于现在还缺少实验工具。然而在过去几年，新技术的应用见证了某些非常明显的进展，例如神经元特异表达的荧光素报告基因。应用此法可以看到下丘脑神经元亚群，因此当细胞还是活着的时候它们可以被研究。通过这个方法的应用，产生了相当程度的神经解剖学和电生理学资料，它们演示：NPY 神经元接触邻近的 POMC 细胞，而且通过释放 GABA 而抑制它们。单方向性的 NPY 到 POMC 的输入，是一个有趣的能量调节的解剖学基础特征，因为这可能代表一个线路蓝图，有利于紧张性地抑制饱信号。这个特征可能来自自然选择，不仅促进进食，在一定条件下，当食物提供过多时也促进过度进食[3]。

ARC 的 POMC 和 NPY 神经元投射到脑的不同部位，包括 PVH、LH 及下丘脑穹窿周围区，这些区都含有相当数量的 MC3-R、MC4-R。ARC 到 PVH 的投射对于调节产生促肾上腺皮质激素释放激素(corticotrophin releasing hormone，CRH)和促甲状腺皮质激素释放激素(TRH)神经元是重要的，也调制交感系统的激活。以上两者都是调节代谢的重要生理学机制(图 17-5)。近来有一个非常精细漂亮的应用 Cre/loxP 途径的研究。此研究显示，对于带有 *MC*4 基因的这种突变小鼠(loxTB mc4)，如果通过病毒或基因操控的方法，让 PVH 的 *MC*4 基因选择性地恢复，则动物体重减轻，吃东西也少。然而，PVH 的MC4-R的恢复并不足以把能量消耗水平带回到与对照动物一样，提示能量消耗是由下丘脑其他部位黑皮质素调节的，或是通过除 MC4-R 以外的其他受体[3]。

## 17.4　弓状核以外脑区与摄食

### 17.4.1　下丘脑腹内侧核

A.W. Hetherington 和 S.W. Ranson 及其他作者首次提出，腹内侧下丘脑(VMH)直接调节进食和肥胖。他们显示，电解损毁大鼠 VMH 导致肥胖症的快速发展。以后有相当数量的研究工件，包括化学损伤、不同的药理学研究，都支持一种看法，那就是与 ARC 一样，VMH 是关键性的下丘脑神经核，它抑制进食、增加代谢。这些作用限制了动物体内脂肪的数量。相反，损坏大鼠 LH 则导致明显的厌食状态，提示 LH 参与促进进食。这些发现加在一起，导致了当时曾经提出的关于能量调节的“双中枢”假说。在这个假说中，VMH 被建议为“饱中枢”，而 LH 被描写为“饥饿中枢”。这样，可能并不令人奇怪的是，以后发现 VMH 是下丘脑的关键脑区之一，在那里，长型(long form)的瘦素受体 b (leptin receptor b，LRb)是高度表达的，因此 VMH 脑区介导瘦素对于内稳态的效应。虽然早期已经知道有关 VMH 在进食以及代谢方面有贡献的发现，以后又知道 VMH 瘦素信号转导的参与，但是有关 VMH 神经元得以在瘦素和其他代谢信号调控下调节能量稳态的细胞机制，却知道得很少。以后，研究工作兴趣从 VMH 转移到 ARC，特别是由于发现了 ARC 上面有 NPY/AgRP 和 POMC/CART 神经元回路。这成为一个占优势的兴趣，研究工作论文的发表随之而来。这可能给了人一个印象，似乎 ARC 的黑皮质素系统是饱中枢的一个基本组成部分[3]。

然而近来的研究显示，由 $ARC_{POMC}$ 细胞介导的、对瘦素的代谢反应仅仅是部分的，而 VMH 在调节能量代谢方面可能发挥更为重要的作用，比以前所想象到的要更多一些。这些研究选择性地敲除 POMC 神经元的瘦素受体，考察了动物的行为及代谢表型。令人惊奇的是，这些动物最多仅能达到中度肥胖，而且其进食量跟对照动物一样。与此相对比，选择性地去除 VMH 神经元的瘦素受体基因，这种神经元同时表达甾体因子-1(steroid factor-1，SF-1)，导致这种小鼠不仅肥胖，也过分地多吃。SF-1 是为 VMH 发育所必需的转录因子，而瘦素则增加 SF-1 的表达。ARC 的 POMC 神经元和 VMH 的 SF-1 神经元有瘦素受体突变的小鼠都会更加肥胖，比之仅单独瘦素受体突变的小鼠。实验结果提示，在能量代谢方面，VMH 对于瘦素的敏感与 ARC 的一样。这不仅与早期 VMH 损伤实验的发现相符合，也可以帮助解释，为什么瘦素同时作用于 ARC 和 VMH[3]。

那么，在下丘脑进食回路的背景下，VMH 神经元是如何发挥它的厌食效应的呢？最近的实验显示，VMH 可能通过微神经回路增加 POMC 神经元的活性，而这是通过以前通常的束路追踪技术很难被检测到的。现在应用激光扫描光刺激技术(laser scanning photostimulation，LSPS)再结合脑薄片电生理学，作者们显示，从 VMH 神经元来的输入多数是兴奋性的，它增加 POMC 神经元活性；饥饿时，此输入减少。实验也证实了早期的观察，即 ARC 的 POMC 神经元输入组构是变化的，依赖于代谢状态。提供对 POMC 神经元可塑性传出的 VMH 神经元是否接受瘦素信号，需要进一步的研究。另一方面，ARC 也可能调制 VMH 活性。从 ARC 到 VMH 的传入投射比到其他神经核的要稀少，但 VMH 含有 MC4-R，还有 NPY 的 Y1、Y2 和 Y5 受体，这提示 POMC 和 NPY 两者的神经元都投射到 VMH。把 NPY 注射入 VMH 可以增加进食，饥饿关联到 NPY 在此脑区水平的提高，而从处死前动物的 VMH 神经元对 α-MSH 的电生理学反应看，与事先用 AgRP 处理的动物相比，饥饿动物的电生理学反应减少[3]。

令人注意的 VMH 特点是，它高度而特异地表达脑源性神经营养因子(BDNF)，此因子被显示可以影响由 VMH 调节的代谢功能。另一方面，遗传性 BDNF 或酪氨酸蛋白激酶 B(tyrosine protein kinase B，TrkB)受体的缺少，导致人类和小鼠肥胖。令人感兴趣的是，选择性地在 VMH 上，瘦素增加 BDNF 转录本，而饥饿减少 BDNF 转录本，提示 BDNF 真的是瘦素信号传送所调控的一个调节性组成部分，其作用在于调控身体的能量平衡。因为已经知道 BDNF 在脑内的作用是在不同情况下促进突触的形态和功能，所以关联到内稳态的 BDNF 特异效果和表达提出了一种可能性，即下丘脑的突触可塑性可能是能量调节性机制的一部分。值得注意的是，BDNF 的厌食效应并非直接由黑皮质素系统介导，因为 BDNF 使得缺少 MC4-R 的小鼠降低体重和进食量，但是 VMH 神经元与 ARC 的 POMC 神经元形成兴奋性的微回路。这提示，VMH 可以通过其他途径影响 POMC 的神经活性，例如经典神经递质及/或可塑性。事实上，瘦素和其他代谢激素增加 POMC 细胞上的兴奋性突触数目(参看 17.8)。现在还不清楚，这些兴奋性输入是否发源于 VMH[3]。

### 17.4.2　外侧下丘脑

如前所述，外侧下丘脑（LH）被鉴定为饥饿中枢，因为它的损害阻断了动物进食。LH 内被鉴定有两套神经元群体，它们或者含有与激醒及进食有关的下丘脑泌素（增食欲肽），或者含有另一种强有力的进食刺激剂——黑色素浓集激素（MCH）。有这样的看法，就是动机化进食的神经元在 ARC 的黑皮质素系统范围里面，虽然有关它们在其中的层次和位置仍有争论。MCH 和增食欲肽神经元都具有广泛的投射野以调制一系列行为反应，关联到学习、记忆、情绪、动机以及运动反应，也关联到能量状态的变化。虽然 MCH 和增食欲肽神经元的投射被展示有重要重叠，但它们的总体效果及真正靶相当地不同。与 NPY 和 POMC 神经元一样，MCH 和增食欲肽神经元的活性也受无数激素的调节，包括瘦素和生长激素释放肽，以及基本上各种神经递质系统。在 LH 内，MCH 和增食欲肽神经元具有相互之间及邻近神经元之间的交互连接。对脑薄片或分离神经元的电生理学研究表明，一般说来，增食欲肽对 LH 神经元具刺激性效应，也包括对其中的 MCH 神经元，而 MCH 是压抑大鼠 LH 中谷氨酸能和 GABA 能神经元突触活性的。尚不清楚的是：所观察到的以不同强度和动力学做实验的这些结果，即增食欲肽和 MCH 神经元之间的这种电相互作用，是与进食及长时程稳态有关，还是更多地与觉醒行为有关。这是些很有意思的问题，应该加以澄清（图 17－6）[3]。

如同 ARC 神经元一样，MCH 和增食欲肽神经元能够直接整合代谢信号，用于调制能量平衡，而它们真的能做到这样，并且多少互不依赖，不依靠在 LH 中的位置是否靠近及生理学相互作用如何。例如，在饥饿时增食欲肽的 mRNA 水平上调。值得注意的是，在啮齿类及非人灵长类，增食欲肽神经元被饥饿快速激活，展示一种瘦素依赖的突触可塑性。此外，所有被饥饿激活的下丘脑神经元，都接受强的增食欲肽输入。这些观察再结合早期多项实验结果都有利于说明，就进食和能量代谢而言，增食欲肽神经元可能处于 NPY 系统的上游。早期的实验结果包括：① 有强大的增食欲肽输入来到 ARC，特别是来到 NPY 神经元；② 增食欲肽的功能依赖于 NPY 的信号传送（特别是 NPY 的 Y1、Y5 受体）；③ NPY 和增食欲肽（低浓度）之间在诱导进食方面有协调性作用。神经元被敲除增食欲肽基因的小鼠，进食减少，但能维持正常的生长曲线，提示它们的代谢率降低。这一点又联系到增食欲肽神经元在促觉醒方面的关键性作用。由于增食欲肽神经元可以直接投射到脑干、蓝斑（LC），故而增食欲肽成为一个把肥胖和失眠症联系起来的可能候补者（图 17－6）。但是这个回路在协调睡眠-觉醒周期和能量代谢之间，是否真的具有这样的功能，还需要进一步实验的支持。特别是考虑到一些实验观察，发现基因操控小鼠的增食欲肽神经元系统并不支持前述认为的这种神经元对进食有关键必要性的观点[3]。

另一方面，如果把增食欲的肽、MCH 与 NPY 或增食欲肽一起注射入大鼠第三脑室，在诱导食物摄入方面并不显示或很少显示相互作用。这些观察为以前的形态学资料提

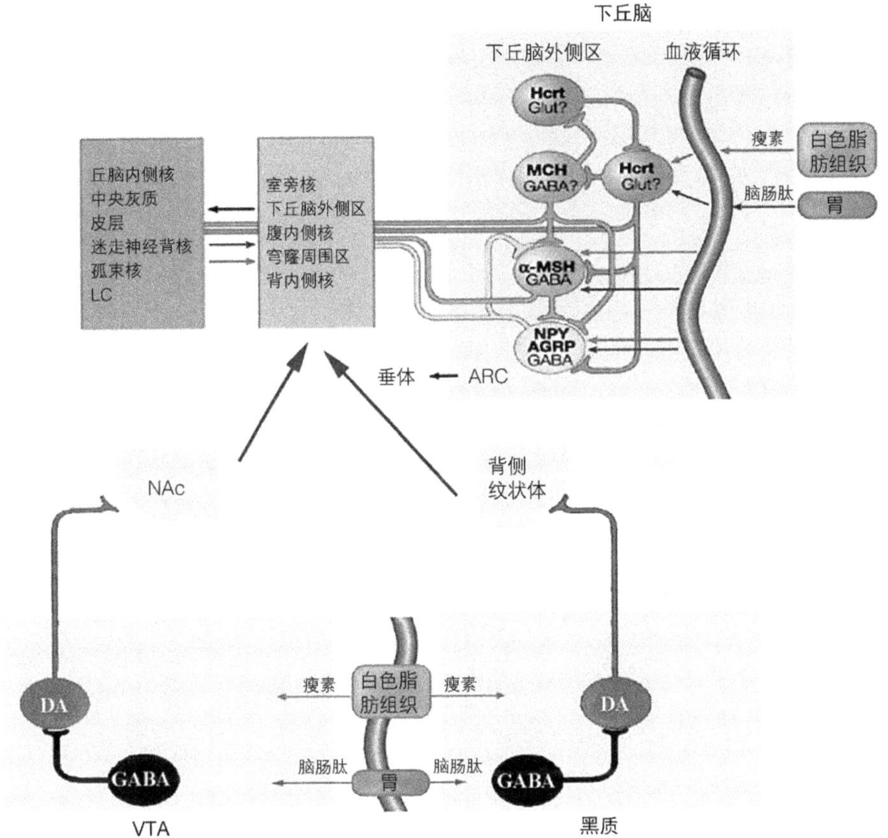


**图 17-6** 下丘脑和下丘脑以外区在调节能量稳态中的关系(彩图见图版第 64 页)

图解式地演示说明几个下丘脑肽能神经系统的相互作用及投射,包括外侧下丘脑(LH)的增食欲肽(Orx/Hcrt)、黑色素浓集激素(MCH)神经元,以及弓状核(ARC)内产生神经肽 Y(NPY)/刺鼠基因相关蛋白(AgRP)和 α-黑素细胞刺激激素(α-MSH)的神经元。在下丘脑中,各种外周激素(瘦素、生长激素释放肽)影响前面讲过的神经调质的释放。以同样的方式,下丘脑外的神经回路例如中脑多巴胺系统,也被外周激素效应所靶向作用,以改变能量内稳态的行为(潜在的内分泌)成分。除了包含腹侧被盖区(VTA)多巴胺神经元的投射到达伏隔核(NAc)的中脑-边缘多巴胺酬报系统以外,近来的资料还清楚地表明,发源于黑质、投射到背侧纹状体的黑质-纹状体多巴胺系统在调节进食行为方面起关键作用。这些中脑多巴胺系统是处于下丘脑机器的上游及/或下游,其准确的信号模式还有待确定[3]。简写:DA,多巴胺(dopamine);GABA,γ-氨基丁酸;Glut,谷氨酸。(图引自[3])

供了相伴随的生理学成分。两者合在一起显示,与增食欲肽神经元相比较,到 ARC 的 MCH 投射力量只是有限的。看来,MCH 对进食的作用可能并不依赖于 NPY 和增食欲肽的作用。然而如同 NPY 一样,MCH 真正能够展示特征性的、典型的增食欲肽基因的作用:它的 mRNA 水平在肥胖突变动物中是增加的,而在饥饿后可以进一步增加其表达;在正常及肥胖的动物中,它有强的增食欲效应。另一方面,靶向敲除 *MCH* 基因导致低进食的表型,动物变得消瘦,具有不合适的高代谢率,提示 *MCH* 是典型的"节约基因",它增加能量的摄入,减少能量的消费。与此观点相一致,MCH 压抑甲状腺刺激激素(thyroid stimulating hormone,TSH)的释放。与 MCH 不同,增食欲肽的作用是通过

NPY 的，MCH 似乎可以竞争 α - MSH 的作用而产生自己的效果(一个保留下来的机制，从鱼类皮肤颜色的调节一直到哺乳动物下丘脑的能量平衡调节)。所以，给予 MCH 可以增加进食，而 α - MSH 的作用则是减少它。当两个肽一起给予时，依赖于相对剂量，一个肽可以拮抗另一个肽的作用。近来有一个切除 MCH 神经元的小鼠模型，方法是使小鼠表达一个毒素基因——共济失调蛋白-3(ataxin - 3)，靶向到 MCH 神经元。表达此基因的小鼠，其 MCH 神经元会遭受慢性损伤。令人感兴趣的是，这些小鼠的表型高度类似于仅缺少 *MCH* 基因的小鼠表型，动物显示食物摄取的减少和能量消耗的增加。此外，在小鼠 ob/ob 突变体的背景下切除 MCH 神经元，导致肥胖的改善和葡萄糖的耐受。神经元切除研究的结果提示，MCH 细胞在能量调节方面的功能，可能局限于 MCH 系统本身，而不是作用在细胞的其他方面，例如它们的经典神经递质作用，及/或它们的突触可塑性作用，这些作用与 NPY 细胞的作用是完全不同的(参看下面)[3]。

### 17.4.3 下丘脑背内侧核

在某些时候，下丘脑背内侧核(DMH)曾经被指认能够调节能量的平衡，但直到最近，它的真正作用仍不清楚。DMH 参与一系列的调节机制，包括调节糖皮质激素的分泌、体温及运动活性的昼夜节律。DMH 接受来自 ARC 的细胞以及脑干中枢的输入，也被认为参与了进食调节。DMH 的局限性损伤，典型地导致摄食减少，虽然动物仍然可以维持身体的组成。在近来的研究中有作者显示，DMH 的作用关键性地是把进食计划的安排搭乘(entrain)到昼夜节律。如有些作者所表明的那样，研究食物受限制 4 h/d 动物的 DMH，发现其 *c* - *fos* 表达增加。这表明，如果与那些整天都可以自由获得食物的动物相比较，规律性地把食物提供给动物，会在某一时间使细胞激活增加。另一实验应用鹅膏蕈酸损伤 DMH，导致运动活性水平的降低及进食量的减少。此外，当对受损伤大鼠实施限制进食的规则时，它们显示了餐前预测性运动活性的增加较少，比之那种接受假手术的动物。DMH 损伤也能阻断搭乘到供食时间上的体温升高。关于 DMH 细胞的表型仍然不太清楚。有的 DMH 细胞以谷氨酸作为神经递质，投射到 PVH 及视前区，它们被认为参与皮质激素分泌和体温调节的昼夜节律。从 DMH 到 LH 及到腹外侧视前区的投射，被指认参与了睡眠和觉醒，可能与动物处于限制进食程序时的活性增强有关。其他下丘脑神经核也有瘦素和生长激素释放肽受体，包括视交叉上核(SCN)。这个现象支持了一个观点，即这些激素直接靶向这些神经核，产生额外的行为和生理反应，以补充那些由 ARC 细胞所介导的反应[3]。

### 17.4.4 视交叉上核

视交叉上核(SCN)是一个主要时钟，介导昼夜型式的生物功能。SCN 在调节能量代谢方面的作用，被它调节昼夜节律的关键性作用所掩盖。在昼夜节律的调节中，SCN 因为能够调控昼夜的代谢激素分泌，所以被认为能够调节季节性的脂肪组织含量，而且构成维持葡萄糖水平型式的基础。SCN 投射到多数的下丘脑神经核，有一个强的投射野中止于 PVH 和 DMH。近来的证据提示，ARC 投射到 SCN，表明黑皮质素系统可以影响它的活性。同样，在时钟基因发生突变小鼠的 SCN 中表达一个转录本，该转录本对于产生昼夜节律的转录机制是关键性的。这种动物表现出肥胖的表型。下丘脑时钟基因在 SCN 中表达最高，因此直接提示此区在突变所引起的肥胖中有作用。然而，时钟基因 mRNA 也存在于 ARC 和正中隆起，提示时钟基因也可能通过此脑区的某些细胞，以调制代谢功能[3]。

### 17.4.5 下丘脑室旁核

下丘脑室旁核(PVH)接受瘦素的及其他的整合信息，它是下丘脑调控摄食及能量代谢的主要输出出口[5]。

### 17.4.6 脑干及皮层-边缘传导路

与黑皮质素系统功能相关联的其他系统的脑神经回路在被激活的时候，可以调制食物摄取和体重。虽然不能完全把这些系统看作内稳态调节性的，但激活这些通路就可以无视来自下丘脑内稳态中枢的调节性信号而增加或减少进食。例如已经很好地确立：脑干被游离的大鼠能够继续调节它们所偏好的进食，对可口食品显示出情感性反应。另一个例子是皮层-边缘传导通路，它能够整合感觉输入，导致产生储存起来应用于作出决断的认知代表(cognitive representation)。损害不同的皮层-边缘脑区可以导致肥胖[3]。

### 17.4.7 中脑多巴胺系统

有一个系统正在新兴，它是调节内稳态的“演员”，这就是中脑多巴胺系统。多巴胺参与激醒、运动活性、心境、酬报的调节。选择性的酪氨酸羟化酶失活可导致小鼠多巴胺的缺少，这种动物的食物摄取量受显著压抑，类似于 LH 损伤动物。急性葡萄糖剥夺不能引起这种小鼠的进食反应，也不能引起对于多肽 YY(peptide YY，PYY)给予或瘦素缺少的反应。以上情况提示，为了促进进食，多巴胺信号是绝对需要的，该信号似乎作用于黑皮质素系统的下游。至于说到用多巴胺系统解释进食行为的不同功能，酬报神经通路曾经受到特别的注意，因为食物具有作为自然强化物的普遍性。中脑腹侧被盖区(VTA)的多巴胺神经元支配伏隔核(NAc；腹侧纹状体)，此回路曾被认为参与食物、性及药物滥用等的酬报。作为支持中脑-边缘酬报回路在进食调节方面的作用，近来发现，干扰生长激素释放肽的信号传送，可以减少生长激素释放肽所诱导的进食。令人惊异的是，在正常食谱下，恢复背侧纹状体多巴胺的产生，也就恢复了进食，而恢复伏隔核的多巴胺则无效。这些发现可能提示，为了营养而进食与食物作为酬报物质，这两者存在根本区别。在人体上的类似研究有利于支持这样的看法：应用 PET 扫描研究人脑功能，发现进食关联到背侧纹状体的多巴胺释放，但不是腹侧纹状体的，多巴胺释放量与体验到的愉快程度相关联。这样，需要进一步的研究来弄清楚，VTA 和黑质的多巴胺神经元是否在一般性意义上调节进食和能量内稳态的作用[3]。

然而，进食关联到动机机制，动机对于找到食物所必需的行为反应是重要的。另一方面，下丘脑肽例如 NPY、α－MSH、AgRP、增食欲肽及 MCH，它们调制靶向 NAc 多巴胺神经元的活性。作为代谢信息的瘦素信号流经 ARC，通过直接到 NAc 的投射，调制中脑纹状体多巴胺系统的活性；或者间接地通过激活增食欲肽或 MCH 神经元，它们也投射到腹侧被盖区（VTA）和 NAc。已有证据支持一种看法：至少 VTA 对于瘦素、胰岛素和生长激素释放肽是敏感的，VTA 的多巴胺神经元活性可以被这些信号所调制。围绕这种观察所提出的含义以及对它们的解释仍有争论。进一步的研究可能会发现，与"漏斗"假说不同，代谢信号能够与稳态性系统串联，直接作用于酬报系统，包括内侧纹状体，从而调制进食的动机方面，虽然有可能通过一种更精细的方式[3]。

## 17.5　厌食症的神经回路

厌食症的产生与机体能量平衡正常调节的失功能有密切关系，但厌食症的产生又有其本身的特殊要求，例如它涉及不少下丘脑以外脑区的参与。

应用急性 AgRP 神经元切除的途径，再通过功能性神经回路的作图方法，配之以能够挽救进食神经元扰乱的鉴定，使介导厌食症的神经回路可以得到分析（图 17－7）。在抑制性 AgRP 神经元丢失之后不久，检查正常情况下受 AgRP 轴突支配的 8 个脑区，发

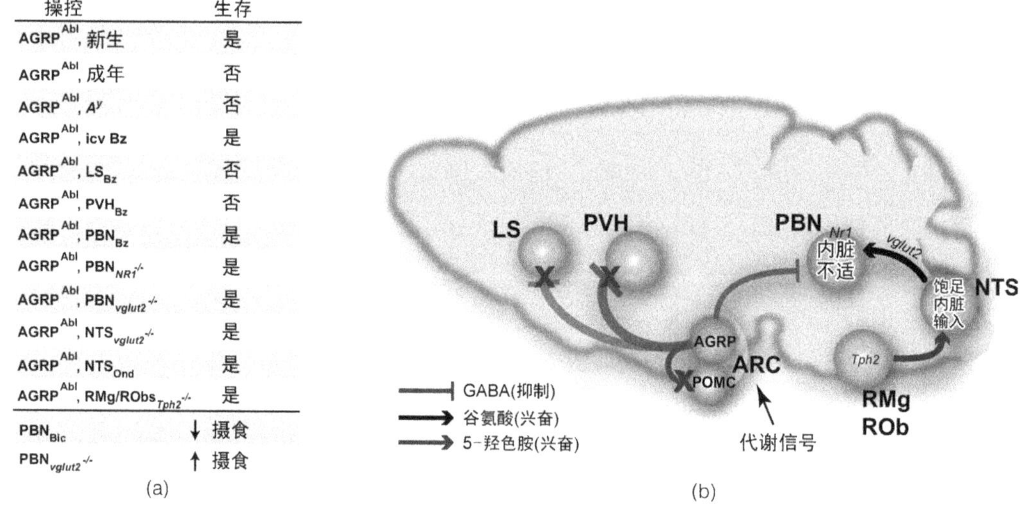

| 操控 | 生存 |
|---|---|
| $AGRP^{Abl}$, 新生 | 是 |
| $AGRP^{Abl}$, 成年 | 否 |
| $AGRP^{Abl}$, $A^{y}$ | 否 |
| $AGRP^{Abl}$, icv Bz | 是 |
| $AGRP^{Abl}$, $LS_{Bz}$ | 否 |
| $AGRP^{Abl}$, $PVH_{Bz}$ | 否 |
| $AGRP^{Abl}$, $PBN_{Bz}$ | 是 |
| $AGRP^{Abl}$, $PBN_{NR1}^{-/-}$ | 是 |
| $AGRP^{Abl}$, $PBN_{vglut2}^{-/-}$ | 是 |
| $AGRP^{Abl}$, $NTS_{vglut2}^{-/-}$ | 是 |
| $AGRP^{Abl}$, $NTS_{Ond}$ | 是 |
| $AGRP^{Abl}$, $RMg/RObs_{Tph2}^{-/-}$ | 是 |
| $PBN_{Bic}$ | ↓ 摄食 |
| $PBN_{vglut2}^{-/-}$ | ↑ 摄食 |



**图 17－7**　AgRP 神经元轴突投射调制介导厌食症的后脑神经回路

（a）神经元和药理学操控的摘要，简单地单独给予或共同给予。用这种操控来探查其上位性影响，考虑它们对于生存的效应（由于挽救了摄食）。Abl，切除；icv，脑室内注射；Bz，嗅他西尼；NR1，NMDA 受体 NR1 亚单位；vglut2，小泡谷氨酸转运蛋白 2；－/－，双等位基因敲除；Ond，昂丹司琼（ondansetron）；LS，外侧隔核；Tph2，色氨酸羟化酶 2；Bic，荷包牡丹碱。（b）AgRP 神经元投射有局部的，有长轴突的，这些投射抑制了 POMC、PVH、LS、PBN 的神经元以及其他的靶。需要 $ARC_{AgRP}$ * →PBN 连接以压抑内脏性的不舒服。这是来自孤束核（nucleus tractus solitarii，NTS）的冲动，通过谷氨酸能的兴奋性驱动，由 PBN 介导，受 5－羟色胺输入的调节。（图引自[1]）

* $ARC_{AgRP}$ 指弓状核（ARC）的 AgRP 神经元。

现这些脑区的 *fos* 表达都是升高的，而 fos 是神经元激活的组织化学标志。通过向脑内输入药物——苯二氮、嗅他西尼(bretazenil)，它们是 GABA 增强剂，可以挽救摄食。但这种处理最强地压抑了几个脑区 *fos* 的表达，如外侧隔核、臂旁核(PBN)。慢性颅内给予嗅他西尼靶向到上述两个脑区，则实验显示，如果输入到 PBN 就足以挽救摄食，但输入到外侧隔核或其他几个脑区则不行。前者很可能是由于补偿了 AgRP 神经元丢失的效果，而 AgRP 神经元是从下丘脑投向 PBN 的[1]。

PBN 是后脑的一个转换站，它接受来自外周的内脏和味觉输入。调节 PBN 活性的后脑神经回路以及它对急性 AgRP 神经元切除的敏感性，是通过以下实验发现的：实验应用一系列的基因操控，包括 Cre 重组酶经病毒输送到一种特殊的 AgRP - DTR* 小鼠的后脑神经核，这种小鼠用基因工程方法接受了一系列在序列两侧加 loxp 位点(floxing)**的基因。应用重组腺相关病毒靶向发送 Cre 重组酶以切除 PBN 中两侧加 loxp 位点的 *Grin*1 基因(NMDA 受体的亚单位)，可阻止由于 AgRP 神经元切除后小鼠丢失抑制性输入而引起的饥饿。这种操作使得 NMDA 受体的信号传送失效，也可能降低 PBN 神经元对谷氨酸能突触输入反应的兴奋性。上行兴奋性谷氨酸能输入大部分发源于 NTS，NTS 是内脏信息进到脑里面来的初级进入点。用 rAAV - Cre 敲除 NTS 突触小泡的谷氨酸转运蛋白-2 基因(*Slc*17*a*6)，使得突触小泡的谷氨酸摄入失效，可以减少 NTS 神经元刺激 PBN 神经元的能力，也就挽救了 AgRP 神经元切除小鼠的进食[1]。

因为 AgRP 神经元被切除的小鼠即使在食物被送进嘴里的时候也不吃食物，所以 AgRP 神经元的丢失被认为是引起了内脏性身体不适(visceral malaise)或者严重恶心。基于这样一个假定，在切除 AgRP 神经元后对小鼠用止吐剂昂丹司琼(ondansetron)处理，把昂丹司琼输入到后脑的第四脑室，可以挽回摄食行为。昂丹司琼是 3 型 5 -羟色胺($5-HT_3$)受体的拮抗剂，而 NTS 有 5 -羟色胺轴突的支配。5 -羟色胺并不是由 NTS 产生的，为确定 5 -羟色胺神经支配的 NTS 来源，应用了犬病毒载体(CAV - 2)。这是基于此载体有这样的特征：它可以被轴突的突起所摄取，又反向传输到细胞体。表达 Cre 重组酶的 CAV2 靶向到由两侧加 loxp 位点的 Tph2 工程化小鼠的 NTS。Tph2 是一个 5 -羟色胺生物合成所必需的酶，即色氨酸羟化酶 2(tryptophan hydroxylase 2)。这种小鼠显示其 NTS 丢失了 5 -羟色胺支配，而且 3 个含 5 -羟色胺神经元脑区中的 2 个脑区(中缝大核、中缝暗核)丢失了 Tph2，但中缝背核的 Tph2 并不消失。重要的是，这些小鼠里面 AgRP 神经元的切除并不导致摄食。这表明，从这些脑区投向 NTS 的 5 -羟色胺能投射，其作用是激活 NTS，然后增加输入到 PBN 的兴奋性输入；而当 AgRP 切除后，来自 AgRP 神经元的平衡性抑制性驱动消失时，PBN 才导致摄食[1]。

剖析 AgRP 神经元切除后的厌食症，是一种脑区间复杂关系的分析。在这里，非常精巧地合并应用了几种研究手段(药理学工具、病毒介导工具)，来作图后脑神经回路，而

* DTR：diphtheria toxin receptor，白喉毒素受体。
** loxp 位点是指噬菌体 P1 上由 34 个碱基对组成的位点。floxing 指两个 loxp 位点之间所插入的 DNA 序列。

这个回路是受 AgRP 投射调节的(图 17－8)。AgRP 神经元切除后的急性发作，对于功能回路的作图途径是基本的。有了这种急性发作，就可以检测脑区之间的相互作用。行为读出仅仅是存活的情况，这易化了大量脑区的病毒和药理学操控(图 17－8a)。这样一来摆在我们面前的情景就是，从上面来的 AgRP 神经元投射是约束性的神经回路。回路过度激活就导致“内脏性身体不适”或严重恶心。基于代偿能力，对于摄食行为来说，AgRP 神经元并非严格必需；但在正常环境下，这些神经元的活动是小鼠摄食所需的。这提示，内脏不舒服的回路在约束进食方面起作用，而此过程又是在激素和营养素敏感的 AgRP 神经元调控之下的。更进一步，已经证明 PBN 对进食行为有双向性影响：用苯二氮可以强化 PBN 的 GABA 信号传送，或者通过局部清除 Slc17a6 以压抑 PBN 的兴奋性输出，这两者都可以增加进食，即使当 AgRP 神经元仍然完整的时候。然而，所采用的这些实验时间范围并不适合讨论这样一个问题，即这个回路的投射对于与细胞类型特异的 AgRP 神经元激活有关的快速进食行为的向上调节，是不是有关系。为此目的，还需要采用功能获得回路的作图技术[1]。

## 17.6　饥饿回路

饥饿回路同样涉及下丘脑以外的不少脑区参与。比较完整的饥饿回路包括以下丘脑 ARC 的 POMC 及 AgRP 神经元为中心的主要传入-传出回路。为了复杂的食物寻找和食物消耗行为，在依次的神经回路节点上，可以将快速激活进食能力作为扰动脑的一个简单读出。这种研究途径已经应用于一些研究，研究目的集中在接受 AgRP 神经元轴突投射而且已经有报道表明可以影响进食行为的 3 个脑区的神经元：① ARC 阿黑皮素原(POMC)表达神经元；② 后脑 PBN 神经元；③ 下丘脑 PVH 神经元。研究了哪些脑区以及哪些细胞类型贡献给由于 AgRP 神经元激活而引起的快速诱发的进食。有作者应用光遗传学方法来确定 AgRP 神经元下游的突触特性以及神经连接。根据这些来作图突触连接的行为后果，然后再用其他方法加以确定，通过扰动突触前 AgRP 神经元以及一系列突触后细胞的电活性(图 17－8)[1]。

$ARC_{AgRP}$神经元是和 POMC 神经元混杂在一起的。此 POMC 神经元群体通过激活阿黑皮素原受体，起到压抑进食的作用。由于这两种神经元间的功能性对抗，它们间的相互作用被认为是进食行为调节的关键。应用通道视紫质技术对 $ARC_{AgRP}$ 神经元→$ARC_{POMC}$神经元的神经连接进行了作图。实验发现，所有在实验中被考察过的 POMC 神经元都接受 AgRP 神经元的突触输入，因此这个连接所释放的 GABA 是抑制性的。直接神经回路作图的实验结果跟以前的实验工作相一致。以前的实验显示，切除 AgRP 神经元或基因敲除突触小泡转运蛋白这两种方法都导致明显而戏剧性的、GABA 介导的 POMC 神经元自发性抑制性突触电流的减少。然而另有好几方面的证据表明，$ARC_{AgRP}$→$ARC_{POMC}$神经回路并不介导 AgRP 神经元所诱发的急性进食行为。在组成型阿黑皮素原受体阻断的条件下操控 AgRP 神经元的功能，并不能压抑当 AgRP 神经元受光刺激时诱发的进食行为，也不能够挽救 AgRP 神经元切除后的摄食。这表明，阿黑皮素原受体

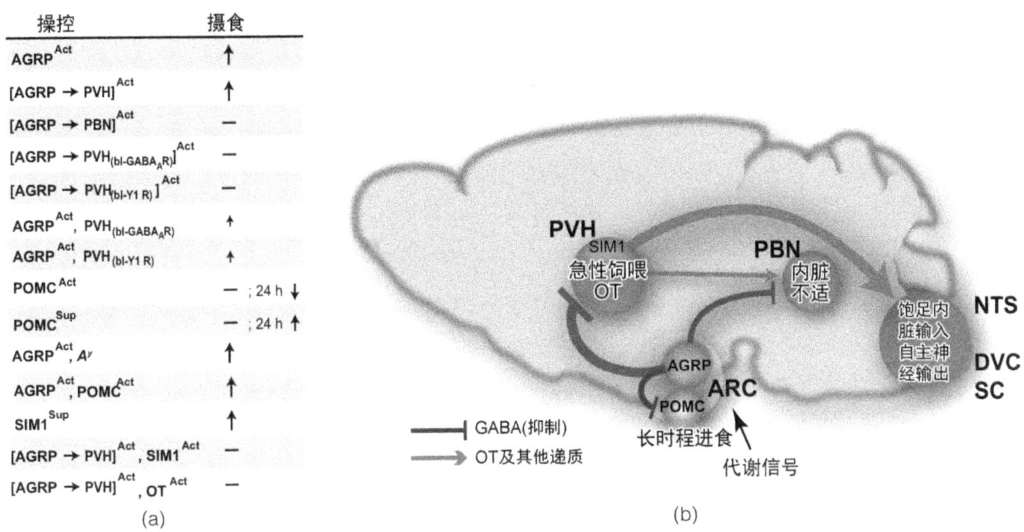

| 操控 | 摄食 |
| --- | --- |
| AGRP$^{Act}$ | ↑ |
| [AGRP → PVH]$^{Act}$ | ↑ |
| [AGRP → PBN]$^{Act}$ | — |
| [AGRP → PVH$_{(bl\text{-}GABA_AR)}$]$^{Act}$ | — |
| [AGRP → PVH$_{(bl\text{-}Y1\ R)}$]$^{Act}$ | — |
| AGRP$^{Act}$, PVH$_{(bl\text{-}GABA_AR)}$ | ↑ |
| AGRP$^{Act}$, PVH$_{(bl\text{-}Y1\ R)}$ | ↑ |
| POMC$^{Act}$ | — ; 24 h ↓ |
| POMC$^{Sup}$ | — ; 24 h ↑ |
| AGRP$^{Act}$, $A^y$ | ↑ |
| AGRP$^{Act}$, POMC$^{Act}$ | ↑ |
| SIM1$^{Sup}$ | ↑ |
| [AGRP → PVH]$^{Act}$, SIM1$^{Act}$ | — |
| [AGRP → PVH]$^{Act}$, OT$^{Act}$ | — |

(a)



**图 17-8** 调节进食行为不同方面的 AgRP 神经元的不同轴突投射

(a) 调控细胞的类型特殊的活性以探测它们对于进食行为效果的上位(epistatic)相互关系的小结。Act,激活;Sup,压抑;bl,药理学方法阻断;GABA$_A$R,GABA$_A$受体;Y1R,Y1 受体。(b) AgRP 神经元投射局部及远隔部位的轴突,抑制了 POMC、PVH、PBN 神经元,还有其他的靶。ARC$_{AgRP}$→ARC$_{POMC}$连接影响长时程进食的调节以及能量内稳态的其他方面。ARC$_{AgRP}$→PVH 及 ARC$_{AgRP}$→PVH$_{OT}$的连接调节食物的急性摄入,PVH 神经元转而与脑干"饱"中枢交往。NTS,孤束核;DVC,迷走背核复合体(dorsal vagal complex);SC,脊髓。(图引自[1])

的抑制对于 AgRP 神经元诱发的急性进食并非必需成分。此外还发现,POMC 神经元的抑制不足以急性诱发进食行为,但是更长时程 24 h 的静默确实可以增加进食。更进一步,ARC$_{AgRP}$→ARC$_{POMC}$神经回路的抑制,对于诱发进食并非必需。这个结论是基于同时用光遗传学方法共同激活 POMC 神经元和 AgRP 神经元(见图 12-5d),这样一种处理并不压抑进食。上述这些研究表明,POMC 神经元以及它们被 AgRP 神经元的调节,关系到长时程能量内稳态的调节,以及进食的调节,而在 ARC 以外的 AgRP 神经元投射,则负责急性诱发的进食行为[1]。

从 AgRP 神经元发出的长距离轴突投射的功能性贡献,在两个下游神经元回路的节点——下丘脑室旁核(PVH)和 PBN 上,已经用细胞的类型特殊轴突的光刺激方法进行了研究。以前的研究工作显示,这两个节点是调节进食行为的(见图 12-5c)。轴突光遗传学激活结果显示,两个脑区的行为反应不一样,光遗传学激活投射到 PVH 的 AgRP 轴突,可以引起进食,类似于 ARC$_{AgRP}$神经元细胞体的激活;但同一动物投射到 PBN 的轴突激活则无此效果。有这样的实验观察:在 AgRP 神经元切除以后输入苯二氮到 PBN 可以挽救摄食,而输入苯二氮到 PVH 却无此作用。那么,上面所述的结果又意味着什么?这很可能反映了两个不同的过程:一是 AgRP 神经元压抑恶心呕吐神经回路,二是 AgRP 神经元激活饥饿神经回路。这种看法受到了一些事实的支持。在一些动物,其 AgRP 神经元是完整的。对这种动物,PBN 的苯二氮优先地增加液体及可口食物的摄入,但在 AgRP 神经元激活的实验中会使用食丸,这是标准的啮齿类食丸,这种动物却不吃。此外，PVH 也发送投射到 PBN，但是在 AgRP 神经元切除的小鼠中（例如给予苯二氮），那种压抑 PVH 电活动的操控，不能压倒由于丢失了 AgRP 神经元抑制性输入而引起的 PBN 激活。更有进者，在 AgRP 神经元切除的小鼠中，抗呕吐的昂丹司琼可以挽救摄食，但当 AgRP 神经元完好时，昂丹司琼并不引起狼吞虎咽般的进食。总起来看，似乎 AgRP 神经元激活所引起的进食，并非简单地因 AgRP 神经元切除而引起厌食过程的反面[1]。

应用光遗传学神经回路作图方法进行 $ARC_{AgRP}$→PVH 投射的进一步分析（见图 12 - 5a），建立了它们之间的功能性突触连接，却发现了一些未曾预料到的 AgRP 神经元的突触连接特点，即发现了长时程的不同步释放成分。这一成分导致 GABA 介导的强烈抑制，其时程可持续几百毫秒，这个时程通常是属于神经调制性质的，但是在 AgRP 神经元中，该时程是由快速的突触传递介导的。在有活动能力的动物中，药理学阻断 $GABA_A$ 受体或 NPY Y1 受体，刺激 $ARC_{AgRP}$→PVH 轴突，可以强烈地减弱诱发进食的效果。这个事实演示，GABA 和 NPY 信号对于 AgRP 神经元诱发进食是必需的。抑制性 $ARC_{AgRP}$→PVH 神经回路操控诱发进食的充分性如何，可以应用 SIM1 - Cre 转基因小鼠，用直接的细胞类型特异的、药理遗传学抑制 PVH 神经元的方法加以测试（见图 12 - 5b）。*Sim*1 基因表达可以标志许多 PVH 神经元。通过围绕 PVH 脑区的靶向病毒注射，这些神经元可以被选择性地转染 *Sim*1 基因。用两个不同的药理遗传学方法使 PVH 的 SIM1 神经元沉默，可以重现一种行为效应，这就是由激活突触前抑制性 AgRP 神经元群体所产生的效应。与此相类似，应用白喉毒素切除全脑 SIM1 神经元，会导致长时程的过度进食。此外，如同 AgRP 神经元增加动机来寻求食丸一样，如果 PVH 中的 SIM1 神经元被静默，动机性进食会增加到同等的水平，而这个脑区以前并不认为与上调操作性反应有所关联。这些实验加在一起，其意义在于演示了分子界定的神经回路的行为后果，可以在一个神经回路的节点上被重塑，该节点处于需要-感觉细胞类型的下游。这就提出了一种可能性，我们可以在脑内多个神经回路的节点当中追踪能量代谢本能需要的神经代表，以及它们的动机后果[1]。

用神经回路作图的技术也可以鉴定分子性质界定的神经元之间的新连接。利用通道视紫质神经回路作图，PVH 的催产素（OT）神经元被显示靶向到 AgRP 神经元轴突（图 12 - 5a）。两个分子性质界定的神经元群体之间神经连接的行为重要性可以用一种方法来测试，此方法就是细胞特异的抑制性神经回路连接的阻塞。AgRP 神经元轴突和 $PVH_{OT}$ 神经元的共激活（图 12 - 5d）压抑了 AgRP 神经元诱发的进食，这种强制性的上位（epistatic）相互作用与一个重要的作用相一致，那就是进食中 AgRP 神经元介导的对 $PVH_{OT}$ 神经元的压抑。OT 神经元调节摄食这一作用，被认为是通过其到后脑的投射。在那里，OT 神经元的信号增强了后脑对血液循环中饱足信号的反应，而用基因手段毁坏 OT 神经元的突触释放，或者去除表达 OT 受体的后脑神经元，两者都导致过度进食。Prader-Willi 综合征（PWS）* 病人的 $PVH_{OT}$ 神经元选择性丢失，SIM1 单倍剂量不足

* Prader-Willi 综合征又称“愉快木偶综合征”，是由 15 号染色体微缺失引起的遗传性形态、内分泌、神智和行为等多方面的障碍。

(haploinsufficiency),情况也是如此。在这两种遗传情况下都有食欲不知足的情况。看来,AgRP 神经元和 $PVH_{OT}$ 神经元之间的抑制性相互作用,可能是一个有用的模型,可以利用它来开展对过度进食行为的研究[1]。

这些实验也演示了一种选择性相互作用,这些相互作用是通过对细胞类型特异的神经元回路的剖析而了解到的。例如,虽然小鼠光遗传学的 $PVH_{OT}$ 神经元激活可以完全压抑 AgRP 神经元所诱发的进食,但在 24 h 饥饿之后,$PVH_{OT}$ 的激活也并不能明显减少食物的消耗。这样看来,$PVH_{OT}$ 神经元的压抑对于因选择性激活 $ARC_{AgRP}$→PVH 回路所诱发的进食行为是重要的,但它也仅仅是参与食物剥夺诱导进食的神经回路的一个片段而已。在自然情况下,AgRP 神经元的其他投射也沿着补充性传导路被激活。除 AgRP 神经元以外,这条补充性传导通路也报告饥饿的到来。与这种看法相一致,用药理学方法阻断 $ARC_{AgRP}$→PVH 投射,同时刺激 AgRP 神经元胞体(可能所有其他的 AgRP 神经元也都被刺激了),这时发现,可以导致相当明确的进食增加,这提示 PVH 并不是负责 AgRP 神经元诱发进食的唯一脑区[1]。

总的看来,近来的研究提示,AgRP 神经元可能有不同的功能,介导不同的特异神经回路的连接。AgRP 能够急性诱发进食,部分地是由于抑制了 PVH,但是 PBN 或 ARC 的 POMC 神经元则无此作用。POMC 神经元似乎仅仅调节长时间的摄食行为,靶向到 PBN 的 AgRP 神经元突起,遏制了内脏性的不适。这种不适由 AgRP 神经元切除及随之而来未受阻挡的兴奋所引起,兴奋来自 5-羟色胺调制的后脑回路。由此可以看出,饥饿由多种机制实现,通过解剖上分离的 AgRP 神经元的轴突投射,把这些机制分离开来而成为不同的行为模块。所有这些结果都将是不可能获得的,如果我们手中没有那么多的技术手段,可以快速地、细胞特异地操控 AgRP 神经元的功能,允许我们分析神经元回路的节点,用许多手段影响进食行为,从而能够做进一步的研究分析。这些实验提供了神经回路框架,扩展到包括分子性质的、突触的、细胞的、行为功能的以及根据优先次序的神经回路的节点,为其他分析方法打下基础。例如做活体电生理学和成像实验,在这种设计蓝图指导下,从感觉神经元的进入点开始,一直做到饥饿相关的动机过程。这样,对于复杂回路,我们今后还有许多工作要做[1]。

## 17.7 攻击行为

如同社会行为和恐惧一样,在进化之初(dawn of time),攻击性就开始跟我们在一起了。它在进化上高度保守,几乎每种动物都会发动攻击。但是,与对恐惧的了解相比,我们对攻击的解剖学知道得很少。达尔文相信,有可能研究动物的攻击。1928 年瑞士科学家 Hess 证明,达尔文是对的。他发现,电刺激猫的下丘脑某些脑区,能够引起猫的攻击行为。往后,C.A. Anderson 又回到了这个问题。2012 年他用新的光遗传学方法研究小鼠的攻击行为,他和同事鉴定了下丘脑脑区的一些神经元,这些神经元的活性使得雄性小鼠攻击其他雄鼠和雌鼠,甚至玩具鼠。这些神经元接受来自杏仁核的信号,杏仁核起协调攻击信号的作用。令人奇怪的是,在攻击发生时被激活的神经元中,有 20%也在交配发生时被激活；而在交配时被激活的神经元中，有 20%也在攻击时被激活。这个发现提示，负责对抗性的两种社会行为——攻击行为和交配行为，它们的神经元倒是处于同一脑区的[7]。

有人用果蝇做攻击行为研究，发现果蝇互相抓住一片食物，其行为就像互相抢东西，希望自己能够占优势。事实上，科学家能够繁殖异样的攻击性果蝇，产生有高攻击性的果蝇品系。Anderson 鉴定了果蝇的一类性双态神经元，这种性双态神经元管理雄性果蝇的攻击性，但不管理雌性果蝇的攻击性；这些神经元表达 P 物质（SP），SP 被认为在人类里面也是贡献给攻击性的。有趣的是，生态神经生物学家 N. Tinbergen 早在 1951 年就观察到性与攻击本能之间的紧张关系，这种关系的存在使 Tinbergen 作出了一个先见性的预言。他认为，负责攻击的脑区也调控交配行为。Anderson 的最近工作显示，从神经解剖回路上看，性与攻击的有关神经回路有重叠。他提议，这种重叠可以解释 Tinbergen 所看到的紧张关系。Anderson 提示，人类的某些病理性暴力也反映了人类脑内神经回路上的缺陷[7]。

在果蝇中，环境影响攻击几乎跟基因一样重要。如果果蝇从蛹的时候就分离喂养，在此分离喂养环境中养大为成虫的果蝇，比之从一般饲养条件下养起来的果蝇，其攻击性要大得多。在整个动物王国中的情况都是如此，隔离培养产生攻击性。环境也可以通过影响基因的表达而起作用。在人里面也可以看到一个有意义的例子，儿童时候就有某个行为的过度是由于编码单胺氧化酶的基因发生突变，从而导致去甲肾上腺素的产生增多，这使人容易产生攻击行为。如果此人在儿童时期受到过创伤，这种突变的效应就特别明显。对于高攻击性果蝇的研究可能有一天会使我们获得一种知识：在攻击行为的产生方面，某个基因如何调控攻击，又如何调控遗传与环境的相互作用[7]。

### 17.7.1　攻击行为和性行为的神经回路

前已述及，攻击行为和交配行为的神经元处于同一脑区，这一点在下丘脑神经回路的研究中得到了最好的验证。

攻击和性是与动物保卫自己领土及种族传代有关的关键性社会行为。这些行为似乎是相互联系的，因为当有外来雄性小鼠入侵时，雄性小鼠倾向于参加攻击性的互动，但与雌性小鼠互动时，这种行为是受压抑的，代之以性行为。如果用基因方法毁坏外激素信号传送，或者用物理方法切除外激素感受器——犁鼻器官，两者都导致性及攻击的异常，雄性动物就不显示对雄性的攻击，而且对雌性和雄性动物都表现出性行为。追踪研究显示，外激素和嗅感受器神经元参与包括下丘脑几个亚区的多突触神经回路。这些下丘脑亚区含有不同的内感受性神经元群体，而这些神经元感知循环血液中的激素水平，例如雌激素和睾酮，也强烈地影响性行为、攻击行为。包括脑损伤、电刺激、颅内激素注射等在内的一系列研究结果都指向一个看法，即为了攻击和性行为，下丘脑既是必要的也是充分的。对于下丘脑的这些亚区以及它们所含有的神经细胞类型是如何协调组织这样复杂社会行为的，仍然知道得很少。这个问题适宜于采取新的工具、新的方法学，应用细胞特异的神经元扰乱方法来加以研究[1]。

在下丘脑,攻击行为和性行为最近得到了研究。应用的是组合起来的各种方法:一是测量电活性,二是用基因工程的编码工具来操控神经元活性。有关的研究并不是从一个特定的内感受性感觉神经元群体开始。相反,这类研究是寻找一些脑区,当雄性发生攻击性行为时,这些脑区可以被选择性地激活。如果鼠先后两次接受暴露,一次是性的暴露,一次是战斗情景的暴露,则可应用荧光在体杂交的时间活性区隔分析方法(compartment analysis of temporal activity by fluorescent *in situ* hybridization,catFISH)来确定 *fos* 转录物的细胞核或者细胞质定位。根据神经元电活动增加与 *fos* 表达增加的相互关系,以及 *fos* mRNA 从细胞核成分输出的时间动力学,这些技术把两种行为状态中被激活的神经元区别开来。先后暴露情况的不同,例如根据不同的行为情节是交配然后战斗,还是战斗然后交配,主要导致不同神经元亚群的激活[1]。

在战斗以后,下丘脑腹内侧核的腹外侧部分(VMHvl)显示其表达 *fos* 的神经元分布,要多于交配后表达 *fos* 的神经元的分布。以后通过在 VMHvl 里所做的活体电生理学记录(图 17-9a,b)发现,当雄性小鼠遭遇雄性动物侵入时,41%的 VMHvl 细胞明显被激活,表明这个位点在雄性-雄性互动中产生影响。当行为按顺序逐步发展时,包括侵入者进入,侵入者查考环境,侵入者发动争斗,所激活的细胞数量依次增加;与此相反,如果接受社会暴露的是雌性小鼠,则优先导致 VMHvl 活性降低。同时,探测性社会行为也随之变为性行为。变化中也包括雄性兴奋神经元。当雌性小鼠出现的时候,其中的 78%显示活性减少。这样看来,由于行为上出现与雌性动物的互动,VMHvl 中对于攻击行为敏感的神经元受到了压抑,特别是当有性行为的时候[1]。

为检测 VMHvl 电活性与攻击行为的因果关系,可以通过给 VMHvl 以 ChR2 介导的光刺激,外源性地强使小鼠增加电活动。这足以诱发雄性小鼠对另一只雄性小鼠的攻击行为(图 17-9c,d);如果进来的是雌性小鼠甚至一只吹鼓起来的手套,该雄性小鼠也会攻击,而这在通常是不会发生的。如果用光刺激小鼠,但不存在侵入者,那么与攻击相关的运动反应是不明显的;要是小鼠看到不运动的靶(吹鼓的手套或麻醉的小鼠),就很少有运动反应。这表明,视觉相关情景的暗示(cue)对诱发行为有重要的影响。根据此后的 *ChR2* 表达分析,这个攻击位点似乎位于 VMHvl;如果 *ChR2* 表达在邻近的外侧下丘脑(LH),则并不诱发这种攻击行为。VMHvl 是所谓下丘脑攻击区的一部分,这个问题早期是用电生理刺激的方法在鼠里面被作图的,那是 1983—1988 年;更早在猫里面被作图则是 1957 年的事。在小鼠中,电刺激,包括对 VMHvl 的电刺激,并不诱发攻击反应,相反,是引起运动或不太清楚的行为。应用电刺激和光遗传学刺激所得的相互对比的不同结果,说明了刺激方法的重要性。如果用明显界定刺激来源的方法,如 ChR2 方法或其他基因编码的神经元激活方法,都可以经得起以后解剖学定位的核对。与此相对比,以前所用的电刺激方法,电流可能扩散到无确定距离的部位,也可以激活那些来自其他脑区的路过神经元轴突[1]。

ChR2 诱发的雄性动物的攻击行为和性行为之间,也存在相互关系。当性行为达到

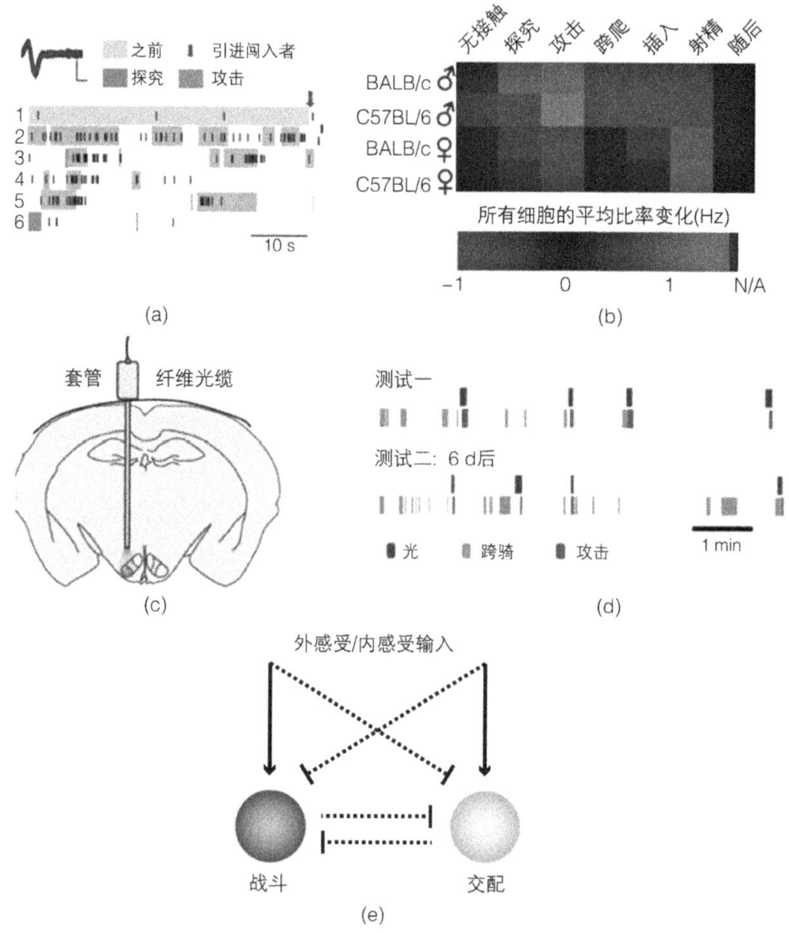


**图 17－9**　VMHvl 的攻击性位点(彩图见图版第 65 页)

(a) 小鼠活体电生理学记录，显示当雄性-雄性社会性互动时 VMHvl 神经元的电活动。当发生攻击行为时可以看到高水平的活性。(b) 在雌性和雄性小鼠同时存在的不同社会性互动中平均放电频率变化的小结。(c) VMHvl 刺激的光遗传学实验布局。(d) VMHvl 光刺激所诱发的动物攻击行为详述。(e) 互相对抗的神经回路之间功能性相互作用的图解式。支持建议的抑制性相互作用的神经回路还没有被鉴定出来。有两个神经回路，一个介导战斗，另一个介导交配。抑制性相互作用可能在介导战斗和交配神经回路的输入端，也可能是这些神经回路之间的相互作用。(图引自[1])

插入阶段，朝向雌性动物的诱发攻击可以被压抑；当雄性动物射精以后，又可以被重新发动。这种情况与 VMHvl 的自然活动型式是相符合的。VMHvl 的活动显示，在做插入动作时，放电频率减少，但此时光激活 VMHvl 的反应也受到压抑。此种情况可能归于由交配神经元回路所介导的 *ChR*2 表达神经元的兴奋性减少(图 17－9e)，也可能反映活动下游局部或长距离神经回路的调制。这种抑制性门控功能是一种非常令人感兴趣的特征，因为应用了活体电生理学和功能获得光遗传学行为学的联合操控[1]。

这种 VMHvl 活性的升高，也似乎是雄性-雄性攻击行为所必需的。VMHvl 神经元的药理遗传学抑制，显示攻击事件时程的显著减少。此效应是选择性的，攻击超过性行为。有这样一个实验可以作为佐证：雄性动物跨到雌性动物上面去的跨爬时程，并不明显受 VMHvl 静默的影响。这进一步符合电生理学资料：当进行性行为的时候，VMHvl 活性减少；而且资料说明 VMHvl 活性对于攻击行为是必需的。通过静默跟诱发行为有关的脑区，可以压抑自然的攻击行为。这种压抑支持了一个结论，即 VMHvl 回路对于产生攻击行为是重要的[1]。

根据 catFISH、活体电生理学、光遗传学操控等技术所获的结果，攻击行为及性行为的相互混杂而拮抗的神经回路(图 17－9e)是明显的。进一步的挑战是，能够应用不同的切入方法进行研究，接触各种组成的细胞群体。用这样的策略，研究 VMHvl 中各种线路的相互作用，以及在其上游、下游脑的靶点，按照不同的细胞类型进行研究。对于性和攻击特异的下丘脑细胞类型的鉴定，可以用这样一种方法来指导，即从外感受性的外激素和嗅觉系统开始，进行神经回路的追踪研究。这些都在调控社会性互动中起关键作用。细胞切入点也可以来自内源性的、感知性甾体激素水平的内感受性神经元(也就是说，表达性激素受体的神经元)，或者根据在 VMHvl 上已经看出来的、性别特异的基因表达界定的神经元群体，而且它们是影响攻击和性行为的。应用细胞类型特异的工具于这些及另一些细胞类型而进行分析，是下一步的工作，目的是为了确立不同的功能特征、不同的群体，然后再作图它们的神经元回路，从而来了解其上游和下游脑区的神经回路。它们一起控制复杂的性行为和攻击行为[1]。

### 17.7.2 生殖功能与下丘脑吻素神经回路

吻素 1(kisspeptin，Kiss1)和神经激肽 B(neurokinin B，NKB)神经回路对于成人发育和生殖都是必需的。下丘脑弓状核吻素神经元($ARC_{Kiss1}$)同时表达 Kiss1、NKB、强啡肽和谷氨酸。$ARC_{Kiss1}$ 神经元被认为能够对促性腺激素释放激素(GnRH)神经元提供兴奋性驱动，但其突触机制不清。邱俭等用光遗传学等方法特征化(characterize)了小鼠 $ARC_{Kiss1}$ 神经元同步化活性的细胞基础。高频光刺激 $ARC_{Kiss1}$ 神经元可以诱发局部兴奋性神经肽(即 NKB)和抑制性神经肽(即强啡肽)的释放，它们可以同步化 $ARC_{Kiss1}$ 神经元放电。光诱发的 $ARC_{Kiss1}$ 神经元同步化活动通过一个突触机制强有力地兴奋 GnRH 神经元，这个突触机制利用谷氨酸能输入到达视前区 Kiss1 神经元。研究者认为，$ARC_{Kiss1}$ 神经元具有双重功能，通过区别性地释放肽类和氨基酸神经递质，驱动 GnRH 神经元，协调生殖功能[8]。

### 17.7.3 下丘脑神经回路研究的展望

下丘脑神经回路对人体活动具有深刻的影响，因为这里是调节行为意图，调节行为强度的切入点。朝向了解这些神经回路及行为的第一步工作已经做了：收集了神经成分的清单，有了不同类型细胞之间的连接以及独立地操控一群神经元的方法，而且有了快速的时间调控。新的细胞类型特异的工具再与迅速增加的 Cre 驱动小鼠的工作相结合，已经打造了一把钥匙，开启了通向深刻研究下丘脑神经回路的大门。利用影响下丘脑神经回路以快速诱发动机行为的能力，将成为越来越强有力的研究途径，用以评价个别神经元回路组成成分对于功能的相对贡献[1]。

一个关键问题是，这种诱发的行为能够多少完善地告诉我们关于所研究神经回路的正常生理及行为作用？由于检测了存在于细胞类型或线路与复杂行为反应之间的因果关系，诱发行为及行为缺失的实验可以给我们种种的了解。外源性调控神经网络元素的这种能力，对于调控基本动机过程神经回路的反向基因工程是必需的。这种研究途径之目的是评价分子性质上界定的回路功能的必要性以及充分性，典型的做法是一种完全“得功能”或完全“失功能”的扰动方法。这种研究途径的主要局限性在于对这些神经回路的内源性活性水平如何往往不清楚，或者不能够完全准确地像实验操控那样加以重演。当然，这种局限性也可以在其他许多类型的研究中出现。神经元操控研究之目的在于测定系统的能力，但也许并不能准确反映这些回路在特定生理情况下真正发生的活性形式。因此，关于诱发行为特异性的问题是必须考虑的。例如，假若已经知道某个部位是能够引起诱发行为的，可在该部位应用一些扰乱条件以压抑正常行为。然而，新工具的优点是，有一系列活动水平可赋予系统，以考察不同数目神经元的不同活动型式跟行为反应的关系。最终的结果是神经回路影响行为相对能力的信息。这样一种服务于新神经回路优先目的之神经回路分析方法，可以帮助了解新神经回路对行为的相对影响，以及今后应用电生理学及成像方法的分析。下丘脑回路深埋在脑的深部，把细胞类型特异成像技术加以延伸，或把电生理学记录技术加以延伸，使之应用于清醒、正常行为动物的下丘脑神经回路研究，这种实验安排富有挑战性，却是非常需要的。我们需要扩展、延伸细胞类型以及神经回路的非破坏性调控，而这些都已经是用破坏性方法得到了鉴定的[1]。

关于下丘脑回路在行为中的作用，最有趣的问题仍然有待研究。一个简单的人工刺激，而且刺激仅仅作用于一小群神经元，它（刺激）为什么就能够直接导向行为的意向，而且同时升高行为的强度，达到一个特别需要的水平？对这些问题应该加以研究，用在实验条件下操控神经回路节点及其投射的方法，其设计目的是探测它们对属于行为反应一部分的动机性成分的影响。AgRP 神经元诱发摄食行为，这种行为包括经过训练的动作，例如用鼻子去碰一碰或压一压杠杆，这提示是一种动机性过程。但是 AgRP 神经元对于强化机制的影响还不清楚，而强化机制是摄食行为的基础。至于 VMHvl 诱导的攻击行为是否涉及强化机制，人们知道得更少。然而，研究分子性质上界定的细胞类型，这是进入不同但相互混杂的神经回路的第一步，这是朝着揭露原理的一步，那些复杂行为是经由这些原理介导的。更一般地说，生存需要与通常关联到近代人类经验的高级动机之间的关系，可能会变得更易于驾驭，一旦基本的基质已经被确立下来，而祖先的动机行为也是基于此基质的。我们的基础需要如何捕获我们的“意愿”，从而影响我们的行为？了解这件事的含义是，这件事可以影响我们的认识，关于为什么我们在如此多的水平做这些事情，从分子机制一直跨越到心理学概念[1]。

星状胶质细胞介导的下丘脑分布性可塑性，是一个新提出来的问题。我们知道，传入活性可以引起前馈性突触功效（efficacy）的可塑性变化。联合应用多种技术（电生理学、笼囚分子光分解、$Ca^{2+}$成像），研究人员描写了一种经过星状胶质细胞介导的下丘脑的分布性可塑性。其具体表现是，传入活性引起星状胶质细胞募集，从而导致快速、前馈性、分布性的下丘脑室旁核（PVH）大细胞分泌神经元的多个谷氨酸突触的量子化突触电流增加[9]。

## 17.8 与进食相关联的神经回路的软线路

卡哈尔的神经元学说预测，神经元群体的输出会大大受到它输入组构的影响，因此就提出来这样的追问：不同代谢状态是否可以关联到在黑皮质素细胞上不同的突触输入组构？这个想法提出了一个可能性，就是代谢性信号，具体地说就是瘦素和生长激素释放肽，是否可能在进食中枢内对突触可塑性有急性效应。的确已经知道，成年下丘脑可以保持某种形式的可塑性。可以看到突触的重排列，例如当水的稳态发生变化时，在下丘脑大细胞分泌神经元系统；当性甾体激素内环境变化时，在弓状核（ARC）中间神经元系统，以及在黄体生成激素释放激素神经元的胞体；或者在光照周期长度变化的时候。在调节每天的能量调控方面，上述突触可塑性以前没有被考虑作为重要的方面，但现在有几个研究组的实验观察提示，在生理环境下，这种突触可塑性可能是调节性的成分；而在病理情况下，突触群以及它们的可塑性可能会受损。第一，ob/ob 小鼠应用瘦素补充治疗的结果引出了问题：所观察到的进食回路的突触重排，是不是更一般性现象的一部分？情况看起来似乎就是如此，因为注射外周生长激素释放肽，在小鼠 POMC 神经元上检测到巨大的效应。得到了一种神经回路的线路，它不同于由瘦素所引起的，而是符合生长激素释放肽的增进食欲作用。另外，有关快速、瘦素依赖的增食欲肽神经元输入的重新排列组构，也有报道。近来有实验发现，生长激素释放肽在中脑多巴胺系统的效应也关联到快速的突触重新塑造[3]。

一个重要的问题是，这些突触改变是否能够影响神经元的活性，从而影响代谢表型。这些都有待证明。此问题即使在长时程增强（LTP）及长时程阻遏（LTD）研究中也仍然是令人望而生畏的。重要的是认识到，这些变化发生在不同的行为和内分泌输出之前以及同时。即使这类突触可塑性并不直接影响动作电位，但是在不同环境下，神经元胞体上改变了的输入组构应该会对调节点有所影响。例如，跨突触的兴奋性信号触发动作电位的概率将会是高的，如果输入定位于其周围抑制性连接比较少的区，比之有更多抑制性连接的区。如果突触的线路安排真的是参与到决定中枢进食回路的调节点，而不是急性地决定突触后回路的话，那么对食物导致肥胖敏感的某些对象与另一组抵抗的对象相比，前者的下丘脑和下丘脑以外系统将会有不同的神经线路和可塑性，甚至在发生肥胖之前。如果事实确是如此，那么可以提出主张，即下丘脑神经回路发育上的程序，不仅贡献给肥胖本身，也贡献给那些易感个体在以后生命过程中发生肥胖的可能性，因为测定进食回路的输出很容易（消耗的食物量），它并不依赖于动物的训练。我们提示，突触可塑性的下丘脑模型可能提供更有效的途径，在突触可塑性和与神经回路有关的行为之间给出因果关系的证明[3]。

## 17.9　结束语

自从瘦素被发现以来，我们对于复杂神经传导通路的了解已经增加了很多。通过此通路，代谢信号靶向下丘脑中枢以改变能量平衡。然而这些进展仍然不足以应对上升着的肥胖症流行病。患此病的人数在全人口中已经达到惊人的比例，预计会在未来 75 年中导致人寿命的缩短。肥胖症对经济的影响是令人担忧的。在美国，治疗肥胖症的直接、间接消费，据估计大概要超过 1 200 亿美元，此数目相当于跟吸烟有关的疾病，相当于很多不发达国家一年的外债。走向遏止这种倾向的道路并不是轻而易举的。有一系列的复杂因素。人类以及所有其他物种都是进化而来的，它们的基因蓝图通过了自然选择。当能量不能够马上在环境中提供的时候，自然选择促进了能量的存储。这种特定的"节约型"基因结合到当前那种更多时候不运动的、已经变成西方社会常态的生活模式，对于他们是不利的。虽然很明显，减少高热量食品摄入、增加体力活动是防止肥胖及相关疾病的方法，但似乎不大可能提出短时程解决问题的方法。想改变这样一个事实很困难。一般城市居民的大多数清醒时间消耗在坐的姿势上。而当人们更多地了解了进食行为及能量消耗的神经生物学基础的时候，就有更大的可能性来发展药理学干预的方法。而要做到这个，不能不伴有神经生物学探讨途径的新技术，以及利于研究能量代谢的新的思维方法[3]。

## 参考文献

[1] Sternson S M. Hypothalamic survival circuits：blueprints for purposive behaviors. Neuron，2013，77：810.

[2] Gao X-B，Horvath T. Function and dysfunction of hypocretin/orexin：an energetics point of view. Annu Rev Neurosci，2014，37：101 - 116.

[3] Abizaid A，Gao Q，Horvath T L. Thoughts for food：brain mechanisms and peripheral energy balance. Neuron，2006，51：691 - 702.

[4] 陈宜张.脑研究现状与展望\\中国医学院士文库：陈宜张院士集.北京：人民军医出版社，2014：449 - 459.

[5] Sutton A K，Myers Jr M G，Olson D P. The role of PVH circuits in leptin action and energy balance. Annu Rev Physiol，2016，78：207 - 221.

[6] Cowley M A，Smart J L，Rubinstein M，et al. Leptin activates anorexigenic POMC neurons through a neural network in the arcuate nucleus. Nature，2001，411：480.

[7] Kandel E. The new science of mind and the future of knowledge. Neuron，2013，80：549 - 552.

[8] Qiu J，Nestor C C，Zhang C，et al. High-frequency stimulation-induced peptide release synchronizes arcuate kisspeptin neurons and excites GnRH neurons. ELife，2016，5：e16246. doi：10.7554/eLife.16246.001.

[9] Gordon G R J，Iremonger K J，Kantevari S，et al. Astrocyte-mediated distributed plasticity at hypothalamic glutamate synapses. Neuron，2009，64：391 - 403.

# 第18章 内态感、内脏脑、脑岛

## 18.1 什么是内态感?

内态感(feeling)是身体状态的一些神智体验,它们表示生理性需要(例如饥饿)、组织损伤(例如疼痛)、最佳功能状态(例如舒适)、对机体的威胁(例如恐惧或愤怒)或者特定的社会性互动(例如同情、感激、爱)。内态感是生命调节机制的关键成分之一,从简单到复杂。它们的神经底物可以在神经系统的各个水平上发现,从个别神经元到皮层下核,直到大脑皮层脑区[1]。

内态感反映生理状态,从古到今,在内省性分析、哲学、文学著作以及科学实验报告中都有发现,内态感的描写倾向于指导身体状态。内态感的全部节目包括:渴、食物饥饿、空气饥饿(迫切需要呼吸),不同形式的快乐和疼痛、厌恶、恐惧、悲伤、快乐,以及复杂的社会反应,例如丢脸、害羞、同情和称赞。相比之下,由通常的外感受性感觉经验(例如视觉、听觉、触觉、味觉、嗅觉)引起的情绪,以及接着而发生的内态感,不是那种属于身体或身体本身的内态感。不论内态感是描绘了内部状态(例如饥饿或渴),还是由外部条件(例如同情、称赞)所促进,它们占优势的神智内容是描述身体状态。在这里,内脏(例如心、肺、胃肠道、皮肤)的状态起关键作用[1]。

由此看来,应该很合理地推进这样一个观点,即内态感仅发生在机体可以接近的、为机体提供主观经验性的窗口,从那里进入生命调节过程中去。内态感允许有一个隐约的感觉,觉察正在进行着的内稳态调节,其范围可以从基本过程,例如能量代谢,直到复杂的社会性情绪。这个观点开启了想象的道路,想象神经机制是如何能够产生内态感的。詹姆士首次提出建议,内态感来自感受我们自己的身体状态。以后的工作支持了一个观点,即内态感所产生的关键性需要是把身体状态的不同特征作图到中枢神经系统。此看法与那些已经接受的看法相平行,即对外部世界中一个物体的视觉和听觉经验,需要有关这些物体特征的神经作图,例如形状、颜色、质地、运动和在空间里的位置。詹姆士聚焦于大脑皮层,但下面将会谈到,近来的证据显示,神经作图在神经轴的低水平已经开始。内态感需要身体状态的神经作图,但为了内态感能够从神经作图中显现出来,还必须满足一些生理学条件。这些条件还没有完全得到鉴定,很可能包括一些特征,例如被作图现象的强度及意识清醒水平[1]。

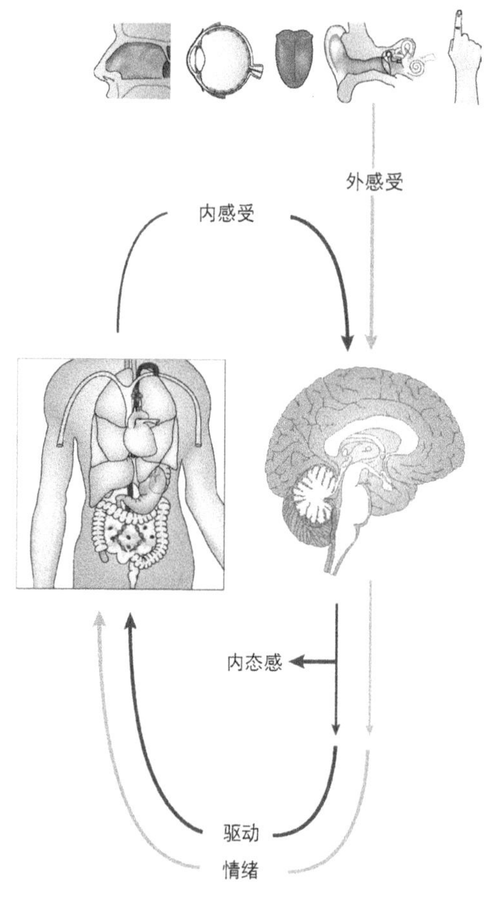


**图 18－1**　内稳态性调节的主要观点：驱动、情绪和内态感

可以触发“动作程序”的过程在神经作图中展示出来的变化。(图引自[1])

#### 18.1.1　驱动、情绪和内态感

什么是驱动、情绪和内态感？中枢神经系统不断地检测身体的内部环境和外部环境。内部环境变化(如内脏肌肉收缩的程度、心率、内环境中的代谢产物等)被内感受系统所感受，发送的信号传送到中枢神经系统负责身体功能的部位，并且展示身体神经作图(内感受性图像)的脑区。外环境变化被外感受性感觉器官所觉察(嗅觉、味觉、触觉、听觉和视觉)，以细致的感觉区神经图像的形式展示外部世界(外感受性作图)(图 18－1)[1]。

所谓动作程序(action program)就是一套天生的生理性作用程序，其目的在于解决检测到的变化，从而维持和恢复稳态性平衡。作用包括内脏和内环境的变化(例如心率的变化、呼吸和激素分泌的变化，以及骨骼肌收缩的变化，例如脸部表情)，也有认知变化(例如聚焦注意力以及选择某些观点和思考问题的模式)[1]。

有两种主要形式的动作程序，即驱动(drive)和情绪(注意，某些作者把所有的动作程序都看成为情绪)[1]。

驱动的目的在于满足基本的本能需要，包括饥、饿、渴、性、探索、玩、保护幼小后代、依恋伴侣等。从渴的情况来看，高血液渗透压被内感受性检测和神经作图，触发一系列的生理作用，最后导致口渴及尿浓度增加(表 18－1)[1]。

情绪包括厌恶、恐惧、愤怒、悲伤、快乐、羞耻、满足、同情和赞美等，它们的多数是回忆了外感受性刺激的知觉而产生的(但也有例外，例如恐惧可以由内感受性刺激所驱动，如心痛或缺氧)。就恐惧的情况而言，外界威胁的外感受性检测和作图(例如遭遇一只大动物)触发生理性作用，包括心率加快、肾上腺素分泌、特定脸部肌肉收缩，导致脸部的恐惧表情等(表 18－1)[1]。

由动作程序引起的身体状态变化，转过来被内感受性系统所感受，而且作图到中枢神经系统。身体状态变化的内感受性神经作图可以保留在无意识状态，或者可以被体验而成为有意识的，成为“内态感”(feeling)[1]。

内态感是伴有身体状态变化的一种神智体验。外感受性作图中表现出来的外部变化,例如视觉或听觉所觉察到的,大部分直接被感觉到;但是按照我们采用的说法,内态感大部分是不能被觉察到的。然而,内态感也会触发动作程序,间接地导致身体状态的变化,从而变得可以被觉察到[1]。

动作程序及相应的内态感经常被认作同一名称,虽然它们是不同的现象。例如恐惧,它既可以是一种情绪,那就是一套程序化的生理作用,是由诱发恐惧的刺激所触发的;也可能是一种内态感,这就是意识到的恐惧体验[1]。

**表 18-1 驱动、情绪和内态感**[1]

| 刺　激 | 血液高渗透压 | 对着尖形物体的重压 | 看到一只熊 | 听到坏消息 |
|---|---|---|---|---|
| 动作程序(可以是驱动、情绪) | • 口干<br>• 减少水分排出<br>• 应激状态<br>• 激动<br>• 感觉疲劳 | • 受影响肢体或身体的一部分缩回<br>• 局部血管扩张<br>• 脸部肌肉形成疼痛表情<br>• 注意到受影响的身体部分 | • 心跳和呼吸速率增加<br>• 分泌皮质醇和肾上腺素<br>• 血流重新分配<br>• 疼痛不灵敏<br>• 脸部肌肉形成恐惧表情<br>• 注意集中到受影响和打击的部分 | • 血压增高<br>• 不规则心率<br>• 呼吸频率减少<br>• 泪腺分泌<br>• 脸部肌肉形成悲哀的表情 |
| 内态感 | 渴 | 疼痛 | 恐惧 | 悲伤 |

### 18.1.2 内稳态的驱动和情绪易化

内稳态的直接目的涉及调控生命过程,包括通过自我恢复及防卫,调控代谢和躯体完整性的维持。为了达到这些目标,动作程序是有帮助的[1]。

动作程序并不需要深思熟虑,它们是本能性的,也就是说,是生物学上预先设定的,大部分是刻板的。例如,碰到一样尖锐物品所引出来的动作程序就包括:受影响的身体部位缩回,离开刺激,脸部肌肉收缩,形成疼痛表情。然而,它们的部署可以受学习(条件反应)的影响,这种影响也允许把内稳态性质的目标扩展,转移到对象及条件,使之变得充满生物学价值,例如金钱、功率或药物[1]。

恐惧的动作程序提供了此种过程的另一个象征性演示。恐惧的触发物可能是外部的(例如一种威胁),也可能是内部的(例如正在发展着的、由于缺氧而引起的心肌梗死)。刺激触发一系列反应,包括预备动作(例如心跳增加、呼吸频率增加、镇痛以及皮质醇分泌),冻结反应或搏斗行为(同时分别带有固定或紧急的动作,导致不同的血流安排),以及注意行为(使得刺激物显著起来)[1]。

从生物工程学的观点看,稳态性动作程序的加入需要 4 个元素。第一,有效力的刺激,例如一个内稳态范围的内部偏离,或者外界刺激和环境,不管当前能否看到,或者能否在神智里加以回忆;第二,能够检测到刺激的神经界面;第三,神经的执行位点,能够协调一些纠正性动作,也就是动作程序(动机或情绪);最后第四,神经界面,它能够检测纠正动作的完成，而且停止纠正动作。总之，对正在进行着的身体状态的整合性神经作图，提供了有效的神经界面，用来检测离开稳态性范围的内部偏离（刺激），为了触发纠正性反应（动作程序：驱动和情绪），为了确定什么时候这种纠正性动作可以停掉，以及旨在产生已经作图的身体状态（内态感）的经验性成分[1]。

### 18.1.3　内态感的生理、病理意义

内态感的关键性特征是其内源性价值，包括其方向是正的还是负的；由内态感所代理的偏离稳态性的强度，这一点帮助我们了解，为什么机体会朝着内态感所提供的朝向。有意思的是，外感受性过程最可能是发展得比较晚的，例如视觉和听觉，它们并不含有内源性价值，虽然它们通常根据身体状态产生的价值而被标记。这样看来，高级认知借助于首先作为内稳态性调节成分发展而来的一些标记[1]。

内态感与神智同时出现。在进化中，能够有内态感的早期有机体首次能够觉察它们自己存在的某些方面。内态感为建立高水平认知和意识铺平道路，最终导致近代人的神智。这样看来，了解内态感的支柱可能会提供有关意识和神智的知识[1]。

弄清楚内态感状态（feeling state）有显著的生物医学的相关意义。某些破坏性最强的医疗和公共卫生问题，例如抑郁症、药物成瘾以及难治性疼痛等，都集中到内态感的病理学。抑郁症本身是美国的主要疾病之一，也是全世界的主要非传染性疾病之一。关于它的病理学机制还不清楚，而现有的治疗方法广泛地被认为是不合适的。有关内态感神经生理学的了解，有可能导致对这类疾病更有效的处理[1]。

生存依赖于把身体生理学维持在最佳的内稳态范围。此过程依赖于快速检测身体状态方面的潜在有害变化，以及作出合适的正确反应。身体状态的变化引起自主的、生理性的反应，也引起神智体验——内态感，例如饥、渴、疼痛、恐惧。有证据提示，身体状态变化是按照地形作图到中枢神经系统的（具体地说，在上位脑干及大脑皮层）。在这些神经图像上所记录的变化，可以触发生理的纠正性反应，以及当偏差已经纠正之后即时中断反应[1]。

内态感能够突现（emerge），占据主导，并且动员复杂的神经机器。因为它直接描绘了生理处境的有利和不利方面的性质，把这些作为“感觉到的体验”，就能促进学习致使内稳态不平衡的条件以及相应的纠正，还能预计今后的不利或有利条件。因此，内态感提供了行为调节的额外层次[1]。

从进化及个体发生的前景看，稳态性神经作图的这种经验性方面，也可以在最低水平的神智和意识中加以考虑。的确，现有的证据表明，系统发生上新近的神经系统区域例如大脑皮层，它贡献给内态感的发生，但并非必需；内态感有可能来自比较古老的脑区，例如脑干。这提示内态感不是无例外地属于人类，甚至也不是哺乳动物所特有的[1]。

这里我们要概述内态感的神经底物，对其功能作用采取进化前景的展望，并且借鉴人类和非人类研究的系统水平证据。我们也提出，内态感涉及系统水平的中枢过程，从根源上看，也发生在单细胞水平，具体地说，在无髓轴突，这种轴突把信号从体液及内脏

方面传送到中枢神经系统内的神经核[1]。

当前我们面对健康方面某些最迫切的问题，例如抑郁症、药物成瘾、难治性疼痛时，都集中到内态感的病理学。因此，澄清内态感状态的生理学，将具有无可比拟的生物医学相关性[1]。

## 18.2 身体状态的神经作图

身体状态在中枢神经系统上可以被作图，这有其进化上显然有利的条件，因为在中枢上作图的身体信号，是与生理参数有关系的，因此能够用来指导生理正确性。当身体状态发生紊乱时，有关幅度、空间位置的偏差可以立即被检测到，而此图像即可以用来触发纠正性作用，例如内分泌反应或情绪性作用。一旦平衡已经重新取得之后，此图像也可以用来中止纠正性动作。以饥饿的例子来看，饱食状态(例如血糖)经常被检测，而且在中枢有其代表。当一个生理性偏离(例如低血糖)被感受，并在中枢被作图，那就可以触发纠正性的内稳态变化(例如内脏运动、分泌、流口水、寻找食物等)。进食以后，生理性偏差被纠正，新的参数在中枢作图，触发了中止纠正的各种措施[1]。

从进化观点看，身体状态中枢作图的出现，可能发生在感受到的经验性方面到来之前，而这种经验性方面界定了内态感。这种看法得到某些实验事实的支持，即为了能够检测和纠正内稳态性不平衡的神经作图，似乎并不需要主观感觉到的经验。事实上，通过动作程序(action program)或更简单的生理学机制，无数扰乱可以被检测而且被处理，并不伴随着意识经验，即内态感。生理学过程可以下意识发生的例子很多，例如心律的调节、内分泌功能的调制、平滑肌收缩的调节、免疫的调节、关联到反映情绪特异的脸部表情的自主性变化，甚至脸部辨认和作出决断的某些方面。我们的假说是，在脑的基本躯体作图上面增加一个感觉到的经验成分，由于它给生命调节带来的好处，这个增加的成分在进化中显露并且占了上风。已经知道，根据内稳态的观点，身体状态必须是有价值的，或者是好的，或者是坏的。这样的话，内态感是正在进行着的生物学价值的强大替代(proxy)，以及适应行为的自然指导。内态感以及一系列的表现，包括疼痛和快乐，在其极端的方面强迫机体注意到它所处的当前条件。内态感也易化围绕着身体状态变化的对周围环境的学习，及以后应用这种知识来预测今后的状态，从而导致行为伸缩性的增加。简单地说，感觉到的经验允许有更具伸缩性、有效的纠正方法，比之单独的神经作图，特别是在复杂行为的领域[1]。

### 18.2.1 内态感的神经底物

神经过程可以在两个主要的水平加以研究——宏观的(系统水平的，它由各个脑区组成)和微观的(神经元、突触、胶质细胞以及它们的分子组成)。因此，对认知可以在不同的水平进行分析：脑神经核、大脑的叶或区，但这种分析的根基最后是在神经元网络水平，以及复杂精细的突触信号传送水平。类似地，这是可以理解的：内态感也包括宏观和微观水平的神经底物。有关内态感状态的宏观分析，已经有非常显著的证据可以提供，某些初步的建议已经被提了出来。因此我们将开始在宏观的脑区水平搜寻内态感的神经底物。相比之下，对于内态感的细胞基础才开始有所注意，我们在最后也要加以讨论[1]。

先前在哺乳动物脑方面的研究提示，有些脑区能够产生驱动和情绪，以后导致内态感。这些脑区在神经轴的各个水平都有发现。例如，脑干的下述脑区被认为是参与内态感的：孤束核(NTS)、最后区、臂旁核(PBN)、腹侧被盖区(VTA)、其他单胺类神经核、黑质、红核、导水管周围灰质(PAG)、上丘(superior colliculus，SC)及下丘脑。这些神经核的内源性性质各有不同，但它们都参与产生纠正性、内稳态性的作用。PBN、NTS、PAG和SC展示明显的躯体定位作图，而分泌单胺类的神经核——VTA和黑质，似乎并不含有身体定位组构的信息。有一种看法认为，内态感有可能产生于身体状态的图像，把搜索内态感的神经底物聚焦到展示躯体图像定位性组构的脑区，这是合乎情理的[1]。

位于皮层下灰质内的一套结构包含杏仁核、伏隔核、腹侧纹状体、腹侧苍白球及其他基底神经节和基底前脑区域，它们都参与内稳态作用的产生，其范围从价值调制(例如伏隔核的味觉快感)，直到触发运动行为(例如杏仁核的“逃跑或战斗”反应)。这些脑区并不展示定位作图。由此看来，在产生内态感方面，它们可能没有直接的作用，而只是帮助形成身体的状态，例如通过动作程序[1]。

在大脑皮层水平，有几个候选的结构需要考虑。脑岛和躯体感觉皮层(SⅠ和SⅡ*)具有细致的身体定位组构图像，因此有可能提供内态感的直接底物。前扣带皮层也展示作图组构，不过它们更受到注意的功能是产生动作，例如对疼痛的运动反应可以在前扣带皮层发动[1]。

简单地说，内态感神经底物的候补者，从系统水平看，最明显地可以在两组系统水平上出现：最原始的水平是脑干(具体地说是PVH、NTS、PAG及SC的深层)，更晚近进化出来的是大脑皮层(具体地说是脑岛、SⅠ和SⅡ)(图18-2)[1]。

### 18.2.2 位于脑干的第一级整合作图

如上所述，内态感神经底物的所有主要候补者是一些负责内感受性感觉的脑区，它们连续地检测内环境，并且把躯体状态的实时信息提供给中枢神经系统。内感受性的主要贡献者包括化学感受性、温度-疼痛感受性和内脏感觉。此外，本体感受、前庭感觉以及光感觉和非分辨性(边缘性的)触觉，可能组成额外的内感受性感觉。最明显的内感受性通路是经由迷走神经和脊髓第Ⅰ层脊髓-丘脑-皮层传导通路而进入的(图18-2)。脊髓第Ⅰ层脊髓-丘脑-皮层传导通路既携带来自多数躯体组织的温度-疼痛信息，也携带化学感受性信息。信息传到脊髓第Ⅰ层及脑干的三叉神经核。迷走神经是传送内脏感觉的主要通道，它携带内脏状态的信号，特别是来自心血管、呼吸道、胃肠道系统的信号，以及生殖系统和泌尿系统的信号。迷走信息先来到下位脑干的NTS。参与内感受性的其

---

* SⅠ和SⅡ即躯体感觉皮层Ⅰ和Ⅱ，S为somatosensory的缩写。

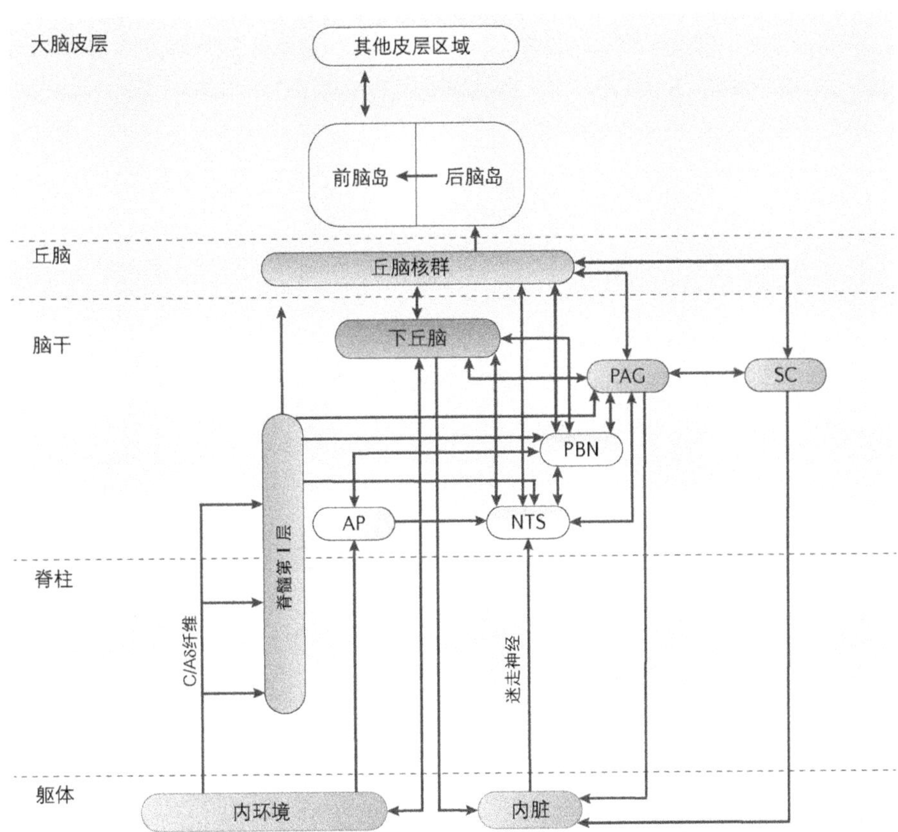


**图 18-2** 参与感觉和作图身体状态及产生内态感的内感受性传导通路与神经核

传送来自内环境和内脏的信息到中枢神经系统的两条主要通路。脊髓第Ⅰ层传导路包含有C类和A类纤维,它们来自身体的各个区域,携带血管壁肌肉收缩及外周血流、温度、疼痛、组织损伤、pH、$O_2$和$CO_2$水平的信息。这条通路汇聚到第Ⅰ层(脊髓后角灰质及三叉神经核后角)。从这里开始,第二级神经元向上行走,投射到内稳态性的脑干中枢(NTS、PBN、PAG)。这些中枢密切地相互连接,并且大部分通过丘脑投射到大脑皮层(主要是脑岛后部)。从后部脑岛所收集的信息向嘴侧投射到前脑岛,在这里参与跟其他皮层脑区的对话(例如眶额叶皮层)。脊髓第Ⅰ层的某些传导路纤维可以旁路脑干,通过丘脑直接投射到脑岛。迷走神经携带来自内脏的信息到孤束核(NTS),再投射到PBN、PAG和下丘脑。这些结构的信息经过丘脑直接投射到脑岛皮层。脊髓第Ⅰ层和迷走传导通路之间存在着广泛的信息交流,这就允许信息形成整合的躯体作图。最后区直接感觉到内环境的情况,密切地连接到NTS和上丘(SC)。(图引自[1])

他结构还有脑室周围器官。脑室周围器官是一些参与内稳态功能(例如能量代谢、水平衡)的特化结构,其位置是沿着脑室表面。由于那里缺少血脑屏障,那里的神经元可以直接跟脑脊液接触。最后区是脑室周围器官之一,它是一个化学感受性神经核,邻近NTS[1]。

内感受性信息被收集到脊髓,汇聚到高级脑干区,例如PBN、PAG以及网状结构。PBN、PAG及网状结构有密切的双向性相互连接,来自机体不同部分的内感受性信息连续不断地受到监控,而且在这些结构上定位作图。这样,上位脑干(也就是PBN和PAG)是最尾端的部位。在那里,内感受性传入信息的不同方面可以组成为全身的、身体状态的整合图像。这样一种图像在生命调节中起关键性作用,很可能同时提供了产生内态感的神经基础[1]。

需要特别讲一讲上丘(SC)。虽然上丘浅层(第Ⅰ层到第Ⅲ层)在视觉方面的作用已很明确,其深层(第Ⅳ层到第Ⅶ层)是相对被忽略的,不过深层显然有生理作用。SC 深层接受来自不同感觉的输入,有视觉、听觉、躯体感觉的输入,导致在一个空间记录位点上有三者互相重叠的定位图像(也就是,一个图像的一个区域对应于其他两个图像的特定区)。这样,3 个图像所含有的信息就具有对应的关系。这种非常独特的排列提示,外感受性和内感受性的传入信息可能首次在 SC 汇聚,形成整合性的感觉图像。可见,SC 原来被认为是参与视觉注意的,它在加工神智和自我方面也可能起着重要的作用[1]。

### 18.2.3　内态感和脑岛

内感受性兴奋在脑干上作图,向嘴侧方向投射到皮层下基底前脑、皮层的端脑部分,在那里,它在脑岛和躯体感觉皮层的 SⅠ、SⅡ又重新作图[1]。

当代神经科学鉴定脑岛为内感受系统信号的主要皮层靶。功能性神经成像研究明确提示,人类脑岛在内感受性以及情绪性内态感中发挥作用[1]。

近来有这样的建议:脑岛不仅参与人类的内态感,而且是内态感的唯一平台,因此作为延伸,它是人体觉察的关键性供应者。但有实验提示,此假说可能存在问题。第一,既然在上部脑干有几个定位组构性的神经核,它们是大部分信号所必需的中转站,信号来自躯体,传导到脑岛,在脑干神经核内可以产生精细的、躯体状态多种参数的代表,那么,这些脑区不应该排除在内态感平台之外。第二,生下来无大脑皮层的小孩展示了某些行为,这些行为符合内态感行为。第三,双侧脑岛损伤并不取消所有的内态感,具体地说,带状疱疹性脑炎有可能完全破坏双侧脑岛,却并不取消躯体或情绪的内态感,包括疼痛、愉快、痒、快乐、悲哀、激动、关怀、同情,此外还有饥饿、口渴、膀胱和直肠充胀等(图 18-3)。事实上,在具有双侧脑岛损伤病人的神智景象中,内态感似乎占据统治地位。直接的舒适安逸似乎是病人的主要关心所在,相当无拘无束地不受认知性的约束[1]。

这些实验观察并不支持那样一种观点,即脑岛是内态感状态的必需底物。看来,内态感的产生也一定依赖于脑干,可能也依赖于顶叶躯体感觉皮层的 SⅠ、SⅡ区。在某些病人,这些脑区被保留下来。他们虽然缺少脑岛皮层,但仍然能够完全做到有内态感。的确,上位脑干后半部的损伤往往关联到昏迷或植物性状态。在这些状态下,内态感和感觉能力都是被取消的。位于此范围内的神经核包括某些结构如 PBN、PAG、SC,还有网状结构以及某些单胺、乙酰胆碱神经核,它们含有整合的躯体感觉图像。相比之下,上位脑干腹侧半边的损伤引起锁定综合征。在此情况下,内态感和意识状态都没有被取消(从知觉能力到自传性质的水平)。神经成像研究也提示,内态感和脑干之间存在着关联,因为诱导出来的内态感触发了脑干结构的激活。实验性操控研究提供了说明皮层下结构作用的有说服力的证据。去皮层哺乳动物展示了相当明显、持久、一致的目标朝向行为,而这种行为是与内态感和意识状态相符合的。此外,电刺激脑干某些区可以引起行为表现,这种表现是与哺乳动物的情绪反应相一致的。这些反应充满了正性和负性的价值,与所引发的情绪类型相一致,并取决于对动物学习简单任务或自主开启及关闭刺

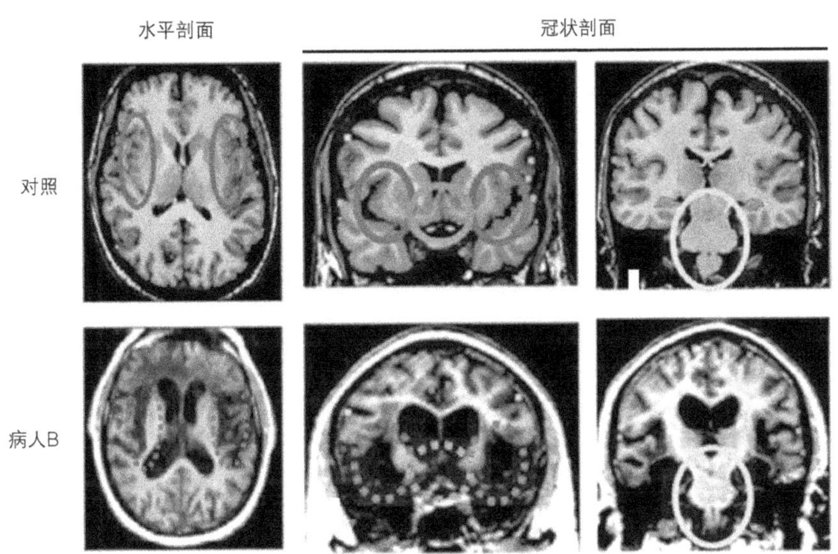


**图 18－3** 显示脑岛皮层完全损伤病人 B 的解剖学 MRI 扫描(彩图见图版第 66 页)

上面一排为对照,下面一排为病人。红圆圈标志脑岛,黄圆圈标志脑干,蓝圆圈标志基底前脑区。(图引自[1])

激的影响。电刺激脑干也可以引起人类情绪及相对应的内态感。总体来看,这些发现表明,脑干在触发与支持情绪和内态感方面起关键性作用[1]。

正常人的内态感并不需要脑岛,虽然此脑区经常参与内态感。为了调和这些实验观察,需要考虑一件事情,即脑岛内较大部分的身体状态作图可能允许组装更精细的内感受信息代表,比之脑干内组装的作图。脑岛中身体状态的较大图像可能允许聚集内感受性信息的许多细致代表。事实上,某些传入信息真的是绕开脑干,直接到达脑岛。以内含形式存在的信息被提供给脑干,再根据 SⅠ 和 SⅡ 所提供的身体坐标,在脑岛上以外显的形式被代表。皮层重新作图将允许更细致地辨别内感受器的状态,而且当不平衡到来时,允许有更准确的调制反应。换句话说,除了一般性的加工及身体状态体验以外,脑岛的图像将更具调制性作用。这种看法与以下事实相一致,单侧脑岛损伤减少温度及损伤感受性的辨别,即使完全双侧的脑岛破坏也并不取消内态感的能力。此外,由于皮层位置在参与高级认知的许多通路的交叉点上,因此脑岛与其他脑部有广泛的连接,如与记忆、言语、推理有关的皮层脑区。这提示,虽然脑岛并非体验内态感所必需,但为了引导内态感进入认知过程的流程,它可能是需要的。这样就易化了认知和内态感之间的交流。为了获得合理的驱动和情绪调控,这种交流可能是必需的;它的不存在将有利于由内态感状态所主导的简单行为型式[1]。

### 18.2.4 躯体感觉皮层和内态感

至于谈到躯体感觉皮层 SⅠ 和 SⅡ 区,它们可以功能性地参与内态感,但损伤躯体感觉皮层，对疼痛和温度感觉很少或没有效应。此外，对猴与人体的实验研究发现，涉及SⅠ和SⅡ区的双侧顶叶损坏，虽然不是其全部损坏，展示了明确与内态感状态有关的行为，并使动物表现出显著的情绪不稳定。虽然还需要进一步证据，例如完全双侧损伤SⅠ和SⅡ区的病例，但现有的证据表明，躯体感觉皮层对于产生躯体的或情绪性的内态感不是必需的。相反倒是有可能，这些脑区在体验内感受性状态方面类似于脑岛，具有调制性的作用[1]。

### 18.2.5　内态感神经作图的进化

现在提出的看法认为，皮层下脑区，例如上位脑干和下丘脑在产生内态感中起作用，这种看法具有令人瞩目的进化含义。非人哺乳类、鸟类、爬行类，甚至系统进化上比较古老的动物种，都可以很明显地展现与情绪和内态感相一致的行为。在这些动物种和人类之间，虽然大脑皮层的发展水平有非常明显的差别，但进化上比较古老的脑干基本上在其布局上保留下来。因此可以合理地提出：内态感不是人类独有的，它们在进化中早已经出现了。虽然目前不能够演示非人类的动物种是否具有内态感，因为按照定义，内态感状态是主观的，它只能进入那个产生内态感的机体，但是也没有理由假定另外一种看法。事实上，由于许多非人类的动物物种都具有对于内态感出现是必需的神经底物，而且还展示与内态感和情绪相一致的行为表现，因此最简单扼要的假说应该是：内态感在这些动物物种里面都是存在的。被复杂的灵长类大脑皮层所易化的细致的认知过程例如记忆、言语、推理及想象，可能都有贡献于更丰富、更细致的内态感状态，比之那些拥有简单神经系统的动物之内态感状态。但是，具有重要意义的身体状态作图的基本元素、知觉能力(sentience)及内态感，很可能比我们人类的存在还要早些，甚至比大脑皮层的出现还要早。有充分的理由认为，灵长类的脑从其祖先那里遗传了完成内态感的神经能力，然后在此基础上进行加工[1]。

## 18.3　内态感的细胞基础

内态感的细胞基础是什么？除极少数例外，此问题很少被研究人员考虑。然而我们相信，这个努力是必需的。内态感的出现需要精细的、基于宏观及微观的相互作用。如果希望充分了解内态感和意识，对宏观及微观的相互作用都应该透彻搞清楚[1]。

至于内态感状态的宏观及微观底物，我们认为，关键的细胞应该在内感受系统中发现，具体而言是无髓轴突，它传送体液和内脏信号至脑，至脊髓与脑干的神经核。我们也提示，假突触信号传送有可能在这些无髓轴突之间发生，这种信号可能也具有重要作用[1]。

### 18.3.1　无髓鞘结构

已经知道，内感受性传导通路在内态感状态中起一定的作用，这些传导系统一般展示很低水平的髓鞘化。例如，从脊髓第Ⅰ层来的脊髓-丘脑-皮层传导通路由细的、无髓

鞘及轻度髓鞘化的 δ 纤维组成。这些纤维包含在 Remak 神经束* 内，在那里，单个雪旺细胞包裹数根轴突，它们的传导速度一般为 1～8 m/s。与很好髓鞘化的 Aα、Aβ 纤维呈现清晰的对比，传导外感受性信号的 Aα、Aβ 纤维的传导速度为 14～60 m/s[1]。

迷走神经是内脏信息传送的主要通道，其纤维也是占优势地缺少髓鞘。在哺乳动物包括人类当中，迷走神经主干大约 80%的纤维是无髓鞘的，余下的 20%多数是髓鞘很弱的。在迷走神经分支，这种无髓纤维占优势的情况甚至更加明显。在许多脑神经中，迷走神经是不寻常的，因为迷走神经有高含量的无髓纤维[1]。

值得注意的是，无髓纤维也介导触觉的情感部分。关联到此功能的这部分 C 类纤维，是内感受性系统的额外成分。除传入性的内感受性传导通路以外，接受这些信号的中枢部位——最后区、NTS、PBN、PAG 等，都是髓鞘不完整的[1]。

被接受的经典观点是，髓鞘化是进化的有利条件，可以加速冲动沿轴突的传播速度。为什么一个参与稳态的关键系统却大部分保持无髓鞘状态呢？髓鞘化戏剧性地改善了轴突传导时的代谢效率，这大部分是由于离子通道的重新分配（在有髓纤维上，这些离子通道集中在郎飞结，而不是均匀分布于整个轴突上），以及神经传导后较小的离子不平衡。然而，从产生和维持髓鞘代谢的代价考虑，只有直径在一定数值以上的神经纤维，髓鞘化才可能是在能量上有利可图的。无髓纤维得以保持存在的一个可能解释是，只有相对粗的纤维才值得为了髓鞘化而付出代谢性的代价；而直径在一定数值以下、比较细一点的纤维，保持无髓鞘就可以了。另一可能性是，传导速度对于某些神经的过程是必需的，但对于另一些神经的传导就不是必需的，机体愿意付出代价仅仅是当有需要的时候。然而这种解释提示，由无髓纤维所介导的活动过程，例如疼痛感觉和基本内稳态，不是时间敏感的，但常识告诉我们的正好相反。第三个可能性是经常被忽略的，认为髓鞘有多方面的效应，易化某些轴突的功能，但干扰了另一些轴突的功能，使得髓鞘对某些神经过程是有利的，而对另一些过程是有害的[1]。

已有的某些证据提示，因为绝缘，髓鞘增加了传导速度，也就是说，减少了轴突和它周围环境之间的离子交换，从而减少了电流流动的损失，所以任何依赖于离子交换的过程将受到髓鞘化的妨碍，而介导内态感的无髓纤维将可以允许自由离子的交换。虽然膜的通透性改变经典地是被看成为神经传导的机制，它导致突触放电，但是越来越多的证据提示，神经元的离子交换也可能还有其他的生理作用。第一，已经知道，细胞外电流流动是一种正交的（横向的或侧向的）神经元通信方式，这个过程被称为假突触传递（相对于突触传递，突触传递是沿垂直方向工作的）。关于不论离体还是活体的假突触传递，均已有所报道。假突触传递可以在哺乳动物嗅神经、迷走神经、外周神经、脊髓以及某些皮层脑区发生。假突触信息传送可能在局部神经元之间的膜电位同步化中起一定作用。支持这种观点的是，由神经元活性所产生的细胞外钾，可以影响邻近神经纤维轴突的兴奋性。当髓鞘损伤时，假突触信息传送可以异位引起。此现象提示，髓鞘

* Remak 神经束就是由 C 类神经纤维（C 纤维）组成的神经束。

化绝缘的一个后果是阻断了假突触功能。髓鞘化抑制假突触传递，一方面是由于它对离子交换构成直接的物理性障碍，另一方面是由于加大了与邻近轴突之间的距离[1]。

神经元离子交换可以与神经传导脱耦合的第二个例证是，膜电位可以戏剧性地变化，但不影响动作电位。事实上与动作电位本身相比，膜电位可能更好地预告来自传入刺激的信息传送，甚至于报告动物的行为。阈下电位也可以介导嗅觉编码的某些方面[1]。

髓鞘阻断了神经元膜的通透性，而内感受性传导通路大部分是缺少髓鞘的。这条通路报告身体的状态和导致内态感的基础。这提示了一种关联，一方面是神经元膜的通透性，另一方面是导致内态感的身体状态的感知。沿着这种思考模式曾经有这样的提示：神经元对于外部环境的广泛易感性是实现知觉能力(sentience)的细胞基础[1]。

由于直接阻断配基跟存在于内感受性纤维膜上受体的结合，髓鞘也可能妨碍内感受(图 18－4)。某些无髓纤维，例如迷走神经中的纤维，可以被化学刺激所激活，不仅在外周神经末梢，而且沿着被称为轴浆干的轴突全长。在内感受上起一定作用的几个分子例如 ATP、5－羟色胺、乙酰胆碱、辣椒素等，它们的膜受体在纤维干上被发现。化学敏感的轴浆干具有进化上的意义，因为这些纤维的功能在于感知循环血液中的某些因素及内环境，这是内感受性的一个关键机制。如果每根轴突仅在它的末梢具有化学感受性，而不是沿着其轴突全长，那就需要更多的神经纤维，至少神经纤维要多分叉才能满足机体所

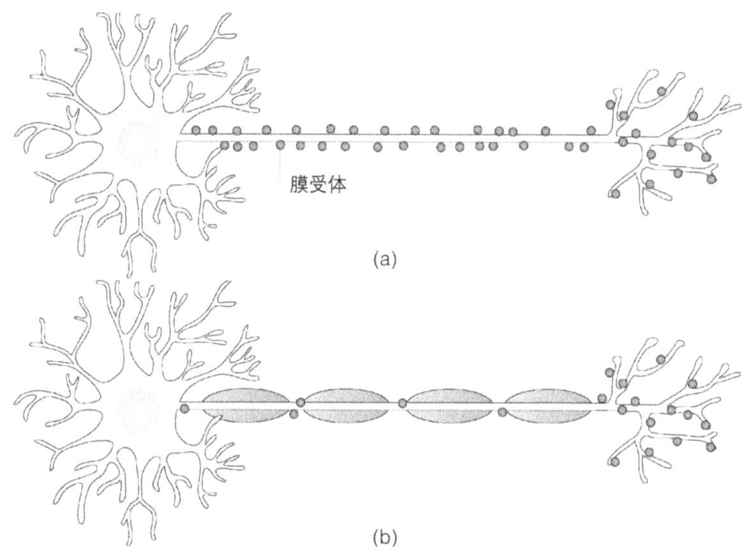


**图 18－4**　无髓和有髓纤维轴浆膜上的受体

演示无髓轴突可用于收集局部环境中信息的细胞表面积的增加。(a) 因为内感受性纤维的一个重要作用是感受循环中及内环境中的因素，所以轴突干具有广泛的化学敏感表面积，这将明显增加纤维的敏感性。轴突上的灰色小圆点表示对应循环中配基的膜受体。(b) 相比之下，髓鞘绝缘阻断了直接循环因素的进入。(图引自[1])

有各个区的需要。情况有可能是这样的：髓鞘的绝缘将会减少沿轴突全长的化学敏感性，因为它从物理上阻挡了循环中配基接触到膜受体[1]。

简单说来，髓鞘化加速了轴突传导，也阻断了神经膜从其周围环境中感受信息，阻挡了离子交换，以及循环中的配基与膜上受体的结合。因此我们提议，如果传导速度是进化压力所主要关心的因素，那就会选择髓鞘化，例如参与运动调控及高度认知的传导通路；但髓鞘化反而是不利的，如果跨膜的物质进入（或是参与神经元电流的离子进入，或是结合配基的受体进入）更加重要，例如参与内感受和内态感的一些传导通路的情况[1]。

### 18.3.2 从知觉能力到内态感

知觉能力是细胞水平的原始现象，它如何转变成为系统水平的内态感？通常接受的一个模式是，通过时间同步化，作为认知基础的单神经元水平的突触放电被放大，成为系统水平的现象。可以想象把同样的过程应用于内态感。许多个别神经元都参与进去，细胞水平变化将在时间上同步化，例如通过假突触通信，最后贡献给内态感体验。按照这个模型，内脏功能或内环境组成的少量变化（例如局部氧、$CO_2$、葡萄糖浓度）将会触发少量局部内感受性纤维膜上的离子交换，而较强一点的偏离将会影响比例上更多的纤维。由这些被激活纤维所传送的信息汇聚到脊髓、脑干的内感受性调控中枢。同一部位同时放电的传入纤维数目是一种刺激强度的度量，当它在身体神经作图的背景下被解释的时候，可以组成为细致的编码，如有需要，可确定作出什么样的纠正作用。例如，轻微变化将募集少数轴突，引起最小的纠正，或者不需要什么纠正；中等程度的刺激将影响相当数目的纤维，触发自主性的纠正方法；大的扰动将募集大量轴突，不仅引起自主的纠正过程，也通过内态感变成有意识的觉察，这样就保留了随意行为的适应空间[1]。

## 18.4 内脏活动对脑和行为的影响

神智过程及其神经底物紧密地联系着内部身体状态的内稳态调节。有一套不同的内感受性传导通路间接和直接地影响脑功能。这些传导通路的解剖学组构以及它们心理/行为影响的表达，沿着分别的、进化上保守的维度表现出来，这种表现维度能够让我们追踪机制性的了解。本章讨论这些传导通路的作用，把它们看作调控知觉、认知、情绪和行为的来源，以及（也可能有些争论）“自我”概念的动态基础[2]。

身体的内部状态激发我们的欲望，例如在炎热的夏天，我们希望在阴凉地方散步；当我们怀疑环境不雅时，我们的食欲或社交会受到抑制。从内脏到脑的信息是连续不断、普遍存在的，但是我们很少会给予思考。对可以进入内感受性评价代表的内脏波动与反应，目前我们所知道的仅是冰山一角而已。大多数内脏信号在不注意的情况下塑造行为、认知，以及（可能有争论）塑造情绪。有些技术例如人体神经成像学，让我们对知觉、思想、内态感以及动作的脑基础得到有价值的了解，但对这些神智功能大多数是与身体生理状态分离开来进行考虑的。不过，来自研究自主性心理生理学、喂食、代谢、渗透压调节和心理神经免疫学等的实验信息正在汇聚起来。对于代表内部状态的神经回路之鉴定，为更完整地了解内脏信号如何形成人类行为与认知，铺平了道路[2]。

脑在两方面依赖于身体状态的生理。第一，为实现有效的生物学功能，脑需要合适的条件（生理学背景）。第二，脑接受内脏传入信号而且对继续不断的动态反馈作出反应（信息背景），这形成了它的操控功能。后者是典型的内感受，也就是编码以及代表报告身体生理状态的内部躯体信号。内感受性信息向中枢传送有两条通路：一是通过脑神经和脊神经，二是在特定脑结构上直接接受样品，即通过血液里携带化学物质的作用。这些信息是完整的，它们具有不同时程反应特点的（包括激素的、免疫学的、代谢的、温度的、损伤感受的、内脏运动的）不同形式信号。这些参数通过脑区组合的编码而允许有动态相互作用，并且可以与自上而下表达的知觉性期望及随意性调控作用相整合[2]。

作为反射集合体的内稳态概念，使得有关内脏-脑相互作用的研究侧重于一些直接因子，这些因子决定了设置范围内生理状态的稳定性。内感受性传导通路产生个体生理参数朝向这些范围极限的偏离信号，但正是行为决定了环境的挑战，以及内部变化（如代谢副产品累积）的速率。从个别器官或一群器官的局部反射来看，内稳态调节已经得到了很好的描写。型式化的内稳态性自主性反应在脑干及下丘脑被协调起来。有效的内部调节也需要许多系统的整合，最后是在整个有机体水平。内部的内脏状态驱动复杂的动机性行为，既是内隐的，也可以通过认知和情感性反应，例如激醒、疾病行为、记忆及心境。功能性健康的内感受性调控占据首要的地位，基本经验以及自我觉察被认为服从生理状态的、由内脏传入信号所驱动的动态中枢代表。然而，有关内部身体状态影响行为到何种程度，这方面的神经科学数据还很有限。本章把有关内脏状态在脑过程上的代表，以及影响脑过程的解剖信息及实验信息汇集起来，用以演示一些原理，通过这些原理使人类的行为和经验带上内部身体信号的色彩[2]。

### 18.4.1 内感受驱动的神经活动

亚里士多德把感觉及情绪归属于心脏，这种看法与希波克拉底的认识形成显著而尖锐的对比。希波克拉底认为脑是神智操控以及经验的来源。从普遍地应用生理学名词来描写情绪状态可以看出，身体变化和情绪之间的基本关联仍然是很明显的。达尔文强调，情绪生理的表达在各种动物中都存在。此后不久，詹姆士和兰格认为，情绪性内态感的必要性起源于身体的生理变化。兰格关于特定身体变化是个别情绪标签的概念，与达尔文对“基本情绪”的看法是相一致的。詹姆士是一位更加地道的“结构主义者”，他把情绪看作由被其他过程共享的元素（也即躯体激醒）所组成。不过，坎农在 1927 年争辩说，伴随情绪的生理变化不一定是专门为情绪的。然而下述看法仍被证明是相对强有力的，即认为情绪依赖于生理变化，又与背景的认知评价/评估有联系。现在，通常把情绪看成为一类心理学状态，包括行为、经验及内脏变化[2]。

与这些心理学方面的发展相平行，人们知道了脑干以上有调控内脏状态的代表。动物实验及人体电刺激资料演示，内脏反应耦合于新大脑皮层的脑区。对于情绪神经底物的兴趣增加了，这种情况部分地是被有关基本情绪状态的证据驱动的论点所触发，也由于新兴的意识科学。例如，身体内部变化被认为对“意识”过程有隐蔽的、无意识的影响。值得注意的是动机判断的作出，这种效应关联到眶额叶皮层、躯体感觉皮层以及脑岛皮层的完整性，还有上述皮层基于身体状态支持情绪性过程的推定性作用。越来越多地详细了解了内感受性传导通路到皮层的解剖学投射，再相辅相成地补充以人类功能性神经成像的证据，则内脏感觉性脑岛皮层可以支持关于情绪经验的更一般性的看法，且进一步被功能性神经解剖的认识所强化。情绪的概念还在继续深化，但不同的理论看法都承认生理变化的贡献。关于内脏传入信息在脑内被代表的机制，实验性的研究将继续不断地丰富人们对情绪和认知的了解(图 18-5、图 18-6)[2]。

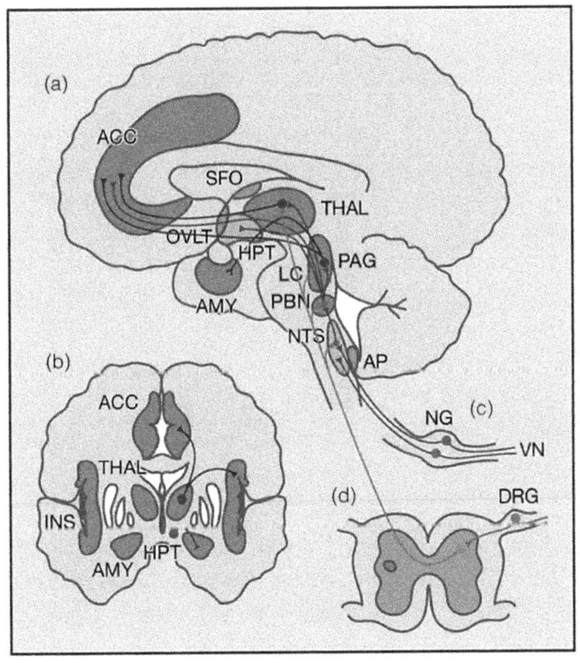


**图 18-5** 内脏感觉传导通路及脑内的中枢(彩图见图版第 66 页)

图解式描述的是：(a) 脑旁矢状切面；(b) 冠状切面；(c) 迷走神经结状神经节；(d) 脊髓的切面。这些图演示内脏感觉中枢及内感受性神经传导通路。内脏传入输入的细胞体在背根神经节(DRG)，它进入脊髓(第Ⅰ层)，在脊髓-丘脑束内上行(绿色线)，中止于丘脑的内脏感觉区(THAL)，之前它有输出到孤束核(NTS)、臂旁核(PBN)及中央灰质(PAG)。由迷走神经(VN)携带的内脏感觉输入，其细胞体在迷走神经节(结状节，NG)，中止于 NTS，然后走行到 PBN、PAG 和 THAL(绛红色)。信息通过 THAL、PAG、PBN 的转换来到下丘脑(HPT)、杏仁核(AMY)、前扣带皮层(ACC)和脑岛(INS)，后者是初级内脏感觉皮层的代表区。神经调制系统包括上升性去甲肾上腺素通路(发源于蓝斑，LC)，它也接受内脏感觉性输入。脑室周围器官(这里是体液性信息交换及感受循环中化学因子的部位，深绿色块)包括最后区(AP)、终纹血管器(OVLT)和穹窿下器官(SFO)。来自这些器官的信息在一系列部位整合，包括 HPT 和 NTS。(图引自[2])

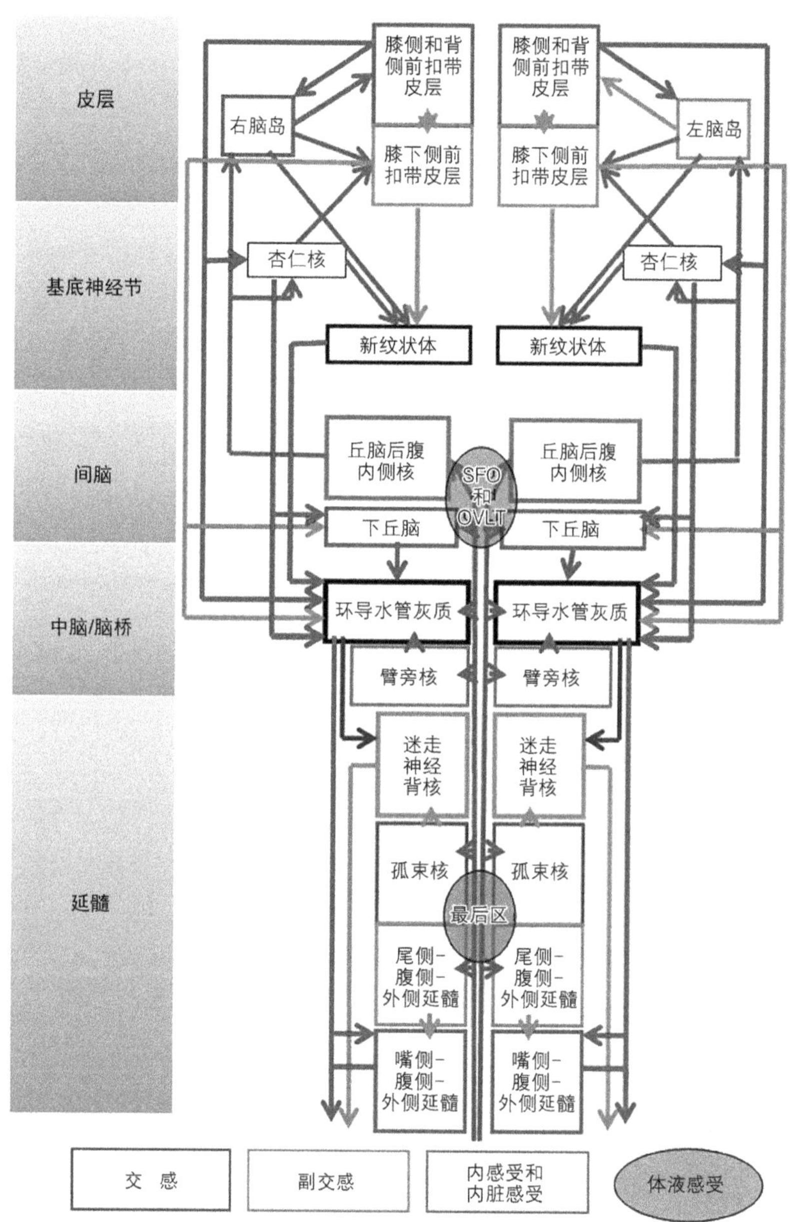


**图 18-6**　相互作用的中枢传入和传出神经通路介导自主性身体状态之中枢调控的演示图(彩图见图版第 67 页)

本图把接受内脏传入的交感和副交感通路驱动的不同脑区加以连接。此框架也产生一些问题，包括大脑半球侧化如何与内脏调节相关联，体液性影响的主要部位(例如 AP 与 NTS 的连接)。虽然这个模型已经包括了神经轴的所有部分，但推断的自主性调控与认知功能耦合提示了某些功能可能具有更大的敏感性，例如认知调控(前扣带回)、享乐动机化(脑岛、杏仁核、膝下扣带回)、心理运动(基底神经节)等过程。记忆功能(杏仁核，参考正文)要弱些，早期感觉加工很少受到影响。这种推断是否成立还有待确定。(图引自[2])

### 18.4.2 感受性室周围器官

这是一条经典的体液传导路径。血液循环中的化学物质可以通过感受性脑室周围器官直接进入脑，包括最后区（area postrema，AP）、终纹血管器（organ vasculosum lamina terminalis，OVLT）和穹窿下器官（subfornical organ，SFO），它们都位于第三、第四脑室壁。特异化的、大的血管周围空隙围绕着开窗的毛细血管环，导致表面积/透过比例增加了150倍。密集的受体表达使得这些器官能够检测循环血液中的大分子，而大分子提供系统内部情况的信息，例如大体代谢、炎症状态。分泌性的脑室周围器官（松果体、穹窿下器官、脑垂体后叶、正中隆起）分泌蛋白质进入血流，此方式也对反馈回来的血液中的信号敏感[2]。

1. 最后区

最后区（AP）开始被认为是有害物质触发呕吐反应的位点。然而，它的功能已得到扩展认识，包括感受不同的代谢、心血管及免疫因子。AP参与调控摄食行为，表达各种肽的受体，如饱足/厌食（饥饿压抑）的各种肽、增食欲肽（刺激饥饿），还有从胃、小肠以及下丘脑释放的肽。AP密切地与下丘脑和NTS相互连接。在AP内，有神经性内脏感觉和体液信息的功能性整合。AP对胆囊收缩素的反应可被胃扩张所增强（由迷走传入纤维传导），它对血管紧张素的反应影响加压反射的敏感性。AP的输出也包括PBN、交感延髓核及背侧运动核、副交感迷走神经[2]。

2. 终纹血管器

终纹血管器（OVLT）在渗透压感受方面似乎起重要作用。它所含有的细胞具有内源性渗透压敏感特征。输出投射到下丘脑视上核。作为对渗透压升高的反应，有人提出这种输出可以调节加压素（VP）的释放。输出投射到中线丘脑核、脑岛和扣带回皮层，这些结构都参与渴及饮水欲望的过程。包含在内侧视前区内的OVLT含有参与渗透压调节的其他神经元，投射到视上核及中线丘脑[2]。

3. 穹窿下器官

穹窿下器官（SFO）也贡献给渗透压的调节，对一系列血管反应、代谢、胃肠道、性腺的信号敏感。这演示了SFO对内脏感受的广泛作用。关于这种内脏感觉冗余在多大程度上是功能性的（也即与特定神经-体液反应型式和行为有关），还有待澄清[2]。

### 18.4.3 体液因子对敏感脑区的直接作用

这属于非经典的体液传导途径。脑室周围器官是为了中枢检测低水平循环中的体液因子而特异化的，但许多循环中的分子也能够越过血脑屏障，主动或被动地对不同脑系统发挥直接的功能性效应。许多NTS神经元表达血管紧张素Ⅱ及饱因子胰高糖素样肽-1（glucagon-like peptide-1，GLP-1）受体，而一些下丘脑核对代谢生殖激素及血管介质和免疫介质相当广泛地敏感。下丘脑的某些区也对渗透压、温度、葡萄糖浓度变化作出反应。葡萄糖可以通过主动运输越过血脑屏障，下丘脑的葡萄糖敏感性与调控进食（外侧弓状核）和饱（下丘脑腹内侧核）有关。下丘脑和NTS之间的相互连接，存在于葡萄糖感知这个宽泛背景范围下的神经-内脏感觉信息编码之中。有数个其他的脑区也直接对葡萄糖水平敏感，例如内侧杏仁核。在神经调制通路方面，单胺类多巴胺神经元和去甲肾上腺素神经元表达 ATP 敏感的钾通道，这种通道受葡萄糖水平的调制。有趣的是，异常的全身葡萄糖调节（例如胰岛素抵抗）也影响腹侧纹状体、内感受性脑岛和扣带回皮层之间的相互作用，由这种相互作用可预见抑郁症心境。这个事实扩展了葡萄糖敏感和动机化行为之间的链接，超出摄食调节而接触到部分被单胺类系统所支持的情感过程[2]。

#### 18.4.4　小胶质细胞

内部身体状态影响脑和行为的另一个机制涉及小胶质细胞（脑的免疫细胞）。这是神经元以外的体液机制。在健康情况下，小胶质细胞显示明显的动态行为。通过分叉突起，它不断地检测细胞外空间。此行为可以参与突触修剪，而突触修剪对于神经可塑性及行为具关键意义。小胶质细胞表达 Toll 样受体（toll like receptor，TLR），它使小胶质细胞能够检测致病原及组织损伤。外周感染后及/或炎症后，脑室周围器官、柔脑膜及脉络丛的小胶质细胞被快速激活，而且实现形态学和功能学的转化。这种变化的发生可能作为直接对血液循环中细胞因子的感受，或是对于血管周围内皮细胞所产生的前列腺素的感受。激活的小胶质细胞可以释放作用于邻近细胞的肿瘤坏死因子（tumor necrotic factor，TNF），导致整个脑实质的小胶质细胞激活级联反应。认识这些全身性感染所引起的脑反应，挑战了原来中枢神经系统具有免疫特权的观点，而且认识了一个通道，以及外周生理状态的改变如何经过它的通信进入脑里[2]。

#### 18.4.5　自主性整合的神经中枢

根据情绪理论模型，即整合中枢在内部身体状态中作用的模型，特定脑区被指认代表和整合内脏感觉性信息与情绪内态感、认知以及行为的神智功能。这个领域的研究是由神经解剖学研究的推断所指导的，并应用功能性神经成像进行直接探查。人类神经成像与临床研究的结合提供了洞见，使我们得以了解实现内部身体反应的中枢性发生机制，以及身体反应之反馈性代表影响神智过程的机制。有证据表明，前脑区有一个内侧发生系统，在此系统中，当发生情绪性的和充满努力的行为的时候，嘴背侧前扣带皮层驱动交感激醒，典型地是关联到背侧脑桥和（虽然较少肯定性地被观察到）下丘脑及/或杏仁核的活动。人类神经成像的证据表明，在背、前和中扣带回，自主性调控（血压、瞳孔的大小、心率、电皮肤活性）有部分的分离。类似地，膝下扣带回和腹内侧前额叶皮层（vmPFC）似乎是抗交感（副交感）的[2]。

神经成像研究指认，岛叶皮层是自主性反应和内脏状态变化的皮层代表，右侧前岛叶支持内脏激醒与意识加工的整合。脑岛活动经常和杏仁核一起编码主观性情绪状态以及外界刺激的情绪价值。有趣的是，不同身体状态的代表（即内感受性信息）作图到脑岛的亚区，而且产生可以分开来的情绪内态感状态（例如出现与厌恶相关联的恶心，或者头晕目眩时的心脏和胃反应)[2]。

味觉强有力地关联着行为,明显地联系着营养和代谢状态对选择食谱的影响。缺钠的大鼠选择咸的饮料,而缺维生素 B1 的大鼠扩展其新食物的来源,以增加获得维生素 B1 的机会。到腹侧苍白球的中脑-边缘投射(包括来自腹侧被盖区的信号)可以支撑特定营养素的"短缺";而脑干和下丘脑到脑岛的投射很可能支持味觉嫌恶,支持味觉和疾病之间学习到的关联。迷走神经到 NTS 和 PBN 的投射传送机械感受的(胃充胀)饱信号以及化学信号(胆囊收缩素及 5-羟色胺)[2]。

进食时的饱足及饱足信号参与整合胃的和肠的食物感觉性质信息的反馈(包括味觉)。胃的满足感信号几乎唯一地反映了胃容积扩张,并不直接来源于营养的或化学的特征。相反,来自肠的饱足信号源于肠对营养素的检测,释放不同的胃肠肽及神经递质。许多这些肠来源的厌食信号刺激迷走反射,减少胃排空,导致胃潴留。进食终止的发生,被认为主要是对胃和小肠负反馈信号进行神经元整合的结果。胃和小肠的厌食信号之间神经元整合的位点之一在迷走背核复合体(DVC),它接受来自胃肠道及前脑的信号。并非每个脑区都表达同样类型的内脏感觉整合。虽然灵长类 NTS 有味觉反应神经元,但从进食到饱足,味觉丘脑及初级味觉皮层典型地并不改变其反应,眶额叶皮层(OFC)及外侧下丘脑(LH)的味觉反应神经元仅当感到饥饿时才起反应,反映了动机状态[2]。

## 18.5 疾病行为

神智过程和它的神经底物与人体内部状态的内稳态调节息息相关,内脏对脑和行为是有影响的。人体具备一套不同的内感受性神经通路,它们直接或间接地影响脑功能。这些通路的解剖组构和它们的心理/行为表达,似乎是按照分别的、进化上保守的维度组构起来的。由此出发,可以向我们提供机制性的认识[2]。

免疫系统的运作像是一个弥散的化学感受系统,传送的信号是存在着感染性的物质(通过检测病原相关分子模式*——PAMP),例如脂多糖、鞭毛蛋白或含 CpG** 的 DNA,或是改变了的组织完整性(组织 PAMP,例如热休克蛋白或尿酸)。被激活的免疫细胞释放免疫和炎症介质,令人瞩目的是细胞因子,它们可以激活迷走传入神经元投射到 NTS,以及通过体液感受激活的 SFO 里面的细胞。令人感兴趣的是,免疫敏感的迷走传入神经元会出现敏感化的情况,这也存在于别处的免疫系统。在第二次重新暴露之后,对于抗原暴露作出反应的迷走神经传入数目可以戏剧性地增高(从 20%到 85%)。NTS 和 AP 的反应发动了心血管和胃肠道的反射,以调节外周免疫反应。这诱发一套刻板式的反应,称为疾病行为,包括发热、感到疲劳、社会隔离、摄食及饮水减少。这些反应被认为支持了宿主的防卫。中枢神经系统感受炎症特别是在 NTS。这在调节对感染、损伤或缺

---

* 病原相关分子模式:pathogen-associated molecular pattern,PAMP。

** CpG 为脱氧寡核苷酸(CpG oligodeoxynucleotide),其中 C 代表 cytosine(胞嘧啶),p 代表 phosphodiester(磷酸二酯),G 代表 guanine triphosphate deoxynucleotide(鸟嘌呤三磷酸脱氧核苷)。

血的天然免疫反应的大小方面也起到关键作用[2]。

动物研究把来自 NTS 的不同传导通路链接到下丘脑、延伸的杏仁核、丘脑和脑岛，到与疾病反应相关联的特定组成部分，包括患病时情绪状态的变化、味知觉的改变。人类功能性成像研究展示，在 3 小时的炎症挑战以后，神经介导的内感受性传导通路被激活，包括基底丘脑和后腹内侧丘脑、背中间/后脑岛。在人类中，炎症诱发的反应发生在分别的脑区，它们似乎实现了疾病行为的个别成分：中部脑岛活动的改变预测主观疲劳，黑质反应性的改变预测心理运动的变慢。类似地，改变了的膝下扣带回反应性关联到疾病引起的心境变化，同时也有分别到杏仁核和腹侧纹状体的神经连接变化（图 18－7）。这显然是将来研究的丰富领域。对情绪和动机而言，这些神经中枢都是关键性的，而且

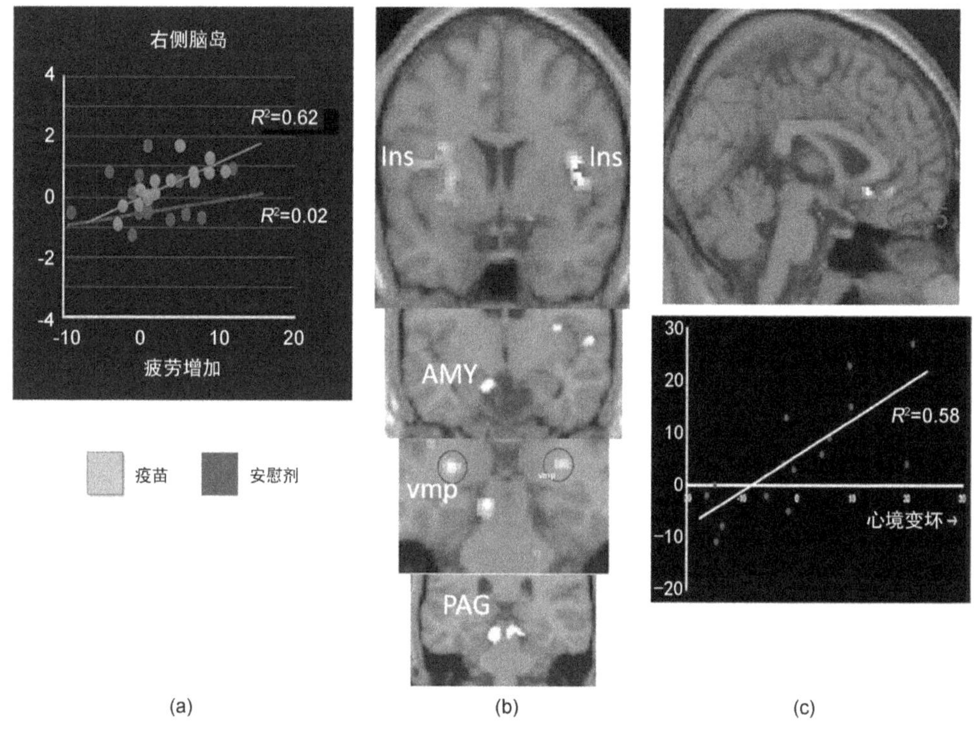


**图 18－7**　外周炎症对人脑活性、认知和情绪的影响（彩图见图版第 68 页）

群体 fMRI 实验的神经影像学结果。当受试者处于不同状态时被扫描，如给予伤寒疫苗引起外周炎症，或给予安慰剂注射。(a) 右侧脑岛皮层对 Stroop 作业 * 刺激的反应性，预见了在实验过程中由炎症（不是安慰剂）诱发的疲劳。(b) 诱发炎症以后，在已知的中枢内脏传入通路上的脑区显示比较大反应的图像：背侧脑桥、中央灰质(PAG)、腹内侧苍白球(vmp)、杏仁核(AMY)和脑岛。(c) 在膝下扣带皮层内看到炎症诱导的增强反应，对情绪性脸孔刺激的反应，预见了炎症诱导的心境变坏。这个脑区的功能失常被认为参与了临床抑郁症的病因学。此发现（及其他功能连接性的变化）提示了抑郁症"劫持患者"的机制(depression hijacks mechanism)，在适应性疾病行为中表现出社会退缩及动机迟钝。（图引自[2]）

* Stroop 作业是美国心理学家 J.R. Stroop 设计的一种认知测试，其中使用一些表示颜色的词语作为刺激物。在一种情况下显示词语的字体颜色和词语意思一致（如用红色字体显示 red），在另一种情况下字体颜色和词语意思不一致（如用绿色字体显示 red）。测试表明，字体颜色和词语意思一致时比不一致时，受试者的反应速度更快。

被认为参与了不知原因的抑郁症之病因学。炎症对于不同心境症状的效应,例如快感缺乏(anhedonia),进一步链接到腹侧纹状体对酬报反应的压抑。对炎症反应及疾病行为的人类功能性成像研究,典型地并不引起发热,而发热是密切关联到前列腺素体液性释放的疾病反应。发热是另一类反应型式,推定由迷走神经的传入纤维所介导[2]。

在人体神经成像研究中,作业诱导的自主性状态波动,调制着与直接内脏刺激所引起的相似脑区活性(例如包括参与情绪的那些脑区)。典型地诱发的变化,可以发生在自主性反应的多个轴上(例如瞳孔、电皮肤反应、心脏),但是个体的来自心血管的激醒可以更特异地反映身体状态变化的传入通道。在每个心跳周期中发生的动脉压力感受器的位相性放电之信号,传送个别心跳的时间与强度。这种信息经过迷走神经和舌咽神经传到 NTS,驱动血压的压力反射性调节。你可以按照心脏收缩期或宽息期的时间给予短暂刺激,轻轻地进入此内脏感觉信息通道。因此,压力感受器的放电可以影响疼痛反应以及强的意料之外躯体感觉刺激的加工。例如,给予皮肤电刺激,这样可以改变皮层的、反射性的以及自主性的反应。昏厥及患有恐血症状的病人显示了此效应的增强,提示从压力感受器传入的神经机制影响了情绪特征和反应性。神经成像研究显示,给予刺激和血压感受激活之间的相互作用,是由介入程度不同的脑干区参与完成的,包括脑桥、PAG,还有杏仁核、脑岛(图 18-8)[2]。

### 18.5.1 内脏调控与内部反馈的去耦合

长时间以来有这样的看法,自我的神智代表最终基于身体代表。在与环境的互动中,身体内部可以最终提供物质上自我的原发性参考。这里假定内脏感觉代表是稳定的,而内稳态把内环境约束在广阔范围内。内部状态波动着,通过生理和行为机制而受到调控。然而,内部状态的适应性调控,需要相当好的稳定模型,这可能代表自我参照的相当可靠的因素。在脑内如何达到适应性的调控,是通过前向模型、传出拷贝(efference copy)以及预测误差(prediction error)。在此模式下,内脏感觉数据连续地跟预计的身体状态作比较,从而诱发生理和神智的反应。自我代表的完整性依赖于内脏感觉信息的性质及其准确性,从而产生准确预见并通过预计的误差而前瞻性地加以协调。内态感状态可以看作为这种预见的表达。传出的内脏调控与内部反馈两者的去耦合,如果是暂时的,将引起不舒服的感觉,需要行为或心理的调整。更持久或深刻的脱耦合,可以使已经建立起来的认知和情绪过程及基本上已经调整了的自我代表,失去稳定[2]。

### 18.5.2 脊髓横断病人

具有高位脊髓横断的(典型地是损伤引起的)病人,会体验到内部和外部身体调控的严重脱耦合。然而很少有相关证据表明,基本的自我代表受到了危害。脊髓横切的病人容易产生抑郁症及慢性疼痛,它发生在一个背景底下,即需要针对瘫痪进行心理调适,并且潜在地使病人丧失独立性。这些经验可以增强自我参照的思维。此外,完整的脑神经,包括迷走神经,可以提供足够的内脏调控及反馈,用于支持情感性的神智反应[2]。

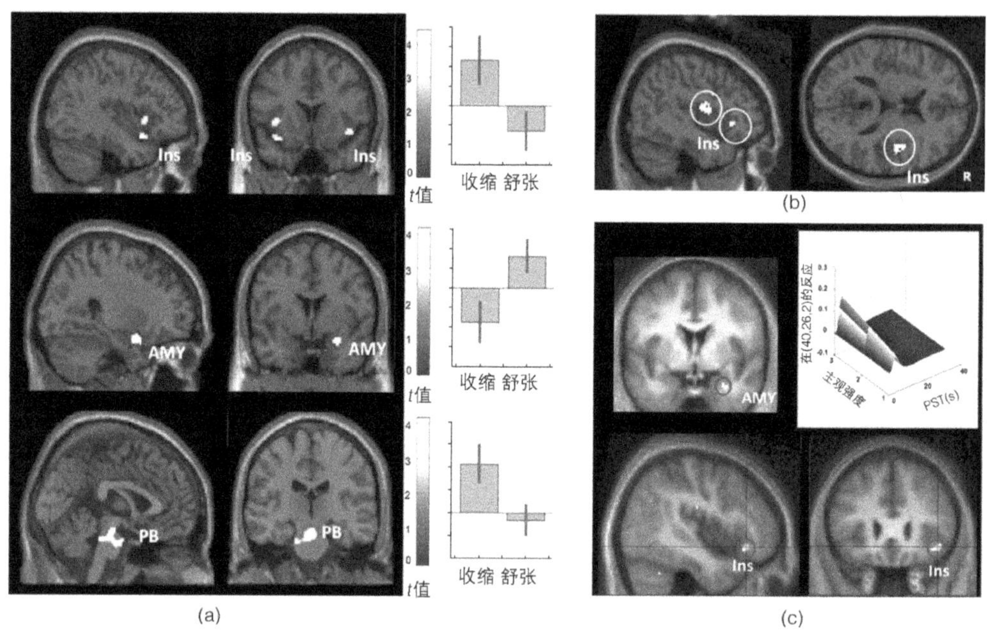


**图 18-8**　内脏传入与感觉、认知、情感过程相互作用的神经影像学研究(彩图见图版第 69 页)

3 例神经成像实验嵌图,把它画在标准化的模式脑上,表明区域性解剖关系。(a) 预见同时给予压力感受器激活对加工电皮肤刺激效应的脑活性。当给予某个作业时,用 fMRI 方法来指数化脑活性的区域变化。作业时给皮肤一个令人冷不防的刺激,刺激锁定于心脏的不同时相:收缩期(也即压力感受器激活的时间);舒张期(压力感受器静态的时间)。按照与心脏每次跳动同时记录的血压,演示当收缩期给予电刺激时,自主性血压反应的明显减弱,比之在舒张期给予电刺激。此图演示区域性的脑活性:双侧脑岛(insula,Ins)、杏仁核(AMY)及脑桥区域(臂旁核,PB),这些地方都表达这种相互作用。(b) 右侧脑岛活性,它反映外周自主性反应和威胁的意识加工之间的相互作用。病人患有单纯自主性缺失症(PAF),这是一种进行性的自主性效应器外周失神经支配病,面对威胁性刺激,病人不能产生自主状态的变化。PAF 病人及对照者均接受恐惧条件作业中的磁共振扫描。在此作业中,脸孔刺激和一个损伤性白噪声的爆发关联在一起,并且多次给予。为了阻断对危险刺激的意识性觉察,在几次实施中给予反向掩盖。右侧脑岛中部和前部的活性反映了 3 路相互作用:存在危险、对威胁的意识性觉察(不掩盖与掩盖比较)、存在/不存在自主性反应(PAF 和对照相比较)。这些发现提示,右侧脑岛是整合生理性激醒和意识性评价的底物,这是某些作者提出的二阶段模型中主观情绪状态的基础。(c) 右侧脑岛和杏仁核的脑活性反映了在心率增加的虚假生理反馈背景下对于中性脸孔刺激的强度评级变化。让受试者进行等长和非等长训练条件下评价脸部刺激的作业,同时接受 fMRI 扫描。让受试者聆听声调,并告诉受试者声调由他的心跳所触发。多数情况下作业都是真实的,但当声调从训练方块返回到播放非训练方块时,出现对模糊性中性脸部刺激的主观情绪评级的增加。右前脑岛及杏仁核的活性与这个效应有关联,暗示联系到焦虑产生及相关症状身体状态的预见性代表。(图引自[2])

### 18.5.3　自主性缺失病人

另一种作为代表的潜在毁损/缺陷模型(lesion/deficit model)是单纯自主性缺失病人(pure autonomic failure,PAF),病人的效应器功能逐渐变坏。内脏传入被推测还是好的,情绪反应大致上也是正常的,但 PAF 病人的表观实用(apparent pragmatism)值得注意。在日常生活中,行为策略可以帮助他调节内脏感觉状态的波动(特别是血压波动)。有可能是为自我代表保持了内脏感觉反馈的贡献[2]。

### 18.5.4　失匹配和失贡献

内感受性暗号的失匹配和失贡献,对于影响自我代表的心理性疾患似乎非常关键。

在关于精神分裂症的“比较器”模型中，有这样的建议：自我的扰乱（比如受控的幻觉）是某些问题的后果，问题出自预计性编码，反映了由自我引起的或由外部原因引起的评价之间的混淆。模型提到夸大内部身体感受的预计误差，认为它参与了由内感受性脑岛皮层所介导的焦虑。在进行情绪加工时，高度焦虑的个体显示前脑岛皮层（anterior insular cortex，AIC）活性增加。通过虚假的生理反馈诱导预计的和真正的内感受性信号之间的失匹配，这种现象进一步支持了脑岛皮层的作用。在精神分裂症及原发性分离性障碍（primary dissociative disorder）（例如失去人格、失去现实感的疾病）中，自我概念受到了破坏。心理的或分离的病人显示内感受性暗号的失属性，病人的疼痛信号变得迟钝，来源被失指认，于是带来了相应的自主性紊乱[2]。

### 18.5.5 错觉

这是身体所有者的错觉（幻觉），例如橡胶手（rubber hand）错觉。在这种病人中，同步性触觉和视觉刺激可以导致个体体验到假手似乎是他自己的手。这可以用来探测实现自我代表完整性的机制。服用分离性药物，例如氯胺酮，对橡胶手错觉的敏感度会增加；精神分裂症病人更容易产生此类错觉。有趣的是，内感受性敏感度增强的人，比较不容易发生这种情况。此现象增强了一种看法，即内部身体状态的代表与自我完整性及其对于外感受性知觉的顺应性（malleability）存在着关联。有一种看法越来越占上风，该看法认为，内感受性及内感受性的预计编码是自我神经代表的核心，而自我神经代表则是情绪和动机性内态感以及意识经验连续性的关键[2]。

### 18.5.6 内脏对脑和行为的影响

内部身体状态对脑功能及神智活动有普遍的影响，机体理应优先考虑这些代表。内感受性信号告知为维持生理必需的中枢调控过程，先于外感受器成熟之前，此作用天然地就发生，往后它通常不被间断。由动机造成的适应性行为，是为了保证立即及将来的内部生理完整性，从这里冒出来动机状态以及复杂性增加的情绪。如此丰富的体液的和神经的内脏感觉信息之整合，是由相对少数、相互作用的脑区实现的，这些脑区关联到低水平的内稳态反射。当功能受到挑战时，它们能够关联到自然的以及随意行为的全部节目。有可能是这样，预测性编码负责内脏感觉调控的操控性构筑，包括有意识地进入内态感状态，影响动机行为和指导认知过程包括记忆。在社会性的情绪交换中，内感受性代表也参与进去，可能是象征性的。可以预测，内脏感觉代表的扰乱影响多水平的功能，但是从临床上看，似乎存在冗余性和坚固性，可以减轻大的失代偿。情感障碍的、人格分裂的及精神病的现象提示了一种脱耦合——在自我的生理和认知代表之间的脱耦合。完整地了解健康情况下内部身体信号的整合，是为了有效地处理、控制疾病的物理和心理症状之最终需要。这样一个目标只有通过协调的实验性探索才能够达到，而在神经心理学实验中，应当不把处理生理变化看作不相关的困惑。总起来说，这些观察使“我们更深刻地认识到，我们的神智生活是联系到我们躯体框架的”[2]。

## 18.6　躯体感觉系统的情感性输入和酬报性输入

触觉具有双重功能：分辨性感觉功能以及情感性内态感功能。人的躯体感觉系统的多模特点，仍然有待解释。越来越多的证据表明，它的一种亚感觉——触觉，具有另外的维度，不仅是如同原来很好了解的那样，以分辨性的功能输入脑内。触觉还有一种情感性的输入。人们早就知道，在多种形式的社会交往中触觉起着重要的作用，而且已经提出一些理论来解释这种现象。在这里我们建议，一类支配有毛皮肤、低阈值、对机械刺激敏感的细纤维，它们是情感性和酬报性的神经生物学底物，这是触觉的特点[3]。

### 18.6.1　分辨性触觉

为了能够实现分辨性功能，一种感觉输入信号的转导、传送及中枢加工手段至关重要。这个系统的主要功能是作出快速决定以指导后续的行为。例如，脊髓背角加工感觉信息，包括疼痛信息。脊髓背角看起来并不复杂，但事实上对脊髓背角神经回路的认识远未清楚，最近的工作才开始对它有一点深入了解[4]。

一般把皮肤分为光滑皮肤和有毛皮肤，手掌和脚底的皮肤为光滑皮肤，身体其余部分的都是有毛皮肤。触觉经典地被描写为是唯一地由低阈值机械感受器(low threshold mechanoreceptor，LTM)及快速传导的粗有髓传入纤维 Aβ 所介导的。对灵长类皮肤感觉加工过程的多数研究，聚焦于无毛光滑手掌的表现，特别是手指头，在那里有高密度、特异化的机械感受器，它们具有非常高的能力以编码被手所抓握对象表面的空间和时间特征。分辨性触觉的作用是觉察压力、振动、滑动和表面质地。所有这些都关键性地提供了被抓握对象的触觉信息，并且还有探索过程中的信息。在手指的皮肤上，触觉依赖于 4 种不同的 LTM：慢适应 1 型(SA1)、慢适应 2 型(SA2)、快适应型(RA)，还有帕西尼(pacinian)单位。为了把机械刺激的不同方面转导成为 Aβ 粗纤维的传入神经冲动，每种 LTM 都是特异化的。虽然这些问题不是我们今天讨论的焦点，但应该指出，支配人类皮肤的也有除 LTM 以外的其他躯体感觉传入。这些见于表 18－2[3]。

**表 18－2　支配人类皮肤的初级感觉传入的主要特点**

| 感受器类型 | 感觉模式(modality) | 轴突直径 | 传导速度 |
|---|---|---|---|
| Aβ 纤维组 | | | |
| 低阈值机械感受器 | 分辨性触觉 | 10 μm | 60 m/s |
| Aδ 纤维组 | | | |
| 损伤感受器 | 痛觉 | 2.5 μm | 12 m/s |
| 冷感受器 | 温度觉 | — | — |
| C 纤维组 | | | |
| 损伤感受器 | 痛觉 | 1 μm | <2 m/s |

（续表）

| 感受器类型 | 感觉模式(modality) | 轴突直径 | 传导速度 |
|---|---|---|---|
| 温和冷感受器 | 温度觉 | 1 μm | <2 m/s |
| 痒感受器 | 痒觉 | 1 μm | <1 m/s |
| 低阈值机械感受器(CT)* | 情绪性触觉 | 1 μm | <2 m/s |

以上数值为大约平均值。

### 18.6.2 外周神经纤维的微神经照相术

支配人手单根外周神经纤维的微神经照相术(microneurography)研究，提供了一般接受的触觉模型，此模型把解剖上规定的 4 种皮肤或皮下感觉器官与 4 种类型的神经反应特征联系起来。数毫安的小脉冲电流可以用来选择性地刺激人体神经纤维，这种实验设计可以演示由电刺激各别传入纤维所产生知觉的特点[3]。这些为手部无毛发皮肤 LTM 神经生理学和心理物理学的研究，提供了某些操作特征上的了解。然而，对有毛皮肤的触觉敏感性仅有较少的研究[3]。

对于具有情感特点的触觉基础回路的系统研究，现在还仅是起步而已，它们由一类被称为 C 触觉传入纤维(C tactile afferent fiber，CT)的低阈值机械感受传入纤维所介导，下面将会加以讨论。基本的问题仍然是，LTM 以及现在又包括的 CT，它们的编码特征如何一起操作，以便在自然环境下接触物体的时候，觉察到触觉刺激[3]。

### 18.6.3 情感性触觉

触觉的情感性作用还没有被很好地了解。无髓鞘或比较薄髓鞘化的传入纤维，早就关联到体内某些通过内感受性传导通路的信号加工。这些通路传送的是内态感，而不是一般的感觉状态；这些信号也调控器官功能，但是并没有达到意识性的知觉。传入纤维的传导速度典型地是 0.5～2 m/s，不同于前面讨论过的、传导外感受性信号的、更粗髓鞘化的 Aβ 纤维，后者的传导速度为 20～80 m/s。现在要加以讨论的就是这种低机械阈值 C 纤维介导的触觉内感受性作用[3]。

1939 年，Y. Zotterman 应用猫隐神经皮肤制备(图 18－9)鉴定了 C 触觉传入纤维，那是根据其低锋电位幅度确定的。以后，低阈值机械敏感 C 纤维(C low threshold mechanosensitive fiber，CLTM)被鉴定，证实它存在于不同哺乳动物的有毛皮肤。仔细的微神经作图实验演示，人类皮肤也受一群无髓鞘 CT 的支配，引起它们反应的最合适刺激是轻微的敲击触动。这些纤维最早被报道是在眶下神经(1988 年)，以后在眶上神经(1990 年)。往后发现的证据是更一般化的 CT 的分布，在手臂和腿上都有。关于其末梢的形态学当前还不清楚，但是电子显微镜资料发现，真皮-表皮交界部位的 C 类纤维末梢

* 在本章中，低阈值机械感受器及 C 触觉传入纤维，均用 CT 表示。

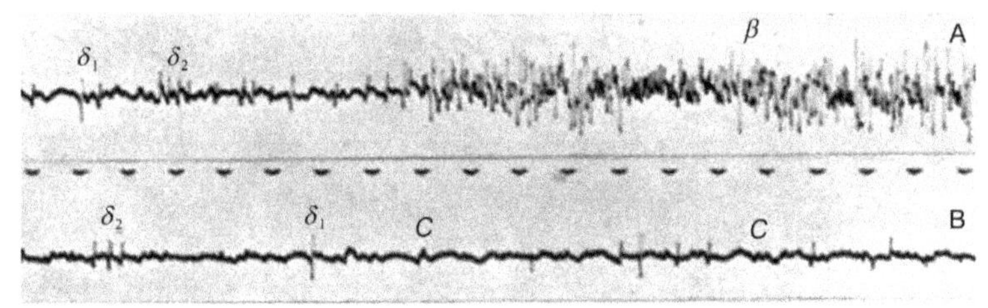


**图 18－9**　由叩击皮肤所引发的轴突电位

从右向左读。(A) 在木头针敲击的末了。(B) 3 s 以后的同样记录。时间刻度为 1/50 s。(图引自[3])

有高度的分叉、分支。虽然当前还不能确定它们在人类皮神经中的密度如何，但是当你做微神经作图的实验操作的时候，发现它们经常与 Aβ 纤维在一起。有趣的是，CT 活动从来没有在支配手掌的皮肤上记录下来(图 18－10)[3]。

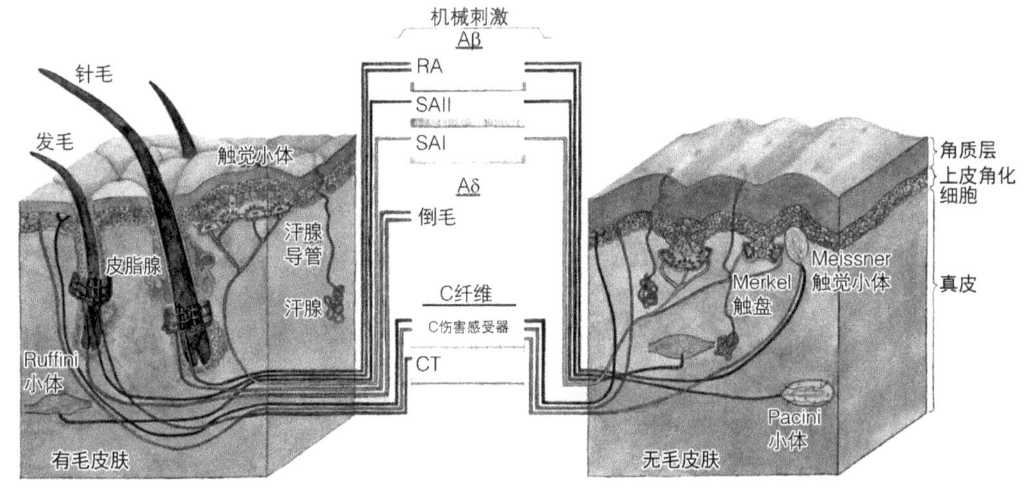


**图 18－10**　有毛和无毛皮肤的神经支配，显示神经纤维和感受类型

触觉的分辨性方面由 LTM 编码，在两种类型的皮肤中都有存在；但情感性 CT 纤维的编码局限于有毛皮肤。简写：SA，慢适应；RA，快适应；LTMR，低阈值机械感受器；CT，C 触觉传入纤维。(图引自[3])

### 18.6.4　C 触觉传入纤维的神经生理学特征

C 触觉传入纤维(CT)对使皮肤凹陷的非常慢的外力作出反应，力的范围为 0.3～2.5 mN；对无损伤刺激例如用软刷子轻轻敲击，作出高频反应(50～100 脉冲/s)。这种脉冲放电频率接近于已经报道的 C 类传入纤维的最大放电频率。虽然 C 类损伤感受器被显示可以对刷子的轻击起反应，但反应从来不会超过几个小的冲动。CT 的传导速度在 0.6～1.3 m/s 之间变动，因此它们的适应特征处于慢适应与有髓鞘机械感受器快适应之间的中间状态(图 18－11)[3]。

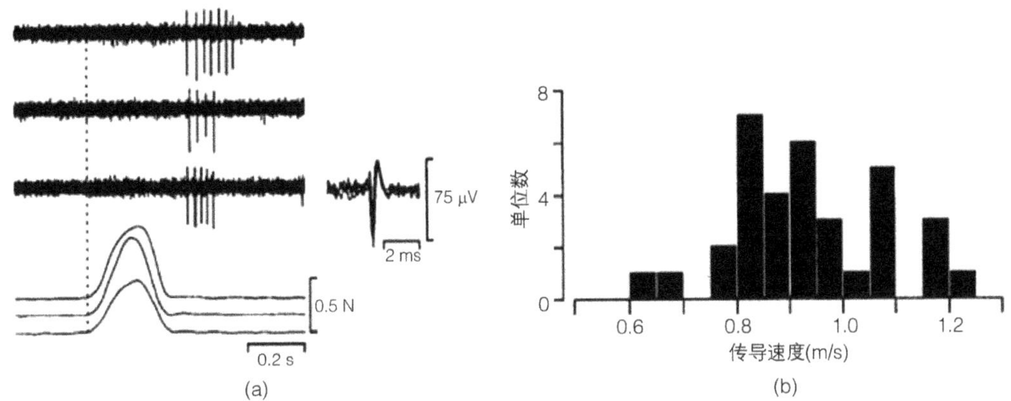


**图 18－11** 机械感受性 C 类传入纤维的传导速度

(a) CT 对 3 次敲击感受野中高度敏感点的反应，并演示了传导速度的确定方法。虚线表示测定潜伏期的 0 时间，相当于下方记录中敲击力增加的时间。感受野和神经记录位点的距离在这里为 274 mm，折算下来传导速度为 0.64 m/s。单位对局部凹陷的阈值是 2.5 mN。小插图：扩大的时间比例尺，曲线是 5 个动作电位的重叠。(b) 34 根 C 类传入纤维传导速度(根据机械刺激估计)的分布。平均值为 0.9 m/s，范围为 0.6～1.2 m/s。(图引自[3])

### 18.6.5 选择性 C 触觉传入纤维刺激

确定特定 CT 在触感觉中的作用，往往是很令人困惑的，因为事实上，以神经病学上完整无缺损的受试者为对象，不可能不同时刺激 Aβ 传入纤维。幸运的是有机会研究两个病人受试者的反应，他们患了感觉性神经元病，这种病人缺少 Aβ 传入纤维，而有完好的 C 纤维，因为他们所有粗纤维的初级感觉神经元的背根神经节(DRG)细胞体都已被破坏了。由此研究人员得以进一步了解 CT 对触觉知觉的贡献。因为神经病变仅选择性地影响有髓纤维，而保留了无髓纤维，所以这些病人被认为唯一地具有 C 触觉传入纤维，也即 CT。具有这种感觉性神经疾患的两位受试者在文献中已得到很好的描述。多年来他们的病情仍受到广泛研究，特别是考虑到他们的运动功能，因为他们缺少肌肉和关节的机械性传入纤维。微神经作图方法研究已经确定了人类皮肤接受系统的、对轻触觉敏感的无髓鞘机械传入纤维的支配。在这样的背景下，研究者决定应用更加仔细的心理物理学范式，重新考察神经疾病病人的触觉敏感性。他们用双交互力选择试验(two-alternative-force-choice，2－AFC)进行测定。实验发现，在缺少 Aβ 传入纤维的受试患者的前臂皮肤上，可以容易地检测到低力量/速度的刷动，这个部位的 CT 是丰富的。在这两个缺少 CT 受试者的手部无毛皮肤上，完全检测不到对同样类型刺激的反应。此外，受试的神经元病患者对检测 50 Hz 的振荡性刺激也有困难，已经知道这种刺激不容易引起 CT 的兴奋，但可以很大地激活 Aβ 传入纤维[3]。

虽然这些实验观察符合一种看法，即 CT 可以解释缺少 Aβ 传入纤维的受试者何以能够觉察触觉刺激，但对觉察到的感觉性质仍然比较难以得到清晰一致的了解，因为对这些病人使用的检测方法是通过 CT 的选择性刺激。应当注意，采用心理物理学 2－AFC 测试方法所得到的刺激检测，并没有证明刺激是非常清楚地被觉察到的。然而，当感觉性质的特征被考察的时候，一系列令人感兴趣的特征就呈现出来了。第一，基于主观报告就可以清楚看出，这种与大量选择性 CT 输入相关联的感觉是很弱、很含糊的，而且是不确定的，使用的检测方法是用艺术家软画笔沿着前臂缓慢地敲击有神经疾患的受试者。在某些实验中，受试者报告根本没有感觉。在另一些实验中，他（或她）报告仅能觉察轻微接触的感觉，而且难以有意识地加以把握和细致地加以描述。有些事实进一步演示了这种感觉的脆弱及含糊，那就是，CT 刺激的意识知觉是逐次有变异的，两个受试者的结果之间也有变异。虽然这两个有神经疾病的受试者不能对 CT 刺激所引起的感觉加以简要、细致的描写，他们报告的感觉却呈现了某些比较前后一致的特征。此感觉没有疼痛、挠痒（tickle）和痒（itch）的感觉。此外受试者还报告，CT 刺激所引起的感觉，呈现轻度或中等度的愉快，神经疾病受试者空间定位 CT 刺激的能力很差。在几次测试中，他们甚至不能够确定四肢的哪个肢体是被刺激了。然而，CT 刺激却在两个受试者中引发了交感性皮肤反应。因此，CT 系统有自主性的反应后果，虽然系统的觉察性影响显然是弱的[3]。

## 18.7 C 触觉传入活动的皮层加工

在作为对照的受试者中，软刷子敲击有毛皮肤可以激活经典的躯体感觉脑区 SⅠ和 SⅡ，以及对侧的后脑岛皮层。联系到情感性机制，脑岛皮层这个区令人产生很大兴趣，它被认为是从感觉系统到额叶情绪系统的入口。当类似的刺激作用于 Aβ 去神经的受试者（GL）的时候，没有发现躯体感觉脑皮层的激活，而后脑岛皮层则受到了激活。事实上，CT 刺激诱发了躯体感觉皮层上明确的 fMRI 失活，这种抑制性效果支持了一种看法，即 CT 并不属于分辨性的触觉系统。因此，无髓鞘 CT 可能有一个兴奋性的投射，主要去到情绪相关的旁边缘皮层系统（脑岛皮层）。过了脑岛皮层以远，还有后上颞沟、内侧前额叶皮层（mPFC）/背前扣带皮层（dorsal anterior cingulate cortex，dACC）等。这些也可以认为是加工 CT 靶向的触觉的[3]。

### 18.7.1 C 触觉传入纤维和愉快

刺激 C 类传入纤维的后果，常常关联到疼痛、温度或痒，但本章的一个关键重点是在另一方面。现在已经清楚，人类有毛皮肤还有被第 4 类 C 传入纤维支配的，其适宜刺激是以轻微的力量轻轻敲击有毛皮肤，这个刺激并不在损伤感受器的范围之内。人类有毛皮肤的功能是什么呢？[3]

从目的论的前景看，任何与酬报或处罚相关联的刺激总是关联到简单的生存目的。损伤感受系统对于生存的功能意义是不言而喻的。一般认为，皮肤疼痛信息由两类传入纤维所传送。一是有髓 Aδ 纤维的快速传导系统，它传送刺激的感觉特征，提供具分辨性的空间信息，以便快速确定身体的哪一个部位正在遭受威胁性的刺激；另一是无髓 C 类纤维的缓慢传导系统，它负责皮肤受到损伤的情感性和动机性后果。这里我们建议，触觉也有这样的两重性。第一，由有髓鞘快速传导 Aβ 传入纤维介导的触觉，它所传送的信号是：躯体表面碰到某个物体，而且提供分辨性空间信息，目的是为了快速确定刺激是在身体的哪一个部位；第二，由CT所介导的触觉系统，其激活的“合适刺激”特征为低力量/速度的动态触觉，对它的反应是情感/动机性的反应。如果是发送到正常皮肤的触觉，同时伴有特定的温度特征，像轻轻抚摸的那种情况，CT对触觉刺激的反应会有进一步的调谐；这种情况使CT可以作为一种外周机制，传送愉快的皮肤信号，从而促进个体与个体之间的接触以及亲近性的行为[3]。

从上述描写显然可以看到，CT的外周-中枢传导路是一条传送社会性接触、情感性特点的标记传导路径，从皮肤到各个脑区，包括脑岛、眶额叶皮层(OFC)。现在提出的一个相关问题是，CT接触是酬报性的，而酬报机制是由刺激驱动合适的反应，发展有目标的朝向行为的关键性成分，那就是，CT为加工“愉快触觉”提供传入性的皮肤通道[3]。

“CT愉快触觉假说”的进一步支持来自一些实验观察。有的病人先天性地丧失C纤维，多数包括CT。病人的情况被分类为遗传性感觉和自主神经疾病Ⅴ型，这种病关联到编码神经生长因子β基因的缺损。这些病人觉察到CT靶向触觉比较不太愉快，比之相匹配的对照受试者。这些病人在评价不同刺激速度的刺激型式方面也有区别。此外，病人后脑岛皮层的fMRI反应不被CT靶向触觉所调制。因此，那种有快乐感的动态触觉知觉，有可能是依赖于CT密度的[3]。

### 18.7.2 C触觉传入纤维和阿片肽

关于社会性触觉的脑内神经化学相关，首个被考虑的是脑内阿片系统。灵长类社会系统的研究曾经演示，“他梳理”(allogrooming)可以帮助群体产生社会情谊(social bond)，特别是有血缘关系的群体。猴花费更多的时间梳理，比之单纯的卫生需要，提示这种行为具有额外的情感和社会功能。曾经证明，梳理毛发可以刺激天然阿片肽——内啡肽的产生。事实上，被梳理毛发可以产生轻度麻醉效应。E.B. Keverne等研究灵长类梳理毛发的神经化学基础，发现猴脑内阿片系统的变化与梳理时程有关系。应用非镇静剂量的吗啡后，梳理频率减少；应用阿片肽拮抗剂纳曲酮后，梳理频率增加。以上结果提示，内源性脑阿片肽在灵长类社会性方面发挥调节功能，也就是酬报功能。此外，给予以及接受梳理的数量，可以用来解释个体在社会中的地位。这表明，在社会背景下触觉起着更复杂的作用，也就是说超出了单纯感觉的功能。有关内啡肽调节心理学过程的研究，只能提供一种假设性的相关材料及作用。内啡肽在疼痛控制方面的作用，以及作为低水平物理和心理应激反应的内啡肽释放，这两方面的材料强烈提示，“他梳理”是社会情谊的源泉之一。这样看来，脑的阿片肽参与介导社会性依恋(social attachment)。通过行为的内啡肽释放，优先激活CT，此激活提供了一个神经基础，灵长类社会性的有关方面就在此基础上发展起来。特别有意思的是，大的社会群体在这种行为上所花费的时间增加，提示梳理的一个基本作用是促进个体之间的情感性依恋关系，从而帮助群体生活在一起。此外，对感觉刺激后阿片肽介导的享乐酬报来说，腹侧前脑区是重要的。最近的PET研究应用$\mu$阿片肽受体特异的配基，发现社会性接触激活脑的阿片肽系统。

此研究应用了社会接触研究的程序，需要参加者在未受接触的基础上被轻轻敲击暴露的皮肤表面，结果发现在社会性接触条件下，腹侧纹状体和前扣带皮层阿片受体的结合更高一些，而这两处都是脑酬报回路的关键脑区。这类亲密社会接触，特定地靶向于优先刺激 CT，导致作者们得出结论：为了鼓励、维持和增强人类之间密切的社会联结，$\mu$ 阿片肽系统提供了神经化学机制。可能与此相关的是，内源性阿片肽与 $\mu$ 受体的结合，被认为是介导天然酬报的，因而被建议作为婴儿依恋(attachment)行为的基础。A. Moles 等发现，处于简单母性暴露之后，$\mu$ 阿片肽受体被敲除的小鼠不显示优先倾向于其母亲的暗号，表明了解释神经发育障碍的可能分子机制。这种障碍包括依恋行为方面的缺损，例如小儿自闭症，或者反应性依恋疾病。此研究还显示，$\mu$ 阿片肽在依恋中起关键作用，这进一步支持了 J. Panksepp 的假说。1989 年他曾经假设，内源性阿片肽系统的失功能，可以解释社会性的漠不关心，典型的是自闭症婴儿。现在的数据也显示，缺少 $\mu$ 阿片肽受体的小鼠是一个有用的动物模型，可以用来研究、评价人体发育及在成年过程中依恋系统缺损的后果[3]。

### 18.7.3　C 触觉传入纤维和催产素

另有相当多的研究涉及另一神经肽，即垂体后叶的九肽催产素(OT)。OT 在性的以及非性的社会互动情况下释放。人类实验研究显示，把 OT 的处理跟接触另外一个人相结合，可以使受试者对社会中他人的评价更犀利。所使用的方法是考察受试者对脸孔表情的评价。例如，本来是一副具有愤怒表情的脸孔，现在可以评价为比较不太友好、不太有吸引力的；而中性和快乐表情的脸孔，可以被评价为更加愉快和有吸引力的。当触觉与快乐脸孔一起给予的时候，触觉经验本身被评价为最愉快的；当与愤怒脸孔一起给予的时候，被评价为不太愉快。然而没有证据表明，健康受试者受 OT 处理本身可以影响触觉经验[3]。

### 18.7.4　催产素与 5 -羟色胺神经元的共定位

喂奶时驱动 OT 释放的刺激是特定类型轻敲击的触觉，这是 CT 的优先刺激。OT 调节社会行为的机制最近由 M. Yoshida 等的一系列小鼠基因敲入的漂亮实验而得到澄清。在这些实验中，他们制造了 OT 受体报告小鼠，发现中缝核有多于 50%的酪氨酸羟化酶免疫反应神经元与 OT 共定位，这提示了 OT 在调制 5 -羟色胺释放中的作用，而 5 -羟色胺是 CT 刺激上游的另一个潜在的神经化学主角。另外，在胚胎第 17 d 也看到了两者的共定位，提示这两种神经化学物质之间的相互作用，在脑发育的很早阶段就已经有了。上行性 5 -羟色胺系统在前额叶皮层(PFC)水平调制机体对环境刺激的情感反应。为了更深入地了解 OT 在调节社会性行为中的作用，进一步探查这种作用是很重要的[3]。

### 18.7.5　C 触觉传入纤维和 5 -羟色胺系统

有无数研究演示，5 -羟色胺是调制社会反应的关键物质。已知的效应有依恋形成、社会性情谊关系以及社会性知觉。5-羟色胺系统功能的中断，关联到许多情感性疾病。有作者假设，对于抑郁症病人的发病，情感刺激与5-羟色胺之间的相互作用是重要的，因此提示亲密的接触互动可能介导亲密个人之间相互关系的保护性效应[3]。

如上所述，子代与母亲在一起，如果母亲对子代显示高水平的关心，特别是涉及舔、梳理行为，而此类型行为是可以刺激CLTM的，则这种行为可以减少对急性应激的生理学反应，表明与舔、梳理相关联的5-羟色胺周转增加，可能实现早期依恋性互动中的保护性效应。脑内5-羟色胺减少是持久社会隔离的最清楚的神经化学后果。从粗劣环境中生长的猴可以看到长时程的5-羟色胺功能变化。1977年的研究提供了营养缺乏与人不擅社交之间关联的证据。他们发现，生长在营养比较缺乏家庭里面的男孩子，与对照组相比，不仅以后的犯罪危险更高，这种男孩也显示了5-羟色胺功能的缺损。综合起来，这些研究提供了潜在的链接，个体的早期营养缺损一方面与5-羟色胺功能的下降有关，另一方面和生命后期社会行为的缺损有关，例如攻击性增加，难以发育并维持社会性相互关系[3]。

有若干研究显示，5-羟色胺可以调制对外部刺激知觉加工早期阶段的感觉编码。近来有研究演示，在沙漠蝗虫中，5-羟色胺增加是促使行为从孤立状态到合群状态转化所必需的。这种转变依赖于两条不同的感觉传导通路：① 看到和嗅到其他蝗虫两者结合，或者② 蝗虫后肢机械感受（动触觉）刺激，典型地这表示群体处于拥挤状态。证据表明，5-羟色胺是密切物理相互作用后行为变化的介导物质。当然，复杂的亲和性行为仅可在哺乳动物（及某些鸟类）看到。然而，5-羟色胺是种系发生上比较古老、保守的神经递质，它广泛分布于哺乳动物的前脑，其受体存在于调制复杂社会互动神经过程的神经网络里，而5-羟色胺又是调控亲和性相互作用的强候补者。的确，一系列研究演示，急性5-羟色胺干预处理可以介导社会相关刺激的反应，不论在人类或非人灵长类。1980年M. J. Raleigh等报道，通过药理学干扰增加中枢5-羟色胺，就增加了亲和性行为的发生率，包括成年猴子的梳理行为，而5-羟色胺减少则有相反的效果。有趣的是，第一次描写娱乐性毒品摇头丸（二亚甲基双氧苯丙胺，MDMA）是作为entactogen* 而使用的，而且它增强情感的触觉经验。这个药物导致躯体感觉丘脑5-羟色胺释放的增加。此结果提供了证据，5-羟色胺介导的躯体感觉加工过程的畸变，可能对于增强摇头丸使用者的合群行为起原因性作用[3]。

最后，关于急性色氨酸缺失（acute tryptophan depletion，ATD）的研究提供了直接证据，说明5-羟色胺在健康志愿者成人的调制亲和性行为的知觉方面起作用。参与者被要求实施新作业，要求他们判断一对夫妻的照片，照片中这对夫妻按不同的相互关系准则，或站在那里，或接触在一起，或分开。作者发现，ATD可以明显降低对相互密切程度和浪漫关系的评估，也增强参与者关于动人夫妻的冲突解决评价。一项随访研究给予受试者增加西酞普兰（citalopram；一种影响5-羟色胺水平的选择性5-羟色胺重摄取抑制剂）。

---

* entactogen的意思是与其他个体增加社会互动的欲望。

应用后，5-羟色胺活性增强。研究发现，活性增强关联到在情绪承诺中更密切的交互判断，这种状态在亲密关系中很可能是有价值的。这样看来，甚至被动观察其他人接触这样的形象，也可以激活观察者大脑的躯体感觉和脑岛皮层。这表明，成为接触群体的一员就会得到好处，虽然他并没有参与相互的或本人接触的行为[3]。

负责多种正性和负性触觉依赖的社会亲密关系行为的神经化学系统，无疑是基于相互作用、相互依赖的神经生物学过程，有如我们在这里所讨论的。有证据表明，OT、阿片肽、5-羟色胺介导或调制对亲和性触觉的情感或行为反应，它的表达是通过 CT 的刺激。然而也有人提议，其他神经递质例如多巴胺，会参与动机性社会互动。在这里我们还看到，阿片肽应该是关联到由这种动机性行为所造成的亲和性愉快经验。为了深入地了解近来越来越多的、支持神经递质在亲和性和情感性触觉方面起作用的证据，请参看其他文章[3]。

## 18.8 皮肤是一个社会性器官

### 18.8.1 触觉介导的社会性知觉

社会神经科学研究倾向于聚焦到视觉和听觉通道，把它们作为社会信息通道。然而，因为皮肤处于这样一个位置，在那里发生的事件和过程对于我们的思考、想象以及相互作用都具有关键意义，所以触觉可以用不同的方式介导社会性知觉。手术前一天病人与护士接触，可以减少病人主观和客观的应激水平。轻轻敲击的触觉可以降低血压，增加短暂的交感反射，提高痛阈。许多研究演示，人和人之间的接触，具体地说是轻触觉，在发育中、在餐饮中、在会议室，甚至在学前儿童的认知过程等方面，都起关键性作用[3]。

上面研究中的任何一项都没有提供证据，或者认识到，介导这些效应的神经生物学机制是什么。当我们阅读有关“依恋理论”(attachment theory)的大量研究报告时，情况也并不会好一些。按照 J. Bowlby 的看法，婴儿痛苦的时候，例如当他和养育者分离开来(处在一种“陌生环境”)的时候，“依恋行为系统”就参加进来，导致婴儿寻找靠近他的双亲或保护人，其形式就是物理接触。对此有作者提示，这对于婴儿是主要的信号。有了它，他们就安全了，比较放心了。有越来越多的外围性证据而现在是神经生物学的证据表明，触觉不仅是简单地分辨感觉输入：皮肤上面发生了什么，或对运动调控得如何；多出的是养育过程和社会互动中物理接触的酬报价值，它反映了进化机制，此机制由 CT/CLTM 介导，促进了特定环境、情景底下的物理接触。触觉可以看作生物学必需的一种刺激型式，不只是人类情感及浪漫的放纵。应该这样看，在整个一生对触觉的需要不会减少，成年人为了更加充实，需要和其他人有物理接触，到了老年，这种需要实际上还要增加，因为老年人有触觉性的社会互动的机会减少了[3]。

### 18.8.2 情感性触觉学说

在对躯体感觉系统的研究中，权威的看法是，触觉由粗纤维、快传导的外周神经介导。遍布全身的触感觉灵敏度具有高度异源性，随身体区域的不同而异。例如，比之其他的体表部分，手指尖的神经支配最密集，皮层代表区也最大。手的无毛皮肤部分在各种形式的探索性及外感受性触觉行为方面，以及对于对象的调控方面起主导作用，所以不奇怪，对手-脑神经系统的了解比较多。与此相反，我们提供汇聚的证据是为了另一个目的，即与外感受性相比，触觉更多是内感受性的。触觉较少可以进入意识领域、自我报告的领域，CT 传入到情绪系统(脑岛皮层、眶额叶皮层)就是证明。触觉较少或完全没有朝向分辨性认知系统(经典的躯体感觉系统——大脑皮层 SⅠ区和 SⅡ区)(图 18-12)[3]。

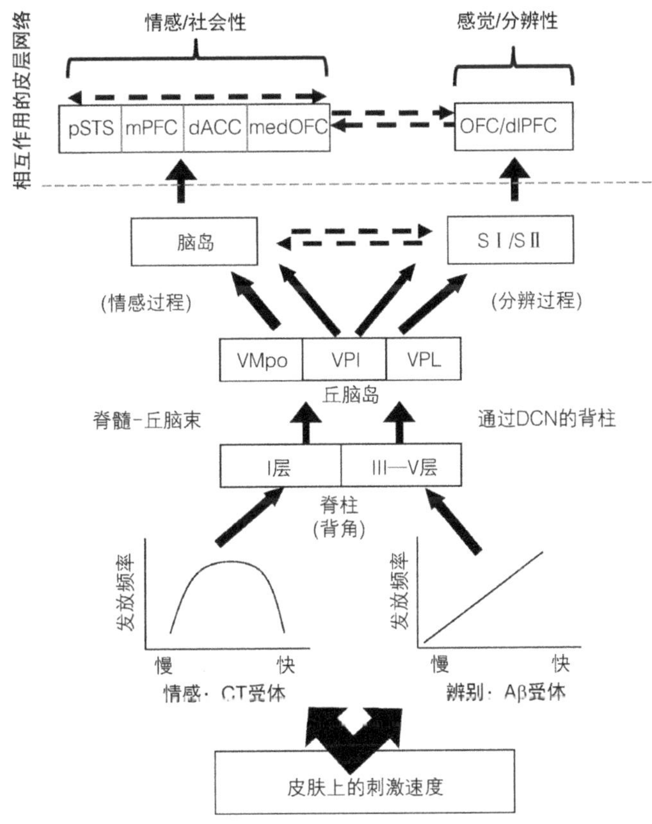


**图 18-12** 图解式表示有毛发部位皮肤触觉的情感性和分辨性传导通路

CT 以倒 U 型曲线作出反应。在此反应中，一个“适宜刺激”被调制为具有亲和性和情感性意义的触觉。对刺激的物理性质，Aβ 传入纤维的放电与速度呈线性相关地增加。在大脑皮层上，存在于后脑岛、中脑岛和次级躯体感觉皮层之间的交互连接，可以允许情感的及感觉相关的过程互相调制。包括来自社会脑网络的下丘(IC)向前投射，以及来自 SⅠ/SⅡ 大脑皮层的向前投射，均显示一般性 OFC 脑区。虚线表示推定的传导通路。简写：VMpo，腹内侧后核；VPI，腹后下核；VPL，腹后外侧核；pSTS，后侧上颞回；mPFC，内侧前额叶皮层；dACC，背侧前扣带皮层；medOFC，内侧眶额叶皮层；OFC，眶额叶皮层；dlPFC，背外侧前额叶皮层；SⅠ/SⅡ，初级和次级躯体感觉皮层。(图引自[3])

这些观察似乎提供了一个基本的支撑，支持情感性触觉学说。CT 的生理学特点以及 CT 激活的心理物理学和 fMRI/PET 反应资料汇聚到一起，指向 CT 的情感-情绪作用。“情感触觉假说”意味着，在同种(conspecific)皮肤-皮肤接触中，CT 系统的基本功能是提供或者支持情绪、激素及行为反应。另一方面也有可能，对愉快触觉天然的、知觉性的情绪反应依赖于两个触觉系统传入冲动的结合。因为选择性的 CT 激活不能够诱发任何一件事情，例如一个完整的愉快触觉感觉。在有毛发的皮肤上，需要把 CT 的感觉和 Aβ 纤维的感觉叠加在一起，才能有完全的愉快触觉内态感。另外，特定刺激所引起的情绪反应强度乃至性质，高度地依赖于情景因素。所以，在这里有必要引用 O. Foerster 在 1936 年的看法，他那时描写的是脊髓背束完全切断后的知觉后果[3]。

> 这种疾病引起了不同种类痛觉分辨能力的非常显著的丧失。病人变成不能告诉你是什么引起了疼痛。他们得到的是同样的感觉，不管是用针刺引起的，还是由于毛发牵动所引起的，还是肌肉、骨头被紧压引起的，还是电刺激皮肤所引起的……。因此我们认为，对于触觉和痛感觉来说，看起来似乎是这样的：背索和前外侧传导通路是合作的。似乎，前外侧束传导通路仅传送原始的、未分化的触和痛的感觉，而背束系统传送辅助的特征(根据 1936 年德文书翻译，364 页)[3]。

以一种“事后诸葛亮”的价值观看 CT 通过前外侧束向头端的传送，我们可以开始看到，相互依赖的皮肤传入系统是如何形成躯体感觉性知觉的[3]。

鼠桶状皮层神经元的活动说明，脸部触觉的社会性刺激不同于腮须接触的非社会性刺激。用全细胞膜片记录神经元膜电位，研究鼠桶状皮层神经元对社会性脸部触觉的反应，社会性脸部触觉是指鼠-鼠之间的接触。实验发现，社会性刺激引起明显的与拂扫锁定的膜电位反应，它早于腮须接触之前。社会性刺激引起的反应也不同于非同种动物刺激所引起的反应[5]。

从更广阔的前景看，CT 可以看成为一个传入系统，它基本上感兴趣于代表自我，而不是外部事件，如 A.D. Craig 在 2002 年所推测的那样。CT 作为保护身体良好状态的传入系统分支，其作用是反映酬报和保证由看护者、同伴等提供的物理性密切接触。许多有关 CT 作用的问题仍然有待讨论、有待回答。例如，无毛皮肤部分没有 CT，而 CT 在人类有毛皮肤中的准确解剖学定位也不清楚，对于其感受器的神经生物学我们一无所知。用行为和神经成像研究(PET、fMRI)探讨这些问题，有越来越多的证据表明，敲击有毛皮肤有其相应的中枢神经代表，它不同于敲击无毛皮肤。前者在边缘系统脑结构中有神经分型的及非神经分型的群体，而不是在初级躯体感觉脑区。了解 C 类纤维疼痛系统的有意义进展已经呈现出来，这是由于有多学科科学家、临床学家的努力，他们各自从广泛的背景来研究同一个问题。让我们以同样的努力，一起来研究 C 纤维的“愉快”系统[3]。

## 18.9　前脑岛皮层与意识的潜在神经相关

“前脑岛皮层(AIC)可能独特地满足成为觉察的神经相关之要求”。AIC 与广泛的条件和行为有关系，从腹胀到性高潮，从烟瘾到母爱，从作出判断到突然洞察。它在内感受性的再代表(re-representation)方面的功能,为参与所有主观内态感(feeling)提供了可能的基础。新的事实提示,AIC(也包括AIC内一种叫von Economo神经元的细胞,VEN)在觉察的基本方面起作用,因此需要考虑它是潜在的意识神经相关[6]。

2002年,Craig曾写过一篇展望文章,讨论种系发生中新灵长类脊髓第Ⅰ层发出的脊髓-丘脑-皮层通路,认为它在后脑岛皮层提供了身体生理情况的初级内感受性代表。当时的证据表明,前脑岛皮层(AIC)(图18-13)含有内感受性的再代表,它实现(也就是说,提供基础)所有全身的主观内态感,也可能实现情绪性觉察。这种看法与詹姆士-兰格的情绪理论的要点以及Damasio的"躯体标志物"(somatic marker)的假说是相一致的。现在,广泛领域所做的研究提供了大量的汇聚材料,支持而且延伸、扩展了上述建议。本章将讨论近来的神经功能成像报告,这些报告描述了AIC的激活,而且提出了对了解它的功能似乎是最重要的事实。现有的证据强烈提示,人类AIC在觉察方面具有基本的作用。在讨论了这些观点以后,本章将提出一个用来解释AIC为什么能起如此作用的模型[6]。

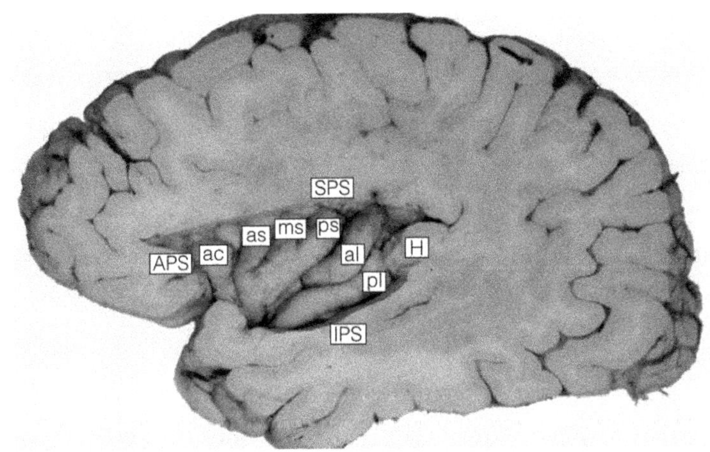


**图18-13** 脑岛的解剖

一个病人左侧脑岛皮层的照片。为了与其他病人的脑岛进行比较,可以参考其他文献。人类脑岛是明显隐藏起来的一个脑叶。在人类,相对于猴而言,它不按比例地(约占30%)扩大,包含5~7个斜方向的回,其形态多变,甚至两侧之间都有变异。目前还没有全面描述猴神经通路学的材料,仅有少数对人脑脑岛神经连接的分析。初级内感受性的代表位于背后侧脑岛,并在中脑岛的多模整合性区有再代表,然后再在AIC有代表。猴的初级内感受性、味觉、迷走的代表延伸到脑岛最前面,但是在人类,只到脑岛中部。这提示人类的AIC在猴子中没有等同结构。人脑岛的最前面及最腹侧(下面)部分靠近额叶盖,这部分(还包括前扣带皮层)可能是进化上新近发展起来的。这部分脑区含有von Economo神经元。简写:as,前短岛回;al,前长岛回;ac,副回;APS,前岛周围沟;H,Heschl回;IPS,下岛周围沟;ms,中短岛回;ps,后短岛回;pl,后长岛回;SPS,上岛周围沟。(图引自[6])

### 18.9.1 前脑岛皮层与前扣带皮层

一个可以理解但有点令人迷惑的问题,就是腹外侧前额叶的一个区(AIC)和另外一个内侧前额叶皮层区(前脑岛皮层或ACC),它们两者在许多行为上是共活性的。这两个脑区远距离相隔，一般有不同的作用。脑岛皮层早就被简单地认为是内脏感觉区，这是基于潘菲尔德、M.M. Mesulam 和 C.B. Saper 等及其他人的发现；内侧前额叶皮层(mPFC)则关联到冲动性行为及自主性活性。在一篇早期的文章中有作者曾提示，可以把脑岛及 ACC 看成为边缘的感觉和运动皮层，它们分别产生内态感和动机(动机就是代理人)，它们组成情绪。这个提示是基于如下的事实：双重的脊髓第Ⅰ层、脊髓-丘脑-皮层投射，既到脑岛，也到 ACC；在几乎所有的情绪研究中，这两个脑区都共同激活，它们相应的下行投射到达脑干的感觉及运动脑区，前者如臂旁核(PBN)，后者如中央灰质；在总体的解剖学组构上，额叶皮层成为感觉和运动网络；在整合行为的调控中，扣带皮层具有进化上古老的边缘作用。有作者把 AIC 看作觉察的一个可能位点，是基于它的传入代表着从身体来的内态感，以及 ACC 是一个发动行为的可能位点。近来的一篇综述对此观点给予了支持，并对脑岛和 ACC 的区分做了解剖学的解释。ACC 的进化开始是在哺乳动物的由嗅引导的一组行为中，作为密切结合于感觉的整合运动调控区——海马及杏仁核。脑岛的发展较晚。为了个别动物内稳态性感觉活性的皮层加工，为了整合自主性调控，这两个脑区在自然情况下连接了起来。在哺乳动物的进化中，脑岛发展得具有边缘结构的行为活性，变得更加密切结合于自主功能活性，比之结合于嗅觉活性。这种解剖学的展望在脑腹侧面图上展示出来，说明这些结构的共同相互关系以及与嗅上皮的关系[6]。

背侧前扣带皮层(dACC)与许多认知功能有关。以往的研究多根据自上而下的方法，如用脑功能成像方法，得出了一定结论。S.R. Heilbronner 和 B.Y. Hayden 用自下而上的方法进行考察，即采用记录单位放电的方法。所得的结果表明，dACC 神经元活动的特点是，它们代表行为情景或作业状态变量等方面，以及将来计划的方方面面和策略。他们认为，dACC 的功能是通过整合作业空间的丰富代表，把情景与策略联系起来，以便对抉择和动作实施高水平的控制[7]。

### 18.9.2　von Economo 神经元和觉察

类人灵长类 AIC 及 ACC 的一个异常特别的形态学特征是，它们拥有一簇独特的、浓集的、在第Ⅴ层锥体神经元中间的大梭状神经元，被称为 von Economo 神经元(von Economo neuron，VEN)，这是为了纪念早期神经解剖学家 C.F. von Economo 而命名的。它们的神经连接不清楚，但 Craig 建议，VEN 是物理上距离比较远的、同时发展的边缘感觉区(AIC)及边缘运动区(ACC)皮层之间快速相互连接的底物。类似于在躯体感觉和运动皮层之间被称为 U 纤维的密切相互连接，右手做运动时需要它，例如玩乐器。VEN 应该能够作为情绪时间及行为的快速、高度整合的代表。它们可能实现 AIC 和 ACC 的联合活性，如同多数研究所报道的那样。丧失了情绪性觉察及自我意识行为的病人，会出现额-颞叶痴呆，这种痴呆关联到 VEN 变性，病变情况直接支持了 Craig 的看法[6]。

有人报道，许多 VEN 存在于人类的年长者中，但在婴儿、大猩猩中逐渐减少。VEN 不存在于任何猴类中。这个明显的种系发生进展，平行于测试自我觉察的镜像试验

(mirror test)结果。近来也有报道,大象、鲸鱼有 VEN,这些动物有知觉的可能性得到了支持。近来还报道,大象能够通过镜像测试实验。有趣的是,有报道说大象能唱歌,而且可以组成乐团(美国"国家地理"网页上曾经登载过此材料),这与当前关于觉察的模型相一致。在此模型中,音乐(被看成节律性、时间性的装载情绪的时间行进)是觉察所显露出来的特征。相比之下,虽然多数人感到特定的狗和猫具有某些觉察的鉴赏力,但这些动物的皮层接受整合性的脑干内稳态传导通路,仅仅是第Ⅰ层上行传导通路的原始同源物,后者是类人灵长类 AIC 内感受性重新代表的基础。这一点是否就是有知觉的充足基础,还没有解决。猫和狗不能够通过镜像测试,猫的假设的同源性传导通路的损伤也并不引起同样的内感受性困惑效应,而在人里面是引起困惑的。大鼠和蜥蜴显然没有同源性的解剖底物[6]。

## 18.10 前扣带皮层和前脑岛皮层激活的新近发现

前扣带皮层(ACC)与意识的潜在神经相关,是一个深刻的、重要的话题。本节所述的许多实验内容和临床材料应该是可信的,本节还要介绍以 Craig 为主提出的理论分析及模型,这可以作为一个参考性的建议,因为意识和觉察是一个牵涉广泛的问题,必须从多方面加以辨析和推敲。

现在把报道前脑岛皮层(AIC)激活的近来的成像研究,按照几个查询领域加以分类,并对所选择的研究进行说明。在多数但不是所有的研究中,AIC 和 ACC 都是联合激活的。此现象与一种观点相符合,即它们是互补的边缘感觉和运动区,它们一起工作,类似于躯体感觉区和躯体运动皮层。报道 AIC 激活但没有 ACC 激活的研究,被特别标注出来。此外,AIC 的激活经常溢出到额叶盖及邻近的下额回(inferior frontal gyrus,IFG),这又跟额叶-岛叶接头部的 VEN 分布有重叠[6]。

### 18.10.1 内感受的觉察

内感受性刺激已被证明可以激活 AIC,包括渴、气喘、"缺氧"、Valsalva 动作*、有感情的接触、痒、阴茎的刺激、性激醒、冷、温、操练、心跳、品尝酒(斟酒服务员),还有膀胱、胃、直肠或食道的充胀。原始 PET 研究显示,客观的冷感觉的线性代表在对侧背后侧脑岛,在那里,这些刺激的主观性评定等级与对侧性中部脑岛的激活相关联,还更强烈地与 AIC 及邻近的右侧眶额叶皮层(OFC)相关联,这提示内感受性信息是自后而前的"后-中-前"整合型式。在这里要强调支持并扩展有关的几个报告[6]。

H.D. Critchley 等的 fMRI 和形态测定资料表明,右侧 AIC 在心跳觉察方面有特定作用,这是关系到情绪觉察的内感受性测量。有一项关于非疼痛性胃充胀的 PET 研究,报道有胃充胀的主观感觉——充满感觉,这种感觉关联到双侧背后侧脑岛的激活峰、左

---

* Valsalva 动作是让受试者深吸气后屏气、用力呼出的动作。此动作可增加胸膜腔内压而影响血液循环及自主神经功能状态。

侧中部脑岛、左侧 AIC 及 ACC。这些结果符合前面讲过的“后-中-前”整合型式，但是左侧不对称性似乎关联到一个事实，即刺激主要激活迷走神经(副交感神经)。最后，当发生非疼痛性食道充胀或看到恐惧脸孔的时候，观察到双侧 AIC 激活，右侧大于左侧($R>L$)*；当同时给予这些刺激时，激活展示了协同性的增强。这提示，在代表现时的主观内态感方面，情绪状态与内感受性状态是相整合的[6]。

疼痛是一种重要的内感受性内态感，有 4 个近来的疼痛研究值得注意。有一项研究报道，用损伤性的热刺激来刺激左手或右手，就激活了对侧的背后侧脑岛、双侧的中部脑岛($R>L$)；当受试者注意刺激时，也激活右侧 AIC($R\gg L$)。另有报道，热疼痛刺激的客观强度关联到后部脑岛的激活，而对热疼痛的主观评价关联到双侧 AIC($R>L$)。不同的研究发现，对一个喜爱的人接受疼痛刺激时的内态感关联到双侧 AIC 的激活，但与后脑岛无关。最后，有研究者给志愿者手臂及腿部注射高渗盐水，以此产生肌肉或位于其上皮肤的疼痛，他们观察到 AIC 邻近位点的明显激活，而且是按躯体定位排列的(图 18-14)[6]。

### 18.10.2 身体运动的觉察

有两个报道显示，手运动时，代理的内态感或身体调控的觉察关联到双侧中部脑岛的激活。另有研究报告，在橡胶手错觉中，显示右侧中部脑岛有激活。在此情况下，受试者并不真正运动，仅感觉到运动着的手是他自己的。作者们提示，运动时中部脑岛的激活可能代表身体所有者而不是代理者的感觉。在这些研究中没有看到 ACC 的激活。最后一点，近来的研究报告，简单地听到受试者刚刚学会的钢琴乐音，会激活同一中部脑岛区。根据他们对以前研究的元分析，作者们建议，脑岛含有一个代表运动的感觉-运动图像。对这些研究的解释是这样的：脑岛皮层含有一个躯体定位代表，它代表了受试者当前运动的内态感，作为身体全部内态感的一部分(图 18-14)[6]。

### 18.10.3 自我认知

成像研究报告表明，受试者看到自己形像导致 AIC 的激活。近来的研究比较了受试者在两种情况下的脑激活：一种是看自己脸孔或身体的照片，另一种是看亲密朋友的照片，或剪破以后拼起来的照片。在两种类型的视觉自我认知中，作者发现，AIC 及邻近的 IFG 和 ACC 被选择性地激活，所有激活都在右侧。他们提示，右侧 AIC 和 ACC“可能产生抽象的自我代表，这个代表可能参与维持自我感觉”(图 18-14)[6]。

### 18.10.4 发音和音乐

关于脑岛参与语言的问题有不同的看法(某些作者把脑岛包括在布罗卡语言区里面)。但有相当肯定的证据说明 AIC 参与音乐。一项有名的 PET 研究发现，在聆听音乐

---

* $R$ 是 right 的缩写，代表“右”；$L$ 是 left 的缩写，代表“左”。

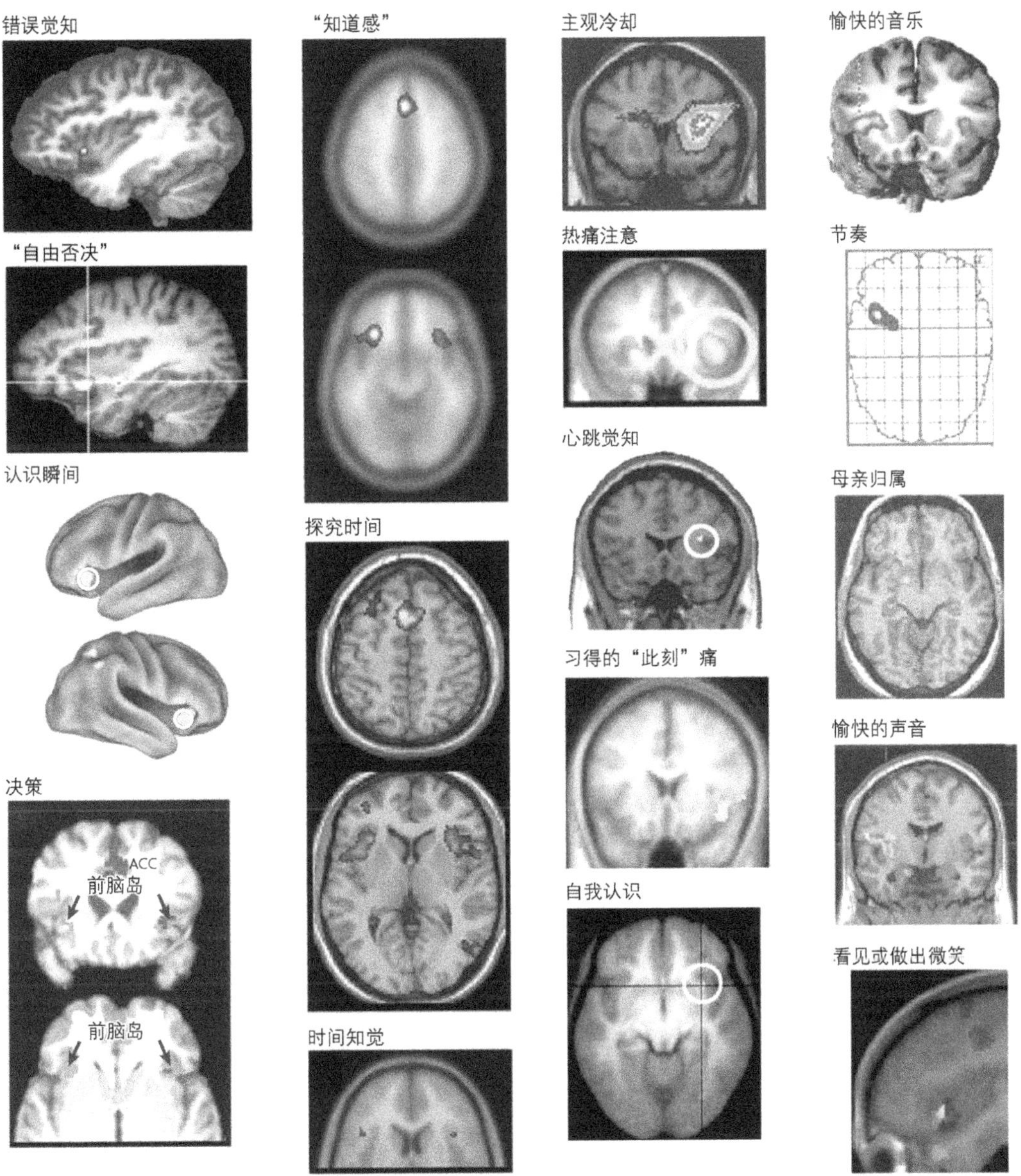


**图 18－14** 前脑岛皮层的激活(彩图见图版第 70 页)

成像材料的小结图,显示当特定作业以及情绪时的 AIC 激活,描写见正文。图排列成为 4 个纵列。右侧两纵列小图含有来自不同研究的图像,发现有优先显著的单侧激活。左侧两纵列小图显示多数是双侧性激活。激活右侧 AIC 的刺激一般是激醒身体的(例如疼痛),左侧 AIC 主要被正性、有亲和性的情绪性内态感所激活。例如,当母亲看到自己孩子照片时(小图"母亲归属"),左侧 AIC 被激活。左侧 AIC 的激活大于右侧,关联到既是母亲的,也是浪漫爱情的事物。当受试者看到或者做一个微笑时(小图"看见或做出微笑"),左侧 AIC 被激活。当受试者注意到一个快乐的声音时(小图"愉快的声音"),关联到左侧 AIC 的激活。当受试者听到快乐的音乐时(小图"愉快的音乐"),发生左侧 AIC 的激活。当受试者经历欢乐的时候,左侧 AIC 选择性地被激活。当女性自己报告性高潮等级的时候,左侧 AIC 选择性地被激活。简写: ACC,前扣带皮层。这些图片都有不同的文献来源。(图引自[6])

时，音乐的熟悉程度以及音调、节奏、音色与有区别的不同脑区相关联。作者们报告，当聆听节律性作品的时候(此时在熟悉的旋律中偶有音符出现于不恰当的时刻)，有特异的左侧 AIC(而不是 ACC)被强有力地激活。近来的一项 fMRI 研究比较了聆听愉快和不愉快音乐(按照受试者自己的选择)所引起的激活，发现主观上愉快的音乐所诱导的左侧 AIC 激活比右侧要大一点。有研究提供证据，当外显地讲话、唱歌时，AIC 的激活是双侧性的。非常显著的对比是，当内隐地唱歌时，AIC 的激活是不对称的：在用慢拍子(<3 Hz)的时候，右侧 AIC 的活性要高一点；而用快拍子(>3 Hz)的时候，左侧 AIC 的活性要高一点(图 18-14)[6]。

### 18.10.5 情绪的前脑不对称性

脑有左右两侧，因此如果存在基于时间的、分开的和有感情自我的代表，并在左右前脑岛皮层(AIC)实现觉察，那么这些代表是如何协调起来产生统一的自我？本章及以前论文中所提出的觉察的内稳态模型提示，有一个能量效率的优化过程，它基于协调的自主系统。也就是说，右侧前脑活动关联到能量消耗、交感活动、激醒、退缩(厌避)行为，以及个体导向(存活)的情绪；左侧前脑活动关联到能量储存、副交感活动、宽松、接近(有欲望)行为，以及群体朝向(亲和性)的情绪。这个模型很好地符合于积累起来的一系列心理物理学文献。文献表明，左边和右边前脑半球有区别地关联到正性和负性的影响。重要的是，这与内稳态性感觉输入到岛叶皮层，以及到前脑的心脏调控的解剖学功能不对称性相符合。这个建议在以前曾经被详细描述。简单说来，这个不对称性的来源可以关联到对心脏的不对称性的自主神经支配和不对称性在进化上被迫的发展，因为脑需要能量的优化，脑大概要消耗身体能量的 25%[6]。

这可以解释为什么在特定情况下一侧 AIC 的活性更高(图 18-14)，也可以解释为什么在多数情况下两侧展示联合的活性，如反映交感和副交感对心脏管理的镜影协调。这个模型提供了解释，为什么正性情绪可以减少或阻断负性情绪(反之亦然)，为什么左侧(亲和性的、迷走的)调控指示性的(deictic)语言交往，以及为什么副交感活性的增加，例如通过胃扩张、减慢呼吸或电刺激激活迷走传入纤维，可以减少负性情绪(例如疼痛)。如本章所提到的，在 AIC 激活方面有诸多的不对称性。因此，在裂脑病人中探讨这个模型可能会带来启发，特别是在稀缺病人身上，例如胼胝体和前联合都切断的病人[6]。

### 18.10.6 情绪性觉察

近来几乎所有关于情绪成像的研究，都报道了在经历情绪的受试者中有 AIC 和 ACC 的联合激活，包括母爱、浪漫爱、怒、恐惧、悲哀、快乐、性、激醒、讨厌、厌恶、不公平、愤怒、不明确、不信任、社会排除(social exclusion)、信任、移情、雕刻美、“一种与上帝在一起的状况”，以及引起幻觉的状态[由药物“死藤水”(ayahuasca)引起]。这样看来，AIC 的激活不仅关联到体内的主观内态感，也与所有的主观内态感有关。有一项值得注意的研究考察了静息状态下的功能连接，发现脑内有两个神经网络：一个是“执行调控”网络，包括背外侧前额叶皮层(dlPFC)及顶叶区;第二个是情绪“显著”网络,包括双内侧 AIC、ACC、杏仁核及下丘脑。有明显意义的是,在这两个网络里面都包含左侧 AIC 的一个小区域,以及靠近 ACC 的内侧前额叶皮层(mPFC)。这提示,对认知功能的情绪觉察以及情绪对认知的影响,都有其网络基础。此外,有几项研究(见文献)发现,当有移情的内态感及可以比较的主观内态感时(例如分别地看到另一个人的脸孔表达厌恶嗅到难闻的气味),AIC 表现出有相互重叠区的选择性激活,前者定位于前到外(符合后到前的梯度),以额叶更高的行为复杂性为目标。值得注意的是,在所有研究工作中,当处于相当不同的情绪及行为的时候,AIC 内的类似部位可能呈现活性,AIC 内定位的一个主要决定因素似乎是与躯体关联的区域在哪里,例如脸部代表的定位更靠前一点,手和脚的定位更靠后一点[6]。

最后,T.A. Klein 等人的研究提供了 AIC 产生觉察的直接证据。作者们应用逆向眼球振动作业,再加上干扰选项(distractor)(实验中,受试者被要求对短暂展示的指示符按相反方向转移自己的注视,但受试者偶尔又被中间插进去、表明是另一个方向的暗号所误导),用这种测试方法产生了偶然错误的眼球扫动,而受试者可以是觉察的(用按钮信号来表示),也可以是不觉察的。随着“觉察”差错后的测试过程,受试者觉察差错的报告被确证能使反应时减慢并使成绩得到改善(多数受试者如此),但是在“不觉察”的差错之后就不会有这些提高。由几次差错试验的 fMRI 资料发现,有双侧 AIC 的激活及 3 个靠近 ACC 的小 mPFC 区的激活。对比觉察差错和不觉察差错这两种情况下脑的活性,作者发现激活的仅仅是左侧下面的 AIC(右侧 AIC 类似的激活仅仅阈下而已)。有意义的是,靠近 ACC 的激活并不关联到差错觉察。作者们提示,觉察差错时的 AIC 活性可以被解释为对所觉察差错产生较大自主性反应的一种内感受性觉察(这已经在前面得到了证明),但是他们也认识到,AIC 的活性及差错觉察可以在自主性反应之前。他们介绍了如何应用脑电图记录来解决这个没有肯定下来的问题,因为 fMRI 的时间分辨太低[6]。

### 18.10.7 神经成像材料的含义

被指出的那些结果,按照门类分为“内感受”、“身体运动的觉察”及“情绪性觉察”,这表明,AIC 提供独特的神经底物,具体例证说明了所有来自体内的主观内态感以及即时(现在)情绪的内态感。解剖学上“后-中-前”的行进,整合来自初级内感受性的代表,到中间整合区,再到最远的所有个人内态感的代表(也即有知觉的自我),这些现在已经很好地被确定,而且支持了一种看法,即主观觉察是建立在内稳态之上的。所提到的各种研究,例如双稳态知觉拷贝的知觉、时间同步化、检测时间、注意性眨眼以及觉察性判断,所有这些都直接提示,AIC 支持立即时间的觉察,那种觉察带有关于“那件事情”的“我的内态感”的连贯性代表。关于自我认知时 AIC 激活的实验证明,满足了自我觉察的具体例证判据。这等同于镜像试验,因为它揭示了那种增强情绪显著性的主观内态感,而此内态感代表了自我认同过程中的有感自我(sentient self)。更进一步,演示 AIC 激活也关联到“知道内态感(知道)”,这提示 AIC 也产生内态感的觉察,而那种内态感是关联到神智构象及神智操作的[6]。

所提出来的这些发现按照门类分为“危险、不确定性和预计”,“时间知觉”以及“认知性的调控和实施”等。这是根据一种看法,即 AIC 含有一个有知觉的自我代表,不仅在立即时间,而且也在有限的一段时间之中。AIC 是一个中心成分——神经底物,它代表时间的过去,它敏感于时间的同步化,它独特地参与现在时间、过去时间以及将来时间的自动化的比较内态感。这些发现表明,AIC 整合了一种缓冲,或者说是一个比较器,它是用来进行这样一种比较的。这些实验观察提示,AIC 满足了这个建议的必要条件,就是在情绪交往的发展当中,作出评价性的以及起预测作用的觉察;它也为作出判断提供了整合机制。有趣的是,一个稳定的比较器可以在内感受性上被觉察为一个短暂的观察者,或者是笛卡尔剧场*中人,但是他不能够为了意识而看到自己,如同已经描写的那样。有意义的是,AIC 也关联到预计将来内态感的证据,可以解释它参与扭曲的内感受性的预测,这关系到焦虑以及功能性躯体疾病[6]。

本章指出来的那些发现,关于作出知觉判断(“选择”)、进行认知性调控[“自由否决”(free won't)]、准备错误任务,以及注意性转变,这些都提示,AIC 在主观指导神智和物理行为方面有作用。这个推想与内感受性的内态感相一致,那就是,“我”不是简单的一个被动观察者,不管这是不是错觉。这样一种参与并不同那个观点相矛盾,那就是,ACC 是一个随意的代理人。此观点受到 ACC 与 AIC 联合激活的支持。几乎所有研究都显示了这一点,此观念也被 ACC 与动作及与下行性边缘运动系统(descending limbic motor system)的关联所支持[6]。

最后,我们所提供的事实,关于 AIC 在音乐活动及“高度觉察”时的激活,指向了特定的 AIC 特点,它需要有一个模型对之作出解释,来说明它在觉察中的作用[6]。

### 18.10.8　前脑岛皮层产生人类觉察的临床观察

临床观察为“AIC 产生人类觉察”的假说提供了确证性佐证。临床材料列举了许多表明 AIC 及中脑岛参与的报告,包括如下病症:疾病失认症(anosognosia)、无反应性(anergia)、焦虑、述情障碍(alexithymia)、抑郁症、失语症、失歌症(amusia)、味觉丧失(ageusia)、药物渴求(drug craving)、进食紊乱、传导性病理、惊恐障碍、心境(mood)障碍、创伤后应激障碍(PTSD)、精神分裂症、Smith-Magenis 综合征、心律不齐、眩晕(vertigo)、额-颞叶痴呆(frontotemporal dementia,FTD)。有许多报告仅比较粗浅地聚焦,而没有描写完备的行为测试,虽然所列举的证据可以给出提示,具有脑岛损伤的多数病人可能出现某些有意义的神经病缺损[6]。

有数个临床研究表明,AIC 的损伤或异常激活,或异常发育成长,会关联到觉察的改变。有两项研究报道了偏瘫的疾病失认症,具体地说,关联到右中脑岛的损坏;在有传导

---

* 笛卡尔剧场是美国认识论哲学家 D. Dennett 针对笛卡尔“我思”提出的一个思想实验:如果设想有一内在的“自我”进行着意识活动,则终究无法脱离脑功能而确定“自我”是如何发生意识的。

性紊乱的青少年中，发现其双侧 AIC 有相当程度的灰质体积减小，这种病变关联到缺少移情作用及有攻击性行为；不能够合作的边缘人格障碍病人不展示等级性的 AIC 激活，而这种等级性激活关联到正常受试者对社会性姿势的觉察；高功能自闭症（high-functioning autism，HFA）* 病人展示了述情障碍（alexithymia）的增加及移情作用的减少，两者都关联到 AIC 激活的减少（在一项作业中，受试者被要求评定对不愉快图片的内态感）；右侧 AIC 的高激活，有选择性地与焦虑相关联；有报道，AIC 坏死可以产生无反应性，或完全无精打采；双侧脑岛先天性畸变被称为 Smith-Magenis 综合征，它导致儿童的神智迟滞，损害自我引导的行为。最重要的是，关联到额叶、脑岛和扣带皮层变性的 FTD 病人展示了选择性丢失自我意识的行为，以及自我情绪性觉察和其他方面的受损。事实上，W. Seeley 等报道了一个标志性的发现，那就是，FTD 病人主观情绪觉察的丧失，特定地关联到 VEN 变性。这些报道特别引人注目，因为在成年人中证明情绪性觉察缺损有明显困难，他们早已经有了得到很好建构的行为型式[6]。

## 18.11 前脑岛皮层的作用

近年来有许多研究，从宽广的范围报道了 AIC 的激活。这些研究认为，AIC 关联到：① 所有的主观内态感；② 注意、认知选择和意向性、音乐、时间知觉；③ 明白无误的各种觉察——感觉和运动、视觉和听觉的知觉拷贝、自我（self）视觉图像、感觉图像的可靠性及主观期望、对其他个体的可信赖性。在几个关键性的实验中，AIC 被激活而同时并没有明显的 ACC 激活。在所有这些作业中没有任何其他的脑区被激活，这些作业的唯一共同特征是参与对象的觉察。因此在作者看来，积累起来的证据迫使我们提出一个假说，即 AIC 引起了人类的觉察[6]。

什么是觉察？在我们更多地了解脑如何工作以前，现在只可以下一个工作定义。可以认为，觉察应该是知道有一样东西存在着（“我是”这样一种内态感）。一个有机体一定要能够体验他自己作为一个有知觉（sentient）个体的存在，他才能够体验到环境中任何其他东西的存在和显著性（salience）。有一种看法认为，对于任何一个对象的觉察需要 3 种代表：首先，作为内态感（有知觉的）实体的自身神智代表；其次，该对象的神智代表；再其次，有在即刻的时间（现在），自身和那个对象显著相互关系的神智代表。如同 Damasio 所提出的“神经自我”（neural self）一样，这个构想固有地创造了一个主观性的（“个体的”）看法，它区分了内部和外部的范围，因为内部的内态感仅实现自我作为有知觉个体的代表，只有从自己的脑才能接近它。按照这个看法，一个人可以丢失他觉察个体外空间一部分的能力（例如损伤右侧顶叶皮层以后），他自身的肢体运动可以受损，例如损伤中脑岛以后的疾病、失认症（anosognosia）、偏瘫（hemiplegia），或者可以丢失他自己的全部自传体历史，但仍然维持着觉察和内态感的现象性存在。例如，病人只保留有内脏内

* 高功能自闭症是一种相对于典型的自闭症而言没有突出语言障碍和学习能力障碍的自闭症，其自闭症症状主要表现在交际困难、行为刻板等方面。

态感，有一个完好的前脑岛，或者像有的病人那样，他生活在一个现在时运动着的 40 s 时间窗内。进一步的建议是，一段时间内的自我反思性觉察，可以与本人当前、过去、将来的动作效应相比较。为了深思熟虑的社会性信号传送，这些都是需要的（个体之间的意向性情绪互动）。某些研究者把这些可能性看作高维度觉察，它可以提供内向性内态感的主观性。用于自我认知的镜像试验被用来作为自我觉察的操作性试验。虽然也有反对这种测试的人，但 Craig 同意这样的看法，即这种试验有其有效性，是充分判据，但不是必要判据[6]。

现有的证据提供了令人信服的观点，即 AIC 含有人类进化能力的解剖学底物，使他能够觉察自己及环境中的其他人。在 Craig 看来，这些资料提示 AIC 独特地满足这个需要，即 AIC 是觉察的神经相关。脑很好地组构成为神经网络，该网络把各种功能分布性地安放在多个位点，而内态感觉察的定位以及单独底物的存在看起来似乎不大可能。然而有证据提示，AIC 及与它连接的额叶盖（左侧和右侧的），含有人类有知觉自我的最终代表（可能还有类人灵长类、大象、鲸鱼）。这些资料推荐了一种可能性，那就是，AIC 是“意识的神经相关”；并提出了这样一个问题，即 AIC 如何能够产生觉察[6]。

Craig 提出了一个“AIC 参与觉察的模型”，在这个模型中，他把时间延伸跨度中的觉察都考虑进去。他认为，人类的独特音乐功能、时间的扩张或放慢、内态感与随意性、情绪行为与觉察等问题，都可以在此模型中得到说明。当然，“觉察”是一个很复杂、重大的问题，上述说法仅是一家之言。

至于“时间”在脑内是如何代表的？ H. Merchant 等提出了“皮层-丘脑-基底神经节回路与轴心时间机制”的看法。这个机制的提出是根据两方面的资料：一是从猴脑单细胞记录中发现的一个局限的神经回路，二是对人类脑基底神经节损伤病例进行的神经心理学研究。根据这些资料，Merchant 等认为，脑内应该存在一个与时间知觉和“时机”（timing）有关的结构，那就是皮层-丘脑-基底神经节回路。这是一个轴心（core）时间机制，也就是一个时间枢纽（temporal hub），可以与情景相关脑区相互作用[8]。

## 名 词 解 释[1]

**动作程序**：一套天生的生理作用，它可以被内部和外部环境的变化所触发，其目的在于维持或恢复稳态性平衡。作用包括：内脏和内环境的变化（例如心率变化、呼吸变化、激素分泌变化），骨骼肌收缩的变化（例如脸部表情、奔跑），还有认知变化（例如聚焦注意、偏爱某些观点及思考问题的方式）。动作程序包括驱动和情绪两方面。由动作程序产生的身体状态变化被内感受性系统所觉察，把它展示到躯体的感觉图像，也可以作为内态感有意识地被体验到。

**驱动**：其目的在于满足基本本能生理需要的动作程序，例如饥、渴、性、探索、玩、保护后代、对异性的依恋。

**情绪**：大部分由(觉察到或回忆到的)外界刺激所触发的动作程序，例如厌恶、恐惧、愤怒、悲伤、快乐、羞耻、满足、骄傲、同情以及赞赏。

**假突触传递**：边靠边的神经元间通信，它由细胞外电流流动所介导。

**内态感**：伴随身体状态的神智体验。动作程序(驱动和情绪)可以引起内态感。与外感受性感觉相关联的体验(例如视觉、听觉、嗅觉、味觉、触觉)通常引起情绪及持久的内态感，但一般不感觉到自己。这个定义排除了把内态感应用于思考(thinking)和内省(intuiting)。(同时参见18页对内态感的释义)

**内稳态**：维持生物学系统内环境生理参数的过程(例如体温、pH、营养素水平)，使之保持在一定范围内，以利于生存及合适的功能。

**内感受系统**：神经通路和中枢神经系统神经核集合的名称，它服务于内稳态信号的检测和作图(例如内脏肌肉收缩的程度、内环境的化学组成)。主要的内感受性传导通路包括迷走神经、脊髓第Ⅰ层(脊髓-丘脑-皮层)传导通路。内感受性系统检测身体的状态，协调各种有关的反应，因此在产生内态感上起到核心作用。

## 参考文献


[1] Damasio A, Carvalho G B. Opinion: the nature of feelings: evolutionary and neurobiological origins. NR Neurosci, 2013, 14: 143-152.

[2] Critchley H D, Harrison N A. Visceral influences on brain and behavior. Neuron, 2013, 77: 624.

[3] McGlone F, Wessberg J, Olausson H. Discriminative and affective touch: sensing and feeling. Neuron, 2014, 82: 737-755.

[4] Todd A J. Neuronal circuitry for pain processing in the dorsal horn. NR Neurosci, 2010, 11: 823.

[5] Lenschow C, Brecht M. Barrel cortex membrane potential dynamics in social touch. Neuron, 2015, 85: 718-725.

[6] Craig A D. Opinion: how do you feel — now? the anterior insula and human awareness. NR Neurosci, 2009, 10: 59.

[7] Heilbronner S R, Hayden B Y. Dorsal anterior cingulate cortex: a bottom-up view. Annu Rev Neurosci, 2016, 39: 149-170.

[8] Merchant H, Harrington D L, Meck W H. Neural basis of the perception and estimation of time. Annu Rev Neurosci, 2013, 36: 313-336.

# 第 19 章　催产素与社会行为

## 19.1　引言

最近十多年来，催产素(oxytocin，OT)与社会行为关系的问题引起了神经科学界的广泛兴趣。本章将介绍加压素(vasopressin，VP)和 OT 的基础知识，并介绍其与社会行为的关系。OT 与社会行为这样一个命题，为我们带来了复杂的思考。一方面，OT 及其受体已有明确的界定；另一方面，虽然社会行为一定是一种脑的活动，但对其神经底物是什么并不清楚。因此，有关 OT 作用在什么神经元素上面才引起了这样那样的行为效应，不是一个很容易回答的问题。

催产素(OT)和加压素(VP)对脑有比较明显的调制作用。从神经回路的角度看，OT 是如何发挥神经调制作用的呢？1984 年 M. Mühlethaler 等发现，OT 可以增加抑制性海马中间神经元的放电，但不清楚抑制的增加如何解释 OT 改善脑内信息传输。有实验提出了证据，说明在哺乳动物海马，OT 具有简单但强大的机制，通过此机制，OT 可以一方面增强皮层信息传输，另一方面降低背景噪声，从而改善信噪比。快速放电(fast-spiking)中间神经元活性的增加，不仅可以压抑海马锥体神经元的自发放电，而且增强锋电位传输的准确性和时机。研究者还显示，如果用胆囊收缩素或通道蛋白 2(channel protein 2)激活快速放电中间神经元，就可以达到同样效果。这说明，一种弥散性的神经调制作用如何能够改善神经回路的实施(performance)，而这个回路是需要突触特异性和毫秒级准确性的[1]。

由于技术的进步，现在有可能研究脑内 OT 和 VP 的内源性释放，所用技术有 OT/VP 启动子驱动的荧光蛋白表达、光激活的离子通道等。多种实验结果的汇合表明，在不同脑区，OT 和 VP 的调制作用可以不同，有的是协调的，有的是对立的[2]。

### 19.1.1　催产素

催产素(oxytocin，OT)这个名词源自希腊文“快生”的意思。它在脑内产生，是具有 9 个氨基酸的环形神经肽，存在于外周生殖组织及中枢神经系统。它已经很好地被特征化(characterize)。这个分子的历史在生命科学中很有特色。1906 年英国戴尔爵士发现，垂体后叶提取物含有一种物质，具有促进子宫收缩的活性。OT 是第一个在化学上得到鉴定而且在实验室被合成的肽，这一发现导致 1955 年的诺贝尔奖颁发给 V. du Vigneaud。以后的神经解剖学研究发现，在脑内，OT 主要在直接向垂体后叶投射的下丘脑大细胞分泌神经元当中合成，在垂体后叶释放而进入血循环。OT 的神经分泌部分被称为神经分泌 OT 系统，此系统在分娩发生及乳汁排出方面起决定性作用。从 20 世纪 70 年代晚期开始，为了解神经内分泌调节，神经垂体 OT 系统一直是一个非常精细的神经元模型。最近，它还成为有关神经元-胶质细胞动态相互作用的模型[3]。

OT 或 VP 经过全身血液循环而作用于体内含有 OT 受体或 VP 受体的靶器官，就可以在那里起作用。这种作用其实就是激素的作用，当然不能称之为突触传递。但当血液中运行的九肽到达神经元时，如果神经元上有相应的受体，神经元也会作出反应。在此情况下，肽是否能引起神经细胞局部一小片膜的电位波动？这还是一个不太受人注意的问题。另外，下丘脑小细胞分泌神经元也能合成 OT 或 VP，可以在其轴突末梢分泌，对受它支配的靶神经元起神经传递或调制的作用[4,5]。

### 19.1.2 催产素、加压素和行为

催产素（OT）和加压素（VP）是两个密切相似的神经肽，在脑内发现有它们的特异受体——VP 受体和 OT 受体。关于它们在脑内各区的神经调制作用也有所描述。最近由于应用了 OT/VP 启动子驱动的荧光蛋白表达，以及光激活离子通道等方法，我们有可能研究神经肽的内源性释放。本章将介绍 OT 和 VP 在脑各个部位的急性神经调制效应，并按几个行为系统来讨论，指明它们是怎么参与的，以及有时在行为的不同方面还会发生哪些相互对抗的作用等[2]。

本章将首先简要回顾这两个肽的分子特点、它们的产生和释放，特征化它们的受体结合和细胞内信号传导通路，讨论将聚焦在它们的神经调制作用方式。对 OT 和 VP 神经调制作用的了解现在才刚刚开始，看起来它们在脑内有广泛的分布性效应，这跟它们的弥散作用模式是相适应的。例如，这两个神经肽被认为是以一种非靶向释放的方式起作用的，它们从下丘脑的中枢释放，其作用没有一定方向，通过远距离弥散达到有受体的部位。然而最近已经清楚，在多个不同脑区，受调控的、快速的局部 OT 释放是可能的，而类似的 VP 局部发送也是有可能的，不一定如同前面讲的那样，是远距离的。因此情况似乎可能是那样：OT 和 VP 的释放靶向到选择性的某些脑区。这些作用有可能相互一致，也可能相互竞争。本章企图为今后的研究提供一个框架，此框架讨论内源性及靶向的作用模式。对这两个神经肽，我们要在不同的行为系统背景下加以考虑，并讨论在不同脑区里面它们的神经调制效应，例如嗅觉和社会行为、恐惧和内稳态活动、学习和记忆、感觉和运动系统等[2]。

OT 有明确的社会行为效应。在人体，向鼻腔内喷洒给予 OT 可以影响人的社会行为，使正在进行经济博弈的人的行为更富有人际信任感[3,6,7]。但是迄今为止，对其作用的神经机制还不十分清楚。在田鼠类中，大草原田鼠实施单配（一夫一妻的）行为，而草地田鼠实施性随便行为，原来这是由于 OT 受体和 VP 受体不同，因而有明显不同的社会行为效

应[7,8]。看来，肽类物质如何影响神经系统活动和脑活动的机制，是值得深入探讨的[5]。

## 19.2　催产素的作用机制

### 19.2.1　加压素和催产素的进化

OT 和 VP 是两个密切相关的神经肽，都含有 9 个氨基酸，两者的区别仅在第 3 位和第 8 位的氨基酸(图 19－1)。第 8 位氨基酸的差别是它们之间主要的特征性区别，多数哺乳动物 VP 的第 8 位是精氨酸，而 OT 是亮氨酸。在生物进化过程中，VP 和 OT 同系物的保持甚至复制，提示它们对于机体具有重要的基本功能。如果考察一下各种动物，则在软体动物静水实螺(*Lymnaea stagnalis*)中有芋螺 VP，它表达于神经元和性腺细胞，影响动物的交配行为。与上述类似，芋螺 VP 可以引起医用水蛭模式化的扭曲身体行为，此扭曲行为类似于动物的自发生殖行为，其作用是在动物 M5 和 M6 生殖神经节的中枢型式发生器，那里有振荡性神经元。在会发声的硬骨鱼中，发呼噜声是生殖行为的重要表现之一，雄鱼的发声受精氨酸催产加压素(arginine vasotocin)的影响，雌鱼的发声受鱼神经叶激素(isotocin)的影响。在某些鸟类中，鸟群大小与鸟类外侧隔区“中催产素”(mesotocin)受体的分布相关，如果将中催产素给予这种鸟类，鸟群就增大；如果给予拮抗剂，鸟群就缩小。在多数脊椎动物的外周系统中，VP 和 OT 在调节体液平衡方面起作用，某些情况下是起相反作用。例如，VP 是为了保留水，OT 是为了乳汁分泌；VP 的作用是保持个体内稳态(如水的保留、血压、昼夜节律、体温调节、增加激醒、记忆)，而 OT 的作用是朝向保持社会结群，及/或物种保存(如排卵、分娩、排乳、性行为以及社会互动)，OT 也压抑食物摄取。因此，人会有这种想法：VP 似乎是“自私”的，OT 是“利他”的。这种互相对抗的阴/阳性作用早已有人提出来了，那是对大鼠中枢性的 VP 和 OT 功能而言的[2]。

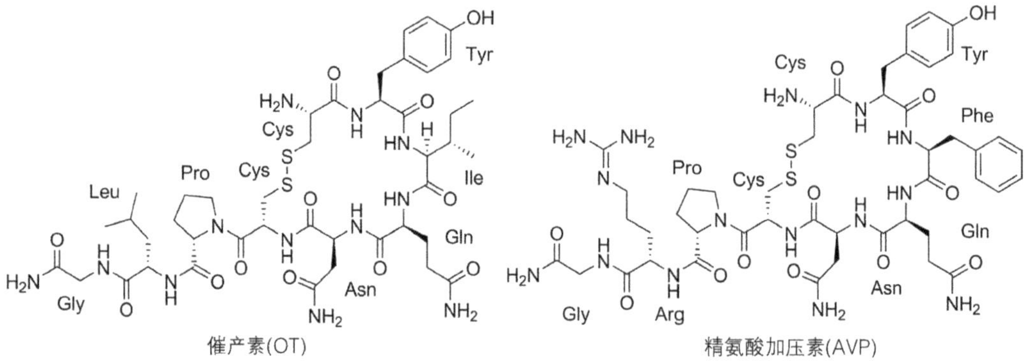

**图 19－1**　加压素和催产素的化学结构式

### 19.2.2　催产素和精氨酸加压素的合成与加工

在小鼠、大鼠和人的基因组里，OT 和精氨酸加压素(arginine vasopressin，AVP)的基因位于同一染色体，两者的基因间区相隔很近(3.5～12 kbp)，但是转录朝着相反方向。在脊椎动物脑内，OT 和 AVP 两者由下丘脑的室旁核(PVH)、视上核(SON)还有副核(accessary nucleus，AC)的不同神经元群合成，副核位于 PVH 和 SON 之间。此外，AVP、OT 神经元也被发现于 PVH 的小细胞分泌神经元和视交叉上核(SCN)、终纹床核(BST)、内侧杏仁核、下丘脑背内侧核、蓝斑(LC)；而在大鼠中(小鼠不是这样)，也存在于下丘脑背内侧核、布罗卡斜带、嗅球。有可能这与社会行为上的种间区别有关[2]。

AVP 和 OT 表达在 PVH 和 SON 的严格不同的神经元群中，这主要取决于 mRNA 差别表达水平，而这种差别表达似乎是由一个顺式元件调控的。与人类的情况不同，啮齿类的 PVH 和 SON 发育比较晚，大鼠 AVP 的合成从动物在子宫内 16～18 d 开始，而 OT 的合成从动物出生后几天开始。AVP 和 OT 两者都储存于分泌颗粒或分泌小泡中，和它们相应的携带蛋白质——神经垂体素在一起。相应于两个肽的神经垂体素的分子量接近 10 kD，两者都含有高比例的、用二硫键连接起来的半胱氨酸残基。与 AVP 和 OT 一起，神经垂体素在细胞体中合成，作为共同前体蛋白质的一部分，该前体蛋白质的氨基端含有糖肽。往后，AVP 和 OT 及神经垂体素在其羧基端含有糖肽。当颗粒向轴突末梢运输的时候，相当程度的激素原加工在那里发生，颗粒中含有为翻译后加工所需的酶。因此就 OT 来说，它先合成为非糖基化蛋白质，然后经过转化酶(magnolysin)的内蛋白水解作用而分裂，转换为 OT-甘-赖-精(OT-GKR)，OT-甘-赖(OT-GK)和 OT-甘(OT-G，也称 OT-X)。后者通过 α-酰胺化酶转换成为 9 个氨基酸的肽，即 OT。这最后一步是维生素 C 依赖的。其结果是，在神经末梢释放的物质包括激素、载体蛋白-神经垂体素、残余的前体片段。在正常情况下，最后九肽的释放依赖于神经末梢钙依赖的颗粒与质膜融合[2]。

某些突变体(例如 P7L AVP)可以导致激素原占优势。它不分泌出来，积聚在内质网，形成二硫键耦合的寡聚体而躲避降解，于是慢慢积聚起来变成纤维蛋白，引起细胞死亡。这就属于神经变性疾病了。在出生前，激素原可以组成总 OT 量的 40%。已经证明，患自闭症的 4～6 岁儿童，这个百分比还可以增加[2]。

### 19.2.3 催产素和精氨酸加压素的释放与降解

经典神经递质包装在小突触小泡里，这种突触小泡优先地定位于突触。肽与经典神经递质不同，它存储在大致密轴心小泡(large dense core vesicle，LDCV)，倾向于分布在胞体-树突，以及轴突的曲张体和神经末梢。虽然经典递质和肽两者都可以用钙依赖的方式进行外排释放，但是经典神经递质突触小泡的外排，需要靠近突触前钙离子通道的细胞内钙离子浓度的升高，而肽释放是由浓度变化比较小但变化范围更广的细胞内钙浓度升高所引起的。这种细胞内钙的变化可以通过高频刺激神经的方法来达到。这样，低频刺激引起突触前膜局限区域的钙升高，触发了经典神经递质的释放；而更弥散的细胞内钙升高则有利于肽的释放。其后果是，含肽的小泡释放被认为是一种半不依赖于小突触小泡的释放[2]。

含神经肽的 LDCV 可以在神经元的所有部分释放，包括树突和胞体。SON 和 PVH 的大细胞分泌神经元充满着密集的 LDCV，而它们的树突代表了整个细胞总体积的 85%，因此树突含有大量的 OT 和 AVP。与突触前释放一样，树突释放也依赖于细胞内钙的升高，这种升高是由于细胞内钙储库的动员，而细胞内钙储库在胞体和树突中是广泛存在的，这在神经末梢常常是没有的。有些因素可以动员这些储库，却并无直接动作电位的增多。其中有一个叫黑素细胞刺激激素(α-MSH)，它来自弓状核(ARC)的阿黑皮素原(POMC)产生神经元，作用于视上核 OT 神经元的黑皮质素受体 4(MC4-R)。α-MSH 的行为作用非常类似于 OT 的行为作用，它抑制进食，刺激雄性的性行为，而事实上很有可能，OT 是 α-MSH 作用的介导者[2]。

对于神经网络来说，肽诱发的树突释放伴有令人感兴趣的另一现象，即细胞内的钙动员可以预处理分泌颗粒，也就是说，当随后的电刺激到来时，分泌颗粒可以提供释放。这种肽诱发的神经元区隔变化，引起了局部神经元网络的重新配置，开启了实现神经元之间信息交流的新途径。预处理可持续 1 h，允许产生长时间的行为效应[2]。

脑脊液中 OT 和 AVP 消失的半衰期为 20 min，中枢释放的肽被脑组织里面的氨基肽酶所降解或者进入脑脊液。到达脑脊液后，它就进入整个大体血循环。氨基肽酶可以裂解 OT 和 AVP 成为更小的片段，其中某些小片段已被证明可以易化鼠的逃避行为，其有效浓度比 AVP 小 1 000 倍，不过作为神经调制物，其效力比 AVP 要小得多[2]。

### 19.2.4　催产素和精氨酸加压素的受体及细胞内信号转导

VP 受体和催产素受体(OT 受体：oxytocin receptor，OTR)属于 G 蛋白偶联受体(GPCR)超家族，其成员含有 7 次推定跨膜域(TM1—7)，有 3 个细胞外环(ECL1—3)、3 个细胞内环(ICL1—3)。这些受体似乎在进化的很早期就产生了。与其他神经肽类似，有可能通过基因重复及以后的顺序发散而形成不同的受体。在淡水实螺已经表达有[Lys8]芋螺加压素(VP)，它可以激活两种受体，分别表达在相互排斥的两群神经元中。此现象被用来支持一种理论，即 OT 和 VP 是对已存在的受体配基的进化。在啮齿动物及人类，基于氨基酸顺序及配基结合亲和力，总共有 4 个受体被鉴定，它们是 OT 受体以及 VP 受体的 V1aR、V1bR 和 V2R*，其中 OT 受体和 V1aR 在脑内丰富表达。下面对它们的讨论也会集中地多一点[2]。

激动剂结合 GPCR 导致受体激活和磷酸化，以及 β 抑制蛋白转位到受体复合物，此事件中断了受体和 G 蛋白的相互作用，从而关闭了 G 蛋白依赖的信号通路。OT 受体可以耦合于不同的 G 蛋白，导致不同的功能后果(图 19-2)。OT 受体耦合于百日咳毒素不敏感的异三聚体 G 蛋白 Gq11，它激活磷脂酶 Cβ 通路(phospholipase Cβ，PLCβ)，PLCβ 使磷脂肌醇积聚，动员细胞内的钙储库。此通路是子宫平滑肌细胞收缩的基础，也是增

---

* V1aR：1a 型 VP 受体(VP receptor 1a，也称 V1a 受体)；V1bR：1b 型 VP 受体(VP receptor 1b，也称 V1b 受体)；V2R：2 型 VP 受体(VP receptor 2，也称 V2 受体)。这三者又可合称 AVP 受体(AVP receptor，AVPR)。

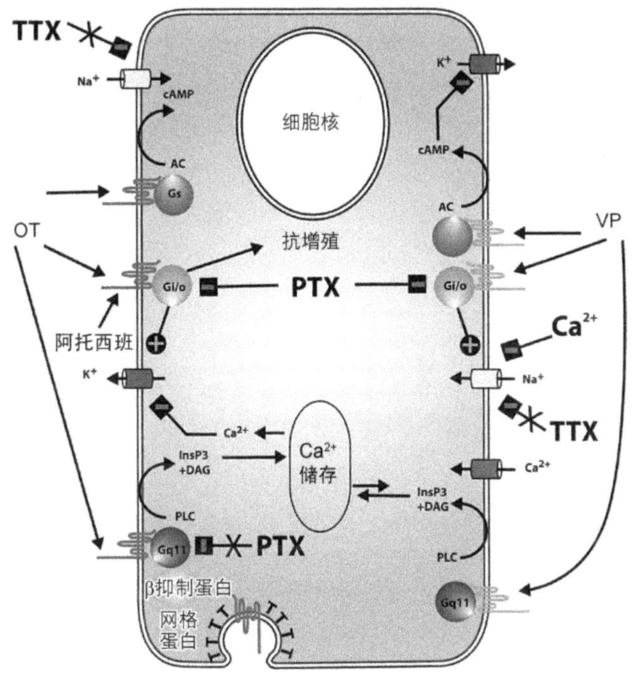


**图 19-2** 加压素和催产素的细胞内转导通路

按照其可以激活的特定 G 蛋白，OT 和 VP 激活不同的细胞内通路：激活 TTX 不敏感的钠通道，抑制钾通道。注意通过 OT 激活的 Gq11，选择性地募集 β 抑制蛋白，这一步导致 OT 受体(OTR)内化，如果用 OT 激动剂药物阿托西班(atosiban)，它只激活 Gi/o 耦合的 OT 受体(阿托西班与自然的 OT 是不同的)。AC，腺苷酸环化酶；PTX，百日咳毒素；insP3，1,4,5 三磷酸肌醇；DAG，甘油二酯；PLC，磷脂酶 C。(图引自[2])

加一氧化碳(CO)的产生从而导致心肌发生的基础；在神经元中，它可以抑制内向整流电导。然而在神经元中，OT 也可以通过百日咳毒素敏感的 Gi/o 蛋白激活内向整流电流，而由内向电流所携带的离子可以激活细胞内信号通路。Gi/o 可以由此产生抗增殖效果的信号。此外，OT 可以通过受体 Gs 蛋白激活腺苷酸环化酶，增加 cAMP 的产生，不需要 PKA 激活而直接导致钠依赖的、TTX 不敏感的持久内向电流。有可能上述不同的信号传送通路，在神经元以及外周组织中是进行区别表达的[2]。

中枢神经系统的 V1aR 也是 GPCR，但它可以不依赖于 PLCβ、PKC 或细胞内钙浓度的改变而传送信号。电生理学研究显示，AVP、OT 可以通过开放非特异性阳离子通道或者关闭钾通道，而急性影响神经元的兴奋性。阳离子通道的开放，产生持续的内向电流，此电流可以是钠依赖、河鲀毒素(TTX)不敏感、电压门控的，以及部分被细胞外钙或镁所阻断的，例如 AVP 在面神经运动神经元中和 OT 在迷走神经运动神经元中的情况就是如此。此外，在某些运动神经元中，AVP 可以压抑钾电流，此压抑可能是钡敏感的。激活这些电流的细胞内信使，是 PKC 不依赖的，但部分是由腺苷酸环化酶-cAMP 激活的 PKA 所介导的，另外部分的通路还不清楚[2]。

J. Koehbach 等比较了 69 种 OT 受体和 OT 样受体的氨基酸顺序，从它们的分子进化和多样性进行考虑，目的是作图受体与配基相互作用的共同位点。他们的分析表明，在受体的共同跨膜核心区内存在着 OT 的结合位点，但想要确定可以解释 OT 与受体特异结合的位点非常困难[9]。AVP 有 3 种受体——V1aR、V1bR、V2R，最近对这三者的分子和生理作用有详细的介绍[10]。

嗅上皮 AVP 受体和/或 OT 受体的表达，在主及副嗅系统的不同脑区有所不同。在主嗅上皮都可以检测到 V1aR 和 V1bR 的 mRNA。进一步，在一个显示不成熟特征的永生化细胞系中，游走性嗅神经元(GN11)的 OT 受体激活，导致磷酸肌醇的积聚以及内向整流钾电流的抑制。还没有在犁鼻器官的外激素敏感上皮上考察这个作用[2]。

### 19.2.5　OT 受体和 VP 受体的调制及药理学

OT 受体能够可逆地转换其状态，受体与激动剂及拮抗剂的亲和力($K_d$)变动在 1～100 nmol/L 之间，状态转换依赖于存在或不存在二价阳离子($Mn^{2+}$、$Mg^{2+}$)，以及与特定膜胆固醇的相互作用。进一步，为了 OT 受体的有效表达，似乎需要胆固醇的参与。胆固醇可以稳定 OT 受体，使它不易被热和蛋白酶所降解，因此，富含胆固醇的微域如脂筏或胞膜窖，可以转变 MDCK 肾上皮细胞系由 OT 诱导的生长抑制性效应，使之成为增生性反应。这可能是因为募集了不同的信号级联通路[2]。

大鼠(但在小鼠不行)OT 受体的表达可以因雌二醇而增加，也可以因为在恒定雌激素浓度水平上撤孕酮而增加。这种反应的发生，多少有些脑区特异性的特点，可能是由于局部孕酮受体和雌激素受体表达的不同，例如导致下丘脑腹内侧核(VMH)、终纹床核(BST)和内侧杏仁核受体结合的增加；但在卵形 BST 和杏仁中央核，则不出现这种情况。因此，研究这些脑区的 OT 神经调制作用时，要注意实验动物的性别和动物的性周期[2]。

经 OT 激活的 OT 受体被 G 蛋白偶联受体激酶-2 磷酸化，与 β-抑制蛋白结合，然后通过网格蛋白包被小泡被内吞。内化以后，它们通过 Rab4/Rab5 短循环通路再循环回到质膜。此内化被认为是受体快速脱敏的基础，OT 受体激活后这种脱敏可以发生。除 G 蛋白的不同同工分子能够激活不同的信号转导通路以外，Gi 选择性配基可以引起 G 蛋白的激活，而没有 β 抑制蛋白的募集和 OT 受体的内化。有意思的是，虽然内源性 OT 可以激活 OT 受体，不论它耦合的是哪一种 G 蛋白，但特异的激动剂和拮抗剂可以对 OT 受体显示戏剧性的差别性亲和力，依赖于特定耦合的 G 蛋白的不同(Gq、Gi 或 Go)，因而并不引起它们的内化。例如 OT 受体的激动剂阿托西班并不促进 β 抑制蛋白-1 或 β 抑制蛋白-2 的募集，并不影响受体内化，可能由于仅选择性地激活那些耦合于 Gi 蛋白的 OT 受体。可能这些差别也就是不同脑区脱敏有差异的基础。例如，虽然在海马、迷走背核复合体(DVC)以及 VMH 上，可以重复性地诱发兴奋，很少丢失反应性，但杏仁中央核(CeA)、终纹床核外侧部(BSTld)却呈现快速脱敏，尽管仍具有高的肽结合能力。这提示，不同脑区表达不同的受体类型，或者有不同的细胞特异的受体耦合机制。这些特点对于将来发展一些靶向特异性的神经-精神疾病新药，可能是重要的[2]。

虽然在初始的时候，开发作用于 OT 和 VP 受体的激动剂、拮抗剂药物是以肽能为基础的，但广泛的药理学研究导致了系列的非肽类物质。重要的是保持一种看法，那就是，虽然对内源性配基 OT 和 AVP 而言，受体命名提示在这些受体之间有明显不同的交互反应性，但是对它们之间的差异还需要注意。例如，AVP 结合于 OT 受体，但如果它以同样的亲和力结合到其他 3 个 AVP 受体，这就是交叉反应；而另一方面，虽然 OT 结合到 OT 受体展示了更多的特异性，但它能够结合到 VP 受体，其亲和力要低 100 倍。这一点对于确定特定的功能特别重要，例如当确定内源性神经肽在脑区的特定功能时，要考虑受体的交叉反应及亲和力的高低，而这些不同类型的受体又往往是共同表达的[2]。

### 19.2.6 催产素和精氨酸加压素的神经调制作用

OT 和 AVP 在外周的不同、潜在相反方向的作用，提示功能进化方面的某些互补性发育。脑内 OT 和 AVP 的表达在互不重叠的脑区发生。虽然有时也有并列的情况，但仍然表达在不同类型的神经元之间，是相互区分开来的。类似地，受体分布典型地是表达于不同的脑区，虽然那些不同脑区是相邻的，受体的表达发生在严格有区别的不同组的神经元之间。这样就带来了一个问题：是否有可能在这些不同脑区之间，区分神经肽受体信号传导的对比及互补作用？这里将要讨论脑的不同部分，在这些脑区里已经发现了神经肽受体的表达与激活，并基于它们的潜在互补作用而评价它们的功能[2]。

已经通过大量的电生理学实验，研究了这两个肽在不同脑区的急性神经调制效应。粗粗看来，效应是广泛的，而且分散在许多区，没有一个明确的组构型式。然而，有可能把这些区加以分类，把它们考虑为神经回路的一部分，而此神经回路是实现类似功能的。例如，有 组回路组成轴心网络，它整合与特定神经的“作业”有关的行为、生理以及动机过程。这样我们可以鉴定一个轴心网络，例如它在边缘系统中是司理社会行为的，另一个网络是为了应激和焦虑的，再有一个网络是为了学习和记忆、感觉和运动作业的，等等。遵循这样的分类研究思路，下面我们要把迄今为止鉴定的 AVP 和 OT 的神经调制效应，试探性地按照这种神经网络加以分类。当然我们应该清楚，有些事情不可能严格地进行区分，神经元可能参与几个网络的活动。例如，在社会行为网络中起作用的神经元也可能参与应激和焦虑行为的网络[2]。

说到神经调制，早在 1979 年 Kupfermann 有建议认为，神经调制与传统的神经传递不同，神经调制并不是简单地使一个电可兴奋的细胞发生兴奋或抑制，而是参与改变那个细胞的其他活动。迄今为止，许多关于 AVP 和 OT 调制效应的研究报告，仅提供外源性给予这些神经肽的结果。给予肽以后，常常导致“自发”神经元活动的强大变化，但这种所谓“自发”活动，典型地还是在规定的离体条件下产生的，例如改变了细胞外溶液的钙或钾浓度；而在活体上，那种条件是依赖于传统神经递质的。从严格意义上讲，这些研究可能不足以区分 OT 和 VP 的作用是传统的神经递质还是调质。看来，重要的是我们应当有这样一个概念，即神经肽典型地被认为是与其他经典的神经递质共同释放的，例如谷氨酸或 GABA，而且仅在高频率刺激时才共同释放。可以肯定地说，最近用蓝光诱导以刺激内源性 OT 的释放，提示了谷氨酸的共同释放：而且同样的情景也可以应用于加压素(VP)。随着光遗传学方法的发展，可以专一地刺激含有 OT 和 AVP 的神经投射。这样可以提供一种极有价值、也可能是最关键的工具，来剖析这些神经肽在活体中准确的神经调制作用[2]。

## 19.3 哺乳动物神经系统中的催产素与加压素神经元

### 19.3.1 OT 受体和 VP 受体在脑内的分布

当前我们还缺少特异的、可靠的 VP 受体、OT 受体抗体。迄今为止，神经肽受体的表达水平都是通过配基结合试验来判断的，这依赖于标记的特异拮抗剂或激动剂。研究显示，在脑内，V1a 受体(V1aR)存在于嗅系统、新大脑皮层、基底神经节、齿状回、BST、CeA、VMH、外侧隔核、丘脑、室周围器官、脑干、脊髓。在一系列脑区上明确地发现有 V1bR，如海马 CA2 区 1/3 的锥体细胞、前部杏仁核的少数细胞和 PVH。在鼠脑中，OT 受体比较突出地出现于副嗅球、前嗅核的卡列哈岛、杏仁中央核和延伸核、海马 CA1 区、VMH、伏隔核(NAc)、脑干、脊髓。有趣的是，一系列研究显示，在那些 OT 受体和 V1aR 共同表达的脑区，它们的表达形式可以显示明显的互补性质，这一点很漂亮地演示在大鼠的延伸杏仁核以及伏隔核。研究发现，OT 受体的强表达水平是在 CeA 外侧部、NAc 的壳部，以及沿着进一步延伸的杏仁核；而 AVP 受体的表达在 CeA 内侧部(medial part of the CeA，CeM)、NAc 的轴心部，向内侧到杏仁核延伸的邻近区。有研究工作显示，CeA 内的 OT 受体和 AVP 表达脑区之间的功能性连接，可能是恐惧行为中相反作用的基础。有意思的是，可能可以考察一下，在其他脑区是否也存在着这样一种回路，显示互补性的邻近表达形式[2]。

令人瞩目的是，仅有很少研究考察了人体 VP 受体和 OT 受体的水平及其分布。在用于啮齿类研究的时候，放射自显影研究典型地是用同一放射标记的肽，但我们不清楚，人类的受体跟啮齿类的受体是否展示同样的结合特征。还有，这种人类脑研究典型地是在人死后经过长时间进行的，相比之下啮齿类的脑标本在动物处死后即可获得。但即使在啮齿类实验中还是不清楚，多长的死后时间才会影响结合测定的效果。在人类以及非人灵长类脑，AVP 和 OT 与脑内相应受体结合的实验结果，显示了某些令人瞩目的种系区别。相比于 OT 的结合，例如在 Meynert 基底核、下脚、内嗅皮层和杏仁核，AVP 结合的差别较少，虽然结合是明显低的。一个很有前景的研究领域是发展了一种可靠的放射配基，以便用活体 PET 方法做神经成像研究。仅到最近才出现了几个新的有前景的放射配基产品，产品用 $^{18}F$、$^{125}I$、$^{11}C$ 同位素，但是这些化合物的应用仍然限于离体研究。当前的研究是让放射活性配基可以容易地穿透血脑屏障，从而使 PET 扫描研究 OT 和 AVP 受体将来可以在活体里面做[2]。

### 19.3.2 催产素和精氨酸加压素的弥散及靶向释放

虽然已经在许多脑区发现有含 OT 和 AVP 的轴突纤维，但是也有一些建议被提出来，认为树突局部释放及随之而来的弥散，是一个重要的作用途径。就 OT 的树突释放而言，假定其基础分泌速率为 0.13 pg/s，整个下丘脑的细胞外间隙为 10 μl，其半衰期为 10 s，有人估计了其有效半径。他们的计算结果提示，肽的浓度在 1 min 内可以达到 260 pg/min，此浓度似乎与透析方法在视上核(SON)所测到的浓度结果相当；用微透析方法得到的是 1 000 pg/ml。仍然不清楚的是，OT 释放后如何扩散，扩散到哪里去，扩散后达到何等浓度。在离开 SON 4～5 mm 的前脑隔核，在刺激 SON 以后，那里的 OT 浓度可以升高，但是此浓度要比 SON 的低 10 倍，虽然这种浓度对引起 OT 的反应可以是有效的。同样清楚的是，为了达到这样一个效果需要相当的延迟时间。这就是有关弥散作用的看法。另一种可能性是，下丘脑分泌的 OT 到达不同脑区，也有可能是通过含 OT 的轴突运输过去，然后释放，作用到特定的靶向脑区，而此脑区是表达 OT 受体的。表 19-1 是已经报道的脑区里面发现有 OT 和 AVP 纤维，而它们的神经调制作用也曾经在该脑区被描写过(参看图 19-11)[2]。

**表 19-1 有催产素和精氨酸加压素神经纤维的脑区**[2]

| 脑　区 | OT 纤维 | VP 纤维 |
|---|---|---|
| 嗅　球 | + | + |
| 嗅结节 | + | + |
| 卡列哈岛(islands of Calleja) | + | |
| 内嗅皮层 | + | |
| 内侧杏仁核(medial amygdala, MeA) | + | + |
| BSTma | + | + |
| VMH | + | + |
| CeA | + | + |
| BSTl | + | + |
| NTS | + | + |
| (迷走)运动背核(dorsal motor nucleus, DMN) | + | + |
| 疑　核 | + | + |
| 嘴腹外侧延髓<br>(rostro-ventro-lateral medulla, RVLM) | + | + |
| 臂旁核(PBN) | + | + |
| 外侧隔核 | + | + |
| 海　马 | + | + |
| 脊　髓 | + | + |

总起来说，多方面的实验结果提示，神经纤维释放的 OT 能够到达远离 OT 能的下丘脑核，起靶向的重要作用。一个有趣的模型被提了出来，此模型提示，在边缘系统中，除连续不断的弥散释放以外，神经肽的轴突释放可能提供局部准确时空的、点对点的调节，它调节神经肽的基础水平。神经肽以多种方式调制不同的脑结构，可能是有线路的、轴突的、快速的、局灶性的方式，也可能是非线路性的、弥散的、慢的、宏观的方式。这样一种“协调性”的双层机制是基于既有从下丘脑神经元的弥散，也有从侧枝到特定脑结构的靶向。这种看法最近被认为是伏隔核(NAc)OT 来源的基础之一[2]。

### 19.3.3　杏仁中央核轴突的催产素释放(参看图 19 - 11)

调控生育和喂奶的下丘脑神经肽——催产素(OT)，受到越来越多的注意，因为它也影响社会行为。但是，对于它如何到达有关的中枢脑区尚不清楚[11]。

OT 的主要来源是下丘脑室旁核(PVH)、视上核(SON)和副大细胞核(accessory magnocellular nuclei，AN)。除了这些广为人知的神经内分泌组构以外，OT 也吸引了越来越多人的兴趣，因为它作用在前脑，可以影响恐惧、信任及其他社会性行为。OT 在杏仁中央核(CeA)有强的抗焦虑效应，CeA 是实现恐惧反应的脑结构之轴心。在外侧 CeA(CeL)局部给予 OT，可以激活 GABA 能中间神经元亚群，从而抑制内侧杏仁核的神经元，减弱行为恐惧反应，而内侧杏仁核神经元是 CeA 向脑干输出的主要成分[11]。

虽然 OT 的这些行为效应是得到公认的，但是对介导 OT 到达杏仁核的通路还不很清楚，对其精确的细胞来源也不清楚。血液循环中的 OT 不能通过血脑屏障，所以一定有中枢的 OT 释放。过去 20 年来流行的看法是这样的：中枢 OT 的功能是通过下丘脑 OT 树突释放，然后被动地弥散到不同脑结构来实现的。OT 受体(OTR)在整个脑的很多部位出现，但它们离开下丘脑有不同的距离，因此被动弥散将使得 OT 作用的时程方面以及信号传输特异性方面受到严重约束。这种限制可以得到克服，如果下丘脑 OT 神经元的远距离轴突投射也可以起作用的话[11]。

为了解决这个领域的重要问题，研究者企图寻找证据，以检验含 OT 的下丘脑发源神经元的轴突是否有功能性的 OT 释放。为了看到 OT 轴突，研究者选择性地用 *OT* 基因启动子表达荧光标记蛋白质，通过用重组腺相关病毒(rAAV)转染下丘脑神经元。由 OT 神经元上 rAAV 朝向的 *ChR*2 的表达与激活发现，离体条件下的蓝光照射触发了受体介导的杏仁中央外侧核(central lateral nucleus of amygdala，CeL)神经元活性的增加，增强了 CeM 抑制性突触后电流(IPSC)的频率；而在活体上，蓝光照射可以减少恐惧条件反应大鼠的情景诱发的冻结反应。因此，实验提供了直接的证据说明，局部 OT 的内源性信号在压抑 CeA 介导的恐惧行为方面起作用[11]。

上述 CeA 轴突释放 OT 的实验要点是：① 制造了一个病毒，从而只在 OT 神经元上表达某种蛋白质，例如 ChR2；② 发荧光的 OT 神经元同时投射到前脑和垂体；③ 蓝光照射离体 OT 轴突，可以影响杏仁核神经元的活性；④ 活体蓝光照射杏仁核，诱发 OT 介导的恐惧反应降低[11]。

### 19.3.4 催产素与其他神经递质系统的相互作用

大量工作提示,OT 和 AVP 与其他激素和神经递质的信号传送系统之间有功能性相互作用,包括性激素、多巴胺和 5 -羟色胺系统。例如,动物边缘系统 OT 受体的表达对于性甾体激素水平敏感,雌激素会上调 OT 受体的表达和刺激下丘脑释放 OT,以及增加杏仁核 OT 受体的结合。另外,OT 加工情感焦虑的效应是由 5 -羟色胺神经元介导的;下丘脑 OT 细胞表达多巴胺受体,而多巴胺能的和 OT 的传导通路汇聚到内侧前额叶皮层(mPFC)及腹侧纹状体,这些结构调节社会行为,包括配偶亲密,而这个相互作用可能对于这些行为的增强及/或酬报特征是关键性的。不过,对这些问题还没有专门地加以研究[12]。

正规的遗传学研究可以用来搜寻不同神经递质和神经肽系统候补基因变异体之间的相互作用,再关联到相关表型。一个广泛受到研究的变异体是靠近 *SLC6A4* 的启动子区,此基因编码 5 -羟色胺转运蛋白,后者显示这种相互作用。在控制了母亲的教育差别、抑郁症和婚姻不协调等条件以后,研究发现,具有低活性 *SLC6A4*(5 - HTTLPR*)变异体和 OT 受体 SNP(rs53576)的父母,对于孩子的需要不太敏感,而且不能很有效地帮助孩子,当孩子们需要什么的时候。此外,*SLC6A4* 变异体和 OT 受体 rs2268498 之间的相互作用与负性情绪有关联,负性情绪是一种关联到恐惧和悲哀的人格量度。*AVPR*1*A* 多态性和音乐能力之间的关联对于 *SLC6A4* 基因型也是条件化的[12]。

这些关联特别令人感兴趣,因为成像遗传学研究显示,*SLC6A4* 基因型对杏仁核的激活和结构有效应,对海马及扣带回皮层一个区之间的相互作用也有效应(用功能和结构连接性进行测量)(图 19 - 3d)。此外,杏仁核-扣带回回路可以被 5 -羟色胺药物的急性处理所调制。应该注意,杏仁核-扣带回回路可以介导抑郁症及暴力症危险因子的增加。从行为方面看,这种基因-环境相互作用,今天在 OT 受体变异体的模式动物方面也被看到。近来发现,早期生活暴露于含社会成分的环境危险因子,如城市教养不良,可以影响同样的回路,如同处于评价性社会应激时的那种回路。因此,杏仁核-扣带回回路受 5 -羟色胺系统和 OT 系统变量的调制,也受它们的操控。这可能是一个研究领域,在那里 5 -羟色胺的和 OT 的两种社会行为系统相汇聚[12]。

下丘脑可能是这样一个脑区,在那里遗传效应(影响 OT 受体)和性甾体激素的作用相汇聚。这将会令人产生很大兴趣,应该看一看腹侧和背侧纹状体、中脑和前额叶皮层(PFC)的多巴胺能轴心回路是否也显示了这种汇聚,因为动物研究有这种提示。即使现在,经典遗传学和神经系统水平资料的惊人汇聚,也进一步揭示了扣带回-下丘脑-杏仁核回路的作用,它们被看作转化效果的关键性靶,其目标是对准与神经肽相关联的疾病。为了成功解读这些资料还应该显示,由影像遗传学所提示的这种回路,一定也受急性给予神经肽之影响。根据现有的证据,这些想法大部分已经得到证明[12]。

---

* *SLC6A4*: solute carrier family 6 member 4,溶液携带家族 6 成员 4 危险因子等位基因;5 - HTTLPR: serotonin transporter promoter polymorphism,5 -羟色胺转运蛋白启动子区基因多态性。

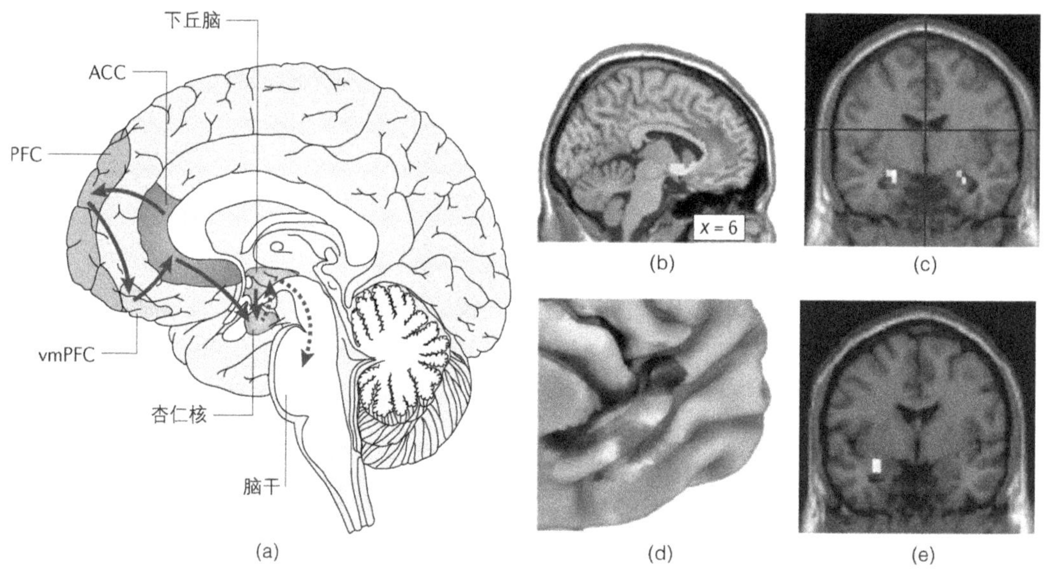


**图 19-3**　关于社会性情绪信息的加工，建议的调节性神经回路(彩图见图版第 71 页)

建议的神经回路(包括脑区)，在这里 OT、AVP 系统相关基因的变异体[指影响社会性行为而且跟自闭症谱系障碍(autism spectrum disorder，ASD)危险因素增加相关联的]以及 5-羟色胺相关基因的变异体(指与抑郁症危险因子相关联的)相汇聚。(a) 杏仁核的自上而下的调控(用黑色箭头表示)，发源于前扣带皮层(ACC)和腹内侧前额叶皮层(vmPFC)；对于调节道德(moral)行为，后者特别重要。杏仁核的自下而上的调制(用红色箭头表示)，来源于下丘脑神经元，它表达神经肽 OT 和 AVP，此下丘脑神经元靶向到杏仁中央核(CeA)的不同神经元群体。来自杏仁核的投射经过下丘脑走向脑干，调节对社会性信号的自主性反应(用带点的箭头表示)。(b) MRI 研究显示，OT 受体(OTR)等位基因 *rs*53576*A* 携带者的下丘脑和 ACC 体积减小，此等位基因关联到容易产生 ASD 的危险因子(亮颜色表示强烈减少)。(c) 功能性磁共振成像研究显示，当给予情绪性脸孔匹配的实验程序时，RS3、AVPR1A 危险因子变异体与杏仁核激活的增加有关联。(d) MRI 研究显示，*SLC6A*4 及 5HTTLPR 携带者的前扣带皮层结构减少(红色表示明显减少)。(e) 当实行情绪脸孔匹配的实验程序时，单胺氧化酶 A(monoamine oxidase A，MAOA)不同数目串联式(variable number of tandem repeat，vNTR)危险因子等位基因(与冲动性和强暴性相关)携带者的杏仁核被激活。(图引自[12])

## 19.4　啮齿类的社会行为

即使在低等动物中也有社会行为的表现。C. Bargmann 的研究显示，有两个线虫株，它们搜寻食物的方式不同。有一株是孤独者，它们单独外出，单独搜寻食品和细菌；另一株则集体行动。Bargmann 追踪这种行为上的区别，发现这是线虫基因的差异所致。此基因编码一个特定神经肽，具体地说，差异就是神经肽里面一个氨基酸的区别。最后 Bargmann 和同事发现，摄食行为由一对神经元调控，它们通过不同的感觉神经元收集来自周围环境的信息。如果环境有助于它们收集食品，那么神经元就发出“让我们一起走”的信号，信号传到动物运动系统及肌肉，就发动集体性行动；但在另一种具有特定基因变异的线虫，环境输入的信息不能到达这种神经元，线虫也不晓得环境中有这个信息，所以动物是孤独的。这个实验观察给我们以某些启示，为怎么神经系统可以创造行为，而这是我们研究社会脑的目标[7]。

当 T.R. Insel 还在埃默里大学工作的时候，发现了啮齿类的田鼠两个动物种更具戏剧性的行为差别。大草原田鼠(prairie vole)是高度社会化的动物，它们可以形成稳定而持久的配偶关系；相反，另一种田鼠——山区田鼠(montane vole)，它们是不社会化的，随便找配偶。这种行为上的差别是由于一个基因编码的差别，此基因编码两个特定的肽——催产素(OT)和加压素(VP)。Insel 向非社会化田鼠插入一个 *OT* 基因，结果增加了它们的社会行为。这个肽在其他哺乳动物的行为中也起关键作用，包括人类。另外，瑞士的 T. Baumgartner 和同事发现，把 OT 喷到人鼻腔，可以增加人的社会信任感。肽之所以能产生作用，是由于它作用在杏仁核和中脑，这两个脑区都是参与恐惧行为的；还有背侧纹状体，此区是参与行为反馈的。对于那些处于"边缘人格障碍"(borderline personality disorder)的人，OT 似乎可以产生不同的效应，它妨碍这种人的信任感及正性社会行为。科学家们争辩说，有这种病态的人，他的 OT 和 5 -羟色胺的关联可能不同。这些病人常有社会焦虑感，对于被排斥敏感，这是由于他们早期受到父母经验的影响，或是一种遗传易感性，或两者都有[7]。OT 的作用问题，后面还要详细介绍。

扩展 Insel 的工作，Bargmann 鉴定了一个令人吃惊的线虫信号转导系统，此系统包含肽，即线虫催产素(nematocin)。线虫催产素在生物化学上与 OT、VP 类似，它不仅扰乱线虫的生殖行为，也扰乱它的简单感觉和运动行为。根据对线虫行为的详细分析，Bargmann 得出结论说，OT 和 VP 增加线虫配偶行为的相关联性，使之能协调地执行。这些发现提示，用来促进正性社会行为的脑特异机制，早在百万年之前的动物中就已经出现。令人奇怪的是，它被很好地保留下来，一直保留到高等动物。此外，如果能操控这些机制，我们将来会有可能明显地影响社会行为，这是后话[7]。

斯坦福大学的 R. Malenka 和他的同事有一个对于正性群体行为的崭新看法。他们认为在一些动物里面，包括线虫、蜜蜂、人类，虽然社会行为促进了集体生存，但是为社会行为也要付出代价，即个人的努力和能量。社会行为一定会给个别机体提供报酬，如果不这样，它在进化中怎么能保留下来呢？他们在小鼠实验里面检验自己的观点。他们发现，OT 调制 5 -羟色胺在脑内伏隔核(NAc)的释放。5 -羟色胺能促进安宁内态感(feeling)，这就是小鼠正性社会行为的报酬。由此看来，小鼠正性社会行为互动的强化，需要 OT 和 5 -羟色胺的联合行动[7]。

### 19.4.1 啮齿类 OT 受体和 AVP 受体的种系和性别差异

关于 V1aR 和 OT 受体在脑内分布的研究显示，在属于同种或很近种的不同个体之间，表达水平显示有趣的差别，而且与行为的显著区别有关。这方面最为大家所了解的是大草原田鼠。在这种动物里，雌性 NAc 表达较高水平的 OT 受体，而雄性的外侧隔核和腹侧苍白球表达较高水平的 V1aR，而这种表达特征又与雌性、雄性动物交配后形成稳定结合的长期对偶结合行为相关，且具有因果关系。低水平的受体导致比较差的单一配偶行为。除外侧隔核外，非常令人惊奇的是，很少有电生理研究考察 OT 和 AVP 在这些脑区里面是否具有急性的神经调制效应。实现这种稳定配偶结合的准确机制是什么，仍然是一个有待研究的领域。有可能是这样，这种 OT 和 VP 信号传送的差别，形成了一个可能的环境，在此环境中可以进行学习，而并非受体的差别直接参与诱导配偶的结合[7]。

有些鼠系也展示 OT 受体和 AVP 受体表达水平与特定行为之间的相关，最著名的例子是有作者鉴定出一种差别，那就是母体大鼠的高舔、低舔和梳理毛发行为。这些鼠的行为特征是有较多的母性行为及较低的焦虑和恐惧水平。这些现象可能与一些脑区的 OT 水平较高有关，如内侧视前区、下丘脑室旁核(PVH)、外侧隔区、杏仁核、BST。后两个脑区是大家知道的，它们在焦虑和恐惧行为中起作用。在不同水平的喂乳和舔/理毛发的小鼠中也看到类似的现象，在其外侧隔核的 OT 受体及 V1aR 水平，分别相应地与喂乳和舔/理毛发的频率有关联。在 LAB/HAB* 小鼠和大鼠的 AVP、OT 信号转导中，显示了某些有趣的差别，而这种差别可能与许多不同程度的行为相关。这种动物模型可能有重要的意义，可以用来研究人类群体的同样变异[2]。

### 19.4.2　啮齿类不同脑区的催产素和加压素与社会行为

下面按照脑的某个系统和规定的社会行为，来分析 OT 和 VP 所起的作用。

1. 嗅球

在嗅球水平，V1aR 和 V1bR 及 OT 受体表达于主嗅球(main olfactory bulb，MOB)及副嗅球(accessory olfactory bulb，AOB)。虽然 MOB 和 AOB 接受不同的输入，分别来自嗅上皮和犁鼻器官，但它们的解剖学组构似乎很相类似。在这两个嗅球中都一样，僧帽细胞(mitral cell，MC)是主要的传递神经元。僧帽细胞的树突和局部颗粒细胞(granule cell，GC)的树突相互接触，而且转过来接受颗粒细胞树突的抑制性输入。这种交互网络被认为在嗅觉和外激素信号传导的细调中起一定作用。在僧帽细胞和颗粒细胞层，都发现有 OT 受体的 mRNA 和 OT 免疫反应纤维。OT 和 AVP 通过 V1aR 的神经调制作用增加僧帽细胞的兴奋性。进一步，MOB 局部存在着产生 AVP 的细胞，这种细胞可以内源性地触发 AVP 效应。特异的 OT 受体激活导致从 GC 神经元到 MC 神经元的抑制性输入降低，这通过突触前机制而得以实现。此效应似乎对于诱导母性行为是重要的。由此看来，AVP 和 OT 可以在 MOB 和 AOB 中互相加强对方的作用，AVP 是增加兴奋性，OT 是减少抑制。有这样的建议，通过这种合拍的相互作用，当 AVP 和 OT 两者一起作用到嗅球时，可以增强雄鼠短时程社会行为嗅觉认知的保存时间。这方面有趣的是，OT 可以降低存在于 AOB 僧帽细胞和颗粒细胞间兴奋性突触 LTP 诱导的阈值[2]。

2. 内侧杏仁核与终纹床核

MOB 发出投射到达前嗅核、犁状皮层、皮层杏仁核的某些亚核以及内侧杏仁核。多数投射到 MeA，然而这是从 AOB 发出的。AOB 也投射到皮层杏仁核后内侧亚区

---

* LAB：low anxiety-related behavior，低焦虑相关行为；HAB：high anxiety-related behavior，高焦虑相关行为；NAB：normal anxiety-related behavior，正常焦虑相关行为。

(posterior medial subdivision of the cortical amygdala，COApm)，到终纹床核(BST)，MeA 与 BST 发生交互连接。这是一条加工外激素信号的主要通路，而且对于社会行为的互动很重要，因此 MeA 被称为“犁鼻器官杏仁核”。在雄性大鼠的 MeA 中，V1aR、V1bR、OT 受体的 mRNA 均已被发现，OT 受体的特异拮抗剂的结合也已经得到了演示。*OT* 敲除的雄性小鼠缺少短时程的同种社会性认知，在动物第一次暴露前局部微注射 OT 到 MeA 后就可以挽救，而且可以被靶向 OT 受体的反义寡核苷酸所模仿。有趣的是，把 OT 拮抗剂注射入 MeA，可以阻断对健康同种动物嗅味的接近行为，而 V1a 拮抗剂阻断对同种生病动物嗅味的躲避，提示了这些肽在此脑区互相不重叠但互相对比的作用。在 MeA 和 BST 中发现有局部产生 AVP 的神经元，而在 MeA 中有发源于 PVH 和视上核的 OT 能纤维[2]。

虽然这些发现都指向一点，就是 MeA 和 BST 中的 AVP 和 OT 具有社会行为上的重要功能，但仅有少量研究考察了这两个肽在这些脑区中的神经调制作用，也就是说，有关动物行为的研究已经做了，但有关肽的神经元调制作用的电生理或其他方法的研究还没有做。有作者报道，OT 在 MeA 的后背部分(posterodorsal division of the MeA，MePD；图 19-4C)有强的兴奋性效应，而此脑区有高密度的 OT 结合位点。这些反应比较大和持久，更加敏感，而且重复应用肽以后不容易脱敏，比之其他脑区(CeA)；也没有发现抑制性反应。另有研究在 BST 的内侧前部(BSTma，图 19-4B)发现有同样 OT 敏感、不脱敏的效应。此脑区同源于 MeA，而且有趣的是，它可以被雌二醇或孕酮所强化[2]。

3. 下丘脑腹内侧核

OT 敏感的 BSTma 和 MePD 典型地是被感觉刺激所激活，引起生殖行为。McPD 可以投射到 3 个互相连接的下丘脑核，这些核参与生殖行为。它们是内侧视前核、腹侧乳头前核、下丘脑腹内侧核的腹外侧部(VMHvl)。在雌性动物中激活这些核可以快速地诱导拱背行为(lordosis)。在 VMHvl 发现有含 OT 的纤维以及 OT 受体，而给予 OT 可引起 VMIIvl 神经元的兴奋。类似 OT 在 BST 的神经调制效应，这些效应可以被雌激素处理强化，但孕酮不能。这种实验结果与雌激素诱导 VMHvl 的 OT 受体增加相一致。孕酮不同，它似乎是引起 VMHvl 神经元的树突扩张，而且把 OT 受体移动到树突的更远侧位置。VMH 上也发现有 AVP 能纤维，但还没有关于神经调制作用的报道[2]。

总起来看，在参与社会性嗅暗示加工的神经回路中，OT 和 AVP 起重要的神经调制作用，它通过增加神经元的活性而影响生殖行为，包括社会性认知，诱导拱背以及母性行为。虽然作用是在传导通路的不同成分上，但这两者似乎互相补充以增强效应。这跟在其他系统中一系列明显对抗性的效应有所不同。由于其对雌激素和孕酮敏感，可能在不同性别的动物中会发生可观的辐散[2]。

### 19.4.3 催产素和精氨酸加压素对警觉和睡眠的相反作用

在焦虑和恐惧行为方面，OT 和 AVP 显示非常明显的颉颃作用。这方面的证据先是在大鼠中发现的。当给予 OT 的时候，发现有抗焦虑和抗应激效应；AVP 却增加焦虑样

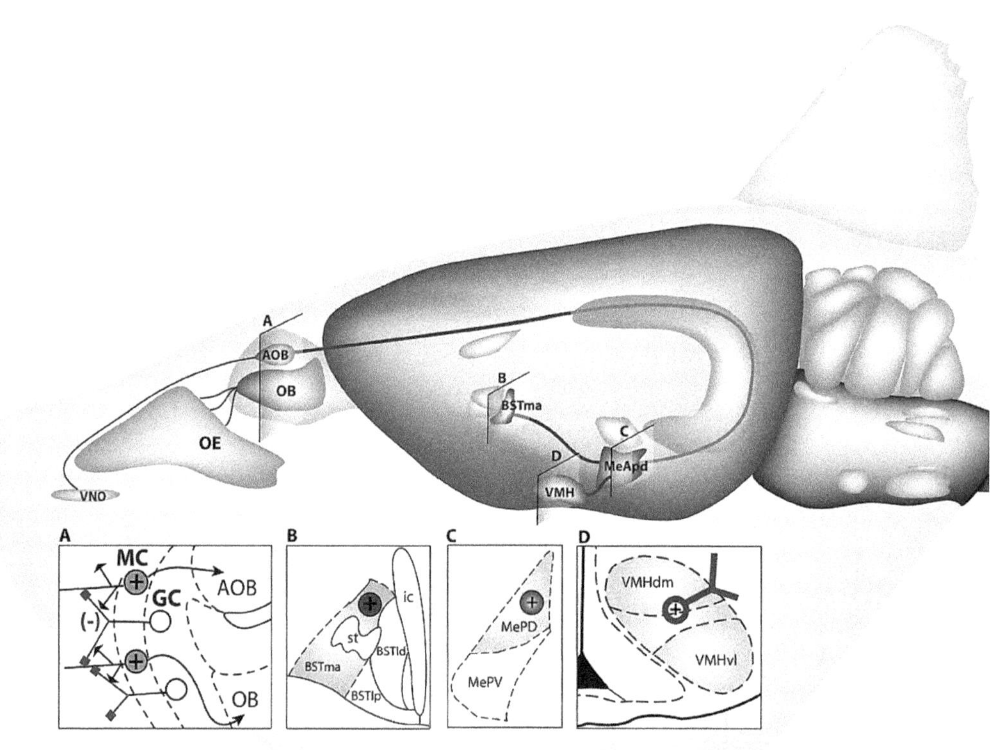


**图 19-4**　参与社会行为之信号传送的催产素和加压素的神经调制作用(彩图见图版第 72 页)

脑内的 OT 受体(OTR)表达(红)区域和 AVP 受体(AVPR)表达(绿)区域,以及它们参与嗅觉刺激和外激素传送到脑区所走的路径,这些路径对于社会性相关行为的信息传送很重要。图内的阴影平面 A、B、C、D 表明下面小插图所取的脑切片平面。(A) 嗅球,显示僧帽细胞的胞体受 AVP 刺激,以及刺激其他细胞的树突(箭头),也表示回过来被颗粒细胞的树突(方块)所抑制,而颗粒细胞本身受 OT 抑制。(B) 表达 OT 受体的 BSTma,表达在细胞体上,细胞体可被 OT 所刺激。(C) 表达 OT 受体的内侧杏仁核后背侧部(MePD),表达在细胞体上面,细胞体接受 OT 的刺激。MePV 为内侧杏仁核后腹侧部。(D) 表达 OT 受体的 VMH,表达在树突上,可被 OT 所兴奋。(图引自[2])

行为及与恐惧相关联的内脏反应,包括心跳变慢和结肠运动增加[2]。

一个被考虑的重要脑区是杏仁中央核(CeA),据认为是它决定了为什么有这些相互对立的效应。为了对付潜在的、来自环境的危险刺激,CeA 是脑内的一个核、一个激醒中枢,它的激活诱发典型的恐惧反应。CeA 局部注射 AVP 可以增加典型的恐惧反应,体现在心律减慢和运动程度降低,而 OT 则增加心率及行为的运动度。CeA 内侧部分(CeM)是 CeA 的主要输出端,输出到下丘脑和脑干,它的激活是表达恐惧反应的生理基础。CeA 接受来自杏仁基底外侧核(BLA)的投射,那里的突触可塑性被显示是恐惧学习的基础。CeA 与 BST 外侧部(BSTl)享有许多共同点,这两个结构都接受和发出一些介导恐惧相关行为脑区的投射。由于 CeA 和 BSTl 在神经连接方面有类似之处,因而导致了一种看法,认为 CeA 和 BSTl 是基底前脑连续体的一部分,也被称为“杏仁核连续部”。有建议认为,此结构里面的 CeA 对急性恐惧行为起重要作用,而 BSTl 在持续恐惧行为中起作用,例如焦虑[2]。

令人感兴趣的是，CeA 和 BSTl 两者都显示清楚的互补性 OT 受体和 V1aR 的表达，V1aR 高度表达在 CeM，OT 受体表达在邻近的 CeL，这就是互补性表达。这种互补性在整个延伸的杏仁核都可以看到，延续下去一直到 BSTl。把这些发现再加上自 CeL 直到 CeM 亚区的 GABA 能投射结合起来考虑，就提出了一种看法，认为这个神经回路可能是实现 OT 和 AVP 在 CeA 上颉颃效果的基础[2]。

第一批研究显示 OT 和 AVP 在细胞活动水平的神经调制效应，那是在 CeA 上做的。这些工作成为一系列后续研究的基础，工作涉及 OT 和 AVP 在 CeA 不同部分的准确作用。工作开始用的是细胞外单细胞记录，在这些实验中能够鉴定两大群神经元。一群神经元被 AVP 所兴奋，但被 OT 所抑制；另一群被 OT 所兴奋，但对 AVP 不反应。AVP 的效应是通过 V1aR 介导的，而 OT 的效应可被传统的 OT 受体拮抗剂阻断，这一点它与 MeA 上的 OT 效果相反。如果阻断 GABA 能传递，OT 的抑制性效应可以被减少。这提示，此效应可能是间接地由 GABA 释放增加介导的；另一方面，兴奋性效应不受 GABA 的影响，因而是直接介导的。此结果跟其他作者在 CeA 上的结果类似，即前面所讲的微电极研究。为了研究这些被兴奋神经元的形态学及投射，有人结合运用了两种方法。一种是尖锐电极记录的方法，同时细胞内标记个别神经元。实验发现，被 OT 兴奋的神经元定位在 CeL，而被 AVP 兴奋的神经元定位在 CeM。以后的进一步追踪研究显示，OT 激动细胞的轴突侧枝远远地投射到 CeM，而免疫组织化学染色显示它们是 GABA 能的。进一步做全细胞膜片钳实验真的发现，OT 的抑制性效应与大量的抑制性 GABA 能电流是相关联的，这是由于激活了 CeL 的神经元引起的。上述一组实验结果让人们得以提出一个模型，在其中 AVP 和 OT 互相对立的行为效应是通过有选择性地激活两群不同的神经元而产生的：CeL 的 GABA 能神经元被 OT 所激活，投射到 CeM，在那里实现对神经元的抑制性效应，而那种神经元可以直接被 AVP 受体所激活(图 19-5B)[2]。

因此，来自 CeL 而作用于 CeM 的抑制性投射的 OT 能调制，可以调控 CeL 的输出及以后 CeM 的输出。值得一提的是，有潜在兴趣的实验结果是，腹侧 CA1 及下脚两者都发出直接投射到 CeA，特别是其包囊部分。此投射可能有潜在能力介导腹侧海马对恐惧学习的贡献[2]。

从前面讨论的 CeA 和 BSTl 之间的同源性，以及高水平的、邻近的互不重叠的 OT 受体和 V1aR 结合位点，似乎可以提出这样的问题：OT、AVP 的颉颃效应是否也可能在 BSTl 出现？虽然还没有人报告 V1aR 激活的效应，但强的兴奋性 OT 效应已经有人报告。与 CeA 和 MeA 之间的脱敏差别相似，与 BSTma 中的相比，OT 在 BSTl 中的效应显示了较快的脱敏。CeA 和 BSTl 都与脑干中枢有交互连接，特别是迷走背核复合体及臂旁核(PBN)，所以有可能，在这些核里面的 OT 作用是参与调制神经系统的自主性功能的[2]。

### 19.4.4 催产素和精氨酸加压素对警觉和内稳态的相反作用

如果把上述元素放在一起来考虑警觉和内稳态的问题，似乎可以看出有趣的、合拍

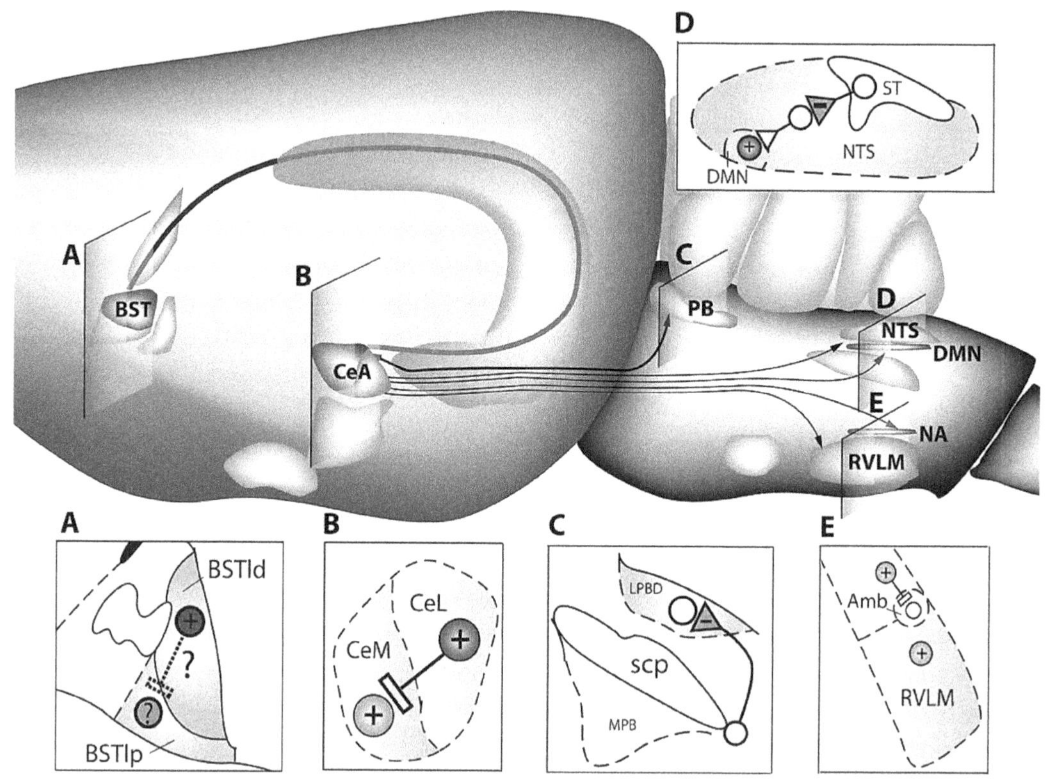


**图 19-5** 催产素和精氨酸加压素在警觉区和内稳态区的神经调制作用(彩图见图版第 73 页)

图表示了含有 OT 受体(OTR)(红)和 AVP 受体(AVPR)(绿)的脑区,它们参与恐惧和焦虑的神经连接。主图中的四边形截面(A、B、C、D、E)表明下面插图的脑平面。(A) 在细胞体上表达 OT 受体的 BST 和 BSTld 部分,它们接受 OT 刺激。另外有表达 AVP 受体的 BSTlp。在这两个脑区之间的抑制性连接被认为类似于同源的 CeA。(B) 表达 OT 受体的 CeA 和它的外侧/包囊部直接受 OT 的刺激;表达 AVP 受体的内侧部分直接被 AVP 所刺激,而又间接地被来自 CeL 的、OT 激动的抑制性投射所抑制。(C) 表达 AVP 受体的外侧臂旁核背侧部(dorsal part of lateral parabrachial nucleus, LPBD),其神经元接受来自小脑上脚(superior cerebellar peduncle, SCP)外侧神经元的兴奋性投射,该神经元受 AVP 的突触前抑制。MPB 即臂旁内侧核(medial parabrachial nucleus)。(D) 迷走神经背核(DMN)神经元受 OT 的直接兴奋,间接受突触前抑制效应,此效应由于 AVP 作用于孤束核(NTS)突触所致。(E) RVLM 神经元直接被 AVP 所兴奋;NAc 神经元间接被抑制性神经元所抑制,此抑制性神经元又被 AVP 所兴奋。(图引自[2])

的 OT 和 AVP 的颉颃反应。AVP 对外来刺激增加警觉,其相关途径是:通过激活 CeM 及 RVLM 增加交感神经输出,同时通过 AVP 抑制对迷走背核复合体(DVC)的输入和来自疑核(nucleus ambiguus, Amb)、臂旁核(parabrachial nucleus, PBN)的输出,减少副交感神经输出。相反,OT 是减少警觉,其相关途径是:通过抑制来自 CeM 的输出,也通过兴奋 DMN 的输出,增加副交感的输出。总的说来,可能当动物遭遇外界挑战、处于警觉状态时,合拍的 OT 和 AVP 活动在调节内稳态方面起重要作用[2]。

在小鼠,伏隔核(NAc)的催产素(OT)是一个社会性强化信号,但 OT 必须得到来自中缝核 5-羟色胺的协同[13]。应激反应可视作一种内稳态变动的反应,在单配大草原田鼠的应激反应中,OT、多巴胺以及配偶结合的形成与破裂、社会缓冲等,都可以起作用[14]。社会应激可通过糖皮质激素的作用而影响行为，主要作用于啮齿动物各个多巴胺控制的神经元通路[15]。

### 19.4.5 对催产素和精氨酸加压素作用的整合性认识

前面介绍了 AVP 和 OT 的几个神经调制效应以及不同神经核的效应，把它们放在不同行为系统公分母的位置上加以考虑[2]。

OT 和 AVP 似乎在嗅系统的随后几站一起发挥作用，实现对社会性认知调节以及对配偶行为的重要功能。根据它们对雌激素和孕酮的敏感度，似乎重要的是根据性别和性周期把它们的效应分开来。CeA 是一个提高警觉的关键性结构，也与交感神经和副交感神经系统有关，在这里，OT 和 AVP 发挥非常令人瞩目的相互颉颃的效应。类似的颉颃效应似乎在学习记忆以及在脊髓和背根感觉输入和腹侧运动输出中也出现[2]。

当前仍不清楚的是，这些提供 OT 和 AVP 的内源性系统，是如何操作并协调这些调制作用的。一旦 OT 和 VP 的产生与释放机器已被激活之后，有没有比较大量、无区别的释放到达不同的靶？或者在细胞产生的水平，是否可能有一个更加精巧的激活方式？我们有没有可能在产生 OT 和 AVP 的神经元群体中，按照它们与之发生神经支配的行为系统的关系，区分不同的神经元群体？如果能够，那么产生 OT 和 AVP 的那些神经元群体是否能够根据它们所支配的脑区及系统来协调它们的活性或进行相反的调节？随着可以特异地调节蛋白质表达的准确启动子及增强组件的快速发现，已经有可能在这些（部分）细胞工厂里面，特异地靶向表达不同的蛋白质，来详细剖析这些可能非常特异的靶向调节通路。将来，这将使研究者有可能组合应用电-光刺激和药理学手段，更加准确地靶向内源性调节系统的一部分。进一步细致了解调节机制，将可能导致为研发药物而鉴定出新的靶点，用来对抗大量与焦虑、记忆形成、心跳和性行为相关的症状[2]。

## 19.5 催产素与田鼠的双亲行为及亲近行为

中枢释放的催产素（OT）在分娩时协调母性养育行为的开始，而且在母-婴亲密关系方面起作用。最近的研究发现一个更一般性的规律，就是 OT 在两性都调制亲密行为。在雌性单配（monogamous）大草原田鼠中，OT 调节非亲生的（alloparental）爱护行为和两性配对亲密行为。雌雄小鼠的社会性认知也受 OT 调制。在人类，OT 增加对另一个人眼区的凝视，增加人与人之间的信任感，以及根据另一个人的脸部暗示猜测其情绪的能力。虽然神经垂体的 OT 系统已经很好地得到了特征化，但是关于脑内释放 OT 的性质如何，知道得很少。本章讨论 OT 在调节亲社会性（prosocial）方面的相互作用，而且讨论中枢 OT 系统的神经解剖[3]。

从 20 世纪 70 年代晚期开始，药理学研究开始揭示 OT 的一个作用，就是它不仅在分娩和喂奶的时候起作用，而且可以协调一系列母性行为变化，这些行为对于后代的生存是必需的。从那时开始就已经很清楚，OT 在脑内有很多功能，可以调制一系列与社会关系有关的行为。早期的很多 OT 研究聚焦在它调节雌性行为方面，而且聚焦在生殖方面;而现在已经清楚,OT 也调制雌性和雄性的社会性认知以及亲和性(affiliative)行为。与已经清楚知道的神经分泌 OT 系统不一样,关于中枢 OT 释放的神经解剖学详情还研究得很少。我们在这里将聚焦讨论 OT 在调节中枢神经系统效应方面的一个部分——社会认知和亲密性行为。我们将首先回顾文献中有关 OT 在发动母亲养育行为以及母-婴结合行为方面的作用,还将简单地描写一些研究,这些研究演示了 OT 在形成社会性记忆中所起的作用,然后将要详细讨论越来越多的文献所提出的,OT 参与单配制啮齿类的社会性亲密关系的形成。本章也将简单地讨论 OT 调制人类社会认知方面的证据。最后我们要讨论近年来有关 OT 神经元系统的解剖学研究,这个系统很有可能是用来调节啮齿类亲密行为的;还提出猜测,为了促进与生殖有关的外周生理学和行为变化的协调,中枢的 OT 系统是如何组构起来的[3]。

### 19.5.1 大草原田鼠对非亲生幼仔的抚养行为

单配制大草原田鼠(prairie vole;*Microtus ochrogaster*)的研究对于我们了解 OT 在调节亲和行为方面的作用大有帮助。大草原田鼠显示双亲照料,而且经常生活在一个共同的窝内,包括抚养幼仔的一对成鼠,以及它们自已生的多个幼仔。可能是作为对共同生活方式的适应,未成年的及某些成年雌性的大草原田鼠展示一种照顾非亲生(alloparental)幼田鼠的行为。田鼠的这种育婴(baby sitting)行为被称为"抚养非亲生幼仔行为"。此种行为为研究者提供了一个机会,可以用来研究母亲样行为的调节,这种行为不伴有怀孕、分娩等生理学变化。大多数年轻(小于 20 d)的大草原田鼠,当与新幼田鼠放在一起时,会展示高水平的抚养非亲生幼仔的行为。然而当雌田鼠达到成年以后,只有大约 50%的雌田鼠会自发地取回幼田鼠,舔/梳理毛发,围着它走;而其他雌田鼠会忽略这种幼田鼠,或攻击它。雌性田鼠抚养非亲生幼仔的行为型式,从刚成年的转变为成年的类型,这个变化似乎与性激素的变化无关。在大草原田鼠中,饲育环境可以影响成年动物表现亲和行为的数量。例如,雌田鼠成年后会更容易具有抚养非亲生幼仔的行为,如果此雌田鼠断奶之后被保持在它原来出生的窝中;不断暴露在双亲之下是一个更关键的因素,比之它先前作为幼田鼠时的暴露。在出生的窝里面,其父亲的存在也会增加成年田鼠用于照顾它们弟妹及抚养非亲生幼仔行为的时间[3]。

性甾体激素似乎并不影响非亲生幼仔抚养行为的表达。有证据表明,OT 可能起重要作用,至少在雌性大草原田鼠是如此。在大草原田鼠的伏隔核(NAc)中,OT 受体密度有相当大的个体变异。不论是刚成年的还是成年处女的雌性鼠,OT 受体在 NAc 中的密度与它展示的抚养非亲生幼仔的行为相关联。事实上,展示抚养非亲生幼仔行为的正常雌性鼠 NAc 的 OT 受体密度最高,比之其他那种忽略或攻击小田鼠的鼠(图 19-6a,b)。把 OT 拮抗剂给予 NAc,能够阻断成年雌性鼠对小田鼠的所有母性样行为(图 19-6c),但给予邻近的尾核则无此效应。NAc 中 OT 受体的密度与成年雌性大草原田鼠抚养非亲生幼仔行为的天然变异之间的关系,使人们提出一个假说,即 NAc 中 OT 受体密度的差别可以直接贡献给行为的个体差异。为了考察这个假说,有人把病毒载体表达在大草

原田鼠的 *OT* 受体基因上，并增强成年雌性田鼠 NAc 的 OT 受体密度，希望看到 OT 受体表达的增加会导致较高比例的雌性动物展示对小田鼠的抚养非亲生幼仔的行为。但是按照展示抚养非亲生幼仔行为的雌性动物数目的比例来看，看不到病毒注射组和对照组之间有什么差别。此结果提示，可能在发育过程中的 OT 受体，即当小田鼠和其母亲及子代互动时的 OT 受体，对于成年动物形成抚养行为是关键性的。例如，出生后 24 h 经一次性 OT 处理的雌性小田鼠在达到成年以后，就可以改变抚养非亲生幼仔的行为。对于 OT 为什么会有这样一个长时程的机制，尚不清楚；但这提示，与性甾体激素一样，OT 对社会行为既有激活性效应，也有组构性效应[3]。

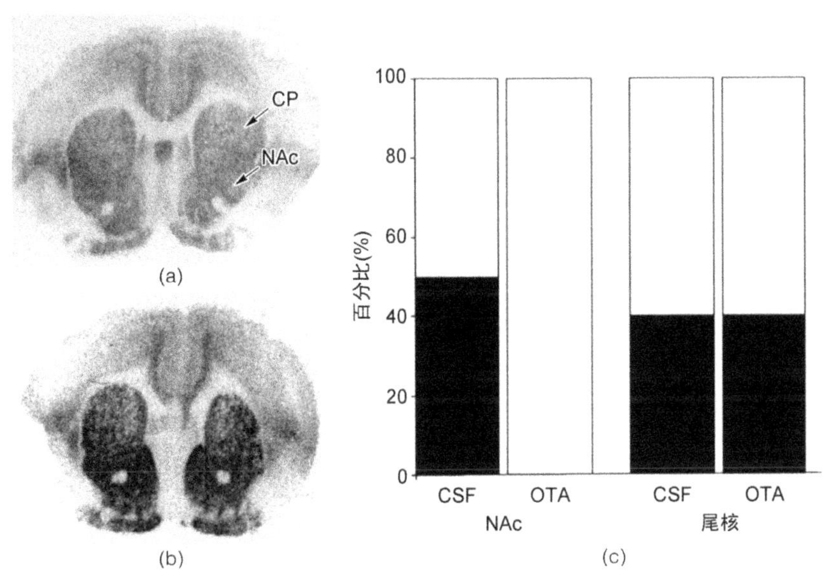


**图 19-6** 雌性大草原田鼠伏隔核及尾核-壳核的 OT 受体密度

显示非母性的(a)及自发母性的(b)雌性大草原田鼠伏隔核(NAc)及尾核-壳核(caudate-putamen，CP)OT 受体(OTR)的密度。与那些 NAc 仅含低水平 OT 受体的动物相比，在 NAc 中含有高密度 OT 受体的雌性动物，更容易显示抚养非亲生幼仔的行为。c 图显示给予 NAc 或 CP 催产素拮抗剂(oxytocin antagonist，OTA)或脑脊液(CSF)，对于雌性大草原田鼠抚养非亲生幼仔行为的影响。对从未生育过的雌性动物，把脑脊液给予 NAc 或 CP，或者把 OTA 给予 CP，显示抚养非亲生幼仔行为的正常变异，也就是，大约有半数动物显示抚养行为。然而，如果给予的 OTA 进入 NAc，就可以抑制所有雌性动物抚养非亲生幼仔的行为。这提示，内源性的 OT 对于雌性大草原田鼠表达抚养非亲生幼仔的行为是必需的。(图引自[3])

### 19.5.2 成年田鼠的社会性亲密

单配制大草原田鼠成为一个重要模型，用来了解动物形成社会性亲密关系的神经化学机制，这种关系被称为配偶亲密(pair bond)。在自然情况下，很大百分比的配偶成对动物，有相当长时间做窝在一起，而且显示双亲抚养。在实验室里，研究配偶成对关系的形成时应用一种称为“伴侣(partner)优先”的测试方法。“伴侣优先”测试是这样做的：让一只雄性鼠和一只雌性鼠成为配偶，并让它们可以共同居住在一起。在这段时间里，它们可以有或没有交配。测试时，把共同生活在一起的两个伴侣，分别安放到具有 3 个侧小室的设备中。一个具有同样刺激价值的新奇动物被称为“外来者”，把这个“外来者”放到对面的侧小室。被测试动物放置在中间小室，允许它自由地探测所有 3 个小室。在 3 小时的测试阶段，这个测试动物是跟它的伴侣，还是跟外来动物密切接近或者挤在一起，所用的时间分别被记录下来。如果实验动物在它伴侣所在地方花的时间比在外来者所在地方花的时间多至少 2 倍以上，那么这就叫作“伴侣优先”[3]。

与一个雄性动物共同生活的雌性动物，如果发生过交配行为，会典型地显示伴侣优先。然而，长期共同生活而没有交配也可以形成配偶亲密。因为已经知道 OT 在母-婴相互接近的关系上起作用，而且又因为交配行为导致阴道子宫颈的刺激，已经知道这个刺激会引起脑释放 OT，所以，OT 是调节形成配偶亲密行为的首选物质。事实上有相当充分的证据表明，在雌性大草原田鼠中，OT 在发展伴侣优先的行为中起决定性作用。在未交配过的雌性大草原田鼠中，与雄性共同生活 6 h 期间，静脉注射 OT 能够诱导伴侣优先。同样，经 24 h 共同生活后，OT 拮抗剂可以阻断交配诱导的配偶亲密。OT 在雄性大草原田鼠的伴侣亲密方面的作用比较不清楚。原始的雄性田鼠研究显示，24 h 的 OT 静脉注射不足以引起配偶亲密，注射 OT 拮抗剂也不足以抑制伴侣优先的形成。但另有研究发现，中枢注射大剂量 OT，随之以 1 h 共同生活，与外来者相比，足以使雄性田鼠发生伴侣优先。相反，给予 OT 拮抗剂或加压素(VP)拮抗剂，可以阻断 OT 诱导的伴侣优先。上述资料提示，外源性 OT 通过它与 OT 受体、VP 受体的作用，可以刺激雄性动物的伴侣优先的形成。不清楚的是，当雄性田鼠性交时是否也释放内源性 OT，或者这种 OT 是否贡献给雄性田鼠伴侣优先的形成。也可能是这样：在雄性大草原田鼠中，一个相关的肽——加压素(VP)，似乎在伴侣优先的形成中起更重要的作用，特别是因为 OT 拮抗剂没有肯定的效果可以显示它阻断雄性田鼠的伴侣优先的形成[3]。

为了鉴定这些行为的神经解剖学基础，比较研究具不同社会组构的田鼠是有用处的，因为 OT 的作用是在此基础上促进伴侣优先之形成的。例如，对于单配和非单配种的田鼠，OT 受体在脑内的分布有明显差异。OT 受体在大草原田鼠的 NAc 中有相当高的密度，比之非单配的牧场(meadow)和山区(montane)田鼠(图 19 - 7a，b)。为了检测这些脑区是否参与伴侣优先的形成，做了如下的实验。在雌性大草原田鼠尚未与雄性动物同居前，把 OT 拮抗剂或单纯媒介物注射到雌性大草原田鼠的 NAc、前额叶皮层(PFC)或尾核-壳核。经过同居以后，测试雌性田鼠的伴侣优先。结果发现，雌性田鼠接受单纯媒介物到任何一个脑区，或者接受 OT 拮抗剂到尾核-壳核，都可以形成伴侣优先，而把拮抗剂注射到 NAc 或 PFC，则不能表现伴侣优先(图 19 - 7c)。近来的活体微透析方法显示，如果与无接触社会交往时相比较，雌性大草原田鼠在交配时，其 NAc 区细胞外 OT 的浓度增高，而在几个交配动作时，OT 释放也容易检测到[3]。

除了 NAc 的 OT 受体表达有明显的种差别以外，大草原田鼠各个个体之间的受体密度也有明显的个体差异。人们猜想，这可能贡献给自然状态下亲和行为的变异。如前所述，OT 受体在 NAc 中的密度，与显示抚养非亲生幼仔行为的可能性有关。有证据表明，NAc 的 OT 受体密度的个体差异，也可能贡献给成年动物的社会依恋的发展[3]。

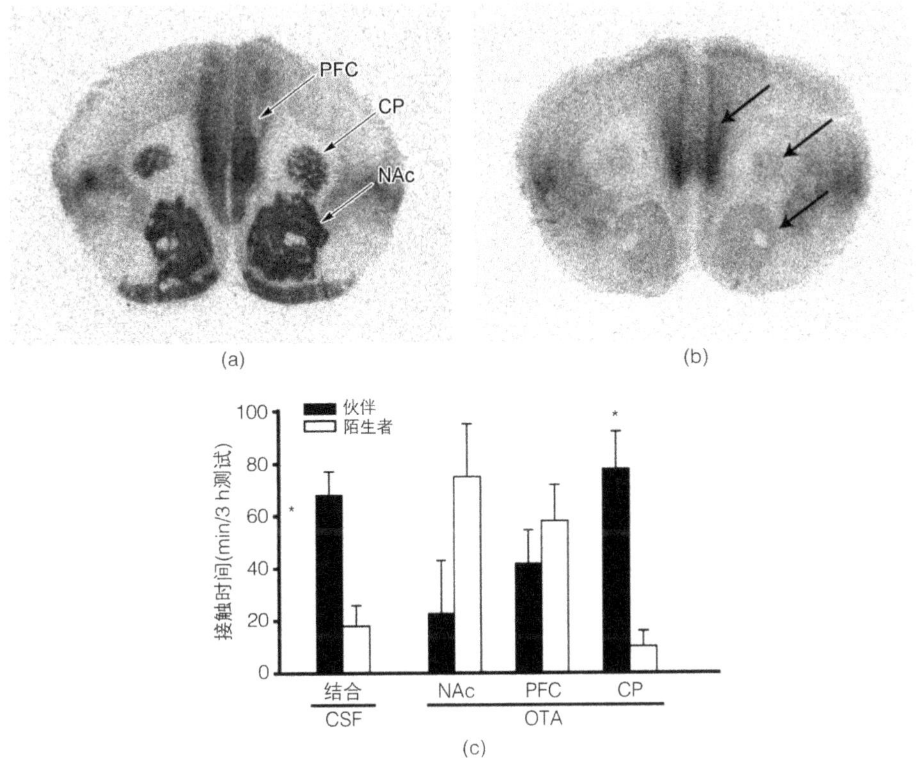


**图 19-7** 大草原及山区田鼠 OT 受体表达的种的差别

(a)大草原田鼠的尾核(CP)和伏隔核(NAc)都有高水平的 OT 受体(OTR)结合，比之那些山区田鼠(b)。这两种动物的 PFC 都有 OT 受体的结合。(c)一些实验结果的直方图，显示向 PFC、CP 或 NAc 给予催产素拮抗剂(OTA)，或给予脑脊液(CSF)，对于雌性大草原田鼠配偶亲密(pair bonding)的影响。当在 24 h 同居生活的同时有交配行为时，给予 OTA 或脑脊液到 CP 并不影响形成伴侣优先。但是，注射 OTA 到 PFC 或 NAc，可以阻断雌性与其雄性伴侣形成亲密关系，显示这些脑区的 OT 受体对于单配田鼠的亲和行为是重要的。(图引自[3])

应用带有大草原田鼠 *OT* 受体基因的腺相关病毒载体，我们能够增加成年雌性大草原田鼠 NAc 的 OT 受体水平(图 19-8a，b)。这种 OT 受体得到增强的雌性田鼠，仅需要较少时间就可以形成伴侣优先，比之对照动物。这表明 NAc 的 OT 受体高水平，可以加速配偶亲密的形成(图 19-8c)[3]。

然而，增加雌性牧场田鼠(meadow vole)NAc 的 OT 受体，却不足以引起这种非社会性动物的伴侣优先的形成*。这些结果提示，成年动物 NAc 的 OT 受体密度变异，可以直接调制伴侣优先的能力，使成年动物形成社会性依恋关系，比之上述的那种抚养非亲生幼仔的行为。进一步说，这提示 OT 受体在 NAc 的表达不足以产生牧场田鼠和大草原田鼠之间的种差别。毋宁说，在整个发育过程中其他脑区里 OT 受体表达的物种差别，

* 牧场田鼠属于非社会性动物。

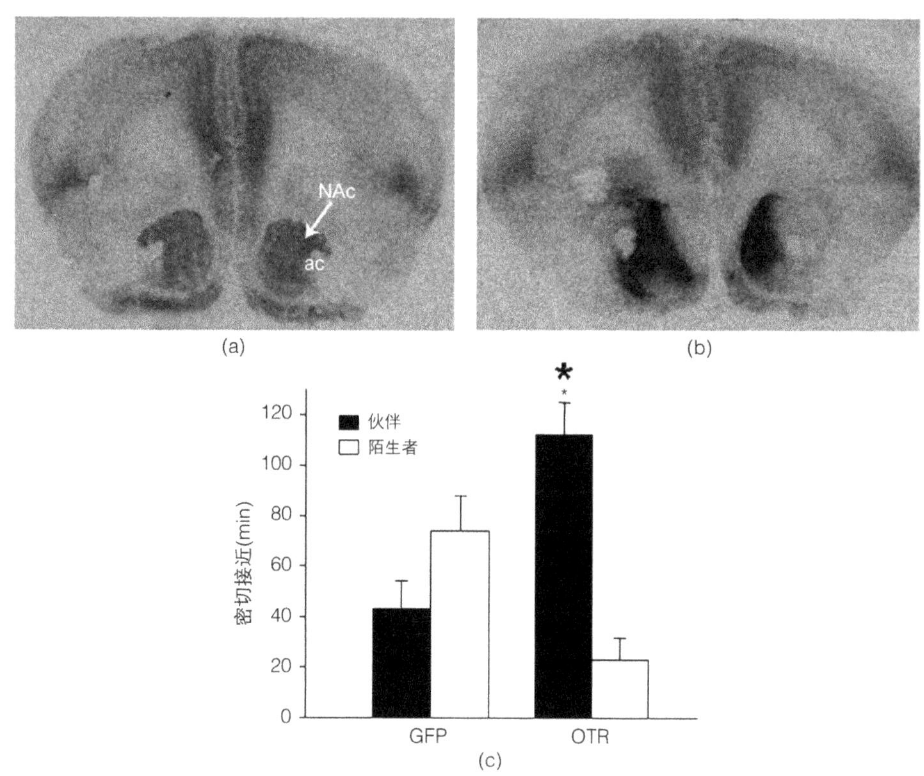


**图 19－8**　病毒载体介导的雌性大草原田鼠伏隔核的 OT 受体过表达

OT 受体(OTR)的过表达增强了伴侣选择的形成。图显示的是雌性大草原田鼠脑的 OT 受体结合密度，动物两侧脑的 NAc 都接受注射，注射的是表达绿色荧光蛋白质(GFP)的腺相关病毒(a)，或大草原田鼠 OT 受体基因(b)。(c)雌性田鼠与雄性的伴侣在一起，在累计 18 h 的同居生活后，NAc 过表达 OT 受体的雌性动物和它伴侣一起待在小室里的时间，明显地多于和外来田鼠，根据伴侣优先测试，$P<0.001$。注射 GFP 的雌性动物与两种雄性动物共同待的时间都未见增加。ac，前联合。(图引自[3])

或者在所有其他神经递质系统上的物种差别，可能贡献给雌性田鼠社会亲密关系的物种差别[3]。

NAc 是中脑-边缘区多巴胺能酬报/强化传导通路的一个关键成分，它被认为在介导药物滥用或成瘾方面起作用。大草原田鼠的 NAc 除了含有高密度的 OT 受体以外，也含有来自腹侧被盖区(VTA)的多巴胺投射，也有多巴胺受体。阻断 NAc 嘴侧壳的多巴胺能 D2 受体，可防止伴侣优先的形成，D2 受体激动剂可以诱导伴侣优先，而不需要有交配行为。激活 D1 样受体可以抑制伴侣优先的形成，可以是交配诱导的，也可以是 D2 受体激活引起的。有作者企图澄清多巴胺受体介导的伴侣优先形成过程中的细胞内第二信使。他们发现，减少 NAc 壳的 cAMP 信号传送，可以易化伴侣优先的形成。反之，通过减少 PKA 活性以增加 cAMP 信号的传送，可以阻断交配诱导的伴侣优先。这些结果和有关的事实相一致，那就是，D2 受体的激活减少 cAMP，而 D1 受体的激活增加 cAMP 的产生。多巴胺系统和 OT 系统在雌性大草原田鼠 NAc 上的相互作用，促进了伴侣优先的形成。有重要的研究显示，在雌性大草原田鼠中，OT 受体和 D2 型多巴胺受体的激活一定要同时发生，才能够有伴侣优先行为的发展。在雌性大草原田鼠中，NAc 壳 D2 受体的阻断可以阻止 OT 介导的伴侣优先，而阻断 NAc 壳的 OT 受体可以防止 D2 受体介导的伴侣优先。进一步的研究是，需要确定 OT 和多巴胺(dopamine，DA)的第二信使系统是否以及怎样相互作用，从而引起伴侣优先[3]。

以上列举了 OT 参与介导母性的抚养行为、母-婴亲密关系、非亲生行为，以及配偶亲密行为。这些事实引发了一个有趣的假说，即在单配种动物中配偶亲密的进化问题。母性行为在所有哺乳动物中都有，但配偶亲密关系是在不相关的单配制物种的动物当中，多次独立地逐步演变出来的，而且是相当稀罕的。我们认为，雌性动物能够和它的雄性伴侣形成依恋，这种能力的产生来自调节母性行为的细胞机器以及神经回路的改变。的确，NAc 的 OT 受体既参与非亲生养育行为，也参与伴侣优先的形成。分娩时对阴道和子宫颈的刺激引发了中枢 OT 的释放，类似的刺激在发生性交行为时也促进 OT 的释放。可以预言，类似于母亲行为神经回路精确自动编程工具(exact automatic programming tool，EXAPT)的情况，在其他物种的单配制动物发育过程中也可能会发生。所以，重要的是能够确定，在其他单配制物种动物中，OT 是否也参与配偶亲密的形成[3]。

### 19.5.3 田鼠催产素系统的神经回路

随着对 OT 在亲和行为之中枢效应中的作用有越来越多兴趣，注意被导向 OT 在不同脑区的释放形式，而这些脑区是调节亲密行为的。有许多研究确认 OT 在 PVH 和视上核(SON)中的释放，但是对于那些可以调制社会行为的脑结构里面的 OT 释放模式及来源，例如在 NAc 中，却知道得还很少。我们在这里简要地描述脑的 OT 系统，包括前脑的 OT 投射，并且推测行为上相关的 OT 来源。在合适的时机，我们将聚焦于大草原田鼠系统[3]。

下丘脑 PVH、SON 是脑内产生 OT 的主要位点。在啮齿类动物中，PVH 有两种类型的 OT 神经元——大细胞分泌神经元和小细胞分泌神经元，这两者的差别不仅在于大小，也在于它们的投射，SON 仅有大细胞 OT 分泌神经元。在大草原田鼠中，内侧视前核、视前室旁核也都发现有 OT 分泌神经元，它们与 PVH 的细胞群是连着的。此外，个别 OT 标记的神经元可以在终纹床核(BST)及外侧下丘脑区(LH)发现。虽然 OT 神经元的胞体主要局限在下丘脑，但是整个脑里面都可以看到 OT 纤维。在 NAc、外侧隔核和海马可以发现稀疏的粗纤维(图 19-9)。在大鼠中，最密集的中枢 OT 投射是到脑干和脊髓的[3]。

尾侧脑区的这些密集 OT 纤维，引起早期研究人员的注意。示踪元素实验希望确定，个别 PVH 细胞的投射如何，是投射到脑干和脊髓，还是投射到垂体后叶，还是两者都投射。实验发现，PVH 大细胞分泌神经元投射到垂体后叶，而较小细胞投射到脑干或脊髓，仅 0.2%的细胞向垂体后叶及脑干或脊髓两者均有投射。自此以后，此领域的研究人

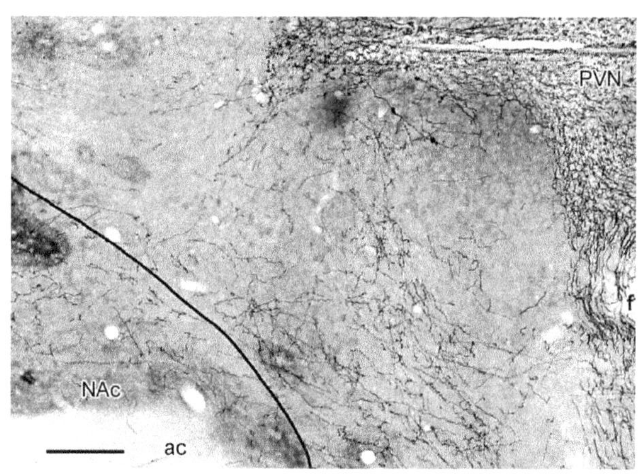


**图 19－9**　催产素免疫反应性纤维在大草原田鼠脑内的光学显微镜切片图

在大草原田鼠脑的水平切面上，催产素（OT）免疫反应阳性纤维的显微镜图。注意有少数纤维从下丘脑的室旁核-神经垂体通路投射偏离出来，投射到伏隔核（NAc）。黑线是纹状体的界限。图的比例尺为 100 μm。ac，前联合；f，穹窿；PVN（即 PVH），室旁核。（图引自[3]）

员认为，所用中枢性 OT 纤维均发源于 PVH 的小细胞分泌神经元，这样，就把中枢方向投射的和垂体后叶方向投射的两种投射系统区分开来。区分投射靶向的看法也从微透析实验结果得到支持。微透析实验结果表明，在某些情况下，中枢和外周释放两者可以分离[3]。

与主要在突触间隙释放的经典神经递质不同，神经肽可以在整个神经元的表面释放，然后弥散通过细胞外间隙，因为它有长的半衰期。肽的特异性是通过与高亲和力受体的结合而实现的。肽与肽受体的亲和性高，约比经典神经递质高 1 000 倍左右。OT 的树突释放已经得到特征化，它不依赖于神经元放电，经细胞内贮库释放的 $Ca^{2+}$ 有利于树突肽的释放，而从细胞外经通道流入的 $Ca^{2+}$ 有利于轴突的释放。近来的研究正在澄清树突释放的发生机制。首先，释放出来的谷氨酸通过激活 NMDA 受体，而不需要产生动作电位，就可以触发 OT 的树突释放。在 SON 中，α－MSH 可以引起 OT 的树突释放，而抑制轴突释放。PVH 和 SON 中的 OT 神经元表达黑皮质素受体 4（MC4－R），该受体可与 α－MSH 结合，从而触发细胞内钙的释放，诱发树突 OT 的释放。与此同时，α－MSH 抑制电活动，减少轴突 OT 释放，通过释放内源性大麻样物质，经突触前抑制，以抑制传入的谷氨酸释放。有一种猜测，SON 或 PVH 树突所释放的 OT，可以弥散到远隔脑区，在那里激活 OT 受体，介导社会行为。但是很少有人开始研究经过前脑边缘区从比较稀疏的 OT 纤维网络释放的 OT[3]。

大草原田鼠 NAc 中的 OT 受体在调节非亲生幼仔抚养行为中起关键作用，在伴侣优先的形成方面也起关键作用。已经有人做了一些实验，细致地特征化了 OT 免疫反应纤维。在 NAc 中的 OT 受体结合密度是高度地随动物种而特异的。在大草原田鼠的整个纹状体，受体具有高密度；在 NAc 中，大鼠有中等程度的受体结合，而小鼠和牧场田鼠则没有 OT 受体结合，或很少结合（图 19－10A—C）。OT 受体定位的这种变异性可能提供

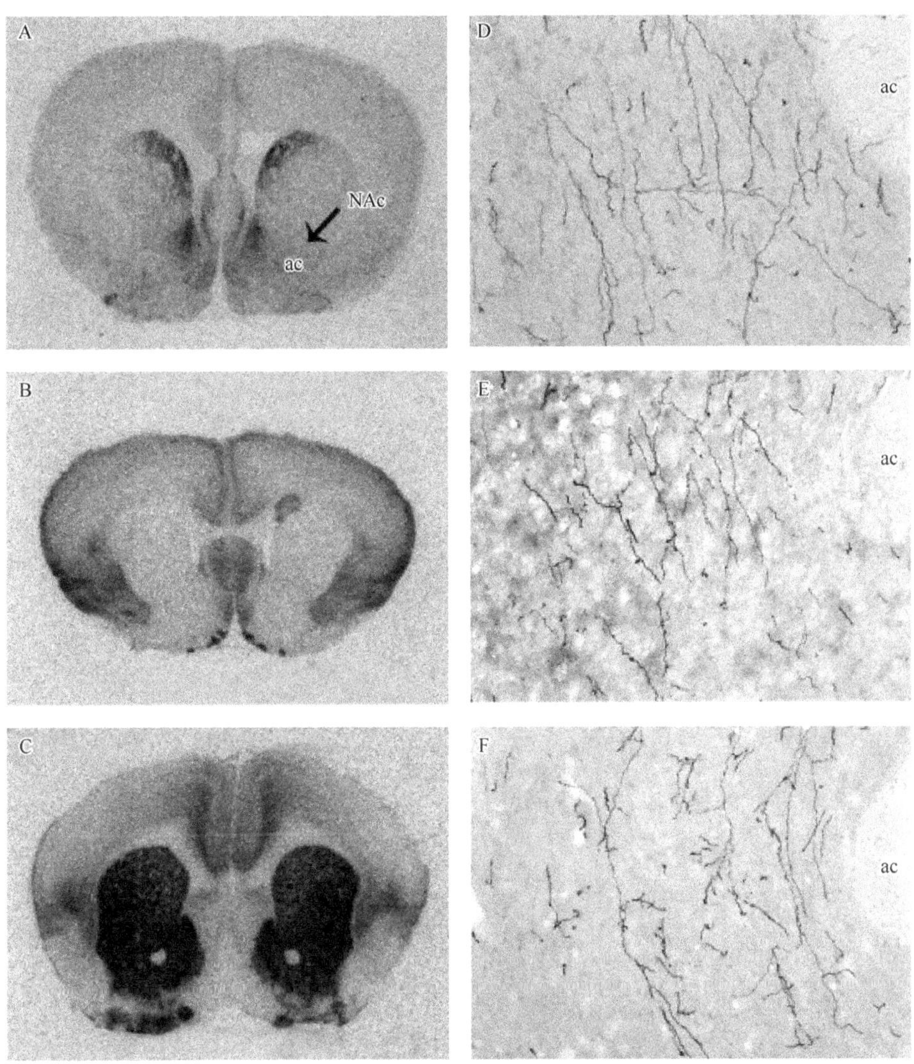


**图 19-10** OT 受体的结合和催产素免疫反应性纤维的分布

催产素受体(OTR)的结合(A—C)和催产素(OT)免疫纤维的分布(D—F),大鼠(上)、小鼠(中)和大草原田鼠(下)。注意 NAc 中 OT 受体的结合有非常明显的种的差别,但是 OT 免疫反应纤维是相似的。ac,前联合。(图引自[3])

了一种机制,进化可以通过此机制来改变社会化系统,从一种动物到另一种动物,例如田鼠从单配到多配的转变[3]。

### 19.5.4 啮齿类催产素系统的神经回路

因为 OT 受体的表达随动物种的不同而异,特别是在 NAc,所以有兴趣想知道的是,这个脑区里面 OT 纤维的出现是否有相关的变异。非常令人惊奇的是,在 NAc 中,各种动物的 OT 免疫纤维的密度都相类似,包括大鼠、小鼠和大草原田鼠(图 19-10D—F)。

最近的一项研究显示,裸鼹鼠的 NAc 中有 OT 纤维,而裸鼹鼠也是一种完全群居的动物种。由此看来,不同动物种的 OT 纤维和 OT 受体定位是不同的,OT 纤维的分布令人瞩目地相当保守。虽然这里没有显示光学显微镜图片,NAc 中的 OT 纤维以前在鼠里面也有人报道过,他们应用的是免疫组织化学和放射免疫测定方法,但是还没有报道说,研究过任何一种动物中 NAc 的这些 OT 免疫反应纤维的来源出自何处[3]。

NAc 的 OT 纤维的超微结构显示,纤维具有粗的无髓鞘突起,充满着致密轴心小泡(DCV)。这些纤维的一小部分与树突形成突触,大部分(83%)终止于树突棘,小部分(17%)终止于树突干。这种分布与 OT 在其他脑区的突触分布是相一致的,显示树突分布优先于轴突接触。有趣的是,OT 免疫反应性纤维的突触终扣内没有 DCV,突触是非对称性突触,可能是谷氨酸能的。然而 NAc 的大部分 OT 免疫反应性元素包装有 OT 免疫反应性小泡,而且是不形成突触的。这提示,OT 可能从纤维表面以一种路过纤维的形式释放。从现有的研究来看,不能可靠地确定,在自然状态下这些突起究竟是轴突突起还是树突突起。然而,存在着相关联的突触,这提示,至少某些纤维是轴突突起[3]。

为了鉴定前脑 OT 纤维的起源,有人注射逆向标记物荧光金(fluorescence gold,FG)到雌性大草原田鼠的 NAc。他们发现,OT 阳性神经元同时又是 FG 阳性的,仅存在于 PVH 和 SON。存在于 SON 是预料之外的,因为它只有大细胞分泌神经元,而原来认为它是唯一地投射到垂体后叶的。然而,也有相反的证据,PVH 及 SON 的损害会影响不同群体的 OT 纤维。确定的方法是用放射免疫方法。对我们的研究来说重要的是,两种类型的脑区损伤都引起尾状核 OT 含量的减少。另有研究显示,注射氚标记的亮氨酸进入 SON,发现有多个部位的下丘脑外投射,包括嗅球、杏仁核、扣带回和蓝斑(LC)[3]。

为了确定 OT 免疫反应纤维是否来自投射到垂体的细胞,有人在外周注射 FG 到血脑屏障之外的区,例如垂体,在那里 FG 可以被摄取。在大草原田鼠中,约 96%的前和内侧 PVH 的 OT 细胞含有 FG。在后部和背侧 PVH,有比较小的 OT 细胞不被标记,提示了这些小细胞是投射到后脑的。此外,来自 NAc 逆向标记的 PVH 细胞,从来没有在小细胞群体里看到过,这又一次提示,NAc 的 OT 纤维来自 PVH 的大细胞分泌神经元胞体[3]。

### 19.5.5　行为相关的前脑催产素释放模型

根据对大草原田鼠系统的实验观察以及文献上通行的看法,研究者提议,考虑 NAc 中 OT 免疫反应性突起的起源,可以有 3 种释放 OT 的细胞模型。第一,有一种比较得到公认的假说,认为有不同的神经元群体,包括神经垂体的 OT 系统以及中枢投射系统(图 19－11a)。具体地说,许多研究人员喜欢一种看法,那就是大细胞分泌神经元只投射到垂体后叶,而小细胞分泌神经元则向整个脑投射。第二,有些研究人员提议,有相当多的 OT 是在下丘脑的胞体-树突释放的,它们可以激活远处脑区的 OT 受体,而 OT 是根据弥散方式达到激活位点的(图 19－11b)。第三,中枢投射的 OT 纤维可能来自投射到垂体后叶的大细胞分泌神经元,并且可能是神经垂体 OT 分泌神经元的轴突侧枝,它们是从垂体走行的路径中分支出来的(图 19－11c)。在所有这 3 种情况下,胞体-树突释放的 OT 都可以贡献给脑内 OT 的浓度[3]。

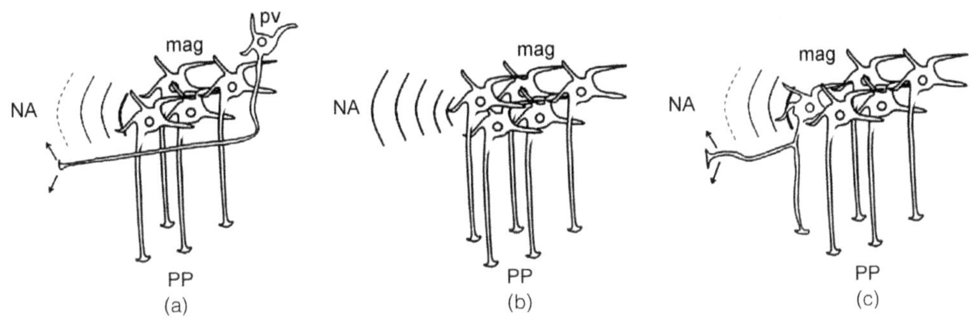


**图 19－11** 伏隔核 OT 免疫反应性突起的可能来源模型

(a) 不同的神经元群体组成神经垂体的 OT 系统及中枢投射系统,大细胞分泌神经元(mag)投射到垂体后叶(PP),小细胞分泌神经元(pv)投射到特定脑区。这是现在许多作者所同意的通行观点。(b) 胞体-树突释放的 OT 来自下丘脑的大细胞分泌神经元,以旁分泌的方式弥散到远隔脑区。(c) 中枢投射的 OT 纤维可能是投射到垂体的神经垂体 OT 神经元的轴突侧枝。根据在大草原田鼠中的研究,这第三种可能性是最大的。注意在模型 a 和 c 中,OT 可能以两种方式影响 OT 受体的群体,或者直接从局部突起释放,或者在下丘脑内通过弥散沿着胞体-树突释放。(图引自[3])

根据上述束路追踪研究的结果,现有的假说是这样的:在前脑内走行的 OT 投射,可能本身就是大细胞分泌神经元的投射,或者是投射到垂体后叶的大细胞分泌神经元轴突的侧枝。在小鼠中,有一小部分 PVH 的大细胞分泌神经元轴突是在穹隆水平发出侧枝,转过来向前走,垂直于切片,完全准确地如我们所预料的那样,走向 NAc。此外,也有关于 SON 的大细胞分泌神经元轴突侧枝的报道。事实上,1979 年前就有人注意到,多极的神经内分泌细胞含有不止一个轴突,这将允许在垂体以及下丘脑以外的脑区可以同时释放。然而,这种观点并不被这个领域的很多人所广泛接受。如果大草原田鼠 NAc 的 OT 纤维真正是下丘脑大细胞分泌神经元侧枝的话,这将为协调中枢释放和外周释放提供一个直接的机制,前者是深埋在前脑脑内的释放,后者是在适当生理条件下神经肽向血液循环的释放,例如当阴道、子宫颈受到刺激时,或者当交配或分娩时,或者当小动物吸奶造成感觉刺激时。对于其他的神经肽,这种协调式的释放也有人提出过,例如与身体体温调节有关的神经肽。事实上有可能是,NAc 的细胞外 OT 反映了树突-胞体的释放既是 PVH 的,也是 SON 的,释放出来的肽会弥散到 NAc,也就是说,发源于 PVH 和 SON 的 OT 纤维,其路过释放以及神经末梢释放,都可以来到 NAc。中枢 OT 的这种多形式释放,可以允许有高时间、高空间分辨以及理论上不受约束的 OT 信号传送的可变化性模式。虽然许多中枢和外周的释放形式可以协调起来触发协同效应,但不依赖于外周分泌的局部释放也是有可能的[3]。

### 19.5.6 动物催产素与社会行为的意义

许多文献资料都表明,催产素(OT)和加压素(VP)参与多种动物的社会认知[6]。这两种神经肽在进化上高度保守，是复杂社会认知和行为调节的介导者[18]。

从历史上看，神经垂体的 OT 系统是神经分泌的一种模型。数十年来的研究表明，这个神经肽的作用在于调节生殖生理，包括分娩、泌乳。OT 是一个良好的范例，可以说明此激素是怎么协调外周生理和行为的，像它在发动母亲抚养行为以及分娩后的母-婴亲密关系那样[3]。

神经垂体激素具有中枢效应，这是根据许多生理、形态材料，以及激素应用后的行为效应，1965 年由 D. de Wied 首先提出来的[17]。G. Gimpl 和 F. Fahrenholz 在 2001 年明确提出，OT 有中枢作用，包括对神经内分泌反射的调制，建立复杂社会行为和形成亲密关系的行为，后者与生殖和照顾后代幼仔有关[18]。

现在有更详细的研究揭示，对于把人们的注意力引导到社会性刺激，OT 也在起作用，不论雄性动物还是雌性动物都如此。从进化上看，OT 的行为效应是由神经表达 OT 受体的可塑性来完成的。至少在大草原田鼠中，母性行为的这种神经回路可以选择出来，促进配偶间社会性亲密关系的形成。非常漂亮的人类药理学研究——鼻腔内喷洒给予 OT 的实验，正在揭示一套有趣的效应，说明神经肽可以影响社会性信息的加工，以及影响个体之间的关系。虽然有了这些发现，但在 OT 功能的突触前方面，仍然存在重大的缺陷。需要通过进一步的研究来考察，在那些由 OT 调制行为的脑结构内，外周和中枢性释放之间的关系如何。如能取得成功，我们就有可能更完整地了解调节社会行为的脑回路[3]。

后文将会提到，鼻腔内给予 OT 能够调制人的社会行为，与此相关联的也有动物实验的报道。M. Nakajima 等在雌鼠实验中发现，如果让内侧前额叶(mPFC)表达 OT 受体，使规则放电的一群中间神经元被静默，则雌鼠对雄鼠的社会性的性兴趣就消失。这种社会性的性兴趣消失，也出现在 mPFC 的 *OT* 基因被条件性敲除的小鼠，出现在用 OT 受体拮抗剂注射的对照小鼠。实验说明，OT 通过特定一群前额叶皮层(PFC)中间神经元调制社会行为[19]。外源性地给予 OT，能够促进动物的社会行为，改善社会性功能。但这种效应是由于 OT 对社会行为的直接效应，还是由于对可能的社会危险的警惕程度减低，尚不清楚。R.B. Ebitz 等人用猕猴进行实验，发现 OT 可以压抑猕猴对社会危险警惕的程度[20]。

## 19.6　人脑催产素和精氨酸加压素与行为

关于 OT 和 AVP 的研究是最近神经内分泌领域研究的一个热点[21]，其突出的表现是鼻腔内给予 OT 能够增强人的社会性认知[3]。OT 研究非常重要，但问题不少[22]。

近来的研究揭示了 OT 和 AVP 作用于人-社会互动的效应，社会性神经肽信号传送个体间变异的基因机制，以及通过神经影像学研究发现的 OT 和 AVP 在人脑内的作用。这些材料推进了我们对神经肽如何有助于人类社会行为的作用机制之了解。OT 和 AVP 现在正显示出作为新治疗途径的靶，特别是当它与心理治疗联合应用，治疗以社会功能失常为特点的精神疾患的时候，例如自闭症、社会性焦虑障碍、边缘性人格异常及精神分裂症[12]。

对社会神经科学来说，很少有分子会比神经肽 OT 和 AVP 更重要、更令人兴奋(图 19 - 12)。这两个肽在整个哺乳动物的进化当中扮演关键角色，它们调节复杂的社会性认知和行为，例如依恋、社会探索(social exploration)、认知、攻击、焦虑、恐惧条件反应、恐惧消退。近来的研究提供了证据，认为这些神经肽功能在与社会性缺损相关联的神智疾病中是受损的。这是由于一个发现，即神经肽可以非侵入性地被投送到人脑内，而且可以带来清晰的行为及神经系统水平的后果。这项工作现在正需要一个可能的转化医学视角。这种临床转化如果被证明是可行的，那么将成为相当重要的发展，因为目前还没有强大的经验性证据，说明我们能够有效地处理严重的社会功能失调，例如自闭症。关于人类“社会性疾病”的独特性以及由此带来的挑战，Insel 是这样描写的：“根据自然，我们是有高度亲和力、渴望有社会接触的物种。当社会经验变成焦虑的来源而不是舒适的源泉时，我们就丢失了某些基本性的东西，不管我们如何称呼它”[12]。

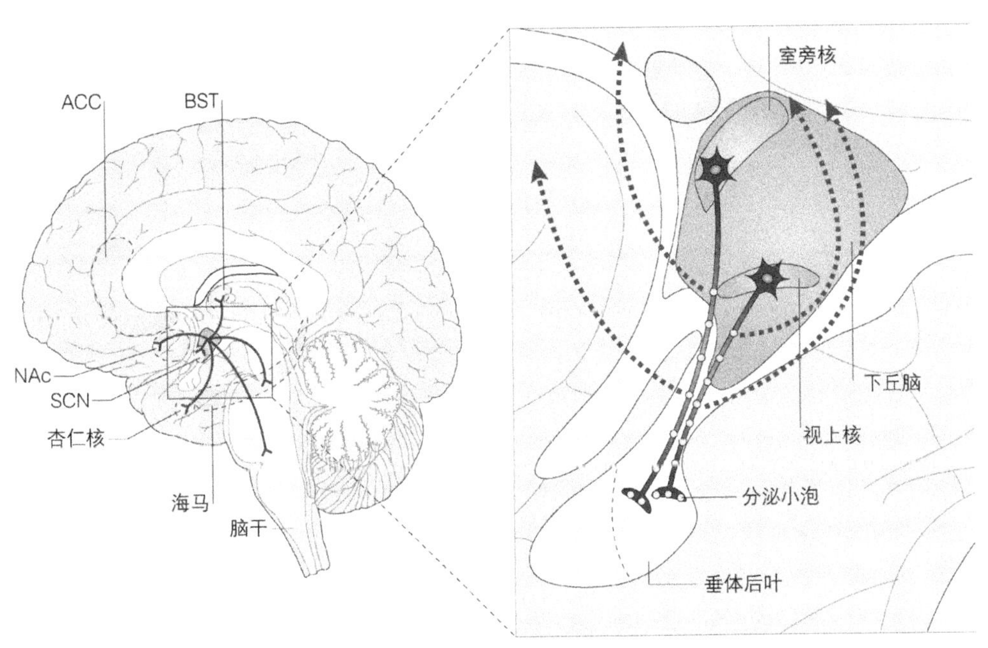


**图 19 - 12** 催产素和精氨酸加压素的神经生理学

催产素(OT)、精氨酸加压素(AVP)在下丘脑的室旁核(PVH)、视上核(SON)大细胞分泌神经元中合成，它沿着轴突投射加工，到达垂体后叶；在垂体后叶，它们存储在分泌小泡，然后释放到外周血循环中。除轴突末梢释放外，OT、AVP 还可以在树突释放，释放后进入细胞外间隙。这个释放不仅在局部起作用，也可以在脑内弥散，达到比较远的靶部位(用虚线箭头表示)。此外，PVH 小细胞分泌神经元也产生 OT 和 AVP，直接投射到其他脑区。人类是真哺乳动物，有 4 种 OT、AVP 受体。在脑内，OT、AVP 沿轴突投射运输，从下丘脑小细胞分泌神经元到达不同的脑区，包括杏仁核、海马、纹状体、视交叉上核(SCN)、终纹床核(BST)、脑干，在这些脑区里 OT 和 AVP 的作用是充当神经调质或神经递质，从而影响这些脑区的神经传递。例如，OT、AVP 调制杏仁中央核(CeA)的神经元群体。AVP 也结合到脑垂体前叶的 AVPR1B，它与促肾上腺皮质激素释放激素(CRH)协同作用，促进促肾上腺皮质激素的分泌，从而促进皮质醇的分泌。因此，上面两种肽都有外周和中枢的功能。但是，中枢和外周的释放不一定是相互关联的，而 OT 受体、AVP 受体在人脑里的分布还没有得到充分研究。简写：ACC，前扣带皮层；NAc，伏隔核。(图引自[12])

一般认为，OT 具有抗焦虑、亲社会和抗应激效应。但最近的报告又说，OT 在人类中有引起焦虑的作用。另外，应用操控小鼠脑区特异 OT 受体基因的表达，得以证明外侧隔核是实现恐惧增强效应的脑区[23]。

本章目的是从转化医学的角度评估人脑 OT、AVP 系统，总结此领域的基本状况，包括社会行为学、遗传学、系统神经科学、神经内分泌学及临床研究(包括用行为和功能成像研究方法研究鼻腔内给予 OT、AVP 在人类中引起的效果)。此外，我们将强调指出一些尚未回答的问题。那些缺少或不完全了解其机制的数据，将成为今后研究的焦点，其目的是最终看到神经肽治疗进入临床实践[12]。

### 19.6.1　血浆及脑脊液的催产素浓度水平与行为

有一系列研究报道了外周 OT 和 AVP 的水平与行为相关。例如，在以下情况下发现血浆存在高水平的 OT：信任和可靠，与同伴有正性物理接触，对心理社会应激源激素反应减小，抑郁症病人的焦虑水平降低。相反，在以下情况中发现血浆存在低水平的 OT：抑郁症、精神分裂症、自闭症等。然而不清楚的是，OT 和 AVP 的外周水平是否紧密地关联到中枢神经肽的功能，后者与行为效应或心理病理学有更直接的相关。考虑到这些神经肽在中枢神经系统里的可提供性，以及它们对于行为的效应，有关外周神经肽水平的判断及解释的可靠性是高度有争议的，需要有进一步的研究。为了将来成功实现转化医学的要求，这是一个重要的、需要解决的问题。另一条直截了当的途径是测定脑脊液中的神经肽，这可能更好地反映它们在脑内的可提供程度。然而这是一种侵入性的方法，作为常规应用于人类是不可取的。因此，多数研究者就应用鼻腔给予肽的方法来研究神经肽在人体中的作用，因为鼻腔提供了到达脑内的直接通路[12]。

### 19.6.2　经人体鼻腔内给予催产素

作为神经信使，脑内神经肽影响许多神经行为学功能，但它们在人体实验及治疗应用上受到阻碍，因为当全身给药时，这些化合物不能够很好地通过血脑屏障；当它们在血循环中运行时，会引起强的激素样副作用。有研究从鼻内给予人体 3 种肽，一是黑皮质素/ACTH(4—10)*，二是加压素(VP)，三是胰岛素，发现它们可以在 30 min 内直接进入脑脊液，绕开(bypass)了全身的血循环[24]。

作者们选择这 3 种肽，是因为它们在脑功能上有明确的效应，包括学习、记忆、体重调节。用鼻内给予方法给予肽的对象为健康人(9 个女性、27 个男性，年龄 27～41 岁)，在给予肽后 80 min 内测定脑脊液和全身血液中每种肽的浓度，脑脊液和全身血液样品分别得自 L4 和 L5** 间脊髓腔内和前臂静脉导管。导管插入手术在样品收集开始前 2 h 完

* ACTH(4—10)表示 ACTH 的某一特定片段。

** L4 和 L5 分别表示脊柱腰段的第 4 和第 5 节。

成[24]。每种肽的鼻内给予均导致脑脊液中肽浓度的升高(图 19－13)。可以看到,如果与给肽前的基础水平相比,与另一些给予消毒水作为安慰剂的受试者相比,在给予大剂量的 MSH/ACTH(4—10)(10 mg)、大到小剂量的 VP(80 和 40 IU*)以及胰岛素(40 IU)后的 80 min 之内,在脑脊液中出现了统计学上有效的肽积聚。同样,给予小剂量的 MSH/ACTH(4—10)(5 mg)后 60～80 min,出现了一个接近边缘有效($P=0.05$)的脑脊液浓度升高。个体之间各种肽脑脊液浓度升高的变异非常大。对所有的 3 种肽来说,鼻内给肽以后 10 min,脑脊液中的平均浓度开始升高。分别地看,MSH/ACTH(4—10)和胰岛素,其峰值水平在给药后 30 min 就达到;VP 的脑脊液浓度继续增高,一直到给肽以后 80 min。对于每种肽来讲,在 80 min 之末,其浓度并没有回到基础值。对一个亚群接受高浓度 MSH/ACTH(4—10)及 VP 的受试者在更长时间里采集样品,他们的结果显示,在给肽后 100～120 min,他们脑脊液内的肽浓度仍然高于受安慰剂处理的人($P<0.03$,MSH/ACTH(4—10);$P<0.009$,VP)[24]。

在通过鼻给予肽后同时测定血液的肽浓度,并未发现明显的 MSH/ACTH(4—10)或胰岛素浓度增高。此外,在给予胰岛素后,没有血浆葡萄糖浓度的变化($P>0.12$,对所有的比较来讲)。相比之下,脑脊液中的 VP 积聚伴有血浆 VP 水平的明显升高,此结果与前人的观察相符合。脑脊液中 VP 浓度的平均增高与血液中的增高呈轻度、没有显著性的相关($r=0.55$,单边 $P<0.10$,在个体间和剂量间比较都如此)[24]。

过去 10 年来,鼻腔内给予 OT 对人社会认知的影响研究受人瞩目。鼻腔给予 OT 所引起的明确结果有:① 改善对情感社会暗示的早期概念性觉察;② 改善对社会暗示所引起的准确评估;③ 这些作用可能主要在正性社会暗示方面。当然,也有一些不确定的结果,这种不确定结果可能与实验中如何严格掌握条件有关[8]。

在非人哺乳动物中,精氨酸加压素(AVP)通过增强社会认知、配偶亲密和攻击而调制复杂社会行为、性行为。但对于 AVP 在人类中的作用如何,尚不完全清楚。A.J. Guastella 等给受试者鼻腔喷 AVP,并用一个认知作业进行检测。他们发现,如果与非社会性刺激相比较,AVP 能够易化受试者对正性与负性社会刺激和性刺激的认识。具体结果是:鼻腔喷 AVP,可以使受试者更快地检测到带有"性"内容的词,比之非"性"内容的词;而且不论对正价(valence)还是负价"性"的词,都有此种效应[24]。

### 19.6.3 经人体鼻腔内的神经肽如何作用于脑

研究资料证实,在人体中,鼻腔给予的肽可以进入脑脊液。这些资料证实了以前的人体研究报道,即运用记录脑诱发电位的方法提供功能证据,表示鼻部给肽会促进神经肽进入脑内。动物实验的结果也显示,当鼻内给予肽以后,肽(包括胰岛素、神经生长因子)及大分子化合物(如辣根过氧化物酶、病毒)可以在脑组织中积聚起来。因为鼻内给予肽以后,脑脊液的 MSH/ACTH(4—10)的浓度增高,但并不平行地出现血液中浓度的

* IU: international unit(国际单位),指生物制品具有一定生物效能的最小效价单元。

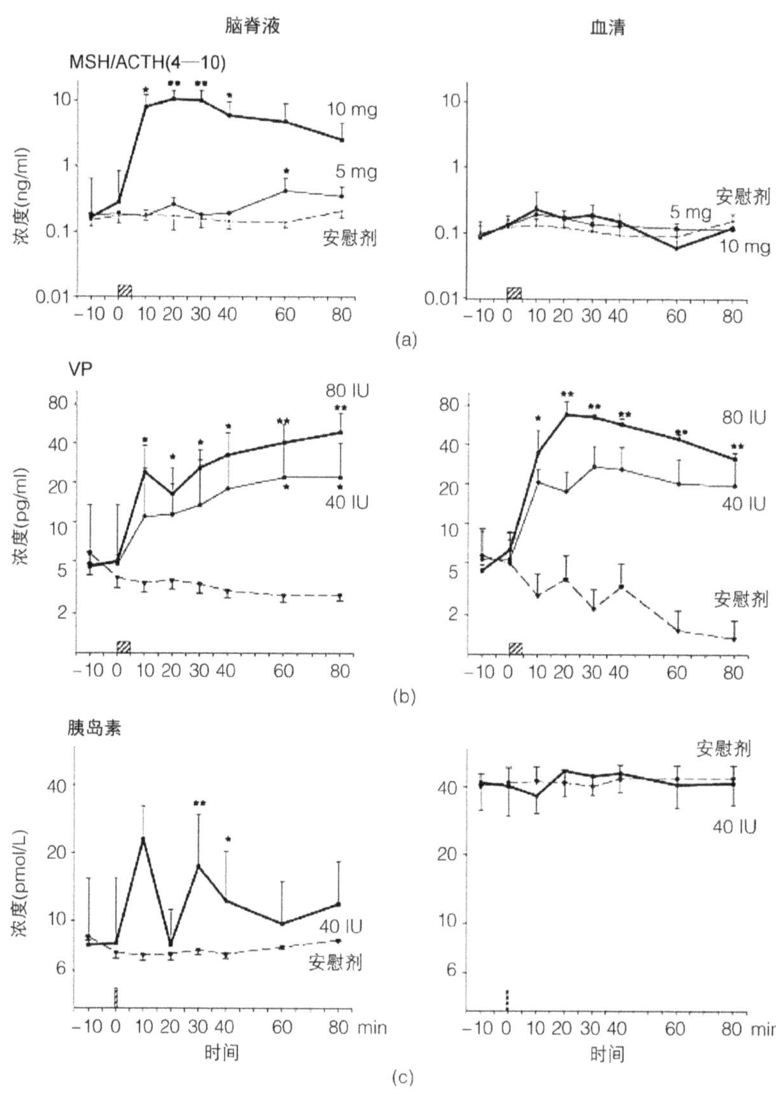


**图 19－13**　脑脊液和血液中肽的积聚

人鼻腔内给予肽之前 10 min 和之后 80 min 时，脑脊液(左)和血清(右)中的 MSH/ ACTH(4—10)(a)、加压素(b)和胰岛素(c)的浓度。所用剂量为：MSH/ ACTH(4—10)是 10 mg(粗实线，$n=5$)和 5 mg(细实线，$n=4$)，精氨酸加压素(AVP)是 80 IU(粗实线，$n=5$)和 40 IU(细实线，$n=4$)；人胰岛素是 40 IU(粗实线，$n=8$)。安慰剂(消毒水)采用细点线[$n=7$，MSH/ ACTH(4—10)的对照；$n=5$，AVP 和胰岛素的对照][24]。物质(肽类)通过鼻腔喷雾器方法给予，每次喷送含有规定量的肽：MSH/ ACTH(4—10)是 0.25 或 0.5 mg，加压素(VP)是 10 IU，胰岛素是 10 IU。每 30～45 s 喷送一次，通过向每个鼻孔重复喷送而达到总剂量。横条表示给予肽的时间(大剂量)。肽类浓度用放射免疫测定方法(radio immunoassay，RIA)测定。MSH/ ACTH(4—10)、VP 测定，用来自日本药厂的药盒。胰岛素测定用来自瑞典药厂的药盒。脑脊液(CSF)样品没有经过提取的过程，检验的灵敏度是：MSH/ ACTH(4—10)为 0.05 ng/ ml，VP 为 0.2 pg/ ml，胰岛素为 1.8 pmol/ L。与自然存在的相关分子的 RIA 交叉反应可以忽略不计。具体是，对 MSH/ ACTH(4—10)RIA 而言，与 MSH/ ACTH(4—9)或 ACTH(1—24)的交叉反应概率为<0.1%；对加压素 RIA 而言，与催产素(OT)、赖氨酸加压素或加压素 C 末端代谢产物的交叉反应概率为<0.04%；对胰岛素 RIA 而言，与胰岛素样的生长因子 1 和 2 的交叉反应概率为<0.2%。RIA 方法又结合反相高压液相色谱方法做了检测，证实从脑脊液测出来每个肽的免疫反应性代表了超过 90%的完整肽。给出了平均值、s.e.m.和可信度，与安慰剂的浓度相比[ * * ，$P\leqslant 0.01$；*，$P<0.05$；应用 Mann-Whitney 测试方法，采用基础调整值(baseline-adjusted value)]。(图引自[24])

升高。而且,鼻内给予胰岛素也没有改变血糖浓度。可能的情况是,肽直接进入脑脊液,从而旁路了血液循环途径。在每种情况下,也有一点数量无法检测的肽可能到达血循环。然而,MSH/ACTH(4—10)快速地在血液中降解(半衰期<4 min,根据文献),而任何到达血流的胰岛素应该可以被内源性激素所掩盖。引人注意的是,在小鼠,同时给予全身注射胰岛素,并不明显减少鼻内给予$^{125}$I 标记胰岛素被脑的摄取。虽然这些资料支持了一个假说,那就是鼻内给予肽可以导致肽被摄取到脑脊液,而不依赖于它的进入血液。与此工作有关的其他研究者报道,鼻内给予 VP 引起血浆中 VP 的增加,在某种程度上包含有血脑运输的成分,可以增加鼻腔给肽以后的脑脊液摄入[24]。

有两条路径被提议来解释肽是如何从鼻进入脑的,一条是神经元内途径,另一条是神经元外途径。神经元内途径包括肽的内化,进入嗅神经元,随后经过轴浆运输。然而,比之神经元外运输途径,这条途径将遇到很大的危险(被溶酶体蛋白质水解),而且这条途径将需要几小时才能使肽到达嗅球。因此更为可能的是,肽分子通过细胞外途径运输,通过嗅上皮的专用细胞间缝隙流动,弥散进入蛛网膜下腔。有一种计算叫曲线内面积(area under the curve,AUC)计算。计算提示,脑脊液中的肽积累和肽分子量之间呈逆向关系[分子量数据:MSH/ACTH(4—10),962.1;VP,1 084.2;胰岛素,5 808.0]。虽然其他因素也可能影响肽进入脑脊液及脑组织的积聚,例如脂溶性、电解程度,但肽在脑和脊髓脑脊液及脑组织中很快积聚(在鼻腔给肽后 10~20 min)。这种情况在动物里面也看到过,而病人方面的情况也有提示。虽然肽从脑脊液里面摄取,进入到人脑组织的程度如何还不太清楚,但动物实验研究显示有相当程度的摄入,甚至在更深部的脑区,例如杏仁核[24]。

不能这样来看这里的资料,即认为已经确定,鼻内给肽所导致的脑脊液的肽摄入,大于静脉给肽的脑脊液肽摄入,因鼻内给肽的剂量是相当大的;另外,在鼻内给肽时有相当一部分肽可以仅简单地通过鼻子,而没有被吸收。从胰岛素的情况看,前人的研究提示,从血浆里面摄入进脑的量,至少与通过鼻腔摄入进脑的量相当。这个结论并不能削弱本实验的发现,就是鼻腔内给予的神经肽可以发送到脑,而不需要摄入进血循环。关于鼻子给药方法的潜在应用可能性,源于这样一个事实,即在人脑里面,神经肽的浓度可以达到有生物学效应的程度,而不引起强的、全身性的激素样副作用。那种副作用限制了全身性给肽的剂量,剂量太小就达不到对脑产生重要效应的目的。鼻内给予方法可能在治疗一些脑疾病时是有用的,特别是那些涉及神经肽信号传送功能异常的疾病,例如阿尔茨海默病、肥胖症。虽然此理论从人体研究中得到某些支持,显示了有用的效应,例如经过鼻腔内长期分别给予 VP 和 MSH/ACTH(4—10)以后对睡眠和体内脂肪的效应,但仍然有待证明:这种应用的临床效果到底如何?无论如何,应用鼻腔内途径给予肽的有用性,仍然有待于在临床应用上得到证明[24]。

### 19.6.4 催产素与人的社会行为

近年来的药理学研究提示,OT 能够增强人的社会认知。当鼻腔内给予 OT 时,OT

可以刺激一些从事经济博弈者的行为，这种行为与个体之间的信任增强相一致。事实上，当从鼻腔内给予 OT 以后，人类受试者会继续信任别人，即使已经受到过别人的背叛。这种信任的增加，以及在背叛后反馈的缺失，可能是由于恐惧加工神经回路的激活减少，例如杏仁核。鼻腔内给予 OT 也可以改善对中性脸及发怒脸身份辨认的记忆，而与参与者的性别无关。这可能是由于增加了对人类脸眼区的注视。最近的研究发现，OT 增加了对于以前熟悉脸的判断准确性。这个发现非常明显地与早已确定了的 OT 在啮齿动物中的社会认知作用相一致，而且提示 OT 的增强来自多种信息形式的社会信息加工，其中包括视觉形式。鼻腔内给予 OT 也改善了猜测别人情绪状态的能力，这基于有关细微脸部刺激的实验结果。这个现象被称为“神智阅读”(mind reading)，很可能对维持社会群体产生深刻影响[3]。

C. Choe 等研究了催产素(OT)在社会性学习中的作用。他们的实验表明，经过那些特异地为学习欲望性的或令人厌恶的暗号所需的 OT 受体的信号转导，其作用是通过梨状皮层的直接作用来实现的。OT 把相互对抗的社会性暗号的显著性带到了感觉代表中来[26]。另外，OT 能够增进社会认知，这是由于 OT 能够调制初级嗅觉加工过程的皮层控制，从而增强社会认知，其机制是 OT 激活皮层自上而下的、向嗅球中间神经元的输入[27]。

有人从行为遗传学(behavioral genetics)角度考察精氨酸加压素(AVP)和 OT 的作用，所考察的基因有 1A 型 AVP 受体(AVPR1A)、OT 受体、与产生 AVP 有关的垂体后叶激素运载蛋白Ⅱ(neurophysin Ⅱ，NPⅡ)、与产生 OT 有关的垂体后叶激素运载蛋白Ⅰ(neurophysin Ⅰ，NPⅠ)、LNPEP*、CD38(ADP 核糖基环化酶，ADP-ribosyl cyclase)、1B 型 AVP 受体(AVPR1B)[28]。根据对人社会行为的影响，在此背景下，也已进行了不少脑成像研究，但目前还不能得出明确结论[29]。

OT 对动物社会行为及对人类社会认知的影响研究，对于治疗某些精神疾病具有重要意义，这些精神疾病常伴有社会关系上的缺陷，例如自闭症或自闭症谱系障碍(ASD)、精神分裂症。有单个研究报道说，如果与对照组相比较，自闭症病人血浆 OT 减少，但此实验结果还没有被人重复出来。有 ASD 的病人，或者有精神分裂症的病人，通常不容易注意一个适当脸孔的暗示(cue)。这些事实导致了一个假设，认为 OT 可能是一个有希望的药物，可以用来治疗 ASD，增强病人的社会认知能力。事实上有单个报道，OT 可以增强自闭症病人回忆别人语调中所反映情绪的能力。此研究中一个更重要的发现是，事先给予 OT 可以增强往后对于情绪作业的学习能力。还需要做进一步研究：靶向 OT 系统是不是一个可能的治疗策略，用来增强精神疾病患者中的社会性认知?[3]

## 19.7　催产素与基本认知过程

早先，首批采用从鼻腔给予神经肽的方法所进行的研究，是做一些影响认知过程的实

* LNPEP：leucyl-cystinyl aminopeptidase(亮氨酰/半胱氨酰氨肽酶)，又名 oxytocinase(催产素酶)或 vasopressinase(加压素酶)等。

验，例如记忆、注意及相关的脑反应。某些研究报道了，AVP 对健康成人受试者的认知功能有增强效应，对老年人也有这样的作用。另有研究显示，给予 AVP 可增加晚事件相关电位(late ERP)中几个成分的幅度，这些被认为是反映了较高层次的认知加工过程。此外，鼻腔内给予 AVP 增强简单反应时作业的实施及 ERP。有研究直接比较了 OT、AVP 的效应，提示这两个肽可能有相反作用，前者损害记忆和学习过程，后者促进认知的实施[12]。

### 19.7.1 催产素与社会应激

应激性的社会互动，在正常情况下可以触发行为和生理的反应，以适应相关的环境情况。下丘脑-垂体-肾上腺轴的激活，引起促肾上腺皮质激素释放激素(CRH)、ACTH 和皮质醇的分泌，这是适应性应激反应的主要内分泌成分。有研究显示，在健康男性准备做 Trier 社会应激试验(Trier Social Stress Test，TSST)时给予社会支持及单次剂量 OT，会显示对 TSST 的最低皮质醇反应；而如果受试者不接受社会支持，仅接受安慰剂，就显示最高的反应。引人注意的是，在测试时接受社会支持及 OT 的组，也有低水平的焦虑和高等级的安静。另一项研究显示，在夫妻吵架时鼻内给予 OT，会增加男人和女人的正性沟通行为，降低血浆皮质醇水平。这个表现与动物研究相符合，中枢 OT 可以易化动物的配偶行为。同样，喂奶的女人(这种人的内源性 OT 是增加的)也显示对心理社会应激的皮质醇反应降低。OT 所具有的应激缓冲效果在近来的其他研究中也得到重复。经历早期父母离异的应激，被显示可以减少 OT 对皮质醇水平的压抑效应，提示在生命早期，中枢 OT 系统的敏感性可能是可调的[12]。

虽然这些发现提示，OT 增强对应激反应性缓冲效应的正性社会互动，但作为其基础的生物学机制仍有待阐明。因为社会应激可以增加许多精神疾病的危险性，而正性社会互动可以降低它，所以这种正性社会互动可能具有转化医学相关性。动物实验显示，与 OT 的应激减少效应相对比，AVP 可以促进 ACTH 分泌及杏仁核部位的神经传递，从而可能增加人的内分泌应激反应。的确，有两项研究显示，如果与安慰实验比较，做 TSST 测试时鼻内给予 AVP 可以导致唾液中皮质醇明显增加，心率加快，而且是特异地在有其他人发动社会评价性打击的条件下发生的[12]。

### 19.7.2 催产素与情绪认知及其他

近来有几项研究工作探讨了 OT 在解码微妙社会信号中所起的作用，例如脸部表情。有研究应用了一种名为“从眼睛读出神智”试验(“Reading the Mind in the Eyes” test)的方法。开发这个试验是为了评估 ASD 成年患者的社会认知能力。在此试验中，给受试者看照片，要求他看照片中眼的区域；然后询问受试者，照片里面的那个人是在想问题，还有什么感觉。结果是，与安慰剂组相比较，鼻内给予 OT 的试验组，健康男人的作业成绩得到改善，特别是当他碰到困难刺激的时候[12]。

其他研究探讨了 OT 是否可以选择性地改善特定情绪的认知，其结果是混合性的。有些报告认为，对正性脸部表情的加工得到了改善，对发怒脸孔的讨厌恐惧得到了减少。

另一些报告认为，改善的认知仅局限于对恐惧脸孔、对性及相关字词的相互关系的认知增加，或者 OT 对视觉搜索作业中的情绪认知无效应。近来的研究还显示，令受试者看快乐或发怒的脸孔，即使仅短短 17～83 ms 时间，也可以使情绪认知出现增强。这提示，在视觉加工情绪刺激的早期阶段，OT 也有作用。OT 可能在情绪辨认准确度的个体差异方面也有作用[12]。

在测定"移情准确性"(empathic accuracy)作业中(这个试验是基于两者的相关：一是参与者在电影片段中看到某种感情的评分，二是参与者自己经历到的那种感情的评分)。可以看到，与安慰组比较，鼻腔内给予 OT 能够改善移情准确性，但仅在那些具有高功能自闭症特点的受试者中，而这些病人的移情能力大概是低水平的[12]。

研究 OT 对情绪性移情的效应与研究情绪认知不同。一般认为，情绪认知所研究的是移情的认知方面，而情绪性移情是情绪的代替性感觉。这类研究非常少。然而，近来的研究报道了鼻腔内给予 OT 对情绪性移情的影响有阳性效应，而不影响认知性移情，并且对"同情聚焦想象"(compassion-focused imagery)有正性效应。同样，单次鼻腔内给予 OT，增加那种具有不安全依恋型式(insecure attachment pattern)男性的依恋安全性(attachment security)主观经验。因为人类的安全依恋(secure attachment)关联到低应激反应性及较好的社会互动能力，所以，对于关联到应激和社会行为受损的严重精神性和发育性疾病来说，了解 OT 在依恋中的作用可能具有临床意义[12]。

一般认为，视觉注意在脸部情绪认知中起关键作用。迄今为止，有 4 项研究考察了 OT 对脸孔视觉注意的效应。除一项例外，这些研究都报道，当受试者观察中性和情绪性的脸孔表情时，增加了对眼睛区(与脸孔其他部位相比较)的注视时间。虽然实验结果提示，OT 处理后对脸孔的情绪认知改善，可能部分地是由于增加了眼的注视，但此假说尚未很好和明确地得到检测[12]。

### 19.7.3　催产素与社会信息的记忆

对 OT 认知效应的早期研究提示，OT 诱导语义记忆的缺损。近来有报告演示，OT 可以选择性地调制社会性记忆。有一项研究显示，对男性鼻腔内给予 OT 可以选择性地降低社会相关单词的内隐记忆，但不降低中性单词的内隐记忆。另一项研究显示，学习后从鼻腔内给予 OT，可以增强立即的(30 min)和延迟的(24 h)脸孔特征认知。具体地说，是对于发怒脸孔及中性脸孔的记忆增强，但对于那种快乐表情脸孔的记忆并不增强，即使 OT 对于特定脸孔和特定脸部表情之间关联的记忆是没有效应的。但曾经有报告显示，如果与对发怒和中性脸孔的记忆相比较，学习之前鼻腔内给予 OT，可以增强对快乐脸孔的记忆。重要的是近来的研究显示，鼻腔内给予 OT 特异性地改善对于脸孔的认知记忆，但不是对非社会性刺激的记忆。最后，鼻腔内给予 OT，作为依恋安全程度的函数，似乎可以调制母爱及亲密关系的回忆：给予 OT 后，得到安全依恋的男性把他们妈妈回忆成更关怀、更密切的人；而对于焦虑性依恋男性，给予 OT 有相反的效果[12]。

至于应用 AVP 的效果，近来有一项研究显示，在实验前鼻腔内给予 AVP，能够增强对正性或负性脸孔图像熟悉程度的感觉，比之对中性脸孔；还在男性中增强图像的性暗示。合起来看，现在所知道的证据提示，在对社会性刺激进行记忆编码时的 OT 和 AVP 浓度升高，促进往后对于这些刺激熟悉程度的感觉[12]。

### 19.7.4 催产素与社会性互动

在啮齿类研究文献中，OT 作为一个神经肽显现其作用：促进社会性接近行为，帮助啮齿动物克服任何回避-趋近的情况。在人类中，信任他人可以看成为人类的社会趋近指标。在首项有关人与人之间信任关系中 OT 作用的研究里，作者们评定受试者的意愿，看他愿不愿意承担社会风险(信任性赌博)，比之非社会性风险(彩票性赌博)。与安慰组相比，接受 OT 后，受试者显示高水平信任，此结果已在后续实验中得到验证。重要的是，OT 并不增加受试者接受一般性风险的意愿，而仅在社会互动的范围内。以后的研究探讨了 OT 是否可以调制信任行为，作为对背叛信任的反应。在最初几轮信任赌博试验以后，受试者在接着做后面几轮试验之前收到关于受托人(trustee)反应的信息(这些反应对受试者是不利的)。接受安慰剂的受试者在后期调整了他们的行为，而鼻腔内接受 OT 处理的受试者则继续显示信任行为，虽然他们的信任已经被出卖了[12]。

OT 对合作性行为的效应，似乎关键性地依赖于以前社会信息的存在，至少是短暂的脸孔对脸孔的相互接触。这提示了社会情景调制着 OT 对社会性互动的效应。此外，OT 增加觉察到的、显示不同表情脸孔的可信赖性及吸引性。一系列研究支持了一种假说，认为 OT 特异地促进慷慨大方，以及组内而不是组外的信任与合作；不过也有报道，OT 的处理增强社会博弈后的妒忌及心满意足。也有在游戏中给予 OT 的报道，应用外显性社会排斥实验程序(是一个虚拟的抛球游戏——网络球，cyberball)。另一项实验显示，OT 增加将来社会性互动的愿望，但在明显讨厌的情景中并不缓和社会性排斥。至于父母对孩子的养育情景下的行为，OT 也可以正性地影响父亲对他初学走路孩子的反应，因此可能促进正性互动。然而，OT 并不影响男人嗜欲性的、自我满足的、执拗的性行为[12]。

值得注意的是，只有少数实验研究探讨了 AVP 对人类社会性互动的效应。近来对男性的一项研究提示，从鼻腔内给予 AVP，有类似于 OT 对情绪认知及记忆编码的效应。另有一项研究应用了肌电记录。它显示，作为对中性脸部表情的反应，在鼻腔内给予 AVP 的处理后，有细微皱眉头的表现(测定上皱眉肌的活动)，这提示对模糊社会性暗示有增强的负性情绪反应。有趣的是，有证据表明，鼻腔内给予 AVP 后，对社会性认知有性双态性效应。具体地说，鼻腔内给予 AVP，在男性会减少友好知觉，而在女性会增加友好知觉[12]。

总结一下，很难对 OT 和 AVP 在人类中的社会性效应得出能够圆满地说明问题的景象，这是由于在研究肽的功能时，应用了异源性的行为研究的程序设计。然而，迄今已经做出来的这些研究，其所得到的结果还是能互相验证并保持一致的。其观点就是，OT 增强参与社会性互动的动机，其方式是在合作及信任行为方面，通过改善情绪暗号的解码，以及促进承担风险的意愿程度。仅有少数研究应用了社会性和非社会性的刺激来证明这些效应的特异性如何，这些研究提示，如果用社会性刺激则效应更为显著。至于对 AVP 效应的研究，报告还比较少。少数结果提示，在社会性应激及认知实施方面，AVP 可能与 OT 有相反的效果，至少在男性如此。然而，由于有汇聚的证据表明 OT 的行为效应，而 AVP 仅有较少的证据，因此，为了能够转化而进入临床应用，必须弄清支持这种效应的神经遗传学机制[12]。

### 19.7.5　催产素的神经影像学研究

初始的神经影像学工作聚焦在 OT 作用于杏仁核的效应，这是基于动物神经化学及人类行为学研究的发现。第一个脑成像研究应用含蓄的情绪认知作业，它需要视觉加工具有不同社会价值的威胁性刺激（给他看一些脸孔及一些场景），这些研究已经显示，可靠地有杏仁核的参与。鼻腔内给予 OT 对于作业的实施，对于焦虑评价及觉醒，都没有影响；但它减少了两类刺激对右侧杏仁核的强激活（图 19－14）。此外，OT 减少杏仁核和脑干区域之间的功能性耦合，而这种耦合是介导自主性反应和行为恐惧反应的。此项研究结果提供了初始证据，认为 OT 的亲社会效应可能是继发于消除焦虑效应，而这又涉及调制杏仁核的反应。其他的脑成像研究应用了不同的刺激及不同的研究途径，在男性受试者中重复出来 OT 对杏仁核活性的这种缓冲作用。有一项研究程序让受试者被动地看一个情绪性的脸孔表情。实验显示，鼻腔内给予 OT 可以减弱右侧杏仁核对于恐

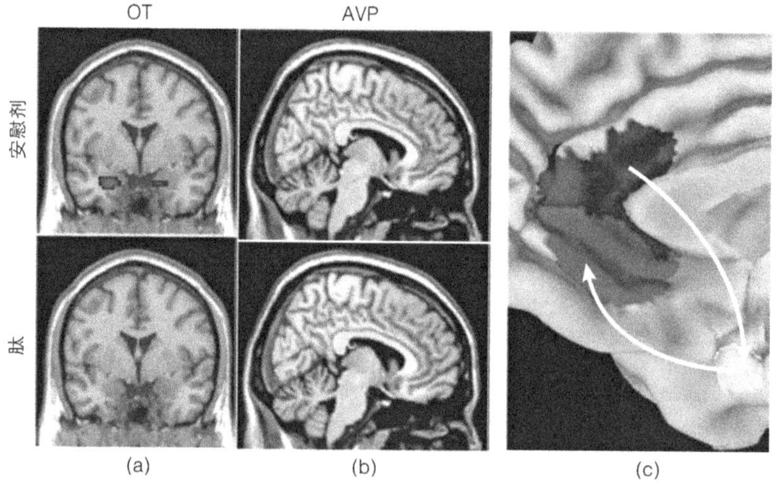


**图 19－14**　鼻腔内给予催产素和精氨酸加压素影响杏仁核-扣带回回路（彩图见图版第 73 页）

（a）与安慰条件相比较（上图），健康男性受试者鼻腔内急性接受 OT（下图），调制杏仁核-扣带回回路组成部分的活性。当加工不愉快脸孔和场景的时候，此回路调节负性情感。诱导恐惧的视觉刺激激活杏仁核，在安慰条件下（红色），而不是在 OT 给予以后。（b）相比之下，膝下和膝上扣带回皮层（浅蓝色）活性减少，在安慰条件下进行脸孔匹配作业时（上图），但并不是当鼻内给予 AVP 时（下图）。（c）图解式表示杏仁核-扣带回回路，展示负性功能连接的扣带回脑区（膝周围扣带回，蓝色）、正性功能连接的区（膝下扣带回，红色）、杏仁核（黄色）。（图引自[12]）

惧、愤怒脸孔的反应,但对快乐脸孔也有减弱反应。而在行为水平,没有看到受影响。这个实验结果证明,OT 的亲社会效应并非局限于受打击的情况,也可能发生在减少任何一类社会相关刺激预计价值的不确定性时。以后应用恐惧条件反应进行研究所得的结果进一步支持了这种假说,实验用的是中性脸孔刺激,但关联到令人厌恶的经验(电刺激)。在这里,作者们按照条件性程序给予健康男性以 OT。结果是,OT 的给予导致两种价值评价方面的更少差别,一种是在脸孔结合到电刺激作为条件的时候,另一种是在条件以后单独给予同样脸孔的时候。重要的是,这种价值评价的调制不伴随一般性的价值评价变化,这就证明了 OT 效应的特异性。作为对脸孔图形与电刺激配对的反应,则神经肽的给予也减少了右侧杏仁核与右侧梭状回脸孔识别区的激活。然而这种缓冲效应仅仅为了显示直接注视的脸孔而出现,所以支持这样的观点,即 OT 影响的脑活性是作为对社会有意义刺激的反应[12]。

初始的脑成像研究似乎也从另一侧面提供了证据,表明人脑杏仁核是 OT 作用的轴心。然而关键问题是,这些研究都使用脸孔刺激来探查杏仁核反应。虽然第一个研究使用情绪场景的效应,例如描绘车祸事故的图,也发现对杏仁核的效应,但不能排除那种可能性,即 OT 对于杏仁核的效应仅局限于非常特异的几种类型的视觉刺激。在往后的研究中有作者发现,对男性受试者鼻腔内给予 OT,可以减少接受疼痛刺激图像在杏仁核上引起的反应。此研究提供了初始证据,即 OT 对杏仁核的效应可能延伸到更广范围的视觉刺激。然而,此效应主要由少数具有自私特质的受试者所产生,从而给在亲社会行为背景下解释研究结果带来了困难[12]。

有一种看法认为,OT 介导的杏仁核激活减弱是更一般性的效应,而不是脸孔特异的亲社会效应。这种看法较清楚地受到另一类研究的支持,那种研究所用的方法是经济信任游戏(博弈)。实验中,受试者接受安慰刺激,显示在经历信任冲击之后,信任减少;而鼻腔内给予 OT 可以增加对这种冲击的耐受。从神经层次看,信任降低伴随着杏仁核激活的增加,但在给予 OT 后,这就不发生。有趣的是,OT 的给予不仅调制某些脑区的活性,这些脑区是介导情绪加工过程的(杏仁核和中脑),也调制了尾状核,而此脑区是关联到酬报过程及行为适应的。这个结果可能是第一个脑成像报告,表明 OT 与神经递质系统的相互作用,而这里就是与多巴胺系统的相互作用。这种相互作用在动物实验中曾反复得到证明。汇聚起来的证据表明,OT 调制杏仁核反应性的效应,它指向一种作用,即鼻腔内给予神经肽可以潜在地治疗与杏仁核相关的精神疾病[12]。

虽然近来的研究支持了一般性假说,认为杏仁核是主要的 OT 靶区,但也表明,一个单纯模型可能无法解释实现 OT 亲社会行为的复杂机制。近来一个很好的研究工作充分反映了这一点,此研究工作应用高分辨的 fMRI 于杏仁核的不同亚区。作者们指出了一些矛盾的现象,即 OT 的给予增加受试者看脸孔图像中眼区的次数,此行为关联到杏仁核激活程度的增加。作者们提议,不同的杏仁核亚区可能有区别地受 OT 的影响,取决于刺激所带有的情景。鼻腔内接受 OT 处理的受试者显示了注视眼球区域的概率增加,即使他已被要求注视嘴巴。这个行为伴随着右侧后部杏仁核(也称为杏仁基底核)激活的增加。此外,中脑上丘(SC)的激活增加,已知上丘是参与发动眼球扫动运动和注意转移的。作者们在解剖上明确的左侧杏仁核亚区也发现了两者间的相互作用:一方面是显示脸孔的情绪内涵,另一方面是 OT 给予的效应,其结果是此亚区 OT 诱导的对恐惧脸孔激活的减少,以及快乐脸孔激活的增加。这样就反驳了前面所描述的"杏仁核弱化效应"的一般性看法[12]。

总起来看,由近来脑成像研究累积起来的证据显示,OT 的给予对脑系统的亲社会效应,特别是在杏仁核方面,实际上比初始研究所提示的更为复杂。除杏仁核亚区的加工以外,其他的皮层下靶区,特别是中脑和纹状体,已经被认为是需要考虑的[12]。

特别是,所有这些研究提到的受试者都是男性。近来的脑成像研究聚焦到鼻腔给予 OT 对女性脑功能的影响。调控了一些潜在的影响因素,例如月经周期、激素、避孕或眼球固定型式。作者们发现,给予 OT 后,受试者看恐惧图像的左侧杏仁核激活有特定的增加,在梭状回、内侧颞叶、下额叶及上颞叶也有增加。这么多的脑区活动增加,表示激活了一个网络,而此网络又跟参与社会认知的另一个脑网络互有重叠。这样,就提示存在着性双态性,它反映了甾体激素效应和 OT 效应之间的相互作用,虽然从当前的资料还不足以得出结论性意见。至于在神经肽研究的其他领域,也确有很大的必要研究神经肽作用的性差别。研究性甾体激素和 OT 系统脑内激活相互作用的非常细致、优雅的方法,可能是通过药理学方法调控特定性甾体激素的水平及/或停经后的以及月经周期不同时相的女性[12]。

与 OT 研究相对比,给予 AVP 后进行成像的研究较少。只有两项研究考察了 AVP 给予之后对脑活性的影响。这两个研究都在成像扫描前对健康男性的鼻腔内给予了 AVP 或安慰剂。在第一项研究中,让受试者进行情绪脸孔匹配作业(emotional face-matching task)。虽然 AVP 的处理对杏仁核活性没有可觉察的影响,但它消除了典型的膝下扣带皮层的失活反应,已知膝下扣带皮层脑区是参与调制杏仁核激活的(图 19-14)。此外,由结构方程模型(structural equation modelling)发现,AVP 影响膝下和膝上扣带皮层与杏仁核之间的情感性连接,这进一步强调了 AVP 对调制情绪加工神经回路的影响(更详细的神经回路描述请参看图 19-14)。在第二项研究中,当要求受试者做内隐社会认知匹配作业时,AVP 在左侧颞-顶接头区诱导了脑区特异的改变,此区是"神智理论"(theory of mind)网络的一个关键节点。作业的做法是给予熟悉或不熟悉的脸孔和场景。这两项研究都鉴定了 AVP 应用于人脑的一个优先皮层效应,此效应作用于人类社会性认知的关键脑区,以及关键的边缘系统调节性脑区,而 OT 的效应可能主要聚焦于杏仁核[12]。

总起来看,多数脑成像研究支持一种观点,即 OT 的效应以及证据少一点的 AVP 效应,它们对于社会行为加工的效应由边缘系统回路介导,其中杏仁核是关键结构。此外,成像遗传学研究也显示,神经肽系统优先影响扣带回和下丘脑活性,而纹状体及部分所谓的"社会脑"即杏仁核,似乎对急性给予 OT 作出再激活的反应,成像遗传学研究也暗示此网络的参与(图 19-14)。值得注意的是,不论根据成像遗传学还是药理学 fMRI 研究,似乎存在着基因-性别相互作用。如果复述一下,这些结果可能支持一个模型,在模型里面,基因效果(对神经肽受体的效果)和急性效果(对神经肽水平的影响)以不同的时程影响实现社会和情绪加工的调节性回路,汇聚于杏仁核。值得注意的是,上面我们所归纳的脑成像研究还局限于选择性地应用了一些作业方法,因为如果任何脑系统潜在地被调制了,那么能够被观察到的脑结构必定在功能上参与了研究者所选择、设计的作业。因此,不能排除 OT 和 AVP 可能影响其他脑区。看来应该进一步,更加明确无误地研究神经肽对于其他潜在候补脑区功能连接的效应。还有,应当在今后的研究中应用更加精细的实验设计,以探测社会认知的不同侧面。最后,应用 PET 成像方法研究 OT 和 AVP 的受体在人脑里面的分布,以便获得更多的知识,可能对于指导我们进行成像研究是有意义的[12]。

## 19.8 转化医学与催产素的治疗应用前景

### 19.8.1 催产素和精氨酸加压素的治疗意义

考虑到 OT 和 AVP 对于社会行为的效应,以及 OT、AVP 系统的基因变异体在特征为严重社会缺失的神经疾病方面的相关,下一步的设想当然是考虑神经肽对这些疾病的可能治疗价值。为了评价这种治疗价值,富有挑战性的研究应该是系统地操控中枢神经系统,给予它以 OT 和 AVP,这种设想是不可避免的。因为只有少量神经肽可以通过血脑屏障,又因为静脉注射给药有潜在的副作用,例如对激素系统有影响,引起女性的子宫收缩,所以临床上神经肽的潜在应用,需要通过直接路径使神经肽能够到达脑,也就是我们现在所采用的鼻腔内给予方法。这个方法从 2002 年开始在人身上得到了证实和使用[12]。

已经做过少数鼻腔内给予 AVP 的临床研究,仅在动物研究中已经用过的、选择性 V1a 受体(V1aR)和 V1b 受体(V1bR)拮抗剂可能会是人类神经-精神药理学的有希望靶点,可用以考虑治疗重度抑郁症,也可能用来治疗以个体间暴力为特点的应激相关疾病及反社会的人格障碍[12]。

虽然当前还没有系统的、随机化的、关于鼻腔内应用 OT 治疗效应的对照试验,但根据鼻腔内一次给予 OT 的效应,应用于不同神智疾病病人的临床前研究已经有了。这些研究显示出有希望的结果。也有人努力应用 OT 和 AVP 于精神疾病的治疗,包括 ASD、社会性焦虑障碍、边缘人格障碍、精神分裂症。至于不同疾病条件下 OT、AVP 的内源性水平,最近也有综述发表[12]。

### 19.8.2 人脑催产素和加压素研究的今后方向

因为在社会互动实验中,看到鼻腔内 OT 处理减少了人的社会性应激行为或内分泌反应,介导了应激保护性效应(社会性缓冲),减少了杏仁核对社会性刺激的反应性,改善了社会认知、情绪认知、安全依恋、移情作用,所以在 OT 系统中实施药理学干预可能是治疗途径的一个新标靶(图 19-15)。具体地说,把 OT 给予(包括选择性和长时程作用

OT 受体激动剂，如卡比托辛，carbetocin）跟互动为基础的心理治疗联合起来，可能会提供治疗的新途径，达到对神智疾病的更好处理，而这些疾病的特征是早期依恋损坏，或者社会性互动的病理，例如社会性焦虑障碍、ASD、边缘人格障碍、精神分裂症。重要的是注意到，这些社会性疾病是特别难以处理，或根本不能有效地处理的，例如 ASD[12]。

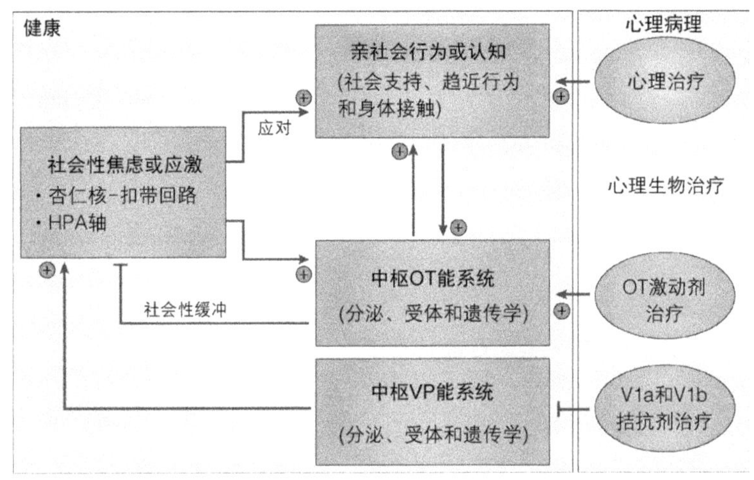


**图 19－15**　催产素、加压素、社会性接近行为和社会应激互动的整合性转化模型

社会应激和社会焦虑刺激杏仁核-扣带回回路和下丘脑-垂体-肾上腺轴，它们被精氨酸加压素（AVP）的作用所增强。作为一种应对策略，应激和焦虑强化社会性接近行为。应激和焦虑也刺激 OT 的释放，OT 促进社会性接近行为。此外，正性社会性互动（例如身体接触）本身就与 OT 的释放相关联，OT 转过来进一步促进社会性接近行为。OT 减少杏仁核和下丘脑-垂体轴（hypothalamo-hypophysial axis，HPA）对社会性应激源的反应性（用抑制性箭头显示）。这样，OT 就是消除焦虑及促进正性社会互动的应激保护效应（社会性缓冲）的重要介质。与社会性互动严重缺损有关的神智和发育疾患病人（例如自闭症、社会性焦虑障碍、边缘人格障碍），可以从新的“心理生物学治疗”途径中得到好处。在这种途径下，心理治疗与 OT 给予（或 OT 受体激动剂给予）结合在一起。为了减少 AVP 作用的焦虑源性及攻击性相关作用，选择性 V1aR 和 V1bR 拮抗剂可能是有希望的靶（用抑制性箭头显示）。（图引自[12]）

实验性地把神经肽给予病人的一些初始结果是令人鼓舞的，有几个临床试验正在实施中，其目的在于发展和评价神经肽给予的新的临床相关途径。特别是鼻腔内给予 OT 的治疗方法，希望由此能够改善社会性互动（例如在认知性行为的集体治疗组当中），以及帮助更主动和成功地参与在治疗试验以外遭遇恐惧的社会情况。图 19－15 显示了一种整合模型，模型描述了社会性焦虑和应激、社会性接近行为以及人类中枢 OT 和 AVP 系统之间的相互作用。在此模型中，转化成功的关键途径包括：系统研究“支持心理治疗的”（propsychotherapeutic）神经药理学，其目的在于支持和增强心理治疗的干预，而不是提供替代性的或额外的途径来开展治疗。因此有作者提出这样一个名词——“精神生物学治疗”，来描述这种新方法（图 19－15）[12]。

此模型指明了需要做进一步研究的一些领域，其目的是澄清最合适的、操控神经肽可利用的策略，或以神经肽水平作为潜在标志物，以取得良好的治疗效果。特别是要进行更多的机制研究，如 OT 和 AVP 由几种不同的方法给予以后，OT 和 AVP（及受体激

动剂或拮抗剂)如何渗透到脑内的机制。在鼻腔给予方法的药理动力学不清楚的情况下,聚焦于开发对这些受体发生作用的非肽类药物,将是一个重要的研究目标。此外,有关外周和中枢 OT 及 AVP 之间的关系(包括神经肽在中枢神经系统里的交叉作用),也还需要进一步的研究。除了人脑的离体 OT 和 AVP 结合位点研究,以及对近来鉴定的、一些能被 OT 和 AVP 诱发神经活性之位点的 fMRI 研究以外,在 PET 方法学中发展放射特异活性标记的神经肽,或能帮助更好地了解人脑,特别是为加工社会信息的脑回路提供更好的了解。因为 OT 受体和 AVP 受体的神经解剖学分布和敏感度可以受各自基因及其调节区变异性的引导,所以进一步研究在给予 OT 时的行为及脑反应方面,特定基因变异体所起的作用,将是关键性的,将有助于解码社会脑的神经生物学,并设计和配置新的治疗策略[12]。

在过去 10 年里,最激动人心的进展之一是在社会神经科学的前沿领域中出现了一个机会,架起了一座认识方面的桥梁,桥的一方是由动物亲社会行为研究所呈现出来的认识,桥的另一方是临床前的人脑成像研究、行为遗传学研究以及社会互动实验。未来 10 年的前景是进一步拓宽这座从人类神经生物学(基于机制性的动物模型)到潜在治疗手段之发展的转化桥梁。虽然这个研究时代现在才刚刚开始,但此研究领域无限蓬勃的生机将提供很有前景的新途径,来探测社会脑的神经内分泌学[12]。

## 参考文献


[1] Owen S F, Tuncdemir S N, Bader P L, et al. Oxytocin enhances hippocampal spike transmission by modulating fast-spiking interneurons. Nature,2013, 500: 458.

[2] Stoop R. Neuromodulation by oxytocin and vasopressin. Neuron, 2012, 76: 142.

[3] Ross H E, Young L J. Oxytocin and neural mechanisms regulating social cognition and affiliative behavior. Front Neuroendocrinol, 2009, 30: 534 - 547.

[4] Kandel E R, Schwartz J H, Jessell T M, et al. Principles of neural science: 5th ed. New York: McGraw-Hill, 2013.

[5] 陈宜张.脑研究现状与展望\\中国医学院士文库:陈宜张院士集. 北京:人民军医出版社,2014: 449 - 459.

[6] Insel T R. The challenge of translation in social neuroscience: a review of oxytocin, vasopressin, and affiliative behavior. Neuron, 2010, 65: 768 - 779.

[7] Kandel E. The new science of mind and the future of knowledge. Neuron, 2013, 80: 546 - 552.

[8] Graustella A J, Macleod C. A critical review of the influence of oxytocin nasal spray on social cognition in humans: evidence and future directions. Hormones and Behavior, 2012, 61: 410 - 418.

[9] Koehbach J, Stockner T, Bergmayr C, et al. Insights into the molecular evolution of oxytocin receptor ligand binding. Biochem Soc Trans, 2013, 41: 197 - 204.

[10] Koshimizu T, Nakamura K, Egashira N, et al. Vasopressin V1a and V1b receptors: from molecules to physiological systems. Physiol Rev, 2012, 92: 1813 - 1864.

[11] Knobloch H S, Charlet A, Hoffmann L C, et al. Evoked axonal oxytocin release in the central amygdala attenuates fear response. Neuron, 2012, 73: 553.

[12] Lindenberg A M, Domes G, Kirsch P, et al. Oxytocin and vasopressin in the human brain: social neuropeptides for translational medicine. NR Neurosci, 2011, 12: 524.

[13] Dölen G, Darvishzadeh A, Huang K W, et al. Social reward requires coordinated activity of accumbens oxytocin and 5HT. Nature, 2013, 501(7466): 179.

[14] Lieberwirth C, Wang Z. The neurobiology of pair bond formation, bond disruption, and social buffering. Current Opinion in Neurobiology, 2016, 40: 8 - 13.

[15] McEwen B S. Hormones and the social brain. Science,2013, 339(6117): 279 - 280.

[16] Meyer-Lindenberg A, Domes G, Kirsch P, et al. Oxytocin and vasopressin in the human brain: social neuropeptides for translational medicine. NR Neurosci, 2011, 12(9): 524 - 538.

[17] Richard P, Moos F, Freund-Mercier M J. Central effects of oxytocin. Physiological Reviews, 1991, 71(2): 331 - 370.

[18] Gimpl G, Fahrenholz F. The oxytocin receptor system: structure, function, and regulation. Physiological Reviews, 2001, 81(2): 629 - 683.

[19] Nakajima M, Görlich A, Heintz N. Oxytocin modulates female sociosexual behavior through a specific class of prefrontal cortical interneurons. Cell, 2014, 159(2): 295 - 305.

[20] Ebitz R B, Watson K K, Platt M L. Oxytocin blunts social vigilance in the rhesus macaque. PNAS, 2013, 110(28): 11630 - 11635.

[21] Young L J, Flanagancato L M. Editorial comment: oxytocin, vasopressin and social behavior. Hormones and Behavior, 2012, 61(3): 227 - 229.

[22] Churchlanda P S, Winkielmanb P. Modulating social behavior with oxytocin: how does it work? what does it mean? Hormones and Behavior, 2012, 61: 392 - 399.

[23] Guzmán Y F, Tronson N C, Jovasevic V, et al. Fear-enhancing effects of septal oxytocin receptors. Nature Neuroscience, 2013, 16(9): 1185 - 1187.

[24] Born J, Lange T, Kern W, et al. Sniffing neuropeptides: a transnasal approach to the human brain. Nature Neurosci, 2002, 5: 514 - 516.

[25] Guastella A J, Kenyon A R, Unkelbach C, et al. Arginine vasopressin selectively enhances recognition of sexual cues in male humans. Psychoneuroendocrinology, 2011, 36(2): 294 - 297.

[26] Choe H K, Reed M D, Benavidez N, et al. Oxytocin mediates entrainment of sensory stimuli to social cues of opposing valence. Neuron, 2015, 87: 152 - 163.

[27] Oettl L-L, Ravi N, Schneider M, et al. Oxytocin enhances social recognition by modulating cortical control of early olfactory processing. Neuron, 2016, 90: 609 - 621.

[28] Ebstein R P, Knafo A, Mankuta D, et al. The contributions of oxytocin and vasopressin pathway genes to human behavior. Hormones and Behavior, 2012, 61: 359 - 379.

[29] Zink C F, Meyer-Lindenberg A. Human neuroimaging of oxytocin and vasopressin in social cognition. Hormones and Behavior, 2012, 61: 400 - 409.

# 第 20 章　脑与社会行为

## 20.1　引言

社会行为是一个很大的话题。近年来社会行为的脑机制受到很大关注，本书第 19 章“催产素与社会行为”就是其中之一。除此以外，镜像神经元系统（mirror neuron system，MNS）和神智理论（theory of mind，ToM）这两方面有比较突出的进展，本章就主要介绍这两者。MNS 仅在灵长类及人类才有，它定位于脑的运动前区、顶叶，被认为与模仿（imitation）、移情（empathy）等功能有关（图 20－1）[1,2]。神智理论涉及人脑功能中的一种能力，使人能够了解别人的神智状态，如揣度（mentalizing）。社会行为与内侧额叶皮层（medial prefrontal cortex，MFC）有非常密切的关系[3,4]。

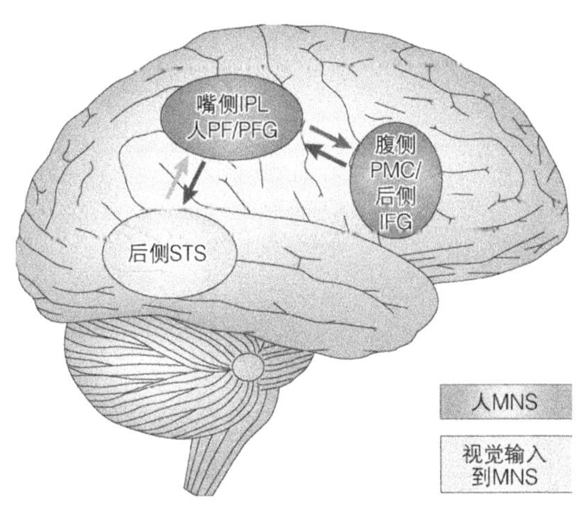


**图 20－1**　模拟的神经回路（彩图见图版第 74 页）

人脑额-顶叶镜像神经元系统（MNS）（红）及其主要视觉输入（黄）的图解。带有镜像神经元特征的前部脑区位于下额叶，包括后下额回（IFG）和邻近的腹侧运动前区（premotor cortex，PMC）。带有镜像神经元特征的后部脑区位于下顶回（IPL）的嘴侧部，可以看成猴后顶叶皮层 PF/PFG 区的人类同源物。来到 MNS 的主要视觉输入发源于上颞沟（superior temporal sulcus，STS）的后部分。这 3 个脑区加在一起，成为一个模仿的“轴心回路”。上颞沟（STS）到 MNS 的视觉输入由橘黄色箭头表示。红色箭头代表来自顶叶 MNS 的信息流，这部分信息多数关系到动作的运动描写；到达额叶 MNS 的这部分更多地联系到动作的目标。黑箭头代表运动模仿命令的传出拷贝，信息被发送回 STS，以便于模仿性运动计划的感觉性预测与所看到动作的视觉描写之间相匹配。（图引自[2]）。

## 20.2　镜像神经元系统

认识到镜像神经元作为社会行为的介导者，是从一个比较偶然的发现开始的。意大利帕尔玛大学的 G. Rizzolatti 发现，猴运动区的一个神经元网络，其作用是镜像（mirror）另一只猴子的动作。这些神经元在两种条件下作出同样反应，一种是当猴子实施某一动作时，还有一种是当猴子看到另一只猴子（或另一个人）实施同一种动作时。这种神经元就称为镜像神经元。科学家推测，镜像神经元可以解释社会行为的某些方面。例如，如果一个人斜着眼睛看，而且咬咬下唇，我们会自发地感觉到，他一定是有些发怒；如果他笑，我们认为他快乐。由于我们的身体镜像某个人的动作，例如斜着眼睛看、咬下唇，因而镜像神经元使我们能够和他发生同感(empathize)，或者延伸一点，使我们能够判断他的意图[1]。

在猴脑运动前区和顶叶发现有被称为镜像神经元的细胞，这个发现为一系列重要的社会行为提供了可能的神经生理学机制，从模仿到移情作用。本章将回顾我们现在所知的有关灵长类 MNS 的神经生理学及其神经连接的近来研究，以及 MNS 与模仿和社会认知的关系[2]。

### 20.2.1 猴脑镜像神经元的单位活动特征

在猕猴脑内，镜像神经元位于下额叶的 F5c 区及嘴侧 IPL 皮层(可能是 PFG 和 PF 脑区)。当目标朝向的动作出现时，例如当抓握、操控物体时，这些细胞就放电；当猴自己并未运动而仅简单地观察同样动作由其他猴或人实施时，它们也放电(图 20 - 2)[2]。

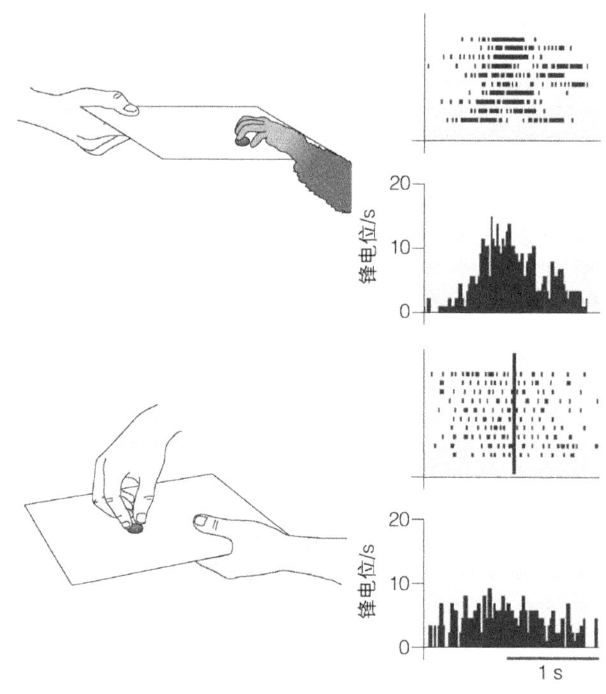


**图 20 - 2** 猴脑 F5 区的镜像神经元

记录显示，当猴抓握食物的时候(上)，以及当猴看到一名实验者抓握食物的时候(下)，猴下额叶皮层 F5 区镜像神经元就放电。注意这两种作业都引发 F5 区强的神经反应。(图引自[2])

根据观察到动作以及执行动作的镜像神经元活动的特征，有两种主要水平的一致性(congruence)："严格一致"镜像神经元对观察到的动作及亲自执行的动作放电，基本上完全等同;“广泛一致”镜像神经元对看到的动作放电不完全等同于对实际动作的放电,只要所看到动作是达到同一目标的动作即可(例如用整个左手抓握食物,或仅用右手的食指和大拇指抓握食物)。观察动作时猴的镜像神经元放电,既不受物体被抓握的调制,也不受动作离开猴距离远近的调制。实验者或猴的抓握动作所引起的镜像神经元放电频率是相等的;实验者抓握一块食物给实验猴或另一只猴,它们的放电类似。有一类有趣的镜像神经元,它们编码观察到的动作,而这个动作仅是预备性的,或是逻辑上关联到执行动作的,例如观察到的动作是把食物摆到桌上,而执行动作是抓握一片食物并且将其拿到嘴边[2]。

自从对镜像神经元特征的初始了解以来,现在已经清楚,这些细胞编码的是观察到动作的某些抽象方面,但是编码抽象到了什么程度呢?对这类细胞的首批观察是,在看到抓握动作的手势,而没有抓握物体的时候,它们并不放电。开始的看法是这样,认为必须看到整个动作;但是以后的研究显示,如果部分动作被掩盖,镜像神经元也会放电。例如,猴开始看到一个物体在桌子上面,然后这个物体被屏幕遮挡起来,接下去有一名实验者接近屏幕后的物体。在这种情况下,即使没有看到抓握动作,某些镜像神经元(大约占测试单位的50%)也会放电。对照实验条件下,猴可以看到,在阻挡它看见桌子的幕布后面,并没有物体存在。当实验者去到幕布后面,镜像神经元并不放电。虽然在掩盖动作条件及对照(基本上是抓握的手势)条件下,视觉输入完全是一样的,但是对幕布后面以前有或没有物体的了解,允许镜像神经元分辨这两种情况。这样就表明,这些细胞可以编码对物体动作的高度抽象方面[2]。

这个抽象编码的概念被后来的研究工作所支持和强化。某些动作是经常关联着声音的,例如敲开核桃产生的特征性声音。猴的某些镜像神经元,不仅在猴看到核桃被敲裂开来的时候会放电,而且听到核桃被敲裂的声音(当然,其他声音也可以)也会放电。即使在没有提供视觉动作的时候,它也会放电。镜像神经元的放电特定地与动作的声音相关联,这个事实揭示了一种非常令人瞩目的抽象性质的动作编码,说明这些细胞可以执行如此抽象的暗号。这是一个重要的、经验上观察到的现象,因为它演示,听觉输入可以来到 MNS。这种听觉输入是必需的,它支持一种假说,那就是,MNS 可能是语言前驱的神经系统,因为多数语言都是通过讲话的[2]。

### 20.2.2 灵长类镜像神经元系统

迄今为止,镜像神经元在两个皮层脑区得到鉴定:下额叶的后部与下顶回(IPL)的前部。这是解剖上互相连接的两个脑区,形成整合的额-顶 MNS。此系统仅是连接额叶和顶叶脑区的平行神经系统之一。这些额-顶神经系统的细胞具有高度相关于感觉-运动整合的生理学特征。对 MNS 必须在大背景底下考虑,才能被正确了解。这背景就是感觉-运动整合的强大平行的顶-额网络。所以,MNS 是一个用于感觉-运动整合的额-顶回路[2]。

额叶后部区(非颗粒额叶皮层)涉及运动,它包括不同的脑区。在这些运动区里面存在着躯体各部分的多个代表(representation)。这提示,这些运动区活跃地参与了把感觉输入转换成合适的动作。事实上，多数额叶运动区接受来自顶叶的强大感觉输入（视觉的、躯体感觉的）。虽然每个额叶和顶叶脑区连接到几个其他的脑区，但是仍然呈现出一个明显的型式。典型地说，仅考察最强大的连接就显示了额叶运动区与顶叶区的联系。这种型式支持一种相对特异化的额-顶叶系统。例如，在腹侧运动前皮层的额叶 F4 区和顶内沟里面的腹侧顶内区（ventral intraparietal area，VIP）形成一个用于躯体轴及近端肢体运动的系统，包括头的朝向及到达（reaching），为了个体周围空间的编码，也为了防御性的运动。当颈部、手臂和嘴运动的时候，也当对靠近身体的触觉及视觉刺激进行反应时，这个系统的细胞就放电。受到刺激后，这些脑区发生高度配合的防御动作[2]。

感觉-运动整合额-顶叶系统的第二个例子是，有一个调控抓握动作的系统。这个神经网络由额叶的 F5 区及顶内沟（AIP）前部的顶叶脑区组成。此系统中的细胞可以分为 3 个类别：① 视觉优势神经元。当猴看到一个可以抓握住的物体以及当在光照条件下抓握的时候，它放电；但在黑暗中抓握时，它并不放电。② 视觉-运动神经元。当猴在光照的条件下抓握时，它强烈放电；在暗条件下抓握时它也放电，不过弱一些；简单地看一下可以抓握的物体时，它也放电。③ 运动优势神经元。在光线下和暗条件下抓握物体时，它放电相等；但在看到一个可以抓握的物体时，它并不放电。视觉优势神经元仅在 AIP 发现，而 F5 区有更多的运动优势神经元及较少的视觉-运动神经元，比之 AIP。总起来看，这些生理学特征提示，AIP 向 F5 提供物体的多方面描述，在那里完成抓握物体动作的选择，这是最终为到达物体的意向所需的[2]。

令人感兴趣的是，F5 - AIP 的抓握物体回路，在解剖上接近额-顶叶的 MNS。F5 - AIP 的抓握东西回路位于沟的深部，其中 F5 神经元集群在位于弓状沟边壁（area F5ab）的 F5 区域，而 AIP 神经元位于顶内沟的深部。镜像神经元被发现在邻近的鼓起部分，既在下额叶，也在下顶回（IPL）皮层。额叶镜像神经元位于 F5 一个区的鼓起部分，弓状沟的后面（F5c 区），而顶叶镜像神经元位于 IPL 皮层的鼓起来的嘴侧区（可能是 PF 和 PFG 区）。镜像神经元的运动特征与 F5 - AIP 区抓握相关神经元的运动特征无法区分，但是两者的感觉特征却非常不同。动物看到一个可以抓握的物体，镜像神经元并不放电；但当动物看到有另一个体做物体朝向的动作时，镜像神经元确实能够放电[2]。

重要的是，要从 MNS 的解剖位置来了解其功能性质。MNS 靠近额-顶系统，这个系统支持不同形式的感觉-运动整合[VIP - F4 系统：在个体周围空间中的到达和定向（reaching and orienting）以及身体的防御；F5ab - AIP 系统：抓握和调控的动作]。这种分布提示，由 MNS 执行的动作编码，其性质也关联到某种形式的感觉-运动整合。模仿肯定是考虑到另一个个体作用的感觉-运动整合的主要形式之一。的确，人类的模仿和 MNS 之间有强的关联（参看后面）。在猴，模仿性反应及被模仿的认知，这两者均可能由镜像神经元支持，虽然涉及猴镜像神经元放电与模仿的关联，还没有直接的证据[2]。

## 20.3　人类镜像神经元系统和模仿

人类也有 MNS，但不是通过记录单个神经元电活动得到的，而是通过近年来多种其他手段的研究才得到的。20世纪90年代早中期,应用经颅磁刺激(TMS)和PET方法的动作研究,提供了某些证据说明存在着人的MNS。然而这些研究并没有考察模仿。到90年代晚期,当研究者接触到这个问题,即人类MNS与模仿之间的关联时,研究者应用了fMRI方法。这就涉及一个必须讨论的基本问题:你如何从一个非模仿性作业中的单位记录型式,转到模仿性作业时应用fMRI的活性观察?有假说认为,存在着大脑皮层神经元放电与fMRI信号之间某些水平的关联。此假说以后受到经验性材料的支持,由此提出了一个相当简单的模型。我们知道,当执行而不是观察动作的时候,镜像神经元的放电会更多一些;又已经知道,在模仿的时候,一个人同时观察并且实施动作。这样我们可以预计,执行动作的时候,人类镜像神经元的脑区应该显示高活性,比之观察动作的时候,而最大活性应该是在模仿的时候,那种情况将反映观察及实施动作活性的总和。有一个模仿手指运动的fMRI研究,展示大脑皮层两个区域有这种预计的活动型式(图20-3)。其中一个位点位于下额回的脑盖(在一个重要的语言区——布罗卡区里面),另一个区位于嘴侧后顶叶皮层。这些脑区的解剖学位置很好地对应于猴脑镜像神经元脑区的解剖学定位。此外,可以与布罗卡区镜像神经元活性相匹配的fMRI信号,支持了一个假说,即镜像神经元可能在言语机制的神经进化上是一个前驱[2]。

然而,有可能在任何作业形式下,人语言区的活性简单地反映了内隐言语表现,即使这个关于内隐言语表现过程的假说,不能完全解释在模仿、执行、观察动作时测量到的总体布罗卡区活性型式,也不能解释这种活性的侧向化。以后的研究就直接应用重复性TMS(repetitive TMS,rTMS)检测这种假说。应用rTMS方法时,受刺激的脑区会被诱导出短暂损伤,以后可以观察到行为效应。如果模仿时观察到的布罗卡区活性简单地是一种副现象性质的内隐言语发音,则rTMS不应该引起模仿缺损。在rTMS研究中,受试者实施手指运动模仿作业及对照的视觉运动作业,对照作业中的运动输出等同于模仿作业。受试者的后布罗卡区(下额回的脑盖区)被刺激,另外还有一个对照皮层位点被刺激。rTMS实验结果显示,它仅仅选择性地损坏了模仿,作为仅仅对刺激布罗卡区的反应。这些资料明显地表明,后布罗卡区在模仿中起重要作用[2]。

### 20.3.1 社会科学和心理科学中的模仿

在广泛的模仿研究中,应用了一系列不同学科的研究途径,包括人类学、经济学、社会学、动物行为学、哲学、机器人学以及社会心理学、发育心理学和实验心理学。综观近来的研究材料发现,模仿吸引了广泛学科的关注。在这些丰富文献的大量令人高度感兴趣的课题中,某些课题似乎特别关系到神经科学家。例如在动物模仿性行为的文献中,一个关键的问题是,不同形式的拟态伪装(mimicry,模仿)和接触传播(contagion)的分化,与真正的模仿(true imitation)之间是有区别的。所谓真正模仿是指在观察别人做那个运动以后,在自己的运动节目单中增加了一点新东西。这个分化很好地以神经活动的方式作图,即在模仿性学习时表现为镜像神经元系统(MNS)和前额叶及运动准备结构之间的相互作用,在社会性镜像(social mirroring)时表现为MNS与边缘系统之间的相互作用[2]。

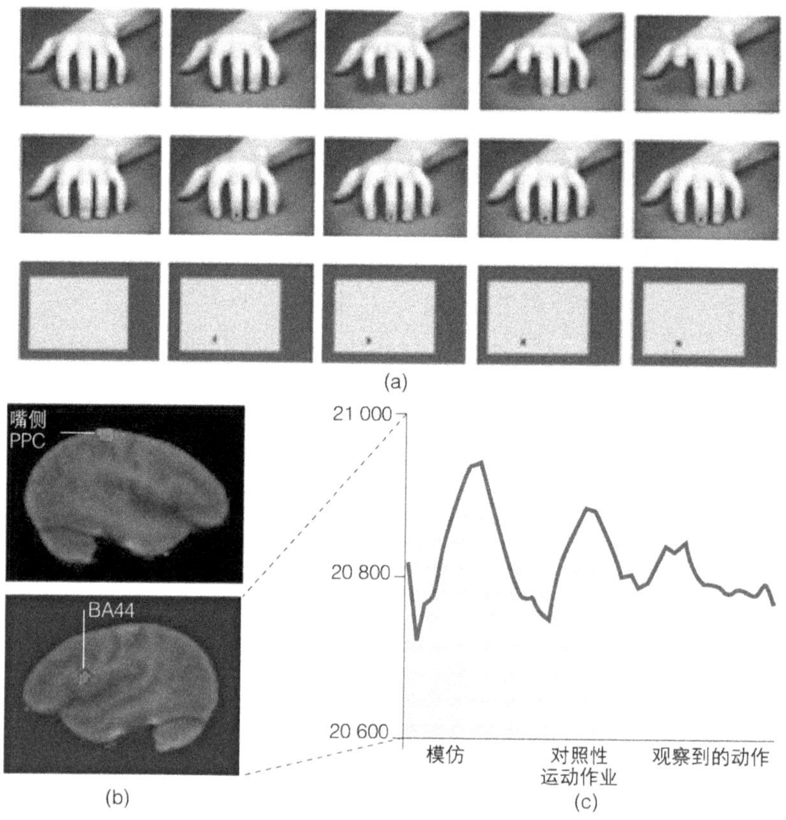


**图 20－3**　人类镜像神经元系统与模仿

模仿手指运动的功能性磁共振成像(fMRI)研究显示，人类两个皮层脑区具有预期的镜像神经元区激活的形式。(a) 受试者观察或模仿举起食指或中指(上)。在视觉对照条件下，他们看到一个叉叉出现在静态手的食指或中指(中)，或出现在左侧或右侧灰色方块内(下)。在运动对照情况下，受试者举起食指或中指作为对出现叉叉的反应。(b) 在对照性运动作业中，与动作观察相比较，两个脑区显示预期高活性激活型式；在模仿时有最高活性；定位于下额皮层(即布罗德曼 44 区：BA44)及后顶叶皮层的嘴侧部(PPC)。(c) 在 BA44 测量到的血氧水平依赖的(BOLD)fMRI 活性的信号强度，通过光滑化加以重新调整，显示镜像神经元区的预期激活型式。(图引自[2])

在发育心理学方面，20 世纪 70 年代 A.N. Meltzoff 的经典性工作显示，婴孩发育早期有未充分发展的模仿行为，提示学习的关键形式是婴儿生命早期的模仿。另一个从发展心理学文献中浮现出来的重要话题是模仿和社会认知之间的功能联结，特别是发展某种神智理论的能力。社会心理学文献提醒我们，在社会互动中自主模仿(mimicry)是如何普及的；实验心理学文献经常在考察模仿的功能方面，以便更好地了解知觉和动作之间的共同编码。MNS 的神经科学显然也很好地切入了这些议题[2]。

### 20.3.2　人脑镜像神经元系统和社会认知

镜像神经元系统(MNS)可能在社会认知中起一定的作用，它也具有神经失功能的临床意义。模仿是发育过程中最广泛运用的一种学习方式，它提供了获得众多技巧的方法，而不需要耗费太多的时间。模仿对于发展基本的社会技巧也是核心问题。例如，为了了解别人的目标、意向及需要，为了识读别人的脸部及肢体表情。虽然模仿在学习和社会认知中有这样的核心作用，但是直到近来，模仿研究几乎唯一地由社会科学家来进行。我们关于模仿神经机制的了解非常有限。MNS 的发现，鼓舞了一系列关于模仿的神经相关研究。此外，由于已经知道模仿和其他社会认知之间的行为关联，现在已有人进行镜像神经元脑区和社会认知过程之间的活跃研究，例如了解其他人的意向和情绪。近来的资料也显示，人类 MNS 的疾病失常，可能是自闭症缺损的核心问题，而自闭症是一种与社会隔离的情况。这种假说现在正受到积极的讨论。本章首次提供近来的研究回顾，这些研究探讨 MNS 的发育，以及它在自闭症中的功能障碍[2]。

#### 20.3.3 人脑镜像神经元系统的侧向性

必须记住的基本原则是，MNS 是一个特殊的高级运动系统。高级运动系统倾向于双侧性，而不是像初级运动皮层那样是侧向化的。如果意识到这个原则，那么应该预期，MNS 是相对双侧性的。手指运动模仿的元数据，的确也显示了强的双侧性活性型式[2]。

近来有一项 fMRI 研究，它调控不同的侧向化因素，以此来研究人类 MNS 的侧向化问题。用闪光刺激受试者左侧或右侧视野，引起其模仿手指运动。只有左手指的运动提供给左侧视野，右手指的运动提供给右侧视野。受试者被要求：当左侧视野看到闪光时，用他的左手模仿进行左侧手指的运动；当右侧视野看到闪光时，用他的右手模仿进行右侧手指的运动。运动实施和动作观察的对照条件按照侧向性，适当地加以控制。研究结果显示，人类的 MNS 是相对双侧性的。考察两侧大脑皮层在动作观察时运动易化的 TMS 资料，也符合人类 MNS 的双侧性特点[2]。

那么，实现作用观察和模仿的相对双侧性系统，是否能够导向语言的左侧侧向化系统？TMS 研究提供了一个关键性的发现。此研究让受试者听动作的声音，以寻找两个大脑半球的运动易化。因为镜像神经元也对动作的声音起反应，所以当受试者听到动作产生的声音时，通过 MNS 的激活，他的运动系统应该被易化。经颅磁刺激（TMS）研究显示，这种易化仅仅产生在左侧脑半球。此结果提示，人类脑的左侧半球有一个多感觉（视觉、听觉）MNS，而右侧大脑半球只有一个视觉 MNS。在原始语言或语言系统的交流前驱系统，多感觉性的特点被认为是一个重要因素。在人类，从视觉转移到多感觉模式的 MNS，可能决定了两者的功能变化，此变化易化了语言，也易化了语言功能的左侧侧向化[2]。

往后的人类成像研究，探讨了 MNS 中的模仿问题，注意研究特定类型模仿的功能方面，以及模仿的过程。发育研究显示，在儿童生命的早期，倾向于模仿别人，如同在镜子前面一样（如果一个人举起右手，那么模仿者举起左手）。当受试者按镜子里面一样进行模仿时，下额叶镜像神经元的脑区反应更多，比之按照解剖上正确的方法进行模仿（也就是一个人举起右手，模仿者也应该举起右手）。这种脑-行为的相互关系提示，在生命早期，人类的 MNS 对于模仿行为特别重要。此外，发育学研究也显示，儿童倾向于首先模仿动作的目标。成像研究显示，模仿时的动作目标也由下额叶的镜像神经元编码。与此不同，人类的 IPL 镜像神经元区似乎更多地关系到需要模仿动作的运动方面。合起来考虑，人类的成像资料表明，人类的 MNS 与沿着上颞沟(STS)的高阶视觉脑区一起形成了模仿的"轴心回路"。在这个回路中(图 20－1)，STS 将提供高阶的视觉描写给模仿的动作，而 MNS 的顶叶成分将关系到被模仿动作的运动程度，而 MNS 的额叶成分将关系到模仿动作的目标[2]。

弥散张量成像(DTI)资料明显地显示，人脑的上述 3 个脑区之间有强的连接型式。事实上，除支持弓状束连接后上颞区和下额叶的经典看法之外，近来通过 DTI 还发现，与弓状束平行的还有连接上颞皮层和 IPL 皮层以及 IPL 皮层和下额皮层的白质传导通路走行。有了这样强的解剖学连接，这些脑区之间的功能性连接也就不足为奇了，如同演示的那样[2]。

重要的是我们必须记住，模仿的轴心回路很显然还不足以实施各种形式的模仿行为。现有的资料提示，大规模相互作用存在于模仿轴心回路与为了完成两个主要形式的模仿行为所需的其他神经回路之间，也即模仿性学习和社会镜像的神经回路(社会镜像的神经相关，下面会讨论)。近来用 fMRI 方法研究了模仿性学习，考察没有接受过音乐训练的受试者，看其在观察另一个体实施同样的吉他弹奏动作之后，如何学习乐器吉他。结果显示，在进行模仿性学习的时候，MNS 与运动准备区及背外侧前额叶皮层(PFC)相互作用[2]。

最后，近来的模仿 fMRI 研究的元数据表明，下额回尾部有两个分离的功能性部位。第一个部位在脑盖内侧部，这个背侧区域是真正的"镜像"，当进行动作观察和模仿的时候它被激活，在模仿的时候它有很大的活性。第二个功能区域位于脑盖的腹侧部分，这个腹侧区域并不是镜像，因为它不是在观察到动作的时候被激活，而是在模仿的时候被激活。在对照运动作业的时候没有发现激活，所看到的这种对照运动输出是等同于模仿作业的；所以，这个脑盖的腹侧区域似乎不是简单的运动区，相反，是一个特定的、被模仿作业所激活的区。它的功能重要性可能关系到更高的需要，例如用模仿来预测运动输出的感觉后果，其目的是为了把模型的运动匹配到被模仿的过程中去(这个模型就是所谓前馈模型)[2]。

### 20.3.4　人脑镜像神经元系统和语言

有些话题关联到镜像神经元和语言。一个进化上的议题是，镜像神经元可能是人脑语言发育相关神经系统的前驱。这种看法多数是基于解剖学上的同源性，即猴脑 F5 区和人脑后下额回布罗德曼 44 区的同源性，这两个脑区曾经强烈地被认为与语言有关系。一般认为，这种看法支持语言来源于手势表达的进化理论[2]。

还有一种看法，认为镜像神经元的功能作用在于创造一个共同编码、一个等值，例如观众和演员之间的等值，类似于某些言语知觉理论所假定的那种信息发送者和接收者之间的等值。具体地说，像镜像神经元所演示的那种运动结构参与知觉的情况，其首次提示是由言语知觉的运动理论提出来的。此理论建议，语言知觉的对象是讲话者的意向性发音姿势，而不是讲话声音的内涵。近来一系列经颅磁刺激(TMS)及fMRI研究提供了证据，在语言知觉的时候有语言运动区的激活，但此激活是否也为领悟所必需，还不太清楚[2]。

有数个TMS及成像研究调查了语言和运动结构一般共享的神经系统，具体地说，是语言和镜像神经元系统(MNS)的共享神经系统。支持此工作的主要功能框架是具体化的语义学框架。按照此看法，语音概念是自下而上地建立起来的，应用为制定这些概念所必需的感觉-运动代表。作为对此种理论的支持，有证据表明，语言材料的加工过程激活运动区，而相对于身体部分及身体动作的语言材料，诱发代表那部分身体活动的运动区活性。近来的研究显示，运动前区的图像是两方面共享的，一是动作的观察，另一是动作的判定，两者特异性地支持镜像神经元在体现语义方面的关键性作用[2]。

更近来的一项研究用猴做实验，发现了某些镜像神经元的更值得注意的特点。在下顶回(IPL)发现，同一个细胞关联到不同的意向，即在做抓握动作时有区别性的放电。应用食物作为对象，大约受检测的1/3神经元单位，在两种情况下的放电是相等的，一种是抓握以后有接着吃此食物的意向，另一种是抓握为了把它放入容器里面；在其余2/3神经元中，大约有75%的细胞，当猴在吃以前抓握的食物时，放电会更多一些，比之另外一种情况——在把食物放到容器里面去以前抓握食物；大约25%的其余细胞显示相反的型式：当抓握为了摆到容器时，放电频率增加，相对于抓握为了吃。在观察动作的时候，非常类似的型式被记录下来。在这里，存在或不存在食物容器，传送的信号是把食物放到容器里，或者把它吃掉。重要的是，抓握到去吃时放电更多一点的神经元，当猴看到实验者抓握并意向吃的时候放电也更多。也观察到同样型式的镜像神经元，它们在猴子看到抓取食物放到容器时有优先的放电。这些资料表明，MNS并非简单地提供另一个体动作的相对抽象代表，也编码一种关联到观察动作的意向。“意向了解”这个神经机制，似乎是了解其他个体神智状态的基本机制[2]。

另有研究发现，当执行以及观察到进食的及交往性的嘴部动作时，某些F5区神经元放电。存在着嘴动作的镜像神经元，特别是为了交往的嘴动作。这是重要的，它关系到在人类研究中活跃的一个假说成立与否(看下面)。镜像神经元可能为理解另一个人的情绪状态起非常有用的作用，而这种状态倾向于通过脸部表情传递出来[2]。

最后，近来有报道，有的镜像神经元反映了工具应用的动作，其位置在F5区外侧区域。对这种镜像神经元的初始实验报告显示，当猴看到实验者用手抓握一片食物时，神经元放电；但当同样一片食物被实验者用工具(例如一根棍子或一副钳子)抓握时，并不放电。考虑到一个现实，此观察是有意义的，因为猴并不是熟练的工具使用者。然而，有一群镜像神经元近来被鉴定，这些神经元更多地反映了猴看到实验者实施一个用工具的动作，比之实施同样的用手的动作。由于被记录的猴未曾学习运用工具，因此能很合理地推测，这些镜像神经元的反应，是通过视觉经验获得的。反复地看到实验室里一个人在用工具做目标朝向的动作，增强了以下两方面相互之间的关联：一方面是这些动作的视觉方面；另一方面从运动看，是编码猴运动节目单中动作的细胞，这些动作与观察到的使用工具时的动作具有同样目标。这是一个证据，MNS 可以通过经验成型，而且可能支持观察性学习。在人类中，最广泛应用的学习形式之一就是靠模仿。有了镜像神经元的这些生理学特征，下面我们就可以讨论通过脑成像研究人类 MNS 与模仿之间的关系了[2]。

### 20.3.5　镜像神经元系统和模仿与移情

发育行为学资料清楚地显示，模仿行为对于社会认知技巧的发展是关键性的。模仿和社会认知之间的行为关联提示，人类 MNS 在社会认知方面起关键作用。这个问题曾经被一系列的研究加以讨论。第一个 fMRI 研究特异性地探讨了 MNS 在移情中的作用，研究采用的实验程序是观察及模仿脸部的情绪表情。大家都知道，当他们在进行社会互动的时候，人类倾向于自发地互相模仿。这个现象称为“变色龙效应”。如果一个人更倾向于模仿另一人，那么他就更倾向于移情。资料表明，移情的一条途径是通过体现其他人的脸部表情和身体姿势。现在有了镜像神经元在模仿及动作认知中起作用这样一个背景，那么合乎逻辑地就可以假定 MNS 参与了移情的问题。显然，移情也需要情绪加工，因此需要边缘系统的参与。灵长类的 MNS 和边缘系统在解剖上是通过脑岛相连接的。所以，由 MNS、脑岛、某些边缘结构连成的大尺度网络，应该会提供对其他人移情的能力，通过其他人的代表及动作的“内部模仿”(脸部表情、身体姿势)。的确，移情活动中关于 MNS 作用的 fMRI 研究展示，当观察到及模仿情绪脸孔的时候，整个镜像神经元区网络、脑岛和杏仁核，都激活起来了。此外，在模仿时整个网络活性都增加，如同在镜像神经元区典型地观察到的那样。这个发现符合一个观点，即镜像神经元也可能调制此网络中其他脑区的活性。其他研究支持了关于镜像、移情的感觉-运动性质的观点[2]。

### 20.3.6　镜像神经元的活动与意向

社会互动的一个关键方面是那种能够了解其他人神智状态的能力。早些时候，有人建议镜像神经元不仅编码另一个人的动作，也编码他人的意向。近来的 fMRI 研究展示，如果动作是埋藏在不同的背景下，则人类镜像神经元区对观察同一抓握动作的反应是有差别的。这个不同的背景提示了关联到抓握动作的不同意向，例如是去饮水还是去洗涤。这是一种证据，MNS 编码的不仅仅是动作(例如一个抓握)，也关联到抓握的意向(例如抓握为了饮水)。所以，镜像神经元似乎是了解其他人日常生活意向的一个关键性神经因素(图 20 - 4)[2]。

### 20.3.7　镜像神经元活动的调制

近来另一个令人感兴趣的发现是当观察社会互动时，关联到镜像神经元区活性的调制。在 fMRI 研究中，受试者观察一段视频，该视频描述人与人之间的日常互动。这段视

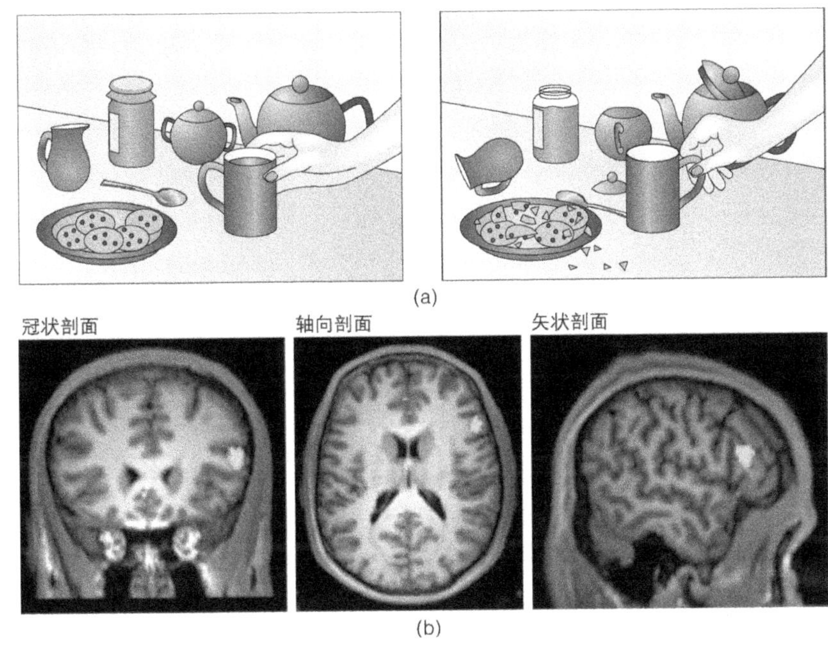


**图 20-4**　抓握的意向和镜像神经元

观察埋藏在两个不同背景之下的抓握动作。(a) 提示两个不同的意向(左侧：饮水；右侧：把杯子洗干净)，引起右侧后下颞回镜像神经元区的差别活性(饮水的反应要大一些)(b)。这显示镜像神经元系统并不简单地编码观察到的动作——"抓握"，而是编码与意向相关联的动作(那就是"抓住饮水")。(图引自[2])

频是这样构造的：其中有一段描写一个参与者在做日常的事情，例如烧菜，或在计算机上工作；有一段描写同一参与者与另一个参与者在互动。当观察社会互动时，镜像神经元区的活性增加。从原理上讲，活性的增加可能简单地由于有两个人同时在活动，比之一个人单独活动；但也有可能这个增加的活性反映了协同作用的编码，这种协同典型地发生在社会互动中[2]。

### 20.3.8　镜像神经元活动与自我认识

最后，近来的 fMRI 和 TMS 资料也表明，人的 MNS 在自我认识(self-recognition)中起作用。经过镜像神经元而完成的模仿另一个人到自我的过程，也可能被个体("感知的"自我)用来考虑自己的图像(picture；"感知到的"自我)。事实上曾有人显示，即使静态的图片似乎也可以激活 MNS。这些神经资料可能为发育资料提供了功能性解释，发育资料显示自我认识和模仿之间有功能性的关联。把几个互相不熟悉的 19 个月大的儿童，按照是否有自我认识能力进行配对，模仿更多地发生在具有自我认识的一对儿童当中。这提示，自我感觉的发育与由模仿所提供的社会互动技巧这两者之间存在关联。用神经术语讲，这种功能性的关联可能由镜像神经元提供。某些其他的成像资料符合一种观点，即人类的 MNS 更加活跃，当观察到的演员和观察者是互相类似的。例如在跳舞的人群中,MNS更加活跃,当一个舞蹈者看到另外一个舞蹈者正在跳他最熟悉舞蹈的时候。此外,当一个人看到另一个人活动的时候,人类的MNS更加活跃,而不是看到猴或狗活动的时候[2]。

### 20.3.9　镜像神经元的发育

对积极的目标朝向的眼球运动的研究发现,12个月大的婴儿就会预测另一个人的动作目标。同样,有两项研究演示,人类婴儿模仿别人脸部和手的姿势。婴儿的这种早期预测性能力及模仿性行为是否都由镜像神经元支持,没有被证明,但这似乎不是不可能的。有趣的是,近来研究展示,人类的早期模仿性行为并不是独特的。黑猩猩婴儿和猴婴儿均显示类似于人类脸孔和手姿势的模仿性行为,这样就提供了间接的行为证据:在灵长类生命的早期,存在着功能性的MNS[2]。

近来,小于11岁儿童的脑电图研究显示,当执行和观察手动作的时候,$\mu$节律被压抑。$\mu$节律的压抑被认为是脑中央区运动激活的一个指标,而动作时$\mu$节律的出现被看作镜像神经元活性的可能指标。用近红外光谱学(near infrared spectroscopy,NIRS)方法研究更年幼的人群(6～7个月婴儿),让婴儿看真人动作以及电视屏幕上显示的动作。在成年人脑内,真人动作典型地给出更强的反应,比之看显示屏上的动作。婴儿的NIRS数据也显示类似的活性型式。在两种条件下,运动区都被激活,看真人动作及看电视机上的动作都有反应,但真人动作引起更大反应。EEG和NIRS资料提示,在生命早期,MNS就行使功能了。然而这些资料并不表明MNS在发展社会能力方面具有什么样的关键性作用。在典型发育的10岁儿童身上做fMRI研究,让他观察及模仿脸部表情,研究发现,MNS的活性与移情性的关心和人际间的能力有关系。这个相关强烈地支持一种假说,即MNS是社会认知的一个关键的神经元系统。与发育资料相一致,近来成年人的fMRI资料也显示,听动作声音时的MNS激活和移情作用之间存在着相关[2]。

### 20.3.10　镜像神经元系统功能障碍的后果——自闭症

根据镜像神经元的生理学特点,人类MNS和模仿之间有关联,模仿在社会认知中起关键作用。高度可能的是,MNS的功能障碍可能导致社会行为缺损。曾经有这样的看法,模仿减少可能是自闭症的一个关键缺损。此外,曾经有建议,自闭症是一种社会隔离的疾病,它的关键、核心缺损源自MNS的功能障碍。此假说又有进一步发展,因为有提示认为,通过具体化的模拟机制,MNS使得其他人的行为模型化,也就是说,身体状态的内部代表与动作和情绪发生关联。具体化的模拟可以提供一种"意向性的协调",这是对别人的直接形式的经验性了解。如果MNS受损,将排除这种经验性地了解别人的能力,导致社会性的缺损及自闭症[2]。

可能由于直观的吸引力,近年来自闭症的MNS假说曾经反复接受了检验,应用了不同的技术和不同的途径。形态测定研究展示,与典型发育的个体相比较,带有自闭症谱系障碍(ASD)的病人,其 MNS 区有结构上的异常。基于模仿嘴唇运动的脑磁图(magnetoencephalography,MEG)资料显示,Asperger 综合征病人模仿时的核心神经回路活性的时间进展,与正常、健康的对照人群相比较,变得缓慢下来。这种延迟的时间进展可能反映了形成 MNS 的脑区和它的视觉输入之间功能连接的缺损。此外,也有 ASD 病人视觉区和下额叶镜像神经元区之间,以及在额区和顶区之间具有异常功能连接的某些证据[2]。

如果把 ASD 病人与健康对照人群相对比,动作观察的脑电图资料显示,病人的 $\mu$ 节律受压制;TMS 资料显示,动作观察时的皮层-脊髓易化减少。此外,近来的 fMRI 研究显示,ASD 病人进行手指运动模仿时,其 MNS 活性减少。所有资料支持了一种观点,即患 ASD 成年人的 MNS 可能受到损害。然而,已经知道这些研究中所使用的作业主要是运动作业,所以社会情绪领域的问题还没有经过直接检测[2]。

近来的 fMRI 研究直接测试了 ASD 儿童的 MNS 功能。当孩子在做社会镜像作业时,孩子的观察、模仿展示了基本情绪的脸部表情。研究发现,当孩子模仿以及观察脸部的情绪表情的时候,与典型发育正常的儿童相比较,ASD 孩子展示了 MNS 活性减少。

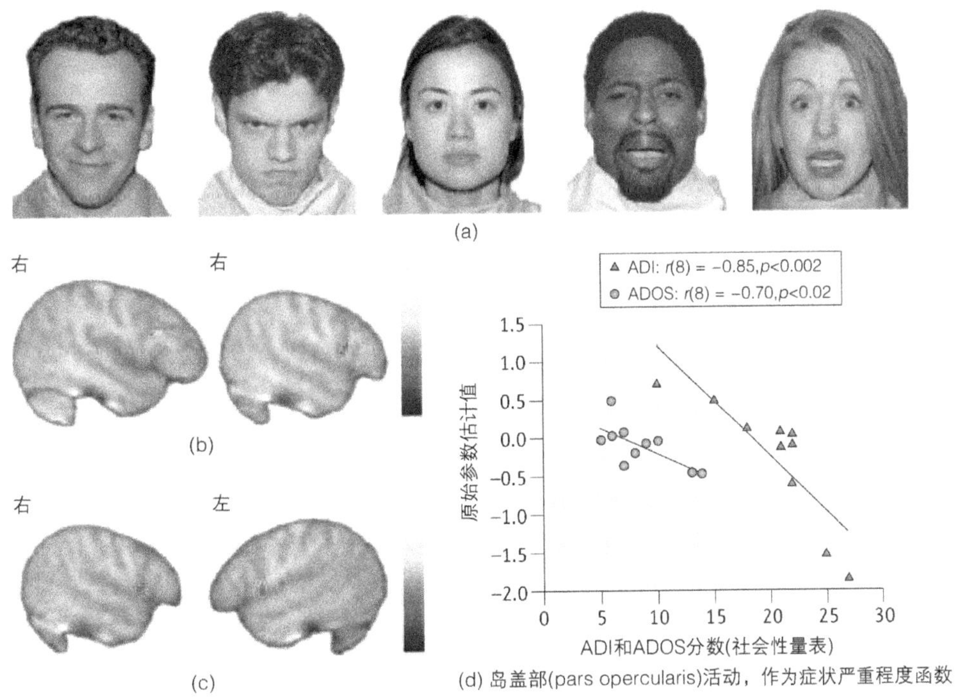


**图 20-5** 人类镜像神经元系统与自闭症(彩图见图版第 74 页)

让他们观察或模仿脸部的表情时,典型发育正常儿童与自闭症儿童的 fMRI 研究(a);与典型发育正常的儿童相比较,自闭症儿童展示其位于下额回盖区额叶 MNS 区的活性减少。更进一步,这个活性还关联到疾病的严重性,其判定方法是运用广泛采纳的临床量表(Autism Diagnostic Observation Interview,ADI)(b);及自闭症诊断观察表(Autism Diagnostic Observation Schedule,ADOS)(c);比较结果为,疾病程度重的,其 MNS 活性低(d)。(图引自[2])

此外，对 ASD 儿童镜像神经元区活性的测量表明，如果作业关联到疾病的重要性（重要性是按照广泛应用的临床量表来判定的），则所得资料强烈地支持了一个看法，即镜像神经元的功能障碍是自闭症中的核心缺损，从而提示，社会镜像作业时的镜像神经元区活性，可以是 ASD 病人缺损程度的有效生物学标志物（图 20－5）[2]。

新出现的工作结果提示，模仿可以被用来作为处理儿童自闭症的有效方法，这些工作包括 MNS 在自闭症中的作用以及 MNS 和模仿之间的关联。的确，行为资料似乎早就支持了这个假说。在一项研究中，有两组患有自闭症的儿童和成人互动，成人仅模仿一组小孩的动作。动作被模仿的那一组小孩，在后一轮测试中发动社会互动的倾向较强；另一组儿童仅与相关成人有偶然的互动，而没有模仿[2]。

## 20.4　镜像神经元系统研究的展望

虽然镜像神经元的发现是近年的事，但这个发现已经鼓舞社会和认知神经科学以及疾病的神经生物学方面许多的研究计划。复杂的社会认知最后有了基础，至少是部分的基础，可以用电生理学方式加以界定。自闭症的镜像神经元假说，可能对这种疾病情况提供了进一步的认识，并鼓舞了新形式的干预和治疗方法[2]。

除了研究计划早已确定的以外，计算神经科学和系统神经科学之间的合作联系将可能提供对 MNS 的进一步认识。我们现在已经有了一系列 MNS 活性的标记物，从单细胞放电到脑电节律。但这里提出了一个问题：这些标记物到底有多少特异性？计算模型可能帮助澄清不同程度的特异性：作为 MNS 活性指标的锋电位、不同程度的局部场电位（LFP）、BOLD 信号、$\mu$ 节律压抑等。此外，在猴里面，镜像神经元的研究采用深埋电极，而对人类大部分用的是 fMRI。所以，加强研究计划是重要的，应当把锋电位活性和 fMRI 结合起来，而且既在人体，也在猴。同样重要的是，要研究 MNS 的个体差别。MNS 在亲近的社会形式以及在除自闭症以外的社会行为中起什么作用？对此也要研究。是否有可能，MNS 的功能过高也可能导致某些症状？像在精神分裂症里典型地看到的，例如对别人神智状态的过度归因（hyper-attribution）。最后，应该研究形成 MNS 与 MNS 以远神经结构之间相互作用的可能性。例如，一个关键的问题是，MNS 如何受到调节与调制，从而压抑不需要的模仿，或者创造一系列模仿运动的动作，成为复杂形式的模仿。猴脑中的一个候补脑区是额叶内侧壁的 F6 区，此脑区强力地连接到 F5 区，而它的人类对应物是前辅助运动区。目前研究中的工作假设之一是，这些脑区里面存在着“超镜像神经元”，它可能潜在地调制 MNS 活性。确定 MNS 如何与神经系统其他部分相互作用，而这些系统看来是关键性地为社会行为所需的（例如脑的中线结构，它属于默认状态的神经网络），这将是推进我们了解社会隔离疾病所必不可少的，其中自闭症是关键的例子。MNS 的研究早就提供了令人振奋的暗号，关系到作为社会行为基础的神经机制，而且告诉我们强有力的、有关疾病神经生物学的了解。这些疾病影响了社会，例如自闭症[2]。

## 20.5 社会认知与脑区的相关

社会互动是人生的奠基石，但是对实现这种认知的神经机制知道得很少。近来有些研究整合了神经科学和社会心理学研究途径的材料，开始能够阐明这些过程。汇聚的神经成像研究证据提示，内侧额叶皮层（MFC）有独特的作用。本章回顾把社会认知与MFC相关联的新近文献；并在解剖学和功能特征的基础上，对此脑区建议一个理论模型，即MFC与社会认知不同方面的加工功能相关[5]。

社会认知包括这样一些能力：能够了解他人的社会态度或反应，并作出合适的反应[6]。

人类如同许多其他动物种一样，其生存依赖于有效的社会功能。社会技巧易化了人们维持生计、从攻击中得到保护、找寻配偶的途径；社会方面干练的个体倾向于生活得更健康、更长久。与其他动物物种相比，人类社会互动无比复杂：内部躯体状态的代表、关于自我的了解、对他人及个体间动机的了解，这些都需要仔细地协调起来，以支持技巧性的社会功能。这套复杂过程被广泛地称为社会认知。近来，社会认知被认为关联到一个脑区神经网络的活性，其中包括MFC（为方便起见，本章的MFC包括了前扣带皮层，ACC）、颞-顶接头区、上颞沟及颞极。研究提示，MFC在社会认知中起特殊作用，而网络的其他区域则仅具有一般性的功能。然而迄今为止，对这种特殊作用之功能意义的了解并不充分[5]。

社会认知曾经从各种不同的理论角度及方法学前景被研究过。在行为科学方面，社会心理学家研究自我（self）如何动态地互动，以及社会群体的了解结构（例如模式化的概念）如何能够通过意识和无意识的机制影响行为。虽然社会心理学家已经发展出一套丰富的理论和方法学框架来考察、了解社会认知，但直到近来他们才开始考虑其神经底物是什么。神经科学家同时也在社会认知的不同方面开展研究，探寻哪些相关的神经结构支持独特而协调的作用。开始时，有关社会认知的神经科学探讨多来自对病人的神经心理学研究。更近来，非侵入性神经成像方法例如fMRI，允许神经科学家在正常有功能的人身上探查社会认知现象的神经相关。由于这些发展着领域的作用，社会心理学家和认知神经科学家开始互相交叉，进入社会认知神经科学这一领域。虽然他们源自不同的理论和方法学，而且经常讲的是不同的科学语言，但他们有一个共同的目的，就是了解脑和社会神智之间的相互关系。本章希望整合理论与神经科学及社会心理学的研究，目的是为了把研究工作放到更宽广的框架上，而且促进科学领域之间的协同[5]。

为了了解MFC在社会认知中的作用和建议理论框架，我们考虑关于MFC功能区近来研究3个方面的、范围广泛、形式不同的分类证据。第一类材料涉及调控及监测作用，典型地关联到背侧ACC活性，虽然曾有某些建议认为，前辅助运动区（preSMA）也起作用。第二类资料关系到惩罚和酬报作用的检测，这联系到眶皮层的作用。第三类资料关系到反省、个体知觉、作出对另一个人思想的推论，这些都曾经被关联到一些脑区的作用，从ACC直到前额叶极，最典型的是位于两个区之间的转变脑区——旁扣带皮层。在整个讨论中，我们把MFC看作为包括所有这些脑区。本章将先介绍人类MFC的解剖学亚区，以及它和其他脑区的相关连接，主要是根据对猴脑的解剖学研究。然后将回顾一些研究报告，它们报道了 MFC 在某些作业中的选择性激活，作业有动作监控、后果监控、自我了解、个体了解以及揣度(mentalizing)。所选材料局限于对正常成人的研究，而且是应用通常的神经成像方法，例如 fMRI、PET 以及脑电图(EEG)。然后，本章建议一个理论性框架，用它来解释所观察到的激活型式，通过这种型式说明 MFC 支持一个一般性的机制，此机制是用来整合可能作用及预见后果的复杂代表，并且提示，这种整合特别与社会认知领域有关[5]。

### 20.5.1　内侧额叶皮层的神经网络连接

内侧额叶皮层(MFC)包括布罗德曼区(BA)的 9、10(内侧区)、24、25、32 区，以及内侧眶皮层的 11、14 区(图 20－6)。多数 MFC 的投射是内源性的，或者牵连到邻近的前额叶脑区。至于说更远侧的连接，眶额叶皮层(OFC)的内侧区和外侧区是不同神经网络的组成部分。与外侧区相比，OFC 的内侧区接受少量的感觉相关输入，内侧区的主要传入来自背外侧前额叶皮层、颞极、前上颞回、顶-颞皮层及后扣带回皮层[5]。

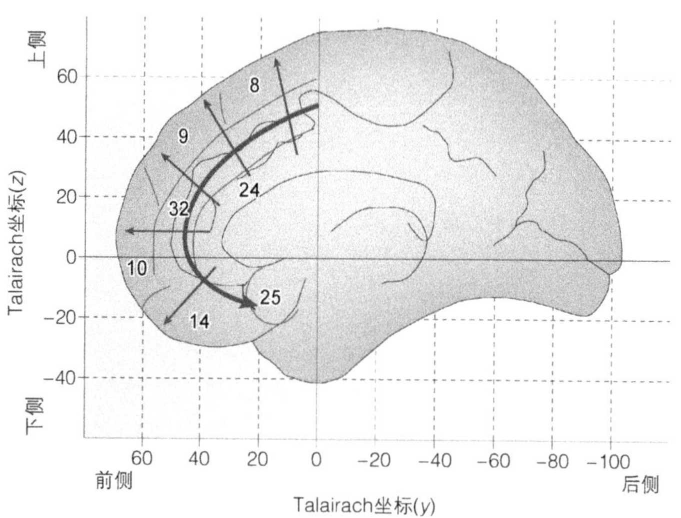


**图 20－6**　内侧额叶皮层的解剖学研究发现连接的两条主轴

第一条轴用沿胼胝体的膝弯曲的粗箭头表示。更上面的脑区(BA 8、9)及前扣带回的更上面部分，它们与外侧前运动皮层、辅助运动皮层及扣带运动区域有强的神经连接；而最下的脑区和嗅皮层有强的连接。第二条轴用几条细箭头表示，与第一条轴成直角。沿第二条轴，扣带回脑区和杏仁核有强的连接，比之更背侧的额极区。(图引自[5])

内侧前额叶区有两个不同的轴，沿着轴的连接型式是各不相同的(图 20－6)。第一条轴沿着胼胝体膝弯曲(图 20－6 的粗线)，沿着它，多数下尾侧脑区(BA 25、24 和 32)与嗅皮层有强的连接，这是与它邻近的更嘴侧脑区(BA 14、32 和 10)比较而言的。内侧前额叶皮层(mPFC)的最上部分(BA 9)仅与嗅皮层有少量连接；相反，它与外侧前额叶皮层、辅助运动区和扣带运动区有强的连接。ACC 的更上及更尾侧部分(BA 24 和 32)连接到前运动皮层。第二条轴的走向与第一条轴成直角,它区分了扣带区与额极区(图 20－6 中的细箭头)。杏仁核有强的输入来到扣带皮层(BA 24、25 和 32),但与额极区(BA 9 和 10)仅有弱的连接。不同轴有区别连接的证据也反映在丘脑与 mPFC 的连接上[5]。

关于 MFC 连接知道得很少,并且这一点点知识都来自猴的研究。虽然在人类和猴中都可以鉴定到同样的构筑区,但是相对于猴来说,人类的额极区(包括 BA 10 和 32)大大扩展。相对于大猿,此区在人类是否也一样扩展,对此仍有争论。显然,把连接学的发现从猴应用到人的时候一定要小心。然而,近来对人脑 PET 来源的功能连接材料的元分析,支持了人类内侧前脑区上、下和尾、嘴轴的区别。从近来发展的弥散投射作图技术所得到的结果也提示,人和猴前额叶皮层(PFC)的神经连接有相当多的类似性[5]。

### 20.5.2 内侧额叶皮层的功能区分

在人类研究中,功能区分可以由不同作业如何激活 MFC 而加以判别。MFC 的最后侧脑区含有一个或多个扣带回运动区,它们有区别地参与手、眼和嘴的运动,而此区的活性直接与行为反应速率相关联。L. Koski 和 T. Paus 提示,ACC 尾侧和嘴侧的区分可以在 Talairach 坐标* $y=10$ 的垂直平面上界定(图 20－7,a 线)。ACC 更后面的尾侧区

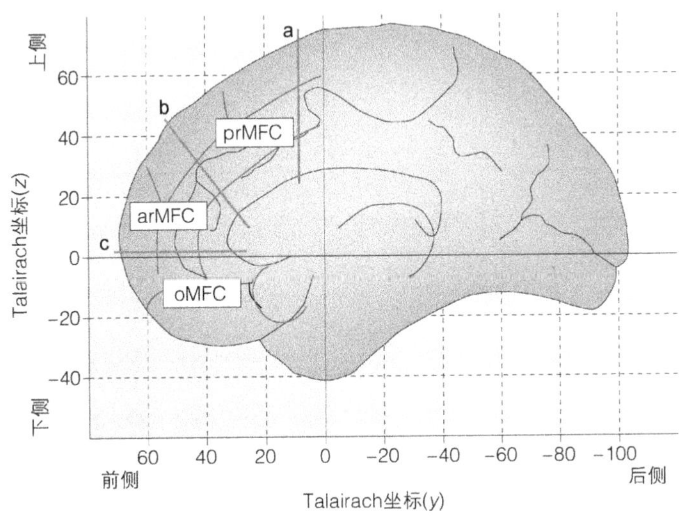


**图 20－7** 内侧额叶皮层的功能分区

对 MFC 上作业相关神经激活脑区的元分析。分析发现了关联到认知或情绪过程的功能性区分。嘴侧 MFC 的更靠后区(prMFC)可以被认知作业所激活,例如指定受试者参与动作监控及注意。与此相对比,嘴侧 MFC 的更靠前区(arMFC)可以被情绪作业所激活,例如叫受试者评级图片上一个人不同程度的情绪反应。a 线表示 prMFC 和尾侧 MFC 之间的分界线,b 线隔开了 prMFC 和 arMFC,c 线表明 arMFC 和眶 MFC(orbital MFC,oMFC)的分界线。oMFC 曾经被认为关联到监控与惩罚或酬报有关的作业后果。为本图需要,MFC 包括前扣带皮层(ACC)。(图引自[5])

* Talairach 坐标是临床用的脑立体定位仪的三维坐标。

(posterior region of the rostral ACC，prACC；采用 B.N. Picard 和 P.L. Strick 的命名，但有时也被称为背侧 ACC)曾经被认为与“认知”作业(例如注意及误差监控)有关联，而在嘴侧 ACC 更前面的区(anterior region of the rostral ACC，arACC)被关联到“情绪”作业(例如评级图片的快乐程度)。在对观察 MFC 激活的研究进行细致元分析的基础上，有作者证实了认知和情绪之间的区别，而且鉴定出提供最大分辨的界限，这就是图 20-7 里面的 b 线。作者们提示，有第 4 个区，即胼胝体下区，在 Talairach 坐标的水平面为 $z=2$，大约接近 ACC 分裂的地方，即上扣带回 BA 24 和 32 及下扣带回 BA 24 和 14 之间。对 PET 研究的元分析提示，下扣带回的激活关联到自主性和内脏性方面的情绪反应。下面我们将更仔细地考察广阔范围的实验作业，由这些实验作业曾经发现额叶皮层内侧壁不同分区的激活。根据这些实验发现，我们推测这些脑区所实施的过程。在聚焦讨论独特的、被认为是属于前嘴侧 MFC(anterior rostral MFC，arMFC)(包括旁扣带回皮层)的社会认知性功能之前，我们先特征化(characterize)跟位于沿尾-嘴轴 arMFC 侧旁脑区有关联的神经过程，目的是为最后讨论 arMFC 的功能而提供理论和解剖学的背景。下面讨论的、能引起脑活性的不同研究工作所报告的脑解剖位置，显示在图 20-8[5]。

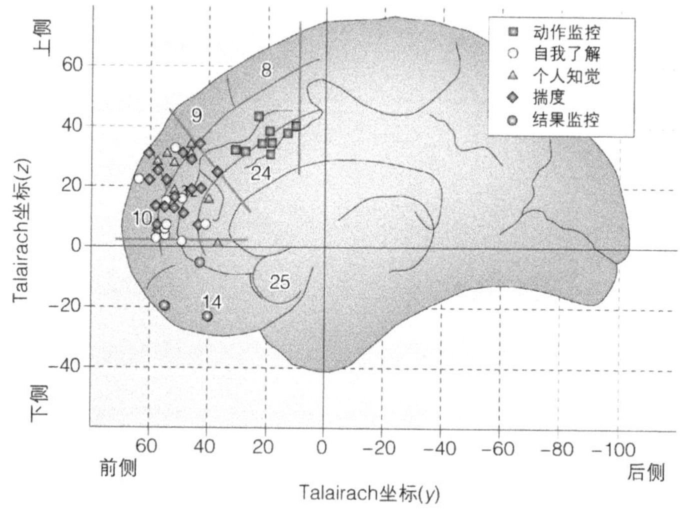


**图 20-8**　动作监控、社会认知及后果监控时观察到的内侧额叶皮层激活作图(彩图见图版第 75 页)

对于内侧额叶皮层(MFC)激活的元分析，提示社会认知作业激活前嘴侧 MFC(arMFC)。认知作业包括自我了解、个体知觉、揣度。与此不同，动作监控作业的激活，发生在 MFC 的后嘴侧区(prMFC)。还有，监控后果作业的激活，发生在眶 MFC(oMFC)。(图引自[5])

### 20.5.3　嘴侧内侧额叶的前区

MFC 前嘴侧部(arMFC)的位置在前面讨论过的 prMFC 和 oMFC 两个脑区之间，这提示它可以接近关于作用和后果两者的信息。然而，这个特征化似乎还不足以解释激活 arMFC 作业的广阔范围，arMFC 作业的激活范围大致包括彼此不同的 3 类：① 自我了解(knowledge);② 个体了解;③ 揣度(mentalizing)[5]。

### 20.5.4 内部监控动作:arMFC的后区

好些研究都发现,后嘴侧MFC(prMFC)被指认参与了连续的内部监控动作。人类连续地监控自己的活动,以保证活动是符合其意向及当前背景的。在一些条件下,动作监控特别重要,包括反应冲突的那种情况,例如在Stroop颜色命名作业时,或者在需要反应抑制时。这种冲突典型地引起反应误差的增加,而且涉及比较慢的、更加受调控的反应形式。神经成像方法以及事件相关电位(ERP)方法的研究认为,动作监控过程与MFC的活性相关联。有作者报道了对功能成像研究材料的广泛元分析,包括动作监控作业的3个不同材料:① 优势的反应一定要被抑制;② 反应并不完全取决于作业相关性;③ 允许有误差。这些研究所观察到的活性一般都在prACC(平均Talairach坐标为3,19,35)成簇。在有的研究中作者报道,让受试者对有时伴有关联到错误反应的分心刺激的靶刺激进行分类,因此这个作业引起冲突及误差。此作业中的反应误差反映了意向和行为之间的冲突。结果,这种作业引起一个ERP成分,该成分被定位于ACC。往后的研究显示,误差相关的负电性(error-related negativity,ERN)大多在以下情况时比较大:当刺激冲突高时(比之冲突低的时候),当误差导致钱财损失大时(比之小的时候),以及当误差表明存在着不合适地应用社会模式化观念的时候[5]。

这些发现提示,冲突监控、误差监控及反应选择,可能取决于一个独特的、依赖prMFC的相关过程(但是文献上还有别的看法)。例如,近来的研究强调在动作选择方面作出判断的作用,也就是说,强调选择一个动作而不是另一个动作的机制。如果有一个选择的机会,我们会选择预计可以导致更好后果的动作,因此选择需要不同动作之预计价值的代表,对不同动作的后果也需要进行连续监控,以便于更新预计的价值。有几项研究探讨了与动作选择有关的预测以及监控过程。有作者看到,当受试者监控自己选择的动作的后果时,prMFC(0,18,36)* 有活性出现;但是当他们监控外部引导的动作后果时,看不到这种活性。另有作者报道,prMFC(0,22,42)的活性关联到有关货币收益预计概率的逐次测试。有报道说,prMFC的一个类似区(0,24,33)的活性与懊悔相关联,所谓懊悔也即发现一个未经选择的动作导致更好一点的后果。最后,有作者报道了prMFC(8,33,33)的激活关联到预测误差的概率。这一组发现符合以前的一些提示,就是prMFC参与加工模糊反应的反馈过程。把上述情况总起来看,文献提示,为调节行为,prMFC参与代表且不断地更新将来可能有作用的价值[5]。

### 20.5.5 后果的价值:内侧额叶皮层的眶区

传统上,眶额叶皮层(OFC)曾经被指认加工关系到酬报和惩罚的信息。R. Elliott等提议,基于学习和博弈作业的神经成像研究,OFC的外侧和内侧部有不同的作用。他们

* 此处(0,18,36)的表示,采用Talairach坐标,以后同。

得出结论说，OFC 参与监控刺激和反应酬报的价值，其中外侧 OFC 在某种情况下有特别的作用，这种情况是指前面一个酬报刺激一定要受到压制。这个特征化与上述关于后嘴侧 MFC 作用的描写互为补充。可以认为，不同于后嘴侧 MFC(prMFC)参与监控行为是根据动作的可能价值，oMFC 指导行为是根据后果的可能价值。支持这种特征化的根据是，有研究报道，MFC 的眶区(oMFC；平均 Talairach 坐标为 -4，52，-6)除 prMFC 以外，其他部分关联到预测增益的概率。有研究发现，oMFC(12，54，-22)的活性而不是 prMFC 的活性，是由于需要监控外部指导动作的结果而被引起的。作者们猜测，因为动作并不需要受试者选择，所以这些动作与价值是无关联的，从而 prMFC 也不被激活。此外，有作者发现 oMFC(-10，40，-24)的活性关联到预计与决断有关懊悔的量。对 oMFC 病变病人的研究，支持了此脑区有这种特征化的作用[5]。

总起来看，这些结果符合一个观点，即 oMFC 代表而且更新将来可能后果的价值，如同 prMFC 代表和更新将来可能作用的价值一样。这些特征化与解剖学上这些脑区的连接是相一致的。那就是，oMFC 主要连接感觉联络区，而 prMFC 主要连接运动区。这些特征化也跟有关动作和酬报的类似的纹状体功能差别相一致，这些部位与额叶皮层的后面或前面脑区有功能定位性的连接[5]。

### 20.5.6　揣度

为了参与一个成功的社会互动，你一定要认识有独立经验意向的其他人，可能还包括一些隐秘的动机。这种代表另一个人心理视角的能力，被称为揣度，它需要神智理论(图 20-9)[5]。“神智理论”认为别人也是有神智的，这是一种推测。因为每个人只能知道他自己的神智，所以关于别人有神智是一种推测。揣度允许我们预测另一个人的行为。初始的研究考察了揣度的神经相关，当受试者读一个关于社会互动故事的时候，看到了特征性的网络激活，包括颞-顶连接点、上颞沟、颞极、后扣带回以及 MFC。已经研究过不同的揣度作业，包括对故事及卡通的理解力，让受试者看实时互动，在这些作业中都一致地看到 MFC 激活，主要是 arMFC 脑区[5]。

在社会心理学文献中，决定一个人行为原因的过程(例如他们的信仰、知觉或目标)被称为属性。属性研究所回答的问题是：我们如何知道一个人的行为反映了他们的倾向性或者他们的处境？当然，属性更多地有关个性与决定个人行为环境的互动，揣度更多地有关猜测另一个人当前的了解和意向。近来有关属性过程的 fMRI 研究发现，对属性信息的清楚判断与 arMFC(5，50，0)的激活有关联，与典型揣度作业所用的脑区相同[5]。

有人区分了两种意向。一种是读出他人内在的私人意向(例如，换一个灯泡以方便阅读)，另一种是参与社会互动的交流意向(例如，显示一张图，希望指出方向)。他们声称，只有交流意向的读出，才关联到旁扣带皮层的活性；而私人意向的读出则激活 ACC 本身。另有作者也观察到同样的区别：受试者观察一段视频，视频中的人正在举一只箱子。在第一个研究中，视频中人所举箱子的重量是欺骗性的。当受试者根据视频中人举物的动作进行判断，认为视频中人有一个虚假信念(这导致关于如何举起这只箱子的一

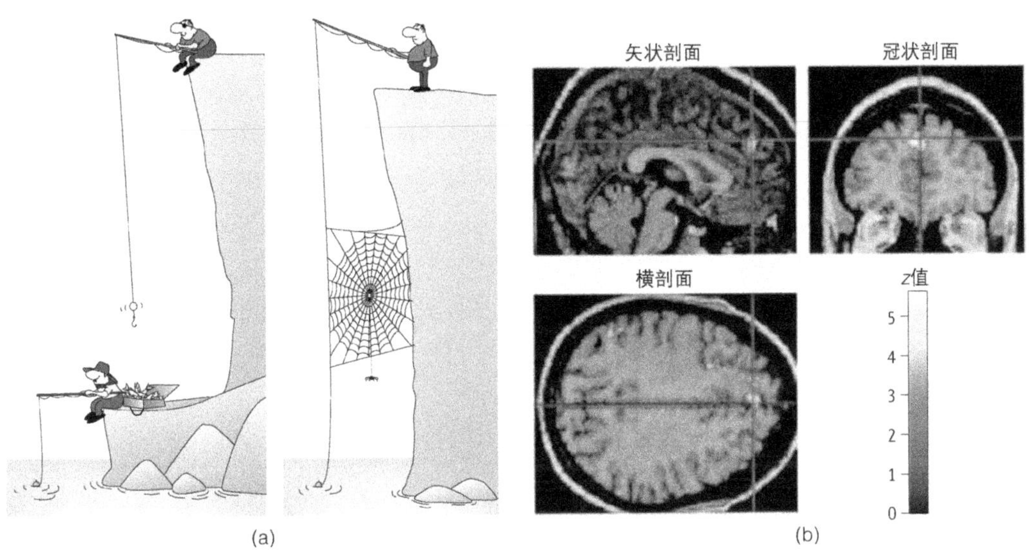


**图 20-9** 演示神智理论观点的卡通(彩图见图版第 75 页)

(a) 左边的笑话依赖于正在偷鱼人的欺骗,右边的笑话并不涉及神智理论。在脑成像上把这两类故事加以比较,显示出内侧前额叶皮层(mPFC)的激活。如小图 b,它显示单个受试者的脑激活。(图引自[5])

个私人倾向)时,在 prMFC(-2,26,56)看到更大的活性。在另一个研究中,视频中人有时候试图欺骗观察者,假装箱子比它真正的重量更重或更轻些。当判断视频中人在欺骗时(这是交流意向),较大活性出现在 arMFC(-8,42,20)。因此,与前面所提出的亚区描述相一致,私人意向引起的活性在 prMFC,而交流性意向引起的活性在 arMFC[5]。

上面所讲的引起 arMFC 活性的各种作业,都涉及思考另一个人的心理属性,不管这个人就是自我,还是另外一个人,也不管是属于性情的判断,还是属于神智状态的判断。然而,还有关于脑区进一步区分的暗示。设想一个不熟悉的人和他的一个简单动作,会激活 prMFC 的下边缘和 arMFC 的最上区。相反,设想另一个熟悉的人则更多激活 arMFC 的下区和上区,以及 oMFC 的上边缘。这种区分是否关联到后果与动作之间的区别呢? 人们可能对不熟悉的他人会如何做有一些想法。我们经常可以根据环境预测动作,而不需要知道他是哪一类型的人。相反,预计人是怎么会感觉的,可能更多地依赖于知道他的某些熟悉方面。所以可以推断,此脑区的更上面部分更多地参与动作,而更下面部分更多地参与感觉和后果。这种区分当然是适当地参考了邻近脑区的可能功能,例如 prMFC 关系到动作,oMFC 关系到后果[5]。

### 20.5.7 揣度作业

揣度(或者神智理论)的脑成像研究应用了许多不同的作业。例如,给予听故事,像下面 Max 的例子;或者给予一段演示类似故事的卡通片,但是不给予文字解说。然后要求受试者解释那个主角的行为,或者选择合适叙述的终止。在另一些研究中,让受试者被动地看简单物体的卡通片，这些物体是运动着而且相互作用的，从而自发地产生神智状态的属性。再有一些研究，受试者在一个竞争性或协作性游戏中(例如“石头-剪刀-布”)，实时参与和另一个人的互动，在这种游戏中，成功者需要读出另一个人的意向。令人非常惊异的是，当与适当的对照作业对比的时候，所有程序作业都引起 MFC 的活性[5]。

J. Kosterhale 和 R. Saxe 认为，应该把“预测编码理论”延伸到神智理论。“预测编码理论”认为，神经系统能够对传入信息作出前向预测。神经信号所携带的信息不仅有关当前觉察的刺激，也包括观察到的刺激与预计刺激之间的差异[7]。

#### 20.5.8　Max 的故事

故事内容：

> Max 吃巧克力糖吃了一半，把另一半放在厨房的橱柜中，然后到室外去玩。此时，Max 的妈妈进入厨房，打开橱柜，看到了巧克力糖。她把巧克力糖放进冰箱。当 Max 回厨房的时候，他到哪里去找他的巧克力糖，是去橱柜，还是去冰箱？[5]

揣度是需要回答这样一个问题的认知过程。我们要认识，Max 的行为将取决于当时他神智的内涵，以及他认为客观外部世界是什么样子，而不是真正外部世界的状态。我们必须认识，他并不知道妈妈是否动过巧克力，因此他虚假地认为，它仍然在橱柜里面。这样，故事就是第一级虚假相信(Max 所产生的虚假信息)。如果 Max 曾经回到家里去过，当时他妈妈正在动巧克力，Max 进到厨房偷看，那么，他妈妈将会有第二级虚假相信。她将要虚假地相信，Max 相信巧克力是在橱柜里面。揣度联系到有关另外一个人意向及愿望还有信念的思考(图 20－9)[5]。

### 20.6　自我了解(评价)

苏格拉底用一句名言来要求他的追随者：“你们要知道自己”。现代心理学提示，这件事情说起来比做容易。所谓自我是一个复杂、动态的东西。为了科学研究目的，这个现象常常难以被操作化。从最基本水平看，自我评价包含一种区分自我与其他对象的能力，而且评价有关自我的偏爱和属性。有关自我的神经成像初始研究，要求受试者决定，具一系列特征的字是否适用于他自己。根据几个研究报告，评价自我相关特点被显示可引起 arMFC 的活性。C.N. Macrae 等扩展了这个基本发现，给受试者一个惊异的、关于特征字的认知测试。某些受试者以前是按照与自己的相关进行判断的。当初始看到的时候，与 arMFC 活性增加相关联的字，更可能是被记忆的东西[5]。

#### 20.6.1　内侧额叶皮层静息状态激活的意义

在涉及自我判断的实验性作业中，经常有报道，BOLD 反应低于基础情况，即出现

BOLD降低的情况(参看14.5.1)。例如,R.L.C. Mitchell等显示,自我相关判断比其他相关判断,在MFC上引起较大的活性。但是,自我相关判断并不引起比基础条件更多的活性,自我相关判断并不引起比被动地注视交叉头发的图像那种基础条件更多的活性;相反,其他相关判断却出现相当程度的、相对于基础活性的减少。在几个认知作业中,例如工作记忆,也看到内侧前额叶皮层(mPFC)的BOLD信号相对于静息基线的减少。这有点令人奇怪,但常常会看到的型式引出一个问题,即关于基础情况的性质。当受试者简单地被要求处于静息时,是什么样的认知过程参与其中?有些理论家提示,静息基础状态反映了促进自我反省的思想,或者说社会的"白日梦"。A. D'Argembeau等提供了对于这种猜想的直接证据。他们证实,在静息时,自我参考的思想真的会发生,同时MFC活性(用PET测量)与自我参考的量相关联[5]。

看来似乎有可能,基线状态的、不受拘束的静息,有可能引发某些类似的认知过程,而且它所关联到的神经活性,犹如外显性社会作业时所参与的那样。也有可能,静息时认知活性的发生依赖于这种情景,而在此情景下这个条件产生。为了解释有关MFC活性研究的结果,需要高水平的比较作业。我们建议,如果不受约束的静息被用来作为基线条件,那么实验者应该作出某些努力来发现,在这种条件下,什么样的认知过程发生了[5]。

arMFC的激活,也被认为关联到一个人自己情绪状态的监控。例如,有人监测了当受试者看图像时的神经活性,这些图像显示有人在正性、负性或中性的场景中。在每次测试中,受试者被要求判断他自己的情感反应、图片中人的情感反应,或这个图片描绘的是室内还是室外场景。判断自己的情感反应,相对于判断场景是室内还是室外,激活arMFC。根据以前的研究及这里的实验研究,作者提示,这个区(平均Talairach坐标为5,46,18)关系到情绪。与之相对比,邻近的更靠后面、上面的区联系到认知。然而,此结论主要是基于一些情绪诱导的研究,在那些实验里面,受试者被要求报告他们的情绪经验。这种通常运用的情绪作业,与那些判断自我了解的作业有相当程度的重叠覆盖,也就是说,要求报告一个人自己的情绪反应,基本上是一个自我评价的问题。有这样的观察,即许多其他研究也激活相同的脑区,但并不涉及强的情绪。有作者认为,把MFC特征化为一个情绪部分是不合适的。直接比较"冷"的和"热"的神智状态的内省,可能会发现系统化的区别[5]。

### 20.6.2 arMFC:**自我或他人的知觉和判断**

研究关联到判断其他人知觉的神经活性,认为它与arMFC有关联。有一项研究要求受试者判断"永远真实无伪"(could ever be true)前面的主语名词,是人还是无生命物体。结果,判断为人的,被激活的脑区是arMFC(例如3,39,0);而判断为无生命物体的,被激活的脑区关系到语义的记忆[5]。

同样被发现激活的脑区有,当受试者决定一个行为是对狗还是对人合适(坐标为10,48,32),形成对人还是对物体的印象(坐标为-9,54,36),观察到社会互动(坐标为2,52,

26)，看到一个熟悉人的脸孔(坐标为 -4,53,19)。从这些研究看，不清楚的是，所看到的 arMFC 活性是关联到有关人的思想，还是关联到属于他的神智状态。支持后一种解释的发现有：arMFC 活性(坐标为 9,54,36)既关联到关于狗神智状态的考虑，也关联到关于人神智状态的考虑[5]。

有关自我评价的研究提出了一种可能性：判断一个自我属性时所引起的激活(如前面讨论过的)，可能是真正代表了更为一般性的、关于社会属性的思考过程，而不考虑它们是否属于自己个体。虽然有些研究已经直接对比了自我的属性与另一个人的属性，但结果模棱两可[5]。

例如，有研究者观察到，受试者更多的活性出现在 arMFC(坐标为 10,52,2)，当他考虑自我的特点与美国总统布什的特点时。但另有作者观察到，活性出现在同样的脑区(坐标为 6,56,4)，当受试者想到自己或亲密的朋友时。这些研究工作之间的关键性区别，可能是自我和另一个人之间的相似程度[5]。

有人非常清晰地研究了这个可能性。在研究中，让受试者看一系列脸孔图片，要求判断脸孔图片跟自己脸孔的类似性。结果，想到更多关于其他人的脸孔，导致较大的 arMFC 活性(坐标为 9,57,3)，此区非常靠近另一位作者报告的描写自我的峰活性区。的确，似乎有些证据，在考虑自我与考虑类似熟悉的一个人时，比之考虑不熟悉的另一个人时，激活的活性脑区在空间上是相互离开的[5]。

被自我所激活以及被另一个与自我熟悉的人所激活，其脑区位置在更加靠下的部分，我们把它标记为 arMFC；而被一个未知的其他人所激活的脑区，位置在更加上方[5]。

### 20.6.3　价值、疼痛和自我反省

有作者提出了关于 MFC 更靠后面区的功能性特征化之建议，但 arMFC 的功能意义仍然相对不太清楚，下文将讨论这个问题。作者希望确定认知加工过程在 MFC 中的轨迹。他们的建议是，当我们在 MFC 上向前走的时候，代表变得更加复杂而且更加抽象。类似的建议以前也曾经有作者提出过，那是关系到强化偶然关联(reinforcement contingency)的代表。疼痛研究提供了关于增加抽象程度之形式的线索。例如根据疼痛研究，有作者建议，在生理情况下，身体的高分辨感觉特异代表在后部脑岛，它的重新代表在前部脑岛[5]。

这种右侧前脑岛的第二级重新代表，被认为是实现了主观内态感及觉察到的物理自我。有建议认为，类似这种代表的前景，会涉及更广泛的社会认知过程，也可以发生在 MFC[5]。

疼痛以一种特别原始的价值形式控制我们的行为，但即使是疼痛的负面价值也接受自上而下的调控。有作者研究 ACC 的不同分区在催眠暗示镇痛效果时的神经活性改变，结果被疼痛刺激引起的活性在更尾侧脑区(坐标为 1,5,56/-1,3,39)，它不受催眠的影响。然而，来自催眠的主观疼痛经验的减少，关联到 prACC(坐标为 3,20,30/0,29,35)活性的降低。其他作者报道了类似的结果，用安慰剂镇痛方法处理并不影响后部

ACC(坐标为 0，-4,50)及下部 ACC(坐标为 0,54，-18)对疼痛反应的活性，而安慰剂的处理则关联到 prACC(坐标为 4,23,27/3,18,34)活性的减少[5]。

更进一步，prACC 活性变化关联到主观疼痛评分的变化。这些研究提示，ACC 尾侧部分代表疼痛的更客观方面，例如刺激物的温度，而 prACC 则代表疼痛的主观性状特征[5]。

通过研究移情作用，也有人提出疼痛的主观和客观方面的区别。有作者发现，后部 ACC(坐标为 6,6,42)的活性仅被那些自我感觉到的疼痛所引起；而 prACC(坐标为 -3,24,33)的活性可被自我疼痛所引起，也被有关值得注意的其他人处于疼痛的了解所引起[5]。

这里同样可以看到，更加靠前脑区对疼痛的反应是不依赖于感觉输入的，这提示一种更加抽象的代表形式。EEG 研究结果显示，当我们看到另一个人的动作时，此脑区也参与进来。不仅当我们犯了错误时 MFC 出现负性的 ERP 成分，而且当我们感受到延迟错误的反馈时，或者观察到某个人正在犯错误时也是如此[5]。

如果把 prACC 的特征化看作一个可能动作的价值，又如何把上述结果与对 prACC 的特征化关联起来？对疼痛来说，一个重要的方面是，我们有强烈的愿望进行动作，逃离它或减少它。类似地，当我们知道有值得注意的另一个人正处于疼痛之中时，我们有强烈的愿望做出动作，减少他的痛苦。降低疼痛的自上而下的影响，例如通过催眠、安慰剂镇痛，也可能降低我们发动动作的驱动[5]。

在诱导负性情绪的研究中所应用的刺激，也可以被看作应用了疼痛性刺激。典型地说，让受试者看一个不认识的人在疼痛或危险情况下的那种图片。这些刺激是否会引发 arMFC 的活性，取决于给予参与者的作业[5]。

一个具有强情绪价值的刺激可以激活后部 ACC(坐标为 14,6,30/ -5,3,48)。尽管受试者仅简单地报告，这种场景是在室内或是在室外，但是 arMFC 仅仅当要求受试者评估刺激的情绪激醒程度时被激活，激活的脑区部位位于坐标 0,50,16 和 -3,41,8[5]。

如同疼痛的情况一样，ACC 尾侧部分被各种作业的不愉快刺激所激活，而更靠前部分的激活，仅当受试者报告他感到怎么样不愉快的图片。同样，我们发现，MFC 的更前面的区似乎是关联到主观、更抽象经验的代表[5]。

前扣带皮层(ACC)参与许多行为和认知过程，但不知道它是否参与社会行为。M.A. J. Apps 等提出，根据前扣带皮层脑回(ACC gyrus，ACCg)的解剖和功能证据，它可能在加工社会信息中起关键作用。ACCg 在社会认知中的作用是：估计其他人被激发到何等程度，并动态地更新这种估计，当发现原来的估计是错误的时候[8]。

但是，为什么疼痛的主观经验激活了 prMFC，而报告主观经验、诱发情绪的图片激活了 arMFC？主要的区别是这样的：疼痛是内源性的，仅当我们看到图片里面人的经历时，图片才被看成为不愉快。有研究指出，应用疼痛刺激给予受试者，arMFC 并不激活。然而，当受试者知道他喜爱的对象处于疼痛中时，却可以被引发这个脑区(坐标为 -6,45,21)的活性。看来，这个活性关联到高一级的自我评估——移情作用。因此，激活此脑区的并非主观的不愉快疼痛本身，而更像是关于主观不愉快疼痛的一种考虑。想到疼痛就是一个同样的元认知过程，此过程参与思考不愉快情绪激醒的图片[5]。

近来有 ERP 方法的实验报告提示，MFC 更靠前面的脑区参与更为复杂的社会认知加工。关于错误加工以及认知调控的 ERP 研究，发现了两个重要的神经成分。误差相关负电性(ERN)发生在一个反应的毫秒级时间，反映冲突监控的早期前意识阶段。监控关联到 ACC 的背侧区，而错误阳性(error-positivity，Pe)的发生大概在反应的 200 ms 以后。Pe 关联到觉察错误的发生，并曾经被关联到嘴侧前扣带回和旁扣带皮层的活性。这种区别与许多作者提出的功能性组构相一致。在一项研究中，有作者利用受试者实施认知作业，其目标是测定他们的种族偏爱水平。测定或者私下里进行(隐私场合)，或者被一位表面上没有偏见的“旁观者”看着进行(公开场合)。在隐私场合，受试者可能根据内部驱动(drive)来调节自己的反应，为了作业的准确性；而在公开场合，他们需要额外地调节行为，根据他所看到的社会需要来表现没有偏见。作者发现，在隐私条件下更好的反应调控被预测，仅仅表现为较大的 ERN 幅度，这个结果重复了以前的工作[5]。

与此相对比，在公众场合条件下，可以被预测的更好反应调控是一个大的 Pe 幅度，仅发生在以前被报告过高度敏感于社会压力而变成不公正的受试者中。重要的是，Pe 强烈地预测参与监控价值的行为。这肯定是一个关于作用价值更复杂而抽象的代表，这是一种元代表，它使得我们反映一个动作的价值，而且把它与另外一种价值作对比，就是看别人如何看待一个动作[5]。

## 20.7　内侧额叶与社会认知的研究前景

神经科学家和社会心理学家在研究 MFC 方面的汇合，导致明显、丰富、不同组合的实验数据，从中推测有关脑区的功能。这里的假说是，归属到这个脑区的不同功能并不是随意安排的，而是形成一个有系统的图像。作为额叶皮层的一部分，此区关心将来行为的决定，具体地说，牵涉根据预计的价值来决定行为。在 MFC 的更靠尾侧部分，价值关联到动作；而在更靠眶区这一部分，价值关联到后果。当在脑的图像上向脑的前面方向行走的时候，代表变得更为抽象。这样一来，MFC 的最前面区关联到元认知的代表，这种代表使我们能够反省价值，而这个价值又关联到后果及动作(也即思考的思考)。这种高水平的代表在社会认知的几个方面有大的作用。它们不仅允许我们反省价值，而且那些价值又是被其他人考虑了作用及其后果的。它们也允许我们反思其他人是如何想我们的。这些推测仍有待证实，但我们希望这将为 MFC 在社会认知方面作用的将来研究提供框架，此框架将允许神经科学家和社会心理学家之间开展更有成果的互动[5]。

## 20.8　抉择

自从有了认为生物学参与抉择和选择的看法以后，神经生物学开始和经济学发生互动。W.T. Newsome 把经济学模型应用到他们的细胞水平的实验中来，研究工作的目标是了解抉择作用的规律。而经济学家有兴趣把这些研究结果结合到他们的经济学理论中去。神经科学家得到了很好的进展，他们通过考察灵长类单个神经细胞来研究抉择。以 M.N. Shadlen 的工作为典范，一个关键的发现是，大脑皮层联络区的神经元参与抉择；与大脑皮层感觉区的神经元相比，联络区神经元有很不相同的反应特点；感觉区的神经元对于当前刺激发生反应，而联络区神经元的作用时间很长，可能由于这种活动是一个机制的一部分，该机制就是把知觉和可能的动作设计联系起来。Shadlen 的结果表明，联络神经元（association neuron）可以准确地追踪那种与作出抉择相关的概率。例如，当一只猴子看到越来越多的证据表明一个往右走动的靶将会得到报酬，则有利于向右方向神经活动的选择就增加了。这样，猴子可以积累证据并且作出选择，可以使成功的概率达到某个阈值，例如 90%。神经元活性和所驱动的抉择可以很快发生，通常短于 1 s。因此在合适的环境下，猴子能以接近合适的方式作出快速抉择。这可以解释，为什么快速的无意识系统思考问题的方法可以保存下来。这可能在某些情况下会容易犯错误，但这种抉择是高度可适应的[1]。

通过研究无意识的情绪和意识的内态感及其身体表现，抉择的系统生物学的明显例子出来了。直到 19 世纪末之前，情绪被认为包括一系列特定的事件：一个人认识到危险的状况，于是这个人的大脑皮层认知一个有意识的经验；恐惧再诱发无意识的、身体自主神经系统的变化，导致心跳加快、血管收缩、血压升高、手心出汗。1884 年詹姆士把这一系列事件归纳到他的研究中去。他认识到，不仅脑和身体之间有交往，同样重要的是，身体与脑也有交往。他建议，我们的情绪是有意识的经验，是在身体生理反应之后产生的。例如，当我们遇到一头熊，熊坐在我们走路前方的马路中央。我们并不是有意识地评价熊的凶残，然后我们再考虑到我们害怕了；我们就是本能地离开它，我们逃走；只有在往后的经验中才意识到有恐惧。20 世纪 90 年代发展了功能性脑成像，研究证实了詹姆士的理论。应用脑成像方法，有 3 个独立的实验组发现，处于大脑顶叶和颞叶之间岛叶的一部分——前脑岛皮层（AIC），它是内态感所代表的部位。这个内态感就是有关我们躯体对情绪刺激所作反应之意识觉察。岛叶不仅评价情绪或动机的重要性，它也协调外界感觉信息与我们内部的动机状态。意识到自己的状态是情绪性觉知自我的一个指标，也就是“我在这里”的那种内态感[1]。

## 参考文献


[1] Kandel E. The new science of mind and the future of knowledge. Neuron，2013，80：546 - 552.

[2] Iacoboni M，Dapretto M. The mirror neuron system and the consequences of its dysfunction. NR Neurosci，2006，7：942 - 951.

[3] Siegal M I，Varley R. Neural systems involved in “theory of mind”. NR Neurosci，2002，3：463.

[4] 陈宜张.脑研究现状与展望\\中国医学院士文库：陈宜张院士集.北京：人民军医出版社，2014：449 - 459.

[5] Amodio D M，Frith C D. Meeting of minds：the medial frontal cortex and social cognition. NR Neurosci，2006，7：268 - 277.

[6] Skuse D H，Gallagher L. Genetic influences on social cognition. Pediatric Research，2011，69(5 Pt 2)：85R－91R.

[7] Kosterhale J，Saxe R. Theory of mind：a neural prediction problem. Neuron，2013，79(5)：836－848.

[8] Apps M A J，Rushworth M F S，Chang S W C. The anterior cingulate gyrus and social cognition：tracking the motivation of others. Neuron，2016，90(4)：692－707.

# 第 21 章　展望脑研究

## 21.1　引言

对脑的了解，我们现在到底已经达到了何等水平？有人是这样估计的：自卡哈尔以来的 100 多年里，我们在神经元水平了解了脑，主要取得了 5 个方面的进展：① 视觉识别；② 长时程记忆；③ 短时程记忆；④ 动作选择；⑤ 运动控制。以上的每种过程都各包括几种水平的分析：① 行为特点；② 实现行为的计算算法；③ 实现上述计算算法的细胞/分子机制。另外，对于高级神智功能的研究也取得了不小的进展，这包括执行调控、语言为基础的调控、意识等领域[1]。

本书第 1—20 章所介绍的脑研究主要进展，主要是从脑活动的神经基础角度出发，本章的目的则在于集中讨论几个在笔者看来是脑研究中的重要问题。在本节里面我们将首先讨论以下 4 个方面：① 对脑功能的几点基本共识；② 快速和慢速神经活动；③ 对脑功能的基础知识我们尚有欠缺；④ 讨论将局限于脑研究的基础方面。

### 21.1.1　对脑功能的几点基本共识

在展望今后脑研究之前，先需要明确几点基本共识，然后在此基本共识之上讨论如何进行脑基础研究的问题。

① 脑也是一种物质，由数以百亿计的细胞构成。脑功能是物质的功能，也就是细胞的功能，即神经元和胶质细胞的功能，也就是脑细胞内分子的功能、细胞器的功能。

② 脑功能大体上可以分为 2 类——调节功能和神智(mental)功能。调节功能的脑内活动往往是一些神经电活动。调节功能的效应是脑通过反射活动而实现的效应。这是一些在客观上可以被测量的数据或信息，例如肌肉收缩、腺体分泌。神智功能与当代文献上的认知(cognition)功能以及历史文献上的精神(spirit)，大体上可视为同义，觉察(awareness)和意识(consciousness)是其最基本的元素。

③ 脑功能是由一群组织起来的神经细胞在具有功能联结的分布系统(distributed system)中活动的结果。因此，脑功能的实现必须考虑类似捆绑、神经活动同步化等因素。

④ 不论是研究脑的调节功能还是神智功能，都应该采用还原论与整体论相结合的方式。

### 21.1.2　对脑功能基础的知识尚有欠缺

如本书前面各章所述，脑研究已取得了长足的进展。为什么又说我们对脑功能基础的知识尚有欠缺？其主要的根据是对脑疾病的许多症状，还缺乏有说服力的解释；对它们的治疗，目前仍处于很困难的境地。

对于当前脑研究的现状，美国国立卫生研究院(NIH)两位研究所所长的话是有代表性的。他们在论文中写道：作为支持神经科学研究的 NIH 两个研究所的所长，在考察了 25 年来基础神经科学惊人的进展与脑疾病治疗的持续需要间的差距之后得出结论，为弥补这一差距，我们需要：① 对脑功能有更详细的了解；② 重新思考，我们如何走向转化科学(医学)；③ 聚焦于人体神经生物学；④ 持续支持建设一支广泛、创新性的神经科学研究队伍。与其他许多医学领域不同，我们还缺少对我们感兴趣器官(脑)的基础知识。脑疾病治疗的下一轮进展，需要在基本神经生物学方面取得更深入的了解[2]。

这种看法基本上代表了大多数脑科学家的看法。下面的展望就是针对着脑的基础知识而发出的。

### 21.1.3　快速和慢速神经活动

笔者想试探性地提出，按照所引起神经兴奋性变化的时程的长或短，可以把神经活动区分为快速(快成分)和缓慢(慢成分)两类。这样区分是为了说明：反映在动作或效应上，分别表现为位相性或张力性；也是为了说明：反映在觉察或知觉上，分别表现为锐利的或模糊而混沌的。

1. *快速神经活动*

神经传导和经典的快速突触传递如神经-肌肉接头、中枢神经系统突触的兴奋性和抑制性突触传递，都是快速而位相性的。

19 世纪的科学家认为神经纤维的传导速度非常快，例如 J. Müller 认为，神经纤维的传导速度是光速，任何企图测量神经信号沿着神经干传导的想法可能是注定要失败的。1844 年他曾说过："我们很可能不会有任何方法来测定神经作用的速度，因为我们没有这样一个无限长的距离。只有很长的距离，我们才有可能测量光速，而神经的传导和光速是相关的。"但 1849 年 12 月 29 日，亥姆霍兹测出了从刺激神经开始到肌肉收缩所需的时间，由此测得的蛙神经传导的速度比光速慢得多，为每秒 30.8 m[3,4]。这个速度虽然比当时 Müller 等人预想的要慢，但还是很快速的。

以后发现，神经-肌肉接头传递、脊髓反射和其他测定到的中枢突触传递都是快速的。

2. *慢速神经活动*

有些神经活动是慢速的，例如神经-平滑肌、神经-腺体的传递，因为它们所依赖的递质、递质受体和递质受体与突触前末梢间的距离不同于经典的神经-骨骼肌突触。当突触传递研究深入以后，很快就发现了慢速的突触传递，最典型的例子就是在蛙脊髓上看到的晚慢 EPSP(lsEPSP)，这是由黄体生成素释放激素(LHRH)肽引起的突触反应(见第

6章)。近来又发现了张力性抑制和兴奋的现象,特别是 $GABA_A$ 受体的张力性抑制(见第4、15章)。归纳起来,慢速神经活动的产生,一是由于递质(调质)不同,二是由于递质(调质)受体的性质和分布不同。近年来,神经肽作为一种神经调质,其作用尤其引人注目,它所介导的神经活动也往往是慢速的,但是又有明确和确定的作用(见第6、17、19章)。

#### 21.1.4 讨论将局限于脑研究的基础方面

本章将不涉及脑功能的许多方面,例如属于神智功能的行为、社会神经科学,也不涉及调节功能的运动、感觉等方面。本章将讨论如下几个具体问题的要点。

① 在神经电活动的框架范围内,除了神经传导和突触传递以外,还有没有其他重要的电活动形式?强调提出要关注神经元的细胞周围调制。

② 还原论研究不会也不应该停步,要重视"精确细胞生物学"的学术思想。那就是说,要研究精确神经生物学。在精确神经生物学中包括了以脑分布系统为基础的脑功能研究,即以"精确"的要求,开展以分布系统为指导思想的神经回路研究、个别脑区的功能研究。

③ 应该研究脑的神智功能的两个最基本元素——意识与觉察(包括内态感)。

④ 神经细胞贡献给脑功能的,除了电活动以外,还有没有其他的活动形式?要研究力学神经生物学。

### 21.2 研究作为脑功能基础的基本神经过程

笔者认为,神经传导(简称传导)、突触传递(简称传递)、神经元调制(简称调制)这3个基本神经过程,构成了脑功能活动之主要基础。关于"传导"和"传递"历来是有共识的,这两方面的研究都已经有深入发展;但"神经元调制"多少有点被忽视,本章将着重加以讨论。

#### 21.2.1 神经传导和突触传递是脑活动的基础

神经传导和突触传递对脑功能十分重要。1791年伽伐尼发现神经可以引起肌肉收缩,伽伐尼所发现的现象实际上包括了神经传导和神经-肌肉突触传递两个活动。后来谢灵顿详细研究了反射活动,再后来他的学生埃克尔斯用细胞内微电极记录了反射活动中脊髓神经元的兴奋性突触后电位(EPSP)与抑制性突触后电位(IPSP),扩展、丰富了脊髓反射活动中突触传递的内容。当时及以后很长一段时间,不少人认为神经调节功能的实现主要是基于神经传导和突触传递。

#### 21.2.2 神经递质与神经调质

突触的化学传递依靠神经递质。按照经典定义,作为一个神经递质,需要满足4项判据(criteria),已在本书47页述及。公认的脑内神经递质是氨基酸类递质,即谷氨酸、甘氨酸、GABA。

但除了突触传递之外,还有神经调制作用(详见后文),实现调制作用的化学物质称为神经调质。神经调制的发生往往是由于外源性因素的变动,变动因素可以是化学物质,这就是神经调质;也可以是物理性的,最常见的是电流和磁场的影响。

能够在整体水平改变脑功能或在细胞水平改变神经元功能的那些物质,都可以称为神经调质或神经调制物(neuromodulator)。神经调质往往是相对于神经递质而言的,在这种情况下,神经调质是指该物质本身并非传递所必需(也就是,不产生 IPSP 或 EPSP),它仅仅调制突触传递(也就是,仅对 IPSP 和 EPSP 有影响)或神经元的兴奋性。

一般而言,在基础研究的背景下所称的神经调制作用(neuromodulation),往往是指对突触传递的调制。明确提出"对突触传递的调制作用",在概念上比"神经调制作用"所指更为具体一些;前者专指那种影响了突触传递活动的作用。此作用往往是通过神经递质的代谢型受体完成的,即通过细胞膜上 G 蛋白偶联受体(GPCR)而发挥作用。

现在比较公认的看法是:突触传递的特点是神经递质直接打开突触后细胞的离子型(ionotropic)受体。现在公认的递质有 7 个,相关的基因有 70 个。神经调质并不直接打开离子型受体,而是与突触后细胞的代谢型(metabotropic)受体相结合,主要是 GPCR。通过 G 蛋白的介导去改变突触后细胞的离子通道或其他效应蛋白质的活动,改变突触后细胞的膜电位水平。现在被指认的调质分子种类和数目很多,相关 GPCR 的基因有 359 个[5]。

神经调质包括乙酰胆碱、单胺类调质(去甲肾上腺素、多巴胺、5-羟色胺)、嘌呤、神经肽、神经营养因子等。嘌呤类物质包括三磷酸腺苷(adenosinetriphosphate, ATP),ATP 是一个细胞间信息分子[6]。除了经典递质通过代谢型受体的作用以外,神经肽的作用应该也都属于调制作用。但像 LHRH 在蛙交感神经节上的作用是否可以认定为神经传递,是可以讨论的(见 6.1.3)。

### 21.2.3 传递和传导的还原论研究有其自身的科学意义

针对突触研究的现状,T.C. Südhof 曾经提出,当前可能有这样的看法:"对于了解脑的功能,突触传递的分子和计算机制并不太重要。某些人可能认为,脑是一个大的信息处理机器,不仅突触,甚至整个神经元,只要把它看作一个单位也就够了。"对此,Südhof 不无担忧,他说:"组成生物学系统的分子不仅仅是琐碎的细节,而是系统。现在我们已经有了详细的知识,知道突触前神经末梢如何把突触前动作电位转变成为跨越突触的神经递质信号。神经末梢不仅把动作电位的信号翻译为递质释放,还根据先前的突触使用情况,并依赖于外源性的输入来计算动作电位的信号。对于这些都已有详细了解。即使如此,还有没有需要知道的东西呢? 还有很多的问题。"[7] Südhof 的担心反映了当前相当一部分学者的忧虑。

我们认为,还原论研究有其本身的价值,科学就是要追问"为什么"。脑研究在分子生物学和细胞生物学的层次已经取得了辉煌的成就,但不论是分子活动还是细胞器活动本身,仍然有不少需要深入研究的问题。

以离子通道和受体为例，例如关于离子通道的门控机制，有许多通道家族，对它们的门控机制还不清楚，包括温度、机械力被 TRP 通道所感受，机械力被压电（piezo）通道所感受。还有 CARC 通道的门控，可参见 2.4.1。

又如，离子通道的状态。在分子和原子水平，凡是状态（state）、变构（allosteric）、构象（conformation）等表述，都代表更深层次的活动。这些都是极具挑战性的科学问题，需要花大力气去解决（见 2.4.2）。

在递质受体方面，受体构型的转变也很令人困惑。对于递质受体如烟碱型乙酰胆碱受体（nAChR）的变构型转变（allosteric transition），有人提出了四级扭转的（quaternary）机制（见 3.6.11）。我们知道，在物理化学领域，双分子反应的动力学研究对于微观反应机制（microscopic reaction mechanism）、模式特异性（mode specificity）、产物能量处置（product energy disposal）等的了解有重要意义[8]。在神经化学领域也是如此，受体与配基的相互作用是两个分子间的相互作用，这是非常基本但又非常困难的问题。

传递和传导研究还应当按照“精确”的要求继续深入（详见 21.5.2）。

### 21.2.4 神经元调制也是脑活动的基础之一

什么是“神经元调制作用”？神经元调制，意指神经元兴奋性的调制。“调制”的原本词义是通过改变或调控某物以对其发挥影响。现在所提出的问题是，除神经传导和突触传递以外，神经元还有没有其他的电活动形式？回答是“有”！这就是神经元调制，而主要是神经元的细胞周围调制。以往很重视传导和传递，但对神经元调制重视得不够，在这里我们要着重加以讨论。

在文献中，神经调制（neuromodulation）是一个比较一般性的名词，它可以指对神经元活动的调制，也可以指整体脑功能受外源性因素变动而引起的一些改变（调制）；而神经元调制（modulation of neurons）是指在细胞水平对神经元功能的调制。

在本书中，神经元功能的调制是指对神经元兴奋性的调制。神经元调制包括 3 个方面。一是神经传导的调制。二是突触传递的调制，这是一种重要的神经活动形式，而且是伴随着突触传递的发现而被提出来的，它是经元兴奋性调制的一个特例。三是神经元的细胞周围调制，这是一个长期被忽视但又十分重要的问题（图 21－1）。

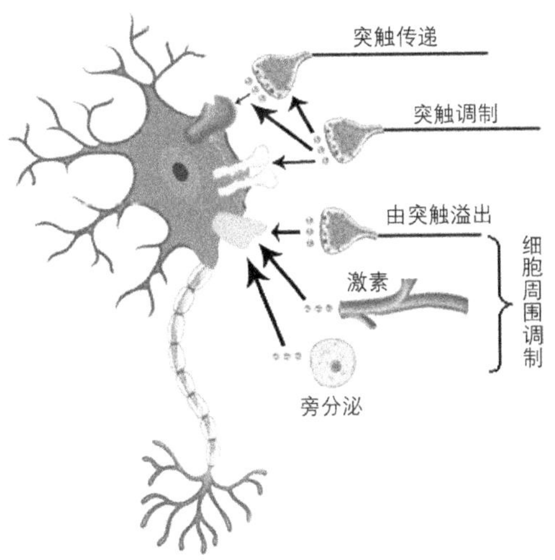


**图 21－1** 突触传递、突触调制和神经元周围调制（彩图见图版第 76 页）

上方：突触传递可以受其他突触分泌递质的调制，调制可发生在突触前、突触间隙或突触后区隔。下方：细胞周围调制可以在 3 种情况下发生：邻近突触溢出的神经递质、来自血液循环的激素、来自邻近细胞分泌的旁分泌。（图引自[21]）

## 21.3　神经元的细胞周围调制

神经元的细胞周围调制至少可以在 3 种情况下发生，即：突触部位递质的溢出(spillover)、旁分泌式的调制、来自血液循环激素的调制(图 21－1)。我们在这里提出了有别于“对突触传递的调制作用”的“对神经元的细胞周围调制作用”。因为体液中有许多化学物质，如从突触前分泌而溢出(spillover)到突触外区的神经递质，而神经递质受体也广泛分布于突触外区，所以递质肯定可以影响神经元的电活动。又如神经肽受体的分布往往离开突触区，神经肽的作用只能是神经元的一种细胞周围调制。又如从血液循环运送过来的激素，它们的受体也广泛存在于突触外区，所以这又是一种神经元的细胞周围调制。以上这些作用不一定影响突触传递，但它们确实对神经元有调制作用。以上这些，就是文献上经常提到的所谓细胞周围(ambient)作用。笔者认为，这是一个值得加以强调的重要问题。

神经元的细胞周围调制是神经元兴奋性调制的一种重要形式，这主要是考虑到突触外区在调制神经元电活动中所起的作用，即对突触外区细胞膜膜电位的影响。之所以要特别考虑突触外区的作用，是因为在那里的受体将会：① 接受由突触部位外溢的递质；② 接受附近细胞旁分泌的活性物质；③ 接受经由血液和细胞外液等的化学活性物质影响。下面将分别举一个例子加以说明：① $GABA_A$受体的张力性抑制；② 由神经胶质细胞分泌的神经甾体以旁分泌方式所起的调制作用；③ 通过血液循环而到达脑的激素的作用。

### 21.3.1　$GABA_A$受体介导的张力性抑制

关于突触溢出，运动神经元-闰绍(Renshaw)细胞突触的乙酰胆碱溢出早已见诸报道。在新生小鼠脊髓薄片上，乙酰胆碱可以引起闰绍细胞上的兴奋性突触后电流(EPSC)。在此突触上，发现了运动神经元-闰绍细胞突触的乙酰胆碱溢出。实验表明，小 EPSC(mEPSC)的衰减时间常数为 $13.0 \pm 1.1$ ms，而诱发 EPSC 的衰减时间常数为 $15.6 \pm 0.8$ ms 和 $124.8 \pm 9.0$ ms。后者在重复性刺激后变得更明显，但其时间常数不变，它可以选择性地被乙酰胆碱酯酶(AChE)所减弱。所以，这个慢成分是由乙酰胆碱的突触溢出所引起的[9]。

GABA 是一个抑制性递质，它作用于突触后膜，引起 IPSP。这是人们熟知的事实。但突触前神经元释放的 GABA 可以从突触部位向外溢出(spillover)，引起神经元的细胞周围调制。因为突触外区 $GABA_A$受体的亚单位组成跟突触区的不同，其作用也特殊，所以 GABA 可以引起两种抑制，一种是位相性(phasic)抑制，即突触传递所引起的超极化；另一种是张力性抑制(tonic inhibition)，指经由突触部位溢出的 GABA 激活突触外区 $GABA_A$受体所引起的神经元超极化(见第 4 章)。

但是，突触外区的 $GABA_B$受体又如何呢？$GABA_B$受体与 $GABA_A$受体的作用有明显区别，$GABA_B$受体的主要特征有：① 介导突触后的慢抑制。经 $GABA_B$受体所引起的抑制性突触后电流(IPSC)具有长的潜伏期(约 12～20 ms)，这跟需要 G 蛋白偶联的过程有关，IPSC 的上升时间及下降时间也都很长，其时间常数分别约为 45 ms 及 110 ms 或

516 ms。② $GABA_B$受体所引起的 IPSC 由 $K^+$ 介导,可能是内向整流钾通道(Kir3)。③ $GABA_B$受体可以介导兴奋性突触和抑制性突触的突触前抑制。④ 关于 $GABA_B$受体在神经元上的分布,从光镜水平看,$GABA_B1$ 和 $GABA_B2$ 这两种亚单位主要分布于神经元的树突;从亚细胞水平看,这两种亚单位主要分布于突触外区的质膜,在海马主细胞的树突棘和树突干上,而且与 Kir3 的分布相一致[10]。

本书第 4 章花了相当多篇幅介绍 $GABA_A$受体介导的张力性抑制,但是,同为 GABA 的溢出,为什么不谈 $GABA_B$受体的作用呢?以此类推,其他受体的细胞周围激活起不起作用、起什么作用呢?这类问题的解决,可能需要用"精确细胞生物学"的思维方法。那就是,要对各种受体在细胞膜上的分布密度作图,对各种受体亚型的分布作图,然后结合实验的实际,分析它们各自在神经元周围调制中的作用。

有学者认为,张力性抑制与(突触)溢出性抑制是有区别的。例如,M. Hamann 等报道了两种抑制——张力性抑制与(突触)溢出性抑制。在成年小脑皮层,从苔状纤维输入到浦肯野细胞输出,受颗粒细胞上 $GABA_A$受体的调控,影响这种受体激活的既有张力性抑制,又有突触溢出性抑制[11]。

Hamann 等对张力性抑制和突触溢出性抑制作了区分。他们认为,从突触间隙溢出的神经递质可在远处神经元产生一个电流,如果神经元上的受体有足够高的亲和力,以致低浓度的递质就足以使它激活。例如,谷氨酸对 NMDA 受体的激活,或者 GABA 对含 α6 亚单位 $GABA_A$受体的激活,这些属于突触溢出性抑制。另外,即使没有递质释放,高亲和力受体也可能被由转运蛋白维持的低微摩尔浓度的递质所激活,这就是"张力性抑制"。海马和小脑的 NMDA 受体以及成年小脑颗粒细胞都显示有这种情况,成年小脑颗粒细胞显示有动作电位不依赖的张力性 $GABA_A$受体电导[11]。

### 21.3.2 旁分泌式的调制作用

神经活性甾体(neurosteroid)可以在胶质细胞中新合成,所以对神经元来说,神经活性甾体是一种旁分泌性质的物质。内源性神经活性甾体激素可以作用于含 δ 亚单位的 $GABA_A$受体,选择性地增强 GABA 反应。低浓度别四氢脱氧皮质酮(THDOC)可以明显地增加齿状回和小脑颗粒细胞的张力性电导,而不修饰位相性电流(见第 4 章)。

最近有人提出"突触分泌"(synaptocrine)假设,其实质仍然是神经活性甾体的旁分泌性作用[12]。

### 21.3.3 来自血液循环中激素的调制作用

来自血液循环的甾体激素,如肾上腺皮质激素、性激素,它们到达神经元附近的细胞外液,有可能快速引起神经元兴奋性的改变,这就是甾体激素的快速、非基因组机制。

笔者等人在 20 世纪 80—90 年代的糖皮质激素快速、非基因组机制研究中,其实也已经接触到神经元的细胞周围调制问题。1987 年华少莹和笔者发现,糖皮质激素(皮质酮,corticosterone;皮质醇,cortisol)可以快速地引起豚鼠交感神经节神经元的超极化,这

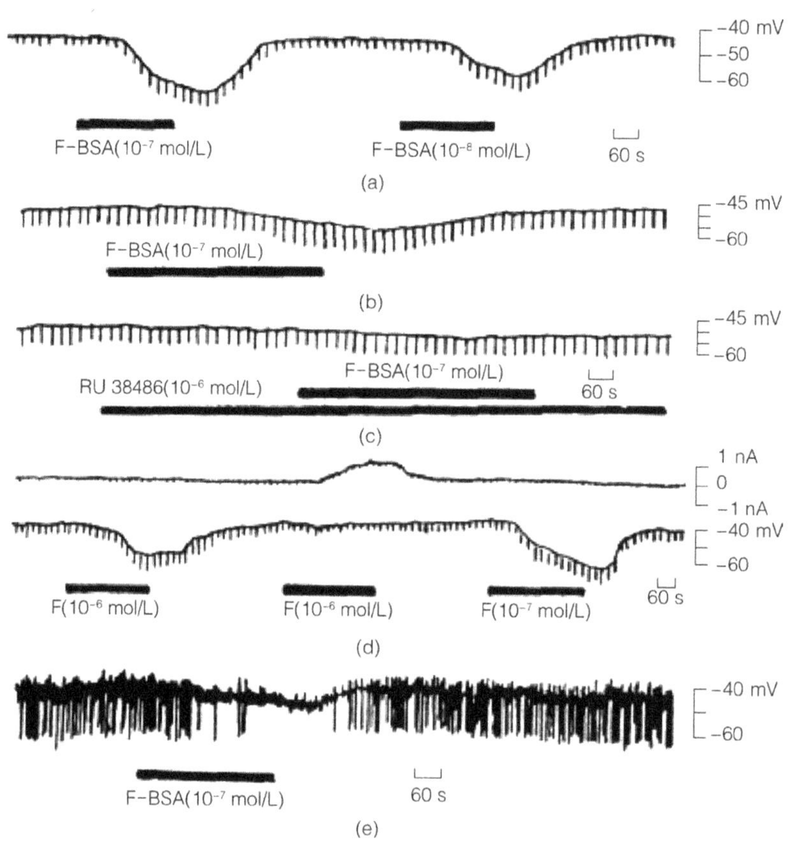


**图 21-2**　糖皮质激素引起豚鼠交感神经节神经元的超极化

豚鼠交感神经节神经元的细胞内记录。F，皮质醇；F-BSA，牛血清白蛋白结合的皮质醇。（图引自[14]）

种超极化可以被特异阻断剂 RU38486 所阻断；而且与血清白蛋白结合的皮质激素（B-BSA、F-BSA*），同样具有超极化效应，因此糖皮质激素应该作用于神经元膜的外侧面（图 21-2）[13,14]。以后，郭佐等用纯化神经细胞膜制备做实验，鉴定了膜制备与各种甾体化合物的结合活性，根据不同甾体的竞争比例，确定了糖皮质激素膜受体（膜结合活性）的结合特异性[15]。根据糖皮质激素膜结合活性（膜受体）的这一特点，傅红等利用已知糖皮质激素核受体（作为抗原）的抗体，用免疫胶体金电子显微镜技术考察了推定的神经元质膜糖皮质激素受体之存在与否，得到了肯定的结果。作者在文中特别提出："突触前神经元膜上的受体抗原，主要发现于不直接与突触后膜相接触的那些膜区；而突触后神经元膜上的受体抗原，则主要分布于突触外区。这些分布符合它（推定的糖皮质激素膜受体）可能接受来自血液循环的活性分子，而不是接受突触前末梢分泌的递质的特性。"[16]

* B-BSA：bovine serum albumin conjugated corticosterone（牛血清白蛋白结合皮质酮，其中皮质酮 corticosterone 又名 compound B）；F-BSA：bovine serum albumin conjugated compound F（牛血清白蛋白结合皮质醇，其中 compound F 即皮质醇 cortisol）。

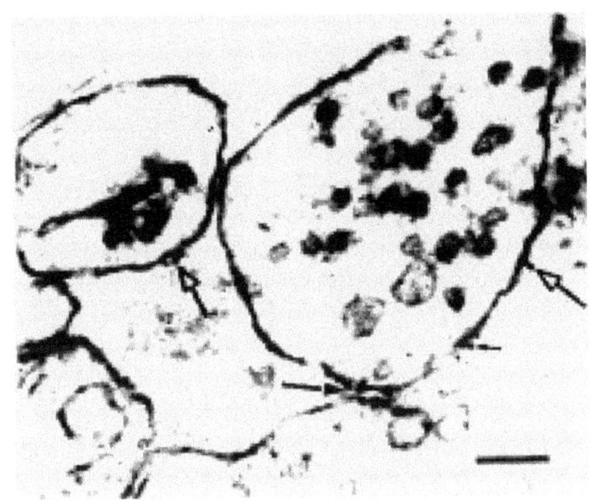

**图 21－3** 神经元膜上的糖皮质激素核受体样抗原活性

箭头指示胶体金颗粒。长度标尺：100 nm。(图引自[16])

事实上，其他甾体激素也有对神经元兴奋性的快速作用，如雌激素[17]。

### 21.3.4 从突触外区调制到神经元的细胞周围调制

$GABA_A$受体所介导的张力性抑制，提醒我们要注意突触外区在神经元电活动中的作用。我们也知道谷氨酸有张力性去极化(tonic depolarization)的作用。所以不论是GABA、谷氨酸或者其他神经递质，都要考虑突触外区激活的后果。此外，$GABA_A$受体、谷氨酸受体等都是离子型受体，还要考虑突触外区代谢型受体的作用，例如 $GABA_B$受体、代谢型谷氨酸受体(mGluR)等。

所谓突触外区，仅是从突触部位考虑的。其实，整个神经元表面都可能是调制的靶。必须考虑旁分泌(paracrine)和激素的作用，如单胺类、神经肽、神经甾体，它们不一定来自突触，可以来自邻近细胞的分泌。它们不一定作用于突触部位，可以作用于广大神经元细胞膜的表面，引起相应的、非常局部的膜极化程度的变化。就激素的作用而言，包括甾体激素，它们虽然来自血液，但只要神经元细胞膜的广大表面存在它的受体，甾体激素可以引起神经元细胞膜的广大突触外区的电位波动。

### 21.3.5 慢突触后电位

慢突触后电位包括慢兴奋性突触后电位(slow EPSP，sEPSP)、慢抑制性突触后电位(slow IPSP，sIPSP)、晚慢兴奋性突触后电位(late slow EPSP，lsEPSP)等。第 6 章(6.3.1)曾经讨论了黄体生成素释放激素(LHRH)引起的 lsEPSP，当时是把 LHRH 等作为神经递质看待的。在 20 世纪 80 年代，研究慢突触后电位的论文很多，现在也还有。例如，用全细胞记录技术记录了经过 NMDA 受体的慢 EPSP(sEPSC)。在培养的海马或脊髓神经元上都可以记录到单突触 EPSP。这个兴奋性突触后电位具有快和慢两个成分，其主要根据是：使用 NMDA 受体拮抗剂 2 -氨基- 5 -膦酰基缬草酸(2 - amino - 5 - phosphonovaleric acid，APV)后，可以分辨出 EPSP 的两个成分。与 APV 不敏感成分相比，APV 敏感成分(慢)具有相同的潜伏期、较慢的达到峰值时间。其他 NMDA 受体拮抗剂如氯胺酮(ketamine)，也可以选择性地阻断慢成分等[18]。

但是，关于这些慢突触后电位与神经元的细胞周围电位波动，在功能上有何不同，还没有看到详细的分析。

### 21.3.6　突触外区受体

要特别考虑突触外区的作用，因为在那里的受体将会接受来自突触部位外溢的递质、血液和细胞外液中化学活性物质的冲击。这些可能性看来都是存在的。可以设想，当人们服用巴比妥类安眠药而入眠时，其作用位点应该就在神经元的突触外区以及神经元的整个细胞周围的 $GABA_A$ 受体(见第 4 章)。

5 -羟色胺可以强有力地调制脊髓的运动控制。突触区和突触外区 5 -羟色胺受体的作用，甚至可以有很大的差异。5 -羟色胺的效应依赖于受激活受体的类型和激活部位。中等程度的 5 -羟色胺易化运动，促进运动神经元兴奋性，而较强程度的 5 -羟色胺释放则抑制节律性活动和运动神经元放电。后一效应被认为负责中枢性疲劳，保持运动神经元的轮换活动，因为不同部位受体的激活依赖于所释放 5 -羟色胺的位置和浓度，以及它的降解。事情有可能是这样的：突触区和突触外区 5 -羟色胺受体对运动起相反的作用。当低水平 5 -羟色胺释放时，突触内区 5 -羟色胺受体优先激活，而突触外区 5 -羟色胺受体仅当高浓度 5 -羟色胺时才被激活，此时的 5 -羟色胺是由突触部位溢出而来[19]。

又如突触外区的 NMDA 受体，它们除了定位于突触部位以外，也存在于突触外区、胞体周围区。这种存在已经由免疫组织化学方法和电生理学方法等所证实。在未成熟的海马神经元上，突触外区的 NMDA 受体占全部受体的 3/4。虽然突触部位的 NMDA 受体在发育过程中会慢慢增加，但即使到了成年，突触外区也还仍然有 NMDA 受体存在。在成年动物海马脑片，仅有 1/4 的 NMDA 定位于突触周围，也即离开突触后致密(PSD)约 100 nm 之内，其余受体定位于树突或树突棘的非突触区。定位于树突突触外区的 NMDA 受体，约有 1/3 靠近胶质样突起，有 1/2 靠近轴突。这些部位 NMDA 受体的激活可导致长时程阻遏(LTD)[20]。

前已述及(15.2.4)，NMDA 受体是全身麻醉剂的重要分子靶。但讨论还没有涉及，这是哪一区的 NMDA 受体，是突触区的还是突触外区的。

### 21.3.7　神经肽的调制作用

现在已清楚，神经元除了含有快作用的递质以外，还有慢作用的神经(调制)肽。神经肽的作用不是负责神经传递，它在神经回路中的作用，一般被看作神经调制。前已述及，神经调制是指：并非能够直接引起突触后电位，而是影响突触后电位发生的容易与困难程度的那种作用(见第 6 章)。

神经肽的问题本来就是神经调质的问题。近年来的神经肽研究引人瞩目，进展很大，诸如：① 催产素(OT)与大草原田鼠抚养非亲生幼仔的行为；② 鼻腔内喷洒给予 OT 对人的社会行为的效应(见第 19 章)。

### 21.3.8 神经传导的细胞周围调制

有人可能会有这样的印象，认为轴突传导比较不易受环境变化的影响，实际情况并非完全如此。有越来越多的证据表明，轴突干上表达有谷氨酸、GABA、乙酰胆碱、生物胺等的受体，由于它们的激活可以改变参与神经元兴奋性的各种离子通道的相对贡献，因此当有上述神经调制物存在的时候，轴突对神经编码的贡献是可以变动的[21]。轴突始段表达富含 α2 亚单位的 $GABA_A$受体，这显然对于调控神经元轴突始段的放电有重要意义[22]。无髓纤维的影响可能会更大些，因为在无髓轴突的表面表达更多受体，可用于收集局部环境信息的细胞表面积也更大[21]。

### 21.3.9 神经元的细胞周围调制的生理意义

由上述可以看出，体液因素对脑功能的影响，不仅限于突触部位的神经递质。我们看到：从 $GABA_A$受体的张力性抑制引出了神经-精神疾病、睡眠和神经药理学等一系列问题(见第 4 章)。其实这里也引出了重要的理论问题。所谓张力性抑制的作用，无非就是它引起了神经细胞膜比较“广泛”范围的极化状态的改变，而不是局限于某一狭窄范围，例如突触，所以这是一种重要的神经元调制作用。

脑的状态、内态感的产生，在很大程度上与细胞周围调制有密切关系(详见后文)。

### 21.3.10 神经元的细胞周围调制是怎样发挥作用的

对脑功能来讲，神经元的细胞周围调制是一个独立起作用的因素，还是一个间接起作用的因素？这是一个未解决、比较棘手的问题。所谓“独立起作用”，是指在脑的调节或神智功能的实现中，神经元的细胞周围膜电位变化不需要通过其他机制(主要指神经传导和突触传递)就能发挥作用。那就是说，神经元的细胞周围调制是一个影响脑调节功能或神智功能的独立参数(详见后文)。

如果神经元的细胞周围调制是一个间接起作用的因素，就要提出这样的问题：它是如何影响神经传导和突触传递的？前已述及，细胞周围调制确实调制了神经传导，对于神经细胞其他部位来说也应该如此。这样，就要考虑非突触部位的神经元细胞膜表面某个微域(microdomain)的微小膜电位变动是如何影响神经元胞体、轴突、树突膜电位，进而影响突触后电位(影响突触传递)的。这里会涉及神经元的几何形状、细胞膜的电学特征等因素。这些都需要研究，需要新的技术手段。

电压敏感染料成像(voltage sensitive dye imaging，VSDI)是一种已有的技术手段，基于 VSDI 的成像技术提供了最高时间和空间分辨率，足以应用于活体脑功能研究[23]。但是，如果试图用电压敏感染料方法来检测细胞周围调制对神经细胞膜电位的影响，其检测分辨率还须大大提高。

## 21.4　整体性脑功能

整体性脑功能是一个广泛的话题，本文仅选择性地讨论几个问题。

### 21.4.1　脑功能调制

脑功能调制也即整体水平的“神经调制”。在许多神经科学文献中，神经调制与脑功能调制是同义词。调制可以发生于脑的各个层次和所有功能方面。从整体脑功能看，神经调制是指如何调制脑的各种功能活动表现和状态变动。整体脑功能的调制包括：① 神经调节功能的调制；② 脑状态的调制；③ 行为的调制；④ 神智能力(mind faculty)的调制，如知觉等。显然，脑功能调制的基础是神经传导和突触传递，但应该强调指出，还基于神经元的调制。

### 21.4.2　脑内调制系统

从整体脑功能看，许多脑功能调制都基于脑内调制系统的活动。这包括通过去甲肾上腺素起作用的脑干-蓝斑(LC)投射系统，它负责介导认知，跟觉醒有关[24]；通过 5 -羟色胺起作用的脑干-中缝核投射系统，它调制知觉及对情绪反应的评估，甚至还可以影响神经元发育的可塑性[25]；通过乙酰胆碱起作用的脑干-脚桥脑区(pedunculopontine tegmental nucleus，PPTg)、外背侧被盖核(laterodorsal tegmental nucleus，LDTg)、内侧缰区(medial habenula，MHb)、基底前脑(basal forebrain，BF)复合区的投射系统以及中间神经元，它们可以调制多处脑区神经网络对内外刺激的反应[26]；通过多巴胺起作用的中脑黑质及腹侧被盖区(VTA)投射系统，可以调制许多行为，虽然其确切机制仍有待阐明，但已知它可以调节神经元兴奋性、突触传递、神经元整合和可塑性、细胞内蛋白质转运等。因此，多巴胺系统的功能异常可以导致运动障碍，如帕金森病、药物成瘾和许多精神疾病(精神分裂症、强迫症等)[27]。这里提到的去甲肾上腺素、5 -羟色胺、乙酰胆碱、多巴胺，它们作用于相应受体，本身并不直接引起神经元膜极化状态的改变，而是通过受调制神经元的兴奋性改变而起到相关作用，所以其作用属于神经元调制作用。

但是，这种整体表现上的神经调制，事实上也包括了神经传递的作用在内。例如，由于脑的激醒状态不同，觉醒-睡眠会受到调制，思想可以变化，这是因为前额叶皮层(PFC)的神经网络受到调制。这里所讲的调制就不仅是神经元调制作用，也包含有兴奋性突触(以谷氨酸为递质)或抑制性突触(以 GABA、甘氨酸为递质)传递过程的参与，那么实际上就包括了神经传导和突触传递的过程。所以，凡是通过脑分布系统实现的脑功能，一定包含神经传导和突触传递。所有需要远距离同步的、或先或后同步的神经功能都需要它们，没有比它们更好的候选者。分布系统上的神经元活动需要同步化、捆绑这类机制才能实现脑功能。任何一个神经回路或脑的分布系统的运作，都需要神经细胞的同步活动。

脑内调制系统是参与脑功能调制的主要底物，但对它的详细作用探讨有待深入和具体化。阐明哺乳动物复杂神经回路的“神经调制”依然任重道远。

### 21.4.3 神经回路研究

要想真正了解脑，必须把还原论和整体论结合起来，才有可能既看到整体脑的功能表现，又看到与这个脑功能表现相关的细胞、分子的活动过程。当前的看法为，神经回路研究可能是还原论与整体论之间一个比较好的桥梁。神经回路是神经细胞、分子活动与整体脑活动之间的桥梁，所以科学家们的眼光就投向神经回路。研究神经回路有可能同时研究脑功能的两个方面：一方面是神经回路所负责和联系的脑整体活动表现，这样就看到了脑整体活动表现；另一方面是产生神经回路活动的细胞和分子基础，这样就可能看到与脑整体活动有关的细胞和分子底物。倘若能如此，将会是很有用的[28,29]。

科学家们试图对神经回路与脑功能的关系进行初步分析，但发现问题并不简单。这是因为，虽说做整合性研究的道理是明显的，但具体如何做整合研究并非易事。虽然研究神经回路是一种较好的选择，但具体分析一下神经回路的情况就会知道，有些问题还相当复杂。更何况，我们所希望的神经回路分析，并非一般意义上的理论探讨，而是力图为神经疾病和神智疾病的整体脑活动表现，特别是神智疾病的表现，找出神经回路的基础，以此来推动对疾病的诊断和合理用药。但神智疾病的整体脑活动表现往往牵涉脑的高级功能，而脑高级功能的相关神经回路又往往是复杂的，有的是不清晰的，这是一个很大的困难[28]。

脑功能是通过组成为分布系统的神经回路来实现的，因此分析脑功能调制，离不开分析神经回路。最近对摄食行为神经回路的研究已达到了很高的水平，例如发现摄食行为还可以分成若干“亚”行为(见第 17 章)。

### 21.4.4 简单动物的小神经回路

简单动物神经调制的基础是神经回路的(受)调制(modulation of neural circuit)，因为任何一种脑功能总是由一定分布系统的神经回路来实现的。从神经回路水平看，神经调制指调制了神经回路的运作，包括输入、输出和中间环节的变动。如果希望对神经回路进行深入细致的分析，则现在还只能在简单动物的简单神经回路上才能做到[29]。

甲壳类动物的口胃神经节(stomatogastric ganglion，STG)约含有 30 个神经元，它的心神经节仅含有 9 个神经元，两者都是相关运动的中枢型式发生回路的组成成分。这两种运动行为都受一系列化学活性物质的调制，而运动行为又可以被精确记录，所以是研究神经回路如何被调制的理想标本[29]。

根据甲壳类动物神经节所做的实验，发现动物运动行为的调制是多种调制作用的整合结果——弥散性投射、激素、局部激素。它们决定了脑的调制性张力[29]。

对简单动物小神经回路的研究结果增强了我们的信心，即把神经元的细胞周围调制看作脑活动的 3 个基础活动之一是合理和有根据的。弥散性投射可以看作突触部位的溢出或旁分泌，局部激素当然是旁分泌。甲壳类动物的血液循环与人和高等动物有所不同，但它们的共同特征是来自循环液体，来自较远的细胞和组织。

### 21.4.5 逐个脑区的脑功能分析

分析脑的分布系统在某一项活动中的作用，其基础之一是每个脑区在分布系统中所起的作用必须是清楚的。逐个脑区的分析是分析脑分布系统的基础，仍然有必要扎实地做好。今天回味 1998 年 Hubel 和 Wiesel 的担心，对我们仍然有借鉴作用。Wiesel 和 Hubel 曾说："研究领域在走向时髦。今天，细致的、逐个脑区的分析（有人会说，这是步履维艰的）正在黯然失色，而分子水平的、清醒行为水平的研究令人激动。这理应如此，因为研究必须有人来做，如果是他们喜欢的和有兴趣的，他们就会去做。同时，详细地研究组构问题有待于对此感兴趣的人恢复做下去。"[30]

### 21.4.6 脑功能调制与脑功能异常

临床上所谓的神经调制，指的就是脑功能调制，往往是指通过电刺激脑或给予某种（某些）药物以改变脑的功能，使之正常化。从临床医学角度看，神经调制的异常可能是引起多种脑疾病的原因。此外，神经调制也可以是一种治疗手段，它"通过发送电刺激或化学物质到体内某个靶部位，以改变神经活动"。所以，神经调制的临床应用原理是：通过调制脑的整体活动，希望能带来有利于病人的效应。

## 21.5 精确神经生物学

当前的神经生物学研究，很重要的一点是需要引入精确神经生物学的科学思想。

### 21.5.1 精确细胞生物学

在 2012 年中国科学院学部的第 17 次"科学技术前沿论坛"上，笔者曾经提出了"精确细胞生物学"的设想。这是笔者 2006 年以来提出"活细胞大分子定位与定量研究"设想的继续和发展。什么是精确细胞生物学？所谓"精确"是指要有定位、定量、时间（时机，timing）等方面的详细信息[31]。

细胞的极性，以脂筏与胞膜窖（caveolae）为特征的细胞质膜的非匀质性，细胞质膜上受体的不均匀分布，细胞内信号转导系统分子的"区隔化"和分子间的"牵拽"作用，细胞内各种区隔（compartment）、微域的存在，以及细胞骨架分子的结合蛋白和缔合蛋白的作用等事实，都表明了细胞结构及功能的非均一性。这些事实也有力地提示，细胞内的蛋白质大分子是组构成为有效分子机器的，它们是在处于一定位置和具备一定浓度（量）的条件下发生相互作用的。本书 3.5.6 提到的突触小泡胞外排和胞内吞的微米/纳米域钙耦合，就是生动的实例。

所以，蛋白质大分子的定位和定量问题是细胞生物学的基本问题。当细胞内的主要大分子在一定时间范围内的定位和定量问题得到基本阐明以后，融入必要的其他材料，包括单分子研究的材料，人们将可以在更精确水平上描绘细胞的功能活动，这应当被称为精确细胞生物学（precision cell biology）。但是，详细地演示蛋白质大分子之间的定位关系，确切地测定它们的微局域浓度并非易事，主要是受到技术条件的限制。近年发展起来的超分辨荧光显微镜、冷冻高压电子显微镜等新技术,极大地有利于这方面的研究,但仍远不能满足需求,还要继续发展。近年来笔者曾连续地企图推动单分子研究、细胞内大分子的定位定量问题研究,其原因盖出于此[31,32,33]。

### 21.5.2 按照精确要求做分子和细胞水平的脑研究

在细胞和分子水平脑研究的各个方面,以还原论为指导思想的研究仍有深入的必要。除前面已经论述的以外(见 21.2.3),目前显得迫切需要解决的问题还有很多:在神经细胞内、在细胞器内,这些生物大分子的定位是如何实现的?局域浓度有多高?这也即大分子的定位、定量问题。这样做,才能把分子水平的活动与细胞、亚细胞水平的活动结合起来,甚至与神经回路水平的活动结合起来,以解释脑功能。

在神经元内的众多大分子中,首先我们可以按照"精确细胞生物学"的要求研究受体和离子通道这两种分子。下面仅举数端。

*1. 离子通道的分布和密度*

以钠离子通道为例,已经知道钠离子通道在神经传导中起关键作用,现在已经能够用胶体金电镜方法,来显示钠离子通道在轴突始段的密集分布。但这还不够,为了完整地了解神经传导功能,系统地作图钠离子通道在整个神经元膜表面的分布将是一件很有意义的基础性工作。

现在已经有不少报道,应用单分子技术和极低浓度检测技术取得了新的实验结果。例如,实验应用单分子跟踪技术来跟踪突触前神经末梢钙通道群体的运动,发现海马神经元的突触前末梢的钙通道群体呈现动态组构特征。实验提示,通道运动度促进钙内流的协作性可能也是调节小泡释放的一种途径[34]。又如,应用荧光成像技术检测神经细胞的极低浓度钙离子也已经取得进展。OGB-1(oregon green BAPTA-1)* 生存时间读出,是检测低 $Ca^{2+}$ 浓度的一种特殊技术,其采集速率可达 100 Hz[35]。

*2. 神经细胞的背景电噪声*

除已知的脑电活动形式(节律性脑电、动作电位、突触后电位)之外,有没有未被描述的电噪声(noise)?在分析神经元电压噪声的文献中,一般罗列 3 类噪声——通道噪声、突触噪声、锋电位放电时间不规则引起的噪声。但是,还有其他因素引起的细胞膜的"内源性"电噪声,例如由于离子通道、离子型受体、生电泵等蛋白质大分子本身运动的波动(fluctuation)所引起的电位波动。这种电噪声会引发一些新的思考,即它们会不会影响整体神经元的膜电位,以致最后影响突触后电位或动作电位。如果是有影响的,那么最后它的作用或者应该归入调制动作电位传导或突触电位传递的范畴,或者归入一种新的调制作用;如果并非如此,那它的作用就很费思考了。从技术的角度考虑,需要精确测定局域膜的电位,然后考察其是否影响神经动作电位或突触电位,以及影响定量关系(见第 8 章)[36]。

* OGB-1 是一种荧光染料。

3. 突触后受体的定量、定位研究

突触传递的基础在于：突触小泡是如何从突触前区隔排出来的；在突触后区隔方面，排放出来的递质又如何引起递质受体的激活。突触传递研究已经相当深入，突触小泡胞外排的研究在时间上精确到毫秒级水平，突触后递质受体运输和突触后特异化(PSD)构筑的研究也很精确。这些都反映了当前神经科学研究的一种趋势，即如果从还原论的研究思路出发，除了层次上不断深化以外，从细胞生物学角度对所讨论的问题加以精确界定，实在是已经到来的、不可避免的前景。可喜的是，目前有关突触传递的大分子定位与定量问题的研究报告正在多起来。例如，本书所介绍的纳米级别的 AMPA 受体局域浓集、甘氨酸受体和桥连蛋白簇等，就是一些例证(见 3.7、3.8)。又如，发现了抑制的精确形式。应用成像方法检测动作电位诱发的树突钙信号，同时激活经鉴定的抑制性突触，F. E. Müllner 等测定了单个 GABA 突触所产生抑制的时空剖面，检测到的树突干和树突棘钙信号的抑制可达到毫米/毫秒的精确度[37]。

神经肽研究有其固有的困难，困难之一是还没有或很少有神经肽的特异性拮抗剂和激动剂，还由于它弥散一段距离以后才起作用，其作用的专一性较差。因此，对于神经肽作用的研究，不论从配基还是受体看，都存在着困难。只有克服困难，才能沿着精确细胞生物学的方向前进。

### 21.5.3　按照精确要求研究神经元的细胞周围调制

我们希望神经元的细胞周围调制能够朝着精确细胞生物学的方向前进，这是因为只有把大分子在细胞内的定量、定位问题准确地搞清楚以后，我们才可能有一个真实、客观的神经调质和神经肽作用的图像。问题是要做到这一点很不容易，例如各种受体、离子通道在突触外区的分布及密度，对这些都仍然不够清楚。弄清楚了以后还要在电学基本原理下加以阐明。

突触区、突触外区的离子通道和受体的定位与定量问题是一个基本而又非常重要的问题。由于神经细胞的独特形态特点，按照功能的不同，可能需要在突触后神经元质膜上区分出 3 种不同的区隔。① 突触区(synaptic area)或突触下区(subsynaptic area)，这是突触前分泌的递质立即可以到达的区，神经传递就在这里发生。② 突触交换区(synaptic exchange area)，这是比较靠近突触下区的突触后膜区，这里的受体可以很快地与突触下区的受体互相交换。因为突触可塑性变化与突触下区的受体交换有很大的关系，所以此区可能与可塑性有着重要的关系。③ 突触外区(extrasynaptic area)，这是离开突触下区较远的突触后质膜区，这里所分布的受体以及受体所起的作用可能与突触区的有很大不同，神经活性物质作用于此区的受体，其所起的作用主要是神经调制[36]。

### 21.5.4　按照精确要求研究神经回路与脑分布系统

从整合的角度看问题，为了真正弄清楚神经回路功能和脑功能，还原论应该提供精确数据，至少应当包括以下两个方面——精确的神经回路连接学和分布系统内的局部定位脑功能。

近数十年来,关于脑的分布系统的看法,得到了大多数学者认同。当然,分布系统与神经回路两者是有区别的。近年来,有关杏仁核参与恐惧情绪神经回路的研究、下丘脑 $ARC_{AgRP}$ 神经元与摄食行为的神经回路研究,提供了很好的范例,但离开分布系统的要求还有距离。例如在有关杏仁核的研究中,已经提出了分布系统的 LTP。这就是说,实施恐惧反应的分子变化属于"分布的可塑性"(distributed plasticity)(见第 16、17 章)。

对于脑分布系统功能的阐明,又必然要与"同步化"、"捆绑"问题联系起来。实际上这就是一个多细胞协调运作的问题。在分布系统上实现脑功能,重要的是如何实现有生理意义的同步化,例如:① 在一个小的局部范围内的一些神经元如何同步起来;② 两个以上有一定距离的脑部位,如何按时间先后同步起来。对应于某一种神经功能、对应于某一种脑分布系统,还需要了解其具体的同步机制(见第 1、13 章)[36]。由脑电的振荡活性提出了同步化可能的途径,但是要把"捆绑"、"同步化"匹配到分布系统,还有许多事情要做。

对神经回路和脑分布系统的研究也应该是精确的。我们要有精确的神经回路与精确的脑分布系统,任何一项科学的分析都必须是具体而精确的。

以脑内调制系统为例,脑内调制系统的研究需要按照精确的要求进行。就上面所提到的多巴胺系统而言,脑内有 17 个多巴胺神经元核,它们的分布、投射各有特点,接受多巴胺投射的不同脑区的多巴胺受体又各有特点。因此,必须按照具体的神经核进行具体的分析。迄今为止,多巴胺投射和受体比较清楚的神经核也只有前额叶皮层(PFC)和纹状体而已。在每个脑区或神经核,都需要区分不同性质的神经元是投射神经元还是中间神经元,神经元的不同区隔是突触前区隔还是突触后区隔,是何种类型的多巴胺受体等[27]。这说明,按照精确要求进行神经调制的研究,既是一种苛求,也是客观的需要。

### 21.5.5 精确是一种苛求,也是客观需要

上面提了那么多精确的要求,乍看起来似乎接近苛求,但仔细想想也许能够心平气和下来,因为科学的本质就是要探索客观的未知,而客观事物本身就有那么复杂,任何人想要简单化,很难达到目的。

## 21.6 意识、知觉(内态感)与脑

对脑的神智功能如何进行研究?脑的神智功能覆盖了太广泛的范围。加之,高级神智功能的范围极为广泛,研究目标有待界定。例如,像社会神经科学中提到的伦理等方面问题,如果仅凭神经影像学和"心理学"相结合的设计,一下子还难以进入真正脑科学的神经回路、细胞、分子水平的分析。而且,研究方法也有待创新。

从脑功能的角度看问题,笔者认为,可能还是把所研究的问题局限于神智的基本方面为好。意识、知觉和觉察、内态感是非常值得加以考虑的候选项目。意识是一切神智功能赖以展现的平台,觉察联系到感觉(sensation)和知觉(perception),内态感主要指对

内部状态的觉察。依靠脑，人能够觉察(perceive)他所存在于其中的客观世界和自身内部状态，前者为知觉(perception)，后者为内态感(feeling)。

### 21.6.1 意识

以往比较强调脑功能与意识仅是一种相关的关系，所以提出“意识的神经相关”(neural correlate of consciousness，NCC)；现在，比较获得承认的Dehaene的一种学说认为，如果对意识现象进行实事求是和细致的分析，意识应该包括3个由浅入深、由较少主观进入较多主观的状态，即：① 警戒或警惕(vigilance)，指觉醒状态(the state of wakefulness)，当我们清醒或睡眠时，这个状态会发生改变；② 注意(attention)，指把我们的神智资源聚焦到信息的特定点；③ 意识进入(conscious access)，指被我们注意的信息最终被我们所觉察，而可以向其他人进行口头报告[38]。

从无意识可以向有意识转变，已经有人提出了“大体神经元工作空间”理论[38]，认知领域的研究正在发展，我们应当密切地注意、跟踪与创新。

### 21.6.2 脑的状态

警戒或警惕是有关脑工作状态的一种描述。万物存在都有一个状态的问题，大到宇宙，小到基本粒子、量子。人脑也不例外，觉醒、睡眠就主要反映了脑的状态。某种脑活动总是在一定脑状态下进行的[39]。脑的状态可以在神经传导、突触传递、神经调制的基础上加以分析。觉醒时的意识保持和睡眠时的意识丧失，既可由客观检测方法来判定，却又必须有人主观报告陈述的补充与验证。

我们已经从清醒、麻醉与睡眠的关系中看到了意识与失去意识、意识与全身麻醉剂作用等问题的关系。有了这样的基础，我们才可以更好地理解，例如服用安眠药以后，脑内发生了些什么样的变化(见第14、15章以及21.3.1)。

脑的状态可以在细胞水平得到分析，例如脑的状态与神经元的“上状态”和“下状态”的关系。神经元的“上状态”、“下状态”与噪声，其外源性的原因就在于细胞周围活性物质的作用，即神经递质的张力性兴奋和张力性抑制，以及神经活性物质的细胞周围调制作用。我们之所以重视“状态”和“张力性激活”，还因为它们同神经元的噪声有关。同时，它们又跟神经元之间的同步化有关(见7.5、7.6、7.7和第8章)。从研究脑的状态出发来研究意识，可能会带来一些有意义的结果。

### 21.6.3 知觉

知觉表示个体觉察到了什么东西。什么是觉察？觉察应该是主体(我)知道有一样东西存在着。一个有机体一定要能够体验他自己作为一个有知觉(sentient)个体的存在，他才能够体验到环境中任何其他东西的存在和显著性(salience)。觉察有很多不清楚之处，但又是神智的关键问题。真实世界是客观的存在，神经世界是真实世界在脑活动当中的反映。客体在脑主体中的反映，既是脑研究的难题，也是哲学讨论上的重要话题。

研究意识也关键性地联系到觉察。在觉察研究上存在的一个可能问题是：用一些图像刺激结合着做脑功能成像的记录，这种方法是否非常完善？

知觉研究与意识研究具有关联性。意识有脑本身的状态这一面，又有意识进入主观觉察这一面，而觉察是一种主观报告。从这个意义上讲，意识是产生知觉的基础。从主观和客观的关系来看，知觉研究的逻辑仍然是，被我们所研究和记录的客观参数是知觉的内部代表(internal representation)。

当我们考虑感觉和知觉的时候，关于那种尖锐的、明确的知觉，已经有了相当多、相当好的解释，多数来自视知觉研究。

觉察研究也以视知觉的为多，其他知觉模式的比较少。视知觉研究的结果表明：为了某些特定特征的意识经验，腹侧视觉皮层功能特异的区域活性是必需的。一般说来，在这些脑区活性和意识经验之间有强的相互关系(见 14.2)。在脑岛研究中又提出了脑岛、扣带回皮层与觉察的关系。这两种说法的关系如何，值得进一步的研究(见 14.2、第 18 章)。

### 21.6.4 内态感

但是，那种模模糊糊的感觉，又是怎么形成的？内态感就属于这一类。模糊、混沌的内态感从何而来？种种事实表明，人的有些脑活动不是那么锐利和清晰的，相反却是模糊而混沌的，包括内态感在内。人的内态感内容很丰富，例如人患病过程中的舒服或不舒服、人吸烟以后的欣快感(euphoria)、情绪或欲望当中的那种内态感等。那些不锐利、不清晰的脑活动，其细胞活动基础是什么？作为这些不锐利、不清晰脑活动基础的，是否仅仅是已知的脑电活动(节律性脑电、动作电位、突触后电位)的产物，这需要实验的验证。但是也有可能，神经递质、神经调质、神经肽甚至激素，是它们引起了突触外区细胞膜的电噪声，而电噪声是那些不锐利、不清晰脑活动的基础。这是一个大胆的设想，有待于事实的检验。根据某些学者的看法，内态感竟然与无髓纤维和有髓纤维的活动联系了起来，这进一步增强了我们对内态感研究的兴趣[36]。

内态感的研究内容包括内态感产生的神经基础(内部代表)、“内部代表”的代表，等等。因为内态感是对自身内部状态的觉察，又牵连着诸如情绪、内脏活动等一系列的变化和反应，所以很重要。内态感的研究也很可能需要大量精确神经生物学的数据。

### 21.6.5 内态感与慢速神经活动

脑活动并不一定总是快速的，这在人体的知觉和觉察上反映得特别明显。知觉的确可以分别表现为锐利的和模糊混沌的性质；至于内态感(feeling)，它几乎突出地表现了模糊与混沌的性质(见第 18 章)。那种模糊、定位不明确而时程迁延的脑活动过程，例如内态感，很可能主要与细胞周围调制有关(见第 18 章)。内态感反映了机体的内部状态，它的细胞机制尚不明朗。有人提出内态感与无髓 C 类纤维有关，无髓轴突可用于收集局部环境中的信息。这实际上就是一种神经元的细胞周围调制(见 18.3)。但是这仅论述了外周神经机制，那么中枢机制如何？脑岛、前扣带回（ACC）这些与内态感密切相关的脑区活动、激活，跟那些大脑皮层经典感觉区的活动、激活，又有什么不同呢？

其实，神经调节功能也可以有快速、尖锐和缓慢、模糊混沌之分（见第 18 章）。它们应当有其相应的神经活动基础，首先要考虑的是相关的神经回路组构和神经元细胞周围调制。

## 21.7　脑神智功能的表达源自何种物质过程

如果有人问，人脑如何产生人的智能？同样是由蛋白质等生物大分子组成的物质，唯独神经细胞不仅产生物理、化学的反应，还产生精神（spirit），这是为什么？

本书一开头就指出："从哲学观点看问题，如果与其他身体器官相比较，脑是一个特殊的器官，它本身是一个物理结构，但此结构又与神智相关……即使到了今天的神经科学水平，关于脑的机制如何能够产生意识和思想仍然不清楚。"（见 1.1.2）

神智功能怎样由脑活动产生，这件事如同可感受的特性（qualia）是怎么产生的，知觉能力（sentience）是怎么产生的一样，是一个"硬"问题。它涉及客观活动能否及如何转变为主观意识的问题。

我们试探性地提出以下两点：① 作为神智功能基础的电活动，应当包括神经慢活动的形式在内；② 作为神智功能基础的物质运动形式，可能还有电活动以外的形式，我们在此试探性地提出机械的、力学性质的活动形式。

### 21.7.1　神智活动是客观世界的"内部代表"或"神经相关"

虽然是"硬"问题，我们还是试图分析它，但最好选择基本而简单的神智问题，具体地说，如意识、觉察等。有的学者就提出了"意识的神经相关"（NCC）、"知觉或感觉的内部代表"（internal representation）等看法。这样就绕开了哲学问题上的分歧和争论，而仅在科学讨论的层面上进行分析和讨论。我们可以按照思考问题的逻辑次序，进行某些表述或提出某些问题。

### 21.7.2　历史上对神智功能曾有过种种设想

认为神智活动是一种电活动，有其深刻的历史和理论根源。脑电与神智的关系牵动着神经科学家、媒体和大众的关注[40]。

从生物进化看，有学者认为，多细胞生物心理学的基础就是细胞膜的兴奋性。例如 N.D. Cook 等认为，具有兴奋功能的细胞膜几乎只存在于动物，可兴奋细胞的功能是动物对外界刺激作出反应的基础，即所谓"知觉能力"（sentience）和"兴奋性"（irritability）的基础。正是在此基础上，才产生了动物的知觉、认知和运动活动[41]。

从生物电理论的历史发展看，自古以来对脑功能活动的性质曾有过种种考虑。在古埃及、古希腊时代，人们认为脑活动是一种"精神"、"气"、"微颗粒"的活动[3]。

到了 16、17 世纪，在生物电理论尚未出现之前，笛卡尔的"动物精灵"模型中曾用类似液体流动来解释神智[4]，T. Willis、P. Gassendi、牛顿等人都考虑过用机械振动来解释“动物精灵”[42]。

伽伐尼在1791和1797年的实验开创了生物电理论，1849年亥姆霍兹测定了神经传导速度。这些实验表明，以前被看作非物质活动的神经现象，现在可以精确地用物理学仪器来测量了，它是一种电活动[3,4]。在这样的学术背景之下，学者们可能认为，神智活动就是一种电活动。其实不全然如此！

### 21.7.3 神智功能是神经细胞代谢活动的结果

有一点似乎是不能怀疑的，因为我们的出发点就是，神智功能是由脑负责的，脑是一群细胞的集合体，是有生命的物质。这里所谓的“细胞代谢活动”包含了活细胞的全部活动。

### 21.7.4 脑电活动是神智功能的基础，但不局限于快速神经活动

1929年Berger记录了人脑电波。种种证据表明，电活动是脑活动的基本和关键形式，当脑电波变成平坦和消失的时候，往往意味着生命的终止、死亡的到来。由此看来，上述命题看来是可以接受的，(自发或诱发的)脑电活动是神智功能的基础。

自从生物电理论问世以来，以后又有了卡哈尔的神经元理论，谢灵顿的反射分析和突触假说，戴尔、O. Loewi、埃克尔斯的化学传递学说。以快速反应为特点的反射活动得到了充分研究。人们有时候会误认为，似乎脑的一切活动都是以这种快速电活动为基础的。但这种结论性见解未免过于简单化。如前所述，至少应该把神经调制作用包括进去，特别是把神经元的细胞周围调制作用包括进去。

但能否说，电活动是脑神智活动的唯一形式，那就不一定！

### 21.7.5 脑电活动并非脑活动的全部

我们说，脑电活动并非脑活动的全部，之所以提出这样一个命题，其主要根据之一是：脑电活动所消耗能量仅占脑全部代谢活动消耗能量的一部分。

历史上有很长一段时间曾经认为，“精神”活动就是一种电活动。但脑的电活动就是脑功能的全部吗？脑的电活动是脑功能的唯一“代表”或“相关”吗？这里要提防把问题看得太简单了。

脑的电活动包括神经动作电位、突触电位以及参与脑电节律形成的其他种种电活动，它的基础就是神经传导、突触传递、神经元的调制。上面的问题实际上就是问：已知的脑电活动是否已经包容了脑活动的全部，脑电活动是否就是脑的全部代谢活动？回答是否定的。

自从脑功能成像技术得到应用以来，人们有可能分析、考虑脑的代谢活动与脑电活动之间的关系和区别。近代脑功能成像有两种方法——PET和fMRI，它们所检测的都不是电活动，而是脑的局部代谢活动。我们知道，代谢活动反映脑代谢所消耗的ATP

量，而脑功能成像方法所提供的是为脑局部代谢活动提供血液供应的局部血液氧饱和度变化，即 BOLD 信号。要把 BOLD 信号与产生所有已知脑电活动所需能量的量加以比较，并说明两者是相等或不相等，这在实验上并没有完全解决，还存在困难[36]。另外前已述及，从原理上讲，功能性成像既可以测量瞬间效应，即外界刺激所引起的对于神经元电活动的影响，也可以监测更长时间的持续效应，即影响神经元活动的各种生物化学变化(见第 10 章)[43]。

如果我们同意，电活动不是脑活动的唯一形式，那么，还有哪种形式的物质运动是脑功能的基础呢？

### 21.7.6　脑的机械或力学过程有可能参与神智功能的表达

如今到了 21 世纪，再次回顾脑功能的物理基础是什么的问题时，我们应当深思，除了电以外的各种物质运动形式——机械力、声、光、辐射等。在其中，机械力是一个应该加以考虑的物质运动形式。

基于以上原因，我们提出了脑的机械或力学过程可能参与脑功能的问题。本书第 9 章介绍了“力学神经生物学”的进展与问题，就是希望引起关注与讨论。细胞的机械动作可以影响脑功能，对此现在已经知道了不少例子(见 9.6)。

在考虑机械动作可以影响脑功能的同时，笔者也提出了脑功能活动中所展现的一些机械活动的事实。由此推断，有非电形式的脑活动参与脑的调节功能及神智功能的可能性。我们介绍了神经轴突在传导冲动时有机械变形的事实；催产素(OT)导致下丘脑神经元形态可塑性的事实——即在特定情况下，下丘脑的胶质细胞回缩，出现神经元的机械位移(见 9.7)。

在讨论神智是神经细胞电活动和/或机械活动产物的时候，实际上是提出了令人感兴趣的命题：

神智是由于脑内的电活动引起的。那就是说，有一个什么东西“电”了一下你的脑，你就产生神智了！

神智是由于脑内的机械活动引起的。那就是说，有一个什么东西“牵拉”了一下你的脑，你就产生神智了！

神智是由于脑内的电活动和机械活动联合引起的。那就是说，有一些什么东西，既“电”了一下你的脑，又“牵拉”了一下你的脑，你就产生神智了！

事情会是这样的吗？

## 21.8　有了科学的设想，还要有好的方法

回顾过去，半个多世纪以来脑科学的发展印证了一个真理：要赢得脑科学的发展，必须有好的方法和技术。近年来，令人印象深刻的进展有脑功能成像、光遗传学技术、超分辨荧光显微镜等。在此基础上可以展望未来脑研究对技术手段和研究条件的一些期待。

① **精确神经生物学方面**。从精确神经生物学的角度看，技术方面有所期待的是：微

型的神经功能成像仪，还有三维细胞分子扫描仪（转动细胞，在3个维度上获取大分子的定位和定量信息）等。另外，期待应用电压敏感染料（见21.3.8）测定微米量级细胞膜（介于细胞和单个离子通道）的电压变化，以求对神经元的细胞周围调制作用得到明确的科学材料。

② **人体神智研究与受试者口头报告**。我们需要清晰而准确的人（受试者）自己的口头报告。受试者的口头报告是他本人的主观觉察，却是实验者的客观信息来源。

③ **人体神智研究与动物模型**。进行像人体觉察和意识一类的研究时，单凭提供图片作为视觉刺激的功能性神经成像研究显然不够，很可能需要更精确、便于核对与理解的可靠数据。如果能够利用动物模型，寻找、设计比较有说服力的实验，应该是一项好的选择。我们的奢望是，利用动物模型，针对人类神智疾病症状中特征性的体征表现，寻找、设计比较有说服力的实验，从而能够对神经世界和真实世界的关系进行比较科学的比拟与讨论。我们还期待，能够在动物运动情况下仍然可以获得脑功能成像的设备[36]。

## 参考文献


[1] Lisman J. The challenge of understanding the brain: where we stand in 2015. Neuron, 2015, 86(4): 864-882.

[2] Insel T R, Landis S C. Twenty-five years of progress: the view from NIMH and NINDS. Neuron, 2013, 80: 561.

[3] 陈宜张.神经科学的历史发展和思考.上海：上海科学技术出版社，2008.

[4] 陈宜张.探索脑科学的英才——从灵魂到分子之路.上海：上海教育出版社，2009.

[5] Civelli O. Orphan GPCRs and neuromodulation. Neuron, 2012, 76: 12-21.

[6] Khakh B S, North R A. Neuromodulation by extracellular ATP and P2X receptors in the CNS. Neuron, 2012, 76(76): 51-69.

[7] Südhof T C. Neurotransmitter release: the last millisecond in the life of a synaptic vesicle. Neuron, 2013, 80: 685-686.

[8] Zhang D H, Guo H. Recent advances in quantum dynamics of bimolecular reactions. Annual Review of Physical Chemistry, 2016, 67(1): 135-158.

[9] Lamotte D B, Krejci E, Ascher P. Mechanisms shaping the slow nicotinic synaptic current at the motoneuron-Renshaw cell synapse. Journal of Neuroscience, 2012, 32(24): 8413-8423.

[10] Bartos M, Sauer J F, Vida I, et al. Fast and slow GABAergic transmission in hippocampal circuits//Cutsuridis V, et al. Hippocampal microcircuits. Springer, 2010: 129-161.

[11] Hamann M, Rossi D J, Attwell D. Tonic and spillover inhibition of granule cells control information flow through cerebellar cortex. Neuron, 2002, 33(4): 625-633.

[12] Saldanha, C J, Remage-Healey L, Schlinger B A. Synaptocrine signaling: steroid synthesis and action at the synapse. Endocrine Reviews, 2011, 32: 532-549.

[13] Hua S Y, Chen Y Z. Effect of glucocorticoid on electrical activity of mammalian sympathetic ganglion cells in vitro. Chinese J Physiological Sciences, 1987, 3(2): 211-212.

[14] Chen Y Z, Hua S Y, Wang C A, et al. An electrophysiological study on the membrane-receptor

mediated action of glucocorticoids in mammalian neurons. Neuroendocrinology, 1991, 53 (Suppl 1): 25-30.

[15] Guo Z, Chen Y Z, Xu R B, et al. Binding characteristics of glucocorticoid receptor in synaptic plasma membrane from rat brain. Funct Neurol, 1995, 10: 183-194.

[16] Fu H, Wang F A, Chen Y Z. Glucocorticoid receptor-like antigen on neuronal plasma membrane of rat brain. Acta Physiol Sin, 1993, 45: 186-189 (Chinese text, English abstract).

[17] McEwen B S, Alves S E. Estrogen actions in the central nervous system. Endocrine Reviews, 1999, 20: 279-307.

[18] Forsythe I D, Westbrook G L. Slow excitatory postsynaptic currents mediated by N-methyl-D-aspartate receptors on cultured mouse central neurones. The Journal of Physiology, 1988, 396(1): 515-533.

[19] Perrier J F, Cotel F. Serotonergic modulation of spinal motor control. Current Opinion in Neurobiology, 2015, 33C: 1-7.

[20] Hardingham G E, Bading H. Synaptic versus extrasynaptic NMDA receptor signalling: implications for neurodegenerative disorders. Nature Reviews Neuroscience, 2010, 11(10): 682-696.

[21] 陈宜张.神经元兴奋性的细胞周围调制.生理学报,2016,68(4):385-390.

[22] Debanne D, Campanac E, Bialowas A, et al. Axon physiology. Physiol Rev, 2011, 91: 555.

[23] Grinvald A, Hildesheim R. VSDI: a new era in functional imaging of cortical dynamics. NR Neurosci, 2004, 5(11): 874-885.

[24] Sara S J, Bouret S. Orienting and reorienting: the locus coeruleus mediates cognition through arousal. Neuron, 2012, 76: 130.

[25] Lesch K-P, Waider J. Serotonin in the modulation of neural plasticity and networks: implications for neurodevelopmental disorders. Neuron, 2012, 76: 175.

[26] Picciotto M R, Higley M J, Mineur Y S. Acetylcholine as a neuromodulator: cholinergic signaling shapes nervous system function and behavior. Neuron, 2012, 76: 116.

[27] Tritsch N X, Sabatini B L. Dopaminergic modulation of synaptic transmission in cortex and striatum. Neuron, 2012, 76: 33.

[28] 陈宜张.神经回路研究.科学(上海),2014,66(3):21-25.

[29] Marder E. Neuromodulation of neuronal circuits: back to the future. Neuron, 2012, 76: 1.

[30] Hubel D H, Wiesel T N. Early exploration of visual cortex. Neuron, 1998, 20: 401.

[31] 陈宜张.活细胞大分子的定位和定量问题.科学通报,2013,58:2863-2871.

[32] 陈宜张.活细胞内化学过程的实时单分子显示问题.上海市第二军医大学,2001.

[33] Chen Y Z, Chen X P. Do we need molecular tomography of a cell and how can it be achieved? Clinical and Experimental Pharmacology and Physiology, 2008, 35: 872-877.

[34] Schneider R, Hosy E, Kohl J, et al. Mobility of calcium channels in the presynaptic membrane. Neuron, 2015, 86(3): 672.

[35] Zheng K, Bard L, Reynolds J P, et al. Time-resolved imaging reveals heterogeneous landscapes of nanomolar $Ca^{2+}$ in neurons and astroglia. Neuron, 2015, 88(2): 277-288.

[36] 陈宜张.脑研究现状与展望\\中国医学院士文库:陈宜张院士集.北京:人民军医出版社,2014.

[37] Müllner F E, Wierenga C J, Bonhoeffer T. Precision of inhibition: dendritic inhibition by individual GABAergic synapses on hippocampal pyramidal cells is confined in space and time. Neuron, 2015, 87(3): 576.
[38] Dehaene S. Consciousness and the brain. New York: Penguin Books, 2014.
[39] 陈宜张.机体的功能与状态.生理学报,2017,65(5):526-527.
[40] Borck C. Electricity as a medium of psychic life: electrotechnological adventures into psychodiagnosis in Weimar Germany. Science in Context, 2001, 14(4): 565-590.
[41] Cook N D, Carvalho G B, Damasio A. From membrane excitability to metazoan psychology. Trends in Neuroscience, 2014, 37(12): 698.
[42] Wallace W. Vibrating nerve impulse-Newton, Willis and Gassendi. Brain and Cognition, 2003, 51: 66.
[43] Kandel E R, Schwartz J H, Jessell T M, et al. Principles of neural science: 5th ed. New York: McGraw-Hill, 2013.

# 索 引

## 1. 论题、功能概念及其他关键词

## 2. 神经系统的结构和组织，细胞及亚细胞成分

## 3. 活性分子、基因、药物和试剂

## 4. 神经-精神疾病及相关病理现象和疗法

## 5. 研究方法、技术及设备

## 6. 生物物种

## 7. 人　名

# 图　　版

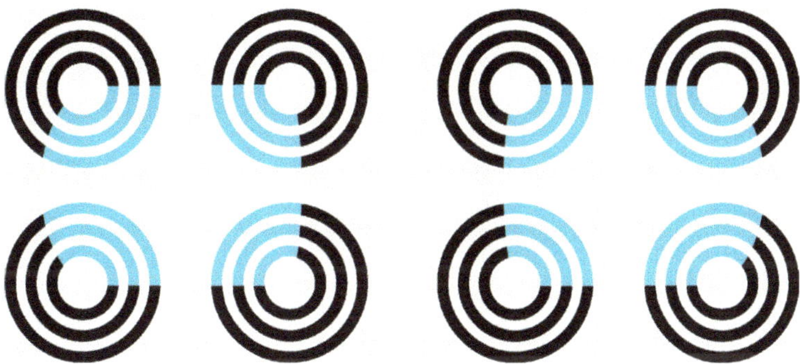

**图 1－5**　立体观测中的主观效应

仅圆圈中的一段线真正是蓝的，其他都是黑或白的，但我们会看到单独的一片蓝，它在黑圆圈之上具有清楚的形状。这既演示了霓虹灯光扩散，也演示了主观图形的构建。左侧和右侧的图像是立体投影的一对光学影像，观察者可在主观上把它们融合起来，使之成为一个具有深度的成像(交互融合)。这样，蓝色片曲线的主观轮廓会伸展到空间，朝向观察者。(图引自 1 章文献[6])

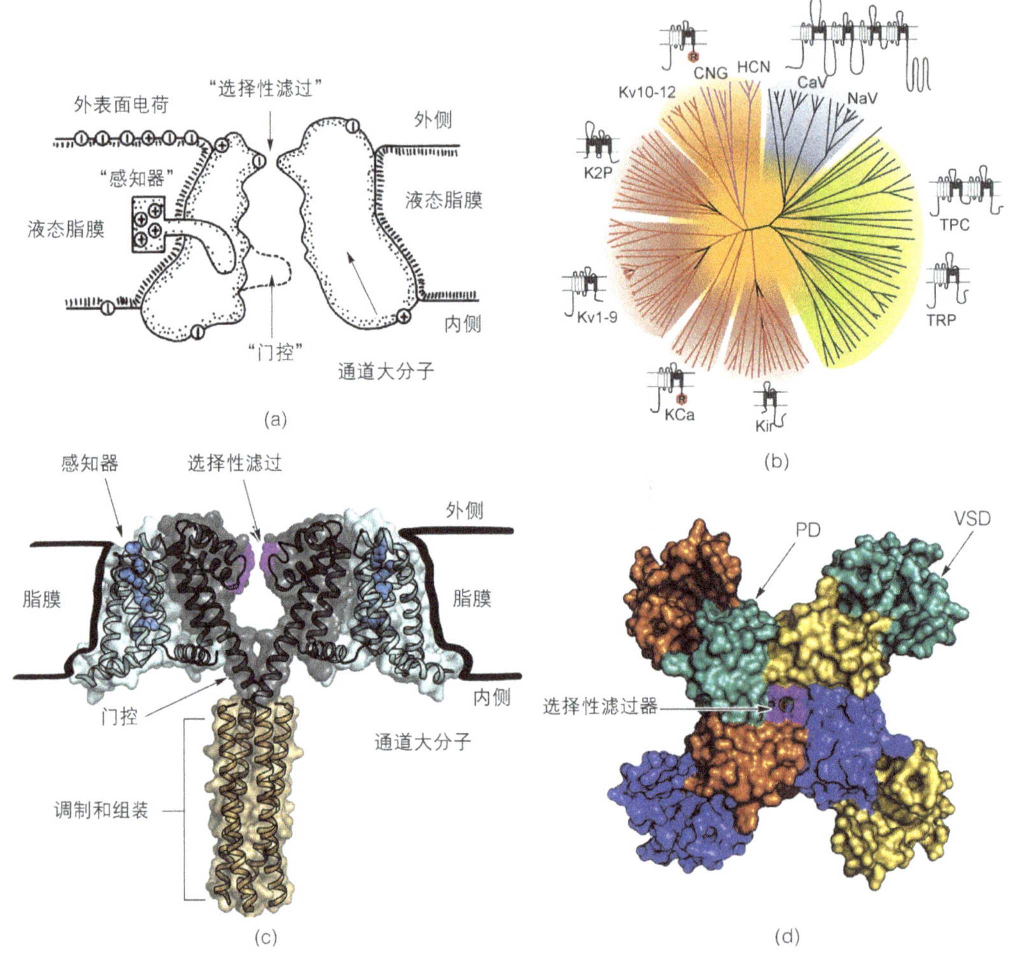


**图 2-1** 离子通道：从概念到结构

(a) 离子通道的卡通模型，基于 B. Hille 在 1977 年对电压门控钠通道和电压门控钾通道的研究。此卡通包括了对于电压门控离子通道的基本了解。(b) 无根树图，此图表明 VGIC 超家族最小"孔"区的氨基酸顺序。图中的亚家族有(顺时针方向)电压门控钙通道(CaV)、钠通道(NaV)、双"孔"(TPC)及瞬变感受器电位(transient receptor potential, TRP)通道、内向整流钾通道(Kir)、钙激活钾通道(KCa)、电压门控钾通道(Kv1—Kv9)、K2P 通道、EAG 家族电压门控钾通道(Kv10—Kv12)、环核苷酸门控通道(CNG)、超极化激活核苷酸门控阳离子通道(hyperpolarization-activated nucleotide-gated channel, HCN)。(c) 细菌钠通道(BacNaV)的丝带模式图，除细胞内域以外，这个域经常是细胞因子修饰的位置，而且含有装配的分子域。所有(a)里面的关键和特征的部分，在这个模式图里都已具备。此图的核心部分根据 2013 年对离子通道晶体结构的研究。此模型是钠通道 NaVAb 和只有"孔"的钠通道 NaVAe1p 的综合图。图显示了来自 2 个膜亚单位和 4 个细胞内亚单位的诸元素。S4 段中作为电压敏感器的精氨酸以空间充满模型表示。(d) 从细胞外侧看 PD-VSD 域交换的演示图。VGIC 离子通道根据 NaVAb，个别亚单位用不同的颜色相区分，有橘红色、青色、黄色、蓝色，选择性滤过器用紫色，紫色亚单位中标示了"孔"的域和电压敏感的域。(图引自 2 章文献[3])

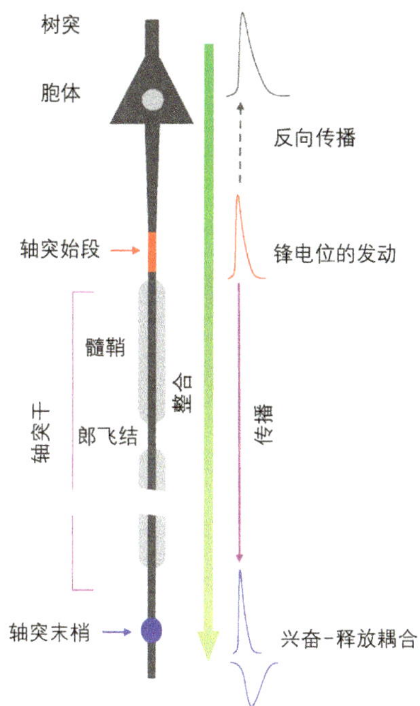


**图 2－2** 轴突功能小结

一个简化、标准化的锥体神经元，它可以分为不同的区隔，演示轴突的 4 种主要功能：① 锋电位的发动；② 锋电位的传播；③ 兴奋-释放的耦合；④ 整合。锋电位在轴突始段发生，兴奋经过轴突主体向末梢传播，神经递质在末梢释放。在胞体-树突区隔所发生的电信号被整合到轴突，影响锋电位的发生时机以及神经递质的释放（绿色箭头）。（图引自 2 章文献[4]）

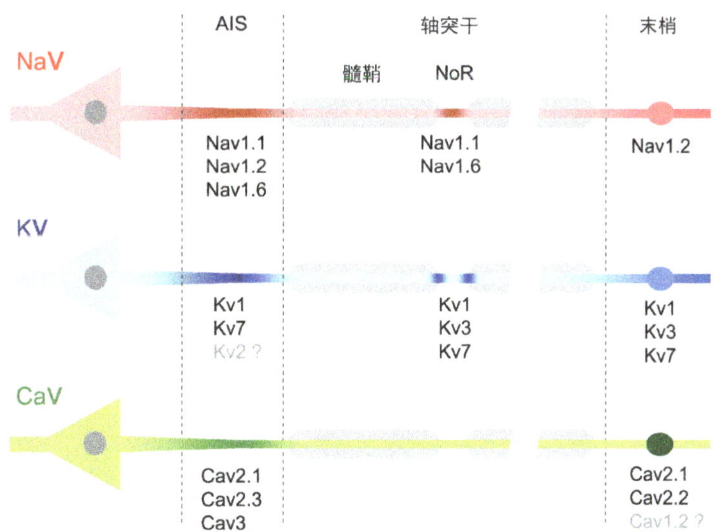


**图 2－3** 钠通道、钾通道、钙通道在有髓轴突不同区隔上分布的模式图

上为钠通道，中为钾通道，下为钙通道。细胞体由锥体形状代表，通道密度用颜色的不同深浅表示，髓鞘用灰色表示。NoR：郎飞结；AIS：轴突始段。不确定定位用灰色字体表示并加问号。（图引自 2 章文献[4]）

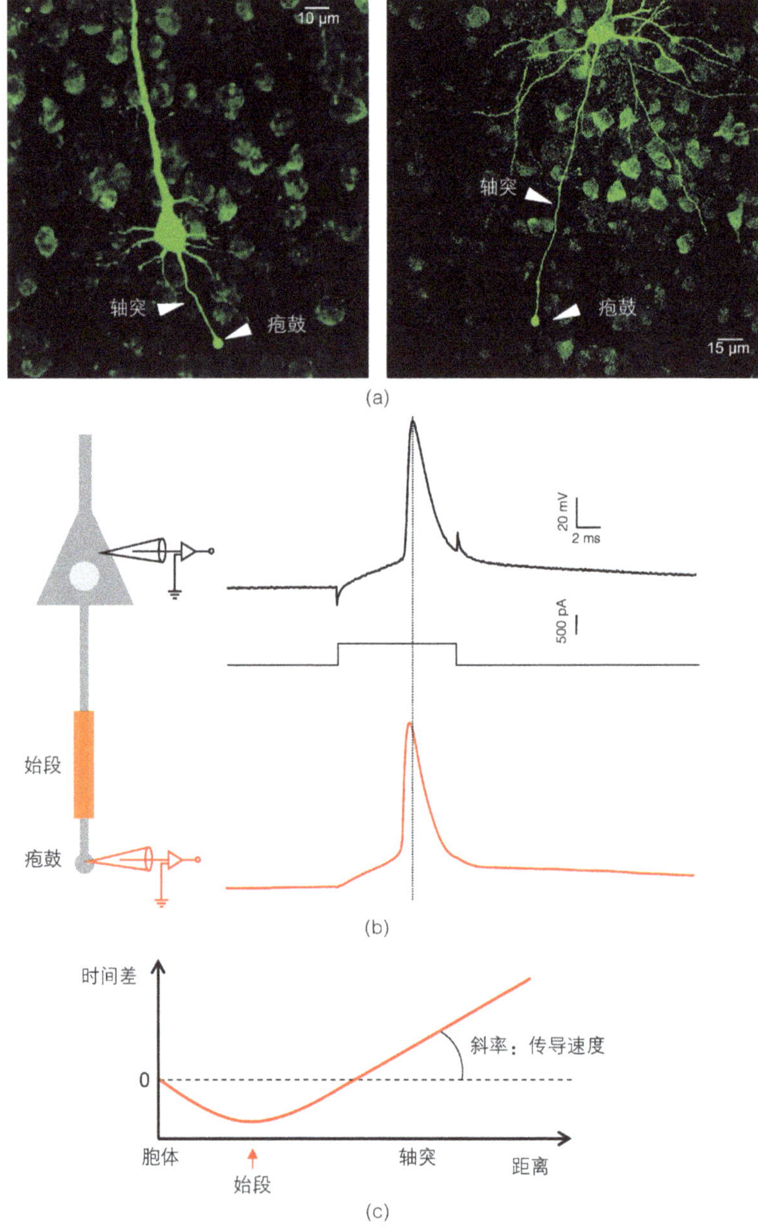


**图 2-4** 轴突始段锋电位的发生

(a) 用生物胞素(biocytin)标记的两个第Ⅴ层(L5)锥体神经元的共聚焦成像，注意特征性鼓起来的一端是损伤轴突，这种鼓起在文献上叫作疱鼓(bleb)。(b) L5 锥体神经元全细胞质膜上双重胞体轴突的疱鼓记录。左边，记录模式；右边，记录到的动作电位；胞体记录，黑色；轴突记录，红色。(c) 确定动作电位发生时间差别的模式图，轴突锋电位和胞体锋电位的时间差作为轴突距离的函数，原点是胞体。在始段得到轴突锋电位的最大前进，也即锋电位发动区。直线段的斜率给出一个图解式显示，用来估计沿轴突传导的速度。(图引自 2 章文献[4])

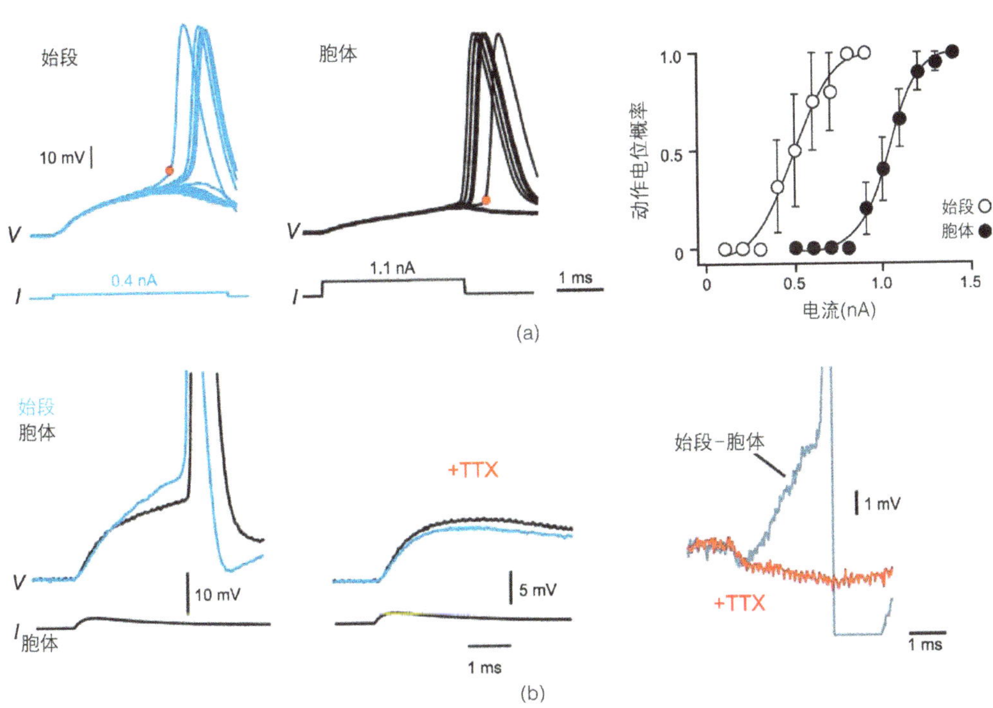


**图 2-5　轴突始段的锋电位阈值最低**

(a) L5 锥体神经元轴突始段的高电压但低电流阈值。左边：在动作电位处于阈值的时候，电流注射入始段(蓝)或胞体(黑)时的重叠电压反应，注意把始段去极化的电压阈值与胞体相比较。右边：在始段(空心圆)或在胞体(实心圆)电流注射所引起的注射电流平均幅度与动作电位发生概率之关系，注意始段的低电流阈值。(b) 由始段钠通道介导的慢、去极化斜坡(ramp)，但在胞体上是没有的。左边：由模拟兴奋性突触后电流(excitatory postsynaptic current, EPSC)注射在胞体上引起的动作电位，以及同时在胞体(黑)及始段(蓝)上的记录。中间：在 TTX(1 μm)条件下的同样记录。右边：在对照(青灰)及 TTX(红)条件下轴突始段和胞体的电压差，发现在锋电位发动之前，始段有一个去极化坡度。(图引自 2 章文献[4])

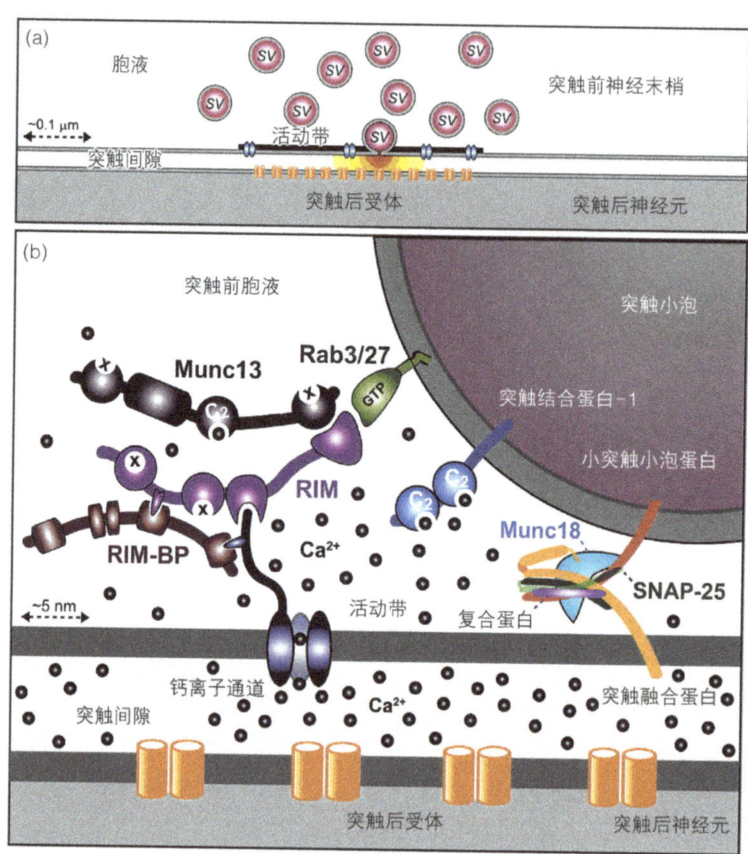


**图 3-1** 突触前小泡释放分子机器的组构

(a) 突触部位有突触小泡(SV,红色)、含有钙通道(蓝色)的活动带、突触后成簇的受体(橘黄色)。活动带的一个小泡正处在融合过程中,红色的神经递质正从融合孔释放。(b) 介导钙触发的小泡融合分子机器图解。图右上方显示锚定突触小泡的一段,突触前活动带在中间。从右到左显示神经递质释放分子机器的 3 个功能性组成成分。右边为融合机器的轴心部分,它由 SNARE、SM 蛋白质复合体组成,这个机器包括 SNARE 蛋白、小突触小泡蛋白/VAMP、突触融合蛋白-1(syntaxin-1)、SNAP-25,还有 SM 蛋白 Munc18。作为钙感知器的突触结合蛋白显示在中间,它由两部分组成。一部分是短的小泡内顺序,具有单个跨膜区;另一部分是两个胞质 C2 钙结合域,以复合蛋白(complexin)为助手起作用,复合蛋白结合在 SNARE 复合体上。活动带蛋白质复合体显示于左侧,包括 RIM、Munc13 和 RIM-BP,还有在突触前质膜上的钙通道。在这个蛋白质复合体中,RIM 结合到特定靶蛋白质,调控、协调活动带的所有 3 个功能:介导突触小泡入坞的 RIM 结合于小泡 Rab 蛋白;RIM 结合于中央预处理因子——Munc13,激活小泡的预处理;为了快速的兴奋-分泌耦合,RIM 结合到钙通道,有直接方式和通过 RIM-BP 的间接方式,募集钙通道达到锚定小泡的 100 nm 空间范围之内。神经递质释放分子机器的总体设计是,作为对动作电位的反应,在纳米级别的装置上能快速而有效地触发分泌过程,把融合分子机器、钙触发还有活动带蛋白质三者复合起来,这样把所有成分定位在一个合适的靠近范围之内。(图引自 3 章文献[11])

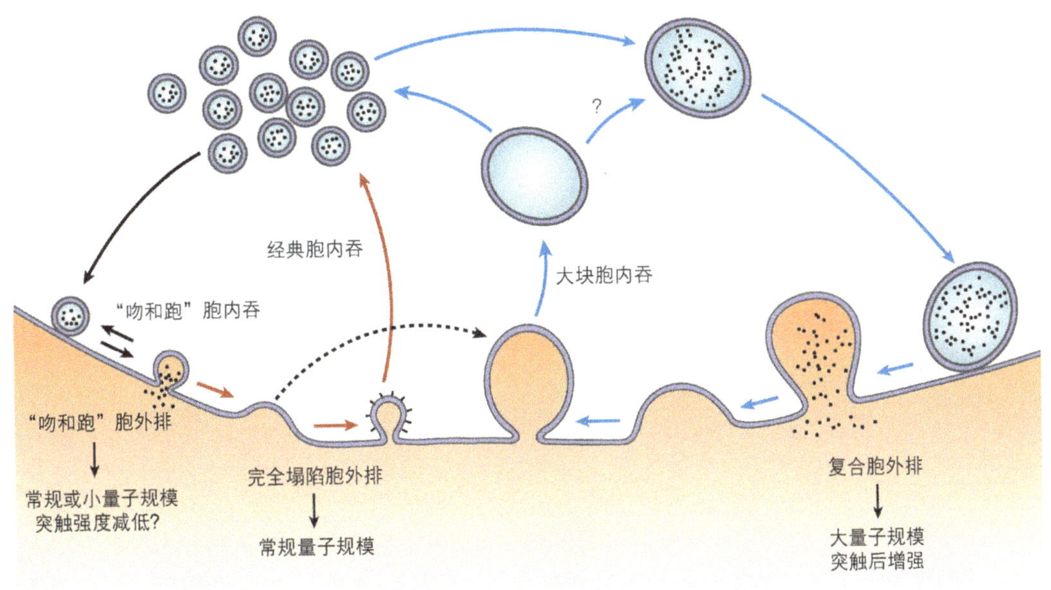


**图 3-4**　胞外排和胞内吞及它们之间耦合的模式图

有 3 种胞外排(exo)模式——完全塌陷、“吻和跑”、复合胞外排,分别耦合到 3 种胞内吞(endo):经典胞内吞、“吻和跑”、大块胞内吞。全塌陷融合也可以耦合到大块胞内吞(虚线箭头),但是此假说还有待验证。图也表示了每种胞外排模式在调节量子大小及产生突触可塑性方面的作用。? 表示不清楚的功能或转变。(图引自 3 章文献[7])

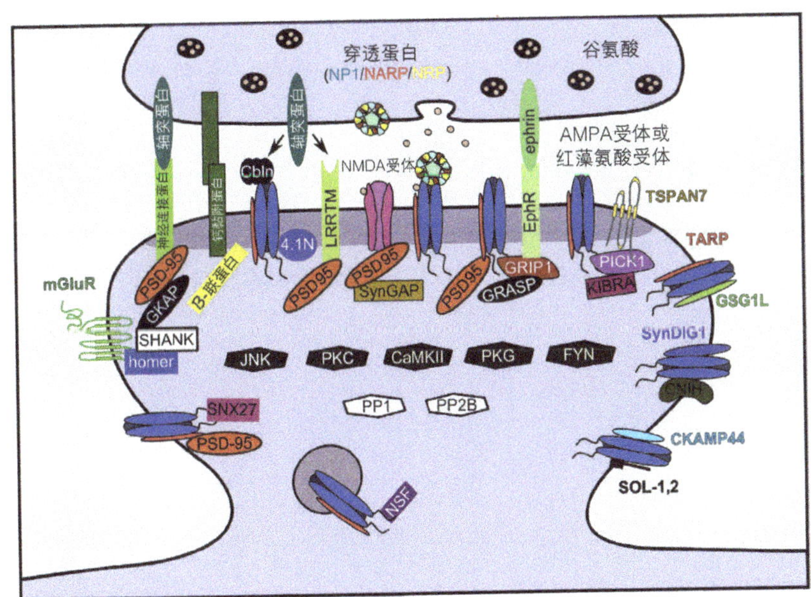


**图 3-11**　参与 AMPA 受体膜运输和突触可塑性的脚手架蛋白及交通蛋白

过去 25 年来,已经鉴定出这样一个分子机器,它参与兴奋性突触的结构和功能,参与调节 AMPA 受体的膜运输,该分子机器的数十个蛋白质已被鉴定,包括信号转导蛋白、蛋白激酶(PKA、CaMKⅡ、PKC)、磷酸酶(PP2B、PP1)。有些蛋白质调节受体运输,也调节那些直接或间接和受体的相互作用,从而固定 PSD 上面的蛋白质。PSD 的主要部分是一个结构复合体,总称为 MAGUK,它包括这样一些分子:PSD95、PSD93、SAP97、SAP102。这些 MAGUK 蛋白再与其他蛋白质相互作用,调制突触的结构和功能。除上述两类蛋白质外,还有 NSF、GRIP、PICK 等,这些蛋白质把受体耦合到胞外排或胞内吞的分子机器上,调节胞外排及胞内吞,帮助它们通过内小体通路作进一步加工,这是第三部分。最近还研究了第四部分蛋白质,即几个跨越突触的蛋白质,例如神经连接蛋白、神经末梢识别分子,还有 LRITM。这 3 个被认为不仅与突触的形成有关,也与 AMPA 受体的交通运输及突触的可塑性有关。(图引自 3 章文献[9])

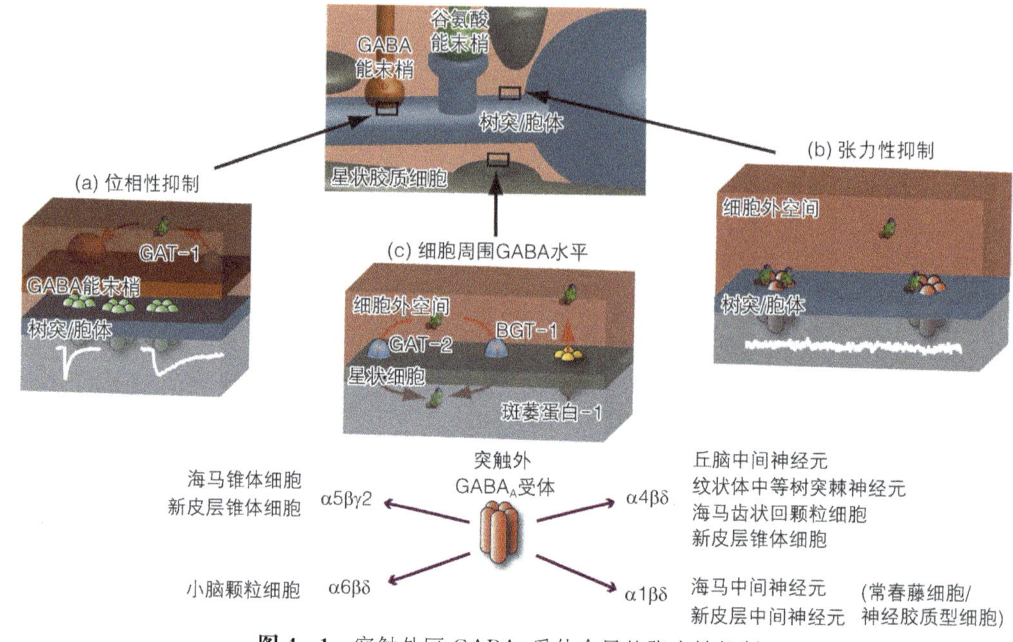


**图 4-1** 突触外区 GABA$_A$受体介导的张力性抑制

神经元的胞体、树突接受经常的突触输入的冲击，它们来自谷氨酸能的以及 GABA 能的神经末梢。星状胶质细胞紧密地穿插在这些神经元之间，可以感受这些神经递质的释放，也可以调制递质在细胞外间隙的浓度水平。GABA 能神经末梢释放突触小泡的 GABA，以及其他来源的、非小泡释放的 GABA。这些释放与 GABA 的摄取相互作用，就决定了细胞周围(细胞外间隙)的 GABA 浓度。(a) 位相性抑制：GABA 能神经末梢的 GABA 分子包装在突触小泡内。一旦从小泡释放以后，GABA 快速地弥散越过突触间隙，占据突触区 GABA$_A$受体，此 GABA$_A$受体可以由不同的亚单位组成。突触区 GABA$_A$受体的低亲和力意味着，虽然 GABA 分子在突触间隙的浓度高，可达 1～10 mmol/L，但这些分子仅占据受体很短一段时间。这种短暂性的 GABA$_A$受体占领，又进一步由另一过程加以保证，即快速地运走突触间隙里面的 GABA，其时间小于 1 ms，这是由于 GABA 弥散以及被位于突触前轴突末梢的 GABA 转运蛋白(GAT-1)主动结合和摄取。由此形成短暂的突触后电导变化(白色曲线)，其特征波形是快速下行、缓慢回复。由于突触区 GABA$_A$受体亚单位的组成及突触间隙内神经递质浓度的不同，电导变化时程可依情况不同而异。(b) 张力性抑制：细胞周围低浓度的静息 GABA 水平能够激活高亲和力的突触外区 GABA$_A$受体，使之产生一个持久性电导。此电导更大程度上由于氯离子所致，而在较小程度上由于碳酸氢根离子所致。它在某些类型的神经元中负责产生张力性抑制(图中噪声白曲线)。(c) 细胞周围的 GABA 浓度：脑细胞外间隙中的细胞周围 GABA 浓度，其准确调节机制刚刚开始得到阐明。调节机制涉及如下一些因素：突触小泡 GABA 的释放水平、细胞转运蛋白(在星状胶质细胞中是 GAT-2 和 BGT-1，在神经轴突末梢中是 GAT-1)的化学计量法以及其他型式的非小泡 GABA 释放，如通过斑萎蛋白(bestrophin)的渗透。最终，正是这个细胞周围的 GABA 浓度水平，导致了突触外区 GABA$_A$受体的激活，产生了张力性抑制；所谓突触外区可以是胞体、树突，甚至可以是轴突质膜。(图引自 4 章文献[4])

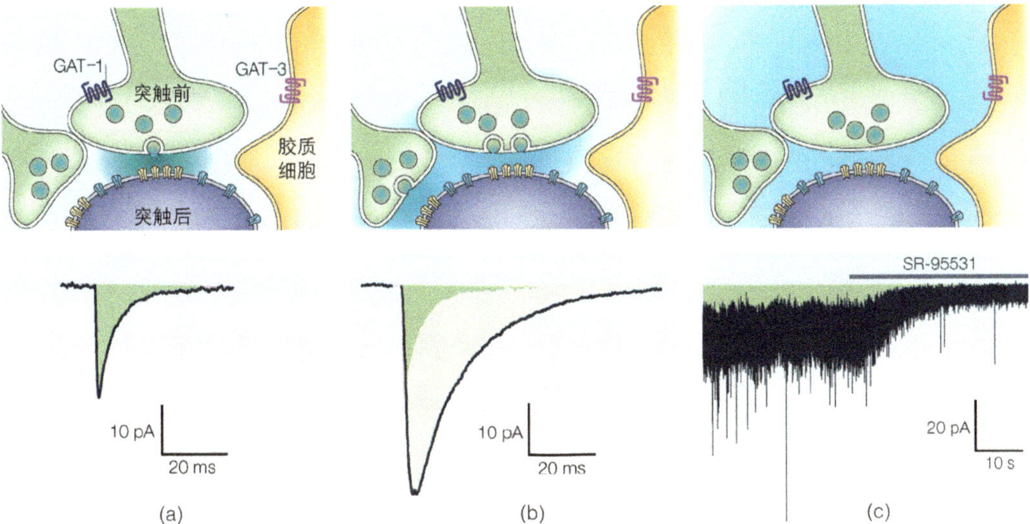


**图 4-2** GABA$_A$受体激活的模式

(a) 突触前末梢单个小泡的释放仅仅激活那些突触后 GABA$_A$受体，这些受体在膜上成簇，直接靠近释放位点(黄色)。弥散(蓝色阴影)表明释放 GABA 的扩散。电流记录显示小抑制性突触后电流(mIPSC)的平均波形，记录时用了钠通道阻断剂河鲀毒素(TTX)。记录底下的阴影面积表示电荷转移。GAT：GABA 转运蛋白。(b) 动作电位依赖的数个末梢的多小泡释放或诱发释放，它促进 GABA 的"溢出"，激活突触受体、突触周围区受体或突触外区受体(蓝色)。电流记录显示较大和较慢的、由电刺激诱发的平均波形 IPSC。为了比较，把 mIPSC 面积覆盖在上面。(c) 虽然神经元和胶质细胞具有 GABA 转运蛋白(GAT-1 和 GAT-3)活性，细胞周围仍然存在着低浓度 GABA。这种细胞周围的 GABA 张力性地激活高亲和力的突触外区受体。曲线显示，由随机的高亲和力 GABA$_A$受体开放而引起张力性电流噪声，覆盖于其上的是位相性电流(在此图内，突触事件将产生的部位在图中是看不出来的)。高浓度(10 μmol/L)GABA$_A$ 型拮抗剂 gabazine(SR-95531)阻断位相性 IPSC 和张力性通道的活性，引起"保持"电流的变化，并减少电流变异。在 SR-95531 的条件下，仍然保持着的不经常出现的位相性事件是谷氨酸兴奋性突触后电流(EPSC)。在给予 SR-95531 之前，电流记录下面的阴影区代表张力性活性 GABA$_A$受体所携带的电流。自发性 IPSC 的频率相对缓慢，张力性受体活性所造成的电导，比位相性 IPSC 的平均电导大几倍。电流记录是根据成年小鼠急性小脑脑片颗粒细胞的全细胞膜片钳记录，记录时采用对称性氯离子浓度，保持电压 -70 mV，温度 25℃。pA：皮安(电流)。(图引自 4 章文献[1])

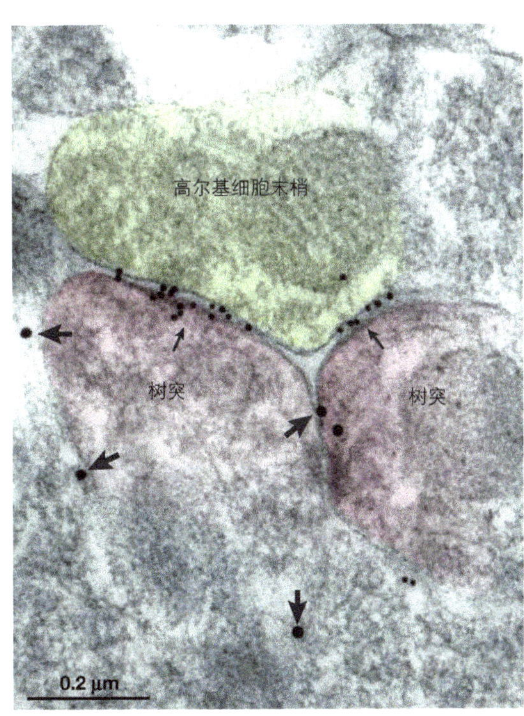


**图 4-4** 小鼠小脑的 GABA$_A$受体

小鼠小脑的电子显微镜图，显示高尔基细胞末梢(绿色阴影)和两个颗粒细胞树突(红色阴影)间的突触。组织被双标记，一个是 GABA$_A$受体 β2/3 亚单位(10 nm 金颗粒)另一个是 δ 亚单位(20 nm 金颗粒)。由高尔基细胞末梢和颗粒细胞树突组成的突触(小箭头)没有被 δ 亚单位标记，但是有丰富的 β2/3 亚单位免疫颗粒，表明在这些释放 GABA 的突触里面，受体的免疫反应性是很好地被保留了下来。注意在突触外区的树突膜上存在着 δ 亚单位(粗箭头)和 β2/3 亚单位(小箭头)的免疫颗粒。(图引自 4 章文献[1])

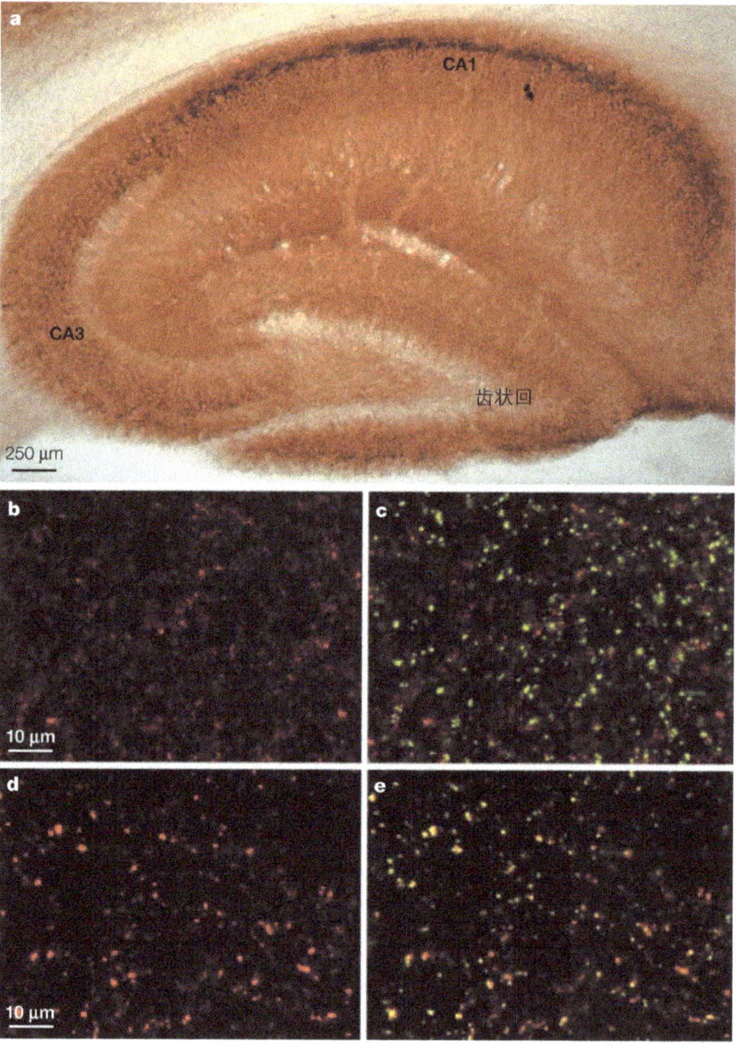


**图 4-5** 海马 $GABA_A$ 受体亚单位的表达

(a) 成年小鼠海马(过氧化酶染色)$GABA_A$受体 α5 亚单位的免疫组织化学定位，显示在 CA1、CA3 和齿状回中有神经层次特异的分布。(b)(c) 成年小鼠放射层 α5 亚单位(红)和 $GABA_A$受体相关蛋白——桥连蛋白(绿)的双免疫荧光标记。桥连蛋白标记可能的突触后位点。在高放大倍数时可以看到，释放 GABA 的突触之 α5 亚单位，其免疫反应性弥散地分布于神经丛。双标记小图似乎显示，没有 α5 亚单位成簇以及与桥连蛋白共定位的证据。(d)(e) 成年小鼠放射层 α2 亚单位(红色)和桥连蛋白(绿色)的双免疫荧光标记。与 α5 亚单位不同，α2 免疫反应性亚单位簇与桥连蛋白的共定位清楚可见(黄色)，表明 α2 亚单位聚集在突触后位点。(图引自 4 章文献[1])

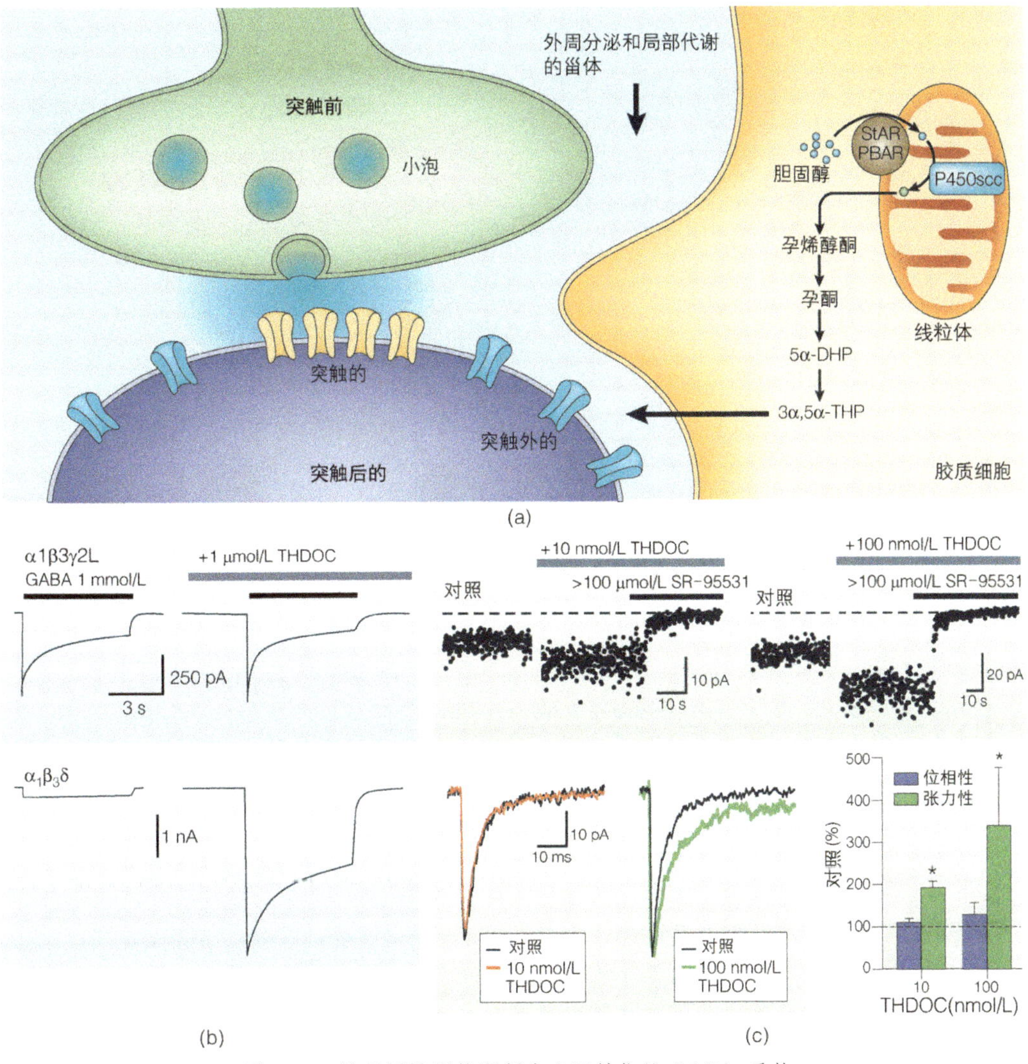


**图 4-6　神经活性甾体调制含 δ 亚单位的 $GABA_A$ 受体**

(a) 神经活性甾体是在神经元和胶质细胞里由新合成或由循环带来的前体代谢物产生的,前体生成于外周甾体生成器官。胶质细胞的神经甾体生成通路之一显示,胆固醇通过甾体产生的急性调节蛋白(steroidogenic acute regulatory protein,StAR)及外周苯二氮卓受体(peripheral benzodiazepine receptor,PBAR)被线粒体摄入。孕烯醇酮通过细胞色素酶 P450 侧链分裂(P450 scc)形成。在此例中,光面内质网中的代谢通过孕酮和 5α-二氢孕酮(5α-DHP)导致形成 3α5α-四氢孕酮(3α,5α-THP;别异烯醇酮,allopregnanolone)。胶质细胞的分泌用粗箭头表示。(b) 别四氢脱氧皮质酮(THDOC)是一个甾体化合物,它由肾上腺分泌,在脑内也可由外周分泌的前体脱氧皮质酮形成。THDOC 可以在人胚胎肾细胞 293T 中差别性地调制 α1β3γ2L 和 α1β3δ 受体的表达。经 α1β3γ2L 受体诱导的电流很少受到 THDOC(1 μmol/L)的影响,但含 α1β3δ 受体的电流显著地被增强。(c) 低浓度 THDOC 选择性地增强小脑颗粒细胞突触外区 α6βδ 受体(a 中的蓝色受体)所介导的张力电流幅度,它对于突触反应仅有很小的影响(a 中的黄色受体)。电流值为 10 ms 间期、在 100 ms 时间里的平均值。水平横条线表明给予 THDOC(灰色)及 $GABA_A$ 型拮抗剂 SR-95531(黑色)。虚线是在完全阻断 $GABA_A$ 受体后观察到的平均电流值,是为了计算张力性 $GABA_A$ 受体介导的电导而做的。在 10 nmol/L 及 100 nmol/L THDOC 的时候,电导(上面图)增加;下面曲线为自发性抑制性突触后电位(IPSC),它仅受很小的影响。直方图显示 THDOC 对于张力性电导(绿)以及通过位相性 IPSC 的平均电荷转移(蓝)效应,表达方式是对照值的百分比,对照(虚线)是没有 THDOC 的。* 表示统计学显著性。(图引自 4 章文献[1])

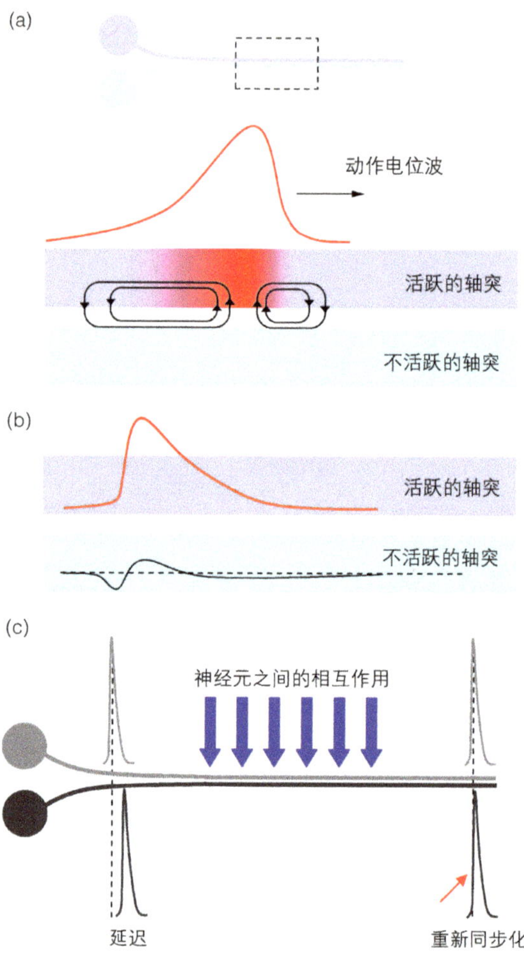


**图 5-1** 轴突之间的假突触相互作用

(a) 局部电流图。在一对邻近轴突中，红色区域表明活动区，由动作电位所产生的动作电流穿透了不活跃的轴突。(b)(c) 重新同步化的动作电位模式图。在一对邻近轴突上，锋电位沿着轴突传播时初始延迟减少，就变成同步的。(图引自 5 章文献[2])

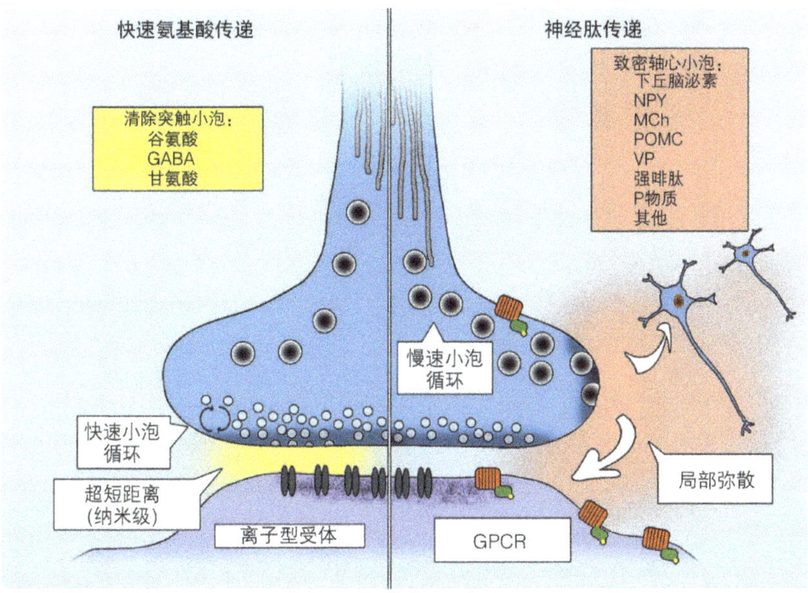


**图 6-12** 快速氨基酸突触传递(左)与慢的神经肽传递(右)之比较(图引自6章文献[9])

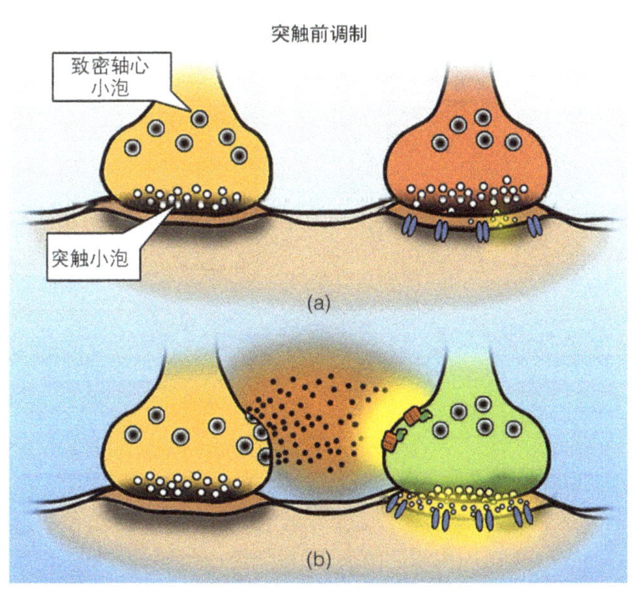


**图 6-15** 快速氨基酸递质释放的突触前神经肽调制

(a) 图解式地表示,两个轴突在突触部位接触同一树突。(b) 肽从左侧终扣释放出来,弥散到另一轴突,增强了轴突的快速氨基酸递质释放。(图引自6章文献[9])

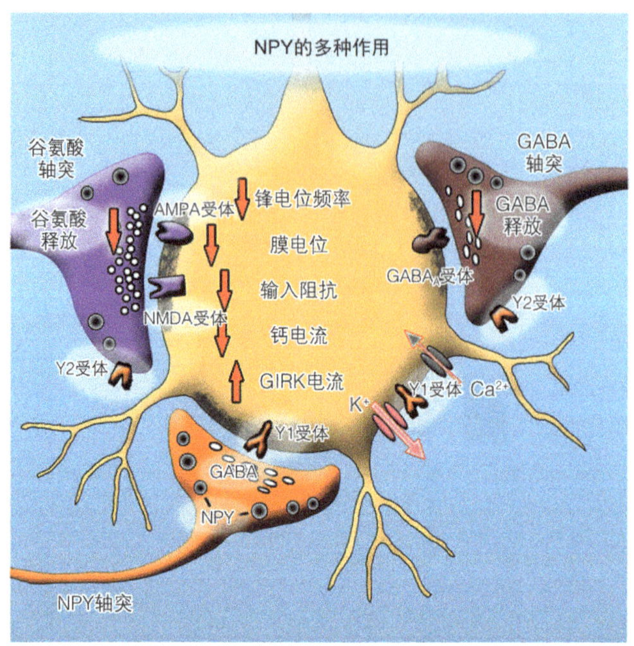


**图 6-16** 神经肽 Y 通过多个机制抑制谷氨酸能的下丘脑泌素细胞

神经肽 Y(NPY)作用在突触后 Y1 受体，抑制下丘脑泌素细胞；作用在突触前 Y2 受体，减少 GABA 和谷氨酸的释放。不同作用以红箭头显示，向下的箭头表示减少，向上的箭头表示增加。这些 NPY 轴突也含有 GABA。根据一些人的工作，NPY 对许多其他靶神经元可能有类似的效应，包括 POMC 细胞。NPY 受体亚型虽然表达于胞体或终末，但在不同细胞之间可能是有区别的。(图引自 6 章文献[9])

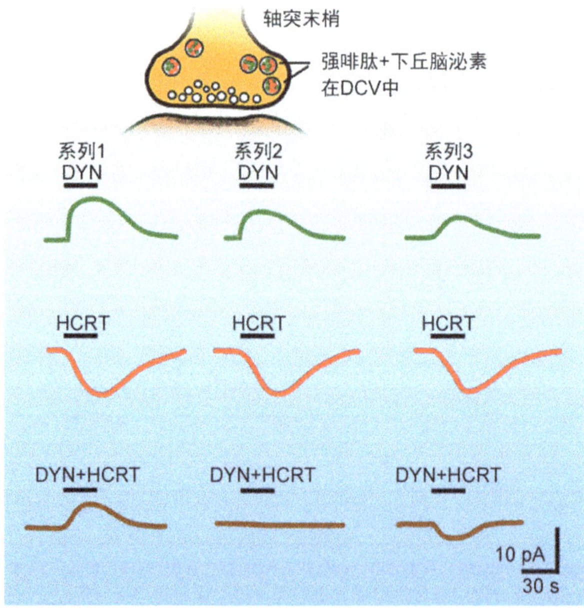


**图 6-18** 抑制性强啡肽和兴奋性下丘脑泌素一起合成和释放，但引起相对立的作用

系列地给予强啡肽诱发一个外向电流(绿色)。当重复应用的时候，其反应幅度可以慢慢脱敏，且慢慢减少。系列地给予下丘脑泌素诱发内向电流(红色)，但只有轻度脱敏。强啡肽 + 下丘脑泌素(黄褐色)，开始是外向电流，然后是小电流，再以后是内向电流。DYN：强啡肽；HCRT：下丘脑泌素。(图引自 6 章文献[9])

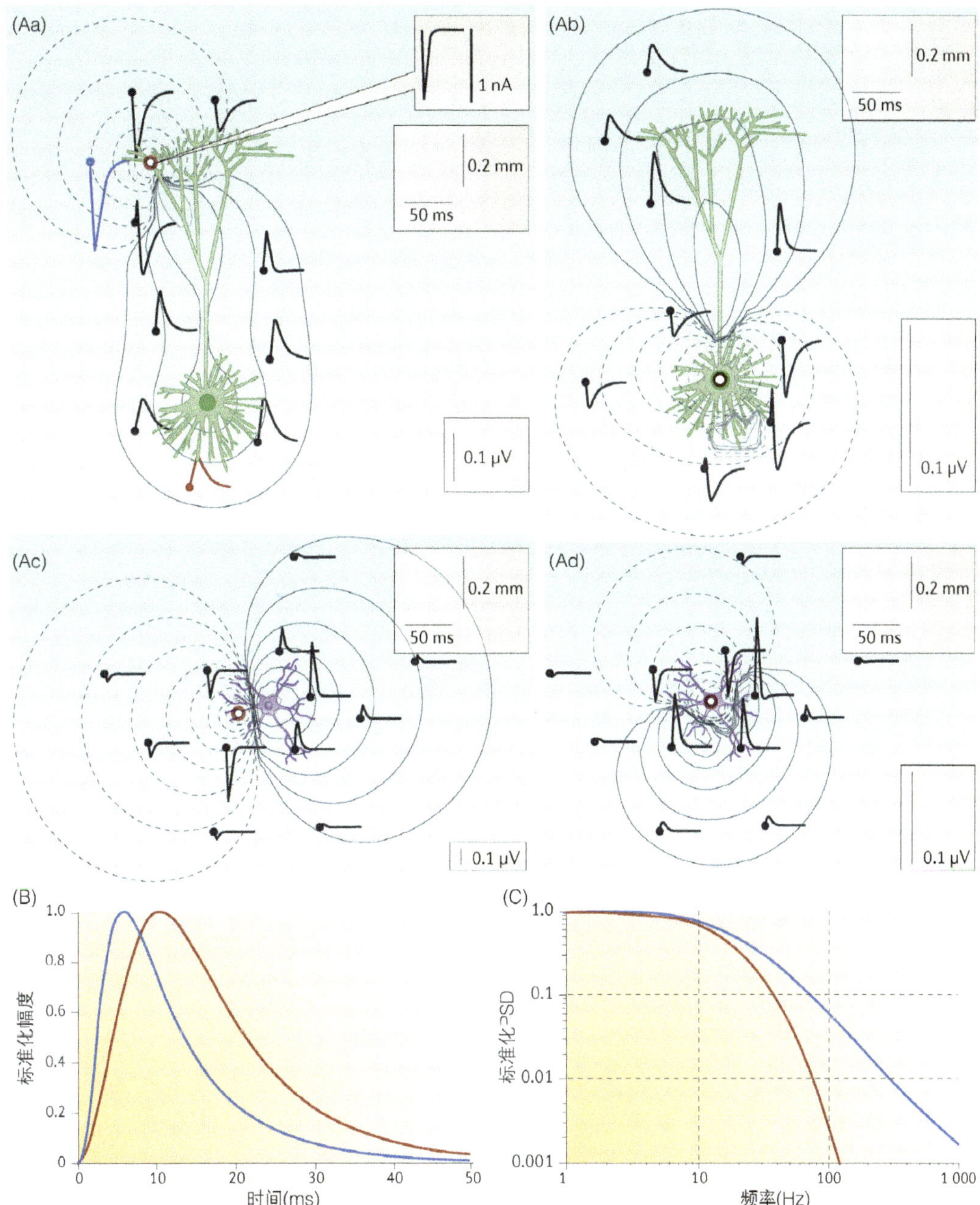


**图 7-2** 单个神经元突触激活后计算出来的局部场电位

Aa 和 Ab 显示重组的猫视觉皮层第Ⅴ层的锥体神经元。顶树突上(Aa)单个兴奋性突触的激活用白色圆圈表示。单个神经元所产生的 LFP 关键性地依赖于神经元的形态以及记录电极的位置,在这里显示出来的是一个模拟研究的结果,表示顶树突(Aa)上或胞体(Ab)上单个突触的激活。Ac 和 Ad 显示重组的猫视觉皮层第Ⅳ层的星状神经细胞,当电极放到远侧树突分支(Ac)、神经元胞体(Ad)时。Aa 的小插图显示注射了突触电流后的细胞外电位(用粗实线表示),在选择性的空间位置上。在这里用一个点表示其开始点,用 50 ms 时间窗记录,灰轮廓线表明最大的细胞外 LFP 的幅度。轮廓描计是对数的,在每根轮廓线之间 LFP 的幅值按两倍衰减,实线轮廓线表明 LFP 是阳性正值,虚线轮廓线表明 LFP 的幅度是负值。(B) 靠近突触部位(蓝)及靠近树突部位(红)记录下来的标准化 LFP 幅度。如前面所表示的那样,这演示内源性的树突过滤效应,反映一个实验的结果。在这里,靠近突触处记录下来的最大 LFP 的幅度,在时间上早于靠近胞体的最大 LFP。(C) LFP 信号的功率谱密度(PSD),显示在与 B 同样的位置,当白噪声(宽带)电流注射入顶树突突触时,如 Aa 所表示的那样。这表明在频率范围内直接的同一个效应,也即靠近胞体测得的 LFP 比之靠近突触的是更为低频率的。(图引自 7 章文献[8])

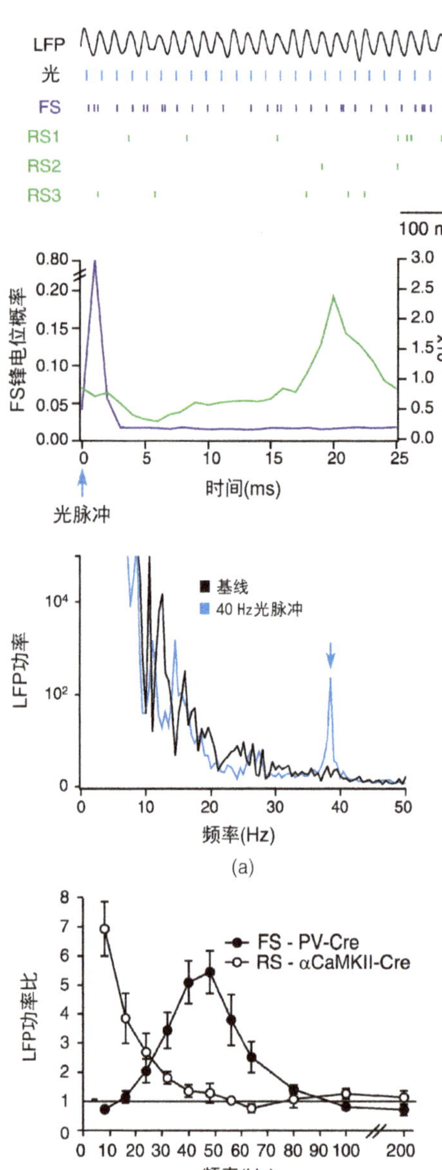


**图 7-3** 通过光遗传学方法激活快速放电中间神经元所看到的活体大脑皮层网络的搭乘现象

(a) 用 40 Hz 重复性光脉冲激活快速放电(fast spiking,FS)中间神经元的 ChR2,引起小鼠躯体感觉皮层神经元的锋电位放电活动。上图:同时记录的 RS 细胞(regular spiking,规则放电;蓝)和邻近的规则性放电锥体细胞(RS1—RS3,绿)的 LFP 和点阵作图。中图:FS(蓝)和 RS(绿)锋电位概率的重叠剖面图,计算采用了 17 个 RS 细胞和 9 个 FS 细胞。在 0 ms 时,光脉冲诱发 FS 的锋电位,延迟为 1～2 ms;以后在 17～24 ms 时随之以 RS 锋电位的增加。下图:在对照实验(黑,宽的剖面)时,LFP 的功率谱及 FS 细胞被 40 Hz 光脉冲(蓝,在 40 Hz 处有明显的陡坡)激活。(b) 在各种刺激频率下每个频带平均 LFP 的功率比例均值,FS 细胞(实心圆)及 RS 细胞(空心圆)被光激活。(图引自 7 章文献[4])

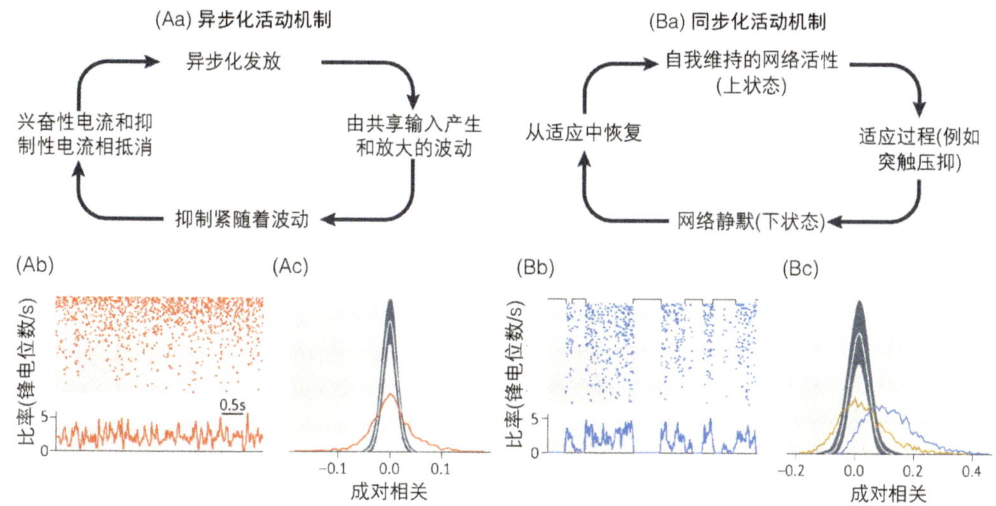


**图 7-4** 同步化和异步化活动的可能机制

(Aa) 由共享的兴奋性输入所产生的相关,可以因为快速的回返抑制而互相对消。(Ab) 大鼠躯体感觉皮层处于去同步化状态时的栅线作图,显示自发活性,同时做群体神经元记录。下方曲线表示作为时间函数的群体放电频率,显示有低程度的波动。(Ac) 与 Ab 同样的群体神经元"成对"的相关分布图(用红色曲线显示)。平均值接近于零,但曲线的长尾巴表明,有接近相等数目的有意义的正性和负性相关的"成对"存在。灰色曲线显示相关的分布,此分布是根据随机可以预期的。(Ba) 皮层活性慢波动的一个兴奋性系统模式。在此模式中,上状态是由持续的回返性突触活性所产生的,它没有被适应性过程所克服。(Bb) 与 Ab 同样的群体神经元显示自发活性的栅线记录,但现在是处于同步状态。(Bc) 与 Ab 同样的群体神经元"成对"的相关分布图,显示全部数据(显示蓝色)的正性均值,但当仅考虑到上状态(显示黄色)时均值接近于零。(图引自 7 章文献[14])

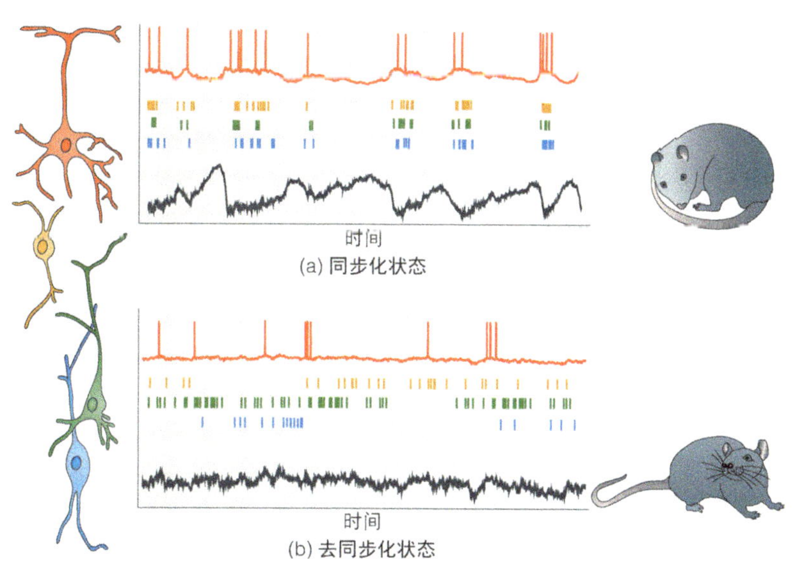


**图 7-5** 随皮层状态而改变的(神经元)群体活动型式

本图演示在清醒啮齿类中看到的连续体的两个极端。(a) 在同步化状态下,皮层群体显示放电频率自发的共同波动。处于"上状态"时,所有神经元类型都显示倾向性放电,图中用有颜色栅线(raster)描计;而处于"下状态"时,没有或较少放电。这些"相"伴随着细胞内电位相应的去极化和超极化(用红色曲线表示)。深层皮层的局部场电位(LFP)(用黑色曲线表示)显示"上状态"有慢的负波伴随高频活性,"下状态"有光滑圆顶样正波。这种类型的活动在嗜睡或安静的动物中可以看到。(b) 在去同步化状态,神经元群体活性互相协调的慢波动看不到了,LFP 和膜电位的低频波动受到压抑。这种类型的活动在有主动行为、具有警惕性的动物中可以看到。注意,本图并不是一个其形态学显示在左边图的神经元的真正实验记录,而是整合了许多实验结果之后的图。(图引自 7 章文献[14])

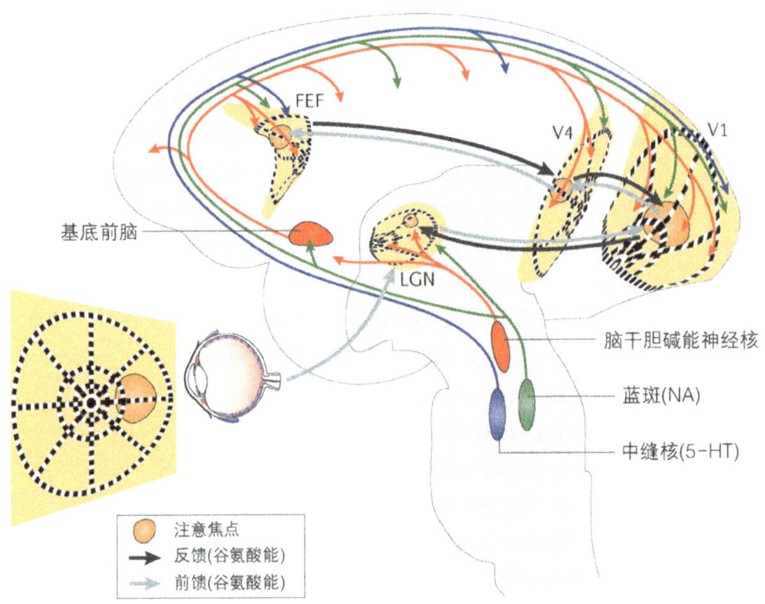


**图 7-6** 状态改变时及注意时建议的去同步化机制

皮层神经调制性传入活性的增加,包括胆碱能传入(红色箭头)、5-羟色胺能传入(蓝色箭头)及去甲肾上腺素能传入(绿色箭头),引起去同步化及自发波动的普遍减少,但是此机制可能缺少空间选择性以去同步化某一块代表注意意向刺激的脑区。来自反馈连接(黑色箭头)的谷氨酸能聚焦性输入,可以提供这种特异性,引起皮层代表注意意向的那一块刺激区的去同步化及感觉反应。注意聚焦(视觉通路上的橘黄色斑块)影响丘脑和皮层特异脑区的加工过程。在不同脑区的视觉世界复制被扭曲,演示了这些脑区的视网膜定位组构。5-HT: 5-羟色胺(血清素);FEF: 额叶视区;LGN: 外侧膝状体;NA: 去甲肾上腺素;V1: 初级视觉皮层。(图引自 7 章文献[14])

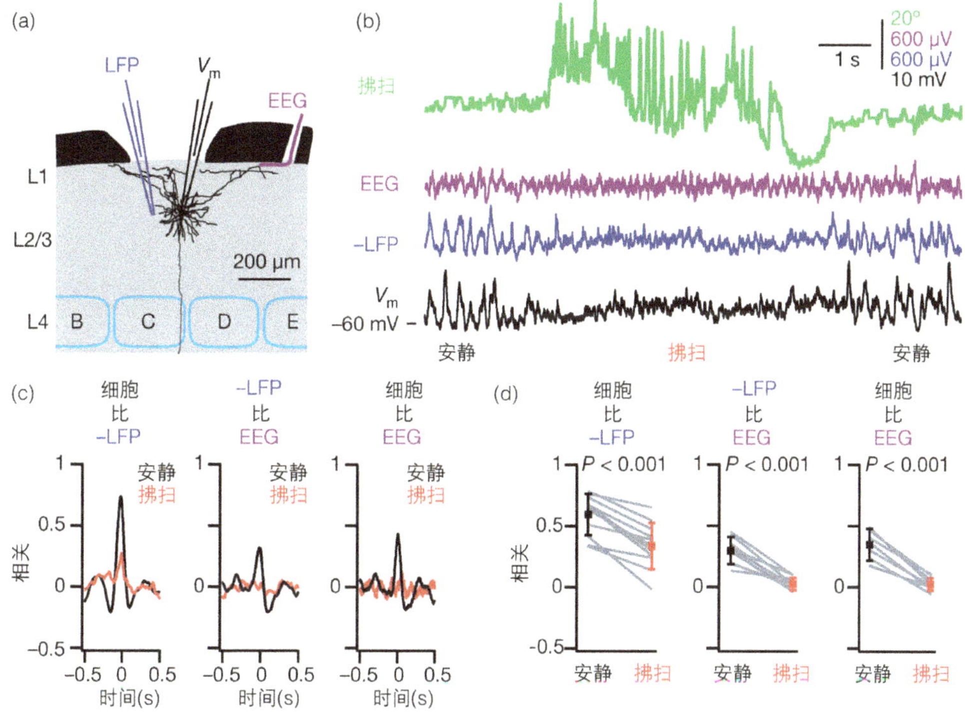


**图 7－8**　正常活动小鼠的 EEG、LFP、$V_m$

动物安静清醒时的 EEG、LFP、$V_m$是高度相关的，但当主动拂扫时则不是这样。(a) Ⅱ/Ⅲ层锥体神经元的重组和图解式显示记录的布局。(b) 对重组神经元同时的 EEG、LFP 和全细胞记录。当安静清醒的时候，这个神经元的振荡具有大幅度和低频率，而当拂扫的时候同步地产生状态改变，LFP 是倒置的(朝上是负，标记为－LFP)。(c) 选择性样品实验的 3 个记录方法之间的相关分析，发现在安静时期比之主动拂扫的时候，神经元的活性更加相关。(d) 所有测定的互相关群体分析，展示从安静到拂扫状态的明显变化。灰色线条表明不同实验，带有误差横杠的红/黑方块表示均值 ± 标准差；n511：细胞与－LFP 比；n59：细胞与 EEG 比；n59：－LFP 与 EEG 比。n511 和 n59 表示实验次数。(图引自 7 章文献[18])

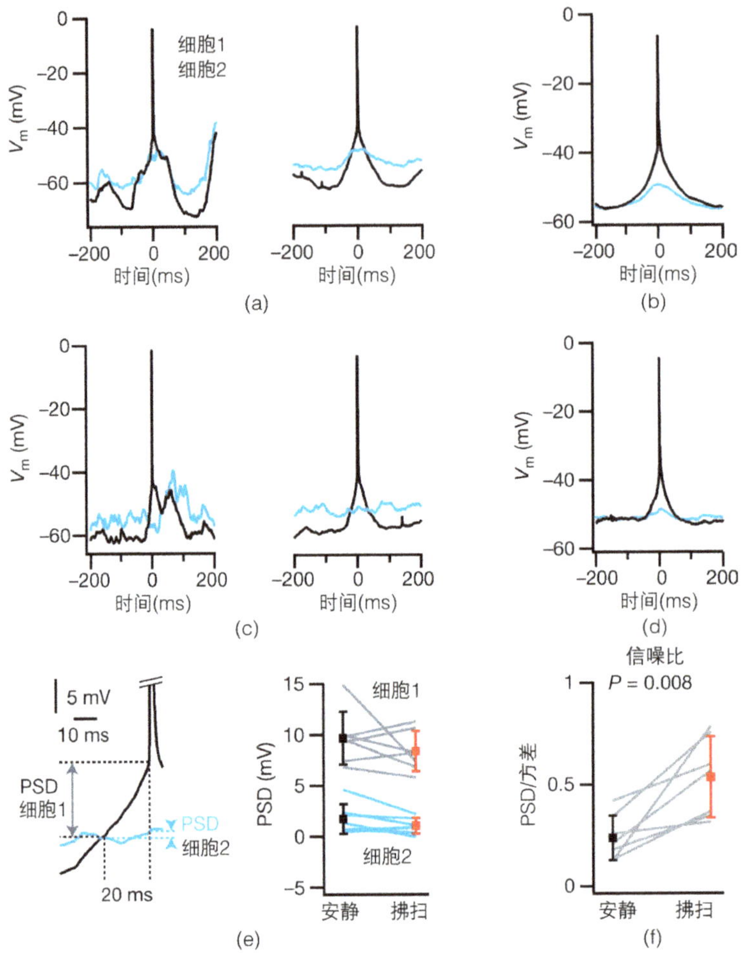


**图 7-9** 处在安静而清醒状态以及拂扫状态的小鼠，由大而短暂的特异性输入所产生的动作电位

(a)(c) 安静清醒状态(a)以及拂扫状态(c)时，同时记录Ⅱ/Ⅲ层神经元膜电位，聚焦到单个神经元的动作电位(action potential, AP)，这个神经元我们人为地标记为细胞 1(黑色曲线)；邻近神经元我们标记为细胞 2(蓝色曲线)，其 $V_m$ 仍处在阈下，表明缺少动作电位的同步。左：单个例子；右：此细胞对的伴有锋电位触发的平均值。(b)(d) 所有成对细胞记录锋电位触发 $V_m$ 的大的平均，当安静清醒的时候(b)及拂扫的时(d)(平均 ± S.D.，$n = 57$)。(e) 锋电位前去极化(pre-spike depolarization, PSD)定量化了细胞 1 锋电位发生之前 20 ms 时两个细胞的 $V_m$ 变化。(f) 当拂扫的时候，去极化驱使动作电位相对于正在进行的 $V_m$，变异波动的比例(或为诱发锋电位的信噪比)高了，比之在安静清醒状态。(图引自 7 章文献[18])

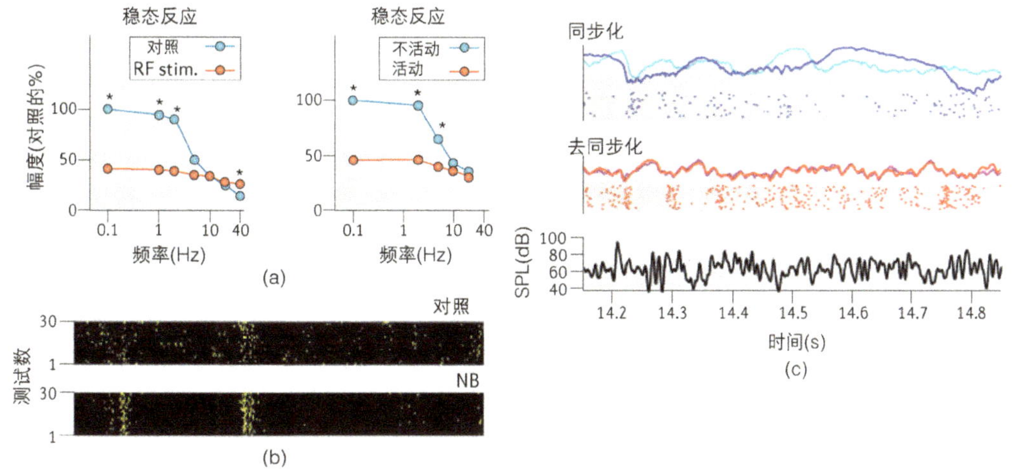


**图 7-10　对应于点状和延时刺激的状态相关反应**

(a) 麻醉大鼠(左侧图)和清醒大鼠(右侧图)"桶"皮层对一串刺激的状态依赖的反应。在同步状态下,麻醉的动物和安静、清醒的动物(用蓝圆圈表示)对偶发性点状刺激的反应是大的,但是在高重复频率时此反应很快适应。电刺激网状结构(RF stim)后,或者当作出主动行为(红圆圈)后,对罕见刺激的反应变小,适应也减少。(b) 当重复给予时间上延长的自然情景电影时,视觉皮层单位反应的一个栅线代表。刺激基底核(nucleus basalis,NB)逐次地增加反应可靠性。(c) 对于听觉皮层重复给予时间上延长的幅度调制的噪声刺激。诱发的局部场电位(LFP)显示了来自两次给予同一刺激在同步化状态时的两次结果(深蓝和浅蓝曲线),以及在去同步化状态时的两次结果(红的和紫的曲线),还有一个细胞对于每种状态下重复给予刺激时锋电位反应的栅线代表。黑色曲线(下方的图)显示刺激包络。在去同步化状态时 LFP 和锋电位的反应更加可靠。SPL:声波压力水平。(图引自 7 章文献[14])

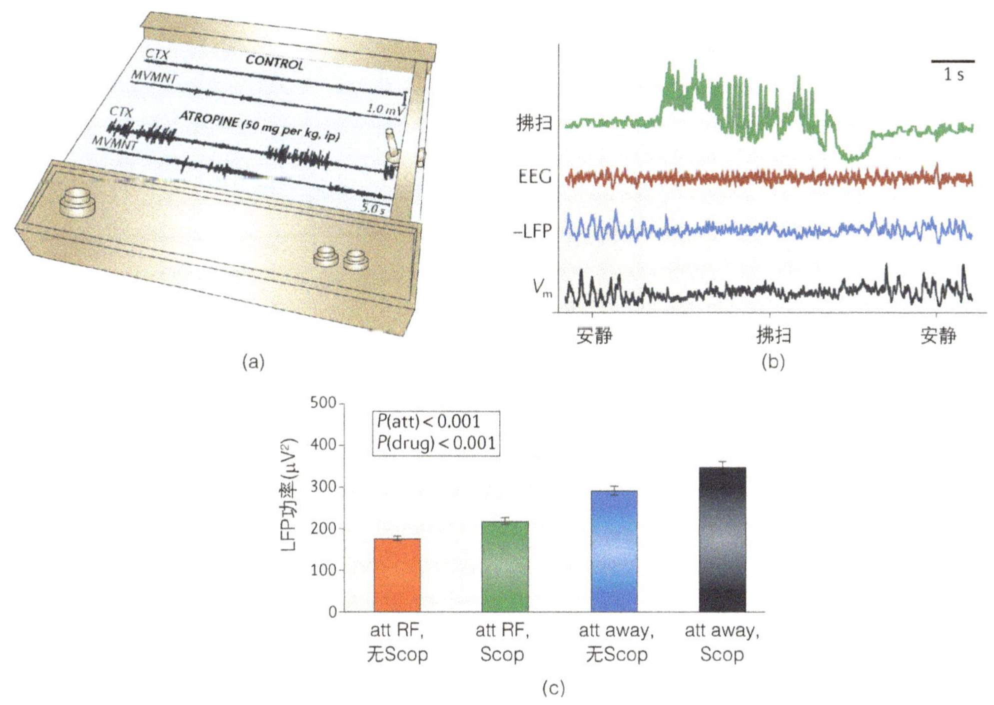


**图 7-11　皮层局部场电位与行为的关系**

(a) 在经典的笔描计记录中,对照条件下的行为和皮层脑电图(ECoG)的关系很难用目测检测到[图内上面两条曲线为皮层脑电图(CTX)和运动(MVMNT)]。腹腔内给予每千克 50 mg 阿托品后,这种关系被明显放大(图内下面两条曲线)。(b) 近来的研究显示,在拂扫行为时,从颅内 LFP 以及膜电位记录可以清楚地看到自发性波动的减少,但这难以用目测从皮层表面脑电图上看出来。(c) 猴初级视觉皮层。当注意朝向对应于电极所处位置的感受野时,低频率(2~10 Hz)的功率减少(att RF;用红和绿表示);应用毒蕈碱型拮抗剂东莨菪碱(Scop;用绿和黑表示)后,或者把注意引向其他处后,低频率功率增加。$V_m$:膜电位;att RF:注意朝向感受野;att away:注意被引开。(图引自 7 章文献[14])

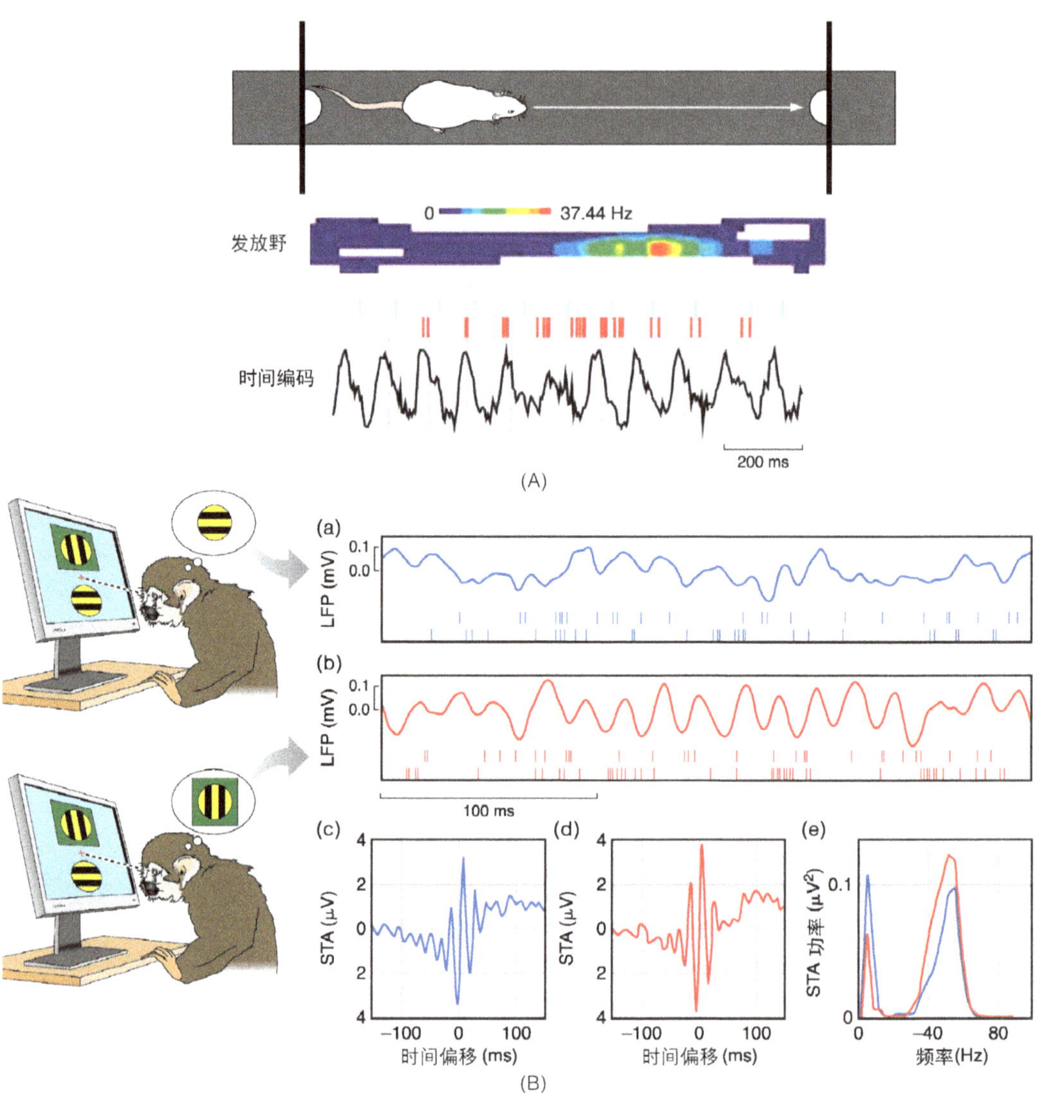


**图 7-12** 认知行为中同步性振荡的例子

(A) 空间跑动时海马的 $\theta$ 节律。上图为作业模式图，大鼠沿着一条线的路径前后跑动，在它前方可活动的墙上悬着喂食的杯子。中图为颜色编码的位置细胞放电的场，由鼠经过多次朝东方向的跑动而产生。下图为同一细胞在一次相同方向的跑动时，EEG 的 $\theta$ 节律以及位置细胞的放电(红色)。在锋电位群上面的点表示每个 $\theta$ 周期 0°～360°的位相。当锋电位的爆发发生在高于 $\theta$ 节律的时候，每个随之而来的爆发进入早期 $\theta$ 波时相，不论是开始上升还是下降的频率。(B) 注意可以减弱视觉皮层的同步化变化。所显示的数据来自实验资料，此实验记录了有行为活动的猴子的大脑皮层 V4 区的一个神经元。给予动物两个视觉刺激，一个在神经元的感受野以内，另一个在感受野以外。左边是一个图解，绿方框表示感受野，在此实验中是不出现于荧光屏上的。红色曲线表示注意对应于朝向受到记录的神经元感受野，蓝色曲线表示注意对应于朝向感受野以外。在 a 和 b 两个条件下的刺激是同样的。连续的描计曲线显示刺激驱动的局部场电位(LFP)。底下是用不同电极同时记录下来的锋电位。(c)(d) 锋电位触发的平均值(spik triggered average，STA)，是从给予刺激时的记录计算得出来的。STA 对应于平均的 LTP 波型，这可以在锋电位时间上看出来。$Y$ 轴表示平均 LFP，$X$ 轴表示对应于一个锋电位发生的时间。(e) 显示在 c 和 d 的两个 STA 功率谱。当注意聚焦到感受野内而放电频率接近于 50 Hz 时，所记录的神经元倾向于更加在同一时相发放，但是当放电频率接近于 10 Hz 时，则不是这样。(图引自 7 章文献[4])

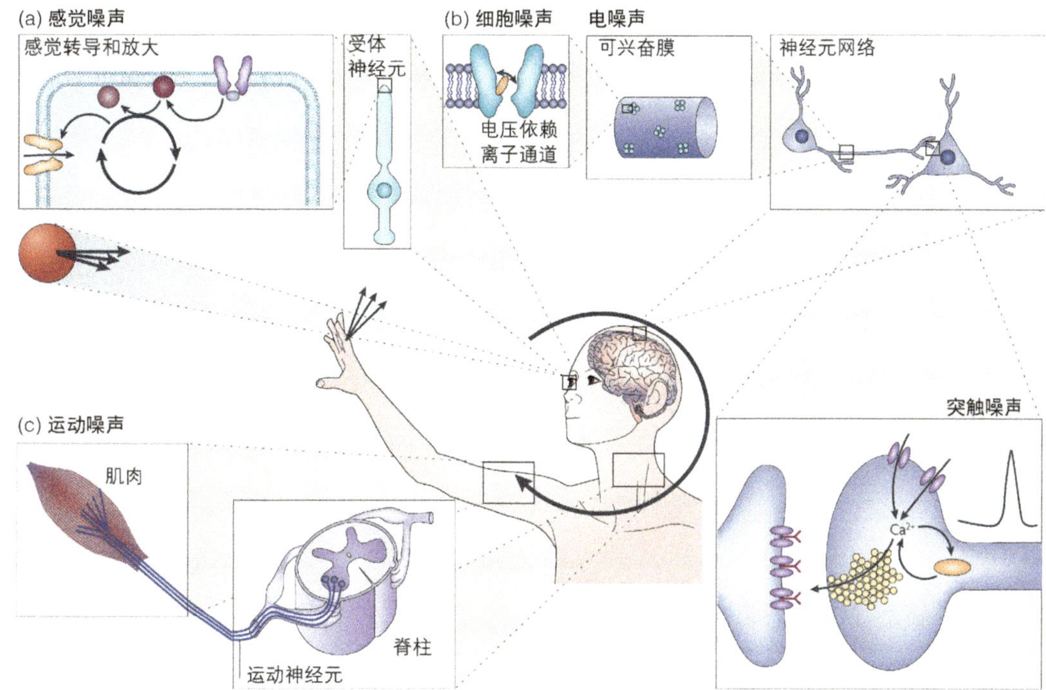


**图 8-1** 神经系统的行为回路和各阶段所存在噪声的总结

(a) 感觉噪声的来源包括信号转导,这里由光感受器及其信号放大级联来代表。(b) 细胞噪声的来源包括兴奋性膜、突触传递和网络相互作用中的离子通道。(c) 运动噪声的来源包括运动神经元和肌肉。在所显示的行为作业(抓一个皮球)中,神经系统必须在有感受、信息加工和运动的噪声存在情况下动作。(图引自 8 章文献[2])

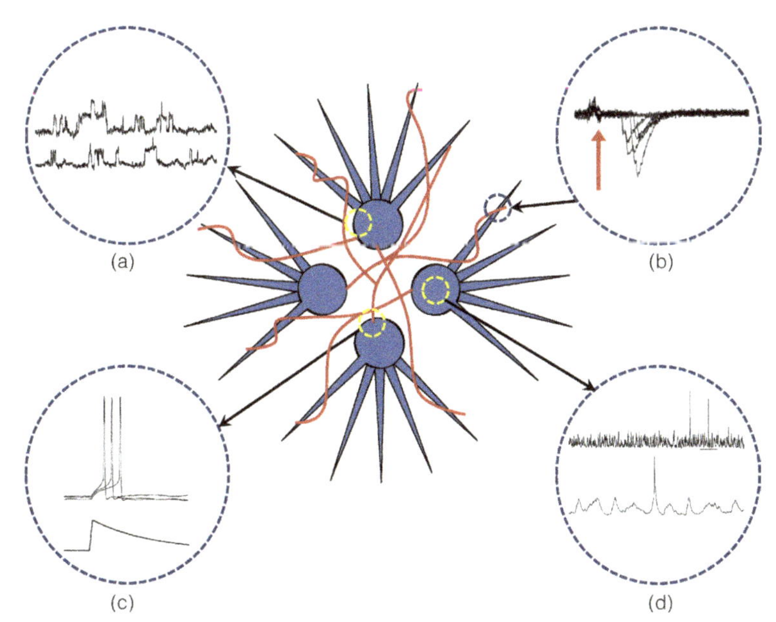


**图 8-3** 神经元电压噪声的来源

图解式地表示 4 个神经元通过交互突触进行交互连接(轴突: 红色;树突: 蓝色)。(a) 离子通道噪声,在 -20 mV时记录的小脑浦肯野细胞的膜片钳记录。离子通道活动的噪声性质表现为随机的步进样电流变化。(b) 由刺激运动神经元引起的,蛙神经-肌肉接头宽松膜片钳记录下突触电流的突触噪声。箭头表示动作电位来到突触部位,注意突触反应幅度大小的变异以及它开始出现时间的变异。(c) 锋电位时间的不确定性: 锋电位的发生带有跳动性质,3 个重叠描计显示注射入小脑皮层中间神经元细胞体的人工模拟突触电流。(d) 由麻醉大鼠大脑皮层神经元记录下来的背景突触活性。底下曲线是上面曲线标记部分的放大。(图引自 8 章文献[1])

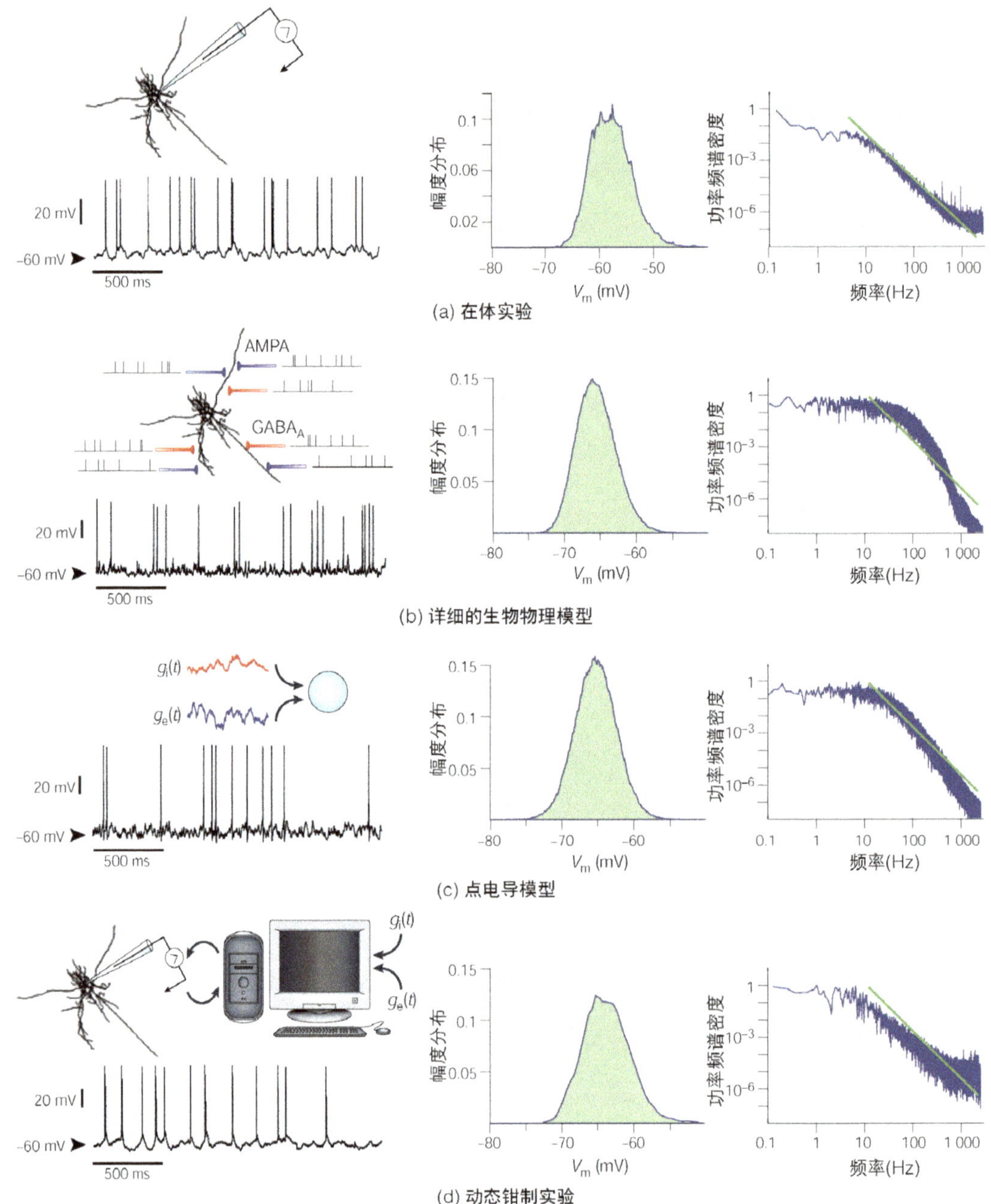


**图 8－5　突触噪声**

(a) 活体新皮层神经元的突触噪声，当处于激活时期呈现去同步化 EEG。(b) 重组第 VI 层锥体神经元突触噪声的详细生物物理学模型，此神经元的树突和胞体上有钠、钾通道。模型中有随机释放的兴奋性($n\approx$16 000)和抑制性($n\approx$4 000)突触，应用了 AMPA 受体和 GABA 受体的动力学。它们在胞体及树突上的分布根据超微结构的测定结果。(c) 突触噪声的"点电导"模型。它把神经元看成为单一区隔，具有两个大体的兴奋性($g_e$)和抑制性($g_i$)突触电导，模型是根据过程制作的。(d) 离体新大脑皮层神经元的动态钳制诱导突触噪声的结果。在每种情况下都显示膜电位时程的一个例子(左)、它的幅度分布(中)以及它的功率谱密度(右，对数尺度)。功率谱密度在不存在锋电位的情况下(超极化，或用被动模型)由计算得来。在所有这些例子中，分布大致是对称的，功率谱密度是宽带的，在高频时其行为像是一个负的频率功率($1/fk$，$k\approx2.6$；绿色线)，如同低通滤波噪声所预计的那样。分析的数据由不同作者提供。(图引自 8 章文献[3])

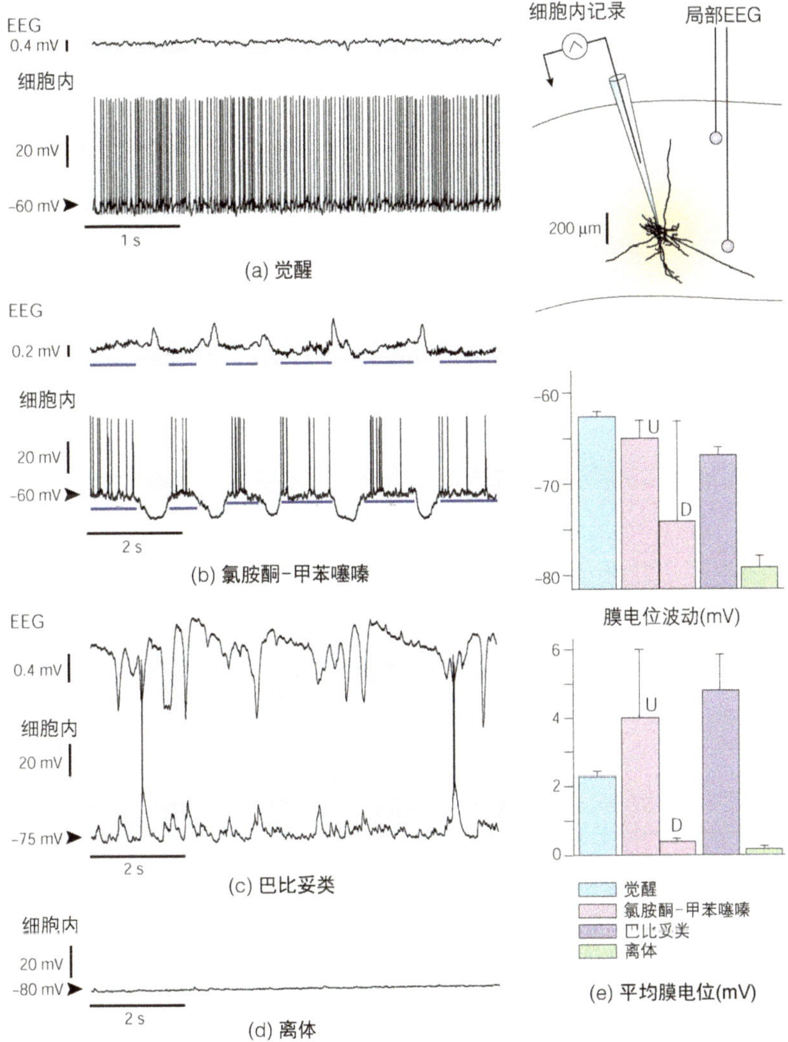


**图 8-9** 不同皮层状态下皮层脑电图和细胞内记录的平行比较

(a) 清醒动物：EEG 去同步化，细胞内记录的特征是膜电位的去极化并且高度波动，伴随有不规则的放电。(b) 在氯胺酮-甲苯噻嗪的麻醉下，两个时相之间 EEG 的振荡：去同步化期(上状态，用横杠表示)，带有快而不规则的 EEG 振荡；在慢波期，快 EEG 活性不见了或大大减少(下状态)。在去同步化期(横杠)，膜电位呈现去极化，而且高度波动；在慢波期，膜电位呈现超极化。(c) 巴比妥麻醉：EEG 展示慢波，而细胞内记录的信号包括骑在超极化上面的去极化爆发波。(d) 离体皮层脑片应用尖电极的记录：在此情况下，网络低活性，细胞内信号记录显示很平静，这表明仅有分离的突触事件。(e) 不同状态下膜电位平均值($<V_m>$)及标准差($\sigma_V$)的比较。U：上状态；D：下状态。(图引自 8 章文献[3])

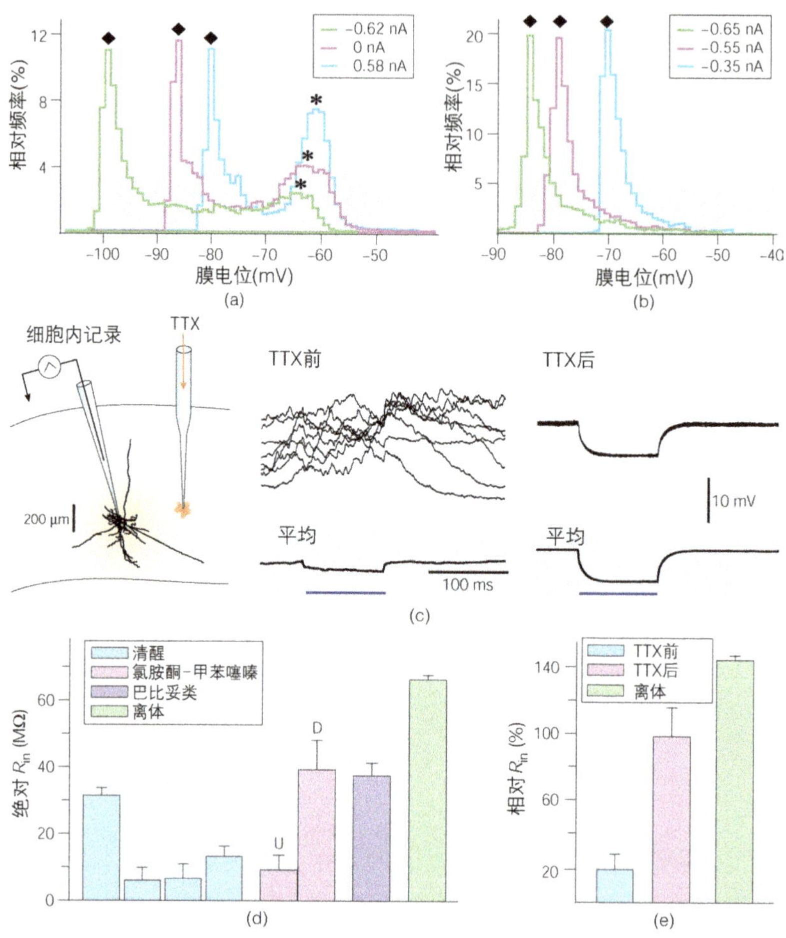


**图 8-10　不同活性状态下的电导测量**

(a) 氯胺酮麻醉：不同直流电水平下膜电位的分布。超极化(◆)及去极化(＊)的峰值分别对应于膜的两个状态(下状态、上状态)，参看(b)。在上状态时注射电流对于峰值的影响比下状态时为小，表明在上状态时有低输入阻抗。(b) 巴比妥麻醉：手续如同(a)一样。在此情况下膜电位的分布接近于(a)所显示的、KX麻醉下的下状态。(c) 应用微灌流河鲀毒素(TTX)的方法压抑网络活性。左侧图显示实验安排的图解，用一个微灌流移液管输入TTX到活体大脑皮层。中间图是处于KX状态下，注射超极化脉冲电流所引起的个别(上)和平均(下)反应。右侧图是用TTX把网络活性压抑以后，在同一个神经元用同样电流脉冲所引起的反应。在此情况下，输入阻抗和膜时间常数大约比“上状态”时大5倍。应用类似的记录电极，TTX后的输入阻抗类似于离体测量的结果。(d) 不同研究所得的输入阻抗绝对值($R_{in}$)，从左到右。数据来自许多实验室，有清醒的、KX麻醉的、巴比妥麻醉的、离体的动物。(e) 给予TTX之前及之后所测得的同一细胞输入阻抗的相对值。(图引自8章文献[3])

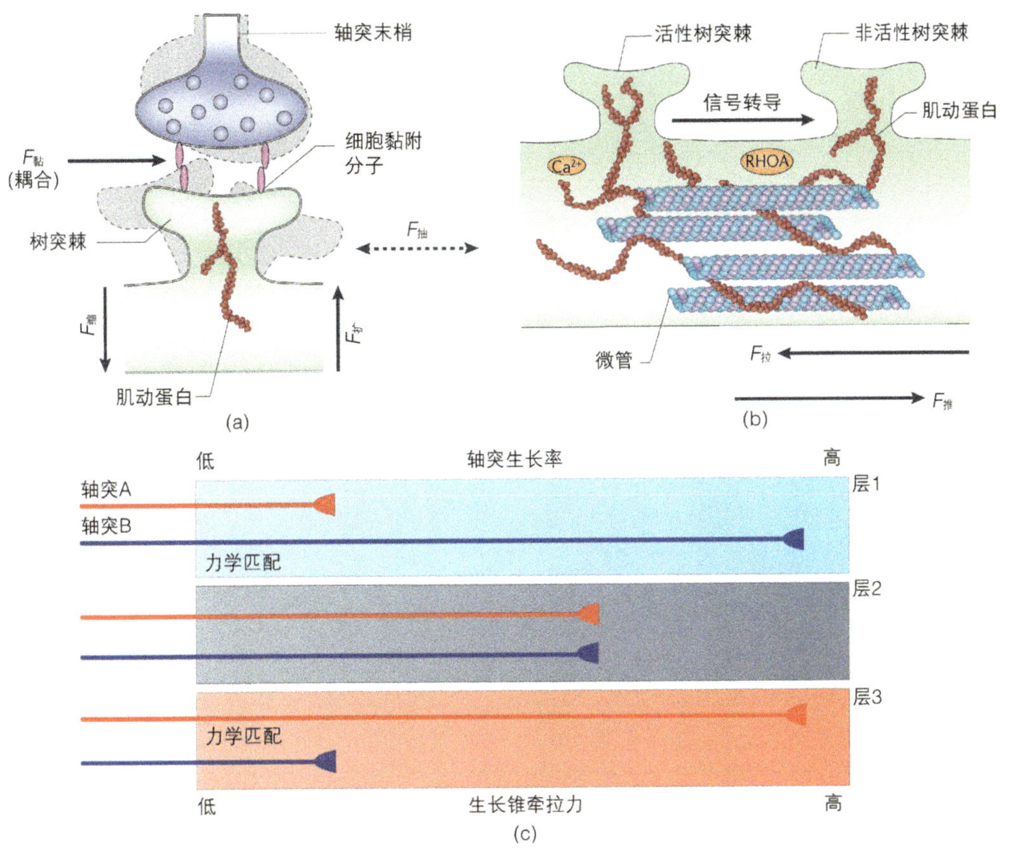


**图 9－3**　突触区隔间机械力的转导及其功能含义

(a) 树突棘通过细胞黏附分子耦合到轴突末梢，黏附分子对突触实现黏附力($F_{黏}$)。肌动蛋白介导的树突棘结构变化有几种力代表：扩张力($F_{扩}$)、缩减力($F_{缩}$)及抽动力($F_{抽}$)。这种在树突棘或在轴突末梢产生的力，被假定可以在其对侧区隔上引起结构和功能的变化。这些作用可能来自力从一个区隔到另一个区隔的转导，力的转导是通过细胞骨架和细胞黏附分子的突触耦合机制。(b) 邻近树突棘间的信号化可以包含由 F-肌动蛋白和微管实施的推力($F_{推}$)与拉力($F_{拉}$)。从活性树突棘形成的 Ras 同源基因家族成员 A(Ras homolog gene family, member A, RHOA)弥散，可以引起由细胞骨架元素所产生的局部力变化。因为微管可以让机械力跨越相对大的距离，故可能影响邻近非活性树突棘的物理收缩或抽缩(twitching)，而这又可能转过来影响膜张力和离子通道活性。(c) 在 3 个不同层次的组织中两根轴突的生长动力学，每个层次具有不同的底物硬度。蓝：低硬度；红：高硬度。细胞力学匹配原理：蓝生长锥在蓝的底物上，红生长锥在红的底物上。这个原理调节了生长锥产生拉力以利于生长的能力。(图引自 9 章文献[5])

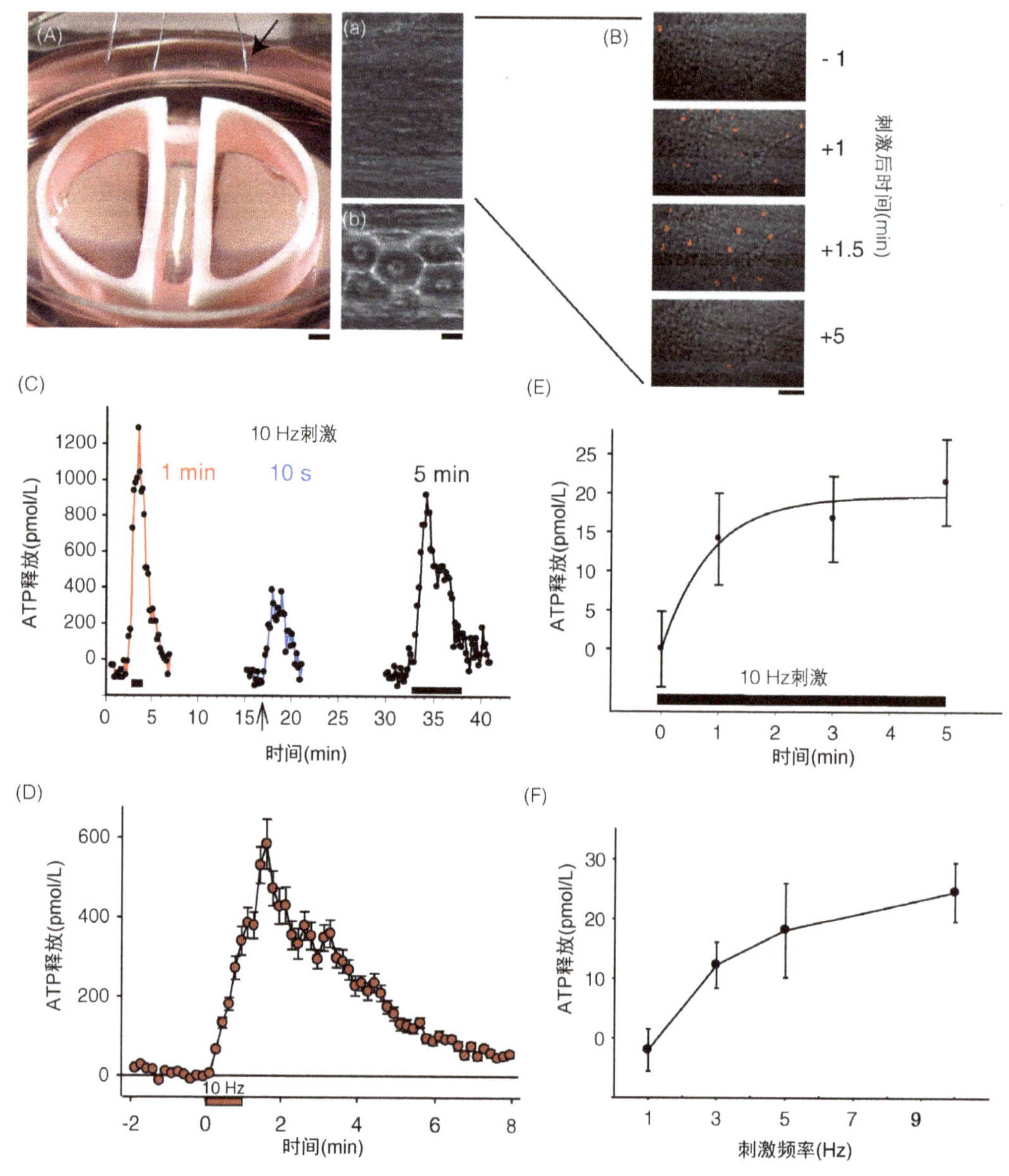


**图 9-5** ATP 从发放动作电位的轴突释放

(A) 小鼠 DRG 神经元细胞体(b)和轴突(a)被分隔开来，摆放到多区隔培养小室，允许生长在高电阻分隔区隔之间的轴突接受培养皿盖子上的白金电极的电刺激(箭头)。(B) 培养基中加入虫荧光素(luciferin)和荧光素酶(luciferase)后，神经元释放的 ATP 可以用单光子成像方法加以检测，其原理是用发光测定法分析培养基样品中的 ATP 浓度。释放的 ATP 被检测为单个光子(红的点)，它由 ATP 依赖的化学发光反应所产生。在时间系列上的每个图像展示 1 s 内积累起来的光子数目，然后把它们叠加到亮视野的轴突图像上。经与标准溶液校正后，光子计数提供了 ATP 浓度的定量测定指标。(C) 同一轴突可以反复诱导 ATP 的释放，10 Hz 刺激的开始和时程分别用黑横杠(1 和 5 min)与箭头(10 s)表示。(D) 60 s、10 Hz 的(红圆圈)刺激经过 7 min 后，ATP 浓度恢复到与刺激前没有明显差别的水平($P > 0.05$，$n = 11$)。(E) 为了得到 ATP 的释放，并不需要长时间的刺激；通过 1 min 的 10 Hz 刺激可以接近 ATP 的最大浓度($n = 48$，用发光测定法测定)。(F) 低频率刺激对释放 ATP 是有效的，当频率在 1～10 Hz($n = 61$)之间时。ATP 释放与刺激频率成比例(在 E 和 F 中，在大体培养液里用发光测定法测得的 ATP 浓度，比 B 和 D 中贴近细胞用单光子成像显微术测得的 ATP 浓度低大约 40 倍)。标尺横杠：1 mm(A)；10 $\mu$m[(Ab)和(B)]。(图引自 9 章文献[7])

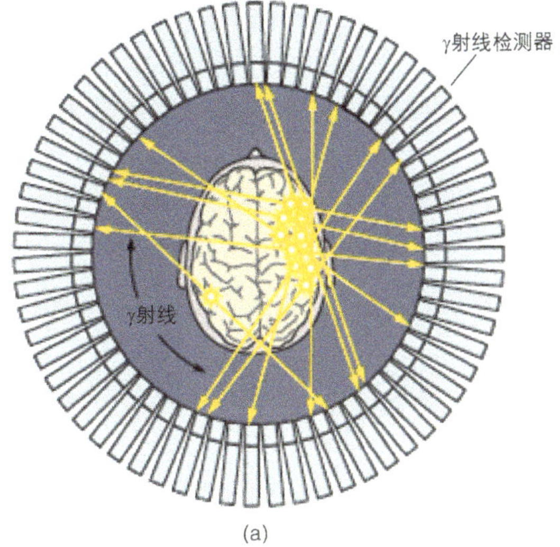


(a)

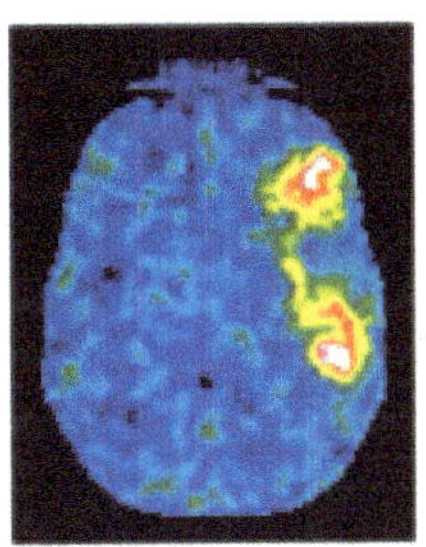


(b)

**图 10-2** 围绕着受试者的脑 PET 扫描仪，它含有 γ 射线监测器阵列

(a) 只有那些完全按对角线检测到的，也就是相差 180°的两个 γ 射线被检测而记录到。(b) PET 产生一个图像，显示神经活性增高(红色)的区，活性增高由放射性核素活性来展示。(图引自 10 章文献[2])

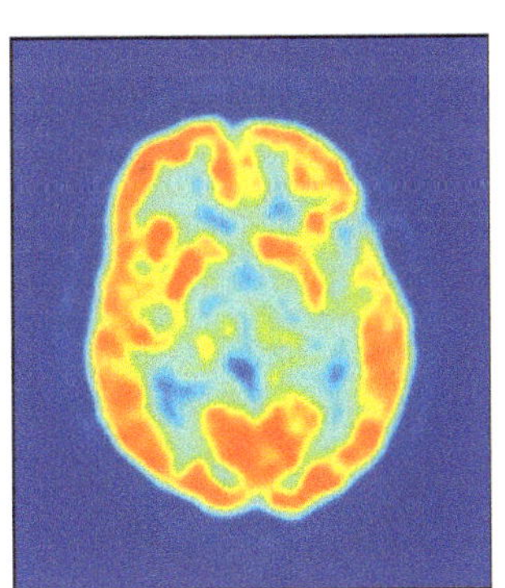

**图 10-3** PET 神经成像

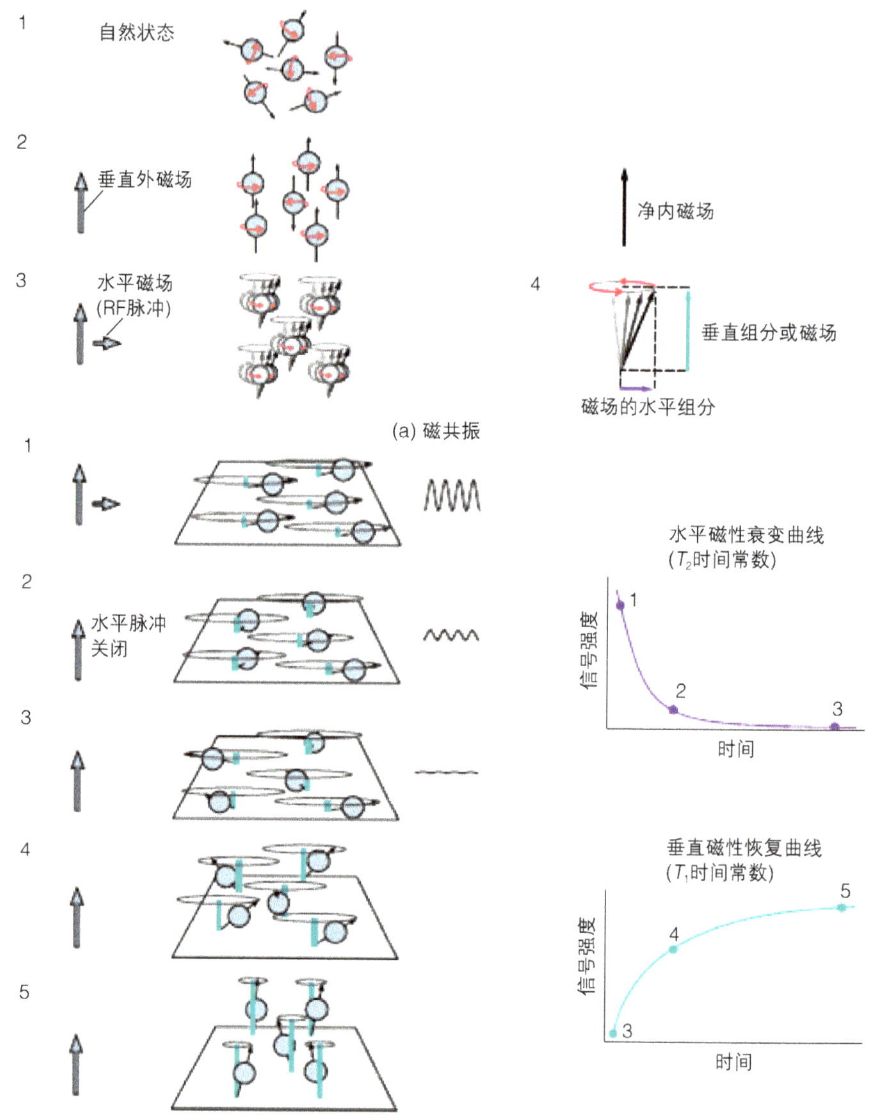


**图 10-5** 磁共振成像原理

(a) 水分子质子围绕着分子轴旋转，这就产生了个别磁场，它具有随机方向(1)。当加进去一个垂直方向磁场的时候，质子就沿着这个加进去的磁场对位，于是产生一个净磁场，但这个磁场很小，难以被检测(2)。如果在此基础上再按水平方向加一个无线电频率脉冲，使得质子围绕着原来的垂直轴摇晃，此即进动(3)。所有单个水质子的磁场加在一起，就产生一定的磁场，它随时间而变化，并且产生一个电流，电流最后被 MRI 测量出来(4)。(b) 进行 MRI 测定时，把受试者安放到一个垂直的磁场下。让质子按垂直方向对齐，然后按水平方向给予无线电频率脉冲，这样质子就沿水平平面同步旋转，或者说互相处于“同位相”(in phase)(1)。然后突然把水平脉冲关掉(2)，这样旋转着的质子开始互相不在同一位相，即“去位相”(dephase)。这种去位相过程来得比较快，导致测定电流的相对减少或衰减。这个衰减时间常数被称为 $T_2$(大约 30 ms)。当水平脉冲去除后，质子又重新对齐到垂直磁场(3—5)。这个“摆正”(righting)，或者说回复到垂直磁场，比前面那个去位相恢复得较慢。去位相恢复的时间常数被称为 $T_1$(几秒钟)。全部过程可以重复多次，产生时间系列的测量，反映衰减和恢复的速率。(图引自 10 章文献[2])

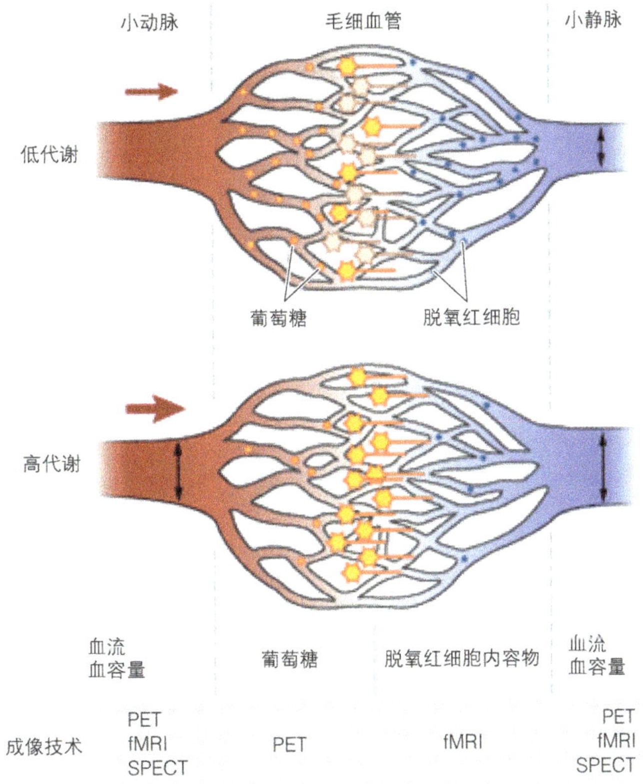


**图 10-7** fMRI 与脑代谢的关系

神经元的能量代谢受突触活性或突触强度的影响。代谢变动伴有局部脑血流(CBF)的增加、葡萄糖摄取的增加以及 CBF 的增加,也涉及脱氧血红蛋白含量的减少。这些不同的变化可以用不同的技术加以检测,包括 fMRI(功能性磁共振成像)、PET(正电子断层制图术)、SPECT(单光子发射计算机断层制图术)。(图引自 10 章文献[2])

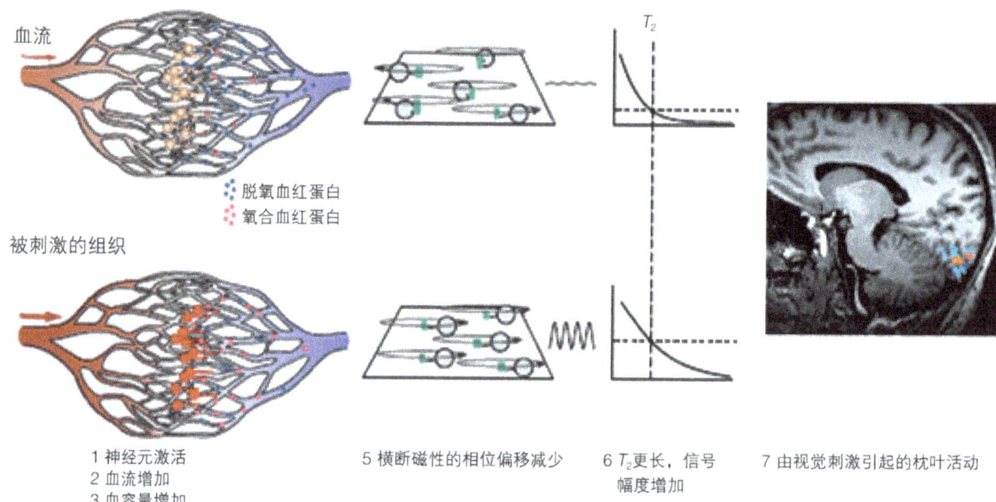


**图 10－8** 功能性磁共振成像原理

神经元活性增高导致氧合血液供应增加，这减少了脱氧血红蛋白的浓度，使得“去位相”发生得更慢些，从而引起所监测电流衰减的减慢。其结果就是局部代谢活性的 fMRI 成像，它反映了局部脱氧血红蛋白浓度的变化。这幅成像图中有颜色处是人视觉皮层对视觉刺激的反应，视觉刺激安放于人视野之特定位置。我们可以看到中间是红的，边上是蓝的，蓝的表示活动低。（图引自 10 章文献[2]）

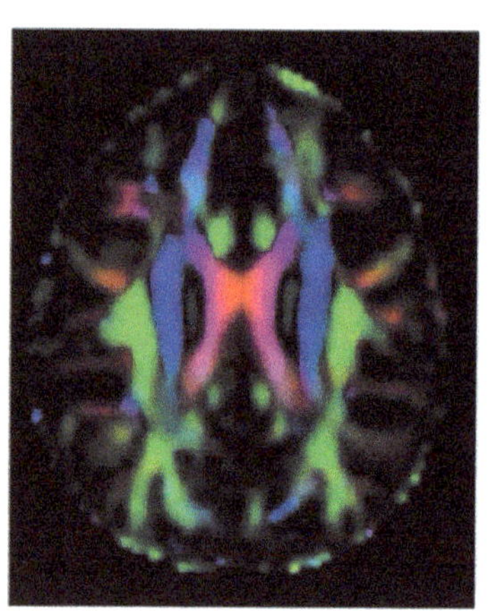

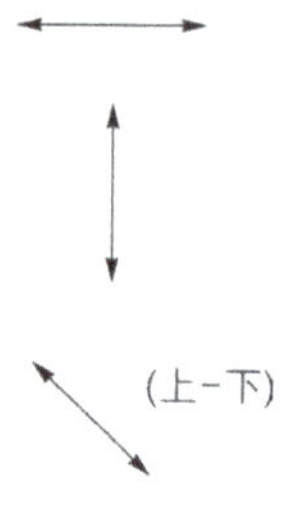


**图 10－9** 弥散各向异性的 MRI 测量

白质中的水分子是各向异性(anisotropic)的，此各向异性可以用 MRI 检测。图中每个部位的颜色及其亮度，代表一个小体积体素的弥散。亮度代表弥散各向异性的程度，白质显得更亮，因为这里的弥散是高度各向异性的，而灰质和脑室比较暗，因为这里是各向同性(isotropic diffusion)弥散的。颜色代表占统治地位的白质束方向；红色表明从右到左的方向弥散最大，绿色表明从前到后的方向弥散最大，蓝色表明从上到下的方向弥散最大。（图引自 10 章文献[2]）

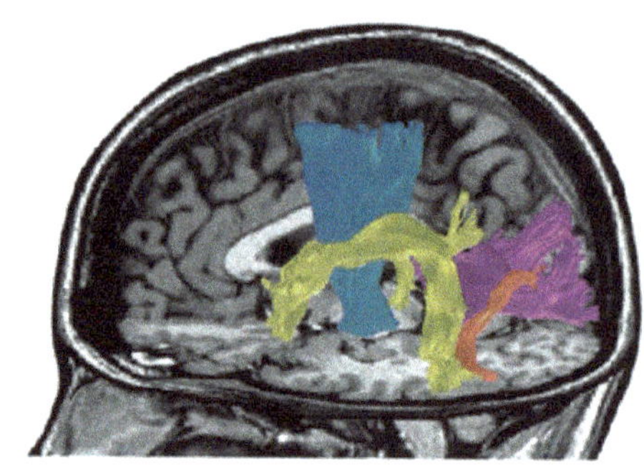

**图 10－10** 根据弥散张量成像得出的白质纤维束重组

每个“虚拟纤维束”是根据 DTI 测量用计算机做出来的。从脑内某一点开始，沿着最大的各向异性路径走。现在显示的是被认为对于文字阅读重要的 4 条纤维束。黄纤维是上纵束，它连接颞-顶皮层[包括维尔尼克(Wernicke area)区，该区对于语言的了解是关键性的]与外侧额叶皮层[包括布罗卡区(Broca area)，该区参与语言的产生]。紫纤维束经过胼胝体，它连接两侧枕叶以及两侧颞叶的几个区。蓝纤维束是放射冠(corona radiata)纤维束，它通过内囊后肢。最后，橘红色纤维连接枕-颞皮层(包括一个被认为与文字辨认有关的脑区)以及位于枕叶和颞叶边界的大脑皮层外侧面。（图引自 10 章文献[2]）

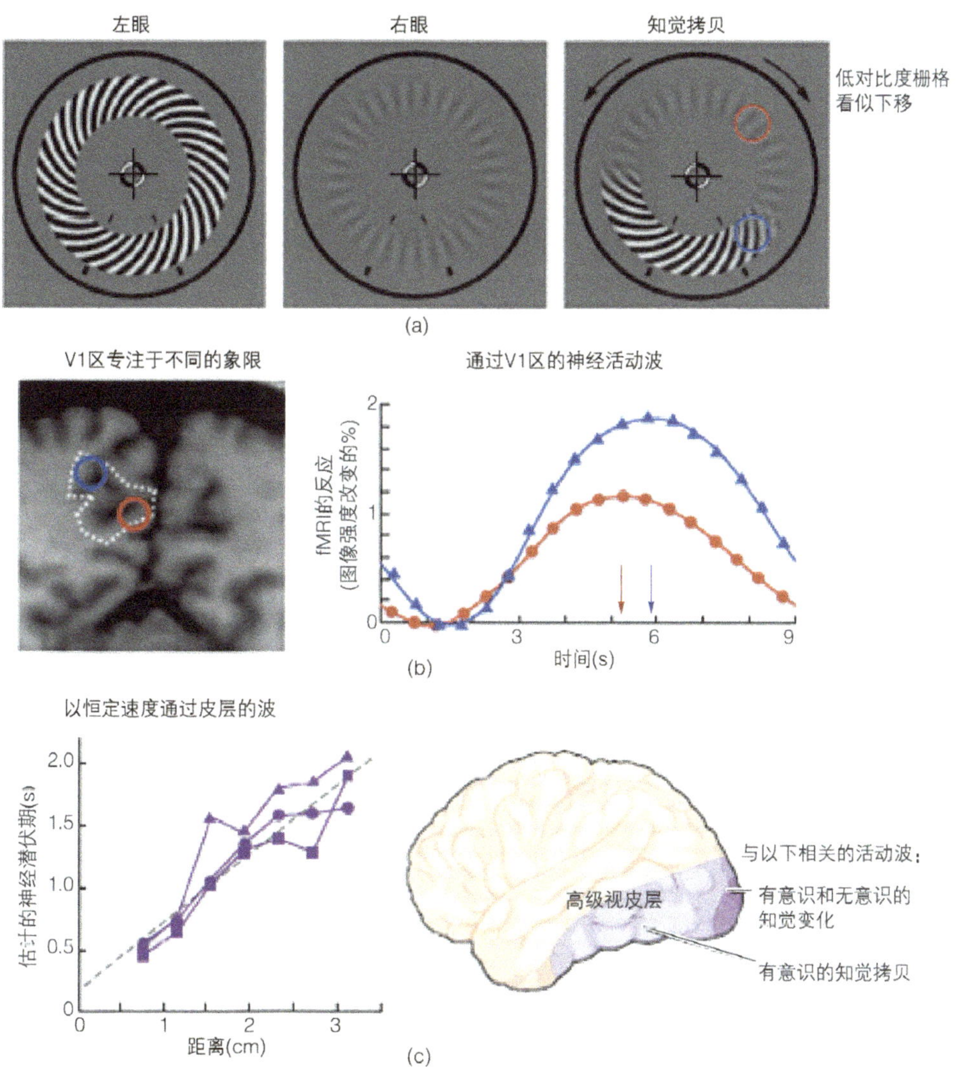


**图 10-11** 意识性视知觉的神经相关

(a) 给受试者左眼看高对比度的螺旋状栅格,右眼看低对比度的放射状栅格,每个图像仅局限于视野的一个环状区。受试者感到有一个行进的低对比度型式的波,此波沿着环状慢慢地扩展,开始是在顶部,逐步侵入到图像的其他区域,并把其他图像从觉察中擦掉(红、蓝圆圈的解释参看小图 b)。(b) 通过脑后枕叶,垂直于矩状沟的切面解剖图像。红的圆圈指示初级视觉皮层的亚区,那里的细胞代表着视觉感受野右上象限圆的区域,如 a 图所提供的那样;蓝的圆圈鉴定了一个亚区,此区的细胞代表右下象限。这个作图比较了这两个亚区的 fMRI 测定结果。红的和蓝的曲线对应于红的和蓝的亚区;箭头指示了曲线的峰。蓝的曲线在时间上延后而且幅度比较大,以高对比度型式仍然可以看到较长的一段时间。(c) 实现上述功能的神经活动传播速度,这是根据 3 个受试者的 fMRI 结果计算得来的。神经活动的时间潜伏期作为皮层距离的函数作图,距离测定是把大脑皮层的皱面摊平来进行的。斜虚线对应于传播速率,在大脑皮层表面大约为 2 cm/s。(图引自 10 章文献[2])

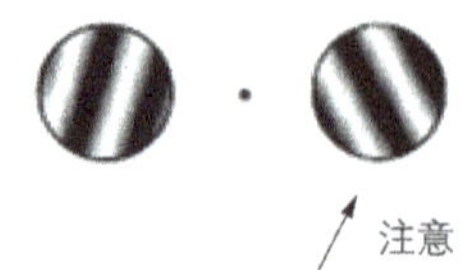


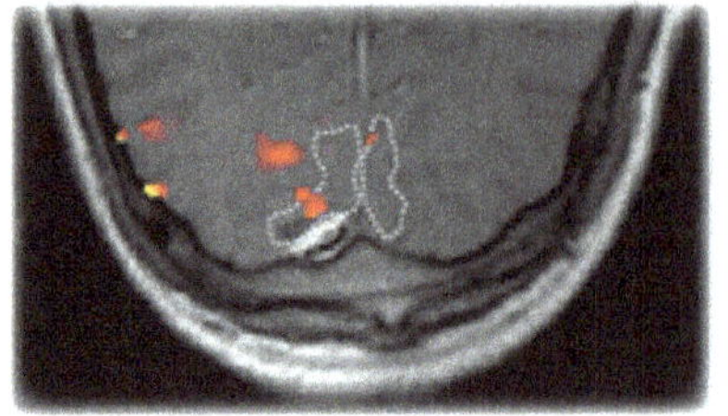

**图 10－12**　注意的神经相关

受试者被要求固定看屏幕中心(上),注意一边或另外一边,但眼睛不能动。这里是通过脑枕叶(下)的一个轴向切面(水平),显示功能的活性(红、黄色)叠加在脑的解剖图上。虚线轮廓标志着初级视觉皮层的界线。当受试者注意右侧时,左侧半球活性增加;反之亦然(右侧受刺激时,左侧神经元进行加工)。(图引自10章文献[2])

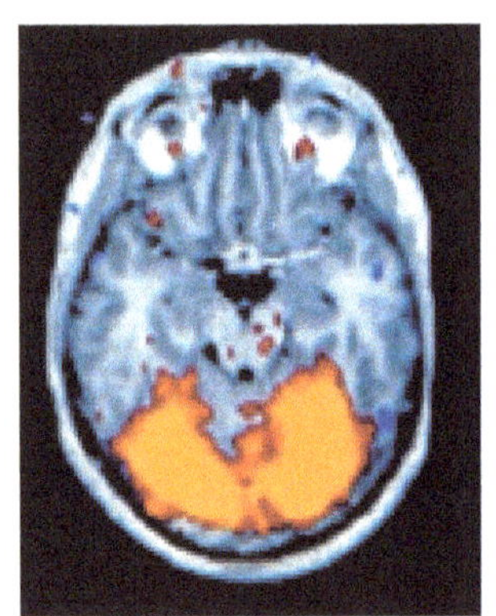


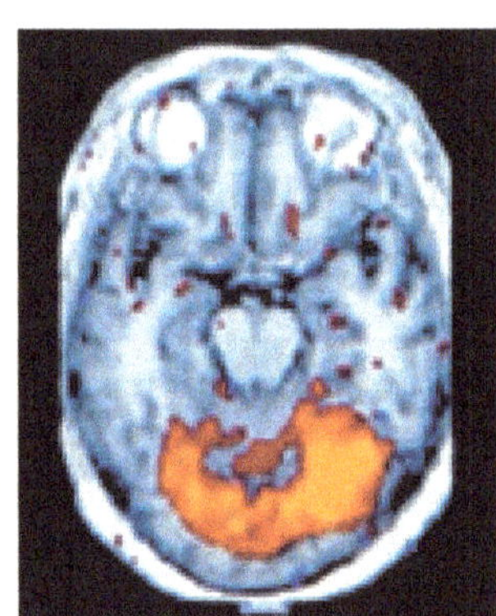


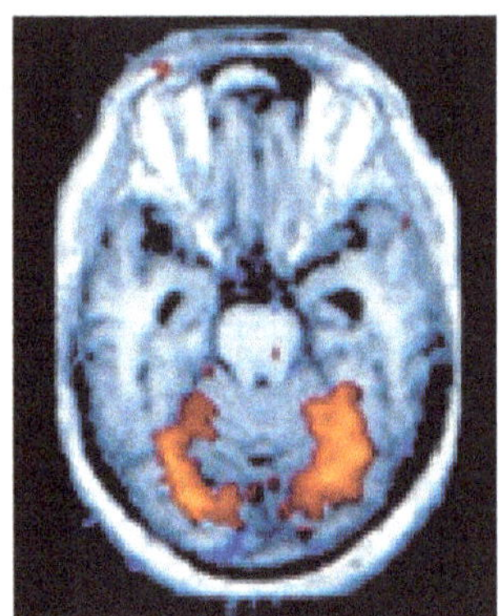


**图 10－13**　功能性磁共振成像的潜在陷阱

脱氧血红蛋白含量是脑血氧水平依赖(BOLD)的 fMRI 的基础,它是复杂相互作用的结果,包括血流、血量和氧的代谢。基于此,它是一个与脑代谢有关联但又不可得出绝对值的测定结果。因此,对成像脱氧血红蛋白含量的解释必须非常小心。例如,这里显示了 3 种情况下的简单视觉刺激实验:3 种人的视觉皮层有不同的 BOLD 信号,一个是年轻人(左),一个是老年人(中),另一个是没有明显视觉缺陷的阿尔茨海默病患者(右)。这些结果的不同可能反映了血管生理学的差别,它与衰老有关,与疾病有关,但不是脑功能的差别。(图引自 10 章文献[2])

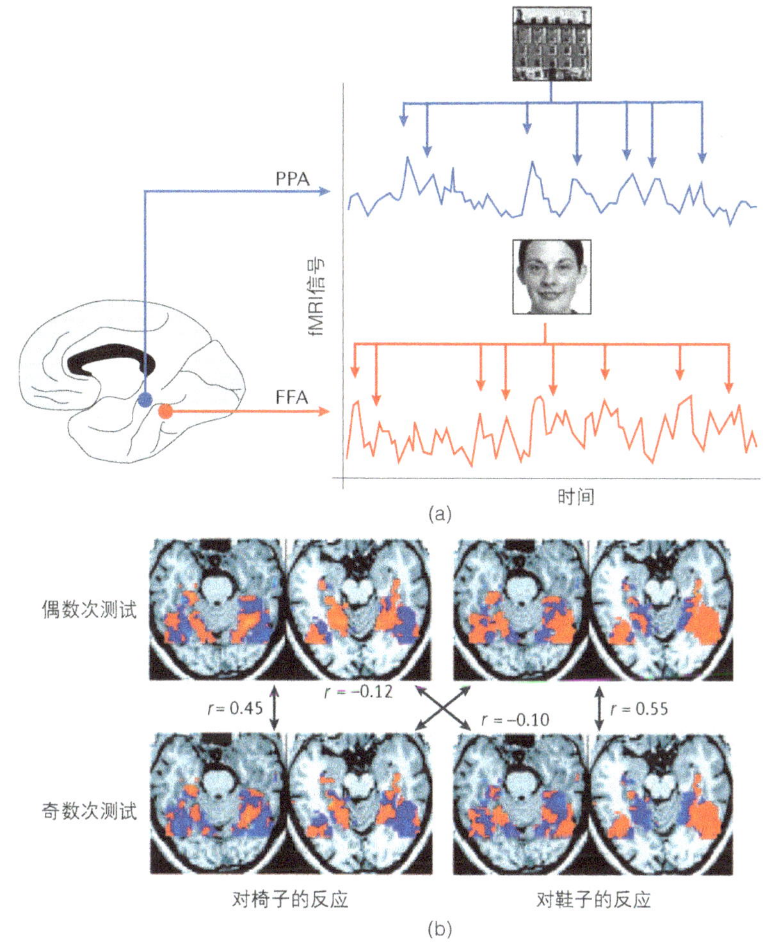


**图 10-14** 根据 fMRI 反应来解码对象的视知觉

(a) 梭状回(FFA,红)脸区和旁海马区(PPA,蓝)是两个特异的区域,根据这两个区域空间上可区分的信号来解码视觉想象的内容。当想象脸孔(红箭头)时,FFA 区信号增高;而当想象建筑物(蓝箭头)时,PPA 区的信号增高。观察者只要记录每个参与者的 FFA 和 PPA 活性,就能在 85%的测试中正确鉴定参与者想象的刺激类别。(b) 从颞叶对象选择性反应脑区的反应型式来解码对象知觉。让受试者看椅子或鞋子,可以引起在空间上延伸的反应型式。看这两种物体时的反应型式稍微有点区别,但有部分重叠。为了确定所觉察的对象在多大程度上可以根据这些反应型式来解码,把所得数据分为两个独立的数据组(在这里采用单数或双数测试序列),再用一组数据提取对椅子和鞋子两者的模板反应。然后,其余数据组的反应型式可以被分类,通过给它们指定一种具有最"类似"反应的模板。在这里,相似性可以用 Pearson 相关系数($r$)加以测定,如果在两个独立数据组中,把相同的对象范畴和不同的对象范畴作比较,则系数 $r$ 是高的。高相关性表明,在相应的空间型式之间有高相似性。(图引自 10 章文献[6])

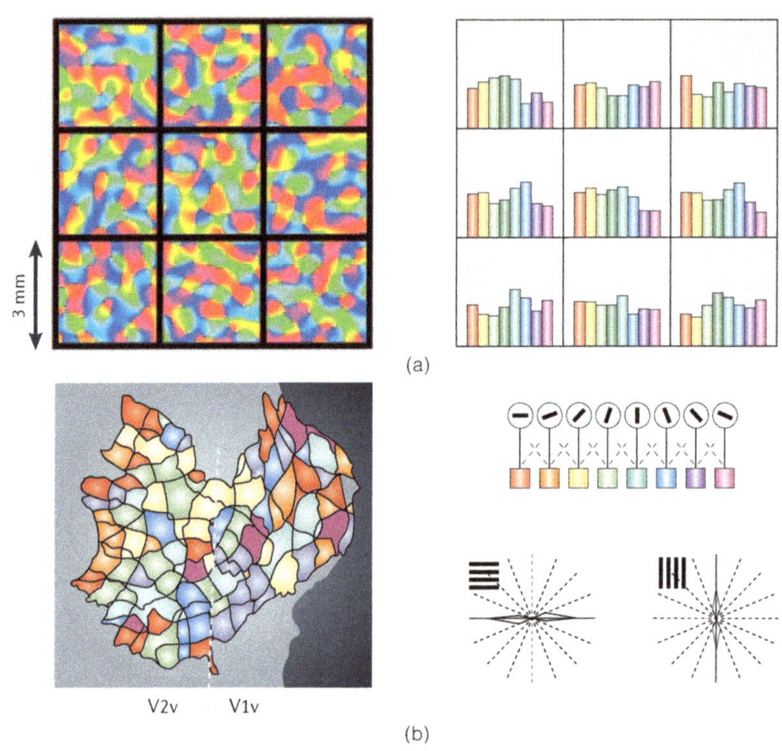


**图 10－15** 从初级视觉皮层样品型式中解码知觉的朝向

(a) 灵长类初级视觉皮层(V1 区)的神经元具有不同的朝向选择性，沿着皮层表面对含有该种神经元的脑区进行系统作图，具有同样朝向调谐的脑区间的间隔估计为 500 μm(图解式地显示于左侧小图)，小图中的不同颜色对应于不同朝向。fMRI 通常的分辨为 1.5～3 mm，而不同朝向优先的皮层代表靠得很近，因此这种皮层代表应该不能被 fMRI 所分辨(如左侧小图的测定网格所表示)。然而模拟方法演示，这些图像中的一点小的不规则性，却使得每个体素可以采样具有不同调谐特征、不同比例的细胞(右侧小图)，这样就导致对朝向优先的每个体素的潜在偏好。(b) 让受试者观看含有不同朝向横条的图像时，每个朝向引起初级视觉皮层轻微的不同反应型式。在 V1 和 V2 区，这个作图显示了对不同朝向的空间优先型式，作图于大脑皮层表面拉平的模式图上(v：腹侧)。虽然每个小面积脑区的优先是小的，但当整个全部空间反应型式的信息都得到考虑时，觉察到的朝向却可以有把握地被解码，而且具有高准确度。右侧小图显示两个不同的直角相交的朝向刺激被解码的准确性，如果训练一个线性支持向量分析器(linear support vector classifier)来分类反应不同的朝向。很重要的是要注意这一点，从原则上看，通过这种取样偏好的型式，应该可以观察任何一种细颗粒的皮层微构筑，例如对象的特征柱、视觉优势柱等。虽然这种取样偏好架起了潜在的、令人兴奋的桥梁：一边是宏观技术(例如 fMRI)，另一边是微观技术(例如单细胞记录放电)，但是仍须注意，不可能根据这些体素集合体的调谐功能，来直接推断视觉皮层个别神经元的朝向偏好。体素集合体调谐的宽度将依赖于许多参数，不仅是单个神经元的调谐，例如具有不同朝向优先细胞分布的空间各向异性、体素的大小、fMRI 测定中的信-噪水平，还有导致血液 BOLD 信号变化的神经-血管耦合的型式及空间尺度等。然而，这种取样偏好的型式是重要的，因为它提供了一条途径，可以用非侵入性方法发现人类测试对象所存在的特征特异的信息。(图引自 10 章文献[6])

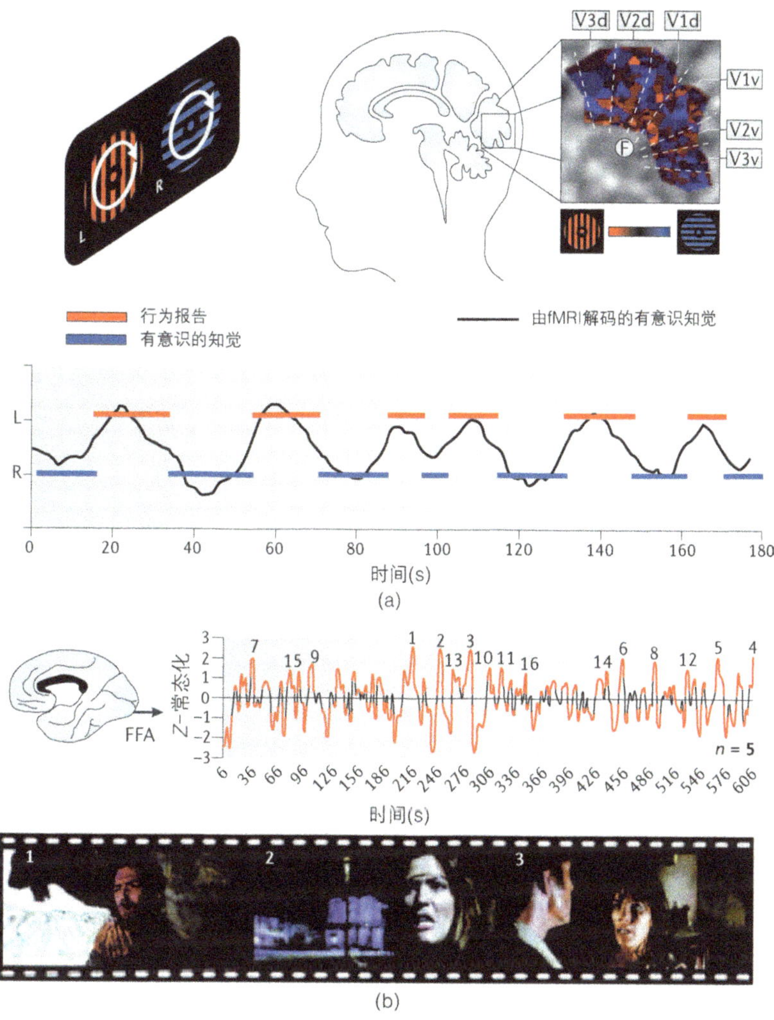


**图 10-16　追踪动态神智过程**

(a) 解码有意识视知觉的自发波动变化。把互相冲突的刺激分别提供给受试者的每只眼睛，知觉不会融合起来。相反，每只单眼的图像会自发地交替。这里，向受试者左眼呈现红色旋转栅格，向右眼提供直角相交的蓝色旋转栅格。令受试者按压两个按钮中的一个作答，表明他当时看到的是哪一个栅格的图像。同时记录下来的分布 fMRI 反应型式显示，知觉红栅格的时候，某些区域呈现高信号；而知觉蓝栅格的时候，另一些脑区呈现高信号(v：腹侧；d：背侧；F：黄斑)。训练一个型式分类器(pattern classifier)来鉴定红与蓝的优势，而且仅基于分布的脑反应型式。完全盲目地应用这种分类器于独立的测试数据组(下面插图)，这样就可以高度准确地解码当时受试者有意识地看到的栅格(蓝色和红色线条：意识知觉；黑色线条：从早期视觉皮层的型式信号解码的意识知觉，同时已经校正了血液动力学的潜伏期因素)。注意：此分类器解码的单纯是主观意识知觉的变化，但没有相应视觉输入的变化。(b) 用电影模拟类似自然及动态观看物体条件下的追踪知觉。令受试者看一段电影，同时记录他的脑活动。结果发现，当脸是视觉情景中的优势成分时，脸孔选择区颞叶皮层梭状区(FFA)的活性升高。时间经过显示了几个受试者 FFA 的平均活性。时间过程的峰值用数字按降序表示。图的红色部分显示信号与基线有相当的不同。底下的图显示给予视觉图像前 3 个 FFA 活性高峰的瞬间，显示当 FFA 活性高时，情景为人的脸孔占优势。(图引自 10 章文献[6])

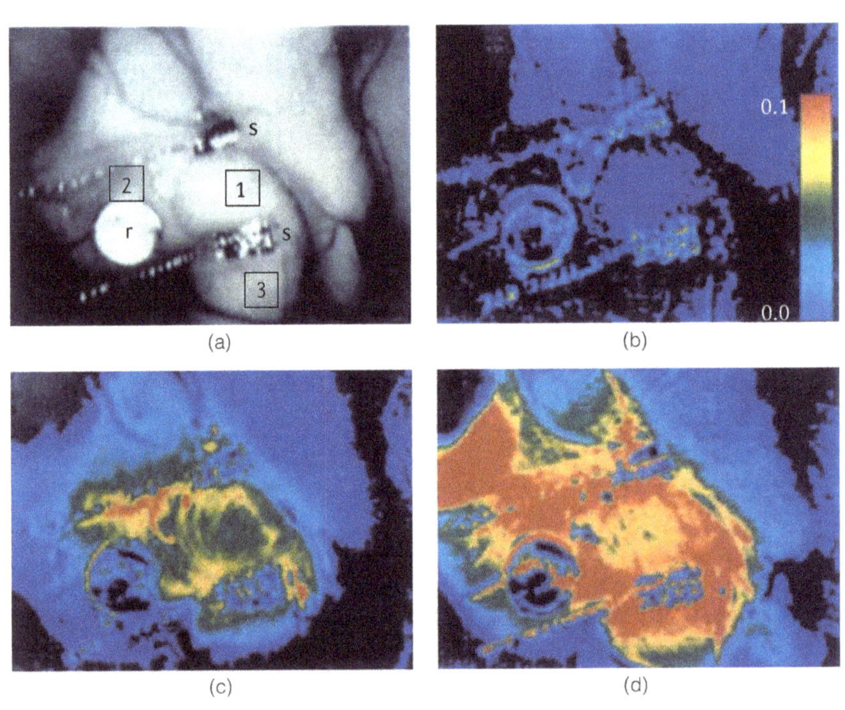


**图 11 - 2** 脑接受直接电刺激时的内源性光学成像信号

(a) 安放一个记录电极(r)、两个刺激电极(s)的暴露的大脑皮层表面。3 个方块记号(1—3)表示光学信号被测定的脑区。(b) 正常化的对照成像，表明在给予 DES 前的基础活性(b—d 小图中的光学信号变化的幅度，用伪彩色表示)。变化在 0 以下的，用黑色表示。(c) 接受 6 mA、4 s 刺激后立即诱发后放电活性时，光学信号的变化。在周围黑色区，信号变化低于 0。关于这种负性信号变化是真正的抑制性信号，还是仅仅表明神经元的激活比刺激前更强，还不清楚。一般说来，一个"负性光学信号"表明光信号变化发生的方向跟预期的神经元在特定波长条件下激活的方向相反。(d) 8 mA、4 s 刺激后立即的光学信号变化，此强度高于前面(c)中所用的强度。这个刺激诱发比较长的后放电阵发(16 s，而 c 里面是<4 s)，光信号变化的幅度与后放电活性的强度和时程成比例。(图引自 11 章文献[6])

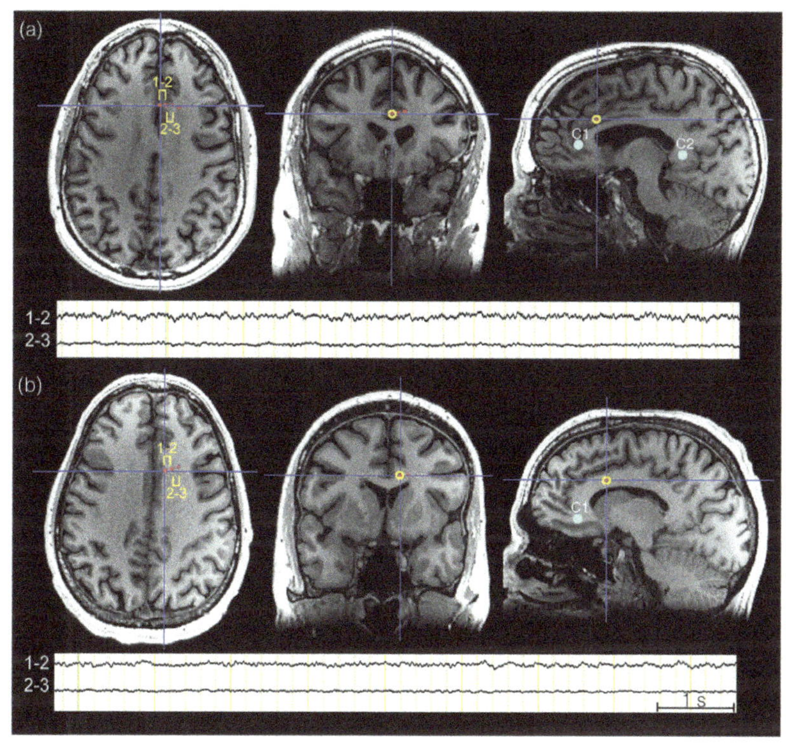


**图 11-4** 刺激前中央扣带回皮层时颅内电极和脑电图活性的解剖学定位

对病人 P1(a)、P2(b)的电刺激发生在两个邻近接触点之间，也即双极刺激。在磁共振成像以及脑电图记录中都看到，P1 的 1、2 以及 P2 的 1 都明显地在灰质处。我们把实验结果归因于 aMCC 灰质及其白质的神经连接，还有其他脑区神经连接参与的 DES。注意位点 2 和 3 之间的脑电图活性降低，比之位点 1 和 2 之间。DES 靶向坐标的磁共振成像(magnetic resonance image, MNI)坐标如下。病人 P1：电极 1：2.00, 26.00, 26.00；电极 2：8.00, 26.00, 26.00；病人 P2：电极 1：10.00, 18.00, 26.00；电极 2：16.00, 20.00, 26.00。注意图像右侧对应于脑的右侧，1 s 时间的 EEG 时间标示在图上。扣带回膝下部和后压部的刺激位点作为对照位点 1 或 2(C1 和 C2，浅蓝实心圆圈)。除了扣带回的这些对照脑区以外，直接邻近 aMCC 的刺激位点也作为对照位点。这些对照位点的刺激并不引起类似的认知和情绪效应，如同刺激 aMCC 位点那样。(图引自 11 章文献[7])

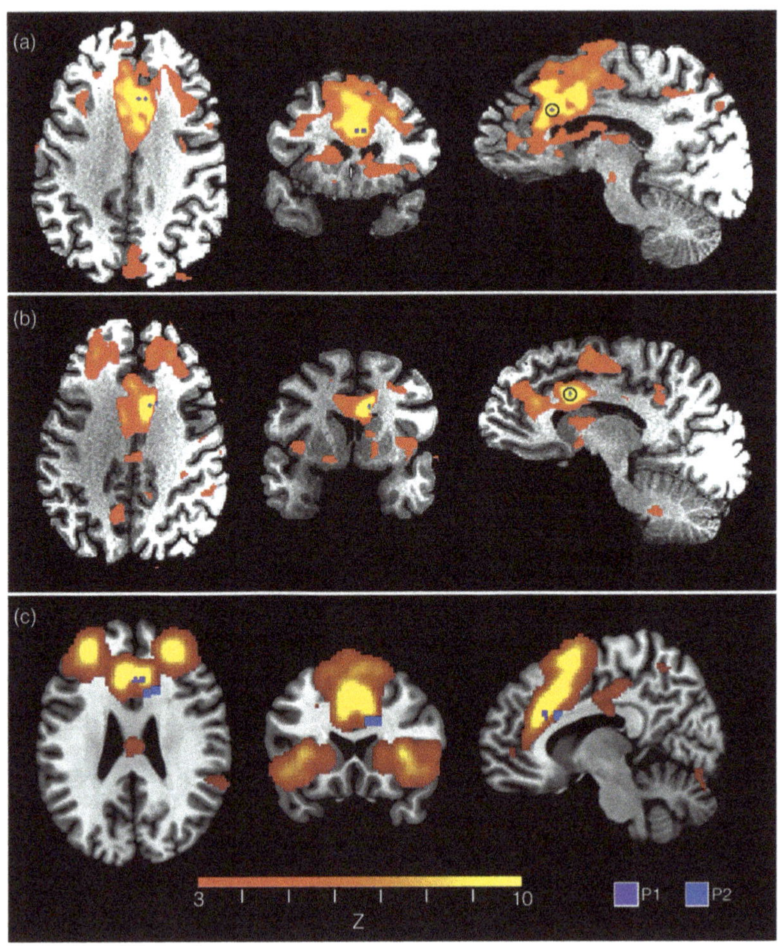


**图 11－5** 鉴定人脑直接电刺激靶向位点正好是情绪显著网络一部分的功能连接分析

(a)和(b)显示功能连接网络，此网络通过播种(seeding)一个小的感兴趣脑区(ROI)而获得，病人 P1(a)和 P2(b)的 ROI 中心分别为电极 1 和 2。(a)和(b)的结果表达在每个受试病人自己的脑图片空间上；而(c)的 ROI 是在一个模型的标准 MNI 空间图片上面(P1 病人用蓝色，P2 病人用紫色)。图像的右侧对应于脑的右侧。把(a)和(b)神经网络与 14 个已经特征化的网络相比较，进行适合度(goodness-of-fit)分析，发现每个病人的网络最好地匹配到情绪显著的网络。(c)显示，P1 和 P2 病人的电极位置覆盖于标准的情绪显著网络，此网络是从一群正常人对象所得到的。(图引自 11 章文献[7])

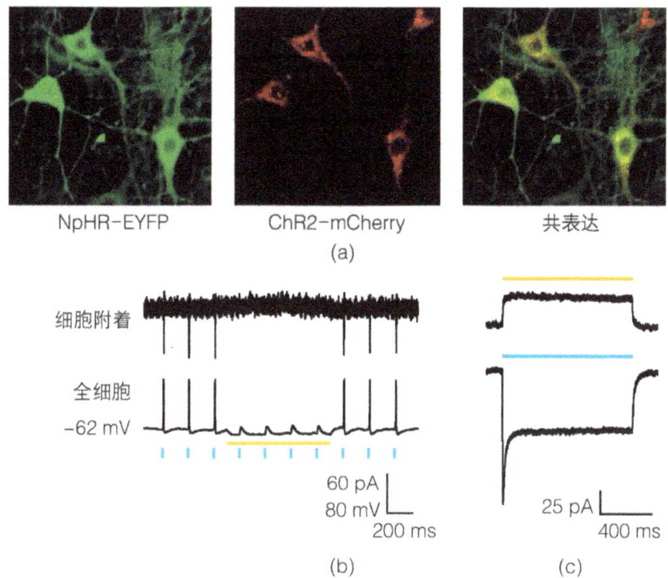


**图 12-1** 用非侵入性光学调控方法联合应用 NpHR 和 ChR2

(a) 海马神经元表达了两个视蛋白：在驱动子 EF1α 作用下共表达的 NpHR-EYFP 和在突触蛋白 1 驱动子调控下的 ChR2-mCherry。(b) 以全细胞(下)和细胞附着(上)两种方式记录共表达 NpHR-EYFP 和 ChR2-mCherry 的神经元。短暂地给予一个脉冲的蓝光(473 nm, 15 ms)可引起单个动作电位,蓝光的宽度不是按比例的;如果同时用黄色光照,会抑制动作电位的发放。(c) 共表达 NpHR-EYFP 和 ChR2-mCherry 的单个神经元的电压钳记录,作为对黄光和蓝光的反应,分别显示独立的外向性和内向性的光电流。(图引自 12 章文献[5])

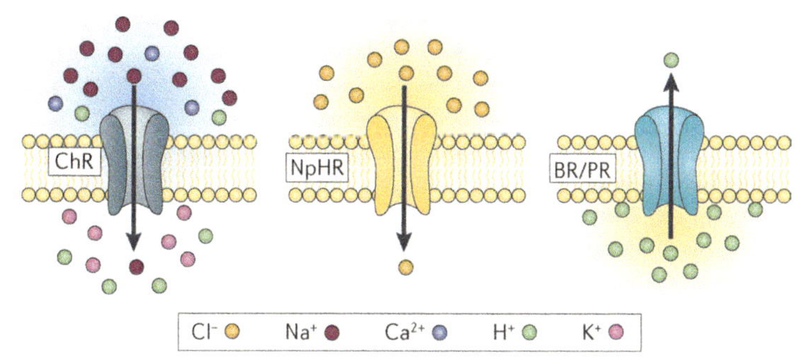


**图 12-2** 3 种视蛋白

左起：ChR：阳离子内流,引起去极化;NpHR：氯离子泵,氯离子内流,引起超极化;BR/PR：质子泵,质子外流,引起超极化。以上 3 种均为 I 型视蛋白。(图引自 12 章文献[7])

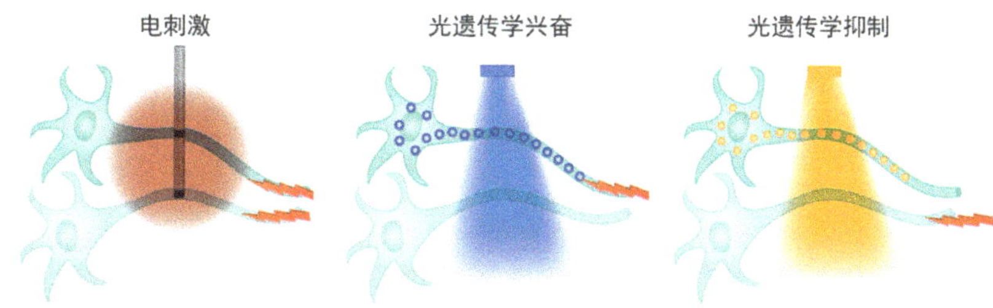


**图 12-3** 光遗传学兴奋(中间)、光遗传学抑制(右)与电刺激方法(左)的比较

靶向兴奋(如用蓝光激活通道视紫质)或抑制(如用黄光激活盐细菌视紫质),这种激活具有细胞特异性甚至投射特异性,而这种特异性是电刺激所难以达到的。这种激活还保持时间准确性(动作电位级)。(图引自 12 章文献[6])

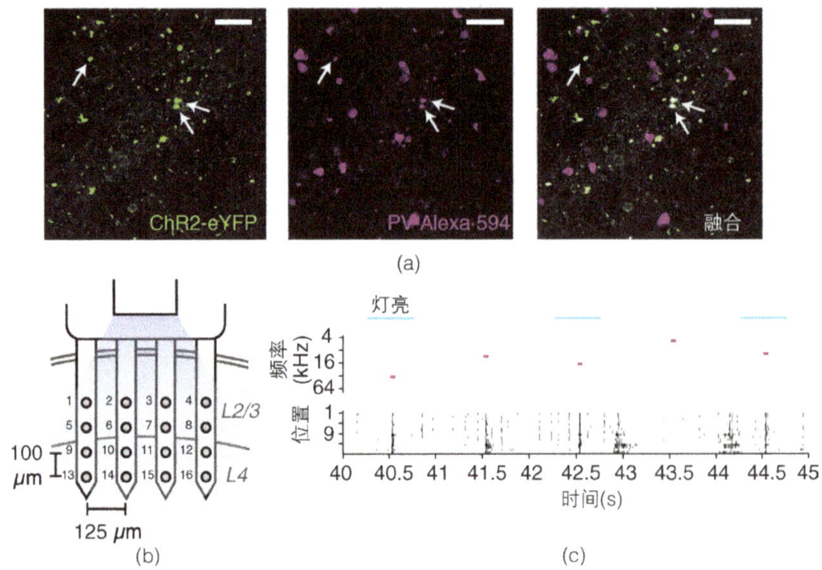


**图 12－6** 病毒的表达、记录的安排、对纯音反应的记录以及光遗传学刺激

(a) 对转基因的 PV∷Cre 小鼠注射 1μl 的 Cre 可诱导的相关病毒到右侧听觉皮层，就使得此听觉皮层的 PV＋神经元被感染上光敏感的离子通道 ChR2。组织学检查结果确定，ChR2－EYFP(左)共定位于听觉皮层 PV＋神经元(中，以及用 Alexa 594 进行免疫染色，右)。大约 58％的 PV＋神经元被 ChR2 转染。比例尺：50 μm。(b) 表示记录安排的图解。一个 4×4 硅多电极向大脑皮层垂直插入，最深位点位于离皮层下约 500 μm 处，再用一个直径为 200 μm 的光学纤维耦合于 473 nm 的蓝色激光，位置摆到与多电极平行，在皮层上 1～2 mm，在 50％的实验中提供光遗传学的刺激。(c) 为示例实验及锋电位栅线(raster)而作图的光和声音刺激条件。输入到 Ising 模型的锋电位是二进位矩阵，包括每个时间点上光的条件(蓝色杠代表给予光的时间，PV＋神经元受到刺激)、每个时间提供的纯音频率(玫瑰红色)、每个通道的锋电位资料。以 5 ms 的时间间隔采集。在每次 1 s 的试验中，声音和光的条件作随机穿插。(图引自 12 章文献[11])

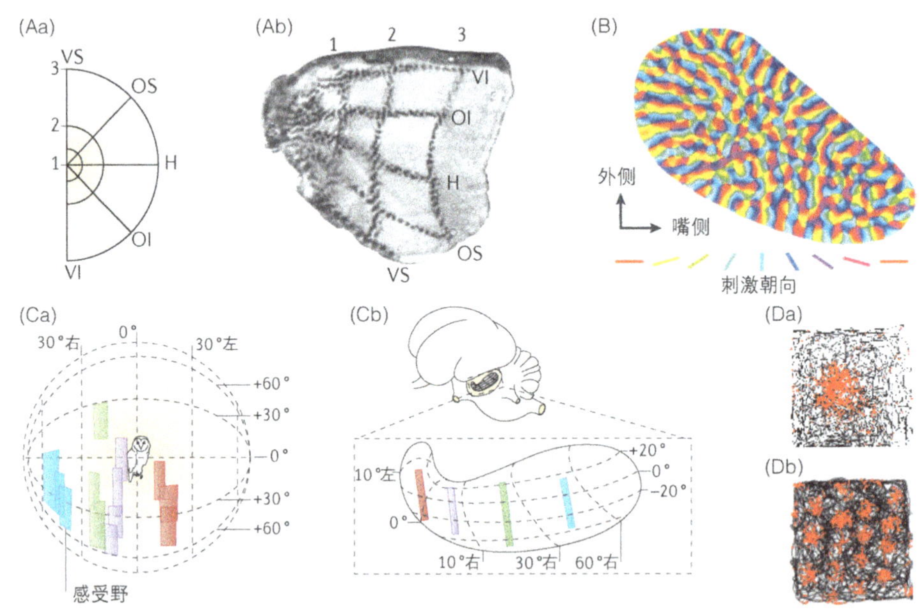


**图 13－1** 不同程度复杂性的动物脑图像代表

(A) 猕猴视觉皮层的视网膜定位组构。(B) 树鼩(tree shrew)V1 区朝向优先的图像。(C) 猫头鹰中脑听觉区。(D) 海马及内嗅皮层的位置细胞和网格细胞。(图引自 13 章文献[4])

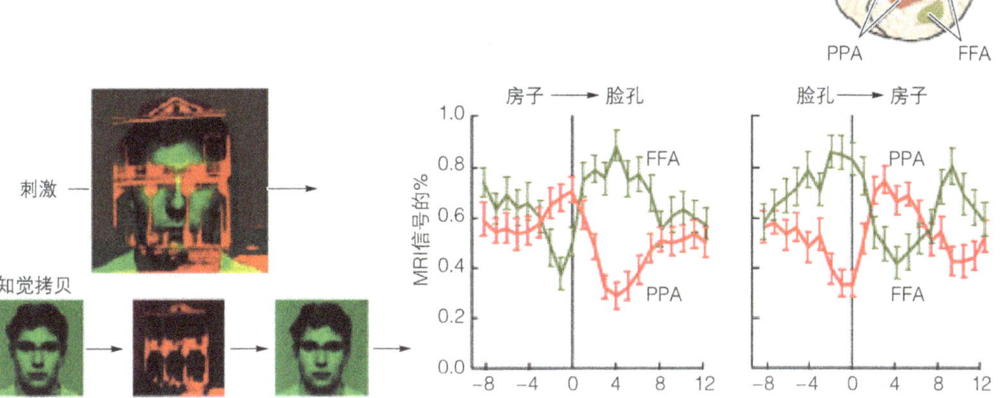


**图 13-5** 与模棱两可的视觉信息相关联的神经活性

创造一个模糊刺激，方法是同时给予一只眼睛看脸孔而给予另一只眼睛看房子，在此条件下检测脑的活性。受试者看这些图像的时候，当发现知觉发生自发的转换时(由于双眼对抗)，被要求按一下按钮。当脸孔被觉察的时候(左)，FFA 区的活性增加；而当房子被觉察时(右)，旁海马位置区(PPA)的活性增加。(图引自 13 章文献[8])

**图 13-7** 倒置的达·芬奇《蒙娜丽莎》像(图引自 13 章文献[9])

**图 13-8** 正置的达·芬奇《蒙娜丽莎》像(图引自 13 章文献[9])

**图 13-9** 位置细胞放电图

大鼠海马 CA1 区 8 个位置细胞空间放电型式的记录。大鼠在这个图形的管腔里面来回跑动，在每一端停下来吃少量食品。这个图片上面的点表示，老鼠在这个点的时候，这个细胞就放电；点的颜色表明哪个神经元放电了，在什么位置。

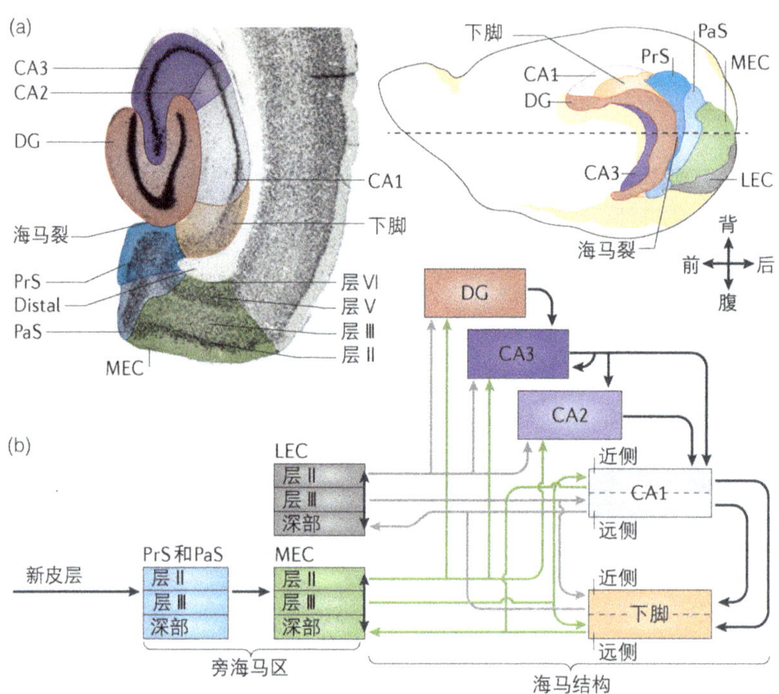


**图 13-10** 大鼠脑右半球的海马结构及旁海马区

(a) 显示大鼠脑右半球，聚焦在海马结构及旁海马区，左侧是通过大脑半球的水平切面，右侧显示基于大鼠的 Waxholm 空间的大脑半球正中矢状切面。背侧到腹侧位置用通过半球的虚线表示。加在一起，这些图像演示海马和旁海马区的关键性位置，包括齿状回(DG)、CA1—CA3、下脚(subiculum)、内侧内嗅皮层(MEC)、外侧内嗅皮层(lateral entorhinal cortex, LEC)、PrS、PaS。个别亚区的边界及范围用颜色标出。(b) 显示前海马结构和旁海马区的标准连接模型，MEC 提供输出到海马结构。其中，MEC 的第Ⅱ层投射到 DG、CA3、CA2，它的第Ⅲ层投射到 CA1 和下脚。CA1 和下脚提供输出到内嗅皮层的第Ⅴ层。所有内嗅皮层的层次似乎是交互连接的(用双向箭头表示)。这个连接路径(绿色)平行于类似的组构路径，开始和终止于 LEC(灰色)。这两条通路汇聚到 DG、CA2、CA3 的单个神经元上，但是靶向 CA1 和下脚的不同神经元。来自以及去向 MEC 的投射，连接靠近 CA2 的 CA1 神经元(近侧)以及靠近 PrS 的神经元(远侧)，相反的型式投射来自与到达 LEC。MEC 的选择性输入，发源于 PrS 和 PaS。(图引自 13 章文献[4])

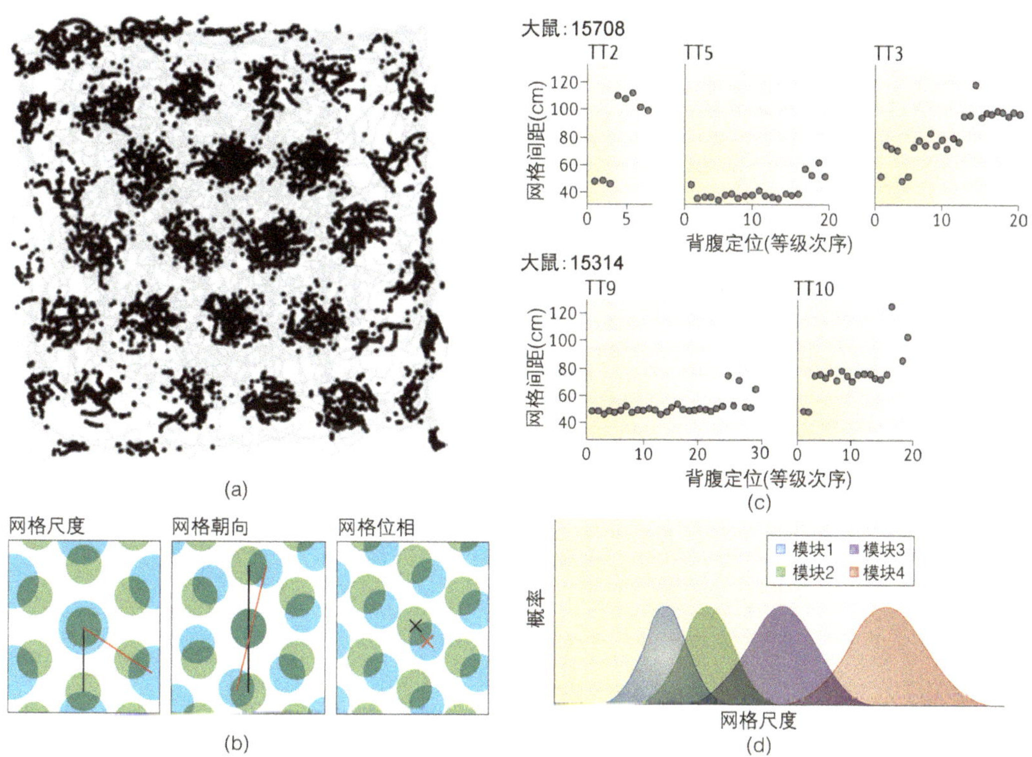


**图 13-11　网格细胞的基本特征**

(a) 大鼠内侧内嗅皮层(MEC)第Ⅱ层网格细胞的空间放电型式。灰色不规则曲线显示正在找东西吃的大鼠在一个2.2 m宽的正方形空间内走动的轨迹。网格细胞锋电位所在的定位,重叠在轨迹图之上,显示为黑色,每个黑点对应于一个锋电位。注意网格细胞放电野的周期性六边形型式。(b) 一对网格细胞(显示为绿和蓝)放电型式的卡通,演示网格尺度(scale)、网格朝向(orientation)及网格位相(phase)之间的差别。左边和中间图的线条表示网格型式(此型式决定网格朝向)的两个轴,图中右侧叉叉表示网格位相(网格野的 $x-y$ 位置)。(c) 网格尺度的模块组构。网格的空间距离作为沿 MEC 记录途径位置的函数,细胞(灰色圆圈)从背侧到腹侧按等级次序,每一个分图是一个四极管的记录。在每个四极管记录中,网格空间距离以分离的步骤增加。(d) 显示各模块网格尺度增加的原理图,它服从几何行进(geometric progression)的规则。从一个模块到下一个模块,平均网格尺度以一个恒定的因素增加(这里是1.4)。(图引自13章文献[4])

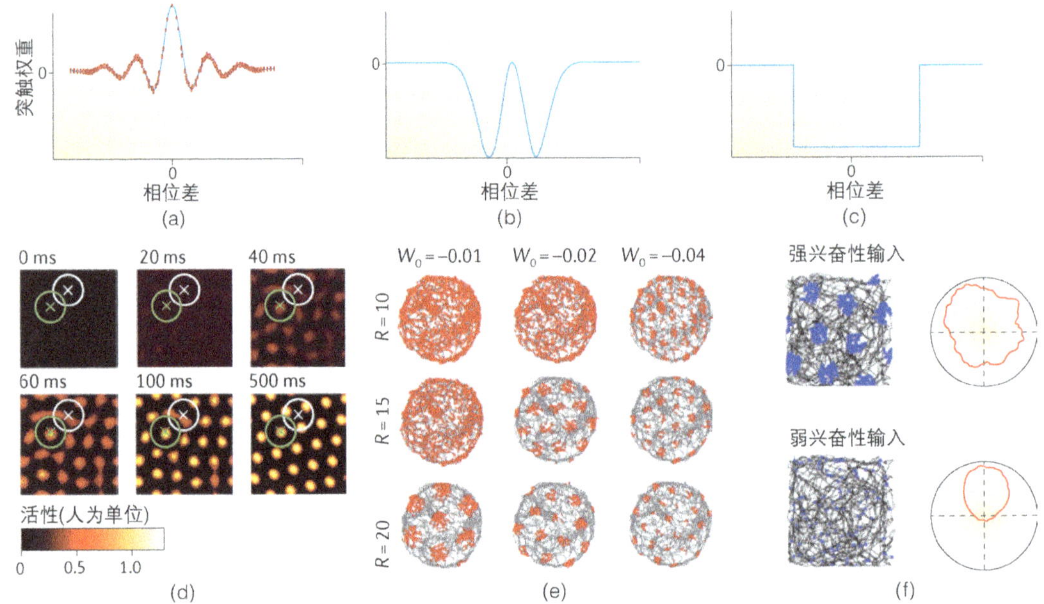


**图 13-12** 网格细胞的兴奋性和抑制性吸引子模型

(a)(b)(c) 有几种连接型式可用来解释网格细胞吸引子模型的六边形放电型式的产生，这些模型包括墨西哥帽连接型式(a 部分)、墨西哥帽样连接型式(b 部分)、步进样抑制性连接型式(c 部分)。连接型式在它们相位依赖的突触加权复杂性方面是有所不同的。在墨西哥帽连接模型中，细胞有越来越减少的兴奋性连接，同时结合有越来越增加的抑制性连接；而在墨西哥帽样及步进样连接性的模型中，这两种模型都应用单纯的抑制性连接，不过抑制野有不同的形状。所有 3 种连接型式都产生六边形网格型式。(d) 步进样连接型式模型导致自发地产生六边形的网格形式。相继层次演示不同发育阶段的网络(0～500 ms)，不同的阶段有个别像素对应于单独的个别神经元，各个神经元排列起来按照每个层次里面的网格时相。神经元的活性用颜色编码，下方为颜色码的横杠。两例神经元的连接半径 $R$ 显示为白的和绿的圆圈，直径为 $2R$。(e) 按照(d)模拟在一个圆形舞台上的单神经元活性(红点)。$W_0$ 是抑制连接性的强度。可以看到，$W_0$ 和 $R$ 调节网格野和它们相隔距离的大小。(f) 外部兴奋性驱动对于网格的形成是必需的。锋电位分布作图(在左边，如在小图 e)，以及方向性的调谐曲线(放电频率作为方向的函数，在右边)，其特点是有强的兴奋性输出和弱的兴奋性输入。当外部输入降低到一个关键数值以后，层次神经元的活性就容易畸变，而在一个时间平均作图上的六边形结构就看不清楚。与此同时，头部的朝向输入变成优势来源的输入，细胞变成有方向性的了。(图引自 13 章文献[4])

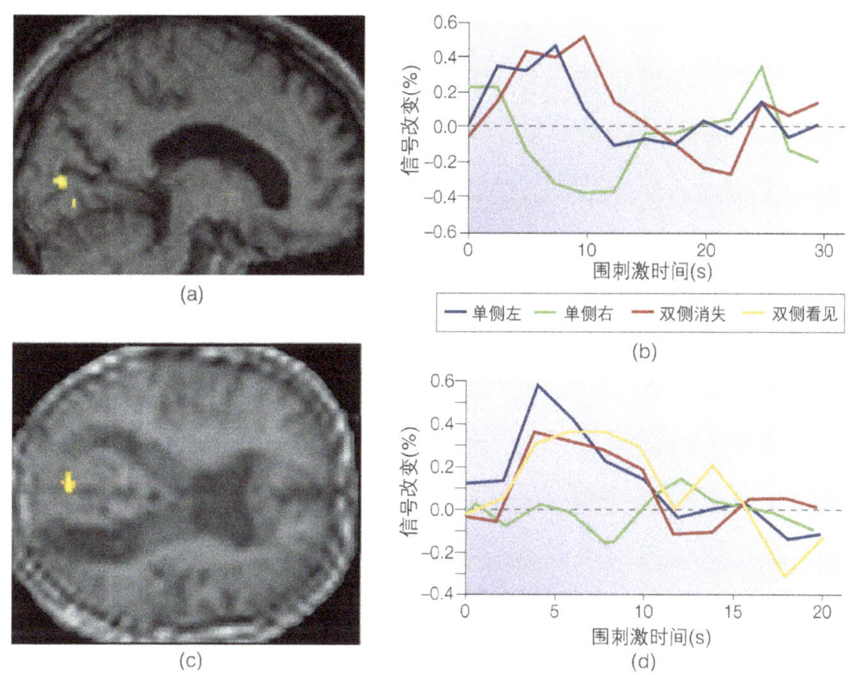


**图 14－1** 初级视觉皮层活性并不与觉察相关联

(a) 通过病人 G.K.右脑半球的矢状切面，它包括了距状沟。此病人患有右顶叶中风，这导致他视觉丧失。此图像显示初级视觉皮层(V1 区)的一个位点，该位点被一个没有看见而且消失了的左视野刺激所激活(测量是用 BOLD fMRI 成像，把它重叠到脑矢状切面上)。(b) BOLD 对比活性的围刺激时间直方图。由 3 个不同形式的视觉刺激诱发，来自激活前面 a 图里的右侧 V1 位点。左视野刺激或者是看得到的(单侧左边的那几次试验)，或者是看不到的(双侧消失的几次试验)，这两次刺激都诱发类似型式的活性；而右侧视野的刺激，那是看得到的(单侧右边)，导致较小的、右侧 V1 的阳性反应。(c) 通过另一病人 V1 轴向的图像，病人患有右侧顶叶中风及视觉消失。叠加在图上面的、从右侧 V1 所诱发的 BOLD 对比活性，通过一个没有看到的、消失的左侧视野的刺激。(d) 被四种类型视觉刺激所诱发的 BOLD 对比活性的围刺激时间折线图，取自 c 图激活的右侧 V1 位点。看到的双侧刺激、不看到的双侧消失的刺激、看到的左侧单侧的刺激，所有这些刺激都引起类似的激活型式。看到的右侧单侧刺激在同侧视觉皮层上仅诱发小的反应。(图引自 14 章文献[8])

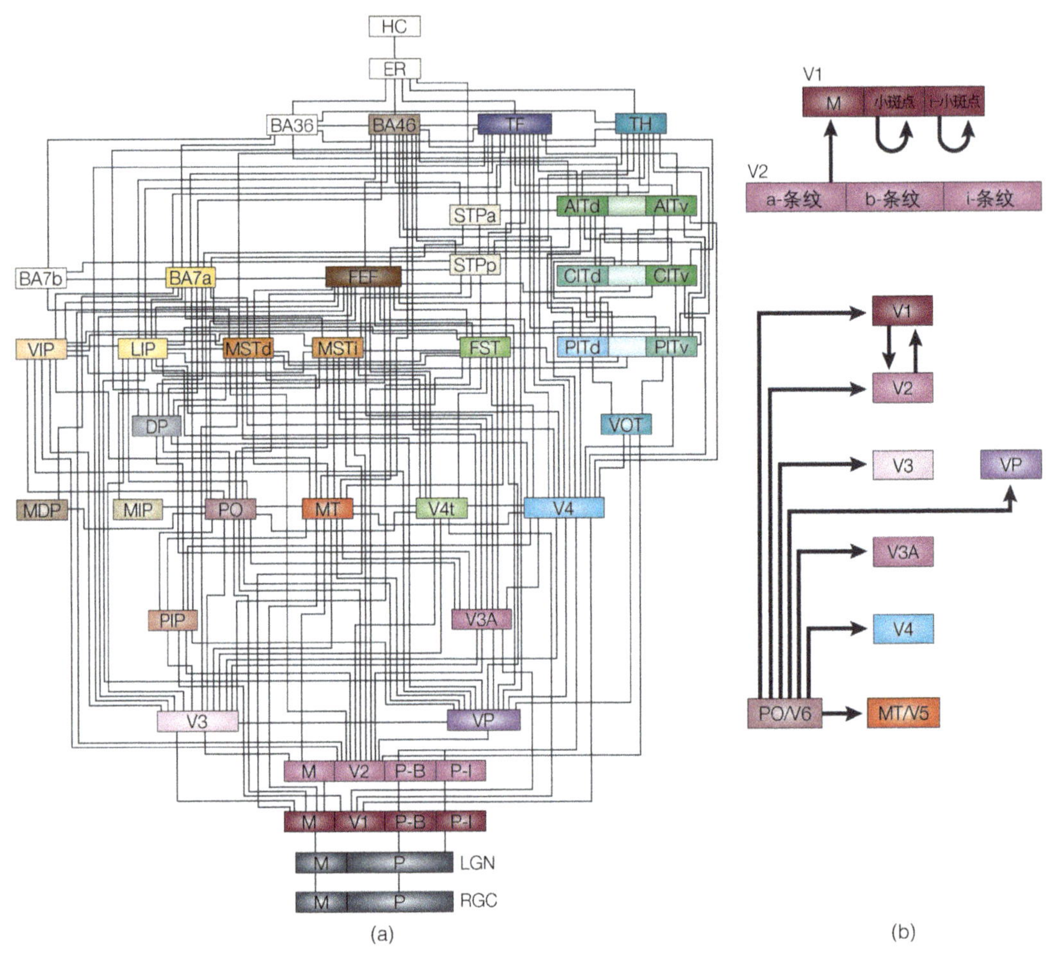


**图 14－2　人类和非人灵长类大脑视觉区的解剖学层次**

(a) 视觉脑区的总体布局和层次安排小结。演示猴视觉皮层的解剖学连接，显示在图上的一共有 32 个视觉皮层区、2 个皮层下视觉区及几个非视觉区，相互间有 187 个解剖学上已经证明的连接，多数是交互连接。(b) 已经鉴定的人视觉皮层区，演示了连接性及推定的层次组构。很少有对人脑视觉区连接型式的直接研究，但有几个猴的特征模型可供参考，例如在 V1 内部以及 V1 和 V2 之间的选择性连接，再加上来自高级视觉区的回返投射。这些都显示在图上。M 和小斑点：它们是 V1 的亚区，由细胞色素氧化酶染色加以特征化。条纹：它们是 V2 区的亚区，由细胞色素氧化酶染色加以鉴定。简写：AIT，前下颞皮层；BA，布罗德曼区；CIT，中央下颞皮层；d，背侧；DP，背侧前月状区；ER，内嗅皮层；FEF，额叶眼区；FST，上颞叶皮层底；HC，海马；LGN，外侧膝状体；LIP，外侧顶内区；M，大细胞区；MDP，内背侧顶区；MIP，内侧顶叶区；MSTd，内上顶叶背侧部；MSTi，内上顶叶下部；MT，中颞叶皮层（视觉 5 区）；P，小细胞区；P－B，小细胞区-小斑点；P－I，小细胞区-小斑点间；PIP，后顶叶内区；PIT，后下颞叶皮层；PO，顶-枕叶区（视觉 6 区）；RGC，视网膜神经节细胞；STPa，颞叶多感觉皮层前上区；STPp，颞叶多感觉皮层后区；TF－TH，颞叶区；v，腹侧；V1－V4t，视觉区；VIP，腹侧顶叶内区；VOT，视觉枕颞皮层；VP，腹后视觉区（ventroposterior visual area）。（图引自 14 章文献[8]）

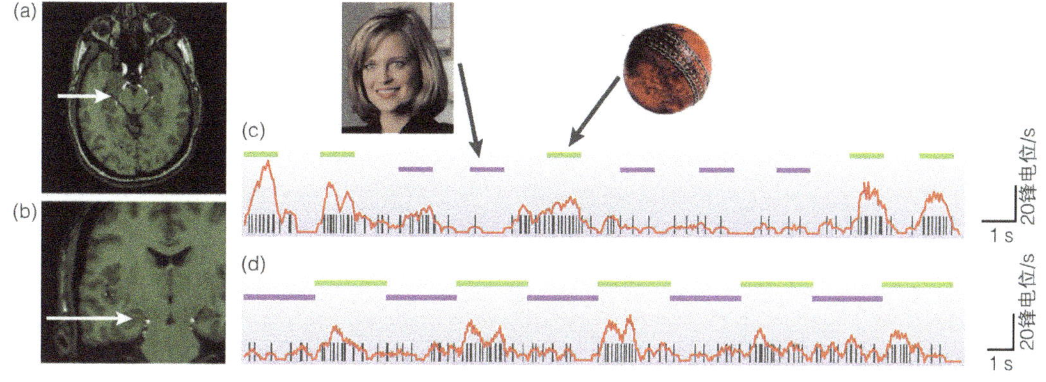


**图 14-3** 人颞叶皮层单个神经元活动与觉察相关联

(a)(b) 电极的安放。海马内电极安放的轨迹，按照结构磁共振成像表明电极的轴向(a)和冠状方向(b，详细)。用手术后 CT 和 MRI 对电极位置进行了解剖学确认。电极远侧端有一段白金-铱微丝，单个神经元电活动可以从这里记录下来。微丝延伸出尖端外大约 4 mm，位于一个圆锥上，其开放角小于 45°。(c) 视觉活动时单个神经元的个别反应。两个图像分别显示 1 s，每个图像表示 5 次重复，用绿的和紫的水平横杠表明。在每个图之后，受试者单击按钮，表明他看到的是不是一个人脸孔图像。连续红线显示锋电位的密度函数。(d) 经过 10 次视觉呈现以后，受试者闭上眼睛，要求他听到高频声音时想象一个图形，听到低频声音时想象另一个图形，声音每 3 s 一次，高音、低音交替给予。数据显示，当受试者进行视觉想象时的同一神经元，在给予视觉提呈或进行视觉想象时显示类似的放电型式。当看到一个球形图像时，作为反应，神经元的放电频率增加；但在看到人脸孔图像时，放电频率不显示增加。(图引自 14 章文献[8])

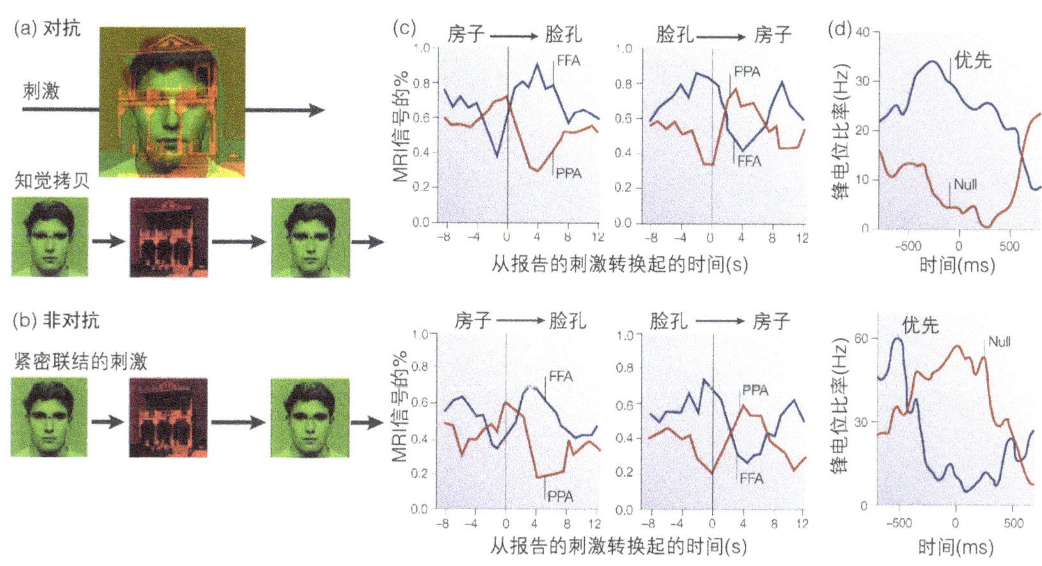


**图 14-4** 双眼对抗时觉察的神经相关

(a) 引起双眼对抗的刺激是不相似的两个图像，这两个图像分别提供给每侧眼睛(显示刺激经过红/绿滤光片达到此目的)。受试者典型地报告，在每次单眼视觉中有自发性的知觉变换，每数秒钟变换一次，如下图所显示的那样(知觉拷贝)。(b) 人类双眼对抗神经成像研究，典型方法是比较两种情况下的知觉拷贝及神经成像图像。一种是与转换相关联的活性，因为在对抗作业时有交互转换的知觉拷贝出现；另一种是当单眼给予刺激时，与那些紧密连接的物理学变化相关联的反应，应用了根据早期双眼对抗实验(紧密联结的刺激，yoked stimulus)觉察报告的时间顺序。(c) 像 a 图那样在房子和脸孔对抗性转变刺激的情况下，在梭状脸区(FFA)和旁海马位置区(PPA)通过 fMRI 评定的活性。当对抗从房子转变到脸孔的时候，FFA 活性增加，而 PPA 活性减少；当从脸孔转变到房子的时候，出现相反的型式(上图)。所以，视觉皮层功能特异脑区的活性，密切地关联到报告的觉察经验内容。调制活性的强度非常类似于由物理转换所产生的，即转换发生在刺激之间(下图)。(d) 进行双眼对抗作业时，猴脑 V4 区单个神经元的活性记录具有类似的形式。在这种对抗中，对抗性刺激具有不同的朝向，其中的一个朝向是这个细胞的优先朝向。上图显示记录下来一个细胞的活性。当猴子报告优先朝向知觉的时候(优先)，这个细胞强烈地反应；但是当非优先朝向占优势的时候，细胞不作强烈反应(零，null)。下图显示当优先朝向被压抑时(零，null)，一个神经元强烈放电；但当其优先朝向是保持的时候则不作强烈放电。(图引自 14 章文献[8])

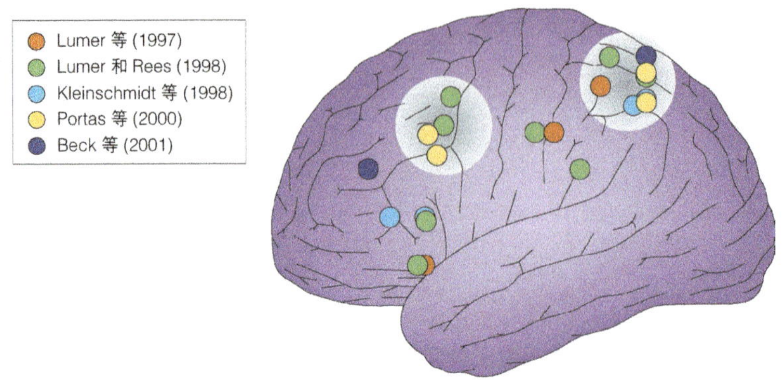


**图 14－5** 意识的顶叶和前额叶相关

顶叶和 PFC 的脑区激活，显示激活与视觉觉察变化的关联。这张关联画在标准脑的图上，每个颜色圆圈摆在一簇激活的中心，不同颜色代表不同的研究工作。为了看得清楚，同一研究的交互重叠位点没画出来。在上顶叶和背外侧前额叶有非常显著的成簇激活，用大的灰白色圆圈强化表示。（图引自 14 章文献[8]）

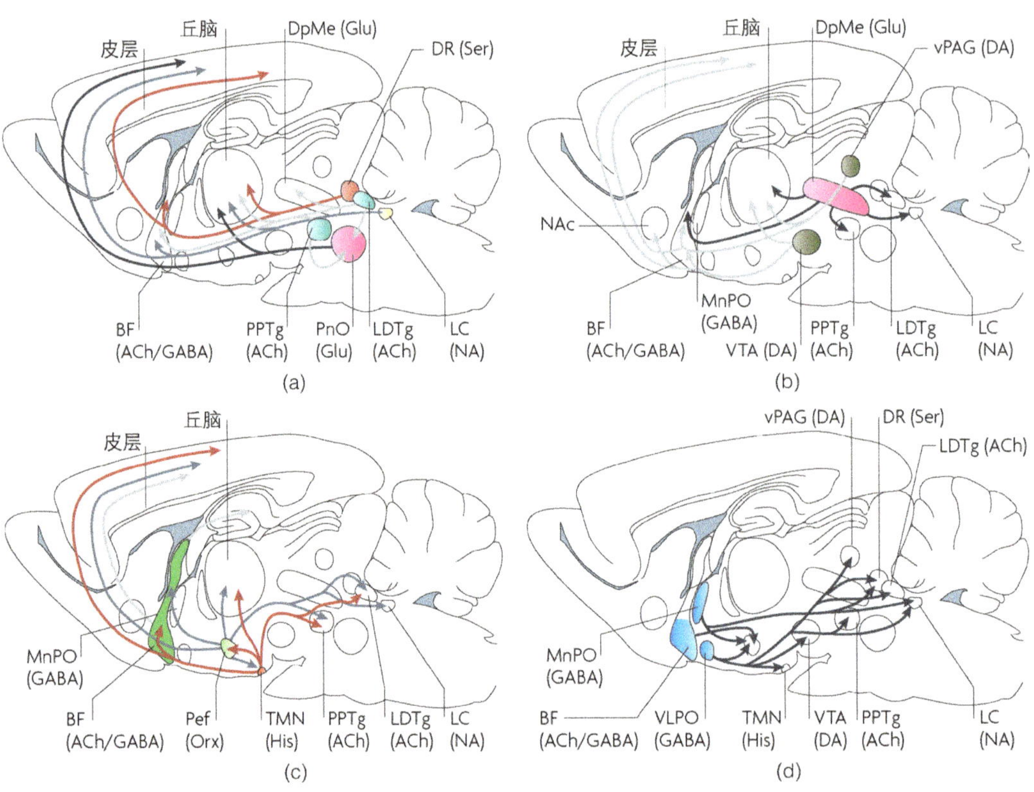


**图 14－7** 睡眠和觉醒的神经元通路

DA：多巴胺；ACh：乙酰胆碱；Glu：谷氨酸；His：组织胺；NA：去甲肾上腺素；Ser：5－羟色胺。（图引自 14 章文献[11]）

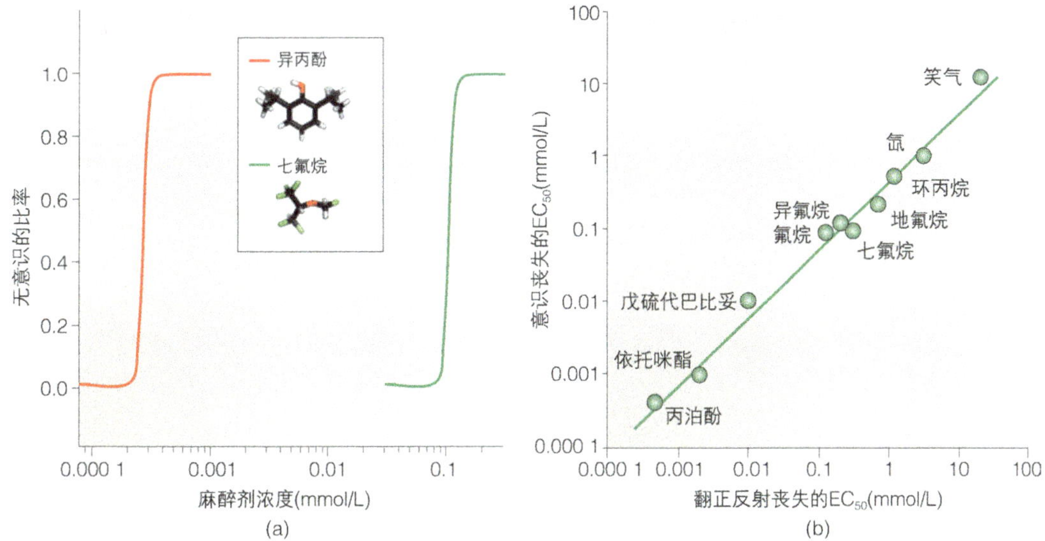


**图 15-1** 人类意识丧失发生在非常狭窄的麻醉剂浓度范围内，这与啮齿类翻正反射的丧失成相关关系

(a) 麻醉剂诱导 LOC 的浓度-反应曲线是非常陡峭的。许多因素，包括遗传变异性、药物动力学、年龄，倾向于扩展群体的浓度-反应曲线，特别是，如果把年龄因素考虑在内则可以看到，对某一麻醉剂而言，意识和无意识状态之间的转换发生在一个非常狭窄的浓度范围内。本图数据根据两个研究工作，病人按照年龄分类，七氟烷资料的病人年龄是 18～39 岁，异丙酚资料的病人是 17～49 岁。(b) 引起人体 LOC 的麻醉剂浓度(测试方法是受试者不再能对指导语加以应答)和引起大鼠及小鼠翻正反射丧失的麻醉剂浓度两者的相关。给出的浓度是生理盐水中的毫摩尔浓度，温度 37℃。对于静脉麻醉药物，已经把蛋白质结合的影响考虑进去了。(图引自 15 章文献[1])

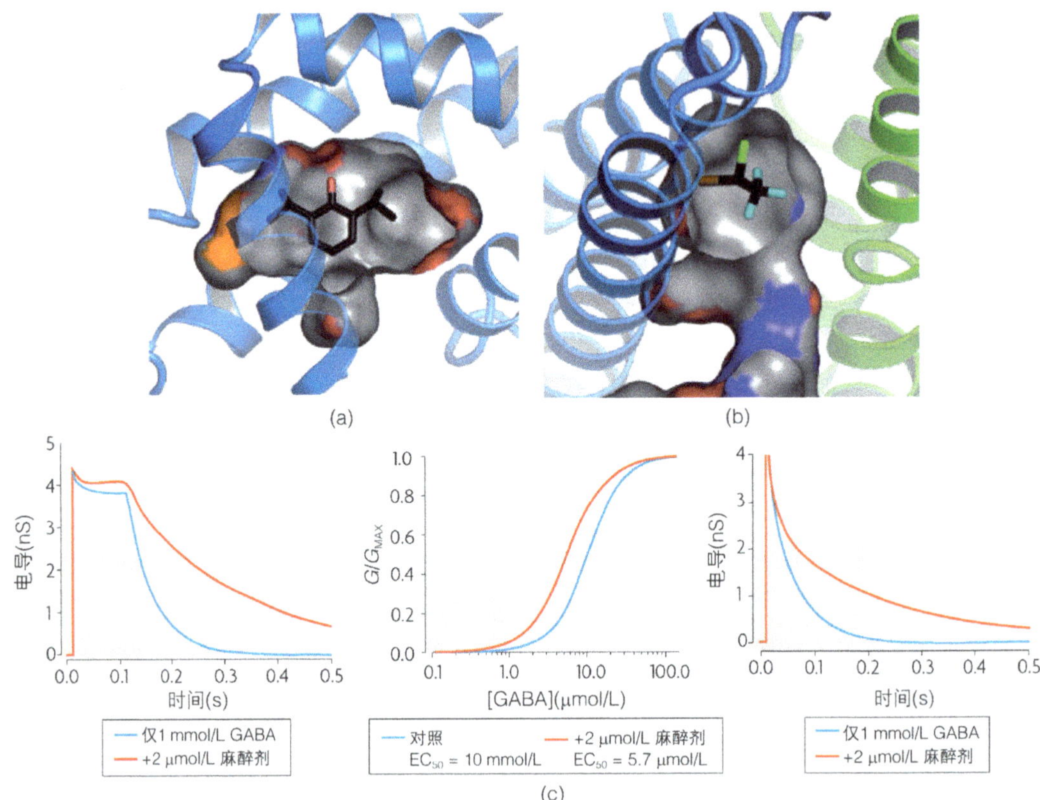


**图 15－2** 麻醉剂靶的分子性质

(a)图显示异丙酚优先结合在血清白蛋白的一个非极性囊，在那里与主链羧基形成氢键。(b)图显示氟烷在去铁铁蛋白上的结合位点。氟烷立体选择性地结合于两个 4 螺旋单聚体界面所形成的非极性缝隙。(c)图表示，有一种简单的看法可以解释麻醉剂在关键靶上面的效应，如 $GABA_A$受体。在 $GABA_A$受体的动力学方案(图内 c 下面显示图例等信息的方框)中，在受体运动到开放状态或(脱敏的)关闭状态之前，几乎无例外地有两个分子 GABA 结合到受体。如果麻醉剂以同样的亲和力结合到这两个状态，那么实验上看到的麻醉剂所有关键效应都可以预测到。这些效应有：长时期的失活延长，但很少有脱敏变化(左小图曲线)，GABA 浓度-反应曲线平行向左侧移动(中间小图曲线)，还有抑制性突触后电位(IPSP)延长(右小图曲线)。(虽然对这些变化可以用人工调节时间常数加以模拟，但这些方案已经没有生理学意义，如果没有明显的麻醉剂结合状态。)(图引自 15 章文献[1])

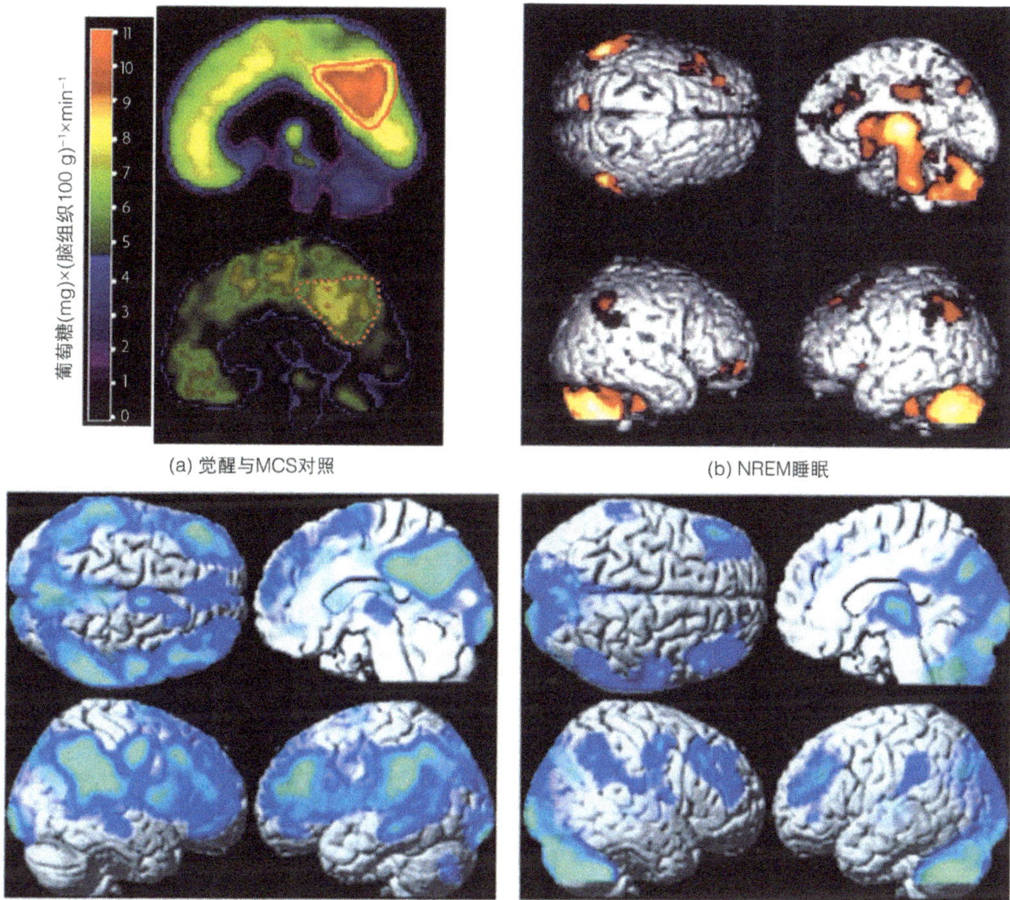


**图 15-4** 功能性脑成像发现麻醉剂诱导的意识丧失和深睡眠之间的相似性

(a) 上图是清醒意识状态下个体的大脑代谢。最高活性水平是在前楔叶和后扣带皮层,但在丘脑和其他脑区也可以看到高活性。下图是脑损伤而且最小意识状态(MCS)病人的大脑代谢图。缺少意识的觉察反映在低代谢,特别是在前楔叶和后扣带皮层。(b) 深度 NREM 睡眠时,相对皮层血流(relative CBF,rCBF;显示为红-黄颜色)的最大减少在丘脑、脑干和基底神经节。在额叶和顶叶皮层也有失活,特别是在前扣带回和眶额叶皮层(orbitofrontal cortex,OFC),以及前楔叶和后扣带皮层。(c) 由异丙酚注射所引起的 rCBF 减少(显示为蓝-绿色),浓度为 3.7±0.7 μg/ml(血浆),此浓度导致 LOC。主要变化发生在丘脑、前楔叶、后扣带皮层、额-顶叶皮层。(d) 由七氟烷注射所引起的 rCBF 减少(蓝-绿颜色),呼气末浓度为 1.5%±0.3%大气压,此浓度诱导 LOC。主要变化发生在丘脑、前楔叶、后扣带皮层、楔叶、额-顶皮层以及小脑。(图引自 15 章文献[1])

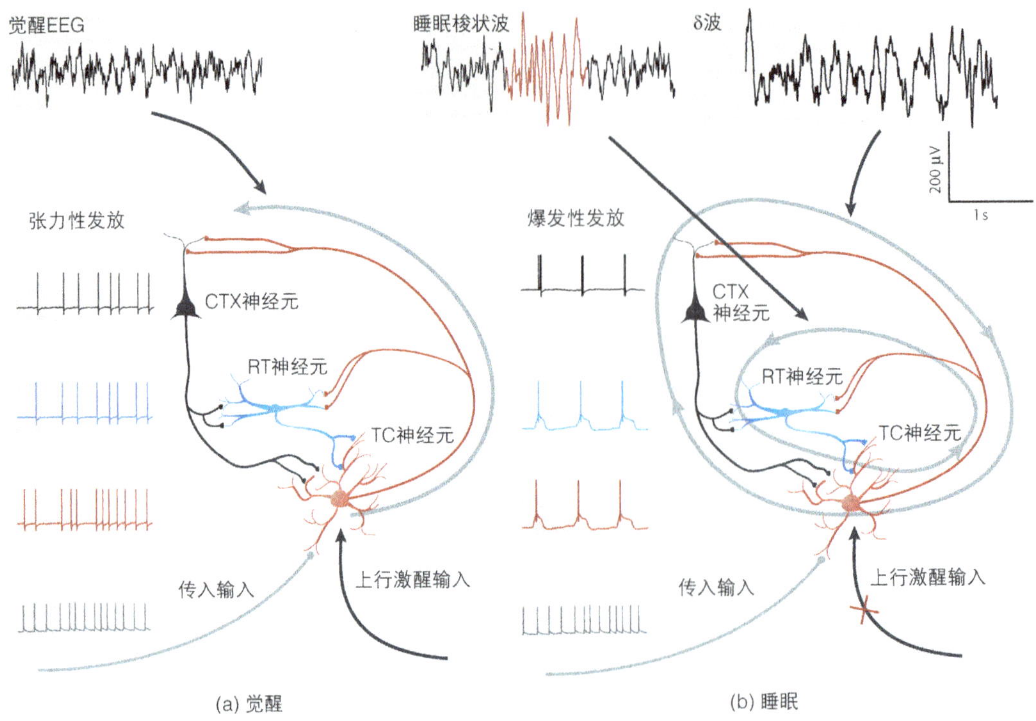


**图 15－5　丘脑振荡**

(a) 清醒状态时,来自激醒神经核的上升性输入传到丘脑-皮层(thalamic-cortical,TC)神经元(红),此输入提供去极化驱动,此驱动又导致丘脑-皮层神经元及网状(RT)神经元(蓝)展示单个锋电位的张力性放电,而且使得多少有点真实的信息从外周转输到大脑皮层(CTX)神经元(黑)。清醒时,也有一个下行性去极化驱动作用,它来自 CTX 神经元,作用于 TC 神经元。(b) 深度 NREM 睡眠时,丘脑的转输神经元开关进入爆发性放电模式,这是在没有外界输入时它们所采取的默认状态。TC 神经元的内源性电导有利于节律性、爆炸性放电型式,而这是在一个超极化驱动之后产生的。由于丘脑和 CTX 神经元之间存在着广泛的连接,大群体的神经元被诱导到同步化放电,这就是慢 δ 波的来源,该波是深睡眠的电生理学指标。在这种爆炸放电模式下,通过丘脑的上行性信息被阻断。从清醒到睡眠的转变也牵连着丘脑振荡。在脑电图里面这个现象称为睡眠梭状波(左侧脑电图记录中用红色强调);它们的产生是当来自 TC 神经元的爆发锋电位冲击 GABA 能的 RT 神经元时,后者发出一个强大的 IPSP,返回到同一 TC 神经元,从而产生此波。此作用使细胞超极化,其反跳(rebound)导致发放另一群密集火力的锋电位,这样就造成振荡。抑制性后电位的时程($GABA_A$受体介导)决定了时间的长短,一直等到另一阵由 TC 神经元产生的锋电位爆发的到来,这样就使得所产生的频率约为 7～14 Hz。虽然 TC－RT 回路对于梭状波振荡是必需的,但孤立、游离的 RT 神经元也可以振荡,其自然频率与此频率相同,这个特点可能帮助梭状波的产生(更详细的描写机制应该参考其他文献)。(图引自 15 章文献[1])

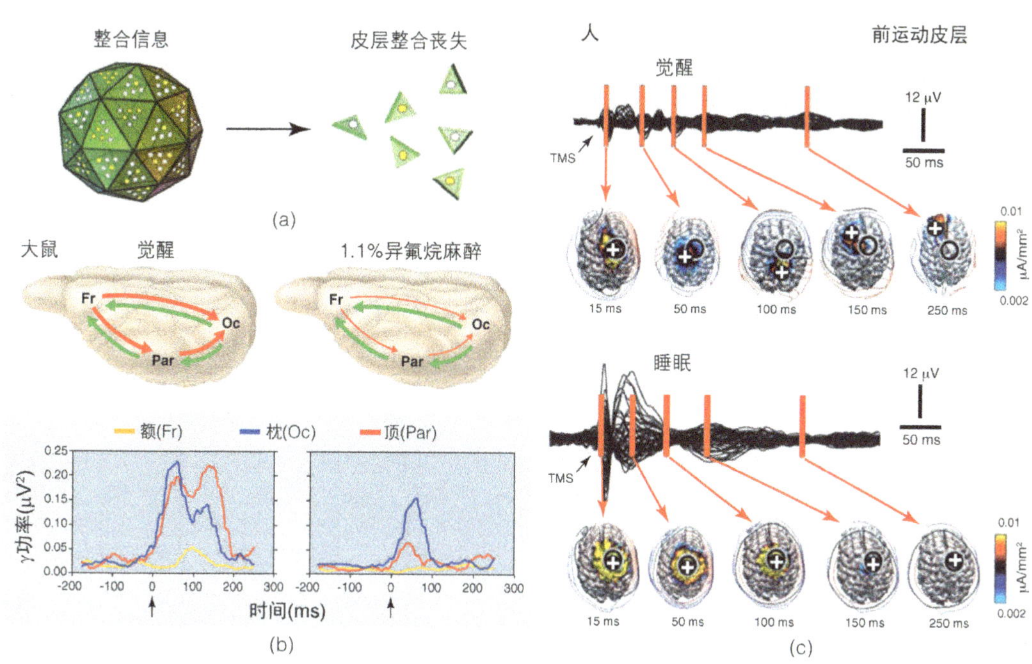


**图 15-7** 意识与麻醉：无意识状态与皮层整合的丧失相关联

(a) 皮层-丘脑系统在这里比喻性地被表现为一个大的多面骰子，每个面对应于脑的不同放电型式。当有意识和清醒的时候，骰子转动到呈现特定的面而排除其他的面，因此产生了整合信息；如果整合丧失(例如在麻醉或睡眠的时候)，那么骰子分解为许多两面骰子，每面产生1比特的信息。(b) 麻醉减少大鼠皮层的整合。上图，清醒时，熵转移(熵转移是检测脑区之间方向性相互作用的量度)被前馈(绿)方向和反馈(红)方向所平衡。在麻醉情况下，反馈的熵转移(红)减少，提示从前向后方向相互作用的减少。下图，大鼠对0.2 Hz闪光(箭头)反应的代表性实验结果，清醒和异氟烷麻醉下的大鼠。当大鼠清醒时，每个闪光引起视觉枕叶皮层(蓝)持久的γ频率(20～60 Hz)反应，随后在顶叶联络皮层(红)上又有一个反应。当大鼠麻醉时，枕叶反应保留但短了一点(蓝)；顶叶反应减弱了，表明麻醉减少了皮层间的相互作用，从而减少整合。(c) 睡眠减少人皮层的整合：显示一个受试者EEG电压和电流密度的记录。在这里，用TMS来刺激(黑箭头)前运动皮层。当清醒的时候(上)，刺激诱发EEG反应，开始是靠近刺激位点(黑圆圈；白色加号是刺激引起最大诱发电流的部位)，以后是按次序在其他皮层位点出现反应。当深睡眠的时候(下)，刺激诱发的反应保持在局部，表明丧失了皮层整合。(图引自15章文献[2])

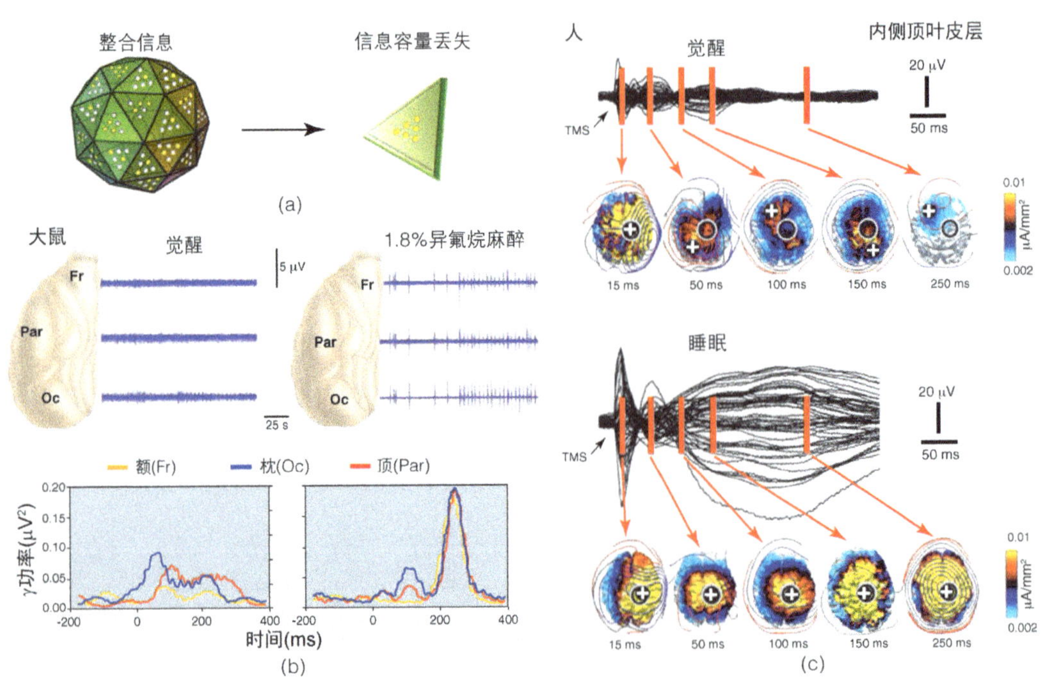


**图 15－8** 意识与麻醉：无意识状态与信息量的丧失相关联

(a) 与图 15－7 一样，皮层-丘脑系统被比喻为一个大骰子，它有很多面，每个面对应于脑的不同放电型式。当意识清醒的时候，骰子转到一个特定的面，就排除了所有其他的面，这样产生整合的信息。如果信息丧失（例如在麻醉或睡眠时），骰子变成扁平，因此它只有两个面，而丢失了全套节目单（repertoire），仅能产生 1 比特信息。(b) 麻醉减少了大鼠皮层的信息容量。上图，闪光给予之前及给予当中记录的场电位（每个曲线下面的标记）。清醒时（左），闪光诱发的场电位（蓝）（闪光在每个曲线底下加标记）是小而可变的，它被自发神经元的活动所掩盖。深度麻醉时（右），自发的及在每次闪光之后产生的爆发活性。下图，麻醉时，γ 爆发反应在 3 个脑区都是均匀的，因此反应是刻板的，而且缺少区域特异性，表明信息容量的丢失。(c) 睡眠减少了人皮层携带信息的容量。上图，清醒时，刺激内侧顶叶皮层产生特异的、有序列的激活形式。下图，睡眠时，刺激诱发大体刻板式的反应，此反应从刺激位点扩布到大脑的许多区域，表明信息容量的损失。黑色曲线表示所有电极记录下来而且经过叠加的平均电位，估计的电流密度以绝对值比例尺显示。（图引自 15 章文献[2]）

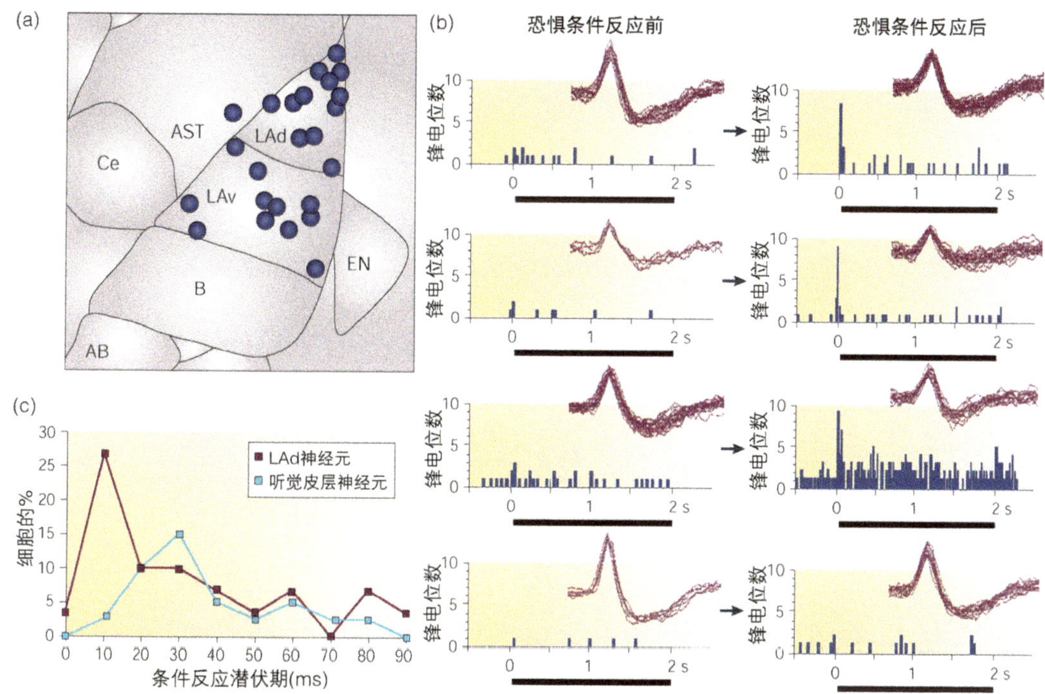


**图 16－6** 恐惧条件反应中外侧杏仁核神经元的电反应

恐惧条件反应诱导了条件刺激(CS)诱发的杏仁核神经元锋电位放电的增加。(a) 电极放在背侧(LAd)和腹侧(LAv)的外侧杏仁核。AB：副基底核；AST：杏仁核-纹状体转变区；B：杏仁基底外侧核；Ce：杏仁中央核；EN：内嗅核。(b) 8 个同时记录外侧杏仁核(LA)单位放电的围绕事件的时间直方图。每个直方图代表 10 个 CS(黑横杠)给予后的总和，在恐惧条件反应之前或之后。每个单位的代表性锋电位波形在小插图上用绛红色线条表示。(c) LAd 神经元显示条件反应性的锋电位放电，其潜伏期比听觉皮层神经元的要短一点(从 CS 开始点)。(图引自 16 章文献[12])

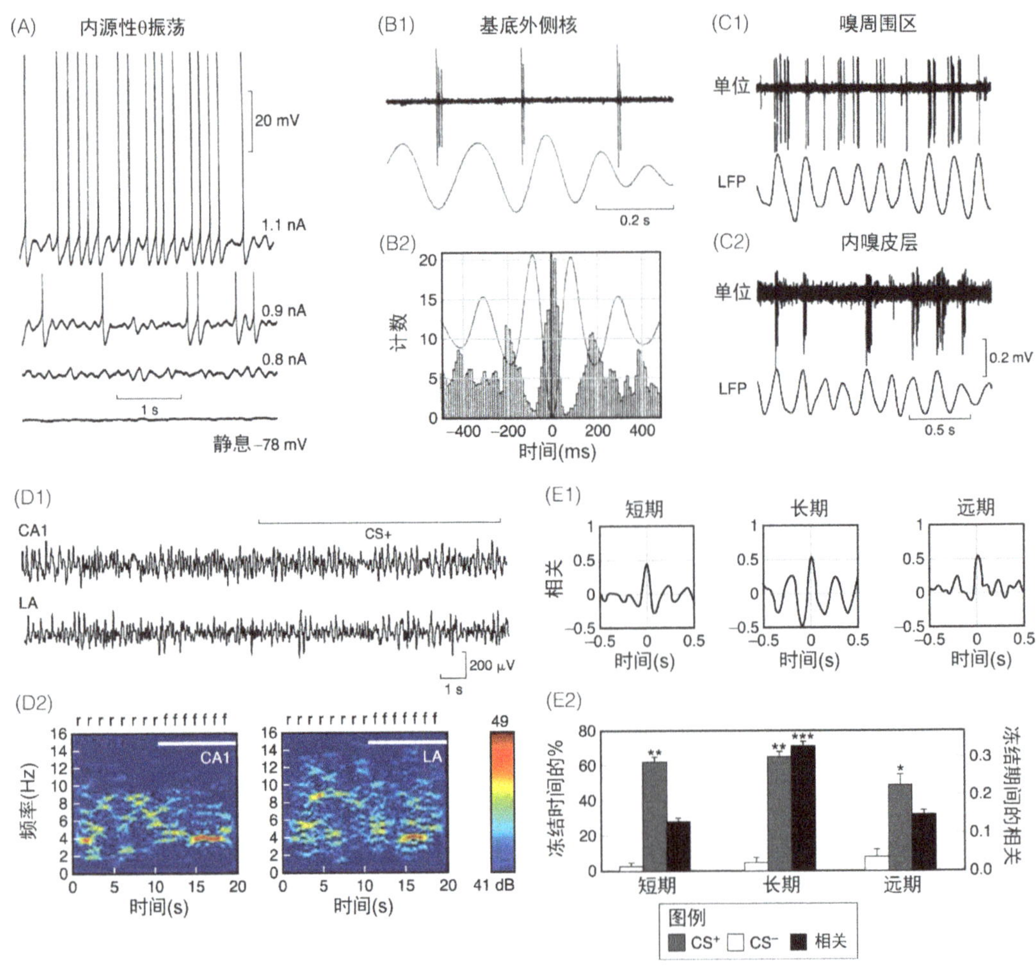


**图 16－8**　杏仁基底外侧核的 θ 振荡

(A) 活体 LA 神经元细胞内记录。通过向细胞内注射电流引起接近阈值的膜电位去极化(数值在右边),引起了内源性膜电位 θ 频率范围的振荡。(B) 超反常睡眠时的 BLA 主细胞,展示了 θ 频率的节律性放电。B1 为用同一微电极记录的单位放电(上)和 LFP(下)记录,分别经过高通及低通数字过滤所获得的结果。(C) 嗅周围区(C1)和内嗅区(C2)神经元的 θ 频率节律性放电。曲线获得的条件和(B)的一样。(D) 在条件性恐惧回放的时候,LA 和 CA1 区的同步化 θ 活性。当 $CS^+$ 诱发冻结的时候,LFP 记录(D1)及它们的颜色编码功率谱(D2)演示 LA 和 CA1 两处都展示 θ 活性。D2 的白色横杠表示 CS 的给予。D2 上方的字母: f,冻结; r,危险评估行为。(E) 条件性恐惧的短期、长期、远期回放时的 LA－CA1 活性,记录分别在 2 h、24 h、30 d 恐惧训练以后进行。E1: 互相关图,表明在长时程(中间;来自 D 的记录)时出现 θ 同步化,但不是短时程或更长远时间。E2: 在短的、长的以及更长远的时期,有明显增加的 $CS^+$ 诱发的冻结(灰色直方条,与 $CS^-$ 比,白色直方条),但仅在长时程记忆阶段伴有 LA－CA1 的同步化 θ(黑色直方条)。(图引自 16 章文献[13])

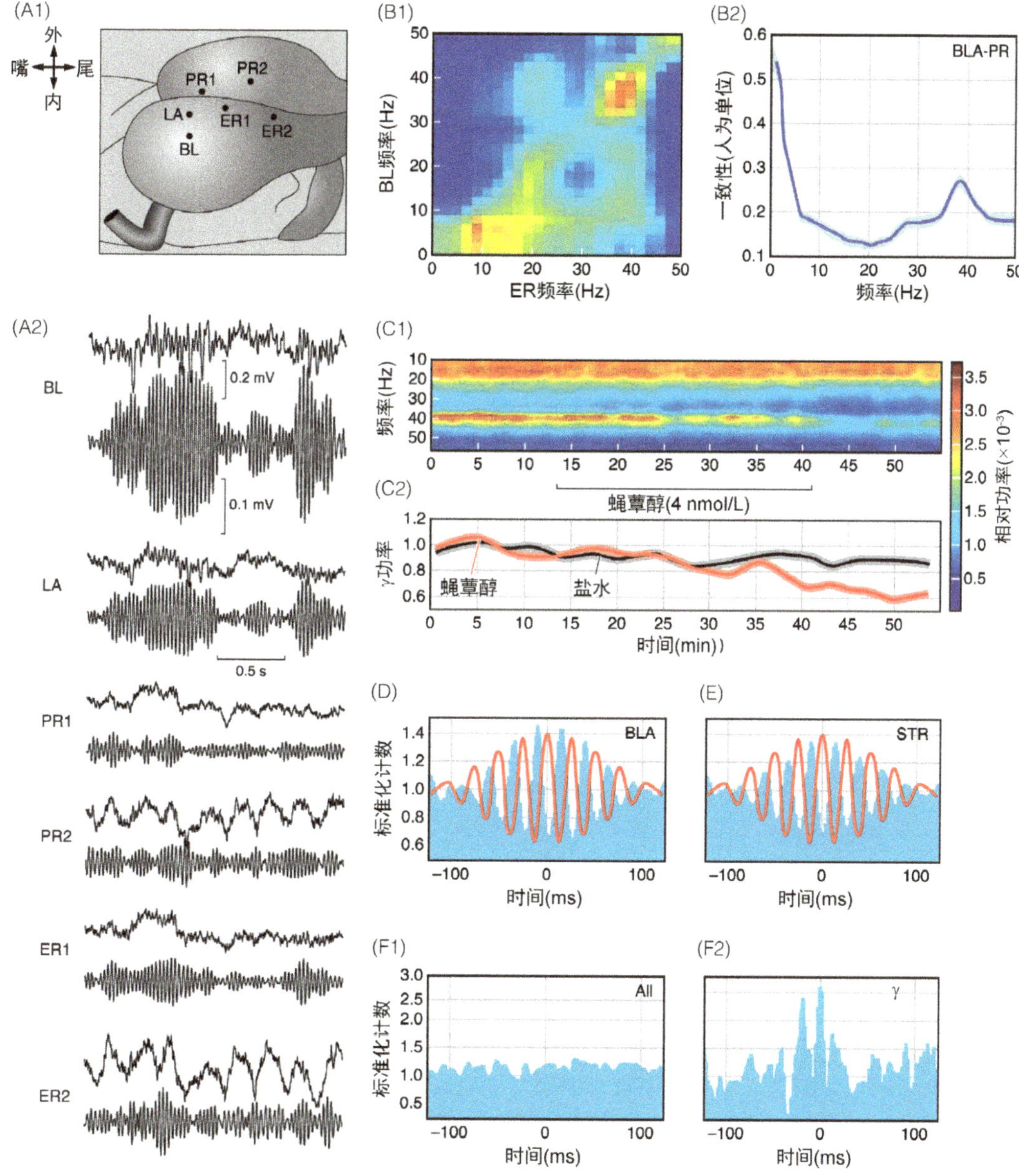


**图 16－9** 杏仁基底外侧核及其靶区的一致性 γ 振荡

(A) BLA 和嗅觉皮层 γ 活性的同时 LFP 记录。(A1) 显示 A2 记录位点位置的图解式。(A2) 上及下曲线，分别显示原始记录及数据过滤的 LFP(35～45 Hz)。(B) 相关联的杏仁核-嗅皮层 γ 活性。(B1) 功率谱波动：清醒状态时记录的长时程自发性场电位活性，记录以 1 s 窗口分成段。对于 BL 和内嗅(ER)记录位点，每个窗口用快速傅立叶转换进行计算，每个频率的功率与所有其他功率进行相关。(B2) γ 相关。对于 BLA 和嗅周围皮层的记录位点，相关($y$ 轴)作为与 $x$ 轴频率相关的函数。(C) 通过局部灌输蝇蕈醇以引起 BLA 活性抑制，产生了选择性的纹状体 γ 活性减少。(C1) 25 min 时间内蝇蕈醇缓慢地输入 BLA 时，在不同频率($y$ 轴)时的纹状体 LFP 功率(颜色编码)，作为时间($x$ 轴)的函数。(C2) 当生理盐水(黑)或蝇蕈醇(红)输入 BLA 的时候，γ 功率($y$ 轴) ± SE(浅色曲线)作为时间的函数($x$ 轴)。C1 和 C2 之间的线段表示输液时间。(D)(E) BLA(D)及纹状体(E)的 γ 相关单位活性。围绕 γ 周期高振幅正峰单位活性的围事件(peri-event)分布图，所用记录电极为记录单位活性的同一电极。(F) γ 振荡增加了 BLA 和纹状体神经元之间的耦合。(F1) 互相关图，包括所有同时记录的 BLA 和纹状体的成对锋电位。(F2) 互相关图，同一细胞对的单位活性，但排除了在低幅度 γ 时发生的纹状体锋电位。(图引自 16 章文献[13])

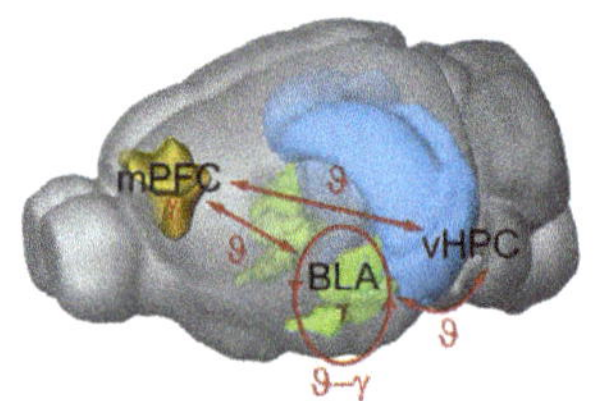


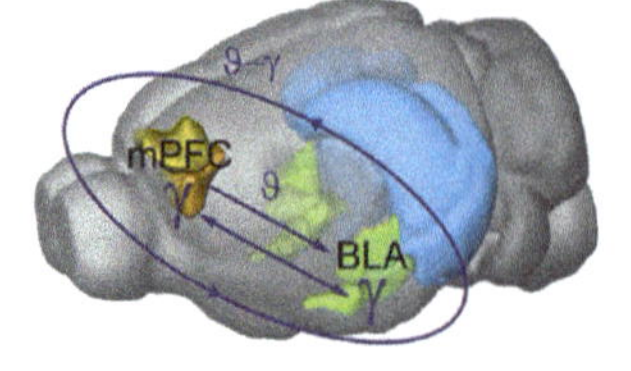


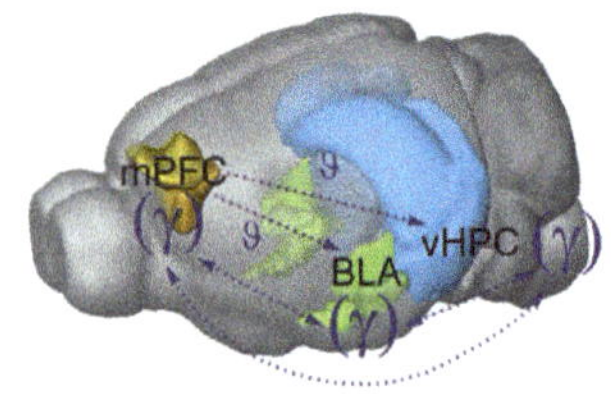


**图 16-10** 恐惧和安全时 mPFC-BLA-vHPC 的 $\theta-\gamma$ 动力学

(a) 根据 Stujenske 等的资料，听觉恐惧记忆的回收增加了内侧前额叶皮层(medial PFC, mPFC)、BLA、腹侧海马(ventral hippocampus, vHPC)之间的 $\theta$ 同步化。高的 mPFC-BLA 的 $\theta$ 同步化，导致了 BLA 局部的 $\theta-\gamma$ 耦合增加，mPFC 和 BLA 的 $\gamma$ 功率减少(图中小号希腊字母 $\gamma$)。(b) Stujenske 等的资料也提示，在安全状态时(把 CS 提供给有辨别能力的小鼠)，有来自 mPFC 的较强 $\theta$ 输入到达 BLA，这促进了 mPFC 和 BLA 的 $\gamma$ 功率与 mPFC 的 $\theta$ 位相有较高程度耦合。这个又转过来触发了较高的 $\gamma$ 功率(图中大号希腊字母 $\gamma$)，以及 mPFC 和 BLA 之间的同步化。(c) 作者推测，vHPC 的 $\gamma$ 振荡可能在情景相关恐惧条件反射的实验程序中起作用。安全状态可以被一种有区别性的小鼠代表。当它暴露于某种情景底下，这个情景预计不会有电击到来。来自 mPFC 到 BLA 和 vHPC 的较高 $\theta$ 输入可能增强所有这 3 个结构的 $\gamma$ 功率及同步化。这个小图里面的振荡性相互作用用虚线表示，因为仅是一个假设性看法。(图引自 16 章文献[16])

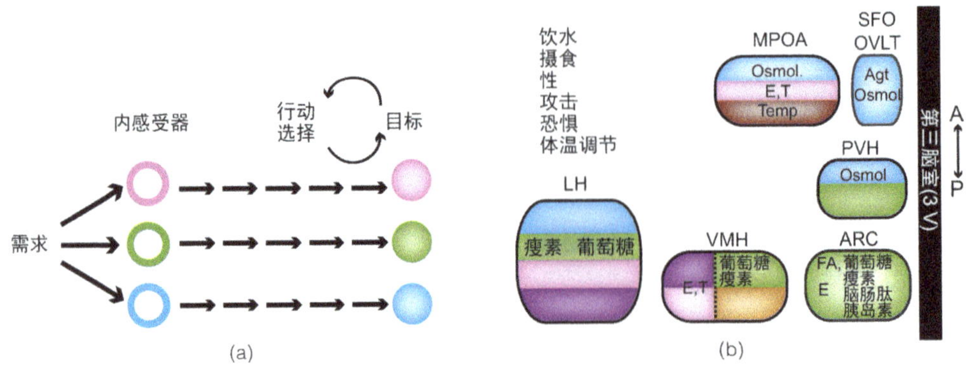


**图 17-1** 生理需要通过不同的下丘脑神经回路来影响行为

(a) 反映生理需要的血液循环信号及神经信号被内感受性细胞所感受。这些信号影响了动作的选择，从而达到一个目标，使需要得到缓解与满足。(b) 不同的下丘脑脑区，它们含有内感受器以感受一系列物质；当局部给予电或化学扰动的刺激时，也被证明可以引起行为。E，雌激素；T，睾酮；Agt，血管紧张素；Osmol，渗透性；Temp，温度；ARC，弓状核；VMH，下丘脑腹内侧核；LH，外侧下丘脑；PVH，下丘脑室旁核；SFO，穹隆下器官；OVLT，终纹血管器；MPOA，内侧视前区。(图引自 17 章文献[1])

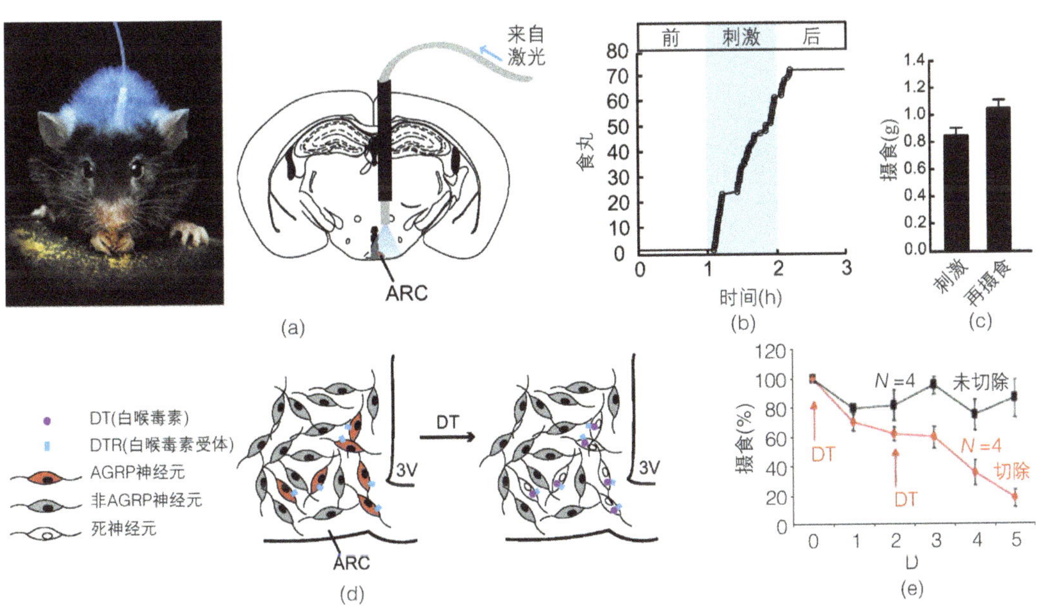


**图 17-2** AgRP 神经元是摄食的必要和充分条件

(a) 在正常行为动作的小鼠中，光遗传学激活 AgRP 神经元的配置。ARC：弓状核。(b) 用基因工程方法在 AgRP 神经元中表达通道视紫质的小鼠，光刺激诱导摄食的实验。(c) 在可以随意(无限制地)吃东西的小鼠中，光刺激 AgRP 神经元引起摄食。这种鼠的摄食跟经过 24 h 未进食的小鼠相类似。(d) 白喉毒素受体介导的急性 AgRP 神经元切除实验的图解式表示。(e) AgRP 神经元切除导致厌食症。(图引自 17 章文献[1])

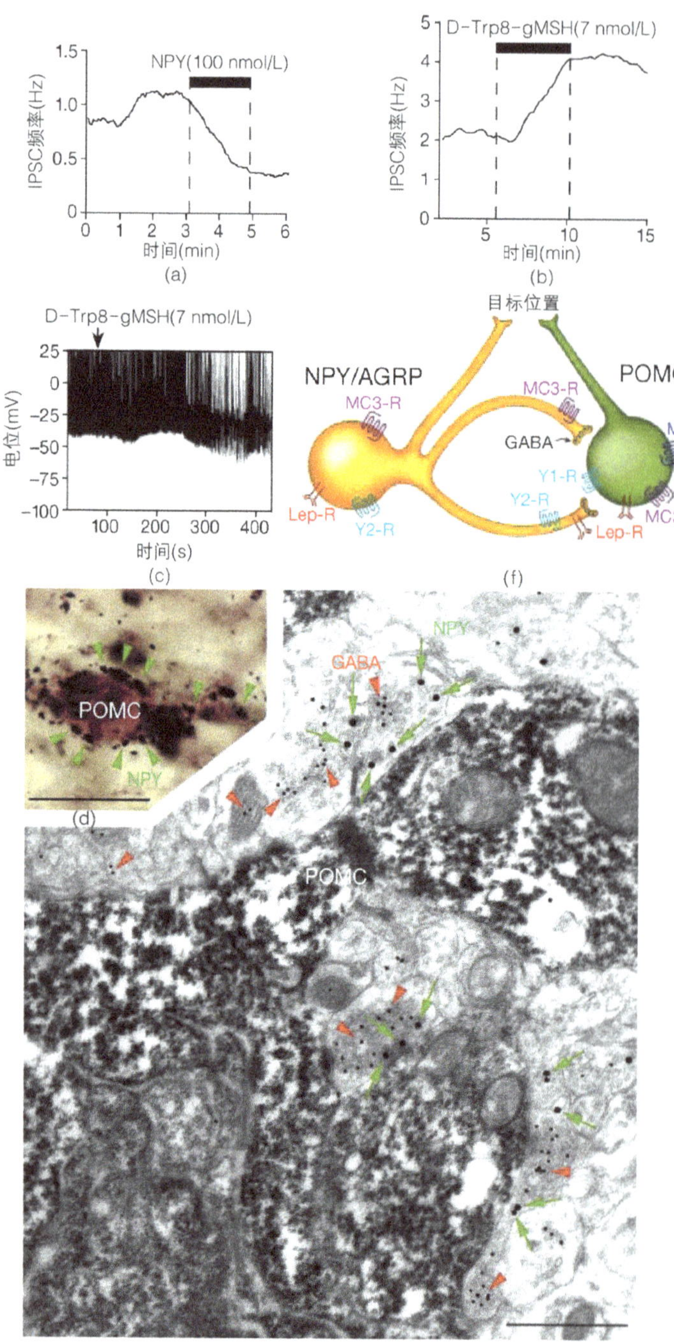


**图 17-4** 瘦素调节 POMC 和 NPY/GABA 神经元的模式图

(a) NPY 减少 POMC 神经元的 mIPSC。(b) 7 nmol/L 的 D-Trp8-gMSH 剂量选择性地激活 MC3-R，增加 POMC 神经元上由 GABA 介导的 IPSC。(c) D-Trp8-gMSH 超极化 POMC 神经元。以上 a、b、c 都是代表性结果。(d) ARC 中邻近 POMC 神经元的神经末梢表达 NPY。NPY 神经末梢(黑色，绿色箭头)；POMC 神经元胞体(棕色)。比例尺：10 mm。(e) ARC 中在与 POMC 神经元发生突触连接的神经末梢上 GABA 和 NPY 的表达。GABA 免疫反应性(10 nm 金颗粒，红色箭头)、NPY 反应性(25 nm 金颗粒，绿色箭头)，它们存在于不同突触小泡，但共定位于突触终扣，该终扣与 POMC 神经元胞体发生直接接触[DAB 与乙酸铀酰(uranyl acetate)和柠檬酸铅(lead citrate)作对比，细胞质中出现弥散黑色]。比例尺：1 mm。(f) NPY/GABA 神经元与 POMC 神经元的作用，详见正文。(图引自 17 章文献[6])

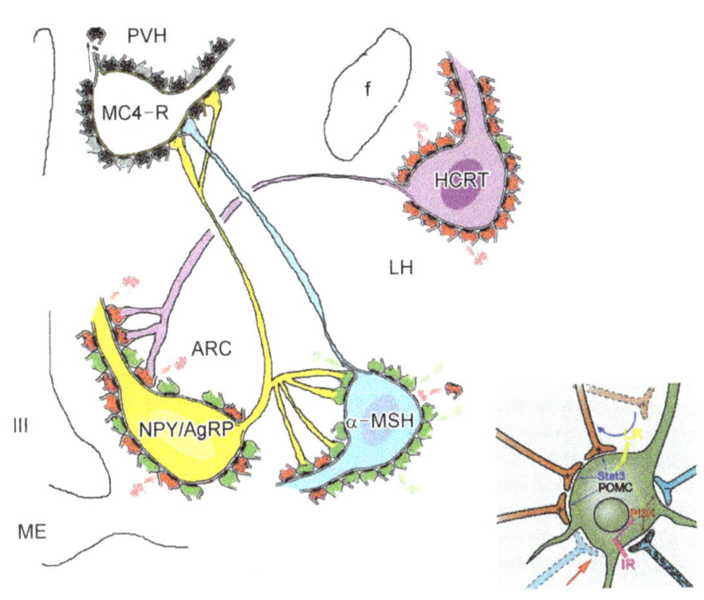


**图 17-5** 黑皮质素系统的图解式

与饱食状态相比，在处于负性能量平衡（循环中低的瘦素、高的生长激素释放肽的水平）时，弓状核（ARC）里面增食欲的 NPY/AgRP 神经元（黄色）受到兴奋性（红色）/抑制性（绿色）的输入比例增加。当瘦素水平增加及生长激素释放肽水平减少以后，表明饱现象出来了，箭头表明此时的突触运动的方向。与之相对比，邻近的厌食 α-MSH 细胞（监色）接受的抑制性/兴奋性输入比例增高，这时与饱的状态时相对比，处于负能量平衡状态。这两个系统有互相重叠的投射，靶向到不同脑区表达黑皮质素受体 4（MC4-R）的神经元，包括 PVH。MC4-R（PVH 中灰色的膜）可以定位于突触后或突触前，密切靠近含有 AgRP 和 α-MSH 的神经纤维。有部分抑制性输入中止于 ARC 的黑皮质素细胞的胞体，此输入发源于局部 NPY/AgRP 神经元。某些来到 NPY、AgRP 神经元的兴奋性输入，含有增食欲肽神经元，它们发源于外侧下丘脑（LH）。这些 LH 细胞也是引起食欲的，它们的胞体优先地受兴奋性输入的支配，既在负性能量平衡时，也在饱食情况下，虽然兴奋性输入的饱食水平有时被变钝。所有这 3 种类型的细胞，经常紧密地靠近毛细血管，这就增加了可能性，可以直接被循环血液中的瘦素或生长激素调节肽所调节。作为对改变着的代谢环境的反应，黑皮质素系统的组成成分以及增食欲肽神经元都显示了突触可塑性。这些突触变化是瘦素调节的（下右方小图），因此可以受到瘦素受体（LRb）细胞内信号级联反应的触发。这包括 Stat3 和磷酸肌醇 3 激酶（phosphoinositide 3-kinase，PI3K）信号通路。由于这些样式的信号可以被其他体液信号发动［例如胰岛素受体（insulin receptor，IR）激活的 PI3K］，因此可以合理地推测，这些突触变化不局限于瘦素的效应。（图引自 17 章文献［3］）

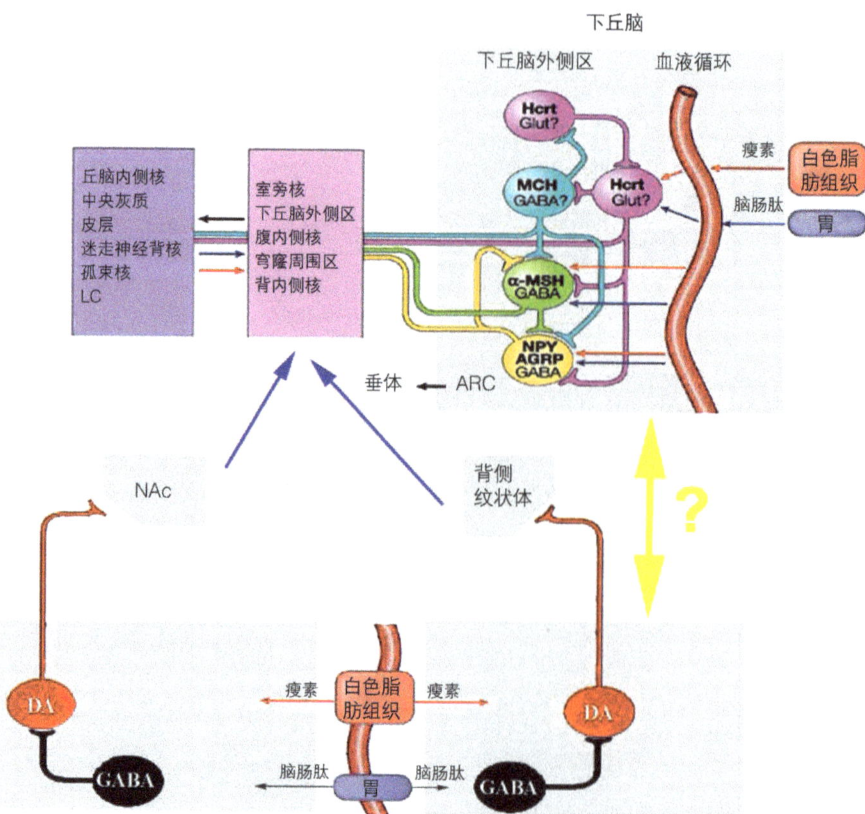


**图 17－6**　下丘脑和下丘脑以外区在调节能量稳态中的关系

图解式地演示说明几个下丘脑肽能神经系统的相互作用及投射，包括外侧下丘脑(LH)的增食欲肽(Orx/Hcrt)、黑色素浓集激素(MCH)神经元，以及弓状核(ARC)内产生神经肽Y(NPY)/刺鼠基因相关蛋白(AgRP)和α-黑素细胞刺激激素(α-MSH)的神经元。在下丘脑中，各种外周激素(瘦素、生长激素释放肽)影响前面讲过的神经调质的释放。以同样的方式，下丘脑外的神经回路例如中脑多巴胺系统，也被外周激素效应所靶向作用，以改变能量内稳态的行为(潜在的内分泌)成分。除了包含腹侧被盖区(VTA)多巴胺神经元的投射到达伏隔核(NAc)的中脑-边缘多巴胺酬报系统以外，近来的资料还清楚地表明，发源于黑质、投射到背侧纹状体的黑质-纹状体多巴胺系统在调节进食行为方面起关键作用。这些中脑多巴胺系统是处于下丘脑机器的上游及/或下游，其准确的信号模式还有待确定。简写：DA，多巴胺(dopamine)；GABA，γ-氨基丁酸；Glut，谷氨酸。(图引自17章文献[3])

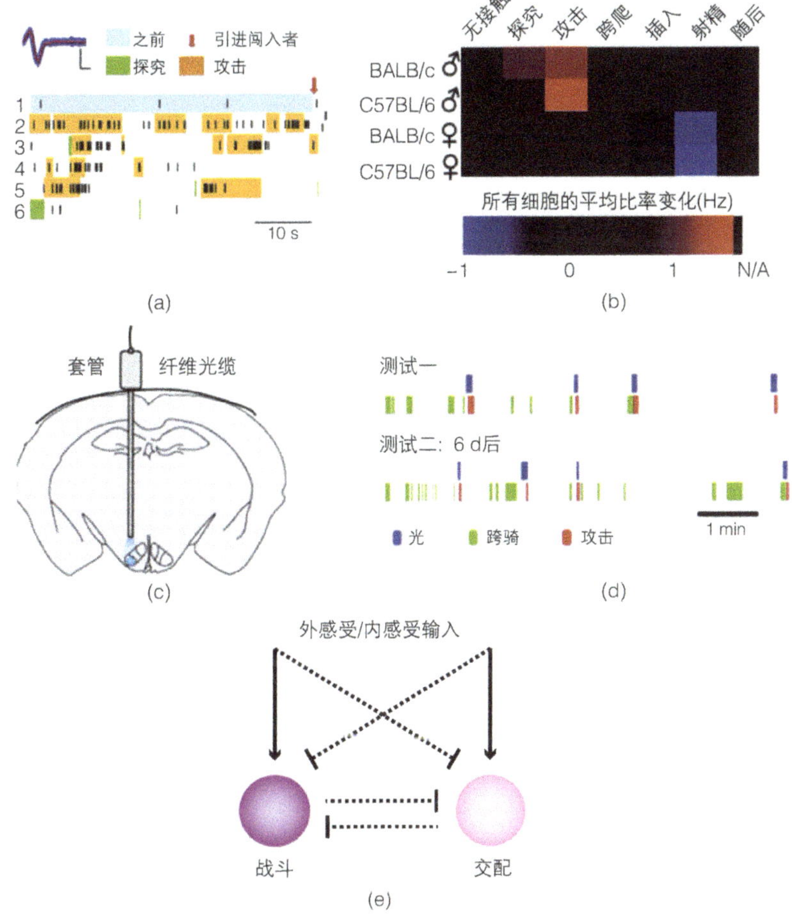


**图 17－9　VMHvl 的攻击性位点**

(a) 小鼠活体电生理学记录，显示当雄性-雄性社会性互动时 VMHvl 神经元的电活动。当发生攻击行为时可以看到高水平的活性。(b) 在雌性和雄性小鼠同时存在的不同社会性互动中平均放电频率变化的小结。(c) VMHvl 刺激的光遗传学实验布局。(d) VMHvl 光刺激所诱发的动物攻击行为详述。(e) 互相对抗的神经回路之间功能性相互作用的图解式。支持建议的抑制性相互作用的神经回路还没有被鉴定出来。有两个神经回路，一个介导战斗，另一个介导交配。抑制性相互作用可能在介导战斗和交配神经回路的输入端，也可能是这些神经回路之间的相互作用。(图引自 17 章文献[1])

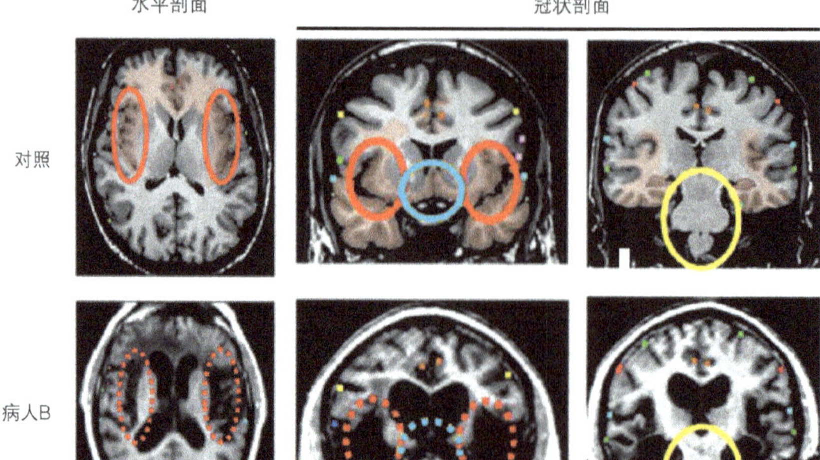


**图 18-3** 显示脑岛皮层完全损伤病人 B 的解剖学 MRI 扫描

上面一排为对照,下面一排为病人。红圆圈标志脑岛,黄圆圈标志脑干,蓝圆圈标志基底前脑区。(图引自 18 章文献[1])

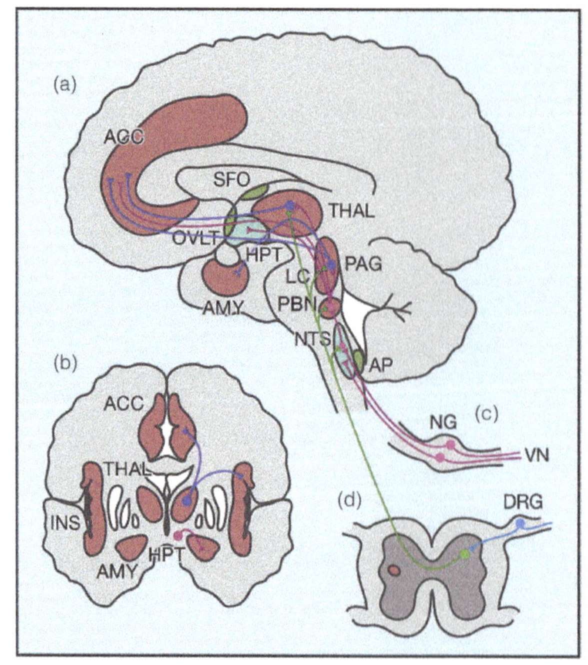


**图 18-5** 内脏感觉传导通路及脑内的中枢

图解式描述的是:(a) 脑旁矢状切面;(b) 冠状切面;(c) 迷走神经结状神经节;(d) 脊髓的切面。这些图演示内脏感觉中枢及内感受性神经传导通路。内脏传入输入的细胞体在背根神经节(DRG),它进入脊髓(第Ⅰ层),在脊髓-丘脑束内上行(绿色线),中止于丘脑的内脏感觉区(THAL),之前它有输出到孤束核(NTS)、臂旁核(PBN)及中央灰质(PAG)。由迷走神经(VN)携带的内脏感觉输入,其细胞体在迷走神经节(结状节,NG),中止于 NTS,然后走行到 PBN、PAG 和 THAL(绛红色)。信息通过 THAL、PAG、PBN 的转换来到下丘脑(HPT)、杏仁核(AMY)、前扣带皮层(ACC)和脑岛(INS),后者是初级内脏感觉皮层的代表区。神经调制系统包括上升性去甲肾上腺素通路(发源于蓝斑,LC),它也接受内脏感觉性输入。脑室周围器官(这里是体液性信息交换及感受循环中化学因子的部位,深绿色块)包括最后区(AP)、终纹血管器(OVLT)和穹窿下器官(SFO)。来自这些器官的信息在一系列部位整合,包括 HPT 和 NTS。(图引自 18 章文献[2])

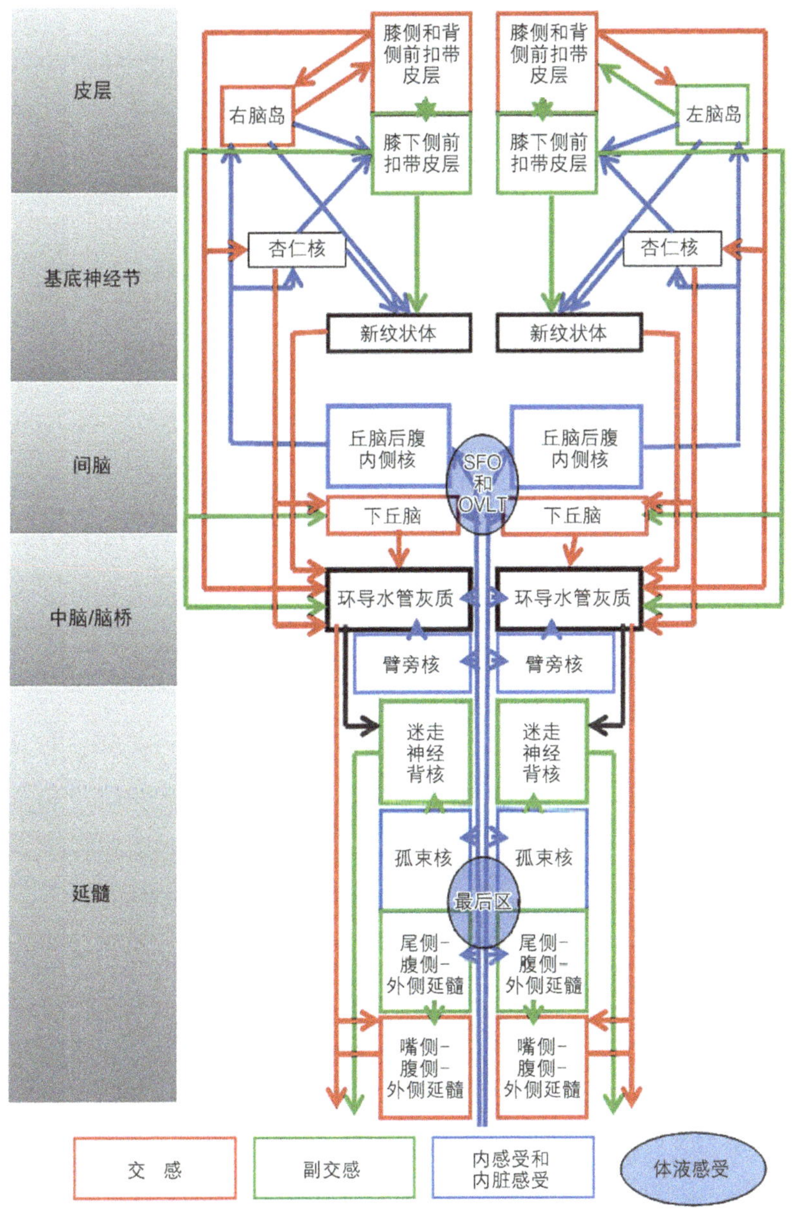


**图 18-6** 相互作用的中枢传入和传出神经通路介导自主性身体状态之中枢调控的演示图

本图把接受内脏传入的交感和副交感通路驱动的不同脑区加以连接。此框架也产生一些问题，包括大脑半球侧化如何与内脏调节相关联，体液性影响的主要部位(例如 AP 与 NTS 的连接)。虽然这个模型已经包括了神经轴的所有部分，但推断的自主性调控与认知功能耦合提示了某些功能可能具有更大的敏感性，例如认知调控(前扣带回)、享乐动机化(脑岛、杏仁核、膝下扣带回)、心理运动(基底神经节)等过程。记忆功能(杏仁核，参考正文)要弱些，早期感觉加工很少受到影响。这种推断是否成立还有待确定。(图引自 18 章文献[2])

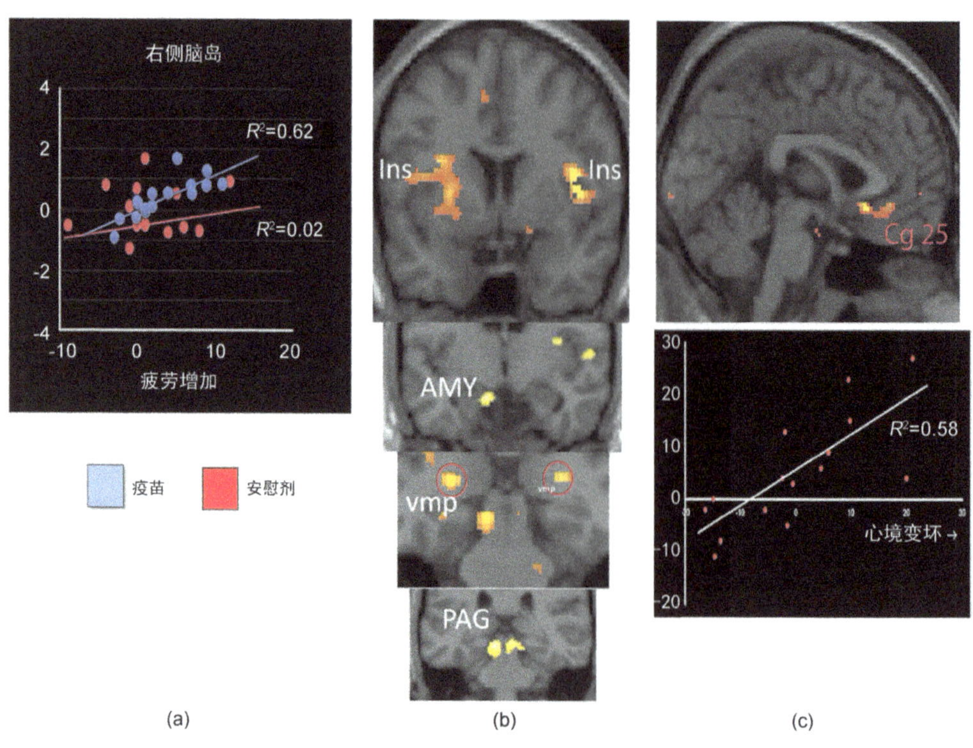


**图 18-7** 外周炎症对人脑活性、认知和情绪的影响

群体 fMRI 实验的神经影像学结果。当受试者处于不同状态时被扫描，如给予伤寒疫苗引起外周炎症，或给予安慰剂注射。(a) 右侧脑岛皮层对 Stroop 作业刺激的反应性，预见了在实验过程中由炎症(不是安慰剂)诱发的疲劳。(b) 诱发炎症以后，在已知的中枢内脏传入通路上的脑区显示比较大反应的图像：背侧脑桥、中央灰质(PAG)、腹内侧苍白球(vmp)、杏仁核(AMY)和脑岛。(c) 在膝下扣带皮层内看到炎症诱导的增强反应，对情绪性脸孔刺激的反应，预见了炎症诱导的心境变坏。这个脑区的功能失常被认为参与了临床抑郁症的病因学。此发现(及其他功能连接性的变化)提示了抑郁症"劫持患者"的机制(depression hijacks mechanism)，在适应性疾病行为中表现出社会退缩及动机迟钝。(图引自 18 章文献[2])

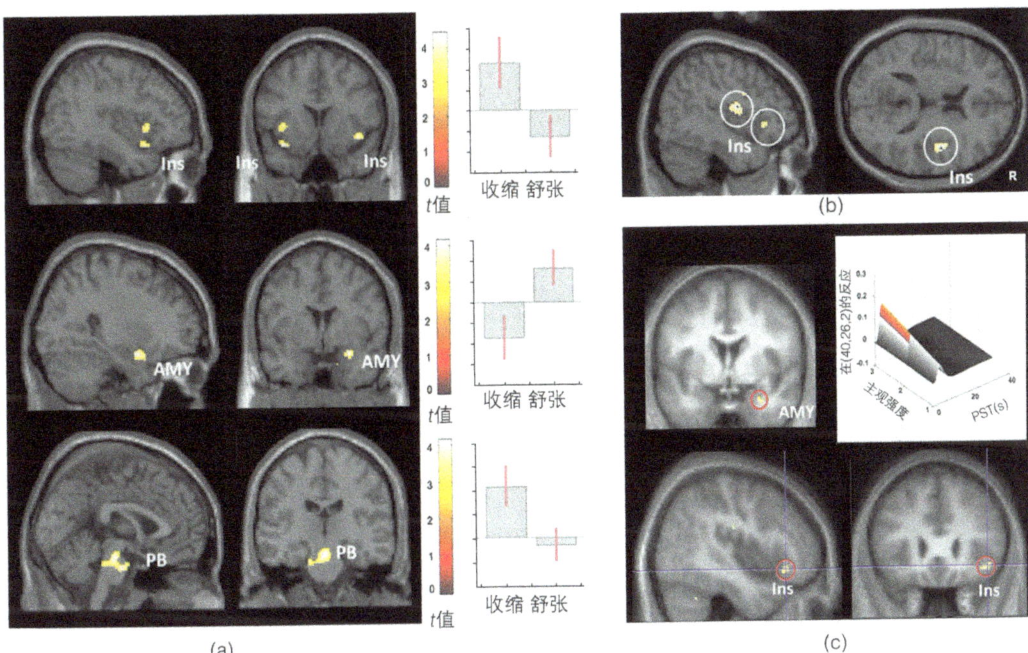


**图 18-8** 内脏传入与感觉、认知、情感过程相互作用的神经影像学研究

3 例神经成像实验嵌图，把它画在标准化的模式脑上，表明区域性解剖关系。(a) 预见同时给予压力感受器激活对加工电皮肤刺激效应的脑活性。当给予某个作业时，用 fMRI 方法来指数化脑活性的区域变化。作业时给皮肤一个令人冷不防的刺激，刺激锁定于心脏的不同时相：收缩期(也即压力感受器激活的时间)；舒张期(压力感受器静态的时间)。按照与心脏每次跳动同时记录的血压，演示当收缩期给予电刺激时，自主性血压反应的明显减弱，比之在舒张期给予电刺激。此图演示区域性的脑活性：双侧脑岛(insula，Ins)、杏仁核(AMY)及脑桥区域(臂旁核，PB)，这些地方都表达这种相互作用。(b) 右侧脑岛活性，它反映外周自主性反应和威胁的意识加工之间的相互作用。病人患有单纯自主性缺失症(PAF)，这是一种进行性的自主性效应器外周失神经支配病，面对威胁性刺激，病人不能产生自主状态的变化。PAF 病人及对照者均接受恐惧条件作业中的磁共振扫描。在此作业中，脸孔刺激和一个损伤性白噪声的爆发关联在一起，并且多次给予。为了阻断对危险刺激的意识性觉察，在几次实施中给予反向掩盖。右侧脑岛中部和前部的活性反映了 3 路相互作用：存在危险、对威胁的意识性觉察(不掩盖与掩盖比较)、存在/不存在自主性反应(PAF 和对照相比较)。这些发现提示，右侧脑岛是整合生理性激醒和意识性评价的底物，这是某些作者提出的二阶段模型中主观情绪状态的基础。(c) 右侧脑岛和杏仁核的脑活性反映了在心率增加的虚假生理反馈背景下对于中性脸孔刺激的强度评级变化。让受试者进行等长和非等长训练条件下评价脸部刺激的作业，同时接受 fMRI 扫描。让受试者聆听声调，并告诉受试者声调由他的心跳所触发。多数情况下作业都是真实的，但当声调从训练方块返回到播放非训练方块时，出现对模糊性中性脸部刺激的主观情绪评级的增加。右前脑岛及杏仁核的活性与这个效应有关联，暗示联系到焦虑产生及相关症状身体状态的预见性代表。(图引自 18 章文献[2])

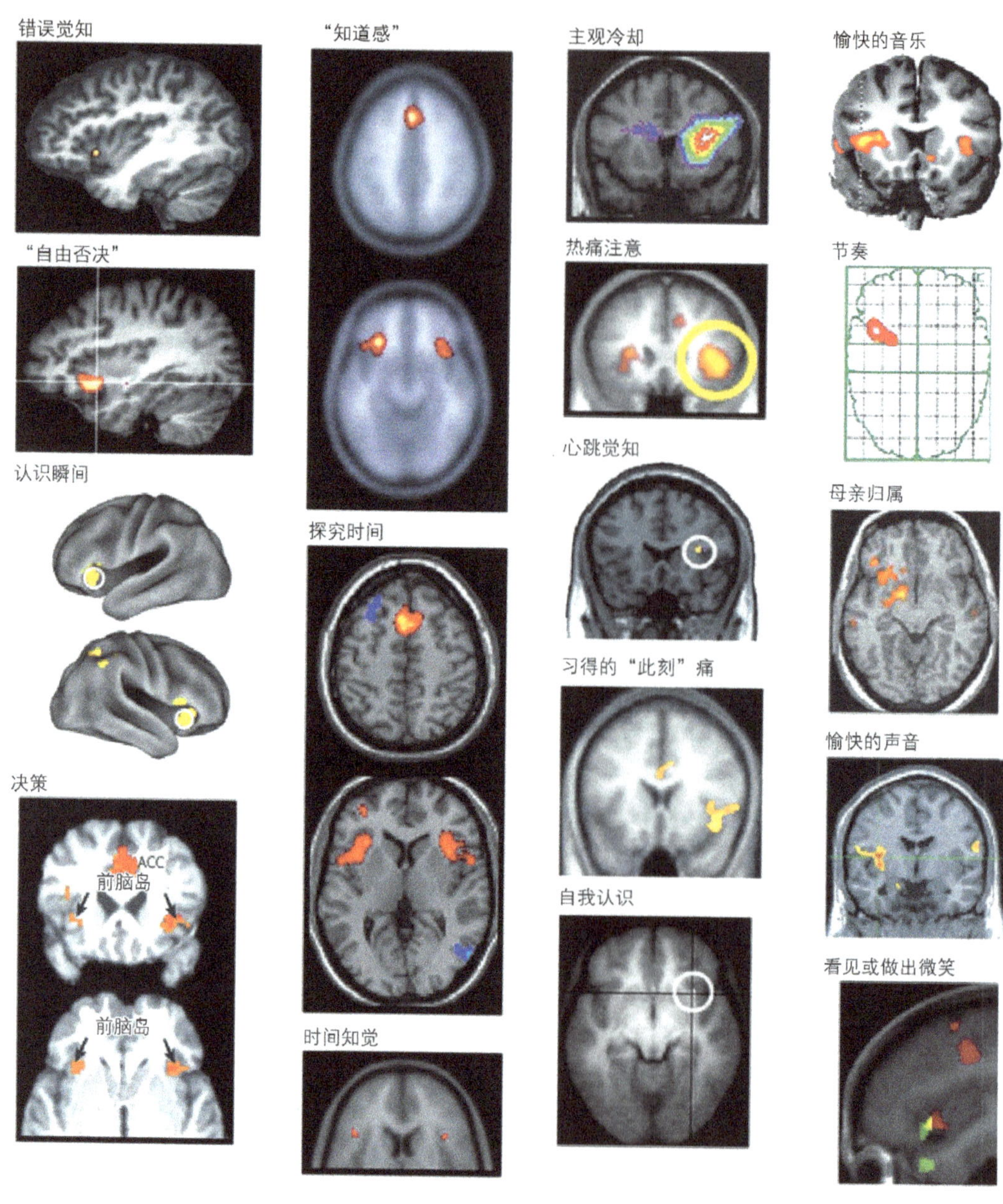


**图 18－14** 前脑岛皮层的激活

成像材料的小结图，显示当特定作业以及情绪时的 AIC 激活，描写见正文。图排列成为 4 个纵列。右侧两纵列小图含有来自不同研究的图像，发现有优先显著的单侧激活。左侧两纵列小图显示多数是双侧性激活。激活右侧 AIC 的刺激一般是激醒身体的(例如疼痛)，左侧 AIC 主要被正性、有亲和性的情绪性内态感所激活。例如，当母亲看到自己孩子照片时(小图"母亲归属")，左侧 AIC 被激活。左侧 AIC 的激活大于右侧，关联到既是母亲的，也是浪漫爱情的事物。当受试者看到或者做一个微笑时(小图"看见或做出微笑")，左侧 AIC 被激活。当受试者注意到一个快乐的声音时(小图"愉快的声音")，关联到左侧 AIC 的激活。当受试者听到快乐的音乐时(小图"愉快的音乐")，发生左侧 AIC 的激活。当受试者经历欢乐的时候，左侧 AIC 选择性地被激活。当女性自己报告性高潮等级的时候，左侧 AIC 选择性地被激活。简写：ACC，前扣带皮层。这些图片都有不同的文献来源。(图引自 18 章文献[6])

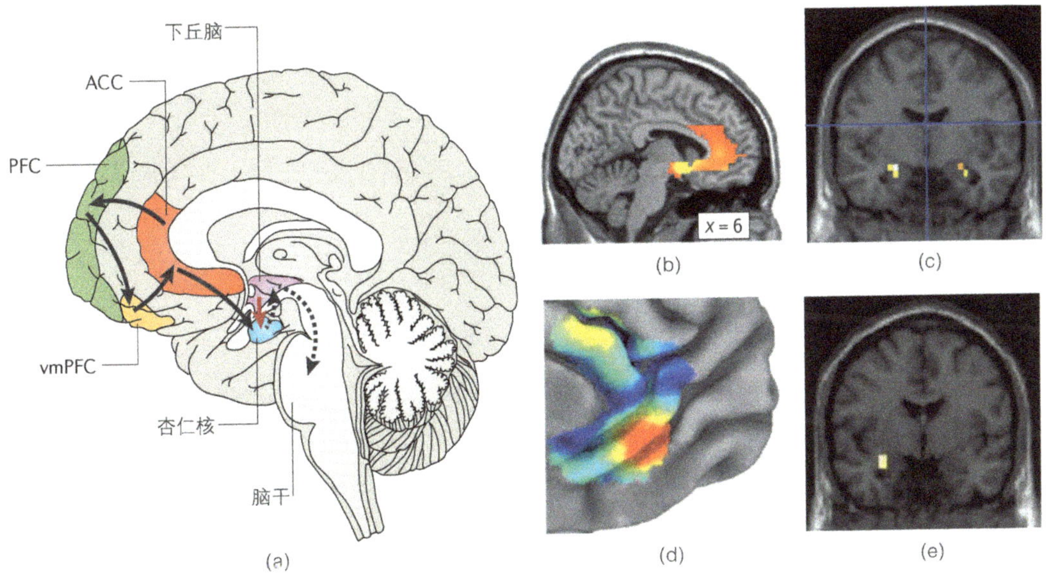


**图 19-3** 关于社会性情绪信息的加工，建议的调节性神经回路

建议的神经回路(包括脑区)，在这里 OT、AVP 系统相关基因的变异体[指影响社会性行为而且跟自闭症谱系障碍(autism spectrum disorder，ASD)危险因素增加相关联的]以及 5-羟色胺相关基因的变异体(指与抑郁症危险因子相关联的)相汇聚。(a) 杏仁核的自上而下的调控(用黑色箭头表示)，发源于前扣带皮层(ACC)和腹内侧前额叶皮层(vmPFC)；对于调节道德(moral)行为，后者特别重要。杏仁核的自下而上的调制(用红色箭头表示)，来源于下丘脑神经元，它表达神经肽 OT 和 AVP，此下丘脑神经元靶向到杏仁中央核(CeA)的不同神经元群体。来自杏仁核的投射经过下丘脑走向脑干，调节对社会性信号的自主性反应(用带点的箭头表示)。(b) MRI 研究显示，OT 受体(OTR)等位基因 *rs53576A* 携带者的下丘脑和 ACC 体积减小，此等位基因关联到容易产生 ASD 的危险因子(亮颜色表示强烈减少)。(c) 功能性磁共振成像研究显示，当给予情绪性脸孔匹配的实验程序时，RS3、AVPR1A 危险因子变异体与杏仁核激活的增加有关联。(d) MRI 研究显示，*SLC6A4* 及 5HTTLPR 携带者的前扣带皮层结构减少(红色表示明显减少)。(e) 当实行情绪脸孔匹配的实验程序时，单胺氧化酶 A(monoamine oxidase A，MAOA)不同数目串联式(variable number of tandem repeat，vNTR)危险因子等位基因(与冲动性和强暴性相关)携带者的杏仁核被激活。(图引自 19 章文献[12])

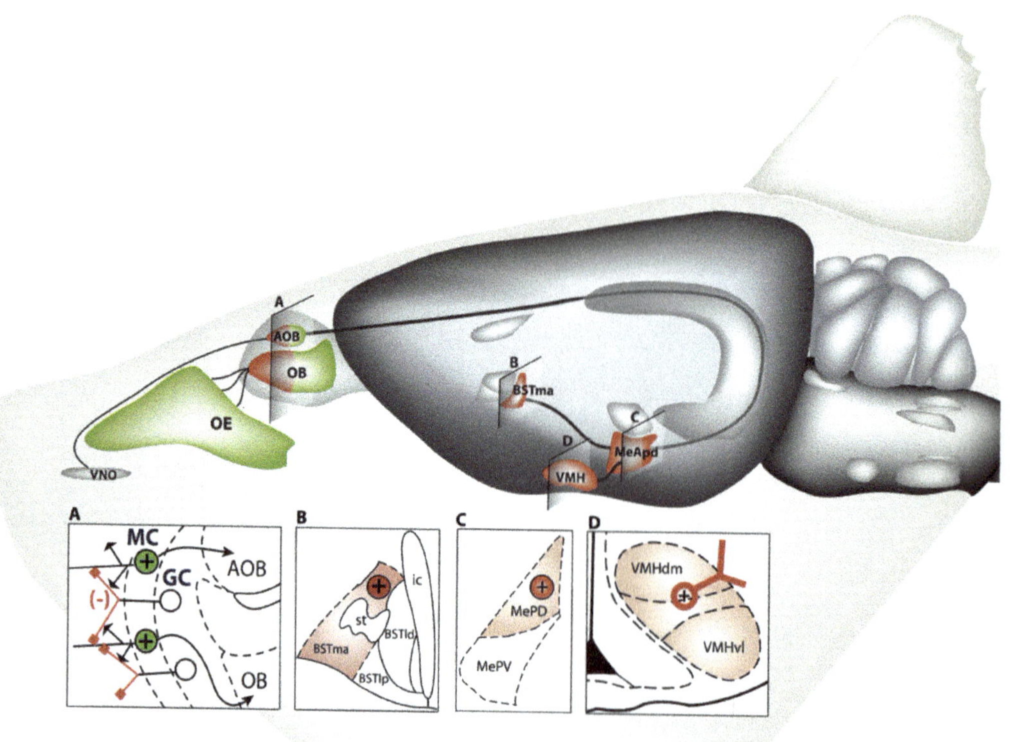


**图 19－4　参与社会行为之信号传送的催产素和加压素的神经调制作用**

脑内的 OT 受体(OTR)表达(红)区域和 AVP 受体(AVPR)表达(绿)区域,以及它们参与嗅觉刺激和外激素传送到脑区所走的路径,这些路径对于社会性相关行为的信息传送很重要。图内的阴影平面 A、B、C、D 表明下面小插图所取的脑切片平面。(A) 嗅球,显示僧帽细胞的胞体受 AVP 刺激,以及刺激其他细胞的树突(箭头),也表示回过来被颗粒细胞的树突(方块)所抑制,而颗粒细胞本身受 OT 抑制。(B) 表达 OT 受体的 BSTma,表达在细胞体上,细胞体可被 OT 所刺激。(C) 表达 OT 受体的内侧杏仁核后背侧部(MePD),表达在细胞体上面,细胞体接受 OT 的刺激。MePV 为内侧杏仁核后腹侧部。(D) 表达 OT 受体的 VMH,表达在树突上,可被 OT 所兴奋。(图引自 19 章文献[2])

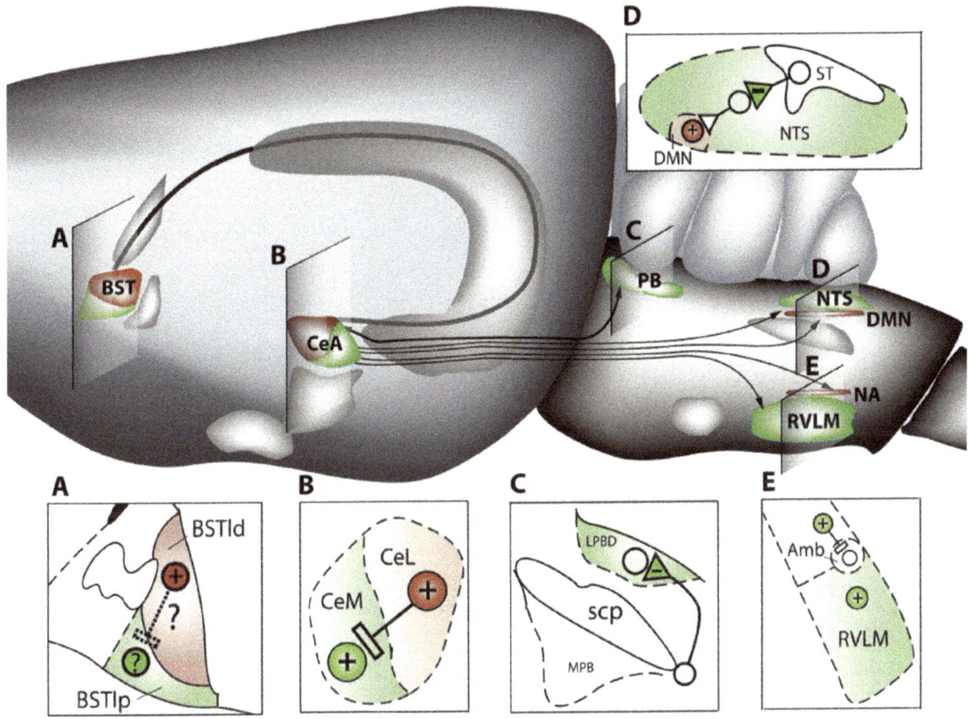


**图 19-5** 催产素和精氨酸加压素在警觉区和内稳态区的神经调制作用

图表示了含有 OT 受体(OTR)(红)和 AVP 受体(AVPR)(绿)的脑区,它们参与恐惧和焦虑的神经连接。主图中的四边形截面(A、B、C、D、E)表明下面插图的脑平面。(A) 在细胞体上表达 OT 受体的 BST 和 BSTld 部分,它们接受 OT 刺激。另外有表达 AVP 受体的 BSTlp。在这两个脑区之间的抑制性连接被认为类似于同源的 CeA。(B) 表达 OT 受体的 CeA 和它的外侧/包囊部直接受 OT 的刺激;表达 AVP 受体的内侧部分直接被 AVP 所刺激,而又间接地被来自 CeL 的、OT 激动的抑制性投射所抑制。(C) 表达 AVP 受体的外侧臂旁核背侧部(dorsal part of lateral parabrachial nucleus,LPBD),其神经元接受来自小脑上脚(superior cerebellar peduncle,SCP)外侧神经元的兴奋性投射,该神经元受 AVP 的突触前抑制。MPB 即臂旁内侧核(medial parabrachial nucleus)。(D) 迷走神经背核(DMN)神经元受 OT 的直接兴奋,间接受突触前抑制效应,此效应由于 AVP 作用于孤束核(NTS)突触所致。(E) RVLM 神经元直接被 AVP 所兴奋;NAc 神经元间接被抑制性神经元所抑制,此抑制性神经元又被 AVP 所兴奋。(图引自 19 章文献[2])

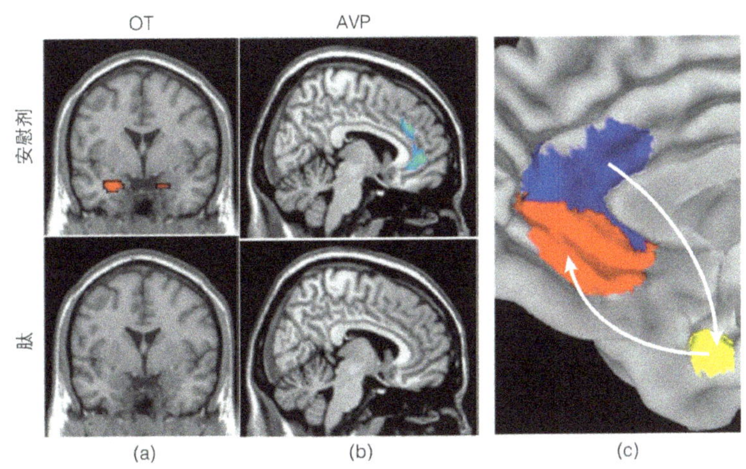


**图 19-14** 鼻腔内给予催产素和精氨酸加压素影响杏仁核-扣带回回路

(a) 与安慰条件相比较(上图),健康男性受试者鼻腔内急性接受 OT(下图),调制杏仁核-扣带回回路组成部分的活性。当加工不愉快脸孔和场景的时候,此回路调节负性情感。诱导恐惧的视觉刺激激活杏仁核,在安慰条件下(红色),而不是在 OT 给予以后。(b) 相比之下,膝下和膝上扣带回皮层(浅蓝色)活性减少,在安慰条件下进行脸孔匹配作业时(上图),但并不是当鼻内给予 AVP 时(下图)。(c) 图解式表示杏仁核-扣带回回路,展示负性功能连接的扣带回脑区(膝周围扣带回,蓝色)、正性功能连接的区(膝下扣带回,红色)、杏仁核(黄色)。(图引自 19 章文献[12])

嘴侧IPL
人PF/PFG
腹侧
PMC/
后侧
IFG
后侧STS
人MNS
视觉输入
到MNS

**图 20－1** 模拟的神经回路

人脑额-顶叶镜像神经元系统(MNS)(红)及其主要视觉输入(黄)的图解。带有镜像神经元特征的前部脑区位于下额叶,包括后下额回(IFG)和邻近的腹侧运动前区(premotor cortex,PMC)。带有镜像神经元特征的后部脑区位于下顶回(IPL)的嘴侧部,可以看成猴后顶叶皮层 PF/PFG 区的人类同源物。来到 MNS 的主要视觉输入发源于上颞沟(superior temporal sulcus,STS)的后部分。这 3 个脑区加在一起,成为一个模仿的"轴心回路"。上颞沟(STS)到 MNS 的视觉输入由橘黄色箭头表示。红色箭头代表来自顶叶 MNS 的信息流,这部分信息多数关系到动作的运动描写;到达额叶 MNS 的这部分更多地联系到动作的目标。黑箭头代表运动模仿命令的传出拷贝,信息被发送回 STS,以便于模仿性运动计划的感觉性预测与所看到动作的视觉描写之间相匹配。(图引自 20 章文献[2])。

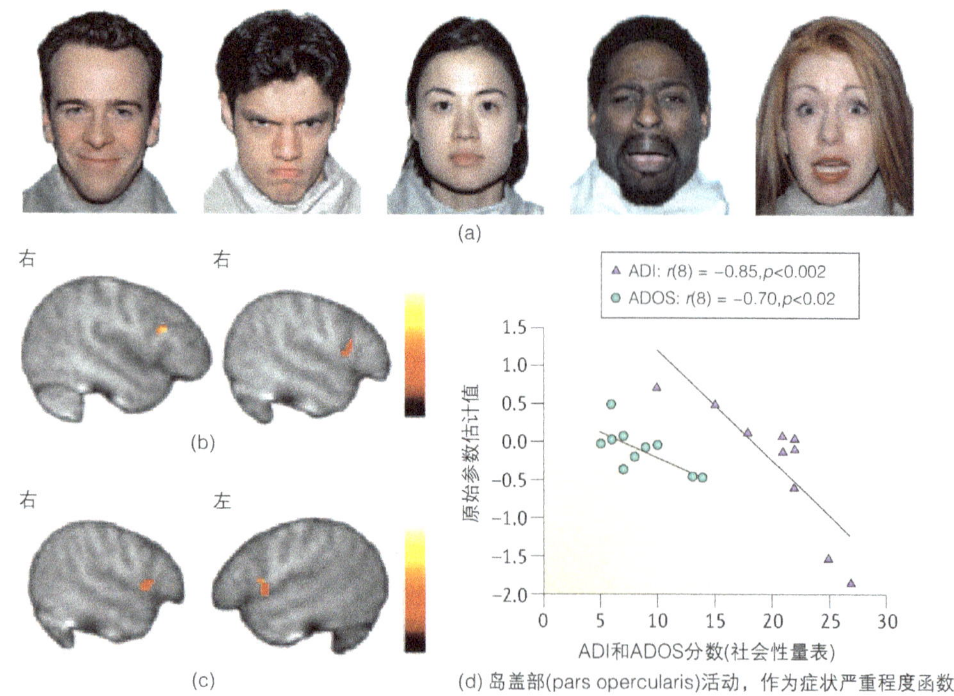


**图 20－5** 人类镜像神经元系统与自闭症

让他们观察或模仿脸部的表情时,典型发育正常儿童与自闭症儿童的 fMRI 研究(a);与典型发育正常的儿童相比较,自闭症儿童展示其位于下额回盖区额叶 MNS 区的活性减少。更进一步,这个活性还关联到疾病的严重性,其判定方法是运用广泛采纳的临床量表(Autism Diagnostic Observation Interview,ADI)(b);及自闭症诊断观察表(Autism Diagnostic Observation Schedule,ADOS)(c);比较结果为,疾病程度重的,其 MNS 活性低(d)。(图引自 20 章文献[2])

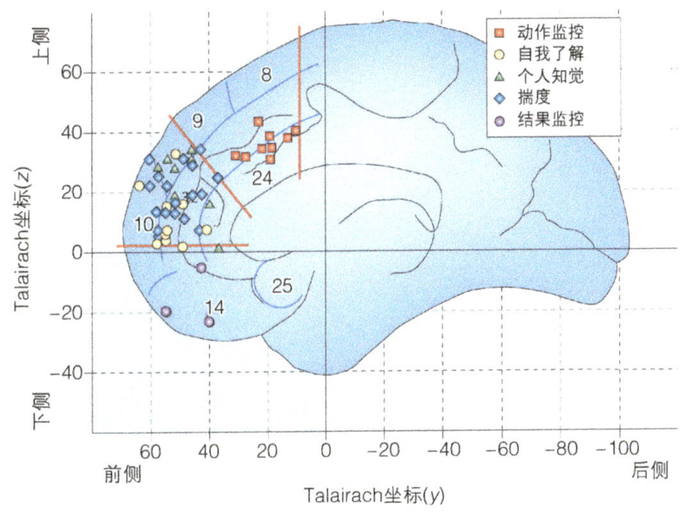


**图 20－8** 动作监控、社会认知及后果监控时观察到的内侧额叶皮层激活作图

对于内侧额叶皮层(MFC)激活的元分析,提示社会认知作业激活前嘴侧MFC(arMFC)。认知作业包括自我了解、个体知觉、揣度。与此不同,动作监控作业的激活,发生在MFC的后嘴侧区(prMFC)。还有,监控后果作业的激活,发生在眶MFC(oMFC)。(图引自20章文献[5])

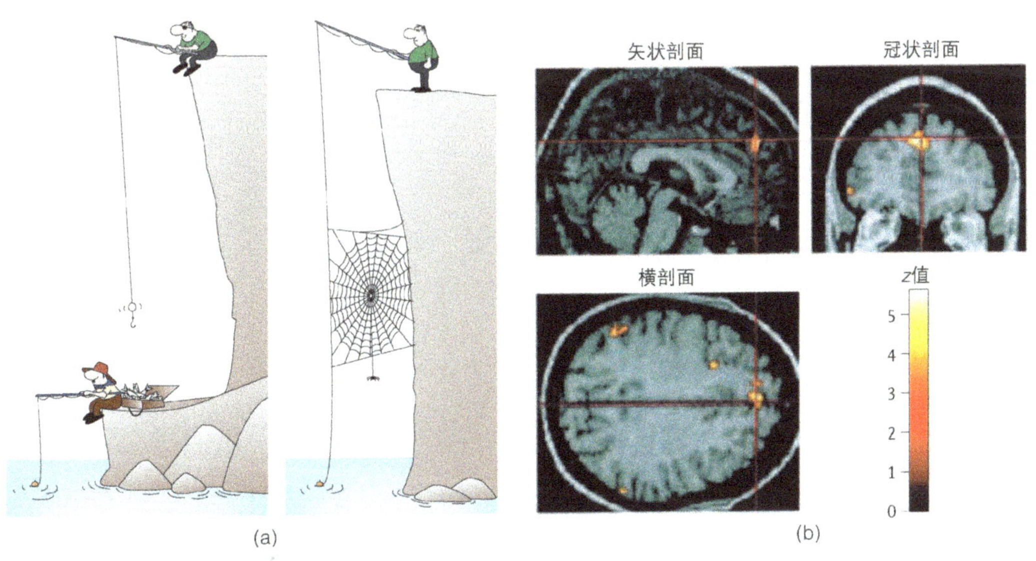


**图 20－9** 演示神智理论观点的卡通

(a) 左边的笑话依赖于正在偷鱼人的欺骗,右边的笑话并不涉及神智理论。在脑成像上把这两类故事加以比较,显示出内侧前额叶皮层(mPFC)的激活。如小图b,它显示单个受试者的脑激活。(图引自20章文献[5])

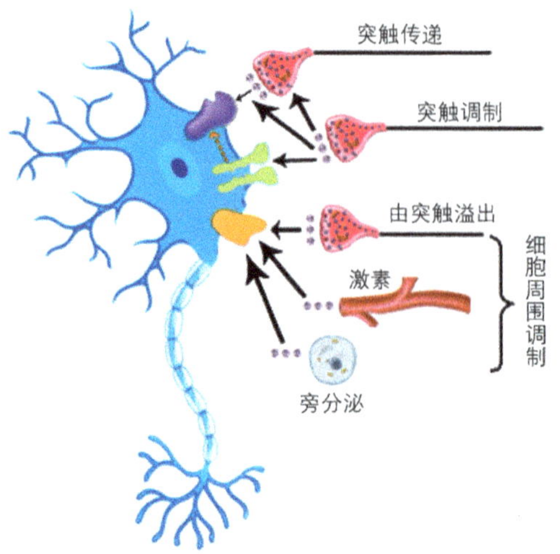


**图 21－1** 突触传递、突触调制和神经元周围调制

上方：突触传递可以受其他突触分泌递质的调制，调制可发生在突触前、突触间隙或突触后区隔。下方：细胞周围调制可以在 3 种情况下发生：邻近突触溢出的神经递质、来自血液循环的激素、来自邻近细胞分泌的旁分泌。（图引自 21 章文献[21]）

www.ingramcontent.com/pod-product-compliance
Ingram Content Group UK Ltd.
Pitfield, Milton Keynes, MK11 3LW, UK
UKHW062006290726
14090UKWH00022B/1416